粉煤灰利用手册

第二版

王福元 吴正严 主编

中国电力出版社
www.cepp.com.cn

内 容 提 要 粉煤灰利用手册（第二版）

本手册是在《粉煤灰利用手册》第一版的基础上，应广大读者的要求，适应新技术、新工艺的发展而编写的，全书总结了作者几十年来粉煤灰利用较成熟的成果和经验，内容主要包括：概述、粉煤灰的形成过程及其收集和处理、粉煤灰的基本性能、粉煤灰在混凝土及砂浆中的应用、粉煤灰在筑路及工程填筑中的利用、非烧制粉煤灰建筑制品、粉煤灰在陶质材料中的利用、粉煤灰在农业方面的应用、粉煤灰的精细利用、粉煤灰贮放建筑和利用、脱硫灰渣的性能和应用前景等。

本手册内容涉及面广，结合了当前新技术的应用，书中搜集了大量的通过试验和经生产检验的数据，特别是附有大量粉煤灰及其制品的性能、配合比、生产工艺、设备选型等资料，可供查阅，实用性很强。

本手册可供电力、土建、环保和资源利用等专业的生产、设计、科研人员使用，也可供大专院校相关专业师生参考。

图书在版编目（CIP）数据

粉煤灰利用手册第二版/王福元，吴正严主编．北京：中国电力出版社，2004

ISBN 978- 7-5083-1900-1

Ⅰ．粉…　Ⅱ．①王…②吴…　Ⅲ．粉煤灰-废物综合利用-技术手册　Ⅳ．X773.05-62

中国版本图书馆 CIP 数据核字（2003）第 122220 号

中国电力出版社出版、发行
（北京三里河路 6 号　100044　http://www.cepp.com.cn）
航远印刷有限公司印刷
各地新华书店经售
*
1997 年 7 月第一版
2004 年 10 月第二版　　2008 年 6 月北京第四次印刷
787 毫米×1092 毫米　16 开本　43.5 印张　1071 千字
印数 7691— 9690 册　　定价 **78.00** 元

序

粉煤灰综合利用在我国开展较早，在各级领导的倡导和支持下，很多专家学者和从业人员辛勤劳动，为粉煤灰利用技术积累了丰富的经验，粉煤灰利用的重要意义也逐渐深入人心。根据1993年统计，我国粉煤灰利用率达到34.8%，在世界排灰量最大的三个国家（中国、前苏联和美国）中占首位，综合利用技术也达到了较高的水平。

这本手册是在总结我国粉煤灰利用技术的成熟经验的基础上编写的，它内容丰富，数据翔实，有很强的实用性。它不仅收集了大量科研、生产、建设中长期积累的数据，可在工作中直接采用，还涉及粉煤灰用于水泥与混凝土、道路与工程填筑、烧制与非烧制制品、农业以及精细产品。同时，对于粉煤灰及其产品的性能、配比、生产工艺、设备选型等也作了较详细的介绍。所以本手册与国内外同类著作相比较，具有一定的广度和深度。

粉煤灰作为一种资源，具有很高的使用价值，并为某些建筑材料和制品所不可缺少。这些事实，已被愈来愈多的人所认同。我国煤炭资源十分丰富，在相当长的时期内燃煤发电还将作为我国的主要能源，粉煤灰产量将会持续地大幅度增加。因此，大力发展粉煤灰资源的综合利用是我国经济持续发展的必然要求。相信本手册的出版将对我国经济与环保事业起到有利作用。

吴中伟

（中国工程院院士）

1996.10

第二版前言

《粉煤灰利用手册》第一版系1997年出版，但正式编写始于1991年5月。由于这些年来我国粉煤灰利用工作又有了较大的进展，主要表现在利用数量在不断扩大、利用途径在向纵深发展、利用技术水平也在日益提高，确实需要把新研究开发的成果和新的大量应用实践反映进来，同时出版社有关同志也有感于此，因此我们在2002年1月至2003年4月对《粉煤灰手册》作了修订，以期跟上粉煤灰利用技术的不断发展并使其更臻完善。

这次修订工作的构思：考虑到原手册章节框架是按利用途径划分，这几年粉煤灰利用技术虽有很大发展，但仍然在这个大框架内，因此原有章节基本未动，大量增添内容仍容纳其中，仅少数内容另列两个新的章节。

修订工作主要增加的内容有：正在施工的长江三峡大坝大量采用Ⅰ级粉煤灰的利用技术；大掺量绿色高性能混凝土的应用技术；粉煤灰商品砂浆（包括预拌和干砂浆）的应用技术；高钙粉煤灰作混凝土掺合料和在填筑工程中的应用技术；粉煤灰在桩基工程中的利用技术；煤粉灰空心小砌块的材料、性能和应用技术；对各地已建和正在建造的大掺量粉煤灰烧结多孔砖和烧结普通砖生产线，从技术角度进行分析比较，按目前技术成熟程度，推荐发展大掺量粉煤灰烧结普通砖较为稳妥；粉煤灰磁化复合肥的应用技术；在粉煤灰的精细利用即提高粉煤灰的利用附加值的研究方面这几年有长足进步，新增了用作耐酸材料、防水材料、微晶玻璃、反光材料、合成沸石、人造大理石及处理废水等。

另外，还新增两章，一章是为粉煤灰储放和利用，即利用粉煤灰筑灰坝，这项技术在国内的一些地区，如中西部应用较为广泛，其利用量较大。这次从灰的应用性质、灰坝的结构、构造设计、建设和运行管理方面做了较全面的介绍。另一章是脱硫灰渣的性能和应用前景，随着国家环境保护要求的不断提高，各地燃煤电厂增设脱硫装置将是环境保护要求发展的必然，因而热电厂将日益增加脱硫灰渣的排放，对脱硫灰渣应用技术的研究、开发亦将是电厂粉煤灰利用中的一个重要方面。

这次修订工作主要除由上次手册《前言》中各章节编写人员进行外，新增有吴超寰、董维佳参加第四章的修订（撰写粉煤灰在水工混凝土中的利用）；唐福俭、李恒参加第五章的修订（李恒撰写粉煤灰在桩基工程中的利用），新增的第十章由张忆则编写，第十一章由徐强编写。

这次修订，承各方热情支持，增加、补充资料尚丰，特此对所有参加编写的作者和提供资料的同志一并致谢！但就修订的本手册而言，由于粉煤灰利用技术发展迅速，挂一漏万，欢迎广大读者不吝指正，以便再版时修正，谢谢。

编　者

2004年3月

第一版前言

综合利用粉煤灰，变废为宝，既是利在当代、功在千秋的大事，又是兴利除弊，具有经济、环境和社会综合效益的好事。1983年以来，国家把资源综合利用作为经济建设中一项重大的技术经济政策，把粉煤灰作为资源综合利用的突破口，并制定了一些具体政策和措施，使粉煤灰利用工作得到了蓬勃的发展。但随着国民经济和电力工业的发展，粉煤灰排放量将进一步增大，因此搞好粉煤灰综合利用工作，仍然是一项非常艰巨而紧迫的任务。

受电力工业部的委托，为了总结国内粉煤灰利用技术的成熟经验，进一步推动和指导粉煤灰利用工作，由中国城乡建设粉煤灰利用技术开发中心、上海市建筑科学研究院组织编写了《粉煤灰利用手册》(以下简称《手册》)。建国40多年来，粉煤灰利用技术有了很大的进步和发展，取得了很多成果，但至今仍没有一本系统和完整的资料。本《手册》的编写将填补此项空白。

编写本《手册》的指导思想是：总结我国粉煤灰利用技术中的成熟经验，尽可能充分地反映我国在粉煤灰利用中新的科技成果和在生产、工程中已应用的实践经验。在介绍的利用技术中，以国内的为主体；对一些国外较成熟的但目前在国内尚未开展或还未完全掌握，而对我国又有一定现实意义的利用技术，书中也作了适量介绍。

为使用方便，本《手册》内容力求多用表格、图解、资料和数字表示；为给人们以较具体的概念，便于有关人员学习技术理论，本《手册》的内容还包括一些用较多文字叙述的基本知识和有关问题的背景材料。

本《手册》第一章由王福元、吴正严编写，王卓昆审稿；第二章由王卓昆、孙建兴、陆善后编写，胡健民、方志康审稿；第三章由谷章昭编写，吴学礼审稿；第四章由沈旦申、吴正严编写，沈琨审稿；第五章由王福元、顾金山编写，黄鉴麟审稿；第六章由沈琨编写，黄士元审稿；第七章由侯承英、吴正严编写，王根元审稿；第八章由张永泉、周宗权、郁克明编写，薛继澄审稿；第九章由吴正严编写，吕梁审稿。全书由王福元、吴正严主编。本《手册》除由出版社专门聘请专家审阅外，为更广泛地听取国内同行专家的意见，我们还把书稿分章送请31位同志征求意见，在此一并表示衷心的感谢！

由于水平有限，经验不足，《手册》中难免有缺点和不足，恳请读者批评指正。

编　者

1996年10月

目 录

第四章　粉煤灰在混凝土及砂浆中的应用　113

第五章　粉煤灰在筑路及工程填筑中的利用　264

第六章　非烧制粉煤灰建筑制品　351

第七章 粉煤灰在陶质材料中的利用 433

第八章 粉煤灰在农业方面的应用 479

第九章 粉煤灰的精细利用 530

第十章 粉煤灰贮放建筑和利用 616

第十一章 脱硫灰渣的性能和应用前景 665

第一章 概 述

第一节 粉煤灰综合利用的重要意义

电力工业是国民经济的基础产业，发展电力工业，保障能源供给，在经济建设中具有十分重要的地位和作用。

我国有丰富的煤炭资源，近期电力工业的发展，仍然是以燃煤的火力发电为主。由于燃煤机组的不断增加，电厂规模的不断扩大，导致了粉煤灰排放量的急剧增长。1985 年火电厂排灰渣总量为 3768 万 t，到 1995 年增加到 9936 万 t，平均每年增加 560 万 t。按目前的煤种，以全国平均计，每增加 10MW 装机容量每年约增加近万吨粉煤灰的排放量。到 2000 年粉煤灰排放量已达到 1.2 亿 t。按目前的排灰状况和利用水平，冲灰用水量和贮灰场占地将要增加 1 倍，分别达到 10 多亿吨和 40 多万亩。对我们这个水资源缺乏，可耕地人均占有率很低的国家来说，如何做好粉煤灰的利用和处置确实是一个十分重要的问题。

诚然，全部利用这样大量的粉煤灰目前还有困难，因此合理地进行贮灰场的建设仍是必要的。但贮灰场的建设，在一定程度上已成为制约我国电力工业发展的一个重要问题。因为在火电厂的建设中，特别是靠近大城市、沿海的地区，人多耕地少，确实难以找到一个合适的贮灰场地，即使有了地，代价也是很大的。根据早期的资料，一些电厂的大型灰场建设费用都在 1 亿元左右，如陡河电厂、石景山电厂、谏壁电厂等。事实证明，积极推动粉煤灰的综合利用，可以取得非常巨大的社会效益和经济效益。

以上海市为例，按 1978～2001 年的统计，全市共排放粉煤灰 5512.2 万 t，累计利用量为 4822.6 万 t，按每处置 1t 灰包括贮灰场基本建设和运行费用 15 元计，则为国家共节约资金 7.23 亿元，而且减少贮灰场占地约 1 万亩，其中有的利用途径还具有明显的经济效益。如在混凝土中掺加磨细的粉煤灰，1995 年前上海共利用约 120 万 t 粉煤灰，节约水泥 80 万 t，为国家创利约 9600 万元；用粉煤灰制作水泥混合材共 320.2 万 t，按 1t 粉煤灰替代 1t 矿渣节约 9.2 元计，共节约资金 2945.8 万元。上海曾利用粉煤灰生产粉煤灰密实砌块 400 多万 m^3，建造多层住宅 1500 多万 m^2，处理粉煤灰等工业废渣 500 多万 t，因少用粘土砖而节约土地 3000 多亩。1995 年全市在道路建设中共用灰 179.9 万 t，节约土地约 1350 亩。再以全国粉煤灰利用工作较先进的江苏省南通市为例，1991～1995 年共排放粉煤灰 292 万 t，利用量为 301 万 t，利用率为大于 100%，取得了十分明显的社会、经济和环境效益：首先电厂周围的环境得到了改善，原天生港电厂 300 多亩灰场，严重影响附近地区 2 万余居民生活、工作环境，每逢刮风天气，居民衣服不能晒，窗户不能开，现在环境已彻底改善。其次，节省了土地资源，利用粉煤灰可减少灰场占地1800亩，还替代制砖粘土节省耕地1500亩。再次，电厂降低了成本，延长了灰场储灰年限，节约了运灰费用。最后，带动了一批建材企业，其中有8家企业年产粉煤灰长江淤泥烧结砖12.5亿块，有2家企业年产粉煤灰加气块19万m^3。又如全国资源综合利用先进单位望亭电厂，按1988年统计，利用粉煤灰30万t，其中生产粉煤灰密实砌块9万m^3，产值344万元，利润100万元，每年相当于节约农田20亩，粉煤灰利用后，贮灰场的大部分改为渔场，年成鱼10万kg多。利用粉煤灰进行产品运输、装卸工作，每年为附近农村相应增加收入约50万元。几年来还为农村900多人提供了就业机会。

粉煤灰在高速公路中应用，其社会效益、环境效益、经济效益更为可观。如1990年浙江杭州钱江二桥北岸公路接线工程用粉煤灰填筑路堤1.7km，路堤平均高度4.2m，路面四车道宽26m，共计用灰21万t，节约建灰场用土地160亩，节约征地费300万元。1992年完成的山东济南—青岛高速公路粉煤灰路堤试点工程，采用纯粉煤灰筑路堤近4km，填方平均高度2.7m，利用粉煤灰40万t，节省电厂排污费32.5万元，节省灰场和原筑路取土场面积338亩。前几年组织施工的京深高速公路石家庄到安阳段及石太高速公路石家庄到申后段。经河北省经贸委牵头协调，在国家经贸委、电力工业部、交通部支持下，两条高速公路到1996年年底用灰已达1000万t。这两条高速公路利用粉煤灰做路堤，可用掉石家庄、邯郸等地四个电厂1000万t灰，其中两个电厂的四个灰场全部腾空，节省再建灰场投资和筑路取土费用近10亿元。

粉煤灰综合利用使许多老电厂摆脱了生产困境。武汉青山热电厂装机容量674MW，在20世纪80年代末期是湖北电网的主力电厂，灰场地处市区且已贮满，灰坝多次加高，已成空中灰场，虽几经加固，但灰堤倒塌和堤坝渗水等事故隐患严重威胁着电厂和武钢的安全。电厂周围选址建设新灰场困难很多，甚至根本没有条件。老灰场必须发挥作用，出路只有搞综合利用，挖灰外运、腾出库容、继续贮灰。他们在当地政府的协调下，在环保、市政、交通、环卫等部门的大力支持下，开拓了用灰渠道。几年来，不仅吃掉当年全部出灰，还利用以往存灰几十万吨，使灰场平均高度下降了2m。洛阳热电厂是已运行了35年的老厂，灰场已贮灰520万t，有的地方已成为“灰山”。电厂从1990年开展综合利用以来，已利用粉煤灰173万t，其中挖掉“灰山”128万t。开封电厂年排灰近40万t，至1990年，运行的两个灰场均已贮满。由于积极开展综合利用，灰场使用寿命延长了两年。至今，修路已用灰近50万t；利用粉煤灰充填附近坑塘，造田80多亩，在新造地上盖起了小学，并开辟了住宅基地，翻修了附近农村的土路，为当地农民行路提供了方便。

所以，在有条件的地方，千方百计抓好粉煤灰综合利用，可以充分利用资源，减少贮灰场的建设或延长其使用年限，节约宝贵的土地资源和建设资金，大大减少对环境的污染，这对电厂、对社会都具有十分重要的意义。

第二节 我国粉煤灰综合利用概况

我国粉煤灰的综合利用工作，长期以来一直受到国家的高度重视。早在20世纪50年代已开始在建筑工程中用作混凝土、砂浆的掺合料，在建材工业中用来生产砖，在道路工程中作路面基层材料等，尤其在水电建设大坝工程中使用最多；但总的利用量较少。20世纪60

年代开始粉煤灰利用重点转向墙体材料，研制生产粉煤灰密实砌块、墙板、粉煤灰烧结陶粒和粉煤灰粘土烧结砖等，先后在上海、北京、天津、吉林建成示范性工厂，同时引进前苏联、东欧国家利用粉煤灰生产蒸养（压）建筑材料技术（包括砖、砌块、墙板和加气混凝土）。一直到20世纪70年代，国家为建材工业中利用粉煤灰投资5.7亿元，总设计用灰量为1064.89万t，设计生产线261条。但由于种种原因，到1982年统计，投入正常生产的只有176条，在建的还有21条，已经关、停、并、转的64条。而正在生产的176条生产线仅利用粉煤灰445.6万t。1980年粉煤灰利用率仅14%。投资不少，而灰的利用问题没有解决好。针对这些问题，国家主管部门经研究后指出：电厂灰渣综合利用，应当积极提倡，要因地制宜，广开门路，采用多种途径，讲究经济实效。

到20世纪80年代，随着我国改革开放政策的深入发展，国家把资源综合利用作为经济建设中的一项重大经济技术政策。1985年9月，国务院批转的原国家经委《关于开展资源综合利用若干问题的暂行规定》中，对资源综合利用（包括粉煤灰在内）提出了一系列鼓励措施和优惠政策。1987年9月在芜湖召开的第二次全国资源综合利用工作会议上，确定把粉煤灰作为全国资源综合利用突破口。1987年11月原水利电力部在江苏连云港市召开全国粉煤灰综合利用工作会议，在电力系统动员各方面力量，总结经验，制定管理办法，积极推动粉煤灰综合利用。粉煤灰的处置和利用在指导思想上不断发展深化，从“以储为主”改为“储用结合，积极利用”，再进一步明确为“以用为主”，使粉煤灰综合利用得到蓬勃的发展。在利用途径上除继续在建材墙体和水泥、混凝土方面外，还积极开拓了多种大用量的利用途径，如在道路工程中作基层材料和填筑路堤的利用、在工程回填中的利用、在农业中的利用，等等。同时也逐渐注意了粉煤灰利用向深度发展，力求高附加值的技术开发，使粉煤灰综合利用进入一个新阶段。特别到“八五”期间，全国粉煤灰利用量每年以近400万t的速

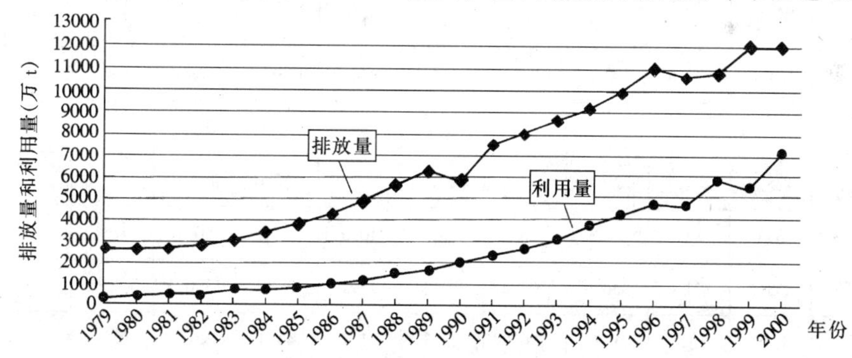

图1-1　1979～2000年我国粉煤灰排放量及利用量

度增加，综合利用率已摆脱多年徘徊在20%的局面，1995年已经达到41.7%。2000年已达到58%，20多年来，我国粉煤灰排放和利用情况分别见图1-1和表1-1。

表1-1　**1979—2000年我国粉煤灰的产量和主要利用途径的统计**　（万t）

项目＼年份	1979	1980	1981	1982	1983	1984	1985	1986	1987	1988	1989
灰排放量	2675.2	2591.2	2658.9	2745.1	3018.7	3390.8	3768.6	4226.7	4809.2	5549.4	6215.4
灰利用量	279.8	367	498.2	457.1	719.9	686.4	781.5	958.8	1127.8	1420.6	1600.0
利用率（%）	10.5	14.2	18.7	16.7	23.8	20.2	20.7	22.7	23.5	25.6	25.7

续表

项目	年份	1979	1980	1981	1982	1983	1984	1985	1986	1987	1988	1989
利用方面	建材					414.9	449.2	515.1	518.8	504.8	594.1	635.0
	利用率（%）					57.6	65.4	65.1	54.1	44.8	41.8	39.7
	建工						29.1	66.1	48.3	84.9	65.8	115.0
	利用率（%）						4.2	8.5	5	7.5	4.7	7.2
	筑路					62	55.4	56	96.7	163.9	215.2	245.0
	利用率（%）					8.6	8.1	7.2	10.1	14.5	15.1	15.3
	回填					14.6	86.5	80.1	231.8	206.1	426.2	455.0
	利用率（%）					2	12.6	10.3	24.2	18.3	30	28.4
	农业					222.1	50.7	18.4	52.6	107.6	61.4	1000.0
	利用率（%）					30.9	7.4	2.3	5.5	9.6	4.4	6.3
	其他					63	15.5	45.8	10.6	60.5	57.9	50.0
	利用率（%）					0.9	2.3	5.8	1.1	5.4	4.1	3.1

项目	年份	1990	1991	1992	1993	1994	1995	1996	1997	1998	1999	2000
灰排放量		5779.0	7483.0	7982.0	8600.0	9114.0	9936.0	11010.0	10606.8	10745	12000	12000
灰利用量		1975.0	2321.0	2547.0	2993.0	3700.0	4145.0	4624.0	4584.4	5700	5400	6960
利用率（%）		29.1	31	31.9	34.8	40.6	41.7	42	43.2	53.0	45	58
利用方面	建材	661.0	723.6	892.0	1042.0	1080.0	1244.0	1298.0	1264.6			
	利用率（%）	33.5	31.1	35	34.8	29.2	30	28.1	27.6			
	建工	125.0	201.7	229.0	338.6	297.0	415.0	477.0	463.6			
	利用率（%）	6.3	9.03	11.3	8	10	10.3		10.1			
	筑路	233.0	321.4	556.6	703.4	1047	1292	2006	1750.5			
	利用率（%）	11.8	13.8	21.85	24.8	28.3	31.1	43.4	38.2			
	回填	418.0	784.5	485.0	462.3	804.0	845.0	421.0	715.0			
	利用率（%）	21.1	33.8	19.04	15.4	21.7	20.4	9.1	15.6			
	农业	183.0	190.3	243.0	105.4	182.0	2080	202.0	187.9			
	利用率（%）	9.2	8.19	9.55	3.5	4.9	5	4.4	4.1			
	其他		99.4	300.2	290.0	141.0	2200	217.0	202.8			
	利用率（%）		4.28	5.6	10	7.8	3.4	4.7	4.4			

上海市从改革、开放以来，由于城市基础设施建设的飞速发展，对建筑材料的需求日

益增长，从客观上不断增加了对粉煤灰的需求。在上海市政府和上海市建设委员会、上海市经济委员会、上海市电力局等有关部委的领导、支持下，坚决依靠科技进步和各部门的协同配合，上海市粉煤灰综合利用工作从利用途径、数量、技术水平、经济、社会效益等方面都取得了十分显著的进步。上海市的利用情况，也从一个方面反映了我国粉煤灰利用的概貌。20多年来，上海市粉煤灰的排放量、主要利用途径、利用率见表1-2和图1-2～图1-4。

表1-2 1978～2001年上海市粉煤灰排放量、利用量及主要利用途径统计 （万t）

项目 \ 年份	1978	1979	1980	1981	1982	1983	1984	1985	1986	1987	1988	1989
排放总量	54	71.8	70	80.1	97.6	102.4	124.4	132.9	156.9	174.7	187.7	199.3
利用总量	18	30.4	46	53.5	65.5	64.9	84.1	95.8	116.7	119	134.9	136.9
其中：(1)墙体材料	14	18	20.7	24	23.8	20.3	22.9	21.4	22.6	23	19.4	18.4
(2a)水泥混合材		7	13.2	15.9	17.8	14.8	17.4	21.9	21.9	23.7	23.7	26
(2b)混凝土和砂浆			0.2	1.3	3	5.9	6.8	9.1	11.4	14.1	19.9	21.9
(3)筑路		4.2	10	7.5	16.4	17.6	22.3	34.3	36.6	33.9	37.3	39.4
(4)回填	—	—	—	—	—	—	—	—	—	—	—	—
(5)其他(含郊县)	4	1.2	1.9	4.8	4.5	6.3	14.7	9.1	24.4	24.3	34.6	31.2
利用率(%)	33.3	42.3	65.7	66.8	67.1	63.4	67.6	72.1	74.5	68.1	71.9	68.7

项目 \ 年份	1990	1991	1992	1993	1994	1995	1996	1997	1998	1999	2000	2001
排放总量	252.4	275.7	284.3	291.4	326.8	386.1	434.7	370.7	327.82	328	372.5	409.99
利用总量	116.3	161.1	210.4	284.5	307.8	377.6	430.5	393.2	344.31	366.5	413.26	451.46
其中：(1)墙体材料	15.3	16.3	17.7	21.7	10	18.3	41.4	13.1	14.26	14.1	13.32	6.7
(2a)水泥混合材	25.5	27.3	28.8	35.3	35.2	47.5	38.3	59.9	67.49	58.5	87.07	90.7
(2b)混凝土砂浆	17.6	19.4	24.5	33.4	40.4	45.7	67.3	69.9	59.2	75.1	101.33	143.5
(3)筑路	32.5	40.3	84.1	133.9	136.7	179.9	188.4	179.1	189	197.9	173.64	202.3
(4)回填	—	28.8	24.8	42.3	67.2	53.7	48.2	61.1	0.21	6.7	4.14	3.7
(5)其他(含郊县)	18.4	29	30.5	18.1	18.2	32.4	46.7	10.2	14.09	20.9	33.8	4.7
利用率(%)	46.1	58.4	74	97.6	94.2	97.8	99	106.1	105.03	111.7	111	110.14

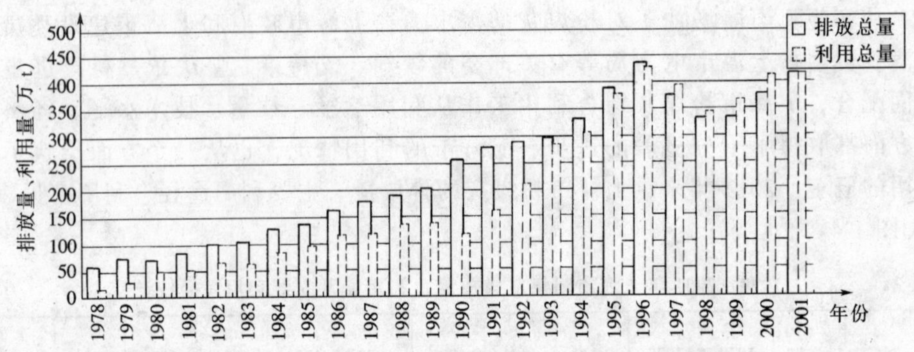

图 1-2 上海市粉煤灰排放量、利用量统计

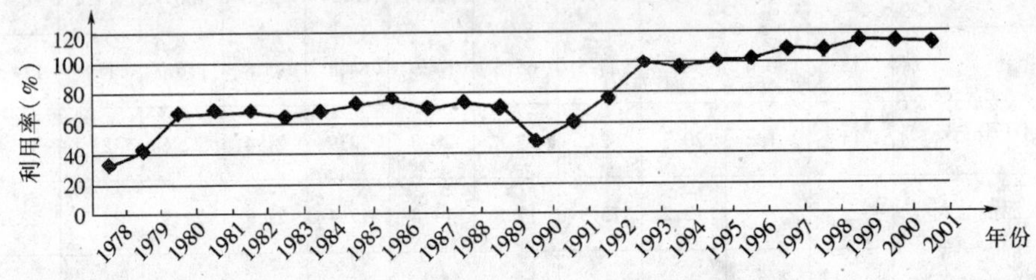

图 1-3 上海市粉煤灰利用率 %

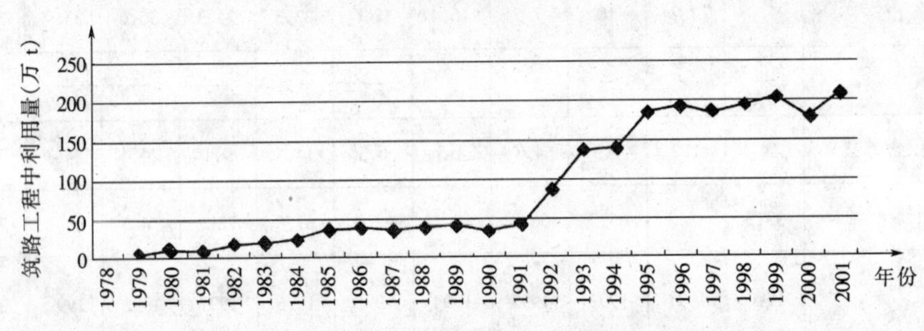

图 1-4 上海市粉煤灰在筑路工程中利用量

第三节 我国粉煤灰综合利用技术简述

由于国家长期以来十分重视粉煤灰综合利用，而且在坚持不懈地组织推动，因此全国粉煤灰综合利用技术不断提高和创新，各种项目不下百种（据《邯郸环保》1988 年 2～3 期增刊编有 125 项），几乎包括了世界各国所有的利用技术（见表 1-3）。中国城乡建设粉煤灰利用技术开发中心 1988 年受国家计委资源节约和综合利用司委托，承担“粉煤灰利用技术现状及发展方向的研究”课题。为了摸清国内粉煤灰利用技术的基本情况，曾选择较有代表性的 54 项利用技术进行调研，见表 1-4。在此基础上，将这些技术分为推广应用技术、需完善的技术和重点开发研究的课题三大类。1991 年国家计委办公厅印发了《中国粉煤灰综合利用技术政策及其实施要点》，指出：“粉煤灰综合利用技术政策总的原则是：认真贯彻‘突出重点，因地制宜’和‘巩固、完善、推广、提高’的方针，把大批量用灰技术作为重点，把提高粉煤灰综合利用经济效益、社会效益有机的结合作为主攻方向；巩固已有的技术成果，

逐步完善比较成熟的利用技术，大力推广成熟的粉煤灰综合利用技术，积极采用国际先进技术和装备，不断提高我国的粉煤灰利用技术水平，赶上和超过国际先进水平”。

表 1-3　　国外与我国粉煤灰利用项目对照

国　　外	我　　国
建材及制品	
1. 水泥原料 2. 水泥混合材 3. 建筑砌块 4. 加气混凝土制品 5. 烧结粉煤灰砖 6. 烧制陶粒 7. 蒸养法陶粒 （荷兰研究成果，有别于陶粒） 8. 陶瓷及陶瓷混凝土	1. 水泥原料 2. 水泥混合材 3. 无熟料水泥 4. 硅酸盐密实砌块、空心砌块 5. 硅酸盐墙板 6. 加气混凝土制品 7. 烧结粉煤灰砖 8. 烧制陶粒 9. 蒸养法陶粒 10. 蒸压粉煤灰砖，蒸养粉煤灰砖 11. 岩棉 12. 硅钙板 13. 免烧砖
工程建设	
1. 混凝土、砂浆中使用 2. 道路、建筑填方 3. 道路稳定层 4. 填充地下空穴 5. 灌浆 6. 特殊性能砂浆	1. 混凝土、砂浆中使用 2. 双灰粉 3. 磨细粉煤灰 4. 用于路堤、路面基层、路面 5. 用作回填土 6. 用于矿井回填 7. 用于筑坝 8. 灌浆 9. 分选粉煤灰
农业（种植）养殖	
1. 用于改土 2. 用于化肥载体 3. 人工海礁	1. 改良土壤 2. 农肥 3. 农药载体
其他	
1. 提取矿物，包括 氧化铝 氧化硅 磁铁矿 赤铁矿 镓 钒 漂珠 2. 漂珠用于复合材料 3. 漂珠用做塑料填充料 4. 漂（微）珠用做研磨剂 5. 涂料填充剂 6. 喷砂材料 7. 用于稳定其他工业废渣、废液	1. 提取 漂珠 氧化铝 氧化锗 铁 2. 微珠做塑料、橡胶填充剂 3. 漂珠轻质耐火砖 4. 涂料填充剂 5. 保温集渣剂 6. 工业和生活污水处理

表 1-4 调查粉煤灰利用项目明细

序号	分类	项目名称
1	建筑材料	粉煤灰代粘土做水泥原料
2		粉煤灰水泥（粉煤灰掺量 20%～40%）
3		普通水泥（粉煤灰掺量 15%以下）
4		粉煤灰无熟料水泥
5		硅酸盐密实砌块
6		硅酸盐小型空心砌块
7		硅酸盐大板
8		粉煤灰加气混凝土砌块
9		粉煤灰加气混凝土板
10		粉煤灰烧结陶粒
11		大掺量（质量比 50%以上）粉煤灰烧结砖
12		中掺量（质量比 30%～50%）粉煤灰烧结砖
13		小掺量（质量比 30%以下）粉煤灰烧结砖
14		蒸压粉煤灰砖
15		蒸养（常压）粉煤灰砖
16		粉煤灰免烧砖
17		蒸养粉煤灰陶粒
18		粉煤灰硅钙板
19		石棉粉煤灰板
20		粉煤灰矿（岩）棉
21		漂珠做轻质耐火砖
22	建设工程	粉煤灰用于大体积混凝土
23		粉煤灰用于泵送混凝土
24		粉煤灰用于低标号混凝土
25		粉煤灰用于高标号混凝土
26		砂浆、粉煤灰代砂
27		砂浆、粉煤灰代水泥、石灰
28		双灰（石灰、粉煤灰）粉
29		磨细粉煤灰
30		粉煤灰用做灌浆材料
31	道路	粉煤灰用于路面基层
32		粉煤灰用于路堤
33		粉煤灰用于路面
34	填筑	粉煤灰用做回填
35		粉煤灰用于矿井回填
36		粉煤灰用于水坝填筑
37	农（种植）业	粉煤灰用于改良土壤
38		粉煤灰制农肥
39		粉煤灰蚕药惰性填料

续表

序 号	分 类	项 目 名 称
40	提取有用物质及其他	粉煤灰提取漂（微）珠
41		粉煤灰提取碳
42		粉煤灰提取铁
43		粉煤灰提取铝
44		粉煤灰提取锗
45		漂珠做塑料填充料
46		漂珠做橡胶填充料
47		粉煤灰轻质高效脱硫剂
48		粉煤灰催化剂
49		粉煤灰保温集渣剂
50		粉煤灰矿井灭火
51		作防火涂料填充剂
52		粉煤灰海泡石保温材料
53		粉煤灰海泡石涂料
54		微珠复合表面涂层

《通知》还规定了推广应用技术、需要完善的技术和重点开发研究的课题。

1. 推广应用技术

(1) 粉煤灰粘土烧结砖；

(2) 粉煤灰填筑材料；

(3) 粉煤灰在工程回填中应用；

(4) 粉煤灰混凝土；

(5) 粉煤灰生产水泥；

(6) 粉煤灰做砂浆材料；

(7) 选取漂珠和漂珠制品；

(8) 粉煤灰加气混凝土；

(9) 粉煤灰改良土壤；

(10) 纯灰植树。

2. 需要完善的技术

(1) 粉煤灰空心烧结砖；

(2) 粉煤灰混凝土空心小砌块；

(3) 粉煤灰做特殊用途的回填；

(4) 粉煤灰高强混凝土。

3. 重点开发研究的课题

(1) 大掺量粉煤灰制品研究开发（掺量≥50%）；

(2) 长距离（2km 以上）粉煤灰输送系统；

(3) 粉煤灰的分选工艺及设备研究与应用，提高干灰分离效率和设备寿命；

(4) 分选后粗灰和超细灰的代砂和高强混凝土等方面的应用开发；

(5) 粉煤灰的纯灰种植（储灰场种植）及在农业上的应用研究，海水冲灰的围海灰场改善环境，种植植物，开发利用；

(6) 粉煤灰做防火、工程材料的添加剂及提取氧化铝的研究；

(7) 各种使用粉煤灰的质量标准、产品标准，各种利用技术的设计、施工技术规程；

(8) 粉煤灰综合利用技术经济评价体系的研究。

第四节 世界各国粉煤灰综合利用动态

早在1914年，美国Anon发表《煤灰火山灰特性的研究》，他首先发现粉煤灰中的氧化物具有火山灰的特性。而粉煤灰在混凝土中的应用比较系统的研究工作是由美国伯克利加州理工学院的R. E. 戴维斯（Davis）在1933年后进行的。从发现火山灰特性，到进行粉煤灰混凝土的应用研究，至今已经过半个多世纪的科学研究和技术开发。后来不断扩展到各个利用领域，经历了一个相当漫长的发展过程。但在20世纪70年代世界石油危机之后，粉煤灰的综合利用进一步引起了更多人的重视和关注。当今在世界范围内，把粉煤灰看做是一种重要资源的认识，越来越深化，也被更多人接受。而且粉煤灰已在土木工程建设和建材等工业产品中比较广泛地得到了工业规模应用，在某些方面已不再是简单作为一种代用材料而被应用。锅炉燃烧技术的进步和环境保护的严格要求，促进了收尘设备的发展，使收集到的粉煤灰的利用质量得到了提高，甚至还使其具有一些特异的性能，例如在混凝土中应用，可提高可泵性。粉煤灰利用技术得到了很快的发展，粉煤灰利用数量有了一定的增长。当然各个国家利用量和利用率的发展水平是很不平衡的。

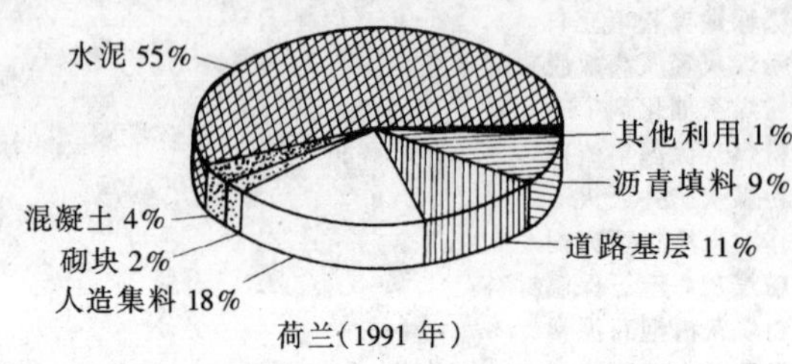

荷兰(1991年)

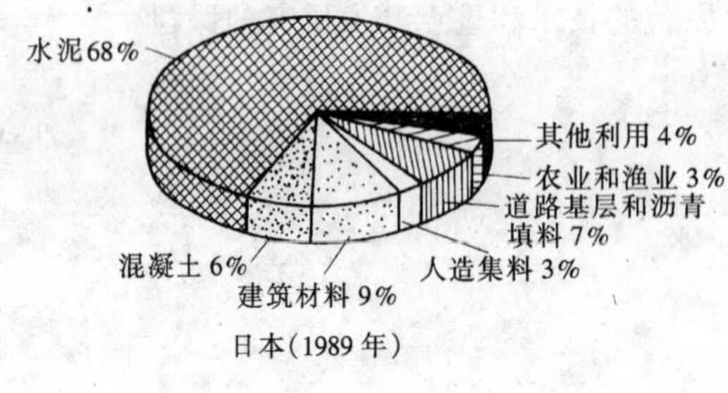

日本(1989年)

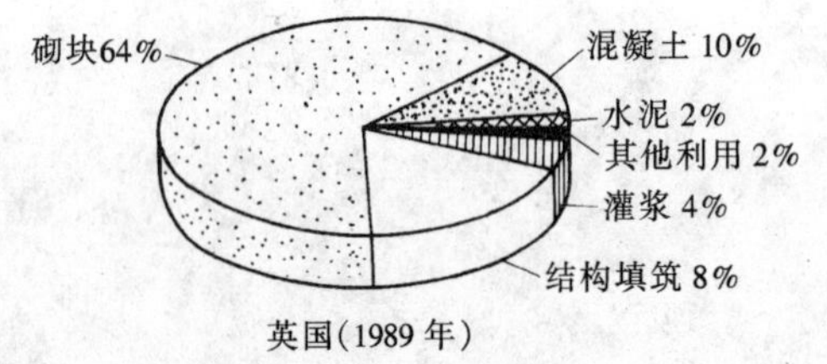

英国(1989年)

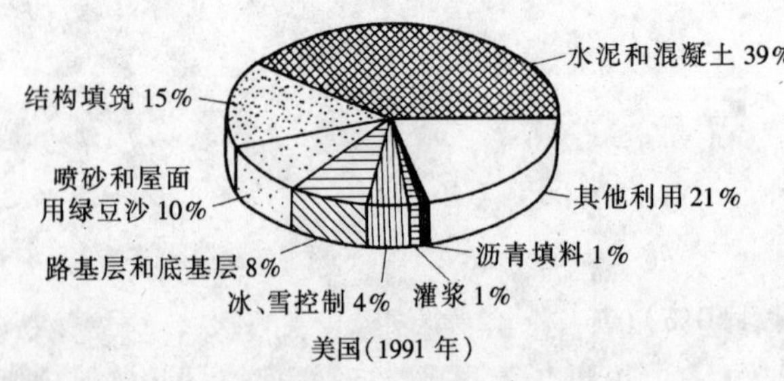

美国(1991年)

图1-5 用扇形面图示煤灰渣利用途径❶

世界各国粉煤灰的利用情况和发展水平，由于各国技术经济的条件不同而千差万别，又都各具特色，统计上也不尽相同。限于篇幅，在此只能粗线条地按不同国家分成几类，分别加以介绍。世界主要国家粉煤灰排放量、利用量、利用率和几个国家的利用途径见表1-5和图1-5。世界各国粉煤灰利用率不高，按现有资料，1993年平均利用率只达到16.1%，详细情况见图1-6。

❶本图摘自1996年中国城乡建设粉煤灰利用技术开发中心等编译的《'94欧洲固体废弃物利用会议论文选编》。

表 1-5 世界一些国家粉煤灰排放量、利用量及利用率

序 号	国 名	排放量（万 t）	利用量（万 t）	利用率（%）	备 注
1	前苏联	12000.0	1500.0	13.0	1990 年数据
2	中国	12000.0	6960.0	58	2000 年数据
3	美国	7344.0	2113.0	28.8	1994 年数据
4	印度	4000.0	675.0	17.0	1991 年数据
5	德国	3137.0	1787.0	57.0	1989 年数据
6	波兰	2950.0	450.0	15.0	1989 年数据
7	捷克	1810.0	140.0	8.0	1989 年数据
8	英国	1254.0	612.0	49.0	1989 年数据
9	澳大利亚	790.0	80.0	10.0	1990 年数据
10	日本	760.0	613.5	80.7	1999 年数据
11	加拿大	438.0	129.0	29.0	1989 年数据
12	法国	271.0	155.0	57.0	1989 年数据
13	丹麦	98.0	88.0	90.0	1990 年数据
14	荷兰	90.0	94.0	> 100	1991 年数据

1. 几个排灰大国的利用情况

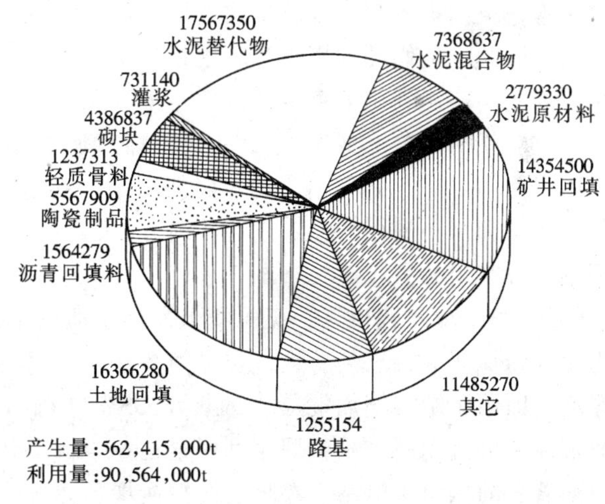

图 1-6 1993 年世界粉煤灰利用情况

根据目前掌握的信息，年排灰量在5000 万 t 以上的大国，有前苏联、中国和美国，分别是 1.2 亿 t、1.2 亿 t 和 7344 万 t。从总体看，在排放量较大的国家中我国的利用量和利用率是最高的。

前苏联以湿排粉煤灰为主，最近期间才开始增加干排灰的设施，现每年干排灰为 1000 万 t，约占 10%，年利用量为 1500 万 t，利用率为 13.0%。主要用来制作水泥、墙体制品（如墙板、砌块等）、混凝土、砂浆掺合料和道路填方材料。如莫斯科市的 22# 电厂，是全市最大的中心热电厂，装机容量 1250MW，60%燃用天然气，40%燃用石煤，年排灰量 30～35 万 t，用三级静电除尘器，灰渣混排，泵送至 1.5km 处的储灰场，粉煤灰待风干至含水率小于 40%时由卡车运出供用户使用。湿灰掺加在无筋的低标号混凝土制品中应用，该制品广泛应用于各类建筑和道路建设中，作基础砌块、空心砌块、隔墙、路边石、铺路材料及加固河岸的护岸板等，都有较好的技术经济效果。在 200 号～300 号配筋混凝土中研究取得可喜进展，并获得应用，可用于制造道路板、建筑内墙板、楼梯平台等。对湿灰用于砂浆及混凝土中已制定技术规程，并将列入标准文件。前苏联在烧胀型粉煤灰陶粒方面有较好的经验，采用回转窑在

1250℃温度下烧制膨胀的表观密度为320~500kg/m³、筒压强度为1.2~1.3MPa的粉煤灰陶粒。最近还开发粉煤灰微珠的应用项目。

美国是粉煤灰资源开发和综合利用比较先进的国家，他们重视国家立法的作用。1976年国会立法《资源保护和再利用法（RCRA）》，1979年国家环保局（EPA）组织起草了《对于水泥和混凝土中掺有粉煤灰的联邦政府的指导原则》，1983年颁布执行，对粉煤灰利用是个推动。1994年排放灰渣7344万t，其中¼已被利用。在各种利用途径中，用在水泥、混凝土中是一个十分重要的方面，当年用量为823万t，约占总利用量的39.0%。有关资料表明，优质粉煤灰的销售是近10年美国粉煤灰销售中增长最快的部分。特别是预拌混凝土工业对粉煤灰的认可，同时由于预拌混凝土工业的迅速发展，粉煤灰的销售量也随之不断增长。美国粉煤灰质量标准中除F级灰外尚包括C级灰，在我国习惯称作高钙粉煤灰。由于C级灰有自硬性，强度贡献大，因此，它的开发应用价值很高。自1960年利用褐煤发电以来，1975年开始在西部、中北部各州大量推广应用。1977年C级灰便被编进该国国家材料试验标准ASTM C 618，作为一种利用价值较高的粉煤灰资源。另外，值得注意的方面，就是美国道路和工程填筑中的大用量利用，虽比英国、法国起步较晚，但在近一二十年来也有了非常大的发展。美国电力研究院（EPRI）为此做了大量工作，包括对典型示范工程的调查，组织编写《粉煤灰结构填筑手册》，使粉煤灰在工程回填、筑路、灌浆、矿井回填和废料稳定等方面的利用于1994年高达449.4万t，占总利用量的21.2%。

至于我国的利用情况，在本书各章节中已详细叙述，这里不再介绍。

2. 比较重视固体工业废渣利用的一些国家

这一类国家的灰渣排放量比上面所述国家少，但他们非常积极地致力于灰渣利用事业的发展。因此，他们的利用率和利用技术水平较高，技术进步较快，在经营管理方面都各具特色，因此使灰渣利用的直接经济效益十分明显。

（1）英国。按1989年的统计，粉煤灰渣的排放量为1254.0万t，利用量是612.0万t，利用率为49.0%，是利用率比较高的国家。在优质粉煤灰用于混凝土、中央发电局的灰渣销售经营和灰渣利用的经济效益等诸方面，不论在欧州共同体范围内，还是就全世界而言，都是比较突出的。

20世纪70年代以来，英国积极发展了适用于钢筋混凝土的优质商品粉煤灰“普浊兰”，为保证粉煤灰混凝土的质量（包括耐久性），专门修订和颁布了规定粉煤灰品质要求的国家标准，即用于结构钢筋混凝土的规定BS3892-Part1（1982年），且系统地研究和发展了粉煤灰混凝土的应用新技术，现年利用量达60万t，至今已浇筑了粉煤灰混凝土1亿多m³。其中包括著名的黑山核电站、泰晤士河拦河坝、北海油田钻井台等。

中央发电局专门设有粉煤灰销售部，统管所属电厂的粉煤灰排放、储存和销售，形成一个完整的销售管理网络。他们既负责监督电厂排灰、储存设施的建设、维护保养和修理，又开展广告、咨询和销售服务，积极推销粉煤灰。在销售服务中做到认真、热情、周到；负责检测粉煤灰的质量；并且为不断开拓粉煤灰利用新途径，制定科研规划，确定研究课题，从粉煤灰销售收入中提供科研经费。

（2）波兰。煤炭资源丰富，在欧州仅次于前苏联。1989年粉煤灰渣排放量达2950.0万t，利用率为15%。在粉煤灰利用中，研究开发的重点侧重于建材产品，如多年来投入相当多的力量，致力于研究开发的粉煤灰加气混凝土，在材性、工艺和机械设备工作配套方面都有较高的水平，每年利用灰约 100 万 t。在烧胀型粉煤灰陶粒方面的研究也很有特色和深度。经工业性试点生产得到的陶粒，筒压强度为 1.5～2.0MPa，吸水率为 7%～10%。由于波兰缺少铝钒土矿，所以对从粉煤灰中提取氧化铝非常重视，克拉科夫矿冶学院格拉兹索夫教授研究的烧结分解法已申请专利，在 1966 年就建成年产氧化铝 5000t 的实验工厂，同时还可生产 6 万 t 水泥。对于粉煤灰和建筑材料中自然放射性元素问题的研究，像欧州的原联邦德国、挪威、瑞典那样，在 20 世纪 70 年代都有了明确的结论，都规定了放射性元素含量的限值，而且除某些磷石膏外，一般的粉煤灰和其他建筑材料都能符合要求。对灰渣的管理、销售，在卡托维茨还由专门而统一的电厂废料利用经营公司负责。

(3) 法国。粉煤灰渣的排放量，从 20 世纪 50 年代算起，随着电力工业的发展是逐步上升的，1955 年为 260 万 t，50 年代末为 340 万 t，60 年代末为 460 万 t，70 年代末为 520 万 t。但到了 80 年代，由于核电的发展，粉煤灰排放量开始呈下降趋势。1989 年粉煤灰排放量为 271 万 t，利用率达 57%。法国在粉煤灰利用方面起步较早，特别在水泥、混凝土方面的应用技术研究有较深的基础。他们至今生产的掺粉煤灰的水泥以及同时掺矿渣、粉煤灰的混合水泥比例很高，每年产量达 900 万 t，约占全国水泥总产量的⅓。法国国有电力公司（EDF）和煤炭公司（CDF）两个部门专门经营粉煤灰的销售。

3. 其他一些国家

这些国家的粉煤灰排放量更小，在利用率上也并不高，但在综合利用方面都有各自的特色。

(1) 澳大利亚。据 1989 年的统计，年排粉煤灰 790 万 t，利用率为 10%。对粉煤灰混凝土的研究工作，一直坚持了 20 多年，在粉煤灰混凝土系统技术开发方面的水平是相当出色的，应用技术的研究涉及粉煤灰的化学、物理性能，混凝土的配合比设计，混凝土的强度发展和耐久性。有成效的研究工作，使应用范围继续扩大，特别是一直被大家关注的长期和耐久性能，有 5 年的系统试验资料。他们非常重视粉煤灰混凝土工业质量控制体系，从制定技术标准和规范，以及对原材料和产品的质量检测方面加强控制。他们有专门经营优质粉煤灰产品（商品名“普浊兰”）的澳大利亚火山灰工业公司，公司在电厂投资搞干出灰、分选和储运装置，并形成分选、运输、市场开发三位一体的经济实体。1986 年公司在总部所在地昆士兰州销售“普浊兰”25 万 t（占该州排灰量的 12%），占全国粉煤灰掺合料总用量的 45.5%，昆士兰州 90%以上混凝土中掺加“普浊兰”。公司还经营粉煤灰干出灰、分选灰厂、气力输送和商品混凝土搅拌车、配料站等设备的设计制造。

(2) 日本。从 20 世纪 70 年代世界石油危机以来，火力发电的比例逐步在增加，1978 年火力发电占发电量的 3.7%，1985 年上升为 5.6%，1990 年达到 10%，1995 年达到 13%。1987 年日本发电装机容量为 1.8 亿 kW，其中以石油为主的占 36%，其次是水力发电，占 20%，原子能发电占 20%，火力发电占 9%。1991 年粉煤灰年排放量为 450 万 t，其中有效利用的占 30%，其余 70%作填海和回填处理。在有效利用中常用作水泥原料和混合材料、混凝土掺合料、灌浆材料、人工轻骨料、烧土制品的掺合料、加气混凝土制品、道路基层和人工渔礁等，还用漂珠作耐火保温材料等。

第二章

粉煤灰的形成过程及其收集和处理

煤炭在锅炉中燃烧后有两种固态残留物——灰和渣。随烟气从锅炉尾部排出的，主要经除尘器收集下来的固体颗粒即为粉煤灰，简称灰或飞灰；颗粒较大或呈块状的，从炉膛底部收集出来的称为炉底渣，简称渣或大渣。从综合利用角度讲的粉煤灰，一般也包括渣，即灰渣的统称。不同的炉型、燃料品种和粒度，所产生的灰、渣比例不同。

收集起来的粉煤灰经除灰系统，或送至灰用户加以利用，或送入灰场储存。粉煤灰的物理化学性质决定于煤种、制粉设备、炉型、除尘设备类型、除灰方式，以及环保措施等诸多因素。不同的综合利用途径，对粉煤灰物理化学指标的要求也不同，必要时要对其进行加工处理。

第一节　煤炭及电厂燃煤锅炉

在火力发电厂中，煤炭在锅炉炉膛中燃烧，通过化学反应释放出热能，热能由锅炉受热面吸收并传递给水，水加热后成为蒸汽。锅炉产生的具有一定压力和过热度的蒸汽送入汽轮机，推动汽轮机的转子高速旋转，从而带动发电机发电。

一、煤的形成、组成和分类

我国地下煤炭储量丰富，因此国内锅炉主要依靠烧煤来取得热能。

1．煤的形成

古代植物随地壳变动而被埋入地下，经过长期的细菌生物化学作用，以及地热高温和岩层高压的成岩、变质作用，使植物中的纤维素、木质素发生脱水、脱二氧化碳、脱甲烷等反应，而后逐渐成为含碳丰富的可燃性岩石，即为煤。该过程称煤化作用，其演化过程如下：

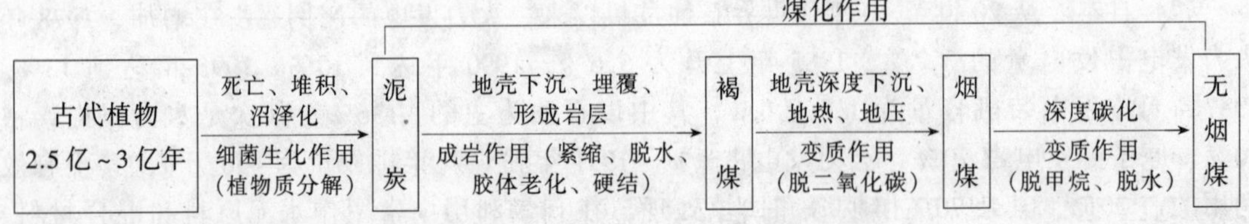

2．煤的组分

在工业上常将煤的组分划分为工业分析组分和元素分析组分两种。工业分析组分是用工业分析法测出煤的不可燃部分和可燃部分，前者为水分（M）和灰分（A），后者为挥发分（V）和固定碳（FC）。元素分析组分是用元素分析法测出煤中的化学元素组分，包括碳（C）、氢（H）、氧（O）、氮（N）和硫（S）五种元素。工业分析组分如下：

煤
- 不可燃部分
  - 水分（外在水分和内在水分之和）
  - 灰分（主要为含 Si、Al、Ca、Fe 等元素的无机矿物质）
- 可燃部分
  - 挥发分（煤加热到一定温度所释放的气态物质，主要是 CO、H_2、C_mH_n 等）
  - 固定碳（主要由 C 元素组成的固态物质）

所有各类组分均用百分数表示，水分、灰分、挥发分和固定碳四种工业分析组分的总量为 100%；元素分析中的碳、氢、氧、氮、硫五种元素组分加上水分和灰分的总量也是 100%。

煤中灰分是一种惰性组分，因此高灰分煤的发热量低。对于煤粉炉，由于矿物质的可磨性比煤的有机质差，所以高灰分煤的制粉电耗大，磨煤机及煤粉管道、锅炉受热面的磨损也大。我国发电用煤的灰分普遍较高。目前原煤灰分在 10%左右的只有山西大同、陕西神府、内蒙东胜、新疆哈密等煤矿，但灰分大于 30%的不少。煤中灰分在燃烧过程中经氧化、分解、化合作用而形成灰渣。

3. 煤的性质指标

锅炉用煤的主要性质指标及其定义、符号、计量单位如表 2-1 所示。

表 2-1　　煤的性质指标

指标名称		定　　义	符号	单位
发热量		单位质量的煤完全燃烧时释放的热量	Q	kJ/g MJ/kg
可磨性		表示煤在研磨机械内磨成粉状时，其表面积的改变与消耗机械能之间关系的一种性质，用可磨性指数表示	HGI （哈氏指数）	
煤粉细度		煤粉中各种尺寸大小颗粒煤的质量百分比含量。它可用筛分法确定，即将煤粉通过一定孔径的标准筛，计量筛上煤粉质量占试样质量的百分数		%
煤灰熔融性		是表征煤灰在高温下转化为塑性状态时，其粘塑性变化的一种性质。用煤灰开始变形温度 t_1、软化温度 t_2 和熔化温度 t_3 表示	DT ST FT	℃
密度	真密度	排除煤粒内部及煤粒之间所有空隙后，单位体积煤粒的质量	TRD	t/m^3
	视密度	排除煤粒之间所有空隙后，单位体积煤粒的质量	ARD	t/m^3
	松装密度	包括煤粒之间空隙在内的单位体积煤粒的质量		t/m^3
着火点		在一定条件下，将煤加热到不需外界火源即开始燃烧的初始温度		℃

4. 煤的分析基准

由于煤中灰分和水分经常随开采、运输、贮存及气候条件的变化而变化，所以同一煤种的各种成分的质量百分数并不相同，因此必须说明成分分析的基础，才可判断煤的种类和性质。工业上通常使用以下四种基准作为成分总量的计算基数：

（1）收到基(旧称应用基)。计算煤中全部成分的组合称收到基。对进厂煤或炉前煤都应按收到基计算其各项成分。

（2）空气干燥基(旧称分析基)。不计算煤的外在水分，其余的成分组合（内在水分、灰分、挥发分和固定碳）称空气干燥基。

（3）干燥基。不计算煤的水分，其余的成分组合（灰分、挥发分和固定碳）称为干燥基。

(4) 干燥无灰基(旧称可燃基)。不计算煤的不可燃成分（水分和灰分），其余成分的组合（挥发分和固定碳）称为干燥无灰基。

煤质基准符号、基准换算比例系数、煤质符号、煤质项目存在状态和条件符号如表 2-2 ~表 2-5 所示。

表 2-2 煤质基准符号

名称	收到基	空气干燥基	干燥基	干燥无灰基
旧名称	应用基	分析基	干燥基	可燃基
符号	ar	ad	d	daf
旧符号	y	f	g	r

表 2-3 基准换算比例系数

x / k / x_0	收到基	空气干燥基	干燥基	干燥无灰基
收到基	1	$\frac{100-M_{ad}}{100-M_{ar}}$	$\frac{100}{100-M_{ar}}$	$\frac{100}{100-M_{ar}-A_{ar}}$
空气干燥基	$\frac{100-M_{ar}}{100-M_{ad}}$	1	$\frac{100}{100-M_{ad}}$	$\frac{100}{100-M_{ad}-A_{ad}}$
干燥基	$\frac{100-M_{ar}}{100}$	$\frac{100-M_{ad}}{100}$	1	$\frac{100}{100-A_d}$
干燥无灰基	$\frac{100-M_{ar}-A_{ar}}{100}$	$\frac{100-M_{ad}-A_{ad}}{100}$	$\frac{100-A_d}{100}$	1

注 k—比例系数；x_0—已知的基准；x—要求换算的基准。

表 2-4 煤质符号

项目	工业分析成分				元素分析成分					各项性质						
	水分	灰分	挥发分	固定碳	碳	氢	氧	氮	硫	发热量	真密度	视密度	哈氏指数	灰熔融性		
新符号	M	A	V	FC	C	H	O	N	S	Q	TRD	ARD	HGI	DT	ST	FT
旧符号	W	A	V	C_{GD}	C	H	O	N	S	Q	d	d_{sh}	K_{HG}	T_1	T_2	T_3

表 2-5 煤质项目存在状态和条件符号

项目	外在水分	内在水分	固定碳	有机硫	硫酸盐硫	硫化铁硫	全硫	弹筒硫	高位发热量	低位发热量	弹筒发热量	碳酸盐二氧化碳
新符号	M_f	M_{inh}	FC	S_o	S_s	S_p	S_t	S_b	Q_{gr}	Q_{net}	Q_b	CO_2
旧符号	W_{WZ}	W_{NZ}	C_{GD}	S_{yJ}	S_{ly}	S_{IT}	S_Q	S_{DT}	Q_{GW}	Q_{DW}	Q_{DT}	$(CO_2)_{TS}$

5. 煤的分类

根据不同的使用目的，有不同的煤的分类方法。我国现行分类法是依据炼焦用煤分类的，它不能很好地适用于燃煤锅炉用煤的分类。锅炉用煤，特别是动力用煤的分类法有待于研究。目前按表征煤化程度的参数，即干燥无灰基挥发分 V_{daf}作为分类指标，粗略地将煤划分为无烟煤、烟煤和褐煤三大类。

(1) 无烟煤。V_{daf}小于10%，埋藏久，煤化程度深，具有黑色光泽，不易研磨，俗称白煤。无烟煤的固定碳一般大于60%，水分较少，发热量很高，但烧时火焰短、着火和燃尽均较困难。

(2) 烟煤。是比无烟煤年轻的煤种，V_{daf}为10%～45%，碳为40%～60%。除 V_{daf}为10%～20%的贫煤外，烟煤容易着火和燃烧，是锅炉最好的固体燃料。按我国现行分类法，这类煤包括贫煤、贫瘦煤、瘦煤、焦煤、肥煤、$\frac{1}{3}$焦煤、气肥煤、气煤、$\frac{1}{2}$中粘煤、弱粘煤、不粘煤、长焰煤等12种。

烟煤精选过程中得到的洗中煤、煤泥是劣质烟煤，其灰分可高达50%左右，也常用作锅炉燃料。

(3) 褐煤。煤化程度次于烟煤，是更为年轻的煤种，V_{daf}一般大于40%，易于着火和燃烧，火焰长。褐煤表面呈灰褐色，质脆，水分、灰分较高，发热量较低，且化学反应性强，在空气中易风化变质，不易储存和远途运输。

发电用煤的分类如表2-6所示。

表2-6　发电用煤的分类

分类指标	煤种名称	代　号	分级界限	辅助指标界限
挥发分 V_{daf}①	低挥发分无烟煤	V_1	>6.5%～10%	$Q_{net,ar}$>20.91MJ/kg
	低中挥发分贫瘦煤	V_2	>10%～19%	$Q_{net,ar}$>18.40MJ/kg
	中挥发分烟煤	V_3	>19%～27%	$Q_{net,ar}$>16.31MJ/kg
	中高挥发分烟煤	V_4	>27%～40%	$Q_{net,ar}$>15.47MJ/kg
	高挥发分烟褐煤	V_5	>40%	$Q_{net,ar}$>11.70MJ/kg
灰　分 A_d	低灰分煤	A_1	≤24%	
	常灰分煤	A_2	>24%～34%	
	高灰分煤	A_3	>34%～46%	
外在水分 M_f	常水分煤	M_1	≤8%	V_{daf}≤40%
	高水分煤	M_2	>8%～12%	
全水分 M_t	常水分煤	M_1	≤22%	V_{daf}>40%
	高水分煤	M_2	>22%～40%	
硫　分 $S_{t,d}$	低硫煤	S_1	≤1%	
	中硫煤	S_2	>1%～3%	
煤灰熔融性 ST	不结渣煤	T_{2-1}	>1350℃	$Q_{net,ar}$>12.54MJ/kg
	结渣煤	T_{2-2}	不限②	$Q_{net,ar}$≤12.54MJ/kg

① $Q_{net,ar}$低于界限值时，应划归 V_{daf}数值较低的一级。

② 不限是指当 $Q_{net,ar}$≤12.54MJ/kg时，ST值不限。

二、锅炉的类型及特性

工业上使用的锅炉分为电站锅炉和工业锅炉两大类。电站锅炉的容量大、参数高，而工业锅炉的容量一般较小，参数也低。目前我国电站锅炉的系列产品如表2-7所示。

表2-7 电站锅炉系列

压力等级	容量 (t/h)	汽温 (℃)	汽压 (MPa) [kgf/cm²]	发电机组容量 (MW)
中压	35 65，75 130 240	450	3.9 [40]	6 12 25 50
高压	220，230 410	510 540	9.8 [100]	50 100
超高压	400 670	540/540 540/540	13.7 [140]	125 200
亚临界压力	1000 1800～2008	550/550 550/550	16.7 [170] 16.7 [170]	300 600
超临界压力	1900	541/569	22.1 [225]	600

按燃烧方式，锅炉可分为层燃炉（链条炉、抛煤机炉）、煤粉炉、流化床炉、旋风炉等。按燃烧方式分类的锅炉，对燃煤的要求及其所形成的灰渣均有所不同。

1. 层燃炉

层燃炉显著的结构特点是具有一个金属栅格——炉排（或炉箅），燃料置于其上，形成均匀的、有一定厚度的燃料层并燃烧，故亦称火床炉。层燃炉容量比较小，直接燃原煤的居多。相对煤粉炉来讲对煤的质量和粒度要求均不高，煤中灰分的90%以上以渣的形态从炉底排出。工业锅炉多采用层燃炉，最大蒸发量为65t/h左右。

按照燃料层相对于炉排的运动方式，层燃炉又可分为三类：燃料层不移动的固定层炉子，如抛煤机炉；燃料层沿炉排面移动的炉子，如倾斜推饲炉和振动炉排炉；燃料层随炉排面一起移动的炉子，如链条炉和抛煤机链条炉。

层燃炉由于燃料的粒度大小不等以及空气与燃料表面接触状态不佳等原因，燃料的燃尽程度较低，灰渣中含碳量一般都在10%左右，有的甚至更高。

2. 煤粉炉

煤粉炉是煤悬浮燃烧的锅炉。煤经磨煤机磨成粉状之后，随空气一起喷入炉膛空间进行燃烧。增大炉膛容积可以提高锅炉蒸发量，因而煤粉炉的容量可以大大地增加。在煤粉炉中，燃料与空气的接触面大大地增加，燃烧更加猛烈，炉内温度也高，燃料的燃尽程度好，灰的含碳量较低，一般为2%～8%，利于综合利用。从炉膛排出的灰，85%～90%随烟气进入除尘器，其中大部分被收集下来，即粉煤灰，其余的形成渣从炉底排出。

我国120t/h及以上的锅炉普遍采用煤粉炉。煤粉炉所燃的煤粉通过磨煤机制备。煤粉重要的特性指标是煤粉细度，即煤粉颗粒的大小。煤粉越细，燃烧越完全，相应的粉煤灰也细，但磨煤所消耗的电能多，甚至影响磨煤机的出力，因此应选取最佳值，即经济细度。

磨煤机的类型很多，常见的有以下几种：

（1）钢球磨煤机。转速一般为16～25r/min，属低速磨。它的主要部件是一圆柱形筒，筒内壁装有衬瓦，筒内装有许多直径为30～60mm的钢球。当圆筒由电动机带动旋转时，离心力使钢球被提升至一定高度，然后落下。煤在筒中一方面受球的撞击，一方面受到球移动时的研磨作用而被磨成粉。筒内的衬瓦（板）多为波浪型的锰钢板制成。热空气与煤由筒的一端进入，磨细的煤粉从另一端带出，热空气在筒内流动的速度决定着煤粉的细度。钢球磨煤机对煤种的适应性强、运行安全可靠，但设备金属耗量大、占地多、电耗高、噪声大。

（2）中速磨煤机。转速一般为50r/min左右，常见的有四种，它们之间的主要差别在于碾磨部分的结构各异，并根据该结构的形状而定名为平盘磨、碗式磨、E型磨（球式中速度）、辊（环）式磨。中速磨煤机的特点是省钢材、占地小、耗电量较低、噪声小。

各类中速磨煤机的工作原理基本相同。它们的碾磨部件都是由磨盘（环）和磨辊（球）组成。原动机拖动上磨盘转动，后者又带动磨辊转动，由弹簧产生磨辊与磨盘间的压紧力。原煤在下磨盘与磨辊表面之间受到挤压和碾磨而被粉碎。与此同时，通入磨煤机的热空气将煤干燥，并将粉碎过的煤粉带至碾磨区上部的分离装置中。合格的细煤粉由气流带出磨外，粗的返回重磨。

（3）高速磨煤机。包括锤击磨和风扇磨煤机两种。电厂多用风扇磨，转速为300～500 r/min。风扇磨煤机由叶轮、机壳、轴等组成，叶轮装有8～12块用耐磨、耐冲击材料制成的冲击板。原煤进入后被冲击板击碎，合格的煤粉因叶轮鼓风而被排出。风扇磨煤机结构简单、尺寸紧凑、金属耗量少、电耗低。其缺点是冲击板的磨损较严重、运行周期短。故多选用于褐煤以及挥发分高、可磨性指数大的烟煤，并应避免木块、石块、铁块等异物进入。

锤击磨的工作原理与风扇磨煤机大同小异。其转子上装有若干组对称配置的飞锤，在高速旋转中将煤击碎，其特点与风扇磨煤机的基本相同。

3. 旋风炉

旋风炉排出的渣为液态渣，燃料也是煤粉。它的特点是在前置的圆筒形风筒内组织旋涡燃烧。强大的二次风所造成的旋转气流将大部分燃料甩向筒壁内表面的熔渣膜上去，使旋风筒内的容积热负荷达到煤粉炉的10～30倍。根据旋风筒的布置方向，旋风炉有立式和卧式之分，我国采用较多的是立式旋风炉。

旋风炉灰渣量的90%左右呈液态从旋风筒底部的流渣口排出，经水淬后，形成颗粒状的水淬渣。水淬渣便于综合利用，可代替砂子使用，也可以作为筑路、生产建材的原料，且在运输和使用过程中不会飞扬而污染环境。在城市建设热电站时，选用旋风炉可解决灰渣的出路问题。利用旋风炉增钙渣可以直接生产岩（矿）棉，不需要增加许多设备，能耗很低。在发电燃料中加入适量石灰石、钾长石，经旋风炉燃烧，将水淬渣破碎后即成为硅钙钾复合肥。

4. 流化床锅炉

流化床锅炉亦称沸腾炉。它的优点是：对燃料的适应性很强，可以燃用石煤、煤矸石、油母页岩、劣质无烟煤等劣质燃料；燃料中加入石灰石可以进行炉内脱硫；燃烧温度低（800～900℃），NO_x排放量小（50～250mg/m^3，在标准状态下）；灰渣活性高，利于综合利用。其缺点是目前单台锅炉容量小，设备的磨损问题也有待于解决。

循环流化床锅炉是20世纪70年代末发展起来的第二代流化床锅炉。燃料（或加脱硫剂石灰石）由循环床燃烧室下部给入，一次风从布风板下部送入，二次风由燃烧室中部送入。燃烧室内的运行风速一般为5～10m/s，并在炉内悬浮段形成强烈的扰动，燃料流化燃烧，在炉膛内的停留时间增加。烟气进入分离器，较大的固体颗粒被分离出来，经返料机构由床体底部重新被送入燃烧室，烟气所携带的细粉尘经除尘器除下。循环流化床锅炉的燃烧效率可达95%以上，热效率在80%左右。

流化床锅炉的燃料粒度一般小于10mm，原煤经过破碎筛分即可燃烧。燃料经充分燃烧后，产生的细粉尘由烟气带出进入除尘器，除下的灰为细灰，炉底排出的较大颗粒为粗渣。

第二节 粉煤灰的收集

从锅炉含尘烟气中将粉尘分离出来并加以捕集的装置称为除尘装置或除尘器。

一、除尘器的类型

按作用于除尘器的外力和除尘器的作用机理，可将除尘器分为四大类型。

1. 机械力除尘器

机械力除尘器亦称机械式除尘器。它是利用重力、惯性力和离心力等的作用使粉尘与气体分离并沉降的装置，包括重力除尘器（又称重力沉降室）、惯性力除尘器和旋风除尘器。

2. 电除尘器

它是利用高压电场使尘粒荷电，在库仑力作用下使粉尘与气体分离的装置。

3. 过滤除尘器

它是使含尘气流通过织物或多孔滤料层进行过滤分离的装置，分为内部过滤和表面过滤两种形式。采用织物进行表面过滤的称为袋式（布袋式）过滤器。

4. 湿式除尘器

它是利用液滴或液膜洗涤含尘气流，使粉尘与气体分离的装置，包括旋风水膜除尘器、斜棒栅水膜除尘器和文丘里除尘器等。

此外，按除尘过程中是否用水或其他液体，可把除尘器分为干式和湿式除尘器。机械式除尘器、电除尘器和过滤除尘器为干式除尘器。干式除尘器除下来的是干灰，有利于综合利用，亦能节约用水，目前被广泛地采用。根据除尘效率的高低，把除尘器分为低效、中效和高效除尘器。电除尘器、袋式过滤器和文丘里除尘器是目前应用得较广泛的三种高效除尘器；旋风水膜除尘器属于中效除尘器；重力和惯性力除尘器属于低效除尘器，一般只能作为多级除尘系统的初级除尘。

二、除尘过程及各类除尘器的比较

通过分析含尘气体在除尘器内运动与变化的规律，各类除尘器都包括捕集分离、排尘和排气三个过程。由于粉尘所受的作用力及分离过程不同，各类除尘器的适用范围、制造和运行费用等都不尽相同。

1. 除尘过程

四大类型六种除尘器的捕集分离、排尘和排气三个过程如表2-8所示。

表 2-8　　四大类型六种除尘器的除尘过程

类型		机械力除尘器			电除尘器	过滤除尘器	湿式除尘器
		重力除尘器	惯性力除尘器	旋风除尘器			
捕集分离过程	捕集阶段作用（力）	重力	惯性力	离心力	静电力	惯性碰撞 拦截 扩散 静电	惯性碰撞 拦截 扩散
	分离区与作用力	流动呆滞区，重力	边壁上，重力	外筒内壁，流动离心力	集尘极，附着力	过滤层，附着力	液体表面，表面张力
排尘过程与设备		重力排入灰斗，无需外加设备	重力排入灰斗，无需外加设备	粉尘流股自动流入灰斗	周期振打，有清灰装置	周期性振落，有振落装置	液、气线流，液体流动排灰
排气过程		压力损失很小	压力损失小	压力损失中等	压力损失很小	压力损失很大	不同型式的压力损失不同

2. 四大类型除尘器的比较

四大类型六种除尘器对于捕集分离颗粒的最佳运转范围、制造安装和运行管理费用的相对比较如表 2-9 所示。

表 2-9　　四大类型六种除尘器的比较

除尘器类型		最佳运转范围（μm）	制造安装费	运转管理费	备　注
机械力除尘器	重力除尘器	大于 100	低	低	占地面积大，除尘效率低
	惯性力除尘器	大于 50	中	低	除尘效率偏低
	旋风除尘器	5～20	中	中	分离小于 5μm 颗粒较困难
湿式除尘器		0.1～5	较高	较高	
过滤除尘器		0.1～1.0	高	高	占地面积大，运行管理要求高
电除尘器		0.1～1.0	很高	中	

三、除尘装置的选用

排烟性质、状况及其变化，各种除尘器的特性及适用范围是选择除尘器的两个基本因素。另一方面，灰的处置和利用方式也是选择除尘器的重要因素。

（一）排烟性状及其变化

1. 尘粒的性质及其变化

（1）分散度。指粉煤灰中各种粒级的质量百分组成。它在很大程度上取决于燃煤种类、磨煤机类型及其控制、燃烧方式及程度等。不同燃烧方式的烟尘颗粒百分组成的某一实测值如表 2-10 所示。

表 2-10　不同燃烧方式烟尘的颗粒百分组成

粒径 (μm)	链条炉 (%)	抛煤机炉 (%)	煤粉炉 (%)	流化床炉* (%)
< 10	7	11	25	4
< 20	15	23	49	10
< 44	25	42	79	20
< 74	38	56	90	26
< 149	57	73	98	74
> 149	43	27	2	26

* 流化床炉为燃烧含灰量 40% 以上劣质无烟煤所测定的数据。

不同型式的除尘器对尘粒分散度有不同的适应性。粒径在 10μm 以上时，可选用旋风除尘器，而当数微米以下的微粒占大部分时，宜选用湿式、过滤或电除尘器等。

(2) 含尘浓度。指单位体积烟气内含有的烟尘质量。不同燃烧方式的锅炉的排烟含尘浓度及烟尘占总灰量的比例大致如表 2-11 所示。

表 2-11　不同炉型的排烟含尘浓度及烟尘占总灰量的比例

项目 \ 炉型	链条炉	抛煤机炉	煤粉炉	流化床炉
含尘浓度 (g/m^3)	2.0 ~ 3.5	8 ~ 13.5	14 ~ 20	20 ~ 50
占总灰量比例 (%)	15 ~ 25	24 ~ 40	85 ~ 90	30 ~ 60

(3) 尘粒密度。对除尘装置的影响较大，特别是在重力、惯性或旋风除尘装置中表现得更为明显。

(4) 尘粒比电阻。对电除尘器的影响大，必要时需调整烟气温度和性质，使尘粒的比电阻保持在 $10^4 \sim 5 \times 10^{10} \Omega \cdot cm$ 的范围内。

(5) 尘粒的粘附性。即尘粒间的凝聚或尘粒对器壁粘附堆积的附着力。除影响除尘器效率外，尘粒的粘附性还是造成除尘装置机械故障或管路堵塞的原因。

(6) 其他特性。如磨损性、亲水性等对除尘器的选用也有一定的影响。

2. 烟气的性质及其变化

(1) 烟气量。即锅炉燃烧过程中所产生的废气流量，它是合理选用除尘器的一个重要因素。烟气量可以通过燃煤量，煤中碳、硫、氢、氧等元素含量，过剩空气系数等计算出来。

(2) 烟气温度和露点。烟气温度变动时，烟气的粘度、粉尘的比电阻都有变化，对重力、旋风或电除尘器的效率都有影响。烟气温度也是袋式过滤除尘器选择滤布材料的重要根据。烟气温度处于露点之下，会引起除尘器中金属腐蚀、烟尘粘附以及堵灰等很多问题发生。

(二) 除尘器的工作特性及适用范围

选用除尘器的主要技术依据是除尘器的除尘效率、烟气阻力、负荷、对含尘浓度的适应性、工作可靠性及对灰性质的要求。各种除尘器的工作性能及适用范围如表 2-12 所示。

表 2-12　　各种除尘器的工作性能及适用范围

种 类	除尘器型式	有效捕集粒径（μm）	烟气流速（m/s）	除尘效率（%）	烟气阻力（mm 水柱）〔Pa〕	适用范围（D—锅炉容量，t/h）
干式旋风	立式多管	>10	10~20	75~85	50~90 [491~883]	D≥10 的层燃炉，中小型煤粉炉
	卧式多管	>10	15~20	80~85	70~90 [687~883]	D≥6.5 的层燃炉，中小型煤粉炉
	旋风筒组合	>10	12~18	80~85	50~80 [491~785]	D≥10 的层燃炉、流化床炉、煤粉炉
湿式	旋风水膜	>5	15~22	80~90	50~100 [491~980]	D≥10 的层燃炉、流化床炉、煤粉炉
	斜棒栅水膜	>1	15~20	~95	80~140 [785~1372]	D≥10 的层燃炉，流化床炉，煤粉炉
	文丘里	>0.5	50~60（喉管）	~96	120~180 [1176~1765]	大中型煤粉炉、流化床炉
干式	电除尘	>0.1	1.0~1.5	98~99	20~30 [196~294]	大中型煤粉炉、流化床炉
	袋式过滤	>0.1	0.01~0.03	~99	100~200 [980~1960]	大中型煤粉炉、流化床炉

由表 2-12 可看出电除尘器的效率高、阻力小、处理烟气量大，已广泛应用于有关工业部门。随着国家对大气污染控制日益严格和电力工业的发展，电除尘器已成为燃煤电站排烟除尘所选用的主要设备。同时，电除尘器的运行易实现自动化，且回收的是干灰，有利于综合利用。其缺点是一次性投资大，占地面积较大，耗用钢材多。

四、几种常用的除尘器

（一）旋风除尘器

旋风除尘器属于机械式除尘器，是使含尘气流作旋转运动，借作用在尘粒上的离心力把粉尘从烟气中分离出来的装置。

1．原理和结构

除尘器由筒体、锥体和进气管、排气管等组成，如图 2-1 所示。

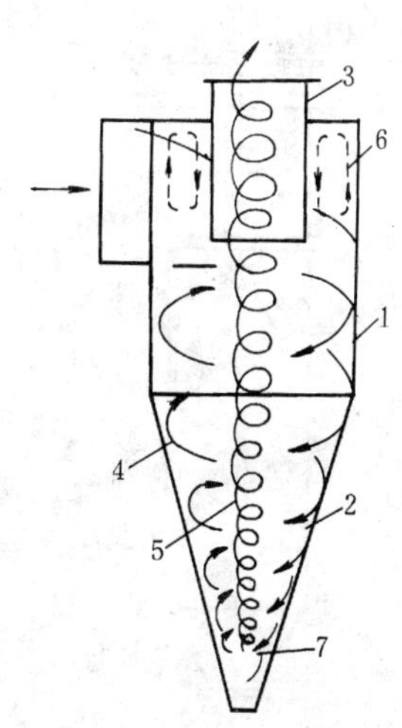

图 2-1　普通旋风除尘器的结构及内部气流
1—筒体；2—锥体；3—排气管；4—外旋流；5—内旋流；6—上旋流；7—回流区

含尘烟气自进口导向装置切向进入除尘器内，并沿筒体内壁旋转下降。这股下旋气流大部分到达锥顶时，气流折转向上，由排气管排出。在气流由上向下及由下向上的旋转过程中，粉尘在离心力的作用下，被甩向筒体和锥体内壁，并在旋转气流的推力和粒子本身重力的作用下落入灰斗。

2．性能

(1) 除尘效率。一般为 75%~85%，并受到以下因素的影响：

1）入口流速。过大则加剧磨损，增加压力损失；过小则影响效率，一般采用 12~20m/s。

2）结构尺寸。减小筒体和排气管直径，适当加长锥体，可提高除尘效率。

3）粉尘粒径和密度。粒径和密度愈大，离心力愈大，除尘效率也愈高。

4）除尘器严密性。当除尘器灰斗不严而漏入空气时，由于锥体底部处于负压状态，气流会把已落入灰斗的粉尘重新带起，使除尘效率降低。

（2）压力损失。一般为0.5～0.9kPa，并受到以下因素的影响：

1）进口速度。压力损失与烟气进口速度的平方成正比。

2）除尘器相对尺寸。压力损失随排气管直径的减小而增加，随圆筒与锥体部分长度的增加而减小。

3）内壁光洁程度。内壁粗糙会使压力损失增加。

3. 应用

旋风除尘器结构简单，造价低，安装和维护较容易、方便，因此被中低压锅炉采用，亦可作为其他高效除尘器的预处理装置。在实际应用中，为提高除尘效率或烟气处理量而将多个旋风除尘器串联或并联起来使用，形成组合式多管旋风除尘器。旋风除尘器的缺点是除尘效率较低，筒体、锥体内壁易磨损及锥体部分易堵灰等。

（二）旋风水膜除尘器

旋风水膜除尘器和斜棒栅水膜除尘器、文丘里除尘器同为常用的湿式除尘器，除具有除尘作用外，还有一定的烟气脱硫作用。

1. 原理和结构

旋风水膜除尘器结构如图2-2所示，通过喷嘴或溢流水槽供水，在内壁面形成一层很薄的、不断下流的水膜。含尘烟气从筒体下部切向导入，旋转上升，靠离心力作用甩向壁面的粉尘为水膜所粘附，随水膜流出除尘器。筒壁可为混凝土结构，内衬瓷砖或铸石等，用来防磨和防腐。筒壁也可以用麻石砌筑（俗称麻石水膜除尘器），其运行稳定、可靠。

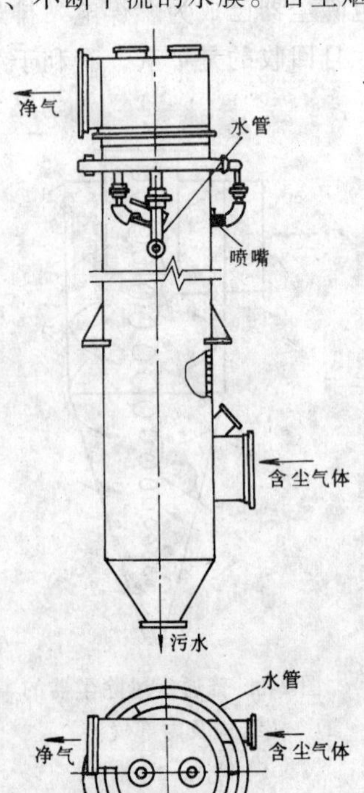

图2-2 CLS型旋风水膜除尘器结构

2. 性能

（1）除尘效率。一般为80%～90%，并受到以下因素的影响：

1）进口速度。烟气流的入口速度过大，不但压力损失激增，而且还可能破坏水膜层，使除尘效率降低，并出现排气带水现象。进口速度一般为15～22m/s。

2）结构尺寸。筒体直径减小或高度增加，都会提高除尘效率。筒体高度一般不小于3倍的筒体直径。

3）运行管理和水膜形成状况。运行管理和水膜形成状况好，除尘效率就比较稳定。

（2）烟气带水。烟气带水和积灰、腐蚀是湿式除尘器运行中的三个突出问题，并彼此相关。烟气严重带水，会导致出口烟道、风机严重积灰，减少流通截面，增大阻力，以及造成风机失衡、振动。防止烟气带水可采取以下措施：

1）保持筒体具有一定的高度。筒体高度除不小于3倍的筒体直径外，上部干段应有一定高度（干段与筒体直径比大于 1.1)，以便于气水分离。

2）控制烟气流速。筒体内烟气上升速度控制在 4.5m/s 以下。

3）调整好空气动力场。保持其具有良好的状态。

4）保证施工质量。保持筒体内衬平整和环形喷嘴、溢水槽的水平度等。

（3）压力损失。一般为 0.5～1.0kPa。入口速度过高，压力损失激增。

（4）耗水量。耗水量是湿式气体洗涤器的一个重要指标，调整环形喷嘴的压力和流量，使水膜薄而均匀，以达到节水的目的。耗水量一般为 0.1～0.3L/m^3（标准状态下）。

3. 应用

旋风水膜除尘器的结构简单、运行稳定、投资较低、维护工作量较小，对含尘浓度较高的烟气也有较好的除尘效果，故被不少中小型煤粉炉所采用。为提高效率，可在其前面安装斜棒栅或文丘里管。

水膜、文丘里和斜棒栅除尘器除下来的均是湿灰，不利于综合利用。

（三）文丘里除尘器

文丘里除尘器是一种高效湿式除尘器，也可以用于气体的吸收。

1. 原理和结构

文丘里除尘器由文丘里管和捕滴器两部分组成，如图 2-3 所示。文丘里管由收缩管、喉管、扩散管和喉部喷嘴等构成。根据其结构和布置的不同，文丘里管有圆形、矩型和立式、卧式之分。烟气在文丘里管喉部加速至 50～60m/s，使烟中尘粒具有较大的动能。尘粒和来自喉部喷嘴喷入的水滴发生碰撞、冲击、凝聚作用，形成粒径较原尘粒直径大得多的水灰滴团，之后进入捕滴器分离。在捕滴器内，靠气流的旋转作用，使尘粒产生离心力，从气流中分离出来，甩向筒壁，由水膜冲至灰斗、灰池，然后排出。

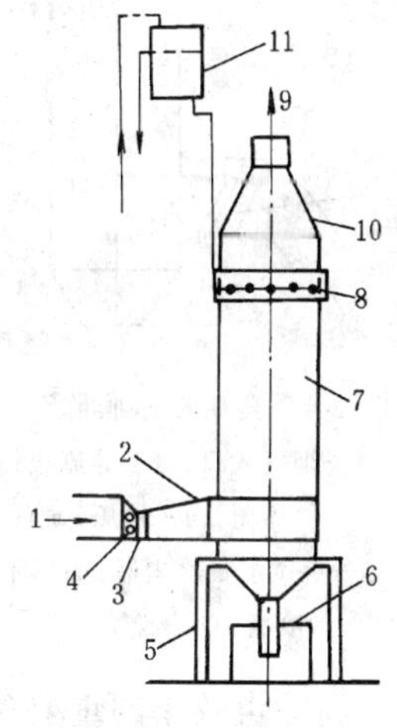

图 2-3　文丘里除尘器

1—烟气入口；2—文丘里管；3—喉部；4—喉部喷嘴；5—支架；6—水封；7—捕滴器；8—环形喷嘴；9—烟气出口；10—捕滴器出口锥形管；11—除尘水箱

文丘里除尘器内衬材料有瓷砖、铸石、花岗岩（麻石）等。

2. 除尘器性能

（1）除尘效率。一般为 96%左右，其主要影响因素有：

1）进气方式。以蜗壳进气为最好，水平切向进气次之。

2）喷水量。喷水多，效率高。

3）湿段比。即捕滴器喷水点下的湿段高度与内径之比，湿段比增加，除尘效率增加，一般此比值以 1.8～2.2 为宜。

4）烟气进口截面。高宽比大，除尘效率低。

5）烟气上升速度。捕滴器内烟气上升速度增加，除尘效率降低，一般应不大于 4.5m/s。

6）烟气引出方式。以蜗壳引出或轴向引出较合适，轴向引出的引出管直径以 0.5～0.55 倍捕滴器内径为宜。近期研究表明，在轴向引出的烟道内加装一种特殊结构的导流器，有助于降低压力损失和减少烟气带水。

7）运行维护。喷水压力、流量、喷嘴雾化及水膜形成状况，漏风大小及地点都对除尘效率有影响。

（2）烟气带水。减少烟气带水的措施基本与旋风水膜除尘器的相同。

(3) 压力损失。影响压力损失的因素很多，如结构尺寸、加工和安装精度、喷雾方式和喷水压力、水气比、气体流动状态等。一般压力损失为1.2~1.8kPa，其中文丘里管部分的阻力小于0.9kPa。

(4) 耗水量。一般为0.3~0.5L/m^3（标准状态下）。

3. 应用

文丘里除尘器的除尘效率较高，占地面积较小，结构简单，投资省，因此在电站锅炉旋风水膜除尘器改造及新建工程中得到应用。由于存在着耗水量较大及不同程度的烟气带水现象，在一定程度上限制了其推广和应用。

（四）斜棒栅水膜除尘器

1. 原理和结构

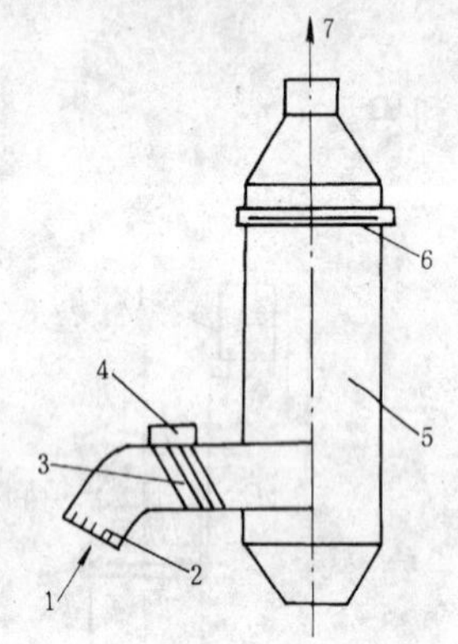

图 2-4 斜棒栅水膜除尘器
1—烟气入口；2—导流板；3—斜棒栅；4—稳压水箱；5—旋风水膜除尘器；6—环形喷嘴；7—烟气出口

斜棒栅水膜除尘器由斜棒栅和旋风水膜除尘器两部分组成，如图2-4所示。

斜棒栅是斜置的洗涤栅，其供水装置包括稳压水箱和雾化喷嘴。稳压水箱的水直接引到洗涤栅棒，使洗涤栅周围形成一层均匀的自上而下的流动水膜，以捕集碰撞并粘附在栅棒上的灰粒，同时利用流动的水膜将灰粒冲刷排走。利用装设在洗涤栅前的雾化喷嘴喷雾，冲洗栅棒，消除积灰，并利用雾化水滴碰撞凝聚、捕捉粉尘，提高洗涤栅部分的除尘效率。因此，含尘烟气经过洗涤栅后，一部分粉尘粘附在洗涤栅上而被清除，另一部分则在雾化水滴的作用下，聚集成较大的颗粒，在旋风水膜除尘器中除去。

2. 性能

(1) 除尘效率。一般为95%左右。斜棒栅供水装置的供水量正常，能形成稳定、均匀的水膜和达到良好的雾化效果，是保持较高除尘效率的重要条件。

(2) 烟气带水。其影响因素及防止烟气带水的措施与文丘里除尘器的相同。

(3) 压力损失。由于增加了斜棒栅部分的阻力，其压力损失略大于旋风水膜除尘器，一般为0.8~1.4kPa。

(4) 耗水量。由于斜棒栅上流动的水膜和雾化要形成水滴，耗水量较大，一般在0.5L/m^3（标准状态下）以上。

3. 应用

我国电站锅炉过去采用的洗涤栅除尘器的栅棒水膜形成不好，并往往因洗涤水含有某些杂物造成堵灰，影响锅炉出力，所以不少洗涤栅被迫拆除，使除尘效率下降。改用斜棒栅，堵灰问题得到解决，但因耗水量大而影响了其在较大范围内的应用。

（五）袋式除尘器

袋式除尘器属于织物过滤器类，是利用棉、毛或人造纤维（化学与玻璃纤维）等加工制成滤袋进行过滤除尘的。

1. 原理和结构

粉尘通过滤布时，产生筛滤、碰撞、拦截、扩散、静电和重力沉降等作用，粗尘粒首先被阻留，并在网孔之间产生“架桥”现象，形成粉尘初层。之后形成粉尘过滤层，相应地，过滤效率和阻力都增大了。当阻力达一定程度时，需清除积存的灰尘。经过一段周期性的过滤和清灰，剩余的积灰趋于稳定，可保持比较高的除尘效率。

不同结构的袋式过滤器的主要区别是过滤元件的形状和清灰方法。滤袋有圆筒形和扁袋形之分，如图 2-5 所示；进气方式有外滤式、内滤式和下进气、上进气之分；清灰方式有机械振动、逆气流反吹、气环反吹、脉冲喷吹等类型，如图 2-5 和图 2-6 所示。

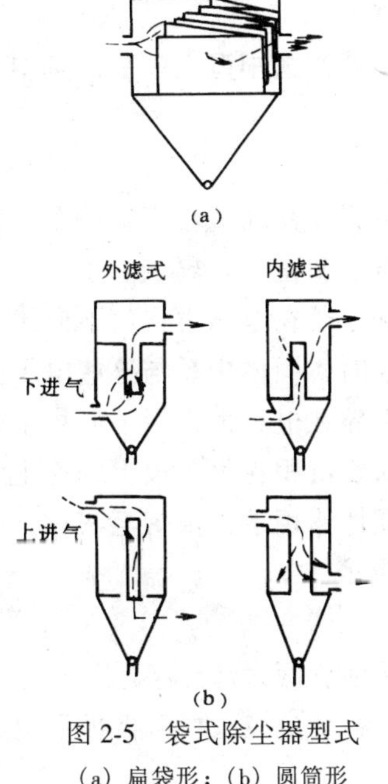

图 2-5 袋式除尘器型式

(a) 扁袋形；(b) 圆筒形

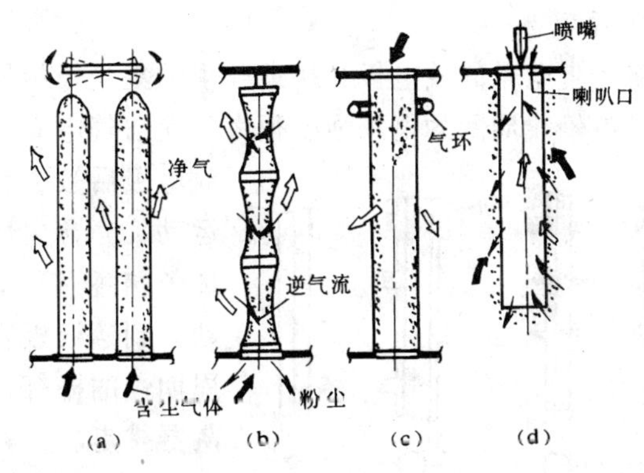

图 2-6 典型清灰机理示意

(a) 机械振动清灰式；(b) 逆气流反吹式；

(c) 气环反吹清灰式；(d) 脉冲喷吹式

2. 性能

(1) 除尘效率。袋式除尘器的除尘效率一般可达 99%，其影响因素主要有以下几个方面：

1) 滤布的积尘状态。清洁滤料的除尘效率低，积尘后的效率提高，振打清灰后效率有所降低，如图 2-7 所示。

2) 滤料结构。起绒的布比不起绒的滤料滤尘效率高。

3) 过滤速度。一般随着过滤速度的增大，除尘效率降低。综合考虑技术、经济等因素，对低气布比袋式除尘器（如逆气流清灰式的），过滤速度以不超过 0.5m/min 为宜；对高气布比袋式除尘器（如脉冲清灰式的），一般为 1.2～1.5m/min。

(2) 压力损失。对于织物过滤器的压力损失，考虑到除尘效率、设备费、运行费、织物使用寿命等因素，一般选取 1.0～2.0kPa。

(3) 适应性。除尘效率不受煤质化学成分变化的影响，可适应各煤种。

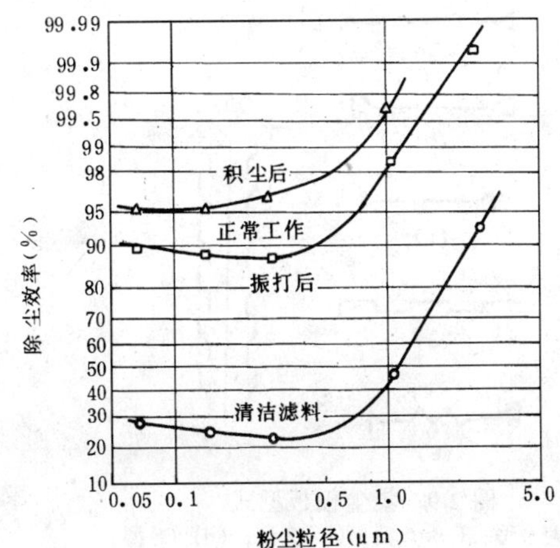

图 2-7 滤布在不同积尘状态下的除尘效率

3. 应用

袋式除尘器的除尘效率高，设备结构简单，投资比电除尘器的低。另外，除尘器收集的是干状灰，有利于灰的综合利用且无废水处理问题，因此近年来在锅炉除尘上有所应用，特别是在高比电阻粉尘除尘和易爆的含尘气体净化方面，其优点更为明显。近年来，国外在烟气脱硫系统上采用袋式除尘器，可以藉此进一步提高脱硫效率，展示了其较好的发展前景。袋式除尘器的缺点是过滤速度低，过滤面积大，设备庞大。同时，由于目前国产滤袋易损，检修和维护滤袋的工作量较大，劳动条件也较差，因而限制了其推广和使用。

（六）电除尘器

电除尘器是一种高效干式除尘器，处理烟气量大，目前新建的大中型电站锅炉基本上采用此种除尘器。

1. 原理

对产生电晕的放电极和接地收尘的集尘极施加高压直流电，在其间就会产生一个不均匀电场。电晕线周围的电场强度很大，使空气电离，产生大量电子和正、负离子。正离子驱向放电极后被中和，负离子和电子在电场力作用下向集尘极运动。当含尘烟气通过电场时，固体尘粒与这些电子、负离子相碰撞而带电。荷电尘粒在电场力作用下向集尘极运动，到达极板后释放出电荷。沉积在集尘极上的粉尘经过周期性的振打，在重力和惯性作用下，掉落至灰斗，由卸灰器排走。

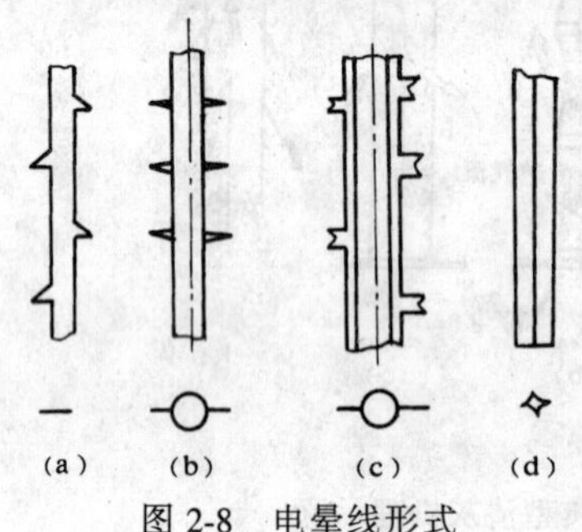

图 2-8 电晕线形式
(a) 锯齿线；(b) 鱼骨线；
(c) RS 线；(d) 星型线

2. 结构

电除尘器由本体和电源装置两大部分组成。

(1) 本体。包括放电极、集尘极、槽型极板系统、均流装置和壳体结构。

1) 放电极系统包括放电极绝缘支柱、大小框架、振打装置和电晕线。电晕线有锯齿线、鱼骨线、RS 线和星型线等形式，如图 2-8 所示。

2) 集尘极板系统由集尘极板、振打装置组成。为减少粉尘二次飞扬和增加极板刚度，通常把极板制成不同凹凸槽型，如图 2-9 所示。

3) 槽型极板横置在电场末端并接地，相当于两排拦截烟气流的集尘极板，如图 2-10 所示。

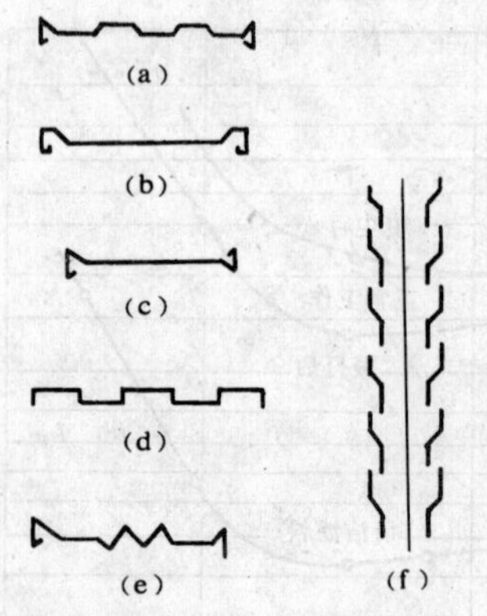

图 2-9 集尘极板型式
(a) 大 C 型；(b) C 型；(c) Z 型；(d) CS 型；
(e) CW 型；(f) 鱼鳞型

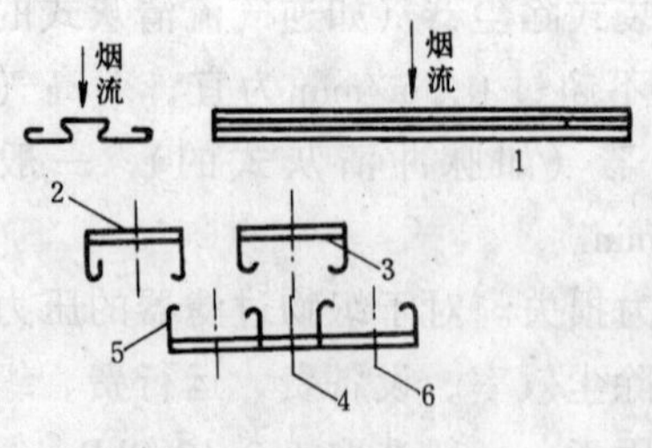

图 2-10 槽型极板及其分组
1—槽型极板型线；2—连接板；3—垫板；
4—双头螺栓螺母、定位套；5—槽型
极板；6—螺栓螺母

4）均流装置为装设在进气烟箱内的多孔板，一般有 2～3 层，以使进入电场的气流均匀，提高除尘效果。

5）壳体结构一般采用钢构件，并加以保温，下有灰斗及排灰装置。

(2) 电源装置。为使放电极线能在烟尘情况发生变化时也能产生正常的电晕，保持较高的除尘效率，不仅要求电源的直流电压高（目前我国一般采用 60～72kV），且能随烟尘情况变化相应地调整电压。目前广泛使用的电源装置是晶闸管控制和火花跟踪自动调压的高压硅整流装置，其自动调整性能比较完善。其发展方向是采用微机自动控制高低压供电装置，以及采用中央处理机和烟气浓度反馈装置，集中控制多台电除尘器，实现自动控制与节电目标。

3. 性能

(1) 除尘效率。电除尘器的除尘效率较高，其电场一般 3～4 级串联使用，按顺序分别称为一、二、三、四电场，设计总效率可达 99%或更高。其影响因素有以下几点：

1）粉尘比电阻。一般在 $10^4 \sim 5\times10^{10}\Omega\cdot cm$ 时效率最高，过大或过小都对除尘不利，粉尘比电阻太高时要采取一定的技术措施。

2）烟气含尘量。一般适用于含尘量 $7\sim30g/m^3$ 的烟气除尘，过大时易出现电晕封闭现象。

3）烟气温度。对粉尘比电阻和气体粘度都有影响。烟气温度一般要高于其露点温度 20～30℃，以防止因结露而产生电击穿。

4）烟流速度。一般为 1.0～1.5m/s，过高会使除尘效率降低。

5）烟气分布。若烟气均匀性恶化，粉尘透过率增加，则除尘效率降低。

6）放电极与集尘极的积灰。放电极积灰、肥大，会大大地降低电晕放电效果。集尘极粉尘过厚时，会影响带电粉尘在极板上的导电性，降低收集效率。利用机械振打装置，可以及时清除放电极和集尘极上的积灰，因此要合理选择振打周期和振打力。

7）运行电压。电压增加，效率增加，但电压受到击穿电压的限制。一般运行电压越逼近击穿电压，火花放电次数又少，则表明其控制性能越好。

(2) 压力损失。电除尘的压力损失小，一般仅有 0.2～0.3kPa。

(3) 电耗。电除尘器的阻力小，且对粉尘的捕集作用力是直接作用于粒子本身的，耗电量小。同时由于每个电场的额定输出直流电流一般不超过 1.5A，耗能也较小。目前我国电站使用的电除尘器电耗约为机组额定发电容量的 0.3%～0.4%，但仍有节电的潜力。

(4) 各电场灰的分配及其细度。对电除尘器的运行，一般投入三个电场，除尘效率即可达 99%左右。第一、二、三电场收得的粉煤灰占烟气中总灰量的百分比大致分别为 80%、15%、4%左右，即大部分灰在第一电场除下。

按目前粉煤灰细度标准，45μm 筛余量小于 12%、20%、45%的灰分别为Ⅰ、Ⅱ、Ⅲ级灰。第二、第三电场收集的灰的细度可以达到Ⅰ、Ⅱ级灰的标准。为增加Ⅰ、Ⅱ级灰的数量，可合理调配三个电场的电压、电流，提高第二、第三电场收尘的比例，也可对第一电场灰进行分选加工，分选的粗灰经研磨也可以成为细灰。

第三节 除灰系统

火力发电厂除灰（含渣，下同）系统，就是将炉底渣和粉煤灰收集、输送、储存（或综合利用）的工艺系统，通常分为厂内、厂外两部分。厂内除灰系统是将锅炉的灰渣集中到储存设施内待运；厂外除灰系统指由输送设备、管道或车船等将灰渣运至储灰场储存或运往灰渣用户。

一、除灰系统的类型

火力发电厂除灰系统一般分为水力、气力和机械三种。该系统需根据电厂的排灰渣量、灰渣的化学和物理性质、锅炉及除尘器的型式、电厂的供水条件、灰场条件以及环境保护和综合利用等条件确定。除灰系统可以采用一台锅炉设一套系统的单元制系统或多台锅炉合用一套系统的公用制系统。当单独采用一种除灰方式不能满足要求时，也可同时采用两种或多种方式的联合除灰系统。

目前，我国大部分火力发电厂仍以水力除灰系统为主，气力、机械除灰系统一般作为辅助系统，但也有部分电厂以气力或机械除灰系统作为主系统。水力除灰在我国已有较成熟的使用经验，具有在处理和输送过程中避免灰渣扩散飞扬，运行操作可靠、简便的优点；但也有耗水量大，易造成灰水污染，不利于灰渣的综合利用，且当灰中氧化钙含量较高时管道易结垢等缺点。为了节水，减少灰水排放和解决灰渣量大等问题，目前水力除灰系统向高浓度、大容量、远距离输送的方向发展。为彻底解决灰水污染、占地多等问题，电厂除灰必将逐步推广干式除灰系统及干灰碾压贮存的排放方式，同时这也为灰渣的综合利用创造了条件。

二、气力除灰系统

气力除灰系统是以空气为输送介质和动力，将锅炉各集灰斗的干灰输送到指定地点的一种输送方式，适于中短距离定点输送，既保持了灰的活性，又没有灰水污染等问题。由于输送气流速度高，输送管道和个别设备磨损严重，其输送距离受动力设备压力的限制。根据系统压力的不同，可分为负压（真空式）和正压（压力式）两大类。负压系统是靠系统内的负压将空气和灰一起吸入管道内，然后送入一个中转灰仓内，物料的整个输送过程是在低于大气压力下进行的。压力式系统则是用高于大气压力的压缩空气来推动物料进行输送的。根据空气压力和输送设备的不同，又可分为几种不同的型式，如表 2-13 所示。

表 2-13 气力除灰系统分类

系统类别		输送装置	性能范围			主要用途
			输送量（t/h）	输送距离（m）	气源压力（kPa）	
负压式		物料输送阀（E型阀）	30～40	小于200	－65	将分散在各灰斗的干灰集中
压力式	低压	气锁阀	30～100	400～600	小于200	将多个灰斗中的干灰距离集中
		空气斜槽	40	60	5.0	将多个灰斗中的干灰水平集中
	高压	仓式输送泵	30～100	500～1000	300～700	较远距离输送
负压—正压联合输送			30～100			大容量、较远距离输送

（一）负压气力除灰系统

负压气力除灰系统由受灰设备、输送管道、收尘设备和抽气设备组成。一般负压系统均与其他系统联合使用，如图 2-11 所示，这是应用最广的真空泵（或罗茨风机）负压气力除灰系统。

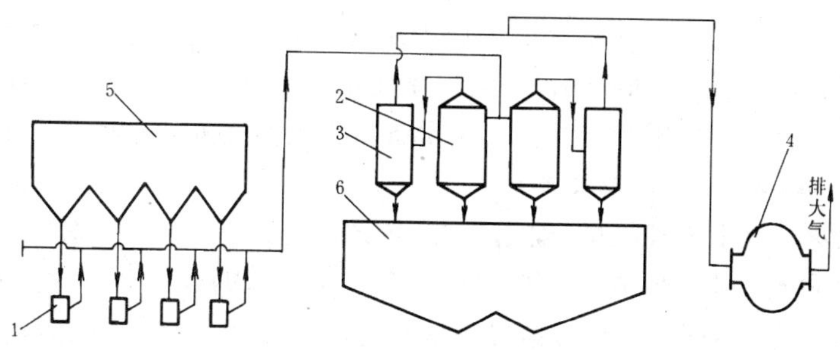

图 2-11　负压气力除灰系统

1—物料输送阀；2—旋风除尘器；3—袋式除尘器；4—真空泵或罗茨风机；5—除尘器灰斗；6—中间储灰斗

1. 给料设备

负压气力除灰系统中的给料设备主要是用来定量、连续或间断地向系统供料。我国火力发电厂使用的是物料输送阀（也称 E 型阀）。其结构是阀中有一个滑动阀门，由气缸控制其启闭。吸入系统的空气由两个位于灰斗出口和滑动阀门之间的进风阀供给，当系统负压达到一定值时，滑动阀门打开，进风阀使空气与干灰混合并进入输送管道。

2. 收尘设备

在负压气力除灰系统中，收尘设备的主要作用是将粉煤灰从输送气流中分离出来，并将灰排至指定地点。由于系统中灰的浓度较高，为保护环境和系统抽气设备，采用二级除尘。第一级多采用旋风除尘器，第二级多采用袋式除尘器。除尘器应简单、可靠，运行维护方便，除尘效率高，一般组合效率不应低于 99%。除尘器排灰时必须严密，不会向装置内漏气。

3. 抽气设备

抽气设备使系统产生负压，是系统中最关键的设备之一。我国电厂常用的有以下几种：

（1）水环式真空泵。泵壳内有一个偏心旋转叶轮，当叶轮旋转时，注入泵壳内的水受离心力作用被甩到泵壳四周而形成一个相对叶轮为偏心的封闭水环，被抽吸的气体从泵的吸入孔进入水环与叶轮之间的空间。由于偏心叶轮的旋转，这个空间的容积由小逐渐增大而产生真空。真空泵运行时应不断向泵壳内补水，泵壳内的水不断流动，使水环保持一定的体积，并带走泵壳内产生的热量。

水环真空泵可处理经除尘器除尘且含有少量灰尘的气体。当灰中的碱性氧化物含量较高时，泵壳和叶轮易结垢而影响泵的正常工作。此外，若气流中 SO_2 含量较高时，也会引起泵壳和叶轮的酸性腐蚀。水环真空泵能产生较高的真空度，最高约 80.05kPa，其效率较低，一般只有 30%～40%。

（2）罗茨风机。罗茨风机壳体内装有两个腰形转子，两者位差 90°，以相同的速度反方向旋转。转子和外壳间的空气随其体积的变化而被压缩排出，每个转子旋转一周吸、送气两次。其特点是当气体压力变化时，风量变化小，风量大致与风机的转速成正比；吸气和排气没有脉动，不设缓冲罐；占地少，便于安装与布置；转子之间及转子与外壳之间没有磨损，运行可靠；设备效率高，但噪声大，其进出口需装消声器。我国生产的负压罗茨风机尚不过关，大多采用进口罗茨风机，最大真空度达74.71kPa。

目前国内电厂负压气力除灰系统最大出力可达40t/h左右，输送距离在200m以内，最大输送浓度为1kg（空气）:20kg（灰）。整个系统的运行基本上实现了程序控制，负压系统设备、零部件基本上实现了国产化，但个别设备质量仍不过关，有待进一步改进。

（二）正压（压力式）气力除灰系统

正压气力除灰系统由压气机械,输送装置(仓式输送泵)、收尘设备等组成。根据系统工作压力的不同,可分为微正压式(工作压力低于200kPa)和压力式(一般工作压力为300~700kPa)。微正压系统目前在美国、日本等国家的电厂采用得较多,系统的输送装置采用气锁阀。该装置可在输送管线上多台并联，并允许多台分组交替供料，其压气机械采用高压风机。压力式系统的压气机械为空气压缩机。输送装置有仓式输送泵、螺旋输送泵、气力喷射器等。我国大多采用仓式输送泵系统，图2-12即为基本的单仓泵气力除灰系统示意图。

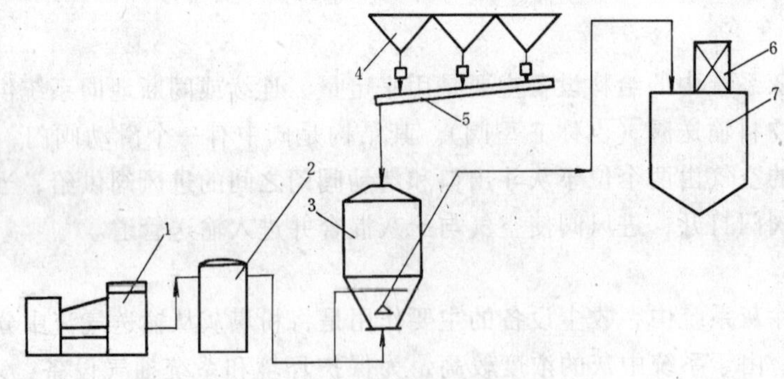

图2-12 单仓泵气力除灰系统示意

1—空气压缩机；2—贮气罐；3—仓泵；4—集灰斗；5—斜槽或螺旋输送机；6—除尘器；7—储灰库

1．压气机械

压气机械是向正压气力除灰系统提供高压空气的设备。常用的是往复式空气压缩机，其要求是能供给系统所需的风量和风压，并且当排气压力变化时，排气量的变化尽可能的小。在气力输灰过程中，由于运行工况的变化，往往引起压力的变化，同时，系统实际运行压力也可能与设计值有差异。如果在压力变化时引起风量的较大波动，则会引起气流速度的变化而使管道堵塞或加快管道的磨损。一般的解决办法是在空气压缩机出口装贮气罐。此外，压缩空气中不允许含水或油。

2．仓式输送泵

仓式输送泵（以下简称仓泵）是以压缩空气为输送介质和动力的，它是利用仓体的密封能力，自动交替进排料的容积式压力输送装置。当干灰装入仓泵后关闭进料阀，然后通入压缩空气，灰与压缩空气在仓内混合并一起进入输送管道。仓泵结构简单、维护工作量小、噪声低。其进排料周期交替进行，输送压力、系统出力和输送浓度均随仓泵周期动作而变化。常用的仓泵有上引式、下引式和流态化三种。从布置方式看，有单仓泵和双仓泵两种，单仓泵的进出料间断进行；双仓泵的两个仓可使进排料交替进行，连续输送。

（1）上引式仓泵。上引式仓泵的主要特征是其出料管从缸体的顶部引出，如图2-13所示。其工作原理是靠缸体内与出料端的压差而使灰随空气流动。工作性能与缸体的大小，缸体内灰的充满状况和管道阻力有关。对定量的空气，缸体尺寸大，灰的充满度高，系统输送的浓度和出力也相应增加；输送距离长、管线阻力大时，出力和输送浓度则相应降低。仓泵工作时的输送压力随运行时间的变化，可划分为三个阶段，如图 2-14 所示。

第一阶段为升压阶段，即图 2-14 中的 T_1 区间。压缩空气进入仓泵后，对灰进行扰动，使之悬浮并进入管道。由于气灰混合物逐渐充满输送管道，管道阻力和缸体内压力急剧上升。这阶段时间的长短和所达到的压力高低，主要取决于仓泵缸体的大小和输送管道的长度。

第二阶段为稳定输送阶段，即图 2-14 中 T_2 区间。这一阶段的时间占仓泵工作总时间的比例越大，则输送效率越高。

第三阶段为仓泵的吹空和管线的吹扫阶段，即图 2-14 中的 T_3 区间。这一阶段是将剩余在缸体内和管道内的部分细灰吹扫干净。其时间的长短可以选择适当的仓泵压力来控制。

图 2-14 中曲线 a 表示缸体内压力的变化情况；曲线 b 表示空压机贮气罐空气压力的变化情况。

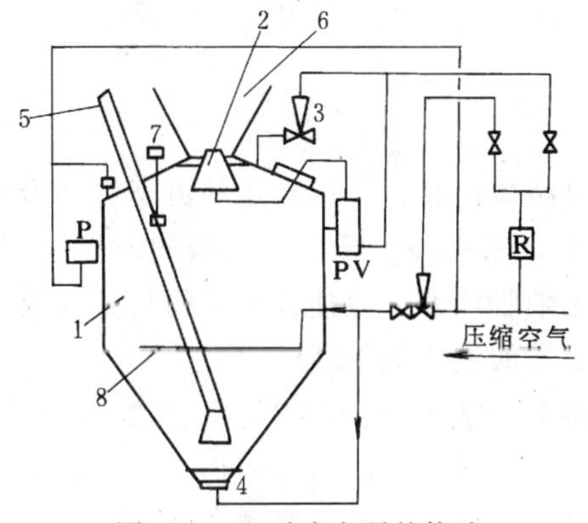

图 2-13　上引式仓泵的构造

1—缸体；2—进料阀；3—排气阀；4—底阀；5—排料管；6—料斗；7—料位自动探测器；8—环形吹松管；P—压力转换器；PV—活塞开关

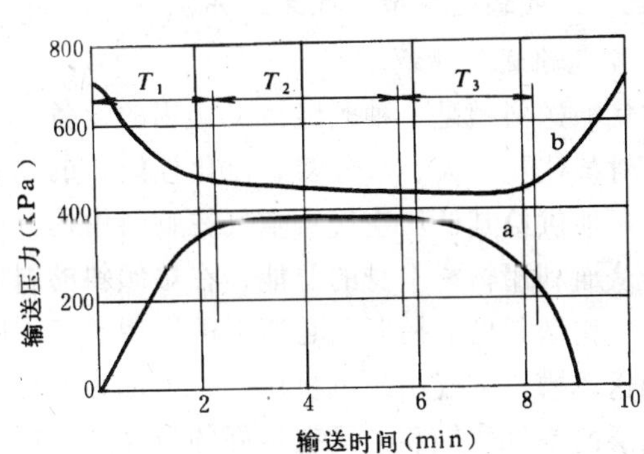

图 2-14　仓泵输送压力典型变化曲线

(2) 下引式仓泵。其工作原理与上引式仓泵不同。因输送管道的入口在仓泵底部的中心，所以不需要在缸体内先将粉料进行气化，而是靠灰本身的重力和空气流就可将灰送入输送管道内。因此，气灰混合比不受限制。下引式仓泵所需的压缩空气分三路引入：第一路从斜喷嘴进入，作为吹送灰料之用，称之为一次空气；第二路从仓泵出口斜喷嘴周围进入，用来调节输送气灰混合比，同时使灰粒加速，称之为二次空气；第三路从仓泵的缸内送入，以平衡缸内的压力，使缸内的灰容易流出，称之为三次空气。从下引式仓泵的调试情况来看，所需的一、二、三次空气的比例与系统出力、输送距离以及灰的物理特性等因素有关，如调整不当，容易出现堵管现象。

(3) 流态化仓泵。与上引式仓泵的主要不同点是流态化仓泵底部装有多孔气化板（其结构及工作原理与上引式仓泵相似），压缩空气通过气化板进入仓泵内，使灰流态化而有利于灰的输送。多孔气化板装在泵缸体底部的构架上。多孔气化板的材料可采用陶瓷或水泥，也可采用多层纤维织物。与上引式仓泵相比，流态化仓泵有如下优点：由于气化而改善了输送条件，输送出力和浓度提高，并且降低了输送气流的速度而使能耗和管道磨损大大降低，且不易出现堵灰现象。

此外还有其他气力输送装置，如螺旋输送泵、气力喷射器、脉冲泵等，但在电厂除灰系统中采用得极少。

3. 收尘设备

正压气力除灰系统的除尘装置比负压系统的简单，一般只需在灰库库顶设置压力式袋式除尘器即可。气灰混合物进入灰库后突然扩容，速度随之急剧降低，大部分灰料从气流中分离出来落在灰库内，少部分颗粒很细的灰尘随气流进入袋式除尘器，使气流得到进一步地净化。压力式袋式除尘器结构简单，其底座直接与灰库的排气口相接。利用库内正压，气流自行进入袋式除尘器，通过振打装置，捕集在滤袋上的灰尘落入灰库，也可采用压缩空气脉冲喷吹清灰。

仓泵正压气力除灰系统主要用于向综合利用厂或厂区内的灰库输送干灰，然后用其他运输设备外运干灰或调湿灰。系统输送距离可达1000m左右，出力可达40t/h，并可实现程序控制。目前国内电厂采用此类系统的较多。

（三）空气输送斜槽和气力提升泵

1. 空气输送斜槽

空气输送斜槽是一种既经济又实用的设备。其槽身略微倾斜，用以输送易流态化的粉状物料。对某些颗粒大、水分多、流化性能差的物料则不宜采用。空气输送斜槽的工作原理，就是不断地供给其低压空气，空气在物料中的分布呈毛细管状态，以使被输送物料具有流动特性，从而利用物料本身的位能，在微倾斜的斜槽表面类似液体地不断流动。

空气输送斜槽的槽断面是矩形的，用透气层隔板将其分成上下两部分，如图2-15所示。下部为送风槽，空气由送风机压入；上部为输送槽，通过给料管向槽内送入物料。物料被通过透气层的空气所饱和，具有良好的流动性，能在槽内流动。空气输送斜槽与其他干式输灰设备相比有较明显的优点：输送出力大，可从5～10t/h到200t/h以上；无转动部件，无噪声，结构简单，布置灵活，耗能低，运行管理方便。但该设备只能在有一定斜度的条件下才能输送，且不能向上输送，因而限制了它的使用。此外，如运行管理不当，物料可通过斜槽不严密处向外泄漏，污染环境；有时还会出现流动不畅的现象。因此，在工艺设备布置允许的条件下，应适当加大斜槽的斜度。电厂输送干灰时，其斜度应不小于6%。

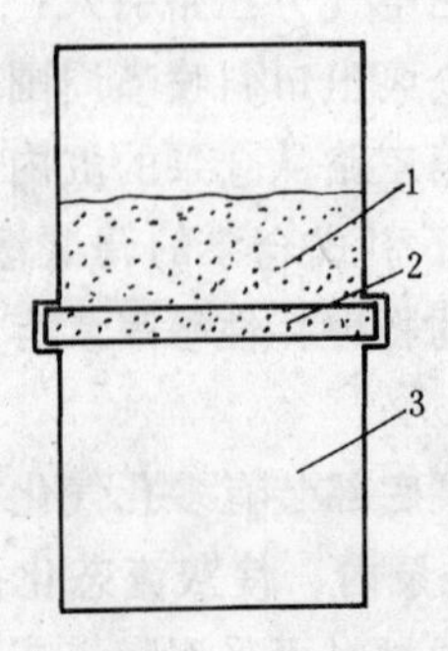

图2-15 空气斜槽的结构示意
1—粉状物料；2—透气层；
3—下槽（内通压力空气）

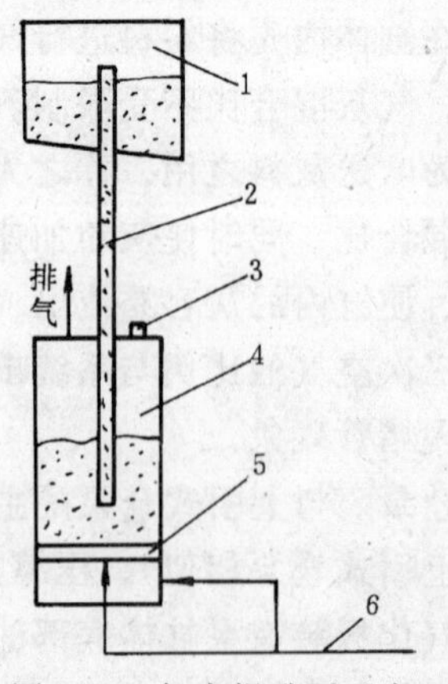

图2-16 气力提升泵示意
1—膨胀仓；2—提升管；3—进灰口；
4—泵体；5—多孔板；6—压力空气

空气斜槽技术的关键，一是槽体要有合适的高宽比，以保证斜槽的刚度和输送物料层合适的厚度；二是透气层材料的选择。透气层的作用是承托被输送的物料，同时使压力空气均匀通过透气层将物料流化，一般多采用多孔板、帆布和其他织物等。当采用帆布或其他织物时，其下面应由铁丝网或冲孔薄板衬托。空气斜槽用空气压力为3.5~6.0kPa（表压），一般要求上槽内压力保持为零或微负压。

空气斜槽在电厂中主要用来将除尘器干灰集中，再由仓泵或其他设备向外输送。斜槽输送距离最远可达60m。

2. 气力提升泵

气力提升泵是一种用于垂直气力输送粉状物料的设备。其工作原理与其他压力式气力输送设备相似，不同点为输送管道是垂直上升的，物料完全靠空气的托举。如果空气的速度大于物料颗粒的悬浮速度，就可以输送，而不受气灰混合比的限制。因此能作低速、高混合比的连续输送。其原理如图2-16所示。

气灰混合物进入膨胀仓后，气体速度突然降低，使气灰分离，废气排入大气。该设备在国外应用得较多，国内水泥行业也使用得较多。气力提升泵与空气斜槽配合使用，将干灰提升到灰库也不失为一种较好的方法。气力提升泵一般由罗茨风机供气，风压为35kPa左右。

三、埋刮板输送机和螺旋输送机

1. 埋刮板输送机

埋刮板输送机是一种在封闭的矩形断面的壳体中，借助于运动着的刮板，输送粉状、小颗粒等物料的输送设备。其结构简单、体积小、安装维护方便、布置灵活，能水平输送也能垂直输送，能多点加料及多台组合运行。一般要求被输送物料的容重为0.2~1.8t/m^3，温度低于100℃，含水物料应手捏不成团，不粘结刮板，且粒度不宜过大。

刮板链条是埋刮板输送机的承载牵引构件，常用的链条型式有锻造链、双板链等。刮板由扁钢、角钢等制成，与链条焊成一体，链条间为铰接。在除灰系统中一般作为集灰设备，与其他除灰设备联合使用时方便、灵活。尽管其也有缺点，如断链、堵灰、磨损、结垢等，但通过改进及加强维护是可以克服的。埋刮板机输送距离在100m以内。

2. 螺旋输送机

螺旋输送机是一种常用于水平或小于20°倾角的粉粒状物料输送设备，俗称铰笼。其工作原理是利用旋转的螺旋体将物料沿固定的壳体推移而进行输送的。

螺旋输送机结构简单、布置灵活、运行管理方便，因此，在许多部门得到了应用。常用的螺旋机的螺旋体直径为150~600mm，长度范围是3~90m。螺旋输送机作为干灰集中设备在一些电厂得到了成功的应用。如管理不善或设备质量不良，也会产生堵灰、磨损、中间吊瓦损坏等问题。

四、水力除灰系统

近年来，我国建成投产和在建的火力发电厂中不少虽以干除灰为主，但由于综合利用条件和系统可靠性等原因，仍需以水力除灰系统作为备用系统，单独采用干除灰的电厂很少。因此，水力除灰仍将是我国电厂除灰的主要方式之一。

随着电厂容量的增加，电厂排灰量也越来越大，选择大型湿灰场十分困难，灰场往往距电厂较远，特别是山区电厂，有的灰场距电厂20~30km，有的高差达数百米。为了节水和减少灰水排放的污染，近几年水力除灰向高浓度输送方向发展。在这种条件下，以往的单级灰渣泵已不能满足要求，而采用中继泵或多级串联泵，势必增加投资和检修维护工作量。正因为如此，才发展了高浓度、高扬程、大容量水力除灰设备，如油隔离泵、柱塞泵等。

这些设备的采用，使我国电厂除灰面貌有了较大的改善。由于设计、制造、运行等多方面的原因，目前有些设备故障率较高，零部件使用寿命较短，这些问题有待今后进一步探索和解决。

1. 油隔离泵

油隔离泵是我国仿日本玛尔斯泵研制成功的一种双缸双作用往复泵，与一般活塞泵的工作原理相似。其特点是阀箱与活塞缸之间有一套隔离系统，主要设备是隔离罐。罐的上部进油，下部进灰浆，由于比重不同而自然分层。在泵的工作过程中，活塞往复运动，通过油压推动灰浆，而避免了灰浆直接进入活塞缸内，因而延长了其使用寿命。

该泵适用于灰渣水力分除系统及输送细灰浆。有时也用于灰渣水力混除系统，但渣需磨细，使渣的粒径小于2mm。采用油隔离泵时，要求系统设浓缩池、搅拌筒等制浆设备，并设捞飘珠装置。该泵运行压力为2.5~8MPa，流量为150m^3/h，输送的质量分数为30%~40%。

油隔离泵运行中存在的主要问题是：如对灰浆中的飘珠处理不当，则易引起活塞杆及活塞缸的磨损；泵出口单向阀磨损较快，寿命短；隔离罐长期受交变应力作用，易出现裂缝；有的油耗过大，一般为每立方米灰浆15~30g，运行较好的可控制在10g以下。油隔离泵连续运行时间一般为300~500h，效率为80%左右。系统管线、设备中基本没有结垢现象。

2. 柱塞泵

柱塞泵是一种往复泵。柱塞在柱塞缸内作往复运动，从而改变柱塞缸工作室的容积，把浆体吸入或排出。泵在工作过程中利用吸入阀和排出阀的协调开启或关闭，使各隔离室与吸入腔或排出腔间歇地接通或隔离。

由于该泵有压力和流量的不均匀性，因此在泵的进出口处均装有缓冲箱。泵的流体通道直接与料浆接触，柱塞与料浆的接触面是柱塞头，因此，磨损面比一般活塞泵的小。为保证料浆颗粒不进入填料—柱塞区，以减少对柱塞和填料的磨损，由专用高压柱塞式冲洗水泵供给冲洗水。

柱塞泵适用于灰渣分除系统输送细灰浆，也有少数用于输送灰渣浆的（要求渣粒粒径小于2mm），但对易损件的寿命影响较大。柱塞泵系统需设置较完善的制浆设备。柱塞泵运行压力为2.5~8MPa，流量为130m^3/h，输送质量分数为30%~40%。

该泵目前不同程度地存在以下几个问题：灰浆进出口阀箱、阀组件及柱塞头、密封件磨损；灰渣混除时出现过卡阀现象；泵的缓冲筒容积小，起不到缓冲作用，振动较大。但柱塞泵与油隔离泵相比，具有维修方便、不耗油等优点。泵组连续运行时间一般为200~500h，高者可达800h，泵组效率为80%左右。

3. 水隔离泵

水隔离泵是一种容积泵，也称管道泵，目前使用的多为立式水隔离泵。水隔离泵实际上是一个泵组，由泵本体、高压清水泵、低压灰浆泵等组成。泵本体由三个隔离罐、六个单向阀、六个液压闸板阀等组成。低压灰浆泵把灰浆从隔离罐底部送入，托着罐内的隔离球上升至罐体顶部时，进浆阀关闭，停止进浆；与此同时，高压清水液压闸板阀打开，高压清水从罐顶部进入，压迫隔离球下移，浆体被压出罐体，通过排浆单向阀进入排浆管排出。三个隔离罐交替进浆、排浆和休息并循环工作。

该泵适用于灰渣分除系统的输送细灰浆和混除系统的输送灰渣浆，但渣粒应磨细。其运行压力为2.5～8MPa，流量为50～300m^3/h，输送质量分数为30%～40%。

水隔离泵综合了离心泵流量大和容积泵压力高的优点，对小颗粒渣不敏感，适用于稳定的大流量输送，且运行可靠，检修方便。该泵存在的主要问题是：混浆现象严重，回水含灰量高，使高压动力清水泵磨损较严重；该泵配套设备多，控制系统较复杂。水隔离泵经过不断完善，目前连续运行时间一般为350～500h，最长可达1700h，泵组效率为30%～50%。

4. 沃曼泵

沃曼泵是一种离心杂质泵。20世纪80年代初，我国从澳大利亚引进沃曼泵制造技术，目前该泵已广泛应用于各个行业。

沃曼泵的单泵扬程较低，一般小于10mH_2O；多级串联可用于高扬程、大流量、中等浓度灰渣混除系统。其结构简单、运行平稳，对工况变化适应性强，特别是单泵运行可靠、维修方便，因而在电厂中采用得较多。该泵输送质量分数为15%～25%，流量最大可达1000m^3/h。沃曼泵串联使用时，一般不超过三级。

沃曼泵运行上存在的主要问题是串联级数较多时，系统事故率较高。特别是末级泵，有时出现轴承烧坏、盘根泄漏、轴套磨损等现象。其泵组效率低，不超过30%。沃曼泵一般连续运行时间为400～500h。

第四节　粉煤灰的优化加工

粉煤灰是一种活性矿物质细粉资源。研究表明，粉煤灰的细度不同，对硅酸盐水化产物的影响也不同，细度愈细，其活性亦愈高。同时，由于粉煤灰中玻璃微珠在细粒径范围内相对富集，致使细灰的需水量比亦比粗灰的要少。为确保掺粉煤灰的混凝土制品的质量，世界各国都制定了相应粉煤灰质量标准或应用技术规程，并都以粉煤灰细度作为划分粉煤灰品质（或等级）的主要依据。如GB1596—1991《用于水泥和混凝土中的粉煤灰》规定：C20以上混凝土宜采用Ⅰ、Ⅱ级粉煤灰；C15以下的素混凝土可采用Ⅲ级粉煤灰。对于我国电厂排放的粉煤灰，有95%以上为Ⅲ级粉煤灰或等外灰，因此粉煤灰球磨、分级、湿灰干燥和分级等优化加工技术的兴起，不仅可确保电厂所供应的不同品种粉煤灰的质量，并可使其更合理地开发利用，进一步提高粉煤灰利用的技术和经济效益。

一、粉煤灰磨细加工

（一）概况

粉煤灰磨细加工使粉煤灰以商品的角色进入混凝土的原料市场，并使它的品质（细度、需水量比）和质量均匀性符合结构混凝土的使用技术要求。

20世纪60年代国外在大坝工程中推广粉煤灰混凝土以及研制粉煤灰波特兰水泥时，都曾系统地进行过粉煤灰磨细的试验研究，并在一些工程中付诸实践。在国内，20世纪70年代末，北京石景山电厂为满足国内外一些混凝土工程建设的需要，开始按日本粉煤灰JISA6201—1977《工业规格》标准小批量生产和提供磨细粉煤灰产品。上海则从1979年开始，借用小水泥厂粉磨设备，按我国粉煤灰标准（GB1596）规定的品质要求，研制磨细粉煤灰，在研制过程中，结合“粉煤灰效应”的应用基础研究，重点开发了粉煤灰混凝土新技术，并提出在上海市发展磨细粉煤灰商品的可行性。后经市建委批准，由建材部门在闵行电厂附近建设粉煤灰综合利用基地，首先建成磨细粉煤灰车间（即原闵行磨细灰厂），1983年起向本市及国内销售磨细粉煤灰。至1989年，在上海宝山地区，由宝山钢铁厂和上海电力建设公司分别在宝钢自备电厂和石洞口电厂附近建成两座磨细粉煤灰车间，宝钢磨细灰作为商品供应，而电力建设公司磨细粉煤灰车间生产的磨细粉煤灰，则供石洞口电厂工程建设，作为预拌混凝土使用。到20世纪90年代中期和21世纪初，随着上海城市建设的高速发展，上海商品混凝土的用量不断增加（据统计2001年全市商品混凝土用量高达2400万m^3），对商品粉煤灰的需求也日益增加。2001年全市共销售商品灰高达150万t。现全市共有磨细灰厂10座，各磨细灰厂基本情况见表2-14。

表2-14 上海磨细灰厂基本情况

序号	厂名	主机规格	设计年产量（万t）	投产日期
1	闵行	1.5×5.7m 二台	10	1982年9月
2	宝钢	1.87×7m 一台	6.6	1989年3月
3	宝扬	1.87×7m 一台	10	1996年4月
4	高桥热电厂	1.87×7m 一台	10	1996年4月
5	海力	1.5×5.7m 一台		1999年6月
6	汇能	1.8×7.0m 二台	16	2001年
7	爱可	1.83×7.0m 一台	10	2001年3月
8	吴泾电厂	1.83×7.0m 一台	10	2001年9月
9	洪渤	1.2×4.5m 二台	15	2001年9月
10	泾浦	1.83×6.12m 一台	10	2002年8月

注 1 本表于2002年8月统计，其中闵行、宝扬厂已于2001年关闭。
2 现有磨细灰厂大部分是磨高钙灰和低钙灰混磨的产品。

（二）粉煤灰磨细作用

粉煤灰磨细加工是为了改进粉煤灰的细度和均匀性而进行的“益化”和“品位化”处理。其磨细作用不仅仅是简单地增加细度。当然，细度增加，能改进粉煤灰掺合料的颗粒级配、颗粒形状和结构。扫描电镜观察表明，作为粉煤灰掺合料最主要组分的密实的和厚壁的玻璃微珠，经在圆盘振动磨粉磨400s后仍保持原来的珠状（见图2-17）。

图2-17 粒径<25μm的粉煤灰在振动磨中粉磨400s后的状态

这也说明磨细加工仅仅使内含玻璃微珠的粗颗粒以及微珠的粘连体分散成为单个微珠，并使多孔玻璃体和碳粒形成结构较为致密的细屑。由于疏松的粗粒被分散，珠形微粒增多，颗粒自身孔隙减少，且颗粒均有新生表面，改善了粉煤灰的性能。如密度增加，需水量比减小，火山灰反应能力增强等。所以，“磨细”起了强化粉煤灰效应的作用。通过磨细还可以比较简易地改善原状粉煤灰的质量变异性，确保了粉煤灰的均匀性。

由于粉煤灰中未燃碳和多孔玻璃体相对在粗粒级中富集，密实的和厚壁的玻璃微珠相对在细粒级中富集，因此不同粒级粉煤灰的易磨性存在较大的差异（见图2-18）。试验在实验室圆盘式小型振动磨中进行，其易磨指数为新增加 $2000cm^2/g$ 所需的时间，并取粒径为 200μm 的石英砂和水泥熟料进行对比。

由图 2-18 可知，粉煤灰的易磨性与它的粒级呈正比，即粗粒级粉煤灰比细粒级粉煤灰更易粉碎，粒径为 200μm 与粒径小于 25μm 的粉煤灰的磨细时间可相差 100 倍。32～63μm 粒级粉煤灰的磨细时间与 200μm 粒径石英砂和熟料的相当。这说明对作为混凝土掺合料的粉煤灰只需进行适度地碾磨，而不需过分磨细，这就降低了磨机的能耗，因为粉煤灰在混凝土的应用中，最重要的是要使其质量稳定、粒度均匀。

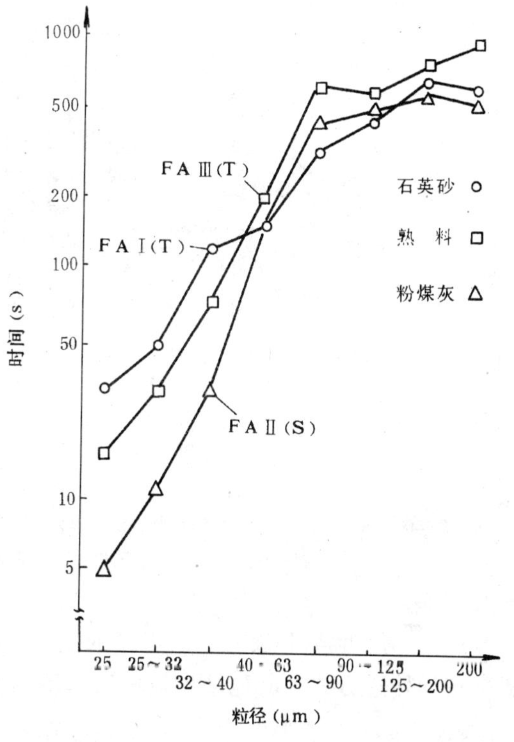

图 2-18　粉煤灰、石英砂、熟料的易磨性比较

（三）粉煤灰磨细工艺及主要设备

1. 工艺流程

一般磨细工艺流程可分为开路和闭路两种系统。所谓闭路系统（也称圈流）是现代水泥工业为提高磨机能力降低粉磨成本的一种普遍采用的先进工艺，就是在磨机后面串联一台分级器，使经磨细加工的粉状物通过分级器进行粗、细粒级分级，细度符合加工要求的细颗粒送至成品库，而将不符合细度要求的粗颗粒重新送回磨机再加工。

对大部分为细粉状的粉煤灰的磨细加工，国内均采用开路系统，其典型磨细工艺流程如图 2-19 所示。有些工厂为降低能耗，提高磨机效率，在原状粉煤灰进入磨机前，先经分级器进行粗、细分级，使符合细度要求的细灰不再经过磨机，而直接进入成品库（见图 2-20）。

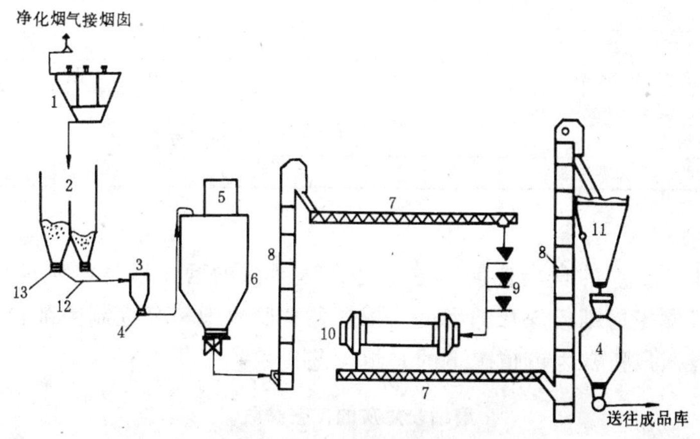

图 2-19　粉煤灰磨细工艺流程

1—电除尘器；2—电除尘器沉降室料斗；3—中间仓；4—仓泵；5—袋式收尘器；6—原状粉煤灰库；7—螺旋输送机；8—斗式提升机；9—磨头圆盘或双管喂料；10—管磨机；11—磨细粉煤灰中间仓；12—灰管；13—粉尘（空气）压力输送机

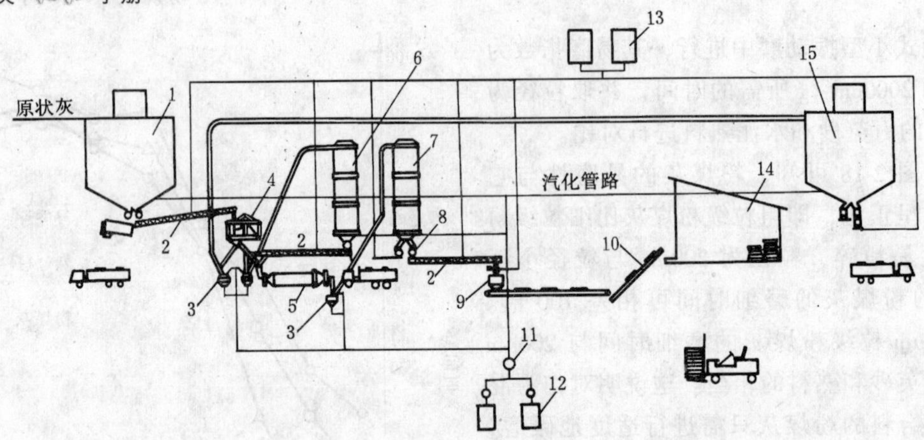

图 2-20 粉煤灰分级、磨细工艺流程

1—原状灰库；2—螺旋输送机；3—L 型仓式泵；4—分级器；5—管磨机（$\phi1500\times5700$）；6—磨头仓；7—磨细灰仓；8—旋转式供料器；9—水泥包装机；10—皮带输送机；11—储气罐；12—空压机；13—除尘器；14—成品棚库；15—细灰库

2. 设备

年产 10 万 t 磨细Ⅱ级灰生产规模的主要设备列于表 2-15 中。其磨机型号、台数、灰库容量、灰的输送方式及其他辅助设施可由不同生产规模和工艺流程来确定。

表 2-15 粉煤灰磨细工艺主要设备

序号	名称	数量	备注
1	原状灰库，容量 300m^3	1	规格可视实际需要确定
2	螺旋输送机 GX400	1	如输送距离较长，可选用链运机
3	斗式提升机 HL300 型	1	或选用 PL250 型
4	磨头仓，容量 50m^3	1	或选容量稍小磨头仓 2 个
5	WLD300 稳流单管螺旋喂料机	1	
6	磨机 $\phi1.8\times7$m	1	
7	螺旋输送机 GX300	1	也可选用链运机
8	收尘器（袋收尘）LCPm-G32-5	1	
9	排风机 9-19-11.2D	1	
10	斗式提升机 HL300 型	1	也可选用 PL250 型
11	成品库，容量 300m^3	1	
12	库底卸料机	1	包括散装头
13	各种阀门、非标零件及管道		

3. 工艺参数

粉煤灰磨细工艺生产的现场控制，主要是在球磨机的磨头取样测定原状灰细度和含水率，并在磨尾取样测定磨细粉煤灰的细度。根据调整磨机喂料来控制磨细粉煤灰的细度。表 2-16 是某磨细粉煤灰厂正常生产情况下的一组工艺参数。

表 2-16 磨细粉煤灰的工艺参数

原状灰含水率（%）	原状灰细度 80μm 筛余量（%）	喂料机转速（r/min）	磨细灰细度 80μm 筛余量（%）	产量 [t/（台·h）]	磨细灰含水率（%）
0.15～0.30	18～20	250	1.6	3.0	0.12

续表

原状灰含水率（%）	原状灰细度 80μm 筛余量（%）	喂料机转速（r/min）	磨细灰细度 80μm 筛余量（%）	产　量［t/（台·h）］	磨细灰含水率（%）
0.15～0.30	18～20	300	3.0	3.5	0.10
0.15～0.30	18～20	350	3.6	4.0	0.12
0.15～0.30	18～20	400	5.1	4.5	0.10
0.15～0.30	18～20	450	6.0	5.5	0.08
0.15～0.30	18～20	500	6.6	6.8	0.10
0.15～0.30	18～20	550	5.9	7.0	0.10

从工艺参数的结果表明，采用 ϕ1500×5700 球磨机磨细粉煤灰时，其细度可以保证 80μm 筛余量小于 8%。

4. 粉煤灰磨细闭路粉磨分级与分级工艺投资、电耗比较

粉煤灰磨细工艺又称开路粉磨，粉煤灰分级磨细工艺又称闭路粉磨分级。表 2-17 列出了不同工艺投资及电耗分析。

表 2-17　　不同工艺投资及电耗估算

工　艺	成品灰投资（元/t）	原状灰处理比（%）	电　耗（kW·h/t）	细度调节	成品灰质量
开路粉磨	25	100	18	较　难	一　般
闭路粉磨分级	20	100	12	可调节	较　好
分　级	15	50	5	可调节	好

（四）磨细粉煤灰的质量

1. 细度

一般地说，粉煤灰细度与煤粉细度、锅炉容量、运行负荷以及收尘设备有关。目前我国电厂排放干灰大部分为一电场灰，细度偏大。图 2-21 为某磨细灰厂原状粗灰和磨细粉煤灰细度的波动情况。

与原状粉煤灰相比，磨细粉煤灰不但在细度指标上有了很大程度的提高，而且细度质量均匀性亦可稳定于较小的变化范围之中。从该厂 1983～1984 年运行初期检测的 342 次磨细粉煤灰细度分析表明，采用磨细工艺，磨细粉煤灰细度的 99% 能保证控制在 80μm 筛余 8% 以下，符合国标Ⅱ级灰细度要求。

2. 需水量比

需水量比是评定粉煤灰需水性的一项物理性能指标。当在水泥中掺加粉煤灰以后，在不增加混凝土需水量的前提下，必须使粉煤灰需水量比等于或低于水泥。需水量比与粉煤灰的颗粒形貌及大小有关。密实和厚壁的玻璃微珠有减水作用，多孔玻璃体则有增水作用，球磨作用就是打散小球粘聚体并将多孔大颗粒磨细成碎屑，从而降低其吸水作用。表 2-18 为闵行磨细灰厂在 1984 年四个月内连续抽样的检测结果。

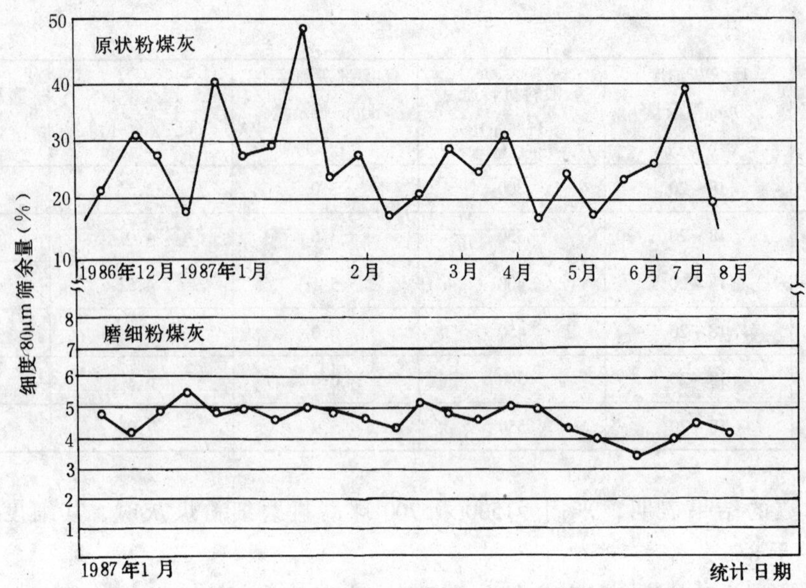

图 2-21 某厂原状粗灰和磨细灰细度波动统计

表 2-18 闵行磨细粉煤灰质量波动情况

粉煤灰品质	波动范围	均值	样品数	标准离差
80μm 筛余量（%）	1.4 ~ 8.0	4.9	30	1.71
45μm 筛余量（%）	14.6 ~ 28.6	22.9	19	5.4
需水量比（%）	99 ~ 104	101	28	1.24

由表 2-18 结果表明，经磨细加工粉煤灰的需水量比的均值为 101%，波动范围在 99% ~ 104%之间。80μm 筛余量亦都低于 8%。

3. 含水率

磨细粉煤灰的含水率通常不超过 0.6%，低于标准。因此，经过磨细的粉煤灰质量，在保证原状灰含碳量小于 8%的前提下，能全面达到 GB1596—1991 的要求，且质量是均匀的。

二、粉煤灰干法分级

（一）概况

所谓分级就是根据产品粒度范围要求，将符合要求的颗粒分出。目前工业上常用的有干法离心和筛分两种分级方法。而分选的涉及面要广些，对粉煤灰来说，要包括颗粒分级、提取漂珠、除碳和选铁等。从分选载体可分为干法和湿法两大类，按分选原理又可分为离心法、重心法、电磁法和表面物理法等。因本节内容主要为粉煤灰细度改善，故仅对粉煤灰干法分级作介绍。

由于粉煤灰的矿物组分如玻璃体、石英、莫来石、碳、磁铁矿和赤铁矿等交错共生，并呈多孔海绵体、中空球体、密实球体和不规则体等多种结构形态，其相应视密度差异可达 2 ~ 4倍，致使粉煤灰分选和分级技术均具有独特的、较高的要求。

为使粉煤灰成为一种再生的工业资源，并以商品出售，美国、英国、澳大利亚、日本和瑞典等国对粉煤灰干法分级技术研究都极为重视。在该领域里取得多项专利。如美国的 Monier 分级技术已有 20 多年的发展历史，具有在 15 ~ 100μm 范围内任意一个分级点进行分级的能力，并已在美国和澳大利亚的六个电厂安装了七套 Monier 运行装置，向 2000 多个混凝土预制厂提供质量可靠的水泥混合材。澳大利亚火山灰公司还向东南亚地区推销年处理量为 50 万 t 的粉煤灰分级设备。国外粉煤灰干法分级设备的回收率一般在 75%左右，能耗约为 1kW·h/t。

我国粉煤灰分选和分级技术研究起始于 20 世纪 70 年代末，珠州电厂、锦州粉煤灰公司、长沙矿冶研究院、核工业部第五研究所、上海市建筑科学研究院、石景山发电总厂、长江科学院等单位均在该领域进行了有益的研究和实践，形成了干法和湿法两大系列。湿法分选技术在粉煤灰分选漂珠、选碳和选铁等方面取得了一定的进展；干法分级则在改善粉煤灰细度等品质方面显示了优越性。国内干法分级设备的回收率一般在 60%～70%，能耗为 3～5kW·h/t。

（二）离心分级原理和设备结构形式

通常人们把分级设备称为分级器，而离心分级器是细颗粒分级最普遍采用的设备，它具有结构简单，分级效果较好，分级粒径易控制和调节等优点。按其结构形式又可分为静态、动态和特种结构三种类型。

1. 静态离心分级器

静态离心分级器没有转动部件，依靠风力产生离心力来进行分级。

（1）理论基础。在一个密封的环行流道中，空气带着粒子进入，再从中间孔流出，如图 2-22 所示。

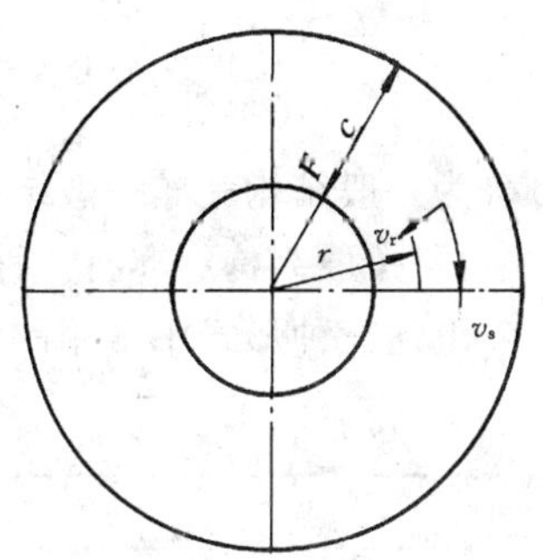

图 2-22　粉煤灰粒子分级受力

原状粉煤灰经分散雾化，粒子随空气进入流道，之后旋转运动产生离心力，同时气流带着粒子流向中心孔产生向心力。设粒子位置距中心为 r，其离心力为 c，向心力为 F。当 $c>F$ 时，粒子向外壁移动；当 $c<F$ 时，粒子向中心移动，即粗粒子向外壁移动，细粒子向中心移动，形成粗细分离的分级作用；当 $c=F$ 时为平衡条件，此时的粒径即为理论分级粒径。

粒子所受离心力为

$$c=\frac{\pi}{6}d^3(\rho_s-\rho)\frac{v_s^2}{r} \tag{2-1}$$

式中　d——粒子直径，m；

ρ_s——粒子密度，kg/m^3；

ρ——气体密度，kg/m^3；

v_s——粒子圆周速度，m/s；

r——圆周半径，m。

粒子向心力为

$$F=3\pi\mu dv_r \tag{2-2}$$

式中　μ——气体粘度，kg/（m·s）；

v_r——向心速度，m/s。

当 $c = F$ 时，理论分级粒径为

$$d_{th}^2 = \frac{18\mu v_r r}{(\rho_s - \rho) v_s^2} \tag{2-3}$$

$$d_{th} = \frac{1}{v_s}\sqrt{\frac{18\mu v_r r}{\rho_s - \rho}} \tag{2-4}$$

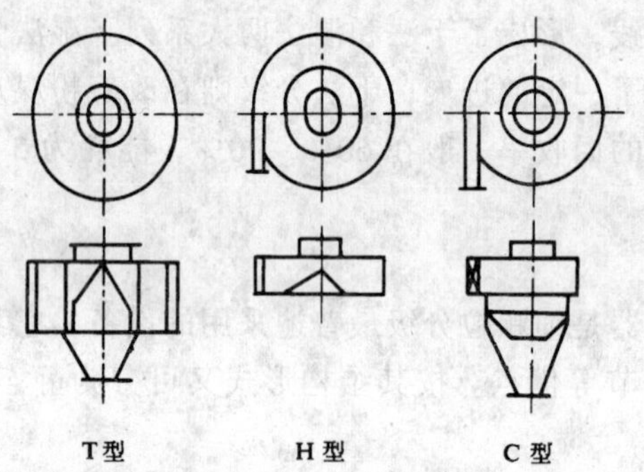

图 2-23 离心分级器结构

其中 $\rho_s \gg \rho$，ρ 值可以忽略，则

$$d_{th} = \frac{1}{v_s}\sqrt{\frac{18\mu v_r r}{\rho_s}} \tag{2-5}$$

式（2-5）为理论计算值，不同的分级结构、物质性质和操作条件，实际分级粒径就不同，必须用系数 k 加以修正，k 值为在实际使用条件下试验求得的经验系数，则

$$d = \frac{k}{v_s}\sqrt{\frac{18\mu v_r r}{\rho_s}} \tag{2-6}$$

（2）结构形式。静态离心分级器的结构形式可分为一般结构和非一般结构两类。

1）一般结构。亦有三种形式：T 型、H 型和 C 型，如图 2-23 所示。

上述三种形式中常用的为 H 型，其适用范围见表 2-19。

表 2-19 各种形式分级器的使用范围

型 号	使 用 范 围	型 号	使 用 范 围
T	30 ~ 150μm（50 ~ 100μm）	H	5 ~ 50μm（10 ~ 30μm）
C	1 ~ 10μm（0.5 ~ 5μm）*		

* $d_{th} = 1\mu m$，压力为 0.196MPa（表压）。

H 型的主要结构尺寸如图 2-24 所示。其分级粒径，仍以式（2-5）为基础，结合结构尺寸和操作条件进行计算。

式（2-5）中的有关数值如下：

$$v_r = q_V / 2\pi r h$$

式中 q_V——气体流量，m^3/s；

r——计算粒子所处的半径，m；

h——分级器 r 处的高度，m。

又

$$q_V = bHv_i = bhv_s$$

式中 v_i——气体进口速度，m/s；

b——气体进口宽度，m；

H——气体进口高度，m。

则

$$v_r = \frac{bhv_s}{2\pi rh} = \frac{bv_s}{2\pi r} \tag{2-7}$$

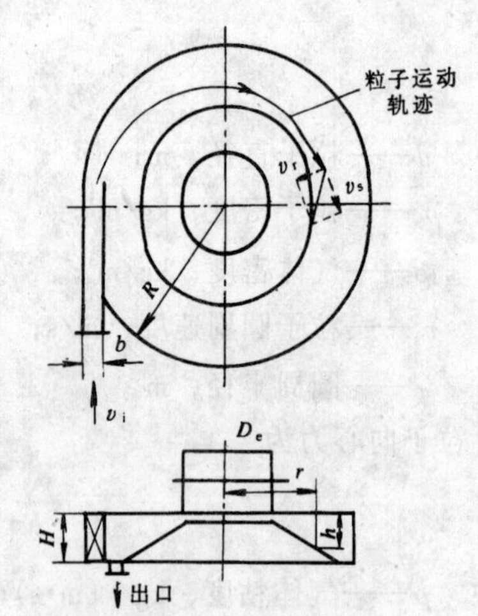

图 2-24 H 型分级器

将式（2-7）代入式（2-6），得

$$d_{th} = k\sqrt{\frac{18\mu rbv_s}{2\pi\rho_s v_s^2 r}} = k\sqrt{\frac{9\mu b}{\pi\rho_s v_s}} \tag{2-8}$$

设气体在 r 处的旋转速度 v_s 与进口速度 v_i 关系为 k_1，则

$$d_{th} = k_0\sqrt{\frac{9\mu b}{\pi\rho_s v_i}} \tag{2-9}$$

其中 $k_0 = kk_1$ 为修正系数，由实际条件下的试验确定。

图 2-24 中气体进出口直径为 D_e，壳体直径为 D，其出口速度为 v_0，则各尺寸间的一般关系如下

$$D/D_e = 3.5 \sim 5, \quad b/H = \frac{1}{3} \sim \frac{1}{5}$$

图 2-24 中出口的尺寸，需按气体中所含有的粗粒子的量而定。d_{th}、v_i 和 v_0 的经验值如表 2-20 所示。

表 2-20 d_{th}、v_i、v_0 的经验值

型　号	d_{th} (μm)	v_i (m/s)	v_0 (m/s)	型　号	d_{th} (μm)	v_i (m/s)	v_0 (m/s)
T	30 ~ 150	10 ~ 20	3 ~ 15	H	10 ~ 30	15 ~ 50	3 ~ 15
C	1 ~ 10	15 ~ 30	3 ~ 15				

2）非一般结构型式。也有较多的种类，现介绍两种。

a. 旋风分离器。旋风分离器一般只作为气体和固体的分离用。一般旋风分离器可分离大于 10μm 的颗粒；扩散式旋风分离器则可分离大于 5μm 的颗粒，小于 10μm 或 5μm 的颗粒由袋滤器收集。因此，可以认为它们是 10μm 或 5μm 的分级器。当改变进口速度时，可分级其他粒径。

旋风分离器的分级精度较差，即粗细粒子的串级比较大。在分级精度要求不高时，可作为分级器使用。其分级粒径的计算方法与一般旋风分离器的相同。

b. Monier 式分级器。这种分级器是美国 Monier 公司开发的分级器，其结构如图 2-25 所示。

带粒子的空气从 a 口进入，经半圆流道将粒子初步分离，并经右挡板分流，在右挡板右侧通过带有微粒子的空气；左侧大部分为粗粒子，继续沿挡板旋转，再进行分级，粗粒继续向下落。细粒则随气体由 d 口带出另行捕集。右挡板右侧带细粒的空气，经挡板端部转向流向 d 口，此时又冲刷沿挡板落下的粗粒，将粗粒中带有的细粒一起带出 d 口，提高了分离精度。同时对由细粒结团的粗粒可以被冲碎而带走。在分级器的底部又设有二次进风口，在底部又起分级作用，继续带走粗粒中的细粒而上升。一部分通过中间缺口流向出口 d，另一部分通过左挡板左侧，形成旋转流，以加强粗粒进口后的分级作用，提高分级效率。经作者初步试验，二次风具有一定的作用，能降低串级率和提高细粒的回收率。但对二次风的控制比较困难，控制不好反而破坏分级，国

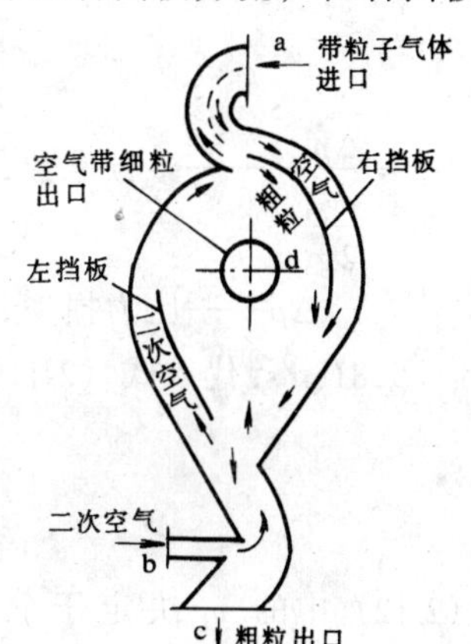

图 2-25　Monier 分级器

外一般用电子计算机控制。

据介绍，Monier 分级器可以在 15 ~ 100μm 之间的任一点进行分级。其 a 口的进入速度为 20m/s，其结构和流路比较复杂，如何计算和掌握尚需研究。

(3) 分级效率计算。分级效率的评定一般有两种方法，其中一种方法以下式计算

$$\eta = \frac{S - \Delta S}{S} \times 100\% \tag{2-10}$$

式中 S——原状灰粒度分布曲线下总面积；

ΔS——分级后未包入粗、细料分布下的面积。

分级情况如图 2-26 所示。在实际操作中，当 η 大于 50% 时，可采用此种分级器。图 2-27 为在实际使用中各种形式分级器对均质物料（单一密度）的分级效率。

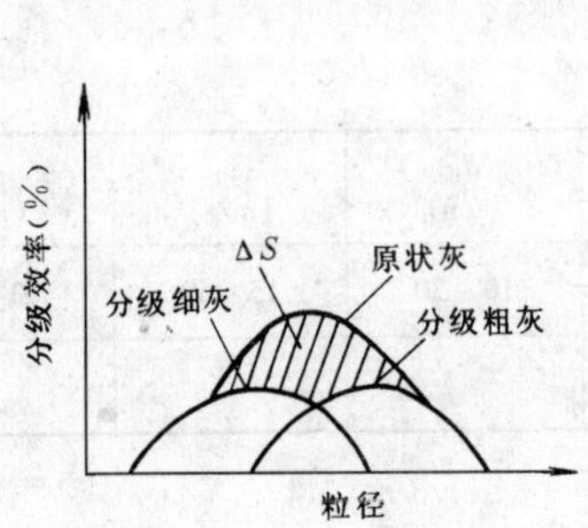

图 2-26 分级后的粒径分布

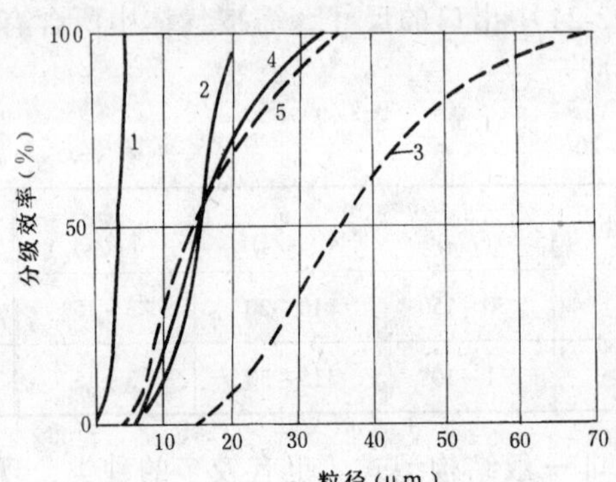

图 2-27 各种形式分级器的分级效率

1—C 型；2、4、5—H 型；3—T 型

分级效率的另一种评定方法，是以串级率作为标准的，即以分级后细粒中混入粗粒的百分数进行计算，一般串级率要求在 10% 左右，需根据微粒使用要求而定。要求不高的可大于 10%，要求高的小于 10%。

(4) 离心分级器阻力的计算。离心分级器阻力即为压力损失，按粒子以 Raukine 螺线运动，其压力损失与设备尺寸的关系如下

$$\frac{\Delta p}{\frac{\rho v_i^2}{2Gg}} = 24\frac{bH}{D_e^2} \tag{2-11}$$

式中 $\frac{\Delta p}{\frac{\rho v_i^2}{2g}}$——牛顿准数；

Δp——压力损失，Pa。

将 $g = 9.81\text{m/s}^2$ 代入式（2-11）整理得

$$\Delta p = \frac{1.22bHv_i^2\rho}{D_e^2} \tag{2-12}$$

式（2-12）中的 v_i 决定于分级粒度，ρ 为气体密度，两者均为定值。因此 Δp 决定于 bH/D_e^2，而 bH 决定于风量 q_V，故要减小 Δp，可适当增大 D_e 值。

2. 动态离心分级器

所谓动态离心分级器，即为带有转动件的离心分级器，一般有下列几种结构。

(1) 钢丝轮分级器。钢丝轮分级器由一个电动机直接连接转子，该转子又由两只辐射状钢丝轮和其间的实心圆盘组成，结构如图 2-28 所示。

转子的转速由分级要求而定，它兼有分级和粉碎两种作用。当粒子穿过钢丝辐射轮时，受钢丝打击起粉碎作用，其圆周速度又起离心分级作用，中间圆盘用来避免粒子由中间短路逸出而进入细粒捕集器，从而提高分级效率。

钢丝轮一般由 24 根直径为 2.4mm 的钢丝组成。调节分级细度的方法可改变钢丝轮转速，改变钢丝直径，或升降进气管的伸入高度。这种分级器分级粒径一般为 45μm。

(2) 带有旋转涡轮的离心分级器。带涡轮的离心分级器结构如图 2-29 所示。图中为锥形涡轮，也有用圆筒形的，并设有二次风入口，但也有不用二次风的。无二次风的，能分级 5μm 的粒子。二次风是为进一步改进分级。当二次风由电子计算机控制时，分级可达 1μm。二次风系切向进入，其旋转方向与涡轮旋转方向相同。其作用是加强离心作用，并能吹散凝聚的颗粒，使它们和落下的被分级颗粒一起带入涡轮进一步分级，从而提高分级效率。

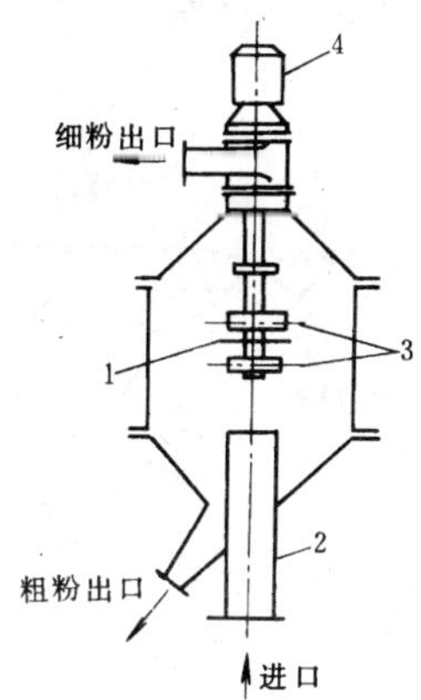

图 2-28　钢丝轮分级器

1—圆盘；2—进气管；
3—钢丝轮；4—电动机

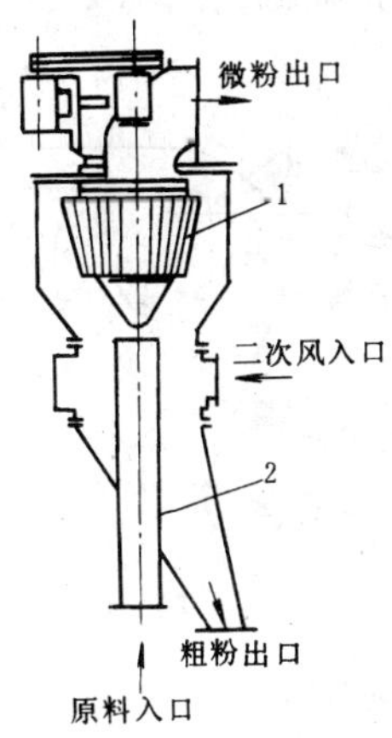

图 2-29　涡轮分级器

1—涡轮；2—伸入管

涡轮的叶片断面形状有圆柱形、圆弧形和平板形，可按分级要求选用，一般选用圆弧形的较多。

分级器原理与静态离心分级器的相同，可按式 (2-6) 计算其分级粒径。式中的 r 为涡轮外径，v_s 为涡轮圆周速度，v_r 为空气进入涡轮的径向速度，即

$$v_r = \frac{q_V}{(2\pi r - n\delta)H} \tag{2-13}$$

式中　q_V——总风量（有二次风时包括二次风量），m^3/s；

n——涡轮叶片数；

δ——涡轮叶片厚度，m；

H——涡轮高度，m。

分级粒径的调节是通过改变涡轮转速、风量（包括二次风）和进料管位置来达到的。

其理论分级粒径和实际分级值关系如图 2-30 所示。

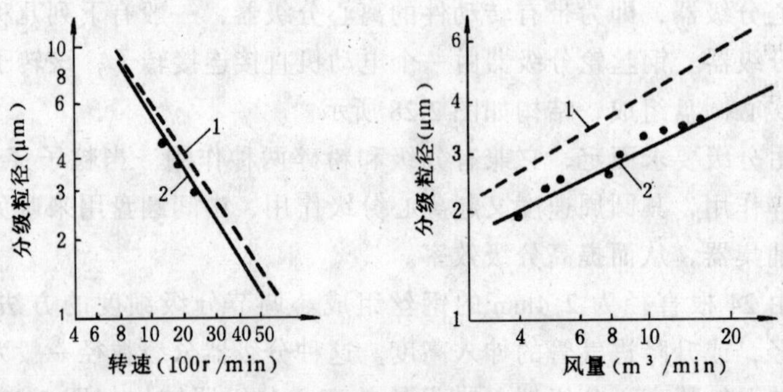

图 2-30 理论与实验值关系

1—理论分级值；2—实验分级值

(3) 国产外循环涡壳气流式分级器。该类型分级器是国内自行设计制造的，在结构上它对 Monles 式分级器作了改进，去掉进口 180°弯头（见图 2-31），使系统压力损失减小约 30%，致使能耗降低，系统更容易匹配。同时还可减少系统设备及管道磨损，使整机使用寿命延长。

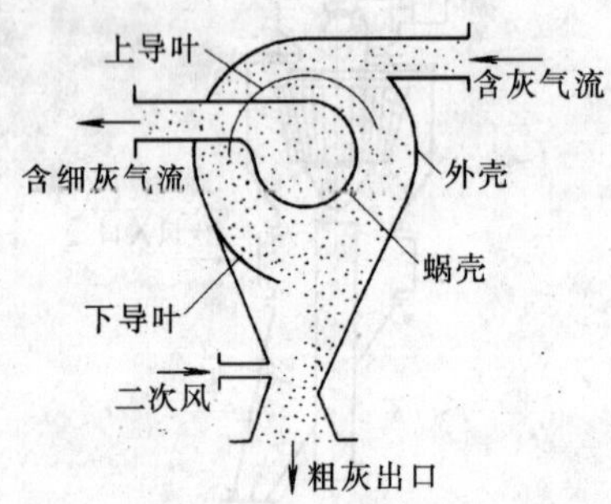

图 2-31 GFX 型分级机结构

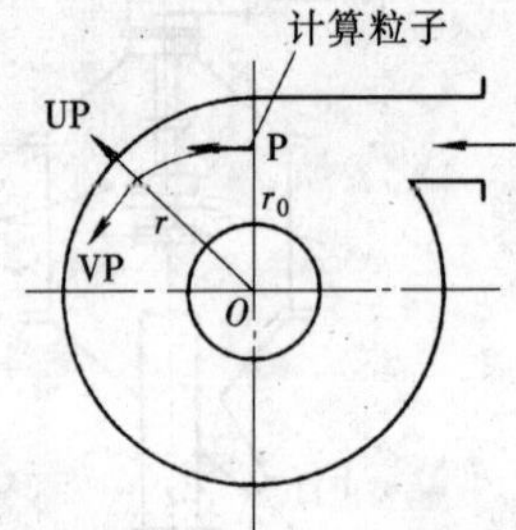

图 2-32 计算的简化模型

为获得不同质量和不同初始位置颗粒的运动轨迹，确定该类分级机的外形尺寸，需对复杂的实际运行进行简化，并建立相应的数学计算模型❶。

为简化计算，对颗粒运行分析作如下假定：

1）颗粒为密度相同的球形粒子且足够分散，忽略颗粒之间的相互作用。

2）颗粒相的存在不影响气流场的速度。

3）忽略气流的湍动、布朗力及壁面粘性的影响。

4）忽略气/固两相的轴向运动，作为二维问题处理。

图 2-32 为计算模型。当不计颗粒的质量力，则在 Lagrange 极坐标下颗粒的动量方程为

$$\begin{cases} \dfrac{du_p}{dt} - \dfrac{v_p^2}{r} = F(u_g - u_p) \\ \dfrac{dv_p}{dt} + \dfrac{u_p v_p}{r} = F(v_g - v_p) \end{cases} \tag{2-14}$$

❶ 本资料引自杭州高达机械有限公司、浙江大学流体力学研究所《GFX 型气流式粉体粒度分级机的原理及应用》。

其中

$$F = \frac{18\mu_g C_D}{\rho_p d_p^2},\ C_D = f(Re),\ Re = \frac{\rho_g \mid v_g - v_p \mid d_p}{\mu_g} \tag{2-15}$$

式中：C_D 是颗粒群阻力系数，它是颗粒雷诺数 Re 的函数，需要实验确定；u，v 分别为径向 r 和切向 θ 的分速度；ρ 为密度；下标 g 代表气相，p 代表颗粒相。

对于切向射入的气流，有

$$u_p = 0,\ v_g = c/r \tag{2-16}$$

式中：c 为旋涡强度；γ_0 为入口点的半径；颗粒位置由 γ、θ 确定，其轨迹方程为

$$u_p = \frac{dr}{dt},\ v_p = \gamma\frac{d\theta}{dt} \tag{2-17}$$

将式（2-17）代入式（2-14）可得

$$\begin{cases} \dfrac{d^2r}{dt^2} - \dfrac{v_p^2}{r} = -F\dfrac{dr}{dt} \\ \dfrac{drv_p}{dt} + Frv_p = FC \end{cases} \tag{2-18}$$

给定颗粒入口处（$\gamma = \gamma_0$，$\theta = 0$）的初始条件为

$$t = 0\text{时}:\ u_p = u_{po}, v_p(r_0) = v_{po}$$

则由式(2-18)的第二式可得

$$r\frac{d^0}{dt} = \frac{C}{r} + \frac{r_0 v_{p0}}{r}e^{-F1} \tag{2-19}$$

式(2-18)的第一式成为

$$\frac{d^2r}{dt^2} + F\frac{dr}{dt} - \frac{[(C + r_0 v_{p0})e^{-F1}]^2}{r^3} = 0 \tag{2-20}$$

式（2-19）和式（2-20）为非线性方程，可用数值积分求出不同时刻粒子的位置 γ、θ，于是可得到颗粒的运动轨迹。当粒子碰到壁面时，即被捕获。从进口不同初始位置放入计算粒子，可以获得一组粒子的运动轨迹。于是可以找出外壳的最佳半径尺寸。然后，找出需要分选的临界质量颗粒的位置，从而可以确定导流板的曲率、长度和设置位置。

该类分级器单台日处理量在 10～50t/h，分级效率不小于 80%，收集率不少于 95%，分级细灰 45μm 粒径调节范围 3%～20%。可满足国家标准Ⅰ级粉煤灰和Ⅱ级粉煤灰品质细度指标要求。

3. 特种结构分级器

分级器的特种结构很多，多系旋风分离器、离心分级器的变形结构。现介绍与上述分级器完全不同的两种分级结构，以说明分级器的结构可以多种多样。

图 2-33 为喷射式分级结构。其原理是粉料经过撒料在内盘和外盘上，产生了很高的圆周速度。颗粒因离心力向外抛出时，由于粒径不同，抛射曲线也不同，细粒在外盘周边的环形槽中通过空气喷射带走。大粒径的则抛入粗粉室而得到分级。分级粒径可通过改变撒料盘转速和空气喷射速度来调整，与环形槽宽无关。优点是体积小、耗能少、空气量小，可分离 20μm 以下的颗粒。

图 2-34 是另一种特殊结构。其原理是带粒子空气由进口流入，由离心力将粗细粒分层

下流至分级室。细粒随空气和二次风吸引而带出；粗粒则继续下旋至底部流出。其分级范围为 5～50μm。

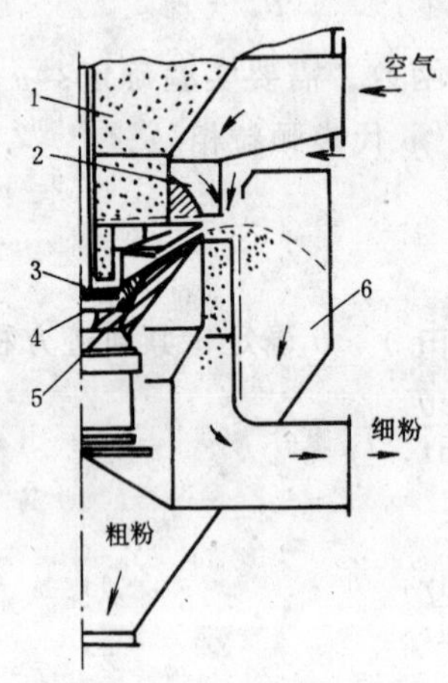

图 2-33 喷射式分级结构
1—料仓；2—喷射口；3—喂料闸板；4—内盘；5—外盘；6—粗粉室

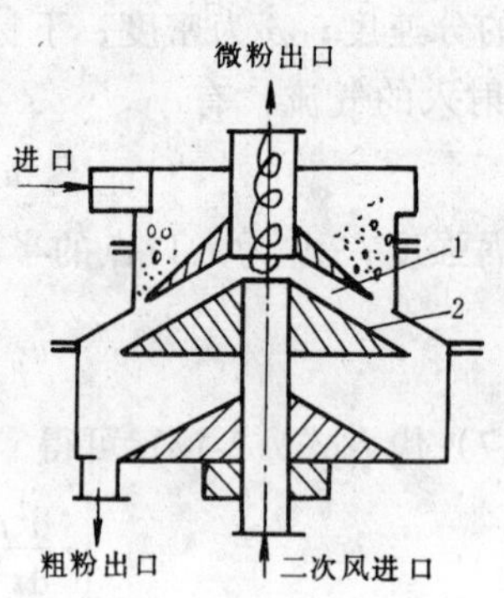

图 2-34 带分级锥分级器
1—分级室；2—分级锥

（三）分级工艺流程及主要设备

1. 工艺流程及特点

采用不同分级器对粉煤灰粗细粒子分级的工艺流程基本相似。分级工艺布置可采用开式分级系统（见图 2-35）和半循环分级系统（见图 2-36）。

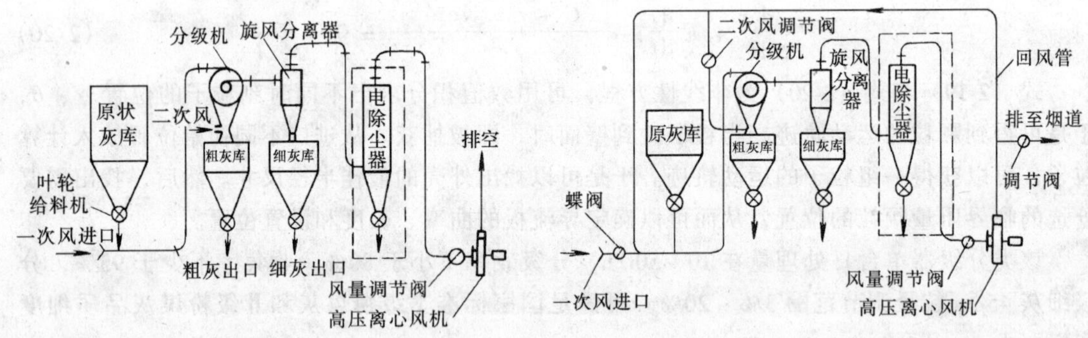

图 2-35 开式分级系统工艺流程　　图 2-36 半循环分级系统工艺流程

图 2-35 是一种典型的开式系统布置。在高压离心风机的负压作用下，进口周围的空气被吸入（一次风）。原灰经叶轮给料机送入进料管，并在垂直管内均匀掺混成气/固两相流。含灰气流进入分级机后，粗灰被分离至粗灰库，含细灰气流经旋风分离器将绝大部分细灰捕获到细灰库。由于旋风分离器的效率一般在 90%左右，所以还有一些极细颗粒随气流排出。为了保证排放气体符合环保标准，并减少风机的磨损，最好在风机进口前加一级电除尘器或布袋除尘器。为了使系统处于最佳运行状态，并适应工况的变化，在风机进口前加一只风量调节阀。

图 2-36 是半循环式的系统布置。这种布置通常是为了节省投资而省去风机前的电除尘器

(或布袋除尘器)。由于风机出口气流中含尘量较高，直接排放不符合环保要求。因此，将风机出口与一次风进口相连，使80%～90%的含尘气流形成循环、反复分选，10%～20%含尘气流通过风机后的叉管排至烟道，这种情况下风机必须采取防磨措施。一次风进口加装一只蝶阀，用于调节补气量。另外，将二次风入口与回风管相连，可增大二次风的调节范围。

在分级器系统工艺设计中，除应尽可能提高分级器分级效率外，还应注意系统合理布置、辅助设备运行可靠性和系统安装质量等。

以下几点在系统设计时应引起注意。

(1) 为避免管底积灰，系统管路中的气流速度应大于颗粒的沉降速度。气流速度增高，系统阻力急剧增加，可能会造成风机的压头不够而影响系统的正常运行。

(2) 系统的压力损失必须仔细计算，不能忽略颗粒相引起的附加压力损失。半循环系统应确切预估系统的临界压力点，从而正确设定补气口（一次风进口）的位置。

(3) 降低灰气比，则所需风量增大。反之，分选效率会降低。

(4) 尾气排放应符合环保要求，即每标准立方米气体的含尘量不大于150mg。因此，在风机进口前应加一级电除尘器或布袋除尘器。对于处理量较小的系统，为降低投资，可以考虑将尾气直排烟道，但烟囱的排放也应符合标准，对风机必须加防磨措施。

(5) 为了使系统能正常运行，必须选择可靠的辅助设备，如风机、叶轮给料机、各种阀门、装包机及装车机等。

该工艺系统结构紧凑，操作方便，分级效率高，并可适应粉煤灰不同粒径细度的要求分级。尤其是采用了先进的二次进风技术，可有效地保证分级质量，提高分级效率。分级气流往复循环，并可调节控制流量，不仅能进一步提高分级质量，而且还可使能耗显著降低。分级系统负压直抽最长距离可达300m，主要部件材质采用耐磨材料，使主机连续工作时间大于25000h。另外，该工艺整个系统均严格密封，无粉尘外泄，操作环境较为清洁。

2. 分级效率参数

分级效率。是评定分级器优、劣的主要依据。它包括产量、能耗、产率和回收率等各项指标。由于产量和能耗的评定较为直观，故这里不再详述。下面仅对分级器的产率和回收率作一说明。

为配合三峡水利工程坝体混凝土快速施工技术的研究，提供少量试验用优质粉煤灰，作者曾于1989年在实验室，用$\phi 50 \times 100$mm型小型静态二次进风离心分级器对湖北省青山、荆门和沙市三电厂原状粉煤灰进行45μm粒径的分级适应性试验，其结果列于表2-21中。

表2-21　分级效率参数

参数 / 粉煤灰产地	原状灰45μm筛余量（%）	分级灰45μm筛余量（%）	产　率①（%）	回收率②（%）	处理量（kg/h）
青　山	11.3	5.0	50.0	56.4	120～150
荆　门	16.8	5.1	48.3	58.0	120～150
沙　市	43.3	12.1	38.0	65.9	120～150

注　① 产率 $=\frac{\text{分级灰量}}{\text{原状粉煤灰量}}\times 100\%$。

② 回收率 $=\frac{\text{分级灰量}}{\text{原状灰中有效细灰量}}\times 100\%$。

本试验分级原理与实际生产设备相同，但辅助设备有所区别。主要表现在喂料为人工控制，不太均匀；粉煤灰进分级器前未能充分分散雾化，阻力变化较大；二次控制气流风量不足，控制效果不明显，故分级效率不如实际生产设备的高，其回收率在60%左右，而杭州中试设备结果表明，该工艺单级回收率可达70%以上。

事实上，为提高分级器对不同品质粉煤灰的适应性，正式建厂设计时，还要针对原灰品质和产品细度要求，做必要的修改和调整，以达到分级的最佳效果。

3. 主要设备

分级主机一般选用静态离心立式分级器，按生产规模确定的主机容量分别为15、22t/h和30t/h。分级灰细度指标即分级器分级范围的确定按我国Ⅰ级粉煤灰细度要求，设计分级粒径定为45μm。

分级动力源选用离心式鼓风机，其他辅助设备如星形阀、加料器、收尘器、仪表电器和输送设施等均根据分级器的规格相应地进行配套。原状灰及分级灰的输送可采用气力、流态化（斜槽）或机械输送，其选择的原则可按输送距离、单位能耗、单位投资、操作费用等指标综合比较而定。对输送距离较长（100m）的，原则上考虑气力输送。

贮存设备（即筒仓）的容量主要依据生产规模和周转周期而定。一般情况下，原状粉煤灰库的容量为1d的处理量，成品灰库容量为5~7d的产量。对各种规模的灰库容量可参照表2-22进行选择。

表2-22 灰库容量的选择

生产规模（万t/a）		10	15	20
原状灰	库容量（t）	400	500	700
	灰库规格（m）	φ8×13	φ8×16	φ10×14
成品灰	细灰库容量（t）	3×400	3×600	3×800
	粗灰库容量（t）	2×400	2×600	2×800
	灰库规格（m×m）	φ8×13	φ8×18.5	φ10×16

成品灰主要以散装形式出厂，故设置20t散装车，其中3辆为附近用户送货上门。同时加设一台单嘴包装机，生产少量包装灰，以满足零星用户的需要。另外，为增加粉煤灰品种，增设一套加水调湿装置生产调湿灰（含水率20%）。分级及贮存运输系统主要设备列于表2-23中。

表2-23 主要设备表

序号	名称	数量	序号	名称	数量
1	分级器	1台	6	布袋收尘器	1台
2	旋风分离器	4~6台	7	星形阀	12只
3	离心风机	1台	8	细灰中间料斗	1只
4	控制风机	1台	9	粗灰中间料斗	1只
5	排尘风机	1台	10	蝶阀	3只

续表

序　号	名　称	数　量	序　号	名　称	数　量
11	控制屏	1台	18	粗灰输送装置	1套
12	空气压缩机	3～4台	19	单嘴包装机	1台
13	原状灰库	1座	20	包装吸尘装置	1套
14	原状灰输送装置	1套	21	包装输送装置	1套
15	细灰灰库	3座	22	加水调湿机	1～2台
16	细灰输送装置	1套	23	干灰装车装置	3～4套
17	粗灰灰库	2座	24	20t散装车	3辆

（四）分级灰的理化性能及颗粒分布

1. 理化性能

粉煤灰的分级过程实际上是粉煤灰颗粒重新组合排列的物理过程。分级后，通常其相应的物理组成变化较大，而化学组成则无明显的变化。为防止粉煤灰中有些元素（C、SO_3）富集等的影响，作者曾专门测定了分级灰中C和SO_3的含量（见表2-24）。

表2-24　粉煤灰分级前后的主要性能

粉煤灰＼性能		筛余量（%）45μm	筛余量（%）20μm	烧失量（%）	SO_3（%）	需水量比（%）	密度（g/cm^3）	比表面积[①]（cm^2/g）	含珠率（%）
青　山	原状灰	11.3	53.0	3.51	2.89	95.2	2.24	6402	70
	分级灰	5.0	28.0	3.73	3.00	91.8	2.26	7500	80
荆　门	原状灰	16.8	56.5	2.31	0.85	98.0	2.14	5208	64～65
	分级灰	5.1	32.0	2.54	1.21	94.6	2.19	6008	75
沙　市	原状灰	43.3	84.0	5.45	1.02	114.0	2.08	4769	53～55
	分级灰	12.1	49.0	6.10	1.10	102.0	2.13	6141	68～70

注　① 比表面积根据GB207—1963《水泥比表面积测定方法》测定。

由表2-24可知，分级灰的烧失量比原状灰略有增加，其增加值为0.65%～0.22%，增加幅度在6%～12%，但烧失量仍在8%以下。分级灰含碳量增加的原因是碳粒大部分呈多孔状，密度小、强度低，在分级过程中极易被高速气流击碎而带入细粒之中。

SO_3在粉煤灰中主要呈极细微粒附着于粉煤灰表面。随着分级灰颗粒粒径的减小，比表面积的增加，SO_3含量则也会有所增加。上述三电厂的粉煤灰经分级后，其中的SO_3含量仅增加了0.36%～0.08%，均低于国家标准3%的限值。

分级后粉煤灰最为显著的物理变化是细度。青山、荆门电厂分级灰45μm筛余量达到5%，沙市分级灰则为12%，均达到我国Ⅰ级粉煤灰细度指标。同时，三种分级灰的需水量比与相应原状灰相比，均提高了一个等级。如沙市电厂粉煤灰分级前需水量比为114%，属Ⅲ级灰，分级后为102%，达到Ⅱ级灰的要求；荆门电厂的分级灰需水量比为94.6%，达到Ⅰ级灰指标；青山电厂分级灰需水量比最小，达到91.8%，明显低于Ⅰ级灰需水量比95%的要求。

粉煤灰分级后，与颗粒特征相联系的其他物理性能也发生了规律性的变化。由于粉煤灰中密实的和厚壁的玻璃微珠相对富集于细颗粒范围内，所以随着分级灰细度的改善，密度略有增加，玻璃微珠含量相应地提高，多孔体含量减少，使粉煤灰需水量比的下降也较为明显。同时，分级灰的比表面积与相应原状灰的对比，增加约 1000cm²/g，使粉煤灰在水泥混凝土中的活性效应得以更充分地发挥。

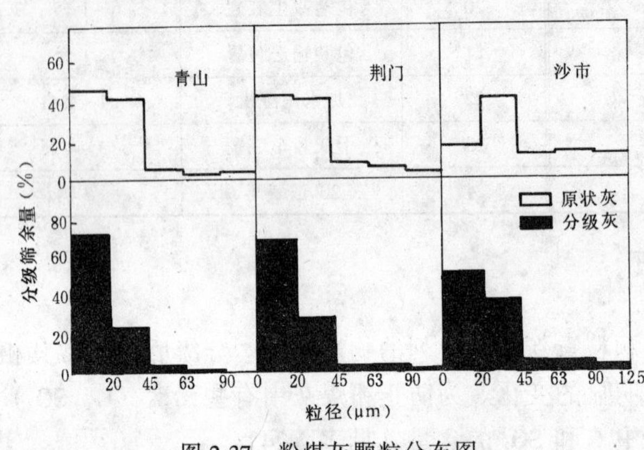

图 2-37　粉煤灰颗粒分布图

2. 颗粒分布

分级后粉煤灰颗粒分布亦随之发生明显的变化（见表 2-23），45μm 以上各粒径的累计筛余量均大幅度下降，其下降变化率为 56%～90%。分级前，青山、荆门电厂粉煤灰颗粒分布主要集中于 0～20μm和 20～45μm 之间，有两个分布峰值。分级后，颗粒分布则集中于 0～20μm，仅有一个峰值，并且峰值强度提高了 47%～43%（见图 2-37）。沙市电厂粉煤灰分级前颗粒分布相对集中于 20～45μm，只有一个峰值。分级后，颗粒分布值移至 0～20μm，且峰值强度亦提高了 41.7%，变化情况与青山、荆门电厂分级灰的基本相似。说明该种类型分级器对各个电厂的不同品质的粉煤灰都是适用的。

（五）国内外分级技术比较[1]

目前我国自行设计制造分级设备的制造水平和单机运行性已接近或达到国外同类产品技术性能指标（见表 2-25）。

表 2-25　国内外同类分级器性能比较

序号	性能	国产分级器	进口分级器
1	单机处理量	5、10、20、30、40t/h	25、40t/h
2	设备结构外貌	按普通结构件处理	表面经打磨处理
3	尺寸及重量	同规格设备尺寸及重量基本相同	
4	本体材料	碳钢或 16Mn	低碳钢
5	耐磨处理措施	耐磨喷涂、喷焊或内衬刚玉	内衬刚玉
6	调节手段	二次风，孔板，导流板	二次风，孔板
7	分选机理	国内与国外同类设备相同	
8	使用寿命	因运行年份有限无法比较，国内运行承诺 20000h	
9	市场份额	约 85%（以 10、20、30t/h 为主）	约 15%（以 25、40t/h 为主）
10	分级效果	同类设备基本相同	
11	分级灰质量	均可达到国标Ⅰ、Ⅱ灰细度指标要求	
12	价格	每吨处理量投资约 1.5 万元	每吨处理量约 15 万元
13	收集器性能	配套陶瓷多管或大旋风收集器	配套旋风收集器
14	需用风量和压损	国内与国外同类设备基本相同	
15	电耗	国内与国外同类设备相同	

[1] 本资料引自国家电力公司热工研究院许荣华《我国粉煤灰分选技术的发展及应用》。

从系统配置的角度讲，国内系统及设备的配置更符合国内技术和设备制造的水平和条件，因此可操作性强、经济实用，运行维护方便。而国外推荐的系统为单给料闭路循环，一般仅适合于已建有干灰输送系统的电厂。对于大多数未建干灰输送系统的电厂，若采用这一系统须先建干灰输送系统，在很大程度上限制了干灰分级项目的立项和实施，因而出现了多样性发展，如多点给料（最多可达 24 个给料点）开路循环、闭路循环以及抽热风大闭路循环，并开发出中短距离（200m 内）输送—分级一体化系统（见图 2-38），该系统的开发为无干灰输送系统的电厂分级粉煤灰开辟了一条经济实用的途径，目前，该类系统已投运近 30 套。

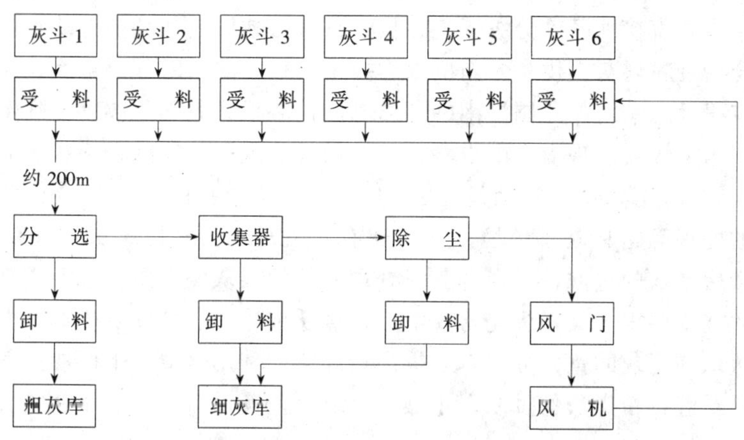

图 2-38　多点给料输送—分选一体化大闭路循环系统

（六）粉煤灰分级技术发展的主要技术瓶颈[1]

（1）分选设备的防磨问题。分选机在运行中要承受浓度高达 1000g/m³ 以上、速度高达 20m/s 以上的气灰两相流的冲刷，由于粉煤灰的磨蚀性一般很强，分选机的磨损不可避免。尤其是叶轮式分选机，叶轮与气灰两相流的相对速度比在涡壳式分选机中更大，加之传动部分的密封问题，防磨问题更为突出。对分级器的磨损目前虽然采取了不少防范措施，但效果仍不理想。

（2）高压引风机的安全经济运行问题。高压风机的转速一般在 960～3000r/min，在全闭路循环系统中，如果采用尾气 100%除尘处理，风机入口浓度就为 300～1500mg/m³，如果采用尾气部分抽气—除尘—回风系统，则风机入口浓度为 60～120g/m³，上述浓度超过普通风机允许浓度的 1～350 倍，风机会因磨损而造成效率下降、不平衡运转振动和噪声等，对风机和系统的安全运行影响极大。采用喷焊、喷涂及内衬刚玉等表面防磨措施，只能在一定条件下发挥作用。

（3）细灰的收集和除尘。分级后的细灰具有较大的比表面积，颗粒间的静电力强、对水的吸附性强，容易造成团聚、板结和“搭桥”，造成收集器收集效率下降；电除尘器电晕线和阳极系统集灰、滤袋灰阻塞造成除尘效率降低；以及灰斗棚灰。从而使整个分级系统运行故障或中断。

（4）在单点给料系统中给料的稳定性控制。在大容积正压灰库中表现十分明显，随着库

[1] 本资料引自国家电力公司热工研究院许荣华《我国粉煤灰分选技术的发展及应用》。

内状态的变化，给料量需随机控制，一般难度较大。

(5) 粉煤灰分级设备及系统的性能检测和评价标准。由于粉煤灰分级设备和工艺是一个新的工艺系统，国内急需统一行业管理，设立行业性质的技术管理部门，制定相关标准和规范，对分级设备和系统的性能作科学评定和标准，以避免不切实际的商业宣传和恶性竞争。目前有一些技术指标提法尚不规范统一，如分级机处理量，分选效率，回收率等等，急待规范。

三、湿排粉煤灰的过滤、干燥和分级

关于精碳分选后的尾灰用作混凝土和砂浆掺合料的开发利用，已逐渐引起人们的重视。尽管此工艺与干排灰直接球磨、分级工艺相比，具有占地大、能耗高等缺点，但是仍可为湿排灰电厂的综合治理粉煤灰提供一条新的处理技术途径，尤其对邻近重点建设工程混凝土的大量用灰更具有积极意义。如我国湖南的湘潭电厂，装机容量为75MW，粉煤灰排放方式为湿法混排，因受当地煤质、现有发电设备及工艺条件的限制，原状粉煤灰的品质较差，含碳量为12%～14%，细度为80μm筛余量9%～12%，不符合我国粉煤灰的Ⅱ级标准，为解决该电厂粉煤灰的处理问题和改善环境，在已建有年处理5万t粉煤灰浮选精碳装置的基础上，增设了选碳后尾灰的过滤、干燥和分级处理，使粉煤灰的品质符合该省某水电站筑坝混凝土用粉煤灰的技术要求。又如福建永安电厂，对浮选漂珠、精碳及磁选磁性玻璃微珠后的尾灰，进行了微珠和尾灰的重力分级，以提高粉煤灰的利用价值。下面参照各厂湿灰处理规模及工艺特点，对湿排粉煤灰的过滤、干燥、分级工艺及设备的要点做介绍。

（一）工艺流程及主要设备

1. 工艺流程

本流程（参见图2-39）将选碳后的尾灰（含水率为88%）经浓缩池增稠后，先由泵送至过滤工序的搅拌槽1，搅拌槽主要用于物料平衡，防止因尾灰泵送量与过滤量的差异而影响过滤的连续、均匀。同时该槽还有搅拌装置，以免粉煤灰的沉降引起过滤物料含水率的波动。粉煤灰经搅拌槽流入转鼓式真空过滤机6进行过滤，过滤机排出的滤液经滤液贮槽2沉降分离后由离心泵5排出；气相则经缓冲缸3和真空泵4排出。过滤后滤饼经料斗7进入加料器8。加料器可以调节进料量，以保证进入KSB干燥机物料的均匀稳定。干燥后的粉煤灰经星形阀13进入干灰斗10，干灰斗中粉煤灰由气流吸入分级器11进行分级，选出的粗灰直接进入粗灰料斗14；细灰则随气流进入旋风分离器15和袋滤器16，合并收集后进入细灰斗17，然后包装和库房堆存。除尘后的气流进入鼓风机18，通过消声器19排空。

2. 设备选型

本工艺关键设备为过滤机、干燥器和分级器。其中对分级器在前面已进行了详述，对过滤机和干燥机将在下节做专门的说明。下面仅对附属设备真空泵的选型加以说明。目前真空泵有三种类型可以选用。

(1) 水环泵为常用的真空泵，优点是水气带入对运转没有影响。缺点是能耗较大。闵行电厂20m^{2}过滤机用60kW水环泵，15m^{2}过滤机至少要用28kW的水环泵。

(2) 水喷射泵的优点与水环泵相同，且投资省。但每台过滤机需要两台泵，共需功率34kW，能耗也较大。

(3) W型真空泵优点是投资省，真空度高，动力只要10kW。缺点是易损坏，需要一定的检修力量。

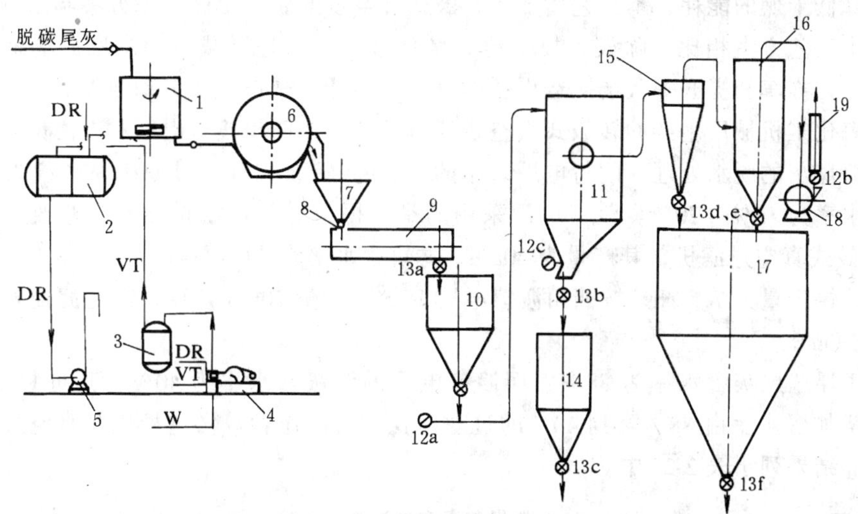

图 2-39　粉煤灰过滤、干燥和分级工艺流程

1—搅拌槽；2—滤液贮槽；3—缓冲缸；4—真空泵；5—离心泵；6—转鼓式过滤机；7—进料斗；8—加料器；9—KSB 干燥机；10—干燥灰料斗；11—分级器；12—蝶阀；13—星形阀；14—粗灰料斗；15—旋风分离器；16—袋滤器；17—细灰料斗；18—鼓风机；19—消声器；VT—排汽；DR—滤液；W—排水

鉴于湘潭电厂机修力量较强，选用 W 型真空泵三台，其中一台为备用。表 2-26 为该工艺设备一览表。

表 2-26　　设 备 一 览 表

序　号	名　称	规　格	数　量	序　号	名　称	规　格	数　量
1	搅拌槽	$3m^3$	1 台	14	袋滤器	$36m^2$	1 台
2	真空鼓式过滤机	$15m^2$	2 台	15	细灰斗	$13m^3$	1 只
3	滤液槽	$3\sim5m^3$	1 台	16	鼓风机	30kW	1 台
4	缓冲缸	$1m^3$	2 台	17	消声器	F_3	2 台
5	真空泵	W4	3 台	18	空压机	$0.6m^3/min$	1 台
6	离心泵	3BA-B	1 台	19	星形阀	1.1kW	10 只
7	滤饼料斗		2 只	20	蝶阀		3 只
8	加料器	0.8kW	4 台	21	单嘴水泥包装机	D430	1 台
9	KSB-25 干燥机	$25m^2$	4 台	22	闸　阀	300×300	1 台
10	干灰料斗	$4m^3$	1 只	23	溜　槽		1 台
11	分级器	3.6 万 t/a	1 台	24	电动叉车	1t	3 只
12	粗灰料斗	$10m^3$	1 只	25	袋滤器	DMC-36	1 台
13	旋风分离器	$\phi600$	1 台	26	鼓风机	13kW	1 台

（二）粉煤灰真空过滤脱水

为保证浮选工序的脱碳尾灰干燥和分级生产的连续性，使尾灰含水率从 88% 降到 30%

左右和降低干燥的能耗，本工艺增加了转鼓式真空过滤脱水工序。该方案与采用一般存灰池自然脱水工艺方案相比，除设备投资略有增加外，优点是可减少湿灰堆放场地，节省了灰场、抓斗、推车和提升等灰场搬运设备的投资，降低了操作工人劳动强度。

上海化工机械厂生产的转鼓式真空过滤机已分别在四川渡口电厂和上海闵行电厂正式用于湿排粉煤灰的脱水处理。闵行电厂采用的是 20m^2 转鼓式真空过滤机，产量为 22～28 t/h，滤饼含水率为 15%～20%。渡口电厂采用的是根据粉煤灰过滤特性专门修改、设计制造的 15m^2 转鼓式真空过滤机，其产量为 20t/h，滤饼含水率为 20%左右。

设滤饼产量为 7.5t/h，按四川渡口电厂 15m^2、产量 20t/h 计算，则过滤面积为 $7.5/20\times15=5.6$（m^2）。

由于浮选尾灰含水率为 88%，而渡口电厂的湿灰含水率为 40%，其进料条件有差异，需适当增加含水率由 88%降到 40%的过滤面积。为此作者曾做过粉煤灰真空过滤脱水小型试验，其结果列于表 2-27 中。

表 2-27 粉煤灰真空过滤脱水试验

序号	尾灰含水率（%）	真空度（kPa）	滤饼厚度（cm）	滤饼含水率（%）	产量〔kg/（m^2·h）〕	需要过滤的面积（m^2）
1	88	56.03	3.5	35	420	12
2	88	66.71	2	30	368	13.6
3	88	88.05	1	24	155	32

从表 2-27 可知，粉煤灰含水率由 88%降到 35%，真空度为 50.03kPa 时，过滤面积为 12m^2。如果含水率提高到 40%，过滤面积可降为 10.5m^2，真空度再提高到 88.05kPa，过滤面积还可减少 20%，计为 8.4m^2。所以实际所需的过滤面积为 $5.6+8.4=14$（m^2）。

故采用 15m^2 转鼓式真空过滤机一台即能满足设计产量要求。为保证生产正常连续运行，增设一台备用过滤器。

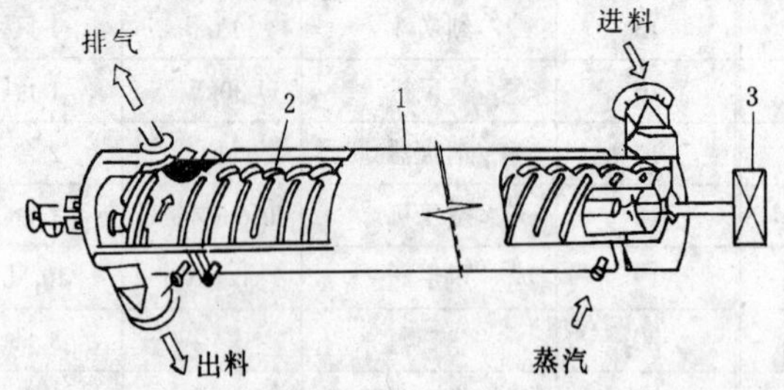

图 2-40 KSB 型粉煤灰干燥机示意图
1—外壳；2—螺旋片；3—皮带轮

（三）KSB 型粉煤灰干燥机

该型号干燥机是综合当前各种干燥机的优点后，进行改进了的一种新型连续运行的干燥设备。它由一个带夹套的外筒和一个带驱动装置的双层螺旋片组成（见图 2-40）。其原理是利用外壳和螺旋片的夹套内饱和蒸汽与被干燥物料紧密接触进行传导加热的，与传统粉煤灰箱式干燥器相比，具有能耗低，干燥时间短，干燥过程缓和、均匀等优点。对粉煤灰干燥热效率可达 80%～90%；其干燥程度（干灰含水率）可通过蒸汽温度、进料量和输送速度随意调节。表 2-28 为 3m^{2}KSB 型干燥机干燥粉煤灰的小试结果。

由表 2-28 可见，1$^\#$ 试验因转速较慢，干燥过度，所以蒸发量小，产量低。2$^\#$ 试验提高转速后，干燥后含水率为 0.5%，达到小于 1%的要求，产量较为适宜。

表 2-28 粉煤灰干燥小试数据

序号	干燥机转速 (r/min)	湿灰含水率 (%)	产量 (kg/h)	干灰含水率 (%)	蒸发量 〔kg/(m²·h)〕
1#	9	36	45	0.18	8.4
2#	16	36	115.7	0.5	21.7

根据2#试验结果可求得该机传热系数 K 和单位面积传热量，即

$$Q = Gq + Q_m = (21.7 \times 620 + 617) \times 4.187$$
$$= 58915\text{kJ}/(\text{m}^2 \cdot \text{h})$$

式中 Q——单位面积传热量，kJ/（m^2·h）；

G——蒸发量，kg/（m^2·h）；

q——蒸发热，kJ/kg（包括水温升及汽化热）；

Q_m——粉煤灰温升所需热量，kJ/（m^2·h）。

$$K = \frac{Q}{\Delta t} = \frac{58915}{47.2} = 1248[\text{kJ}/(\text{m}^2 \cdot \text{h} \cdot ℃)]$$

式中 K——传热系数（包括热损失）；

Δt——温差，℃。

小试未测料温，考虑到粉煤灰为细粉状材料，其水分可看作表面水分，所以可假定蒸发温度为100℃，压力343.35kPa的蒸汽温度为147.2℃，故上式 Δt 取47.2℃。

设粉煤灰含水率为30%，干灰产量为5t/h，则干燥物料蒸发量为2143kg/h，所需热量 Q_1 为5898059kJ/h，则采用压力为343.35kPa蒸汽加热的干燥面积为

$$S_1 = \frac{Q_1}{K\Delta t} = \frac{5898059}{1248 \times 47.2} = 100.1\ (\text{m}^2)$$

若采用392.40kPa、275℃的过热蒸汽时，其饱和蒸汽温度为151.1℃，热焓为6444.2kJ/kg，过热部分热焓为636.7kJ/kg，约为饱和蒸汽热焓的1/10，且过热蒸汽系气相传热，给热系数 α 远小于冷凝传热系数。故可忽略不计。所以温差 Δt 仍以51.1℃计算，所需传热面积为

$$S_2 = \frac{5898059}{1248 \times 51.1} = 92.5(\text{m}^2)$$

若采用588.60kPa、275℃的过热蒸汽时，其饱和蒸汽温度为164.2℃，同样不考虑过热部分，则温差 Δt 为64.2℃，传热面积为

$$S_3 = \frac{5898059}{1248 \times 64.2} = 73.6(\text{m}^2)$$

为留有余地和保证干燥要求，取物料温度为80℃时，干燥机面积计算结果如下（Q_2 值较 Q_1 值低，主要考虑料温和设备温度下降的影响）

$$S_4 = Q_2/K\Delta t = 5814319/(867 \times 71.1) = 94.4(\text{m}^2)$$
$$S_6 = 5814319/(867 \times 84.2) = 79.7(\text{m}^2)$$

现将干燥机设计计算数据汇总于表2-29中。

表 2-29 粉煤灰干燥工艺数据

蒸汽压力 (kPa)	物料温度 (℃)	传热系数 〔kJ/(m^2·h·℃)〕	温差 (℃)	传热面积 (m^2)	
				含水率 30%	含水率 20%
343.35（饱和）	100	1248	47.2	100.1	66.7
392.4（275℃）	100	1248	51.1	92.5	61.7
588.6（275℃）	100	1248	64.2	73.6	49.1
392.4（275℃）	80	867	71.1	94.4	62.9
588.6（275℃）	80	867	84.2	79.7	53.1

由表 2-29 可知，如提高蒸汽压力，可使蒸汽温度和传热温差 Δt 上升，传热量增大，传热面积减小，相应的 KSB 型干燥机的数量亦可减少，使投资和成本下降。此外，若物料温度仅 80℃，则传热系数 K 相应减小，而温差 Δt 却增大，其所需传热面积与物料温度取 100℃的相比，仅提高 2%～8%，对设计影响不大。

从调研情况来看，采用真空脱水使粉煤灰含水率降到 20%以下，所需蒸发热量可减少⅓，在相同的工艺条件下，其传热面积亦可减少⅓。因此按照湘潭电厂的设计规模，采用三台 KSB-25 型干燥机，总计传热面积 75m^2 是能满足干燥生产要求的。另设一台 KSB-25 型干燥机作为生产备用。

（四）工艺的可行性研究

基于本工艺尚处于设计和研究的调试阶段，故对该工艺的设计及设备选型均可根据各电厂实际情况进行适当地调整和改进。如为降低能耗，可充分利用原粉煤灰除碳湿法浮选工艺装置，先对粉煤灰进行湿法分级或对湿灰先进行湿磨，然后再进行除碳、增稠、脱水和干燥加工。其干燥机的蒸汽源，若能采用电厂乏汽，则又可进一步降低本工艺的经济成本。表 2-30为湘潭电厂根据该厂实际生产条件，采用湿法分级和过热蒸汽干燥粉煤灰的试验结果。

表 2-30 湘潭电厂湿灰过滤、干燥、分级试验

原状粉煤灰				成品灰	
含碳量 (%)	细度 80μm 筛余量 (%)	进过滤机的浓度 (%)	滤饼含水率 (%)	含碳量 (%)	细度 80μm 筛余量 (%)
12.9	16	31.4	20.1	3.2	7.8

由表 2-30 可知，采用此工艺所生产的成品灰可达到水电站筑坝混凝土用灰的技术要求。

（五）微珠、尾灰湿法重力分级

为改善湿法混排粉煤灰的品质，提高它的利用价值，对经矿物分离后的粗灰，采用了浮选和分散絮凝方法对微珠与尾灰进行了重力分级。

粉煤灰玻璃微珠（简称微珠）的含量与电厂燃煤品质、煤粉细度和锅炉燃烧条件有关。我国粉煤灰微珠含量平均为 60%～70%，粒径在 20μm 以下，呈圆形。其色泽为透明、半透明至不透明。其色泽的差异与微珠本身玻璃体所含不同氧化物有关。含氧化钙的呈乳白色，含氧化铁的呈黑色，含氧化锰的呈黄色，斑点状微珠主要在珠壁上嵌布有小于 1μm 磁铁矿、赤铁矿和莫来石等。

微珠的粒度和它的珠壁（双边）与珠径比有关。小于 3μm 的微珠壁与珠径比为 0.95；

16～37μm 和 100～150μm 的微珠壁与珠径比分别为 0.54 和 0.34。基于微珠粒径与壁厚呈反比，故不同粒级粉煤灰的堆积密度随着它的粒径变小而增大（见图 2-41）。这也就是对分选精碳、磁铁矿后粉煤灰的尾矿浆进行重力分级的理论依据。其目的就是满足不同用途粉煤灰的粒径要求。

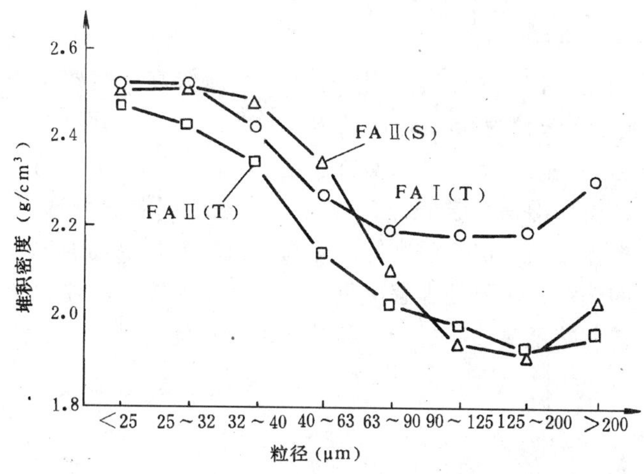

图 2-41　不同粉煤灰粒级与堆积密度的关系

微珠和尾灰重力分级相同点是要通过分级工艺将它们的粒度控制在应用要求的范围内；其不同点是除对微珠通常有比对尾灰更为严格的含碳、铁含量要求外，其含珠率亦要明显地高于尾灰。

具体工艺流程为除碳、铁后的粉煤灰矿浆进入分级机，脱去粗粒级的矿浆再经重力浮选，分出微珠矿浆及尾灰矿浆。试验表明，微珠产率、微珠含量及微珠回收率均与去除矿浆水的程度有关，脱掉全部矿浆水后进行微珠浮选，其微珠的产率、含量和回收率为最高。

分出的微珠矿浆（浓度应控制在 5%～10%之间）进入絮凝槽，加入适量的絮凝剂，使微珠迅速沉降（沉珠浓度应控制在 40%～50%之间），并进入过滤机滤去水分，所得湿微珠滤饼进入干燥机干燥得到微珠产品。而尾灰料浆经过浓缩后，进入过滤机得到尾灰产品。

表 2-31 和表 2-32 为福建永安电厂湿法浮选的生产试验结果和微珠粒度分析结果。

表 2-31　　生 产 试 验 结 果

产品名称	产　率（%）	可燃物含量（%）	微珠含量（%）	可燃物回收率（%）	微珠回收率（%）
精碳	41.41	76.20	10	99.54	7.95
微珠	3.65	0.26	95	0.03	6.65
尾灰	53.90	0.24	81	0.42	83.80
粗灰	1.04	0.24	80	0.01	1.60
原灰	100.00	31.70	52.1	100.00	100.00

注　浮选药剂用量：捕收剂 377g/t 原灰，起泡剂 515g/t 原灰。

表 2-32 微珠粒度分析结果（粒度仪测试）

粒度(μm)	38~34	34~30	30~26	26~22	22~19	19~15	15~11	11~7	7~3	3~0	合计	中位径
含量(%)	13.45	13.45	13.46	12.61	11.10	8.67	8.43	6.55	4.58	1.69	100	25

从上表可知，采用湿法工艺得到各产品的技术指标较高，精碳可燃物含量为76.2%，回收率为99.54%；微珠含珠量为95%，可燃物含量为0.26%；尾灰可燃物含量为0.24%，细度和需水量比也可达到我国Ⅰ级灰的品质要求。

由于各电厂原灰品质和湿法工艺设备的差异，故各电厂湿法分选工艺主要参数也不相同，包括药剂用量、搅拌时间、矿浆温度等。除磁选铁精矿与磁场强度有直接关系外，其他湿选产品的工艺参数的选定，主要处理解决重力沉降、干扰沉降和浮力分离这三者之间的关系，以将湿法分选工艺调整至最佳状态，产品的技术质量优良且稳定。

参考文献

1 尹世安. 电厂燃料. 北京：水利电力出版社，1991
2 陈学俊，陈听宽. 锅炉原理. 北京：机械工业出版社，1979
3 D. A. Stewart. The Design and placing of High Quality Concrete. 2nd edition. 1962
4 沈旦申. 粉煤灰混凝土. 北京：中国铁道出版社，1989
5 沈旦申. 上海市粉煤灰材料研究技术进步的述评. 上海硅酸盐：No3，1988
6 沈瑞德，沈旦申. 磨细粉煤灰对结构混凝土质量的影响. 硅酸盐建筑制品：No3，1989
7 童景山等. 流态化干燥技术. 北京：中国建筑工业出版社，1985
8 上海化工学院编. 基础化学工程. 上海：上海科学技术出版社，1976

第三章

粉煤灰的基本性能

粉煤灰是一种人工火山灰质材料，即一种硅质或硅铝质材料，其自身仅具有微弱的胶凝值或不具有胶凝值，但当以粉状及有水存在时能在常温下与氢氧化钙反应形成具有胶凝性的化合物。

粉煤灰性能具有较大的波动性。它不仅与煤种、煤源有关，同时亦取决于锅炉的类型、运行条件、收尘及排灰方式。因此，各电厂粉煤灰的性能不同。同一电厂由于锅炉类型及容量的差别，或同一锅炉由于运行条件不一，其性能亦可能有较大的差别。

粉煤灰作为一种建材资源可以使用于多种场合，但其性能都应符合一定的技术要求。本章着重介绍粉煤灰的基本性能及使用于各种场合的标准。我国电厂目前排放的粉煤灰以低钙粉煤灰为主，本章介绍的内容除具体指明的外，一般都指低钙粉煤灰。

第一节　粉煤灰的分类与理化性能

一、粉煤灰的分类

我国粉煤灰目前尚无公认的分类方法，只是笼统地将氧化钙含量较高的粉煤灰称作高钙粉煤灰，大体上相当于美国 ASTM 的 C 类灰；反之，则称为低钙粉煤灰，大体上相当于美国的 F 类灰。

美国自 1977 年开始在 ASTM C 618 中将粉煤灰分成 F 类灰及 C 类灰，近年来正在酝酿新的分类方法。

1.ASTM C 618 分类法

美国 ASTM C 618—1980 将粉煤灰分成 F 类粉煤灰（相当于我国的低钙粉煤灰）及 C 类粉煤灰（相当于我国的高钙粉煤灰），其定义如下。

(1) F 类粉煤灰：通常是由燃烧无烟煤或烟煤所得的，并能符合这一类技术条件的粉煤灰。这一类粉煤灰具有火山灰性能。

(2) C 类粉煤灰：通常是由燃烧褐煤或次烟煤所得的，并能符合这一类技术条件的粉煤灰。这一类粉煤灰除具有火山灰性能外，同时显示某些胶凝性。某些 C 类灰的氧化钙含量高于 10%。

2.McCarthy 分类法

最近，美国有不少学者对现行的粉煤灰分类法提出了异议，McCarthy 在采集并分析了 178 个粉煤灰灰样的化学组成后指出，既然粉煤灰的主要性能与其氧化钙含量有关，粉煤灰的分类方法理应基于其氧化钙含量。表 3-1 为他提出的分类方法。

3.Majko 分类法

Majko 认为，ASTM C 618—1980 与 McCarthy 的分类方法都与粉煤灰的使用性能无直接联系。因此，他提出了一个直接根据粉煤灰自身是否具有胶凝性的分类方法，并且很简便：调制水灰比为 0.4 的纯粉煤灰浆体，并测定其凝结时间及在水中的稳定性。据此，他将粉煤灰分成 F 类灰、中等胶凝性 C_1 类灰及强胶凝性 C_2 类灰。这三类灰的性能示于表 3-2。

表 3-1 McCarthy 分类法

粉煤灰类别	氧化钙量（%）	灰样数
低钙粉煤灰	< 10	45
中钙粉煤灰	10 ~ 19.9	36
高钙粉煤灰	> 20	97

表 3-2 Majko 分类法

粉煤灰类别	凝结性能	水中稳定性
F 类灰	不凝结硬化	不稳定
中等胶凝性 C_1 类灰	60min 内凝结硬化	稳　定
强胶凝性 C_2 类灰	15min 内凝结硬化	稳　定

二、粉煤灰的化学组成

燃料煤由有机物及无机物共同组成。有机物可分为挥发分及固定碳两种，主要成分为碳、氢及氧。无机物的主要组成为高岭石、方解石及黄铁矿。无机物经燃烧后成为灰渣，其主要成分为硅、铝、铁氧化物以及一定量的钙、镁、硫氧化物。

粉煤灰的化学成分，电厂及用户都很关心。电厂通常将烧失量作为燃烧是否完全的标志。商品粉煤灰厂及工程应用部门则将有关化学成分作为粉煤灰品质分类、分级的依据之一。例如，粉煤灰分类与氧化钙含量有关，烧失量与粉煤灰等级有关等。

我国 36 个低钙粉煤灰的化学组成列于表 3-3。由表可见，粉煤灰的主要成分为氧化硅、氧化铝及氧化铁，其总量约占粉煤灰的 85% 左右。氧化钙含量普遍较低，基本上都无自硬性；氧化硫及氧化镁的含量亦较低，都未超过有关粉煤灰的标准。烧失量的波动范围较大，平均值亦偏高；这可能与我国锅炉容量总体上偏小，燃烧不太完全有关。

表 3-3 粉煤灰的化学组成 （%）

成　分	SiO_2	Al_2O_3	Fe_2O_3	CaO	MgO	SO_3	Na_2O	K_2O	烧失量
平 均 值	50.6	27.2	7.0	2.8	1.2	0.3	0.5	1.3	8.2
波动范围	33.9 ~ 59.7	16.5 ~ 35.4	1.5 ~ 15.4	0.8 ~ 0.4	0.7 ~ 1.9	0 ~ 1.1	0.2 ~ 1.1	0.7 ~ 2.9	1.2 ~ 23.5

注　本表是 1982 年从全国取灰样检测的数据，当时锅炉容量总体偏小，因此烧失量偏高。

三、粉煤灰的矿物组成

煤粉在锅炉中燃烧时，其无机矿物经历了分解、烧结、熔融及冷却等过程。冷却后的粉煤灰基本上可分成玻璃体及晶体矿物两大类。冷却速度较快时，粉煤灰的玻璃体含量较大；相反，冷却速度较慢时，玻璃体容易析晶。

如图 3-1 所示，大多数粉煤灰都含有石英、莫来石、磁铁矿和赤铁矿，这是粉煤灰的主要结晶相，约占粉煤灰的 5% ~ 50%。莫来石在粉煤灰中的含量与煤种有关，一般烟煤灰的莫来石的含量高于次烟煤，后者又多于褐煤，同时，粉煤灰的 XRD 图谱在 22° ~ 35°（$2\theta_{max}$ CuK_2）的区域都出现比较宽大的特征衍射峰，标志着玻璃体的存在。

玻璃体能在常温下与石灰或水泥水化时析出的氢氧化钙发生火山灰反应。此反应产物具有一定的胶凝性，使胶凝材料产生一定的力学性能。晶体矿物一般在常温下不参与水化反应。我国 32 个电厂的 68 个典型粉煤灰的矿物组成见表 3-4。显然，粉煤灰矿物组成波动范

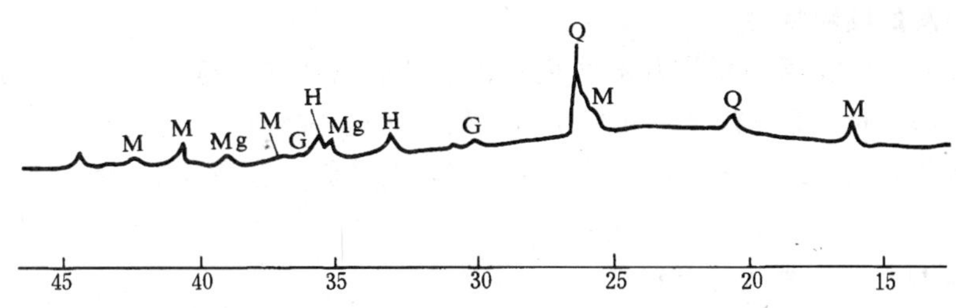

图 3-1　粉煤灰的 X 射线衍射曲线

G—石膏；H—赤铁矿；M—莫来石；Mg—磁铁矿；Q—石英

围较大。但仍可看出，玻璃体在其组成中占主要地位，在矿物中以莫来石及石英为主，赤铁矿及磁铁矿的含量均较低。与美国及英国相比，我国粉煤灰的玻璃体含量较低，除锅炉容量较小外，燃烧温度较低亦是个原因。

表 3-4　　粉煤灰的矿物组成　　(%)

矿物名称	石　英	莫来石	赤铁矿	磁铁矿	玻璃体
范　　围	0.9~18.5	2.7~34.1	0~4.7	0.4~13.8	50.2~79.0
均　　值	8.1	21.2	1.1	2.8	60.4

四、粉煤灰的物理性能

我国 68 个典型粉煤灰的物理性能见表 3-5。纵观我国粉煤灰的物理性能，其波动极大。以 45μm 筛余量为例，有的接近英国的结构混凝土用粉煤灰标准 BS3892，第一部分（<12.5%）。差的粉煤灰几乎全部留在 45μm 筛上。需水量比的波动值亦较大；好的灰达到 GB1596—1991《用于水泥和混凝土中的粉煤灰》中Ⅰ级灰的标准，有显著的减水效果；差的灰比基准试件高出 30%。相应地，粉煤灰的抗压强度比亦波动较大。差灰的 28d 胶砂强度只有基准试件的 37%，好灰则可到达 85%。

表 3-5　　粉煤灰的物理性能

项　目	密　度 (g/cm^3)	堆积密度 (kg/m^3)	密实度 (%)	筛余量 (%)		比表面积 (m^2/g)		原灰标准稠度 (%)	需水量比 (%)	28d 抗压强度比 (%)
				80μm	45μm	氮吸附法	透气法			
范　围	1.9~2.9	531~1261	25.6~47.0	0.6~77.8	13.4~97.3	0.8~19.5	0.1180~0.6530	27.3~66.7	89~130	37~85
均　值	2.1	780	36.5	22.2	59.8	3.4	0.3300	48.0	106	66

我国粉煤灰的另一特点是品位的波动较大，相应地原灰的Ⅱ级灰合格率亦低。英国粉煤灰的标准虽较高，但某些电厂直接收集下来的粉煤灰通常都能达到标准；只是在超标时才启用分选设施将大于 45μm 的颗粒除去。美国的情况基本上与英国相同。我国由收尘器直接收集下来的粉煤灰很少达到 GB1596—1991Ⅱ级灰，即钢筋混凝土用灰标准，一般都需加工。究其原因，这可能与我国的锅炉容量总体上偏小，收尘设施不完善，排灰系统不尽合理有关。近年来，我国新建的电厂不仅锅炉容量日益扩大，并且其中一部分已初步实现灰、渣分排，各级电收尘器分开收尘排灰，促进了粉煤灰的资源化。

五、粉煤灰的颗粒特性

上面各节简要地介绍了粉煤灰的物理、化学及矿物性能。这些性能，特别是其中的细度、烧失量及需水量比是粉煤灰的主要品质参数。而这些品质参数又紧密地与粉煤灰的颗粒特性相关。本节着重介绍粉煤灰颗粒的形成过程及其形貌、粒径分布、理化性能、化学活性与强度贡献。

1. 粉煤灰颗粒的形成及其形貌

关于粉煤灰颗粒在锅炉内的形成过程可用图 3-2 进行描述。煤粉被喷入炉膛后，气化温度较低的挥发分首先自煤灰内逸出，并燃烧发热。挥发分的外逸，使煤粉变为具有一些孔隙的颗粒；随着燃烧的发展，它进一步成为多孔性碳粒（焦碳）。与有机物燃烧的同时，煤粉内的高岭土脱水分解为氧化硅及氧化铝；硫化铁则分解为氧化铁并释放出三氧化硫。因此，在多孔碳粒内夹杂着一定量的无机物，待碳分全部燃烧完毕后，残存的颗粒即变为多孔玻璃体，其形貌仍保持着原有的不规则状态。随着燃烧的进一步发展，多孔玻璃体逐步熔融收缩，其孔隙率不断降低，圆度不断提高，粒径不断变小。经充分燃烧的煤灰最终成为一密度较高、粒径较小的密实玻璃珠。

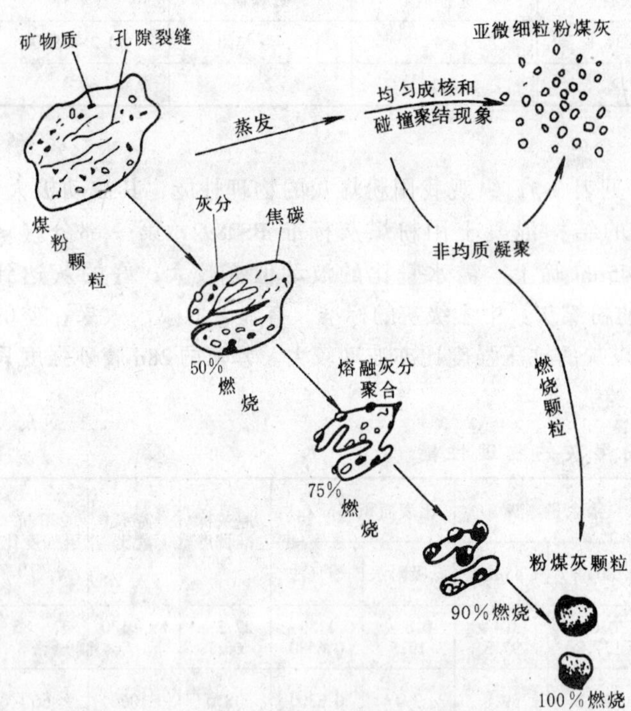

图 3-2 粉煤灰的形成过程

因此，粉煤灰颗粒的形成大致可分成三个阶段：第一阶段，煤灰变成多孔碳粒。此时，颗粒的形态基本上无变化，仍保持其不规则的碎屑状，但有多孔性，表面积极大。第二阶段，粉煤灰由多孔碳粒转变为多孔性玻璃体。此时煤粉内的有机质基本燃烧完毕，其形态大体上仍维持与碳粒相同；比表面积仍较大，但明显地低于碳粒。第三阶段，由多孔玻璃体变为玻璃珠，此时，外形不规则的多孔体缩小为圆形球珠体；相应地颗粒的粒径变小、密度变大，由于多孔体转变为密实球体，颗粒的比表面积亦较低。粉煤灰各颗粒间的化学成分并不完全一致。氧化硅及氧化铝含量较高的玻璃珠在高温冷却的过程中逐步析出石英及莫来石晶体，氧化铁含量较高的玻璃珠则析出赤铁矿及磁铁矿。

进入炉膛燃烧的煤灰颗粒，其化学成分、粒径及形状并不完全一致，在炉内的燃烧程度亦有差别；因此，收尘器收集的粉煤灰，其颗粒的燃烧程度亦有一定的差别。燃烧程度仅处于第一阶段的颗粒以焦炭为主，见图 3-3；第二阶段中的粉煤灰颗粒以多孔性玻璃体为主，见图 3-4；第三阶段结束时，粉煤灰基本上由球状玻璃珠组成，见图 3-5；根据其化学成分的不同，它可以是低铁玻璃珠（见图 3-6）或高铁玻璃珠（见图 3-7）。密实玻璃珠主要富集在小粒径粉煤灰部分，多孔玻璃体则集中在大颗粒粉煤灰部分。

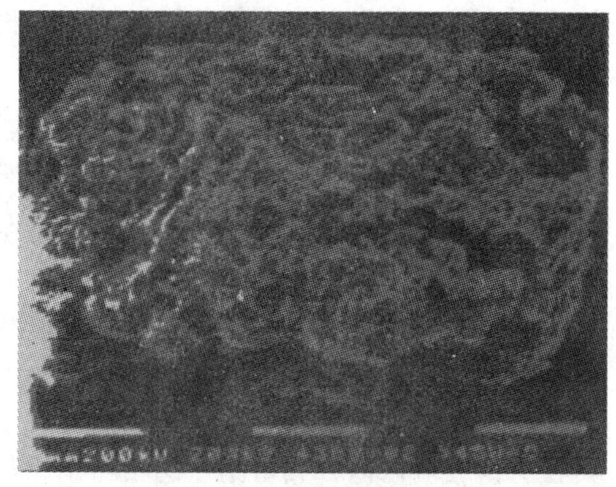

图 3-3　多孔碳粒

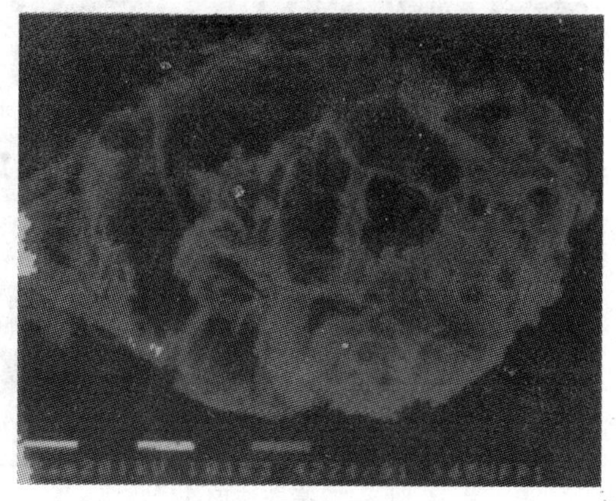

图 3-4　多孔玻璃体

图 3-5　粉煤灰玻璃珠

图 3-6　低铁玻璃珠

综上所述，粉煤灰颗粒基本上可由低铁玻璃珠、高铁玻璃珠、多孔玻璃体及碳粒组成。燃烧程度完全的粉煤灰基本上都由玻璃珠组成，燃烧不完全时多孔玻璃体、多孔碳粒及焦炭含量较高。粉煤灰的品质主要取决于这些粒径、形貌不一的各种颗粒成分的组合比例。

2. 粉煤灰的粒径分布

如上所述，粉煤灰主要由粒径不一的颗粒所组成。如图 3-8 所示，粉煤灰的粒径波动于 0.001～0.1mm 之间。与粉质粘土及粉质砂土相比，其粒径分布范围较窄，是一匀质级配材料。

3. 粉煤灰各颗粒成分的化学组成

我们曾自原状粉煤灰中分离出多孔碳粒、多孔玻璃体、高铁玻璃珠及低铁玻璃珠，并系

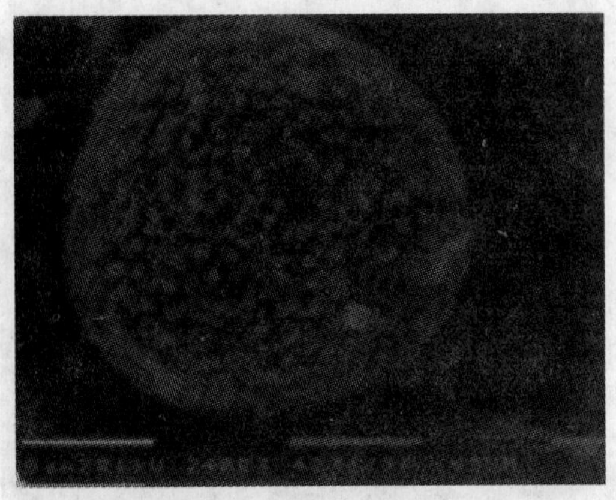
图 3-7　高铁玻璃珠

统地研究了这些颗粒成分的化学组成、矿物组成、物理性能、化学活性及其强度贡献。这些颗粒成分的化学组成列于表 3-6。由表可见，原状粉煤灰内的氧化钙及氧化镁主要富集在低铁玻璃珠内，即氧化镁在粉煤灰内以玻璃态形式存在者居多，以方镁石形态存在的较少；因此，从安定性考虑，粉煤灰标准中的氧化镁含量不应单纯地控制粉煤灰内氧化镁的总量。原状粉煤灰的氧化铁主要富集在高铁玻璃珠内，其富集量约相当于原灰的四倍。而氧化硅及氧化铝则基本上都富集在多孔玻璃体内，因而其化学活性较高。多孔碳粒虽以未燃尽碳为主，但仍夹杂一定量的氧化硅、氧化铝以及微量的钙、镁、铁氧化物。

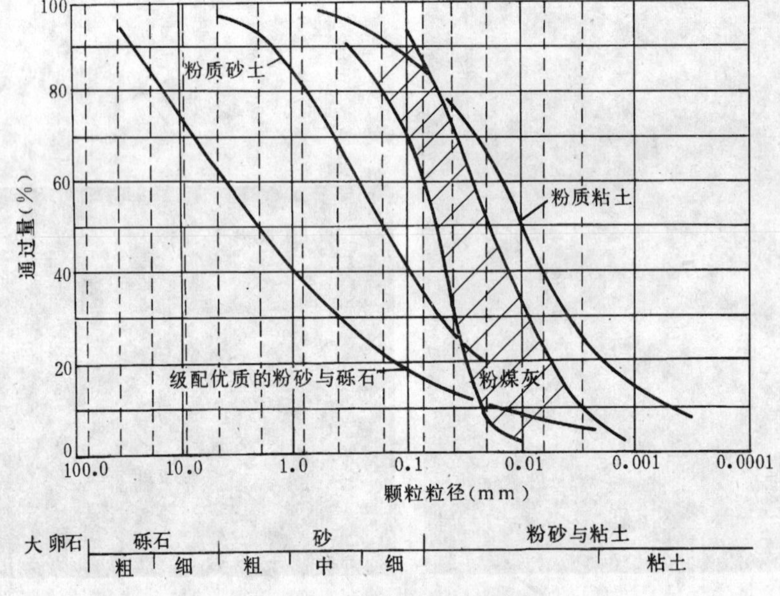

图 3-8　粉煤灰的粒径分布

表 3-6　**粉煤灰各颗粒成分的化学组成**　（%）

灰　源	组分名称	SiO_2	Al_2O_3	Fe_2O_3	CaO	Mgo	FeO	烧失量
1	原状粉煤灰	54.8	23.4	14.5	3.7	1.4		
	低铁玻璃珠	39.5	18.5	13.3	18.2	4.3		
	高铁玻璃珠	8.7	5.4	67.3	—		14.0	
	多孔玻璃体	60.5	32.0	2.9	微量	1.6		
2	原状粉煤灰	33.9	16.5	19.7	2.7	1.2		23.6
	多孔碳粒	10.9	7.4	1.1	1.3	0.5		76.8

4. 粉煤灰各颗粒成分的矿物组成

低铁玻璃珠、高铁玻璃珠、多孔玻璃体及多孔碳粒的 X 射线衍射图见图 3-9～图 3-12。

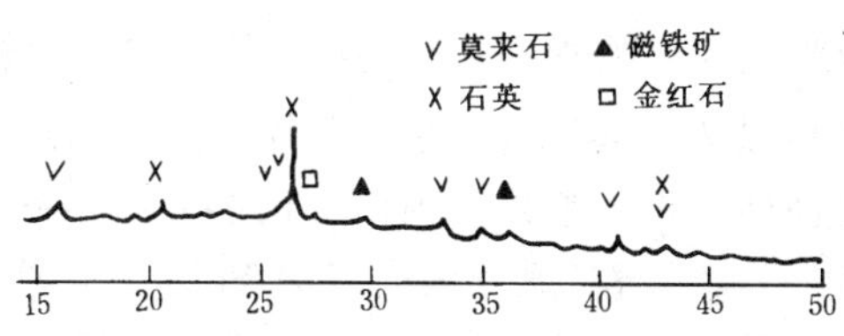

图 3-9 低铁玻璃珠的 X 射线衍射图

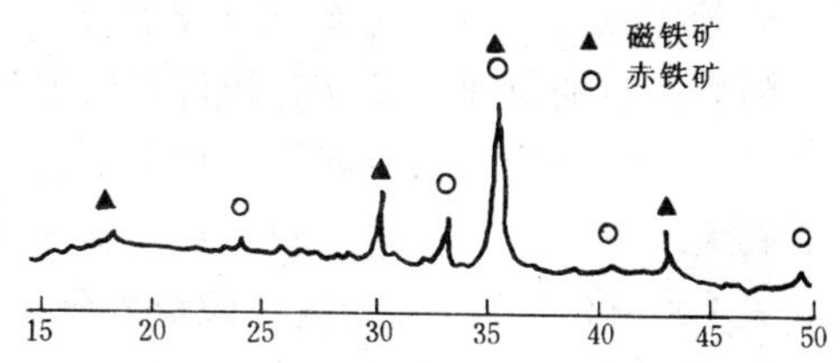

图 3-10 高铁玻璃珠的 X 射线衍射图

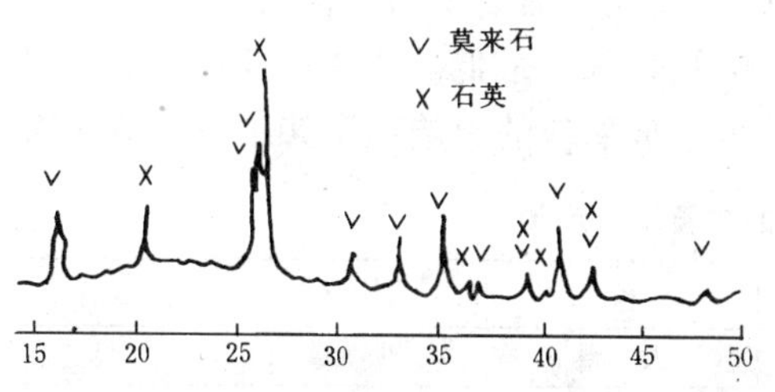

图 3-11 多孔玻璃体的 X 射线衍射图

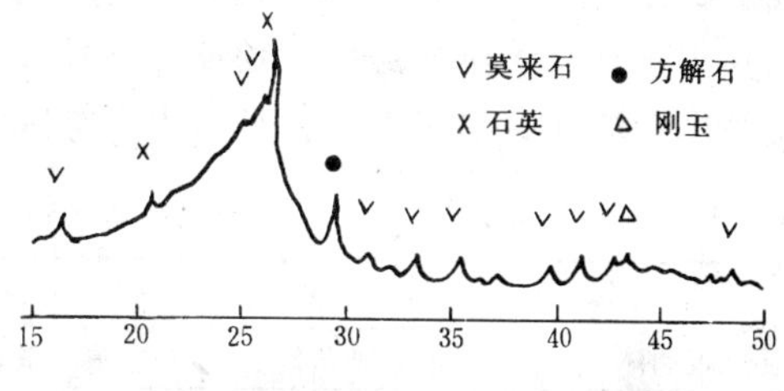

图 3-12 多孔碳粒的 X 射线衍射图

由图 3-9 可知，低铁玻璃珠内主要为低铁玻璃体，它夹杂的晶体矿物最少，主要为莫来石、石英以及微量的磁铁矿和金红石。

高铁玻璃珠除含铁玻璃体外，尚有一定量的磁铁矿及赤铁矿。这两矿物的衍射峰明显宽化，说明它们的结晶度都很差。

多孔玻璃体内含有大量莫来石及石英（见图 3-11）。某一电厂原状粉煤灰含 17.8%的莫来石，而自其母体内分离出的多孔玻璃体内莫来石含量则高达 27.5%。可见，粉煤灰内的莫来石主要富集在多孔玻璃体内。

表 3-6 和图 3-12 表明，多孔碳粒内粘连着一定量的硅酸盐矿物及玻璃体。这些硅酸盐矿物主要是莫来石、石英、方解石、刚玉以及微量的磁铁矿、长石等。

5. 粉煤灰各颗粒成分的物理性能

粉煤灰各颗粒成分的物理性能列于表 3-7。由表可见，各颗粒成分之间的密度、堆积密度及比表面积有很大差别。以密度为例，玻璃珠显著地高于多孔玻璃体及多孔碳粒，亦高于原灰。众所周知，含珠量较高的粉煤灰有明显的减水作用，多孔体含量较高的粉煤灰不仅不减水，相反具有增水性。因此，密度较高的粉煤灰，其粒径偏小，玻璃珠含量较高，相应地其强度贡献亦较大。多孔碳粒的比表面积显著地高于原灰，它对混凝土外加剂的吸附量极大；例如，烧失量较高的粉煤灰掺入引气混凝土后，在引气量相同的条件下，其引气剂的剂量显著地高于基准混凝土。

表 3-7　　粉煤灰各颗粒成分的物理性能

灰　源	组分名称	密度（g/cm^3）	堆积密度（kg/m^3）	氮吸附比表面积（m^2/g）
1	原状粉煤灰	2.15	736	5.51
	低铁玻璃珠	2.82	1537	1.71
	高铁玻璃珠	4.11	2060	0.25
	多孔玻璃体	1.56	642	12.96
2	原状粉煤灰	2.28	740	22.6
	多孔碳粒	1.55	319	38.2

6. 粉煤灰各颗粒成分的化学活性

粉煤灰内的氧化硅及氧化铝可在常温下与水泥水化时析出的石灰发生火山灰反应，形成水化产物，增进混凝土的强度。化学活性较高的粉煤灰，其生成的水化产物较多，其强度贡献亦较大。如上所述，粉煤灰各颗粒成分的理化性能有较大差别，因而其化学活性亦各不相同。表3-8及表3-9分别为这些颗粒成分在95℃的石灰、石膏悬浮液内养护8h后，所形成的水化生成物的种类、数量及结合水量。多孔玻璃体及低铁玻璃珠在悬浮液内都生成了大量单硫型水化硫铝酸钙、一定量的水化硅酸盐及少量三硫型硫铝酸盐与水榴子石。高铁玻璃珠仅生成了少量的水榴子石。多孔玻璃体由于氧化硅及氧化铝含量较高，且比表面积较大，因此，其化学结合水量亦最多。相反，高铁玻璃珠的结合水量最低。表3-9同时显示，细度对粉煤灰化学活性有很大影响，且对多孔玻璃体及低铁玻璃珠的影响程度甚于高铁玻璃珠。

表 3-8 粉煤灰各颗粒成分的主要水化产物 (%)

颗粒成分	水化硅酸钙	三硫盐	单硫盐	水榴子石	氢氧化钙
多孔玻璃体	较难估计	痕量	大量	少量	很多
低铁玻璃珠	较难估计	少量	大量	少量	很多
高铁玻璃珠				痕量	一定量

7. 粉煤灰各颗粒成分的强度贡献

粉煤灰作为混凝土的掺合料，其品质评定的最主要方法之一是其对混凝土强度的贡献。粉煤灰的强度贡献可由取代等量水泥后，其胶砂强度与基准试件的强度比值表示，亦可由直接与石灰、石膏拌合后试件的绝对强度值表示。各粉煤灰颗粒成分，以同一目视工作度与石灰、石膏制成的浆体强度见表3-10。低铁玻璃珠硬化浆体的强度显著地高于高铁玻璃珠及多孔玻璃体，高铁玻璃珠的强度又略高于多孔玻璃体。多孔玻璃体的化学活性最高，生成的水化产物量最多（见表3-8和表3-9)，但其硬化浆体的强度却最低。粉煤灰的强度贡献既与化学活性即水化产物的种类及数量有关，同时亦取决于粉煤灰的需水性，或其浆体结构的孔隙率。多孔玻璃体化学活性虽高，但其孔隙率大，故标准稠度需水量大。由于硬化浆体孔隙率较高，因而其强度最低。磁性玻璃珠的活性虽低，但成型需水量较低，因而仍具有一定的强度。

表 3-9 各颗粒成分的结合水量 (%)

颗粒粒径	多孔玻璃体	低铁玻璃珠	高铁玻璃珠
56～80μm	13	9.4	7.7
<38μm	18	14.5	9.1

表 3-10 粉煤灰各颗粒成分的强度

颗粒成分	水灰比	抗压强度 (MPa)
低铁玻璃珠	0.24	18.7
高铁玻璃珠	0.23	9.3
多孔玻璃体	0.56	6.9

第二节 粉煤灰的品质参数

粉煤灰可以作为水泥、混凝土的掺合料，亦可用于生产硅酸盐制品的火山灰质材料，更可大量地用作填筑材料或作为化肥和农业造田等。粉煤灰用于各种不同场合，特别是作为混凝土掺合料时，有一定的品质要求，本节着重阐明作为水泥、混凝土掺合料时的粉煤灰品质参数，一般地亦适用于生产硅酸盐制品的粉煤灰。

一、粉煤灰的品质参数

（一）细度

粉煤灰的细度可分别由比表面积、80μm 筛筛余量、45μm 筛筛余量及粒径表示。粉煤灰作为混凝土的掺合料，其强度贡献与各细度表示方法均有良好的相关性，且此相关性随养护龄期而增长，见表 3-11。结果同时表明，用筛析法表示的细度，其相关性优于比表面积法。这可能与多孔性玻璃体及碳分亦有较大的比表面积有关。而这两种颗粒成分对粉煤灰的强度贡献都是不利的。与 80μm 相比，45μm 筛余量与粉煤灰的强度贡献有较高的相关性。因此，在修订后的 GB1596—1991 中，在细度表示的方法上采用 45μm 筛余量取代了原用的 80μm 筛余量。

表 3-11　　细度与粉煤灰强度贡献的相关性

龄期（d）	80μm 筛余量	45μm 筛余量	比表面积（cm^2/g）
7	-0.742	-0.808	0.398
28	-0.810	-0.861	0.547
90	-0.836	-0.844	0.695

为使 GB1596—1991 中的 45μm 筛余量限值能与 BG1596—1979 中 80μm 筛余限量等效，根据测定 71 个灰样的 45μm 及 80μm 的筛余量，通过回归分析建立了两者的关系式［见图 3-13 及公式（3-1）］，其相关系数为 0.9319。

$$y = 5.16x^{0.6775} \tag{3-1}$$

式中　y——45μm 筛筛余量，%；

　　　x——80μm 筛筛余量，%。

（二）需水量比

需水量比系指在一定的流动度下，掺 30% 粉煤灰胶砂混合料的需水量与基准胶砂需水量的比值，以百分量计。粉煤灰的需水比与其强度贡献有良好的相关性。研究资料汇集了三批粉煤灰的平行试验结果（见表 3-12）。由表可见，各批粉煤灰在不同龄期的强度贡献与需水量比的相关系数都远超过置信度水平为 0.01 时的临界相关系数。需水量比与各龄期粉煤灰的强度贡献均为负相关，即需水量比愈小，粉煤灰的强度贡献愈大。

粉煤灰细度与其强度贡献的相关性随养护龄期的延长而增强。相反，粉煤灰需水量比对强度贡献的影响在养护早期高于后期。当养护龄期为 7d 时，粉煤灰需水量比与强度贡献的相关系数为 -0.866，而 45μm 筛余则为 -0.808。这说明作为粉煤灰的一个品质参数，需水量比在养护早期的作用大于细度；亦即，粉煤灰对混凝土性能的影响，在早期表现为物理作用，后期为化学作用。需水量比较小的粉煤灰掺入混凝土后，有减水作用，不仅可增进混凝土的强度发展，同时可提高抗渗性及耐久性。

表 3-12　　需水量比与其强度贡献的相关性

粉煤灰批号（灰样数）	2（68）		3（24）		4（30）		
龄期（d）	28	90	28	90	7	28	90
相关系数	-0.82	-0.69	0.853	-0.850	-0.866	-0.801	-0.747
置信度为 0.01 时的临界相关系数	0.302		0.487		0.449		

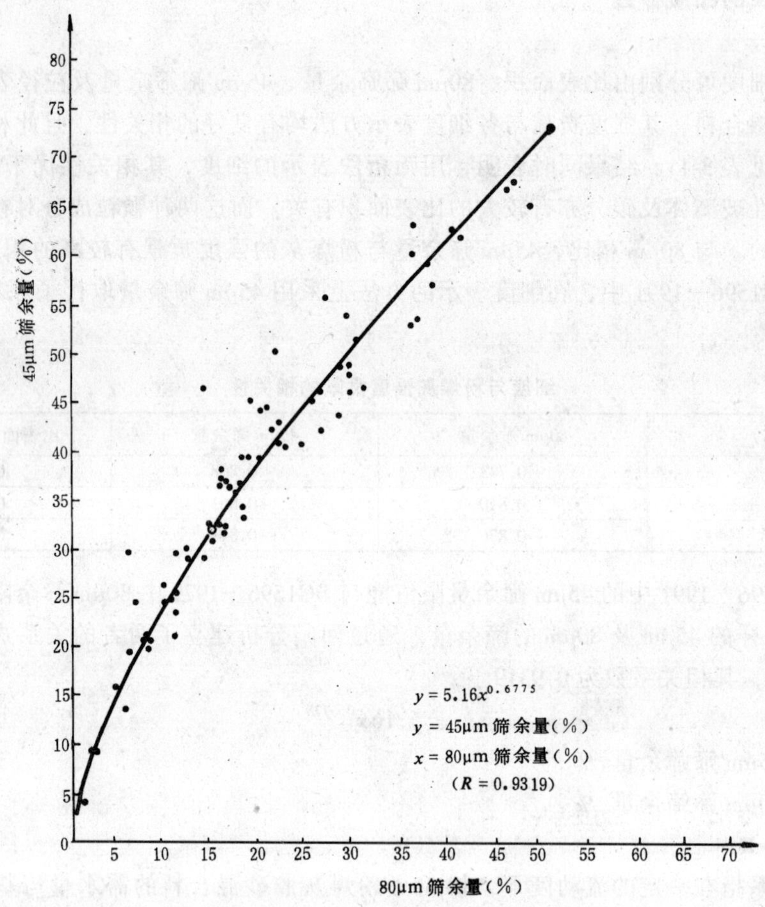

图 3-13 粉煤灰 45μm 与 80μm 筛余量的相关性

（三）烧失量

1. 烧失量与粉煤灰强度贡献的关系

粉煤灰烧失量对其强度贡献的影响存在着一些不同的看法。这可能与煤源及试验方法有关。根据我国灰源，按 GB 17671—1999《水泥胶砂强度试验方法》，以等流动度法成型时，粉煤灰烧失量与其胶砂的强度贡献无明显的相关性。研究了四批粉煤灰平行试验的结果，如表 3-13 所示，四批粉煤灰的结果都指出，烧失量与强度贡献的相关系数都低于置信度 α 值为 0.05 的临界值，说明这两者之间无明显的相关性。同时国外也有报导，利用烧失量分别为 5.5%、12.3%及 23.0%的粉煤灰以等量取代水泥的方法配制混凝土，亦发现其强度无明显差别。

表 3-13 粉煤灰烧失量与其强度贡献的相关系数

粉煤灰批号（灰样数）	1（29）		2（68）		3（24）		4（30）		
龄期（d）	28	90	28	90	28	90	7	28	90
相关系数	−0.099	−0.142	−0.09	−0.21	−0.009	−0.058	−0.130	−0.885	−0.109
置信度为 0.05 时的临界相关系数	0.349		0.232		0.381		0.349		

2. 烧失量与引气剂剂量的关系

混凝土用于严寒的北方时有严格的抗冻性要求，为提高混凝土的抗冻性往往需要在混合料内掺入一定量的引气剂，提高其空气含量。但当粉煤灰掺入胶砂中后，即使引气剂剂量及用水量相同，粉煤灰胶砂的含气量仍显著地低于基准胶砂。含气量降低的幅度与粉煤灰中的烧失量有关，并随烧失量的提高而增大，为使混凝土具有与基准混凝土相同的抗冻性，其含气量水平亦应相同或略高一些。粉煤灰混凝土中需要的引气剂剂量随粉煤灰中碳分的增加而成倍地提高（见图 3-14）。当粉煤灰中的碳含量为 3.6kg/m³ 时，为保持与基准混凝土的相同引气量，粉煤灰混凝土中应掺入的引气剂剂量约为基准混凝土的 4 倍。含碳量为 7.2kg/m³ 时，引气剂剂量亦相应地翻番提高到 8 倍。碳分大部分以多孔体形态出现，其比表面积极大（见表 3-7），因而对引气剂有较高的吸附量。此外，碳分内尚残留一定量的有机质，它有较强的气泡破坏作用。由于由烧失量浮动引起的引气剂剂量波动对混凝土抗冻性有显著的影响，为此，ASTM C 618 对粉煤灰混凝土的引气剂剂量亦提出了均匀性的要求，参见表 3-51。

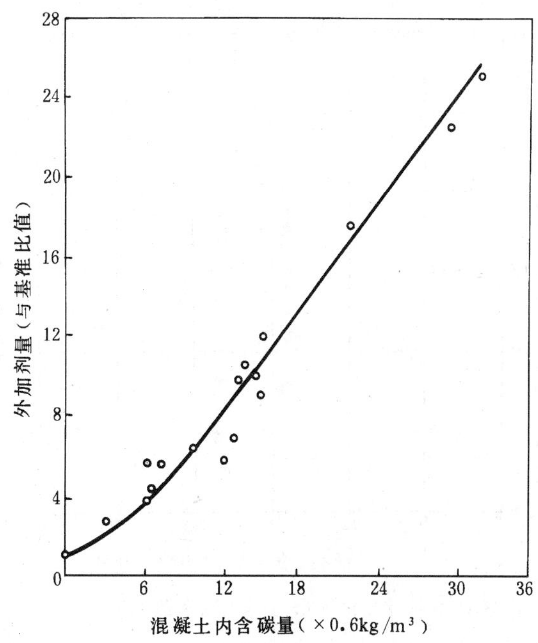

图 3-14　粉煤灰含碳量与混凝土引气剂剂量的关系

3. 烧失量与抗冻性的关系

混凝土的抗冻性可通过一定次数的冻融循环后分别用耐久性系数及质量损失值进行说明。耐久性系数是指混凝土经人工冻融循环后的动弹性模量与基准值的比值。国外报导利用烧失量分别为5.5%（低碳分）、12.3%（中碳分）及23.0%（高碳分）等三种粉煤灰以不同水泥取代量分别制备成等含气量混凝土，并研究其抗冻性，其结果见表 3-14、图 3-15 及图 3-16。表 3-14 指出，随着烧失量及粉煤灰取代水泥量的提高，混凝土内的含碳量逐步增加；粉煤灰等量取代 15%水泥时，其 28d 强度基本上与基准相同，但掺量提高到 45%时，混凝土的强度明显降低。如以耐久性系数评定抗冻性，当粉煤灰掺量为 30%，中碳量（12%）灰混凝土性能与低碳量（5.5%）无明显差别。即使是高碳量（23.0%）灰，其结果亦相近。混凝土含碳量与耐久性系数的关系亦比较松散（见图 3-15）。但 N0.1、N0.2 及 N0.3 三组的试验结果均表明，耐久性系数随粉煤灰掺量的增加而降低。图 3-16 指出，当动弹性模量为原始值的 40%时冻融循环后的质量损失值正比于混凝土内的含碳量。当粉煤灰烧失量为 12%，等量取代 30%水泥时，混凝土的含碳量约为 9kg/m³。此时，混凝土的质量损失值约比低碳分粉煤灰高 1%，比基准混凝土高 2 倍。碳分的危害作用来自其多孔体。引气剂易被多孔体吸附，减少了其周围的气泡量。同时，它可视作为一个蓄水中心，并在严寒气候下形成冰屑影响混凝土的耐久性。即使如此，研究结果仍表明，混凝土内的含碳量，不论来自小掺量的高碳灰或大掺量的低碳灰，其影响程度都是有限的。

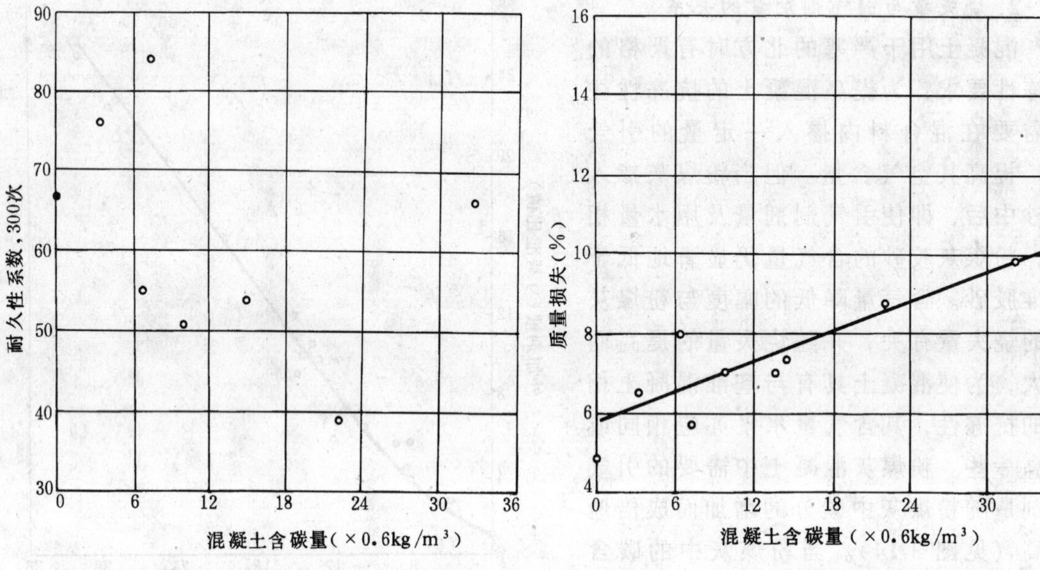

图 3-15 混凝土含碳量与耐久性系数的关系　　图 3-16 混凝土含碳量与质量损失的关系

表 3-14 粉煤灰混凝土的抗冻性

混合料	粉煤灰含碳量（%）	粉煤灰等量取代水泥量（%）	混凝土含碳量（kg/m³）	混凝土含气量（%）	抗压强度28d（MPa）	40% E_0 值时质量损失（%）	冻融300次的耐久性系数
基准	…	…	…	5.5	23.8	4.9	67
N0.1A	5.5	15	2.0	6.1	21.8	6.5	76
N0.1B	5.5	30	3.9	6.3	19.3	8.0	55
N0.1C	5.5	45	5.9	7.2	15.5	7.0	51
N0.2A	12.3	15	4.4	7.0	22.0	5.7	84
N0.2B	12.3	30	8.8	7.0	20.1	7.3	54
N0.2C	12.3	45	13.3	5.4	17.5	8.7	39
N0.3A	23.0	15	8.3	6.2	24.2	7.0	70
N0.3B	23.0	30	19.3	5.8	25.6	9.8	66

（四）氧化硅、氧化铝及氧化铁含量

粉煤灰的酸性氧化物，特别是以玻璃体形态存在的氧化硅、氧化铝及氧化铁是参与火山灰反应的主要氧化物，因此，有些国家将这些氧化物的含量视作为粉煤灰的主要品质参数之一，并列入标准。为验证这些酸性氧化物的作用，我们汇总了四批粉煤灰的酸性氧化物的平行试验结果。如表 3-15 所示，四批粉煤灰内酸性氧化物含量与其 28d 强度贡献的相关系数

表 3-15 SiO_2、Al_2O_3 及 Fe_2O_3 含量与粉煤灰强度贡献的相关系数

粉煤灰批号（灰样数）	1（29）		2（68）		3（24）		4（30）		
龄期（d）	28	90	28	90	28	90	7	28	90
相关系数	0.036	0.093	0.09	0.29	0.163	0.027	0.068	0.073	0.265
置信度为 0.05 时的临界相关系数	0.349		0.232		0.381		0.349		

都明显低于置信度为0.05时的临界相关系数，它们之间不存在明显的相关性。上述酸性氧化物90d的强度贡献的相关系数高于28d，表明其作用随着养护龄期而逐步增长，在四批粉煤灰灰样内，说明仅在养护后期这两者可能有一些相关性。

（五）玻璃体

粉煤灰由结晶相及玻璃相两大部分组成。以石英、莫来石、磁铁矿及赤铁矿为主的结晶相在常温下其化学活性很低，很难与石灰发生火山灰反应，因此，粉煤灰内的这些结晶相对对混凝土的强度贡献很小。玻璃体内以无定形形态存在的氧化硅及氧化铝的化学活性较高，有可能有较大的强度贡献。实际的验证结果见表3-16。结果指出，粉煤灰的玻璃体量基本上与其强度贡献无明显相关性。原因之一是粉煤灰内部有足够的玻璃体（见表3-4），最低的亦在50%以上。而在一定的条件下，粉煤灰颗粒能参与反应的表面深度是有限的，因此，反应程度主要取决于细度或比表面积。

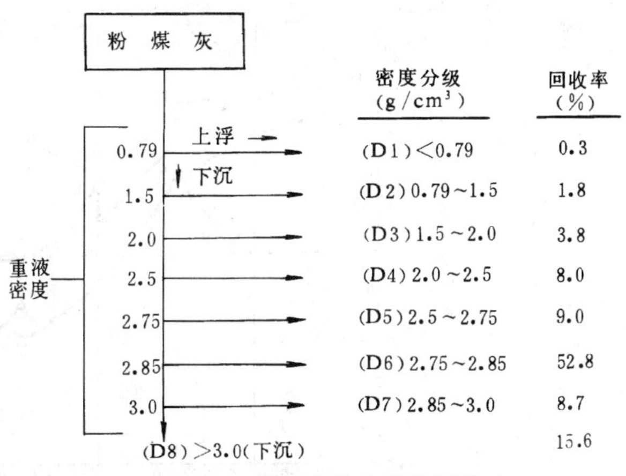

图3-17　粉煤灰的密度分级图

表3-16　玻璃体与粉煤灰强度贡献的相关系数

粉煤灰批号（灰样数）	2（68）		4（30）		
龄期（d）	28	90	7	28	90
相关系数	0.217	0.143	0.358	0.204	0.048
置信度为0.05时的临界相关系数	0.232		0.349		

（六）密度

如前所述，经燃烧后的煤粉可形成理化性能不一的多种颗粒成分，这些成分由于氧化铁含量及孔隙率的差别，其密度波动幅度较大。国外报导了某一低钙高铁灰的颗粒密度分布结果（见图3-17）。他利用密度分别为0.79、1.5、2.0、2.5、2.75、2.85g/cm³及3.0g/cm³等7种重液体，将粉煤灰颗粒分成8个密度等级，并测定其相应的质量百分比。可见，粉煤灰是由密度分布范围较广的颗粒所组成，亦属正态分布。就此一低钙高铁粉煤灰而言，其颗粒密度主要集中在2.85~3.0g/cm³这一区段。

我们研究了粉煤灰不同粒径与密度的关系，其结果见图3-18。该灰样的颗粒密度波动于1.9~2.5g/cm³。三种粉煤灰都出现同一趋势，粉煤灰颗粒的密度随其粒径的变小而增大，因为，随着粒径的变小，玻璃珠，特别是密实玻璃珠量逐渐增加，多孔玻璃体量逐渐减少。

粉煤灰密度与其强度贡献的相关系数见表3-17。可见，粉煤灰密度与其7d、28d强度贡献的相关性均较好；同时，此相关性随着养护龄期的增长而减退，90d时部分试验已不再显示其相关性。除高铁灰外，密度较高的粉煤灰，其多孔玻璃体含量较低，玻璃珠含量较高，因而其强度贡献亦较大。

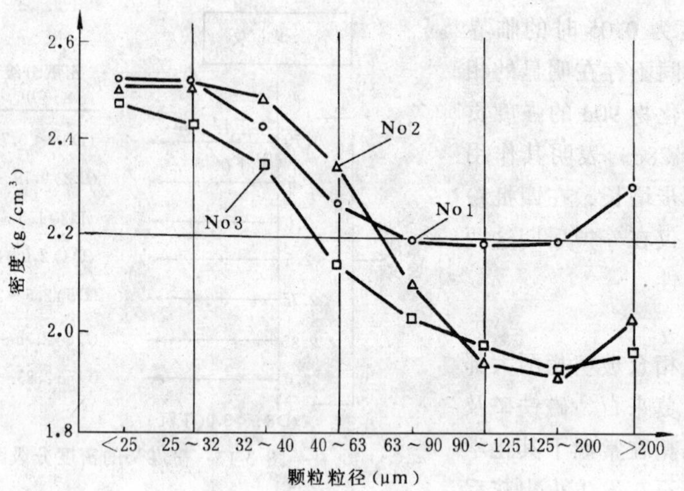

图 3-18 粉煤灰各颗粒粒径的密度

表 3-17 粉煤灰密度与其强度贡献的相关性

粉煤灰批号（灰样数）	1（29）		2（68）		4（30）		
龄期（d）	28	90	28	90	7	28	90
相关系数	0.492	0.407	0.373	0.188	0.402	0.418	0.265
置信度为 0.05 时的临界相关系数	0.349		0.232		0.349		

（七）安定性

粉煤灰加入混凝土后，其三氧化硫、氧化镁及钾、钠含量较高时有可能影响混凝土的安定性。

1. 三氧化硫

粉煤灰内的三氧化硫主要集中在粉煤灰颗粒的表层。粉煤灰加入混凝土后，其三氧化硫能较快地析出，并参与火山灰反应形成水化硫铝酸钙。后者对混凝土的凝结时间，强度发展及安定性都有一定的影响。

粉煤灰内三氧化硫含量与粉煤灰在胶砂试件内强度贡献的相关系数见表 3-18。各批粉煤灰试验的结果都一致表明，粉煤灰各龄期的强度贡献与其三氧化硫含量呈正相关，即三氧化硫含量越高，粉煤灰对混凝土的强度贡献越大，但此相关性随养护龄期而减弱，三氧化硫含量较高时，粉煤灰混凝土生成较多的三硫型水化硫铝酸钙。它是一含大量结晶水的水化产物，因而在硬化浆体内形成一定的膨胀作用。我国的研究结果（见图 3-19）表明，硬化水泥

表 3-18 粉煤灰三氧化硫量与其强度贡献的相关系数

粉煤灰批号（灰样数）	1（29）		2（68）		4（30）		
龄期（d）	28	90	28	90	7	28	90
相关系数	0.682	0.601	0.319	0.263	0.520	0.564	0.522
置信度为 0.05 时的临界相关系数	0.349		0.232		0.349		

浆体的膨胀值随石膏掺量的增加而提高。因而为了确保混凝土的安定性，各国粉煤灰标准一般都限制三氧化硫的含量。我国低钙粉煤灰的三氧化硫含量较低。国内采集的四批粉煤灰的三氧化硫波动值见表 3-19。由表可知，四批灰总计为 152 个灰样，其三氧化硫含量低于 2.0%，都未超过我国粉煤灰标准 GB1596—1991 限值 3%的指标。

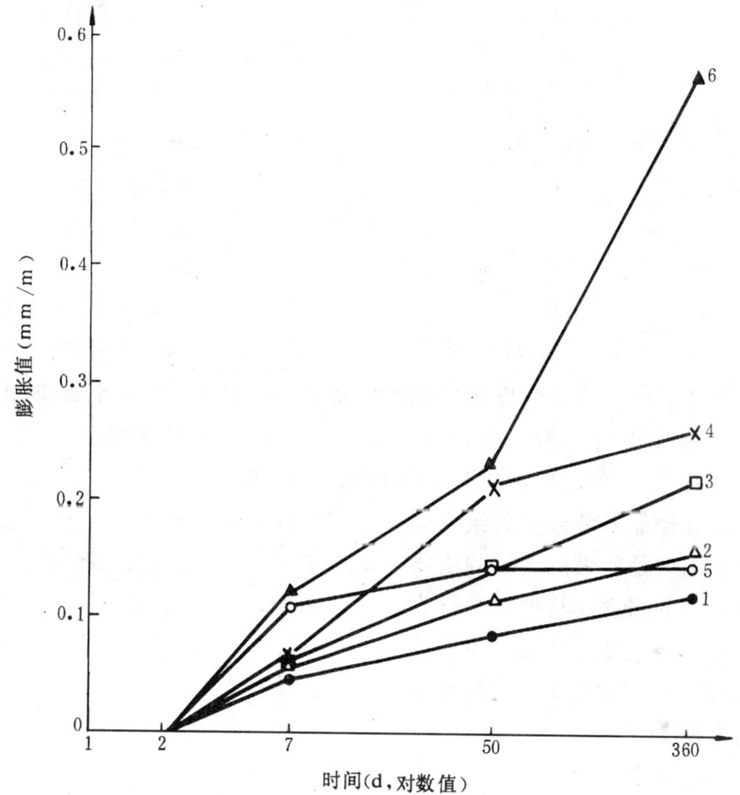

图 3-19　石膏对粉煤灰水泥浆变形性能的影响

1—纯硅酸盐水泥；2—80%水泥+20%粉煤灰；3—79%水泥+20%粉煤灰+1%石膏；4—78%水泥+20%粉煤灰+2%石膏；5—76%水泥+20%粉煤灰+4%石膏；6—72%水泥+20%粉煤灰+8%石膏水固比=0.4

表 3-19　　我国低钙粉煤灰的三氧化硫含量　　(%)

粉煤灰批号（灰样数）	1（29）	2（69）	3（24）	4（30）
波　动　范　围	0.1~1.1	0.1~1.8	0.1~1.1	0~1.2

2. 氧化镁

粉煤灰内的氧化镁能以两种形态存在：玻璃体及方镁石结晶体。以方镁石形态存在的氧化镁，其水化速度极慢。当水泥硬化浆体结构已基本稳定，而方镁石继续水化膨胀时可破坏混凝土硬化体结构。因此，一些国家的粉煤灰标准中对氧化镁进行限值规定。由于氧化镁主要富集在玻璃珠内（见表 3-6），方镁石量始终明显地低于以化学分析所得的氧化镁总量。国外资料分析了大量粉煤灰的氧化镁含量及方镁石含量，并将其结果对比分析于图 3-20。可见，方镁石量普遍低于氧化镁总量。其降低的幅度有较大波动，但就平均值估算，方镁石量约比氧化镁总量低 2%。在粉煤灰标准中有的国家以氧化镁总量控制，有的则以蒸压膨胀值控制。

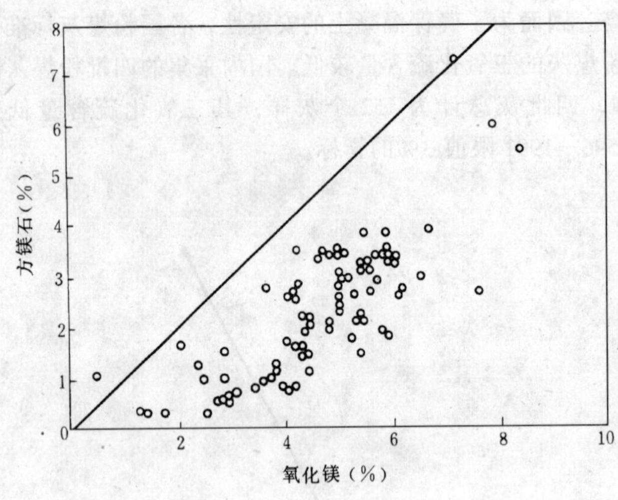

图 3-20 氧化镁量与方镁石量的关系

（八）含碱量

含碱量系指粉煤灰内碱金属，即钾、钠氧化物的含量。碱能延迟混凝土的凝结时间，亦可能通过碱集料反应影响混凝土的耐久性。众所周知，碱集料反应可分成两类，即碱硅质集料反应与碱碳酸盐集料反应。粉煤灰对碱硅质集料反应有明显的抑制作用（见图 3-21），但对碱碳酸盐反应的作用较小。粉煤灰抑制碱集料反应的机制尚不太清楚，可能与粉煤灰自身的品质有关。国外资料介绍，这主要取决于粉煤灰的含碱量及细度。关于粉煤灰的含碱量高到一定程度后能否继续抑制碱集料反应存在着不同的看法。国外资料认为，碱含量高的粉煤灰仍能显著地抑制碱集料反应。但美国 ASTM C 618 仍然限定粉煤灰 Na_2O 当量值不得大于 1.5%。

二、细度与其他品质参数的关系

前已指出，细度是粉煤灰品质的主要参数，它对混凝土的强度及其他力学行为有重要贡献。粉煤灰细度与其他品质参数有紧密的相关性，本节拟从其相关性来揭示细度的作用机理。

1. 粉煤灰细度与其形貌的关系

国外曾有资料详细地描述不同粉煤灰粒级的形貌，图 3-22 为原状粉煤灰不同粒级粉煤灰的扫描电镜照片，由图可见，原状粉煤灰为不同粒径玻璃珠及多孔玻璃体的集合体，大于 45μm 部分以不规则的多孔玻璃体为主，其中亦夹入些玻璃珠；小于 45μm 部分主要由不同粒径的玻璃珠组成，其中有一部分玻璃珠粘连在一起；小于 10μm 部分由更微小的玻璃珠组成；10～45μm 部分因没有小于 10μm 部分系中断级配，具有较大的空隙率。在小于 45μm 部分中，不规则多孔玻璃体较少，空隙率亦较低；因此，它不仅化学活性较高，同时需水量比亦较低，使水泥硬化浆体具有较高的密实度，增强了混凝土的力学和理化性能。

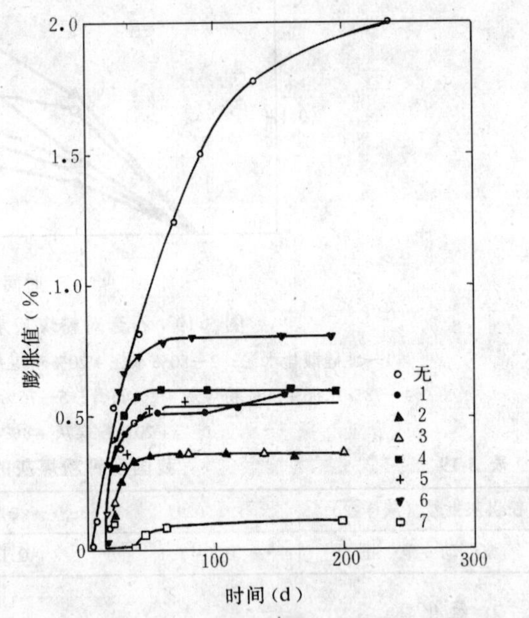

图 3-21 粉煤灰对混凝土碱—硅质集料膨胀值的影响

$F/(C+F)=0.4 \quad W(C+F)=0.41$

$A/(C+F)=3.75 \quad C=500\ kg/m^3$

2. 粉煤灰细度与其化学组成的关系

各粒级粉煤灰的化学组成见表 3-20。原灰中的氧化铁含量较高，相应地各粒级中亦有较多的氧化铁。同时可看出，氧化铁量随粒径降低而减少，相反三氧化硫、钾、钠及钙、镁含

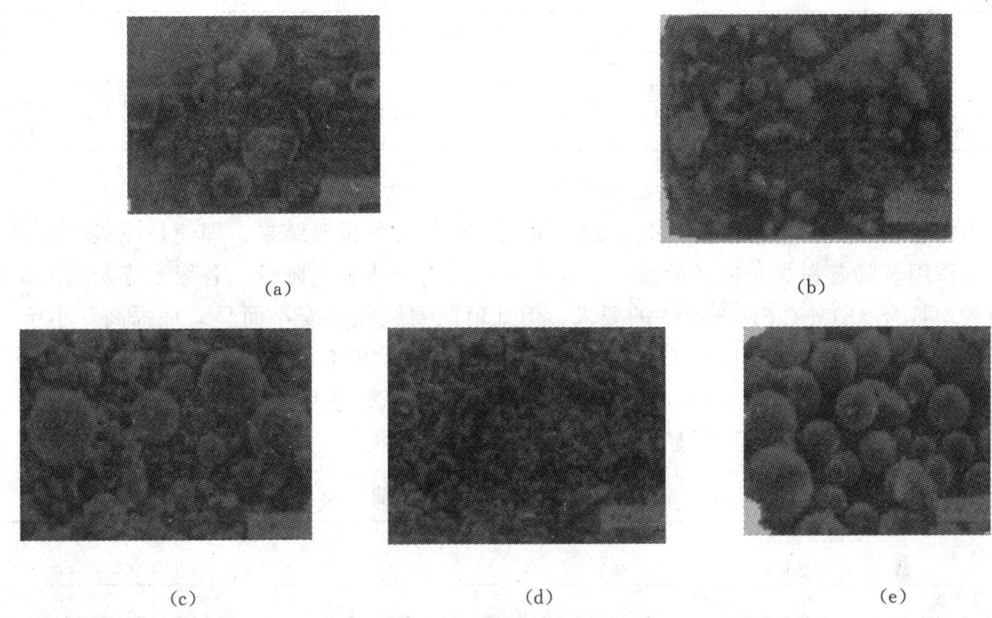

图 3-22　不同粒级粉煤灰的电镜照片

(a) 原状灰；(b) >45μm 部分；(c) <45μm 部分；(d) <10μm 部分；(e) 10~45μm 部分

量均随粉煤灰粒径降低而提高。可以认为，细粒径粉煤灰强度贡献较大的原因除其反应表面积高以外，尚与其化学成分的特点有关。因为氧化铁的活性较低，而三氧化硫及钾、钠氧化物都是火山灰反应的激发剂。

表 3-20　各粒级粉煤灰的化学组成　(%)

氧化物	原　灰	>45μm	<45μm	<10μm	10~45μm
SiO_2	43.2	41.6	44.1	43.9	43.3
Al_2O_3	21.0	15.3	23.3	25.2	20.3
Fe_2O_3	24.2	35.1	21.7	18.1	26.6
CaO	1.55	1.31	1.52	1.47	1.54
MgO	0.97	0.74	1.04	1.16	0.90
Na_2O	0.48	0.27	0.56	0.66	0.42
K_2O	2.22	1.47	2.56	2.88	1.96
SO_3	1.32	0.57	1.62	2.25	0.95
C	1.90	1.91	1.45	1.32	1.59
烧失量	3.29	1.30	3.19	3.67	2.38

3. 粉煤灰细度与矿物组成的关系

各粒级粉煤灰的矿物组成列于表 3-21。它指出，石英、莫来石、磁铁矿、赤铁矿及碳分均随粉煤灰粒径的减小而降低，相反，玻璃体的含量却提高。众所周知，上述晶体矿物在常温下是一惰性成分，碳分亦为有害组分，而玻璃体则为能参与火山灰反应的活性成分。

表 3-21　各粒级粉煤灰的矿物组成　(%)

粒　级	石　英	莫来石	磁铁矿	赤铁矿	碳	玻璃体
原　灰	9.6	20.4	4.5	5.4	1.9	58
>45μm	19.3	17.4	5.9	5.6	1.91	50

续表

粒 级	石 英	莫来石	磁铁矿	赤铁矿	碳	玻璃体
<45μm	10.1	18.5	4.1	5.2	1.45	61
<10μm	6.2	14.1	3.9	4.3	1.32	70
10~45μm	12.2	21.2	6.5	7.4	1.59	51

4. 粉煤灰细度与其他物理性能的关系

各粒级粉煤灰的物理性能见表3-22。可见，根据国外试验结果，即使是原灰亦具有一定的减水作用。随着粉煤灰粒径的减小，其需水量比进一步显著降低，各级粉煤灰的火山灰活性指数均符合ASTM C 618—1985的要求，但此值随着粒径的变小而显著地提高。小于10μm粒级的粉煤灰活性指数高达111.4%，这表明即使在等体积取代35%体积水泥的条件下，其胶砂强度仍比基准试件高出11.4%。蒸压膨胀值都较低，表明具有良好的体积安定性。粉煤灰粒径对干缩值的影响不明显，但普遍地低于基准水泥。

表3-22 各粒级粉煤灰的物理性能

试 样	需水量比（%）	火山灰活性指数（%）	蒸压膨胀值（%）	干 缩 值（%）	碱反应性（%）
基准水泥	100	…	0	…	…
原 灰	97.7	83.8	+0.001	-0.089	98.3
<45μm	83.3	92.5	-0.003	-0.088	110.0
10~45μm	84.8	80.7	+0.003	-0.080	110.0
<10μm	82.6	111.4	-0.020	-0.090	110.0

三、细度对混凝土性能的影响

如上所述，细粒径粉煤灰的活性成分较高，需水量比较低，强度贡献较大；因此，它同时可增进新拌及硬化混凝土的性能。

1. 细度对泌水性的影响

国外资料介绍各粒级粉煤灰及其掺量对混凝土泌水性的影响，其结果见图3-23。图中的A为基准混凝土，B、C、D及E为掺入不同细度及数量粉煤灰的混凝土。图中的数据有一定的分散性,但其趋势还是明显的,混凝土的泌水性随着粉煤灰粒径的减小和掺量的增加而减少。因此,细粒径粉煤灰可使新拌混凝土具有较好的保水性,不易离析,可泵性亦显著提高。

2. 细度对温升的影响

各粒级粉煤灰对混凝土温升的影响见图3-24。图内的编号说明同图3-23。可见，不同粒级粉煤灰都可明显降低混凝土的温升，但粗粒级粉煤灰的降低幅度大于细灰。细颗粒粉煤灰的充填水泥颗粒间的孔隙，加快水泥的水化，同时粉煤灰的火山灰反应亦是一放热反应，细粒级粉煤灰加速了这一反应。

3. 细度对强度发展的影响

国外报道了不同粒级粉煤灰胶砂试件在21℃养护时各龄期的相对强度，其结果见图3-25。在等体积取代30%水泥的条件下，原状灰在90d范围内，其强度始终低于基准试件，28d龄期低于基准的70%左右，随着粉煤灰粒径的减小，其胶砂相对强度明显增加。小于45μm粒级粉煤灰28d的胶砂强度已达基准的90%左右，56d以后基本上与基准等强。小于10μm粒级粉煤灰的28d胶砂强度已接近基准，56d明显地大于基准。10~45μm粒级粉煤灰的各龄期胶砂强度都低于其他粒级的粉煤灰。

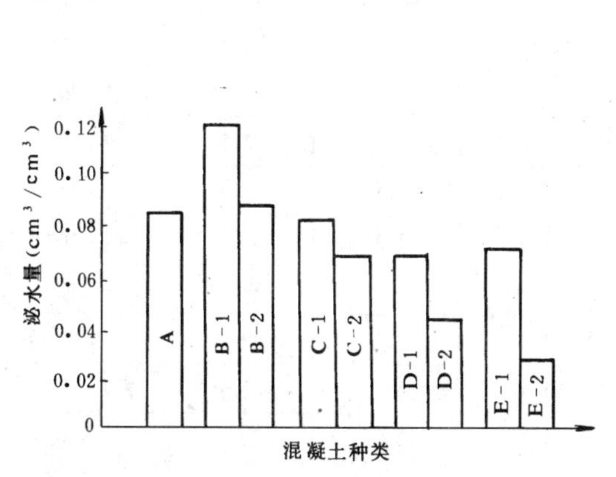

图 3-23 粉煤灰混凝土的泌水性

A—基准混凝土；B-1—日本商品粉煤灰 15%；B-2—日本商品粉煤灰 30%；C-1—粒径 < 20μm 的粉煤灰 15%；C-2—粒径 < 20μm 的粉煤灰 30%；D-1—粒径 < 10μm 的粉煤灰 15%；D-2—粒径 < 10μm 的粉煤灰 30%；E-1—粒径 < 5μm 的粉煤灰 15%，E-2—粒径 < 5μm 的粉煤灰 30%

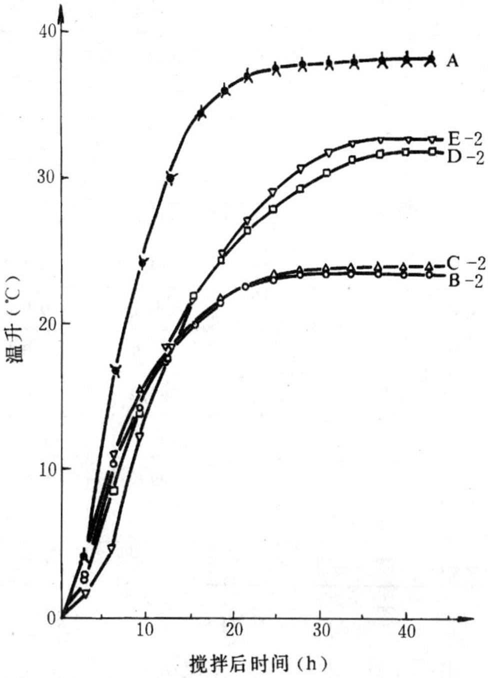

图 3-24 粉煤灰细度对混凝土温升的影响

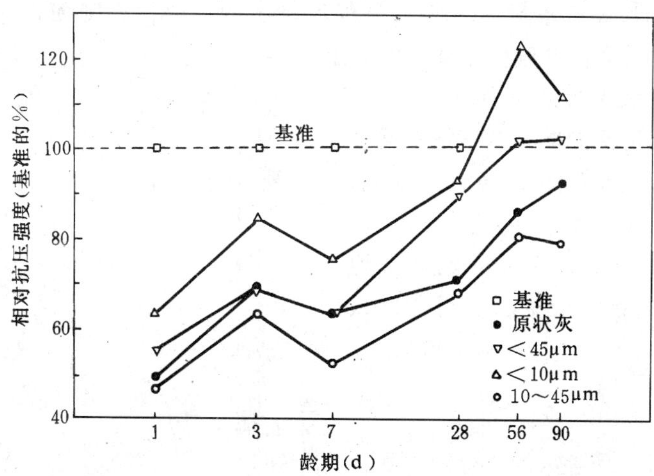

图 3-25 粉煤灰细度对胶砂强度的影响

4. 细度对渗透系数的影响

国外报道粉煤灰不同细度及其掺量对水泥浆体的孔隙及渗透性的影响，其结果列于表 3-23。所有试件的水胶比均为 0.5，并在 21℃养护。随着养护龄期的延长，浆体的孔径及孔隙率逐渐变小，密度降低，堆积密度提高及渗透系数降低。28d 时，各粒级粉煤灰浆体的孔隙总面积均大于基准浆体，且粒径越小，提高幅度越大；但粉煤灰浆体的渗透系数仍低于基准浆体，粒径越小，降低幅度越大。如用同流动度成型浆体，特别是随着养护龄期的增长，粉煤灰浆体的渗透系数将会进一步显著降低。

表 3-23 粉煤灰粒级对硬化浆体孔隙率及渗透性的影响

浆体	龄期 (d)	孔隙总面积 (m^2/g)	平均孔径 (μm)	堆积密度 (g/cm^3)	密度 (g/cm^3)	孔隙率 (%)	渗透系数 (cm/s)
基准	1	38.3	0.036	1.37	2.60	47.4	1.2×10^{-7}
	3	53.4	0.022	1.46	2.54	42.5	4.9×10^{-10}
	7	53.9	0.019	1.47	2.39	38.4	6.5×10^{-10}
	28	50.7	0.018	1.51	2.33	35.0	6.2×10^{-12}
<45μm 15%	28	50.7	0.020	1.50	2.39	37.4	1.3×10^{-11}
<45μm 30%	28	55.9	0.020	1.43	2.42	40.9	1.0×10^{-12}
<10μm 15%	28	55.0	0.019	1.47	2.36	37.9	2.9×10^{-12}
<10μm 30%	1	41.0	0.039	1.29	2.62	50.9	1.6×10^{-7}
	3	49.0	0.030	1.35	2.66	49.3	2.3×10^{-8}
	7	50.0	0.026	1.36	2.43	44.3	1.9×10^{-9}
	28	63.9	0.020	1.35	2.35	42.4	5.3×10^{-13}

5. 细度对耐磨性的影响

根据 Ukita 的研究，各粒级粉煤灰及其掺量对混凝土的耐磨性的影响如图 3-26。试件的编号说明同图3-23。当粉煤灰掺量为 15%时，混凝土的耐磨性大体上随粉煤灰粒径减小而提高，粉煤灰粒径小于 5μm（编号 E）的耐磨性高于基准混凝土。其他粒径粉煤灰则降低几个百分点至 20%。当粉煤灰掺量为 30%，虽然混凝土的耐磨性亦随粉煤灰粒径减小而提高，但粉煤灰混凝土的耐磨性普遍低于基准混凝土。

6. 细度对碱—集料反应的影响

各粒级粉煤灰及其掺量对碱—集料反应的影响见图 3-27。试件的编号说明同图 3-23。活性集料采用安山岩，这是一种在日本被认为最有害的集料，水泥的碱含量为 1.2%，粉煤灰的掺量为 15%，只有一组试件为 30%。由图 3-27 可见，试件内掺入粉煤灰后碱—集料反应受到明显的抑制；细粒级粉

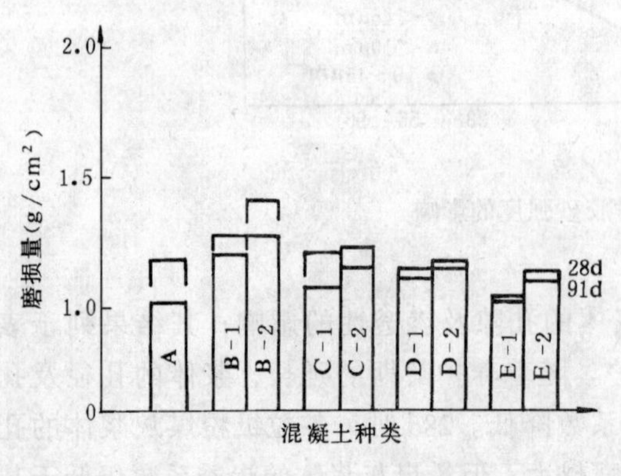

图 3-26 粉煤灰混凝土的耐磨性

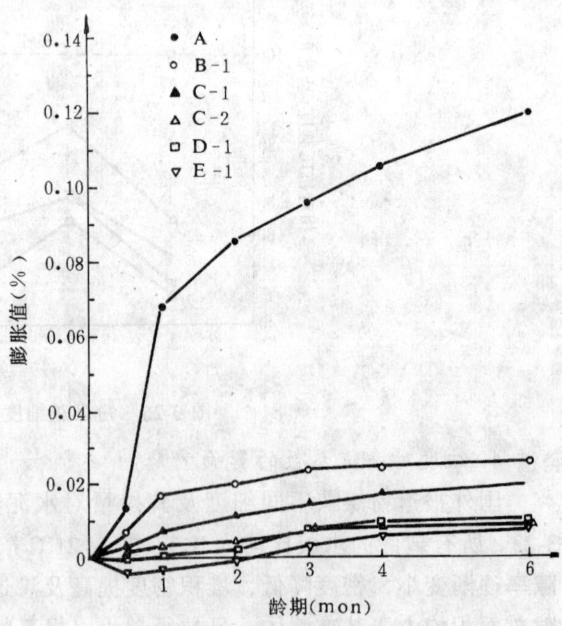

图 3-27 粉煤灰胶砂碱硅反应性

煤灰比粗粒级更有效；30%粉煤灰的效果优于15%。可以认为，混凝土碱—集料反应的效果与粉煤灰性质及掺量有关。

四、粉煤灰在不同使用场合的强度贡献

本节在前面介绍了粉煤灰各种单一独立品质参数对混凝土性能的影响，实际上混凝土的性能，特别是强度贡献是粉煤灰各种品质参数综合作用的结果；此外，水泥成分亦有重要影响。本段着重介绍粉煤灰在不同使用场合下，其强度贡献的评定方法。

（一）粉煤灰在水泥、混凝土中的强度贡献

粉煤灰在混凝土中的强度贡献可用抗压强度比（简称压强比）表示，即粉煤灰等质量取代30%水泥的胶砂试件在标准养护条件下，其强度与基准试件强度的比值。因此，它的含义与美国ASTM C 618中的火山灰活性指数（Pozzolanic Activity index）相接近。

粉煤灰的强度贡献既与粉煤灰自身的品质参数有关，同时又取决于所用水泥的组成。我们曾采集30种粉煤灰，17种不同组成的水泥来研究粉煤灰的强度贡献。研究粉煤灰自身品质的作用时采用同一种水泥；研究水泥成分的影响时，采用了同一种粉煤灰；然后利用上述粉煤灰与水泥交错配伍研究其综合效应，表3-24为其试验结果。可以看出，粉煤灰品质、水泥成分，特别是它们的综合作用都对粉煤灰的强度贡献有很大影响。由于粉煤灰品质的差别，压强比有较大波动，最小值仅为最大值的50%左右，好的粉煤灰在90d能达到与基准胶砂等强。水泥成分的影响也较大，最小值约为最大值的70%左右；最佳成分水泥在28d已达到90%，90d时则比基准水泥还提高13%，水泥与粉煤灰配伍的影响程度比水泥与粉煤灰单因素大，各龄期压强比最小值一般只有最大值的40%左右；最佳配伍的压强比在28d已接近基准试件，90d时比基准水泥高23%，因此，除粉煤灰自身的品质外，水泥成份及其粉煤灰品质的配伍对粉煤灰的强度贡献有十分重要的作用。

表3-24　粉煤灰的压强比　（%）

	粉煤灰品质			水泥成分			粉煤灰与水泥共同作用		
龄期（d）	7	28	90	7	28	90	7	28	90
最大值	70	78	101	77	90	113	82	96	123
最小值	35	41	49	53	65	86	36	43	56
均　值	54	61	75	66	78	100	57	66	87

1. 水泥内诸成分对粉煤灰强度贡献的影响

表3-24已经指出，水泥成分对粉煤灰的强度贡献有影响，水泥内对粉煤灰强度贡献有影响的成分见表3-25。水泥内K_2O含量与粉煤灰7、28及90d压强比的相关系数分别为0.55、0.65及0.64，明显高于置信度为0.05时的临界相关系数0.482。可见，水泥内的K_2O量正相关于粉煤灰的强度贡献，其他水泥成分似乎都未达到临界相关系数，但如进一步分析表中其他成分对硅酸盐水泥及粉煤灰水泥强度的相关系数的变化规律，可以认为这些成分对粉煤灰的强度贡献亦有一定的关联。KH值及C_3S含量都正相关于硅酸盐水泥的强度，这两种成分与粉煤灰水泥强度的相关系数高于硅酸盐水泥强度，表明KH及C_3S值都有利于提高粉煤灰的强度贡献。f-CaO量负相关于硅酸盐水泥的强度，但它与粉煤灰水泥强度的负相关系数明显地降低了，表明粉煤灰有缓和f-CaO对强度发展的不利作用。C_2S量负相关于硅酸盐水泥的强度，它与粉煤灰水泥强度的负相关系数进一步提高了，表明水泥中的

C_2S对粉煤灰的强度贡献是不利的。水泥中的其他成分，诸如Na_2O，C_3A，C_4AF，N及P值均对粉煤灰的强度贡献无明显影响。C_3S值高的水泥，相应地KH值亦高，这种水泥水化时能较多较快地析出$Ca(OH)_2$，能加快粉煤灰的火山灰反应。因此提高了粉煤灰的强度贡献。基于相同的原因，粉煤灰可减缓f-CaO的危害作用。C_2S不仅水化速度慢，且$Ca(OH)_2$析出量低，相应地它对粉煤灰的强度贡献亦较差。K_2O可使水泥内的C_2S转换成$KC_{23}S_{12}$，后者的水化速度高于前者，相应地$Ca(OH)_2$析出亦多，因而提高了粉煤灰的强度贡献。

表 3-25 水泥成分与粉煤灰强度贡献的相关系数

水泥成分	硅酸盐水泥强度			粉煤灰水泥强度			压强比		
	7d	28d	90d	7d	28d	90d	7d	28d	90d
KH	0.49	0.41	0.48	0.63	0.54	0.50	0.31	0.09	-0.08
C_3S	0.50	0.46	0.53	0.60	0.55	0.51	0.24	0.04	-0.13
C_2S	-0.51	-0.38	-0.45	-0.69	-0.55	-0.55	-0.37	-0.13	0.03
f-CaO	-0.47	-0.54	-0.46	-0.27	-0.28	-0.24	0.21	0.34	0.30
K_2O	-0.53	-0.76	-0.80	-0.13	-0.32	-0.36	0.55	0.65	0.64

2. 粉煤灰品质及水泥成分对粉煤灰强度贡献的综合作用

前已指出，粉煤灰的强度贡献不仅与自身的品质，同时亦与水泥的组成有关，是这些参数的综合作用确定了粉煤灰的强度贡献。如将这些主要参数与各龄期粉煤灰的强度贡献进行多元回归分析，则可得出式（3-2）、式（3-3）及式（3-4），用以分别预测粉煤灰在7、28及90d的压强比。

$$R°_7 = 106.87 - 0.4366x_1 + 38.36x_2 - 0.3273x_3 - 0.60x_4 + 13.11x_5 \quad (3\text{-}2)$$

$$(R = 0.894,\quad S = 5.3\%,\quad \sigma_s = 9.3\%)$$

$$R°_{28} = 101.70 - 0.574x_1 + 56.23x_2 - 0.206x_3 - 0.6x_4 + 17.5x_5 \quad (3\text{-}3)$$

$$(R = 0.892,\quad S = 6.3\%,\quad \sigma_s = 9.5\%)$$

$$R°_{90} = 134.77 - 0.4099x_1 + 66.36x_2 - 0.7184x_3 + 0.3668x_4 + 16.64x_5 \quad (3\text{-}4)$$

$$(R = 0.931,\quad S = 5.9\%,\quad \sigma_s = 6.7\%)$$

式中 $R°_7$，$R°_{28}$，$R°_{90}$——粉煤灰在7、28d及90d的压强比，%；

x_1——粉煤灰原灰的标准稠度，%；

x_2——粉煤灰的比表面积，m^2/g；

x_3——粉煤灰的需水量比，%；

x_4——水泥内C_2S含量，%；

x_5——水泥内K_2O含量，%。

（二）粉煤灰在硅酸盐混凝土中的强度贡献

粉煤灰品质对硅酸盐砌块性能的影响远远超过普通水泥混凝土，因为粉煤灰在硅酸盐胶凝材料中含量显著高于水泥。表3-26为52只粉煤灰硅酸盐胶砂试件经蒸汽养护后的性能。由表可见，由于灰质的差别，硅酸盐胶砂试件的出池强度及碳化强度的最高最低值可相差20倍左右；收缩值及抗冻性亦有显著的差别。

粉煤灰各主要品质参数对硅酸盐制品性能的相关系数见表 3-27，由于粉煤灰样本数为 52，其置信度为 0.05 时的临界相关系数为 0.273。由此可见，粉煤灰的细度及标准稠度需水量或标准流动度水胶比对硅酸盐制品性能有较大影响，而烧失量则影响不大。粉煤灰细度正相关于硅酸盐制品的出池强度、碳化强度及抗冻性，其中细度以 45μm 筛余量表示时，其与制品性能的相关性亦优于 80μm 筛余量及比表面积。原灰标准稠度需水量及胶砂标准流动度水胶比负相关于制品的出池强度、碳化强度及抗冻性，标准需水量较高的粉煤灰，其制品的收缩值亦偏高。

表 3-26　　硅酸盐制品性能的波动性

性　能	波动范围	均　值	性　能	波动范围	均　值
出池强度（MPa）	2.1 ~ 46.7	18.9	收缩值（‰）	0.49 ~ 1.62	1.11
碳化强度（MPa）	2.4 ~ 44.2	13.8	冻后强度损失（%）	6 ~ 100	19.4
碳化系数	0.46 ~ 1.56	0.78			

表 3-27　　粉煤灰品质参数与硅酸盐制品性能的相关系数

品　质　参　数	出池强度	碳化强度	碳化系数	收缩值	冻后强度损失
80μm 筛余量	-0.79	-0.70	0.32	-0.26	0.78
45μm 筛余量	-0.88	-0.82	0.25	-0.14	0.68
比表面积（cm^2/g）	0.73	0.48	-0.53	0.27	-0.46
原灰标准稠度需水量	-0.52	-0.77	-0.33	0.37	0.38
胶砂标准流动度水胶比	-0.70	-0.81	-0.02	0.12	0.68
烧失量	-0.20	-0.32	0.03	0.10	0.16

在硅酸盐制品中粉煤灰的强度贡献亦是其诸品质参数的综合作用的结果。硅酸盐胶砂试件的强度可由下式预测：

$$R^0 = 0.0177x_1 - 0.0090x_2 - 1.0433x_3 + 0.0002x_4 + 0.5654x_5 + 2.575x_6 - 3.935 \quad (3\text{-}5)$$

$$(R = 0.9716, \quad S = 2.291\text{MPa})$$

式中　R^0——硅酸盐胶砂强度，MPa；

x_1——45 ~ 80μm 颗粒含量，%；

x_2——45μm 筛余量，%；

x_3——原灰标准稠度需水量，%；

x_4——比表面积，cm^2/g；

x_5——SiO_2 含量，%；

x_6——K_2O 及 Na_2O 含量，%。

（三）粉煤灰在加气混凝土中的强度贡献

粉煤灰品质对加气混凝土强度的影响高于普通混凝土，但显著地低于硅酸盐砌块；因为在蒸压条件下，粉煤灰的化学活性普遍较高，表 3-29 为 37 只粉煤灰按加气混凝土配比所制成的浆体经蒸压后的波动范围及均值。可见，由于灰质的差别，净浆强度可相差 3 倍。

表 3-28 加气混凝土净浆强度的波动性

波动性	波动范围	均值
净浆强度（MPa）	16.3～45.8	30.8

表 3-29 所示，影响加气浆体强度的主要粉煤灰品质参数仍为细度及标准稠度需水量，这次试验的样品量为 36 个，置信度为 0.05 时的临界相关系数为 0.325；因此，烧失量、莫来石及硅、铝、铁氧化物含量亦与净浆强度有一定相关性，粉煤灰在蒸压浆体中的强度贡献可按下式评定

$$R^0 = 31.72 - 0.43x_1 - 0.34x_2 + 1.73x_3 + 0.37x_4 + 0.23x_5 \tag{3-6}$$

$$(R = 0.909, \quad S = 3.1\text{MPa})$$

式中 R^0——蒸压粉煤灰浆体强度，MPa；

x_1——浆体标准稠度需水量，%；

x_2——氮吸附比表面积，m^2/kg；

x_3——小于 48μm 颗粒含量，%；

x_4——玻璃态氧化硅含量，%；

x_5——莫来石含量，%。

表 3-29 粉煤灰品质参数对加气混凝土净浆强度的影响

项目	标准稠度需水量	<48μm 颗粒	烧失量	$SiO_2 + Al_2O_3 + Fe_2O_3$
相关系数	0.7536	0.5326	0.3822	0.3250

（四）粉煤灰品质对土工性能的影响

可以预料，粉煤灰品质对土工性能亦有较大的影响。表 3-30 为 22 个烟煤灰灰样的压实体在最佳含水量时的土工性能。可见，由于粉煤灰品质的差别，其土工性能的波动范围相当大。随着龄期的增长，粉煤灰土工性能亦有不同程度的增强，同时粉煤灰品质的影响程度（土工性能的波动范围）亦显著增大。以无侧限抗压强度为例，由于灰质的差别，最高与最低的即时强度相差 7 倍左右，但一个月后扩大至 48 倍。同样由于灰质的差别，粉煤灰粘结力由即时的相差 3 倍，一个月后扩大至 13 倍。粉煤灰品质对内摩擦力亦有影响，但相对地较小，特别灰质对龄期作用的影响更小。

表 3-30 粉煤灰压实体土工性能的波动性

土工性能	即时		1 个月	
	波动性	均值	波动性	均值
无侧限抗压强度（kPa）	9.8～146.7	85.5	36.0～1478.0	265.6
内摩擦角 φ（°）	22.64～31.42	29.00	20.6～45.00	30.88
粘结力（kPa）	36.4～115.1	55.5	19.3～250.0	96.3
固结系数（kPa）			0.0046～0.289	0.01
压缩模量（MPa）			8.1～48.8	11.9
渗透系数（$\times 10^{-4}$cm/s）			0.472～28.32	6.001

粉煤灰各品质参数与即时及一个月龄期土工性能的相关系数见表 3-31。所取粉煤灰的样

品数为22，置信度水平为0.05时的临界相关系数为0.423。可以认为，粉煤灰压实体即时的土工性能与粉煤灰的化学组成无明显相关性，它主要取决于粉煤灰的物理性能。压实体的无侧限抗压强度正相关于粉煤灰的细度，负相关于标准稠度需水量。细度高、需水量低的粉煤灰一般最佳含水量较低，最大堆积密度亦较大，因此，压实体的土工性能同时负相关于最佳含水量及正相关于最大堆积密度。

表 3-31 粉煤灰品质参数与即时土工性能的相关系数

土工性能	45μm筛余量	d_{50}	标准稠度需水量	烧失量	最佳含水量	最大堆积密度	pH	CaO	SO_3
无侧限强度	-0.776	-0.678	-0.601	-0.362	-0.601	0.772	0.184	0.054	0.477
摩擦角	-0.0395	-0.067	-0.093	-0.027	-0.0169	0.073	0.154	0.111	0.192
粘结力	-0.020	0.016	-0.260	-0.238	-0.180	0.238	0.251	0.005	0.110

粉煤灰品质对一个月龄期压实体土工性能亦有很大影响（表3-32），但其主要品质参数不同于即时。如上所述，粉煤灰的即时无侧限强度与其物理性能有关；而一个月龄期后物理参数的影响明显降低，而化学组成的作用则显著增强；即无侧限强度正相关于粉煤灰的pH值及CaO与SO_3含量。与无侧限强度相反，渗透系数仍主要与物理参数相关，它正相关于粉煤灰的标准稠度需水量及最佳含水量；负相关于粉煤灰的细度及最大堆积密度。此外，粉煤灰烧失量与压实体的固结系数及压缩模量正相关。

表 3-32 粉煤灰品质与一个月龄期土工性能的相关系数

土工性能	45μm筛余量	d_{50}	标准稠度需水量	烧失量	最佳用水量	最大堆积密度	pH	CaO	SO_3
无侧限强度	-0.349	-0.303	-0.416	-0.386	-0.480	0.609	0.459	0.446	0.586
内摩擦角	-0.079	-0.028	-0.218	-0.238	-0.263	0.356	0.248	0.305	0.449
粘结力	-0.224	-0.1894	-0.289	-0.351	-0.338	0.468	0.614	0.501	0.565
固结系数	-0.008	-0.007	-0.082	0.757	0.532	-0.238	-0.154	0.092	-0.512
压缩模量	-0.237	-0.308	-0.219	0.544	0.265	-0.202	-0.831	0.369	0.268
渗透系数	0.731	0.7895	0.718	0.227	0.665	-0.672	-0.168	0.038	0.282

（五）使用场合不同时粉煤灰品质参数的共性及特性

如上所述，粉煤灰可用于自然养护的混凝土工程、填筑工程，蒸汽养护的砌块及蒸压养护的砖与加气混凝土，表3-33为粉煤灰品质参数在不同使用场合与制品强度的相关系数。可见，用于不同场合粉煤灰的品质参数有其共性，亦有其特性，不论哪一种粉煤灰混凝土或粉煤灰土工压实体的抗压强度，始终主要地取决于粉煤灰的细度及标准稠度需水量，即强度正相关于细度，负相关于标准稠度需水量。表3-33同时指出，同一品质参数在不同使用场合，与强度相关的程度有一定的差别，例如，硅、铝、铁的氧化物含量与制品强度的相关系数，蒸压养护大于蒸汽养护，蒸汽养护又大于自然养护。而88μm筛余量与强度的相关性则相反，自然养护大于蒸汽养护，蒸汽养护又大于蒸压养护。同样SO_3量与制品强度的相关性亦是自然养护大于蒸汽养护，蒸汽养护又大于蒸压养护。在结构填筑中亦存在着一定的相关性。在自然养护制品中，SO_3 参与反应首先形成钙矾石，强度较高；蒸汽养护时，水化产物转化为单硫型硫铝酸钙，强度较低；蒸压养护时，水化产物又进一步转化为铝酸三钙或水榴子石，强度更低，因而其相关系数亦最小。粉煤灰的含碳量在上述使用场合时都为不利因素，因为烧失量较高的粉煤灰，一般地其制品成型用水量亦较高，结构填筑时的最佳含水量亦增大；因此，制品或填筑体的孔隙率提高，力学性能下降。但就烧结制品，如烧结陶粒及烧结砖而言，粉煤灰中的含碳量有可能作部分的能源，降低制品在生产过程中的能耗，当然这也有一个适宜的范围。

表 3-33　　粉煤灰品质参数与抗压强度的相关系数

粉煤灰品质参数	自然养护制品	蒸汽养护制品	蒸压养护制品	结构填筑
Na_2O	0.0409	0.227	-0.1994	-0.213
K_2O	0.5348	0.591	0.2219	0.042
$SiO_2+Al_2O_3+Fe_2O_3$	0.0363	0.101	0.3250	—
SO_3	0.6813	0.524	-0.0087	0.477
烧失量	-0.0992	-0.074	-0.3822	-0.362
>88μm 颗粒量	-0.8124	-0.610	-0.3830	-0.766
标准稠度需水量	-0.5326	-0.418	-0.7536	-0.601

第三节　高钙粉煤灰的特性

目前我国的热电厂大部分使用烟煤或无烟煤作为燃料，所排放的粉煤灰属低钙粉煤灰。有关低钙粉煤灰的研究及应用实践我们已积累了较丰富的经验。高钙粉煤灰来自褐煤及次烟煤。由于氧化钙含量较高，它含有一定量的自硬性矿物；因此，它除具有低钙粉煤灰的火山灰性能外，尚有一定的自硬性，有利于增进其强度贡献。高钙粉煤灰在美国、加拿大、法国、德国等已有相当规模的排放量，他们已积累了一定的使用经验。我国高钙粉煤灰的排放量近年来有明显增长的趋势，研究资料及使用经验亦在逐步积累。本节着重介绍美国及我国沿海地区在高钙粉煤灰的研究及实践方面的经验，同时亦补充一部分我国上海石洞口第二电厂高钙粉煤灰的资料。根据区域特点，上海将氧化钙含量大于8%或游离氧化钙含量大于1%的粉煤灰定义为高钙粉煤灰。增钙灰的物理化学性能与高钙粉煤灰接近，本节介绍的高钙粉煤灰特性一般亦适用于增钙粉煤灰。

一、高钙粉煤灰的物理化学性能

（一）高钙粉煤灰的化学组成

1. 煤种对粉煤灰化学组成的影响

煤种对粉煤灰化学组成的影响见表 3-34。不同煤种所排放的粉煤灰，其化学组成有较大的波动，但大体上仍有一定的规律。各煤种粉煤灰氧化钙含量的递减顺序为

褐煤 > 次烟煤 > 烟煤 > 无烟煤

氧化硅及氧化铝的含量则与上述趋势相反。因此，一般称褐煤及次烟煤燃烧所得的粉煤灰为高钙粉煤灰，但如表 3-34 所示烟煤亦可生成较多的氧化钙，因此，完全根据煤种来分类粉煤灰有一定的局限性。

表 3-34　　煤种对粉煤灰化学组成的影响　　(%)

煤　种	无烟煤	烟　煤	次烟煤	褐　煤
SiO_2	48～68	7～68	17～58	6～40
Al_2O_3	25～44	4～39	4～35	4～26
Fe_2O_3	2～10	2～44	3～19	1～34
CaO	0.2～4	0.7～36	2.2～52	12.4～52
MgO	0.2～1	0.1～4	0.5～8	2.8～14
Na_2O	—	0.2～3	—	0.2～28
K_2O	—	0.2～4	—	0.1～1.3
SO_3	0.1～1	0.1～32	3.0～16	8.3～32

2. 氧化钙含量与其他化学组成的关系

本章在第一节曾指出，国外报道可将粉煤灰分成低钙粉煤灰、中钙粉煤灰及高钙粉煤灰三种类型（见表 3-1），并介绍了北美三种灰的平均化学组成，见表 3-35。这些结果指出，粉煤灰中的氧化钙量变化后，其他氧化物亦发生规律性的变化。与表 3-34 相同，氧化钙含量增大后，硅、铝氧化物都相应地降低。但即使是高钙粉煤灰，其硅、铝、铁三元素的氧化物平均含量仍达 60.7%，显著地高于 ASTM C 618 中有关 C 类灰的最低限值。与氧化钙增加的同时，烧失量逐步降低；这说明燃烧更完全。三氧化硫、氧化钠或有效钙量随氧化钙量的增加而提高。这表明氧化钙量提高后，除生成一定量的水硬性矿物外，同时增加了能激发火山灰反应的成分。但氧化镁含量亦与氧化钙同时提高，其中部分灰可能超过一些国家的标准限值，应进行安定性试验。

表 3-35　　低钙、中钙及高钙粉煤灰的平均化学组成　　(%)

类　型	灰样数	SiO_2	Al_2O_3	Fe_2O_3	SO_3	CaO	MgO	含水量	烧失量	有效碱	Na_2O	K_2O
低钙粉煤灰 (CaO＜10%)	45	52.5	22.8	7.5	0.6	4.9	1.3	0.11	2.6	0.8	1.0	1.3
中钙粉煤灰 (CaO 10%～19.9%)	36	48.5	19.6	6.2	1.3	15.2	3.2	0.1	0.5	1.0	1.5	0.8
高钙粉煤灰 (CaO＞20%)	97	36.9	17.6	6.2	2.9	25.2	5.1	0.06	0.33	1.4	1.7	0.6

3. 高钙粉煤灰的典型化学组成

目前我国高钙粉煤灰的排放量较少，其代表性化学组成尚不太清楚。美国有关高钙粉煤灰的试验研究开展得较早，20 世纪 70 年代已较广泛地利用于不同场合。1986 年美国联邦公路局曾在一技术文件中提及美国高钙粉煤灰的典型化学组成（见表 3-36）。其氧化钙含量高至 24%，氧化镁及三氧化硫含量亦分别达到 4.6%及 3.3%，已接近 ASTM C 618 早期标准中的限值。氧化钙含量一般与粉煤灰 XRD 图谱在 22°～25°（$2\theta_{max}$ CuKa）区域所出现的宽大衍射峰值有关，氧化钙含量较高时 $2\theta_{max}$ 亦较大。

我国上海石洞口二电厂排放的神木灰，其平均化学成分为 SiO_2 42.9%、Al_2O_3 17.3%、Fe_2O_3 12.8%、CaO18.2%、MgO2.0%、SO_3 2.1%、Na_2O 1.0%、K_2O 1.0%，与美国高钙粉煤灰

相比，氧化钙、氧化镁及三氧化硫含量略低。云南开远小龙潭电厂褐煤灰的氧化钙含量波动于35%～50%，亦具有较高的活性。我国高钙粉煤灰的游离氧化钙含量较高，以神木灰为例，它波动于2.5%～4.3%，平均值为3.3%；因此，在应用时应注意其安定性。

表 3-36 美国高钙粉煤灰的典型化学成分 (%)

氧化物	C类灰	F类灰	硅酸盐水泥	氧化物	C类灰	F类灰	硅酸盐水泥
SiO_2	39.9	54.9	22.6	CaO	24.3	8.7	64.4
Al_2O_3	16.7	25.8	4.3	MgO	4.6	1.8	2.1
Fe_2O_3	5.8	6.9	2.4	SO_3	3.3	0.6	2.3

（二）高钙粉煤灰的矿物组成

国外研究北美地区褐煤灰的化学组成、物理性能及矿物组成。他们认为，褐煤灰的矿物组成随煤源有一定的波动，除一般低钙粉煤灰的矿物外，尚有一定量的水硬性矿物：C_3A、C_2S、f-CaO（见图 3-28），当粉煤灰的钙、镁及硫等氧化物含量较高时，还可能存在 C_4A_3S，即硫铝酸钙。我国神木灰亦存在着一定量的高钙硅酸盐。因此，高钙粉煤灰的强度贡献一般都高于低钙粉煤灰。高钙粉煤灰的游离石灰、方镁石及三氧化硫含量较高，使用时应注意其安定性。

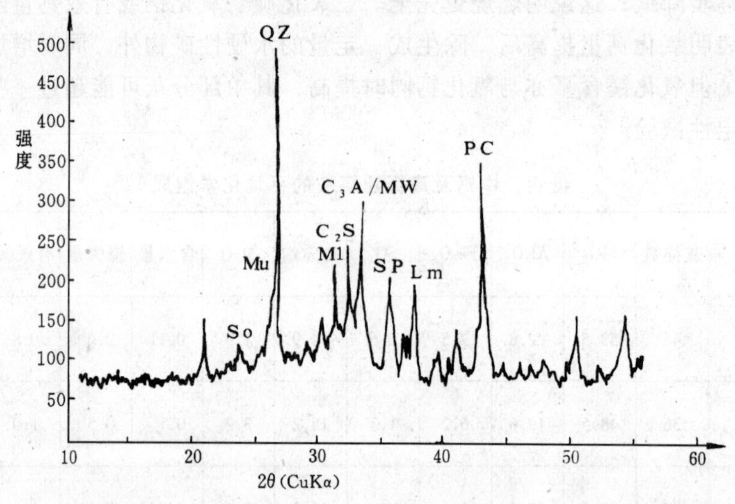

图 3-28 高钙粉煤灰的矿物组成

（三）高钙粉煤灰的物理性能

根据国外研究，低钙粉煤灰、中钙粉煤灰及高钙粉煤灰的物理性能统计值见表 3-37，可见，粉煤灰的密度随着氧化钙含量的增加而提高，这说明在高钙粉煤灰内玻璃珠量较高，多孔体及碳分较低。相应地粉煤灰 45μm 筛余量及需水量亦随着氧化钙含量的增加而降低，同时火山灰活性指数逐步提高。由表列数据可知，高钙粉煤灰的 28d 火山灰活性指数可达100%，亦即高钙粉煤灰在等量取代水泥的条件下，其胶砂强度仍可与基准胶砂持平。因此，以氧化钙含量分类粉煤灰辅以安定性试验，可能是一较好的分类方法。

我国神木灰的物理性能为：45μm 筛余量 13.6%，需水量比 90%，28d 压强比 92%，密度 2.63g/cm^3，与表 3-37 所列美国高钙粉煤灰接近。

表 3-37　　低钙、中钙及高钙粉煤灰的物理性能的平均值

类　型	灰样数	45μm 筛余量（%）	28d 火山灰活性指数（%）	需水量比（%）	蒸压膨胀值（%）	密　度（g/cm^3）
低钙粉煤灰（CaO < 10%）	45	23	87	95	0.06	2.19
中钙粉煤灰（CaO 10% ~ 19.9%）	36	20	94	91	0.19	2.40
高钙粉煤灰（CaO > 20%）	97	15	100	90	0.16	2.61

二、高钙粉煤灰掺入混凝土对几个使用性能的影响

1. 高钙粉煤灰的安定性

国外学者试验了三种不同氧化钙含量粉煤灰的安定性，这三种粉煤灰的氧化钙、游离氧化钙及方镁石量见表 3-38，其蒸压膨胀值见表 3-39。由表可见，1 号灰的蒸压膨胀值随其水泥取代量的增加而急剧上升；3 号灰的所有膨胀值都低于基准胶砂试件；2 号灰的变化与掺量无明显关系。三种灰蒸压膨胀顺序为 1 > 2 > 3。如联系表 3-38 进行分析，便可得出这样的概念：粉煤灰胶砂的蒸压膨胀值与其氧化钙总量无直接联系；蒸压膨胀值主要与游离态氧化钙量有关；方镁石对膨胀值的影响低于游离氧化钙。

表 3-38　　粉煤灰含钙量与其游离钙及方镁石量的关系　　（%）

编　号	氧化钙	游离氧化钙	方镁石
1	13.6	2.3	1.0
2	29.5	0.8	3.2
3	1.5	0.2	0

表 3-39　　粉煤灰胶砂的蒸压膨胀值　　（%）

编　号	水　泥　取　代　量				
	0	20	30	40	50
基　准	0.070	—	—	—	—
1	—	0.085	0.144	5.700	8.300
2	—	0.080	0.104	0.085	
3	—	0.007	-0.004	-0.013	-0.030

上海地区的系统试验进一步验证了高钙粉煤灰的安定性主要取决于其 f-CaO 含量，如图 3-29 所示。

高钙粉煤灰的安定性除自身的 f-CaO 含量外，尚与水泥品种相关，一般地说复合硅酸盐水泥可相容较多的 f-CaO，普通硅酸盐水泥其次，再次为纯硅酸盐水泥。

2. 高钙粉煤灰对引气剂用量的影响

在严寒地区为使混凝土能具有足够的抗冻性，往往需要在混凝土中加入一定量的引气剂，以便在新拌混凝土中引入一定量分布均匀的细小气泡。前已指出，为引入此一定量的气泡，粉煤灰所需的引气剂剂量显著地高于普通混凝土。国外曾研究过高钙粉煤灰及低钙粉煤灰对引气剂需求量的差别。并指出，当混凝土的引气量均为 6%时，这两种粉煤灰混凝土引气剂剂量（相当于基准混凝土的百分比）为：① 当粉煤灰氧化钙量大于 10%时，粉煤灰混凝土的引气剂剂量为 126% ~ 173%；② 当粉煤灰氧化钙量低于 10%时，粉煤灰混凝土的引气剂剂量为 170% ~ 553%。

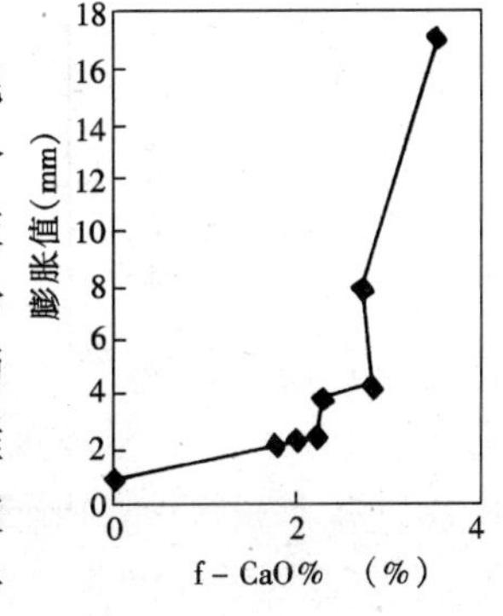

图 3-29　高钙粉煤灰 f-CaO 及其安定性

可见，高钙粉煤灰的引气剂剂量明显地低于低钙粉煤灰。他

们发现除烧失量、有机质外，粉煤灰的钾、钠含量，密度及三氧化硫量都能影响引气剂的剂量，钾、钠含量增高可降低引气剂剂量。密度及三氧化硫量较高时可以稳定混凝土内的气泡。高钙粉煤灰的密度、碱量及三氧化硫量一般地均高于低钙煤粉灰（见表 3-35 及表 3-37）；因此，高钙粉煤灰混凝土的引气剂需求量低于低钙粉煤灰。

3. 高钙粉煤灰对凝结时间的影响

众所周知，混凝土的凝结时间与水泥类型、用量及水灰比有关。当粉煤灰加入混凝土后，其胶凝组成及水胶比都发生变化，因而其凝结时间亦有一定影响。国外资料试验过 11 个粉煤灰（其中 6 个为烟煤灰，3 个为次烟煤灰，2 个为褐煤灰）后指出，除 1 个粉煤灰外，其他粉煤灰都有缓凝作用。国外也有资料指出，低钙粉煤灰取代 30% 水泥并在 20℃养护时，其凝结时间延缓 1～1.5h；但当养护温度降低至 5℃时，其延缓时间可超过 10h。

国外资料在研究 6 个电厂粉煤灰对水泥凝结时间的影响时认为，粉煤灰的化学成分有很大影响。他们认为，吸附在粉煤灰颗粒表面的可溶性氧化钠及硫酸盐越多，凝结延缓的时间亦越长（见图 3-30）。同时，他们还指出，粉煤灰的可溶性硼亦显著地延缓凝结时间。有趣

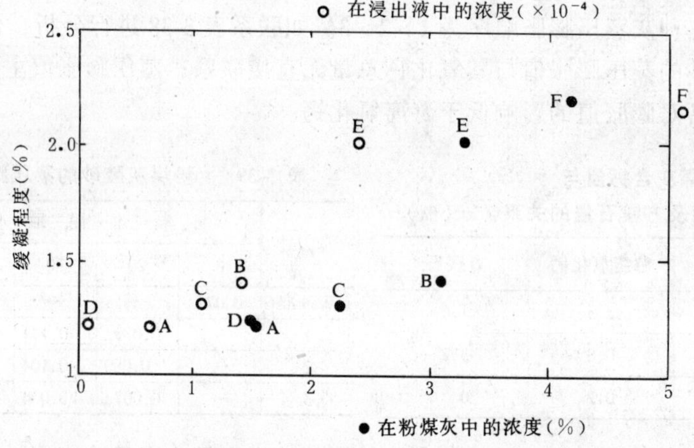

图 3-30 氧化钠对凝结时间的影响

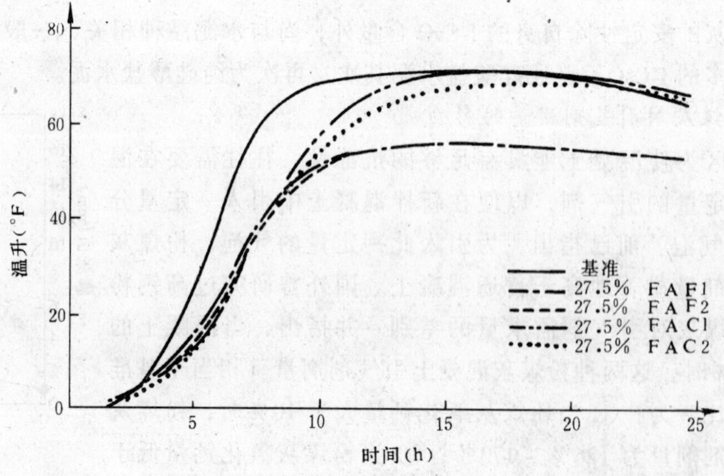

图 3-31 高钙粉煤灰对温升的影响

的是，粉煤灰品质对混凝土的强度发展的影响并不与凝结时间的延迟正相关；相反，对凝结时间延缓较长的粉煤灰，其24h强度反而高于凝结时间延凝较短的粉煤灰。

粉煤灰内的氧化钠及三氧化硫含量随其氧化钙含量的增加而提高（见表3-35）。因此，高钙粉煤灰亦能延缓凝结时间，甚至更明显也是可能的。国外资料也指出，高钙粉煤灰对延缓凝结时间的影响甚于低钙粉煤灰。我国云南小龙潭电厂高钙粉煤灰所配制的水泥亦显著地推迟了凝结时间。

4. 高钙粉煤灰对水化热温升的影响

低钙粉煤灰可显著地降低混凝土的温升，并提高大体积混凝土的抗裂性。为了解高钙粉煤灰的影响，国外进行了低钙粉煤灰及高钙粉煤灰的对比试验。粉煤灰在胶砂内等体积地取代了27.5%的水泥，水胶比为0.467。图3-31为其结果，曲线FA F_1 及FA F_2 为低钙粉煤灰，其氧化钙量分别为6.97%及9.55%；FA C1及FA C2为高钙粉煤灰，氧化钙量分别为33.93%及29.86%。由图可知，低钙粉煤灰胶砂试件温升峰值出现的时间与基准混凝土接近，但温升值降低20°F。两个高钙粉煤灰胶砂试件的温升峰值比基准胶砂试样推迟了5h，但温升值与基准试样几乎相同。当采用快硬水泥时，高钙粉煤灰胶砂试样的峰温时间进一步推迟，其推迟幅度与高钙粉煤灰掺量成正比，同时胶砂试样的温升值亦随高钙粉煤灰掺量的提高而略有增加，当体积取代量达到35%时其温升值甚至略高于基准胶砂。

国外研究人员直接试验了两种低钙粉煤灰及三种高钙粉煤灰纯浆体的水化热。低钙粉煤灰的氧化钙量分别为4.3%及1.5%，其浆体无温升。三种高钙粉煤灰的氧化钙量为29.5%、31.5%及31.1%，相应的温升值分别为10.0、13.5℃及20.0℃。纯高钙粉煤灰浆体的峰温时间随石膏掺量而推迟，但温升值变化不明显。

5. 高钙粉煤灰对抗硫酸盐侵蚀性能影响

国外资料介绍，低钙粉煤灰掺入混凝土可改善其抗硫酸盐性能，图3-32为四种低钙粉煤灰及基准混凝土在10%硫酸盐溶液中的膨胀值。与基准混凝土相比，低钙粉煤灰均在不同程度上减缓了混凝土的膨胀。

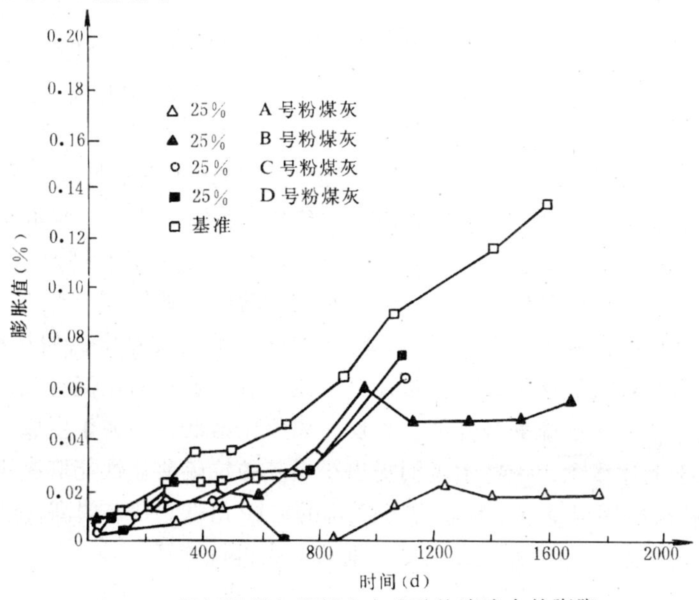

图3-32 低钙粉煤灰混凝土在硫酸盐溶液中的膨胀

关于次烟煤灰及褐煤灰的抗硫酸盐性能，国外学者通过试验持否定态度。对粉煤灰混凝土抗硫酸盐性能进行5年的研究后认为，高钙粉煤灰不仅不能提高，相反它降低了混凝土的抗硫酸盐性能。他进一步指出，粉煤灰对混凝土抗硫酸盐性能的影响主要取决于其自身的氧化钙及氧化铁的含量；当粉煤灰中的氧化钙高于5%这一限值，或随着氧化铁含量的降低，粉煤灰的抗硫酸盐性即降低。粉煤灰的抗硫酸盐性能 R 值可通过下式进行评价

$$R = (C - 5)/F \tag{3-7}$$

式中 C——粉煤灰中的氧化钙量，%；

F——粉煤灰中的氧化铁量，%。

粉煤灰的 R 值越高，由它所配成的混凝土在硫酸盐溶液中的膨胀值亦越大，相应地其抗硫酸盐的性能亦越低（见图3-33）。

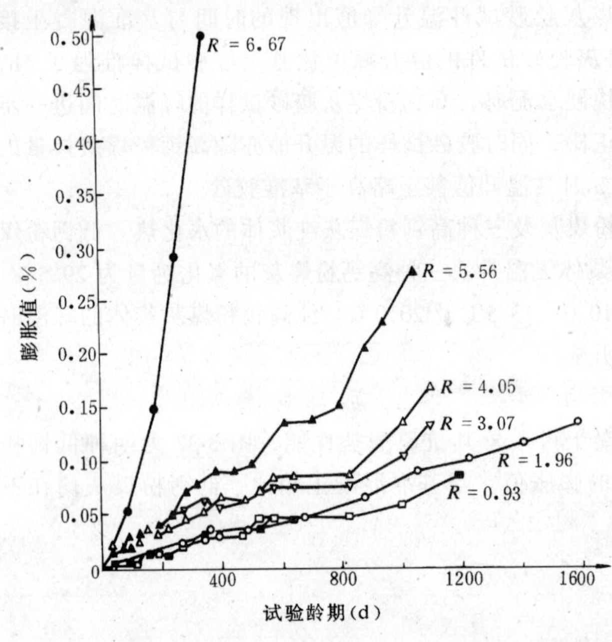

图3-33 高钙粉煤灰混凝土在硫酸盐溶液中的膨胀

根据该学者工作所得出的结论，粉煤灰的抗硫酸盐性能，可按其品质，即按 R 值分为四类，见表3-40。

表3-40 Dunston抗硫酸盐性能分类法

R 值	抗硫酸盐性能
<0.75	显著提高
0.75～1.5	提 高
1.5～3.0	影响不显著
>3.0	降 低

但另一学者通过对3种烟煤灰，8种次烟煤灰及3种褐煤灰的试验后指出：如用快速试验后的强度损失来衡量粉煤灰的抗硫酸盐性能，前者的 R 系数与他的试验结果有很大矛盾。有些 R 系数高的粉煤灰抗硫酸盐性能很好，相反，有些 R 系数低的粉煤灰降低了混凝土的抗硫酸盐性能，根据粉煤灰—水泥的水化生成物分析的结果，他认为，粉煤灰对抗硫酸盐性能的影响主要取决于它与水泥相互作用后共同形成的水化产物类别。这些产物如以单硫型水化硫铝酸钙及水化硫铝酸钙为主，则此两矿物在硫酸盐溶液中都转化为三硫型水化硫铝酸钙，破坏混凝土的结构。相反，这些产物如以三硫型水化硫铝酸钙为主，它在硫酸盐溶液中就比较稳定。如从粉煤灰自身分析，则抗硫酸盐性能与粉煤灰的活性氧化铝量及可溶性三氧化硫量的比值有关：如此比值高，有利于形成单硫盐，不利于抗硫酸盐性能；相反，如此比值低，则易于生成三硫盐，提高其抗硫酸盐性能。基于上述概念，一些学者们提出粉煤灰的抗硫酸盐性能取决于两个参数：铝酸钙潜量（CAP）及硫酸钙当量（CSE）。如粉煤灰的CAP值低，CSE值高，则其抗硫酸盐的侵蚀性能较好，反之则差。CAP及CSE值可分别按下式进行计算

$$CAP = \frac{CaO + Al_2O_3 + Fe_2O_3}{SiO_2} \quad (3\text{-}8)$$

$$CSE = 无水石膏 + 1.69S \quad (3\text{-}9)$$

式中的氧化物均为活性或可溶性氧化物；S 为三氧化硫，乘以 1.69 后为其无水石膏的当量值。

6. 高钙粉煤灰对碱—集料反应的抑制性能

国外学者在研究了 17 个烟煤灰和次烟煤灰对混凝土碱—集料反应的抑制性能后指出：

（1）当低钙粉煤灰的水泥取代量在 25% ~ 30% 时，能有效地抑制由碱—硅反应所引起的膨胀。

（2）人们对高钙粉煤灰还不够注意，因此这方面的应用资料发表得较少。高钙粉煤灰如用于抑制碱—集料反应，其取代量可能要高于低钙粉煤灰。如大掺量高钙粉煤灰混凝土的早期强度发展不理想，高钙粉煤灰的应用就受到一定限制。

（3）由碱—硅反应所产生膨胀的机制及控制方法尚未完全被掌握，仍需进行大量工作逐步加以完善。

国外学者研究了氧化钙量分别为 13.10%、24.25% 及 27.19% 的高钙粉煤灰对碱—硅反应的抑制能力。根据 ASTM C 441 的要求，掺 25% 粉煤灰胶砂试件的膨胀量至少应比基准试件降低 75%；否则，这种粉煤灰不能用作为抑制碱—硅反应的矿物外加剂。他的结果指出，这三种高钙粉煤灰均不合格。

国内的研究表明，粉煤灰减缓碱—集反应的能力与其细度及氧化钙含量有关。一般认为，颗粒较细及氧化钙含量较低的粉煤灰可有效地降低混凝土由碱—集料反应所引起的膨胀，因此，实验室研究表明，粉煤灰缓解碱—集料反应的能力随下列顺序而递减：

Ⅰ级低钙粉煤灰 > Ⅰ级混烧灰 > Ⅱ级低钙粉煤灰 > Ⅱ级混烧灰

除细度及氧化钙含量外，粉煤灰减缓碱—集料反应的能力还与其掺量有关；一般随着粉煤灰掺量的提高，由碱—集料反应所导致膨胀率有所下降（表 3-41）。

表 3-41　　高钙粉煤灰碱—集料反应的抑制作用

灰　种	胶砂比	掺　量	14d 膨胀比
基　准	1:2.25	0	100
高钙粉煤灰	1:2.25	5	56.8
		15	47.8
		25	42.4
		35	27.6
低钙粉煤灰	1:2.25	5	36.3
		15	24.6
		25	20.5

三、高钙粉煤灰的土工性能

前已指出，由于煤种的不同，粉煤灰的物理化学性能，特别是氧化钙及其相应的熟料矿物含量有很大差别。因此，煤种对土工性能有很大影响。美国 GAI 咨询公司在这方面的研究结果分述于下。

1. 最佳用水量及最大干密度

烟煤、次烟煤及褐煤的最佳含水量及最大干密度的统计结果见表 3-42。褐煤灰，亦即氧化钙含量较高的粉煤灰，其最佳含水量较低，最大干密度较高。根据表3-37提出的数据，高钙粉煤灰的需水量比较低，密度较高，因此，其最佳含水量较小，最大干密度高。

2. 无侧限抗压强度

由于粉煤灰煤种的变化，各龄期无侧限抗压强度的波动范围列于表3-43。由表可知，不同煤种排放的粉煤灰，其压实体的无侧限抗压强度都随龄期而增长。即使氧化钙含量较低的烟煤及无烟煤灰，经一个月后其强度亦可提高一倍。氧化铝含量较高的粉煤灰，特别是褐煤灰，由于含有一定量的熟料矿物，不仅强度增长速度快，其绝对强度亦数十倍地高于低钙粉煤灰。

表3-42　煤种对粉煤灰最佳含水量及最大干密度的影响

煤　种	最佳含水量（%）	最大干密度（kg/m³）
烟　煤	13～30	1216～1703
次烟煤	14～20	1135～1653
褐　煤	10～12	1686～1945

表3-43　煤种对粉煤灰无侧限抗压强度的影响

煤　种	抗压强度（kPa）		
	即　时	7d	28d
无烟煤	600～2100	850～2520	1340～3130
烟　煤	390～3890	480～2980	370～4810
次烟煤	2680～4220	1420～5960	1940～9690
褐　煤	1940～5170	65980～143870	78200～210090

3. 渗透系数

次烟煤及褐煤灰各龄期渗透系数列于表3-44，与无侧限抗压强度相同，由于氧化钙含量较高，褐煤灰的渗透系数较低，且随龄期的延长而进一步下降。

表3-44　煤种与粉煤灰的渗透系数　（cm/s）

煤　种	即　时	7d	28d
次烟煤	$3.6\times10^{-5}\sim7.3\times10^{-6}$	$2.6\times10^{-5}\sim3.0\times10^{-6}$	$1.8\times10^{-5}\sim3.0\times10^{-6}$
褐　煤	$8.6\times10^{-6}\sim2.0\times10^{-6}$	$7.9\times10^{-7}\sim1.4\times10^{-7}$	$1.2\times10^{-6}\sim3.2\times10^{-7}$

四、上海高钙粉煤灰的性能

上海高钙粉煤灰是以优质次烟煤——神府东胜动力煤燃烧而成的灰渣。自1992年上海华能石洞口二电厂首先排放高钙粉煤灰以来，已有三家电厂采用神府东胜煤，2001年上海高钙粉煤灰排放量已达88.2万t。上海市建筑科学研究院、同济大学等单位对高钙粉煤灰进行了大量系统的研究工作，为高钙粉煤灰的资源化奠定了较好的基础。目前上海高钙粉煤灰的综合利用已初具规模，总利用率超过了50%。

1. 化学物理性能

高钙粉煤灰的化学组成见表3-45。与低钙粉煤灰相比，上海高钙粉煤灰的硅铝含量较低；钙含量较高；硫、钾和钠含量相对较高，但尚未超过GB 1596—1991和美国ASTM C 618的规定值；而烧失量则大大低于低钙粉煤灰。与褐煤高钙粉煤灰相比，上海高钙粉煤灰钙和硫含量相对较低，属中等含钙量的高钙粉煤灰。总体上其化学组成与北美次烟煤灰比较接近。

由于原煤波动和采用次烟煤和烟煤混烧工艺的缘故，上海高钙粉煤灰含钙量可从19.70%下降到4.77%。同时，硅、硫等组成亦产生了有规律的变化，即随着含钙量的降低，

SiO_2 和烧失量呈反比增加，而 f-CaO 和 SO_3 呈正比减少。

高钙粉煤灰的物理特征之一是需水性小（见表 3-46），需水量比仅为 82%，低钙粉煤灰很难达到这样的水平；特征之二是密度高，达 2.63g/cm^3，比普通低钙粉煤灰增加约 25%。

表 3-45　高钙粉煤灰化学组成　（%）

灰　种	石洞口高钙粉煤灰	云南高钙粉煤灰	北美高钙粉煤灰		低钙粉煤灰
煤　种	优质次烟煤	褐　煤	褐　煤	次烟煤	烟　煤
SiO_2	42.36	27.11	19～52	41～59	51.10
Al_2O_3	17.13	12.80	10～22	22～24	27.60
Fe_2O_3	13.76	8.70	5～13	4～5	7.80
CaO	19.70	36.03	20～33	5～21	2.90
f-CaO	3.4	8.70	—	—	—
MgO	1.85	1.89	3～7	1～6	1.00
SO_3	2.17	7.12	1～5	0.5～2	0.40
K_2O	0.80	—	0.3～2	0.1～0.8	1.20
Na_2O	0.86	—	0.3～6	0.2～1.4	0.40
烧失量	0.22	0.40	＜2	0.2～0.7	7.10

表 3-46　高钙粉煤灰物理性能

品　种	相对密度	堆积密度（kg/m^3）	细　度　（%）		比表面积（cm^2/g）	需水量比（%）	玻璃微珠含量（%）
			80μm	45μm			
高钙粉煤灰	2.63	1067	4.0	14.3	5314	82	＞90
低钙Ⅰ级灰	2.35	530	2.4	8.0	5900	92	90
GB1596Ⅰ级灰	—	—	—	≤12	—	≤95	—

低钙粉煤灰的晶体相主要为莫来石、石英、磁铁矿、赤铁矿和石膏等；而高钙粉煤灰中石膏相特征峰强度有明显增强，石英峰则显著削弱，莫来石峰褪化到几乎没有，另外还发现有少量水泥熟料矿物如 C_3A、γ—C_2S、β—C_2S 和较多的游离氧化钙。

从上述分析中可见，高钙粉煤灰中的钙，除少部分以 f-CaO、石膏、C_3A、C_2S 等晶体矿物形式存在外，更多的是以富钙玻璃体的形式存在。

2. 强度活性

高钙粉煤灰的强度贡献在胶砂试验中十分显著（见图 3-34），等量取代 30% 水泥，28d 强度比可达 115.7%，早期强度也可达到与基准水泥等强的水平，后期强度的增长亦相当强劲，90d 强度超出基准 35.2%。高钙粉煤灰的强度发挥早期与其需水性低有关，而后期则由富钙玻璃体主导。

与普通低钙粉煤灰的规律不同，高钙粉煤灰总钙含量的变化可以掩盖细度对水泥胶砂强度的影响（见表 3-47）。在高钙粉煤灰的品质指标中，氧化钙含量是影响其活性的主导因素。

3. 自硬性

高钙粉煤灰的遇水凝结性（自硬性）在本质上与水泥水化凝结是类似的。高钙粉煤灰在标准稠度时，它的初凝时间与普通水泥比较接近，终凝时间较长（见图 3-35 和图 3-36）。

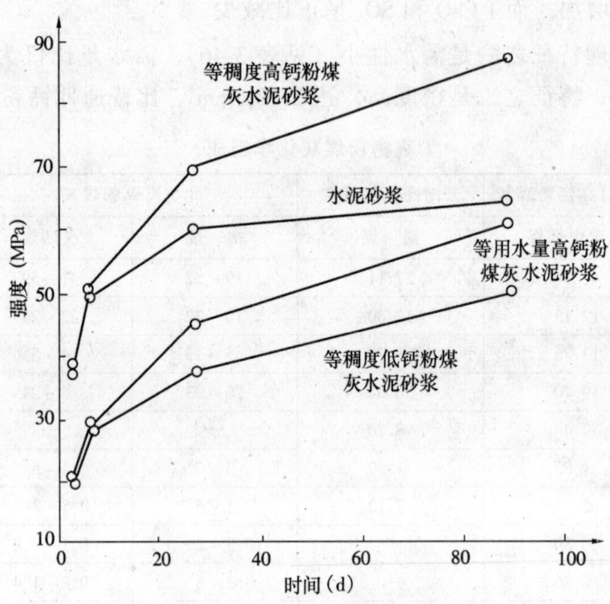

图 3-34 高钙粉煤灰胶砂强度发展

表 3-47 高钙粉煤灰品质对活性的影响

氧化钙（%）	需水量比（%）	45μm 筛余量（%）	水泥胶砂强度（MPa）			
			3d	7d	28d	90d
19.70	81.8	14.3	38.5	50.4	69.3	85.7
16.80	82.6	10.1	37.0	49.6	64.8	83.0
13.75	84.0	7.0	33.6	47.1	64.4	78.4
11.79	86.4	15.0	33.6	47.4	62.8	74.9
4.77	92.9	21.0	28.2	38.0	53.0	65.4

凝结时间对用水量的变化相当敏感，水灰比增加 0.02，初凝时间可增加 3h，终凝时间增加 6.5h 时。说明高钙粉煤灰自硬性也是在一定的水灰比范围内才表现出来，对上海高钙粉煤灰而言，这一范围是水灰比小于 0.4。

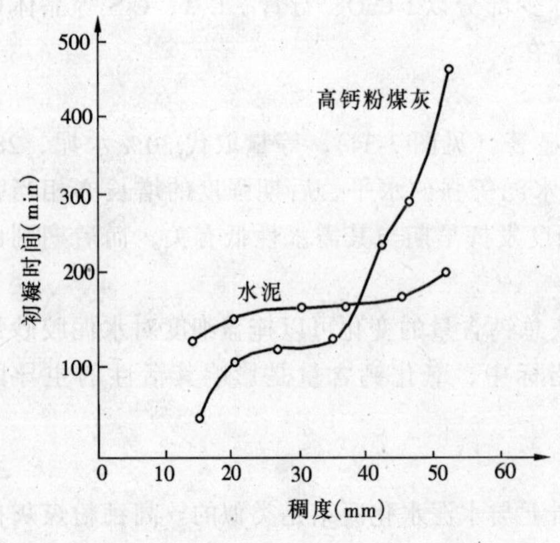

图 3-35 高钙粉煤灰稠度—初凝时间关系

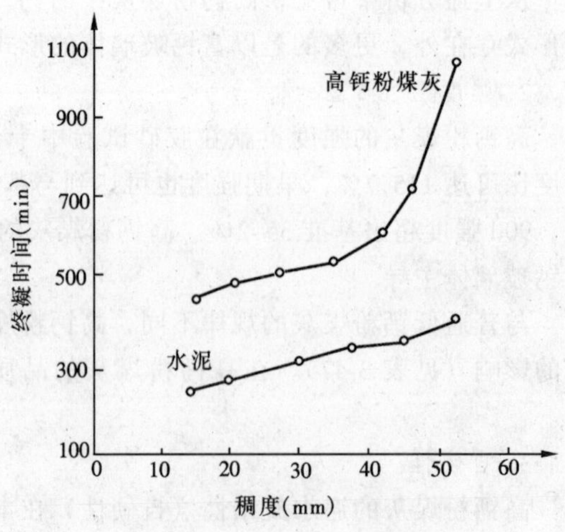

图 3-36 高钙粉煤灰稠度—终凝时间关系

高钙粉煤灰凝结硬化后48h强度不高（0.5~0.7MPa），后期强度可以超过30MPa。

第四节 粉煤灰标准

如前所述，粉煤灰的理化性能变化很大，相应地其在混凝土等制品中的行为有较大的波动性，为确保粉煤灰混凝土等制品的质量，使用于不同场合的粉煤灰都应符合相应的技术标准。

一、粉煤灰标准的功能

国际上的粉煤灰标准，以比较完善的美国 ASTM C 618 混凝土用粉煤灰为例，一般包括粉煤灰的化学组成、物理性能、均匀性及其在混凝土中的行为等四个方面。其中有些参数的指标是强制性的，有些则是非强制性的，是根据某些用户的需要而拟定的。

粉煤灰标准的主要功能是规定下列四方面的粉煤灰性能。

1. 强度贡献

粉煤灰掺入制品后，应有一定的强度贡献。粉煤灰的强度贡献一般由细度、需水量比、火山灰活性指数及硅、铝、铁氧化物含量等指标控制。

2. 安定性

粉煤灰掺入混凝土等制品，应确保制品的体积安定性。控制安定性的参数有氧化镁、三氧化硫、游离氧化钙、碱量、蒸压膨胀值及与水泥内碱的反应性等。

3. 均匀性

粉煤灰的理化性能应有一定的均匀性，均匀性由烧失量、细度及密度等指标的波动范围控制。

4. 运输及贮存性

粉煤灰应有较好的运输及贮存性能，此性能由含水量控制。

二、国外粉煤灰标准

（一）水泥用粉煤灰的标准

粉煤灰水泥的生产可通过水泥熟料与粉煤灰的混磨，亦可由已磨细的水泥与已符合一定标准的粉煤灰混合而成，英国及美国都有以混合方式生产粉煤灰水泥。英国用于水泥生产的粉煤灰标准，其参数及指标值都等同于 BS 3892-1982《用于结构混凝土的粉煤灰》（第一部分），在美国用于水泥生产的粉煤灰应符合 ASTM C 595—1986（见表 3-48）的规定。

表 3-48 ASTM C 595 —1986 水泥生产用粉煤灰标准

品质参数	限 值
45μm 筛余量	<20%
火山灰活性指数	>75%
碱—集料反应膨胀值	<0.05%
氧化镁	<4%
烧失量	<5%

以混磨方式生产水泥时，法国及丹麦主要控制烧失量、三氧化硫及氧化镁等参数。其限值与所在国的水泥标准相同，烧失量的限值为小于5%。

（二）混凝土用粉煤灰的标准

美国 ASTM C 618 及其他国家用于混凝土的粉煤灰标准见表 3-49 ~ 表 3-52，各国对粉煤灰品质参数及其限值都有各自的选择，可归纳如下。

表 3-49　　　　混凝土用灰的化学要求

国　　家	澳大利亚	奥地利	加拿大		前民主德国	印度	日本	朝鲜	土耳其	美国		英国
标准号分类	AS3582	B3320	A23.5-M86		36859/04	IS:3812	A6201	L5405	TS639	ASTM C 618		BS3892 第一部分
			F	C						F	C	
游离水（最大,%）	1.0	1.0	3.0①	3.0①			1.0	1.0	3	3.0	3.0	0.5
烧失量（最大,%）	4,6,12③	5.0	12	6	10	12	5	5.0	10	6.0④	6.0	7.0
MgO 量（最大,%）	4.0	5.0			6.5	5.0		5.0	5			4.0
硫酸盐以 SO_3 表示（最大,%）	3.0		5.0	5.0	10	2.75		5.0	5	5.0	5.0	2.5
总 S 以 SO_3 表示（最大,%）		3.5										
SiO_2（范围,%）		42~60										
SiO_2（最低,%）						35	45					
Al_2O_3	16~32											
Fe_2O_3	3~12											
$SiO_2+Al_2O_3+Fe_2O_3$（最低,%）						70		70	70	70	50	
CaO（范围,%）	5~20											
游离 CaO（最大,%）	2				8				6			
总碱量（以 Na_2O 表示，最大,%）					3	1.5①				1.5①	1.5①	
有效碱（以 Na_2O 表示，最大,%）	水溶性②											
氯量（最大,%）		0.1										

① 非强制性指标。

② 需有测试报告数据，不规定限值。

③ 为细、中、粗三级。

④ 可超过 6%，但必须小于 12%。

表 3-50　　　　混凝土用灰的物理要求

国　　家	澳大利亚	奥地利	加拿大	前民主德国	印度		日本	朝鲜	土耳其	美国		英国
标准号分类	AS3582	B3320	A23.5-M86 F及C	36859/04	IS：3812		A6201	L5405	TS639	ASTM C 618		BS3892 第一部分
					1	2				F	C	
勃氏比表面积(最低值,m^2/kg)		400~500			320	250	240					
平均粒径(最大值,μm)								9				
筛余量(孔径 μm,最大值,%)			34(45)	92(250) 70(90)					0.3(200) 8(90)	34(45)	34(45)	12.5(45)
45μm 筛通过量(最低值，%)	75,60,40③											
密度(最低值)	②		②				1.95			②	②	
复合系数(烧失量×45μm 筛余量,最大值)										255①		

① 适用于低钙粉煤灰。

② 需有测试报告数据，不规定限值。

③ 为细、中、粗三级灰的指标。

表 3-51　　ASTM C 618—2000 对混凝土用灰均匀性的要求

密　度 （与平均值相差的最大值，%）	45μm 筛余 （与平均值相差的最大值，%）	引气剂剂量 （与平均值相差的最大值，%）
5*e*	5*e*	20*f*

注　*e* 为由前 10 次试验所组成的均值，*f* 为非强制性指标，引气量为 18%时的引气剂剂量，平均值亦由前 10 次数据组成。

表 3-52　　混凝土用灰的行为要求

国　家	澳大利亚	奥地利	加拿大	前民主德国	印度		日本	朝鲜	土耳其	美国		英国
标准号分类	AS.3582	B3320	A23.5-M86 F 及 C	36859/04	IS：3812		A6201	L5405	TS639	ASTM C 618		BS3892 第一部分
					1	2				F	C	
火山灰活性指数												
与水泥混合，7d（基准的最低值，%）	②		68							75	75	①
与水泥混合，28d（基准的最低值，%）	②	80	75①				60	85	70	75	75	
与石灰混合，7d（最低值，MPa）					4.0	3.0		5.6				
需水量（最大值，%）	②						102	105		105	105	95
安　定　性												
蒸压膨胀（最大值，%）			0.8		0.8			0.5		0.8	0.8	
雷氏夹膨胀（最大值，mm）		试饼							10			
干缩，28d（最大值，%）					0.15	0.10						
干缩比基准增大值，28d（最大值，%）			0.03①					0.03		0.03①	0.03①	
碱反应性												
14d 膨胀（最大值，%）										100①③	100①③	
14d 膨胀降低（最小值，%）			60①									

① 非强制性指标。

② 需有测试报告数据，不规定限值。

③ 以低碱水泥为基准。

1. 化学要求

（1）含水量。粉煤灰含水量较高时不便于运输及贮存，活性亦可能受到影响。因此，大部分国家都在标准中列入此参数，其限值自 0.5%（英国）波动至 3%（美国、加拿大及土耳其）。

（2）烧失量。各国标准均无例外地对粉煤灰烧失量做出限值规定。由表 3-49 可知，烧失量限值的变化范围较广，它自澳大利亚细灰的 4%至加拿大的 12%。烧失量一般用以表示粉煤灰内未燃尽碳分的数量。碳分的比表面积较高，当它在粉煤灰内的含量较高时，将增加混凝土需水量及引气剂剂量。

虽然在标准内烧失量作为一个品质参数是可取的，但各国对它的限制值是有一定争议的。有人认为，烧失量并非完全能真实地反应含碳量，因为烧失量内含有相当数量的挥发性碱盐；因此，限值不必太严。另一种观点是，现代的锅炉有能力排放烧失量基本上都小于

5%的粉煤灰。

烧失量限值太大时会促使灰质劣化，不利于在混凝土等制品中的作用。

(3) 氧化镁。英国、澳大利亚等国对此作出规定，其限值波动于4%至6.5%；但美、加、日等国都不作规定。众所周知，在蒸压条件下水泥浆体内方镁石的水化能导致膨胀，并有时产生开裂。对氧化镁作出限值规定是基于这样的理由，即粉煤灰的氧化镁可能在混凝土中产生相同的麻烦。但粉煤灰中的氧化镁主要地富集在玻璃体内，以方镁石形态存在的氧化镁显著地低于化学成分内的氧化镁总量，国外学者研究了两种氧化镁量都高于7%的褐煤灰，结果其蒸压膨胀值都低于0.3%。

(4) 三氧化硫。除美国及奥地利外，其他国家在粉煤灰标准中都对三氧化硫限值作出规定，此限值一般波动于3%～5%，前民主德国放宽至10%；这可能与高钙粉煤灰有关。由烟煤及次烟煤排放出的粉煤灰，其三氧化硫含量较高（见表3-49）。烟气如经脱硫处理，粉煤灰内尚含一定量的亚硫酸钙。硫酸盐含量过高的粉煤灰，除安定性外还可能影响混凝土的凝结时间及硬化速度。然而至今尚无因三氧化硫过高而引起的混凝土安定性事故报告；因此，标准中对三氧化硫作限值规定的必要性是值得研究的。

(5) 硅、铝、铁氧化物含量。美、印、朝、土等国在粉煤灰标准中对此氧化物含量作出规定；但英、日、加、澳等国都无此要求。很多研究成果都表明，粉煤灰内的硅、铝、铁氧化物含量对强度贡献很少或无相关性。因为对混凝土强度有贡献的主要是粉煤灰颗粒表层能产生火山灰反应的玻璃体，而这表层的玻璃体量主要取决于粉煤灰的细度。

(6) 氧化钙及游离氧化钙。奥地利在粉煤灰标准中规定氧化钙为5%～20%，其他国家都无此限值规定。这些国家学者认为，此规定可能来自人们对混凝土凝结时间及抗硫酸盐性能的关心。但缺乏技术依据，实际试验结果表明，这两方面的性能都很好。也有学者认为氧化钙改善了粉煤灰的性能，特别是强度贡献；他进一步认为，粉煤灰标准应考虑根据其氧化钙的含量进行分级，奥地利、前民主德国及土耳其在标准中分别对粉煤灰中的游离氧化钙最大值规定为2%、8%及6%。此限值主要出于对安定性的考虑。我国高钙粉煤灰的排放量及应用目前尚不多；因此，在粉煤灰标准中尚无规定。

(7) 总碱量。美国、印度及前民主德国在标准中对总碱量作出规定。他们认为，粉煤灰碱量过高时可能使混凝土导致风化及碱—集料反应而影响安定性。但国外报道用6.68%当量Na_2O的粉煤灰试验时，仍发现此灰可抑制碱—集料反应。也报道高碱量粉煤灰可加快混凝土的硬化，并无其他不良影响。

2. 物理要求

(1) 勃氏比表面积及平均粒径。众所周知，粉煤灰的火山灰活性与其细度有较好的相关性。细度分别可由勃氏比表面积、平均粒径或筛余量表示。目前在标准中使用比表面积及粒径表示细度的国家逐渐减少。ASTM C 618曾在历史上采用过此参数，现在已停止采用。其原因是粉煤灰内碳分的比表面积亦较大，用此表征细度时干扰极大。在测定平均粒径时，亦需使用比表面积数据，同样容易受到干扰。

(2) 45μm筛余量。用筛余法表征细度时，各国采用的筛孔孔径不完全一致。业已证实，用45μm筛筛余量表征细度时，它与粉煤灰强度贡献的相关性比大孔径筛的筛余量更好。筛分法可分成湿法及干法两种方法。湿法的设备简单，但粉煤灰内的水溶性物质或易与水起反应的物质会溶解流失，使结果产生偏差，尤其是高钙粉煤灰应慎用湿法。干法的设备较昂贵，但能避免水的影响。国外有学者发现，用湿法所得的45μm筛余值始终高于干法。因此，由于试验方法不同，在粉煤灰标准中各国45μm筛余值不能直接对比。

澳大利亚原标准AS1129—1971规定45μm筛余量限值为50%。经修订后的AS3582将粉煤灰分成细灰、中细灰及粗灰三个等级，其限值分别为45μm筛通过量大于75%、60%及40%。细灰及中细灰用于普通混凝土，粗灰建议用于土壤稳定、贫混凝土或用混磨法生产粉煤灰水泥。

（3）密度。密度与粉煤灰的碳分、多孔玻璃体及密实玻璃珠的相对含量有关。粉煤灰密度高时，一般45μm筛余量及需水量比均较小，因而强度贡献较大（见表3-17）。此外，密度的变化可直接影响混凝土的配合比。日本在标准中提出，此值不能低于1.95，美国、加拿大及澳大利亚则作为非强制性指标列入标准。

3．均匀性要求

为确保粉煤灰混凝土配合比及质量的稳定性，ASTM C 618—2000还对粉煤灰性能的均匀性提出要求。标准规定密度及45μm筛余量与前10次平均值的差值不能大于5%，引气剂需求量与前10次平均值的差值不得大于20%。

4．行为要求

（1）火山灰活性指数。此指数有两种测定及表示方法，即粉煤灰分别与水泥或石灰配制试件，并测定其强度。除前民主德国外，其他国家，如美国、日本、加拿大、朝鲜、土耳其及奥地利等国都采用水泥作激发剂，并作为强制性指标。因为用水泥作激发剂与粉煤灰在混凝土的实际使用情况一致。

各国火山灰活性指数试验方法的细节不完全一致，如在日本粉煤灰标准中粉煤灰重量取代25%水泥，英国为30%，而ASTM C 618则等体积取代35%水泥。同时，在养护制度方面，日本采用常温养护28d，美国38℃养护7d或28d，加拿大则为65℃养护7d。因此，在标准中的火山灰活性指数各国不能直接对比。例如，国外报道利用同一组两个低钙粉煤灰，用加拿大方法养护，其火山灰活性指数分别为91%及83%；而美国方法养护则相应地为88%及110%。

现今在标准中采用石灰作激发剂国家较少。因为石灰质量波动较大，且与粉煤灰在混凝土中的实际使用环境有较大的差别。

（2）需水量比。需水量比对粉煤灰在混凝土的强度贡献及混凝土的耐久性有很大影响。因此在标准中，美国、英国及日本都将需水量比列为强制性指标。但是也有些国家，如加拿大、印度等国甚至未将需水量列为非强制性指标。国外亦曾报道假定减水剂可以克服粉煤灰的增水作用，则粉煤灰的减水或增水性能，可由用户自己决定是否选用，不必在标准内作规定。

（3）安定性。粉煤灰安定性与其游离石灰及晶态氧化镁，即方镁石有关，部分国家在标准中已对此作出规定。美国ASTM C 618对游离石灰及氧化镁不作规定，只控制其蒸压膨胀值不得大于0.8%。外国亦有学者认为，低钙粉煤灰内的方镁石及游离石灰量较低，做蒸压试验的意义不大，某些次烟煤灰及褐煤灰中含有大量游离态石灰，雷氏夹法能较好地对此作出鉴定。

（4）碱反应性。粉煤灰，特别是低钙粉煤灰掺入混凝土后能有效地抑制碱—集料反应，从而提高混凝土的耐久性。某些粉煤灰自身的含碱量亦较高，因此，ASTM C 618作为一非强制性指标规定粉煤灰的14d膨胀值以低碱水泥为基准不得大于100%。加拿大亦作为一非强制性指标，规定粉煤灰对碱—集料反应而产生的膨胀值应降低60%以上。

(5) 干缩性。粉煤灰加入混凝土后，一般对干缩值无明显的影响，优质灰甚至可降低收缩值，特别是后期的收缩值。印度在标准中对其绝对值提出了强制性指标。美国及加拿大提出的是非强制性指标，规定不得比基准值高出0.03%。

三、美国粉煤灰标准的沿革

目前，美国粉煤灰标准ASTM C 618及其试验方法C311正在酝酿修订。作为这一修订工作的一个部分，美国粉煤灰公司对美国粉煤灰标准的历史进行了系统的分析，表3-53为其汇总的结果。由此可见，美国自1965年提出ASTM C 618以来，经过1968年修订，并于1971年提出正式标准。至1985年，在20年中已修订过10次，2000年又经修改。综观其沿革，特点如下。

1. 细度

自1965年提出暂行标准以来，ASTM曾采用平均粒径，比表面积及筛余等三种方法，粉煤灰的剩余碳分能显著地影响比表面积，ASTM与其他国家一样，在1977年的修订过程中就停止采用以比表面积表征细度，粉煤灰平均粒径的计算依据有比表面积数据，其结果亦受到干扰。自1971年来，ASTM一直采用筛余法表征细度。1971~1972年，使用Tyler机械筛时，45μm筛余的限值为20%以下。1973年改用电动筛，其45μm筛余限值相应地调整为34%以下。

2. 抗压强度

截至1971年，ASTM对粉煤灰胶砂强度都列入规定。要求其强度不得低于基准试件（基准胶砂含500g水泥，被检胶砂除500g水泥外，另外掺125g粉煤灰），此条款在1972年撤销。

3. 干缩

在1965年的暂行规定ASTM C 350—65T及以后的标准ASTM C 618—1971中粉煤灰试件的干缩值都作为强制性指标，其最大值不得超过基准值0.03%。1977年修订时，干缩性变为非强制性指标，由供灰及用灰单位自行商定。

4. 安定性（蒸压膨胀值或收缩）

自1965年提出暂行规定至今，此项参数一直作为强制性的指标。1973年前规定粉煤灰试件经蒸压养护后，其膨胀或收缩均不得大于0.5%。1978年经修订后此指标值放宽到0.8%。

5. 氧化镁

在1965~1973年期间，ASTM对氧化镁含量不作规定。1977~1982年间经修订氧化镁量作为非强制性指标，其限值为5%；氧化镁如超过5%，但蒸压安定性不超标，ASTM仍可作为合格。1983年修订后至今，ASTM便对氧化镁量不作规定。

6. C类灰

自1977年开始在ASTM中单独对C类灰提出品质要求。其指标不完全与F类灰相同，氧化硅、氧化铝及氧化铁的含量自F类灰的70%调整为50%，烧失量为6%。

7. 烧失量

与其他国家相同，ASTM一直将烧失量作为一强制性指标。1973年前粉煤灰标准限于F类灰，其限值定为12%。1977年修订后，F类灰仍不变，新增添的C类灰如上所述定为6%。1984年经修定F类及C类烧失量限值都定为6%；F类灰如超6%，有足够数据说明仍低于12%时亦可作为合格灰。

表 3-53　　ASTM C 618 的沿革

品质参数		ASTM粉煤灰标准												测试频率			
		C 350—65T[1]	C 618—68T	C 618—71	C 618—72	C 618—73	C 618—77	C 618—78	C 618—80	C 618—83	C 618—84	C 618—85	C618—00	C 311—64T	C 311—68	C 311—77	C 311—85
强制性化学要求																	
$SiO_2+Al_2O_3+Fe_2O_3$	（最低，%）	70.0	70.0	70.0	70.0	70.0	70F[2] 50C[2]	70F 50C	70F 50C	70F 50C	70F 50C	70F 50C	70F 50C	1000[3]	1000[3]	2000	2000
SO_3	（最大，%）	5.0	5.0	5.0	5.0	5.0	5.0	5.0	5.0	5.0	5.0	5.0	5.0	100	100	2000	2000
含湿量	（最大，%）	3.0	3.0	3.0	3.0	3.0	3.0	3.0	3.0	3.0	3.0	3.0	3.0	100	100	400	400
烧失量	（最大，%）	12.0	12.0	12.0	12.0	12.0	12.F 6C	12.F 6C	12.F 6C	12.F 6C	6.0[4]	6.0[4]	6.0[4]				
非强制性化学要求																	
MgO	（最大，%）	NRe[5]	NR	NR	NR	NR	5.0[6]	5.0[6]	5.0[6]	NR	NR	NR	NR	1000	1000	2000	NR
有效碱量（以 Na_2O 计）	（最大，%）	1.5	1.5	1.5	1.5	1.5	1.5	1.5	1.5	1.5	1.5	1.5	1.5	1000	1000	2000	2000
强制性物理要求																	
勃氏比面积	（最低，cm^2/cm^3）	NR	6500	6500	6500	NR	NR	NR	NR	NR	NR	NR	NR	100	100	NR	NR
平均粒径	（最大，μm）	9															
45μm 筛余量	（最大，%）	NR	NR	20[7]	20[7]	34[7]	34	34	34	34	34	34	34	NR	NR	400	400
复合系数	（最大，%）	NR	NR	150	150	255	NR	NR	NR	NR	NR	NR	NR				
抗压强度	（7d，最低）	100	100	100										100	100		
（占基准的%）	（28d，最低）	100	100	100										100	100		
干缩，比基准增大值（28d）	（最大，%）	0.03	0.03	0.03	0.03	0.03	NR	NR	NR	NR	NR	NR	NR	100	100	NR	NR
安定性（蒸压膨胀或收缩）	（最大，%）	0.5	0.5	0.5	0.5	0.5	0.8	0.8	0.8	0.8	0.8	0.8	0.8	100	100	400	400
火山灰活性指数																	
28d（占基准%）	（最低，%）	85	85	85	85	85	75	75	75	75	75	75	75	100	100	2000	2000
7d	（最低，%）	800	800	800	800	800	800	800	800	800	800（F）[2] NR（C）	800	75	1000	1000	400	2000
需水性（占基准%）	（最大，%）	105	105	105	105	105	105	105	105	105	105	105	105	100	100	2000	2000
均匀性要求																	
比表面积	（最大，%）	15	15	15	15	15	NR	NR	NR	NR	NR	NR	NR	100	100	NR	NR
密度	（最大，%）	5	5	5	5	5	5	5	5	5	5	5	5	100	100	400	400
45μm 筛余量	（最大，%）	NR	NR	NR	NR	NR	5	5	5	5	5	5	5	NR	NR	400	400
引气剂剂量	（最大，%）	20	20	20	20	20	NR	NR	NR	NR	NR	NR	NR				
非强制性物理要求																	
复合系数	（最大，%）						255[8]	255	255	255	255	255	225[8]				
干缩、比基准增大值（28d）	（最大，%）						0.03	0.03	0.03	0.03	0.03	0.03	0.03				
与水泥内碱的反应性（14d 胶砂膨胀值）	（最大，%）	0.02	0.02	0.02	0.02	0.02	0.02	0.02	0.02	0.02	0.02	0.02	100				
非强制性均匀性要求 引气剂剂量	（最大，%）						20	20	20	20	20	20	20				

注　①T＝暂行标准；②F＝F*级灰（低钙粉煤灰），C＝C级灰（高钙粉煤灰）；③测试频率，仅指 SiO_2；④F级灰可超过6%，但必须小于12%；⑤NR＝不需要；⑥如蒸压安定性合格，MgO量大于5%；⑦Tyler机械筛改为电动筛后，45μm筛余量相应地由20%改为34%；⑧适用于F级灰。

8. 均匀性

在 ASTM 中曾对比表面积、密度、45μm 筛余及引气剂剂量提出均匀性要求。均匀性表达方法为：某批粉煤灰某参数值与前 10 次平均值之差值。比表面积在 1965～1973 年间其差值规定不得大于 15%，1977 年修订后撤消此项要求。自有粉煤灰标准以来，密度一直作为一强制性指标之一表征粉煤灰品质的均匀性，其极限差值至今仍为 5%。45μm 筛余自 1977 年后列入均匀性指标，其限值至今仍为 5%。引气剂剂量在 1977 年以前规定为强制性指标，其限值为 20%，1977 年后修订为非强制性指标，2000 年修订时，限值仍为 20%，并仍为非强制性指标。

9. 抗硫酸盐效果

在 ASTM-618 标准中，过去未见有对抗硫酸盐效果的要求，在修订的 ASTM618—2000，作为非强制性物理要求，增加了抗硫酸盐效果的内容。

程序 A：混凝土暴露在中度硫酸盐侵蚀环境，试件膨胀（6 个月），F 级灰，C 级灰最大 0.10%。混凝土暴露在严重硫酸盐侵蚀环境，试件膨胀（6 个月），F 级灰，C 级灰最大 0.05%。

程序 B：混凝土暴露在硫酸盐侵蚀环境（与基准的抗硫酸盐水泥相比）试件膨胀（6 个月）F 级灰、C 级灰最大 100%。

四、中国粉煤灰标准

我国用于建材生产的粉煤灰标准始于 1964 年。当时在 BJG—1964《蒸养粉煤灰混凝土砌块生产应用规程》中对砌块生产用粉煤灰的技术条件提出了要求。随着粉煤灰在水泥及混凝土内用量的日益增多，1979 年首先颁布了 GB1596—1979《用于水泥及混凝土中的粉煤灰》。1986 年建设部颁布了 JGJ28—1986《粉煤灰在混凝土和砂浆中应用技术规程》。该规程首次将粉煤灰分成三个质量等级，并规定了其相应的应用范围。三个等级的划分开拓了粉煤灰的利用范围，推动了粉煤灰混凝土的发展。GBJ146—1990《粉煤灰混凝土应用技术规范》于 1990 年颁布执行。该规范仍将粉煤灰分成三个等级，但细度的表示方法改用了 45μm 筛余量。GB1596 于 1987 年开始修订，修订后的 GB1596—1991，其品质参数及限值与 JGJ28—1986 相同，但在细度的表示方法上采用 45μm 筛余量代替了原来的 80μm 筛余量。《硅酸盐建筑制品用粉煤灰》标准于 1988 年开始编制，并于 1991 年颁布执行，其标准代号为 JC409—1991。该标准对原硅酸盐砌块用粉煤灰的技术条件进行了修订，并增添了粉煤灰砖及蒸压粉煤灰加气混凝土用粉煤灰的标准。

（一）水泥混合材

1. 水泥用粉煤灰标准

作为混合材用于水泥生产的粉煤灰应符合 GB1596—1991《用于水泥和混凝土中的粉煤灰》的要求（见表 3-54）。

与 GB1596—1979 相比，现行标准将粉煤灰分成两个质量等级，Ⅰ级灰与国际水平接近，Ⅱ级灰的指标仍为原标准；抗压强度比系指掺与不掺粉煤灰胶砂试件的强度比值。GB1596—1991 与 GB1596—1979 一致，均未将细度列作质量指标，因为目前掺粉煤灰水泥的生产在国内均采用混磨工艺。

2. 试验方法

含水量：参照 GB/T 212—2001《煤的工业分析方法》。

烧失量及三氧化硫：参照 GB/T 176—1996《水泥化学分析方法》进行。

抗压强度比：参照 GB1596—1979 进行。

（二）混凝土掺合料

1. 混凝土用粉煤灰标准

混凝土掺合料用粉煤灰应符合 GB1596—1991 的技术要求（见表 3-55）。与 GB1596—1979 相比，修订后现行的 GB1596—1991 的特点是它沿用了 JGJ28—1986《粉煤灰在混凝土和砂浆中应用技术规程》的分级方法，将粉煤灰分成三个质量等级。Ⅰ级灰与英国的粉煤灰标准 BS3892 第一部分《结构混凝土用粉煤灰》接近，在国际上这一标准是最严格的。Ⅱ级灰的质量基本上与原 GB1596—1979 相同。Ⅲ级灰是新设的粉煤灰质量等级，主要用于素混凝土或代砂。Ⅰ级灰具有较大的减水作用，可用于预应力钢筋混凝土。Ⅱ级灰仍用于一般的钢筋混凝土。

表 3-54 水泥混合材用粉煤灰标准

序号	指标	级别	
		Ⅰ	Ⅱ
1	烧失量（%），不大于	5	8
2	含水量（%），不大于	1	1
3	三氧化硫（%），不大于	3	3
4	抗压强度比（28d,%），不小于	75	62

注 摘自 GB1596—1991。

表 3-55 混凝土掺合料用粉煤灰标准

序号	指标	级别		
		Ⅰ	Ⅱ	Ⅲ
1	45μm 筛筛余量（%），不大于	12	20	45
2	需水量比（%），不大于	95	105	115
3	烧失量（%），不大于	5	8	15
4	含水量（%），不大于	1	1	不规定
5	三氧化硫（%），不大于	3	3	3

注 摘自 GB1596—1991。

根据其地方特点，上海地区将高钙粉煤灰分成二个质量等级，其标准如表 3-56。

与 JGJ28—1986 不同，GB1596—1991 采用 45μm 筛余量取代了 80μm 筛余量。为使 GB1596—1991 能与 JGJ28—1986 及 GB1596—1979 的质量指标能衔接，修订后的现标准根据研究资料提供的 45μm 筛余量与 80μm 筛余量的关系式，将 JGJ28—1986 内的 80μm 筛余量折算成现标准中的 45μm 筛余量［见公式（3-1）及图 3-13］。

GBJ146—1990 中的粉煤灰标准与 GB1596—1991 相同。

表 3-56 高钙粉煤灰的质量指标

质量指标	高钙粉煤灰等级	
	Ⅰ	Ⅱ
细度（45μm 筛余）（%）	≤12	≤20
游离氧化钙（%）	≤3	≤2.5
体积安定性（mm）	≤5	≤5
烧失量（%）	≤5	≤8
需水量化（%）	≤95	≤100
三氧化硫（%）	≤3	≤3
含水率（%）	≤1	≤1

注 摘自上海市标准 DBJ 08—230—1998《高钙粉煤灰混凝土应用技术规程》。

2. 试验方法

含水量：按 GB/T212—2001《煤的工业分析方法》进行。

烧失量、三氧化硫：按 GB/T176—1996《水泥化学分析方法》进行。

45μm 筛余量、需水量比：按 GB1596—1991《用于水泥及混凝土中的粉煤灰》进行。

游离氧化钙：按 GB/T176—1996《水泥化学分析方法》进行。

体积安定性：按 GB/T 1346—2001《水泥标准　稠度用水量，凝结时间、安定性检验方法》进行。

（三）硅酸盐建筑制品

1. 硅酸盐建筑制品用粉煤灰标准

JC409—1991《硅酸盐建筑制品用粉煤灰》包括粉煤灰砌块、粉煤灰砖及蒸压粉煤灰加气混凝土等三种制品用的粉煤灰标准。其技术条件如表 3-57 所示。各级粉煤灰都可用于砌块生产，但Ⅲ级灰仅局限于制备 10MPa 等级砌块，而Ⅰ级及Ⅱ级可用于 13MPa 强度等级的砌块。Ⅰ级灰及Ⅱ级灰都可用作粉煤灰砖的生产。生产高等级粉煤灰砖时，Ⅰ级灰对生产工艺的要求较低，Ⅱ级灰亦可生产，但工艺要求较高。Ⅲ级粉煤灰不能用于加气混凝土制品的生产。生产 05 等级加气砌块的粉煤灰，其质量应符合Ⅱ级灰的要求。生产 07 或 08 等级加气砌块或板材用粉煤灰，其质量应符合Ⅰ级灰的要求。

其他硅酸盐制品，如粉煤灰烧结砖及粉煤灰烧结陶粒至今尚未制定粉煤灰标准。在烧结制品中粉煤灰的含碳量有助于降低烧结工艺所需的能耗，当然这亦有一定的适宜范围。根据试验研究及生产实践经验，烧结砖用的粉煤灰，其烧失量宜控制在 3%～15% 范围内，大于 0.5mm 部分宜小于 5%，小于 0.06mm 部分宜小于 40%，塑性指数宜大于 7。烧结陶粒用粉煤灰，其烧失量宜控制在 3%～5%，含硫量低于 2%，4900 孔筛的筛余量宜在 20%～35%范围内。

表 3-57 硅酸盐建筑制品用粉煤灰标准 JC409—1991

指标名称	级别		
	Ⅰ	Ⅱ	Ⅲ
45μm 筛筛余量（%），不大于	30	45	55
标准稠度用水量（%），不大于	50	58	60
烧失量（%），不大于	7	12	15
二氧化硅量（%），不大于	—	40	—
三氧化硫量（%），不大于	—	2	—

2. 试验方法

45μm 筛余量按 GBJ146—1990 进行。

标准稠度需水量：按 GB/T 1346—2001《水泥标准稠度用水量、凝结时间、安定性检验方法》进行，仅试样质量改为 200g。

烧失量、二氧化硅和三氧化硫含量：按 GB/T 176—1996《水泥化学分析方法》进行。

（四）农业用粉煤灰标准

为防止粉煤灰对土壤、农作物、地下水、地面水的污染，保障农牧渔业生产和人体健康，国家环境保护局于 1987 年颁布了 GB8173—1987《农用粉煤灰中污染物控制标准》，标准规定，经过一年风化的湿排灰用于土壤改良时，粉煤灰的污染物含量应符合表 3-58 限值的规定。

表 3-58 农用粉煤灰中污染物控制标准值 （mg/kg，干粉煤灰）

项目	最高允许含量	
	在酸性土壤上 (pH < 6.5)	在中性和碱性土壤上 (pH > 6.5)
总镉（以 Cd 计）	5	10
总砷（以 As 计）	75	75
总钼（以 Mo 计）	10	10
总硒（以 Se 计）	15	15

续表

项　　目		最高允许含量	
		在酸性土壤上 (pH<6.5)	在中性和碱性土壤上 (pH>6.5)
总　硼（以水溶性 B 计）	敏感作物	5	5
	抗性较强作物	25	25
	抗性强作物	50	50
总镍（以 Ni 计）		200	300
总铬（以 Cr 计）		250	500
总铜（以 Cu 计）		250	500
总铅（以 Pb 计）		250	500
全盐量与氯化物		非盐碱土 3000（其中氯化物 1000）	盐碱土 2000（其中氯化物 600）
pH		10.0	8.7

第五节　粉煤灰对人体健康与安全的影响

随着科学技术的发展及人类生活水平的提高，人们对生存环境的质量要求不断提高，对粉煤灰及其制品可能对环境带来的影响亦日益重视。粉煤灰为颗粒粒径分布相当分散的粉末，根据英国中央电力局的分析，其中有 10% 的粒径小于 5μm。同时粉煤灰尚含有一定量的放射性元素及微量元素；因此，粉煤灰对健康及安全的影响引起人们普遍的关心。本节简要介绍粉煤灰的放射性和微量元素的含量，及其对环境的影响。

一、粉煤灰的放射性

在人类日常的生活环境中，到处都存在着微量天然的放射性物质，主要的为铀—238（^{238}U），钍—232（^{232}Th）、镭—226（^{226}Ra）及钾—40（^{40}K）等四种放射性元素。

据有关资料介绍，居民所接受的辐射剂量，约 40% 来自建筑材料，30% 来自土壤的天然放射性和宇宙线，另外的 30% 来自 X 射线诊断照射及其他射线波。在个人所接受的剂量中，建筑材料占有很大比重；因此，控制建材的放射性应引起足够的重视。

1. 建筑材料放射性核素限量

根据国标 GB6566—2001《建筑材料放射性核素限量》规定，建筑材料的辐射由内照射指数（I_{Ra}）及外照射指数（I_r）组成，分别可由下两式表达

$$I_{Ra} = \frac{C_{Ra}}{200} \qquad (3-10)$$

$$I_r = \frac{C_{Ra}}{370} + \frac{C_{Th}}{260} + \frac{C_k}{4200} \qquad (3-11)$$

式中：C_{Ra}、C_{Th}及 C_k分别为建筑材料中天然放射性核素镭—226、钍—232 和钾—40 的放射性比活度。放射性比活度是指单位质量某核素的放射性活度，单位为贝可/千克（Bq/kg）。

用于水泥混凝土制品、砖、瓦、墙体等建筑主体材料时，其天然放射性核素镭—226、钍—232、钾—40 的放射性比活度应同时满足 $I_{Ra} \leqslant 1.0$ 和 $I_r \leqslant 1.0$ 的要求，对于空心率大于 25% 建筑主体材料则应同时满足 $I_{Ra} \leqslant 1.0$ 和 $I_r \leqslant 1.3$ 的要求。

装修材料可分成 A、B 和 C 三类，分类方法及使用范围如下。

（1）A类：同时满足 $I_{Ra}\leqslant1.0$ 和 $I_r\leqslant1.3$，使用范围不限。

（2）B类：不满足A类装修材料要求，但同时满足 $I_{Ra}\leqslant1.3$ 和 $I_r\leqslant1.9$。B类装修材料不可用于Ⅰ类民用建筑的内饰面，但可用于Ⅰ类民用建筑的外饰面及其他一切建筑物的内、外饰面。

（3）C类：不满足A、B类装修材料要求但满足 $I_r\leqslant2.8$ 要求的C类装修材料。C类装修材料只可用于建筑物的外饰面及室外其他用途。

2. 粉煤灰的放射性比活度

浙江医学研究院曾对我国工业废渣及其建材制品的放射性水平进行了系统地研究，其工业废渣的比活度水平见表3-59。由表可知，我国工业废渣的放射性比活度的波动范围较大，其比活度顺序大致为：石煤渣 > 磷石膏、赤泥 > 磷渣 > 粉煤灰、煤渣 > 高炉渣。

表3-59　我国部分工业废渣的放射性比活度水平

工业废渣	产　地	C_{Ra} (Bq/kg)	C_{Th} (Bq/kg)	C_K (Bq/kg)
粉煤灰	浙	132.8	92.1	120.0
	甘、陕、豫、湘、黔	141.0	123.6	128.0
	沪	132.1	132.5	235.0
	桂	296.0	183.9	—
	成都地区	126.9	115.4	437.0
	全国各电厂	114.7	133.2	333.0
高炉渣、钢　渣	辽、滇、苏、湘、黔	82.6	33.5	105.1
	成都地区	56.2	40.0	79.2
	太钢高炉重渣	110.0～130.0	89.0～850.0	160.0～200.0
磷　渣	浙	196.1	12.2	58.5
	滇	230	6.6	70.3
磷石膏	沪	472.1	7.4	< 39.2
	成都地区	115.8	< 1.1	< 11
赤　泥	豫、鲁、黔	451.0	538.9	129.5
石煤渣	赣	2078	112.1	102.4
	湘	388.5	13.9	288.6
	浙	288.6～32708.0	—	—
铀矿废石	赣	913.9～9065.0	36.3～383.6	35.2～50.0

3. 放射性比活度的影响因素

毫无疑问，粉煤灰的比活度首先取决于原煤中放射性物质的强度。由于煤源不同，各电厂排放出粉煤灰的比活度有较大差别，此外，同一粉煤灰的比活度同时与其细度有关。Beretka等的研究结果（见表3-60）指出，随着粉煤灰粒径的变细，^{226}Ra 及 ^{232}Th 的比活度有增加的趋向，而 ^{40}K 的变化则不显著。相应地，粉煤灰的镭当量活度亦有随粒径减小而增大的趋势。燃煤电厂采用多级电场收尘时，粉煤灰的比活度亦随电场序号的增加而增强。

二、粉煤灰中的微量元素

粉煤灰主要由硅、铝、铁、钙、镁、硫、钾、钠等元素组成，此外，尚有一定量的镉、砷、铬、铅、汞、铜、锌、镍等对人体健康不利的微量元素。因此，在处置或利用粉煤灰时应注意这些元素的含量，特别是粉煤灰浸出液内微量元素的含量。

表 3-60　　粉煤灰粒径与比活度及镭当量活度的关系

颗粒粒径（μm）	比活度（Bq/kg）			镭当量活度（Bq/kg）
	^{226}Ra	^{232}Th	^{40}K	
> 150	70	110	540	270
75 ~ 150	80	130	540	310
53 ~ 75	100	160	600	380
< 53	120	170	580	410

粉煤灰的微量元素含量与煤种、煤源及粉煤灰的排放方式有关。一些国家粉煤灰的微量元素含量见表 3-61。表中我国粉煤灰由 9 个省市 11 个电厂的测定值组成。美国则为纽约、俄亥俄、西弗吉尼亚等 21 个州的粉煤灰测定值。与美国、原联邦德国及加拿大相比，我国粉煤灰的铬、砷及铅的含量比较低。

粉煤灰的微量元素遇水后有一部分即浸出。表 3-62 为杨浦电厂干排灰及湿排灰的微量元素含量。湿排灰由于浸析作用，其微量元素含量明显地低于干排灰。

表 3-61　　粉煤灰的微量元素含量　　(mg/kg)

国　家	Cd		Cr		As		Pb		Hg	
	范　围	平均	范　围	平均	范　围	平均	范　围	平均	范　围	平均
中　国	0.13 ~ 0.43		37.81 ~ 99.33		0.8 ~ 13.2		23.87 ~ 60.18		0.01 ~ 0.54	
美　国	0.1 ~ 3.9	0.9	13 ~ 259	136.9	1.7 ~ 312	83.9	8 ~ 241	43.1	0.02 ~ 0.1	0.09
原联邦德国	4 ~ 111		117 ~ 1590	500	30 ~ 2015	420		220	0.01	
加拿大（安大略省）		2.5		137		89		48	0.01	
澳大利亚			40 ~ 60	50			20 ~ 65	40	0.01	

表 3-62　　杨浦电厂干排灰与湿排灰的微量元素含量　　(mg/kg)

微量元素	Pb	Cu	Cd	Mn	Cr	Zn	Ni	Hg	As	Se
干排灰	44.4	73.4	< 3	68.0	66.6	70.6	58.2	0.034	1.2	3.3
湿排灰	3.4	8.8	未检出	7.7	未检出	—	—	—	0.51	—

粉煤灰内微量元素对环境的影响主要是通过浸出作用体现的。粉煤灰微量元素的含量并不等同于浸出液内的含量。表 3-63 为杨浦电厂的测试结果。可见，浸出液内的微量元素含量比粉煤灰干排灰低几个数量级。

表 3-63　　杨浦电厂粉煤灰原灰与浸出液的微量元素含量

微量元素	Pb	Cu	Cd	Mn	Cr	Zn	Ni	Hg	As	Se
粉煤灰原状干灰（mg/kg）	44.4	73.4	< 3	68.0	66.6	70.6	58.2	0.034	1.2	3.3
粉煤灰浸出液（mg/L）	0.35	< 0.3	未检出	未检出	0.42	< 0.01	< 0.1	< 0.001	0.008	0.404

国内某些电厂及 12 个电厂粉煤灰混合样的浸出液微量元素含量，以及国内有关的水质标准列于表 3-64。根据 GB5086—1997《有色金属固体废弃物污染控制标准》，当工业废弃物浸出液中某一元素超过此标准时即定为有害固体废物。上述粉煤灰浸出液的微量元素量无一

超过此标准，均属非有害固体废物。同时，粉煤灰浸出液亦符合 GB8978—1996《污水综合排放标准》。但是，粉煤灰的部分微量元素含量超过 GB5084—1992《农田灌溉水质标准》及 GB11607—1989《渔业水质标准》，排放时应注意。

表 3-64 粉煤灰浸出液的组成及有关水质标准 (mg/L)

微量元素	Cd	As	Cr	Pb	Hg	Cu	Zn	Ni	pH
吴泾电厂干灰	0.05	0.0255	0.010	0.55	0.01	0.06	0.06	0.25	8.5
宝钢电厂干灰	—	0.0367	0.068	—	0.008	0.02	0.04	0.15	11.7
闵行电厂干灰	—	0.0155	0.137	—	0.008	—	—	0.05	11.9
国内 12 个电厂混合样	0.05	0.0225	0.059	0.60	0.005	0.04	0.07	0.01	10.9
有色金属工业固体废物污染控制标准（GB5086—1997）	0.3	1.5	1.5	3.0	0.05	50	50	25	—
污水综合排放标准（GB8978—1996）	0.1	0.5	1.5①	1.0	0.05	—	—	1.0	—
农田灌溉水质标准（GB5084—1992）	0.005	0.05	0.1	0.1	0.001	1.0	3.0	—	5.5~8.5
地面水质量标准（GB/T 14848—1993）	0.01	0.04	0.05	0.1	0.001	1.0	1.0	—	6.5~8.5
渔业水质标准（GB11607—1989）	0.005	0.1	1.0	0.1	0.001	0.01	0.1	0.1	7.0~8.5

注 ①总铬 1.5，方价铬 0.5。

三、粉煤灰的含尘量

粉煤灰的粒径大部分小于 100μm，其中小于 10μm 的颗粒能飘浮在大气内。众所周知，粉煤灰的主要组成为二氧化硅，其含量在 40%至 60%左右；因此，人们很关心它对大气环境的影响。实际上粉煤灰内以石英形态存在的 SiO_2 数量不高，在我国它波动于 1%~16%，平均值为 6.4%。粉煤灰对致变性及动物方面的研究也证实了其生物学活性很低。英国中央电力局主持的致变性研究同时证实在粉煤灰样品中未发现有重要的致变活性。临床研究亦显示粉煤灰不会引起任何病理学胸腔损伤。

参考文献

1 谷章昭，乐美龙，伍劲夫，梁天仁，王维君，吴学礼，杨乃萍．粉煤灰活性的研究．硅酸盐学报．1982（10）：151~160
2 乐美龙，梁天仁，王维君，伍劲夫，谷章昭，吴学礼，杨乃萍．粉煤灰的颗粒组成及其活性．硅酸盐建筑制品．1982（3）：11~15
3 吴学礼，谷章昭，乐美龙，伍劲夫，王维君，杨乃萍．粉煤灰强度活性的研究．硅酸盐建筑制品．1982（5）：12~14
4 梁天仁．粉煤灰中各类颗粒的分选方法概述．硅酸盐建筑制品．1984（3）：13~15
5 谷章昭，杨云凌，曹亚娟，唐长馥．粉煤灰品质对蒸养粉煤灰硅酸盐性能的影响．硅酸盐建筑制品．1985（5）：24~27
6 沈旦申，张荫济．粉煤灰效应的探讨．硅酸盐学报．1981（9）：57~63
7 袁润章，朱颉安．粉煤灰的组分、结构及其特性．硅酸盐建筑制品．1982（6）：24~29

第四章 粉煤灰在混凝土及砂浆中的应用

第一节 概　　述

一、涵义、目的和应用范围

粉煤灰混凝土是泛指掺加粉煤灰的混凝土，一般有两种情况：① 用水泥厂生产中掺粉煤灰的硅酸盐水泥制备的混凝土；② 制备混凝土时将粉煤灰作为一种组分加入搅拌机拌制而成的混凝土。本章叙述的重点是后者。

要求粉煤灰混凝土的性能能达到硅酸盐水泥混凝土的一般质量和性能指标。它也可根据需要配制特种用途的混凝土。

使用粉煤灰混凝土的主要目的是改善混凝土性能、提高工程质量、节省水泥、降低混凝土成本，进而节约能源和资源。

粉煤灰混凝土应用面极广，在土木工程（包括水利工程）、建筑工程以及预制混凝土制品和构件等方面都可广泛使用（如表 4-1 所示）。

表 4-1　　粉煤灰混凝土的各种主要用途

名　　称	用　　途	效　　果
土木工程 水利工程	大坝、道路、隧道、桥梁、地铁、港湾、飞机场跑道、下水道等	和易性好，水密性好，水化热低，膨胀收缩小，后期强度高，耐海水侵蚀性强，耐化学腐蚀性强，可配制特殊用途的土木工程混凝土
建筑工程	现场浇制工业和民用建筑的柱、梁、板、基础、地面等	和易性好，改善混凝土浇捣性和装饰性，可按指定强度指标设计混凝土，长期强度高，可配制特殊用途的建筑工程用混凝土
预制混凝土	钢筋混凝土预制构件，水泥制品（管、砌块）	改善加工性能，节约振捣能量，改善制品外观质量，降低水泥单耗，节约材料成本
预拌混凝土（商品混凝土）	各种用途和强度等级普通和特殊用途预拌混凝土（商品混凝土）	能更好地与掺加化学外加剂配制成泵送及其他高性能混凝土

二、历史回顾和国内外发展状况

1. 粉煤灰与火山灰混凝土的历史渊源

所谓“火山灰”，是指硅质或硅铝质材料，其本身仅具微小的胶凝值或不具有胶凝值，但它为粉状和有水存在时，能在常温下与氢氧化钙进行化学反应，形成具有胶凝性质的化合物。

粉煤灰是一种人工火山灰，与古代罗马混凝土中使用的天然火山灰都属火山灰质材料。天然火山灰的产地是那不勒斯附近的波佐里，故在西方国家中，火山灰又命名为“波佐拉那”或“波佐琅”。

火山灰混凝土的历史渊源，可追溯到2000多年前古罗马工程建设中采用的罗马混凝土。如：欧洲的输水故道、君士坦丁的巴西利卡会堂建筑、罗马的万神殿以及那不勒斯等地海岸上的罗马混凝土构筑物等。此外，我国明代学者徐光启在《泰西水法》著作中记载石灰火山灰混凝土在水利建设工程中应用的成功经验，是首次在我国文献中介绍火山灰混凝土的史料，启发了开展粉煤灰用作人工火山灰的研究工作。

2. 世界粉煤灰混凝土发展历史

1935年美国学者R.E.戴维斯（Davis）首先进行粉煤灰混凝土应用的研究，他是粉煤灰混凝土科学技术发展的先驱。1948～1953年美国垦务局在建造蒙大拿州饿马坝工程中使用10余万吨粉煤灰，取得了改善混凝土性能、节约水泥的优良效果。20世纪50年代，美国、英国等很多国家在混凝土大坝工程中广泛使用粉煤灰混凝土，英国、法国、德国、前苏联、波兰、日本、印度等国的水利工程中也应用了粉煤灰混凝土。

20世纪80年代以来，世界各国对粉煤灰的研究与应用进入新的发展阶段。20世纪80年代初、中期粉煤灰利用的趋向资料表明：①粉煤灰混凝土的发展是世界粉煤灰利用科学技术发展的主流；②我国粉煤灰混凝土的技术水平与国外差距较大。当务之急，必须加强粉煤灰混凝土新技术研究、开发和推广。

国外发展趋向中最令人瞩目的是以发展适用于混凝土的优质粉煤灰产品的经验。美国、英国、澳大利亚、加拿大等国特别发展与混凝土工业相结合的粉煤灰产品的生产与经营的企业，供应优质粉煤灰、用作混凝土的第五种组分（第六种组分是化学外加剂）。根据水泥和混凝土专家预测，粉煤灰、矿渣、硅灰等矿物质粉体材料和表面活性化学外加剂在混凝土中的复合应用，将在推动混凝土现代技术进步中起十分重要的作用。

3. 我国粉煤灰混凝土的发展过程

我国在20世纪50年代初期，上海市进行粉煤灰水泥与混凝土的研究，1956年冶金建设部在干硬性混凝土中使用粉煤灰，1958年上海地下工程采用了粉煤灰混凝土，1956年与1959年，台湾的雾社坝工程和黄河三门峡水利枢纽工程都曾大量应用粉煤灰混凝土。

1966～1967年上海水泥厂和永登水泥厂开始小批量生产粉煤灰硅酸盐水泥，在20世纪70年代国家颁布了GB1344《粉煤灰硅酸盐水泥》。

20世纪70年代后期，北京石景山电厂为满足日本营造商承包东南亚混凝土工程以及北京市地下铁道工程需要，开发了符合日本粉煤灰产品规格的磨细粉煤灰。1979年颁布了GB1596—1979用于水泥和混凝土中的标准，并于1991年修订，颁布了GB1596—1991新标准。城乡建设环境保护部组织编写并颁布JGJ28—1986《粉煤灰在混凝土和砂浆中应用技术规程》。在20世纪90年代初，水利部等制定了GBJ146—1990《粉煤灰混凝土应用技术规范》。

20世纪80年代，粉煤灰混凝土在我国不少城市建设工程中有了新的发展。上海市成为发展粉煤灰混凝土新技术试点城市，加强研究和开发。初期目标是解决粉煤灰在钢筋混凝土中的应用问题和节约水泥问题。在“六五”计划期间，因地制宜、重点开发了适用于钢筋混凝土的磨细粉煤灰产品，通过科研、设计、生产、使用、管理等部门的大力协同，主要紧密结合预拌混凝土的推广应用，开拓了粉煤灰混凝土在土木、建筑工程的钢筋混凝土结构中的广泛应用，特别是在高层建筑泵送混凝土中的应用取得明显的技术经济效果。在市政工程水泥制品中，磨细粉煤灰的应用也有良好的成绩。

随着粉煤灰混凝土应用技术的发展，开展以粉煤灰形貌学为主要研究内容的，如扫描电镜等微观研究、配合系统的粉煤灰资源研究、粉煤灰在混凝土中的应用基础研究、性能研究、工程研究等，深化了对粉煤灰的认识，进一步认识到对粉煤灰的效应，即“形态效应”、“活性效应”、“微集料效应”等，必须在应用技术中得到充分地运用，才能控制和保证粉煤灰混凝土的质量。同时也证实了粉煤灰在混凝土中的应用存在着一定的“负因素”和“变异性”。只有开发产品粉煤灰和选用符合质量要求的原状灰，并在混凝土中合理使用，才能符合各种类别和不同等级的混凝土的质量要求。这样，粉煤灰才能用作混凝土的基本材料之一，甚至用来配制特种用途的混凝土。

目前，这方面的科学技术研究和开发的重点是将已开发的新品种如Ⅰ级粉煤灰、高钙粉煤灰转化为生产力，同时研究扩大量大面广的Ⅲ级灰在混凝土中的应用，进一步结合重大工程建设项目，开展提高粉煤灰混凝土质量的基础研究以及特种用途的粉煤灰混凝土研究等。

粉煤灰混凝土已广泛应用于上海等城市建设的地下混凝土工程中，如地铁、隧道、污水管道、排水管道、大型基础、地道式立体交叉路、市郊水利工程等方面。我国正在扩大开发，将大量应用于泵送混凝土、预制混凝土、道路混凝土领域。

在地下混凝土工程中利用粉煤灰可提高抗渗性，改善抗硫酸盐性能、降低水化热温升，并可节约水泥。

原状粉煤灰用于结构混凝土中代替部分水泥或砂的技术已研究、开发。在黄砂资源缺乏或砂质量不好的地区，采用粉煤灰代砂，施工单位可取得较佳的经济效益。

此外，为推广粉煤灰在钢筋混凝土中的应用技术，北京、上海、杭州等地建成磨细粉煤灰车间，供应适用于钢筋混凝土规格的粉煤灰。更多的省市和地区开发利用分级机分选的优质灰，在水利和建筑工程中使用。有的省市因地制宜，研制采用湿排粉煤灰用于钢筋混凝土的适用技术，特别是近年来，全国开展粉煤灰混凝土耐久性的调查与试验研究，提出了提高粉煤灰混凝土的抗碳化性、抗冻性的有效措施，从而在保证混凝土耐久性的前提下取得了节约水泥、节约能源、降低成本、降低造价的经济效益。

从全国范围来看，粉煤灰在预拌混凝土中的应用也得到大力推广，特别是与减水剂复合使用受到重视以后，三组分的矿渣粉煤灰硅酸盐水泥被广泛生产，一些粉煤灰混凝土新品种和高掺量粉煤灰碾压混凝土、高强度粉煤灰混凝土等也已在工程中推广采用。

三、粉煤灰混凝土的优越性

根据国内外粉煤灰混凝土技术发展的历史和现状，近十多年来上海等试点城市对粉煤灰混凝土新技术的研究、开发、推广取得了经验，粉煤灰在水泥和混凝土中的应用为上海市带来了每年数亿元的经济效益。当务之急，是在国内结合工程建设任务，进一步提高、普及与推广粉煤灰优质混凝土新技术。

粉煤灰混凝土与不掺粉煤灰的基准混凝土对比，能够充分利用粉煤灰的功能，除节省水泥用量外，其质量不低于基准混凝土的主要质量指标。某些质量指标虽略有降低，但仍能满足设计要求，而有些质量指标还有所提高。在必要时，通过粉煤灰混凝土配合比设计，可以改善混凝土的性能或防止混凝土质量降低。

表4-2是粉煤灰混凝土与普通水泥基准混凝土的性能对比参考表，可说明粉煤灰在混凝土中的作用以及与减水剂的复合作用。同时也说明用粉煤灰混凝土新技术可以制备成现代工程建设所需要的各种类别和等级的粉煤灰混凝土。如采用新发展的高质量粉煤灰，还可发挥更好的效应。

表4-2　粉煤灰混凝土与普通水泥基准混凝土的性能对比

混凝土性质	单掺减水剂基准混凝土		单掺粉煤灰混凝土		双掺减水剂粉煤灰混凝土	
	性能对比	改善或削弱程度	性能对比	改善或削弱程度	性能对比	改善或削弱程度
凝结时间*	近似	≈	近似或稍低	≈或－	近似	≈
和易性	稍好	+	较好	++	较好	++
泌水性*	稍高	－	较低	++	近似	≈
离析现象	近似	≈	较好	++	较好	++
坍落度损失	稍大	－	稍低	+	稍低	+
密实度*	稍高	+	稍高	+	较高	++
早期强度*	近似	≈	稍低	－	近似或稍低	≈或－
最大抗压强度	近似	≈	稍高	+	较高	++
弹性模量*	近似	≈	近似	≈	稍高	+
抗弯强度与抗拉强度	近似	≈	稍高	+	稍高	+
水化热	近似	≈	较低	++	较低	++
收缩性*	稍高	－	稍低	+	近似	≈
徐变*	稍高	－	较低	++	稍低	++
抗硫酸盐性	近似	≈	较好	++	较好	++
抗碱-集料反应性	近似	≈	较好	++	较好	++
抗渗性	近似	≈	较好	+	更好	++
抗磨性*	近似	≈	近似	≈	近似	≈
抗冻性	近似	≈	近似	≈	近似	≈
抗碳化能力*	近似	≈	稍低	－	近似或稍高	≈或稍高

注　1. 使用一般适用于结构混凝土的中等质量粉煤灰，减水剂为木质素磺酸钙，对比条件为等坍落度和28d等强度。
2. 符号说明：*—以往认为粉煤灰混凝土性能显著降低；≈—性能近似；+—性能稍好；++—性能较大改善；－—性能稍差。

四、粉煤灰混凝土技术的发展前景

1. 进一步开发优质粉煤灰

在20世纪90年代末期，具有显著减水性质的优质粉煤灰曾在上海石洞口发电厂开发成功。我国的粉煤灰混凝土应用技术规程中早已提出Ⅰ级粉煤灰的质量规定。由于我国新建电厂向大型机组和高技术发展，近年粉煤灰分选技术和装置的不断发展和进步，Ⅰ级粉煤灰产量也明显提高。上海市重点工程建设项目要求使用Ⅰ级粉煤灰，主要目的是进一步提高混凝土质量，以适应特种用途混凝土性能的改善、特别是耐久性改善的需要。因此，该种优质粉煤灰应进一步开发。

关于原煤为神木、东胜煤的高钙粉煤灰的产品开发，上海市结合新建电厂的建成，认真贯彻实施《高钙粉煤灰应用技术规程》，充分发挥高钙粉煤灰在混凝土掺合料和水泥混合材料中的优越性。

2. 大掺量粉煤灰高性能混凝土研制的迫切性

大掺量粉煤灰混凝土系指粉煤灰在30%以上的粉煤灰混凝土。20世纪70年代，如美国、加拿大等国，已成功开发粉煤灰掺量在50%～60%的高塑性大掺量粉煤灰混凝土。正由于其能较多地节约水泥、消纳粉煤灰，无疑可节约能源、节约资源、改善环境和降低混凝土成本，尤其具有改善混凝土水化性能及提高其抗渗性、抗化学腐蚀性等优越性，尽管也存在早期强度、收缩值、抗盐冻剥蚀等性能相对较差，但已在与高效外加剂共同使用中逐步完善。因此，目前已配制成粉煤灰高性能混凝土，应用于高层建筑、大跨度桥梁、港区海洋工程、地下工程等领域，并取得重大技术经济效益。

但毕竟这是一项新的开发项目，尚有大量研制工作，迫待研究，以期更臻完善。

3. 进一步发展绿色高性能混凝土

进一步发展绿色高性能混凝土，首先在保证其混凝土的耐久性、工作性、各种力学性能、适用性、体积稳定性和经济合理性的前提下，节约水泥、掺加以工业废渣为主的活性细掺料与高效外加剂；发挥高性能混凝土的优势，减少水泥和混凝土用量，为节约能源、资源，有利环境保护等方面做出应有的贡献，从而使绿色高性能混凝土，真正成为一种可持续发展的绿色材料，并为今后进一步修订粉煤灰混凝土应用技术规程积累实践资料。

第二节　粉煤灰原材料

一、粉煤灰的化学成分、矿物组分和颗粒组成

粉煤灰原材料是指用于混凝土和砂浆的粉煤灰。为了使粉煤灰在水泥和混凝土中合理和有效地应用，首先要搞清楚混凝土应用的粉煤灰，其化学成分、矿物组分和颗粒组分的基本情况及粉煤灰用作水泥和混凝土原料的有关基本知识。本节重点介绍人们已有长期应用经验的掺加低钙粉煤灰的混凝土技术。

1. 化学成分

粉煤灰的化学成分取决于原煤灰分的化学成分以及燃烧的程度，其变化范围较大。粉煤灰的化学成分是与粉煤灰性质密切相关的技术数据。

在国外现行的用于混凝土中粉煤灰的标准中，较多地将粉煤灰化学成分作为一项重要的质量指标。美国ASTM　C—618标准对F级粉煤灰要求氧化硅、氧化铝、氧化铁之和必须占70%以上，而对C级粉煤灰则要求氧化硅、氧化铝、氧化铁之和不得小于50%。其他国家的粉煤灰标准中尽管具体的规定有些不同，但是可以理解为氧化硅、氧化铝、氧化铁是对混凝土性质有益的成分。比如说，氧化硅和氧化铝是粉煤灰玻璃相的铝硅酸盐的主要成分，应当多一些为好；有人认为氧化铁对粉煤灰的火山灰性质没有什么好处，甚至认为是起负作用的成分，其实，应当综合分析粉煤灰对混凝土的贡献，不能只看火山灰化学性质，氧化铁对降低熔点形成玻璃微珠有利，而且含氧化铁较多的富铁微珠，虽然火山灰性质甚低，但是对混凝土减水作用等物理性质是有贡献的，因此，把它看作有益成分还是可以的。

了解粉煤灰化学成分的另一个目的是要知道粉煤灰中所含的一些对混凝土性质不利的化

学成分的数量。这些不利的成分中多年来大家比较担心的是未烧尽的碳分。现在通过大量的研究工作表明，粉煤灰中的碳分并不像早期想像那样可怕，因为它已经变成焦炭那样的物质，体积变化比较小，也不会对钢筋有害。可是它毕竟是无益的成分，因为其结构疏松，会严重影响引气剂等外加剂的有效掺量和混凝土外观的颜色。碳分越多，表明燃烧不够充分，对发电来说碳分应当越少越好。碳分是按烧失量间接测试的。运行正常的现代电厂，粉煤灰的烧失量应当不超过3%。但是我国粉煤灰烧失量一般较高，如果粉煤灰经磨细或以细屑状态存在，则对混凝土的影响有所减小。

粉煤灰化学成分中游离氧化钙、氧化镁、三氧化硫、有效碱等，在一些国家标准中都认为是不利的成分。为稳妥起见，都规定了最大限值。实际上，其中有些成分未必是在任何条件下都是有害的，如硫酸盐、有效碱等在一定条件下有利于促进粉煤灰的化学反应，所以必须具体分析、权衡利弊。

2. 矿物组分

现在把粉煤灰看作辅助水泥的“第二胶凝材料”或者“副胶凝材料”，众所周知，水泥的水化和硬化是依靠水泥熟料矿物的作用而起化学反应的。因此单看粉煤灰的化学成分还不行，还需看这些化学成分所组成的矿物组分。根据对粉煤灰矿物鉴定的结果，发现粉煤灰中虽然有不少结晶的矿物（常见的有石英、莫来石、云母、磁铁矿、赤铁矿、生石灰、氧化镁、硫酸钙、硫化物等，还有氧化钛等次要的矿物组分），然而大量的成分还是非晶态的玻璃体。长期的研究证明，这些结晶的矿物在正常温度下往往是惰性的，而非晶态的玻璃体却具有化学活性，这与水泥矿物对比就不一样，所以研究粉煤灰胶凝性能的重点，不是放在晶体矿物上，而应放在粉煤灰的玻璃相上。粉煤灰中的玻璃体有两种形态：一种是微珠；另一种是多孔玻璃体。如果仔细分析一下粉煤灰玻璃体的存在形态，还可以发现铝硅酸盐是作为基质存在的，在玻璃基质内分散着微晶状或针状的晶体物质。这些玻璃基质内的微晶状晶体物质主要是石英，针状晶体物质则是莫来石。有的大颗粒微珠的表面上粘住一些粒径为0.1～0.3μm的硫酸盐。

粉煤灰的火山灰活性的高低，一般取决于玻璃体和结晶体组分的比例。玻璃体越多，化学活性越高。低钙粉煤灰中铝硅酸盐玻璃体的含量一般为60%～85%。高钙粉煤灰的活性和自硬性取决于富钙玻璃体的含量。在高钙粉煤灰中还发现一些硅酸二钙等有自硬性的矿物。

3. 颗粒组成

近年来对粉煤灰的颗粒形貌和特征研究技术的进步，促进了对粉煤灰资源的技术开发，也发展了粉煤灰产品化的“终端产品”技术，这方面的研究，对粉煤灰在混凝土中的应用也有较大的实用意义。因为粉煤灰实际上是多种颗粒机械混合的粉料，粉煤灰质量的优劣和波动，在很大程度上取决于各种颗粒之间的组合以及颗粒组成的变化。按照不同的形状，粉煤灰颗粒可分为五类：①珠状颗粒；②渣状颗粒；③钝角颗粒；④碎屑；⑤粘聚颗粒。

粉煤灰是多种不同性状颗粒的混合物，只有深入研究颗粒的特征，搞清楚颗粒的组分、结构、性质及其关系，才能对粉煤灰的综合利用进行评价、开发、加工、应用。近年来国内外结合粉煤灰在混凝土中的应用，曾开展了大量的有关颗粒特征的研究工作，获得了比较正确的答案。国内的最新研究是把粉煤灰颗粒级配划分为三个基本粒群：①微米级粗粒（粒径在45μm以上）；②微米级细粒（粒径为1～45μm）；③亚微米级尘粒（粒径在1μm以下）。

二、粉煤灰的主要性状和技术特征

粉煤灰的性状是指粉煤灰颗粒和混合粉料的物理、化学性质以及形态、结构等的统称。粉煤灰性状除包括上述化学成分、矿物组分和颗粒组分外，一般还包括表观色泽、粒径、细度、级配、比表面积、密度、堆积密度、含水率、烧失量、需水量比、火山灰活性以及其他各种物理力学性质和化学性质，特别还应包括均匀性这个重要的信息。粉煤灰一般的性状，有关章节已作说明。因为粉煤灰在水泥和混凝土的应用要比其他用途具有更高的性状要求，仍须摘要说明。

粉煤灰技术特征，这里主要是指粉煤灰用作水泥和混凝土的原材料时，与用途和质量有关的粉煤灰成分、结构和性能的技术信息，也是与粉煤灰混凝土技术相关的重要技术参量。粉煤灰特征化研究，是粉煤灰水泥混凝土技术中的基础研究，直到20世纪80年代，粉煤灰特征化研究随着现代科学测试手段和研究方法的进步，取得了较多的成绩。

（一）粉煤灰的性状

1. 表观色泽

由于成分和组分不同，粉煤灰表观色泽变化很大。低钙粉煤灰随着碳分含量从低到高，从乳白色变至灰黑色。在一般情况下，粗略地可从色泽的变化观察粉煤灰性质的变化。高钙粉煤灰一般呈浅黄色，可反映氧化钙含量。目前，最新的研究认为，粉煤灰色泽还可以反映其结构。

2. 粒径和细度

所收集的统灰粒径变化为0.5～300μm，这一范围与水泥接近，但其中大部分的颗粒要比水泥细得多。国内沿用标准筛测定，现在的我国粉煤灰新标准把用于水泥和混凝土的粉煤灰的试验方法和筛余量指标从用80μm标准筛人工筛分法改为用气流筛测定45μm的筛余量。如JGJ28—1986规定，以80μm标准筛测定细度，其筛余量：Ⅰ级灰不大于5%，Ⅱ级灰不大于8%，Ⅲ级灰不大于25%。因为45μm以下粉煤灰颗粒对混凝土性质的贡献较大，GB1596—1991粉煤灰新标准中，采用45μm筛余量（%）为细度指标，规定Ⅰ级灰不大于12%，Ⅱ级灰不大于20%，Ⅲ级灰不大于45%。细度是粉煤灰最重要的参量，有的专家认为可以用来作为评估用于混凝土中粉煤灰质量的基本参量。至于代替细集料或用以改善工作性的粉煤灰细度则不受上述规定的限制。

3. 比表面积

因为粉煤灰中密实颗粒和内部表面积很大的多孔颗粒混在一起，用比表面积方法不易准确测定颗粒的粗细。沿用测定水泥比表面积法测定粉煤灰比表面积的变化范围一般为1500～5000cm^2/g，仍可用作反映粉煤灰组合颗粒内外表面积的综合情况。

4. 颗粒级配

颗粒级配大致可分三种形式：

（1）细灰。颗粒级配细于水泥，主要用于钢筋混凝土中取代水泥或水泥混合材料。

（2）粗灰。包括统灰和分选后的粗灰，颗粒级配粗于水泥，主要用于素混凝土和砂浆中取代集料。

（3）混灰。与炉底灰混合的粉煤灰，用作取代集料或用作水泥混合材料（尚须与熟料共同磨细或分别磨细），或者作填筑用粉煤灰。

5. 密度

普通粉煤灰密度为1.8~2.3g/cm^3，约等于硅酸盐水泥的2/3。粉煤灰堆积密度的变化范围为0.6~0.9g/cm^3，振实后的堆积密度为1.0~1.3g/cm^3。高钙粉煤灰密度略大。

最近我国用于混凝土的粉煤灰特征化研究完全证实，密度是粉煤灰技术特征中一个很重要的参量，它可用于混凝土用粉煤灰的质量评定和质量控制，特别是能用于粉煤灰质量均匀性的评定和控制。

6. 需水量比

粉煤灰需水量比是按规定的水泥标准砂浆流动性试验方法，以30%的粉煤灰取代硅酸盐水泥时所需的水量与硅酸盐水泥标准砂砂浆需水量之比。这个性质指标能在一定程度上反映粉煤灰物理性质的优劣，而且可以用来估计粉煤灰对混凝土的一些重要性质的影响。最劣粉煤灰的需水量比高达120%以上，特优粉煤灰则可能在90%以下。GBJ146—1990、GB1596—1991和JGJ28—1986都规定Ⅰ级粉煤灰需水量比不大于95%，Ⅱ级灰不大于105%，Ⅲ级灰不大于115%。

7. 火山灰活性

现在世界各国的混凝土用粉煤灰标准中，粉煤灰火山灰活性的评定大都采用“抗压强度比”一类的试验方法，这类方法都是从传统的水泥或消石灰砂浆强度试验法改进而来的，也就是根据所掺粉煤灰对水泥砂浆或消石灰砂浆强度的贡献来评定粉煤灰活性的高低。这类方法既不复杂，而且有一定可靠性，但是其试验结果却不能直接用来指导粉煤灰混凝土的配合比，也不能用来确定粉煤灰对混凝土强度的贡献。

为使粉煤灰在混凝土中充分发挥火山灰活性，还要作多方面综合的考虑。GB1596—1991中只对用于水泥的粉煤灰规定“抗压强度比”的要求，而对用于混凝土的粉煤灰则无要求。JGJ28—1986和GBJ146—1990也不作火山灰活性的规定，是鉴于粉煤灰的活性必须通过混凝土试验才能合理地反映出来，在混凝土制备阶段进行适当处理。

8. 烧失量

粉煤灰中的碳分一向被认为是有害物质，有些国家标准中对控制碳分含量的烧失量指标最大限值的规定比较宽容，而新标准的规定则越来越严格。GBJ146—1990、GB1596—1991和JGJ28—1986都规定Ⅰ级粉煤灰不大于5%，Ⅱ级粉煤灰不大于8%，Ⅲ级粉煤灰不大于15%。值得注意的是，碳粒颗粒的粒径大部分在45μm以上，平均密度只有1.5g/cm^{3}左右。如以体积计算，碳粒的比例要比以质量计算的大得多，因此烧失量越大对混凝土的影响越不利，特别是要影响需水性和密实度以及化学外加剂掺量。

近年来国内有些专家认为，按我国的标准、规范和规程规定的粉煤灰烧失量限值，用于钢筋混凝土中的粉煤灰应不大于8%（Ⅱ级灰），这样国内有许多地区的粉煤灰达不到这个要求。上海市推广的磨细粉煤灰研究表明：磨细后烧失量虽不降低，但碳粒变成细屑后，其对混凝土的不利影响明显得到改善，在这种情况下，烧失量限值是可以适当放宽的。

9. 含水率

粉煤灰的含水率影响卸料、贮藏等操作，GB1596—1991和JGJ28—1986都规定不得超过1%，对Ⅲ级粉煤灰不作规定。对高钙粉煤灰来说，含水还会明显影响粉煤灰的活性，并造成固化结块。

10. 二氧化硫、氧化镁、有效碱等含量

通常情况下粉煤灰中三氧化硫、氧化镁、有效碱等被认为是对混凝土有害的物质，一般其含量是不大的，故危害的程度也不高。而且硫酸盐、有效碱等物质在一定的条件下也可能产生一些有利的作用，但是往往为了绝对保证用于混凝土中粉煤灰的质量，在各国的规范中都对这类物质的含量加以限制。GBJ146—1990、GB1596—1991 和 JGJ28—1986 都规定三氧化硫不大于 3%。

11. 收缩性

美国 ASTM C—618 标准对粉煤灰砂浆试件 28d 的收缩性增加的最大限值为 0.03%，虽然这一规定并非强制性的，但对选用粉煤灰却是很有好处的。我国的有关规范、标准和规程对收缩性都不作规定。

12. 均匀性

美国 ASTM C—618 标准对粉煤灰密度和细度的均匀性都明确规定变化范围不得大于 5%，这是粉煤灰重要的品质指标，不容忽视。我国对此不作规定，但强调，应在粉煤灰产品生产控制中测定粉煤灰的均匀性。ASTM C—618 还对引气剂需要量的均匀性规定不得大于 20%（非强制性）。

（二）粉煤灰的技术特征

与上节粉煤灰性状直接相关的是混凝土用粉煤灰的技术特征的研究，也叫做粉煤灰的“特征化”研究，主要是指有重点地研究粉煤灰的若干技术上的特征，以确定粉煤灰对某种用途的适用性。对于粉煤灰混凝土来说，特征研究是非常重要的应用技术基础研究，其主要目的在于确定粉煤灰质量，以判断某种粉煤灰是否适用于所要求的水泥和混凝土生产，并把研究结果用来作为质量控制和质量保证的依据。

粉煤灰技术特征大体上可以分为结构特征和功能特征两大类。粉煤灰的化学成分、矿物组分、颗粒组分以及一些外观色泽、比表面积、密度、堆积密度等都属于结构特征，粉煤灰的火山灰活性、需水性、稳定性等都是功能特征，这都是专指混凝土用途而言的。

三、影响粉煤灰混凝土性能的粉煤灰质量的变异性

粉煤灰的质量变异性是粉煤灰用作水泥和混凝土原材料最主要的质量问题。过去，粉煤灰在混凝土中往往只当作填充性材料来使用，因而长期来对粉煤灰质量变异性问题不够重视，现在要把粉煤灰作为混凝土的基本材料，等同于水泥那样的胶凝组分，那就不能不解决粉煤灰质量波动过大这一个技术关键问题。

粉煤灰特征研究的目的之一是为克服粉煤灰质量变异性，提高粉煤灰在混凝土中应用的技术水平。

1. 粉煤灰的质量变异

只要做过多点取样和连续取样，不难发现，即使是同一电厂的粉煤灰样品，质量的跳动很大。近年间国内外有不少学者提供了许多关于粉煤灰质量变异使混凝土性能发生明显波动的研究报告。

在经常用作水泥混合材料和混凝土掺合料的各种工业废渣，如与高炉矿渣、冷凝硅雾尘（或称硅灰、硅粉）等相比，粉煤灰的质量变异性要大得多；如与燃煤灰渣中的液态渣相比，也有十分明显的差别。

表 4-3 ~ 表 4-5 列举国内专家所提供的我国用于混凝土中粉煤灰的化学成分、矿物组分、化学物理性状的一般变化范围。

根据我国的标准、规范、规程所规定的几项质量指标来看，我国各电厂的原状统灰，如

果进行多点取样和连续取样，则往往达不到Ⅱ级粉煤灰、甚至Ⅲ级粉煤灰的质量要求，而且发现粉煤灰的质量变异性基本上是无序的。

表 4-3 我国低钙粉煤灰化学成分变化范围 （%）

SiO_2	Al_2O_3	Fe_2O_3	CaO	MgO	SO_3	$Na_2O \cdot K_2O$	烧失量
40~60	17~35	2~15	1~10	0.5~2	0.1~2	0.5~4	1~26

表 4-4 我国低钙粉煤灰矿物组分变化范围

铝硅酸盐玻璃微珠	海绵状玻璃体	石英	莫来石	氧化铁	碳粒	硫酸盐
40~85	10~30	1~15	10~30	1~25	1~25	1~4

表 4-5 我国低钙粉煤灰物理性状的变化范围

细度		相对密度	堆积密度（kg/m^3）	比表面积（cm^2/g）	石灰吸收值（mg CaO/g）	需水量比（%）	火山质活性 28d 水泥砂浆强度比（%）
80μm 筛余量（%）	45μm 筛余量（%）						
0~60	1~80	1.8~2.5	550~1150	1500~5500	20~120	85~130	50~105

有的国家的标准明确规定了用于混凝土的粉煤灰的均匀性要求，有的对均匀性不作规定，只有质量指标的限值。

2. 粉煤灰质量变异的原因

粉煤灰质量变异主要有三个原因：① 原煤差异和煤粉加工中的差异；②粉煤灰形成过程的差异；③粉煤灰收集过程的差异。近年的研究工作表明，粉煤灰质量变异的根本原因可用煤炭燃烧工程中的“煤炭矿物杂质化学”来解释：在煤炭粉磨加工过程中，煤块变成煤粉，原来的煤块中矿物杂质的组合和分布情况发生变化，矿物杂质的分散度增加，使粉煤灰颗粒之间的矿物杂质的差别有所增加。当煤粉随高速气流喷入锅炉，在炉膛中燃烧时，各个颗粒之间的燃烧化学系统是相对独立的，比如说，煤粉颗粒的矿物杂质的熔点取决于各个煤粉颗粒各自的矿物组成，所以即使煤粉的细度相同，并且在相同的温度下燃烧，所形成的粉煤灰颗粒之间，也会出现很大的差别，包括成分、结构和性状上的差异。另一个直接影响混凝土性质的重要因素是烧失量。烧失量一般作为了解煤粉燃烧完全程度的度量。实际上未烧尽的碳粒已经成为焦炭，在化学稳定性上对混凝土未必有直接的危害作用，可是它能严重影响粉煤灰质量的变异性，这显然不是化学成分影响稳定性的原因，而是由其结构和形态所引起的明显的变异性。因此，当粉煤灰用于混凝土时，不仅要重视烧失量大小，还要联系碳粒的结构和形态。此外，粉煤灰颗粒中海绵状玻璃体的火山灰活性往往高于玻璃微珠，但是粉煤灰中海绵状玻璃体的含量增加，也会严重影响粉煤灰质量的变异性，这显然也是其结构和形态的影响。可以说明海绵状玻璃体对于火山灰活性是正因素，而对粉煤灰的质量变异性，则是负因素。同样理由，在相反的情况下，粉煤灰中的富铁微珠的火山灰活性比较微弱，有人列之为强度负因素，但是其结构和形态不仅对混凝土强度会有贡献，而且就粉煤灰的质量变异性来说，富铁微珠是有利而无害的因素。

四、粉煤灰质量的有序化研究

粉煤灰质量变异性的研究在国内外都开展较早，积累的资料较多。其中大部分都按粉煤灰细度（80μm 筛余量和 45μm 筛余量）的波动范围以及细度变异影响粉煤灰质量和粉煤灰混凝土质量的波动来说明问题的严重性，因而早已引起工程界的注意。为了使粉煤灰资源更加适用于水泥和混凝土生产，专家们曾提出了控制粉煤灰质量变异性的多种有效技术措施。尽管现在粉煤灰混凝土技术先进国家基本上都采用粉煤灰产品化的办法，生产有质量控制和质量保证的“双质（QC/QA）”粉煤灰产品以满足水泥工业和混凝土工业提高质量的需要，然而，只侧重研究粉煤灰质量变异性及其控制方法，虽然使所产生的缺点有所改善，可是往往使得生产和使用部门一般的工程技术人员知其然而不知其所以然。因此我国专家认为复杂的粉煤灰资源系统中，不论在理论上或应用上，都可以通过人工过程，把粉煤灰质量上原来的混沌、无序、变异的状态，转化和调整到相对清晰、有序、稳定的状态。于是很有必要在粉煤灰变异性研究取得进展的同时，进一步直接开展粉煤灰质量有序性的探索，从而从根本上揭示粉煤灰资源再循环的基本规律，稳定了粉煤灰资源化应用技术的基础。

1. 粉煤灰技术特征与质量指标

20世纪80年代中，上海市的一些专家开始为建立合理开发设计和运用粉煤灰资源化技术的系统工程，其中有关粉煤灰质量有序化及其应用部分，择要说明如下：

粉煤灰技术特征与材料标准和应用规程中规定的粉煤灰质量要求指标密切相关，它们并非是一件事，但是都能与粉煤灰质量有序化联系起来。粉煤灰质量是要用可定量的特征和特性指标来表示的。同时，粉煤灰质量是质量特征和特性的总和。我国的材料标准和应用规范中所规定的质量要求指标主要是用来划分粉煤灰质量等级和甄别粉煤灰质量优劣的。采用几个主要结构特性指标和功能特征指标的限值作为界定判据来进行识别和判断。这就是所谓的“人为清晰化”。当然这些指标的选用都是有很长的改进过程以及有大量的试验资料为规定的依据。这从数学上讲是属“分明集”的范畴。至于粉煤灰质量特征化研究所得到的“本征”和“本性”的参量，从名称看是相同的。比如说细度、烧失量、需水量比、抗压强度比等都是质量指标。然而，细度、烧失量作为“本征”参量和需水量比、抗压强度比作为“本性”参量，则可提供粉煤灰的质量信息，并可用它们来研究粉煤灰质量的有序化。这样在数学上具有“模糊集”的性质，所以可以应用模糊数学和我国学者所发展的灰色系统科学，对粉煤灰质量有序化的复杂问题进行有效的和实用的研究。研究结果所提出的粉煤灰质量的“物理序参量”系统（代号“脉搏系统”），实际上就是粉煤灰质量有序化系统，并且证实它对粉煤灰质量有序化具有行之有效的模糊识别和判断的机能。

2. “物理序参量”中的本征参量

粉煤灰质量有序化研究，从本征参量分析认定了属粉煤灰质量有序化系统内部结构的若干“灰元”，通过粉煤灰技术特征的灰色系统动态模型的构建，用数学处理来了解复杂的粉煤灰质量有序化系统中各个“灰元”的作用，然后再进一步由三个“典型灰元”，即细度、密度、色度所组成的粉煤灰质量有序化的“物理序参量”系统来“梳理”粉煤灰质量的混沌、变异、无序状态，并提供向有序化转化的依据。

细度、密度、色度等三个作为粉煤灰质量有序化典型灰元的本征参量，是从粉煤灰颗粒群体的形态、质量、色泽等三个主要方面提供粉煤灰物质流内部结构的基本信息。其中以细度的粉煤灰质量有序化效应最为显著，因为它可以和粉煤灰基本效应中第一个效应（即形态效应）直接联系起来。在20世纪80年代，对于低钙粉煤灰在混凝土中的应用，国内外都从颗粒形貌研究上取得了关键性科学技术上的突破，在实用上较多地依靠细度来提供粉煤灰质量信息。密度是在应用灰色系统研究发现的具有一定支配作用的质量平均值，对粉煤灰质量有序性的识别和判断最为简捷。最初只认为色度可以与粉煤灰中的含碳量发生联系，后来的深入研究发现，还可以用指示剂的颜色分析颗粒的内部结构。

以本征参量为典型灰元的粉煤灰质量有序化研究所提供的粉煤灰质量的信息，就像中医诊脉，能够相当准确依靠脉搏为主的“望、闻、问、切”四诊系统，识别和判断粉煤灰的质量，所以用“脉搏系统”作为代号。有序化的研究成果现在应用于粉煤灰产品质量控制和Ⅰ级优质粉煤灰的产品开发，已取得实效。

第三节 粉煤灰效应

粉煤灰作为一种水泥取代材料或者说活性混合材料，在世界上已经积累了半个多世纪的科学技术知识和各种规模的工程建设实际经验。但是长期来工程界只是简单地把粉煤灰按照传统的火山灰质材料来使用，在初期使用中发现，低钙粉煤灰与天然火山灰、凝灰岩、硅藻土、烧粘土等火山灰质混合材料相比，其火山灰活性的测定值远远低于这些火山灰质材料。所以在有些国家20世纪60年代的标准中，把粉煤灰列为低活性混合材料。有些专家认为粉煤灰是介于活性混合材料和惰性填充材料之间的材料，其价值不如活性混合材料。甚至有些工业先进国家的标准为稳妥起见，规定粉煤灰只能用作填充性混合材料。

直到20世纪70年代末，粉煤灰混凝土技术的发展，特别是粉煤灰在混凝土中应用的工程效益越来越明显，粉煤灰混凝土的应用技术终于突破了粉煤灰局限于火山灰质混合材料的传统观点。由于新的研究和发展工作加强了粉煤灰的性质与混凝土技术的联系，加深了粉煤灰在混凝土中行为和作用的研究。主要鉴于过去没有把粉煤灰作为组成混凝土的基本材料，长期以来众多的粉煤灰的火山灰活性研究不能直接反映对混凝土的效应，即使是对重要的粉煤灰与水泥组成的浆体效应研究，也很欠缺。现代的观点认为，在混凝土中粉煤灰和水泥析出的氢氧化钙“二次反应”的基础上，粉煤灰与其他基本组分（水泥、水、粗细集料）在行为上，能各司其职，而在作用上，则能相辅相成。粉煤灰在混凝土中的行为和作用，有的比较明显，可是较多的行为和作用都是潜在性的，以致于在过去的长期应用中，未能引起足够重视和发展必要的试验研究。还因为粉煤灰在混凝土混合物中使混凝土基本组分所形成的物相系统更趋复杂，如果再加上化学外加剂，其作用和行为就发生更多的变化。比如说，当使用减水剂或引气剂时，由于同时掺加粉煤灰（工程技术人员习惯上把它叫做“双掺技术”），目前，在技术上是用这两类材料的复合行为和复合作用来处理的，又添加了系统的复杂性，这方面的机理在国内外都正在研究之中。此外，工程界也强调指出，要在混凝土中用好粉煤灰，单凭了解粉煤灰的质量以及熟悉粉煤灰的性能是不够的，而必须掌握粉煤灰对混凝土有益的、无益无害的、甚至有害的行为和作用，这些行为和作用应当包括明显的和潜在的影响。

20世纪80年代初，沈旦申等通过粉煤灰混凝土应用技术基础研究，提出了“粉煤灰效应”的假说，嗣后，随着我国粉煤灰混凝土技术的进步，粉煤灰效应的概念得到了进一步的充实。粉煤灰效应的假说把粉煤灰对混凝土可能发生的效应归结为三项基本效应，即“形态效应”、“活性效应”、“微集料效应”。这是根据“模糊”学说原则，对粉煤灰在混凝土中的行为和作用这个既复杂又变化的问题，作出综合处理和简化处理。十多年来，作为指导配制优质粉煤灰混凝土的较新的“技术意识”，实践证明是相当实用和有成效的。

一、粉煤灰效应及其效率

1. 粉煤灰基本效应

粉煤灰效应假说的特点是，把粉煤灰作为一种对混凝土性能发生重要影响的基本材料，以改善和提高混凝土质量、节省资源和能源等效果为目的，将粉煤灰在混凝土中功能的效应综合而且简化地解析为形态效应、活性效应和微集料效应等三类基本效应。

粉煤灰效应一般有对混凝土有益的正效应和对混凝土不利的负效应，研究和应用粉煤灰效应的基本意图可以理解为在粉煤灰混凝土材料设计时，充分利用粉煤灰在混凝土中的综合功能，兴利除弊，扶正抑负，从而使粉煤灰对混凝土性能多作有益的贡献。

粉煤灰在水泥混凝土中能取代部分水泥，因而视为第二胶凝材料，或辅助胶凝材料，但是从功能上说两者不能混同，而是由粉煤灰效应来调整、补充和提高水泥的胶凝材料的功能。与此同时，粉煤灰效应对于水和集料的功能也发生重要的调整和调节作用。因此，粉煤灰基本效应就不能简单地局限于它的火山灰活性。只有用这样的粉煤灰基本效应来解释，才能说明为什么粉煤灰与天然火山灰、凝灰岩、硅藻土、烧粘土等火山灰质混合材料相比，其火山灰活性测试结果显然偏低，而在混凝土中应用的技术效果却优越得多。用于混凝土中粉煤灰的质量问题，实质上就是粉煤灰基本效应的定性和定量问题。

将粉煤灰基本效应解析为形态效应、活性效应和微集料效应三类，并非是把粉煤灰的形态、活性和微集料作用三种效应单独孤立，而是形成粉煤灰基本效应的能够相互联系的系统。这个系统的性质属于对粉煤灰存在于混凝土内部结构中所能表现出来的功能的外部描述。这三类粉煤灰基本效应实际上是同时并存的。可是如按照混凝土凝结、硬化的动态过程和各类效应的隐显状况，以及便于运用粉煤灰基本效应的观点，可以简单地把形态效应视作粉煤灰第一基本效应，活性效应列为第二基本效应，而微集料效应则列为第三基本效应。

除了粉煤灰基本效应以外，粉煤灰效应的功能系统中，还应有反映混凝土中粉煤灰特殊功能的粉煤灰效应，如“免疫效应”、“减热效应”、“泵送效应”、“美学效应”等，可是其机理都离不开基本效应。

2. 粉煤灰正效应和负效应

对于粉煤灰混凝土应用技术，一般较多地注意粉煤灰正效应的发挥，往往忽略粉煤灰负效应的产生和存在。尤其在按照规范或规程的规定推广粉煤灰混凝土技术时，往往“知其然而不知其所以然”。粉煤灰效应中的基本效应的假说可以帮助混凝土工作者全面理解粉煤灰混凝土的基本原理、基本概念和基本知识，从而从根本上掌握粉煤灰混凝土应用技术的要旨及配制优质粉煤灰混凝土的技术要领，进而在粉煤灰混凝土的整个生产过程之中，发展粉煤灰的正效应，同时限制粉煤灰的负效应。这样，可以避免对粉煤灰混凝土新技术缺乏理解，或避免只囿于一些历史的、表面的、局部的技术问题，犯舍本求末的谬误，而是通过实践，取得实效。尤其是理解和掌握粉煤灰正负效应的动态发展，有助于广大的土建工程技术人员从发展的观点，对待和处理目前正在发展中的粉煤灰混凝土新技术。

由粉煤灰效应解析出来的三种基本效应，都因为粉煤灰的本质和本能、粉煤灰的有序化程度、粉煤灰的质量、混凝土中粉煤灰的掺量、混凝土工程设计和环境（包括养护）等因素的影响，发生不同程度的正效应和负效应。而且这三类基本效应是互相联系和互为补充的，由于正负效应的交叉，其结果的变化也是很大的。

20世纪80年代作者等对粉煤灰效应的研究中，根据著名的菲莱（Feret）强度公式，提

出了粉煤灰混凝土强度公式（4-1）~式（4-3），即

$$R'_{压}=K'\left(\frac{V_C+V_F}{V_C+V_F+V_W+V_A}\right)^2 \tag{4-1}$$

$$R'_{压}=K'c^2 \tag{4-2}$$

$$K'=R'_{压}\left(1+\frac{V_W}{m_C+m_F}\rho\right)^2 \tag{4-3}$$

$$c=\frac{V_C+V_F}{V_C+V_F+V_W+V_A}$$

以上四式中 $R'_{压}$——粉煤灰混凝土的抗压强度；

K'——混合胶凝材料强度特性系数；

c——混合胶凝材料浆体浓度；

V_C、V_F、V_W、V_A——单位体积粉煤灰混凝土中水泥、粉煤灰、水、空气的体积用量；

m_C、m_F——单位体积粉煤灰混凝土中水泥、粉煤灰的质量用量；

$\frac{V_W}{m_C+m_F}$——水用量与水泥和粉煤灰用量之比，即水胶比（按质量计）；

ρ——混合胶凝材料的密度。

混合胶凝材料的密度 ρ 按下式计算

$$\rho=\rho_C\frac{m_C}{m_C+m_F}+\rho_F\frac{m_F}{m_C+m_F}$$

式中 ρ_C——水泥密度；

ρ_F——粉煤灰密度。

上述粉煤灰混凝土强度公式（4-1）、式（4-2）、式（4-3）都可以用来反映粉煤灰的三类基本效应对混凝土强度的影响，正效应有利于强度的提高，反之，负效应则导致强度降低。如果简单地解释，K'值主要受粉煤灰活性效应的影响，在一定程度上，特别是在强度发展的后期，还受到微集料效应的影响。粉煤灰的质量和用量、取代水泥量、水泥的质量和用量、水泥的水化和二次反应的程度、混凝土养护、环境条件、龄期，以及粗细集料、外加剂等因素，影响粉煤灰活性效应和微集料效应的正负值，也影响 K'值。c 值主要受粉煤灰形态效应的影响，在一定程度上也受微集料效应的影响，具体说它受粉煤灰减水作用的影响。粉煤灰的掺加，直接影响混凝土的水灰比（或水胶比）和用水量，必然会明显地影响混凝土的强度。形态效应和微集料效应也在一定程度上影响混凝土中引气量和截留空气量，这也对强度发生影响。

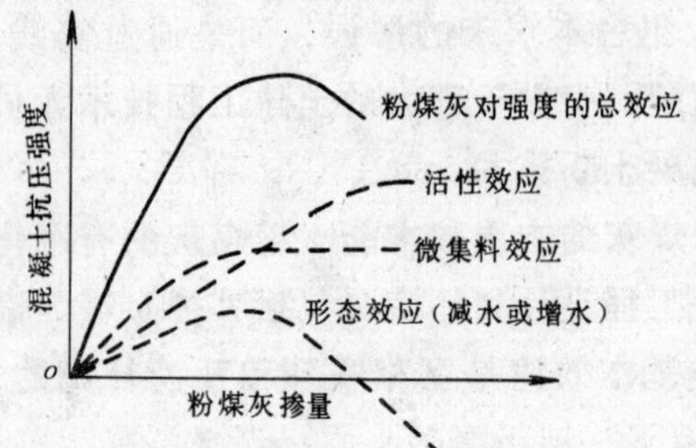

图 4-1 粉煤灰效应典型曲线图

从式（4-2）可见，c 与强度为二次方的关系，因此它对强度的影响是相当大的。

图 4-1 所示为粉煤灰效应对混凝土强度影响的典型曲线，可以用来表明在一般情况下，粉煤灰效应与混凝土强度之间的复杂关系，也表明粉煤灰总效应是三类基本效应的总和以及正负效应对混凝土强度的影响。图中三条虚线表示粉煤灰的形态效应、活性效应

和微集料效应对粉煤灰混凝土强度的正负效应，其中形态效应因导致减水或增水，对强度的正负作用影响比较明显。此图对活性效应、微集料效应的影响可进行合理的解释。若同时使用化学外加剂，其效应也可以从曲线上得到反映。

上述的粉煤灰效应主要对混凝土强度而言，因为混凝土性能中人们最为关心的是强度指标，而混凝土的质量、性能和等级（以前采用“标号”）在国内外的现行规范中是通过强度指标来反映的。实质上，在一定的条件下，硬化过程中和硬化后的混凝土的强度，与其他性能确实存在相当密切的关系。对粉煤灰混凝土来说也是如此，工程技术人员十分重视粉煤灰混凝土强度与不掺粉煤灰的基准混凝土强度的对比，因此，首先要了解粉煤灰对混凝土的正效应和负效应的基本情况。

3. 粉煤灰效应与浆体结构的理想模型

为了进一步说明粉煤灰基本效应的机理可用图 4-2 展示。图 4-2 是水泥浆体结构与粉煤灰水泥浆体结构的理想模型。

图 4-2（a）表示新拌的基准混凝土中的水泥浆体结构。由于水泥颗粒的絮凝作用，形成水泥浆体中水泥的絮凝结构，截留了部分水分。

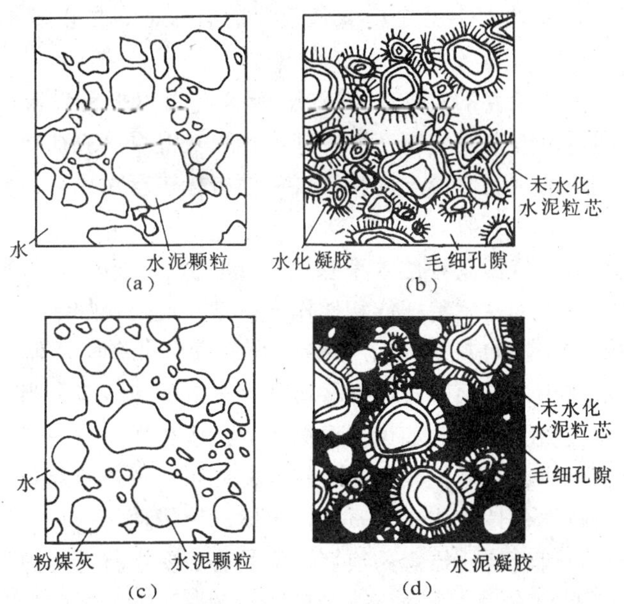

图 4-2　水泥浆体和水泥粉煤灰浆体结构的理想模型示意
（a）新拌水泥浆体结构；（b）硬化水泥浆体结构；（c）新拌水泥粉煤灰浆体结构；（d）硬化水泥粉煤灰浆体结构

图 4-2（b）表示硬化的水泥浆体结构，水泥水化作用形成的 CSH 凝胶固化起胶结作用，同时，在凝胶中存在水化过程析出的氢氧化钙结晶（微细的板状结晶在图中未表示），水泥浆体的絮凝结构导致硬化后形成较大的毛细孔隙。

图 4-2（c）粉煤灰玻璃微珠颗粒在新拌水泥浆体中，能使水泥颗粒“解絮”扩散，说明粉煤灰的形态效应也有一定的微集料效应，从而产生减水、润滑、改善混凝土工作性的行为和作用。尚须指出的是在粉煤灰玻璃微珠表面上，保持了一层极薄的水膜，这对混凝土的工作性会有相当的影响；粉煤灰中不规则的多孔颗粒的存在，导致需水量的增加以及保水的不

稳定性，造成粉煤灰形态对混凝土性能的负效应。

图 4-2（d）表示硬化的粉煤灰水泥浆体结构。粉煤灰与氢氧化钙发生二次反应生成类似水泥 CSH 凝胶的产物，所以说粉煤灰可用作混凝土的胶凝组分，这就是所谓粉煤灰的活性效应；同时粉煤灰使新拌的水泥浆体结构发生“解絮”作用，以及粉煤灰细小微珠起填充作用，能使浆体结构中毛细孔隙“细化”，这主要是粉煤灰的微集料效应；图中还表示浆体结构中未水化的水泥粒芯和粉煤灰细小粒芯，都能产生微集料的作用，但这两种微集料相比，未水化的水泥粒芯只能起微集料的“骨架”作用，而粉煤灰则兼有“骨架”作用和“细化”孔隙作用。实际上此图未能表示的粉煤灰与氢氧化钙的结合，也具有一定的“细化”水泥浆体中毛细孔隙的效果。这些都有利于改善混凝土的耐久性。

图 4-2 如与前面的粉煤灰混凝土强度公式相参照，可以更全面地了解粉煤灰基本效应与强度的关系。此外，还简单地补充说明了粉煤灰基本效应对混凝土工作性和耐久性等性能的关系。

4．粉煤灰效应的效率评定

粉煤灰混凝土的三类粉煤灰效应，其综合正负效应相抵之后净得的效果，才能标作粉煤灰对混凝土作出的贡献。贡献的大小就是粉煤灰效应的有效率，可以简称为粉煤灰效应的“效率”。

根据质量科学中“相对质量（relative Quality）的涵义，可以把粉煤灰效应的效率作出相对定量的处理，这就是将由粉煤灰效应所产生的某项粉煤灰混凝土表征质量的特征或特性指标与作为基准的不掺粉煤灰的水泥混凝土的特征或特性指标进行对比，其对比值或相对百分数就是粉煤灰的效益参量或效率系数。

如果粉煤灰混凝土的这项特征或特性效率参量（或系数）大于 1 或 100%，一般表明粉煤灰正效应占优势，对混凝土的这项特征或特性作出贡献；反之，如果粉煤灰的效率参量小于 1 或 100%，则表明粉煤灰正效应占劣势，或者粉煤灰效应虽有所贡献，但是还不足以弥补所取代的水泥所能起的作用，尚须通过调整，增强粉煤灰的正效应。当然，对于某些混凝土特征和特性，习惯上以低值为优。比如说，混凝土的抗碳化作用，一般以混凝土的碳化深度来表示。相对碳化深度较小，表示抗碳化能力较强，粉煤灰混凝土抗碳化系数小于 1，即表示粉煤灰效应对混凝土抗碳化性能作出了贡献。当然，为了便于一目了然地分析粉煤灰效应的得失，效率参量也可以进行统一概念的换算，但是有必要进行适当的说明，以免造成误解。

在采用粉煤灰与减水剂等化学外加剂或其他矿物质粉料的复合技术（统称“双掺技术”）时，要用复合效应的效率参量。这种情况在实际工程中经常会遇到，一般不作分析，然而当进行效率评定时，应予考虑。

在现行推广的粉煤灰混凝土新技术中，一般是采用粉煤灰混凝土与作为基准的水泥混凝土，保持工作性和 28d 抗压强度等同的条件下进行粉煤灰效应的效率评定。但是对于有些混凝土工程或特种性能要求的粉煤灰混凝土，可以不完全考虑等工作性和 28d 等强度的要求。

二、粉煤灰三类基本效应的特点

1．形态效应

形态效应是泛指粉煤灰颗粒形貌、粗细、表面粗糙度、级配、内外结构等几何特征以及色度、密度等特征在混凝土中产生的效应。一般地说，粉煤灰形态效应就是物理效应，或者说是粉煤灰物理性状的作用对混凝土质量发生影响的效应。粉煤灰形态效应主要的影响在于改变新拌混凝土的需水量和流变性质。在新拌混凝土中，水泥的水化作用处于潜伏期，在这阶段里，粉煤灰的活性效应很微弱，主导作用无疑是物理性质产生的。

粉煤灰形态效应中，首要的是粉煤灰玻璃微珠颗粒所特有的物理性状，能使水泥颗粒的絮凝结构解絮和颗粒扩散，同时使混凝土内部结构降低粘度和降低颗粒之间的摩擦力。即使粉煤灰等量取代水泥，粉煤灰玻璃微珠除少量的富铁微珠外，密度均小于水泥颗粒，能使混凝土中浆体的体积增加，也就明显地增加润滑作用，改善混凝土的工作性。所以现代专家发现优质的低碳细灰是矿物型减水剂，具有类似普通化学减水剂（如木质素磺酸钙）的减水作用，而且与表面活性化学减水剂相比，优质粉煤灰的扩散和减水作用比较稳定。

尚须指出，粉煤灰形态效应在新拌混凝土流变性质的作用下，也包括一部分微集料效应，即在混凝土混合物中粉体填充料会增加。所以粉煤灰形态效应对新拌混凝土和易性的贡献，如改善流动性、易泵性、坍落度损失、泌水性、离析现象、终饰性以及调整凝结时间，也有微集料效应的作用在内。

形态效应还能改善新拌混凝土的均匀性和稳定性，这对奠定硬化混凝土的初始结构有重要意义。此外，用粉煤灰取代部分水泥，水泥用量减少，水化热降低，这是形态效应和微集料效应的伴生效应。

严格地说，归结为形态效应的物理作用中，有不少是物理化学作用，即形态效应也不是孤立的物理作用，它与化学作用的活性作用有密切的关系。影响粉煤灰火山灰活性指标的主要因素与形态效应有关。

粉煤灰形态效应的负效应的影响也很明显，如果在混凝土中应用相当数量的形态不良、疏松多孔的颗粒占优势的高碳粗灰，则不但丧失形态效应的种种优越性，而且导致混凝土质量的恶化。

因为粉煤灰在用作水泥活性混合材料的矿物质粉体材料中，首先是以形态取胜的，而且主要起奠定硬化混凝土初始结构的作用，所以应将形态效应列为粉煤灰效应中的第一个基本效应。

2. 活性效应

过去将粉煤灰用作混凝土的胶凝材料组分，那是因为人们一直认为粉煤灰的活性效应是粉煤灰效应中最重要和最基本的行为和作用。实际上，也证实粉煤灰中活性成分越多，其火山灰反应能力越好。对粉煤灰活性效应狭意的理解是指粉煤灰中活性成分。对低钙粉煤灰来说，主要是玻璃体中的活性氧化硅、氧化铝与氢氧化钙发生化学反应，生成具有胶凝性能的水化铝硅酸钙。这样的化学反应就是石灰火山灰反应，或者叫做硅酸盐化学反应。火山灰质混合材料都具有这种化学反应能力，粉煤灰若与天然火山灰、凝灰岩、硅藻土、烧粘土等火山灰质混合材料相比，活性效应显然很低。过去曾长时间对粉煤灰的火山灰活性进行研究，采用过数十种化学的和物理的试验方法，现在各国的粉煤灰标准中，一般规定用火山灰活性指数（PAI）来测定粉煤灰的火山灰活性。我国用于水泥的粉煤灰标准（GB1596—1991）所规定的“抗压强度”测定活性的方法，也就是类似火山灰活性指数法（水泥砂浆法）。但是近年的研究结果指出，PAI不能预测的不同龄期粉煤灰混凝土的强度，不能反映粉煤灰中活性成分的数量，也不能用来度量真实的粉煤灰火山灰活性。因为对PAI的影响因素过多，与粉煤灰质量的联系很不稳定，与粉煤灰混凝土强度和其他性能之间相关性变异太大。我们的研究分析和实践经验则认为，粉煤灰火山灰反应是个十分复杂的过程，对于粉煤灰的活性成分、数量、反应速率、反应生成物也没有必要进行准确的定量，因为用活性效应的观点来说，火山灰反应主要取决于粉煤灰颗粒表面化学的和物理的特性，在很大程度上受到形态效应的支配，也包括微集料效应的影响。

近年来的研究还指出，粉煤灰中起活性作用的玻璃微珠，在混凝土硬化初期，其表面吸附一层水膜，直接影响粉煤灰的火山灰反应以及粉煤灰混凝土的强度。此外，粉煤灰中游离氧化钙、有效碱（氧化钾、氧化钠）、硫酸盐等化学成分对活性效应有较大的影响，都可以成为粉煤灰活性反应的激发剂，所生成的水化产物中还包括钙矾石（硫铝酸钙）结晶。如果是高钙粉煤灰，还含有一些有自硬性的矿物组成，这样更增加了火山灰活性反应过程的复杂性。粉煤灰活性效应还受到养护环境和条件的重要影响。

粉煤灰效应假说的提出，持有一定的模糊逻辑的观点，并不强调活性效应的准确定量，而只要求总效应和效率的定量。PAI 可以作为评价粉煤灰质量的参量之一，但是单是测定粉煤灰水泥砂浆的 28d 龄期的 PAI 值，其参考意义不大。在粉煤灰效应的层次分析中，活性效应列在形态效应的后面是比较适当的。

还须指出，对一般用途的粉煤灰混凝土来说，粉煤灰的活性效应只是在水泥水化过程中起辅助胶凝物质的作用，而且粉煤灰的活性效应具有潜在性质的特点，因此将 PAI 仅仅当作评价粉煤灰质量的参量之一，也是适当的。何况，我国的 GBJ146—1990、GB1596—1991、JGJ28—1986 等国家标准和部颁规程，对用于混凝土的粉煤灰质量指标，都不规定火山灰活性这一项要求，而在编制说明中提到只须通过粉煤灰配合比设计的强度试验来评定粉煤灰的活性贡献。GB1596—1991 对用作水泥混合材料的粉煤灰样品提出作粉煤灰水泥砂浆抗压强度比的测定。

3. 微集料效应

粉煤灰微集料效应是指粉煤灰的微细颗粒均匀分布于水泥浆体的基相之中（见图 4-2），就像微细的集料。最初的“微集料”只是指硬化的水泥浆体中水泥颗粒尚未水化的粒芯［见图 4-2（b）］。因为研究发现，未水化的水泥粒芯，不但其强度比水泥水化产物 CSH 凝胶的强度要高，而且它与凝胶的结合也好，所以认为微集料的存在有利于增加混凝土的强度。可是用未水化熟料作为微集料代价太高，而在混凝土中掺入部分微细的矿物质粉料，也能起到微集料的作用，这样就节省了水泥，也节省了能源。在粉煤灰的特征和特性中，集中了许多微集料作用的优点。

（1）粉煤灰玻璃微珠的形态特征和特性适宜于用作微集料，特别是粒径为 10μm 以下的微珠，其微集料作用（即所谓超细颗粒作用）类似冷凝硅雾尘（即硅灰、硅粉），而其减水作用的优点却是后者无法达到的，而且粉煤灰实心和厚壁空心微珠本身的强度很高，据测试结果，厚壁空心微珠的抗压强度在 700MPa 以上，能起到增强水泥浆体的效果。

（2）粉煤灰玻璃微珠颗粒分散于硬化水泥浆体中，与水泥浆体的结合养护时间越长越密实。按照有关粉煤灰和水泥浆体界面处显微硬度试验表明，在界面处粉煤灰玻璃微珠所形成的水化凝胶的显微硬度大于水泥凝胶的显微硬度值。当然，这有个养护时间发展的过程，在硬化早期，甚至 28d 龄期，由于粉煤灰微珠表面有水膜存在，它与水泥浆体的粘结自然是不够良好的。水膜层随养护时间的增长，水化产物的网络逐渐填充致密时，粘结力也就得到加强。

(3) 从掺粉煤灰的水泥浆体的基相整体来看，毛细孔隙细化和致密，而且得到均匀性改善［见图 4-2（d)]，这不仅有利于粉煤灰混凝土的强度增长，而对提高混凝土的耐久性也具有更大的意义。

可是，长期以来，上述粉煤灰微集料的作用并未受到工程界的足够重视，直到 20 世纪 80 年代对冷凝硅雾尘的研究和开发过程中才加深了对微集料作用的认识。

粉煤灰微集料效应的存在不容忽视，而且它与冷凝硅雾尘的作用有明显的区别，宜作为粉煤灰效应的三类基本效应之一。特别是在改善混凝土耐久性的配合比设计中，应当重点考虑和运用粉煤灰微集料效应。

近年来上海市开发了粒度细、含碳少的Ⅰ级粉煤灰产品，使粉煤灰效应显著提高，微集料效应可以得到更好的发挥，更有利于混凝土耐久性的改善。

三、粉煤灰减水系数和强度效率系数

关于粉煤灰效应的应用，混凝土研究人员已用粉煤灰效应典型曲线（见图 4-1）具体解析比较不同质量的粉煤灰对混凝土强度贡献的效率，并以此作为制定国家标准和考虑粉煤灰配合比设计原则的依据。在本章中只对简单和实用的若干方法作扼要的介绍，这里先介绍根据工作性和强度规定来要求混凝土中粉煤灰效应的应用方法，其内容是应用粉煤灰“减水系数”和粉煤灰“强度效率系数”这一对必须同时考虑的粉煤灰混凝土实用的“效应参量”。

1. 粉煤灰减水系数

在实际应用中，粉煤灰减水系数 K_W 是第一个粉煤灰效应参量。

最简单的方法是通过粉煤灰混凝土和基准混凝土对比的配合比设计试验，在指定龄期等强度设计的前提下，达到坍落度等同而粉煤灰掺量不同的粉煤灰混凝土用水量 m'_W与基准混凝土用水量 m_W 的比值，即

$$K_W = \frac{m'_W}{m_W}$$

或

$$m'_W = K_W m_W \qquad (4\text{-}4)$$

如用减水型优质粉煤灰，粉煤灰混凝土的用水量减少，所以叫做“减水系数”，K_W 值小于 1，这样的概念是容易理解的。优质粉煤灰产品的 K_W 值可低到 0.8 左右，一般为 0.9～0.95。

K_W 值可反映粉煤灰形态效应和微集料效应的综合效应，是粉煤灰效应的应用参量，也是粉煤灰混凝土配合比设计中重要的效应参量。粉煤灰混凝土配合比设计时，应充分利用粉煤灰减水作用的优势，以改善粉煤灰混凝土质量或节约水泥。

粉煤灰减水系数还与混凝土搅拌、振捣和运输条件有关。若只是与坍落度指标发生联系，往往还有减水潜力可挖，因为在动态的条件下，粉煤灰混凝土的真实工作性还要好些。比如说用 K_W 大约等于 1 的磨细粉煤灰配制的粉煤灰新拌混凝土，也可能具有一些减水的作用。

粉煤灰减水系数的应用，尚须与粉煤灰强度效率系数联系起来。

2. 粉煤灰强度效率系数

粉煤灰强度效率系数 K_s 是粉煤灰混凝土强度特征系数 K' 与基准水泥混凝土强度特征系数 K 之比。K_s 考虑了一系列的影响粉煤灰效应的技术参量，可以用来反映粉煤灰活性效应、形态效应、微集料效应的综合效应。

$$K_s = \frac{K'}{K} \tag{4-5}$$

式中：$K' = R'_{压}\left(1 + \frac{V_W}{m_C + m_F}\rho\right)^2$，见式（4-3），是实用的粉煤灰混凝土强度式。对于基准混凝土的强度的计算可引用下列简化式

$$K = R_{压}\left(1 + \frac{V_W}{m_C}\rho_C\right)^2 \tag{4-6}$$

式中 $R_{压}$——基准水泥混凝土抗压强度；

K——基准混凝土强度特征系数；

V_W——单位体积基准混凝土中用水量；

m_C——单位体积基准混凝土中水泥用量；

ρ_C——水泥的密度。

K_s是粉煤灰混凝土和基准混凝土的特征强度比，其重要意义是在混凝土技术中直接评价影响混凝土强度的粉煤灰效应，也是粉煤灰效应的综合参量。K或K'值都随养护龄期、环境等因素发生变化。在指定龄期和正常养护条件下，如果K_s大于$\left(1 - \frac{m_F}{m_C + m_F}\right)$，即可认为粉煤灰的综合效应对混凝土强度有所贡献；$K_s$值高于$\left(1 - \frac{m_F}{m_C + m_F}\right)$的差值越大，则表明粉煤灰效应对强度的贡献越大。

K_s作为强度效率参量是用等量取代的条件（按质量计）来评价的，这比超量取代条件的评价粉煤灰效应较为合理，如果K_s值等于1，这样可获得1kg粉煤灰顶用1kg水泥的最佳效果。但是在一般情况下是达不到这个效果的。顺便提一下，英国等采用的“粉煤灰胶凝效率系数k”也是根据和易性和28d混凝土龄期相等的条件下，量化1kg粉煤灰等于多少水泥的，比如$k=0.5$，即1kg粉煤灰只能取代0.5kg水泥。其原理基本相同，但因试验条件不同，k值不能直接搬用。

我国设计粉煤灰混凝土配合比时，如采用超量取代法，超量系数按技术规范所提供的数值选用。根据国外经验，如使用优质的高钙粉煤灰，粉煤灰胶凝效率系数k值可以高达1.0，即在一定的条件下，可用1kg粉煤灰等量取代1kg水泥，而混凝土28d龄期强度则保持与基准混凝土强度相等的水平。

四、粉煤灰免疫效应

1. 粉煤灰免疫效应

粉煤灰混凝土的耐久性是比较复杂的问题。但是在粉煤灰混凝土技术推广应用的过程中，国内工程界比较关注的往往还是耐久性问题。混凝土耐久性比较确切的定义是混凝土在预定的使用期内，能够在安全使用的条件和预见的使用环境作用下，保持其原设计的良好行为和功能的能力。混凝土耐久性不良是指混凝土在使用期内出现质量劣化和功能失效的现象。混凝土现代技术研究中，十分重视耐久性的应用技术，近年积极发展“钢筋混凝土的病态学和治疗学”。病态学的内容，包括研究混凝土质量劣化和功能失效的原因、机理、模型等问题；治疗学的内容主要是研究混凝土质量劣化和功能失效的防治对策，或叫混凝土“伤病”防治。

早在20世纪40年代，科研工作者就已经发现在混凝土中掺加粉煤灰，是防止混凝土质量劣化和功能降低的有效技术措施之一。至于粉煤灰防治混凝土“伤病”的效应的系统研究，则是近几年才发展起来的。

粉煤灰免疫效应是粉煤灰在混凝土中一项重要的功能效应，它能对改善混凝土的耐久性作出显著的贡献。这些贡献主要是降低混凝土内部温度升高、增强混凝土抗渗透能力、增强混凝土抵抗海水、氯盐、硫酸盐等侵蚀能力、抑制碱—集料反应等作用。

粉煤灰的“免疫效应”并未列为粉煤灰的基本效应，是因为它是按照混凝土耐久性的特殊要求来处理的特殊效应。

近年来专家们指出只用传统的火山灰活性来解释粉煤灰免疫效应是不够完善的，他们对粉煤灰免疫效应的共识有如下几点。

（1）降低混凝土内部温升的顶峰温度，减少大体积混凝土出现裂缝的危险。

（2）改善新拌混凝土流变性质、泌水性和离析现象以及能够保持一定的和易性，降低用水量，为形成具有良好耐久性的混凝土结构创造本条件。

（3）粉煤灰中活性氧化硅、氧化铝成分，结合氢氧化钙、有效碱、硫酸盐及其他对混凝土耐久性不利的物质，且能缓解某些对混凝土耐久性不利的化学反应或其他作用。

（4）提高硬化混凝土结构密实度，细化孔隙、填堵有害的毛细孔孔隙，增强混凝土自身对有害介质的侵入、渗透、扩散的防御能力，保护钢筋不致遭受外侵介质的腐蚀和锈蚀。

以上是粉煤灰免疫效应的主要功能。特别是现代水泥工业向生产高强度水泥发展，或者受到当地原料成分的限制，水泥产品中的C_3S、含碱量较高等原因，导致混凝土耐久性不良，在工程使用期内，质量下降，结构破坏，造成工程结构物局部性和整体性裂缝和崩溃，后果严重。粉煤灰的免疫效应的特点在于显示出粉煤灰作为一种混凝土基本组分的特殊应用价值，能使现代钢筋混凝土工程结构处于日益恶化或严峻条件的环境之中，混凝土依靠自身的组分产生有效的免疫效应来防治质量趋于劣化。这是各种混凝土防治技术中最经济和最简便的技术措施。并可根据工程要求，采用粉煤灰与减水剂、引气剂，或有效的激活剂，进一步加强混凝土的免疫效应。

2. 粉煤灰免疫负效应

不论从理论上和实践上讲，上述粉煤灰免疫的正效应是主要的作用和行为。但是根据混凝土“伤病”辨证防治的原则，还应十分注意产生粉煤灰免疫的负效应。由于负效应的客观存在，使用者完全有理由拒绝粉煤灰在混凝土中的应用。因为把混凝土耐久性问题罗列起来，大致有200多种原因，使用粉煤灰不可能全部有效，其中还有一些负效应或者是副作用问题。所以在发挥粉煤灰在混凝土中免疫正效应的同时，尚须注意负效应的产生，尤其是要避免由于粉煤灰使用不当而产生的负效应，并进一步缓解负效应的发展，甚至设法将负效应排除。

还有一些导致混凝土质量劣化的原因与掺加粉煤灰无关，容易被误认为是粉煤灰的负效应，在掺加粉煤灰时需要把事实澄清，也是相当重要的。所以这就需要做专门的防治“伤病”的、以提高混凝土耐久性为目标的混凝土配合比设计。

近年来引起工程界关注的混凝土抗碳化能力和抗冻性这两个问题是比较突出的，需要妥善解决，而粉煤灰的掺加会产生负效应并增加问题的复杂性。

在20世纪80年代里，我国有关科研和工程部门及专家对粉煤灰影响混凝土抗碳化能力和抗冻性问题开展了系统的和长期的研究，得出了妥善、合理、科学的结论，其中也包括提出如何发挥粉煤灰免疫效应，缓解和排除负效应的有效技术措施。具体内容将在后面的有关粉煤灰混凝土性能中介绍。

3. 粉煤灰免疫效应的应用

粉煤灰免疫效应是粉煤灰的特殊效应之一。为了充分发挥粉煤灰的免疫功能，混凝土中粉煤灰的掺量往往要比一般要求的提高一些。因此，其混凝土配合比设计要比一般粉煤灰混凝土的配合比设计考虑周密一些，要求作为特种用途粉煤灰混凝土的配合比设计。

实质上，粉煤灰免疫效应的应用离不开粉煤灰基本效应，甚至是在粉煤灰基本效应的基础上，进一步强化粉煤灰基本效应的某些方面，更好地发挥相关的粉煤灰基本效应。粉煤灰免疫效应的应用有以下的特点。

(1) 要求充分地利用粉煤灰的减水作用，降低粉煤灰混凝土的水胶比。

(2) 要求采用国内新开发的减水型低碳细灰，提高粉煤灰形态效应和微集料效应，以弥补活性效应引起的碱储备消耗问题。对于不需考虑碱储备的混凝土，可同时考虑进一步提高粉煤灰的活性效应。

(3) 粉煤灰免疫效应与养护条件的关系密切，养护不良会降低免疫正效应的发展，并导致负效应的产生。

(4) 粉煤灰免疫效应与养护龄期的关系也很密切，这与粉煤灰混凝土形成的结构有关，早期为降低水泥水化热、改善初始结构的均匀性，调整混凝土的凝结、硬化作用和过程，尤其是到硬化的后期，粉煤灰的微集料效应能显著地改善水泥浆体致密结构网络，增强混凝土自身抵抗各种侵蚀的防御能力，预防多项劣化因素综合作用造成裂缝出现的恶性循环。因此，对粉煤灰混凝土免疫效应的评价，应考虑混凝土硬化后期的性能为准。

(5) 粉煤灰免疫效应的考核，必须联系对现场真实混凝土的质量检验。

(6) 有必要时，针对粉煤灰防治某项混凝土“伤病”的效果，开展长期和系统的对比试验和“曝露场”试验，取得数据，修订有关的钢筋混凝土设计和施工规范。

4. 粉煤灰混凝土耐久性等级

目前我国有关的钢筋混凝土设计和施工规范的编制部门，对于充分利用粉煤灰效应，保证粉煤灰混凝土具有良好适应环境条件的耐久性的应用规程在组织研究制定之中。为了能在全国范围内扩大推广粉煤灰混凝土新技术，根据国内外关于混凝土耐久性研究和实用的大量材料并结合我国具体情况，提出粉煤灰混凝土“耐久性等级”方法的建议，作为配制粉煤灰混凝土、充分利用粉煤灰免疫效应时的安全保证。

这个方法的原则是：以混凝土强度等级为依据，在一些混凝土必须有耐久性特殊要求的情况下，通过确定强度等级以及追加强度来进行粉煤灰混凝土配合比设计。

现代混凝土学认为，材料不同，配合比不同而强度相等的两种混凝土，它们的耐久性可能差别很大。比如说，有些工程实例表明，采用了强度较高的混凝土，耐久性不但没有提高，反而明显下降。

但是，近年大量的研究结果表明，在一定的范围内和一定的条件下，混凝土强度与耐久性之间存在正比关系，即混凝土强度等级提高时，耐久性等级也可提高，反之，混凝土强度等级降低，耐久性等级也相应降低。现在国内推行粉煤灰混凝土与基准混凝土对比的混凝土配合比设计方法，一般只作工作性和强度的对比。如果同时进行相关的耐久性试验对比，就可以测定所设计的粉煤灰混凝土耐久性效率系数。在一定情况下，工作性、强度、耐久性三者并举的对比，再与混凝土耐久性等级与强度联系起来，其相关性是更加可靠的。这样把耐久性和强度的关系限制在与基准混凝土直接对比的范围和条件之内，就可以建立强度等级和耐久性等级的关系，同时也可以进一步考虑充分发挥粉煤灰免疫效应以及了解其效率。

表 4-6 中列出了粉煤灰混凝土耐久性等级，在我国钢筋混凝土设计和施工规范对粉煤灰混凝土的耐久性部分的规定颁发之前，在国内推广各种不同耐久性要求条件下，进行混凝土配合比设计时，可以参照表中规定值，是比较稳妥的。

表 4-6　　粉煤灰混凝土耐久性等级

耐久性等级	耐久性条件	混凝土强度等级	最小胶凝材料用量 (kg/m^3)	最大水胶比（质量比）	追加强度 (MPa)	备　注
一级	特严酷	C40	400	0.40	+15	
二级	严酷	C35	350	0.50	+10	
三级	较严酷	C30	300	0.60	+5	
四级	一般	C25 及 C25 以下	250	0.70	—	与基准混凝土等强度

注　表内耐久性条件的分级与 GBJ204—1983《钢筋混凝土工程施工及验收规范》对照：①一般　相当于 GBJ204—1983 中表 4.2.4 项次 2；②较严酷　相当于项次 3；③严酷　相当于项次 4；④特严酷　受海水或地下水侵蚀工程。

按照上表中规定的耐久性等级以及 GBJ146—1990 或 JGJ28—1986 中规定的粉煤灰混凝土配合比设计方法（见本章第六节），即可进行粉煤灰混凝土耐久性配合比设计，这样做，不仅可以保证粉煤灰混凝土的耐久性不低于基准混凝土的耐久性，而且可以更好地发挥粉煤灰的免疫效应。

还须指出，现行规程中结构混凝土，包括粉煤灰混凝土，设计时按 28d 龄期的强度计算，这对粉煤灰混凝土来说是不够合理的。现在新订的 GBJ146—1990《粉煤灰混凝土应用技术规范》对粉煤灰混凝土设计强度等级的龄期作了具体的规定（见本章第六节）。在有些工程中混凝土强度等级龄期可采用 60、90、180d 或相应的较长的时间。

至于混凝土耐久性设计，为安全起见，可以按照 28d 龄期的耐久性效率来考虑，但这毕竟是不符合实际情况的。因为除了少数特殊的耐久性项目以外，粉煤灰免疫效应总是应当根据实际情况、混凝土“伤病”发生的时间来进行考核的。如按 28d 龄期耐久性对比，要比按 28d 龄期的强度对比，更加不合理，在 28d 龄期时，粉煤灰潜在的免疫效应方兴未艾，这在采用耐久性等级设计粉煤灰混凝土时，有必要予以适当考虑。

第四节　粉煤灰对混凝土性能的影响

一、粉煤灰混凝土的性能

粉煤灰混凝土的性能差异很大，笼统地介绍，不但讲不清楚，而且容易引起误解。只有在把握粉煤灰质量有序化技术，重视资源和物质基础，了解粉煤灰效应机理，理解粉煤灰的主要功能之后，循序地理清粉煤灰对混凝土性能的影响，才能让粉煤灰在混凝土中有效地进行功能服务。

混凝土的性能与材料结构状态的变化有关，粉煤灰混凝土材料结构状态的变化还要大一些，粉煤灰混凝土的动态特点比普通混凝土还要复杂一些。按照粉煤灰混凝土材料结构状态由不稳定逐渐转向稳定，可以更加明显地划分为三个阶段：①新拌混凝土阶段；②硬化之中的混凝土阶段；③硬化混凝土阶段。在不同阶段中粉煤灰的功能服务也不完全相同。

对粉煤灰混凝土，之所以还要把硬化过程中的混凝土列为一个阶段来研究，就是因为粉煤灰混凝土28d龄期时的性能尚处于结构不稳定的状态之中。如按习惯用28d龄期的性能作为功能服务的主要依据，显然是不合理的。但是也不能不认真考虑28d以及早期的粉煤灰混凝土性能，而必须对这种尚未稳定的结构状态下的粉煤灰混凝土性能有足够的了解。

另外一个问题是实验室中测定的混凝土性能指标与实际工程中的混凝土性能指标往往差别较大，而对于粉煤灰混凝土来说，差别就会更大一些，因为试验室标准养护条件与现场养护条件相差很大。

二、上海高钙粉煤灰混凝土性能❶

（一）高钙粉煤灰混凝土性能

1. 混凝土掺合料

上海高钙粉煤灰主要用于商品混凝土掺合料，目前大量的是水泥取代量小于15%的低掺量应用。近来的科研工作又使大掺量高钙粉煤灰混凝土应用技术日趋成熟。由表4-7可见，用425号矿渣水泥❷ 和高钙粉煤灰配制C30混凝土，水泥用量仅为245kg/m³，且早期强度不降低，90d强度可提高15%～20%。即使是活性稍差一些的混烧高钙粉煤灰（由神府东胜煤和一般烟煤混合燃烧而成的高钙灰），水泥用量也可控制在280kg/m³。这不仅能产生可观的经济效益，而且对于混凝土耐久性，特别是大体积混凝土亦是大有益处的。

表4-7 C30高钙粉煤灰混凝土配制

水泥用量（kg/m³）	高钙灰用量（kg/m³）	坍落度（mm）	抗压强度（MPa）				备注
			3d	7d	28d	90d	
350	0	135	18.3	24.3	33.3	34.9	C6201减水剂 425矿渣水泥
280	70	155	20.8	23.2	36.6	42.2	
245	105	160	18.6	22.9	34.6	40.0	
280	70	145	16.8	22.2	31.9	40.3	混烧高钙灰
280	105	150	15.4	20.7	34.1	38.6	

采用普通混凝土用的常规原材料，掺高钙粉煤灰配制C70高强混凝土，水泥用量可控制在500kg/m³以下（见表4-8）。如果采用725号高强度水泥，掺高钙粉煤灰可明显改善混凝土的工作度，500kg/m³水泥用量可配制220mm坍落度的大流动性C90混凝土。当高钙粉煤灰和硅粉复合使用时，高钙粉煤灰的粉体效应和减水效应有效地解决了硅粉分散困难、需水性大的问题，高钙粉煤灰的活性则可明显降低硅粉用量和水泥用量，而混凝土强度则可高达102MPa。

---

❶ 本部分内容曾参考徐强《高钙粉煤灰应用》一文。

❷ 本书引用水泥强度时仍用标号表示，过去用软练砂浆试验测定的，没有修改成用强度等级表示，以下同。

表 4-8　　高强高钙粉煤灰混凝土配制

水泥用量 (kg/m³)	高钙灰用量 (kg/m³)	坍落度 (mm)	抗压强度 (MPa)				备注
			3d	7d	28d	90d	
600	0	152	52.1	67.1	82.0	85.9	SNⅡ高效减水剂 525 普硅水泥
500	100	155	46.2	54.7	76.0	81.2	
470	130	155	46.0	53.9	73.0	78.0	
500	30	220	64.8	89.7	97.4	101	725 水泥 JPL-1 超塑化剂
500	30*	220	66.4	89.0	102	105	

注　* 外加 10kg/m³ 硅粉。

2. 水泥混合材

高钙粉煤灰作水泥混合材在上海已有较成熟的应用，掺量一般在 5%～10%，各项技术指标均能达到国家标准的要求，且可节约材料成本，提高磨机出力。

（二）上海混凝土用高钙粉煤灰的应用技术条件

高钙粉煤灰优异的形态效应和化学活性，使其在水泥混凝土中表现出较高强度贡献和显著的减水效果。但其所含一定量的 f-CaO 却对水泥混凝土的体积安定性构成了威胁。因此，上海对高钙灰相应的技术条件作了规定和限制以便安全合理地利用高钙粉煤灰。

1. 安定性控制

由于高钙粉煤灰中的 f-CaO 是导致其体积安定性不良主要因素，因此限制 f-CaO 的引入量是最直接、最有效的安定性控制方法。而限制 f-CaO 的引入量可以通过控制高钙粉煤灰在水泥中的掺量或在电厂运行时采用神府东胜煤和普通烟煤混烧工艺来实现。

当高钙粉煤灰在普硅水泥中掺量为 30%，灰中 f-CaO 达到 2.5% 时，蒸煮膨胀值出现突变，说明此时膨胀变形已达到水泥的弹性极限，而当 f-CaO 约为 2.75% 时，膨胀值达到 5mm 的限制值（见图 4-3）。因此，提出了高钙粉煤灰安定性的双重控制措施。

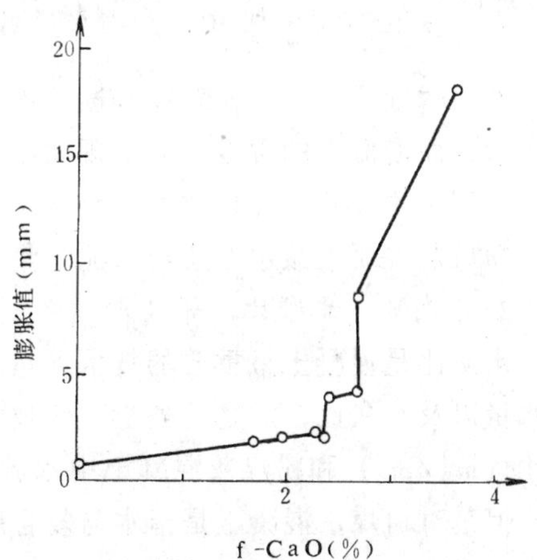

图 4-3　高钙灰 f-CaO（游离钙）和膨胀值的关系

首先规定高钙粉煤灰细度达到一级 f-CaO 不大于 3%，细度达到二级 f-CaO 不大于 2.5%。这样可极大地降低安定性不良的概率。然后规定高钙粉煤灰出厂需达到 15% 掺量的安定性合格；使用时掺量控制在 10% 以内。当高钙粉煤灰掺量大于 10% 时，则需按实际掺量，采用实际使用的水泥进行安定性复核试验，合格后方能使用。确保高钙粉煤灰的安定性控制万无一失。

2. 耐久性

高钙粉煤灰由于其显著的减水效应和玻璃体活性，能有效地降低孔隙率，改善孔结构，因而可对水泥混凝土的抗渗、抗冻和抗碳化性能产生积极的影响。同时，还可掩盖高钙粉煤灰自身化学组分中的不利因素，减弱或抑制碱骨料反应，其抑制效果约为低钙粉煤灰的

50%。但高钙粉煤灰对混凝土的抗硫酸盐性能则没有改善。所以规定在要求抗硫酸盐侵蚀和抑制碱骨料反应的场合，采用高钙粉煤灰应通过试验确定。

3. 外加剂适应性

上海地区多年来的应用实践表明，高钙粉煤灰与上海市场上一般的木钙类普通减水剂和萘系高效减水剂有较好的适应性。在水灰比降低的情况下，高钙粉煤灰混凝土坍落度的损失与基准基本相当，只是凝结时间有所延长（见表4-9）。考虑到混凝土外加剂的情况较为复杂，要求在改换外加剂品种时，应进行高钙粉煤灰与外加剂的适应性试验。

表4-9 C40高钙粉煤灰混凝土坍落度损失和凝结时间

减水剂品种	灰掺量（%）	水灰比	坍落度损失（mm）					凝结时间（h）	
								初凝	终凝
木钙 0.25%	0	0.50	200	160	125	104	70	8.0	12.5
	20	0.47	205	158	110	94	78	10.5	14.5

三、粉煤灰对新拌混凝土性能的影响

1. 工作性和用水量

粉煤灰对新拌混凝土性能正效应是改善混凝土的工作性。在粉煤灰混凝土与基准混凝土工作性相等的条件下，粉煤灰混凝土单位用水量有可能降低，粉煤灰的减水效率可以用减水系数表示，在配合比设计中，则用“用水量调整系数”来计算。前者是“效应参量”，后者是粉煤灰混凝土“工程参量”。粉煤灰的减水作用直接影响习惯用的水灰比值。

使用减水型粉煤灰可以取得良好的减水效果。当保持一定的坍落度时，粉煤灰掺量 $\left(\frac{m_F}{m_C+m_F}\times 100\right)$ 每增加10%，用水量可递减2%～4%。掺量较大时，减水率偏大。

使用磨细粉煤灰时，新拌混凝土减水不多，但在粉煤灰掺量为30%以下时，也不增加用水量，而混凝土的棍度、离析现象则有所改善。

使用粗粉煤灰会导致增加用水量。

粉煤灰混凝土减水率还与水泥、集料和需要稠度有关。

2. 水灰比、水胶比、等效水灰比

水灰比是混凝土最重要的技术参量之一。粉煤灰等掺合料以及化学外加剂影响混凝土的用水量以及水灰比，这是混凝土现代技术中的大家比较关心的问题。基准水泥混凝土中的水灰比（m_W/m_C）和粉煤灰混凝土中水胶比［$m_W/(m_C+m_F)$］都是表示胶凝材料浆体的浓度，但是对粉煤灰混凝土是指水与复合胶凝材料之比，其关系就比较复杂。而且在粉煤灰混凝土技术中，还有等效水灰比 $(m_W/m_C)_s$ 的新参量，在概念上发生了更大的变化。

所谓等效水灰比是根据第三节中所提到的“粉煤灰胶凝效率系数 k”来计算的，其式为

$$(m_W/m_C)_s=\frac{m_W}{m_C+km_F} \tag{4-7}$$

式中 $(m_W/m_C)_s$——等效水灰比；

k——粉煤灰胶凝效率系数，即1kg粉煤灰相当于 k kg水泥；

m_W——粉煤灰混凝土单位体积用水量；

m_C——粉煤灰混凝土单位体积水泥用量；

m_F——粉煤灰混凝土单位体积粉煤灰用量。

水灰比、水胶比、等效水灰比与强度关系的经验公式或曲线必须重新建立。至于它们与其他混凝土性能的关系也须通过系统试验加以确定。但是其基本规律的原理与传统的“水灰比定律”的原理，没有发生根本变化。

粉煤灰混凝土的等效水灰比是与粉煤灰胶凝效率系数联系在一起的，在理论和实践上都有一定的意义，它在实验室混凝土配合比设计中应用能有较好的效果，可是在施工现场应用则比较复杂，所以实用的粉煤灰混凝土配合比以采用水胶比为宜。

3. 坍落度和坍落度损失

用坍落度试验控制新拌粉煤灰混凝土的工作性，大量实践证明还是比较合适的，对新拌粉煤灰混凝土工作性变异的反应也比较敏感，基本上可符合用水量每增减 3~4L/m^3，坍落度增减 1cm 的经验。在坍落度试验过程中仍可观察新拌粉煤灰混凝土的棍度、离析现象、粘聚性、终饰性等改善工作性的效果。劣质粉煤灰的负效应也会导致坍落度的减小。

较干硬的新拌粉煤灰混凝土可采用工作度（s）作为工作性指标。

国内外经验证明，混凝土中掺加粉煤灰在热天可以明显减少新拌混凝土的坍落度损失率。

4. 泌水性

泌水现象是由于新拌混凝土的组分中固体颗粒下沉而水分上升的结果。泌水影响混凝土上层表面的质量和损害混凝土耐久性。粉煤灰在混凝土中可以弥补混凝土中水泥用量和细集料中细粉部分的不足，有利保水性和堵截泌水的通道。若使用减水型低碳细粉煤灰，不但会减少单位用水量而减少泌水量，而且由于其形态效应，微珠颗粒具有良好的保水能力，减少泌水现象的效果尤其明显。

根据上海市矿渣硅酸盐水泥生产经验，矿渣水泥中掺加部分粉煤灰也能改善矿渣硅酸盐水泥的泌水性。

5. 凝结时间

与基准混凝土对比，掺加低钙粉煤灰能延缓新拌混凝土的凝结时间。如掺加高钙粉煤灰可能使凝结时间延缓，但也可能提前或者对凝结时间没有明显影响。延缓凝结时间的因素很多，在许多因素中掺加粉煤灰这一因素比之水泥细度、水泥用量、用水量、环境温度等因素，其影响不一定更大。但是如果许多因素叠加起来，使混凝土的流动性明显增加，可能会带来对模板侧压力增加的问题。

粉煤灰对延缓凝结时间的影响，凡掺量大的、气温寒冷的都要比掺量少的、气温低的缓凝时间要长些。这对热天施工以及一些要求缓凝的混凝土工程来说，延缓凝结时间反而成为优点。当然粉煤灰混凝土缓凝对需要早强及提前拆模是不利的。一般粉煤灰混凝土缓凝不致影响正常施工。

6. 易泵性

粉煤灰混凝土的易泵性可得到显著的改善。通常泵送混凝土为改善易泵性而采用增加砂率和粉料的办法，但是用水量也往往因而偏高，这样会带来增加干缩性等降低混凝土质量的问题。粉煤灰混凝土改善易泵性的同时，还有利于减少混凝土与泵送设备和管道之间的摩擦力，从而延长设备的使用寿命。

7. 终饰性和抹面性能

粉煤灰混凝土的终饰性好，适用于浇筑艺术混凝土，且容易抹面。但是这种效果只有在采用优质粉煤灰时才比较明显。在国内曾发现使用质量较差的粉煤灰的情况下，新拌混凝土保水性差，面层浮浆、浮灰、浮碳粒，终饰性不良，有损混凝土质量。

如果粉煤灰混凝土表面水分蒸发速度较快，则容易产生塑性干缩裂缝，或硬化后形成疏松的表面层。根据国内施工经验，如遇到这种情况，应等待泌水蒸发以后再进行抹面，或按施工规定进行二次抹面压实。

8. 温升水化热

水泥水化作用属放热反应，水化过程中1g硅酸盐水泥总放热量高达500J（120Cal）。如果热量没有散失，混凝土内部温度可高达75℃。实际上混凝土中温度升高，从凝结时间前就已开始放热，一直持续相当长的时间。大体积混凝土内部温升，足以引起混凝土严重开裂。用粉煤灰取代部分水泥，水泥用量降低时水化热量也减少，能使顶峰温度下降到能避免发生裂缝的温升限值之下，同时还能缓解放热速率。掺加粉煤灰取代部分水泥能使温度降低15%～35%。

根据国外经验，普通混凝土内部顶峰温度一般在浇筑3～4d之后出现，掺粉煤灰后可推迟到4～5d。大体积混凝土中心温度最高，据测定，使用粉煤灰可降低顶峰温度5～10℃。掺加低钙粉煤灰明显降低温升，但是掺加高钙粉煤灰则效果不稳定，有时几乎与基准混凝土相同。

9. 均匀性

国内外经验都表明，只要保证充分的搅拌时间，粉煤灰混凝土的均匀性可优于基准混凝土。这是由于粉煤灰能改善新拌混凝土的粘聚性和结构稳定性，在运输、浇筑等过程中避免发生严重的离析现象，特别是对泵送混凝土的结构稳定作用有显著的效果。

凭过去长期来的印象认为，粉煤灰混凝土的均匀性不良，主要是因为使用劣质粉煤灰和搅拌不均匀所造成的。粉煤灰混凝土均匀性的改善，可从大型工程的混凝土质量管理中得到证实。

四、粉煤灰对硬化中混凝土性能的影响

1. 早期强度

粉煤灰混凝土的早期强度降低，其原因是部分水泥为粉煤灰所取代，早期硬化混凝土中水化产物数量减少，粉煤灰颗粒活性组分的化学反应迟缓，颗粒周围的水膜层间隙尚未填实，较大的空隙和敞开的毛细孔较多，结构密实性较差等。这个缺点会引起拆模时间延迟，工期延长，影响施工进度等。

近年粉煤灰混凝土新技术的研究和发展的结论指出，粉煤灰混凝土成熟度与强度的关系，与普通水泥混凝土的情况不同，有些关于普通水泥混凝土的成熟度概念，不能直接搬到粉煤灰混凝土上来。粉煤灰混凝土与基准混凝土性能的对比，尤其是强度，习惯以28d龄期为准。实际上在正常温度下，到28d龄期，粉煤灰活性效应的作用还处于初期，即使规范中规定，粉煤灰混凝土质量指标仍按28d龄期考核，从因材使用上说是不够合理的。

为了解决这个问题，开展了早期与基准混凝土等强度以及28d龄期等强度的配合比设计研究，现已取得成效。对于粉煤灰影响混凝土性能的研究，还要重视28d龄期以前正在硬化的、早期的混凝土强度和其他性能。为此，应向工程技术人员说明，即使粉煤灰混凝土达到

了28d龄期，但还不够成熟。经过配合比设计，粉煤灰混凝土强度是可以做到与基准混凝土等同的，但是粉煤灰混凝土后期强度和其他性能的发展，要远远超过基准混凝土。

由于粉煤灰混凝土技术进步，不仅能为提高早期强度提出了系统的技术措施，并且发现了实际应用的真实混凝土的早期强度并不如想象的那样低劣。比如，虽然水泥水化热使混凝土内部温度升高，但有利于加速粉煤灰活性效应的发挥。工程实测结果证明，只要是断面尺寸较大的粉煤灰混凝土，早期强度并不低于基准混凝土。这有助于消除对粉煤灰混凝土早期强度低的过分的顾虑。因此，研究硬化中粉煤灰混凝土这个阶段的性状，具有一定的重要性和必要性。

2. 养护温度和湿度

近年的实验证明，养护温度超过20℃就能够较好地发挥粉煤灰的活性效应，因此在温度较高的地区推广粉煤灰混凝土比较有利。如养护温度为25℃，经过7d龄期的养护，采用等稠度和7d龄期等强度的粉煤灰混凝土配合比设计方法，养护7d以后，粉煤灰混凝土强度就可能超过基准混凝土强度。

粉煤灰早期的潮湿养护十分重要，只有在保证有足够的水分的条件下，才能使水泥进行水化反应以及氢氧化钙与粉煤灰进行二次反应。普通水泥混凝土也须至少为7d的充分的潮湿养护，粉煤灰混凝土也须确保7d的养护期，否则对早期强度的不利影响比普通混凝土更为严重。

尚须指出，粉煤灰活性效应的机理，必须在水泥水化到某种程度以后，才会使粉煤灰活性效应从惰性转化到活性，主要是粉煤灰需要足够数量的氢氧化钙的接触才能进行二次反应。

所以要求重点了解硬化阶段中的粉煤灰混凝土性能就是要求重视其成长时间的温度和湿度环境，它会显著影响粉煤灰混凝土的最终强度和耐久性。

3. 温度提高条件下的养护

我国南方地区热天高温多雨，自然养护温度可达35℃，对粉煤灰混凝土的推广应用十分有利。反之，北方地区寒冷，试验表明，养护环境温度为5℃的条件下，粉煤灰活性效应一般要达28d龄期才会较好地显示出来，所以北方推广预制粉煤灰混凝土构件，采用蒸汽养护为宜。

与普通水泥混凝土相比，在蒸汽养护条件下硬化的粉煤灰混凝土还有一个重要的优点，就是普通水泥混凝土在蒸汽养护条件下硬化，生成较多的氢氧化钙结晶，因而导致后期强度发展不良，而蒸汽养护的粉煤灰混凝土在相当长的时间内，强度仍有相当明显的持续增长。

根据粉煤灰混凝土蒸汽养护的试验测定，以蒸汽养护恒温温度为70℃时经济效果最好，蒸汽养护阶段的成熟度以1400℃·h为宜。

五、粉煤灰对硬化混凝土性能的影响

1.28d龄期强度与后期强度

关于混凝土抗压强度和性能，现行钢筋混凝土设计规范还是按照28d龄期为准。现在推广粉煤灰混凝土技术，主要也是28d龄期与基准混凝土等强度。这样的粉煤灰混凝土就需经过配合比设计，并采用适当措施，才能把原来需要90～180d龄期才能达到与基准混凝土等强度水平，提前到28d。28d龄期与基准混凝土等强度的粉煤灰混凝土的其他性能，基本上也与同龄期的基准混凝土接近。

但是，这种28d龄期等强度的粉煤灰混凝土毕竟仍处于未充分成熟期，其潜力是相当可观的。粉煤灰混凝土90~180d龄期的后期强度还可增高20%~30%；180~360d龄期的强度可能增长50%~70%。如按后期强度设计粉煤灰混凝土可节约20~50kg/m^{3}的水泥用量。

粉煤灰混凝土28d龄期抗拉强度和抗弯强度，比等强度的普通水泥基准混凝土的略高，而抗剪强度则与普通水泥基准混凝土相接近。后期的抗拉、抗弯强度比普通水泥基准混凝土的还可能高一些。

粉煤灰混凝土的28d龄期与钢筋之间的粘结强度基本上与等强度的基准混凝土相同，而粘结强度试验值的离散性却要小一些，这也是粉煤灰混凝土的均匀性较好的缘故。

必须指出，以上都是指使用适合于结构混凝土的优质粉煤灰而言的。如用劣质粉煤灰，其效果是无法保证的。

2. 弹性模量

标准养护条件下28d龄期等强度的粉煤灰混凝土的弹性模量与基准混凝土的弹性模量近似，28d龄期粉煤灰混凝土抗压强度增长较多，弹性模量也相应增加。混凝土弹性模量在较大程度上取决于集料和水泥浆体的性质，等强度的粉煤灰混凝土与普通水泥基准混凝土的弹性模量并无明显差别。

3. 徐变

影响混凝土徐变的因素很多。如粉煤灰混凝土因长期强度提高，徐变能有所减小。粉煤灰对混凝土徐变的影响各因素中，粉煤灰的品质影响较大。如果使用减水型优质粉煤灰，除了可以减少混凝土单位用水量或降低水灰比以外，由于粉煤灰的活性效应和微集料效应，可减少水泥浆体中氢氧化钙结晶的形成，增强混凝土的结构密实度以及水泥浆体、粉煤灰、集料之间的界面结合强度，因此能使徐变值明显降低。我国粉煤灰标准规范和应用规程中规定要求在预应力混凝土中应用高品位（Ⅰ级）粉煤灰是合理的。

4. 收缩性

混凝土的收缩性在新拌混凝土塑性阶段就已开始，以后随混凝土内部水分散失继续收缩。混凝土的收缩性主要取决于混凝土单位用水量、混凝土内胶凝材料浆体的体积、水泥种类和用量、集料种类。如在用水量相同的情况下，粉煤灰使胶凝材料浆体体积有所增加，则收缩性略有增大。如果应用减水型优质粉煤灰，则可以配制收缩性与基准混凝土相等、甚至小于基准混凝土的粉煤灰混凝土。这与要求在预应力混凝土中应用高品位粉煤灰有关。

5. 抗渗性

抗渗性一般是指液体介质以渗透形式从混凝土表面沿着孔隙和贯穿的毛细孔向混凝土内部迁移。粉煤灰混凝土的抗渗性能够显著提高的原因，主要是粉煤灰效应使混凝土的结构密实度提高。从新拌混凝土开始，若粉煤灰改善工作性，则容易浇捣密实；若改善均匀性，则整体密实度提高。在硬化混凝土中结合容易被浸析的氢氧化钙以及可溶性碱，堵塞孔隙和堵截毛细孔，都能防阻渗透。

从工程上说，降低混凝土内部温升，减少裂缝，抵抗化学侵蚀都对混凝土抗渗性有利。抗渗性强，也有利于保护钢筋的锈蚀。抗渗性作为混凝土耐久性的一项重要性能，近年来国内外又做了大量研究工作，主要是联系水泥浆体的毛细孔结构深入研究。有的研究结论认为抗渗性与耐久性之间有较好的关联性。抗渗性试验比较容易，所以建议用抗渗性作为评价混凝土耐久性的重要指标之一。

粉煤灰混凝土的抗渗性，也可以用与基准混凝土的渗透速度、渗透率、渗透量等参量对比，确定的粉煤灰混凝土的抗渗效率系数来评价。

6. 抗硫酸盐侵蚀

硫酸盐侵蚀是常见的对混凝土的化学侵蚀。硫酸盐侵蚀主要包括两个作用：一是可溶性氢氧化钙与硫酸盐作用生成硫酸钙，引起石膏膨胀；二是水泥矿物中的铝酸三钙与石膏反应生成钙矾石（水化硫铝酸钙），引起膨胀破坏。

粉煤灰活性效应可以从化学作用上稳定氢氧化钙，又可以从结构密实度上提高抗渗能力，这都是增强抗硫酸盐侵蚀的主要原因。为保证混凝土的抗硫酸盐能力，比较稳妥的办法是采用限制水泥中铝酸三钙的含量和掺加粉煤灰相结合的措施。为了提高混凝土抗硫酸盐性能，粉煤灰掺量应随水泥中铝酸三钙含量的增多而增多，一般可达40%。

此外，水胶比应根据对混凝土硫酸盐侵蚀的强弱程度规定其最大限值。强侵蚀者水胶比不大于0.40；一般侵蚀不大于0.50；弱侵蚀者不大于0.60。

7. 抗碳化性能

混凝土的抗碳化性能是指大气中的碳酸气或含碳酸的水与混凝土中氢氧化钙作用生成碳酸钙。正确地说，这应是“碳酸化作用”，可是在国内已习惯称为“碳化作用”。这里说明一下是，要避免与形成焦炭的碳化名词混淆。碳化作用不会直接引起水泥混凝土性能的劣化，碳化能使水泥混凝土表面层的强度、硬度、密实度均有所提高。在混凝土制品生产中就有“预碳化工艺”，也就是对混凝土制品进行人工碳化，其目的是利用混凝土碳化引起的收缩的不可逆性，以稳定制品的体积收缩变形性能，并提高表面强度，还可以使表面层密实，防止渗透和侵蚀，提高制品的耐久性。

但是石灰火山灰混凝土的碳化可能导致原来结构疏松的表面质量进一步下降。对于钢筋混凝土来说，碳酸气的中和作用使钢筋表面起保护作用的钝化膜破坏，遇水后容易引起锈蚀。粉煤灰既是火山灰材料，碳化后是否影响强度和表面性质和钢筋锈蚀自然会引起疑虑。

近年来，国内建筑科研部门重点研究碳化对混凝土护筋性的影响，一般认为，碳化作用不论是对普通混凝土或者粉煤灰混凝土，同样有发生碱度降低而导致钢筋锈蚀的可能性。

不过从化学的观点来看，粉煤灰混凝土内部的碱储备通常要比基准混凝土少些，碳化中和作用造成的由表及里的混凝土碳化深度要大些。但是从结构密实度来看，粉煤灰混凝土的碳化则能延缓碳化的进程。因此，近年来发展碳化作用的共识是，如能充分发挥粉煤灰活性效应，28d龄期等强度的粉煤灰混凝土可以达到具有与基准混凝土相等的抗碳化性能。

但是为了确保粉煤灰混凝土的抗碳化性能，在掺加粉煤灰的同时，往往采用复合使用减水剂的所谓“双掺”粉煤灰混凝土措施，可以进一步提高混凝土的结构密实度，拦阻对碳酸气扩散的深入，这是目前工程界容易接受的有效措施。

8. 抗氯化物性能

氯化物与氢氧化钙反应生成可溶性物质，导致混凝土孔隙增加，强度降低。更为严重的是氯离子可以直接破坏钢筋表面的钝化膜，受侵蚀部位上钢材活化，形成阳极；而未活化的钢材表面即成阴极，产生锈蚀。

氯离子如来自混凝土内部，则是因为掺加了氯化钙早强剂或其他含氯的化学外加剂，或采用海砂作细集料。环境中含有氯、盐雾、含氯地下水和土壤，或冬天喷洒了氯盐消冰剂等外界的氯化物也是从毛细孔通道入侵的，干燥的混凝土表面的毛细孔还能吸收氯化物溶液。

不论是来自外界还是由内部材料带入混凝土的氯离子，都要通过毛细孔的扩散和渗透对钢筋进行侵蚀，所以由粉煤灰效应所产生的对毛细孔细化作用和堵截作用，能有效地阻止氯离子的侵蚀。

氯离子侵蚀往往与混凝土碳化同时进行，可是氯离子的迁移比碳化要快。有时钢筋保护层尚未完全被碳化，而氯离子侵蚀早已达到钢筋的表面。氯离子侵蚀又往往与混凝土遭受冰冻相伴同，尤其是在冷天对钢筋混凝土桥梁路面喷洒氯盐消冰剂，氯离子侵蚀和冻害同时进行，导致混凝土表面剥落、裂缝、钢筋锈蚀等恶性循环。因此就要更好地发挥粉煤灰效应，有效地改善混凝土表面吸水性以及延缓氯离子在混凝土中的扩散，同时提高粉煤灰混凝土的抗冻性，为此，使用引气剂可以获得良好的效果。

9. 抗电流对钢筋的锈蚀

粉煤灰混凝土的电导率比基准混凝土的低，提高混凝土的防扩散性和抗渗性使混凝土内部孔隙细化，毛细孔较小、较少、电导率比较低。粉煤灰混凝土的均匀性得到改善，有利于降低化学反应侵蚀、电化学腐蚀和杂散电流产生电池的腐蚀（详见本章第七节九小节）。

10. 抗冻性

粉煤灰混凝土抗冻性试验表明，有时会出现抗冻性低于基准混凝土的情况，其原因除了所用的粉煤灰质量差、变异大、养护不良等原因外，还因为掺加低钙粉煤灰的混凝土强度发展迟缓，28d 龄期强度偏低，胶凝材料浆体体积增大。

近年的粉煤灰混凝土研究所提出的新见解认为，抗冻的粉煤灰混凝土强度应在 30MPa 以上。抗冻性与混凝土的表面性质有关，冰冻融化循环、盐害等联合作用，常使混凝土表面砂浆剥落，因此施工时要注意粉煤灰混凝土表面层的质量。

现代混凝土技术的发展，对掺粉煤灰抗冻性所关心的问题主要是引气剂掺量的变化。掺加粉煤灰会减少混凝土中的含气量，以致改变了能提高混凝土抗冻性的引气剂的最佳剂量。特别是粉煤灰中的碳粒和多孔颗粒，它们对引气剂有吸附作用，会影响引气剂的掺量。

碳粒和多孔颗粒含量的波动使混凝土含气剂的控制困难。因此，在引气混凝土中必须应用质量较高、变异性较小的优质粉煤灰，才能制备与基准混凝土等强度和等含气量的粉煤灰混凝土，两者的抗冻性基本相同。

11. 碱—集料反应

如果所用的集料中有活性二氧化硅等成分，又用上以 Na_2O 当量计大于 0.6% 的总碱含量的水泥，则在混凝土硬化过程中碱和活性集料反应而发生体积膨胀，导致混凝土的胀裂。粉煤灰能有效地抑制碱—集料反应，主要是依靠粉煤灰效应的发挥来拦截与活性集料反应的碱。与此同时，混凝土细孔中的碱溶液为激化粉煤灰效应提供了良好的环境。所以说，粉煤灰把碱—集料反应的激化转变为惰化，同时，碱又把粉煤灰化学反应从惰化发展为激化，对缓解碱—集料反应来说，可以提高水泥含碱量的限值，或者说可以宽容混凝土中活性集料最不利（Pessimum）的含量（%）。这是碱的有效利用的最佳模式（详见本章第八节九小节）。

粉煤灰的作用还应包括粉煤灰降低混凝土内部水化热引起的温升，缓解碱—集料反应的激化。最近的研究证明，即使有些试验结果符合规范的集料，在实际使用中发现在若干年后还会出现碱—集料反应胀裂现象。所以在混凝土中应用优质的和适量的粉煤灰，是一个简易而实用的防治碱—集料反应的方法。国内外经验指出，混凝土中优质粉煤灰掺量不少于 30% 时，便足以有效地防治碱—集料反应。

12．耐磨性

有些欧美国家较早地采用了粉煤灰混凝土路面，包括用于表面的磨耗层。道路工程多年实际考验表明，粉煤灰混凝土能胜任路面混凝土要求较高的耐久性和耐磨性。近年发展的粉煤灰碾压混凝土以及高掺量粉煤灰路面混凝土的实际工程已证明，它们的耐磨性是良好的。

混凝土的耐磨性主要取决于混凝土的抗压强度、养护、饰面及表面处理以及集料性质，粉煤灰不会从这几方面降低混凝土的质量。在应用优质粉煤灰和适当掺量的情况下，还有利于改善水泥浆体的耐磨性。

13．抗自然风化和火灾作用

混凝土结构物处于自然环境之中，温度、湿度的变化，即冷热循环、冻融循环、干湿循环使混凝土体积发生变化，产生内应力。内应力如超过混凝土强度，则发生裂缝。混凝土暴露的表面饱受风霜冰雪、日晒雨淋，如处于严酷环境或遇水、火灾害影响更大。

粉煤灰混凝土对自然风化的抵抗力，与基准混凝土对比，通常不低。为增强抵抗自然风化的性能，应利用粉煤灰基本效应，降低水灰比，减少孔隙率，提高结构密实度，减少干缩率，以达到稳定体积变化的要求。在冻融频繁的环境中，可采用引气剂降低孔隙水的冻结压力。

粉煤灰混凝土在自然环境中的“白霜现象”基本上不会发生。但用高钙粉煤灰时，混凝土表面可能有“白霜”出现。

试验表明，粉煤灰混凝土的耐火性优于基准混凝土，其征象是，经受高温后残余强度较高，裂缝较少。

14．抗冲击、冲刷、冲蚀、孔蚀作用

水工混凝土结构物受到水流、冰块的冲击、冲刷、冲蚀、孔蚀等作用，如用优质粉煤灰配制混凝土，降低水灰比，提高耐久性，能增强水工混凝土对这些作用的抵抗力。过去国内有些水工、港工构造物由于当时制作的粉煤灰混凝土质量较低，曾发生过一些工程质量事故，所以为防止事故重演，应选用高质量粉煤灰和应用粉煤灰混凝土现代技术浇筑粉煤灰优质混凝土。

15．动荷载和反复荷载性质

国内外对粉煤灰混凝土承受动荷载和反复荷载性能的系统试验比一般的静力试验少得多。但大量的工程应用的观测结果认为，这种性能主要取决于混凝土中砂浆的性质和粗集料的抗压强度和脆性。与基准混凝土对比，粉煤灰砂浆的强度和脆性都能有所改善。

混凝土固有的属性是强度越高，脆性越大，掺加粉煤灰后混凝土强度提高而脆性减低。虽然在固有属性上不会发生根本的改变，但是也可以保证不致发生不利的影响。

第五节　粉煤灰水泥

一、粉煤灰硅酸盐水泥产品

本节主要介绍用粉煤灰作为活性混合材料的粉煤灰硅酸盐水泥和掺加部分粉煤灰的矿渣硅酸盐水泥这两个国内产量较大的产品。

1．粉煤灰硅酸盐水泥

粉煤灰硅酸盐水泥的生产，基本上有把粉煤灰与水泥熟料在水泥磨机中共同混合磨细，或者与磨细的水泥在混合设备中共同混合这两种工艺。在国内一般采用混合磨细的工艺。按照我国水泥标准 GB1344—1999 规定，粉煤灰硅酸盐水泥，简称粉煤灰水泥，它是由硅酸盐水泥熟料和占水泥重量 20% ~ 40% 的粉煤灰和适量石膏磨细而成的产品。

20 世纪 50 年代，我国标准中粉煤灰硅酸盐水泥列入火山灰质硅酸盐水泥之一。20 世纪 60 年代，上海市首先把粉煤灰硅酸盐水泥有别于火山灰质硅酸盐水泥的另一个新品种来研制；20 世纪 70 年代国家颁发的新标准规定粉煤灰水泥是我国主要水泥品种中与矿渣水泥、火山灰质水泥分列为掺活性混合材料的硅酸盐水泥。现在世界上有不少国家生产粉煤灰硅酸盐水泥，有与火山灰质水泥品种分列的，也有合并在一起的。从发挥粉煤灰的作用来看，由于粉煤灰在各种活性混合材料中有比较独特的性能，分列有利于粉煤灰水泥产品的发展和质量提高。

2. 矿渣粉煤灰硅酸盐水泥

20 世纪 80 年代，上海市研制了“双掺水泥”，它是将水泥熟料、粒化高炉矿渣、粉煤灰共同混合磨细而成的水泥。根据水泥标准 GB1344—1999 的规定，容许在矿渣硅酸盐水泥中，不超过水泥质量 8% 的粉煤灰来代替矿渣，仍属矿渣硅酸盐水泥。上海市生产的矿渣粉煤灰水泥中，粉煤灰掺量大于 8%，实际上这是一种硅酸盐复合水泥，其性能介于矿渣水泥和粉煤灰水泥之间，水泥质量可以比全部掺用矿渣的硅酸盐水泥有所提高，而能耗和成本有所降低。

矿渣粉煤灰硅酸盐水泥，属三元组分的胶凝材料，或者叫做三组分硅酸盐水泥。粒化高炉矿渣是由各种硅酸盐、铝酸盐的微小、不完整的“微晶子”聚集而成的。这些微晶子是极度变形的晶体，尺寸极为微细。不同成分的矿渣有不同的物相，因而具有不同的活性。

磨细的粒化高炉矿渣粉单独与水拌和时，反应极慢，胶凝性能微弱，可是在氢氧化钙的溶液中，就会发生明显的水化作用，在饱和的氢氧化钙溶液中的反应则更快。所以用石灰等碱性物质能够激发矿渣的活性，促进凝结硬化的性质，叫做“碱性激活”。另一种激发剂有“硫酸盐激活”作用，它们是二水石膏、半水石膏、无水石膏或以硫酸钙为主要成分的化工废渣。但是只加入石膏，激活的效果不良，或只显示较低的胶凝强度。只有加入石灰等碱性物质，再加入一定数量的石膏，粒化高炉矿渣粉的活性才能较为充分地发挥出来，并得到较高的胶凝强度。

一方面有碱性环境，造成了促使矿渣分散、溶解，并形成水化硅酸钙和水化铝酸钙的条件；另一方面，在有氢氧化钙存在的条件下，石膏能与矿渣中的活性氧化铝化合，生成水化硫铝酸钙（钙矾石），在形成这种水化产物时，较多地消耗了溶液中的铝离子，因此反过来又加速了矿渣的水化过程。碱性激活和硫酸盐激活互相促进，使矿渣的活性能够得到比较充分的激发。现在国内外推广的碱矿渣胶凝材料新技术，采用较强的碱性激发，可以得到很高的强度。

至于粒化高炉矿渣用作活性混合材料与硅酸盐水泥熟料及适量石膏共同混合磨细，按 GB1344—1999 的规定，粒化高炉矿渣的掺量为 20% ~ 70%（质量计）。

在矿渣硅酸盐水泥水化时，熟料所生成的氢氧化钙和水泥中掺加的石膏分别产生碱性激活和硫酸盐激活的作用，并能与矿渣中活性组分相互作用，生成水化硅酸钙、水化硫铝酸钙或水化硫铁酸钙，有时还可能形成水化铝硅酸钙等水化产物。与硅酸盐水泥的水化产物相比，它们的碱度较低，但是高于粉煤灰硅酸盐水泥所形成的水化产物。矿渣硅酸盐水泥的干缩性较大。如养护不当，就容易产生干燥裂缝。矿渣硅酸盐水泥由于矿渣细磨较难保持水分的能力较差，泌水性较大，会形成粗大孔隙和毛细管孔道，导致降低混凝土的均匀性和耐久性，这是矿渣硅酸盐水泥的重要缺点之一。还有，抗大气风化及抗冻性、干湿交替循环等性能都不及普通硅酸盐水泥。

根据上海市生产矿渣粉煤灰硅酸盐水泥的经验，一般矿渣掺量为28%左右。粉煤灰掺量为12%左右的425号矿渣硅酸盐水泥，比掺加40%矿渣的同标号水泥，其收缩性、泌水性等都有改善，而且粉煤灰还能起助磨剂的作用。由于粉煤灰比矿渣原料成本较低，因此，水泥产品的生产成本还有所降低。

二、水泥产品中粉煤灰的质量和掺量

1. 关于粉煤灰质量的规定

GB1596—1991《用于水泥和混凝土中的粉煤灰》中规定，用作水泥活性混合材料的粉煤灰，按质量要求只分为两级，相当于适用于钢筋混凝土中粉煤灰的质量要求，这意味着用于水泥生产的粉煤灰的品质要求比用于混凝土的粉煤灰要求严格一些。按照GB1596—1991标准的规定，28d抗压强度比指标低于62%（Ⅱ级灰）的粉煤灰可作为水泥生产中的非活性混合材料。

从发展的要求来看，为了更好地生产优质粉煤灰水泥产品，应根据粉煤灰效应的原理，选用低碳、多珠的细灰。

虽然粉煤灰水泥的生产过程中具有一定的粉煤灰质量有序化的作用以及粉煤灰水泥具有不少优点，但是国内外的水泥工业界都承认至今在客观上仍存在一些抑制发展粉煤灰水泥的因素，其中包括粉煤灰原料的质量变异性以及优质灰的灰源问题。

在现代水泥生产中，对粉煤灰的选择，已经超越把粉煤灰当作一种火山灰混合材料来使用的传统观念，而是以水泥改性原料要求来评定粉煤灰的资源价值和使用价值。

2. 粉煤灰有序化的要求和设施

根据国外生产高质量粉煤灰水泥产品的经验，首先也要解决粉煤灰质量有序化这个有关质量的关键问题。为此，水泥厂与提供灰源的发电厂为共同选定能够稳定供应粉煤灰原料而建立密切的协作关系。这是粉煤灰质量有序化的根本保证。事先要对粉煤灰的质量通过系统试验和分析，作出质量变异程度以及性能的评价。

如果电厂的粉煤灰市场开发部门一时还不能实施质量管理制度，那么至少要与水泥厂协商和制订一个粉煤灰原料的质量规范。因为国家标准中的规定是最宽容的规定，对粉煤灰质量的均匀性并没有提出具体要求，所以制订一个结合水泥生产实际情况的质量规范是十分必要的。水泥厂对粉煤灰的进料检验不能忽视，只要是真正把粉煤灰看作是一种会对水泥有举足轻重影响的主要原料之一，就应把粉煤灰进料检验列为质量管理的重要任务。

近年国外先进的水泥工业化生产粉煤灰水泥时为控制粉煤灰质量的变异性而采取有效措施，如丹麦为改善粉煤灰的均匀性，专门设计了混合贮仓，叫做“CF贮仓”，即程序控制系统贮仓。这种贮仓中的粉煤灰无须经过机械搅拌或空气搅动，就能在贮仓中流动时连续地均匀混合，并可在贮仓底部卸料装车。英国也设计了有利于粉煤灰均匀性的“横向贮仓”。

国内水泥厂尚未设置粉煤灰的均化设施，但是一般都采用混合磨细工艺，可以达到与磨细粉煤灰相似的均匀化要求。如能与电厂共同开发联接的粉煤灰有序化技术，可望进一步提高粉煤灰水泥的质量。

3. 粉煤灰在水泥中的掺量

粉煤灰适当掺量的选择，固然要以标准规范的规定为基础，但是所用的硅酸盐水泥熟料与所用粉煤灰之间存在着具体的配伍关系。通过试验分析，才能确定这种关系。

水泥厂对火山灰质混合材料掺量的选择，主要依靠水泥砂浆强度试验法测定不同配合比，把配合比和不同龄期的水泥混合砂浆、水泥粉煤灰混合砂浆的强度试验结果作为主要的参考数据，同时测定相应的需水量比指标。因为强度和需水量都是与粉煤灰效应和功能特征和特性参量有关，应当对它们有比较全面的了解。

日本生产的粉煤灰硅酸盐（波特蓝）水泥，按照水泥中粉煤灰掺量的多少分为三级：A级水泥中粉煤灰掺量为10%；B级水泥中粉煤灰掺量为20%；C级水泥中粉煤灰掺量为30%。因此，只要了解所用的粉煤灰水泥属哪一级，就可知道水泥中粉煤灰掺量的多少。我国水泥标准（GB1344—1999）规定粉煤灰硅酸盐水泥中粉煤灰掺量是20%～40%，实际一般水泥产品中最多掺加30%。

三、粉煤灰水泥的生产

1. 粉煤灰硅酸盐水泥的生产

粉煤灰硅酸盐水泥这一类水泥生产的特点是用粉煤灰等材料取代部分水泥熟料，为水泥生产节省大量能源。据统计，熟料烧成的能耗要占水泥生产过程中总能耗的80%。粉煤灰原来就是粉体材料，其平均细度有些比水泥还要细些，所以单从细度来说，不一定要像水泥熟料那样必须粉磨。可以直接与磨细的水泥混合。

但是，粉煤灰颗粒形态的变异性明显影响粉煤灰的质量。目前我国粉煤灰的颗粒形态变异性很大，经过磨细的有序化过程，能确保水泥产品质量均匀性和性能的改善。

根据上海市多年来生产磨细粉煤灰的实际经验，列举连续取样试验结果如下：原状粉煤灰的细度45μm筛余量为19.6%～45.9%，密度为2.02～2.12g/cm^3，烧失量为4.6%～11.4%，需水量比为99.5%～109.4%，28d龄期砂浆抗压强度比为61.4%～76.4%，90d龄期砂浆抗压比为76.3%～92.1%。

经过磨细以后，粉煤灰细度45μm筛余量为17.1%～20.6%，密度为2.23～2.27g/cm^3，烧失量为4.6%～8.4%，需水量比为97.2%～102.1%，28d龄期砂浆抗压强度比为71.6%～77.1%，90d龄期砂浆抗压强度比为88.6%～94.6%。将磨细前后粉煤灰特征试验的结果对比，可见粉煤灰质量均匀性和性能都有明显的提高。

粉煤灰硅酸盐水泥生产中，磨细工艺可分为粉煤灰与水泥熟料共同磨细以及分别磨细后混合两种情况。若是共同磨细，以粉煤灰掺量较少（15%以下）为宜，这样，粉煤灰还可起一定的助磨作用。在粉煤灰掺量较多（30%及以上）的情况下，采用分别磨细后混合方法，可以根据粉煤灰水泥强度发展的需要，对水泥和粉煤灰的细度作分别处理。如果要求早期强度较高，须提高水泥的细度，但是后期强度增长较少。如果水泥磨至一般细度，而粉煤灰再磨得细些，则28d龄期及后期强度都可明显提高。

粉煤灰的磨细还能够明显提高粉煤灰的颗粒密度以及降低砂浆中的含气量，进而提高粉煤灰水泥砂浆强度。无论是混合磨细还是分别磨细，都能提高粉煤灰水泥的质量。

未经磨细的粉煤灰，与水泥混合而成的粉煤灰水泥，如与共同混合磨细或分别磨细后混合而成的粉煤灰水泥相对比，从各个龄期的强度发展来看，都不如粉煤灰磨细的水泥。磨细粉煤灰的能耗大于混合的能耗，水泥厂用大中型磨机可降低磨细粉煤灰的能耗。

根据英国生产粉煤灰硅酸盐水泥的经验，水泥产品中粉煤灰硅酸盐水泥占35%以下，经过新产品开发研究的权衡，确定采用适当的共同混合磨细的工艺。从其结果来看，生产选用的粉煤灰为质量较好的低碳细灰（低钙粉煤灰），经过共同混合磨细以后粉煤灰在水泥中仍能产生减水的形态效应，早期和28d龄期强度较好地表明活性效应良好，以及后期强度显著提高表明微集料效应也是明显的。所以认为，在粉煤灰水泥生产中仍可按照粉煤灰效应的原理，改进生产工艺和改善粉煤灰水泥的性能。

近年来，我国水泥工业正通过试点发展水泥熟料粉磨站，采用了较先进的“康拜登磨机”。这种磨机由两仓组成，细磨仓中钢球较小、直径为5～15mm。考虑粉磨熟料与生产粉煤灰水泥结合，粉煤灰混合材料选用低碳细灰，用这类高效应磨机将熟料和粉煤灰混合磨细，可以提高粉煤灰水泥的早期强度。

2. 矿渣粉煤灰硅酸盐水泥的生产

近年来，上海市不少大中型水泥厂利用粉煤灰生产矿渣粉煤灰硅酸盐水泥（习惯上叫“双掺水泥”或“两掺水泥”）。国家水泥标准规定粉煤灰掺量在15%以下，矿渣掺量为30%左右，其品种仍属矿渣硅酸盐水泥，主要生产标号为425号的矿渣水泥产品，广泛用于各类混凝土工程之中。

国内矿渣粉煤灰硅酸盐水泥的生产大都采用水泥熟料、矿渣、粉煤灰共同混合磨细的工艺。

425号矿渣粉煤灰水泥的各种性能的试验结果与未取代的矿渣硅酸盐水泥对比表明，前者各龄期的抗压强度和抗拉强度都较高，水化热较低，泌水率下降，其他性能相接近。

生产矿渣粉煤灰硅酸盐水泥，由于用粉煤灰取代部分矿渣，原料成本降低，节省了取代部分矿渣烘干的能耗，因而取得了明显的经济效益。

日本研制的矿渣、粉煤灰和硅酸盐水泥熟料组分的三组分混合水泥，有效地用作低热水泥，取得了较好的技术和经济效果。

目前上海市在“双掺水泥”多年生产经验的基础上，进一步研究发展矿渣粉煤灰水泥的生产技术。通过最近试验研究工作的分析和多年生产和应用经验的总结，专家们认为粉煤灰在水泥工业中的应用，结合我国国情考虑，矿渣粉煤灰水泥是发展前景较好的品种之一。因为我国粉煤灰和矿渣资源都很丰富。矿渣水泥生产和使用的历史较久，经验较多，信誉较好，如能加速矿渣粉煤灰水泥这类胶凝材料的技术研究和开发的步伐，将对推动我国水泥工业的主要产品的改造、节约能源、提高质量、增加品种、降低成本有重大意义。

四、特种粉煤灰水泥的研制和开发

近年来国内还研制了多种特殊用途的粉煤灰水泥，现列举几个特种粉煤灰水泥。

1. 早强粉煤灰水泥

同济大学等研制的C_3S-$C_4A_3\bar{S}$早强粉煤灰水泥，采用粉煤灰、石灰石、石膏作为原料，烧制CaO-Al_2O_3-SiO_2-SO_3系统中含氟熟料，这种熟料性能介于硅酸盐水泥熟料和硫铝酸盐超早强水泥熟料之间。熟料的适宜烧成温度为1300～1350℃，应在氧化气氛中煅烧。粉磨细度以比表面积测定为3000～4000cm^2/g为宜，具有显著的早强性能。

其他单位也有研制主要矿物成分为硅酸三钙型的早强粉煤灰水泥。

2. 碱—矿渣—粉煤灰胶凝材料

国内有不少单位多年来根据前苏联经验研究推广碱—矿渣胶凝材料技术和经验，现在将磨细粒化高炉矿渣与粉煤灰的混合料用碱性物质，如水玻璃等激发矿渣和粉煤灰的潜在活性，从而获得28d龄期20MPa以上的抗压强度。如再加适当的活化剂，砂浆的28d龄期的抗压强度可达100MPa以上。

碱对粉煤灰的作用能增进粉煤灰与氢氧化钙的反应程度，所以在粉煤灰硅酸盐水泥中另加一些碱性加速剂，可以使粉煤灰和水泥水化过程中生成的氢氧化钙及时进行二次反应，从而提高粉煤灰水泥的早期强度。

此外，国内有些小型水泥厂用粉煤灰作原料生产少熟料水泥和无熟料水泥，即将水泥熟料、石灰、石膏作为激发剂，有时还加入部分粒化高炉矿渣、转炉钢渣、化铁炉渣等配制以粉煤灰为主要原料的低标号水泥及用于建筑砂浆的砌筑水泥。

第六节 粉煤灰混凝土配合比设计

一、我国粉煤灰混凝土配合比设计技术的发展

1. 早期的粉煤灰混凝土配合比设计方法

20世纪50年代起我国粉煤灰混凝土的配合比设计是参照通用的普通混凝土配合比设计方法进行的。当时习惯用粉煤灰等重量取代水泥，这种方法现在叫它“等量取代法”或“简单取代法”。实际上就是使用粉煤灰硅酸盐水泥的混凝土配合比设计方法，把搅拌混凝土时掺加的粉煤灰与水泥一起看作是粉煤灰硅酸盐水泥，然后按绝对体积法进行混凝土配合比的计算。最初推广粉煤灰混凝土的主要目的是节约水泥，但也能在一定程度上改善混凝土的某些性能。如改善工作性，降低混凝土温升，提高贫混凝土的密实性等。可是到28d龄期，等量取代的粉煤灰混凝土往往达不到与未被取代的普通水泥混凝土等强度的要求，且有些混凝土性能还有所降低。

这种等量取代的粉煤灰混凝土28d龄期抗压强度降低的百分数大体上与粉煤灰掺加百分数接近。比如说，粉煤灰掺量为30%，粉煤灰混凝土的28d龄期抗压强度大致也降低30%。如果应用质量较差的粉煤灰，在掺量大于30%的情况下，粉煤灰掺量越多，强度降低百分数越大。与此同时，如用28d龄期粉煤灰混凝土试件进行性能对比试验，不难发现，它有早期强度降低更多，收缩性大，弹性模量低，徐变值大，抗冻性差，抗碳化性能差等缺点。

这样的粉煤灰混凝土配合比设计，就是把粉煤灰当作惰性填充材料，而不是胶凝材料，粉煤灰是用来“冲淡”水泥的胶凝性能的，所以只能按照粉煤灰掺量大致估计混合胶凝材料的强度值，然后按水灰比与强度关系的原则进行混凝土配合比设计。

至于耐久性要求较高的混凝土，一般不采用粉煤灰混凝土。有关规范和规程对粉煤灰硅酸盐水泥的应用作了许多限制，甚至有些规范还不容许在一些重要工程的混凝土中应用粉煤灰。

2. 粉煤灰混凝土配合比设计方法的改进

20世纪80年代，国内粉煤灰混凝土技术有了新的进步，不少专家指出，粉煤灰混凝土技术的发展必须与配合比设计紧密联系，于是有人根据现行的粉煤灰混凝土技术，开始按照粉煤灰特征和特性，研究开发粉煤灰混凝土配合比设计的新方法。

上海市所发展的具体方法是应用由菲莱（Feret）混凝土强度理论公式演进来的粉煤灰混凝土强度理论公式，开展粉煤灰配合比设计方法的基础研究，从而启动了我国粉煤灰混凝土

配合比设计新方法的发展。

在20世纪60年代到80年代之间，有关的国内外混凝土专家们花费了很多时间研究出许多方法，其中以英国的I.A.Smith所提出的方法，推理性较周密，后来就发展成以粉煤灰胶凝效率系数 k 和等效水灰比为理论基础的等稠度和28d等强度的粉煤灰混凝土实用的配合比设计方法。

20世纪80年代中，作者等为适应国内粉煤灰混凝土新技术研究和开发的需要，借助于改良的菲莱粉煤灰强度理论公式，论证了“粉煤灰效应”（见本章第三节），并得出了强度与粉煤灰效应之间的简明关系，剖析了粉煤灰混凝土的强度特征与水泥、粉煤灰和水对强度的内部结构联系，提出了应用改良菲莱强度理论公式得出的粉煤灰混凝土配合比实验设计法。

与此同时，吸取国外在发展中的粉煤灰胶凝效率系数和等效水灰比的基本原则，综合我国国情，提出适用于磨细粉煤灰的粉煤灰混凝土配合比简易设计方法。解决了20世纪80年代磨细粉煤灰应用于钢筋混凝土的配合比设计的实用问题。这样的方法，现在在我国粉煤灰混凝土规范和规程中被称为“超量取代法”或“超量系数法”，虽然还存在着一定的局限性，但是通过大量实践表明，能够普遍适用于国内应用磨细粉煤灰的粉煤灰混凝土的配合比设计，可以满足“等强度”、“等稠度”的设计要求。

二、规定强度法

1.规定强度法的基本原理

规定强度法是指配制与基准混凝土“等稠度”和规定龄期“等强度”的粉煤灰混凝土的配合比设计方法。

混凝土配合比设计一般是以混凝土必须达到规定的强度要求为主要依据的，所以常规的混凝土配合比设计方法都可以视为“规定强度法”。从古典的菲莱强度理论算起，从研究到不断进步，其发展过程已经将近一个世纪了，其中令人瞩目的发展是从菲莱的混凝土强度基础理论公式发展到著名的确定混凝土强度和水灰比 m_W/m_C 关系的阿伯拉姆斯（Abrams）水灰比定律公式，以及以后普遍采用的保罗米（Bolomey）的灰水比（m_C/m_W）和强度线性关系公式。这些公式都是和至今还在沿用的混凝土强度公式“一脉相通”的，其差别只不过是不断适应混凝土新技术的发展。比如说，混凝土强度关系公式总是建立一定的工作性基础上，并且认为在集料的品质和配合比类同时，塑性混凝土的强度与其他性质都是由水灰比决定的。近年来学术界发生对水灰比有效性的议论，其中也包括粉煤灰的应用和影响水灰比的有效性的争论。但是作者认为，这只不过是上述混凝土技术的不断进步和不断适应科学技术进步的新发展。

实际上在粉煤灰混凝土配合比设计新技术的“规定强度法”发展中，专家们已经妥善地解决了所争议的问题。具体说就是研究和应用了“粉煤灰胶凝效率系数”和相应的“有效水灰比”。

2.粉煤灰强度效率系数、胶凝效率系数和等效水灰比的基本知识

与粉煤灰混凝土相结合的、改进的菲莱强度理论公式揭示了受到粉煤灰效应影响的混凝土强度基本特征以及等效水灰比的实际应用，能按照“规定强度法”的原则，提出具有一定程度推理性的粉煤灰混凝土配合比设计方法。

在这类方法中，为合理评价粉煤灰效应对强度的效率，以粉煤灰混凝土的菲莱特征系数

与基准水泥混凝土的菲莱特征系数的比值作为“粉煤灰强度效率系数 K_s”（参阅本章第三节）。用简化的粉煤灰混凝土强度与灰水比的菲莱公式，可以确定水泥、粉煤灰的用量与水胶比（即水与水泥加粉煤灰用量之比，也就是有效水灰比）之间的关系。

粉煤灰胶凝效率系数 k 和有效水灰比 $(m_W/m_C)_s$ 的概念为发展粉煤灰混凝土“规定强度法”的基本原则，这是英、美等国作为考虑粉煤灰混凝土配合比设计时在技术原则上统一的实用依据。粉煤灰胶凝效率系数 k 与有效水灰比的关系式（参阅本章第三节）是

$$(m_W/m_C)_s = \frac{m_W}{m_C + km_F} = \frac{m_W}{m_C}\left[\frac{1}{1+\left(\frac{km_F}{m_C}\right)}\right] \tag{4-8}$$

如果不掺粉煤灰的水泥混凝土，即 $m_F=0$，则 $(m_W/m_C)_s=\frac{m_W}{m_C}$，为混凝土通常的水灰比。在一般的混凝土实验室中能够以常用的试验方法大体上确定某种粉煤灰的胶凝效率系数 k 和强度与水泥、粉煤灰、用水量、等效水灰比的关系，建立起结合具体条件的强度公式或强度曲线。

在各个粉煤灰混凝土配合比设计新技术中，k 和 $(m_W/m_C)_s$ 是最基本的两个参量，不论采用何种粉煤灰混凝土配合比设计方法，对它们的特征和功能都应有充分的理解。然而我国粉煤灰混凝土规范和规程中所规定的有关粉煤灰混凝土配合比设计方法中，可能考虑到应用方便以及人们对粉煤灰等效水灰比的概念尚未普及，所以并未纳入等效水灰比这一参量，而只以“超量系数”来表示，实质上是使用胶凝效率系数 k 的另一种形式。

为了解国内外现在常用的粉煤灰混凝土配合比设计方法的现状和趋向，有必要仍将等效水灰比 $(m_W/m_C)_s$ 和粉煤灰胶凝效率系数 k 这两个重要的基本参量联系在一起提供设计参考。

粉煤灰胶凝效率系数值主要取决于所用粉煤灰的质量和掺量，所用水泥的性质，粉煤灰混凝土的养护龄期和养护条件以及对混凝土强度影响较大的其他因素。一般情况下，应按现行的标准规范和应用规程规定，以28d龄期标准养护的粉煤灰混凝土抗压强度作为测定 k 值的依据。

从粉煤灰对强度影响的使用价值来看，粉煤灰用在混凝土中可能作为一种低强度的胶凝材料，也有可能成为与水泥强度等同的高级胶凝材料，即使是同一种粉煤灰，其强度变化的幅度是很大的，因为 k 值可随混凝土养护龄期而变化。如果要满足早期等强度的要求，k 值就很低；反之，如果按后期等强度要求来设计，k 值就能提高。k 值还会随粉煤灰混凝土的强度等级的提高而增大。k 值与粉煤灰混凝土配合比设计的经济性有很大关系。

k 值的作用也可表明，把粉煤灰用作胶凝材料，粉煤灰的价值主要取决于粉煤灰效应所获得的效益。只有充分利用粉煤灰效应，才能提高粉煤灰在混凝土中应用的实际价值。前面提到的粉煤灰强度系数 K_s，实质上是 k 值参量的另一种形式，可以与 k 值同样用来说明粉煤灰在混凝土中强度价值和经济价值。但是 K_s 在形式上没有与粉煤灰取代水泥量直接发生联系，理解时就需多作一些思考。

鉴于 K_s、k、$(m_W/m_C)_s$ 等技术参量都是粉煤灰混凝土新技术中与配合比设计密切相关的，所以尽管我国规范规定的粉煤灰混凝土配合比设计的几个方法，都不直接涉及这些参量，在本节介绍具体的配合比设计方法之前，把粉煤灰混凝土配合比设计技术的基本知识作

一些简单的介绍，对有关技术的发展和进步是有裨益的，特别是在比较复杂的配合比设计工作过程中，对开拓设计思路是有帮助的。

三、GBJ146—1990《粉煤灰混凝土应用技术规范》等规定的粉煤灰混凝土配合比设计方法

混凝土中掺加粉煤灰，因掺加量和取代水泥量不同，通常可以分为取代法、添加法、取代添加法等三种方法，GBJ146—1990 规范中罗列了这三种方法，而 JGJ28—1986《粉煤灰在混凝土和砂浆中应用技术规程》则规定后一种取代添加法。这三种方法分别说明如下：

1. 取代法

取代法是用重量相等或绝对体积相等的粉煤灰取代水泥。如按绝对体积粉煤灰等量取代水泥，胶凝材料浆体的体积基本不增加。如按重量取代，胶凝材料浆体的体积就会增加一些。一般所谓等量取代法，就是指用粉煤灰等重量取代水泥。按等重量取代法配制的粉煤灰混凝土 28d 龄期时往往不能达到与基准混凝土等强度要求，要到 90d，甚至 365d 龄期才能达到。这类方法可用于设计超强过多的混凝土或只要求降低温升的大体积混凝土。

减水剂和高品位低钙粉煤灰或高钙粉煤灰复合使用时，取代法设计的混凝土也有可能达到 28d 龄期等强度。用这种方法进行配合比设计的混凝土所增加的产量，可在计算中调整集料用量来抵消。

2. 添加法

添加法是指混凝土中掺加粉煤灰，但不减少水泥用量，即粉煤灰混凝土中的水泥用量和基准混凝土中的水泥用量相等。添加法又叫外加法，一般是用粉煤灰取代砂子，特别是使用了粗砂、碎石砂（细石屑）等工作性较差的混凝土，也适用于水泥用量甚少的贫混凝土、低强度和特低强度混凝土，用来改善新拌混凝土的工作性、粘聚性和改善泌水性和离析现象，或用于改善使用减水剂而引起的泌水、离析现象及降低坍落度损失，或者用来对比几种粉煤灰的质量、粉煤灰效应和效率。

3. 取代添加法（超量取代法）

取代添加法就是所谓“超量取代法”，是设计 28d 龄期“等强度”和“等稠度”的粉煤灰混凝土的常用方法，特别是现行的粉煤灰混凝土配合比简易设计法，就是预先进行取代添加法的系统试验，提供实用的“调整系数”，包括胶凝材料调整系数（或超量系数）及用水量调整系数，然后就可进行简易的粉煤灰混凝土配合比设计。

国内现行的 GBJ146—1990《粉煤灰混凝土应用技术规范》和 JGJ28—1986《粉煤灰在混凝土和砂浆中应用技术规程》中所规定的超量系数法实质上是只调整胶凝材料用量而不调整用水量的取代添加法。这种方法的规定是依据上海市磨细粉煤灰的研究开发的成果确定的。

上海市闵行磨细粉煤灰的需水量比为 98% ~ 102%，所以可取用水量调整系数为 1。实际上各家磨细粉煤灰产品与需水量比也并不一致。当时上海市推广适用于钢筋混凝土中的粉煤灰应用新技术，根据研究和技术开发的具体情况，推荐采用超量系数法，经实践证明，在一定的条件下这种方法还是比较方便和实用的。

现在随着粉煤灰质量分级规定的制度以及粉煤灰资源的扩大开发，在用取代添加法设计粉煤灰混凝土和在粉煤灰明显影响需水性时，就有必要对混凝土用水量加以适当调整。

四、粉煤灰混凝土配合比设计的原则和规定

（一）与基准混凝土对比的原则

上述三种方法都可以建立在不掺粉煤灰的基准水泥混凝土技术的基础上，并与基准混凝土进行对比。这是国内工程界比较容易接受的配合比设计重要原则。国际上有些专家主张粉煤灰既然是新资源和混凝土新的基本组分，就应按独特产品、独立设计的原则，不要受传统方法的影响。这可能是个技术进步的方向之一，但是在粉煤灰混凝土新技术推广应用的第一阶段，不能逾越与基准混凝土相对比的“效率”基础。

在本章第三节中介绍的粉煤灰效应及其效率，已对这个问题作了理论上的说明，从实用性上看，这是粉煤灰混凝土配合比设计理性方法推广初期必须经过的途径。

特别重要的是，目前我国钢筋混凝土设计和施工规范还未与粉煤灰混凝土应用技术规范和规程相互发生联系，或者把一定条件下的粉煤灰混凝土技术作为适用于钢筋混凝土的现实，作为规范的一个部分。这对在国内扩大粉煤灰混凝土技术的推广应用有相当大的影响。

必须重复强调，粉煤灰混凝土之所以要与基准水泥混凝土对比，是因为在技术上粉煤灰混凝土是一种改性混凝土，其定性和定量必须与基准混凝土对照；了解改性的粉煤灰效应及其效率，也必须以基准混凝土的质量为基准，这就是质量管理科学中的相对质量、不同的对比方式和方法，还能够进一步发现，不但保证规定龄期的（比如28d龄期）混凝土配合比设计可以取得预期的效果，而且能够积极而慎重地考虑如何充分利用粉煤灰混凝土长期的效应及其效率，专门设计经济效果更好的粉煤灰混凝土。

此外，粉煤灰混凝土配合比简易设计法中往往以基准混凝土的配合比设计为起点，有利粉煤灰混凝土新技术的推广应用，因为这样可以直接借鉴和借助普通混凝土配合比设计的大量技术资料、已掌握的混凝土技术法则及长期的丰富经验。

（二）GBJ146—1990《粉煤灰混凝土应用技术规范》中与配合比设计有关的规定

1. 粉煤灰混凝土的工程应用规定

（1）粉煤灰用于混凝土工程，可根据等级按下列规定应用：①Ⅰ级粉煤灰适用于钢筋混凝土和跨度小于6m的预应力钢筋混凝土；②Ⅱ级粉煤灰适用于钢筋混凝土和无筋混凝土；③Ⅲ级粉煤灰主要用于无筋混凝土。对设计强度等级C30级以上的无筋粉煤灰混凝土，宜采用Ⅰ、Ⅱ级粉煤灰；④用于预应力钢筋混凝土、钢筋混凝土及设计强度等级C30级以上的无筋混凝土的粉煤灰，如经试验论证，可采用比①、②、③规定低一级的粉煤灰。

（2）粉煤灰用于跨度小于6m的预应力钢筋混凝土时，放松预应力前，粉煤灰混凝土的强度必须达到设计规定的强度等级，且不得小于20MPa。

（3）配制泵送混凝土、大体积混凝土、抗渗结构混凝土、抗硫酸盐和抗海水侵蚀混凝土、蒸养混凝土、轻集料混凝土、地下工程混凝土、水下工程混凝土、压浆混凝土及碾压混凝土等，宜掺用粉煤灰。

（4）根据各类工程和各种施工条件的不同要求，粉煤灰可与各类外加剂同时使用。外加剂的适应性及合理掺量应由试验确定。

（5）粉煤灰用于下列混凝土时，应采取相应措施：①粉煤灰用于要求高抗冻融性的混凝土时，必须掺入引气剂；②粉煤灰混凝土在低温条件下施工时，宜掺入对粉煤灰混凝土无害的早强剂或防冻剂，并应采取适当的保温措施；③用于早期脱模、提前负荷的粉煤灰混凝土，宜掺用高效减水剂、早强剂等外加剂。

（6）掺有粉煤灰的钢筋混凝土，对含有氯盐外加剂的限制，应符合现行国家标准《混凝土外加剂应用技术规范》的有关规定。

2. 粉煤灰混凝土配合比设计的规定

（1）粉煤灰混凝土的设计强度等级、强度保证率、标准差及离差系数等指标，应与基准混凝土相同，其取值应按现行国家有关标准规范执行。

（2）粉煤灰混凝土设计强度等级的龄期，地上工程宜为28d；地面工程宜为28d或60d；地下工程宜为60d或90d；大体积混凝土工程宜为90d或180d。在满足设计要求的条件下，以上各种工程采用的粉煤灰混凝土，其强度等级龄期也可用相应的较长龄期。

表4-10　粉煤灰的超量系数 *K*

粉煤灰等级	超量系数
Ⅰ	1.1～1.4
Ⅱ	1.3～1.7
Ⅲ	1.5～2.0

（3）混凝土中掺用粉煤灰可采用等量取代法、超量取代法和外加法。粉煤灰混凝土的配合比设计应按绝对体积法计算。

（4）当粉煤灰混凝土配合比设计采用超量取代法时，超量系数可按表4-10选用。当混凝土超强较大或配制大体积混凝土时，可采用等量取代法。当主要为改善混凝土的工作性时，可采用外加法。

（5）粉煤灰的含水率大于1%时，粉煤灰中的含水量应从粉煤灰混凝土配合比用水量中扣除。粉煤灰混凝土中掺入引气剂时，其增加的空气体积应在配合比设计的混凝土体积中扣除。

3. 粉煤灰取代水泥最大限量的规定

（1）粉煤灰在各种混凝土中取代水泥的最大限量（以重量计），应符合表4-11的规定。

表4-11　粉煤灰取代水泥的最大限量

混凝土种类	粉煤灰取代水泥的最大限量（%）			
	硅酸盐水泥	普通硅酸盐水泥	矿渣硅酸盐水泥	火山灰质硅酸盐水泥
预应力钢筋混凝土	25	15	10	—
钢筋混凝土 高强度混凝土 高抗冻融性混凝土 蒸养混凝土	30	25	20	15
中低强度混凝土 泵送混凝土 大体积混凝土 地下混凝土 压浆混凝土	50	40	30	20
碾压混凝土	65	55	45	35

（2）当钢筋混凝土中钢筋保护层厚度小于5cm时，粉煤灰取代水泥的最大限量，应比表4-11的规定相应减少5%。

五、粉煤灰混凝土配合比计算方法

GBJ146—1990《粉煤灰混凝土应用技术规范》中具体规定了粉煤灰混凝土配合比计算方法，有利于国内粉煤灰混凝土应用技术的规范化。所规定的方法与按规程规定的和国内专家们推荐的简易法基本上是一致的。规范规定的计算方法中除三种粉煤灰混凝土配合比方法外，还包括作为基准的普通混凝土的配合比计算方法，这也是值得重视的问题，因为作为粉煤灰混凝土对比的基准，首先要精心设计。

（一）基准混凝土配合比计算方法

基准混凝土配合比的计算主要是按照国标 JGJ 55—2000《普通混凝土配合比设计规程》（以下简称规程）要求进行计算。

1. 混凝土配制强度的确定

（1）混凝土配制强度应按下式计算

$$f_{cu,0} \geqslant f_{cu,K} + 1.645\sigma \tag{4-9}$$

式中 $f_{cu,0}$——混凝土配制强度，MPa；

$f_{cu,k}$——混凝土立方体抗压强度标准值，MPa；

σ——混凝土强度标准差，MPa。

（2）遇有下列情况时应提高混凝土配制强度。

1）现场条件与试验室条件有显著差异时；

2）C30 级及其以上强度等级的混凝土，采用非统计方法评定时。

（3）混凝土强度标准差宜根据同类混凝土统计资料计算确定，并应符合下列规定。

1）计算时，强度试件组数不应少于 25 组；

2）当混凝土强度等级为 C20 和 C25 级，其强度标准差计算值小于 2.5MPa 时，计算配制强度用的标准差应取不小于 2.5MPa；当混凝土强度等级等于或大于 C30 级，其强度标准差计算值小于 3.0MPa 时，计算配制强度用的标准差应取不小于 3.0MPa；

3）当无统计资料计算混凝土强度标准差时，其值应按现行国家标准 GB50204—2002《混凝土结构工程施工质量验收规范》的规定取用。

2. 混凝土配合比设计中的基本参数

（1）每立方米混凝土用水量的确定，应符合下列规定。

1）干硬性和塑性混凝土用水量的确定：

①水灰比在 0.40～0.80 范围时，根据粗集料的品种、粒径及施工要求的混凝土拌和物稠度，其用水量可按表 4-12 和表 4-13 选取。

②水灰比小于 0.40 的混凝土以及采用特殊成型工艺的混凝土用水量应通过试验确定。

表 4-12❶ 干硬性混凝土的用水量 （kg/m^3）

拌合物稠度		卵石最大粒径（mm）			碎石最大粒径（mm）		
项目	指标	10	20	40	16	20	40
维勃稠度（s）	16～20	175	160	145	180	170	155
	11～15	180	165	150	185	175	160
	5～10	185	170	155	190	180	165

❶ 表 4-12 和表 4-13 引自《普通混凝土配合比设计规程》，规程中原表号分别为表 4.0.1-1，表 4.0.1-2。

表 4-13[1]　**塑性混凝土的用水量**　（kg/m³）

拌合物稠度		卵石最大粒径（mm）				碎石最大粒径（mm）			
项目	指标	10	20	31.5	40	16	20	31.5	40
坍落度（mm）	10～30	190	170	160	150	200	185	175	165
	35～50	200	180	170	160	210	195	185	175
	55～70	210	190	180	170	220	205	195	185
	75～90	215	195	185	175	230	215	205	195

注　1. 本表用水量系采用中砂时的平均取值。采用细砂时，每立方米混凝土用水量可增加 5～10kg；采用粗砂时，则可减少 5～10kg。
2. 掺用各种外加剂或掺合料时，用水量应相应调整。

2）流动性和大流动性混凝土的用水量宜按下列步骤计算。

①以表 4-13 中坍落度 90mm 的用水量为基础，按坍落度每增大 20mm 用水量增加 5kg，计算出未掺外加剂时的混凝土的用水量；

②掺外加剂时的混凝土用水量可按下列计算

$$m_{wa} - m_{wo}(1 \quad \beta) \tag{4-10}$$

式中　m_{wa}——掺外加剂混凝土每立方米混凝土的用水量，kg；

m_{wo}——未掺外加剂混凝土每立方米混凝土的用水量，kg；

β——外加剂的减水率，%。

③外加剂的减水率应经试验确定。

（2）当无历史资料可参考时，混凝土砂率的确定应符合下列规定。

1）坍落度为 10～60mm 的混凝土砂率，可根据粗集料品种、粒径及水灰比按表 4-14 选取。

表 4-14[1]　**混 凝 土 的 砂 率**　（%）

水灰比（W/C）	卵石最大粒径（mm）			碎石最大粒径（mm）		
	10	20	40	16	20	40
0.40	26～32	25～31	24～30	30～35	29～34	27～32
0.50	30～35	29～34	28～33	33～38	32～37	30～35
0.60	33～38	32～37	31～36	36～41	35～40	33～38
0.70	36～41	35～40	34～39	39～44	38～43	36～41

注　1. 本表数值系中砂的选用砂率，对细砂或粗砂，可相应地减少或增大砂率；
2. 只用一个单粒级粗集料配制混凝土时，砂率应适当增大；
3. 对薄壁构件，砂率取偏大值；
4. 本表中的砂率系指砂与集料总量的重量比。

2）坍落度大于 60mm 的混凝土砂率，可经试验确定，也可在表 4-14 的基础上，按坍落度要增大 20mm，砂率增大 1%的幅度予以调整。

3）坍落度小于 10mm 的混凝土，其砂率应经试验确定。

表 4-15❶ 混凝土的最大水灰比和最小水泥用量

环境条件		结构物类别	最大水灰比			最小水泥用量（kg）		
			素混凝土	钢筋混凝土	预应力混凝土	素混凝土	钢筋混凝土	预应力混凝土
干燥环境		正常的居住或办公用房屋内部件	不作规定	0.65	0.60	200	260	300
潮湿环境	无冻害	（1）高湿度的室内部件；（2）室外部件；（3）在非侵蚀性土和（或）水中的部件	0.70	0.60	0.60	225	280	300
潮湿环境	有冻害	（1）经受冻害的室外部件；（2）在非侵蚀性土和（或）水中且经受冻害的部件；（3）高湿度且经受冻害的室内部件	0.55	0.55	0.55	250	280	300
有冻害和除冰剂的潮湿环境		经受冻害和除冰剂作用的室内和室外部件	0.50	0.50	0.50	300	300	300

注 1. 当用活性掺合料取代部分水泥时，表中的最大水灰比及最小水泥用量即为替代前的水灰比和水泥用量。
2. 配制 C15 级及其以下等级的混凝土，可不受本表限制。

表 4-16❶ 长期处于潮湿和严寒环境中混凝土的最小含气量

粗集料最大粒径（mm）	最小含气量（%）	粗集料最大粒径（mm）	最小含气量（%）
40	4.5	20	5.5
25	5.0		

注 含气量的百分比为体积比。

（3）外加剂和掺合料的掺量应通过试验确定，并应符合国家现行标准（GBJ119）《混凝土外加剂应用技术规范》、（JGJ28）《粉煤灰在混凝土和砂浆中应用技术规程》、（GBJ146）《粉煤灰混凝土应用技术规范》、（GB/T18046）《用于水泥与混凝土中粒化高炉矿渣粉》等的规定。

（4）当进行混凝土配合比设计时，混凝土的最大水灰比和最小水泥用量，应符合表 4-15 中的规定。

（5）长期处于潮湿和严寒环境中的混凝土，应掺用引气剂或引气减水剂。引气剂的掺入量应根据混凝土的含气量并经试验确定，混凝土的最小含气量应符合表 4-16 的规定；混凝土的含气量亦不宜超过 7%。混凝土中的粗集料和细集料应做坚固性试验。

3. 混凝土配合比的计算

（1）进行混凝土配合比计算时，其计算公式和有关参数表格中的数值均系以干燥状态集料为基准。当以饱和面干集料为基准进行计算时，则应做相应的修正。

注：干燥状态集料系指含水率小于 0.5% 的细集料或含水率小于 0.2% 的粗集料。

（2）混凝土配合比应按下列步骤进行计算。

1）计算配制强度 $f_{cu,0}$ 并求出相应的水灰比；

2）选取每立方米混凝土的用水量，并计算出每立方米混凝土的水泥用量；

3）选取砂率，计算粗集料和细集料的用量，并提出供试配用的计算配合比。

（3）混凝土强度等级小于 C60 级时，混凝土水灰比宜按下式计算

❶ 表 4-14，表 4-15，表 4-16 引自《普通混凝土配合比设计规程》，规程中原表号分别为表 4.0.3，表 4.0.4，表 4.0.5。

$$W/C = \frac{\alpha_a \cdot f_{ce}}{f_{cu,0} + \alpha_a \cdot \alpha_b \cdot f_{ce}} \tag{4-11}$$

式中 α_a、α_b——回归系数；

f_{ce}——水泥 28d 抗压强度实测值，MPa。

1）当无水泥 28d 抗压强度实测值时，式（4-11）中的 f_{ce}值可按下式确定

$$f_{ce} = \gamma_c \cdot f_{ce,g} \tag{4-12}$$

式中 γ_c——水泥强度等级值的富余系数，可按实际统计资料确定；

$f_{ce,g}$——水泥强度等级值，MPa。

2）f_{ce}值也可根据 3d 强度或快测强度推定 28d 强度关系式推定得出。

（4）回归系数 α_a 和 α_b 宜按下列规定确定。

1）回归系数 α_a 和 α_b 应根据工程所使用的水泥、集料，通过试验由建立的水灰比与混凝土强度关系式确定；

2）当不具备上述试验统计资料时，其回归系数可按表 4-17 采用。

（5）每立方米混凝土的用水量（m_{wo}）可按第 2（1）条的规定确定。

（6）每立方米混凝土的水泥用量（m_{co}）可按下式计算

$$m_{co} = \frac{m_{wo}}{(W/C)} \tag{4-13}$$

表 4-17 回归系数 α_a、α_b 选用表

石子品种 / 系数	碎石	卵石
α_a	0.46	0.48
α_b	0.07	0.33

（7）混凝土的砂率可按第 2（2）条的规定选取。

（8）粗集料和细集料用量的确定，应符合下列规定。

1）当采用重量法时，应按下列公式计算

$$m_{co} + m_{go} + m_{so} + m_{wo} = m_{cp} \tag{4-14}$$

$$\beta_s = \frac{m_{so}}{m_{go} + m_{so}} \times 100\% \tag{4-15}$$

式中 m_{co}——每立方米混凝土的水泥用量，kg；

m_{go}——每立方米混凝土的粗集料用量，kg；

m_{so}——每立方米混凝土的细集料用量，kg；

m_{wo}——每立方米混凝土的用水量，kg；

β_s——砂率，%；

m_{cp}——每立方米混凝土拌合物的假定重量，kg，其值可取 2350～2450kg。

2）当采用体积法时，应按式（4-16）、式（4-17）计算

$$\frac{m_{co}}{\rho_c} + \frac{m_{go}}{\rho_g} + \frac{m_{so}}{\rho_s} + \frac{m_{wo}}{\rho_w} + 0.01\alpha = 1 \tag{4-16}$$

$$\beta_s = \frac{m_{so}}{m_{go} + m_{so}} \times 100\% \tag{4-17}$$

式中 ρ_c——水泥密度，kg/m³，可取 2900～3100kg/m³；

ρ_g——粗集料的表观密度，kg/m³；

ρ_s——细集料的表观密度，kg/m³；

ρ_w——水的密度，kg/m³，可取 1000kg/m³；

α——混凝土的含气量百分数，在不使用引气型外加剂时，α 可取为 1。

3）粗集料和细集料的表观密度（ρ_g、ρ_s）应按现行行业标准 JGJ53《普通混凝土用碎石或卵石质量标准及检验方法》和 JGJ52《普通混凝土用砂质量标准及检验方法》规定的方法测定。

（二）等量取代法配合比计算方法

（1）选定与基准混凝土相同或稍低的水灰比。

（2）根据确定的粉煤灰等量取代水泥量（$f\%$）和基准混凝土水泥用量（m_{C0}），应按式（4-18）计算粉煤灰用量（m_F）和粉煤灰混凝土中的水泥量（m_C）

$$m_F = m_{C0}f(\%) \tag{4-18}$$

$$m_C = m_{C0} - m_F \tag{4-19}$$

（3）粉煤灰混凝土的用水量（m_W）应按下式计算

$$m_W = \frac{m_W}{m_{C0}}(m_C + m_F) \tag{4-20}$$

（4）水泥和粉煤灰的浆体体积（V_{CF}），应按下式计算

$$V_{CF} = \frac{m_C}{\rho_C} + \frac{m_F}{\rho_F} + m_W \tag{4-21}$$

式中 ρ_F——粉煤灰密度。

（5）砂料和石料的总体积（V_{SG}），应按式（4-22）计算

$$V_{SG} = 1000(1 - a) - V_{CF} \tag{4-22}$$

（6）选用与基准混凝土相同或稍低的砂率（Q_S）、砂料（m_S）和石料（m_G）的用量，应按式（4-23）计算

$$m_S = V_{SG}Q_S\rho_S \tag{4-23}$$

$$m_G = V_{SG}(1 - Q_S) \cdot \rho_G \tag{4-24}$$

（7）用等量取代法设计粉煤灰混凝土配合比时各种材料用量为 m_C、m_F、m_W、m_S、m_G。

（三）超量取代法配合比计算方法

（1）根据基准混凝土计算出的各种材料用量（m_{C0}、m_{W0}、m_{S0}、m_{G0}），选取粉煤灰取代水泥率（f%）和超量系数（K），对各种材料进行计算调整。

（2）粉煤灰取代水泥量（m_F）、总掺量（m_{Ft}）及超量部分质量（m_{Fe}），应按式（4-25）计算

$$m_F = m_{C0}f(\%) \tag{4-25}$$

$$m_{Ft} = Km_F \tag{4-26}$$

$$m_{Fe} = (K - 1)m_F \tag{4-27}$$

（3）水泥的重量（m_C），应按式（4-28）计算，即

$$m_C = m_{C0} - m_F \tag{4-28}$$

（4）粉煤灰超量部分的体积应按式（4-29）计算，即在砂料中扣除同体积的砂重，求出

调整后的砂重（m_{Se}）

$$m_{Se} = m_{S0} - \frac{m_{Fe}}{\rho_F}\rho_S \qquad (4\text{-}29)$$

（5）超量取代粉煤灰混凝土的各种材料用量为：m_C、m_{Ft}、m_{W0}、m_{G0}。

（四）外加法配合比计算方法

（1）根据基准混凝土计算出的各种材料用量（m_{C0}、m_{W0}、m_{S0}、m_{G0}）选定外加粉煤灰掺入率（f_m%），对各种材料进行计算调整。

（2）外加粉煤灰的重量（m_{Fm}），应按式（4-30）计算

$$m_{Fm} = m_{C0}f_m(\%) \qquad (4\text{-}30)$$

（3）外加粉煤灰的体积应按式（4-31）计算，即在砂料中扣除同体积的砂重，求出调整后的砂重（m_{Sm}）

$$m_{Sm} = m_{S0} - \frac{m_{Fm}}{\rho_F}\rho_S \qquad (4\text{-}31)$$

（4）外加粉煤灰混凝土的各种材料用量为：m_{C0}、m_{Fm}、m_{Sm}、m_{W0}、m_{G0}。

六、粉煤灰混凝土配合比设计中的注意事项

1. 选材和配料

任何混凝土配合比设计实际上都有两个内容：一是选材，二是配料。比如说，规范中规定：用于预应力钢筋混凝土、钢筋混凝土及设计强度C30级以上的无筋混凝土的粉煤灰，如经试验论证，可采用比条款规定低一级的粉煤灰。因此尚须开展系统的研究试验工作，提供能够作为认证可靠依据的研究试验报告，作为规范的补充。

2. 充分了解应用技术基础和条件

前文重点指出，粉煤灰胶凝效率系数 k 是重要的和基本的技术参量，现行的粉煤灰混凝土配合比简易方法都与粉煤灰胶凝效率系数有联系。超量系数 K，恰恰是 k 的倒数，即

$$K = \frac{1}{k}$$

在国内实际应用的不同的粉煤灰混凝土配合比方法中，存在着名称或概念上的差别，容易发生混淆，以致误解和误用。因此，要充分了解所用方法的具体的技术基础和条件，以避免混淆。

3. 试拌和误差的原则

现行的混凝土配合比设计的技术水平主要是通过实际材料代表性样品的试拌，并不断依靠试拌结果，进行配合比的校正。对粉煤灰混凝土也是如此。混凝土试验工作人员应对混凝土试拌和误差校正具有一定的经验才能对试拌结果迅速作出正确的判断。

4. 质量管理

目前在国内一些城市中使用粉煤灰混凝土的数量已不少，但是粉煤灰混凝土配合比设计还不能与混凝土质量管理的技术密切结合。这是控制混凝土质量与了解真实混凝土质量的重要关键，今后必须加强这方面的结合，才能对粉煤灰混凝土的质量作出正确的评价。

5. 耐久性设计

上述粉煤灰混凝土配合比设计方法中，如对于混凝土耐久性有特殊要求的，在目前规范和规程尚无具体规定的情况下，应按规范和规程的精神，对重要的工程必须通过试验和技术认证，以保证粉煤灰混凝土的质量达到规定的特性和性能的指标。尤其要注意粉煤灰混凝土耐久性应达到长期的潜在性能。

6. 掺用Ⅰ级粉煤灰的混凝土配合比设计的调整系数法

1992年上海市在国内领先开发了Ⅰ级粉煤灰产品，符合GB1596—1991及GBJ146—1990国家标准的规定。因为它有一定的减水功能，需水量比达95%以下，很受欢迎。

Ⅰ级粉煤灰的减水作用，由于国内现行粉煤灰混凝土应用技术规范正在修订中，只能将上海市建筑科学研究院科研新成果中，与石洞口发电厂协作开发的适用于Ⅰ级粉煤灰的混凝土配合比设计调整系数法，介绍如下：

研究这个方法的目的主要是为了上海市重点工程的需要，作为粉煤灰混凝土配合比的指南，其中包括与减水剂复合掺用，其次是提供国家应用技术规范修订的参考。

这个调整系数法叫做“双调整法”，就是既调整混凝土胶凝材料用量，又调整混凝土的用水量。

根据上海市建筑科学研究院提供的调整系数（使用石洞口发电厂生产的Ⅰ级粉煤灰）列于表4-18中。

表4-18　　使用Ⅰ级粉煤灰的调整系数参考表

粉煤灰掺量$\frac{m_F}{m_C+m_F}\times 100$	用水量调整系数	胶凝材料调整数
0	1.00	1.00
10	0.97～0.98	1.00～1.02
20	0.95～0.965	1.03～1.05
30	0.93～0.95	1.06～1.08
40	0.96～0.98	1.11～1.13
50	0.99～1.01	1.14～1.15

参照表4-18，应用双调整系数时，与基准混凝土对比，可进行28d等强度和等稠度的粉煤灰混凝土的配合比设计。配合比设计方法和步骤与单调整系数相同。

如果使用Ⅰ级粉煤灰的同时，又复合掺加减水剂和高效减水剂，则上海市建筑科学研究院提供的用水量调整系数应作变更，见表4-19。所采用的Ⅰ级粉煤灰为上海石洞口发电厂产品，减水剂为木质素磺酸钙（吉林开山屯产）、3F（上海产）、SN-Ⅱ（上海产）。

表4-19　　使用Ⅰ级粉煤灰与减水剂、高效减水剂时混凝土用水量调整系数参考表

粉煤灰掺量$\frac{m_F}{m_C+m_F}\times 100$	木质素磺酸钙	3F	SN-Ⅱ
0	0.88	0.93	0.83
10	0.85～0.86	0.90～0.91	0.80～0.81
20	0.83～0.84	0.88～0.90	0.78～0.80
30	0.81～0.83	0.86～0.88	0.76～0.78
40	0.84～0.86	0.89～0.91	0.79～0.81
50	0.87～0.89	0.92～0.94	0.82～0.84

使用Ⅰ级粉煤灰有利于发挥粉煤灰效应，适用于配制粉煤灰优质混凝土以及提高混凝土的耐久性。

七、粉煤灰混凝土配合比直接设计法的研究❶

（一）粉煤灰混凝土配比技术的发展与现状

我国粉煤灰混凝土配比设计大体经历了三个阶段，即早期的等量取代，20世纪80年代起逐步推广的改良对比设计法以及当今发展中的直接设计法。

早期等量取代法包括等重（质）量或等体积取代水泥，主要目的为节约水泥和降低水化热。但是混凝土强度往往低于基准混凝土，尤其是早期强度。

20世纪60～80年代，国内外相继提出不少有关粉煤灰混凝土配比设计的概念与方法，其中，对国内影响较大的是由英国I.A.smith于1967年提出的胶凝效率系数（K）的概念。大致从20世纪80年代以后，先后出现了以下几种配比设计方法：

（1）固定用量与固定掺量法，即预先确定单方混凝土中粉煤灰用量（F）或粉煤灰与水泥的比值（F/C），然后根据系数K和等效水灰比的概念计算水泥用量。一般F值为40～80kg/m^3，F/C值$\leqslant 30\%$。

（2）超量系数法。此法已列入（JGJ 28—1986）《粉煤灰在混凝土与砂浆中的应用规程》和（GBJ146—1990）《粉煤灰混凝土应用技术规范》。在规程中规定了取代水泥的比率范围和超量系数的范围，对Ⅱ级低钙灰用水量一般可不作调整。

（3）调整系数法。即在基准混凝土配比基础上，通过用水量、水泥用量、胶凝材料用量三个调整系数来确定水、水泥与粉煤灰的用量。由于此法同时调节水和胶凝材料用量，故又称为“双调法”。此外，还有一种调整系数法，即通过试验找出不同掺量的粉煤灰与不同品种水泥复合时的水泥强度折减系数，在常用混凝土强度公式中引入此系数，然后计算出水胶比。

上述几种方法可概括为改良对比设计法。其共同特点是：

（1）依靠与基准混凝土对比；

（2）等效设计，以“等强度、等稠度”为设计原则，也可引申出“等耐久性”等方法；

（3）变量取代，“变量”系相对于等量而言，在大多数情况下粉煤灰“超量”，对某些品质很好的灰，或者在某些特定的对比条件下，也可能达到“等量”。

虽然改良对比设计法比早期的等量取代法有很大进步，有较好的实用价值，但亦存在一些不足之处，如必须先确定基准混凝土的配合比，其次粉煤灰掺量、超量系数的选择完全由设计者自行决定，存在一定的主观随意性或从众性，再次，这些方法在本质上均与系数K值密切相关，而K值受到灰品种、品质、掺量、养护条件与龄期等多种因素有关，为此需要大工作量的系统试验。

通过不断的实践，随着对粉煤灰在混凝土中作用认识的不断深入，在建立各种改良对比设计法的同时，国外率先提出将粉煤灰作为混凝土的一种基本组成材料，直接建立混凝土与胶凝材料之间的强度方程式，并在此基础上实现不与基准混凝土对比的配比设计方法。其代表人物有美国的popvies等人，我国在这方面起步较晚，但这一设计思想已经被接受，认识到它可能是粉煤灰混凝土配比设计技术的发展方向。

---

❶ 本文选自吴学礼、杨钱荣、张树青（国济大学材料工程研究所）、张凌翼（上海锦前网络技术有限公司）的《粉煤灰混凝土配比直接设计法的初步研究》。

随着计算机技术的迅速发展及其在经济领域各行各业中的普及与应用，逐步实现粉煤灰混凝土配比的直接设计法已经成为可能，并提上日程。

（二）配比直接设计法主要参数的确定

粉煤灰混凝土配比要实现直接设计，需解决四个参数的确定方法，那就是水胶比、粉煤灰掺量、用水量和砂率。目前应用较多的Ⅱ级低钙粉煤灰的需水量比一般波动于100%±3%之间，在掺量不太大的情况下，对水泥混凝土拌和物用水量影响不大。因此，在直接设计法中，Ⅱ级粉煤灰混凝土用水量的确定，仍可参照普通混凝土的用水量取值表（JGJ/T 55—1996）。至于砂率，由于粉煤灰与水泥的密度差异，现行规范采用扣除砂用量来平衡体积，一般粉煤灰混凝土的砂率均低于基准混凝土。经粗略估算，在直接设计法中，砂率可用水胶比代替普通混凝土砂率取值表（JGJ/T 55—1996）中的水灰比，按表中相关值的下限取值。这里着重讨论水胶比与掺量的确定方法。

1. 双变量强度公式的建立

实践已证明，水胶比与粉煤灰掺量是影响粉煤灰混凝土的两个最主要因素。因此，有必要将它作为一个独立变量引入传统的混凝土强度公式。迄今见诸文献的这类公式大致有线性和非线性两类。

$f_c = A\cdot(C+F)/W - BF - C$ （4-32）水科院、长科院

$f_c = A\cdot(C+F)/W - B$（以各个掺量形成一组公式） （4-33）上海市建科院

$f_c = A\cdot[(C+F)/W - 0.5] - BF^2$ （4-34）Sandor Popvies

$f_c = A/[b\cdot W/(C+F)\cdot(1 - C\cdot X_1 - d\cdot X_1^2)]\ \ X_1 \leqslant 0.4$ （4-35）清华大学

从理论上讲，对线性公式，粉煤灰掺量对强度的影响是线性的，即其影响程度与掺量无关；而非线性公式则表明其影响程度随掺量增大而增加。尽管在掺量较小时，两者的差异不大，但实际表明，掺量对强度的影响是非线性的。因此建立非线性强度公式更为合适。

根据采集了两个商品混凝土公司的生产数据和两个科研单位的系统试验数据，以式（4-34）为模型，按不同组合以最小平均相对误差为准则，用尝试法建立了多个系数不同的强度公式，尝试法的计算流程如图4-4所示。主要计算结果列于表4-20。

表4-20 非线性强度公式计算结果

序号	数据来源	组数	强度公式	平均相对误差
1	公司1（425号水泥）	32	$R = 20[(C+F)/W - 0.19] - 0.0096Fd^2$	0.047
2	公司1、2（525号水泥）	68	$R = 23[(C+F)/W - 0.14] - 0.0066Fd^2$	0.052
3	公司1、2，研究所1（525号水泥）	94	$R = 23.3[(C+F)/W - 0.1] - 0.0058Fd^2$	0.061
4	公司1、2，研究所1、2（525号水泥）	190	$R = 22.0[(C+F)/W - 0.52] - 0.0076Fd^2$	0.21

由表4-20中数据可见：

（1）式（4-34）包括了生产单位和研究单位的两类数据，而其误差与单纯生产单位数据的式（4-33）十分接近，由此，该式具有较好的普遍适用性。

（2）式（4-32）与式（4-33）的各系数差别明显，说明水泥标号的影响明显，这是因为该强度模型中水泥强度未作独立变量，而是包括在系数 A 之内。所以，若不分水泥强度等级，得到的强度公式相对误差必然较大，一旦分开，效果较好。

（3）式（4-35）与式（4-34）相比，计算数据中包括了水工混凝土的数据，系采用为中热水泥，虽然也属525号水泥，但其实测强度仅57MPa，而式（4-34）所用数据的水泥的实

测强度则在 62～66MPa 之间。式（4-35）的相对误差明显大于式（4-34），进一步说明了不仅是水泥强度等级，同强度等级水泥的实测强度对公式的准确性也有重要影响。因此，对大中型搅拌站，若有条件采用品牌和质量较稳定的水泥品种，则可以建立较为满意的强度公式。因此，在研制的专家系统中，为用户提供了可自行修正与优化公式系数的程序。这一程序也可用于Ⅱ级低钙粉煤灰之外的其他掺合料的情况下建立适用的强度公式。

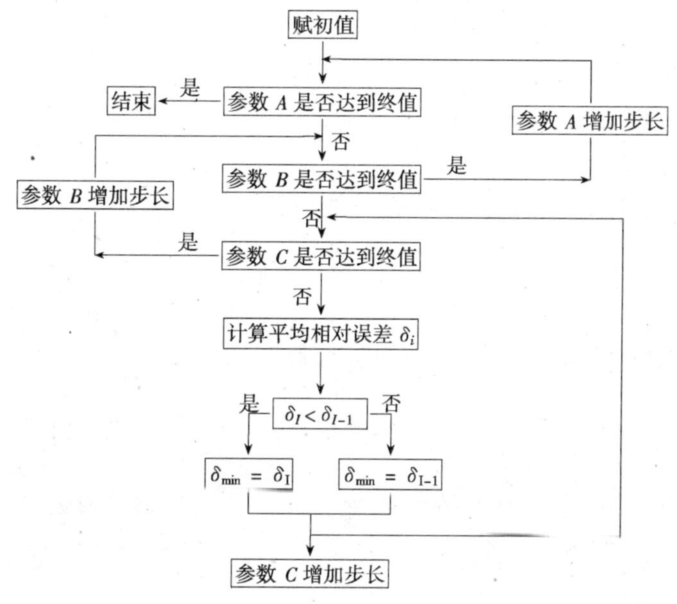

图 4-4　尝试法计算机流程示意

2. 按经济法则选择粉煤灰掺量的原理与方法

目前普通粉煤灰混凝土选择灰掺量主要是在符合规范 GBJ146—1990、JBJ28—1986 等取代水泥最大限量范围内自行定夺，有相当大的随意性与从众现象。为试图从最佳经济效益的原则出发，对如何更科学地选择灰掺量做一些探索。

（1）确定最佳经济灰掺量的原理与方法。如图 4-5 和图 4-6 所示，对某一强度值的混凝土，通过调节灰掺量与水胶比可获得多个配合比。一般而言，粉煤灰掺量 $F/(C+F)$ 增加，为满足等强度的要求，其水胶比要调低，在用水量不变时，即胶凝材料用量要提高，水泥与粉煤灰用量均需增大。这样，在某种粉煤灰掺量条件下，其混凝土材料成本（主要是胶凝材料的成本）可能达到最低。求该掺量的公式推导如下。

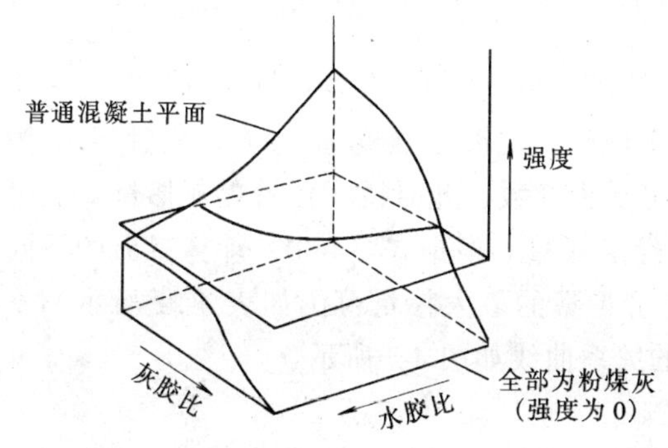

图 4-5　粉煤灰混凝土三维强度模型

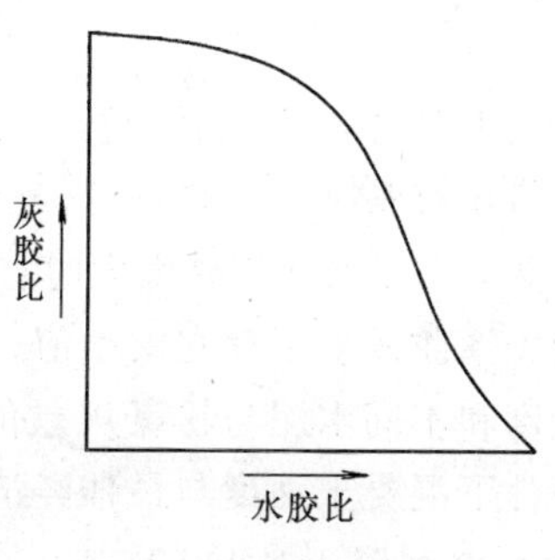

图 4-6　等强（等工作度）条件下二维关系

粉煤灰与水泥的组合价格可用以下函数表示

$$P = (C+F)\cdot K_{C\cdot F} \tag{4-36}$$

$$K_{C\cdot F} = K_C - 0.01\,(K_C - K_F)\cdot F_d \tag{4-37}$$

式中 P——每 m^3 混凝土中水泥与粉煤灰的总价格；

$K_{C\cdot F}$——每 kg 水泥与粉煤灰混和物的价格；

K_C——1kg 水泥价格；

K_F——1kg 粉煤灰价格；

K_d——灰掺量，%。

由非线性双变量强度公式可知

$$C+F = W\left(\frac{f_c + CF_d^2}{a} + b\right) \tag{4-38}$$

将式（4-37）和式（4-38）代入式（4-36）可得

$$P = W\,[K_C - 0.01\,(K_C - K_F)\,F_d]\left(\frac{f'_c + CF_d^2}{a} + b\right) \tag{4-39}$$

使式（4-39）具有极值的粉煤灰掺量 $F_{d\cdot opt}$，可由 P 对 F_d 求一阶偏导，令其值为零，然后解方程得出。

设

$$\frac{\partial P}{\partial F_d} = 0$$

则得到

$$F_{opt} = 33.33\frac{K_C}{K_C - K_F} - \sqrt{1111\left(\frac{K_C}{K_C - K_F}\right)^2 - \frac{f'_c + ab}{3c}} \tag{4-40}$$

当

$$\frac{\partial^2 P}{\partial F_d^2} = -\frac{0.06\,CW}{a}\,(K_C - K_F)\,F_d + \frac{2\,CW}{a}K_C > 0 \tag{4-41}$$

则式（4-39）有极小值。也就是说在一定条件下，存在最经济掺量。

将 K_C、K_F、f_C 及强度公式的系数 a、b、c 代入式（4-40），便可得到最经济掺量 $F_{d\cdot opt}$。

（2）关于式（4-40）的讨论。从计算 $F_{d\cdot opt}$ 的原理可知，方程（4-40）只有在 $F_{d\cdot opt}$ 为实数时，该值才有意义。也就是说，当 K_C、K_F 为定值时，混凝土强度 f_C 过多，或者当 f_C 为定值，而 K_C、K_F 二者相差太大时，该式第二项可能为虚数，此时说明在粉煤灰掺量与混凝土成本的关系曲线上不存在极小值，即不存在最经济掺量。根据式（4-40）计算得出的不同混凝土强度和不同水泥与粉煤灰差价时存在最经济掺量的最大掺量范围如表 4-21 所示。不同差价条件下混凝土强度与最佳经济掺量 $F_{d\cdot opt}$ 的关系曲线如图 4-7 所示。

从表 4-20 和图 4-7 可以看出：

（1）水泥与粉煤灰差价确定时，混凝土强度越高，最经济掺量也越高；

表 4-21 $F_{d,opt}$为实数时的最经济掺量

B \ C \ A	1.5	2.0	2.5	3.0	3.5	4.0	4.5	5.0
20	6.6	10.4	13.1	15.1	16.8	18.1	19.3	20.4
25	8.2	13.1	16.6	19.5	22.0	24.3	26.6	28.8
30	9.8	15.8	20.5	24.7	28.8	33.6	—	—
35	11.4	18.7	24.9	31.2	41.0	—	—	—
40	13.0	21.8	30.0	41.8	—	—	—	—
45	14.7	25.1	36.4	—	—	—	—	—
50	16.4	28.8	46.7	—	—	—	—	—
55	18.1	32.8	—	—	—	—	—	—
60	19.9	37.3	—	—	—	—	—	—

注 $A = K_C/K_F$；B 为 FAC 配制强度（MPa）；C 为最经济掺量，%；—为不存在最经济掺量。

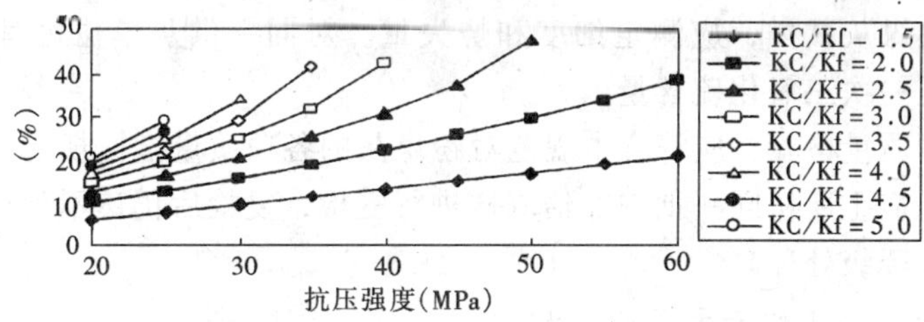

图 4-7 不同强度与差价时的最经济掺量

(2) 混凝土强度确定时，水泥与粉煤灰差价越大，最经济掺量就越高。

由于最经济掺量只是在一定强度范围与一定的材料差价条件下存在，而且，最经济掺量未必完全与对混凝土的技术要求相符合，例如该值较高，不一定能满足工作性与耐久性的要求；该值较低也可能达不到降低水化热等等。因此，最经济掺量的计算可以为用户合理地确定掺量提供一个依据，但不是唯一的依据。

(三) 尚待解决的几个问题

为完善直接设计法，今后尚需继续解决的主要问题有：

(1) 为了更准确地确定用水量与砂率的建议值，需根据有关品质（Ⅰ级、Ⅱ级低钙粉煤灰、高钙粉煤灰及复合粉煤灰）及相关主要因素的影响，积累和分析更多的数据，以便提出较为完整的用水量与砂率建议值表。

(2) 由于没有基准混凝土配比作对比，需要研究如何评价配比能否满足一般耐久性的要求以及如何实现按耐久性设计粉煤灰混凝土配比。

(3) 关于粉煤灰适宜掺量的选择，除了上述最经济为原则以外，还需要从其他角度加以研究和探讨，从而建立一种更为科学与具体的确定最佳掺量的方法。

第七节 粉煤灰混凝土的施工、工业化生产及其他

一、粉煤灰混凝土施工的规定

粉煤灰混凝土的施工技术与普通混凝土并无多大差别，所以有关的应用技术规范和规程，只作简单的规定。GBJ146—1990《粉煤灰混凝土应用技术规范》中与施工有关的有如下的一些规定。

1. 对粉煤灰的验收要求

关于粉煤灰验收的规范的具体规定是：

(1) 用灰单位应按本规范对粉煤灰进行按批检验。每批粉煤灰应有供灰单位的出厂合格证。合格证的内容应包括：厂名、合格证编号、粉煤灰等级、批号及出厂日期、粉煤灰数量及质量检验结果等。

(2) 粉煤灰的取样应以连续供应的200t相同等级的粉煤灰为一批；不足200t者按一批计。

(3) 粉煤灰的取样，应符合下列规定：①散装灰的取样，应从每批不同部位取15份试样，每份不得少于1kg，混拌要均匀，按四分法缩取出的试验用量大1倍的试样。②袋装灰的取样，应从每批中任抽10袋，每袋各取试样不得少于1kg，按①方式缩取试样。

(4) 每批的粉煤灰试样，应测定细度和烧失量。对同一供灰单位每月测定一次需水量比，每季度应测定一次三氧化硫含量。

(5) 粉煤灰的质量检验，应符合本规范对粉煤灰的各项质量指标规定。当有一项指标达不到规定要求时，应重新从同一批中加倍取样进行复检，复检后仍达不到要求时，该批粉煤灰作为不合格品或降级处理。

2. 粉煤灰混凝土施工的若干规定

粉煤灰混凝土施工中，需要注意的是粉煤灰贮藏防混淆、防混杂、防漏窜、干灰防潮等；粉煤灰拌和浇注应考虑粉煤灰混凝土凝结时间较长、流动性较好的基本性质，以及必须加强潮湿养护等基本要求。规范的具体规定如下：

(1) 粉煤灰掺入混凝土中的方式，可采用干掺或湿掺。其掺入方法应符合下列要求：①干掺时，干粉煤灰单独计量，与水泥、砂、石、水等材料按规定次序加入搅拌机进行搅拌；②湿掺时，先将粉煤灰配制成粉煤灰与水及外加剂的悬浮浆液，与砂、石等材料按规定次序加入搅拌机进行搅拌。

(2) 使用干态或湿态粉煤灰，应以重量计量，称量误差不得超过±2%。粉煤灰中的含水量，应在拌合水中扣除。

(3) 粉煤灰混凝土拌合物必须搅拌均匀，其搅拌时间应比基准混凝土延长10~30s。

(4) 粉煤灰混凝土浇筑时，不得漏振或过振。振捣后的粉煤灰混凝土表面，不得出现明显的粉煤灰浮浆层。

(5) 粉煤灰混凝土振捣完毕后，应加强养护，混凝土表面宜加遮盖，并保持湿润。暴露面的潮湿养护时间，不得少于14d；干燥或炎热气候条件下的潮湿养护时间，不得少于21d。

(6) 粉煤灰混凝土在低温条件下施工时应加强表面保温，粉煤灰混凝土表面的最低温度不得低于5℃。寒潮冲击情况下，日降温幅度大于8℃时，应加强粉煤灰混凝土表面的保护，

防止产生裂缝。

(7) 蒸养粉煤灰混凝土，应符合下列要求：①成型后热预养温度不宜高于45℃，预养（静停）时间不得少于1h，常温预养时，其预养时间应适当延长；②蒸养时的升温速度宜为15～20℃/h，恒温温度宜为85～90℃，降温速度宜为35～45℃/h；③蒸养粉煤灰混凝土的养护周期，宜为8～10h。

3. 粉煤灰混凝土检验的规定

粉煤灰混凝土质量检验在国内尚无专门的规程，一般可参照现行的钢筋混凝土质量检验规程处理。规范中仅有简单的规定：

(1) 粉煤灰混凝土的质量，应以坍落度或工作度、抗压强度进行检验。加引气剂的粉煤灰混凝土，应增测含气量。有特殊要求时，还应增测其他相应的检验项目。

(2) 现场施工粉煤灰混凝土的坍落度或工作度的检验，每班至少应测定两次，其测定值允许偏差应为±2cm。

(3) 粉煤灰混凝土抗压强度的检验，应符合下列规定：①非大体积粉煤灰混凝土每拌制100m^3，至少成型一组试块；大体积粉煤灰混凝土每拌制500m^3，至少成型一组试块；不足上列规定数量时，每班至少成型一组试块。②用边长15cm的立方体试块，在标准养护条件下所得的抗压强度极限值作为标准。③每组3个试块试验结果的平均值，作为该组试块强度的代表值。当三个试块的最大或最小强度值与中间值相比超过15%时，以中间值代表该组试块的强度值。④掺引气剂的粉煤灰混凝土，每班应至少测定2次含气量，其测定值的允许偏差应为±0.5%。

二、预拌粉煤灰混凝土的生产

1. 粉煤灰在预拌混凝土中的应用

预拌混凝土（商品混凝土）是混凝土技术工业化的一项重要进步。目前国内外粉煤灰在混凝土中的应用，很大一部分是在预拌混凝土工业中应用。如美国20世纪80年代以来，每年粉煤灰在预拌混凝土的用量已达300万t以上，粉煤灰在这方面的利用率占据首位。上海市的磨细粉煤灰产品也是绝大部分在预拌混凝土中应用，上海现有100多个混凝土搅拌站，几乎全部掺用粉煤灰。

预拌混凝土中应用粉煤灰的主要经验是：

(1) 低钙粉煤灰外观酷似水泥，务必采取措施，谨防两者误用。散装粉煤灰的车罐须标明品种，并防止粉煤灰误送或漏入水泥贮仓。

(2) 预拌混凝土工厂一般要设计和装置水泥和粉煤灰的双料系统，根据生产规模建造粉煤灰贮仓。有些工厂设置水泥和粉煤灰分隔的贮仓，采用双层隔板，并加强检查和维修，以保证粉煤灰和水泥可靠地分隔贮存，防止粉煤灰渗漏。

(3) 粉煤灰颗粒较细，容易飞扬，气力输灰系统的密封性必须良好，除尘设备能力一般考虑比水泥贮仓的除尘能力大1倍。

(4) 贮存时间延长容易引起内部粉煤灰结块、“搭桥”和堵塞，因此注意防水以及装置充气设备，以保证物料畅通。长期贮放的旧料要定期清除，不同来源的粉煤灰不能混装一仓。

(5) 水泥称量以后，可将粉煤灰直接加入水泥料斗，但须防止粉煤灰在水泥称量完毕以前就流入料斗。如能将称好的水泥和粉煤灰再经过一次混合螺旋输送，则可起一定的预混合作用。

(6) 粉煤灰的润滑性能可减少混凝土对搅拌机、搅拌车、泵车及管道等设备的磨损，能延长使用寿命。

(7) 预拌混凝土搅拌站一般配备同时掺加一种或数种化学外加剂的装置。

(8) 有的外加剂可采用后掺法。

2. 预拌粉煤灰混凝土中减水剂的应用

现在国内预拌混凝土生产中，相当普遍地推广粉煤灰和减水剂的复合掺加的技术，通称“双掺技术”。

粉煤灰和减水剂在混凝土中复合作用的机理还在研究之中，至今尚无一致的看法。作者等近年开展了结合粉煤灰效应研究粉煤灰和减水剂的复合作用，比较容易解释所谓“双掺技术”中粉煤灰和减水剂的互相补充和效应协合。简单地说，将粉煤灰效应和减水剂效应相加，通过试验发现粉煤灰在混凝土的扩散作用又得到进一步的提高。具体效应是可以使混凝土降低较多的单位用水量，从而进一步改善粉煤灰混凝土的性能。比如，在国内特别受到重视的粉煤灰混凝土抗碳化性能，通过采用减水剂的复合，在一定条件下，粉煤灰混凝土在28d龄期的快速人工碳化试验表明，试件的碳化深度和基准混凝土基本接近。

粉煤灰和减水剂的互相补充和效应协合的主要反应，对不掺减水剂的粉煤灰混凝土来说，可获得更好的技术效益：

(1) 改善和易性；

(2) 提高28d龄期强度和后期强度；

(3) 增加结构密实度，减小毛细孔隙，从而提高耐久性。

对不掺粉煤灰的而用减水剂的混凝土来说，双掺的显著效益是：

(1) 改善新拌混凝土的均匀性；

(2) 减小泌水性和离析现象；

(3) 减少坍落度损失；

(4) 提高28d龄期强度和后期强度；

(5) 增加结构密实度，减小毛细孔隙，从而提高耐久性；

(6) 减少收缩性和徐变值；

(7) 增加对碱集料反应的抑制能力。

国内研究和应用的双掺用减水剂主要是量大面广，价格较低的普通型减水剂，如木质素磺酸钙减水剂产品，在粉煤灰混凝土中的掺量为水泥用量的0.25%～0.3%。而在一些工业化国家中，重点研究和应用高效减水剂（超塑化剂）的“双掺技术”，除用优质粉煤灰外，还用磨细粒化高炉矿渣粉和冷凝硅雾尘（或称硅灰、硅粉）作为矿物质粉料，其目的主要是发展高强度混凝土和流态混凝土。国内也在进行性质类似的研究工作。最近，国内优质粉煤灰产品的研究开发取得进展，为粉煤灰和减水剂在混凝土中复合应用的互相补充和效应协合提供了更好的物质基础。尤其是对高效减水剂引起较显著的泌水、离析、坍落度损失以及收缩性等缺点，比掺用其他矿物质粉料的复合技术效果更为显著，更为经济合理。

3. 泵送粉煤灰混凝土

泵送混凝土技术通常与预拌混凝土生产紧密结合。泵送混凝土通常采用粉煤灰和减水剂或流化剂的复合应用技术。泵送混凝土中掺加粉煤灰的优点是：改善泵送性能、节约水泥、减少工作压力、降低设备磨损、可泵送低强度混凝土和轻集料混凝土。

坍落度试验结果并不能确切反映混凝土的易泵性。现有混凝土易泵性测定方法中用“压力泌水”测定法比较简单。测定方法是，将新拌混凝土盛放于压力泌水仪器的钢筒中，上部设置由双作用千斤顶加压的活塞，它能施加 3.5MPa 的压力；下部设置混凝土受挤压后通过筛网排泄泌水的水龙头及收集泌水的量筒。从规定的受压时间内泌水的数量，评价泵送混凝土保水的稳定性，即可区分“易泵性”和“难泵性”。具体方法是：先测定 10s 内的泌水量 V_{10}；再测定从开始到 140s 的泌水量 V_{140}。V_{10}值大，表示保水性差，（$V_{140}-V_{10}$）值小，表明易泵性不良，反之，（$V_{140}-V_{10}$）值大，表示保水性好，也表明易泵性良好。

国内在高层建筑施工中最高的混凝土泵送高度为 200m 以上，应用粉煤灰混凝土时易泵性十分良好，上海东方明珠电视塔工程中可达 300m 以上。

在泵送混凝土中使用减水剂或流化剂，往往会增加坍落度损失，如同时掺加粉煤灰，则能延缓坍落度损失，但是仍须通过易泵性测定，确定粉煤灰和化学外加剂的效果。

三、粉煤灰混凝土预制品的生产

粉煤灰在混凝土预制品工厂中的应用，是粉煤灰混凝土的另一个重要市场。粉煤灰混凝土能为预制品厂带来以下利益：

（1）可减少水泥用量、用水量、用砂量，增加粗集料用量，有利于降低成本。

（2）混凝土容易振捣密实，质量提高。

（3）混凝土表面可减少蜂窝、洞穴，外观平整、边角较好。

（4）能消除混凝土制品表面出现“白霜”。

（5）适宜制造抗渗、抗侵蚀的混凝土制品。

（6）可减少收缩性。

（7）特别适用于热拌混凝土、蒸汽养护制品、蒸压处理制品。

（8）能适应各种混凝土成型工艺。

（9）能减少工厂设备的磨损。

（10）适用于水泥用量较少的干硬性混凝土制品。

粉煤灰混凝土在预制品厂中应用的有利条件是工业生产制备条件较好，质量控制较好，养护条件较好，便于采取早强措施。

上海市推广粉煤灰混凝土在预制品工厂中应用的发展较预拌混凝土缓慢。主要问题是担心粉煤灰混凝土的抗碳化能力不如普通水泥混凝土，特别是对保护层变薄、又用冷拔钢丝的混凝土构件顾虑尤多。经过长期的试验研究后指出，在结构用混凝土预制构件中，所用粉煤灰混凝土标号较高，胶凝材料用量较多，结构密实度较好，有条件采用同时掺加减水剂复合作用等提高抗碳化能力的工艺，因此按照在混凝土中发挥粉煤灰效应及效率的原理，配制与基准混凝土抗碳化能力相等的粉煤灰混凝土，实际上并不困难。

四、连续浇筑大体积粉煤灰混凝土基础

从 20 世纪 70 年代发展起来的大体积混凝土连续浇筑法，又叫做“倾灌法”，有以下的特点：与传统的大体积混凝土施工方法相比，大体积“倾灌法”浇筑的大体积混凝土要求抗压强度较高，一般为 30～50MPa，而且配筋比较稠密，单位水泥用量高达 300～600kg/m^3，要求整体浇筑，浇筑层厚度可达 3m 以上。所以这种混凝土的施工法也叫做“高强度大体积结构混凝土施工法”。

20世纪80年代开始，为改善混凝土性能及进一步发挥“倾灌法”的优点，采用在混凝土中掺加粉煤灰或磨细矿渣粉。粉煤灰混凝土连续浇筑法施工的主要特点有：

(1) 粉煤灰能有效地改善和易性，有利于泵送和连续浇筑施工，并能改善混凝土的均匀性。

(2) 在降低混凝土温升方面，连续浇筑的混凝土中掺加粉煤灰可使顶峰温度降低5℃左右，减少了混凝土因水化热而引起裂缝的危险。

(3) 这种混凝土施工方法中应用粉煤灰，带来了特别高的技术经济效果，这是近年来粉煤灰混凝土技术发展的重大发现之一。这就是不掺粉煤灰的混凝土由于生成氢氧化钙结晶、养护温度及环境的影响，长期强度可能下降，在混凝土中掺加粉煤灰以后，既取代了部分水泥，又降低混凝土的温升，并且可以利用水化热对粉煤灰混凝土的热养护作用，不论是早期强度还是后期强度都能提高10%以上。这样就使一直认为危害性很大的水化热引起的混凝土温升，转化为对粉煤灰加速水化反应的贡献。

(4) 粉煤灰效应能使混凝土对抗渗透、抗海水、抗硫酸盐等侵蚀的能力增强。

上海市近年在工业建筑和高层建筑的大体积钢筋混凝土基础工程的连续浇筑施工中，推广应用粉煤灰混凝土新技术，从而取得了良好的技术经济效果。最大混凝土倾注量为高层建筑的钢筋混凝土基础工程，超过20000m^3，最大的基础浇筑层高度为杨浦大桥基础，达到5m，是粉煤灰混凝土为施工工程作出重要贡献的实例。

五、粉煤灰碾压混凝土

与其说碾压混凝土是混凝土的新品种之一，倒不如说碾压是混凝土的施工新技术。碾压的施工方法，很早以前在混凝土路面工程中就已使用，但是直到20世纪70年代在混凝土大坝工程和其他水利工程中应用之后，才得到发展。当时使用了振动碾压机（振动压路机）滚压密实的施工方法，突破了传统的混凝土筑坝方法。与传统的混凝土筑坝工程相比，碾压混凝土可以对干硬性混凝土作连续铺筑施工，可减少劳动力80%，并节约大量模板材料和基本上不需要传统施工中的必需的大量模板工。浇筑速度大约每天碾压一层（30cm），据实例，一座60m高的混凝土坝体，只需280个工作日即可建成。如用传统方法施工，则需560～840个工作日。此外，碾压混凝土施工不需要缆车、大型起重机等设备，所有运输作业都可在坝上铺筑层顶面进行。20世纪70年代早期推广的碾压混凝土施工使用贫混凝土，发现即使在碾压条件下，胶凝材料用量显得不足，虽已采取掺加20%～30%粉煤灰，仍嫌不足。近年碾压混凝土的施工技术和粉煤灰混凝土的材料技术相互结合，终于取得了更先进的技术进步，这就是“高粉煤灰用量混凝土（HFCC）”新技术。

现在碾压混凝土的使用范围不断扩大，而且碾压设备也不一定要用振动碾压机。

我国水利工程部门，在筑坝工程中首先推广应用碾压粉煤灰混凝土施工技术，效果十分显著。公路部门现在也已通过公路试验路面施工，在道路工程中推广应用碾压粉煤灰混凝土（筑坝工程中使用碾压混凝土详见本章“第八节”）。

六、粉煤灰混凝土路面

用于路面的混凝土，可以专称为“道路混凝土”，但是实质上主要是适合路面施工技术要求的优质混凝土。由于交通荷载使路面变弯，故以抗弯强度为设计依据。一般规定抗弯设计强度要达到4～4.5MPa，耐久性需满足风、雨、冰、雪、干、湿、冷、热的作用以及足够的耐车辆磨耗性能，道路表面要求平坦，还应保持一定的摩擦阻力，不使车轮打滑。

粉煤灰混凝土用于路面工程，20世纪50年代始于美国，当时已基本上解决了混凝土材料性能和施工技术问题，并在公路工程中大量推广应用。可以根据路面性能的要求，改善混凝土的性能，因为通过混凝土配合比设计，适当发挥粉煤灰效应和功能，完全能够提高混凝土的抗弯强度、耐久性和耐磨性，特别是能使混凝土的性能适应不同的混凝土路面施工技术。

混凝土路面施工主要是浇筑、铺摊、振动、刮平、抹面、毛面、养护、切缝等流水作业。机械化施工采用混凝土推铺车等联合作业机具。粉煤灰之所以能够在一些工业国家中得到广泛使用，是因为作为最有潜在价值的基本材料进入公路工业生产，它能为筑路的工业化带来有效利用资源，提高混凝土质量和降低成本的显著效益。粉煤灰可提高混凝土工作性、减少泌水、降低水化热，增加强度、抑制碱—集料反应、抵抗硫酸盐侵蚀、抵抗渗透，为生产路面用优质混凝土创造了重要的技术条件，并且每立方米混凝土实际能节约1.3～2.6美元（根据美国联邦公路局发表的资料）。

粉煤灰混凝土对各种混凝土路面施工方法都能适应，现代的混凝土路面工程发展大板块混凝土路面，每天铺筑长度达数百米，具有明显的大体积混凝土特点。掺加粉煤灰和引气剂有许多优点。

（1）坍落度要求5cm左右，用粉煤灰增加工作性是十分有效的技术措施；

（2）公路地处圹野，易受气候、温湿度及风速影响，造成混凝土表面水蒸发速度增大，导致发生塑性裂缝，粉煤灰混凝土能阻止这种干缩裂缝的发展；

（3）粉煤灰降低水化热，减少混凝土内外部温差，降低裂缝发生；

（4）粉煤灰减少泌水，降低砂率，提高混凝土表面强度，增强耐磨性。如施工时表面喷洒养护剂，泌水减少，有利于养护膜的作用；

（5）粉煤灰抗渗性与抗硫酸盐性能增强，可防止地下水、雨水、土壤中侵蚀性水的腐蚀；

（6）粉煤灰混凝土的抗弯强度提高，适应大板块的强度要求；

（7）粉煤灰对混凝土的改性中，包括提高耐磨耗性能；

（8）混凝土中同时掺加粉煤灰和引气剂，可增强路面混凝土的抗冻融破坏的能力；

（9）碾压粉煤灰混凝土在路面工程中的应用，可以进一步发展高掺量粉煤灰混凝土的新技术。

七、粉煤灰混凝土在大桥和电视塔工程中的应用❶

随着城市建设的现代化，高层及超高层建筑、大跨度桥梁的建造以及大体积混凝土的浇捣，对新拌混凝土赋予更多更新的要求。为了加快施工进度，必须采用预拌泵送混凝土，外加剂和泵送剂的使用为大坍落度混凝土制造提供了最简捷最经济的途径。现将典型的大桥和电视塔工程应用粉煤灰的情况分述如下。

（一）上海南浦大桥工程中的应用

上海市南浦大桥为一跨过江的双塔双索面斜拉桥，主桥长846m，引桥7500m，主桥桥塔高154m，在当时世界同类斜拉桥中处于第三位。该桥仅主桥工程一项，即用1.7万m^3混凝

❶ 本部分内容由吴菊珍供稿。

土，都采用粉煤灰和外加剂双掺技术，共用磨细粉煤灰680t，节约水泥630t。

主桥塔是斜拉桥的关键受力结构，为折线H形钢筋混凝土结构。混凝土设计强度为C40，而3d强度要求达到C30；混凝土表面要求清水；设计规定混凝土配合比中的绝对用水量为190kg/m³、最大水泥用量为440kg/m³以及集料中的砂、石用量分别为650kg/m³、1100kg/m³，并采用磨细粉煤灰和外加剂的双掺技术，见表4-22，其主要力学性能见表4-23。

表4-22 混凝土配合比 (kg/m³)

水	水泥（普525号）	磨细粉煤灰（Ⅱ级）	砂（中砂）	碎石		外加剂（南浦1号）(L/m³)
				5~15	13~25	
190	400	40	648	550	550	80

注 塌落度为16~23cm；混凝土初凝12h；泵送高度150m。

表4-23 主要力学性能

混凝土浇捣部位		R_3（标养，MPa）				R_{28}（标养，MPa）			
		试块组数	最大值	最小值	平均值	试块组数	最大值	最小值	平均值
下塔柱	浦东	16	32.0	28.7	30.2	16	56.3	48.9	53.2
(+9.0~+38.0)	浦西	15	38.8	29.1	32.0	16	63.6	52.6	56.2
下横梁	浦东	9	33.6	29.3	31.6	10	55.9	42.2	50.0
(+33~+46)	浦西	10	33.9	28.6	31.6	10	59.8	50.9	55.5
中塔柱	浦东	27	36.4	31.1	33.1	27	53.0	42.8	48.5
(+46~+101)	浦西	28	37.9	29.7	33.0	28	64.1	43.6	52.7
上横梁	浦东	8	37.9	32.4	35.8	8	51.7	47.6	49.5
(+101~+109)	浦西	8	42.4	37.4	39.5	8	61.1	56.1	57.9
上塔柱	浦东	21	37.9	32.9	35.6	12	57.2	48.7	52.6
(+109~+154)	浦西	21	37.9	30.2	34.5	8	59.4	53.1	55.4

强度满足要求，28d弹性模量平均3.64×10^4MPa。

除主桥工程外，西主引桥工程混凝土中也采用了磨细灰。

（二）上海杨浦大桥工程中的应用

杨浦大桥是跨越黄浦江上的又一座双塔双索斜拉桥，建成时为世界第一斜拉桥，全长7553m，主桥长1172m，主塔标高208m，呈倒Y形。设计要求：主塔为清水混凝土，强度等级为C50，R_3为32MPa，$R_{28}\geqslant50$MPa。粉煤灰的总掺加量（内掺+外掺）不大于水泥用量的15%。混凝土的绝对用水量不大于190kg/m³；水泥用量宜控制在435kg/m³左右；石子用量不大于1100kg/m³；28d弹性模量大于等于3.5×10^4MPa；泵送高度208m。

1. 原材料选用

(1) 主塔共用混凝土1.85万m³，南浦-Ⅱ型泵送剂282t。

(2) 粉煤灰为Ⅱ级及Ⅰ级。

(3) 水泥为525号普通硅酸盐。

(4) 砂的细度模数为2.4~2.9(中砂)。

(5) 碎石的粒径为5~25mm。

2. 主塔硬化混凝土性能

(1) 强度及弹性模量见表4-24。

表4-24 混凝土强度与弹性模量测试结果 (MPa)

工程部位	粉煤灰品种	泵送剂	28d抗压强度	28d弹性模量
塔 柱	宝 山	南-1	67.3	3.85×10^4
塔 柱	宝 山	南2-1	63.4	3.58×10^4
塔柱(浦东)	宝 山	南2-1	61.7	3.71×10^4
塔柱(浦西)	石洞口灰	南2-HA	59.7	3.83×10^4

(2) 耐久性见表4-25。

表4-25 混凝土耐久性测试结果

工程部位	石子级配(mm)(13~25):(5~15)	抗冻(M50)		碳 化			抗 渗
		强度损失(%)	质量损失(%)	龄期(d)	劈拉强度(MPa)	碳化深度(mm)	(MPa)
上塔柱(浦西)	0.5:0.5	5.5	0.4	28 56	5.4 4.4	0 2.8	>2.9

注 1 碳化28d,相当于自然碳化年限50年。

2 碳化56d,相当于自然碳化年限100年。

(3) 上塔柱收缩徐变性能见表4-26。

表4-26 上塔柱混凝土收缩徐变测试结果

工程部位	28d抗压强度(MPa)	28d弹性模量(MPa)	28d		60d		90d	
			收缩值 $\varepsilon \times 10^{-6}$	徐变系数 ϕ	收缩值 $\varepsilon \times 10^{-6}$	徐变系数 ϕ	收缩值 $\varepsilon \times 10^{-6}$	徐变系数 ϕ
浦 西 上塔柱208m	60.4	3.87×10^4	354	0.644	413	0.769	453	0.808

试验结果:强度、耐久性和徐变系数完全合格。

(三) 东方明珠——上海广播电视塔工程中的应用

东方明珠——上海广播电视塔位于上海浦东公园旁,被喻为亚洲第一高塔,总高度为450m,直筒体混凝土结构最高为350m,按设计要求,C60高强度混凝土要求泵送至174m;C50混凝土要求泵送至230m;C40混凝土要求泵送至350m。混凝土要求水灰比小于0.4,抗渗要求达S12,且收缩要小,直筒体为后张法预应力高强混凝土,配筋率高,钢筋密集,这对混凝土浇灌带来极大困难,加上施工进度的要求,必须采用泵送施工来赢得宝贵的时间。电视塔为清水混凝土3只直筒体,3只斜筒体,要求混凝土表面质量无气泡、无裂缝。为此,上海市建筑科学研究院列"八五"重点课题"后张法预应力高强混凝土材料性能研究"项目,其研制的JRC-20系列泵送剂与粉煤灰双掺配制的C60高强混凝土首先在直筒体中应用。C60高强混凝土可在冬季施工,而且有良好可泵性,28d抗压强度达到60MPa以上。混凝土表面质量良好,抗渗经检测达S25。混凝土的弹性模量、抗折、劈裂抗拉强度等多项物理力学性能符合设计要求。C50 混凝土一泵泵送至 230m，C40 混凝土采用 JRC-2D5 泵送剂与Ⅰ级灰双掺配制的预拌混凝土一泵泵至 350m。泵送压力在 20～28MPa，创造了结构混凝土高泵程的全国最高记录。

八、粉煤灰混凝土在冷天和热天的施工

鉴于粉煤灰混凝土对温度和湿度影响的敏感性，应当重视冷天和热天的施工。

在冷天施工时，要预防气温突然下降，粉煤灰混凝土的应用除严格按照混凝土施工规范规定的冬季施工方法执行以外，在受冻前，粉煤灰混凝土抗压强度应不低于设计标号的40%，低标号混凝土抗压强度不低于 5MPa。为提高抗冻能力，建议掺加引气型减水剂，混凝土中含气量控制在 3%～5%范围内。氯盐早强剂在钢筋混凝土中的掺量不得超过水泥重量的 1%（按无水状态计）；在无筋混凝土中不得超过 3%。

热天施工对粉煤灰的早期强度的提高有利，但必须加强潮湿养护。按等强度、等稠度进行粉煤灰混凝土配合比设计时，可适当提高粉煤灰用量，减少水泥用量。

九、粉煤灰钢筋混凝土对地铁杂散电流的抑制❶

（一）抑制地铁杂散电流的必要性

近年来，我国很多大城市正在致力于城市地下地道和高架轻轨交通，它们的主要结构为钢筋混凝土。在运行过程中不可避免地将有部分电流进入混凝土结构而对钢筋产生杂散电流腐蚀，严重威胁着钢筋混凝土结构的安全使用。为了防止或减少杂散电流的腐蚀作用，已采取了一些有效的措施，一方面从供电系统的设计上，通过提高牵引电网的供电电压，适当加设绝缘的辅助回流线来减小杂散电流产生的根源，另一方面，通过对杂散电流的作用物加强防护来延长被保护物的工作寿命，这些措施都是有效的，但是，即使通过这些措施使新建的地铁和轻轨系统的杂散电流很小，由于地铁和轻轨系统在运行一段时间以后不可避免地受到污染、潮湿、漏水和受力破坏等因素，仍会使原来良好的轨地绝缘性能降低或失效，正由于钢筋混凝土中的钢筋被腐蚀，使钢筋生成铁的化合物，由于铁锈体积增大 2～3 倍以上，因此引起钢筋周围的混凝土胀裂。靠近阴极的混凝土产生碱富集现象，使混凝土变软，钢筋粘结力下降。严重时使整个钢筋混凝土失去承载能力而破坏。英国由于地下电气铁道杂散电流腐蚀，曾经发生钢筋混凝土隧道塌方事故，危害较大，因此，研究在混凝土中掺入粉煤灰改变原材料组成和水泥石的结构，提高混凝土电阻而达到抑制杂散电流腐蚀是十分必要的。

（二）粉煤灰混凝土提高电阻的测试

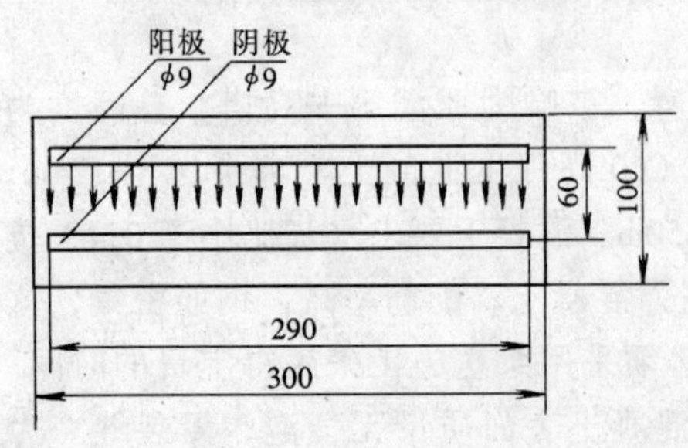

图 4-8 杂散电流腐蚀试件示意

试验采用模拟实际条件的快速腐蚀法。钢筋混凝土试件尺寸为 10cm×10cm×30cm，中间埋设两根 ϕ9×280mm 的钢筋，保护层厚度为 2cm，钢筋间距 6cm，端部用石腊密封。钢筋必须事先经过除锈和脱脂处理，并焊上直径为 1mm 的导线。埋入前要测定钢筋的直径、长度和重量等数据，浇注时要严格控制钢筋的间距和保护层厚度，并防止油污和损伤，注意振动密度。试件经潮湿养护 28d 之后，分为两

❶ 本文选自同济大学混凝土材料研究国家重点实验室陈志源、刘国飞、史美伦、贺鸿珠《混凝土中掺加粉煤灰对地铁杂散电流的抑制》，以及北京市建材研究所林秀《粉煤灰对钢筋混凝土杂散电流腐蚀的抑制作用》。

批：一批为自然湿度状态，另一批是浸水饱和状态进行通电试验。

电源设备：采用可调电压、电源的硅整流稳压设备，调节电压使其等于地铁电气机车的回路电压 50～75V，电流量小于 200mA。过高的电流通过钢筋混凝土试件时，由于发热量太高，会引起膨胀破坏，给分析试件开裂原因带来困难。所以试验选用电流量要低些。线路采用并联连接，电流从钢筋（A）流向混凝土，再经 6cm 宽的混凝土区域流向钢筋（B），组成闭合线路，定时测定每组试件的电压电流，并仔细观察试件的裂缝发展情况。

表 4-27　试验用的粉煤灰和水泥的化学成分

名　称	烧失量	SiO_2	Al_2O_3	Fe_2O_3	CaO	MgO	SO_3	碱	密度
磨细灰	4.46	59.21	16.83	12.93	4.59	0.82	0.44	1.44	2.32
500 号水泥	1.72	21.28	5.05	4.31	59.56	2.35			3.03

表 4-28　混凝土的配合比和 20d 强度

编号	粉煤灰 %	胶结材 (L/m³)	配合比 胶:砂:石	水灰比		碱度 (pH)	抗压强度 (kg/cm²)	抗拉强度 (kg/cm²)	弹性模量 ×10⁵kg/cm²
				重量比	体积比				
F_0	0	105.61	1:2:4.08	0.500	1.515	12.6	302	22	3.41
F_1	10	108.84	1:1.97:4.08	0.485	1.426	12.4	322	25	3.31
F_2	20	112.08	1:1.95:4.08	0.476	1.359	11.9	328	29	3.30
F_3	30	115.31	1:1.92:4.08	0.494	1.371	11.6	333	35	3.27

注　混凝土配合比按体积法计算，保持相同的塌落度控制用水量，由于粉煤灰密度小，在胶结材总重量不变时，体积增大，相应扣除砂子用量。

表 4-29　杂散电流对混凝土中阳极钢筋腐蚀的试验结果

潮湿状态	试件编号	磨细灰 (%)	钢筋长度 (mm)	钢筋重量 (g)	F_0 出现裂缝时		阳极失重 (%)	铁锈厚度 Δ (mm)
					电　量 (A/cm²)	时　间 (h)		
饱	F_{0-1}	0	297	148	0.340	168	10.8	0.635
水	F_{10-1}	10	291	140	0.190	168	7.0	0.200
状	F_{20-1}	20	295	145	0.130	168	5.5	0.165
态	F_{30-1}	30	297	155	0.087	168	4.5	0.143
自	F_{0-2}	0	296	150	0.310	312		
然	F_{1-2}	10	293	149	0.290	312		
湿	F_{2-2}	20	290	145	0.170	312		
度	F_{2-3}	30	292	146	0.170	312		

从表 4-29 可以看到：第一组饱水状态的试件，通电 168h 之后，F_{0-1} 试件出现裂缝，F_{10-1}、F_{20-1} 也相继出现裂缝，但裂缝宽度小些，破开试件取出阳极钢筋经酸洗处理除锈之后，测定铁锈的重量。结果表明：随着磨细灰掺量的增加，水泥石的电阻加大，相应其电流减小，所以铁锈量也减少。流过阳极钢筋单位面积的电流量与钢筋失重存在线性相关关系。同样的规律，也反映在第二组自然湿度状态的试件的试验结果上。F_{0-2} 试件 312h 出现裂缝，然而 F_{10-2}、F_{20-2} 和 F_{30-2} 等试件直至 180d 尚未出现裂缝。而且随着磨细灰掺量的增加，电流量递减非常明显（见图 4-9）。例如，在 50V 直流电压时，纯水泥混凝土的试件其电流量为 182mA，掺 30%磨细灰的混凝土试件电流为 54mA，相差 3 倍多，但是随着时间延长，铁锈沉积增多，试件自然失水等原因，其电阻值迅速增加，最后使电流量减小并逐渐接近于零。同时发生热效应，使钢筋混凝土试件温度上升，这也加速了裂缝的出现。在阴极产生碱富集

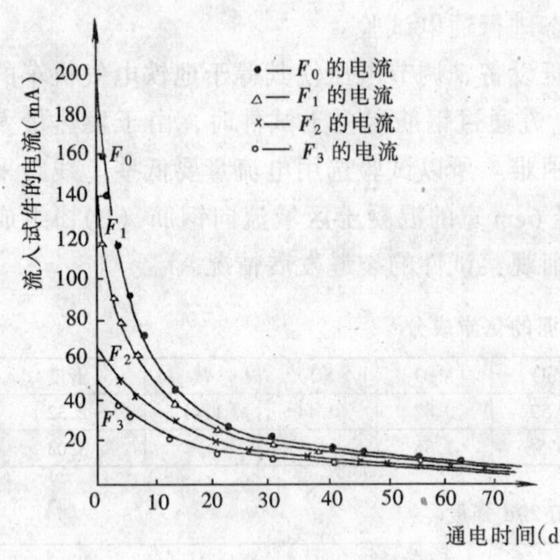

图 4-9 粉煤灰掺量对杂散电流的影响

现象，使钢筋粘结力下降。从上述试验结果看出：杂散电流腐蚀的速度很快，而且破坏性较大。掺磨细灰可抑制杂散电流腐蚀的速度，延缓裂缝出现时间，特别是在自然湿度的钢筋混凝土中效果更为突出。

在混凝土掺入磨细粉煤灰取代部分水泥，改变了水泥浆的组分，因为粉煤灰是高介电材料，比电阻为 $2\times10^{12}\sim5\times10^{12}\Omega\cdot cm$。同时又是活性物质，在常温有水的条件下可以与水泥水化时析出的氢氧化钙结合，生成水化硅酸钙和水化铝酸钙。使水泥浆体中碱度下降，相应也提高液相的电阻率（R_C），而且导电介质的体积（K_V）减小，所以掺粉煤灰的混凝土电阻增大值与粉煤灰掺量相关性显著。

（三）粉煤灰混凝土提高密实性和抗渗性测试

采用交流阻抗的研究方法，即测量试样在不同频率的小振幅正弦交流电的作用下阻抗值随频率的变化。在交流测量下，不但可测得试样的电阻，还可测得其电容，电阻和电容由于其相位不同，故应该用复数来表示，可称为复数阻抗 Z

$$Z = Z_{re} - iZ_{im} \tag{4-42}$$

式中：Z_{re}为复数阻抗的实部，反映了试样的电阻值，Z_{im}为其虚部，反映了试样的电容值。

$$Z_{im} = 1/2\pi fc \tag{4-43}$$

式中：f 为频率，c 为电容，Z_{im}具有电阻的量纲，Ω。

在测量时，混凝土试块先用水浸透，这样可以测得其在相对湿度为 100% 的极端条件下阻抗值，一般常用阻抗模 $|Z|$ 来表示试块的阻抗大小，也可用 Z_{rc}来表示。

$$|Z| = [(Z_{rc})^2 + (Z_{im})^2]^{\frac{1}{2}} \tag{4-44}$$

在交流阻抗谱中常用由不同频率下的 $|Z|$ 或 Z_{re}的曲线来反映试件的阻抗大小，这样的图称为 Bode 图。除了 Bode 图外，还用实部 Z_{re}和虚部 Z_{im}组成的复平面图（称为 Nyquist 图）来表征试样的密实性和抗渗性。

实验探讨：

本实验所用水泥均为 525 号京阳 PⅡ水泥。

1. 掺加粉煤灰的水泥净浆实验

试件尺寸为 2cm×2cm×2cm，水中养护，基准试样（A）：水灰比为 0.5，对比试样：水胶比 0.5，粉煤灰/（粉煤灰 + 水泥）= 0.3，龄期为 60d，粉煤灰品种有：外高桥高钙粉煤灰（B），华能电厂高钙粉煤灰（C），苏州望亭电厂低钙分选灰（D），杨树浦电厂宝杨低钙磨细灰（E），闵行电厂闵联低钙磨细灰（F）。

2. 粉煤灰混凝土实验

试件尺寸为 10cm×10cm×10cm，水中养护，粉煤灰品种为华能电厂高钙粉煤灰，砂：中砂，石子：5~25mm，基准试样（CA）和对比试样（CB）配合比如表 4-30 所示。

表 4-30 基准试样（CA）和对比试样（CB）配合比

编号	水 (kg)	水泥 (kg)	砂 (kg)	石 (kg)	粉煤灰 (kg)	减水剂 (kg)	品种
CA	198	380	643	1010	0	1.63	C6210
CB	188	330	650	976	76	4.84	R561C

3. 结果与讨论

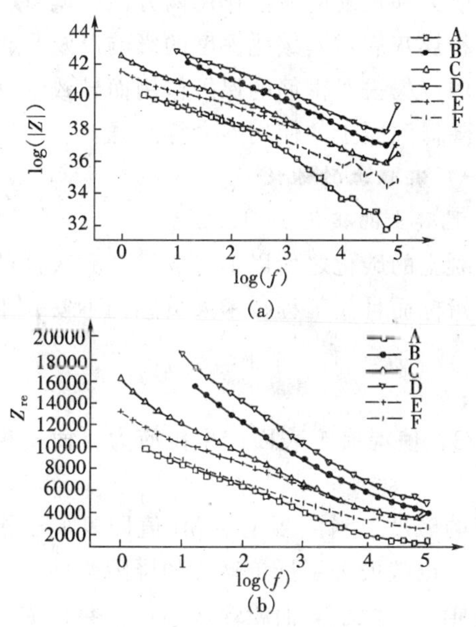

图 4-10 掺各种不同粉煤灰的水泥净浆的 Bode 图

图 4-10 为掺各种不同粉煤灰的水泥净浆的 Bode 图，(a) 为模|Z|的比较，(b) 为实部 Z_{re}的比较，从图中可见，基准 A 的|Z|和 Z_{re}均为最小，掺加各种不同品种的粉煤灰后，|Z|和 Z_{re}均有提高，其中 B 和 D 的提高较大。在 1kHz 时掺各种不同粉煤灰的水泥净浆的阻抗|Z|和实部电阻 Z_{re}值如表 4-31 所示。

图 4-11 为 Nyquist 图，为了使图形清晰起见，在图中只表出 A、B、D 三种样品的曲线。从图中可见，B 和 D 样品的 R_∞ 均远大于 A 样品，故其孔隙率大大减小，密实度大大提高。

表 4-31 在 1kHz 时水泥净浆的阻抗|Z|和实部电阻 Z_{re}值

品种	A	B	C	D	E	F
|Z| (Ω)	4482	9297	6969	10650	6644	5194
Z_{re} (Ω)	4205	9078	6751	10380	6501	5084

图 4-12 为混凝土试样的 Bode 图的比较。

从图 4-12 可见，掺加粉煤灰以后混凝土阻抗|Z|和 Z_{re}均有很大的提高。

4. 总的分析

为了抑制城市轨道交通中的杂散电流腐蚀，提高混凝土的阻抗（尤其是湿电阻）是一种有效的途径。混凝土的湿电阻与其孔隙率和密实度有密切关系，通过在混凝土中掺加一定要求的粉煤灰（约取代 30%水泥，同时控制用水量），可以有效地改善其内部微观结构，有利于提高其湿电阻，并降低其孔隙率，提高其密实性，抑制杂散电流腐蚀，而且节约水泥，降低成本，改善性能，具有一定的技术经济意义。

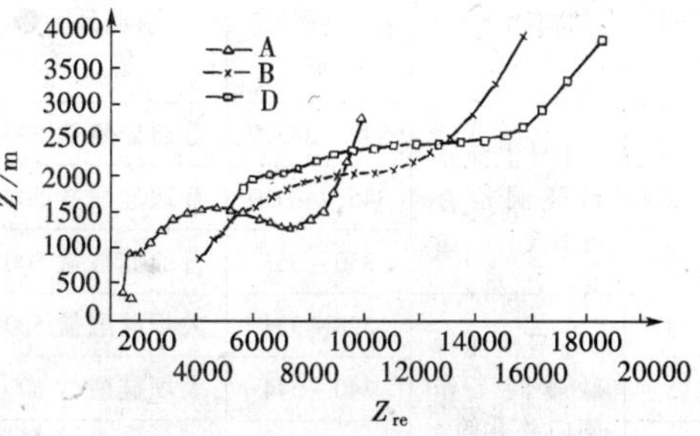

图 4-11 掺各种不同粉煤灰的水泥净浆的 Nyqutst 图

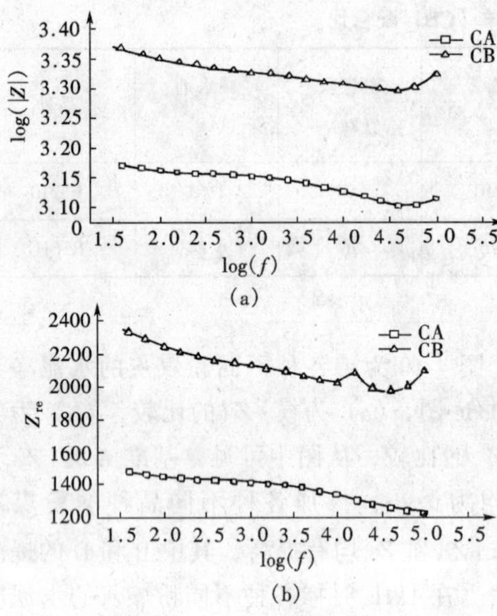

图 4-12 普通混凝土与粉煤灰混凝土试样的 Bode 图比较

十、对部分粉煤灰混凝土的碳化及钢筋锈蚀的调研❶

粉煤灰作为混凝土的混合材料，自 1938 年首次在国外工程中使用开始，由于专业工程技术人员对掺粉煤灰混凝土的耐久性极为关注。现以黄河上早期建设的某大型水利枢纽工程为例（该工程掺用粉煤灰的混凝土量约为 130 万 m^3，粉煤灰用量达 35400t，节约水泥 26600t），从混凝土抗碳化能力和钢筋的锈蚀作用两方面，调查了混凝土掺粉煤灰后对其碳化深度的影响以及是否会因此减弱或失去对钢筋的保护作用而导致钢筋的锈蚀？降低混凝土的使用寿命等问题。

（一）混凝土的碳化

1. 混凝土的碳化

混凝土的碳化之所以不仅成为其耐久性的一项重要指标而且使工程技术人员感到不安，主要由于三个问题：

（1）混凝土碳化后在其表面发现网状发丝裂纹；

（2）碳化收缩作用可高达混凝土总收缩量的 1/3，使混凝土表面产生拉应力，而出现微裂纹，降低混凝土抗拉、抗折强度及抗渗能力；

（3）混凝土碳化作用，降低水泥浆体胶孔溶液的碱度，当混凝土中 pH 值即氢离子指数降低到一定程度后，钢筋钝化膜失去了存在的条件，也就失去了抵抗锈蚀的屏障。前两个问题虽然很重要，但不如第三个问题——钢筋锈蚀那样令人棘手。而粉煤灰的作用会造成水泥浆体碱度降低，加快混凝土的碳化速度。

2. 碳化深度的调查结果

调查该工程的四种类型结构物，共选择 30 个测点，各结构物混凝土的基本参数与实测碳化情况列于表 4-32，从表 4-32 可看出以下大体规律。

表 4-32 各结构物混凝土主要参数与碳化深度调查结果

序号	结构物名称	部位（高程）(m)	水泥品种❷	水灰比	粉煤灰掺量(%)	已使用年限(a)	碳化深度(mm) 1	2	3	平均	备注
1	1号泄流排砂隧洞检查井井架	343～345.9	普通硅酸盐 500 号	0.50	25	15	18.7	15.7	20.3	18.24	
2		345.9～350	普通硅酸盐 500 号	0.43	0	15	19.6			19.6	砂浆
3		350～353	普通硅酸盐 500 号	0.43	0	15	7.9	14.5		11.2	
4	1号泄流排砂隧洞工作闸门井井筒	328～334	大坝硅酸盐 500 号	0.50	30	15	19.84			19.84	
5		340～344	大坝硅酸盐 600 号	0.50	30	15	23.03			23.03	
6		344～349	大坝硅酸盐 600 号	0.57	40	15	34.76	33.74		34.25	

❶ 本文选自水利部天津水利水电勘测设计研究院王维忠《对粉煤灰混凝土的碳化、钢筋锈蚀的调查研究》一文。
❷ 水泥为硬练标号。

续表

序号	结构物名称	部位（高程）（m）	水泥品种	水灰比	粉煤灰掺量（%）	已使用年限（a）	碳化深度（mm）				备注
							1	2	3	平均	
7	7号泄流排砂钢管道闸墩边端	287.7～（下部）	大坝矿渣500号	0.53	15	16	<1	<1	<1	1	
8	7号泄流排砂钢管道闸墩边端	287.7～（上部）	普通硅酸盐500号	0.40	0	17	0 0	0			
9	电站坝体	290廊道7～1	大坝矿渣400号	0.80	40	23	19.78 11.9 15.27	19.68 24.2 16.48	15.15	17.8	
10	电站坝体	290廊道8～1	大坝矿渣400号	0.80	40	23	50.89 38.9 22.38	47.53 12.06		32.4	

（1）同一结构物混凝土，在水泥品种一定，环境条件和施工水平大体相同的情况下，碳化深度随水灰比以及粉煤灰掺量的增加而有所增加。

（2）当水灰比较小，粉煤灰掺量较少，而混凝土环境条件和施工质量都较好时，碳化深度甚微，如表中序号7.8混凝土。

（3）在矿渣水泥中，采用大水灰比和大掺量粉煤灰，而施工质量和混凝土环境条件又较差的混凝土，其碳化深度较大，如表中序号10混凝土。

（4）综合表中全部结果，在水灰比为0.5～0.55，粉煤灰掺量不大于30%和一般施工水平的情况下，使用了15～17a左右的混凝土结构物，其混凝土的平均碳化深度约为20mm左右。

3. 混凝土的碳化速度

从混凝土结构物实测碳化深度结果可以看出，影响碳化深度的因素：水灰比、粉煤灰掺量、水泥品种、混凝土的施工质量、表面处理情况和环境条件，这与国内外对碳化的试验及研究结果是基本一致的。在不利的情况下，即粉煤灰掺量40%，水灰比0.80的序号10混凝土，其平均碳化深度为32.4mm，以上结构物仅使用了20a左右，50a乃至100a以后，结构物混凝土的碳化深度有多大？国内外许多学者对碳化速度，即碳化深度随时间的变化规律进行了大量的试验研究，提出了碳化深度 d 与时间 t 的关系式，一般认为碳化深度 d 是时间 t 的幂函数，且幂指数小于1，即 $d=Kt^{0.5}$，其中 d 为平均碳化深度；t 为混凝土结构物暴露时间，K 为取决于混凝土质量（如水灰比、粉煤灰掺量、施工质量）和环境条件有关的系数。利用该公式进行推算表明，20a的混凝土碳化深度为33.1mm，混凝土碳化深度增加2～3倍的时间需100～200a，换句话说，即使以序号10的混凝土作为基点，碳化深度接近或达到8～15cm（水工钢筋混凝土的保护层厚度），亦需要200a以上，在其他条件下，达到上述碳化深度则需要更长的时间，就碳化而言，本工程混凝土还保持着青春的活力。

（二）钢筋锈蚀

1. 混凝土的护筋性

所谓混凝土的护筋性是指混凝土本身具有保护钢筋免受锈蚀的功能，混凝土具有三重护筋性。

第一重护筋性是混凝土提供了钝化膜和保护钝化膜稳定性的作用。因为混凝土孔隙溶液中 pH 值常大于 12.5，如还含有氧化钾、氧化铜时，pH 值可能大于 13。第二重护筋性是混凝土本身就是保护钢筋的外套，当混凝土的钢筋保护层加厚、质地致密时，防御侵袭的能力则强。第三重护筋性是混凝土具有一定的抵抗电流的作用，致密的混凝土能够增强对电流阻力，在有杂散电流影响的区域内，起着防护电流侵蚀钢筋的作用。在这三重护筋性中，大家普遍关心的是碳化中和作用，如上所述，混凝土中掺入粉煤灰后，会导致其碱度降低，从而使第一重护筋性丧失。

2.pH 值的实测结果

从上述各种结构物中凿坑取得以及从岩芯中取出的未碳化混凝土和已碳化混凝土的 pH 值，实测结果列于表 4-33。

表 4-33　　混凝土 pH 值实测结果

序号	结构物名称及高程	粉煤灰掺量（%）	未碳化混凝土		已碳化混凝土 pH 值
			凿坑 pH 值	岩芯 pH 值	
1	1 号泄流排砂隧洞检查井框架 343～345.9	25	11.99		9.33
2	1 号泄流排砂隧洞检查井框架 345.9～350	0	12.35		10.44
3	1 号泄流排砂隧洞检查井框架 350～353	0	12.24		10.17
6	1 号泄流排砂隧洞工作井 344～349	40	11.77		9.56
7	7 号泄流排砂钢管道墩闸边端	15		12.30	
9	电站坝体 290 廊道 7～1	40	11.62	11.81	9.64
10	电站坝体 290 廊道 8～1	40	11.40	11.54	9.21

由表 4-33 可知：

（1）对于未碳化混凝土，pH 值随粉煤灰掺量的增加而稍有降低。如同一水泥品种和同一结构物，未掺粉煤灰混凝土的 pH 值为 12.24～12.35，而掺粉煤灰 25%时，pH 值为 11.99；矿渣水泥中粉煤灰掺量 40%的混凝土，岩芯混凝土 pH 值为 11.54～11.81。通观全部测试结果，与不掺粉煤灰混凝土相比，pH 值降低 1 左右。

（2）对于已碳化的粉煤灰混凝土，其 pH 值一般在 10 以下。

3. 钢筋锈蚀调查结果

从混凝土中钻取和凿出的钢筋检查结果列于表4-34，其中，序号6、7采用凿去混凝土保护层暴露钢筋的方法进行观察检查，序号9、10直接从所钻取的岩芯中取出钢筋进行观察。

表4-34　　钢筋锈蚀调查结果

序号	使用年限（a）	保护层厚度（cm）	粉煤灰掺量（%）	钢筋情况			评定	备　注
				直径（mm）	数量（根）	外观描述		
6	15	8	40	16	2	黑色致密，均匀	无锈	暴露钢筋长度为5cm
7	16	14.5	15	10	1	黑色致密，均匀	无锈	暴露钢筋长度为7cm
9	23	38	40	25 20	3 1	黑色致密，均匀	无锈	均从钻取的混凝土岩芯中取出，长度不等
10	23	38	40	25	1	表面黑色略间棕色		原钢筋带锈长度12cm

根据室内试验资料，只有当碳化深度到达钢筋时，才能引起钢筋锈蚀。表4-33所列各部位混凝土碳化深度均远小于钢筋外混凝土保护层厚度，在这种情况下，表层碳化不可能引起钢筋的锈蚀。因此，对于有10cm左右保护层的混凝土，由于碳化深度局限于浅层，pH值下降较少，掺入粉煤灰后，未导致混凝土中钢筋锈蚀。

（三）总体分析及注意事项

（1）从四个典型结构物30个测点的调查结果表明，在粉煤灰掺量不超过30%、水灰比0.5～0.55时一般施工水平情况下，15～17a混凝土平均碳化深度约为20mm左右；在粉煤灰掺量较少，水灰比较小，施工条件与环境条件良好的情况下，碳化深度极小；在矿渣水泥中掺40%的粉煤灰，水灰比大，局部施工质量欠佳的情况下，经23a混凝土，其碳化深度达32.4mm。以调查部位最不利的情况为基点进行估算，混凝土碳化深度接近或达到80～100mm的时间需要200a以上。从三种结构物中取出的8根钢筋，均未锈蚀。观察其表面有黑色致密均匀的钝化膜。

（2）混凝土pH值的大小虽然是决定钢筋能否生成钝化膜的条件，但是只有当氧气和水同时渗入混凝土中到达钢筋时，钢筋方能生锈。增加钢筋保护层厚度，是有效制止氧气、水到达钢筋表面的措施，现在水工混凝土的保护层厚度达15cm以上，是十分有利于防止钢筋锈蚀的。

（3）通过本工程对混凝土调查分析及国内外研究表明，掺粉煤灰混凝土的碳化及钢筋锈蚀问题可通过合理正确的设计、科学的选材、精心的施工管理加以解决。

第八节　粉煤灰在水工混凝土中的应用❶

一、粉煤灰与水工混凝土

不同用途的混凝土，性能要求不同，配制的方法（例如配合比等）也不相同，这是从事

❶　本节由长江科学院吴超寰、董维佳编写。

混凝土设计必须注意的问题，也和粉煤灰在混凝土中的应用有着密切的关系。大型水利水电工程包括许多不同的建筑物，相应地需要配制多种混凝土，例如大坝常态混凝土、碾压混凝土，抗磨蚀混凝土，预应力混凝土和结构混凝土等等。但总的说来，水工混凝土建筑物的特点是体积大，除少数部位外，大多数部位的混凝土设计强度要求不高，例如，三峡大坝基础内部混凝土的设计标号仅为 $C_{90}15$。水工称为高标号的混凝土，在建筑工程上往往不被看作高标号。但水工混凝土对各方面的性能都有较高的要求：有较好的抗裂（抗拉强度）、抗渗透和抗浸蚀性能；耐久性（抗冻融循环）好，内部温升低等等。因此，水工混凝土可认为是低标号高性能混凝土。另一方面，水工混凝土大都是胶凝材料用量少而集料的最大粒径大(四级配混凝土集料的最大粒径为 150mm)。因此，选择适当的掺合料对水工混凝土的设计极为重要。

有多种材料曾被用作水工混凝土掺合料，但现在用得最多、最普遍的是粉煤灰。黄河三门峡水利枢纽自 1959 年 3 月开始用粉煤灰作大坝内部混凝土的掺合料，在兴建、增建和扩建三个时期，共计掺用粉煤灰 3.53 万多 t，拌制混凝土 130 万 m^3，共节约水泥 2.66 万 t。1962 年，作为“三峡试验坝”的湖北蒲圻陆水试验枢纽工程大坝混凝土也掺过粉煤灰，后来调查的结果证明，掺粉煤灰混凝土的性能达到设计要求。应该指出，上述工程施工时，我国尚未制定粉煤灰质量标准，三门峡工程使用粉煤灰，无疑为我国水工混凝土掺粉煤灰提供了宝贵经验。广西红水河大化水电站从 1976 年 5 月开始使用田东电厂的粉煤灰作混凝土掺合料，同时掺减水缓凝剂，收到改善混凝土质量，节约水泥的效果，为水工混凝土应用“双掺”技术提供了经验（现在还主张掺引气剂以提高水工混凝土的耐久性)，由于当时所用的田东粉煤灰 CaO 含量在 11%～17%之间，尽管现在已没有那么高（大约在 8%左右)，但就全国范围来说，高钙灰的数量比以前增加不少，因此大化水电站还为后来“高钙灰”的使用积累了经验。1979 年我国颁布了 GB1596—1979 国家标准，1991 年作了重大修改，就是现行的 GB/T1596—1991《用于水泥和混凝土中的粉煤灰》。20 世纪 80 年代以来，我国成品粉煤灰的生产和粉煤灰在水工混凝土中的应用发展很快，积累了相当多的经验，取得了许多研究成果，为粉煤灰用于长江三峡水利枢纽工程提供了理论依据和实践经验，从 1995 年到 2001 年，三峡工程混凝土共掺用粉煤灰 110 多万 t，其中Ⅰ级粉煤灰 95 万多 t，需水量比不超过 91%的Ⅰ级灰优质品（内定指标）占 60%，其余约 6 万多 t 是品质接近Ⅰ级指标的Ⅱ级粉煤灰。三峡工程是目前我国水工混凝土使用粉煤灰数量最多，质量要求最高，并且研究得最为系统和深入的工程。

粉煤灰独特的形成（生产）过程，使得它具有独特的理化性质。用来做混凝土掺合料，最能体现它的三种效应和三个势能：颗粒形态效应—减水势能；微集料效应—致密势能；火山灰效应—活化势能，但要使粉煤灰在混凝土中充分发挥它的优良特性，必须讲究品质，最初用粉煤灰做混凝土掺合料的时候，没有注意它的质量，现在《水工混凝土施工规范》（以下简称“水工规范”）和《水工碾压混凝土施工规范》都明确要求使用Ⅰ级或Ⅱ级灰。实践证明，质量好的粉煤灰，能充分发挥三个效应和势能，不仅起到节约水泥的作用，更重要的是可以全面改善混凝土的性能。

二、粉煤灰的需水量比与水工混凝土的用水量

对于水工混凝土来说，在粉煤灰现行国家标准的各项指标中，需水量比是关键指标，因为：混凝土的水胶比越大，空隙率就越高，随着用水量增加，混凝土中较大的有害毛细孔也

增多，降低了混凝土的耐久性，而且水胶比大的混凝土在恶劣的环境中会进一步增加有害大孔的数量，从而进一步降低耐久性，因此降低混凝土的水胶比、减少用水量，成为提高混凝土耐久性的措施之一。集料对混凝土的和易性影响很大，天然集料例如河卵石的颗粒形态相对较"圆"，表面较为光滑，用它拌制混凝土，和易性好，用水量和胶凝材料用量相对减少。水利水电工程虽然就在河流中兴建，却很难全部使用天然集料拌制混凝土，这种情况在水利水电工程中并不罕见，例如湖北清江隔河岩工程由于天然集料不够用，使用了很大一部分灰岩人工集料；长江三峡工程由于附近河段的天然集料在兴建葛洲坝工程时已用去大部分，加上民间无计划的开采，剩余的砂、石已远远不足供三峡工程之用；另一方面该工程的基坑开挖出来的大量花岗岩，难以处理，用来做人工集料是较合理的处理方案。但人工集料是将大块岩石用机械破碎而成，颗粒不规整且表面粗糙，用这样的集料拌混凝土，和易性差，胶凝材料和水的需要量都较大。表 4-35 给出的数据表明，使用低热矿渣硅酸盐水泥不掺粉煤灰，控制相同的水灰比（0.55）和坍落度，人工集料混凝土比天然集料混凝土用水量多 33.3%；中热硅酸盐水泥掺 30% Ⅱ级粉煤灰，还掺入高效减水剂和引气剂，混凝土的用水量虽然减小，但单位用水量的比值并不减少，四级配天然集料混凝土用水量为 80kg/m³，而人工集料混凝土用水量仍需 110kg/m³，单位用水量比天然集料混凝土多 37.5%，这样对混凝土的性能显然有不良影响。用需水量比分别为 91% ~ 109% 的Ⅰ、Ⅱ和Ⅲ级粉煤灰进行混凝土单位用水量与粉煤灰需水量比相关性试验，混凝土为二级配，花岗岩人工集料，胶凝材料用量为 250kg/m³，中热硅酸盐水泥掺 30% 粉煤灰，结果如图 4-13 所示，说明两者存在特别显著相关关系。进一步试验还表明，虽然同是Ⅰ级灰，掺用需水量比为 88% 的粉煤灰，混凝土的用水量比掺需水量比为 95% 的粉煤灰混凝土的用水量可进一步降低。可见，Ⅰ级粉煤灰是名副其实的固体减水剂。

表 4-35　　天然集料与人工集料用水量比较

胶凝材料	425 低热水泥			525 中热水泥 + 30% Ⅱ级粉煤灰								
混凝土级配	二级配			二级配			三级配			四级配		
水灰（胶）比	0.55			0.55			0.55			0.55		
用水量及砂率	用水量		砂率 %	用水量		砂率 %	用水量		砂率 %	用水量		砂率 %
	kg/m³	%		kg/m³	%		kg/m³	%		kg/m³	%	
长江河砂 + 卵石	135	100	29	115	100	31	93	100	26	80	100	22
人工砂 + 碎石	180	133.3	36	148	128.7	37	123	132.3	31	110	137.5	26

据三峡工程的经验：Ⅰ级粉煤灰（掺量为 30% ~ 40%）与缓凝高效减水剂和引气剂联合使用，四级配混凝土用水量可降低到 85kg/m³ 左右，是目前国内外使用同类集料混凝土的先进水平，表 4-36 列出的是现场施工的混凝土配合比和机口取样的抗压强度检测结果。

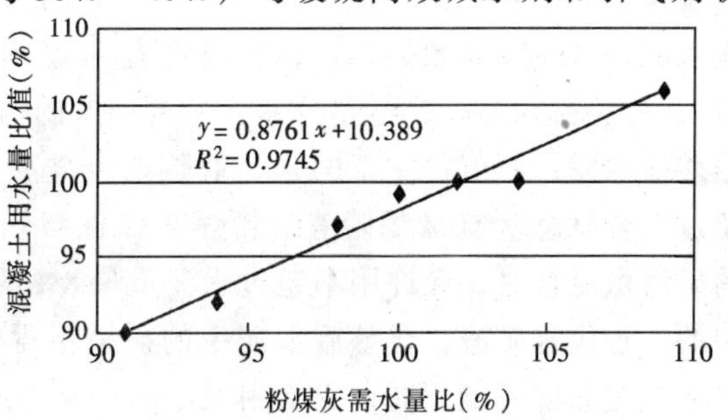

图 4-13　粉煤灰需水量比与混凝土用水量的关系

试验还证明，在水胶比相同时，使用Ⅰ级粉煤灰的混凝土比使用Ⅱ级灰的混凝土胶凝材料用量少 20% 以上，而 90d 龄期的强度却高10%以上，可见使用质量好的粉煤灰，不但具有良好的经济效益，而且具有明显的技术效益，例如减少混凝土的绝热温升，有利于防止裂缝等。在使用中热硅酸盐水泥掺30%～40%Ⅰ级粉煤灰，水胶比为0.45～0.55，湿筛含气量5%的条件下，混凝土的抗冻标号可达D300，这项试验的结果，可消除认为掺粉煤灰混凝土耐久性较差的担心。

表4-36　三峡工程混凝土配合比和机口取样强度

设计标号	水胶比	粉煤灰掺量（%）	用水量（kg/m³）	胶凝材料用量（kg/m³）			砂率（%）	减水剂（%）	引气剂（1/万）	含气量（%）	抗压强度（MPa）	
				水泥	粉煤灰	总量					28d	90d
$C_{90}15$ D 100 S 10	0.55	40	85	93	62	155	26	0.6	0.8	5.7	13.5	23.6
										5.6	14.2	22.4
$C_{90}20$ D 150 S 10	0.50	35	85	111	59	170	26	0.6	0.7	2.4	21.4	36.8
									0.65	4.6	24.5	35.8

注　石子组合比例：小石（5～20mm）：中石（20～40mm）：大石（40～80mm）：特大石（80～150mm）＝20:25:35:20。

对于Ⅰ级粉煤灰来说，需水量比与细度和烧失量的关系并不显著，细度和烧失量达不到Ⅰ级标准的粉煤灰，其需水量比固然难以达到Ⅰ级灰的标准；但细度和烧失量都达到Ⅰ级标准的粉煤灰，它的需水量比却不一定能达到Ⅰ级灰的标准，显然，当细度和烧失量小到一定程度的时候，粉煤灰的颗粒形态对需水量比起决定作用，粒径小而圆，表面缺陷少的粉煤灰，需水量比才会小。由此不难理解，磨细粉煤灰的需水量比虽然可以小于原状粉煤灰，却很难达到Ⅰ级灰的水平。

三、粉煤灰在水工混凝土中的最大掺量

用粉煤灰做混凝土的掺合料虽然有许多好处，但显然不是越多越好，用作混凝土掺合料的粉煤灰，按等量取代水泥计，其最高限量应是多少？至今并未取得共识，这个问题不仅和混凝土的特性有关，而且涉及水泥品种和水泥本身的组分。GBJ146—1990《粉煤灰混凝土应用技术规范》规定在大体积混凝土中粉煤灰取代硅酸盐水泥、矿渣硅酸盐水泥的最大限量分别为50%和30%；在碾压混凝土中则相应为65%和45%，没有提到取代中热硅酸盐水泥和低热矿渣硅酸盐水泥的最大限量，而这两种水泥是大坝混凝土和大体积混凝土的专用水泥，如果认为在掺粉煤灰的问题上，硅酸盐水泥和中热硅酸盐水泥，矿渣硅酸盐水泥和低热矿渣硅酸盐水泥可以类比，是不合适的。按有关的水泥国家标准所规定的水泥组分看，中热硅酸盐水泥是“纯”硅酸盐水泥，而硅酸盐水泥则分为两种：一种是“纯”硅酸盐水泥（PⅠ型），另一种则可以掺不超过水泥重量5%的石灰石或矿渣做混合材（PⅡ型），不是“纯”硅酸盐水泥；更值得注意的是，低热矿渣硅酸盐水泥的矿渣掺量为20%～60%，允许用不超过混合材总量50%的磷渣或粉煤灰代替部分矿渣；矿渣硅酸盐水泥则可以用20%～70%的矿渣做混合材，允许用不超过水泥重量8%的石灰石、窑灰、粉煤灰和火山灰质混合材料中的一种代替矿渣，代替后水泥中的矿渣不得低于20%。这样，不同厂家生产的同一品种水泥的组分就可能不同，更不用说不同厂家生产不同品种的水泥了。因此，在低热矿渣硅酸盐水泥中掺45%粉煤灰和在矿渣硅酸盐水泥中掺45%粉煤灰，效果不一定相同；在硅酸盐

水泥中掺65%粉煤灰和在矿渣水泥中掺45%粉煤灰，效果也不一定相同，就不奇怪了。我国行业标准SL53—1994《水工碾压混凝土施工规范》指出，国内外碾压混凝土施工中大都掺用粉煤灰，粉煤灰作为碾压混凝土的掺合料的使用经验比较成熟（特别是符合国家标准的Ⅰ、Ⅱ级粉煤灰），应优先选用，并规定：掺合料的掺量“宜取30%～65%（掺合料掺量中应包括水泥中已掺的混合材数量），掺量超过65%时，应专门试验论证”。按上述规定，若矿渣硅酸盐水泥已掺70%混合材，就不能再掺粉煤灰了，而《粉煤灰混凝土应用技术规范》则没有涉及这个问题。但“最大限量”显然不应该理解为“最佳掺量”或“必须掺量”。事实上，大型水利水电工程都是根据本工程的具体条件，通过试验来决定使用粉煤灰的方案（粉煤灰的掺量、质量等级）的，但归根结底是粉煤灰在不同品种水泥中的掺量问题。

研究粉煤灰在不同品种水泥的最大允许掺量，必须注意对混凝土长期性能的影响，不但要从物理性能来考虑，还要注意对化学性能的影响。粉煤灰的火山灰活性要靠水泥水化生成的氢氧化钙来激发，这是常识。硅酸盐水泥水化后能生成大量氢氧化钙，氢氧化钙自身的强度很低，研究高强水泥的学者认为正是它的大量存在，使得硅酸盐水泥的强度难以进一步提高，但我们还要看到，对于硅酸盐系列的水泥来说，氢氧化钙存在是水泥结石稳定、混凝土耐久的物质基础和标志。氢氧化钙主要由熟料中的C_3S等矿物水化生成，在水泥中掺入粉煤灰，一方面使胶凝材料中熟料含量相应减少，另一方面粉煤灰水化反应要消耗氢氧化钙，随着粉煤灰掺量增大，胶凝材料中熟料的含量就相应降低，从而也减少了水化生成氢氧化钙的数量。适当减少胶凝材料结石中氢氧化钙的数量，一部分氢氧化钙与粉煤灰化合成难溶的矿物，对改善胶凝材料结石的各项性能，无疑起到很好的作用，但氢氧化钙含量过低，则动摇了结石稳定耐久的物质基础，从化学平衡的观点看，粉煤灰掺量太大，过多地消耗氢氧化钙，就破坏了平衡，影响胶凝材料结石的稳定。在国家自然科学基金委员会和中国长江三峡工程开发总公司联合资助下，长江科学院、中国建筑材料科学研究院和南京水利科学研究院曾对这个问题进行了研究。

（1）中国建筑材料科学研究院用中热硅酸盐水泥掺20%～70%粉煤灰制成胶凝材料，采用热重分析法定量测定在50℃水化3个月的试件中的$Ca(OH)_2$含量，从而计算出胶凝材料用量为$180kg/m^3$和$150kg/m^3$的混凝土中$Ca(OH)_2$含量，结果表明，当粉煤灰的掺量小于30%时，混凝土中$Ca(OH)_2$能保持在$8kg/m^3$以上；如果粉煤灰掺量大于50%（即60%或70%）则混凝土中的$Ca(OH)_2$含量将低于$4kg/m^3$，考虑到混凝土在施工和长期使用过程中发生碳化作用，混凝土中的氢氧化钙数量会进一步降低，致使混凝土的耐久性变差，同时抗环境水溶蚀能力不足，由此认为在上述胶凝材料用量范围内的混凝土，在中热硅酸盐水泥中掺粉煤灰，不宜超过50%。

（2）南京水利科学研究院对中热硅酸盐水泥掺粉煤灰混凝土进行抗碳化性能的研究。试件成型后，经过28d标准养护，然后在碳化试验箱中进行碳化试验，图4-14给出碳化7、14和28d的碳化深度和粉煤灰掺量关系曲线，从试验结果可知：

1）当胶凝材料用量为$222kg/m^3$，粉煤灰掺量为55%（水泥用量$100kg/m^3$）时，混凝土的碳化深度增长平缓，粉煤灰掺量为70%（水泥用量$67kg/m^3$）时，碳化深度急剧增长（a组试验，图4-14曲线a）。

2）当胶凝材料用量为$333kg/m^3$，粉煤灰掺量55%（水泥用量$150kg/m^3$）时，混凝土碳化深度明显低于a组试验，但粉煤灰掺量为70%（水泥用量$100kg/m^3$）时，混凝土的碳化进

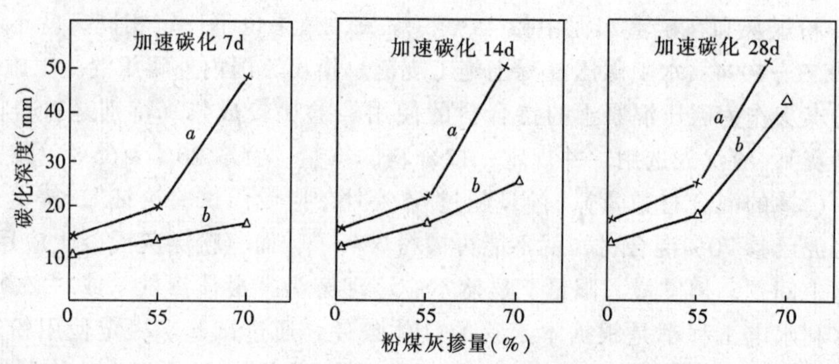

图 4-14 混凝土中粉煤灰掺量和抗碳化性能关系曲线

程有不断加快的趋势（图 4-14 曲线 b)。

3）在上述两批试验中，都有一组水泥用量为 100kg/m^3 的试件，但粉煤灰的掺量不同，分别为 122kg/m^3（掺 55%）和 233kg/m^3（掺 70%)，尽管后者的水胶比小于前者，强度高于前者，但其碳化进程却明显快于前者。究其原因是水泥用量相同，则水化生成的氢氧化钙数量也相同，掺入粉煤灰越多，火山灰活性反应消耗氢氧化钙也多，因此，虽然后一组混凝土的强度高于前一组，但碱度（氢氧化钙）的储备却降低了，不利于混凝土的抗碳化和耐久。此外，对掺粉煤灰混凝土的透气性的研究结果表明：掺粉煤灰 20%的混凝土试件，养护 28d，其空气渗透系数与不掺粉煤灰的基准混凝土相当；随着龄期增长，透气系数明显降低，抗透气性能显著改善；掺粉煤灰 50%的试件，养护 90d，透气系数和基准混凝土相当或略低。

综合上述研究结果，认为应将中热硅酸盐水泥掺粉煤灰的最高限量定为不大于 50%，较为合理。

(3) 长江科学院研究了中热硅酸盐水泥和低热矿渣硅酸盐水泥掺不同数量粉煤灰胶凝材料的强度变化和碱度变化，得出如下结果：

1）取葛洲坝水泥厂已知组分的中热硅酸盐水泥和低热矿渣硅酸盐水泥（单掺 50%矿渣作混合材料)，掺入不同数量的粉煤灰，配成胶凝材料并制成净浆试件，测定不同龄期的强度变化。这样，既反映了粉煤灰在中热硅酸盐水泥和低热矿渣硅酸盐水泥中不同掺量的强度变化规律，同时又可反映出熟料—矿渣—粉煤灰按不同比例配制的胶凝材料的强度变化。结果表明：粉煤灰掺量增加，试件的强度随之递降，粉煤灰掺量增加到一定程度，强度有陡降（降低幅度突然增大）的趋势：中热硅酸盐水泥掺粉煤灰的两次（用两个厂家的Ⅰ级灰分别进行）试验结果，90d 龄期的强度陡降点一次出现在粉煤灰掺量为 50%～60%的区间中，一次出现在粉煤灰掺量为 60%～70%的区间中；360d 龄期的强度陡降点两次试验均出现在粉煤灰掺量 60%～70%的区间中。低热矿渣硅酸盐水泥掺粉煤灰的两次试验结果，有一次试验 90d 龄期强度陡降点出现在粉煤灰掺量为 40%～50%的区间，其余 90、360d 龄期强度陡降点均出现在粉煤灰掺量为 50%～60%区间。这些陡降点，能否看作是从量变到质变的转折点呢？另一项试验可以和它相互印证。

2）既然粉煤灰的活性靠水泥水化产生的 Ca（OH)$_2$ 激发并和 Ca（OH)$_2$ 生成难溶化合物，掺入粉煤灰必然降低胶凝材料系统内的 Ca（OH)$_2$ 含量。测定粉煤灰在不同水泥中不同掺量长龄期水化试件中的 Ca（OH)$_2$ 可溶出量，就能根据胶凝材料水化过程中的 Ca（OH)$_2$

浓度变化，判断粉煤灰的最大允许掺量。考虑到水泥和粉煤灰都含有碱金属氧化物（Na_2O，K_2O 等），因此不宜采用酸碱滴定法测定碱度，可用络合滴定法直接测定 Ca^{++}，从而计算出可溶出 Ca（OH）$_2$ 浓度。将中热硅酸盐水泥和低热矿渣硅酸盐水泥掺不同数量粉煤灰的胶凝材料加水拌和制成试件，按 90d，1a，2a，2.5a 龄期将试件中的 Ca（OH）$_2$ 萃取出来，用 EDTA 滴定 Ca^{++} 的浓度，从而换算出试件中 Ca（OH）$_2$可溶出量。试验结果得出如下规律：①粉煤灰掺量增加，Ca（OH）$_2$ 浓度下降，中热硅酸盐水泥掺粉煤灰超过 50%，浓度发生明显陡降，各龄期的测定结果规律相同；低热矿渣硅酸盐水泥掺粉煤灰，Ca（OH）$_2$ 的浓度陡降不如中热硅酸盐水泥掺粉煤灰明显，但可看出掺 60%粉煤灰 90d 龄期 Ca（OH）$_2$ 浓度陡降较明显，2 年以后，陡降点发生在粉煤灰掺量在 40% ~ 50%的区间内。②水泥品种相同，粉煤灰掺量相同，Ca（OH）$_2$ 浓度随龄期增长而降低，但一年以前降低幅度大，一年以后变化很小。③龄期 2 年以后，按 0.52W/C 换算，中热硅酸盐水泥和低热矿渣硅酸盐水泥掺 70%粉煤灰的胶凝材料水化硬化体的 Ca（OH）$_2$ 浓度可能达不到饱和。图 4-15 是粉煤灰在中热硅酸盐水泥中的掺量、水化龄期和氢氧化钙浓度变化的关系曲线，右上方的小图是中热硅酸盐水泥掺 50%粉煤灰水化龄期与氢氧化钙浓度变化关系曲线。

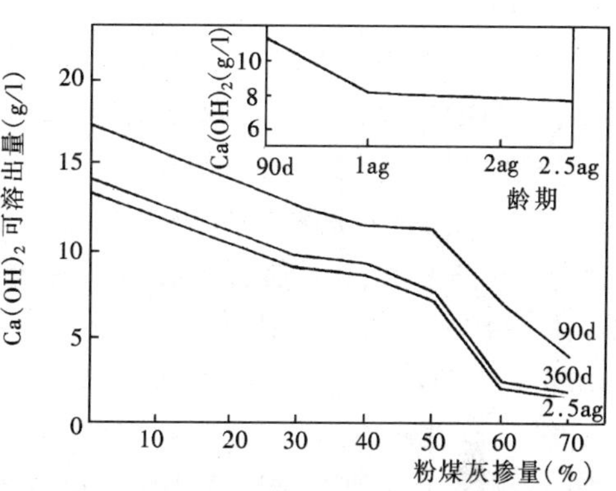

图 4-15　0.52W/C，粉煤灰在中热水泥的掺量，水化龄期与氢氧化钙浓度的关系

如前所述，氢氧化钙本身强度低，人们认为硅酸盐水泥的强度难以进一步提高，正是由于它大量存在；但另一方面，它的存在又是水泥结石稳定和混凝土耐久的标志和物质基础。如果水泥以水淬矿渣为混合材，虽然需要 Ca（OH）$_2$ 激发，使矿渣发生水化而起胶凝作用，但矿渣本身的主要成分是硅酸钙玻璃体，它只是借助 Ca（OH）$_2$ 激发活性而不需要大量消耗熟料水化生成的 Ca（OH）$_2$，因此掺矿渣为混合材的水泥，很容易维持液相中 Ca（OH）$_2$ 的饱和状态。如果用氧化钙含量低的粉煤灰作水泥的混合材料，不但熟料和粉煤灰组成的二元胶凝材料的氧化钙含量低于熟料和矿渣组成的二元胶凝材料，而且粉煤灰受激水化后还要消耗 Ca（OH）$_2$，这样就不难理解，粉煤灰掺到一定数量，胶凝材料的 Ca（OH）$_2$ 就可能达不到饱和。熟料中 C_3S 水化生成 Ca（OH）$_2$，可用如下反应式表示：

$$3CaO\cdot SiO_2 + 5H_2O = Ca(OH)_2 + 2CaO\cdot SiO_2 + 4H_2O$$

根据这个反应式可以计算出胶凝材料水化后生成的 Ca（OH）$_2$ 数量，例如某厂的熟料 C_3S 含量为 53.54%，每克 C_3S 能生成 0.3244gCa（OH）$_2$，因此，胶凝材料中熟料可生成的 Ca（OH）$_2$数量为

熟料量%（质量百分数）× 53.54 × 0.3244 = Ca（OH）$_2$ 质量（g）/每 100g 胶凝材料

若在低热矿渣硅酸盐水泥（矿渣掺量 50%）中掺 70%粉煤灰，则胶凝材料的组成大致是：熟料 15%，矿渣 15%和粉煤灰 70%。据上式可算出每 100g 胶凝材料如果全部水化，由熟料生成的 Ca（OH）$_2$ 有 2.606g。若水胶比为 0.52，则相当于有 2.606g 的 Ca（OH）$_2$ 溶入

52ml水中，如果Ca（OH)$_2$能全部溶于水，浓度可达50.1154g/1。事实上，Ca（OH)$_2$的溶解度为1.65g/1，达到这个浓度，就呈饱和状态，在通常条件下，不再溶解，多余的Ca（OH)$_2$以固相形态被“储存”起来。以上的计算说明，即使在低热矿渣硅酸盐水泥中掺70%粉煤灰，如果不发生消耗（化合成难溶矿物)，Ca（OH)$_2$足以维持饱和，但以上试验所得的结果表明这样的胶凝材料水化2年后，可能维持不了Ca（OH)$_2$在液相的饱和，显然是粉煤灰消耗Ca（OH)$_2$所致。因此，在低热矿渣硅酸盐水泥中，不宜掺70%粉煤灰，否则胶凝材料结石中Ca（OH)$_2$数量不足，耐久性能差。

粉煤灰在不同品种的水泥中的最高允许掺量是多少？上述试验表明，无论是强度还是Ca（OH)$_2$浓度，都随粉煤灰掺量增加而降低，到一定程度，都发生陡降，陡降点就是从量变到质变的转折点。从强度变化的规律看，中热硅酸盐水泥掺粉煤灰大于60%，会发生陡降；低热矿渣硅酸盐水泥掺粉煤灰高于50%，也会发生陡降。从Ca（OH)$_2$浓度变化的基本规律看，中热硅酸盐水泥掺粉煤灰超过50%，低热矿渣硅酸盐水泥掺粉煤灰超过40%，浓度会陡降。按陡降点来界定粉煤灰的最大允许掺量，应该是合理的，但用强度的陡降来界定比用Ca（OH)$_2$浓度的陡降来界定，刚好高十个百分点，应以哪个为准呢？考虑到这是关系到混凝土耐久性的问题，应采用Ca（OH)$_2$浓度来界定。因此，规定中热硅酸盐水泥掺粉煤灰不超过50%；低热矿渣硅酸盐水泥掺粉煤灰不超过40%，把安全性也考虑在内，留有余地，应是合理的。值得注意的是中热硅酸盐水泥掺粉煤灰试验是长江科学院和南京水利科学研究院、中国建筑材料科学研究院三个单位分别从不同的角度同时进行的（低热硅酸盐水泥掺粉煤灰试验只长江科学院做)，而结论则完全相同。

四、掺粉煤灰混凝土的长期性能

在影响混凝土性能的诸多因素中，胶凝材料是很关键的因素。在中热硅酸盐水泥中掺粉煤灰，胶凝材料是二元体系，熟料和粉煤灰（不计石膏）相结合产生胶凝作用；在低热矿渣硅酸盐水泥中掺粉煤灰，胶凝材料是三元体系，熟料、矿渣和粉煤灰（也不计石膏）三者相结合产生胶凝作用。矿渣和粉煤灰的活性不一样，粉煤灰掺量不同，二元体系或三元体系胶凝材料中各成分的组合比例也相应不同，胶凝材料的性质当然不相同，但不管是矿渣还是粉煤灰，都要依靠氢氧化钙激发才能起胶凝作用。为了保证混凝土有好的耐久性，必须保持胶凝材料结石长期稳定，而稳定的基础和标志则是有没有足够的氢氧化钙。因此有人提出，为了保持结石的稳定，胶凝材料中CaO的摩尔数（克分子数）起码要等于（最好是大于）SiO_2、Al_2O_3和Fe_2O_3三者的摩尔数之和，否则混凝土就会因胶凝材料结石“缺钙”（或称“贫钙”）而不能耐久。根据这样的意见进行计算，则葛洲坝水泥厂的中热硅酸盐水泥最多只能掺35%“低钙灰”；低热硅酸盐矿渣水泥最多只能掺20%“低钙灰”。持这样意见的人虽然只是少数，但在水工混凝土行业中曾经产生过一定的影响，所以在此略为讨论。为什么上面提出粉煤灰在水泥中的最大允许掺量和根据摩尔数计算提出的最高允许掺量相差甚远呢？首先，上面提出的粉煤灰在不同品种水泥中的最大允许掺量是通过试验得出的结论，而摩尔数平衡则完全以化学计算的结果为依据，而且建立在两个假设的基础上：一是假设掺粉煤灰的胶凝材料水化时，每个SiO_2、Al_2O_3、Fe_2O_3分子都最少和一个CaO分子化合；二是假设掺粉煤灰的胶凝材料水化时，各组分全部发生反应，而且反应完全。但事实又是怎样呢？必须注意，我们在谈到熟料，矿渣和粉煤灰的成分时，较多的是注意它们通过化学分析测定的化学成分，而它们的水化反应则是矿物成分发生的反应，熟料的矿物成分可以根据其化学成分按经验公式进行计算，矿渣和粉煤灰则尚未能根据其化学成分计算矿物组成。熟料、矿渣和粉煤灰的主要化学成分虽然都是 SiO_2、Al_2O_3、Fe_2O_3，CaO 和 MgO 等，但它们在这三种物质中组成的矿物成分则差别很大，例如熟料以 C_3S、C_2S、C_3A 和 C_4AF 等矿物为主要成分；矿渣则由 αC_2S、βC_2S 和 γC_2S 等十余种矿物组成，其中 αC_2S、βC_2S 是活性矿物，而 γC_2S 则是惰性的，说明化学成分相同，组成的矿物形态可以不同，性质也不相同。粉煤灰除含有大量玻璃态微珠以外，还含有多种结晶态矿物，例如莫来石、石英、方解石、刚玉、白云石、赤铁矿和磁铁矿等，此外还有玻璃态碎屑和少量碳渣。莫来石（$3Al_2O_3 \cdot 2SiO_2$）是粉煤灰中常见而且含量相当多的矿物，它和刚玉（Al_2O_3）、石英（SiO_2）等结晶态矿物都是惰性的，玻璃态微珠和碎屑则是活性的。进一步研究发现，惰性物质大多不是单独（独立）存在的，而是和玻璃态物质夹杂共生，它们呈各种结晶形态（例如莫来石呈针状或粒状）不规则地分布在玻璃体中，甚至有些活性物质被惰性物包围阻隔，不能受激水化。所以，粉煤灰实际能受激水化的组分比理论（或想像）的要少得多。因此不难理解，按照摩尔数进行化学计算来决定粉煤灰在水泥中的最大允许掺量，并作为判断混凝土是否“缺钙”（或“贫钙”）的依据，是不符合实际的。

五、关于粉煤灰的水化度

粉煤灰既然不能全部水化，就必须考虑它的“水化度”。据研究和观察，粉煤灰在胶凝材料中水化，不但和时间（龄期）有关，还和胶凝材料中 $Ca(OH)_2$ 的浓度有关。中国建筑材料科学研究院研究了在中热硅酸盐水泥掺不同数量粉煤灰的胶凝材料中，粉煤灰的水化程度和水化速率：将试样置于50℃的温度下，认为这样可以比在标准温度下反应加速6～8倍，即在50℃反应一个月相当于在20℃下反应6～8个月，在50℃的温度下反应6个月就相当于在20℃温度下反应3～4年。通过这样的试验发现，粉煤灰在水化早期反应速度较快，然后逐渐减慢，但在相当长的时间内水化反应一直在进行。在50℃下反应6个月，掺粉煤灰20%的试样大约有5%（1/4）的粉煤灰已经水化，还有15%（3/4）未水化；掺粉煤灰70%的试样，只有12.5%（1/6～1/5）已经水化，还有57.5%（5/6～4/5）未水化。从粉煤灰的水化速度随时间变化的关系曲线推测，粉煤灰在3～4年后仍然在水化，掺粉煤灰少的试样，粉煤灰的反应速度仍快于粉煤灰掺量大的试样，而粉煤灰掺量为70%的试样，由于胶凝材料体系中 $Ca(OH)_2$ 数量过低，反应速度趋于零。

长江科学院用扫描电子显微镜观察了在中热硅酸盐水泥、低热矿渣硅酸盐水泥分别掺不同数量粉煤灰，在标准条件养护下粉煤灰的水化反应情况，发现在中热硅酸盐水泥和低热矿渣硅酸盐水泥各自掺粉煤灰从20%～70%，龄期从180d～3a（年）的所有试样中，都可以观察到粉煤灰微珠发生了水化反应，但反应都只是在微珠的表面进行。测定过一颗水化180d的空心微珠，它的直径约23μm，壳厚约1.4μm，而水化层大约只有0.1μm；由于玻璃体与惰性物质夹杂共生是无序的，所以微珠表面的水化反应也是无序的，反应产物随机形成各种图案，即使水化龄期已达三年，微珠仍然是完整的；这些现象说明，粉煤灰的水化速度是极缓慢的，水化度是很低的。

1962年湖北蒲圻陆水“三峡试验坝”第1坝段和第14坝段的混凝土，试用了在500号普通硅酸盐水泥（当年的水泥标号）掺15%～30%粉煤灰，35年后，曾作过调查观察，混凝土外观完好，无任何风化剥蚀迹象，当年设计标号为150号的混凝土，用回弹仪测定其强度，已达30MPa以上。凿取了一些试样用扫描电子显微镜观察，虽然经历了35年，观察到的结果竟和上述三年龄期的试验结果十分相似，微珠表面起了水化反应，而微珠颗粒仍清晰可辨，进一步证明粉煤灰的水化速度十分缓慢，而掺粉煤灰混凝土的强度和耐久性都是好的。

六、掺粉煤灰的水工碾压混凝土

碾压混凝土具有常态混凝土的使用功能又有施工速度快，节省胶凝材料，简化温控措施，技术经济效益好等诸多优点，据统计，与常态混凝土筑坝技术相比，碾压混凝土可减少80%劳动力，浇筑一座60m高的混凝土坝，可缩短1/2至2/3施工期，因此很受水利工程界的重视。从20世纪70年代末80年代初开始，我国的水利水电工程就使用碾压混凝土，不限于浇筑大坝主体，还用于修筑公路、围堰、导墙等。1986年我国第一座掺粉煤灰的碾压混凝土坝在福建省大田县建成（坑口坝，高56.3m，混凝土5.7万m^3），此后碾压混凝土筑坝发展得很快，十多年后，我国碾压混凝土坝的数量就高居世界首位，而且重力坝的设计和施工技术处于国际领先地位。1997年动工的四川省汶川县沙牌水电站的碾压混凝土坝，是世界上在建的最高的碾压混凝土拱坝（坝高132m），正在动工的广西龙滩重力坝，则是我国最高的碾压混凝土坝（坝高216.0m）。碾压混凝土不一定要用粉煤灰做掺合料。但国内外的碾压混凝土坝都是以使用粉煤灰做掺合料最为普遍，沙牌、龙滩的碾压混凝土就是以粉煤灰为掺合料，我国已建、在建和正在设计的40余座碾压混凝土坝，也绝大多数都用粉煤灰为掺合料。由于大量掺用粉煤灰，大大减少水泥用量，人们曾一度误认为碾压混凝土不存在温控问题，后来发现，大量掺粉煤灰，水化热后延，而碾压混凝土施工进度快，施工过程中层面散热不多，与常态混凝土相比，碾压混凝土的徐变较低，极限拉伸也略低，故抗裂能力也较低；此外，季节环境气温变化，寒潮袭击对碾压混凝土和对常态混凝土的影响是基本相同的。所有这些，都使得碾压混凝土也必须重视温度应力的影响和注意温控，只是和常态混凝土相比，碾压混凝土的温控可适当简化。

SL53—1994《水工碾压混凝土施工规范》中，和使用粉煤灰有关的规定有如下几点：

（1）掺合料掺量（包括水泥中已掺的混合材数量）宜取30%～65%，掺量超过65%时，应做专门试验论证。

（2）大体积建筑物内部碾压混凝土的胶凝材料用量，不宜低于130kg/m^3，其中水泥熟料不宜低于45kg/m^3。

（3）粉煤灰现场检测项目为密度、细度、需水量比和烧失量，在仓库取样，每批或每200～400t一次，以评定其质量稳定性；必要时还可测定强度比以检定其活性。

水工碾压混凝土应按工程的性质（永久建筑还是临时工程）和实际要求，综合考虑设计标号，耐久性，抗渗性，施工速度和经济效益等因素，通过试验来决定胶凝材料用量，粉煤灰的掺量和质量等级。胶凝材料用量小于120kg/m^3的称为“低胶材含量”，一般用于低坝，如美国的柳树溪坝，据报道，该坝的胶凝材料用量只有66kg/m^3，由于胶凝材料少，难以保证集料之间的空隙能全部填充，不但强度低，而且渗漏量大；胶凝材料用量大于180kg/m^3的称为“高胶材含量”，如美国的上静水坝，胶凝材料用量250kg/m^3，其中粉煤灰用量为173kg/m^3（粉煤灰掺量69%），水泥77kg/m^3。采用“高胶材含量”方案原是为了满足高坝对混凝土的强度和抗渗等方面性能的要求，但由于胶凝材料用量多，虽然粉煤灰掺量大，水泥用量也相应地多，水化热造成混凝土内部温升大，因此必须注意温控。我国的碾压混凝土坝基本都采用胶凝材料为 120～180kg/m³ 的"中胶材含量"方案，而且胶凝材料用量往往在 130kg/m³ 以上，粉煤灰掺量大都在 30%～65%之间，与《水工碾压混凝土施工规范》相符，但也有超出此范围的（多数是临时工程）。"中胶材"方案的水泥用量不一定比"高胶材"方案的水泥用量少，例如表 4-37 所列的最后两种碾压混凝土的水泥用量就多于美国上静水坝"高胶材"碾压混凝土的水泥用量。

表 4-37　　我国部分水工碾压混凝土掺粉煤灰情况

工程名称	工程混凝土总方量（万 m³）	碾压混凝土方量（万 m³）	胶凝材料用量（kg/m³）				设计标号	碾压混凝土浇筑部位
			总　量	水　泥	粉煤灰			
					kg/m³	%		
福建坑口	6.0	4.3	140	60	80	57	$C_{90}10$	坝　体
广西岩滩	199.0	37.58	159	55	104	65	$C_{90}15$	坝　体
			160	45	115	72	$C_{90}10$	上游围堰
			150	45	105	70	$C_{90}10$	下游围堰
三峡二期工程导墙	61.18	46.26	166	70	96	58	$C_{90}15$	导墙
			170	85	85	50	$C_{90}20$	
			177	124	53	30	$C_{90}25$	

注　表中三峡二期导墙的混凝土总方量和碾压混凝土的方量都是专指二期工程的导墙而言的，其中 $C_{90}15$ 所掺粉煤灰有 3%代砂。

有人归纳了我国的一些试验成果，认为粉煤灰掺量达到 50%，碾压混凝土的抗压强度和抗冻（耐久）性降低较大，碳化速度加快，因此，在寒冷地区的碾压混凝土工程掺粉煤灰以不超过 40%为好，而在温暖地区，粉煤灰可以掺到 65%，有些临时性工程，可以掺得更多，例如广西岩滩工程的碾压混凝土围堰，胶凝材料用量为 150～160kg/m³，其中粉煤灰用量为 105～117kg/m³，即粉煤灰掺量达到 67%～72%。必须指出，过去水工碾压混凝土基本上是使用Ⅱ级以下的粉煤灰，其性能与Ⅰ级粉煤灰差距较大，事实证明，掺Ⅰ级粉煤灰可以减少混凝土的用水量和提高强度，掺引气剂可以提高混凝土的抗冻（耐久）性，在设计碾压混凝土的配合比时，应充分利用这些原材料的优良特性。三峡二期工程导墙碾压混凝土就使用了Ⅰ级粉煤灰，同时掺高效减水剂和引气剂。

七、掺粉煤灰的水工抗冲磨防空蚀（简称抗磨蚀）混凝土

大坝混凝土虽然大部分是标号低，胶凝材料用量少，但泄水和过水部位，例如大坝溢流面、排沙孔、导流底孔和电站引水孔等受挟砂、石的高速水流冲击、磨蚀以及高速水流作用造成的空（气）蚀，很容易使混凝土磨损、破坏。因此，这些部位的建筑物要采用高标号、水泥用量较多的混凝土。这种混凝土也是大体积混凝土，除要求强度高、耐久性好以外，同样要水化热、绝热温升低，有良好的施工性能，体积稳定性、密实性和耐久性好等等。配制这种混凝土往往掺"高活性细掺料"（例如硅粉）以提高强度，掺外加剂以减少用水量和提高耐久性，由于掺硅粉的混凝土体积收缩大，有人主张掺"微膨胀剂"，以补偿收缩。

过去认为，掺粉煤灰虽然可以降低混凝土内部温度，但不利于提高混凝土的强度，所以在水泥—硅粉或水泥—粉煤灰的胶凝材料方案中，宁可选择水泥掺硅粉的方案。现在，我国

水利部行业标准《水工混凝土抗冲磨防空蚀技术规范》已明确规定："在不降低抗磨蚀性能的前提下，可掺用优质粉煤灰，其掺量应通过试验确定"，人们逐步认识到抗磨蚀混凝土掺粉煤灰不但可以减少水泥用量，降低混凝土内部温度，还可以提高混凝土的强度和耐磨度，减少体积收缩，关键在于混凝土配合比的设计和选择适用的粉煤灰。表4-38中的第1，2号和3，4号是两组掺与不掺粉煤灰抗磨蚀混凝土配合比设计，它们的强度标号分别为C_{28}35和C_{28}40，二级配，抗冻标号都是D250，抗渗标号均为S10。使用525中热硅酸盐水泥，Ⅰ级粉煤灰，掺高效减水剂0.7%。

表4-38　　掺与不掺粉煤灰的抗磨蚀混凝土配合比

试件编号	设计标号	水胶比	砂率（%）	用水量（kg/m³）	引气剂	胶凝材料用量（kg/m³）				坍落度（cm）	含气量（%）
						水泥	粉煤灰（kg/m³）	粉煤灰（%）	胶材总量		
1	$C_{28}=35$	0.35	35	126.0	0	288.0	72.0	20	360.0	7.3	—
2		0.40	34	125.0	6/万	313.0	0	0	313.0	6.5	5.0
3	$C_{28}=40$	0.30	33	135.0	0	360.0	90	20	450.0	7.5	—
4		0.35	35	138.0	0	394.0	0	0	394.0	8.0	—
5	$C_{28}=45$	0.35	33	113.0	6/万	339.0	38	10	377.0		

从表4-38可知，不掺粉煤灰的混凝土比掺20%粉煤灰的混凝土水泥用量多30kg/m³以上，水灰比大0.05。通过试验得出如下结论：

(1) 各组试件的强度都达到设计要求，但掺粉煤灰试件的抗压强度高于不掺粉煤灰的试件，抗拉强度持平；综合强度、发热量等条件分析，掺粉煤灰混凝土的性能比不掺粉煤灰混凝土好。

(2) 抗渗性能满足设计要求；但抗冻（耐久）性要达到>D250，必须掺引气剂。

(3) 掺粉煤灰较不掺粉煤灰混凝土180d龄期的收缩率小约17×10^{-6}。

(4) 90d龄期掺与不掺粉煤灰的混凝土试件，抗冲磨强度接近。

表4-38的第5号是三峡二期工程实际使用的抗磨蚀混凝土配合比，除表4-38所列的参数外，它的抗冻标号为D150，抗渗标号为S10。请注意这里采用单掺Ⅰ级粉煤灰为活性细掺料同时掺0.6%高效减水剂和0.6/万引气剂的方案，试验证明完全可以满足该工程抗磨蚀的要求。

抗磨蚀混凝土采用的"活性细掺料"最初是单纯的硅粉，以后又研究了硅粉与矿渣、硅粉与粉煤灰共掺，硅粉与粉煤灰及矿渣三掺，典型的配比范围是：硅粉3.5%～15%；粉煤灰15%～30%；矿渣30%～60%。活性细掺料在胶凝材料中所占的比例应根据工程的性质和实际需要来决定。南京水利科学研究院、长江科学院和武汉大学水利学院通过试验向某工程推荐抗冲磨高性能混凝土胶凝材料的配合比为：胶凝材料总量448kg/m³，其中中热硅酸盐水泥用量330kg/m³，Ⅰ级粉煤灰49.7kg/m³，硅粉32.2kg/m³，膨胀剂36.3kg/m³以及适量的外加剂，Ⅰ级粉煤灰占胶凝材料总量的11%。当胶凝材料用量相同时，用上述配比的胶凝材料拌制的抗冲磨混凝土（C60）与单纯用中热硅酸盐水泥拌制的对比混凝土相比：抗压强度高70%～80%，劈裂抗拉高88%，轴拉强度高32%，抗压弹模高17%，抗弯强度高68%，极限拉伸值相近，抗剪强度高30%，抗冲磨性能则高74%～135%。

试验还证明，在含有几种细掺料的胶凝材料中，粉煤灰明显起到改善混凝土性能的作用，表现在：

(1) 减少混凝土的干缩。胶凝材料用量相同时，掺粉煤灰＋硅粉＋膨胀剂的抗磨蚀混凝土28d的干缩率比单纯使用水泥的混凝土干缩率小70×10^{-10}；比掺硅粉＋膨胀剂而不掺粉煤灰的混凝土干缩率小55×10^{-10}。

(2) 大幅度降低混凝土的绝热温升。胶凝材料用量为489.4kg/m^3，其中水泥用量326kg/m^3，粉煤灰68.1kg/m^3，硅粉45.5kg/m^3，膨胀剂49.9kg/m^3，并掺有外加剂的抗磨蚀混凝土和单纯使用436kg/m^{3}水泥并掺外加剂的混凝土相比，前者胶凝材料总量比后者多用约53kg/m^3，但前者1d龄期的绝热温升降低约18℃，3d和7d龄期分别降低11.8℃和7.9℃，到了28d龄期，绝热温升仍低6.7℃。这对于防止混凝土早期发生温度应力裂缝十分有利。经研究认为，由于在掺入高效减水剂的同时又掺入具有减水作用的Ⅰ级粉煤灰，使混凝土单位用水量大幅度降低，从而降低了混凝土的绝热温升。

(3) 改善胶凝材料浆体与集料的界面结构。硬化水泥（胶凝材料）浆体和集料界面的特性对混凝土的抗拉、抗压、抗渗透以及冲磨破坏方式的影响很大，但这个界面往往又是混凝土的薄弱区，对于抗磨蚀混凝土来说，集料本身的抗磨度一般都较高，提高混凝土的抗磨度主要是增强胶凝材料的抗磨能力，改善胶凝材料与集料的界面结构，提高界面胶凝材料的密实度和对集料的握裹力。用X射线衍射分析了界面区中：单纯水泥，水泥＋硅粉＋膨胀剂＋粉煤灰和水泥＋硅粉＋膨胀剂三种浆体的水化物，发现掺粉煤灰的硬化浆体中由于粉煤灰和硅粉与氢氧化钙反应生成水化硅酸钙凝胶（CSH），减少了界面上氢氧化钙的数量，比不掺粉煤灰的硬化浆体的密实性更好，从而提高了胶凝材料结石强度和对集料的裹握力。

随着对粉煤灰研究的深入，粉煤灰生产和应用技术水平的提高，现在粉煤灰在水工建筑的应用已遍及各种类型的混凝土。

八、粉煤灰与水泥水化热和混凝土的绝热温升

水泥水化产生的热量（水化热）能使混凝土达到相当高的温度，由于混凝土导热性能差，大体积混凝土在浇筑初期容易造成内外温差；此外，随龄期增长，混凝土又会逐渐降温而发生体积收缩，这样的温度变化会产生温度应力，导致混凝土发生裂缝。一般的概念是，若混凝土的水泥用量为200kg/m^3，水泥的水化热每增大8.4kJ/kg，则混凝土的温度将升高0.5～1.0℃，为了补偿1.0℃产生的温度应力，混凝土要提高1kg/m^3（0.1MPa）的抗拉强度，也就是混凝土的温度少升高1.0℃，相当于提高10×10^{-6}的极限拉伸值。因此，除了要求水泥的水化热尽可能低以外，大坝混凝土施工还要采取温控措施。用粉煤灰代替一部分水泥，既能使混凝土各项性能满足设计要求，又能降低混凝土内部温度，有利于温控。

粉煤灰也有水化热，显然，不同品质（尤其是氧化钙含量不同）的粉煤灰的水化热是不相同的，低钙灰的水化热比低热矿渣硅酸盐水泥、中热硅酸盐水泥的水化热低得多，所以用粉煤灰等量取代部分水泥，胶凝材料的水化热就会降低，但降低的幅度不完全与粉煤灰的掺量成比例。表4-38是中热硅酸盐水泥和低热矿渣硅酸盐水泥掺Ⅰ级粉煤灰用蓄热法测定的试验结果，表明中热硅酸盐水泥掺40%粉煤灰和低热矿渣硅酸盐水泥掺20%粉煤灰的水化热相当。

表 4-39 粉煤灰不同掺量的水泥（胶凝材料）水化热（蓄热法测定）

水泥品种	粉煤灰掺量（%）	水化热（J/g）			水化热降低率（%）		
		1d	3d	7d	1d	3d	7d
525 号中热硅酸盐水泥	0	183	242	271	0	0	0
	30	138	202	232	24.6	16.5	14.4
	40	123	175	203	32.8	27.3	25.1
	50	111	158	184	39.3	34.7	32.1
	60	88	131	154	51.9	45.9	44.9
	70	71	107	125	51.2	55.8	53.9
425 号低热矿渣水泥	0	110	173	228	0	0	0
	15	95	165	214	13.6	4.6	6.1
	25	86	149	194	21.8	13.9	14.9
	35	83	142	178	24.5	17.9	21.9
	45	69	109	141	37.3	37.0	38.8

水泥的水化热是混凝土温控设计的重要参数，但混凝土的胶凝材料用量不同，水胶比（水和胶凝材料用量之比）不同，混凝土的温升也不一样。因此，在绝热条件下，测定不同设计配合比的混凝土温度变化和最高温升（绝热温升值）也是温控设计的重要参数。表 4-40 给出两组绝热温升测定结果的实例，这两组试验使用同一种水泥，每 m^3 混凝土所用胶凝材料总量不同，粉煤灰掺量不同，水灰比不同，而混凝土的各项性能则基本相同（各项性能的试验结果略），但掺 40%粉煤灰的一组试验 28d 的绝热温升却比掺 30%的一组高 1℃，可见在进行混凝土配合比设计时，不能只考虑粉煤灰的掺量，还要看胶凝材料的用量，尤其是水泥用量。

表 4-40 混凝土绝热温升

水泥品种	每 m^3 胶材用量		水胶比	绝热温升（℃）							
	总量（kg）	粉煤灰（%）		1d	2d	3d	5d	7d	14d	20d	28d
525 号中热	152	35	0.55	3.8	9.9	13.0	15.6	16.5	17.5	18.0	18.2
	164	40	0.50	3.7	9.8	13.0	15.6	16.7	18.6	19.3	19.6

九、粉煤灰与混凝土的碱—集料反应

混凝土中的碱和集料都达到一定数量时，会发生碱—集料反应，反应产物吸水膨胀，导致混凝土破坏，对于水工混凝土，这显然是非常值得重视的问题。大型水工混凝土建筑所需集料数量大，很难完全避免使用含有活性物质的集料。因发生碱—集料反应而膨胀破坏的大坝早在 20 世纪 30 年代就已发现，我国水利工程界较早地注意到了美国的派克大坝因碱—集料反应造成毁坏而不得不重建的教训，从 20 世纪 50 年代起就明确规定：凡属较大型的水利水电工程都必须对碱—集料反应问题进行充分论证。这条规定数十年来一直被坚定地执行着。

碱—集料反应是可以预防的，防止发生碱—集料反应的办法首先当然是尽量使用碱含量低的水泥和不含或少含碱活性物质的集料，但也可以使用对碱—集料反应有抑制作用的掺合料来抑制反应。粉煤灰就是能有效地抑制碱—集料反应而被水工混凝土普遍采用的掺合料，我国的安康、大化、大黑汀以及长江三峡等许多水利水电工程的研究和实践证明，在水泥中掺20%~30%粉煤灰，能有效地抑制碱—集料反应。图4-16给出一个工程碱—集料反应和粉煤灰抑制作用的试验研究实例，该工程可能使用的集料中含燧石10%（按最大可能计，下同），流纹岩3%，凝灰岩3%；水泥的碱含量为1.05%。从砂浆膨胀率的试验结果可见，掺20%粉煤灰比不掺粉煤灰的砂浆试件的膨胀率大大减小，掺30%粉煤灰砂浆试件的膨胀率更小，即掺30%粉煤灰比掺20%抑制效果更好。

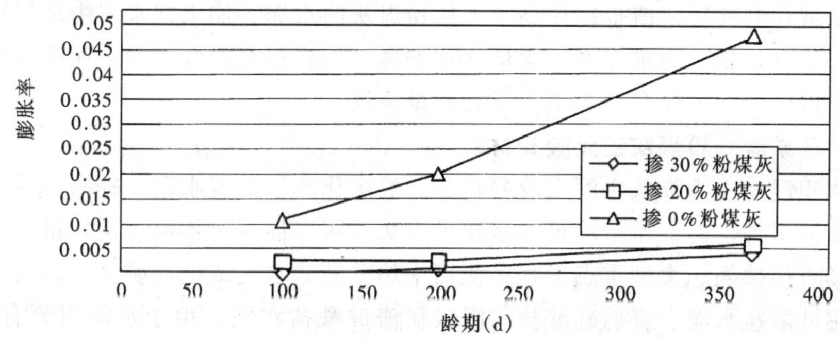

图4-16　粉煤灰掺量与碱—集料反应的膨胀率关系曲线

为防止发生碱—集料反应，许多国家都规定了每m^3混凝土中"总碱量"的最高允许值，例如南非的限值是2.1kg/m^3；英国和日本则规定3.0kg/m^3；我国"水工规范"规定为2.5kg/m^3。混凝土的总碱量是混凝土各组分如水泥，外加剂以及粉煤灰（掺合料）等各自的碱含量之和，因此必须对上述各组分的碱含量加以控制。粉煤灰本来具有抑制碱—集料反应的作用，但工程界为安全计，宁可相信"粉煤灰自身的碱含量过高也会导致碱—集料反应"的观点而对粉煤灰的碱含量加以控制。我国的"水工规范"规定若使用粉煤灰做混凝土掺合料，则粉煤灰的碱含量应控制在≤1.5%（0.658K_2O% + Na_2O%）。另一方面，国内外学者又普遍认为，粉煤灰"碱含量"中的"碱"并非全都是可以引起碱—集料反应的"有效碱"，因为化学分析测定粉煤灰的碱含量时，是根据粉煤灰中K^+离子和Na^+离子的含量计算成K_2O%和Na_2O%而得出的碱含量"测定值"，而粉煤灰中含有钾和钠的物质并非全部是K_2O和Na_2O，也不是全部可以水化或转化成KOH和NaOH而与混凝土中的活性集料发生反应的物质，能发生反应的"有效碱"只是测定值中的1/4或1/5。"水工规范"将有效碱定为测定值的1/5，因此粉煤灰在混凝土中的有效碱就是：粉煤灰的重量×粉煤灰的碱含量（测定值）×0.2。当粉煤灰碱含量的测定值为1.5%时，有效碱实际上只有0.3%，而我国的国家标准规定中热硅酸盐水泥的碱含量不大于0.6%；低热矿渣硅酸盐水泥的碱含量不大于1.0%（都算有效碱），就是说，在"水工规范"中，对粉煤灰碱含量的控制比对水泥的要求严格得多。由于煤种和煤的产地不同，我国粉煤灰的碱含量（测定值）差别很大，有小于1.0%的，有接近4.0%的，许多电厂粉煤灰的碱含量在1.5%以下，但也有些电厂的粉煤灰各项质量指标都很优良，只是碱含量在1.6%（有效碱在0.32%左右），比"水工规范"规定的指标略高，但低于水泥中的碱含量，由于"水工规范"做了上述规定，这样的粉煤灰很可能不被采用（三峡工程就是如此），这实在是一个非常值得商榷和研究解决的问题。我国低热矿渣硅酸盐水泥国家标准规定这种水泥可以掺部分粉煤灰代替矿渣，并规定做水泥混合材的粉煤灰碱含量不大于2.0%，看来这个规定比较合理。不过“水工规范”还规定，为避免发生碱—集料反应，混凝土中的总碱量控制在2.5kg/m^3（拌制混凝土的各种原材料的含碱量的总和）以下，那么，只要每m^3混凝土总碱量不超过2.5kg，粉煤灰的碱含量可以适当放宽。

还应注意：既然粉煤灰碱含量的测定值不代表有效碱，掺粉煤灰作混合材的水泥，用户要确定它的有效碱含量，就比较麻烦，不但要测定水泥的碱含量，还要确定水泥中粉煤灰的掺量和粉煤灰自身的碱含量。由于粉煤灰碱含量的测定值往往高于熟料和矿渣的碱含量，掺粉煤灰的水泥碱含量的测定值也往往高于不掺粉煤灰的水泥，如果把水泥中粉煤灰碱含量的测定值一律当作有效碱，则水泥的碱含量往往偏高，不将掺有粉煤灰的水泥中碱含量的测定值和有效碱加以区别，可能会引起供需双方质量争议。

十、熟料—矿渣—粉煤灰三元胶凝材料

水工大体积混凝土为降低水泥（胶凝材料）的水化热，节省水泥，提高混凝土的和易性并改善混凝土的多种性能，希望尽可能多掺粉煤灰。水工混凝土掺粉煤灰，都是拌制混凝土时在施工现场直接掺入，大型重点工程多使用中热硅酸盐水泥或低热矿渣硅酸盐水泥，但有些工程也使用硅酸盐水泥、普通硅酸盐水泥或矿渣硅酸盐水泥。由于水泥组分有较大差别，虽然都通过试验来确定粉煤灰掺量，却不一定是最好或最合理的。据上述研究结果，即使掺Ⅰ级粉煤灰，在中热硅酸盐水泥中粉煤灰的掺量不宜超过50%，在低热矿渣硅酸盐水泥中不宜超过40%。由于研究时所用的低热矿渣硅酸盐水泥掺有50%矿渣，那么，在低热矿渣硅酸盐水泥掺40%粉煤灰组成的胶凝材料中，混合材（矿渣+粉煤灰）的含量大约在70%左右，实际上比在中热硅酸盐水泥单掺50%粉煤灰的混合材数量多20个百分点，与《水工碾压混凝土施工规范》所规定的正常最多掺量大5个百分点。虽然“最大允许”掺量不等于“最佳”掺量，也不是“必须”掺量，但由此可以联想到，中热硅酸盐水泥掺粉煤灰，组成的胶凝材料是“二元体系”（不计用作水泥调凝的石膏，下同），低热矿渣硅酸盐水泥掺入粉煤灰，组成的胶凝材料是“三元体系”，组分不尽相同，性质就会有差别。对于标号要求不太高的大体积混凝土（例如大坝混凝土）来说，所用的胶凝材料要兼顾到水泥熟料含量不能太低，粉煤灰掺量尽可能多而各方面的性能又较好。长江科学院在研究粉煤灰在水泥中的“最大允许掺量”时发现，简单地在中热硅酸盐水泥或低热矿渣硅酸盐水泥中掺粉煤灰，不是最合理的方案。应该是水泥熟料—矿渣—粉煤灰三个组分以适当的比例进行组合，使矿渣和粉煤灰优势互补，才是最好的方案。在表4-41中，1号胶凝材料实际上是中热硅酸盐水泥，2号胶凝材料实际上是低热矿渣硅酸盐水泥。

表4-41　掺Ⅰ级粉煤灰胶凝材料的物理性能（软练法）

编号	胶材配比（%）			用水量（%）	相对需水量（%）	抗折强度 MPa				抗压强度 MPa（相对强度百分比）			
	熟料	矿渣	粉煤灰			7d	28d	90d	180d	7d	28d	90d	180d
1	100	0	0	132	100	6.8	8.2	9.0	9.7	45.9	62.5	70.8	76.6（100）
2	50	50	0	132	100	4.6	7.6	8.3	9.8	26.1	50.4	64.9	69.6（90.7）
3	60	0	40	120	91	4.9	6.7	8.7	9.8	26.3	45.9	66.1	70.9（92.6）

续表

编号	胶材配比（%）			用水量（%）	相对需水量（%）	抗折强度 MPa				抗压强度 MPa（相对强度百分比）			
	熟料	矿渣	粉煤灰			7d	28d	90d	180d	7d	28d	90d	180d
4	50	0	50	120	91	3.9	5.5	8.2	9.2	20.6	33.9	55.1	63.7（83.2）
5	50	10	40	123	93	4.2	6.3	8.3	9.3	23.5	40.7	59.5	69.5（90.7）
6	30	30	40	123	93	2.8	5.6	7.9	8.3	14.0	32.1	50.5	59.0（77.0）
7	40	20	40	123	93	2.5	5.7	7.9	8.7	17.8	35.3	53.6	64.0（83.6）
8	40	10	50	123	93	3.0	5.1	7.4	8.8	16.4	30.1	47.2	58.5（76.4）

注　表中采用“相对需水量”来表示中热硅酸盐水泥胶砂的流动度达到 125～135mm 时的用水量和掺不同混合材的胶砂达到同一流动度时用水量之比。以示和 GB/T 1596—1991 的“需水量比”有所区别。

3 号和 4 号胶凝材料掺Ⅰ级粉煤灰，5 号至 8 号胶凝材料所用的矿渣是武钢矿渣，先与水泥一同磨成水泥，再掺Ⅰ级粉煤灰，制成不同配比的胶凝材料。从试验结果可知：

（1）掺入Ⅰ级粉煤灰可以改善胶砂的流动性能，减少用水量。

（2）2 号试件是由 50%熟料和 50%矿渣组成的胶材，其胶砂强度普遍高于由 50%熟料和 50%粉煤灰组成的 4 号试件，说明磨细矿渣的活性高于Ⅰ级粉煤灰。

（3）胶凝材料的需水量随Ⅰ级粉煤灰掺量增加而减少，这是共识，但Ⅰ级粉煤灰的掺量与减水量并非一直呈正比关系，粉煤灰掺量增加到一定数量，胶砂的用水量不再减少，例如 3 号试样粉煤灰掺量为 40%，4 号试样粉煤灰掺量为 50%，胶砂的用水量相同。

（4）从强度的试验结果看，5 号试件的胶凝材料由 50%熟料＋10%矿渣＋40%粉煤灰组成，其 180d 的抗压强度与不掺粉煤灰的低热矿渣硅酸盐水泥（2 号试件，50%熟料＋50%矿渣）持平，而高于熟料和粉煤灰各 50%的 4 号试件。将 7 号试件和 4 号试件比较，7 号试件的熟料含量为 40%，混合材掺量为 60%（其中粉煤灰 40%），4 号试件熟料含量 50%，比 7 号试件多 10 个百分点，混合材（粉煤灰）掺量 50%，比 7 号试件混合材少掺 10 个百分点，但 180d 的抗压强度却是 7 号试件高于 4 号试件。

由以上的试验结果是不是可以认为对于掺粉煤灰的胶凝材料来说，三元胶凝材料的性能优于二元胶凝材料呢？能不能由此找到既尽量多掺粉煤灰，又维持相当多的熟料含量，各方面性能又较好的胶凝材料的配比方案呢？可以通过混凝土试验来论证。在进行混凝土试验时考虑了如下几点：①当前水工混凝土中以碾压混凝土的粉煤灰掺量最大，故按碾压混凝土的方法进行试验；②着重研究混凝土的长期性能，故试验从 90d 龄期做起；③不同组成的胶凝材料，强度（标号）也不同，要比较它们的性能，混凝土必须采取等强度设计，这样胶凝材料用量就不一样，实际上也难以做到绝对“等强”，分析试验结果时要有与之相适应的办法。④混凝土为三级配，设计标号为 $C_{90}20$，按目前水工混凝土普遍的做法，掺减水剂同时掺引气剂。表 4-42 给出用不同组分的胶凝材料设计的碾压混凝土配合比。

限于篇幅，混凝土性能试验只将力学试验结果列出（见表 4-43），结论综述如下：

（1）力学性能。进行了 90、180、360d 和 600d 龄期的抗压强度和劈裂抗拉强度试验以观察混凝土的长期性能。考虑到各组试验所用胶凝材料配比不同，胶凝材料自身的标号不同，而混凝土的设计标号相同，胶凝材料用量就不相同，因此采用了“压胶比”和“拉胶比”为评定标准，即计算出每 kg 胶凝材料分别产生多少抗压强度和抗拉强度，按大小排列。如果按 4 个龄期的试验结果综合评定，则 4 号试样最好，7 号试样次之；如果只按 600d 龄期的试验结果评定，则 7 号试样最好，8 号，4 号和 1 号三组试样并列第二。由此可知，4 号和 7 号两组胶凝材料的力学性能最好。

表 4-42 不同胶凝材料的混凝土配合比

编号	胶材配比			水胶比	砂率(%)	外加剂		混凝土材料用量(kg/m³)					配合比 水:胶材:砂:石	VC值(s)	含气量
	熟料	矿渣	粉煤灰			木钙(%)	CJ_4(‰)	水	胶材总量	粉煤灰	砂	石			
1	50	0	50	0.58	32	0.15	0.6	78	135	67.5	711	1545	0.58:1:5.27:11.44	13	5.2
2	40	0	60	0.52			0.7		150	90.0	698	1517	0.52:1:4.65:10.11	12	4.2
3	30	0	70	0.45			0.8		175	122.5	685	1489	0.45:1:3.92:8.51	9	3.8
4	50	10	40	0.60			0.5		130	52.0	710	1543	0.60:1:5.46:11.87	8	5.2
5	30	30	40	0.54			0.5		145	58.0	703	1528	0.54:1:4.85:10.54	10	5.0
6	25	25	50	0.49			0.6		160	80.0	695	1511	0.49:1:4.35:9.44	11	5.0
7	40	20	40	0.56			0.5		140	56.0	705	1531	0.56:1:5.03:10.94	13	5.2
8	40	10	50	0.52			0.6		150	75.0	700	1521	0.52:1:4.66:10.14	12	5.0

注 石子组合比(80mm~40mm):(40mm~20mm):(20mm~5mm)=3:4:3。

表 4-43 混凝土强度试验结果

编号	胶材配比(%)			胶材总量(kg)	90d				180d			
					抗压		劈拉		抗压		劈拉	
	熟料	矿渣	粉煤灰		强度(MPa)	压胶比($\times10^{-2}$)	强度(MPa)	拉胶比($\times10^{-2}$)	强度(MPa)	压胶比($\times10^{-2}$)	强度(MPa)	拉胶比($\times10^{-2}$)
1	50	0	50	135	21.5	15.93	1.76	1.30	29.4	21.78	2.35	1.74
2	40	0	60	150	23.0	15.33	1.95	1.30	35.2	23.47	2.79	1.86
3	30	0	70	175	25.0	14.29	2.11	1.21	36.2	20.69	2.85	1.63
4	50	10	40	130	24.3	18.69	1.91	1.47	33.8	26.00	3.38	2.60
5	30	30	40	145	22.0	15.17	1.93	1.33	28.6	19.72	2.57	1.77
6	25	25	50	160	21.1	13.19	1.93	1.21	32.3	20.19	3.41	2.13
7	40	20	40	140	25.8	18.43	2.16	1.54	32.0	22.86	3.58	2.56
8	40	10	50	150	26.4	17.60	2.27	1.51	37.9	25.27	3.75	2.50

编号	360d				600d			
	抗压		劈拉		抗压		劈拉	
	强度(MPa)	压胶比($\times10^{-2}$)	强度(MPa)	拉胶比($\times10^{-2}$)	强度(MPa)	压胶比($\times10^{-2}$)	强度(MPa)	拉胶比($\times10^{-2}$)
1	36.1	26.74	3.31	2.45	38.1	28.22	3.57	2.64
2	39.4	26.27	3.35	2.23	40.2	26.80	3.75	2.50
3	39.6	22.63	3.51	2.01	47.1	26.90	3.69	2.11
4	35.7	27.46	3.14	2.42	36.7	28.23	3.32	2.55
5	32.7	22.55	3.06	2.11	33.3	22.97	3.42	2.36
6	33.5	20.94	3.06	1.91	34.8	21.75	3.66	2.29
7	39.6	28.29	3.28	2.34	41.3	29.50	3.78	2.70
8	41.3	27.53	3.43	2.29	43.4	28.93	4.02	2.68

(2)抗渗性能。影响混凝土耐久性的因素很多,按性质可划分为物理性的和化学性的两大类,每类又有许多种。抗渗性能是混凝土耐久性的重要指标之一,属物理性质。抗渗试验采用一次加压法,90d龄期的试件的试验条件为水压力0.4MPa,恒压24h;360d龄期的试件试验条件为水压力0.8MPa,恒压24h。结果表明:不管哪种胶凝材料拌成的混凝土,都是360d龄期的抗渗能力比90d龄期的抗渗性好得多,说明龄期长,混凝土更密实,正是粉煤灰

微集料效应和致密势能产生的良好作用。分别列出各组混凝土的胶凝材料用量与抗渗系数的对应关系，用以评定抗渗性能。如果将两个龄期的试验结果综合起来评定，则4号和7号两组试件并列第一，如果只按360d龄期的试验结果评定，则7号试件的抗渗性能最好。

（3）抗冻性能。抗冻性不仅仅标志混凝土抵御寒冷环境的能力，而是混凝土耐久性的主要指标。我们在长期的工作中体会到，由于水工大体积混凝土标号低、胶凝材料用量少，无论使用什么品种的胶凝材料，都难以提高抗冻能力，但如果掺入适量引气剂，就能大幅度地提高混凝土的抗冻性能。所以水工大体积混凝土往往同时掺入减水剂和引气剂，有时（主要是夏季施工）还要掺缓凝剂。本次试验用90d和360d龄期的试件进行，采用快冻法，冻融循环125次，以相对动弹模损失为评定指标。结果表明，90d龄期时，1号、4号、7号和8号四组试件的抗冻能力相同，并且都优于其他试件，但值得注意的是，到了360d，各组试件的抗冻能力普遍低于90d龄期的试件，只有7号试件例外，抗冻性有所提高。

（4）抗碳化性能。碳化试验参照GBJ82—1985中的第八章的有关规定在自控式的碳化箱进行，条件比自然环境严酷得多，但试验结果的规律是相同的，即早期碳化快，以后逐渐减慢。众所周知，混凝土的碳化深度和速度除了与时间有关外，还与胶凝材料用量（水泥熟料含量），水胶比（以及密实性）有关。根据混凝土的胶凝材料用量，水胶比以及同一时间、相同条件下的碳化深度之间的关系，得到的结果是4号试件抗碳化性能最好，2号最差，7号和1号试件在两者之间（如图4-17所示）。1号和4号试件的熟料含量都是50%，在进行试验的8种胶凝材料中熟料含量最高，7号胶凝材料的熟料含量40%，少于1号，而抗碳化性能与1号相同，说明7号胶凝材料的性能是好的。

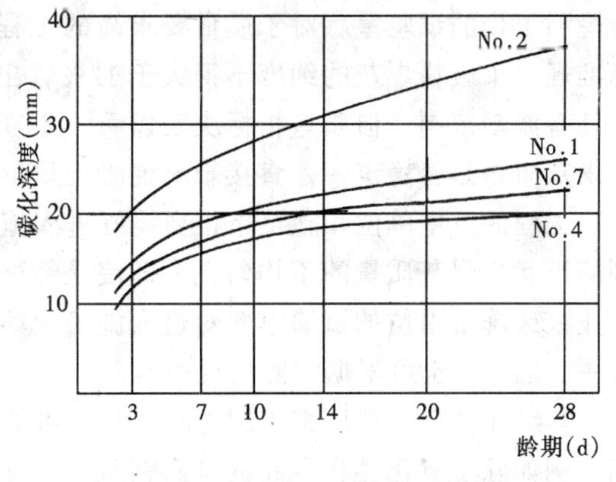

图4-17 混凝土抗碳化试验曲线

水工混凝土大都是低标号高性能混凝土，所使用的胶凝材料应该具有既多掺粉煤灰，又保持较高的熟料含量，各方面的性能都较好的特点。从以上的试验结果看，由熟料—矿渣—粉煤灰以适当比例组成的三组分胶材，其性能优于熟料—粉煤灰组成的二组分胶材，所以在中热硅酸盐水泥中直接掺粉煤灰，还不能取得最好的效果；直接在低热矿渣硅酸盐水泥中掺粉煤灰，虽然能组成三组分胶凝材料，但其中熟料、矿渣和粉煤灰三者的比例不一定适当，未能使胶凝材料性能达到最佳状态。根据以上的试验，我们推荐熟料∶矿渣∶粉煤灰分别为50∶10∶40和40∶20∶40两组胶凝材料作为拌制水工混凝土用的胶凝材料。

十一、大型水利水电工程粉煤灰的质量管理

过去，对于燃煤电厂来说，粉煤灰的利用只是“废物利用”，水利工程对用粉煤灰作混凝土掺合料的技术意识尚处于初级阶段，对粉煤灰没有明确的质量要求。20世纪70年代，我国的水利水电工程开始注意粉煤灰的质量并首次制定了《用于水泥和混凝土中的粉煤灰》国家标准，但尚未将粉煤灰按质量划分等级。到了20世纪90年代，我国才将粉煤灰按质量分为三个等级，并且通过工程实践加深了对控制粉煤灰质量的重要性的认识。现在，粉煤灰已作为正式的建材产品进入市场，我国不少燃煤电厂的粉煤灰已经有注册商标，出口国外。

水工混凝土按工程的需要确定粉煤灰的质量和掺量的经验也日益丰富和成熟，特别是大、中型水利水电工程，不但对粉煤灰有一定的质量要求，而且力求其质量稳定。因此，粉煤灰的质量管理就成为一项很值得重视的工作，同时还要在实践中逐步总结完善。建议对粉煤灰的质量管理采取下列措施，供水利水电工程，特别是大、中型工程参考。

(1) 树立质量意识。粉煤灰原本是燃煤电厂的固体废弃物，即使“废物利用”，质量意识在人们的思想中还不十分牢固。一个工程强调对其他建材产品进行质量控制，例如要求水泥厂认真抓好水泥质量，没有人感到奇怪，因为水泥厂的正式产品是水泥，水泥厂理所当然要保证水泥的质量；但电厂的主要专业是发电，强调燃煤电厂要抓好粉煤灰的质量，则可能令人觉得“新鲜”。因此要大力宣传抓好粉煤灰质量的重要性，因为粉煤灰是由燃煤电厂(粉煤灰公司) 生产的，所以要让燃煤电厂的有关人员了解，对于水工混凝土来说，粉煤灰是和水泥同等重要的建筑材料，粉煤灰既然是商品，就必须强制执行质量合同。发电的全过程就是粉煤灰生产的全这程，煤种及燃烧条件等等参数的变化直接影响粉煤灰的质量，单靠“粉煤灰公司”来控制质量是不够的，管发电的负责人必须同时关心粉煤灰的生产和质量，发电条件有波动，应及时通知“粉煤灰公司”，作出是否会影响粉煤灰质量的判断，以便采取相应的措施调整收灰系统的工作状态。控制粉煤灰的质量，首先从电厂抓起。

(2) 燃煤电厂的“粉煤灰公司”必须建立完善的质量保证体系，要有合格的、能切实完成质量检测工作的试验室。对于质量要求高的工程，出厂的粉煤灰要有“内控指标”，例如国家标准规定Ⅰ级粉煤灰的细度不得大于12%，出厂时以控制在不大于8%为宜。每一项指标虽然都有波动范围，但质量指标决定以后，质量稳定性就是最重要的，作为混凝土的掺合料的粉煤灰质量是否稳定，是直接影响混凝土质量是否稳定的主要因素之一。

(3) 工程的业主单位和施工单位要搞好进入施工现场的粉煤灰的质量监控，由于收尘器收集到的原状粉煤灰质量的不均匀性，即使是经过分选，粉煤灰的质量也是有波动的，因此工程的业主或施工单位的试验室应对进入施工现场前的粉煤灰抽样检测，抽测的频率可按每200t为一个批号，也可根据实际情况决定。

(4) 等级相同但生产厂家不同的粉煤灰，可能由于煤种不同致使它们的化学成分有很大的差别，例如除了氧化钙含量高的“高钙灰”以外，还有氧化铁，氧化钾和氧化钠含量高的粉煤灰。一个工程做混凝土配合比试验时选定了某种水泥和某种粉煤灰配合使用，就不要随意变更，否则应重新做配合比试验。如果工程使用两个以上厂家的水泥和两个以上厂家的粉煤灰，即使水泥品种和标号相同，粉煤灰质量等级相同，调配物资时要注意水泥与粉煤灰的适应性。

第九节 进一步走可持续发展的绿色混凝土道路

一、发展绿色高性能混凝土❶

(一) 发展绿色高性能混凝土的重要意义

1. 波特兰水泥与混凝土的可持续发展问题

地球环境问题已十分严峻，一切科技创新，必须遵循可持续发展战略。现在大量使用的

❶ 本文选自吴中伟院士发表于1997年《绿色高性能混凝土与科技创新》。

波特兰水泥（portland cement，以下简为 PC）与常规混凝土（normal concrete，以下简为 NC）均大量浪费资源能源，更严重的是破坏环境；尤其因用量极大和不断增加，更成为引人瞩目的不可持续发展的大宗建筑材料。

水泥厂一直被看作污染源。传统上对水泥工业排放的有害物限于 CO、NO_x、SO_3、HCl、CH 与 Hg、Pb、Cd、As、Cr、Ni、Ti、Zn 等重金属。所采用的防治手段不作设备密封，负压操作与高烟囱排放，以保持工厂与车间范围的“清洁”与工人的“安全”。其实，排放大量 CO_2 是环境代价最高的“温室气体”，直到 1992 年在巴西里约热内庐由联合国召开的环境与发展大会后，才引起各国政府与人民的重视。

生产 1t 熟料水泥的同时，排放出几乎同量的 CO_2

$$\begin{array}{ccc} CaCO_3 \longrightarrow & CaO + & CO_2 \\ 100 & 56 & 44 \end{array}$$

1t 熟料中平均含 CaO620kg，排出 CO_2 为 $620\times\frac{44}{56}=487$kg，比之所消耗的矿物燃料（包括用电）产生的 $CO_2$300～450kg 还多。现在常估为 1t 熟料水泥排放 1tCO_2（日本水泥工业能耗较低，1994 年该国水泥工业排放 $CO_2$5500 万 t，水泥生产量约 7000 万 t）。法国资料：水泥工业排放 CO_2 量约占本国工业排放总量的 1/7～1/10。可见水泥工业对环境破坏是很大的。常规混凝土采用的大量集料，对山林景观与江河航道破坏很大，加上废料废水，能耗料耗等，常规混凝土与波特兰水泥的生产，随着产量猛增必将对全人类造成更大的危害。

2. 中国环境问题的严重性

随着建设的迅猛发展，我国水泥产量增加特别快，20 世纪 50 年代初生产不足 300 万 t，1980 年达到 1 亿 t，1985 年超过 2 亿 t，1995 年达 4.5 亿 t，1996 年 4.9 亿 t，其 3/4 为高耗低效污染严重的小水泥厂，当水泥年产量超过 2 亿 t 时，吴中伟先生曾提出：中国是否需要和是否应当生产这样的以中低标号为主的波特兰水泥（当时原苏联年产约 1.2 亿 t，日本、美国约为 7000～8000 万 t）。但那时还不知 CO_2 作为温室气体带来严重环境问题。世界环境发展大会后，尤其 1994 年、1995 年我国相继提出可持续发展战略后，即开始研究水泥与混凝土生产带来的环境问题，提出“环保型高效水泥基材料”，后来改为“绿色高性能混凝土”，呼吁社会重视环境问题。1996 年日本内川浩也发表“高性能环境共存型混凝土用先进胶凝材料”的文章。

现在我国水泥产量超过世界总产量的 1/3，初步计划 2010 年将增至 8～8.5 亿 t，接近当时世界总产量的 1/2。从低估计，1995 年我国熟料水泥产量 3.5 亿 t，则 CO_2 排放量也为 3.5 亿 t；到 2010 年的 15 年内，累计排放 CO_2 将达 75 亿 t。如世界水泥产量从 1996 年的 13 亿 t 到 2010 年增到 18 亿 t，则水泥工业为地球大气层增加 CO_2 的积存量达 150 亿 t 之巨，对环境影响之大，无法估量。现在各国政府纷纷提出对温室气体排放量的限制计划，波特兰水泥与常规混凝土必将受到愈来愈严格的限制。1997 年我国国家建材局提出水泥工业“上大改小”与对小水泥“淘汰、限制、改造、提高”的正确方针，1997 年 5 月我国水泥工业发展座谈会上，我提出到 2010 年我国熟料水泥产量应保持在年产 3.5 亿 t 的当前水平，以发展绿色高性能混凝土作为主要措施。

3. 高性能混凝土是对常规混凝土的重大改进

1990 年 5 月美国国家标准与技术研究院（NIST）与美国混凝土协会（ACI）召开会议，

首次提出高性能混凝土（high performance Concrete，以下简为 HPC）这个名词。HPC 是用优质水泥、集料、饮用水和活性细掺料与高效外加剂制成，它是同时具有优良耐久性、工作性、强度的匀质混凝土。对于 HPC，各国根据不同的工程要求提出不尽相同的要求和涵义，大多数认为 HPC 的强度不应低于 50~60MPa，但日本更重视工作性与耐久性。例如新建的明石跨海悬索桥，缆索锚基混凝土 52 万 m^3 要求高耐久性、高流动性、高体积稳定性与低水化热，而强度指标则为 91d50MPa（28d 约 42MPa）；其桥墩混凝土约 50 万 m^3，要求高耐久性、高冲刷性与低温升，强度只要求 20MPa。两者都是掺加复合细掺料与复合外加剂的 HPC，其细掺料用量均超过熟料水泥。

综合各种观点，对 HPC 提出如下定义："HPC 是一种新型高技术混凝土，是在大幅度提高常规混凝土性能的基础上，采用现代混凝土技术，选用优质原材料，在妥善的质量管理条件下制成的。除了水泥、水、集料以外，HPC 必须采用低水胶比和掺加足够的细掺料与高效外加剂。HPC 应同时满足耐久性、工作性、各种力学性能、适用性、体积稳定性和经济合理性"。

所以 HPC 不仅在性能上比 NC 有很大的改进，在节约能源、资源，改善劳动条件，经济合理等方面，尤其在利用工业废渣保护环境方面有着十分重大的意义。因此，HPC 将发展成为一种可持续发展的绿色材料。

4. 绿色高性能混凝土（Green HPC，简为 GHPC）

人类的生存与发展，只能在地球这个巨大生态系统的承载力（环境、资源、能源、物种等）范围之内。人类的繁衍与活动不能超越生态系统有限的调节能力，随着近几十年的人口爆炸、生产发达，地球承受的负担剧增，尤以资源枯竭、环境破坏、物种灭绝最为严重，人类生存与发展受到了极大的威胁。因此，绿色事业受到普遍关注，绿色涵义，随着认识的深化而不断扩大，主要可概括为：

（1）节约资源、能源；

（2）不破坏环境，更应有利于环境；

（3）可持续发展，既能满足当代人的需求，又不危及后代人的生存。前两条是第三条的保证。

作为一种材料或产业，节约资源和能源也是为了本身能够持续存在和发展。水泥与混凝土作为当代最大宗的人造材料，预计到 2000 年水泥产量将超过 15 亿 t，混凝土将超过 40~50 亿 m^3（100~120 亿 t），对资源和能源的消耗以及对环境的影响均十分巨大，混凝土能否长期作为最主要的建筑结构材料，关键在于能否成为绿色材料。所以 GHPC 是混凝土的发展方向，是混凝土的未来，提出 GHPC 的目的在于加深人们对绿色的重视，即加强绿色意识。要求混凝土工作者更自觉地去提高 HPC 的绿色含量或加大其绿色度，节约更多的资源和能源，将对环境的破坏减到最小。这不仅为了混凝土与建筑工程的持续健康发展，也是人类的生存与发展所必需的，是大有可为的。

（二）GHPC 的特征和发展前景

（1）更多地节约熟料水泥，更多地掺加工业废渣为主的活性细掺料，减少环境污染。

PC 生产对环境的破坏已如上所述，但水泥基材料作为最主要的建筑结构材料，需求量与日俱增。因此除改变 PC 品种，改进生产工艺，降低能耗之外，应该在应用技术方面来一次突破。发展 GHPC 是当前最有效的途径。用大量工业废渣作为活性细掺料代替大量熟料，最多可达 60%~80%，在 GHPC 中不是熟料水泥而是磨细水淬矿渣和分级优质粉煤灰、硅灰等，或它们的复合物，成为胶凝材料的主要组分。生产这种与环境相容的胶凝材料，比起PC生产，大大减少 CO_2 的排放，也节约能源资源。如将几种活性细掺料复合使用，则效果更好，达到多掺、多代、节料、节能、改善环境等GHPC的目的，还具有降低温升，改善体积稳定性和耐蚀耐磨等优点。

（2）更大地发挥高性能优势，减少水泥和混凝土的用量。

利用HPC的高强早强来减小截面，降低自重，节约模板与工时，在高层建筑与大跨桥梁中已收到很大效益；减少材料生产与运输能耗，保证和延长安全使用期经济效益更大；减少水泥与混凝土的用量是从根本上减少环境负担。

（3）扩大GHPC的应用范围。建议将HPC的强度下限从C50～C60降低到C30左右，以不损及混凝土内部结构（如孔结构、水化物结构、界面区结构等）为度，以保证耐久性与体积稳定性。例如水胶比不低于0.40～0.42，胶凝材料总量不少于250～300kg/m^3，根据工程条件确定强度指标。至今HPC的使用范围还不宽，主要受强度下限定得太高的限制，随着材性、工艺和结构设计的进步，混凝土强度正在不断提高，GHPC的强度下限也将不断提高。许多工程如大体积水工建筑、基础等强度要求不高，但对耐久性、工作性、均匀性、体积稳定性、低水化热等有着很高要求，都必须采用HPC。日本明石大桥采用20MPa的HPC是很正确的。扩大GHPC应用范围，增加GHPC用量，在开始阶段尤应受到重视。如果将HPC局限于满足极少数高强度需要，每年只有几十万甚至几百万m^{3}的用量就窒息了混凝土向绿色发展的前景。

GHPC的性能正随着科学技术的发展而向亚微观、微观深入，并随大量工程实践而不断提高。以强度而言，加拿大、法国已研究成超高性能混凝土（UHPC）等，现已发表的有活性细粒混凝土（RPC）、注浆纤维混凝土（SEGCON）与压密配筋复合材料（CRC）等。兹举RPC为例，它分为200MPa与800MPa二级，其物理力学性能见表4-44。

表4-44　　RPC的物理力学性能

	RPC—200	RPC—800	HPC
凝结期中加压	不加	10～5MPa	—
加热养护	20～90℃	250～400℃	—
抗压强度（MPa）	170～230	500～800	60～100
抗折强度（MPa）	30～60	45～140	6～10
断裂能（J/m^2）	20000～40000	1200～20000	140
弹性模量（GPa）	50～60	65～75	—
透气性（1/m^2）	2.5×10^{-18}	—	120×10^{-18}
Cl^-扩散系数	～0.0	—	5

利用UHPC突出的强度与耐久性优势，能够减轻结构物自重1/2～2/3。能够节约大量混凝土与钢筋，将水泥与集料的环境代价减到很小。以加拿大休布洛克人引桥采用RPC-200为例。该桥单跨长70m，桥面宽4.2m。因当地气候条件严峻，常年高湿，冬季－40℃，必须经常洒盐化冻。根据耐久性要求，采用RPC-200与钢管混凝土，桥面板厚30mm，每隔1.7m设加强肋高70mm，腹杆用ϕ150厚3mm的不锈钢管；内填RPC，下弦为RPC双梁。均按常规混凝土工艺预制，运到现场再用后张预应力拼装。表4-45对比UHPC、HPC、HC的材料量。

表 4-45 **UHPC、HPC、NC 材料量比较表**

	30MPa NC	60MPa HPC	200MPa UPHPC
计算等效截面厚（mm）	500	400	150
混凝土体积（m^3）	126	100	33
单方水泥用量（kg/m^3）	350	400	705
熟料水泥用量（t）	44	40	27
集料用量（t）	230	170	60

可见 UHPC 节省熟料水泥与集料之多！还可预见，用 UHPC 制成型材与金属、塑料复合或叠合代替钢结构与钢筋混凝土；也有可能利用 UHPC 的高强、高耐久性、高抗渗、抗冲、耐磨、耐蚀等特性作为混凝土的镶面材料，大大提高混凝土本来较低的抗冲耐磨、抗气渗等功能。这一改进，将使土建工程的功能与面貌发生改观，混凝土工业将取得很大的进步，向自动化、智能化前进。

（三）亚微观、微观研究将为 GHPC 的发展与提高提供依据

在 GHPC 的研究开发工作中，必须有正确的科学思想指导，不断进行科技创新，实践、积累、再创新，并不断取得实效。宏观的环境性能与微观的物理力学性能以及应用中取得的各种功能，都已证明 GHPC 必须加速发展，它是水泥基材料的未来，正如西方学者称 HPC 为“21 世纪混凝土”。

近几年来，HPC 在国内外均开发得较好，国内大城市京、沪、沈、津、深圳等地，高层建筑与某些大桥均多采用，HPC 已被工程界接受，这是好现象。但在科研方面，尤其涉及机理等基础研究，国内外还均稀少。国内还有不少人认为，HPC 同样用水泥、水、集料、混合材料和高效减水剂，这与高标号 NC 无大区别。只是换一下名称。国外也有说：“用高成本来换取高性能，因此没有多少科技含量，说不上是技术进步，更不是什么高科技！”这说明发展新科技，必须做好宣传教育来纠正错误，正确认识。更重要的是要保证和加快 HPC 向 GHPC 健康发展，不断创新，使它成为高性能的高科技材料，还必须向亚微观、微观层次深入研究，结合宏观粗观，密切联系实际，不断实践，取得大的实效；认真采用整体论与还原论综合集成的正确科学思维方式，迅速提高水泥基材料科学与工程的科技水平。

由于 HPC 的低水胶比与掺加大量活性细掺料和高效外加剂，尤其是后二者的复合产生超叠加效应，HPC 与掺混合材料水泥混凝土有着本质上的差别，因此带来性能与功能的悬殊。在这方面法国路桥研究中心开始做了一些研究，从微观结构和含湿性对比 HPC 与 NC 的差异，他们比较 HPC 的水泥石（代号 CH）与混凝土（代号 BH）与 NC 的水泥石（代号 CO）与混凝土（代号 BO），配比见表 4-46。

表 4-46 **NC 与 HPC 的水泥石与混凝土配比**

	水胶比	掺 加	集料：胶凝材	28d 强度（MPa）
CO	0.34	—	—	
CH	0.19	硅灰 10%，萘系超塑化剂 1.8%	—	
BO	0.48	—	5.48	49
BH	0.26	硅灰 10%，萘系超塑化剂 1.8%	4.55	115

初步试验结果如下：

(1) 自收缩率。由于水化作用，HPC 引起了自收缩率大大超过 NC。用试件内部相对湿度（RH）来比，BH3 个月降为 75%，6 个月 72%，1 年 60%；而 BO6 个月为 95%，1 年为 94%。

(2) 干缩率。由于外界湿度降低，外界相对湿度从 90.4% 逐步降到 3%（现取 90.4%到 53.5%一段，较可信），对比干缩率见表 4-47。

表 4-47　不同湿度下的干缩率

RH（%）	干缩率 10^{-6}			
	CO	CH	BO	BH
90.4	0	0	0	0
80.1	733	500	157	186
71.5	1170	818	297	231
63.2	—	1249	419	—
53.5	2118	1635	663	351

(3) 总收缩率。试件经 6 个月自收缩后进入 $RH=53.5\%$ 的环境中，待收缩到稳定，测得收缩率，计算干缩率如表 4-48 所示。

从表 4-48 可知 HPC 自收缩大于 NC，但干缩率与总收缩率均远小于 NC，这对 HPC 的抗裂性、脆性等重要应用功能以及早期湿养护的重要，提供了有价值的依据。

表 4-48　干缩率与总收缩率

	6 个月内 PRH（%）	自收缩率	总收宿率	干缩率 = 总收缩 - 自收缩
CO	93	995	3400	2405
CH	80	1630	2765	1135
BO	95	130	1030	900
BH	72	205	325	120

在此必须指出，各种收缩率还受到试件尺寸、胶凝材、配比、量测方法等因素的影响。上述对比数据是在一定条件下得来的，精确性不足，应用更多的研究来证明和深化。

该中心在亚微观微观研究中，对水泥石（hcp）用 BET 水蒸气吸附法测定每千克干 h_{pc}（$R_H=3\%$）的比表面积（m^2/g）为 CO83，CH85，BO109，BH92。可见 HPC 与 NC 的比表面积测值相近。但用直接法和间接法所定出的水化程度却相差很大。CO 接近 76%，CH 只有 44%，如此大差距的水化程度，由比表面积值说明所生成的 CSH 凝胶量却几乎相等。这是由于活性细掺料（在这里是硅灰）与高效减水剂在低水胶比条件下起的作用，使 HPC 在结构和性能上与 NC 产生巨大差异。由于活性细掺料的火山灰作用在 HPC 的水泥石中氢氧钙石[Ca $(OH)_2$]只剩 3.5%，而 NC 中常达 25%。

该中心又用水银压入法（MIT）做孔分析。NC 水泥石（CO）孔分布集中在 100～200Å，而 HPC 水泥石（CH）在 MIT 测量范围内未出现孔峰。孔的量极少，因此又用 BJH 法测更小的孔级，测得 NC 水泥石 CO 中孔半径 20～50Å 的孔较多，而 HPC 水泥石（CH）的孔半径多在 20Å 附近，孔的总体积也较小。通过计算，CO 的凝胶孔隙率（半径 < 50Å）为 26.7%，与经典（T·C·Powers 提出）原始孔隙率 28%相近。CH 的凝胶孔隙率则为 18.8%，其孔半径多小于 25Å，这充分说明 HPC 的高密实性与优异的抗渗性与抗气性。

虽然上述亚微观与微观研究只是较初步的探索，但已为 HPC 的高性能提供了科学解释。我国硅灰供应少，因此对磨细矿渣、优质粉煤灰、沸石岩粉以至稻壳灰、石英石粉、石灰石粉等应开展亚微观微观研究，对超细粉磨工艺与设备也应抓紧研究。GHPC 的研究已进入高科技领域，在我国的特殊条件下，更为迫切。

（四）结论

(1) HPC 与现有的掺混合材水泥混凝土有本质差别，不仅表现在性能的悬殊上，亚微观微观研究结果，已提出充分说明。HPC 必须向 GHPC 发展。

(2) GHPC 是水泥与水泥基材料走可持发展道路的正确方向，在我国尤为紧迫，必须加紧科研，不断创新，并应加强宣传教育工作。

(3) GHPC的科技工作必须遵循整体论与还原论结合的综合集成的科研思想，不断创新，不断前进！

二、高效减水剂与矿物掺合料的超叠效应❶

（一）什么是超叠效应？

超叠效应来自于英文的 Synerg istic 或 Synergic，原意为协作的、合作的。近年为许多国际混凝土界学者引用于描述化学外加剂（主要是高效减水剂）和矿物掺合料之间的协同效果。考虑到两者复合使用时所获得的 1 + 1 > 2 的效应，我国建材界的著名学者吴中伟院士建议：应该把这种作用称之为超叠效应。

（二）高效减水剂与硅灰的超叠效应

超叠效应最突出地体现在高效减水剂与硅灰的复合应用中，事实上，这个词的使用首先来自对它们二者超叠效应的认识上。硅灰由非常微细的颗粒组成，它的比表面积达 20 万 cm^2/g，当其代替一部分水泥与水混合时，会明显增大浆体的需水量，并导致浆体硬化时产生的收缩加剧。但是，由于它“生得逢时”，就是说它的应用始于高效减水剂推广之后，尤其在我国，硅灰开始应用得较晚，所以可以说它一开始应用，便是和高效减水剂的使用联系在一起的。由于高效减水剂，特别是使用大剂量高效减水剂时，掺有硅灰的混凝土或砂浆水胶比能降低到比不掺硅灰时的水胶比低得多，因此他们二者间的超叠效应就很快为我国混凝土工程界所接受，用于喷射混凝土、大坝溢流面砂浆修补等，硅灰的价格很快就扶摇直上，以至迅速超过国外市场硅灰与水泥的价格比。

由于高强混凝土在高层建筑和大跨桥梁上的应用，使高效减水剂与硅灰复合使用的超叠效应得到进一步地发挥。应用这种效应的突出实例当为 1995 年 11 月北京西直门外一栋建筑物（财税大楼）底层施工中，以泵送工艺浇筑了几根高强混凝土柱，其 28d 抗压强度达 124 ~ 131MPa（现场制作 $15cm^3$ 试件）。设计柱的混凝土强度仅 C60，提高约一倍强度是为验证现浇高强混凝土的可操作性。该混凝土胶凝材料用量为 $560kg/m^3$（其中水泥 500kg、硅粉 60kg），高效减水剂掺量为 1.5%，所用水胶比约为 0.23，拌合物坍落度为 20 ~ 22cm。

但是，硅灰的价格居高不下，高得令人吃惊。

（三）高效减水剂与粉煤灰的超叠效应

我国许多现代化的大电厂不仅供电，也是高质量粉煤灰的生产厂，煤粉在锅炉里的燃烧温度达到 1400℃以上，相当于水泥的煅烧温度，而它的颗粒要比水泥熟料小两个数量级！它的颗粒形态要比水泥好得多，优质粉煤灰中 80% ~ 90% 的颗粒呈球形；掺有粉煤灰的混凝土中，粉煤灰对水泥有良好的分散作用（如同减水剂对水泥的分散作用，只是分散的机理不一样，分别是物理和物理化学作用），因此利用高效减水剂与粉煤灰的超叠效应，我们可以制备出早期强度不很高，但由于粉煤灰不断水化，因而微结构越来越密实、后期强度增长幅度显著、耐久性非常好的高性能混凝土。例如加拿大的 Malhotra 等人对高掺量粉煤灰混凝土所进行的研究成果，充分地证明了这一点：该混凝土的水泥（3 型早强水泥）用量仅 $155kg/m^3$，粉煤灰用量为 $214kg/m^3$（约占胶凝材料总量的 56%）、水胶比为 0.32，与同样掺有高效减水剂，水泥用量（即胶凝材料总量）$380kg/m^3$、水胶比为 0.45 的普通混凝土相比（坍落度控制在 125 ~ 205mm），两者的 1d 强度分别为 16.6 与 28.3MPa；28d 强度分别为 46 ~

❶ 本文选自清华大学土木工程系覃维祖编写的《高效减水剂与矿物掺合料的超叠效应》。

48 与 41.5MPa；91d 强度为 54.8～59.6MPa；365d 强度分别为 61.9～68.1MPa 与 50.2MPa（均为 150×300mm 圆柱体抗压强度）。它表明：①低水胶比高掺量粉煤灰混凝土具有相当快的强度发展和相当高的强度值；②虽然其 1d 强度要明显低于对照的混凝土，但是 28d 强度已赶上并超过后者，且随龄期的延长，两者的差异愈显著。1994 年夏季与冬季，曾用河北冀东 R 型水泥与安徽宁国水泥进行了一系列试验，水泥用量和粉煤灰用量与上述试验条件相同，强度发展情况也与其相近（28d 强度约为 40MPa、91d 强度约为 50MPa，强度稍微偏低的原因主要是水胶比较大，为 0.36～0.38）。

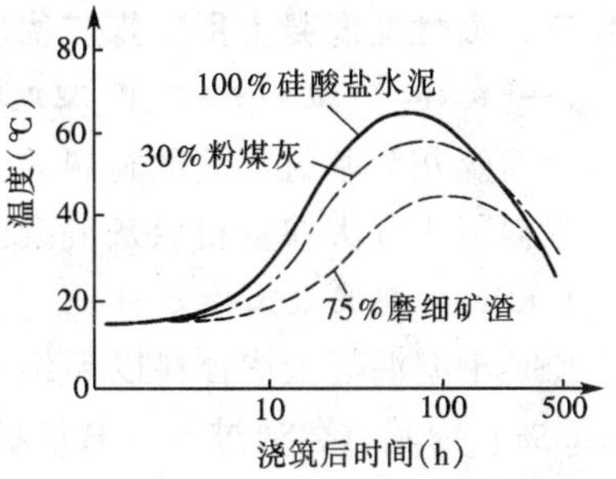

图 4-18　100%硅酸盐水泥、70%硅酸盐水泥+30%粉煤灰和 25%硅酸盐水泥+75%磨细矿渣为胶凝材料的混凝土浇筑后，其硬化过程结构物中点（2.5m 深处）温度随时间的变化

利用高效减水剂与粉煤灰的超叠效应生产高性能混凝土的最大优势，在于它不会增加混凝土的材料费用，与普通混凝土相当或稍低，而其延长结构物使用寿命带来的效益是不可低估的。尤其需要指出的是对于断面尺寸较大或在气温较高的条件下浇筑混凝土时，上述作用就倍加显著。图 4-18 图 4-19 引自英国 Bamforth 的研究结果，它表明：掺有粉煤灰 30%或粉磨高炉矿渣 75%的混凝土在标准条件下养护时，其强度分别要到 30d 或 100d 以后才能赶上硅酸盐水泥混凝土。但是在实际结构物中，由于水泥水化产生的温升导致混凝土体温度升高，激发了粉煤灰与粉磨高炉矿渣的活性，它们的强度发展大大加速，从而分别在 3d 以前和 5d 左右就赶上并超过了硅酸盐水泥混凝土的强度。根据这个作用，利用 MTC 技术，即和实际结构物混凝土温度发展曲线相同的条件养护试件，以此为混凝土强度增长依据进行配合比设计，将可以充分地利用粉煤灰等矿物掺合料的作用，得到各种性能优异而又经济的混凝土。因此，利用粉煤灰与高效减水剂的超叠效应降低水胶比、利用温度对粉煤灰的激发作用即 MTC 效应是效果最显著、应用也最简便的活化措施。掺有硅灰的高强混凝土于较高温度下水化硬化时的情况，与粉煤灰相反，而和硅酸盐水泥混凝土一样，即早期强度明显提高，但后期强度却会显著降低，研究结果表明：在 3d 以后它就基本上不再水化了。

（四）高效减水剂与粉磨矿渣（GGBS）的超叠效应

swamy 等人的工作证明，高效减水剂和 GGBS 的超叠效应十分显著：

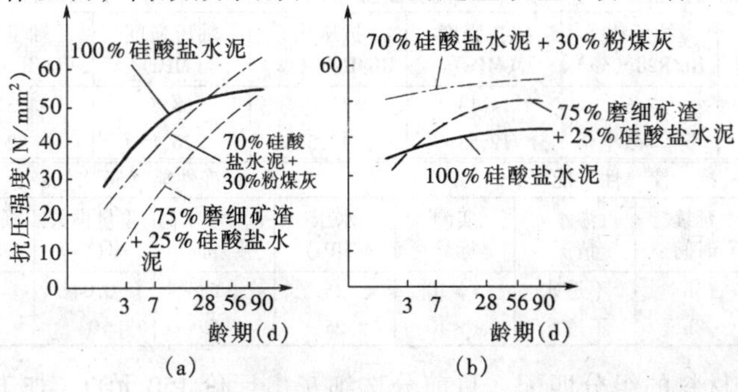

图 4-19　三种胶凝材料如图 2 的三种混凝土浇筑后强度的发展

（a）20℃标准养护条件下；（b）温度变化条件如图 4-19 所示时的情况（模拟实际结构物）

(1) 在使用普通细度的 GGBS 时，变化 GGBS 掺量和高效减水剂剂量，它们都会延缓混凝土的凝结并降低温峰；GGBS 的掺入影响早期强度和延缓强度发展，但对总孔隙率和孔径分布有利；

(2) 当 GGBS 细度从 $453m^2/g$ 到 $1160m^2/g$ 变化且替代水泥比例固定为 50%时，可以配制出 3d 强度为 30MPa，28d 强度达 100MPa，总孔隙率和透水性显著减小的混凝土。

三、高性能混凝土用粉煤灰优质掺合料和专用辅料[❶]

(一) KSF-Ⅰ型和 KSF-Ⅱ型混凝土掺合料

以粉煤灰为基材与其他材料复配成的 KSF-Ⅰ型和 KSF-Ⅱ型混凝土掺和材料，适用于流态高强混凝土和大掺量粉煤灰混凝土的配制需要，并可降低混凝土的材料成本。

1. KSF-Ⅰ型混凝土掺合料

KSF-Ⅰ型混凝土掺合料以超细粉煤灰（45μ 筛余 2.3%，需水量比 85%、28R 抗压强度比 106%）为基材，通过复合其他材料改性，如掺合早期活性较好的含 CaO 材料或掺加细度更细的活性粉状材料，既能激发早期活性，又能补给粉煤灰颗粒级配的不足。KSF-Ⅰ型材料的化学成分、物理性能见表 4-49、表 4-50。

表 4-49 KSF-Ⅰ型材料的化学组分

Loss	SiO_2	CaO	Al_2O_3	Fe_2O_3	SO_3	MgO	Na_2O	K_2O	f—CaO
3.51	47.6	7.10	28.76	8.53	1.40	1.21	0.50	0.44	1.20

表 4-50 KSF-Ⅰ型材料的物理性能

项目	45μm 筛余量（%）	密度（kg/m^3）	含水率（%）	需水量比（%）	28d 抗压强度比（%）
测试结果	2.10	2290	0.32	86	117

由表 4-51 充分显示采用 KSF-Ⅰ型配制的高强流态混凝土各项优异性能，同时可见以超细粉煤灰为基材的 KSF-Ⅰ型掺合料具有优越的形态效应和粉煤灰填充效果，并有潜在活性发挥。

表 4-51 用 KSF-Ⅰ型材料配制的高强流态混凝土的性能

编号	混凝土配合比 W:C:KSF:S:G	坍落度 (mm)	抗压强度（MPa）			
			7d	28d	56d	90d
TH—1	0.20:1.0:0.24:1.31:1.96	180	74.1	94.0	104.3	104.9
TH—2	0.21:1.0:0.32:1.39:2.08	200	75.2	92.8	105.7	107.8

编号	劈裂抗拉性能		抗折性能		轴心抗压性能		粘结性能
	劈拉强度 (MPa)	拉压比 Rt/R28（%）	抗折强度 (MPa)	折压比 Rb/R28（%）	轴压强度 (MPa)	轴压比 Ra/R（%）	握裹力 (MPa)
TH—1	7.11	7.6	14.13	15.0	68.8	73	5.98
TH—2	6.96	7.5	12.53	13.5	76.1	82	6.18

编号	抗 渗 性 能				抗冻性能（50 次）				碳化深度(mm)（45d 人工加速碳化）
	水压 (MPa)	延续时间	渗水情况	实测标号	水压 (MPa)	平均渗水高度(mm)	重量损失率(%)	强度损失率(%)	
TH—1	11	8h	不透水	$s>10$	25	5	0.04	0	0
TH—2	11	8h	不透水	$s>10$	25	6	0	2.2	0

根据 KSF-Ⅰ型材料的组分匹配，目前分选细灰出厂价 150 元/t，加工改性材料 110 元/t，

❶ 本文摘自上海市建筑科学研究院宣怀平、俞海勇写作的《以粉煤灰为基材的优质混凝土掺合料》以及上海奇齐科技开发公司王永逵、王健、胡万忠、吴志宙写作的《高性能混凝土专用辅料的基本性质与工程应用》。

再加加工费、税利等成本 80 元/t，KSF 材料合计价格约 340 元/t。相当于目前市售水泥平均价格的 80%、矿渣微粉（SH）的 70%、硅粉的 14%，有明显的经济效益。

2.KSF-Ⅱ型混凝土掺合料

和 KSF-Ⅰ型材料相比，KSF-Ⅱ型材料的选材适应范围要更广些，在综合考虑多类粉煤灰品质，价格的基础上，综合考虑细灰、高钙灰以及矿渣微粉等材料对整体材料的改性效果和激化效果，为此，附以少量激发材料，提高掺和材料整体的活性和适用性，形成可大量替代普通混凝土中水泥，利于混凝土流变性能和长期力学耐久性能发挥的掺合材料 KSF-Ⅱ型。表 4-52 列出了不同工业废渣材料形成的 KSF-Ⅱ型掺合材料时的配伍效应，试验时，将复配材料替代 40% 的水泥，配成水泥砂浆，考察其对水泥砂浆流变性能和活性发挥的综合效果。

表 4-52　不同粉煤灰及废渣的配伍效应

	普通低钙灰	普通高钙灰	细低钙灰	细高钙灰	矿渣微粉	激发剂
普通低钙灰	*	* *	* *	* * *	* * *	* * *
普通高钙灰	* *		* * *		* * * *	* * *
细低钙灰	* *	* * *	* *	* * *	* * * *	
细高钙灰	* * *		* * *		* * * * *	
矿渣微粉	* * *	* * * *	* * * *	* * * * *		
激发剂	* * *	* * *				

注　表中普通灰指品质介于Ⅲ～Ⅱ级的粉煤灰产品，细灰指品质介于Ⅱ～Ⅰ级的粉煤灰产品。*差，* *一般，* * *较好，* * * *好，* * * * *优。

表 4-53 列出为 KSF-Ⅱ型掺量在 50% 的 C30 和 C50 混凝土的强度和性能发展。

表 4-53　Ⅱ KSF-Ⅱ型掺量为 50% 的 C30 和 C50 混凝土的强度和性能

编号	水泥（小野田PⅡ525 号）(kg/m³)	粉煤灰 KSF-Ⅱ (kg/m³)	砂率 (%)	水胶比	混凝土坍落度（mm）				混凝土抗压强度发展（MPa）					
					粘性	出机	1h	2h	2d	7d	28d	45d	60d	90d
T0	300	—	43	0.65	较粘	150	120	90	15.0	28.8	32.7	38.6	40.8	43.9
T1	150	150	45	0.57	较松	170	160	145	10.7	24.3	31.6	—	45.9	48.1
F0	450	—	40	0.44	较松	170	140	110	32.1	41.0	53.1	—	69.7	72.4
F1	225	225	40	0.35	松	190	175	160	20.6	33.6	52.9	58.6	68.4	75.6

编号	劈拉性能		抗折性能		轴心抗压性能		弹性模量	
	强度(MPa)	拉压比(%)	强度(MPa)	折压比(%)	强度(MPa)	轴压比(%)	强模(GPa)	弹压比(%)
T0	2.80	0.078	4.73	0.132	26.9	0.753	29.3	0.821
T1	2.74	0.082	4.60	0.136	23.5	0.699	30.1	0.896
F0	3.02	0.055	6.82	0.124	34.2	0.624	38.2	0.697
F1	2.98	0.057	6.91	0.133	32.3	0.622	36.1	0.696

大掺量 KSF-Ⅱ型混凝土的系统配制的试验配比是水泥用量为 150～450kg/m³，KSF-Ⅱ型掺合材料用量在 100～250kg/m³ 间变化，混凝土坍落度为 160～180mm。经系统配制，可知，在使用 KSF-Ⅱ型掺合材料的基础上，混凝土单方水泥用量较常规混凝土配比节约 100～250kg/m³左右，混凝土材料成本节约15～25 元/m³。较矿渣微粉混凝土材料成本节约 10～20 元/m³。KSF-Ⅱ型掺合材料具有较高的胶凝效率，对水泥的取代系数接近于 1。

（二）高性能混凝土专用辅料

以高钙粉煤灰为基料与硅灰等多种无机、有机材料经混炼复合制成高性能混凝土专用辅料（以下简称“辅料”），同时对抑制高钙粉煤灰安定性不良亦取得成功。

辅料的化学成分和物理性能见表 4-54 和表 4-55。

表 4-54　　辅料的主要化学成分（%）

成分	SiO_2	Al_2O_3	Fe_2O_3	CaO	f—CaO	MgO	SO_3	K_2O	Na_2O	loss
含量	46.36	20.08	7.52	13.19	3.69	1.52	2.94	1.55	2.40	3.30

表 4-55　　辅料的基本物理性质

项目	细度（水筛法筛余%）		比表面积	密度	堆积密度（g/cm^3）	
	80μm	45μm	(cm^2/g)	(g/cm^3)	松散状态	紧密状态
指标	3.44	8.56	8503	2.43	0.86	1.07

辅料在商品混凝土中的应用：在工程中应用掺辅料混凝土强度等级涉及 C10～C50；工程结构类型从垫层到大型基础、路面、梁柱到钢筋混凝土、预应力混凝土整体屋面等，凡是用过的搅拌站，都反映良好：辅料使用方便，掺辅料混凝土可泵性好、辅料质量稳定，混凝土早期强度高以及掺用辅料的效益显著等。具体见表 4-56。

表 4-56　　掺辅料混凝土配比实例与技术经济分析

混凝土等级	C	F—50	MF	S	G	W	外加剂	SP	$\frac{W}{C+F}$	T (cm)	R7	R28	原材料（元/m^3）	降低成本（元/m^3）
	kg/m^3													
425 号	320	0	54	894	930	204	1.87	0.49	0.55	16	18.5	27.5	195.6	10.0
C20	230	46	0	918	1034	170	0	0.47	0.62	15	21.2	29.5	185.6	
425 号	380	0	50	784	956	204	2.2	0.45	0.47	17	25.5	40.1	211.8	7.9
C30	280	56	0	851	1034	175	0	0.45	0.52	18	25.9	39.6	203.7	
525 号	420	0	60	636	1027	204	2.8	0.42	0.43	16	36.5	52.1	237.8	17.3
C40	300	60	0	823	1041	175	0	0.44	0.47	17	37.8	52.7	220.5	
525 号	480	0	60	614	1027	195	5.4	0.37	0.36	16	46.1	59.2	264.1	27.3
C50	340	68	0	787	1034	175	0	0.43	0.43	18	44.4	61.8	236.8	
C50	390	78	0	775	1034	170	0	0.43	0.38	19	55.1	68.0	259.0	
C60	415	83	0	761	1011	170	0	0.43	0.34	18	55.9	77.7	268.7	
C70	450	90	0	688	1032	170	0	0.40	0.31	19	57.2	82.2	286.4	

注　(1) C40 以上用 525 号木渎水泥，350 元/t，C40 以下用 425 号浙江复合水泥，320 元/t，密度 $\sigma_C = 3.1$。(2) 砂为中砂 $M_X = 2.4$，42 元/t，$\sigma_S = 2.65$。(3) 石灰岩碎石，Φ5～25mm，压碎指标 6.8，47 元/t，$\sigma_G = 2.65$。(4) 磨细灰（MF）Ⅱ级 $\sigma_{MF} = 2.2$，110 元/t。(5) 辅料 F—50 型，$\sigma_F = 2.4$，520 元/t。(6) 外加剂 2780 元/t。

四、大掺量粉煤灰高性能混凝土❶

（一）概述

大掺量粉煤灰混凝土（HVFAC）一般指粉煤灰掺量大于 30% 的流态或插入振动的混凝土。其主要特点为：①更多地节约水泥和处理电厂废弃物，可节能、节约资源和改善温室效应；②降低混凝土材料成本；③降低混凝土水化热；④提高混凝土抗渗性，抗 Cl^- 离子渗透和化学腐蚀及碱集料反应的能力；⑤早期强度相对较低；⑥抗盐冻剥蚀性能差。

1978 年，英国开始研究掺 40% 粉煤灰的 HVFAC 在结构混凝土中的应用。美国于 1984 年

❶ 本文选自上海市建筑科学研究院谷章昭、同济大学材料科学与工程学院杨钱荣、吴学礼写作的《大掺量粉煤灰混凝土》及上海市建筑科学研究院俞海勇、宣怀平、王重建写作的《大掺量粉煤灰高性能混凝土的试验研究》。

开始研究 HVFAC。加拿大 CANMET（矿物研究所）1985 年开始研究 HVFAC，并在 1987 年成功开发了粉煤灰掺量为 50% ~ 60% 高塑性 HVFAC，并实际应用于加拿大电信部某一大型卫星发射台基础。日本亦在 20 世纪 80 年代研制 HVFAC，其特点为粉煤灰与矿渣粉复合，总掺量进一步提高到 75% ~ 80%。

现已在国外工程中得到实际应用，如①英国在 1979 ~ 1987 年间，先后将 HVFAC 成功地用于 Milton 大坝；Heathrow 机场路面；Mumble 船坞滑道；Wincaton 污水处理厂给水塔；Didcot 电站储煤厂重载地坪及储油罐底部与壁以及南威尔斯 Grangetown 的高架桥，粉煤灰掺量（体积比）为 40% ~ 80%，28d 强度为 25 ~ 70MPa，坍落度为 25 ~ 150mm；②加拿大在一幢 7 层高的综合楼中应用了 HVFAC，掺量达 55%，混凝土总方量为 2.6 万 m^3，120d 强度达 50 ~ 72MPa，在另一幢 22 层办公楼的钻孔沉箱桩中也应用了配比与综合楼基本相同的 HVFAC，实测 28d 强度为 51MPa。与岩石粘结强度达 3MPa，超过设计值 2.5 倍；③美国于 1995 年用低钙灰与高钙灰配制了 HVFAC，取代水泥量分别为 40% 和 50%，并试用于道路路面，在佛罗里达州的一座海边高架桥下部的混凝土中采用了 HVFAC，用粉煤灰取代了 50% 的水泥。在犹他州静水坝的主表面与芯体也采用了掺量高达 50% ~ 75%（体积比）的 HVFAC；④日本采用粉煤灰、矿粉复合掺合料在明石跨海大桥的预应力桥墩中应用总掺量为 75% ~ 80% 的高掺量粉煤灰混凝土，总体积达 70 余万 m^3。

HVFAC 的配合比与一般掺量的粉煤灰混凝土配合比设计相似，但又有其自身的特点：作为近十几年国外刚发展形成的一种粉煤灰特色混凝土，其配合比设计一般不再采用与基准混凝土相比较的“改良对比法”，而是采用将粉煤灰作为混凝土中的一个独立变量而建立的“直接设计法”。

为了使 HVFAC 具有良好的性能，配制时同时掺加减水剂。

如同普通混凝土配比设计，建立强度与水灰比的关系是配比设计的重要组成部分。对 HVFAC 而言，其强度模型系由强度与水胶比、灰胶比（亦即粉煤灰掺量）组成的三维模型强度随水胶比和灰胶比增大而呈非线性降低，如果将三维强度模型按给定强度值切割出一个平面，便可获得等强度（等工作度）的水胶比与灰胶比的关系式。在 HVFAC 的配比设计中，除了建立强度模型与确定粉煤灰掺量外，还需确定用水量与砂率。

（二）加拿大 CANMET 主要研究情况

1. 新拌混凝土性能

CANMET 曾对不同灰种、水泥品种所配制的 HVFAC 新拌及硬化混凝土的性能进行了广泛而系统的研究。除具体注明者外所用的配合比均为粉煤灰掺量为 58%，水胶比：0.33，含气量：5.5% 及混凝土拌合物的坍落度为 150mm，成型后覆盖塑料薄膜养护 24h，然后湿养至规定龄期进行试验。

（1）含气量。为达到规定的引气量，引气剂（AEA）剂量有所波动，这主要取决于拌合物所用粉煤灰的性能，有时水泥品种也有一定的作用，粉煤灰影响 AEA 剂量的主要因素是 LOI、R_2O 及 45μm 筛余量。

（2）凝结时间。由 8 种粉煤灰所配制的 HVFAC，其初凝及终凝时间分别波动于 4:51 ~ 12:51（h:m 下同）及 6:28 ~ 13:24，显著地长于普通混凝土。

（3）温升。HVEAC 的温升显著低于普通混凝土。后者最大温升（48h 内）高达 22 ~ 24℃，前者则为 9 ~ 14℃。

2. 硬化混凝土性能

(1) 抗压强度。胶凝材料用量都为340kg/m^3的普通混凝土（即基准混凝土）及HVFAC，基准混凝土的早期强度显著地高于HVFAC，但HVFAC在7~28d间及28~91d间的强度增长显著，且其幅度超过基准混凝土，当水胶比为0.30时，1a龄期HVFAC的强度可高达80MPa，而普通混凝土仅为60MPa。

同时潮湿养护时对HVFAC的强度发展特别重要，91d至365d内HVFAC的强度增长可高达20%~30%，而普通混凝土仅增长5%左右。

(2) 抗折强度。HVFAC的14d、91d及2年的抗折强度分别波动于3.4~6.1MPa、5.2~6.8MPa及5.7~7.4MPa范围，抗折强度与抗压强度的比值与普通混凝土接近。同样用高碱水泥配制HVFAC的抗折强度高于低碱水泥，91d~2a两种水泥配制HVFAC的强度接近。

(3) 干燥收缩。HVFAC 7d湿养后，再养护448d，其干缩率为$4.33 \sim 5.99 \times 10^{-4}$，经91d湿养的相应干缩值为$3.72 \sim 5.43 \times 10^{-4}$，低于或接近普通混凝土。

(4) 徐变。HVFAC取代水泥量为56%时经28d养护，加荷250d后的徐变显著地低于普通混凝土。

3. 耐久性

(1) 抗冻性。部分试验指出，掺用高效减水剂，由于增大气泡孔径可导致硬化混凝土气孔间隔系数增大，但在HVFAC的研究中，即使采用大剂量高效减水剂，其气孔参数仍很理想，其间隔系数波动于0.111~0.212mm，表面积介于25.7~43.2mm^2/mm^3之间。

硬化混凝土的含气量在某些情况下显著地低于新拌混凝土，但所有HVFAC都具有适宜的气孔参数及令人满意的抗冻性。经300次冻融循环后，不论灰种及水泥类别，HVFAC的耐久性因素都不小于96%。

(2) 盐冻剥蚀。与普通混凝土相比，HVFAC的抗盐冻剥蚀性能较差。经50及100次冻融循环后，除个别外，所有混凝土试样评为ASTMC672的目视5级，即严重剥蚀，全部混凝土的剥蚀量都很重。

适宜的气孔参数可显著地提高混凝土的抗冻性，但难以抵御冻融及去盐的复合作用。

(3) 氯离子渗透。HVFAC具有较高的抗氯离子渗透能力，尤其在混凝土的养护后期，HVFAC 28d及91d总电流通过量分别为494~775库仑及221~635库仑。1a期龄混凝土电流通过量仅为119~179库仑，远低于普通混凝土。

(4) 抗渗性。除个别试件外，HVFAC的抗渗性能均较好，其渗透系数介于$0.16 \sim 5.17 \times 10^{-13}$m/s，当渗透性低于$1.6 \times 10^{-14}$m/s时，水流一般不能通过混凝土试件，其透水深度经破型测定介于5~20mm。

(5) 抗硫酸盐性能。HVFAC在5% $NaSO_4$溶液内浸泡2a后，其动弹性模量继续增长，其幅度为7.8%~20.6%。这似乎显示强度在继续增长。

（三）上海市建筑科学研究院研制的情况

1. 混凝土配合比设计

根据研究的目的及前期试验经验，试验研究共确定6组混凝土配合比。由于粉煤灰的品质较好，加之活性掺合辅料对之具有辅助胶凝作用及弥补早期强度损失的作用，故将两者混和后以1的取代系数等量取代水泥，取代率为0%（基准）、37.5%和50%，详细配合比见表4-57。

表 4-57 混凝土编号及配合比

系列代号	编号	水胶比	水泥(kg/m³)	粉煤灰(含辅料)(kg/m³)	砂率(%)	外加剂
P. O. 525号系列Ⅰ	T0	0.38	400/100	0/0	40	高效泵送剂掺量占胶凝材料总量的1.0%
	T1	0.36	250/62.5	150/37.5		
	T2	0.33	200/50	200/50		
P. S. 425号系列Ⅱ	S0	0.33	400/100	0/0		
	S1	0.33	250/62.5	150/37.5		
	S2	0.27	200/50	200/50		

注 所用原材料：水泥为普通硅酸盐525号（木渎）；矿渣硅酸盐425号（上海）；粉煤灰为南通电厂Ⅰ级分选低钙灰；掺合料为含CaO组分活性掺合料；细集料为中砂；粗集料为5～25mm碎石；外加剂为高效泵送剂AD—1，掺量1.0%。

2. 实验结果及讨论

在确定混凝土配合比之后，经试拌、成型、养护等工艺，分别测定其抗压强度及一些基本力学性能指标，并对其耐久性能也作了研究探讨。

(1) 大掺量粉煤灰高性能混凝土的抗压强度发展规律。表4-58是Ⅰ系列大掺量粉煤灰高性能混凝土不同龄期的抗压强度。

表 4-58 大掺量粉煤灰混凝土抗压强度实验

编号	水胶比	坍落度(mm)	混凝土抗压强度(MPa)					
			3d	7d	28d	56d	180d	360d
T0	0.38	140	41.6 (100)	49.0 (100)	57.1 (100)	57.8 (100)	60.9 (100)	61.2 (100)
T1	0.36	160	29.3 (70)	40.3 (82)	54.9 (96)	56.4 (97)	62.9 (103)	66.4 (108)
T2	0.33	160	23.1 (56)	36.2 (74)	55.0 (96)	62.4 (108)	69.7 (114)	70.1 (114)

根据上述资料分析，与基准混凝土相比，虽然大掺量粉煤灰混凝土的早期强度较低，但其强度增长率要比基准混凝土快，28d抗压强度已经和基准混凝土相近，56d抗压强度已经超过基准混凝土，且在后期仍有稳定持续增长，为此，大掺量粉煤灰高性能混凝土的“等强龄期”已比传统的粉煤灰混凝土按60～90d的等强设计大大提前。

(2) 大掺量粉煤灰高性能混凝土的其他力学性能。大掺量粉煤灰高性能混凝土的其他力学性能见表4-59。

表 4-59 大掺量粉煤灰高性能混凝土其他力学性能（测试龄期28d）

系列	编号	28d	抗拉性能		抗折性能		轴压性能		握裹力(MPa)
		抗压强度(MPa)	劈拉强度(MPa)	拉压比	抗折强度(MPa)	折压比	轴压强度(MPa)	轴压比	
Ⅰ	T0	57.1	2.51	0.043	6.42	0.112	34.6	0.606	5.84
	T1	54.9	3.31	0.060	5.85	0.107	35.3	0.643	5.87
	T2	55.0	3.53	0.064	5.70	0.104	44.1	0.802	5.64
Ⅱ	S0	54.2	3.68	0.068	6.00	0.111	32.3	0.596	6.23
	S1	53.7	4.39	0.082	5.05	0.094	34.2	0.636	6.49
	S2	52.3	4.50	0.086	4.38	0.084	42.6	0.815	5.93

根据表4-59分析如下：

1) 大掺量粉煤灰高性能混凝土的抗拉强度一般均比基准混凝土高，且其拉压比随粉煤灰掺量的增加有增大趋势，这说明采取大掺量粉煤灰技术对于提高混凝土的韧性及抗拉能力是有利的。

2）大掺量粉煤灰高性能混凝土的抗折强度较基准混凝土略有降低，但折压比则与基准混凝土相近。

3）大掺量粉煤灰高性能混凝土的轴心抗压强度比基准混凝土高，且随粉煤灰掺量的增加有上升趋势。此外，由Ⅰ、Ⅱ系列轴压比及其增长幅度的相近性也可以看出，水泥品种的影响较小，而主要影响因素则是粉煤灰的掺量。

4）大掺量粉煤灰高性能混凝土与钢筋的握裹力值较基准混凝土基本上无变化，且与水泥品种关系不大。

（3）大掺量粉煤灰高性能混凝土的变形性质。混凝土的变形性质主要用弹性模量和混凝土收缩率表示，其试验结果见表4-60、表4-61。图4-20、图4-21分别是Ⅰ、Ⅱ系列的收缩变形曲线。

表4-60　大掺量粉煤灰高性能混凝土的弹性模量（测试龄期28d）

系列	编号	弹性模量（GPa）	弹压比（10^3）	系列	编号	弹性模量（GPa）	弹压比（10^3）
Ⅰ	T0	38	0.665	Ⅱ	S0	36	0.664
	T1	40	0.728		S1	38	0.707
	T2	39	0.709		S2	36	0.688

表4-61　大掺量粉煤灰高性能混凝土的收缩变形试验结果

系列	编号	水胶比	收缩变形（$\times 10E^{-6}$）								
			1d	3d	7d	14d	28d	45d	60d	90d	120d
Ⅰ	T0	0.38	15	64	151	180	279	306	370	403	453
	T1	0.36	19	53	139	209	298	318	351	393	437
	T2	0.33	11	38	127	160	227	253	288	313	370
Ⅱ	S0	0.33	14	76	118	182	215	253	290	343	382
	S1	0.33	14	63	112	178	194	245	396	330	357
	S2	0.27	23	61	112	194	218	247	308	324	359

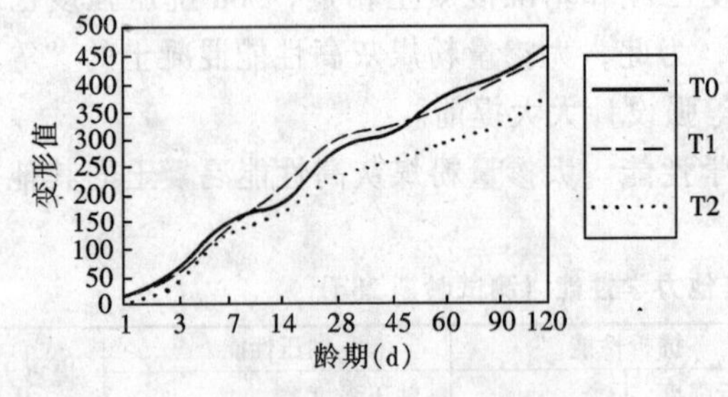

图4-20　Ⅰ系列收缩变形曲线

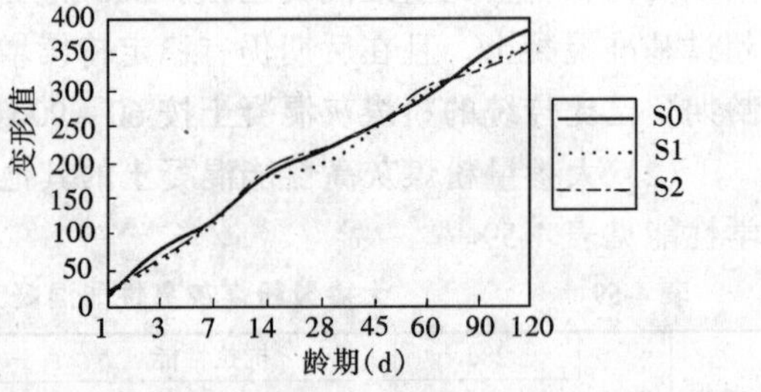

图4-21　Ⅱ系列收缩变形曲线

大掺量粉煤灰高性能混凝土的弹性模量与基准混凝土相近。粉煤灰的掺量对其影响较小。从各系列弹模压力比值的相近性可以得出，影响弹性模量最关键的因素仍是混凝土的抗压强度。

据图4-20、图4-21可以分析，大掺量粉煤灰高性能混凝土的收缩主要集中于早期，到后期，收缩逐渐变小并趋于稳定。大掺量粉煤灰混凝土的收缩较基准混凝土小。

（4）大掺量粉煤灰高性能混凝土的耐久性能。我们对Ⅰ、Ⅱ系列进行了抗渗、抗冻融循环和人工快速碳化试验，试验结果如表4-62所示。

表 4-62　　大掺量粉煤灰高性能混凝土的耐久性能

系　列	抗　渗　透　性	抗　冻　融　循　环	抗　碳　化　性　能
Ⅰ	承受水压 11MPa	50 次冻融循环后	28d 平均碳化深度 5mm
	持透时间 8h 不透水	平均重量损失 0.2%	60d 平均碳化深度 7mm
	实测抗渗标号 $S>10$	平均强度损失 1.6%	28d 平均碳化深度 5mm
Ⅱ	同　上	同　上	

大掺量粉煤灰混凝土与基准混凝土的抗渗透性、抗冻融循环性能、平均碳化深度无明显差别。这可能是因一方面粉煤灰微集料效应的发挥，改善混凝土的孔隙分布，使孔径“细化”，曲折度增加；另一方面由于优质粉煤灰的减水效应，使得混凝土水胶比下降，使之更为密实。有助于混凝土抗渗性的提高，进而影响到混凝土的其他耐久性能的改善。

3. 大掺量粉煤灰高性能混凝土的技术经济效益综合分析

(1) 选用优质低钙粉煤灰材料及质量稳定的水泥，匹配以一定量的活性掺合辅料和高效外加剂，在粉煤灰掺量达 37.5%～50%，水泥用量仅为 200～250kg/m^3 的条件下，就可以配制出 C50 的高性能混凝土。优质粉煤灰材料可以起到相当的胶凝作用。

(2) 大掺量粉煤灰高性能混凝土具有与等标号普通混凝土相似的物理力学性能和耐久性能，可在结构工程中逐步推广。

(3) 在混凝土中大量引入优质粉煤灰材料，可节约水泥。据粗略估算，采用该技术配制的 C30～C50 混凝土，可节约造价 30～40 元/m^3，是一种高效的废渣利用技术。

五、100MPa 粉煤灰高性能混凝土❶

（一）开展 100MPa 粉煤灰高性能混凝土研制的必要性

经过大量试验研究发现，单独使用水泥作为胶凝材料来配制混凝土很难达到预期的高性能。如：各种力学性能、耐久性、工作性、适用性、体积稳定性、经济合理等，而掺加矿物掺合料如粉煤灰等可大幅度提高和改善混凝土的上述诸多性能。

曾采用 15%和 25%优质粉煤灰等量取代水泥（水泥用量低于 500kg/m^3）配制成 100MPa 粉煤灰高性能混凝土流动性大、坍落度损失小、早期强度增长好、收缩、徐变小、耐久性能优良。扫描电镜及孔结构的微观分析，提示了粉煤灰提高混凝土强度和耐久性的作用机理，进一步为粉煤灰在混凝土中的利用提供了科学依据。

（二）材料及试验方法

1. 原材料

水泥：宁固 525 号普通硅酸盐水泥。

粉煤灰：元宝山电厂Ⅰ级粉煤灰，其品质指标见表 4-63。

表 4-63　　粉煤灰的品质指标

质　量　指　标		Ⅰ级灰指标	实测结果
细度（%）	45μm 筛余	≤12	2.0～8.0
	80μm 筛余	≤5	0.5～2.5
烧失量（%）		≤5	0.5～1.2
需水量比（%）		≤95	86.0～94.0
三氧化硫含量（%）		≤3	0.5～1.0

细集料：丰台产粗砂，细度模数 3.0，含泥量 0.5%。

粗集料：京郊产 5～20mm 的碎石，冲洗后使用。

❶ 本文选自铁道部科学研究院铁道建筑研究所吴彬、张璐明、张美玲、吴英俊写作的《100MPa 粉煤灰高性能混凝土的研究》。

外加剂：铁科院 HZ-Ⅰ型复合高效减水剂。

拌合水：自来水。

2. 试验方法

混凝土力学性能测试按 GBJ81—1985《普通混凝土力学性能试验方法》进行，抗冻性、抗渗性，徐变及干缩测试按 GBJ82—1985《普通混凝土长期性能和耐久性试验方法》进行。

（三）试验结果及讨论

1. 流动性及坍落度损失

混凝土的坍落度大小关系到混凝土的运输、浇灌、密实等作业。由于高强混凝土掺加高效减水剂，采用低水灰比和低水泥用量，所以坍落度经时损失就更为突出。现将粉煤灰高性能混凝土配合比及实测坍落度经时变化列于表 4-64。由表 4-64 可知：该粉煤灰高性能混凝土虽然水灰比很低，但坍落度损失不明显，特别是随着粉煤灰掺量的增加，水灰比进一步减小，但坍落度损失却没有加快。

表 4-64 100MPa 粉煤灰高性能混凝土的配合比（kg/m³）及坍落度（mm）经时变化

编号	水胶比	水泥	粉煤灰	砂	碎石	HZ-Ⅰ	不同停留时间的坍落度				
							出机	30min	60min	90min	120min
1	0.24	480	120	525	1225	9.0	226	220	208	188	166
2	0.225	510	90	535	1215	9.0	130	135	127	110	90
3	0.22	480	120	525	1225	9.0	155	150	145	128	103
4	0.215	450	150	520	1230	9.0	170	181	168	153	134

2. 力学性能

普通粉煤灰混凝土的早期强度较低，但后期强度较好。本文研究的粉煤灰高性能混凝土早期强度高，后期强度增长好；轴压比及拉压比数值均在正常范围内，且具有较高的弹性模量。混凝土各龄期抗压强度及其他力学性能的测定结果见表 4-65。

表 4-65 100MPa 粉煤灰高性能混凝土的力学性能（MPa）

编号	抗压强度							轴心抗压强度 28d	劈裂抗拉强度 28d	弹性模量 28d × 10⁴
	1d	3d	7d	28d	60d	90d	180d			
1	48.0	68.6	78.6	98.3	104.8	106.7	107.8			
2	52.0	73.4	85.0	100.8		104.6	106.2	90.0	6.73	5.63
3	50.7	71.6	83.2	108.3		112.5	115.5	90.3	7.24	5.75
4	46.8	66.2	79.2	102.4		109.6	113.8			

3. 徐变、干缩

混凝土的干燥收缩是混凝土产生裂纹的主要原因之一，表 4-66 中混凝土的收缩是在一定温湿度条件下测得的。其结果表明该混凝土的收缩值，随龄期的增长而很快增加，到 28d 已达 180d 的 50%，这与普通混凝土收缩发展规律相一致，120d 以后，趋于稳定，但收缩值比普通混凝土可减少 1/2。

表 4-66 100MPa 粉煤灰高性能混凝土的各龄期的收缩率（$\times 10^{-6}$）

编号	1d	3d	7d	14d	28d	45d	60d	90d	120d	150d	180d
3	6.3	21.9	62.5	112.5	168.8	181.2	206.3	225.0	243.8	250.0	256.3

混凝土的徐变可引起预应力混凝土的预应力损失，对结构产生危害，故要尽量减少混凝

土的徐变。实测上述混凝土的徐变值为 2.53×10^{-4}，比普通高强混凝土低约 50%。

表 4-67　100MPa 粉煤灰高性能混凝土的徐变性能

编号	加荷应力（MPa）	初始应变值（10^{-6}）	徐变值（10^{-6}）	徐变度（10^{-6}MPa）	徐变系数
3	28.0	509	253.1	9.04	0.50

4. 耐久性

混凝土的抗渗性是混凝土耐久性的一个重要方面。有害液体和气体的渗入，会使混凝土受到侵蚀，水分和空气的渗入会使钢筋产生锈蚀。该混凝土的抗渗性试验采用一次加压法，根据在恒定水压下持续一定时间，量出试件的渗水高度，计算渗透系数。该试验在 12 个水压力恒压 6 天 6 夜，试件不透水，劈开后测得的透水高度几乎为 0；计算出来的渗透系数为 1.525×10^{-13}（m/s），相当于渗透标号 123。(由于一般仪器很难直接测得抗渗标号高于 B40 的抗渗性，故用此法)。

混凝土的抗冻性是评价混凝土耐久性的重要指标，是表示混凝土抵抗环境介质作用而保持强度的能力。该混凝土的抗冻试验采用快速冻融法，试块通过 300 次冻融循环后，相对动弹模比下降至 90.5%，重量损失 0.13%，离临界值很远，它显示出具有优良的抗冻性。

（四）机理分析

粉煤灰在混凝土中的作用，可归纳为化学和物理作用两个方面。化学作用可以使对混凝土不利的氢氧化钙转化为有利的 C—S—H 凝胶，这就是常说的火山灰活性作用，从而改善浆体与集料界面的粘结；物理作用主要是指粉煤灰颗粒的微集料效应和形态效应，从表 4-68 和图片 4-22 可见，由于优质粉煤灰的颗粒大多呈微珠，且粒径小于水泥，在混凝土中就更为突出的起到填充、润滑、解絮、分散水泥等的致密作用，这两方面的共同作用使混凝土的用水量减少，和易性改善，混凝土均匀密实，从而提高混凝土的强度和耐久性。

表 4-68　元宝山优质粉煤灰和水泥的颗粒分布及比表面积

名　称	颗　粒　分　布（%）				比表面积（cm^2/g）
	< 10μm	10 ~ 30μm	30 ~ 60μm	> 60μm	
元宝山灰	50 左右	35 左右	8 左右	5 左右	3770
水泥	30 左右	40 左右	25 左右	5 左右	3100

混凝土的宏观性能是由它的微观结构所决定的，因此对该混凝土的微观结构进行了扫描电镜分析及孔结构分析。

1. 孔结构分析

混凝土是一种多相聚集体，其中存在不同尺寸的孔隙，孔隙的多少与结构直接影响混凝土的力学性能和耐久性。Mehta 将水泥中的孔分为：< 45Å，45 ~ 500Å，500 ~ 1000Å 及 > 1000Å 四级，并认为只有 1000Å 以上的孔才对强度和抗渗性有害，小于 500Å 的孔属于以凝胶为主的水化产物内部的微孔，< 250Å 的孔为无害孔。该混凝土粉煤灰水泥石的孔结构分布结果列于表 6-69。为了进一步查明粉煤灰在混凝土中“细化”孔隙的作用，进行了掺和不掺粉煤灰水泥石的孔结构分析，结果列于表 4-70。

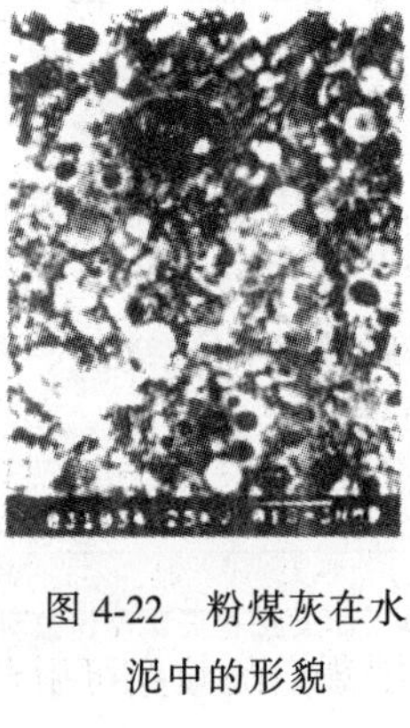

图 4-22　粉煤灰在水泥中的形貌

表 4-69 粉煤灰水泥石孔径分布（Å）

龄期	<500Å（%）	可几孔径 Å	18~50		50~250		250~500		500~1000		1000~73000	
			(ml/g)	(%)	(ml/g)	(%)	(ml/g)	(%)	(ml/g)	(%)	(ml/g)	(%)
3d	94.7	28.80	0.0202	11.8	0.1349	79.0	0.0066	3.9	0.0063	3.7	0.0028	1.6
28d	95.4	28.48	0.0262	15.2	0.1354	78.3	0.0032	1.9	0.0023	2.7	0.0057	1.9

表 4-70 掺与不掺粉煤灰的水泥石 28d 孔分布

试样名称	最可几孔径 Å	<250Å（%）
水泥 + 减水剂	100	62.8
水泥 + 粉煤灰 + 减水剂	28	93.5

由表 4-69 可知，该粉煤灰水泥石中以凝胶为主的水化产物内部微孔占总孔隙已达 95.4%，其<1000Å 对强度和抗渗性无害的孔 3d 时已达 97%以上，使毛细孔得以尽早自行封闭。因此混凝土结构密实、强度高、抗渗性好、各种耐久性得到极大提高。

由表 4-70 可知，当混凝土中加入粉煤灰，水泥石的最可几孔径有较大的降低，从 100Å 降为 28Å，小于 250Å 的无害孔也由 63%增至 93.5%，由此可见，粉煤灰通过二次水化和分散填充的致密作用使孔结构高度细化。

2. 扫描电镜分析

为了了解粉煤灰的火山灰活性，进行了混凝土中胶凝材料水化后的扫描电镜观察。从图片 4-23 可见，粉煤灰在 7d 时，其微珠表面已有水化产物絮状物生成；28d 后微珠表面已形成致密的水化产物，且其周围水泥的水化产物也基本是致密的凝胶状物质。

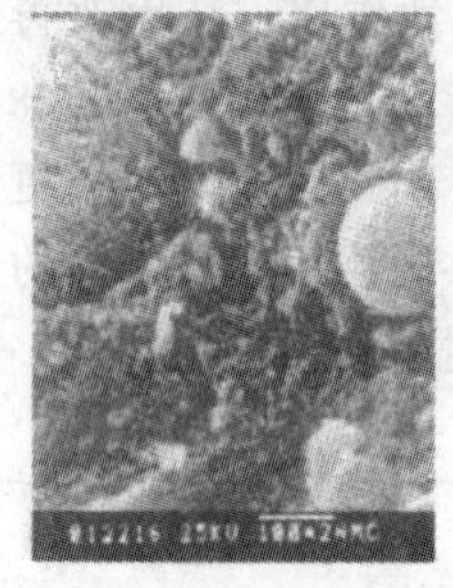
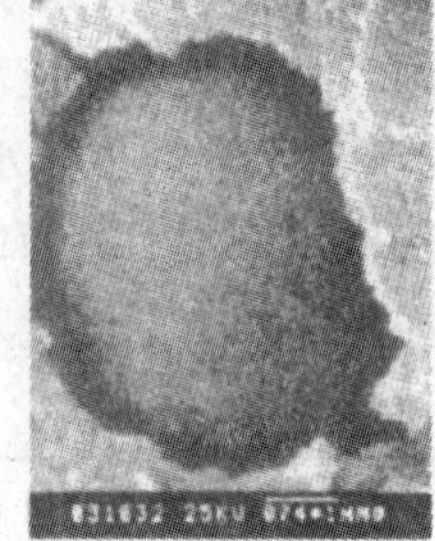

图 4-23 粉煤灰在水泥浆体中水化的状态

六、绿色高性能芯柱混凝土（GHPG）[1]

（一）发展绿色高性能芯柱混凝土的重要性

混凝土小型空心砌块是一种节能、节土、利废、提高工效的墙体材料，混凝土小型空心砌块取代粘土实心砖作为墙体材料，切实可行，而且符合国情，因地制宜，大有作为。

节能砌块、专用砌筑砂浆以及灌孔用的芯柱混凝土，这三种材料是砌块建筑原材料的三大要素。芯柱是混凝土小型砌块建筑的特点，它与砌体共同承受建筑物的垂直荷载和水平荷载，尤其对抗震房屋的整体性有十分重要的作用。芯柱混凝土的主要功能是：①增大横断面区域，是灌浆墙体比非灌浆墙体能支持更大的垂直及侧向剪力；②增加隔音效果；③提高防火性能；④改善墙的蓄能能力；⑤增加墙体重量，增加墙体的抗倾覆力。

在美国、日本等发达国家，用于砌块建筑中的专用芯柱混凝土的和易性非常好，以袋装出售，现场只需按说明书要求加水拌和成稀粥状，采用高位灌浆方式在 2m 左右高度灌浆，由于稀浆的高流动性、低收缩性、较高的粘结性及较高的强度，从而可有效的将砌块砌体连成整体形成剪力墙。

---

[1] 本文选自天津市建筑科学研究院黄靖，天津大学刘惠兰、王家英、李志国及天津市建科院张鸿毓的《绿色高性能芯柱混凝土试验研究》。

我国在芯柱混凝土领域的研究刚刚开始，只有清华大学、建设部东北设计研究院、四川省建筑科学研究院等几家科研机构，在高强度芯柱混凝土、芯柱混凝土对砌块建筑体系力学性能的影响和芯柱混凝土的设计和施工方法等方面进行了有益的探索和研究，天津大学也曾对普通强度等级的芯柱混凝土做了大量的试验研究。但都没有形成较完善的生产、设计和施工体系，许多方面的经验还比较缺乏，一些相关的技术规范、标准也不很完善，还有很多问题（如没有专用的芯柱混凝土配合比设计体系、设计和施工规范不健全、产业化研究跟不上砌块建筑体系的发展等）并未得到很好的解决。

（二）芯柱混凝土、砂浆和普通混凝土的区别

三者的主要区别在于初期阶段的塑性、流动性和硬化后的体积稳定性。芯柱混凝土既不是砂浆也不是普通混凝土，它介于两者之间，其流动性和塑性远远超过砂浆和一般的混凝土，这与它的功能是密切相关的，只有高流态和低稠度才可能灌注密实，不会因其滞留而在墙体内形成大的空隙；由于其独特的配合比（石子粒径和体积含量小），芯柱混凝土的收缩值小于砂浆而大于一般混凝土，为了保证芯柱混凝土和砌块能形成一个粘接良好的整体，在保证良好流动性和填充性的同时尽可能地降低收缩，使其接近普通混凝土是一个需要进一步研究的课题。

（三）试验用原材料和试验方法

1. 试验用原材料

(1) 水泥（C）：采用天津425号和525号普通硅酸盐水泥、天津425号矿渣水泥。

(2) 粉煤灰（FA）：采用的是天津第一热电厂的Ⅱ级干排粉煤灰，需水量比103%。

(3) 改性矿粉（MP）：自行研制的改性矿质粉，需水量比96%，密度2850（kg/m^3），烧失量0.9%，比表面积4000～6000cm^2/g。

(4) 外加剂（A）：采用自行研制的具有减水增强、调凝保塑、引气润滑、增粘保水和减少收缩等多功能的化学外加剂，根据水泥品种不同分别采用普3号和矿2号。UEA膨胀剂为天津产。

(5) 砂子（S）：采用细度模数2.7的Ⅱ区中粗河砂。

(6) 石子（G）：采用5～10mm连续粒级的碎石。

(7) 水（W）：采用饮用自来水。

2. 试验方法及步骤

(1) 净浆和砂浆试验方法。参考GB8077—1997《混凝土外加剂匀质性试验方法》、GB177—1985《水泥胶砂强度检验方法》和GB/T 2419—1994《水泥胶砂流动度测定方法》。

(2) 混凝土试验方法。采用或参考GBJ80—1985《普通混凝土拌和物性能试验方法》、GB 8076—1997《混凝土外加剂》、行标JC475—1992《混凝土泵送剂》、GBJ81—1985《普通混凝土力学性能试验方法》、GBJ 82—1985《普通混凝土长期性能和耐久性能试验方法》，其中自由收缩试验考虑到芯柱混凝土与普通混凝土养护条件不同，尤其是掺加了膨胀剂的芯柱混凝土的特殊性，所以将试验方法改为，成型后标准养护两天拆模，立即移入恒温恒湿室并测初始长度，在14d的龄期内用塑料布将试件包裹严密（因芯柱混凝土是包裹在砌块中的），14d后再除去塑料布，分别测量相应龄期的收缩值。

(3) 混凝土分层度试验。所谓混凝土分层度即指硬化后的混凝土试件其实测重心偏离几

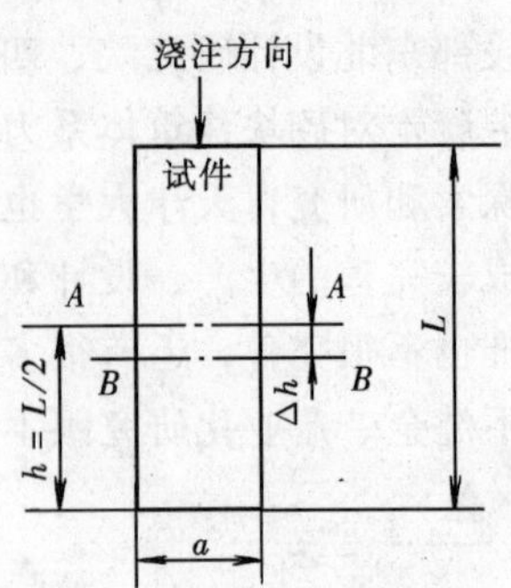

图 4-24 芯柱混凝土分层度示意

何重心的程度如图 4-24 所示，其试验方法如下：将配好的芯柱混凝土拌和物竖向浇注成型于 $\phi = 95$mm、$L = 1000$mm 的圆筒型试模中，插捣 15 下使混凝土充分密实，3d 后拆模，标准养护 7d 以上，根据力矩平衡法测定试件实际重心偏离几何重心的程度 Δh。$\Delta h > 0$，重心偏向成型面：$\Delta h < 0$，重心偏向非成型面：$\Delta h = 0$，重心与试件几何重心重合。

（四）试验结果和分析

1. 多功能化学外加剂的作用

对于芯柱混凝土来说，常用的高效减水剂在功能上有很多欠缺，如混凝土的泌水离析问题、流动性保持等问题不能有效解决，因此，芯柱混凝土外加剂应必须具有减水增强、调凝保塑、引气润滑、增粘保水和减少收缩等多功能的化学外加剂，该外加剂主要由减水增强组分、流化保塑组分、保水增粘组分及分散润滑组分组成，这些组分相辅相成，使外加剂更有效的发挥作用。

(1) 复合外加剂掺量对和易性的影响。为了得到经济技术双重效益，研究复合外加剂的掺量对浆体和易性的影响是必要的。根据芯柱混凝土对和易性高的要求，选择复合外加剂的最佳掺量使浆体达到大流动性、不泌水离析且经时损失较小。试验采用天普 425 号水泥，W/C 为 0.47，见图 4-25 和图 4-27，用天矿 425 号水泥，W/C 均为 0.34，见图 4-26。图示表明：①无论何种水泥，随着所对应的复合外加剂掺量的增加，浆体的流动性增加，但增大到一定程度后就不再增大；②随着外加剂掺量的增加，浆体流动度经时变化减小，同掺量时明显好于单独使用 SP 高效减水剂。

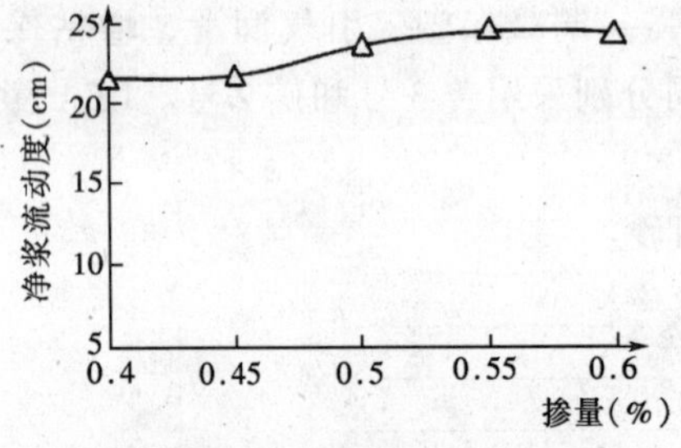

图 4-25 普 3 号掺量对流动度的影响

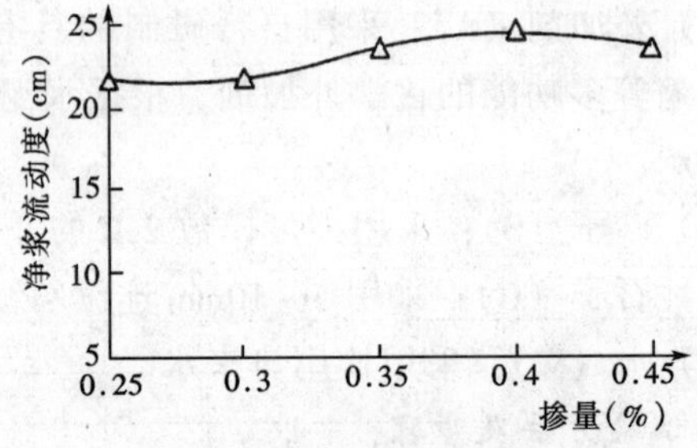

图 4-26 矿 2 号掺量对流动度的影响

(2) 复合外加剂掺量对强度的影响。试验使用天普水泥，W/C 均为 0.47；使用天矿水泥，W/C 均为 0.34。试验结果见图 4-28 和图 4-29。

试验结果表明：无论何种水泥，随着复合外加剂掺量的增加，28d 抗压强度略有下降，但强度仍很高（约 45 ~ 50MPa），28d 抗折强度变化不明显。综合和易性与强度，普 3 号的最佳掺量为 0.55%，矿 2 号最佳掺量为 0.4%。

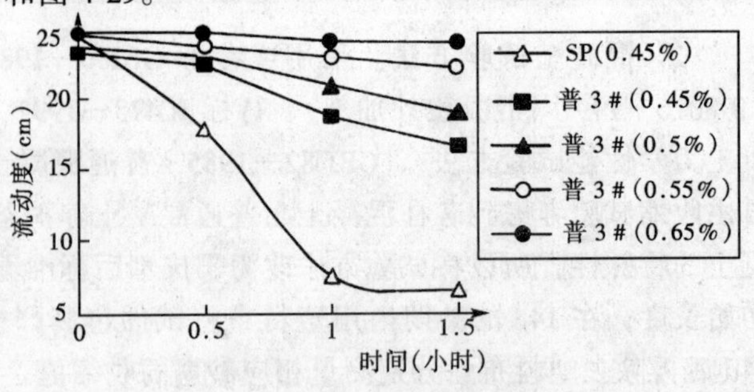

图 4-27 普 3 号不同掺量的流动度经时变化规律

2. 复合辅助胶凝材料的作用

研究利用粉煤灰与改性矿粉各自不同的效应，进行优势互补来选择最优配比。结果表明，同时掺用粉煤灰与改性矿粉有叠加效应，但按不同比例应用时的表现是不同的。为达到经济、技术、环保三重效果，特进行了试验研究，结果见表4-71。

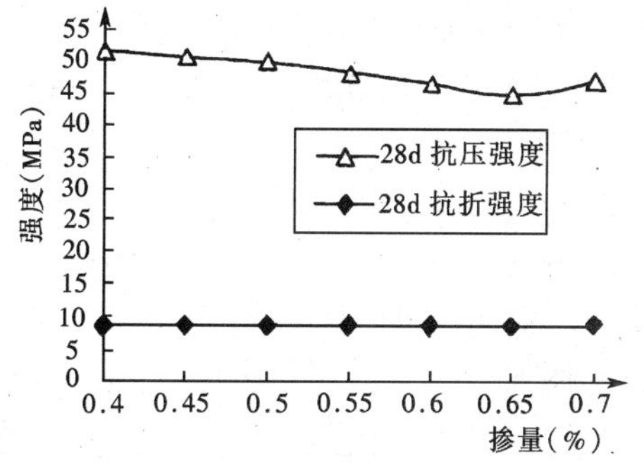

图4-28　普3号掺量对强度的影响

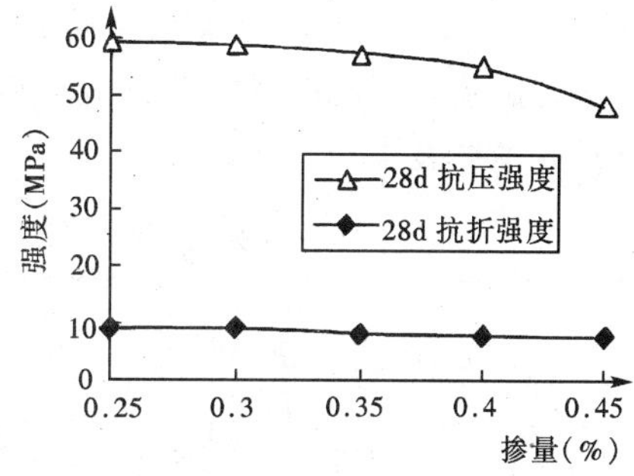

图4-29　矿2号掺量对强度的影响

表4-71　　掺合料不同比例配合对浆体和易性与强度的影响

序号	水泥含量（%）	取代率（%）		净浆流动度（cm）	保水性	28d抗压强度（MPa）	水泥品种	备　注
		FA	MP					
1	100	0	0	28.1	泌水	45.4	425号天普水泥	水胶比均为0.55普3号复合外加剂的掺量为0.55%
2	60	40	0	20.3	无泌水	36.4		
3		30	10	21.6	无泌水	38.1		
4		20	20	24.0	无泌水	40.2		
5	50	50	0	19.5	无泌水	28.1		
6		40	10	20.7	无泌水	29.5		
7		30	20	23.3	无泌水	31.1		
8		20	30	24.0	少许泌水	32.8		
9	40	60	0	17.6	无泌水	25.4		
10		50	10	18.8	无泌水	26.5		
11		40	20	21.3	无泌水	28.9		
12		30	30	22.8	无泌水	30.2		
13		20	40	24.0	无泌水	31.6		
14	30	70	0	16.2	无泌水	20.1		
15		60	10	17.8	无泌水	21.8		
16		50	20	19.3	无泌水	23.0		
17		40	30	21.9	无泌水	26.1		
18	20	60	20	19.8	无泌水	21.8		
19		50	30	21.0	无泌水	23.6		

从表4-71结果可以看出：

(1) 随着水泥用量的减小，浆体强度降低、保水性改善；

(2) 在水泥用量相同时，辅助胶凝材料中随改性矿粉比例的增大，流动性与强度均提高，且保水性均良好；

(3) 在大量使用辅助胶凝材料（取代水泥70%以上）时，综合考虑粉煤灰对成本核算及改性矿粉对流动性、强度的贡献，选择粉煤灰与改性矿粉的比例时，由于改性矿粉的价格远比粉煤灰贵，在保证流动性与强度仍能保持一定的水平的前提下，宜尽量多的使用粉煤灰从而达到经济技术双重效益。其最佳比例为改性矿粉取代水泥20%～40%，粉煤灰取代水泥20%~60%。所优选的最佳掺量比例已实现了掺合料总量40%~80%的范围，属于大掺量。以上试验得出的影响规律，为进行芯柱混凝土的配合比设计提供了理论与试验依据。

3. 采用复合多功能化学外加剂和大掺量复合胶凝材料配制的芯柱混凝土性能

通过正交试验，所配制的多项性能均能满足C15~C25的芯柱混凝土的要求。混凝土配合比和材料成本见表4-72。

表4-72　各强度等级混凝土配合比、性能和材料成本

编号	混凝土配合比（kg/m^3）								配合比参数					强度等级	材料成本（元/m^3）
	C	FA	MP	UEA	普3号（%）	S	G	W	C:FA:MP	B（kg/m^3）	W/B	V_p/V_S	V'_G（%）		
1	167.4	134.0	33.5	37.2	0.65	798.4	882.0	242.0	5:4:1	372.0	0.65	1.248	60	C15	188.6
2	179.0	143.2	35.8	22.8	0.60	780.0	926.0	228.5	5:4:1	380.0	0.60	1.248	63	C20	190.7
3	234.8	117.4	39.14	25.0	0.60	798.0	882.0	229.0	6:3:1	416.3	0.55	1248	60	C25	209.4
4	401.0	0	0	0	SP 0.55	807.5	852.6	256.6	10:0:0	401.0	0.64	1.248	58	C25	228.1

注　试验采用天津普通硅酸盐425号水泥。B为胶结材料总量；V_G为石子堆积体积；V_p/V_s为浆骨比。

（1）混凝土拌合物性能见表4-73。

表4-73　芯柱混凝土拌合物性能

编号	坍落度经时变化（cm）			扩展度经时变化（cm）			粘聚性保水性	泌水率（%）	含气量（%）	凝结时间（h:m）		分层度（%）
	0h	1h	1.5h	0h	1h	1.5h				初凝	终凝	
1	22.9	20.6	18.9	48.0	37.0	32.0	粘、很好	8.3	2.1	40:35	44:05	-1.21
2	24.0	23.1	20.7	50.5	45.0	36.0	粘、很好	6.4	2.4	35:20	38:55	-1.05
3	24.5	22.8	20.3	53.0	42.0	35.0	粘、很好	5.8	2.3	31:15	35:10	-0.68
4	22.5	17.4	9.6	46	—	—	稀、有泌浆	13.5	1.2	8:25	11:10	-2.45

从试验结果可以看出：使用多功能化学外加剂和大掺量的复合胶凝材料，很好地改善了芯柱混凝土拌合物的和易性，无论从坍落度、粘聚性、泌水率还是坍落度损失，均较未掺的4号有明显的提高。由分层度试验结果可以看出：1、2、3号混凝土匀质性有明显的改善。

（2）硬化混凝土的主要物理力学性能及耐久性能。为了进一步了解配制的芯柱混凝土的全面性能，对1、2、3号混凝土配比进行了主要力学性能和耐久性能的测试，试验结果见表4-74、~表4-76。

表4-74　芯柱混凝土28d各项主要力学性能

编号	测试项目							
	f_{cu}（MPa）	f_{Cp}（MPa）	f_{cp}/f_{cu}（%）	f_{pt}（MPa）	f_{pt}/f_{cu}（%）	f_f（MPa）	τ（MPa）	E_c（$\times 10^4$MPa）
1	24.8	26.5	106.8	2.39	9.6	6.52	4.35	3.21
2	29.4	30.1	102.4	2.42	8.2	7.25	4.52	3.27
3	37.4	35.4	94.6	3.08	8.2	8.44	4.59	3.38

注　f_{cu}为抗压强度；f_{cp}为轴心抗压强度；τ为钢筋握裹力；E_c为弹性模量；f_{pt}为劈裂抗拉强度；f_f为抗折强度。

表 4-75　　芯柱混凝土的长期力学性能和耐久性试验数据（一）

编号	长期抗压强度（MPa）及其增长率（%）					抗渗压力及透水高度			
	28d	60d	增长率	90d	增长率	28d		90d	
	（MPa）	（MPa）	（%）	（MPa）	（%）	（MPa）	（mm）	（MPa）	（mm）
X111	24.8	31.8	28.2	33.9	36.7	1.1	≤7.2	1.1	≤6.8
X105	29.4	35.6	21.1	37.2	26.5	1.1	≤6.6	1.1	≤5.5
X106	37.4	41.7	11.5	42.5	13.6	1.1	≤4.1	1.1	≤2.3

注　以上增长率均为比 28d 抗压强度提高的百分率。

表 4-76　　芯柱混凝土的长期力学性能和耐久性试验数据（二）

编　号	收缩值（$\times10^{-6}$）					抗冻融循环			
						强度损失率（%）		重量损失率（%）	
	1d	3d	14d	28d	90d	15 次	25 次	15 次	25 次
X111	-105.5	-84.4	0	195.4	248.5	10.5	10.8	0.12	1.2
X105	-56.3	-28.1	21.1	182.9	260.2	6.2	6.9	0.10	0.33
X106	-10.5	18.7	52.7	221.5	315.9	2.4	4.2	0.06	0.12

由以上试验结果可以看出：利用复合多功能化学外加剂和大掺量复合胶凝材料配制的，各项物理力学性能和耐久性能优异，尤其是长期干缩值可很好地控制在 $240\times10^{-6}\sim320\times10^{-6}$之间，这就保证了芯柱混凝土与砌块间的整体性。

4. 芯柱混凝土材料成本

C15～C25 级芯柱混凝土材料成本分为 180 元/m^3、190 元/m^3 和 210 元/m^3，均大大低于项目要求。

七、增钙粉煤灰混凝土的基本性能❶

（一）增钙粉煤灰混凝土的发展

20 世纪 70 年代以来我国多家电厂采用了立式旋风炉并在燃煤中掺入适量的石灰石作助熔剂，以调节成渣温度、改变灰渣特性，实现在安全发电供热的同时，提高灰渣质量，将灰渣转化为建材资源——氧化钙含量较高的增钙粉煤灰（以下简称增钙灰）和增钙液态渣（简称增钙渣）。增钙灰是从立式旋风炉烟道气体中收集的细粉末，它约占灰渣排放量的 40%。对于增钙灰渣的综合利用，目前我国以渣的研究利用居多，对增钙灰的研究利用较少，尤其是将增钙灰在商品混凝土中应用鲜有所见。天津陈塘庄热电厂（以下简称陈热）采用了立式旋风炉，投产运行已十多年。关于陈热增钙灰的综合利用，20 世纪 90 年代在天津已经完成了增钙灰在建筑砂浆中应用的试验研究，编制了施工技术规定，用于建筑砂浆的增钙灰有企业标准。为了扩大增钙灰的综合利用，提高其应用水平，又对增钙灰作商品混凝土掺合料应用进行了研制。

（二）增钙灰的品质分析

（1）据分析，增钙灰化学成分中与普通粉煤灰相似之处是仍以 SiO_2 和 Al_2O_3 为主，SiO_2 和 Al_2O_3 一般占到 55%以上。但是 CaO 含量明显增高，我国普通粉煤灰中 90%是低钙灰，其 CaO 含量均在 10%以下，余下的高钙灰 CaO 含量不超过 17%，而据 2000 年分析，陈热增钙灰 CaO 含量多（80%）在 19.5%～23%，最高达 27%。f-CaO 含量高是增钙灰化学成分的又

❶　本文选自天津市建筑科学研究院高育海、雷进愿、于新文写作的《增钙灰在商品混凝土中应用的试验研究》。

一显著特点。低钙灰中几乎无 f-CaO，高钙灰中 f-CaO 一般不超过 6%，而陈热增钙灰 f-CaO 过去最高达 19%，2000 年最高达 8.7%，多数在 3.9%～6.5%，企业标准要求不大于 8%。f-CaO 的含量受增钙量多少、锅炉大小、燃烧工况等影响。增钙灰中 f-CaO 的存在，一方面给胶结料的体积安定性带来不利的影响，在应用时务必注意；另一方面对激发火山灰活性有利，同时使增钙灰具有一定的自硬性。2000 年陈热增钙灰烧失量多在 4.9%～8.8%，企业标准要求不大于 8%；SO_3 多在 1.9%～2.8%，企业标准要求不大于 3%。

2. 细度、需水比及胶砂抗压强度

细度是粉煤灰的重要品质指标。陈热增钙灰产品 2000 年执行的企业标准要求 80μm 筛余 ≯12%，主要是考虑在砂浆中的应用。年度统计多在 12% 以下，年均约 9%，水平接近Ⅱ级灰。2001-01-18 实施新的企业标准要求 45μm 筛余 ≯20%，符合Ⅱ级灰要求。

对不同批号的增钙灰测试需水量比和抗压强度比，其结果见表 4-77。结果表明，需水量比多数小于 100%，表明增钙灰具有减水、塑化作用；28d 抗压强度比均超过 GB1596—1991 中Ⅰ级普通粉煤灰的要求，56d 抗压强度比除需水量比较大的批号 1206 相对低些外，其他都等于或大于 100%，这也表明它是一种活性好的火山灰质材料。

表 4-77 增钙灰的需水量比和抗压强度比

批号		609	1030	1106	1113	1121	1128	1206	1218
需水量比（%）		99	99	92	93	101	99	102	94
抗压强度比（%）	28d	91.4	83.1	75.5	92.6	78.8	91.6	83.3	87.5
	56d	100	103	108	107	100	104	97	108

3. 增钙灰的矿物成分和颗粒形貌

由 x 光衍射分析可知，增钙灰中 α-SiO_2 和 $3Al_2O_3 \cdot 2SiO_2$ 比普通粉煤灰明显减少，其他矿物成分有 CaO、$CaCO_3$、少量的 $CaSO_4$、C_4AF。C_4AF 在饱和 $Ca(OH)_2$ 溶液中可生成六方形的水化铝酸钙和胶体状的水化铁酸钙，可促进水泥石强度的生成和提高。

由扫描电镜中可以观察到增钙灰主要有大量清晰、表面光滑的玻璃微珠，少量形状不规则的多孔玻璃体和多孔的未燃尽碳粒等各种不同粒径和不同形状的颗粒组成，玻璃体含量高达 85% 以上，其中微珠含量达到 80% 左右，明显高于普通粉煤灰。微珠细小、致密、反应表面积大，因而活性高，且有“滚珠效应”、流动性好，有减水作用。增钙灰的密度为 2.49，高于普通粉煤灰，这也与它微珠含量高有关。

（三）增钙灰中 f-CaO 对增钙灰——水泥体积安定性的影响

1. 体积安定性测试方法的确定

增钙灰中 f-CaO 含量测试采用 GB/T 176—1996 中“甘油酒精法”。

增钙灰——水泥体积安定性的测试采用 GB/1346—1989 中的“雷氏法”和“试饼法”。若为“雷氏法”，测量蒸煮后两试件雷氏夹膨胀的平均值不大于 5.0mm 时，即认为安定性合格；若“试饼法”，目测未发现裂缝，用直尺检查也没有弯曲为安定性合格，当两个试饼判别结果有矛盾时，该样品安定性为不合格；当两种方法判别结果不一致时，以雷氏夹测试结果为准。

2. 增钙灰掺量对体积安定性的影响

取 f-CaO 含量为 6.80% 的同一批增钙灰，以不同掺量掺入 525 号普硅水泥中，取 f-CaO 含量为 4.32% 的同一批增钙灰以不同掺量掺入 425 号矿渣水泥中，体积安定性测试结果见

表 4-78。

表 4-78　　增钙灰—水泥体积安定性

增钙灰掺量（%）		0	10	20	25	30	35	40	50
525 号普硅	雷氏夹膨胀值(mm)	0.5	0.5	0.9	—	6.0	—	8.4	33.0
	试饼	完整	完整	完整	—	有裂缝	—	有裂缝	有裂缝
425 号矿渣	雷氏夹膨胀值(mm)	0.7	1.0	1.5	2.0	5.0	6.5	—	—
	试饼	完整	完整	完整	完整	有裂缝	有裂缝	—	—

由表 4-78 可知，对于 f-CaO 含量一定的同一批增钙灰，随着在水泥中掺量的增大，蒸煮雷氏夹膨胀值也在增加，当掺量达到及超过某值时，雷氏夹膨胀值大于 5mm，判为体积安定性不合格；试饼法判别结果也与此符合。可见，水泥中掺入某 f-CaO 含量的增钙灰时，存在着一个体积安定性合格的极限掺量。

此极限掺量与增钙灰的 f-CaO 含量有关。将不同 f-CaO 含量的增钙灰掺入 525 号普硅水泥中，得到如图 4-30 所示的体积安定性合格的极限量与增钙灰 f-CaO 含量的关系，其表明随着增钙灰中 f-CaO 含量的增加，体积安定性合格的极限掺量减小。

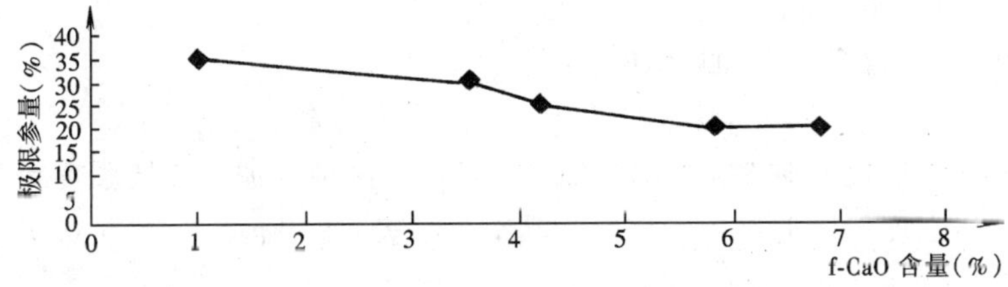

图 4-30　体积安定性合格的极限掺量与增钙灰 f-CaO 含量的关系

表 4-79　　不同的增钙灰——水泥体积安定性测试结果

增钙灰批号		1106	1030	1113	609 密封	空白
f-CaO 含量（%）		5.83	3.53	4.21	4.32	—
蒸煮雷氏夹膨胀值（mm）	基准	1.5	0.5	0.8	1.0	-0.2
	普硅	6.5	1.8	5.0	6.8	0.2

增钙灰掺量对体积安定性的影响还与水泥自身情况有关。由表 4-79 所示测试结果可以看出，f-CaO 含量不同的增钙灰以同一掺量 30%，掺入 525 号基准水泥中，测得雷氏夹膨胀值均较小，安定性都合格，而掺入 525 号普硅水泥中，除 f-CaO 较低（为 3.53%）的外，其它的安定性不合格。所以安定性合格的极限掺量与水泥有关，在具体工程中，为安全应用增钙灰，要以工程中用的水泥与增钙灰掺量进行体积安定性试验。

3. 存放时间、条件对增钙灰——水泥体积安定性的影响

表 4-80 所示的体积安定性试验结果表明，随着存放时间的延长，增钙灰 f-CaO 含量会下降，并且自然堆放的比密封堆放的下降得快，相应的掺入 525 号普硅水泥中体积安定性合格的极限掺量也在上升。可见，随着存放时间的延长，自然堆放的增钙粉煤灰体积安定性逐步地得到改善和稳定。这是因为空气中的水分使部分 f-CaO 消解成氢氧化钙，故 f-CaO 含量下降，体积安定性逐步得到稳定。密封堆放，由于增钙灰与空气接触的机率小，f-CaO 被空气中水分消解的机率小，故 f-CaO 含量下降慢，从而体积安定性合格的极限掺量就小。

表 4-80 存放时间、方式对增钙灰 f-CaO 含量及安定性的影响

存放条件	出厂日		7d		28d		60d	
	f-CaO 含量	极限掺量	f-CaO 含量	极限掺量	f-CaO 含量	极限掺量	f-CaO 含量	极限掺量
密封堆放	6.8%	20%	6.6%	20%	4.3%	25%	3.8%	30%
自然堆放	6.8%	20%	5.8%	25%	4.0%	30%	1.0%	35%

(四) 增钙灰对混凝土和易性和抗压强度的影响

1. 试验用原材料

(1) 水泥。采用天津水泥厂的 525 号普硅水泥和 425 号矿渣水泥。其细度、凝结时间、安定性等指标均符合标准要求，28d 胶砂强度分别为 55.0MPa 和 48.9MPa。

(2) 集料。粗集料采用 10～20mm 碎石。细集料为Ⅱ区中砂，含泥量 0.8%，泥块含量 0.5%，细度模量为 2.7。

(3) 增钙灰。选用出厂日 f-CaO 含量相对较高的批号为 609 的增钙灰，其主要指标如下：CaO 26.6%、f-CaO6.8%、$SO_3$2.42%、烧失量 6.67%、细度（80μm 筛余）10.4%、需水量比 99%、56d 抗压强度比 100%。

(4) 外加剂。采用自行配制的 YNB 泵送剂。

2. 增钙灰的水泥取代率对混凝土和易性及抗压强度的影响

就增钙灰的水泥取代率对 525 号普硅和 425 号矿渣两种水泥、不同强度等级的泵送混凝土的和易性及抗压强度的影响进行了试验，其结果如表 4-81 所示。

表 4-81 水泥取代率对增钙灰混凝土和易性及抗压强度的影响

水泥	取代率（%）	B（kg/m^3）	W（kg/m^3）	W/B	坍落度（mm）	相对强度（%）				60d/28d
						3d	7d	28d	60d	
525 号普硅	0	550	198	0.36	18	100	100	100	100	1.096
	15	550	198	0.36	24	84.0	102.8	101.0	105.2	1.142
	20	550	198	0.36	24	85.5	97.9	92.8	97.3	1.149
	25	550	198	0.36	22	79.2	94.2	92.0	99.6	1.187
525 号普硅	0	436	199	0.46	21.5	100	100	100	100	1.012
	15	436	199	0.46	21.5	99.3	92.0	96.4	105.2	1.104
	20	436	199	0.46	21.0	92.2	98.3	94.8	101.8	1.087
	25	436	199	0.46	21.5	101.4	92.3	102.8	106.5	1.048
525 号普硅	0	340	200	0.59	19	100	100	100	100	1.029
	15	340	190	0.56	20	103.7	96.1	105.6	103.8	1.012
	20	340	182	0.54	18.5	101.1	103.8	107.8	107.9	1.030
	25	340	184	0.51	17	100.5	101.4	101.2	104.7	1.065
425 号矿渣	0	500	199	0.40	22	100	100	100	100	1.141
	10	500	199	0.40	21	94.1	94.4	100.7	102.3	1.159
	15	500	199	0.40	20.5	86.2	87.0	94.1	98.1	1.189
425 号矿渣	0	380	201	0.53	17	100	100	100	100	1.179
	10	380	192	0.51	18	103.4	98.7	108.2	110.1	1.120
	15	380	187	0.49	19	89.8	94.7	98.6	106.3	1.271

注 (1) B 为每 m^3 混凝土胶结料量，kg/m^3；

(2) W 为每 m^3 混凝土用水量，kg/m^3；

(3) 相对强度（%）为增钙灰混凝土和同龄期基准混凝土强度之比，以百分数表示；

(4) 60d/28d 为龄期 60d 强度与 28d 强度的比值。

由表4-81中用水量、坍落度数据可以看出，总体上看在525号普硅水泥混凝土中掺入增钙灰比425号矿渣水泥混凝土场合和易性改善作用大；增钙灰掺入525号普硅水泥混凝土中，对于胶结料用量大、W/B小的高强度等级混凝土改善和易性的作用比W/B大的场合更显著；增钙灰掺入425号矿渣水泥混凝土中，对于W/B较大的一般强度等级混凝土，和易性得到改善，而对于胶结料用量大、W/B较小的混凝土场合，改善和易性的作用不显著。由表4-81中强度数据可以看出，在试验的取代率范围内，增钙灰混凝土3d强度多数比基准混凝土低，且随取代率提高、混凝土强度等级的提高（W/B的减小）其降低程度增加；但是后期强度都能等强或超强，强度发展超过基准混凝土，且在W/B较低的一般强度等级混凝土场合效果显著。因此，在用525号普硅水泥配制C40以上混凝土、425号矿渣水泥配制C30以上混凝土时，增钙灰的水泥取代率不宜过大。

3. 超量取代系数对增钙灰混凝土和易性及抗压强度的影响

根据超量取代系数对525号普硅和425号矿渣两种水泥、不同强度等级的泵送混凝土的和易性及抗压强度的影响进行了试验，表4-82列出取代率为15%时的试验结果。表中数据表明，在试验的范围内，总体上看随着超量取代系数的增加，混凝土和易性有所改善，强度有所提高，但效果不很显著，对于不同强度等级的混凝土影响效果也有所差别。

表4-82　超量取代系数对增钙灰混凝土和易性及抗压强度的影响

C^* kg/m^3	超量系数	W (kg/m^3)	W/B	S_p (%)	S1 (cm)	相对强度（%）				60d/28d
						3d	7d	28d	60d	
550 525号普硅	空白	198	0.36	38.0	18.0	100	100	100	100	1.096
	1.00	198	0.36	37.4	24.0	84.0	102.8	101.0	105.2	1.142
	1.15	198	0.35	36.9	24.5	85.6	100.6	96.9	101.1	1.143
	1.30	198	0.34	36.4	24.5	83.1	99.4	97.5	96.7	1.087
436 525号普硅	空白	199	0.46	40.0	21.5	100	100	100	100	1.012
	1.00	199	0.46	39.5	21.5	99.3	92.0	96.4	105.2	1.104
	1.15	199	0.45	39.2	20.5	103.3	98.4	97.6	100.4	1.041
	1.30	199	0.44	38.8	21.0	108.0	104.7	103.0	101.0	0.991
340 525号普硅	空白	200	0.59	20.0	19.0	100	100	100	100	1.029
	1.00	190	0.59	20.5	20.0	103.7	96.1	105.6	103.8	1.012
	1.15	188	0.58	22.0	20.0	110.7	101.8	99.6	101.9	1.035
	1.30	186	0.56	22.0	19.0	105.1	106.1	112.5	114.0	1.039
500 425号矿渣	空白	199	0.40	39.0	22.0	100	100	100	100	1.141
	1.00	199	0.40	38.4	20.5	86.2	87.0	94.1	98.1	1.189
	1.15	199	0.39	38.0	21.0	89.0	92.2	94.2	103.5	1.256
	1.30	199	0.38	37.5	22.0	86.8	90.0	94.2	98.2	1.189
	1.45	199	0.37	37.1	20.0	90.2	93.0	97.7	100.4	1.173
380 425号矿渣	空白	201	0.53	43.5	17.0	100	100	100	100	1.179
	1.00	187	0.49	43.2	19.0	89.8	94.7	98.6	106.3	1.271
	1.15	185	0.48	42.9	19.0	109.8	101.7	111.8	119.7	1.264
	1.30	184	0.46	42.6	19.0	110.3	113.3	109.0	119.1	1.288
	1.45	184	0.45	42.3	17.0	129.3	114.0	111.0	119.4	1.271

注　C^*为基准混凝土的水泥用量，kg/m^3。

（五）增钙灰混凝土的性能

在上述试验研究基础上，认为根据水泥品种和混凝土强度等级的不同，增钙灰掺量不宜超过以下限制：采用425号矿渣水泥时FA/（C+FA）×100≤30%；式中FA为每m^3混凝土增钙灰用量（kg/m³），掺加方法可采用等量或超量取代，C为增钙灰混凝土中水泥用量(kg/m³)，为研究增钙灰混凝土的性能选用了425号矿渣和525号普硅两种水泥，按等稠原则、采用等量取代掺加方法，分别以限制掺量配制了两种常用混凝土强度等级（C25和C30）的增钙灰混凝土与基准混凝土进行对比试验。混凝土的配合比及拌和物性能见表4-83。基本力学性能见表4-84，抗渗、抗冻、抗碳化、收缩性能见表4-85，胶结料水化热见表4-86。

表4-83 混凝土配合比及拌和物性能

编号	配合比参数						拌和物性能				
	C (kg/m³)	FA (kg/m³)	W (kg/m³)	Ad (B×%)	W/B	Sp (%)	S1 (cm)	1h后s1 (cm)	泌水率 (%)	凝结时间 h:min 初凝	凝结时间 h:min 终凝
H242	380	—	199	0.4	0.52	41.5	20	15	21.2	12:0	16:20
H243	323	57	184	0.4	0.48	41.1	18	13	13.4	14:0	17:20
H244	380	—	195	0.5	0.51	43	21	3	8.9	13:20	15:45
H245	304	76	183	0.5	0.48	42.5	20	6	3.9	13:50	16:25

注 (1) H242、H243用425号矿渣水泥，H244、H255用525号普硅水泥；
(2) A_d为外加剂用量；
(3) S_p为砂率。

表4-84 混凝土的各项力学性能（标养）

编号	抗压强度（MPa）					轴压强度 (MPa)	劈拉强度 (MPa)	抗折强度 (MPa)	弹性模量 (MPa)	钢筋粘结力 (MPa)
	3d	7d	28d	60d	91d					
H242	12.5	19.6	37.4	40.6	47.8	33.9	3.07	5.05	3.48×10^4	4.25
H243	13.9	23.0	40.7	45.2	51.9	37.1	3.10	5.66	3.61×10^4	4.30
H244	30.5	42.7	54.1	57.6	58.1	39.4	3.25	6.04	3.74×10^4	4.50
H245	29.1	40.5	53.8	58.0	62.3	40.9	3.36	6.46	3.86×10^4	4.55

表4-85 混凝土的抗渗、抗冻、抗碳化、收缩性能

编号	抗碳化性能		抗渗性				抗冻性（50次循环）				90d收缩值 $\times10^{-6}$
	28d碳化系数	碳化深度（mm）	抗渗标号	渗水高度（cm）最大	渗水高度（cm）最小	渗水高度（cm）均值	冻后强度 (MPa)	对比强度 (MPa)	强度损失率 (%)	质量损失率 (%)	
H242	1.14	3.0	S_4	漏	—	—	48.2	49.2	2	0.2	422
H243	1.16	2.0	S_4	漏	—	—	55.0	54.3	-1	0.2	405
H244	1.18	0	$>S_{20}$	14.0	2.0	7.4	53.6	55.3	3	0.2	512
H245	1.11	0	$>S_{20}$	12.5	2.0	7.2	61.5	60.9	-1	0.2	461

表4-86 胶结料水化热（J/g）测试值

编号	12h	1d	2d	3d	4d	5d	6d	7d
H242	88	159	186	196	203	209	213	215
H243	71	155	186	199	207	213	220	224
H244	86	211	249	259	268	276	278	280
H245	77	201	242	257	266	270	274	278

由表4-83～表4-85可以看出：

(1) 增钙灰混凝土的工作性和力学性能都优于基准混凝土。具体表现在坍落度损失降低，泌水率降低，凝结时间有所延长；各龄期的抗压强度、28d的抗拉强度、弹性模量、轴

压强度、抗折强度、钢筋粘结力均不亚于基准混凝土；

（2）增钙灰混凝土的抗碳化性能、抗冻性能和干缩性能优于基准混凝土，抗渗性能与基准混凝土相近。

由表4-86可知，掺增钙灰胶结料的水化热与空白试样相比在各个龄期都相近，425号矿渣水泥中掺增钙灰后水化热甚至比空白试样还要高，这主要是由于增钙灰中的CaO和f-CaO含量很高，其本身具有较强的水化反应作用，故增钙灰不宜用于要求降低水化热的大体积混凝土工程中。

（六）增钙灰混凝土的应用及注意事项

（1）陈热增钙灰按2000年1月18日实施的企业标准达到Ⅱ级灰技术要求。它是一种火山灰活性优于普通粉煤灰的掺合料。一般具有减水塑化作用，可作为商品混凝土掺合料配制C20～C50级的钢筋混凝土。

（2）在商品混凝土中掺用陈热增钙灰配制增钙灰混凝土时，应以胶结料安定性合格为前提，遵循等稠、等强的原则，水胶比宜比基准混凝土适当降低。掺加方法可采用等量（或超量）取代水泥法和外加法。混凝土配合比设计按照绝对体积法计算，根据水泥品种和混凝土强度等级的不同，其掺量不宜超过如下限制：采用425号矿渣水泥时，$FA/(C+FA)\times100\leqslant15\%$；采用普硅水泥时，$FA/(C+FA)\times100\leqslant20\%$；采用硅酸盐水泥时，$FA/(C+FA)\times100\leqslant30\%$。

（3）为安全合理地应用增钙灰混凝土，保证工程质量，增钙灰生产单位要加强对增钙灰f-CaO的检测频度和控制，确保出厂增钙灰的f CaO含量、体积安定性合格，使用单位要采用工程使用的水泥和掺量对增钙灰进行增钙灰——水泥体积安定性复核试验。试验依据国标GB1346—1989规定的水泥安定性测定方法进行。

（4）增钙灰混凝土和基准混凝土相比，早期强度发展略缓，后期强度增长较高，一般7d以后能达到等强。增钙灰混凝土的其他力学性能均能达到或超过基准混凝土，长期强度发展优于基准混凝土，抗碳化性能、抗冻性能和干缩性能优于基准混凝土，抗渗性能与基准混凝土相近。

（5）由于水泥中掺入增钙灰后不能降低水化热，故增钙灰不宜用于要求降低水化热的大体积混凝土工程，也不宜单独作为配制高强、高性能混凝土的掺合料。

八、掺聚丙烯纤维粉煤灰抗裂混凝土[1]

（一）聚丙烯纤维粉煤灰抗裂混凝土的发展

自从有水泥混凝土以来，裂缝问题一直困扰着人们，至今，膨胀混凝土在建筑物抗裂抗渗控制方面的研究和应用较多。然而，掺膨胀剂的混凝土需要严格做到保温、保湿养护。因此，冬季施工裂缝控制比常温条件下来得难；高强度混凝土比低强度混凝土容易开裂；大流动性混凝土抗裂比干硬性混凝土差；底板控制易于墙板，中厚板裂缝控制难度小，厚板及薄板难度大，加上目前工地大都采用商品泵送混凝土施工，掺有膨胀剂的混凝土坍落度损失大，在钢筋密集的外墙中浇注振捣费力费时，容易造成“老鼠洞”。工程实践也证明，一般的掺粉煤灰外加剂的商品混凝土或掺膨胀剂的商品混凝土对外墙板裂缝控制有一定的效果，

[1] 本文摘自上海市建筑科学研究院吴菊珍、顾政民、林国英写作的《聚丙烯纤维在粉煤灰商品混凝土工程中的应用》。

但因施工、养护及人为因素等，往往在混凝土浇捣后裂缝仍在所难免。

据文献报导，近年来，美国、德国和丹麦等国都指出在混凝土中掺加纤维，赋于混凝土具有一定的韧性，以改善混凝土的抗裂性能。

如美国耐空（NgCoN INC）公司是第二代增强材料——尼龙纤维的生产者和销售者，用于预制混凝土和现场浇注的混凝土中已有20年，改进了混凝土的表面质量及整体性，提高混凝土抗裂性能。该公司还对聚丙烯及聚酯纤维在混凝土中的应用进行了研究。

丹麦也研究用聚丙烯纤维来改善混凝土的早期收缩裂缝，认为，掺加纤维会降低坍落度，然而对混凝土的工作性没有影响。

德国 Messrs P Baumhuter Rheda-Wiedebr ück 研究聚丙烯纤维及其在混凝土中应用，并提出掺有该种纤维可以提高混凝土的抗裂及抗渗性能，抑制混凝土早期裂缝的产生。

在国内，从1993年起，上海市建筑科学研究院对纤维在混凝土中应用，开展研究工作，着重于钢纤维和尼龙纤维的研究。1994年上海市建筑科学研究院与原中国纺织大学化学纤维研究所协作，对聚丙烯纤维在粉煤灰商品混凝土中应用作研究。试验表明，聚丙烯纤维对控制减少水泥硬化早期裂缝的产生有很大作用。

由张家港市第二合成纤维厂所提供的改性聚丙烯已在上海港泰广场C40、P6地下室墙板1000m^{3}混凝土中和上海瑞安广场C50、P8、400m^{3}地下室墙板混凝土中以及上海国际体操中心C35、P8、2200m^{3}地下室墙板、墙顶板中获得应用。

工程实践证明，掺加改性聚丙烯纤维的商品混凝土可泵性好，坍落度损失小，混凝土的表面质量光滑平整。

掺加改性聚丙烯纤维的混凝土用于地下室墙板工程，可以大大改善混凝土的抗裂性能，提高混凝土的抗渗性。

表4-87　1号聚丙烯纤维质量

序号	试验项目	单位	数据
1	长度	mm	15
2	线密度	D_{fex}	15.1
3	线密度偏差率	%	3.7
4	断裂强度	CN	4.7
5	断裂伸长率	%	4.2
6	长度偏差率	%	12.2
7	孔洞体积分数	%	3.8

（二）改性聚丙烯纤维（Polypropylene fibre）在水泥混凝土中应用的实验研究

首先就原中国纺织大学化学纤维研究所研制的合成纤维——聚丙烯纤维在实验室中进行在水泥混凝土中应用性能研究，着重对纤维掺入水泥中的早期干裂性和在C30大流动度混凝土中掺入不同纤维来研究对抗压强度、抗折强度的影响，进一步弄清不同纤维在水泥混凝土中的不同行为。

1. 试验用原料

（1）改性聚丙烯纤维。改性聚丙烯纤维试样由原中国纺大化学纤维所提供，共有1号、2号和3号3种。1号纤维质量见表4-87。

（2）其他原材料。水泥：试验采用上海水泥厂525号（象牌）普通硅酸盐水泥，其质量经上海市建筑材料及构件质量监督检验站进行检测（见表4-88），其质量符合GB 175—1992标准。

表4-88　上海象牌525号普硅水泥质检结果

检验项目	标准值	检验结果	检验项目	标准值	检验结果
细度（筛余量%）	≤10.0	4.7	抗折 3d	4.0	6.0
初凝时间	不得早于45min	1h39min	强度 7d	/	/
终凝时间	不得迟于10h	2h39min	（MPa）28d	7.0	8.5
安定性（沸煮法）	必须合格	合格	抗压 3d	22.0	33.0
水泥中SO_3（%）	≤3.5	2.4	强度 7d	/	
烧失量（%）	≤5.0	2.0	（MPa）28d	52.5	60.0
水泥中MgO（%）	≤5.0	2.5	标准稠度（%）	/	23.8
不溶物（%）	/	/	其他	/	/

2）砂：中砂细度模数为2.7，其质量符合GB/T 14684—1993建筑用砂国家标准。

3）石：5～25mm连续级配碎石，其质量符合GB/T 14685—1993建筑用卵石碎石国家标准。

4）粉煤灰：Ⅰ级粉煤灰（石洞口发电厂），其质量符合GBJ 146—1990国家标准。

5）外加剂：试验所用的外加剂质量符合JC 473—1992标准。

6）水；饮用水。

2. 试验内容、条件和结果

（1）掺入改性聚丙烯纤维对水泥早期干裂性的影响。

1）试模。试验采用外圆$\phi250$，内圆$\phi190$，高50mm的有底圆环，试模内圆为无缝钢管，外圆模为两个半模。

2）净浆配合比及试样制备。

表4-89　净浆配合比

纤维编号	水灰比	水（g）	水泥（g）
—	0.476	1000	2100
1号	0.476	1000	2100
2号	0.476	1000	2100
3号	0.476	1000	2100

试样的拌制是采用胶砂搅拌机拌和，先在搅拌锅中加入一定量的水泥和纤维，先干拌1/2min，缓慢加入一定量水，将物料拌匀，搅拌3min，将物料取出浇入模中，等初凝后即松开外模及底模，置于20℃±3℃，相对湿度60%～70%的条件下，用风扇吹风24h，观察裂缝开展。

3）试验结果。当水灰比0.476时，未掺纤维的净浆在成型后2h即产生数条裂缝，掺有1号、2号、3号纤维的净浆经一昼夜风吹均未产生裂缝。

（2）掺入改性聚丙烯纤维对C30大流动度混凝土性能影响。采用525号象牌普通硅酸盐水泥、中砂，5～25mm连续级配碎石，Ⅰ级粉煤灰，外加剂适量，不掺或掺入1号、2号、3号纤维条件下，配合比均相同，仅调整水灰比以控制坍落度在120mm±20mm，研究不同纤维对混凝土抗压、抗折强度的影响，试验结果见表4-90。

表4-90　在C30大流动度混凝土中不同纤维对混凝土性能影响

序号	纤维编号	水灰比	坍落度（mm）	抗压强度（MPa）		抗折强度（MPa）
				7d	28d	28d
1	1号	0.578	125	28.0/126	44.3/133	8.6
2	2号	0.638	110	24.2/109	26.0/108	7.9
3	3号	0.618	135	18.9/85	29.8/89	4.7
4	未掺	0.618	145	22.2/100	33.3/100	8.2

注　①改性聚丙烯纤维用量及水泥、粉煤灰、砂、石、外加剂量均相同；
②混凝土坍落度为120mm±20mm。

由表4-90的数据可见，掺改性聚丙烯纤维1号，不仅有利于抗压强度的改善，同时也有利于抗折强度的改善；2号、3号纤维抗压、抗折强度有所降低，不适合使用。

（三）改性聚丙烯纤维抗裂粉煤灰混凝土在工程中应用

1. 上海港泰广场地下室外墙工程试点应用

港泰广场地下室位于上海市黄浦区延安东路以北，广西北路以西，云南中路以东，北海路以南所围101地块，占地面积4500m^2，地下室两层，建筑面积8890m^2，外墙面积2300m^2。

该地下室外墙采用钢筋混凝土结构，外墙四周长为280m，被后浇带一分为二，靠延安路侧180m，靠北海路侧100m，外墙总高8.2m，分二层，地下二层高4.0m，地下一层高4.2m，外墙板厚40cm，采用C40商品泵送混凝土，其抗渗等级为P6，每层次为一次浇捣混凝土，外墙采用结构自防水，外墙面不作任何处理。

这次浇捣的纤维混凝土，其新拌混凝土及硬化后混凝土的抗压强度及抗渗性能均符合设计要求，地下二层六组试块平均强度为53.1MPa，达到设计强度的133%；地下一层六组试块平均强度为49.2MPa，达到设计强度的123%，混凝土抗渗等级达到P6，地下室外墙板工程质量良好，亦为以后工程应用树立了良好的样板。

2. 上海瑞安广场地下室外墙工程试点应用

上海瑞安广场建筑总面积约76000m²，其中二层地下室面积约11000m²，基础埋深-10.8m。因受地铁影响，地下室分二期施工，第一期于1995年8月中旬完工，外墙总延长约250m，单用普通防水混凝土C50，数月后发现有数十条垂直细裂缝，渗水严重，花费了10多万元堵漏。第二期于1996年1月底开工，外墙总延伸长约70m，采用混凝土设计强度等级为C50。混凝土采用宁国525号普通硅酸盐水泥，中砂，5~25mm连续级配碎石，掺加一定量的Ⅱ级粉煤灰和改性聚丙烯纤维及混凝土外加剂。

纤维混凝土的施工操作工艺和普通混凝土一样，无需采用特殊的操作手段，为了控制拌合混凝土质量，施工单位曾派员在搅拌站监督纤维掺加过程。

实践证明,纤维混凝土对防止墙体细裂缝的产生是有效的。后来又在污水处理池、水箱等结构中应用,至今,这些纤维混凝土构筑物均未发现因干缩而引起的微细裂缝,无渗漏现象。

3. 上海国际体操中心地下室侧墙板工程中试点应用

上海国际体操中心位于中山西路武夷路口，该项目是为第八届全运会配套工程，要求地下室墙板必须做到不裂不渗。混凝土设计为C35、P6，墙板高度为4m左右，厚为40cm，外墙板周长为200多m，施工时为一次浇捣，取消后浇带不留施工缝。

为了保证工程质量，外墙板混凝土的配合比设计，既掺入聚丙烯纤维，以抑制混凝土早期裂缝开展，又掺入UEA膨胀剂在混凝土中产生一定的自应力并起密实作用。工程混凝土采用商品泵送混凝土，其坍落度值控制在140mm±20mm，总共浇捣368m³外墙板。

对工程浇捣的混凝土在施工现场取样，试样带模至实验室拆模、养护及膨胀值测定数值结果见表4-91。

由表4-91测定结果可知，膨胀值测定结果满足规定值，混凝土抗压强度及抗渗标号满足规定值和设计要求。

表4-91 膨胀值测定结果

龄期	测量值（$\times10^{-4}$）	规定值（$\times10^{-4}$）
水中养护14d	1.6	1.5

注 上述试验按照GBJ 119—1988《混凝土外加剂应用技术规范》进行试验。

侧墙板混凝土采用木模板进行支撑，拆模时可先松动模板，并在模板与混凝土间隙中浇水养护，使混凝土表面始终保持湿润，模板拆除后，对侧墙混凝土表面涂刷混凝土表面养护液两遍。

经质监站检查，该工程被评为优良工程，混凝土表面质量均匀，平整光滑，达到较为理想的状态。

4. 复旦大学露天游泳池中应用

复旦大学南区体育中心游泳馆是一座无遮盖架空式钢筋混凝土结构的标准游泳池，泳池建在13.65m高处，长宽为50m×25m，建筑面积为6052m²，混凝土设计强度为C30，抗渗等级为P8，坍落度为120mm±20mm，工程先用商品混凝土浇筑，混凝土方量为1100m³（包括看台等）。由于该工程施工工期要求紧，且不允许设置后浇带，再则，因为泳池位于三层高的室外露天，受到温度、干湿、风速、沉降等变形产生的应力较大，容易产生裂缝。因此泳池的建造和施工，在技术上如何解决好混凝土不出现裂缝，混凝土要具有良好的防渗抗裂性能是该工程在施工技术上的关键之一。为此，仍应用聚丙烯纤维粉煤灰混凝土，并采用泵送工艺，顺利完成该项工程施工，取得良好技术经济效果。

九、矿渣微粉混凝土的基本性能及其应用❶

（一）概况

用矿渣和水泥熟料共同粉磨制备矿渣水泥在我国已有数十年的历史，并早已被我国广大生产及施工技术人员所熟知。但在共同粉磨时，由于矿渣较水泥熟料难以磨细，在水泥中颗粒较粗，所以在水泥中矿渣的水化活性难以得到充分发挥。根据新的概念，把高炉矿渣单独在粉磨厂磨细，而且一般要求磨细到比表面积 $350m^2/kg$ 以上。由于磨细高炉矿渣微粉（简称矿渣微粉，以下同）的比表面积较大，可以充分发挥矿渣的水硬活性，许多试验资料表明，分别粉磨制造的水泥质量优于共同粉磨时的水泥质量，这也更清楚的表明了近代的高炉矿渣微粉概念明显不同于粒度较粗的矿渣混合材。采用适当细度，适合掺量的矿渣微粉和匹配的外加剂配制的混凝土，不仅具有良好的施工性能，而且可降低水化发热温升速度和峰值，从而减少温差裂缝，还可减少新拌混凝土的坍落度经时损失，提高混凝土的后期强度、耐腐蚀性和抗冻融性。

按有关资料报道，经济发达的欧洲国家以及南非、新加坡、马来西亚、日本等国，对于将矿渣微粉掺入混凝土和水泥，并应用于各类工程中，取得了很大进展。为了保证掺矿渣微粉混凝土的质量，美、英、法、奥、日、加、南非等国都已相继制定了矿渣微粉标准。

目前我国有关矿渣微粉的研究、生产和工程应用，已进入了新的发展阶段。为确保矿渣微粉生产和应用有序发展，保证混凝土的质量，在分析和比较国外标准基础上，在上海、北京、天津等地制定企业和地方标准的条件下，GB/T 18046—2000《用于水泥和混凝土中的粒化高炉矿渣粉》国标自 2000 年 12 月 1 日实施。

掺加矿渣微粉和高效减水剂是当今配制绿色高性能混凝土的有效途径，而且当和优质粉煤灰复合掺加时，对提高混凝土性能更有叠加效应。因此，在这里特地把矿渣微粉混凝土的性能和应用单独加以介绍。

（二）矿渣微粉混凝土基本性能

矿渣微粉对新拌和硬化混凝土性能的影响，主要取决于水泥品种、矿渣微粉的活性等级、取代水泥的比例、养护温度等因素。

1. 对和易性的影响

矿渣微粉改善了水泥浆体和易性。有的研究者认为，这种改善是由于矿渣微粉的粒子具有平滑而致密的表面，在搅拌初期其吸附水量比水泥颗粒要少，因为这种特征可在浆体表面形成光滑的滑移面；也有研究者认为，掺矿渣微粉的水泥浆体的流变性不同于纯的水泥浆体，它具有较好的颗粒分散性及较高的流动性。在相同用水量的条件下，矿渣微粉混凝土坍落度有增大的效果。

---

❶ 本文选自上海市建筑科学研究院林贤熊的《矿渣微粉及其混凝土的基本性能》、田培、陆善后的《国外掺磨细矿渣应用及其对混凝土性能影响的研究情况》、上海市建筑构件制品公司朱稚石的《高炉矿渣微粉混凝土研究、配制和应用小结》、上海宝钢生产协力公司沈燕华的《矿渣微粉在万吨级库的基础及库壁混凝土中的应用》以及上海市建科院吴菊珍、顾政民的《矿渣微粉在微膨胀顶升泵送混凝土中的应用》。

2. 对凝结时间的影响

用矿渣微粉等量取代水泥后，混凝土的凝结时间有所延长，对混凝上凝结时间影响程度取决于混凝土的初始养护温度、取代水泥的比例、水胶比以及水泥的性能。

3. 矿渣微粉混凝土的水化

矿渣微粉混凝土的水化分为两个阶段，首先是硅酸盐水泥的水化，然后是它的水化产物氢氧化钙和硫酸根继续促使矿渣的水化。因此矿渣微粉混凝土总的硬化速率发展较为缓慢，它的水化产物也接近于较为理想的高密实、低扩散混凝土的组成。

4. 降低和延缓水化热

矿渣微粉的水化较慢，依其掺入量的不同，水泥水化在先，接着是矿渣微粉的水化。其结果是混凝土的发热量降低或不降低总发热量，但推迟了混凝土的峰温发生时刻，这两种结果都有利于避免或减少混凝土的开裂。

5. 对强度的影响

矿渣微粉对混凝土强度和强度增长率的影响，取决于矿渣微粉的活性等级、取代的比例、水胶比，以及养护条件。一般掺优质高活性的矿渣微粉早期强度（3d）降低或稍有降低，但后期（28d）强度增加。用性能稍差的矿渣微粉等量取代水泥，早期强度稍有降低，后期强度相等或稍有下降。有的研究者发现高活性矿渣微粉取代的矿渣水泥混凝土，在水胶比较高时，矿渣微粉混凝土的强度增长较大。矿渣微粉掺加石膏后可提高混凝土早期强度、减少收缩，但对后期强度略有影响。养护温度对矿渣微粉水泥混凝土强度，尤其是早期强度影响很大，提高养护温度在加速养护条件下，1d 及以后的强度均可超过硅酸盐水泥混凝土强度。矿渣微粉水泥混凝土对养护条件比硅酸盐水泥混凝土更为敏感，由于矿渣微粉水化速度较慢，养护龄期也应比硅酸盐水泥混凝土需更长一些时间。

6. 对混凝土渗透性的影响

混凝土的渗透性取决于混凝土的孔隙率及孔隙分布状况，矿渣微粉的颗粒一般比水泥颗粒细，它可以填充在混凝土孔隙之间，降低混凝土的孔隙，另一方面，矿渣微粉混凝土的孔隙中常为硅酸钙水化物所填充，孔隙减小，渗透性大大降低。

7. 对混凝土抗硫酸盐性能影响

用矿渣微粉替代部分硅酸盐水泥，可改善混凝土的抗硫酸盐性，足够量的矿渣微粉替代硅酸盐水泥，改善混凝土抗硫酸盐性的原因是：

1）混凝土拌合物中 C_3A 的含量随矿渣微粉取代率增大而降低；

2）由于形成水化硅酸钙，可溶性氢氧化钙减少，这样减少了形成硫酸钙的条件；

3）抗硫酸盐腐蚀在很大程度上取决于混凝土的渗透性，而且硅酸钙水化物在微孔中形成时，一般有碱及钙的氢氧化物，降低了混凝土的渗透性，从而防止了侵蚀性的硫酸盐浸入而提高了混凝土的抗硫酸盐性能。但矿渣中的 Al_2O_3 含量增大（如 $>14\%$）会影响混凝土的抗硫酸盐性能。

8. 抑制混凝土碱——集料反应

世界各国都公认掺矿渣微粉是抑制混凝土碱——集料反应的有效措施，抑制的效果与矿渣微粉取代硅酸盐水泥数量成正比。在实际使用时，应按水泥中碱含量的高低，找出抑制碱集料反应矿渣微粉的最佳取代量。有资料表明，在水泥中碱含量为 1.0% ~ 1.2%，抑制碱——集料反应有效取代率为 50%；当水泥中碱含量为 0.8% 以下时，抑制碱——集料的反应的有效取代率为40%。矿渣微粉抑制碱——集料反应的原因是,在矿渣微粉混凝土中,由于渗透性降低,碱离子的活动能力大大下降,这可能是阻止碱——集料反应的重要因素。

9. 碳化性能

混凝土的碳化是导致其钢筋锈蚀的一个主要原因。矿渣微粉混凝土的水泥熟料含量低于普通混凝土，水泥水化生成的游离氢氧化钙又与矿渣作用，总的含碱量减少是提高混凝土抗碳化速率的不利因素。但是矿渣微粉的掺入，提高了混凝土的致密度，其水化生成物的结构与普通混凝土不同，经对58种水泥和54种混凝土的研究，结果表明，在同等强度条件下，矿渣微粉混凝土和普通混凝土都具有相同的抗碳化能力。在对矿渣微粉混凝土的碳化作了长达30a的比较，其结果可以看到，矿渣微粉的掺入，对混凝土的碳化深度略有影响，然而它的保护钢筋性能与普通混凝土相同。

10. 钢筋锈蚀

由于矿渣微粉混凝土的结构致密，抗离子渗透能力得到提高，而且它的抗碳化性能也不低于普通混凝土，所以它的保护钢筋的作用也相应的得到提高。

（三）矿渣微粉混凝土的工程应用

我国对矿渣微粉在水泥、混凝土中应用起步较晚，但随着科研工作的深入，现正逐步转化为生产力，如北京、上海、天津等地都有不少工程应用，据不完全统计，上海每年用于商品混凝土和水泥的矿渣微粉已超过80万t，产值达1.6亿元。现把几个有代表性的工程应用介绍于下。

1. 超细矿渣微粉在大流动高强混凝土中的应用

上海MTS工程主楼高58层（282m），建筑面积12万m^2，是一幢钢筋混凝土超高层框架结构。该工程部分结构中应用大流动C80商品混凝土（共用3000m^3左右）。

（1）原材料条件：

1）掺合料。选用宝力健矿渣科技公司生产的S115矿渣微粉。

2）水泥。采用小野田525号纯硅水泥。

3）细集料。采用粒形优良(三维几何尺寸接近)、级配良好的中粗砂,Mx>2.5,含泥量<1%。

4）粗集料。选用浙江獐山碎石，粒径5~25mm，抗压强度>120MPa，筒压强度指标，压碎值≤6%。

5）外加剂。采用β—萘磺酸甲醛缩合盐高效能泵送剂，砂浆减水率29%。

（2）混凝土配合比

在参考了大量国内外高强混凝土配合比设计方案,确定$f_{cu.6}=f_{cu.k}+1.645\lambda=88$MPa,水胶比范围W/C+A=0.26~0.30,砂率38%~42%,进行了以下验证试验(表4-92)。

表4-92　C_{80}泵送混凝土配合比优选试验

试验编号	W/C+A	配合比（kg）						坍落度（mm）		强度（MPa）		
		C	W	S	G	外掺料	外加剂	0.0h	2.0h	3d	7d	28d
19-1	0.26	460	141.6	674	1010	140	24	220	215	61.8	75.5	88.4
19-3	0.26	480	141.6	674	1010	120	24	235	225	70.9	78.5	89.6
16-4	0.27	480	145	596	1108	100	17.2	220	215	63.0	73.8	85.8
16-1	0.27	480	150	587	1090	120	17.8	220	210	67.1	71.6	89.0
14-2	0.29	460	152	585	1136	100	16.6	205	190	60.0	70.0	81.1
9-2	0.28	510	154	614	1002	90	21.3	180	120		71.2	85.5
10-4	0.28	480	150	614	1002	120	22.3	220	205		77.3	91.5
7-3	0.27	500	164.5	612	1000	150	19.3	210	135		70.0	89.6

(3) 混凝土拌制。C_{80}混凝土施工必须有严格的质控和质保体系，只有与当前生产机械、设备相适应的方法，才能获得良好的密实性和匀质性，从而达到高强、耐久的目的。

在混凝土的搅拌工序中，为保证拌制混凝土拌合物的均匀性，需适当延长混凝土搅拌时间。经验表明，必须严格按照下列的上料顺序（见图4-31）进行搅拌。

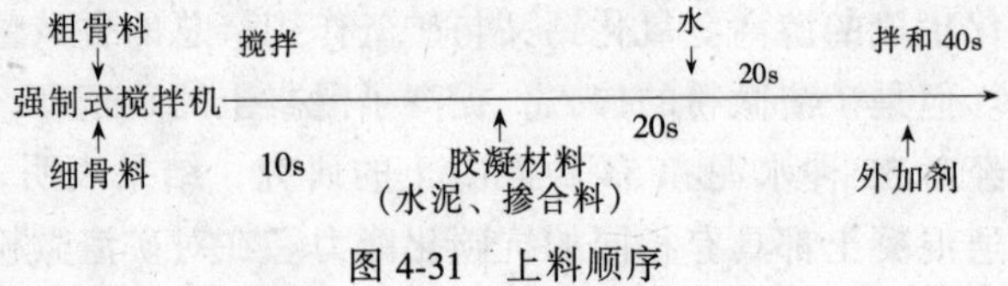

图4-31 上料顺序

(4) 混凝土强度。采用超细磨矿渣配制大流动高强度混凝土，现场浇捣施工从2月14日至3月25日，共历时40d，在现场共成型测试64组试件，28d强度平均值为92.7MPa；对各组强度按GB 50204—1992《混凝土结构工程施工及验收规范》要求统计评定，强度合格率达到100%，均符合设计要求。

(5) 技术经济分析。采用超细磨矿渣配制大流动度高强混凝土，不但混凝土的施工性能良好，强度合格率达到100%，完全满足了工程要求，且其单位成本若与采用硅粉时比较，掺矿渣微粉商品混凝土成本为885元/m^3，采用硅粉为943.98元/m^3，相应降低6.2%。

(6) 小结：

1）通过对C80混凝土的试验研究与工程应用，C80高强混凝土的质量是稳定的，28d强度最大值达105MPa，坍落度达230mm，适合现场浇筑，具有可泵性。

2）目前由于C80胶结材用量大，泵送压力高，泵送速度慢，有待于进一步改善混凝土的配合比。

2. *矿渣微粉在万吨级矿粉筒库基础及库壁混凝土中的应用*

12000t矿粉成品库是上海宝田新型建材有限公司一具有年产50万t的大型矿渣微粉生产企业生产线上的重要构筑物，库底筒仓基础长29.3m，宽28m，厚2.2m，库基础方量约1550m^3，库顶平面为一圆形，标高48m，壁厚400~600mm，库壁方量约4000m^3。

(1) 库基础混凝土技术要求。混凝土技术强度等级：C 30泵送；28d配制强度指标：大于35MPa；胶凝材料用量：大于372kg/m^3；最大水灰比：0.48；胶凝材料中矿粉掺合料（矿渣微粉及磨细粉煤灰）掺加比例约为50%，混凝土和易性应满足连续泵送、不易离析的要求。

(2) 库壁混凝土技术要求。混凝土技术强度等级：C 30泵送；C 20泵送；28d配制强度指标：大于35MPa；大于23MPa；胶凝材料用量：大于325kg/m^3；大于350kg/m^3；最大水灰比：0.58；0.56；胶凝材料中矿粉掺合料（矿渣微粉及磨细粉煤灰）掺加比例约为60%；混凝土和易性应满足连续泵送、不易离析的要求。

(3) 混凝土配合比和强度。使用配合比和现场强度见表4-93。

表4-93 混凝土配合比和强度

施工部位	混凝土强度等级	每方混凝土中材料用量（kg/m^3）							28d抗压强度（MPa）	达到设计强度（%）
		525PO水泥	矿渣微粉	磨细粉煤灰	外加剂	水	砂	5~31.5碎石		
基础	C30	187	125	60	2.23	180	732	1054	42.26	141
库壁	C30	129	120	76	2.25	178	722	1040	35.7	119
库壁	C20	129	106	70	1.83	172	784	1039	31.75	159

表 4-93 强度数据是若干组数据的平均值，符合标准要求。此外，从浇注的混凝土外观上观察，表面平整、光洁、致密、无裂缝、颜色柔和，完全符合施工要求。

3. *矿渣微粉水泥微膨胀顶升泵送混凝土*

上海轨道交通三号线漕溪路跨线桥总跨度 128m，为亚洲之最，两主梁分别与两片拱组成中孔带拱的预应力混凝土系杆拱连续梁，混凝土浇注采用由下而上逆推挤压顶升法施工，原材料采用掺矿渣微粉的 PS525 嘉新牌水泥和Ⅱ级粉煤灰，添加适量 UEA 膨胀剂以及 JRC-2D 高效泵送剂等配制成 C55 微膨胀顶升泵送混凝土。

该钢管拱顶升工程于 1999 年 12 月 12 日采用微膨胀顶升泵送混凝土 C55 进行现场施工，实际施工方量共顶升 507m^3 混凝土，其配合比见表 4-94。

表 4-94　　顶升法施工用微膨胀混凝土配合比

混凝土材料用量（kg/m^3）							坍落度（mm）	抗压强度（MPa）		
水	嘉新 PS525	膨胀剂 UEA	Ⅱ级粉煤灰	中砂	5～25mm 石子	泵送剂 JRC-2D		3d	14d	28d
172	490	40	40	706	968	10.0	230	/	/	72.0

按照常规材料配制的混凝土，如提高流动性之后，很容易引起混凝土离析和泌水，致使新拌混凝土体积不稳定，顶升混凝土的配制，根据高性能混凝土的性能要求，掺加矿渣微粉和粉煤灰，由于其需水量小，在降低水胶比的前提下，可保持其良好的工作性和粘聚性，因此保证了混凝土既有良好的可泵性，便于泵送，又有良好的流变性，易于顶升密实。

工程验收表明，质量完全符合设计要求，拱管中混凝土不起壳、密实性和粘附性良好。该跨线桥已于 2000 年 12 月投入运行。

第十节　粉煤灰砂浆

粉煤灰砂浆系用粉煤灰取代或部分取代传统建筑砂浆中某些组分或为改善其某种性能的砂浆。

自 20 世纪 50 年代开始，我国北京、上海、天津、江苏、浙江、辽宁、河南、河北、陕西和贵州等省市均曾先后进行过粉煤灰砂浆系统的科研与工程应用，积累了丰富的经验。

可是，当时，由于我国绝大多数火电厂采用水力冲灰入池，粉煤灰含水率高达 40%、灰池（场）取灰质量波动较大，以及粉煤灰砂浆的应用技术也还存在一定问题，这些均给施工单位带来一定的难度，因此，用灰池湿灰配制砂浆的开发工作进展缓慢。

至 20 世纪 80 年代，由于电厂脱水技术进步；尤其是粉煤灰砌筑水泥、粉煤灰双灰粉、调湿灰以及磨细粉煤灰等的相继问世，为粉煤灰在砂浆中的应用创造了有利条件。我国水泥生产向高标号方向发展，缺乏低标号水泥，往往只能用高标号水泥配制低标号砂浆。由于水泥标号高、水泥用量少，强度虽可满足设计要求，但因水泥用量少，砂浆达不到要求稠度，施工操作困难，因此，只得增加水泥用量（超定额）来改善稠度，从而产生不合理现象❶。粉煤灰砂浆中粉煤灰的用量也是相当可观的，以上海一地而论，据不完全统计，20 世纪末

❶ 根据经验，水泥标号与砂浆标号之比为 4～5 为宜。

每年用于建筑砂浆的粉煤灰高达 8 万 t 以上。我国大多数电厂大量的灰池湿灰，质量欠佳，在混凝土中掺用受到很大限制，而粉煤灰砂浆对粉煤灰品质指标要求较低，粗灰、细灰均可应用，因此，人们形象地讲：混凝土吃“细粮”，砂浆吃“粗粮”，这是有一定道理的。

尤其是在技术不断更新的今天粉煤灰砂浆除传统品种得到长足发展外，根据有关资料报道，住宅建筑散热分布情况是：屋顶占 25%、墙体占 35%、门占 15%、窗占 10%、地板占 15%。为此，利用粉煤灰配制质高、价廉的保温隔热砂浆，提高人们居住条件和节约其他有用资源已为当务之急。

同时，随着住宅产业化的发展，建筑砂浆采取工业化生产减少天气影响，确保粉煤灰砂浆质量，逐步向现代文明施工过度，开展粉煤灰商品干粉砂浆的研制，则势在必行。

总之，开发粉煤灰砂浆，除大量应用粉煤灰外，对节约水泥、石灰膏和砂等原材料，降低工程造价，改善砂浆性能和改变砂浆工程面貌等，均起一定作用，所以深受各方的欢迎。

一、粉煤灰砂浆的原材料

1. 粉煤灰

普通砂浆，其实是一种细集料混凝土。在水泥、石灰膏和砂等组分中，水泥起活性、胶凝作用；石灰膏既起胶凝作用，又起调节和改善稠度作用；而砂由于为棱角或亚棱角体，对改善稠度作用不大，常温、常压下又不易与 $Ca(OH)_2$ 起活性反应，所以主要起集料作用。粉煤灰中粒径小于 80μm 的微粒能代替部分水泥或石灰膏，起提高和易性、粘聚性及密实度等作用。粉煤灰为圆珠玻璃颗粒，无论粗细，或多或少都能起到活性、形态和集料三大效应。因此，就很难笼统地讲，粉煤灰在砂浆中只取代某一组分。根据多年实践经验积累，尽管现代粉煤灰有经加工和未经加工之分；品种有机械分选灰、磨细灰、干排统灰、电除尘器收集细灰、湿排统灰（主要为灰池中灰渣混排的湿灰）、调湿灰和炉下（底）渣等等，只要在控制粉煤灰化学组分的基础上，粉煤灰（不论是哪种灰）的细度与取代砂浆中组分的关系最为密切。因此，严格遵守砂浆用粉煤灰的技术要求，通过实验，方可保证质量，达到合理利用的目的。

对粉煤灰化学成分的要求如下：

烧失量	≤15%
三氧化硫	≤3%
含水率	不规定

对粉煤灰细度的要求及分类：

品种	细度（80μm 方孔筛筛余量❶）	
相当于Ⅱ级灰	<8%	以下简称“细灰”
相当于Ⅲ级灰	8%~35%	以下简称“中灰”
炉下渣	36%~80%	以下简称“粗灰”

2. 水泥

尽量采用低标号水泥。

3. 石灰膏

采用无杂质、无灰渣，并经足够陈化（伏）期消解。稠度以控制在 12cm 为准。

❶ 新标准应用 45μm 方孔筛，Ⅱ级灰筛余量<20%。

4. 砂及石屑

砂的细度模数在2.3～3.0之间；石屑粒径≤3mm，含粉量<8%。

5. 外加剂

为调节粉煤灰砂浆和易性和提高其早期强度，可掺入适量化学外加剂：如减水剂、加气剂、微沫剂、早强剂等，但掺量必须通过试验确定。

二、粉煤灰砂浆的分类及标号

现将粉煤灰砂浆的分类与标号分述如下，以便应用。

1. 按组成分类

粉煤灰砂浆基本分为粉煤灰水泥砂浆、粉煤灰水泥石灰砂浆、粉煤灰石灰砂浆及粉煤灰填充用砂浆等六大类，其用途基本与普通砂浆相同（表4-95）。

2. 按用途分类

(1) 砌筑用粉煤灰砂浆称为粉煤灰砌筑砂浆，适用于各种砌筑工程。

表4-95　　粉煤灰砂浆按组成分类

粉煤灰砂浆名称	演变过程	用途
粉煤灰水泥砂浆	由粉煤灰取代水泥砂浆中部分组分而成	各种墙体砌筑工程及内、外墙面、台度、踢脚、窗口、沿口、勒脚、磨石子地面底层和墙体勾缝等装饰工程
粉煤灰水泥石灰砂浆（粉煤灰混合砂浆）	由粉煤灰取代水泥石灰砂浆中部分组分而成	地面以上墙体的砌筑和抹灰（粉刷）工程
粉煤灰石灰砂浆	由粉煤灰取代石灰砂浆中部分组分而成	地面以上的抹灰工程
粉煤灰填充用砂浆（粉煤灰压力灌浆）	由粉煤灰取代普通填充砂浆中部分组分而成	填充“建筑间隙”
粉煤灰保温隔热砂浆	由粉煤灰取代其他保温隔热材料而成	作保温隔热层
粉煤灰商品干粉砂浆	由传统湿法粉煤灰砂浆向粉煤灰商品干粉砂浆过渡	代替传统湿法粉煤灰砂浆

(2) 抹灰用粉煤灰砂浆称为粉煤灰抹灰砂浆，亦称粉煤灰粉刷砂浆，其中按应用部位又可分为内（墙）抹灰粉煤灰砂浆和外（墙）抹灰粉煤灰砂浆。

以上砌筑砂浆和抹灰砂浆，可分别选用粉煤灰水泥砂浆、粉煤灰混合砂浆和粉煤灰石灰砂浆。

(3) 填充用粉煤灰砂浆称为粉煤灰填充用砂浆或称粉煤灰压力灌浆，适用于室内地坪垫层、屋面罩坡垫层、建筑工程间隙填充等用途。

3. 粉煤灰砂浆强度等级

(1) 粉煤灰砌筑砂浆的强度等级有：M2.5、M5、M7.5、M10四种。

(2) 内墙抹灰粉煤灰砂浆的强度等级在M0.4以上；外墙抹灰粉煤灰砂浆的强度等级在M5以上。

(3) 粉煤灰填充砂浆的强度等级范围在 M0.4～M5。

三、粉煤灰砂浆几项工艺参数的确定

现将《上海市粉煤灰在混凝土和砂浆中应用技术规程》(以下称《规程》)中有关粉煤灰在粉煤灰砂浆中的代砂率和节约水泥、石灰膏百分率，摘录如下，以供参考。

1. 代砂率的确定

该《规程》推荐，以灰池湿灰（经脱水处理）和调湿灰配制的粉煤灰砌筑砂浆的代砂率(表 4-96)。

表 4-96 砌筑砂浆中粉煤灰代砂率取值

代砂率(%) 设计强度等级 / 品种	M2.5	M5	M7.5	M10
水泥粉煤灰砌筑砂浆	≤40	≤40	≤30	≤30
水泥石灰粉煤灰砌筑砂浆	≤50	≤50	≤40	≤40

该《规程》说明，当粉煤灰砂浆与化学外加剂（如减水剂、微沫剂和早强剂等）复合使用时，代砂率可经试验确定，不受表 4-96 限制。

2. 节约水泥、石灰膏百分率的确定

该《规程》介绍，为达到与基准砌筑砂浆和抹灰砂浆等标号，对相应粉煤灰砂浆，节约水泥或节约石灰膏的百分率作如下规定：对粉煤灰水泥砂浆，水泥节约率不大于 30%；对粉煤灰混合砂浆，石灰膏总节约率不大于 50%，并要求石灰膏在粉煤灰石灰砂浆中的用量应占粉煤灰用量的 10%以上。

四、"细灰"在粉煤灰砂浆中的应用

近年来粉煤灰加工技术的发展，如电厂 3～4 电场电除尘粉煤灰、机械分选粉煤灰和磨细粉煤灰等的问世，对这类相当于Ⅱ级灰的细灰（45μm 筛筛余量＜20%）在粉煤灰砂浆中的应用，无疑既可明显取代部分水泥，又可相应减少石灰膏或砂的用量。但是，由于这类细灰的供应在国内仍在发展中，因此，仅少数城市进行试验与应用。现将北京市原建筑工程局和北京市建筑工程研究院等单位采用磨细粉煤灰配制砂浆的情况摘录于下。

由 表4-97可见，北京市不仅用磨细灰进行了粉煤灰砂浆试验，而且在实际工程中已经

表 4-97 粉煤灰砂浆配合比及强度表

编号	使用部位	砂浆设计标号	材料用量 (kg/m^3)					工程量	抗压强度 (MPa)	
			水泥	石灰膏	磨细粉煤灰	砂	加气剂	m^3	7d	28d
1	二汽住宅 3～6层	M5.0	154	48	48	1463	2/万	208	4.38	698
2	气象局、三区办公楼	M5.0	130		130	1490	2/万	301	3.4	8.2
3	苏州街宿舍、六机部	M5.0	162	100	27	1447	3/万	543	4.44	7.96
4	二汽宿舍 1#、2#楼	M7.5	188.7	36	36	1453	1.5/万	104	5.8	9.5
5	大柳树宿舍、三区办公楼	M7.5	180		91	1455	2/万	162	4.69	10.97
6	苏州街宿舍、六机部	M7.5	195	67	32.5	1447	2/万	520	6.0	11.44
7	三区办公楼	M10.0	217		46	1455	1/万	153	8.13	16.37

应用。如当地 M5.0 和 M7.5 砂浆中单位水泥用量的定额分别为 180kg/m³ 和 217kg/m³。在应用粉煤灰后，M5.0 粉煤灰砂浆最低的水泥用量仅有 130kg/m³，节约水泥 50kg/m³；M7.5 粉煤灰砂浆最低的水泥用量仅有 180kg/m³，节约水泥 37kg/m³。

由于他们采用的水泥为 325 号，所以，这样的单位水泥用量是先进的。而且许多 M5.0 粉煤灰砂浆 28d 强度已达 M7.5；同样，M7.5 的粉煤灰砂浆 28d 强度高达 M10.0。这些均与采用磨细粉煤灰潜在活性效应的充分发挥是分不开的。

另一个特别点是，他们均采用松香皂加气剂来改善粉煤灰砂浆的稠度性能，这也是值得注意的。

五、"中灰"在粉煤灰砂浆中的应用

（一）湿排统灰

"中灰"以湿排统灰（灰池湿灰）为代表，是我国目前量大面广的灰源，如能在砂浆中广泛应用，意义重大。

中灰的配合比设计常用的有两种方法：一是试配法；另一是计算法。现将这两种方法分述于后。

1. 试配法配合比设计

(1) 配合比的筛选。为了筛选较为优化的配合比，上海第一建筑工程公司从 1980 年起曾采用试配法，以普通砂浆的配合比为基准，掺入不同数量的湿排粉煤灰（表 4-98、表4-99），均扣除灰中水分，以干料计算重量配合比，在试验室进行砌筑砂浆和抹灰砂浆试配，适当调整，全部超过设计标号，其中有不少超过标号 50%以上，未发现因使用湿排灰而产生质量问题。嗣后，又将试验室配合比，通过试点工程验证，最后确定几组配合比（表4-100），提供工程中应用参考。经多年实际使用考验，证明效果良好，特别是砂浆强度离散性在允许范围之内。但有几点应予注意：①表 4-100 中各配合比，仅适用于 425 号和 325 号普通或矿渣硅酸盐水泥，如用粉煤灰硅酸盐水泥或火山灰硅酸盐水泥，应通过试配调整后再行施工。②525 号水泥因标号高、用量低，对砂浆的稠度和水化不利，所以一般不宜使用。③各配合比所用砂料均为中砂，但可以掺入 50%的石屑代砂。④倘若采用细度模数低于 2.3 的偏细砂，应酌情增加水泥用量，或通过试配后再定配合比。⑤表 4-100 中所列内、外墙抹灰砂浆，因考虑粉煤灰掺入砂浆后，外观色泽不易均一，故只限于作刮糙层使用。

表 4-98　　上海闸北电厂湿排粉煤灰化学成分　　(%)

烧失量	SiO_2	Al_2O_3	Fe_2O_3	MgO	CaO	SO_3	K_2O	Na_2O
5.52～8.12	44.72～49.11	28.17～33.02	6.96～10.13	0.71～1.15	0.96～3.42	0.10～0.32	0.30～0.60	0.21～0.35

表 4-99　　上海闸北电厂湿排粉煤灰物理性质

密度（g/cm³）	堆积密度（kg/m³）	细度（80μm 筛余%）	需水量①（%）
2.02～2.14	640～720	11～22	47～54

① 指粉煤灰净浆标准稠度相应的需水量。

表 4-100　**砌筑和抹灰砂浆掺湿排灰基本配合比**

序　号	砂浆强度等级	425 号矿渣水泥用量 (kg/m³)	用料配合比（质量比）			
			水　泥	石灰膏	湿排灰	中　砂
1	M10.0	231		—	1.2	5.5
2	M10.0	228	1	0.4	1.0	5.5
3	M7.5	180	1	0.5	1.6	6.5
4	M5.0	159	1	0.7	1.7	7.5
5	M2.5	88	1	1.2	2.5	15.0
6	外墙抹灰	138	1	1	2.0	8.5
7	内墙抹灰	石灰膏 160		1	2.0	8.0

(2) 经济效益。现以施工中用量较多的 M5 粉煤灰砂浆为例（表 4-101)，采用“中灰”配制的粉煤灰砂浆，与基准砂浆相比，无论是粉煤灰水泥砂浆或粉煤灰混合砂浆，除表明“中灰”可取代部分原材料外，均能节约水泥、砂或水泥、石灰、砂，经济效益显著。

表 4-101　**粉煤灰砂浆（M5.0）的配比，大致范围**

品种 ＼ 材料 ＼ 相比条件		基准砂浆	粉煤灰砂浆	节约量 (kg/m³)
粉煤灰水泥砂浆	水泥（325 号）	220	187	33
	粉煤灰		59	多用 59
	砂	1450	1412	38
粉煤灰混合砂浆	水泥（425 号）	178	160	18
	石灰	172	86	86
	粉煤灰		187	多用 187
	砂	1450	1320	130

2. 计算法配合比设计❶

(1) 确定粉煤灰取代水泥率（石灰膏率）和超量系数。计算法基本采用超量取代法，即为达到粉煤灰砂浆与基准砂浆等强度的目的，粉煤灰的掺入量超过其取代的水泥量。因此，首先必须确定粉煤灰取代水泥率和超量系数，然后再按公式计算。

在粉煤灰水泥砂浆和粉煤灰混合砂浆中粉煤灰取代水泥率，可根据其设计标号使用要求，参照表 4-102 的推荐值选用。

在粉煤灰砂浆中，粉煤灰取代石灰膏率可通过试验确定，但最大不宜超过 50%。随着砂浆标号的提高，粉煤灰取代百分率应酌情减少。

表 4-102　**砂浆中粉煤灰取代水泥率及超量系数**

砂浆品种	系　数	砂浆标号				
		M1.0	M2.5	M5.0	M7.5	M10.0
水泥石灰砂浆	β_m (%)	15～40			10～25	
	δ_m	1.2～1.7			1.1～1.5	

❶ 摘自 JGJ28—1986《粉煤灰在混凝土和砂浆中应用技术规程》。

续表

砂浆品种	系　　数	砂　浆　标　号				
		M1.0	M2.5	M5.0	M7.5	M10.0
水泥砂浆	β_m（%）	—	25～40	20～30	15～25	10～20
	δ_m	—	1.3～2.0		1.2～1.7	

注　1. 表中 β_m 为粉煤灰取代水泥率，即基准砂浆中的水泥被粉煤灰取代的百分率。
2. δ_m 为粉煤灰超量系数，即粉煤灰掺入量与其所取代水泥量的比值。

（2）粉煤灰水泥砂浆设计程序：

① 查表 4-102 确定粉煤灰取代水泥率 β_m；

② 查表 4-102 确定粉煤灰超量系数 δ_m；

③ 由表 4-103 查出调整系数 α 值；

表 4-103　　调整系数（α 值）

水泥标号	砂　浆　标　号				
	M10.0	M7.5	M5.0	M2.5	M1.0
	α　值				
525	0.885	0.815	0.725	0.684	0.412
425	0.931	0.855	0.758	0.608	0.427
325	0.999	0.915	0.806	0.543	0.450
275	1.048	0.957	0.839	0.657	0.466
225	1.113	1.012	0.884	0.698	0.486

④ 求出每立方米不掺粉煤灰砂浆中的水泥用量 m_{C0}：

$$m_{C0} = \frac{1.15 f_m}{\alpha f^{\circ}_{ck}} \times 1000 \quad \text{kg}$$

式中　1.15——制成量系数；

f_m——砂浆设计标号，MPa；

f°_{ck}——水泥标号，MPa。

本式砂浆中的砂用量假定为 $1m^3$ 的中粗砂，含水率为 2%。

⑤ 求出每立方米粉煤灰砂浆中的水泥用量 m_C：

$$m_C = m_{C0}(1 - \beta_m) \quad \text{kg}$$

⑥ 求出每立方米粉煤灰砂浆中的粉煤灰用量 m_F：

$$m_F = \delta_m(m_{C0} - m_C) \quad \text{kg}$$

⑦ 定出每立方米砂浆中砂用量 m_{S0}（m_{S0}常用 1450kg/m^3）；

⑧ 求出每立方米粉煤灰砂浆中砂的实际用量 m_S：采用绝对体积法运算，确定水泥密度 ρ_C、粉煤灰密度 ρ_F 和砂的密度 ρ_S（常用值分别为 3.1、2.2 和 2.62）；按下式运算：

$$m_S = m_{S0} - \left(\frac{m_C}{\rho_C} + \frac{m_F}{\rho_F} - \frac{m_{C0}}{\rho_C}\right)\rho_S \quad \text{kg}$$

⑨ 初步得出粉煤灰水泥砂浆中水泥、粉煤灰和砂的单位用量。

⑩ 根据砂浆稠度要求，通过试拌确定用水量。

(3) 粉煤灰混合砂浆设计程序：

①查表 4-102 确定粉煤灰取代水泥率 β_{m1}；确定粉煤灰取代石灰率 β_{m2}。

② 查表 4-102 确定粉煤灰超量系数 δ_m。

③ 由表 4-103 查出调整系数 α 值。

④ 求出每立方米不掺粉煤灰砂浆中的水泥用量 m_{C0}：

$$m_{C0} = \frac{1.15 f_m}{\alpha f^{\circ}_{ck}} \times 1000 \quad \text{kg}$$

⑤ 求出每立方米粉煤灰砂浆中的水泥用量 m_C：

$$m_C = m_{C0}(1 - \beta_m) \quad \text{kg}$$

⑥ 求出每立方米不掺粉煤灰砂浆中石灰膏用量 m_{p0}

$$m_{p0} = 350 - m_{C0} \quad \text{kg}$$

式中：350 为常数。

⑦ 求出每立方米粉煤灰砂浆中石灰膏用量 m_p：

$$m_p = m_{p0}(1 - \beta_{m2}) \quad \text{kg}$$

⑧ 求出每立方米粉煤灰砂浆中粉煤灰用量 m_F：

$$m_F = \delta_m[(m_{C0} - m_C) + (m_{p0} - m_p)] \quad \text{kg}$$

⑨ 定出每立方米砂浆中砂用量 m_{S0}；

⑩ 求出每立方米粉煤灰石灰砂浆中砂的实际用量 m_S：

先确定水泥密度 ρ_C、粉煤灰密度 ρ_F、石灰膏密度 ρ_p 和砂密度 ρ_S［常用值分别为：3.1、2.2、2.9（实测）和 2.62］，再用下式计算 m_S：

$$m_S = m_{S0} - \left(\frac{m_C}{\rho_C} + \frac{m_F}{\rho_F} + \frac{m_p}{\rho_p} - \frac{m_{C0}}{\rho_C} - \frac{m_{p0}}{\rho_p}\right)\rho_S \quad \text{kg}$$

⑪ 初步得出粉煤灰混合砂浆中水泥、粉煤灰、石灰膏和砂的单位用量。

⑫ 根据砂浆稠度要求，通过试拌，确定用水量。

（二）调湿灰

“中灰”除灰池湿灰外，上海市建七、五、一工程公司曾用上海宝钢电厂含水 20% 的调湿灰（表 4-104、表 4-105）配制内墙抹灰砂浆（表 4-106）和砌筑砂浆（表 4-107），均已在上海呼玛建筑小区工程试点应用。据参加施工人员反映，抹灰砂浆，刮糙、找平、流动性均佳，并感劳动强度有所降低；砌筑砂浆，不仅和易性（稠度）好，同时，试块强度全部达标。

表 4-104　　调湿灰的化学成分

品　种	化学成分（%）									
	SiO_2	Al_2O_3	Fe_2O_3	CaO	MgO	SO_3	Na_2O	K_2O	烧失量	$SiO_2 + Al_2O_3$
宝钢电厂	51.94	30.89	5.20	2.62	0.94	0.56	0.20	0.58	5.23	82.83
闵行电厂	48.56	33.64	5.04	2.36	0.57	0.51	0.09	0.5	7.15	82.20

表 4-105 调湿灰的物理性能

品种	含水率（%）	密度（g/cm³）	细度	
			0.154mm 方孔筛筛余率（%）	0.08mm 方孔筛筛余率（%）
宝钢电厂	20	2.0	6	18.4
闵行电厂	19.5	1.88	16.7	35.3

表 4-106 内墙抹灰砂浆配比及性能

编号	用料配合比				石灰膏用量（kg/m³）	稠度（mm）	分层度（mm）	和易性	抗压强度（MPa）	
	石灰膏	中砂	细砂	调湿灰					R28	R90
1	1	5		2	197	75	5	好	1.5	1.93
2	1		4	1	270	78	3	好	0.97	1.1

表 4-107 砌筑砂浆配比性能

设计强度等级	用料配合比				稠度（mm）	水泥用量（kg/m³）	
	水泥	砂	石灰膏	调湿灰			
M10	1	4.5	0.3	0.4	80 ~ 100	290	矿 425#
M5.0	1	7.5	0.375	0.5	80 ~ 100	180	矿 425#

（三）粉煤灰砂浆参考配合比及试拌结果❶

1. 粉煤灰砌筑砂浆参考配合比

粉煤灰砌筑砂浆参考配合比见表 4-108。

表 4-108 粉煤灰砌筑砂浆参考配合比

设计强度等级	水泥品种	粉煤灰品种	代砂率（%）	质量配合比 每立方米砂浆中材料量（kg/m³）					试拌结果		
				水泥	石灰膏	粉煤灰	砂	外加剂	稠度（cm）	分层度（cm）	28d 强度（MPa）
M2.5	425 矿	调湿灰或 灰池湿灰	30	1 95	2.65 252	2.92 277	9.8 931	—	10.1	1.8	3.43
M5.0	425 矿	调湿灰或 灰池湿灰	30	1 185	1 185	1.5 278	5.01 927	—	10	1.4	6.67
M7.5	425 矿	调湿灰或 灰池湿灰	30	1 200	0.8 160	1.32 264	4.45 890	—	11.2	1.9	7.95
M10	425 矿	调湿灰或 灰池湿灰	30	1 260	0.52 135	1.04 270	3.44 894	—	10.8	1.3	11.0

2. 粉煤灰抹灰砂浆参考配合比

粉煤灰抹灰砂浆参考配合比见表 4-109。

❶ 摘自《上海市粉煤灰渣在混凝土和砂浆中应用技术规程》。

表 4-109　　粉煤灰抹灰砂浆的参考配合比

使用部位	质量配合比						稠度 (cm)	分层度 (cm)
	水泥	石灰膏	磷石膏	粉煤灰	砂	外加剂		
内墙刮糙	—	1	1	6	—	CH0.033	9—11	<2
内墙刮糙	—	1	—	2	4	—	9—11	<2
内墙底层抹灰	—	1	—	4	—	—	9—11	<2
内墙中层抹灰	—	1	—	2	—	—	9—11	<2
平顶抹灰（体积比）	—	1	1	10	—	CH0.033	9—11	<2
外墙抹灰（代 1:1:6）	1	1	—	2	6	—	9—11	<2
外墙抹灰（代 1:2）	1	—	—	1	2.5	—	9—11	<2
外墙抹灰（代 1:3）	1	—	—	1.5	4	—	9—11	<2

注　水泥品种：425 矿。

六、“粗灰”在粉煤灰砂浆中的应用

“粗灰”以炉下（底）渣为代表，上海市建七、五、一工程公司，曾对上海石洞口、南市和杨树浦三电厂的炉下渣进行密度、堆积密度和细度模数等物理性能测试（表 4-110），发现与黄砂性能近似。因此，以南市电厂炉下渣配制砌筑砂浆（表 4-111）和以石洞口电厂炉下渣配制抹灰砂浆（表 4-112），分别应用于上海微电子工业区厂房工程和曲阳新村高层建筑工程。前者砌筑砖墙 2000 余 m^3，后者以 $1m^3/15min$ 泵送速度，泵送高度 30.8～44.8m，而泵送压力仅 2.0MPa，抹灰面积达 5 万余 m^2。

表 4-110　　炉下渣的物理性能

厂名 \ 项目	密度（g/cm^3）	堆积密度（kg/m^3）	细度模数
石洞口电厂	1.91	850	2.08
南市电厂	1.72	831	1.97
杨浦电厂	1.68	741	1.97

表 4-111　　炉下渣 M5.0 砂浆配比和强度

砌筑部位	用料配合比				稠度 (mm)	水泥用量 (kg/m^3)	水泥品种	28d 平均强度 (MPa)
	水泥	石灰膏	炉底渣	砂				
一、二层	1	1	2.5	4.5	61～88	154.7	425# 矿	6.0
三、四、五层	1	1	3.5		77～85	155.5	425# 矿	5.8

表 4-112　　炉下渣内墙抹灰砂浆配合比

使用日期	构件部位	配合比			稠度 (mm)	28d 抗压强度 (MPa)
		石灰膏	砂	炉底渣		
1991.3.23	五层	1	2.5	2.5	100	0.4、0.4、0.5
1991.3.27	五层	1	2.5	2.5	100	0.6、0.6、0.6

此外，炉下渣在应用前，应通过5mm方孔筛。

上述工程反映了炉下渣配制砌筑和抹灰砂浆，不论稠度、可泵性和劳动强度，均得到改善。同时，应用廉价的炉下渣代砂，其经济效益，也是显著的。

七、粉煤灰—石灰磨细双灰粉砂浆

（一）双灰粉的问世

粉煤灰—石灰磨细双灰粉（简称双灰粉），系由原状干排粉煤灰和生石灰加激发剂，按适当比例混合，磨细而成。它提高了粉煤灰的均化和益化程度，因此，其优越性较为显著。

双灰粉首先是由北京市建筑工程研究院与北京市第六建筑工程公司合作研制而成的。目前，国内一些地区在引用推广过程中，又有了新的发展。

上海也曾试生产过磨细“SH”双灰粉，其物理性能指标见表4-113。

表4-113　上海磨细“SH”双灰粉物理性能

80μm筛筛余量	堆积密度	180μm筛筛余量	含　水　率
<8%	690kg/m³	0%	<1%

（二）双灰粉砂浆的配制

由表4-114可见，在水泥用量减少的情况下，用双灰粉配制的砂浆，比用石灰膏砂浆的和易性好，强度均有提高，同时经济效益也较显著。

表4-114　双灰粉砌筑砂浆试验

砂浆标号	每m³砂浆材料用量（kg）					和易性		抗压强度（MPa）			双灰粉砂浆强度提高率（%）
	水泥	石灰膏	双灰粉	砂	水	稠度（cm）	分层度（cm）	7d	14d	28d	
M2.5石灰膏砂浆	117	230		1416	260	9.0	1.5	1.11	1.62	2.52	
M2.5双灰粉砂浆	110		231	1452	260	8.5	0.4	1.32	2.4	3.75	32.8
M5.0石灰膏砂浆	154	185		1314	325	9.1	2.9	2.45		4.75	
M5.0双灰粉砂浆	142		183	1377	334	9.0	5.1	1.76		5.18	8
M7.5石灰膏砂浆	194	150		1339	331	7.5	3.5	3.39		7.27	
M7.5双灰粉砂浆	176		145	1342	345	7.9	2.5	4.4		8.35	14.8
M10石灰膏砂浆	238	94		1326	360	9.2	3.9	5.3		11.27	
M10双灰粉砂浆	227		94	1344	363	8.9	3.8	6.13		12.7	13.4

（三）双灰粉的应用技术及其优越性

1. 使用方法

双灰粉的应用分为干掺与湿掺两种方法。干掺法系将双灰粉当生石灰直接使用。湿掺法系事先把双灰粉泡水24h，给予一定的溶胀时间，化成双灰粉膏。当作石灰膏使用时，可以取消常规化灰或淋灰工艺和设施。从上述两种方法砂浆和易性测试表明，湿掺法比干掺法优越。当然，如发现M2.5和M5.0等低中号双灰粉砂浆和易性稍差，则仍可用适量掺入微沫剂或适当延长搅拌时间来调节。

2. 施工方便

采用双灰粉膏的砌筑砂浆，其分层度均较普通石灰膏砂浆为低；双灰粉抹灰砂浆亦便于操作，均能满足和易性要求。

3. 提高出灰率

由于双灰粉可以把石灰中的欠火和过火石灰全部磨细充分消解，因此，可增加出灰率30%，减少石灰残渣的污染。

4. 提高砂浆强度

根据试验，可提高砂浆的抗压强度2.5%左右。若强度指标与基准石灰膏砂浆持平，则可进一步降低水泥单耗。

5. 节约水泥用量

用于砌筑砂浆可节约水泥9%~16%；用于抹灰砂浆可节约水泥26%~42%。

6. 贮存要注意干燥

由于双灰粉中的CaO很易与空气中的水蒸气和CO_2作用，生成惰性的$CaCO_3$，降低活性。如包装密封不严，则宜尽快使用。总之应保持干燥环境，避免受潮（失风）。

7. 包装和运输

双灰粉可袋装或散装，散装亦可用密封水泥罐车装运。

8. 向商品化发展

双灰粉可为预拌商品砂浆创造前提。可送砂浆至施工现场直接应用，或以工厂配好砂浆干料，送施工现场，再加水搅拌应用，省掉化灰场地和设施。

（四）双灰粉的发展

双灰粉在有些地区由于包装费用昂贵等原因，推广较慢，但仍然有着很好的发展前景。如石家庄市第一建筑工程公司科研所已利用湿排粉煤灰，不用烘干，直接采用预均化湿法生产改性双灰粉，并已通过省级鉴定，这不仅充分发挥双灰粉上述优越性外，同时，为量大面广的湿排粉煤灰开创了新的利用途径。又如1987年辽宁省建筑材料研究所和沈阳公路系统共同利用沈阳热电厂立式旋风炉增钙液态渣，采用磨细工艺，在省筑路建材联合厂，生产磨细增钙粉。该粉是由液态渣加入其他微量材料，经烘干磨细而成的一种新产品，主要用于混凝土中代替部分水泥或砂浆中的全部石灰，除免去施工现场淋灰繁重劳动外，同时解决石灰砂浆墙面抹灰起泡的质量通病，使砂浆的耐久性、强度均有显著提高。几年来已用磨细增钙粉代石灰近4万余t，生产厂获利近50万元，施工企业每m^3砂浆（以100%代石灰）节约成本4.80元，据估计利用4万t磨细增钙粉总共节约值达80万元之多。

此外，北京、兰州等地已生产双灰粉保温材料。该材料系以双灰粉为胶结材料，以膨胀珍珠岩为集料，加入适量外加剂而成的袋装干拌料，在现场施工时加入水分拌合，即成双灰粉保温砂浆。该砂浆有较好的和易性、保水性，基层粘结牢固、施工方便，抗压强度大于0.6MPa，保温性能良好，材料松散密度为270~330kg/m^3，硬化体导热系数为0.11~0.14W/（m·K），在370砖墙内抹灰30mm后，其墙体热阻值大于490砖墙热阻值。该产品已在兰州西固柳泉综合厂试制成功，并已形成批量生产能力。

总之，这些均说明，双灰粉不仅可在原有基础上推广应用，而且还可向更高层次发展。

八、粉煤灰砌筑水泥及砂浆

根据国家标准GB3183—1982《砌筑水泥》的定义："凡由活性混合材或具有水硬性的工业废料为主要原料，加入少量硅酸盐水泥熟料和石膏，经磨细制成的水硬性胶凝材料，称为砌筑水泥。"该水泥适用于工业与民用建筑的砌筑砂浆和内墙抹灰砂浆。该水泥原料中，活性混合材料或具有水硬性的工业废料中，如采用粉煤灰，必须符合国家标准GB1596—1991

《用于水泥和混凝土中的粉煤灰》的要求。

砌筑水泥分为三个标号，即125、175、225号。其各龄期强度均不得低于表4-115数值。

表4-115　　砌筑水泥强度指标

水泥标号	抗压强度（kgf/cm^2）		抗折强度（kgf/cm^2）	
	7d	28d	7d	28d
125	56（5.5）	125（12.2）	12（1.2）	25（2.4）
175	78（7.6）	175（17.2）	16（1.6）	35（3.4）
225	100（9.8）	225（22.0）	20（2.0）	45（4.4）

注　括号内数据单位为MPa。

北京建材研究院与烟台市水泥厂，曾用粉煤灰与325号火山灰质水泥按1∶1的比例（不掺石灰、石膏），经混合磨细至80μm筛余不大于2.0%，28d抗压强度达18MPa以上。

常州市第二水泥厂也曾生产过175号砌筑水泥，配料比为粉煤灰∶熟料∶石膏＝55∶41∶4，物理力学性能见表4-116。

表4-116　　常州175号砌筑水泥物理力学性能

名　称	细度（%）	初凝时间	终凝时间	安定性	抗折强度（MPa）		抗压强度（MPa）	
					7d	28d	7d	28d
国标175号水泥	＜10	＞45min	＜12h	合格	1.6	3.5	7.8	17.5
常州砌筑水泥	3.7	5h 5min	8h 25min	合格	1.7	5.0	10.7	24.4

该水泥干缩性、抗冻性、耐热性均与一般水泥相近，可满足砌筑砂浆要求。该水泥已在一些住宅建筑中应用，其砂浆配合比及抗压强度见表4-117。

表4-117　　应用175号砌筑水泥配制的砂浆配合比及物理力学性能

砂浆标号	配合比			稠度（cm）	28d抗压强度（MPa）
	水泥	砂	石屑		
M7.5	1	2	2	9.5	11.1
M5.0	1	2.5	2.5	1.0	8.3
M5.0	1	3	3	10.0	7.0
M2.5	1	4	4	1.0	5.1

总之，由各地区研制粉煤灰砌筑水泥的特点为：

（1）生产。工艺简单、成本低。

（2）使用。砂浆和易性好，强度高。

（3）经济。每立方米砂浆应用粉煤灰约100kg，节约2～5元。由于生产单位工作量大，利润薄，使用单位效益也低，因此，造成粉煤灰砌筑水泥在我国发展缓慢。

九、粉煤灰复合保温砂浆❶

根据资料报道，住宅建筑以墙散热最多，镇江市建筑科学研究所，有鉴于此，经过大量的

❶ 本文选自镇江市建筑科学研究所伊立《高性能粉煤灰复合保温砂浆的研制》。

科研工作，最后选用优质粉煤灰（Ⅰ级）、膨胀珍珠岩、水泥、漂珠、炉底渣以及外加剂（自制），配制成粉煤灰复合保温砂浆，并用微机配料、微机计量、包装等先进工艺投入生产。

实践证明，该保温砂浆，导热系数低，后期强度增长、收缩值低，用于内外墙抹灰，提高墙体的保温性能，取代以前单凭增加墙体厚度达到保温目的，因此，既增加室内的有效使用面积，又取得保温节能和降低工程造价等效果。

（一）**原材料基本性能**

1. Ⅰ级粉煤灰

试验所用的Ⅰ级粉煤灰是镇江科电公司生产的超细灰，其物理力学性能指标见表 4-118，化学成分见表 4-119：

表 4-118　Ⅰ级粉煤灰物理——力学性能

细度（%）0.045μm 方孔筛筛	需水量比（%）		28d 抗压强度比（%）		含水量（%）	堆积密度（kg/m³）
	普通硅酸盐 425 号水泥	矿渣硅酸盐 425 号水泥	普通硅酸盐 425 号水泥	矿渣硅酸盐 425 号水泥		
8.9	90	92	82	80	0.35	775

表 4-119　Ⅰ级粉煤灰化学组成指标（%）

SiO_2	Fe_2O_3	Al_2O_3	CaO	MgO	SO_3	烧失量
54.36	5.23	30.28	2.65	0.77	0.32	3.81

2. 膨胀珍珠岩

试验采用的膨胀珍珠岩是一种保温性能很好的材料。

3. 水泥

试验采用的普通硅酸盐 425 号水泥。

4. 漂珠

试验采用的原料漂珠是谏壁电厂粉煤灰综合利用有限公司生产的。该物质为内孔外圆流动性很好的球状颗粒，其品质指标及化学组成见表 4-120：

表 4-120　漂珠的品质指标及化学组成（%）

导热系数［W/（m·K）］	堆积密度（kg/m³）	组　成（%）				
		SiO_2	Fe_2O_3	Al_2O_3	CaO	MgO
0.107	361	58.33	2.95	31.91	1.23	0.73

5. 炉底渣

炉底渣的加入是为了在砂浆中起集料作用，可减少砂浆的收缩。另外，炉底渣是一种孔隙率较大的物质，还可起到隔热保温作用。

6. 外加剂

本研究选用的外加剂是自行研制的专用外加剂，对粉煤灰的潜在活性有激发作用，同时具有增强、增稠、微发泡功能。

（二）**研制分析**

在既能满足普通砂浆基本力学性能，又能起到隔热保温的建筑砂浆的前提下，研制计分三大类，一类是内墙抹灰保温砂浆；一类是外墙抹灰保温砂浆；另一类为砌筑保温砂浆。其配比、性能测试见表 4-121、表 4-122。

表 4-121　　内、外墙抹灰及砌筑保温砂浆配合比

编　号	珍珠岩	漂　珠	粉煤灰	渣	水泥	外加剂
Ⅰ	0.50	0.40	0.50	0.50	0.60	0.15
Ⅱ	0.75	0.40	1.50	0.75	1.50	0.225
Ⅲ	0.50	0.40	2.00	0.50	2.00	0.30

表 4-122　　内、外墙抹灰及砌筑保温性能测试表

参数/编号	导热系数[W/(m·k)]	干堆积密度(kg/m³)	吸湿率(%)		稠度(mm)	分层度(mm)	收缩率(%)	粘结强度(MPa)	凝结时间(h)		抗冻性(>15 次)			抗压强度(MPa)				抗折强度(MPa)			
			标养	自养					初	终	质量损失(%)	强度损失(%)	判定	3d	28d	90d	240d	3d	28d	90d	240d
Ⅰ	0.08951	580	4.89	2.38	67	18	0.9	0.60	4.75	11.2	1.8	14.6	合格	0.49	2.31	2.94	3.41	0.16	0.90	1.23	1.40
Ⅱ	0.11592	620	3.89	1.46	78	24	1.2	0.93	5.0	12.4	1.4	12.3	合格	1.21	4.82	6.03	6.94	0.41	1.54	1.91	2.37
Ⅲ	0.17214	696	2.37	1.07	62	20	1.1	1.14	4.2	10.8	1.1	11.9	合格	2.09	6.23	8.07	9.34	0.55	2.12	2.76	3.28

（三）生产工艺简述

在生产过程中，为了提高劳动效率、减少劳动强度，本工艺采用电脑配料及电子计量打包装置，整个生产只需 4 名操作人员，1 名电脑管理人员，机械化、电子化程度在同行业中处于领先地位。

其简单工艺流程如图 4-32 所示。

注：Ⅰ—内墙抹灰保温砂浆；Ⅱ—外墙抹灰保温砂浆；Ⅲ—砌筑保温砂浆。

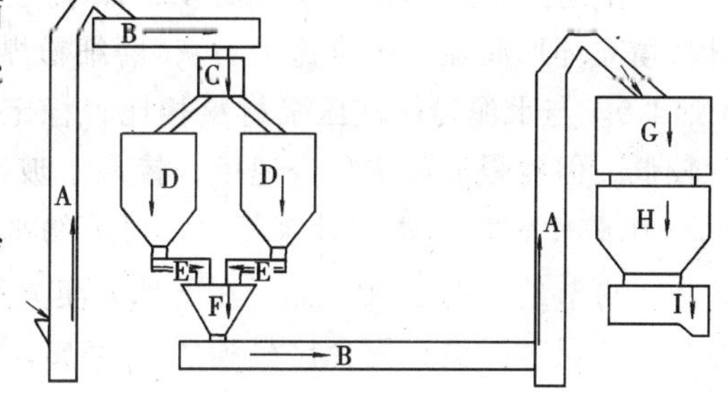

图 4-32　工艺流程图

A—斗式提升机；B—刮板输送机；C—分配盘；D—集料罐；E—铰龙；F—电脑配料斗；G—混合机；H—成品集料罐；I—电子包装机

（注：图中箭头表示物料走向）

十、粉煤灰灌浆材料（填充砂浆）[1]

在地下废井坑道、洞穴及建筑间隙进行灌浆填实时，过去大都使用水泥作为灌浆材料，水泥用多，造成浪费；水泥用少，灌浆材料又会严重泌水离析，施工质量难以保证。使用粉煤灰作为灌浆材料，不仅能弥补水泥灌浆材料的上述不足，还由于粉煤灰同水泥的化学作用，减少水泥水化析出的 $Ca(OH)_2$，提高灌浆体的抗化学腐蚀能力；由于粉煤灰的形态效应，使浆体易于泵送和灌注；掺粉煤灰的灌浆材料的含水量能很快达到平衡状态，因而能减小该材料的收缩值。

常用的粉煤灰灌浆材料有以下几种：

（1）纯灰灌浆材料，适用于填充地下大面积坑道洞穴等；

（2）粉煤灰—石灰灌浆材料，适用于要求浸透能力大而强度增长缓慢的工程，可以获得很好的施工效果；

（3）粉煤灰—水泥灌浆材料，适用于对强度和抗渗性有一定要求的灌浆工程；

[1] 本文摘自邯郸建工集团有限公司颜承越《多功能再生资源——粉煤灰利用 1000 例》。

(4) 粉煤灰—水泥—粘土灌浆材料，加入一定量的粘土，可以使水泥颗粒悬浮在粘土颗粒之上，减少水泥沉降分离，提高材料的泵送性和浸透性，尤其适用于要求低渗透性和高强度的灌浆工程，如开裂岩石灌浆工程；

(5) 粉煤灰—砂灌浆材料，在原计划灌浆填筑砂、砾石的工程中，掺入粉煤灰，可以改善填充材料级配，使难以泵送的砂石也能泵送施工。

(一) 灌浆回填“建筑间隙”

在过江公路隧道工程中的应用。上海市某越江隧道是一条穿越黄浦江的水底公路隧道，采用盾构法施工。隧道衬砌与地层之间形成一个30cm的环形建筑间隙，需要及时进行填充。过去多用水泥净浆或水泥砂浆等填充材料，不仅耗用大量水泥，增大建筑费用，而且由于水泥凝结硬化较快，常会造成盾构尾部的密封装置—盾尾被压浆材料咬住而破坏，使盾构尾部漏水、漏泥，影响工程质量和进度。上海市隧道建设公司在研究基础上，以粉煤灰为主要材料，掺入少量水泥和陶土，配制成粉煤灰水泥压浆材料，配合比为水泥:原状粉煤灰:陶土:水=1:7.8:0.5:6.2，浆体稠度为13cm，强度满足需要（$R_7=0.4$MPa，$R_{28}=0.89$MPa），施工时采用超量压浆和二次补压浆的方法，使环形间隙填充密实。上述配比的压浆材料，不仅和易性得到极大改善，初凝和终凝时间也得到延缓，不会咬坏盾尾，强度的形成和增长均能满足盾构施工的要求，并可节约水泥79.6%，仅此一项压浆工程即可节约水泥6100t，并节约了大量黄砂。

在上海某排水隧道，外径为4.2m，内径为3.6m，采用盾构法施工，用石灰粉煤灰压浆材料填充环形间隙，配合比为石灰:磨细粉煤灰:原状粉煤灰:陶土:水玻璃:水=1:2:4:0.5:0.2:4.0。与水泥粉煤灰压浆材料相比，稳定性更好，流动性随时间损失较慢，虽然早期强度较低，但可根据盾构掘进速度，掺入水玻璃调凝，后期强度增长比较理想（$R_7=0.3$MPa，$R_{28}=0.87$MPa），与水泥砂浆相比，可节约水泥871t/km。如果用其填充地铁隧道的环形建筑间隙，可节约水泥2100t/km。在国外如澳大利亚悉尼市修建某供水管道干线时用了1800t粉煤灰回填通过隧道，配合比是粉煤灰85%，水泥15%。这种填料有很好的流动性，能够送到很难通过的部位。

在自凝流态粉煤灰回填市政沟槽方面。美国近年来在市政等沟槽回填中，使用自凝的流态粉煤灰技术，具有可自流平、自密实，不需机械压实，重新开掘又方便和经济的特点。使用高钙灰代替低钙灰加水泥，具有更好的技术经济效果。

(二) 灌浆回填矿井

我国山西省电力局也积极组织实施粉煤灰回填矿井工程。试验表明，以高浓度粉煤灰浆充填煤矿采空区，对于井下防火、灭火，固化进行复采的煤体、以及减少地表下沉、水平移动和变形均有明显效果。

甘肃金川公司冲填矿井，每年用水泥7.9万t。1989年完成了以粉煤灰代替部分水泥填充矿井的试验研究工作，粉煤灰取代水泥率30%，充填体7d强度>2.5MPa，28d强度>5.0MPa。

徐州矿务局庞庄煤矿年产原煤200万t，每年需要花费7万多元，毁地0.44公顷，取土4万t，用作井下坑道充填密封的注浆材料。经过反复试验，使用本矿坑口电站粉煤灰代替粘土，密封性能优于黄土。投资25万元，兴建了一座年产36万t的粉煤灰注浆站，既解决了取土毁地问题，又为利用粉煤灰开辟了新路。

此外，美国用粉煤灰作矿井回灌工程已有 20 多年历史。一般每 10 ~ 15m 设一灌浆孔，将纯粉煤灰灌入，回填后强度可达 0.7t/m^2，20a 未发现沉陷现象。矿井回灌用粉煤灰量很大，1985 年一年即用去粉煤灰渣 102 万 t。

加拿大也在进行废矿井回填的研究工作。为使粉煤灰回填层具有较高的早期强度，他们复合使用了硫酸亚铁或硫酸钾作早强剂，取得了较好的效果。

（三）灌浆稳定路堤等

1. 压力灌浆稳定公路路堤

国外某公路路堤的土壤为含有部分有机质的高塑性粘土，修复前路堤不断遭到破坏。修复时，采用掺表面活化剂的石灰粉煤灰混合浆进行铺盖型灌浆，在 2673m^2 的面积上灌注了约 460m^3 混合浆，使路堤得到了稳定和加固，不再破坏。

2. 稳定铁路路基土壤

压力灌浆也被用于稳定和加固铁路枕木下的上层路基，经过灌浆后的路基，强度得到提高，薄弱环节得到克服，从而使路轨得到更有力和更均匀的支撑，使乘客更为舒适安全，并能减少路轨的磨损和延长枕木寿命，减少维护和稳定费用。美国伍德拜因公司还专门研制了专用于改善和稳定铁路路基土壤的新型高效的压力注射系统，能同时对多根枕木下的土壤进行注浆，注浆深度达 3m，注射日进度可达 300m 以上。

3. 注射灌浆稳定停车场

美国某停车场土地填方质量欠佳，需要进行灌浆加固补强。灌浆材料配合比为石灰:粉煤灰:水 = 1 磅:3 磅:1 加仑。共使用石灰、粉煤灰 387t。对场地填方进行渗透试验的结果表明，三个试验孔平均渗透率注射后比注射前减少 80% 以上；长期观测结果证实，通过注浆稳定的停车场使用功能非常令人满意。

4. 加固铁路滑移断层

美国伊利诺伊州密苏里太平洋铁路公司的一条沿密西西比河冲积平原建筑的双轨铁路干线，有一段大的滑移断层，每年需要花 4 万多美元进行维护。后来采用石灰—粉煤灰注射灌浆进行加固，浆体注入深度达 12m 多，从而使铁路恢复了正常运行。

5. 流态粉煤灰建造水下铁路路堤

美国某地在深水中建造铁路路堤时，使用了流态粉煤灰作回填材料获得成功。这种流态粉煤灰是在粉煤灰中加入干重 4% ~ 5% 的普通水泥和足量的水制得的，抗压强度为 2MPa 左右，不仅可以顺利浇入水中，而且能在 0.61m/s 的流速下，建造 2:1 的陡坡。

6. 粉煤灰灌浆加固基础工程

上海浦东世界广场工程，基坑开挖深度 12m，在开挖过程中，出现位于地下连续墙不远处的三层居民楼严重开裂。经研究，采用劈裂灌浆法在地下连续墙外侧设两排灌浆孔进行房屋地基加固。地基加固深度为 - 2 ~ - 18m；灌浆材料为水泥:粉煤灰:土 = 1:1:1，并加入 3% 水玻璃速凝剂。施工工序为钻机成孔→灌注封闭泥浆→安放塑料阀管→安放灌浆管→压力分层灌浆。在灌浆过程中房屋仍有少量沉降和开裂，但到加固完毕，基本控制了进一步开裂，一直到基坑挖好，也没有发现严重开裂和沉降，保证了居民楼的稳定。

（四）灌浆防渗

1. 粉煤灰灌浆建筑地下截水墙

为了防止地下水的流动，在许多工程建设中建造截水墙。制造水泥浆的粘土必须经过加工，制成泥浆后才能和水泥混合；有些地方采用膨润土代替粘土，但是膨润土价格较高，还要用稀释剂，收缩较大，强度很低。国外一些地区，采用粉煤灰代替粘土配制灌浆材料，粉煤灰颗粒很细，不用加工；浆体粘度较低，流动性好，容易泵送和灌至砂石土层的空隙中去；强度和抗渗性都随龄期增长而提高。

2. 井壁灌浆

河南鹤壁某矿井，深218m，内径4.5m，在井深64.40~192.80m段有9层砂质粘土、砾石富水层，总涌水量达310m³/h，采用水泥浆、粘土—粉煤灰浆、粘土—水泥浆、水泥浆—水玻璃等进行灌注处理，堵水效率高达98%，从而简化井壁结构，提高井筒施工速度，建井总费用不到同类井的1/2。

3. 水电站堆石坝体灌浆防渗帷幕

贵州省红枫水电站于1960年建成发电后，堆石坝体的木斜墙腐烂情况严重。在对坝体进行维修加固时，采用向坝体内灌注粉煤灰浆的办法以形成防渗帷幕，效果很好。灌浆材料配合比为水泥:粉煤灰:粘土:赤泥:减水剂＝1:0.4~1.0:0.2~0.5:0.1~0.15:0~0.05，水固比为0.5~0.7，抗压强度13.6MPa，抗渗标号＞B10，自1988年至1991年夏，使用粉煤灰6500t，代替水泥9000t，节约137万元。

（五）灌浆灭（防）火（矿区）

煤矿区常常发生废堆燃烧，产生大量有毒气体和烟雾，污染环境，还很容易引起燃烧，给作业区的生命财产造成损失。通常的灭火方法是用粘土或粉煤灰进行表面覆盖，此法的效果只是暂时的，不能从根本上解决问题。也有的将废堆挖开，用高压水进行冲喷，不仅费用昂贵，而且还会造成严重的大气粉尘污染。美国采用粉煤灰注浆法灭火已有几十年，证明这是最安全、最有效、最经济的灭火方法。应用此法，首先是通过目测、红外照相和地热探测器等测定高温燃烧部位，然后利用泥浆泵将粉煤灰（灰:水约为1:0.45~0.9）打入燃烧区，灰浆中的水分蒸发和粉煤灰本身吸热，使得燃烧区温度逐渐冷却下来，同时粉煤灰填充了燃烧空隙和周围裂缝，堵塞了进气通道，因而产生良好的灭火效果。当测得燃烧区温度降至90℃以下时，表明火已全部扑灭并且不会复燃，即可停止注浆。

我国煤炭科学研究院、华北电力学院、平顶山矿务局合作试验，将灰水重量比为1.49~1.90的粉煤灰浆通过管道直接送入煤层开采完的空区，进行防火灭火试验，表明这些灰浆起到了包裹煤体、隔绝空气和对已燃烧的煤起到了冷却灭火的作用，还比水砂充填更远的距离，减少地表移动和变形18%~40%。

唐山刘庄煤矿在进行煤地下气化工业性试验时，在试验段两侧各开掘2m宽的巷道，内部充填粉煤灰，将试验段与废巷、空区隔离，保证了试验工作的安全进行。

华北电力学院、河南省电力管理局的试验研究结果也表明，粉煤灰注浆灭火不但在技术上是可行的，灭火效果比黄土好，而且注浆成本只有黄土的32%。

十一、粉煤灰商品砂浆❶

建筑砂浆是一种量大面广的建筑材料。砂浆中石灰膏含水50%，呈膏状，难以计量，而且石灰膏质量不稳定，纯水泥砂浆缺乏保水增稠材料，显得操作性差、易结硬，现场为改善和易性往往多加水泥，造成砂浆质量波动大。现场拌制砂浆的主要问题是砌筑砂浆强度波

❶ 本文选自上海市建筑科学研究院赵立群、宣怀平、林国英《粉煤灰商品砂浆的研究与应用》。

动大，抹灰层开裂、渗漏现象屡见不鲜，影响整个工程质量。目前，上海市工程建设都使用商品混凝土，施工现场文明施工、标准化管理要求严格。但在现场搅拌粉煤灰建筑砂浆使用干排粉煤灰须配置筒仓，使用湿灰，则含水率受天气影响大，影响现场施工环境，致使上海地区粉煤灰在砂浆中应用逐步减少。随着住宅产业化的发展，上海市建设和管理委员会、上海市环境保护局于2002年9月颁发了《关于在本市建设工程使用预拌（商品）砂浆的通知》（沪建建［2002］656号），使商品砂浆生产行业有序发展，保证质量，保障供应，上海市建材业管理办公室、上海市建筑业管理办公室，于2003年1月颁发了《上海市预拌（商品）砂浆产品认定管理办法》以及“上海市预拌（商品）砂浆生产企业技术条件”和“上海市预拌（商品）砂浆生产企业试验室基本条件”。

“656号文”并明确提出2003年1月1日内环线内新开工工程、2003年7月1日起外环线内及市郊城镇新开工工地、2004年1月1日起本市范围内新开工工程必须全部使用预拌（商品）砂浆。

上海已经全面推广使用的建筑商品砂浆，都是在大量科研成果的基础上进行的。它包含两方面内容：一是预拌砂浆，另一是干粉砂浆，而这两种砂浆都使用粉煤灰，同时粉煤灰在砂浆中起到举足轻重的作用。因此，以下均分别称粉煤灰建筑预拌商品砂浆（简称粉煤灰预拌砂浆）和粉煤灰建筑干粉商品砂浆（简称粉煤灰干粉砂浆）。

（一）粉煤灰商品建筑砂浆技术性能研究

1. 建筑砂浆配合比试验方法和试验用原材料

（1）试验方法。由于商品砂浆原材料中水泥、稠化粉、粉煤灰和砂均为固体，缓凝剂和水为液体，取消了含水率经常波动难以实现质量计量的传统保水材料—石膏。因此，商品砂浆配合比设计可实现科学合理的绝对体积法。以下试验均采用绝对体积法。

（2）试验用原材料。

1）水泥：425号矿渣水泥（上海水泥厂生产）。

2）粉煤灰：质量品质符合Ⅱ级灰要求。

3）砂：河砂，细度模数2.5。

4）稠化粉：上海市建筑科学研究院研制的一种非引气型粉状保水增稠材料。

5）缓凝剂：上海市建筑科学研究院研制。

6）水：饮用水。

2. 粉煤灰预拌砂浆

粉煤灰预拌砂浆的特点是：生产批量大，砂浆凝结时间可根据用户需要进行调节。与干粉砂浆的区别，在于掺加了一种特殊砂浆缓凝剂以保证砂浆在密闭容器中能储存相当长时间（8～36h），而在储存时间内取出使用，又能保证砂浆与基体材料粘结牢固并能在大气中迅速硬化。预拌砂浆与干粉砂浆的最大区别在于正确掺加了缓凝剂。

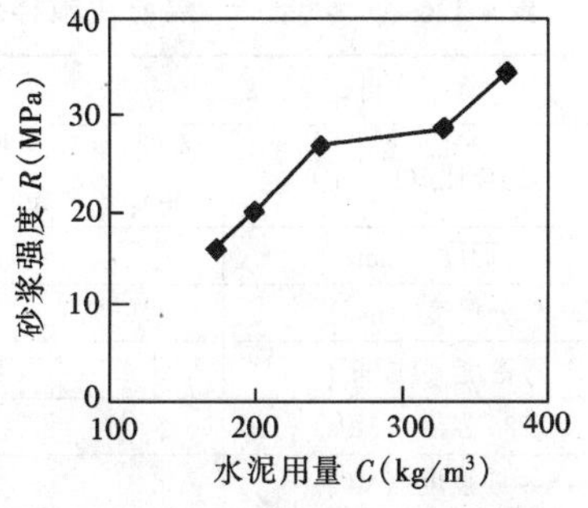

图4-33 水泥用量与强度关系

（1）缓凝剂种类及掺量。已研制成一种能满足砂浆缓凝要求的砂浆缓凝剂，其试验结果表明，缓凝剂掺量增加，凝结时间可延长至48h，对强度基本无影响。缓凝剂掺量可根据施工需要调整，以获得砂浆的不同凝结时间。

砂浆凝结时间控制在8～24h，可满足当日和隔夜施工之需。

(2) 水泥用量对砂浆性能影响。不同水泥用量可配制不同强度等级的预拌砂浆，最高可配制M30砂浆（见图4-33）。

(3) 存放时间及重塑。在存放时间内，砂浆强度为出机强度的80%（见表4-123）。由于存放期内砂浆稠度有损失，特别在砂浆稠度较低情况下，为保持砂浆可操作性，在砌筑或抹灰前必须再添加一部分水拌合到砂浆中，使砂浆重新获得原来的稠度，上述过程称为砂浆的重塑。为考察重塑对砂浆强度的影响，进行了重塑试验（见表4-124），试验结果表明，重塑后强度为出机强度的81%。

表4-123 存放期内砂浆强度变化

出机后存放时间（h）	0	4	8	12	18	24
28d强度（MPa）	24.3	18.5	20.7	17.0	19.5	21.0

表4-124 砂浆的重塑

时间	稠度（mm）	R28抗压强度（MPa）
出机时	107	19.6/100
储存40h后重塑前	37	—
储存40h后重塑后	95	15.8/81

(4) 砂浆粘结强度。砂浆作为1～2cm薄层材料，与基层材料粘结牢固尤为重要。工程中抹灰砂浆质量指标是以抹灰层无起壳开裂、空鼓和爆裂为准。抹灰砂浆粘结强度试验结果见表4-125。

表4-125 预拌抹灰砂浆与传统砂浆粘结强度的对比

砂浆种类		水泥（kg/m³）	稠化粉（kg/m³）	稠度（mm）	分层度（mm）	泌水量（ml）	28d强度（MPa）	
							抗压	粘结
传统抹灰砂浆	1:2水泥砂浆	561	0	88	14	40	34.9	0.169
	1:3水泥砂浆	404	0	97	39	90	29.0	0.188
	1:1:4混合砂浆	320	0	96	15	4	17.1	0.158
	1:1:6混合砂浆	200	0	102	20	25	7.2	0.107
预拌抹灰砂浆	RP20	400	40	99	16	13	31.4	0.233
	RP15	300	40	97	12	6	25.5	0.247
	RP10	250	55	96	8	2	19.9	0.353

试验表明，水泥用量大，粘结强度高，但也不一定成正比；抗压强度太高，粘结强度反而降低；预拌砂浆保水性好，相应水泥用量低，粘结强度较传统砂浆高30%以上。

(5) 耐久性。商品砂浆原材料目前为水泥、稠化粉、粉煤灰、砂、缓凝剂（预拌砂浆用）和水，砂浆耐久性与原材料及其相互比例有关。粉煤灰预拌砂浆的主要物理力学性能及耐久性试验结果见表4-126。

表4-126 煤粉灰预拌砂浆的主要物理力学性能及耐久性试验结果

项目	预拌砂浆	传统砂浆
配合比（kg/m³）	水泥：稠化粉：粉煤灰：砂：外加剂：水 300：40：116：1400：5.60：279	水泥：石灰膏：砂：水 320：320：1280：180
稠度（mm）	105	101
分层度（mm）	18	14
密度（kg/m³）	2140	2100
28d强度（MPa）	28.7	17.1
90d强度（MPa）	39.9	20.2
饱水强度（MPa）	29.9	16.5

续表

项目		预拌砂浆	传统砂浆
粘结强度（MPa）		0.272	0.133
抗渗值（MPa）		0.60	0.40
收缩值（‰）		0.75	0.83
抗冻性	强度损失（%）	3.3	12.8
	质量损失（%）	0	0.3

表4-126表明，预拌砂浆各项耐久性均优于传统砂浆，长期强度发展稳定，粘结强度高，耐水抗渗性优良。

（6）砌体性能。砌体力学性能指标主要有：轴心抗压强度、通缝抗剪强度，其中砂浆对砌体通缝抗剪强度影响最大。试验表明，用稠化粉砂浆砌筑的砌体，其砌体力学性能均大大超过了规范（GBJ 3—1988）要求（见表4-127、4-128）。

表4-127　MU15混凝土多孔砖、M10砂浆砌筑的砌体力学性能试验结果

试验项目	试验值					GBJ3—1988技术要求	
	平均值（MPa）	标准离差（MPa）	变异系数（%）	标准值（MPa）	设计值（MPa）	标准值（MPa）	设计值（MPa）
轴心抗压	8.77	0.745	8.5	7.55	5.03	3.66	2.44
通缝抗剪	0.523	0.0788	15.0	0.393	0.262	0.27	0.18
弯曲抗拉沿通缝	0.539	0.0886	16.4	0.393	0.262	0.27	0.18
弯曲抗拉沿齿缝	0.707	0.0307	4.4	0.657	0.438	0.53	0.36

表4-128　商品砂浆28d强度汇总

类别		最大值（MPa）	最小值（MPa）	平均值（MPa）
预拌砂浆	M5.0	16.5	8.3	12.5
	M15	30.7	26.6	28.9
干粉抹灰	M5	16.4	15.3	14.2

3．粉煤灰干粉砂浆配合比试验

粉煤灰干粉砂浆是经烘干筛分处理的砂与水泥、稠化粉和粉煤灰按一定比例混合而成的一种颗粒状混合物。它具有计量准确、质量稳定、使用方便和不污染环境的特点。

（1）各组分对砂浆性能影响。水泥、粉煤灰用量对砂浆性能影响，试验结果表明，水泥、粉煤灰主要影响砂浆强度。砂浆强度随水泥用量的提高而增加，但也存在一个最高点（$450kg/m^3$），超过该点后，继续增加水泥用量，砂浆强度反而下降。

由于粉煤灰具有火山灰效应，粉煤灰砂浆在等水泥用量条件下，其强度有一定的提高。同样，由于粉煤灰的胶凝性显著低于水泥，表现为粉煤灰等体积取代水泥，砂浆强度随其取代比例增大而下降。通过调整粉煤灰与水泥比例，可配制不同强度等级的砂浆。

试验表明，砂灰比提高，砂用量增加，相应胶凝材料减少，强度随之下降，也存在一个最佳砂灰比，其值为3.0。通过调整水泥用量，可配制强度等级M5.0到M30的各种类型砂浆。

（2）稠化粉、粉煤灰和水泥共同工作性。试验表明，稠化粉对砂浆保水性起着至关重要的作用。纯水泥砂浆由于缺乏保水增稠材料，砂浆保水性差，表现为砂浆泌水量和分层度都很大；混合砂浆由于掺入石灰膏砂浆保水性得到明显改善。在等水泥用量条件下，掺入稠化粉后砂浆保水性显著提高，分层度和泌水都很小；粉煤灰商品砂浆28d强度大大高于传统砂浆，稠化粉与水泥、粉煤灰共同工作性良好。干粉砂浆与传统砂浆性能对比试验见表4-129。

表4-129 干粉砂浆与传统砂浆性能对比试验

	砂浆种类	水泥（kg/m^3）	稠度（mm）	分层度（mm）	泌水（ml）	抗压强度（MPa）
传统抹灰砂浆	1:2水泥砂浆	561	88	14	40	49.7
	1:3水泥砂浆	404	97	39	90	29.2
	1:1:4混合砂浆	320	96	15	4	17.1
	1:1:6混合砂浆	200	102	20	25	7.2
干粉抹灰砂浆	DP5干粉砂浆	194	97	15	13	10.8
	DP10干粉砂浆	263	102	13	12	21.6
	DP15干粉砂浆	300	100	12	11	29.6

表4-130 干粉砂浆存放时间

28d抗压强度（MPa/%）	
混合后立即成型	混合后6个月成型
33.4/100	31.3/94
21.7/100	21.4/99

（3）存放时间及方式对强度影响。袋装干粉砂浆保存期试验结果见表4-130。它表明，干粉砂浆经6个月储存，强度基本保持不变。

（二）商品砂浆生产及工程应用

至2003年初，上海第一批预拌（商品）砂浆生产企业有上海建工材料工程有限公司等6家拥有年生产能力为10.5万m^3；第一批干粉（商品）砂浆生产企业有上海绿建干粉建材有限公司等4家拥有年生产能力50万t。

预拌砂浆试生产主要通过对混凝土搅拌站技术改造，使之能够生产预拌砂浆。在上海建工、住总集团的真如和长风拌站进行技改和试生产，分别用于市委党校扩建项目（4.5万m^2）和五洲大厦（8000m^2）的部分砌筑和抹灰工程等。

上海曹杨建筑粘合剂厂从1988年建厂开始，就专业生产各种干粉砂浆。产品行销全国三十多个省、市、自治区，部分产品已出口到东欧、菲律宾、美国、朝鲜、蒙古及东南亚地区，本市许多重要和重大工程如：金茂大厦、浦东国际机场、国际会议中心、国际航运中心、国际金融中心、东方明珠、黄浦江隧道、轻轨明珠线、杨浦大桥、八万人体育场等都大量成功使用干粉特种砂浆。同时早于一年前就开始研制普通商品砂浆。考虑到今后大规模生产的需要，该厂已对1999年从欧洲引进具有先进水平的全自动数控生产流水线进行调整，确保生产普通商品砂浆需求。

（三）商品砂浆技术经济分析

1. 经济效益

砂浆商品化后，预拌砂浆由于添加了缓凝剂，材料成本较现场拌制的砂浆提高3.1%~8.8%；加上工缴费和利税，预拌砂浆到工地价在265~315元/m^3。干粉砂浆从材料成本看，比现场砂浆便宜，由于包装袋的费用，材料成本较现场拌制的砂浆提高18.6%~29.8%。由于加上砂的烘干，投资、加工和利税开支，干粉砂浆预测售价在210~230元/t；为水泥价格的70%~80%，大大低于国外水泥价格的140%~160%水平。按每年施工住宅1000万m^2计算，拌站的预拌砂浆生产产值可达4.45亿元，利税3000万元，施工单位增收费用1786万元和税金549万元，可以形成一个新的产业。

2. 社会效益

砂浆商品化生产可使砂浆质量得到有序控制和提高，杜绝砂浆中石灰爆裂现象，从材性上消除砂浆层的渗漏裂的质量通病，提高住宅工程质量。同时减轻劳动强度、极大地方便施工。

在环保方面，由于稠化粉不含石灰，可节约石灰烧制能源，减少 CO_2 排放量，并且可有效利用粉煤灰，节约水泥，而且砂浆商品化生产采取集中环保措施，降低建筑工地的噪声和扬尘，杜绝石灰膏、砂、水泥在运输过程中对环境的污染，减少现场材料浪费，环境效益显著。

（四）关于在预拌商品砂浆中禁用“石灰膏”和“引气剂”的原因

上海市在推行粉煤灰商品砂浆中，本着高起点、高标准、高要求的原则，禁止采用石灰膏、引气剂和引气剂类的材料作为保水增稠材料，其原因如下。

1. 禁用“石灰膏”的原因

众所周知，石灰是一种气硬性建筑材料，过去在建筑工程中应用很广，特别是由石灰泡水消化制成的石灰膏，曾经成为水泥混合砂浆的一种重要的保水增稠材料。

我国 JGJ 98—2000《砌筑砂浆配合比设计规程》和 GB 50203—2002《砌体工程施工质量验收规范》都明确规定“消化石灰粉不得直接用于拌制建筑砂浆”，除了消化石灰粉颗粒太粗因素外，一个主要原因是我国的石灰生产工艺落后，大都采用土窑、立窑烧制石灰，同一窑石灰烧成温度不可避免存在差异，从而形成部分石灰“过烧”或“欠烧”现象，表现为有效氧化钙含量低，一般在 70%～85%，达不到 90%。此外，过烧石灰水化速度十分缓慢，经常是砂浆硬化后，它还在继续水化，水化产物体积膨胀导致砂浆本身破坏。具体表现为抹灰层的爆灰、开裂和起壳等质量通病。为此，有关规范对石灰泡水时间以及石灰膏的过滤都做出了详细的规定。同时，由于石灰属气硬性材料，因此石灰膏混合砂浆不能用于 ±0.0m 以下的基础工程。

此外石灰的生产要消耗大量的能源和产生大量二氧化碳，为保护环境我们要尽量减少石灰的使用量。

2. 禁用“引气剂”的原因

沪建材办［2003］002 号《上海市预拌（商品砂浆产品认定管理办法)》的通知，附件 1 技术条件中规定，砂浆生产中不得使用引气剂。引气剂俗称微沫剂，我国从 20 世纪 70 年代开始，采用引气剂塑化技术以改善砂浆的可操作性，其原理为通过在水泥砂浆中引入微小空气气泡使砂浆蓬松、柔软，但添加引气剂后砂浆的保水性和粘性没有得到根本改善，甚至还有所降低。建设部曾做了大量试验，试验结论是掺加引气剂后砂浆砌体强度降低 10% 以上，为此（GB 50203—1998）《砌体工程施工及验收规范》中明确规定引气剂最多只能取代 50% 的石灰膏。并且引气剂掺加量极少，一旦计量不准，将大幅度降低砂浆强度和和易性。同时引气剂类产品还存气泡稳定性问题，砂浆的含气量还与搅拌时间、方法和水泥品种等密切相关。总之，使用引气剂类材料生产商品砂浆，生产和施工工艺要求复杂，砂浆质量不稳定，更为严重的是将影响砂浆的耐久性。

十二、粉煤灰砂浆与水泥的强度关系及其有关特性

1. 水泥与粉煤灰砂浆强度的关系

(1) 对粉煤灰砂浆而言，硅酸盐水泥或普通硅酸盐水泥均可配制粉煤灰砂浆，即使火山灰质硅酸盐水泥，亦可配制粉煤灰混合砂浆，同样可以作出良好的强度贡献。这主要是因为除水泥浆体可析出氢氧化钙外，粉煤灰混合砂浆中的氢氧化钙亦可与粉煤灰产生火山灰反应。这也说明，水泥品种对混合砂浆强度的影响是不明显的。

(2) 在一定的水泥用量范围内，如采取粉煤灰取代部分水泥，其取代量主要与粉煤灰的强度活性成正比，即粉煤灰活性高者，可较多取代水泥；低者则少取代，否则将影响粉煤灰砂浆强度。

2. 粉煤灰混合砂浆的特性

在混合砂浆的水泥、石灰膏和砂比例不变的条件下，适量增加湿排粉煤灰的掺量，除节约水泥、石灰膏和砂三材外，还可改善砂浆的和易性。反之，如水泥、石灰膏和粉煤灰用量比例不变，而增大砂用量，则强度也有规律地相应降低，这与普通混合砂浆强度规律是一致的。

在粉煤灰混合砂浆中，石灰膏主要起和易性作用，但掺量超出一定允许范围会提高该砂浆的粘度，反而影响操作，降低早期强度，但对后期强度无大妨碍。

3. 砖洇水与砂浆水化

粉煤灰砌筑砂浆的粘结强度的高低，与砌筑前砖块是否洇水，洇水是否充分都密切相关。因砖块充分吸水后，可使砌筑砂浆不致早期脱水，影响浆体的水化反应。

至于砖砌体强度，实质是砂浆强度、砂浆工艺性能和施工条件的总体反映。根据各地实测结果分析，采用粉煤灰砂浆砌筑的砌体，无论是砌体的抗压强度或是通缝抗剪强度，均与基准砌体强度相仿（表 4-131)。

表 4-131 粉煤灰砂浆砌体强度

单 位	砂浆标号品种		粉煤灰掺量 (kg/m^3)	抗压强度	抗剪强度
				(MPa)	
北京市第三建筑工程公司	M5	水泥混合砂浆	0	5.56	0.34
	M5	粉煤灰水泥砂浆	45	6.20	0.55
	M7.5	水泥混合砂浆	0	5.23	0.62
	M7.5	粉煤灰水泥砂浆	35	—	0.89
天津市建筑科学研究所	M5	水泥混合砂浆	0	4.88	1.85
	M5	粉煤灰水泥砂浆	260	4.73	1.85
	M7.5	水泥混合砂浆	0	5.64	2.10
	M7.5	粉煤灰水泥砂浆	300	5.96	1.74

十三、提高和保证粉煤灰砂浆质量的措施

1. 控制粉煤灰的含水率

在施工现场，对湿排粉煤灰应采取措施，使其含水率控制在30%左右备用。

粉煤灰中发现团块，应击碎后使用。

当发现粉煤灰细度有较大变化时，应随时测定，并按粉煤灰细度分类区别使用。

2. 应用适量外加剂改善粉煤灰砂浆性能

粉煤灰砂浆与普通砂浆一样，同时可用木质素磺酸盐减水剂来改善其和易性，其掺量前者为水泥重量的0.3%。

3. 砂粒过细可掺少量石屑或外加剂调节

在配制粉煤灰砂浆时，宜采用中粗砂。倘若采用细砂，可同时掺入30%～50%的石屑，否则亦可适当采用减水剂进行调节。

4. 粉煤灰砂浆拌制程序

在拌制粉煤灰水泥砂浆时，将粉煤灰、砂、水泥及部分拌和水投入搅拌机，待其基本拌匀后，再加水搅拌至所需稠度。

如拌制混合砂浆，应先将稠度为12cm的石灰膏和水投入搅拌机拌匀，然后加入水泥、砂、粉煤灰、外加剂，再加水拌至所需稠度。

总的搅拌时间不得少于2min。

5. 粉煤灰砂浆稠度控制

（1）粉煤灰砌筑砂浆稠度宜控制在8cm左右；粉煤灰抹灰砂浆稠度宜控制在7cm左右。

（2）为使粉煤灰砂浆具有规定的流动度和良好的保水性能，砂浆拌妥后，停放时间不得过长，一般不宜超过1h。如果发现离析现象，则必须重新拌匀。

6. 粉煤灰砂浆养护温度

当平均气温低于5℃，又无特殊保暖措施时，一般不宜在砂浆中掺用粉煤灰。

7. 粉煤灰砂浆施工操作程序

在进行砌筑作业前，砖块必须洇水，然后将粉煤灰砌筑砂浆铺抹于砖砌体工作面，应及时进行砌筑作业。在抹灰工程的基层面，必须预先充分浇水润湿。当粉煤灰抹灰砂浆铺抹于工作面后，应及时平整刮压。其目的为防止粉煤灰砂浆失水影响砌筑和抹灰质量。施工后必须加强养护。

8. 粉煤灰抹灰砂浆应用部位及厚度

粉煤灰内外墙抹灰砂浆，一般只用于刮糙层，面层较少使用，以保证内外色泽均一。

粉煤灰砂浆一次抹灰厚度过厚，易于引起收缩裂缝。现在的墙体抹灰厚度一般为20～50mm，房顶抹灰厚度为15～20mm，这样的厚度难以一次赶光压实，必须分层抹成。每层抹灰厚度：粉煤灰水泥砂浆宜为5～7mm，粉煤灰石灰砂浆和粉煤灰水泥混合砂浆宜7～9mm。两层抹灰之间要有一定的时间间隔，粉煤灰水泥砂浆和粉煤灰水泥混合砂浆应在前层抹灰凝结之后再抹后一层，而粉煤灰石灰砂浆则需前层砂浆七、八成干后再抹后一层，同时，已经出现超过允许的空鼓裂缝，必须清除重抹。

在粉煤灰砂浆抹灰之后，干燥之前抓紧罩面，如已出现干燥掉粉，可用条帚轻轻扫下，也可浇水润湿后再行罩面。

9. 粉煤灰砂浆施工及验收规范

粉煤灰砂浆的质量，应按GBJ203—1983《砖石工程施工及验收规范》和JGJ73—1991《建筑装饰工程施工及验收规范》的有关规定进行检验和评定。

参考文献

1　沈旦申．粉煤灰混凝土．北京：中国铁道出版社，1989

2　P．K．Mehta．Influence of Fly Ash Characteristics on the Strength of Portland-Fly Ash Mixture．Cement and Concrete Rsesarch，vol．15，1985

3　S．H．Gebler，P．Klieger．Effect of Fly Ash on Physical Properties of Concrete．Fly Ash，Silica Fume．Slag and Natural Pozzolans in Concrete，SP-91．ACl，1986

4　水翠娟，龚洛书，王海民．增钙粉煤灰混凝土的研究．硅酸盐建筑制品．1986（3）

5　方坤河．高粉煤灰含量碾压混凝土及其优越性．混凝土与水泥制品．1986（1）

6　沈旦申，吴正严．现代混凝土设计．上海：上海科学技术文献出版社，1987

第五章 粉煤灰在筑路及工程填筑中的利用

第一节 概 述

粉煤灰填筑是在工程建设中，利用粉煤灰替代传统的砂、土或其他填筑材料，采取压实工艺，并使回填体具有一定的工程性能。

粉煤灰在工程中作为填筑材料使用，是大用量、直接地利用的一种重要途径。国外已广泛应用于道路路堤和广场、机场、港区的地基，以及用于拦水坝和地貌改造等工程。国内近十几年来也开始在高等级道路路堤和工程回填中应用。

粉煤灰填筑工程的特点，首先是投资少、上马快，不像粉煤灰在建材产品中的利用那样，要花费较多的投资兴建工厂。填筑路堤或工程回填，只要提供灰的运输工具和摊铺、碾压机械，就可以进行施工。其次是用灰量大，如上海沪嘉高速公路，按路堤高 2.7m，路幅 26m 计，每公里可用湿灰约 10 万 t。这个用量相当于一个年产加气混凝土 10 万 m^3 工厂的用灰量，或相当于年产 1.5 亿块粉煤灰粘土烧结砖的用灰量。再次，对灰的质量不像使用在水泥、混凝土中那样严格，无论是低钙灰、高钙灰，还是湿灰和干灰均可采用。

利用粉煤灰填筑，在欧美国家已有较长的历史，如粉煤灰路堤，英国在 50 年代后期，就开始研究，并修筑了一系列试验路段。1965~1970 年，英国在斯特林—爱丁堡汽车道路、七橡树道路和亚历山大道路工程中，都成功地在软土地基上使用粉煤灰建造路堤。工程实践证明了粉煤灰路堤的适用性和其独特的优越性，被确认并列入英国国家高速公路发展规划，允许粉煤灰用于软土地基上以替代自重较大的粘土。随后法国、西德、芬兰、波兰、前苏联等国相继开展了粉煤灰用于路堤填筑与结构回填的研究。

美国由于自然资源丰富，建设工程材料价格低廉，因此粉煤灰在填筑工程中的应用比欧洲国家较晚。但在 20 世纪 70 年代后期，粉煤灰排放量剧增，环保法的要求也愈来愈严格，使灰渣处置费用不断提高，从而促使人们提高了对粉煤灰利用的兴趣，并做了大量工作。其中比较突出的是：1979 年由美国电力研究院（EPRI）组织编写了《粉煤灰结构填筑手册》，总结了前十年实验室和现场试验的经验。1986 年 2 月，该院又提出了一份《粉煤灰大吨位利用》（High Volume Uses）的调查报告，收集了 278 个粉煤灰填筑等大吨位利用的工程实例，对这方面的技术发展作了历史的回顾和总结，有力地推动了粉煤灰在大吨位方面的利用。

近十几年来，国内不少地区对利用粉煤灰作填筑材料进行了工程性试用。有工程回填的，如大连甘井子电厂厂区和第一粮库；宝山钢铁总厂炼钢副原料坑车道和站台、烧结清循环水池以及煤气柜工程；南通经济开发区富金家具厂、邮政大楼场地；上海港务局关港作业区曹家港填筑工程；上海益昌冷轧薄板工程；上海浦东外高桥新港区填筑等工程；在干法压实施工的基础上，对原石洞口电厂 50 万 m^2 临时灰场采用排水板钢渣挤实动力加固处理，建成上海港罗泾煤码头新港区，消纳粉煤灰 200 万 m^3，钢渣 100 万 t。用于道路路堤的有西安高 1.2m 的试验路段；上海沪嘉高速公路高 2.7～3.2m 的试验路段；上海莘松高速公路全线使用粉煤灰和土间隔路堤及新桥立交桥 7.5m 高的粉煤灰路堤；上海沪青平一级公路拦路港大桥成功实施了路堤高 8.9m 的粉煤灰拉筋挡墙试验工程；杭州钱江二桥接线工程粉煤灰路堤；云南水塘试验路段等工程。从工程实践看，使用性能良好，符合设计要求。

本章还包括粉煤灰在工程建设中的其他一些大用量利用形式，如用于路面结构层的粉煤灰石灰类混合料；用水冲法冲填矿井塌陷区等。

第二节　粉煤灰化学、物理和工程性能

一、粉煤灰的化学成分

粉煤灰的化学成分已在第三章中做了详尽的阐述，本节将不再赘述，而主要就粉煤灰的化学成分对工程填筑性能的影响，做一说明。

1. 粉煤灰化学成分对工程填筑性能的影响

填筑工程中，利用粉煤灰可以替代部分砂性、粘性土等回填材料，原因是粉煤灰在颗粒组成、密度、压缩性能和击实特性等方面与粘性土，特别是砂性土有不少相似之处和优点。但是，由于粉煤灰的生成形式和化学成分与粘性、砂性土完全不同，因而粉煤灰作为回填材料又具有自己的特点，这也是工程设计和施工技术人员所关心的一个问题。

粉煤灰化学成分对工程填筑性能的影响具体表现为以下几个方面：

（1）对物理性能的影响。粉煤灰中含碳量的高低会影响其物理性能。高含碳量会抑制粉煤灰的硬化，减小密度，加深颜色以及增大压实时的最佳含水量，并且影响回填体的结构强度。

（2）出现自硬性的可能性。氧化钙、氧化钠或氧化钾含量高的粉煤灰，遇水后会发生火山灰反应，产生自身硬化，这种自硬性对粉煤灰的某些物理及工程性能有较明显的改善作用，如抗剪强度、压缩性能、承载能力、渗透性和冻敏性等。这个现象也就是粉煤灰压实体的龄期效应，这与土是完全不同的。当然，倘若采用的是湿灰，由于少量的游离氧化钙被水稀释，则粉煤灰的自硬性就会降低，甚至没有。

（3）出现硫酸盐腐蚀的可能性。当混凝土结构与三氧化硫含量高的粉煤灰接触时，会产生硫酸盐腐蚀的可能性。

（4）对浸出液 pH 值的影响。粉煤灰浸出液基本呈碱性，pH 值介于 6.9～12。但是据美国研究资料报告，小部分氧化铁含量高的粉煤灰的浸出液呈酸性。

2. 工程填筑对粉煤灰化学成分的要求

上述分析表明，粉煤灰的化学成分对工程填筑是有一定影响的。

含碳量高的粉煤灰会抑制粉煤灰回填体的硬化，而且对回填体的强度有一定的影响，但对这种影响至今尚未做详细定性的研究，当然作为回填材料的粉煤灰应选用含碳量低的为

宜。对含碳量达15%以上的粉煤灰，其适用性应通过试验来确定。

目前，我国大部分电厂的粉煤灰都属于F级灰，即低钙灰，自硬性较弱。但作为代土的回填材料，一般都能满足回填工程的结构强度要求。故对粉煤灰的游离氧化钙等活性成分并不作具体的要求。

上海各电厂粉煤灰的SO_3含量一般都很低，小于0.7%，大大低于英美等国家，这个含量不足以造成对混凝土及金属埋件的腐蚀。

粉煤灰干灰的浸出液pH值一般在11~12。但是，由于湿排灰受到大量清水的冲洗、稀释，故从沉灰池中取出的湿灰浸出液pH值有了明显的降低，接近于中性。采用干粉煤灰或调湿灰作回填料时，需重视对水质的影响。

二、粉煤灰的物理和工程性能

（一）粒径分布

粉煤灰的颗粒级配对材料的物理力学性能起重要的影响。

粉煤灰是由各种形状差别很大的颗粒组成的，主要有三种类型。第一类是由硅铝玻璃体组成的表面光滑的玻璃珠体；第二类是形状不规则的玻璃体颗粒，表面有大小不一的孔穴；第三类为多孔的碳粒，质地疏松。第一类颗粒密实，吸水量和摩擦角小；第二类、第三类的孔隙发达，堆积密度小，吸水量大，水稳定性差。

粉煤灰的颗粒级配受煤的品质、燃烧方式等因素的影响，不同电厂灰采样地点不同，粒径亦有所不同。

测定粉煤灰的粒径，对大于0.074mm的颗粒用筛分析，小于0.074mm的颗粒可用比重计法确定。

上海市粉煤灰颗粒级配分析结果如图5-1所示。图5-2是三种类型的筛分曲线，其中A是良好级配曲线，密度较大，易于压实；B是均匀级配曲线，密度较小，相对来说压实和力学性能都低些；C是中断级配曲线，密度和性能介于A、B之间。

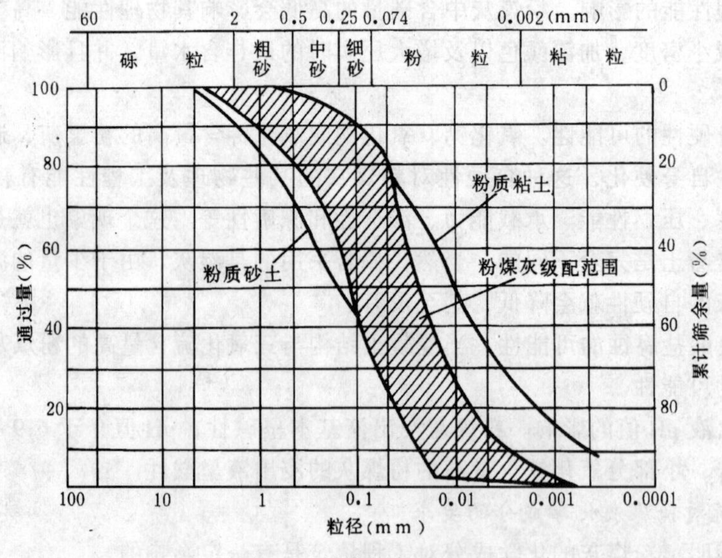

图5-1 粉煤灰级配范围

粉煤灰粒径介于粉质亚粘土和粉质亚砂土之间，就其粒径组成而言，粗灰的粒径主要与细砂（0.074～0.25mm）的相同，细灰的粒径主要与粉砂（0.002～0.074mm）的相同。因此，粉煤灰具有细砂或粉砂的某些特性，如无塑性、渗透系数及内摩擦角大，粘结力小等性质。

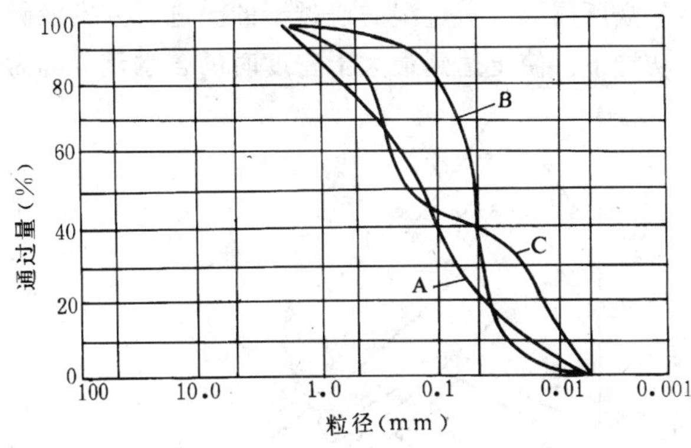

图 5-2　级配类型

（二）粉煤灰的密度、堆积密度及液限

1. 密度

粉煤灰颗粒较细，所以其密度采用悬浮液法测定。

由于粉煤灰具有相当数量的空心玻璃微珠，因此它的密度与土相比，就小得多，在 2.06～2.40g/cm^3 之间，平均为 2.23g/cm^3。

2. 堆积密度

堆积密度是指松散状态下粉煤灰的密度，是材料运输、方量验收、现场摊铺时一个不可缺少的指标。堆积密度随含水量变化很大，图 5-3❶ 是上海几个电厂粉煤灰堆积密度与含水量的关系。

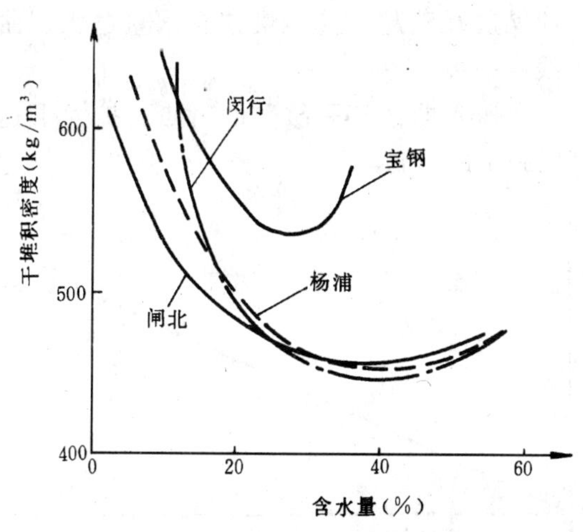

图 5-3　粉煤灰的堆积密度

从图中可以看出，松密度随含水量的提高而减小，至某一含水量后，其松密度又随含水量的提高而增大，呈马鞍形。

松散状态下的粉煤灰的密度随含水量的变化很大，在 450～700kg/m^3 之间，这个特点对运输很重要。从结果看，松散状态下最小密度时的含水量与最佳含水量 w_0（轻型击实标准）比较接近，或许二者间存在着某种联系。从提高运输效益考虑，运输时粉煤灰含水量不宜在最佳含水量 w_0 附近，这时虽然方量不小，而实际重量不足。

3. 液限

粉煤灰液限同粒径大小、颗粒类型有关，而不像土壤那样，主要取决于粘土颗粒的多少。粉煤灰的液限采用 JTJ051—1981《公路土工试验规程》规定的液、塑限联合测定仪测定，锥重为 100g。粉煤灰液限在 45%～56%（相当于 76g 锥重时为 38%～51%）。与砂性土（16%～28%）相比，偏大很多，而与粘性土相近。这种差异是粉煤灰发达的孔隙造成的，颗粒愈细，熔渣状颗粒愈多，孔隙愈发达，其液限相对就大。这个特点是粉煤灰特有的。

（三）击实性能

粉煤灰的击实性能对粉煤灰填筑工程压实有重要的意义，对路基或地基的稳定、强度和施工的难易程度都有重大影响。

---

❶ 本资料引自上海市市政工程研究院粉煤灰修筑高等级道路路堤的技术鉴定资料。

众所周知，对过湿的或过干的土进行夯实或碾压时，不可能把土充分压实。在一定的压实功能下，使土达到最大干密度时的含水量，称为土的最佳含水量。

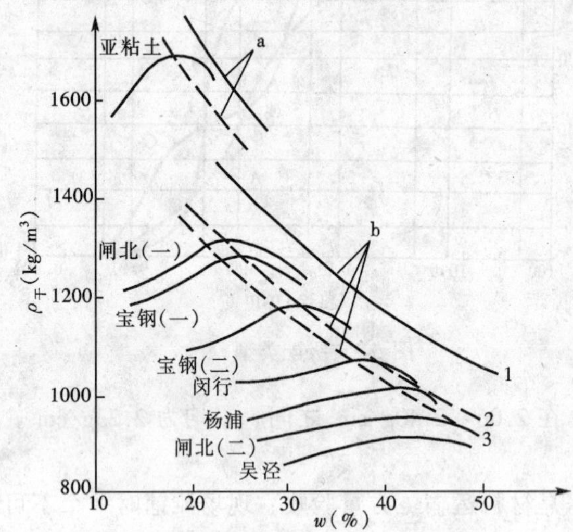

图 5-4 粉煤灰标准击实曲线（轻型）

1—含气率为 0%；2—含气率为 10%；3—含气率为 12%；

a—亚粘土空气率等值线（$\rho_s = 2.701\text{g/cm}^3$）；

b—粉煤灰空气率等值线（$\rho_s = 2.19\text{g/cm}^3$）

土的最佳含水量和最大干密度，通常是在试验室内进行击实试验测得的。现行的国内外击实标准分轻型标准（葡氏压实标准）与重型标准（修正葡氏压实标准）两种。

粉煤灰的击实试验采用与土相同的试验标准。鉴于粉煤灰试样在重复使用下颗粒易被击碎，最大干密度明显偏大，因此，为符合施工实际，试验时灰样均不能重复使用。

图 5-4[❶] 是上海各电厂粉煤灰轻型标准击实曲线。其压实规律与土的基本相同，但有其特点，即粉煤灰的击实曲线比土的平缓得多；最大干密度越小，曲线越平缓。粉煤灰孔隙越发达，最佳含水量越大，曲线越平缓。

压实曲线“平缓”的特点，扩大了达到预定压实要求所需要的含水量范围，有利于现场施工的控制。

粉煤灰轻型标准的最大干密度变动范围在 900～1350kg/m^3 内，最大干密度同最佳含水量大致成线性关系。粉煤灰的压实密度比土轻 1/3～1/5，这对减轻回填体的自重，减小基底应力，减小软土地基上的沉降和提高地基稳定性，都具有重要意义。

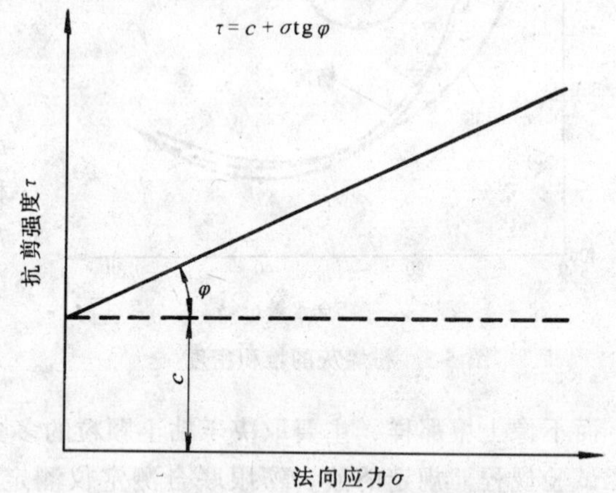

图 5-5 抗剪强度与法向应力关系的典型曲线

φ—内摩擦角；c—内聚力

众所周知，最佳含水量和最大干密度与夯击能量有关。将重型标准与轻型标准比较，最大干密度提高了 4%～9%，最佳含水量降低了 4%～6%。如果采用重型击实标准，最大干密度将有较大的提高。但是在选择击实标准和确定压实要求时，应结合当地水文条件、施工实际和有关规范综合考虑。

（四）抗剪强度参数

粉煤灰作为填筑材料使用时，其抗剪强度决定了边坡与地基的稳定性。对挡土墙而言，

❶ 本资料引自上海市市政工程研究院粉煤灰修筑高等级道路路堤技术鉴定资料。

回填土的抗剪强度将决定挡土墙所必须支承的荷载。

抗剪强度与材料的内聚力及内摩擦角两个参数有关。其关系示于图 5-5[1] 中。内聚力为各颗粒间由吸引力而形成的抗剪强度的度量标准；而内摩擦角则为颗粒间摩擦阻力而形成的抗剪强度的度量标准。

剪力试验方法有多种，实验室常用的有直接剪切试验、三轴剪切试验和无侧限抗压强度试验。现场原位测试的有十字板剪切试验，大型直接剪切试验等。由于现场测试比较复杂，在实际中使用较少。上述各种试验可遵循有关土工试验标准。

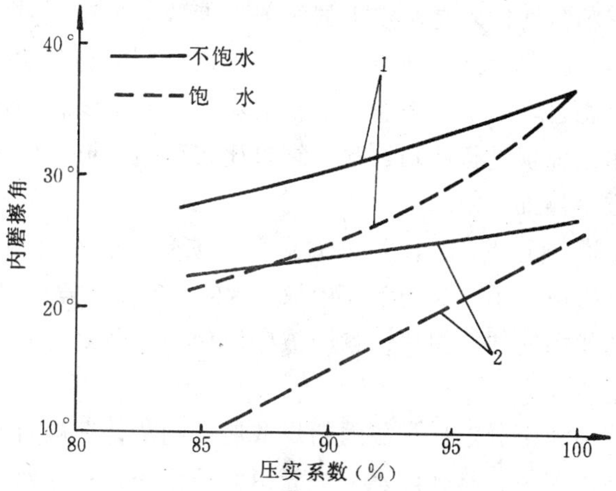

图 5-6　粉煤灰内摩擦角试验结果

1—粉煤灰；2—亚粘土

直接剪切试验具有构造简单、操作方便等优点，但也存在着剪切面不是沿土样最薄弱的面剪切破坏；剪切面上剪应力分布不均匀，在边缘发生应力集中现象；剪切过程中，剪切面逐渐缩小，而计算时仍按土样的原截面积计算；试验时排水条件不能严格控制等缺点。但它具有简便快速等优点，故现仍为一般工程广泛采用。

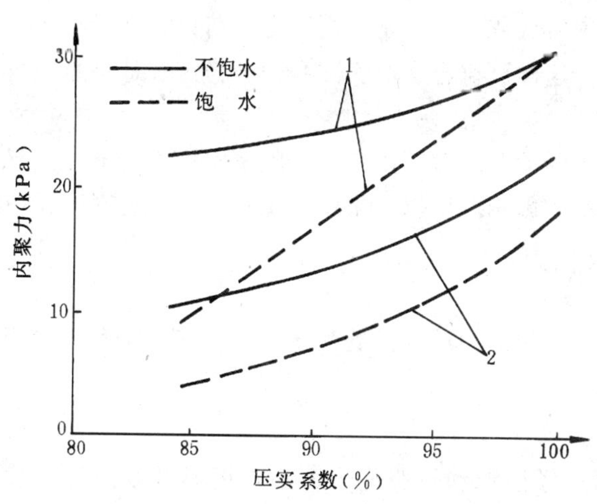

图 5-7　粉煤灰内聚力试验结果

1—亚粘土；2—粉煤灰

图 5-6[1]、图 5-7[1] 是粉煤灰不固结快剪试验结果。为便于比较，图中同时列出亚粘土的试验结果。

试样直接从击实筒中切取，选择不同击实度来制备不同密度的试件，制备时含水量接近最佳含水量。试验分别在饱水和不饱水两种状态下进行。饱水方法采用上下放置透水板，附加重（$p_0=5.1$kPa），浸水 24h。

从总体上看，c、φ 与压实系数存在着一定的关系，即 c、φ 随着压实系数的提高而增大。粉煤灰具有较高的 φ 值和较低的 c 值。

轻型标准（压实系数 90%～100%）粉煤灰的 φ 值随压实系数而变化，范围在 29°～36°，与国外的资料基本一致。饱水后 φ 值约减小 0～20%。c 值甚小，为 13～25kPa，饱水后损失 20%～40%。但是，同土壤相比，粉煤灰的 φ 值约高 30%～50%，而 c 值约小 30%～50%。

[1] 本资料引自上海市市政工程研究院粉煤灰修筑高等级道路路堤技术鉴定资料。

需要说明的是，影响 c、φ 值的因素很多，不同来源的粉煤灰的差别很大，在工程应用上，必须经过试验来确定 c、φ 的设计值。

三轴剪切试验是测定土的抗剪强度的一种较为完善的方法。其突出的优点是能使试件三维受力，能较为严格地控制排水条件以及可以测量试件中孔隙水压力的变化。此外，试件的应力状态也较明确，破裂面是在最弱处，而不像直接剪切仪那样限定在上下盒之间。一般来说，用三轴仪进行剪切试验，结果比较可靠。但是，设备比较复杂，操作要求高，在有条件的地方值得推荐使用。

从道理上讲，三轴剪切试验系三维受力状态，更符合实际，但考虑到粉煤灰内聚力较小，易松散，不易从击实筒中取出 $\phi5\times10$cm 试样，且操作技术的要求高。另一方面盒式剪力仪的使用简便、快速，且已被广泛使用。所以，粉煤灰的抗剪强度指标以直接剪切试验为主。

我国大部分电厂排放的粉煤灰属低钙灰，一般自硬性较弱。国外认为这类粉煤灰的内聚力是视内聚力，是孔隙水毛细管引力的作用，在绝对干燥和饱和状态时消失，故将内聚力视作零。值得强调的是，通过大量的室内外试验证明，压实到一定干密度的粉煤灰在饱和后仍具有一定的内聚力，且随压实系数的提高而增加。从野外粉煤灰试验路段不同季节的钻探测试结果看，粉煤灰路堤含水量基本保持在最佳含水量附近，远未达到饱和状态。另外，露天粉煤灰堆场中近乎直立的休止角也证明了粉煤灰具有一定的内聚力。所以，在设计中对低钙粉煤灰，可以考虑其具有一定的内聚力，这样更符合生产实际和边坡稳定及地基承载力的计算。

粉煤灰的抗剪强度与密实度有相当大的关系。对回填工程，除密实度不可能达到最大值外，还要考虑到雨季、毛细水等不利因素的影响。所以，采用粉煤灰作回填材料时，应综合考虑上述各种因素的影响，合理取用 c、φ 值。

（五）承载力与弹性模量

在建筑工程中，粉煤灰压实体强度习惯用静力载荷试验测定；对于道路工程，常用弹性模量（E_0）和加州承载比（CBR）来表示。

1. 静力载荷试验

在建筑工程中，为了确定地基土的变形性能和承载能力，常在现场做原位静力载荷试验，用载荷试验来确定地基容许承载力。

静力载荷试验实际上是模拟建筑物基础受荷条件的现场试验。它通过刚性承载板（其尺寸采用 50cm×50cm、70.7cm×70.7cm 或 100cm×100cm 的方形钢板）对试验体表面逐渐加荷，观测每级荷载下的变形。根据试验绘制荷载—沉降曲线（p-s 曲线）及每级荷载下的沉降-时间曲线（s-t 曲线），由此判断变形特性，求得变形模量和极限荷载，并计算相应的容许承载力。为了正确地评定粉煤灰压实体本身的承载能力，其压实体厚度应大于 3～5 倍的承载板宽度，否则所测的极限承载将包括下卧层的影响在内。

从静力载荷试验结果看，粉煤灰承载能力是较好的，其容许承载力在 200kPa 以上。表 5-1[1] 是几项工程中粉煤灰地基的容许承载力。

[1] 本资料引自上海市建筑科学研究院、上海宝山钢铁总厂关于粉煤灰回填土技术鉴定资料。

表 5-1　　粉煤灰地基容许承载力

序号	工程项目	粉煤灰来源	承载板尺寸（cm×cm）	容许承载力（kPa）	测试单位	测试日期	备　注
1	南通狼山港	南通天生港电厂	50×50	200	宝钢冶金建设公司	1984 年	
2	南通富金家具厂	南通天生港电厂	50×50	200	上海建科院	1987 年	
3	宝钢试验坑	宝钢电厂调湿灰	70.7×70.7	>250	冶金建研院	1987 年	
4	上海关港	闵行电厂调湿灰	50×50	450 425	上海建科院	1988 年	按破坏荷载除 3，按 0.01b 相对变形，b 是承载板宽度
5	上钢一厂薄板车间	宝钢电厂湿灰	50×50	300	上海建科院	1990 年	
6	宝钢表层亚粘土		50×50	130	宝钢冶金建设公司	1984 年	对比试验
7	南通天然地基土		50×50	100	上海建科院	1987 年	对比试验

2. 弹性模量（E_0）和加州承载比（CBR）

（1）弹性模量（E_0）。路基弹性模量是表示路基抗垂直变形的能力，是路基强度的一个指标，也是我国进行道路设计的一个重要参数。弹性模量的测定有室内、室外两种。

室内弹性模量的测定装置见图 5-8。它是由试筒、压块、压头和千分表组成的。测定方法是将预定的压力 p 分成 4～6 等分，作为每次加荷的重量。施加第一级荷载，变形基本稳定后，记录千分表读数。卸荷，稳定后记录千分表读数。然后，施加第二级荷载，按上述方法重复进行，直至最后一级荷载。

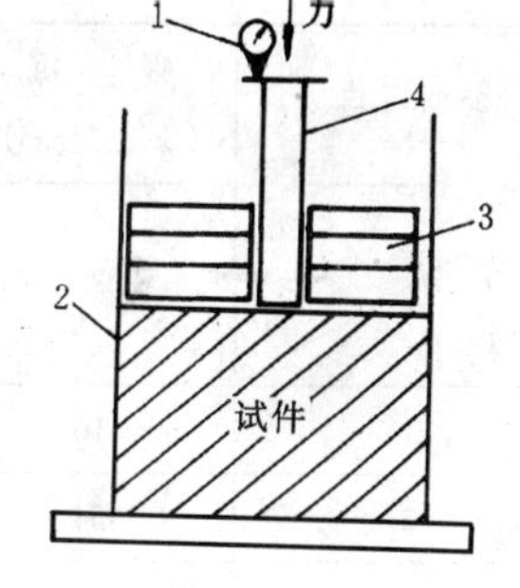

图 5-8　室内弹性模量及 CBR 试验装置

1—千分表；2—试筒；3—压块；4—压头

室外弹性模量试验，又称承载板法，是在现场进行的原位载荷试验。测定所用设备为载重汽车、刚性承载板 ϕ28cm、两台弯沉仪、油压千斤顶和百分表、压力表等组成。测定时施加荷载等级不小于 7～8 个，最大压应力不大于 0.7MPa。

弹性模量（E_0）用下式进行计算：

$$E_0 = \frac{\pi}{4}\frac{pD}{l}(1-\mu_0^2)$$

式中　μ_0——泊松比，取 0.35；

D——承载板或压头的直径，m；

p——荷载压力，Pa；

l——相当于 p 时的回弹变形，m。

室内外的粉煤灰弹性模量测定结果表明，上海地区的粉煤灰路基有如下特点：

1）强度高。由于上海地区的地基属软土地基，其土路基的回弹模量 E_0 一般为 8～12MPa，而粉煤灰路基的回弹模量为 30～70MPa，为软土地基的数倍，但该类现象仅适合于上海地区的软土地基，而全国其他地区粉煤灰路基的回弹模量与土路基回弹模量的比值将取决于该地区的地基土类型，如某些山区和丘陵地区的土路基回弹模量将大于粉煤灰路基的回填模量。

2）均匀性好。粉煤灰路堤在填筑过程中，由于回填材料的均匀性，压实手段的同一性、压实密度的统一性，因此，填筑完成的粉煤灰路堤的密实程度比较一致，粉煤灰路堤的回弹模量波动小，均匀性好，纯灰路堤对均匀性的表现更甚。

3）软化系数小。软化系数是衡量某一材料其饱水后的强度损失的指标。粉煤灰的软化系数为 0.4 左右，即饱水后其强度损失在 60% 左右，究其原因，主要是由于粉煤灰粘性差，遇水后其强度剧烈下降，因此，建议粉煤灰在回填时宜用粘土将其与地下水相隔离，隔离距离至少在 50cm 以上，只有这样，才能将地下水对粉煤灰的影响降至最低。

4）粉煤灰强度对压实系数的敏感性要比土大。也就是说，受压实度的影响大，压实度增大，其强度增长迅速。所以，较充分的压实有利于粉煤灰回填工程。

粉煤灰路堤有纯灰和灰土间隔两类。纯灰路堤能更好地反映粉煤灰一系列的工程特性，显示出良好的技术效益，有助于大吨位粉煤灰利用。灰土间隔主要是可以就地利用本土，减少施工过程中灰的飞扬和流失。但它兼具了两者的缺点，施工复杂，因此在有条件的地方，应优先采用纯灰路堤。

表 5-2 是上海市市政工程研究院结合工程，对部分电厂粉煤灰进行的弹性模量试验结果。

表 5-2　　沪加高速公路试验路段 E_0 值

项目	弯沉 ($\times 10^{-2}$mm)	换算 E_0 (MPa)	实测 E_0 (MPa)	弯沉 ($\times 10^{-2}$mm)	换算 E_0 (MPa)	实测 E_0 (MPa)
类型 / 编号	1:1 灰土间隔			纯灰		
1	116	49.3		140	60.8	
2	154	37.2		156	54.2	
3	62	92.3		138	61.8	
4	160	35.8		130	65.8	
5	120	47.7		142	59.9	
6	124	46.2		176	47.7	
7	120	47.7		156	54.2	
8	114	50.2		150	56.5	
9	126	45.4		160	52.8	
10	122	46.9		176	47.7	
11	120	47.7		130	65.8	
12	94	60.9		136	62.7	
13	84	68.1		112	77.2	
14	110	52.1		114	75.7	
15	138	41.5		120	71.7	

续表

项目	弯沉（$\times10^{-2}$mm）	换算 E_0（MPa）	实测 E_0（MPa）	弯沉（$\times10^{-2}$mm）	换算 E_0（MPa）	实测 E_0（MPa）
类型 / 编号	1:1 灰土间隔			纯灰		
16			37.2			77.2
17			49.8			65.9
18			47.0			66.8
E_0 的平均值	$\overline{E}_0=\frac{\Sigma E_0}{18}=50.2$MPa			$\overline{E}_0=\frac{\Sigma E_0}{18}=62.5$MPa		

注 本资料引自上海市市政工程研究院粉煤灰修筑高等级道路路堤技术鉴定资料。

(2) 加州承载比（CBR）。CBR 试验是一种贯入试验。承载能力用材料抵抗局部荷载压入变形的能力来表征，并以采用碎石的承载能力为标准，用相对值表示。CBR 室内试验设备与室内回弹模量试验相同（见图 5-8）。其压头直径为 5cm，加载速度为 3mm/min。CBR 室外现场测试设备与弹性模量（承载板法）基本相同，只是将承载板换成 5cm 直径的压头，加载方式与室内试验一致。在路面设计中，不少国家采用 CBR 作为路基强度的设计参数。

从对上海部分电厂粉煤灰进行的 CBR 室内测定结果来看，试验结果所显示的规律与弹性模量测定结果所显示的基本一致。

（六）压缩系数

回填体的沉降量是由两部分组成的，一是地基沉降，一是填筑材料本身的压缩。前者与地基土和填筑材料的自重有关，后者则完全取决于材料自身的压缩特性。压缩系数就是表征材料可压缩性的一个重要指标。

室内压缩试验按常规方法进行。压缩试验时，用金属环刀切取击实粉煤灰样品，置于圆形压缩容器（见图 5-9）的刚性护环内，灰样上下各垫有一块透水石，灰样受压后，土中水可以自由排出，灰样在压力作用下只能发生竖向压缩，而无侧向变形。灰样在人工饱和与非饱和状态下，进行逐段加压固结，以测定各级压力 p 作用下灰样压缩稳定后的孔隙比变化，绘制灰样的压缩曲线（p-e 曲线）。

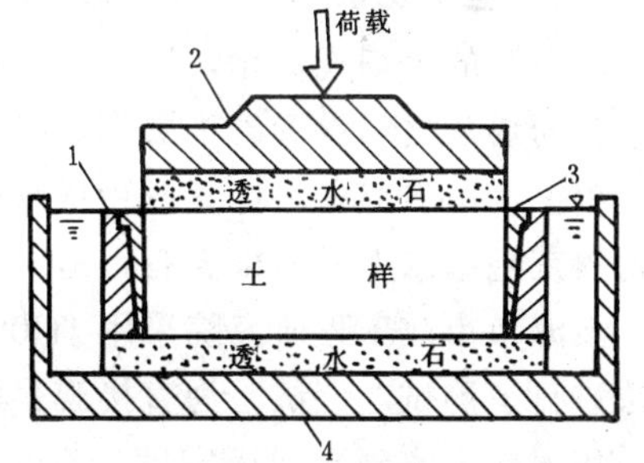

图 5-9 压缩仪的压缩容器简图
1—压缩环；2—加压活塞；3—环刀；4—底座

上海粉煤灰的压缩系数为（0.8～2.7）$\times10^{-4}$ m^2/kN，饱水状态时其影响甚微。但压缩系数受压实度影响较大，即压实度越高，压缩系数越小。

（七）渗透性

粉煤灰的化学组成和颗粒形态决定了粉煤灰具有较高的渗透系数。在自然状态下，粉煤灰只要稍加堆高，水份就易沥干。在压实状态下，渗透系数受压实度稍有变化。粉煤灰与土壤渗透系数随压实度的变化见图 5-10。[1]

[1] 本资料引自上海市市政工程研究院粉煤灰修筑高等级道路路堤技术鉴定资料。

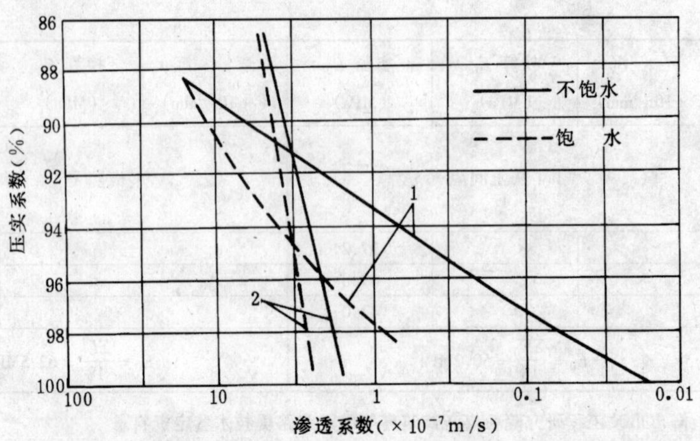

图 5-10 粉煤灰渗透系数

1—土壤；2—粉煤灰

这里值得一提的是当压实度较低时，粉煤灰的渗透系数低于粘性土，这种情况是限于室内试验条件下得出的结果，同实际有一定的距离。土壤受水后会膨胀，吸水后不易脱水，而粉煤灰主要是玻璃体，膨胀小，多余的自由水易于渗出和蒸发。因此，较小的压实度并不意味着实际上粉煤灰的脱水能力低于土壤。

现场实测结果表明：一经压实后，粉煤灰并未显示出很大的渗水性，经测定，在一定深度以下的粉煤灰含水量并无明显增加，大部分的水从表面排走，因此只要做好施工时的排水措施，较大的渗透系数不会对工程产生不利的影响。

粉煤灰较好的渗透性，特别是在多雨地区，对于加快施工进度，以及缩短路堤本身固结时间，都是一个有利的条件。

（八）毛细现象

粉煤灰的毛细现象比较发达，不利于粉煤灰填筑体的稳定及防止冻胀。国外常建议在地下水与粉煤灰之间设置砂垫层作为隔离层，以阻隔毛细水侵入粉煤灰路堤。

根据美国研究资料计算，粉煤灰的毛细水上升高度可以达到1.8~9.6m，但实际经压实的粉煤灰毛细水上升值很少有报道。

上海市市政工程研究院采用JTJ051—1981《公路土工试验规程》中的毛细水上升高度试验法进行了测试。该试验为直接观察法，简便、直观，管径为4cm，长180cm，试样分层填入，用木棒击实到不同压实度进行试验。试验结果表明，三、四天后粉煤灰毛细水趋于稳定。试验结果见表5-3。

表 5-3 毛细水上升高度

毛细水上升高度（cm） 灰源 / 压实度（%）	吴泾电厂	闸北电厂	杨浦电厂	平均值
90	120	120	120	120
95	100	110	120	110
100	90	80	80	83

从三种代表样品结果来看，毛细水上升高度与压实度有关，即随着压实度的提高而下降，但均在100cm上下，而一般亚粘土仅50cm。室内结果与野外观测基本相符。

粉煤灰发达的毛细现象，对于路堤等回填工程设计来说，需加注意，宜采取相应的技术措施。对于无自硬性的粉煤灰，这点尤为重要，填筑时不宜离地下水位太近，否则应用粘性土或排水隔离层铺足一定厚度，以隔断毛细水。对具有冻胀现象地区，更应重视。

（九）自硬性

粉煤灰的主要矿物成分为硅铝酸盐玻璃体，伴有少量石英、莫来石、赤铁矿、磁铁矿及微量游离态氧化钙。粉煤灰遇水后，微量游离态氧化钙、玻璃体内的钾、钠氧化物及硫酸盐等成分溶解于水，形成硫酸钙、氧化钙等的结晶。压实的粉煤灰早期即具有一定的力学性能，水化硅酸钙、铝酸钙和硫酸钙的形成，又进一步发展了这种力学性能。因此，与一般土壤不同，粉煤灰的土工性能随龄期的增长而有所发展。

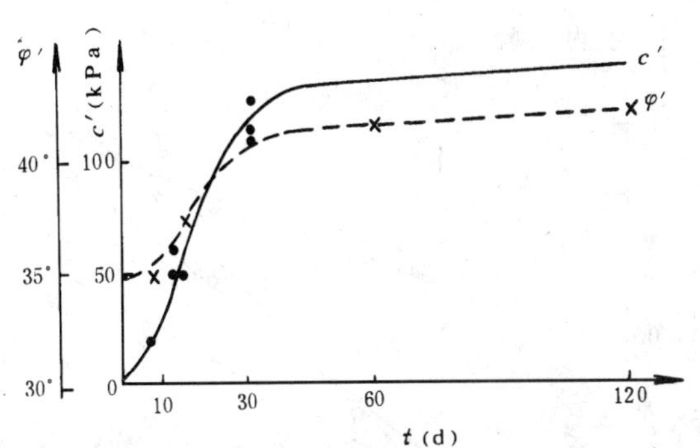

图 5-11　内聚力 c'、内摩擦角 φ' 与龄期 t 的关系曲线

清华大学水利系的试验资料如图5-11所示。随着龄期的增长，内摩擦角 φ' 和内聚力 c' 都有增长，c' 值增加更大些。在龄期初始阶段，增加更快，一个月以后，增加速度明显变缓。

英国的试验资料见表5-4粉煤灰内摩擦角 φ' 和内聚力 c' 随龄期亦有一定的增长。

表 5-4　龄期对粉煤灰内聚力、内摩擦角及无侧限抗压强度的影响

龄期（d）	1			2			3			4			平均值		
	c'	φ'	UCB	c'	φ'	UCB	c'	φ'	UCB	c'	φ'	UCB	c'	φ'	UCB
1	11	32	45	9	34	34	14	22.5	52	13	35	50	11.75	30.8	42.25
7	29	14	127	29	39	122	14	34	53	17	41	75	22.25	38.75	38.0
28	32	42	144	32	41	140	12	35.5	47	20	43	92	24.0	40.37	105.75
91	33	42	171	35	42	157	15	35.5	56	22	43	101	27.55	40.6	121.25
182	40	42	180	39	41	171	16	37	64	24	43	111	29.7	40.75	131.5
371	42	42	189	43	40	183	16	38	74	25	43	115	31.5	40.75	140.25
749	51	45	246	45	39	689	19	40	81	25	46	124	35	42.5	160.0
1230	79	41	346	70	40	300	30	36	117.5	29	44.5	136	520	40.3	224.8

注　c'—内聚力（不排水时）lbf/in^2；

φ'—抗剪切角（不排水时），度；

UCB—无侧限抗压强度，lbf/in^2；

$1lbf/in^2 = 6.89476kPa$。

上述例子表明粉煤灰在压实后，其无侧限抗压强度、抗剪强度随龄期增长的情况。从灰种上看，基本是干灰，调湿灰和高钙灰（英国粉煤灰大多是干灰，其游离氧化钙含量较湿灰的高），我国目前高钙灰不多，大部分还是低钙灰。对设计中是否考虑压实粉煤灰的龄期效应，应视粉煤灰的品种，经试验后决定。

（十）水稳定性

从室内试验中可知，压实后的粉煤灰浸水后，其强度有一定的损失。粉煤灰作回填材料特别是作建筑和港区回填时，在上海等地下水位高的沿海地区，不可避免地要与地下水直接接触。这种情况下，粉煤灰的水稳定性问题一直受到广大土木工作者的关注。

压实粉煤灰水稳定性的判断，主要从强度和变形性能两个方面来衡量。下面将从室内试验和现场测试来讨论上述两个问题。

1. 室内试验

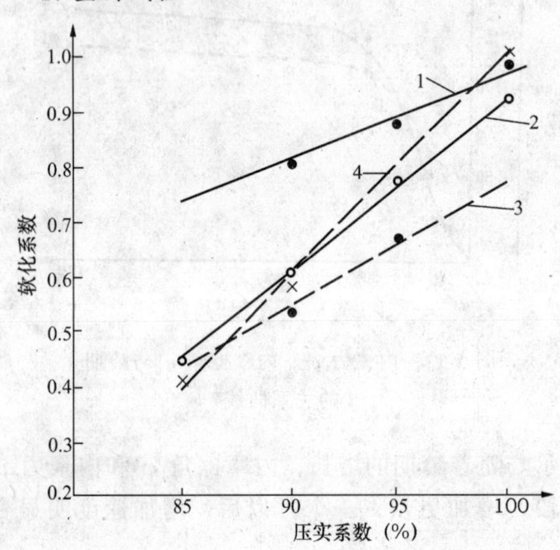

图 5-12 粉煤灰、亚粘土 c、φ 软化系数与压实系数的关系

1—粉煤灰（φ）；2—亚粘土（φ）；3—粉煤灰（c）；4—亚粘土（c）

水稳定性主要以饱水前后的强度比即软化系数来表示，通常小于1，根据资料，上海地区部分电厂粉煤灰内聚力 c、内摩擦角 φ 的软化系数示于图 5-12。为有利于分析对比，同时对上海地区有代表性的亚粘土进行了相应的试验。试验采取选择不同击实次数达到预定的不同压实度来制备样品，制备时样品含水量接近最佳值。试件饱水方法同弹性模量（E_0）饱水法。试验证明：粉煤灰渗透快，饱水时间为 24h；土的饱水时间为 96h。

从图 5-12 可以看出，软化系数与压实系数呈线性关系。对于压实后（压实系数 90%～100%）粉煤灰饱水的 φ 值损失在 2%～20%，而亚粘土的为 7%～40%；粉煤灰的 c 值损失在 20%～45%，亚粘土的为 0～40%。粉煤灰水稳定性能与亚粘土相比，φ 值较好，而 c 值略差些。

同济大学对宝钢电厂湿灰进行了三轴固结不排水强度试验，分别在浸水和不浸水的不同饱和状态下进行，浸水时间分别为 30d、60d、90d。其不同浸水时间三轴试验所得结果如表 5-5 所示。

为了反映不同浸水时间粉煤灰强度变化趋势，采用如下两个参数值 r_{st} 和 $r_{\varphi t}$，即

$$r_{st} = \frac{\tau_{f(t)}}{\tau_{f(0)}}$$

$$r_{\varphi t} = \frac{\mathrm{tg}\varphi_{e(t)}}{\mathrm{tg}\varphi_{e(0)}}$$

式中 r_{st}——试验测得的强度破坏值的比值；

$r_{\varphi t}$——等代摩擦角（反映强度指标 c、φ 的综合）正切值的比值；

$\tau_{f(t)}$、$\tau_{f(0)}$——表示浸水时间为 t 天和零天的试样在剪破时的强度测定值；

$\mathrm{tg}\varphi_{e(t)}$、$\mathrm{tg}\varphi_{e(0)}$——浸水时间分别为 t 天和零天的等代内摩擦角的正切值。

表 5-5　　粉煤灰试样三轴 C_u 试验的 $\varphi°$ 结果

浸水时间（d） \ 试样编号	1	2	3	4
30	39	38.5	38	39
60	33.5	33.5	33.5	34
90	32.5	40	35.6	33

图 5-13[1] 为粉煤灰试样在不同浸水时间所得的强度比 r_{st}、$r_{\varphi t}$的变化曲线。从图上可知，粉煤灰试样在浸水后强度是降低了 20%～25%。

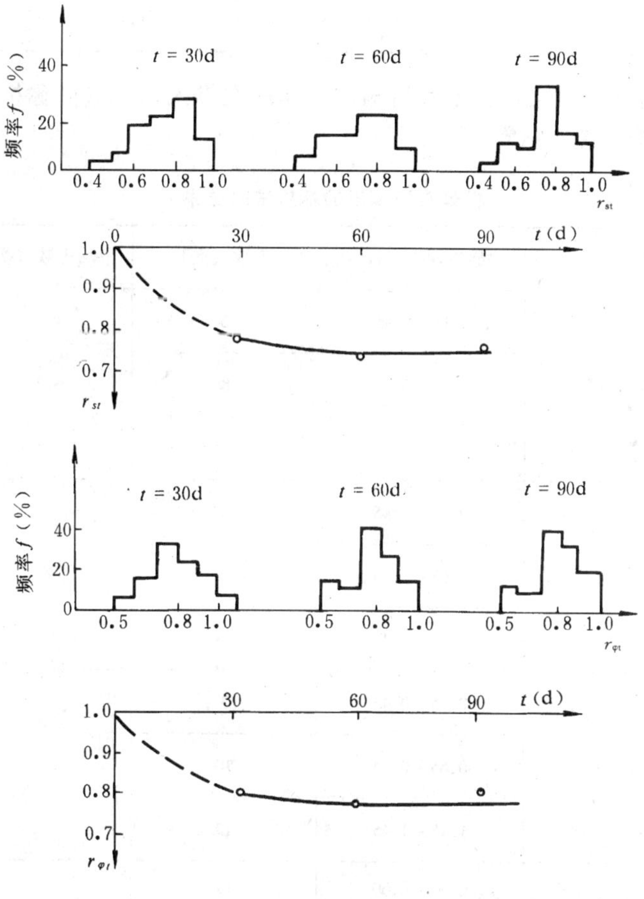

图 5-13　强度比 r 随浸水时间 t 的变化

2. 现场测试结果

下面是在工程现场对粉煤灰压实体采取静荷载、静力触探和标准贯入等试验方法，进行水稳定性试验的测定结果。

[1] 本资料引自魏道垛等著《粉煤灰结构填方的水稳定性研究》。

(1) 南通市经济开发区振兴路污水管道粉煤灰回填试验工程，试验面积为 18m×13m，填筑厚度 1.89m（处于 -0.775m～+1.115m 标高），地下水位波动于 +1.90m～+2.20m，地面高程为 +2.70m。试验时间在 1987 年 8 月 6 日～11 月 26 日，浸水时间在 9 月 3 日～11 月 26 日。浸水前后静荷载试验比较见表 5-6。❶

表 5-6　浸水前后粉煤灰回填层静荷载试验比较

浸水前		浸水后		
相对沉降量 $s=0.01b$（cm）	允许承载力 [f]（kPa）	相对沉降量 $s=0.015b$（cm）	允许承载力 [f]（kPa）	软化系数
0.5	160	0.5	125	0.78
0.75	250	0.75	175	0.70

工程填筑一个月后，再浸水三个月后测试。其标准贯入试验（简称标贯试验）、静力触探试验结果见表 5-7❶、表 5-8。❶

表 5-7　粉煤灰回填层的标贯试验结果

名称编号	标贯深度（m）	击数（次）	平均击数（次）	软化系数
浸水后粉煤灰回填层 $N_{63.5}$-1#	0.15～0.45	2	6.2	0.36
	0.65～0.95	8		
	1.15～1.45	8.5		
浸水后粉煤灰回填层 $N_{63.5}$-2#	0.15～0.45	3	9	0.53
	0.65～0.95	11		
	1.15～1.45	13		
浸水后粉煤灰回填层 $N_{63.5}$-3#	0.15～0.45	3	8.3	0.49
	0.65～0.95	10		
	1.15～1.45	12		
浸水前粉煤灰回填层 $N_{63.5}$-4#	0.30～0.60	11	17	
	0.90～1.20	22		
	1.40～1.70	18		

注　$N_{63.5}$表示用 63.5kgf（1kgf=9.8N）的标贯锤击 N 次。

❶ 以上资料引自上海市建筑科学研究院粉煤灰回填土试验研究技术鉴定资料。

表 5-8　　粉煤灰回填层静力触探试验结果

状　态	压实状态	比贯入阻力 p_s（MPa）	地基承载力［f］（MPa）	压缩模量 E_s（MPa）
浸水前粉煤灰回填层	压实度较好	8.0～9.0	2.0～2.3	16.0～18.7
浸水后粉煤灰回填层	压实度较好	4.5～6.0	1.4～1.7	9.5～12.3
软化系数（平均）		0.62	0.72	0.63

可以看出，浸水后粉煤灰强度在静荷载试验中损失 20%～30%。浸水后粉煤灰强度在静力触探和标贯试验中的下降值，要比静荷载试验的大。

(2) 上海市建筑科学研究院在上海港务局关港作业区，对曹家港一个河段进行填筑，着重研究粉煤灰在水中的稳定性试验。工程填筑前把回填区水抽干，填筑后地下水逐渐浸泡，在即时、4个月、9个月、18个月和24个月分别进行了静荷载、静力触探和标贯等试验，分析研究粉煤灰压实地基在实际工程中浸水条件下的承载性能。

1）静力荷载试验。试验结果参见表 5-9。

表 5-9　　静力载荷试验结果

允许承载力＼试验龄期	即　时	4个月	9个月	18个月
1/3 破坏荷载（kPa）	450	317	189	200
软化系数	1	0.7	0.42	0.44

注　本资料引自上海市建筑科学研究院上海市关港粉煤灰填筑工程研究技术鉴定资料。

2）由抗剪强度计算的粉煤灰地基承载力。根据上海市标准 DBJ08—11—1989《地基基础设计规范》，地基土的允许承载力可根据土的抗剪强度按下式计算：

$$f = N_D \gamma_D h + N_c c$$

式中　f——地基允许承载力，kPa；

N_D，N_c——承载力系数，根据基础底面以下持力层地基土的内摩擦角 φ 确定；

c——持力层地基土的内聚力，kPa；

h——基础埋置深度，m；

γ_D——基础底面以下土的加权平均重度，地下水位以下取消有效重度，kN/m^3。

按上述公式，由灰样的抗剪强度参数计算的粉煤灰浸水后龄期的允许承载力见表 5-10。

表 5-10　　粉煤灰地基允许承载力计算条件与结果

龄　期	基础深度（m）	水位（m）	γ_D（kN/m^3）	φ	c（kPa）	N_D	N_c	［f］（kPa）	软化系数
即时	1.5	1.8	15.1	32°44′	41.0	6.65	8.7	511	1
4个月	1.5	0.6	9.3	30°29′	25.0	5.89	8.27	287	0.56
24个月	1.5	0.6	9.3	36°57′	11.0	8.19	10.08	226	0.44

根据表 5-9、5-10❶ 的数据，浸水后龄期对粉煤灰地基允许承载力的影响示于图 5-14❶ 中。从图中可见，由这两种方法所得的允许承载力的结果相近。可以认为，粉煤灰地基的允许承载力，随浸水龄期的延长而明显地降低，经 10 个月后，允许承载力基本稳定。此时，其承载力约相当于即时承载力的 45%。该试验采用的是上海闵行电厂调湿灰，其允许承载力尚能达到 200kPa。

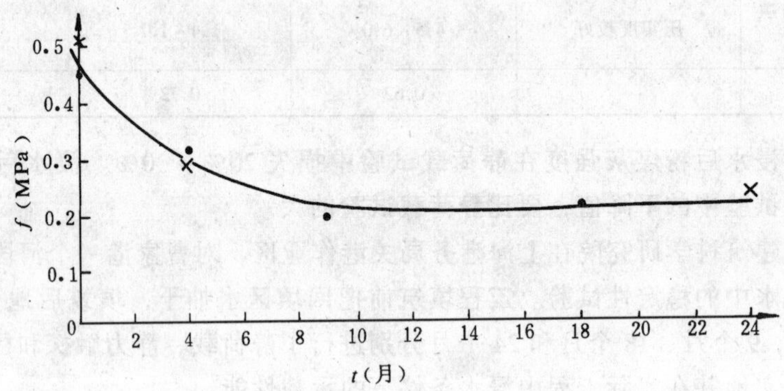

图 5-14 浸水龄期对粉煤灰地基承载力的影响

·—荷载试验结果；×—原位土抗剪强度计算结果

总之，地基承载力浸水后的软化系数均因粉煤灰的组成、压实度、饱水情况而变化，不可能有一个统一的数值。但是现有资料已充分表明，其容许承载力明显大于上海原土地表承载力 80 ~ 120kPa。

（十一）抗液化性能

抗液化性能对地下回填是一个至为重要的，但又是未充分研究的问题。在地震等动力荷载作用下，饱和砂土和饱和轻亚粘土地基都有可能发生振动液化现象。所谓液化是一种土体运动。在震动作用下，松散土有振密的趋势。由于饱和状的砂性土或稍具粘性土的孔隙全部被水充填，因此这种快速趋于紧密的作用将导致孔隙水压力骤然上升而来不及消散，致使土中的有效应力减小，当孔隙水压力等于总应力时，有效应力就变为零。此时土体完全丧失抗剪强度和承载能力，变成液体状态，这就是振动液化现象。

上海宝山钢铁总厂通过现场贯入试验及室内动三轴仪试验，对湿排粉煤灰地基和调湿粉煤灰地基的液化可能性进行了探索性的研究。

1. 标准贯入临界击数判别

现场试验判别砂土液化，能较全面地综合反映影响液化的因素，我国的 TJ11—1978《工业与民用建筑抗震设计规范》规定：以临界标准贯入击数 N_{cr}作为判别标准。

当饱和砂土的实际标准贯入击数 $N_{63.5}$值小于按下式算出的 N_{cr}值时，则可认为是可液化砂土。

$$N_{cr} = \overline{N}_{cr}[1 + 0.125(h_s - 3) - 0.05(h_w - 2)]$$

式中 N_{cr}——饱和砂土所处深度为 h_s，地下水深度为 h_w 的砂土液化临界标准贯入击数；

❶ 以上资料引自上海市建筑科学研究院上海市关港粉煤灰填筑工程研究技术鉴定资料。

$\overline{N}_{cr}$——当 $h_s=3m$，$h_w=2m$ 时的砂土液化临界标准贯入击数；设计烈度为 7 度、8 度、9 度远震时，其数值分别是 6、10、16；或设计烈度为 7 度、8 度远震时，其数值分别是 8、12。

宝钢地区地下水位一般在 1m 左右，粉煤灰工程回填深度在 3～5m 左右。当 h_s 为 3m、5m、8m 时的液化可能性判别的计算结果见表 5-11[❶]。

表 5-11　不同设计烈度时砂土液化临界标贯击数 N

设计烈度	7 度			8 度			9 度		
$\overline{N}_{cr}$	6			10			16		
h_w（m）	1			1			1		
h_s（m）	3	5	8	3	5	8	3	5	8
N_{cr}	6.3	7.8	10	10.5	13	18	16.8	20.8	28.8

表 5-12[❶]是宝钢地区压实粉煤灰地基现场标贯试验结果。

表 5-12　压实粉煤灰地基的现场标贯试验结果

地　　点	回填密实度（%）	回填深度（m）	$N_{63.5}$	龄期
烧结清循环水池粉煤灰填方	85	4～5	8.7	4 年
炼钢副原料坑粉煤灰地基	>90	3.5	21	4 年
煤气柜粉煤灰地基	90	2	10	半年
调湿灰地基	97	2.4	24	2 个月
调湿灰地基	97	2.4	27	6～10 个月

上海地区工程抗震设计烈度为 7°。因此当粉煤灰回填深度 $\leqslant 8m$ 时，标贯值 $N_{63.5}\geqslant 10$ 或回填深度 $\leqslant 5m$ 时，$N_{63.5}\geqslant 8$ 均不会产生地震液化现象。

2. 室内动三轴液化研究

通过现场实地取样，使用动三轴仪在室内模拟地震力作用时的动力特性，测定饱和粉煤灰在循环荷载下的应力、应变和孔隙水压力的变化，来判断液化的可能性。

试样取自有代表性的炼钢副原料坑湿排粉煤灰地基和贮运站调湿粉煤灰地基。试验结果见图 5-15[❶]和图 5-16[❶]。

将不同地震烈度作用时产生的剪应力比与试验得到的液化强度曲线中等效循环次数所对应的液化剪应力比进行对比，来判别粉煤灰地基液化可能性。地震引起的周期剪应力比计算式如下：

❶ 引自上海宝山钢铁总厂压实粉煤灰地基的试验研究和应用技术成果鉴定文件。

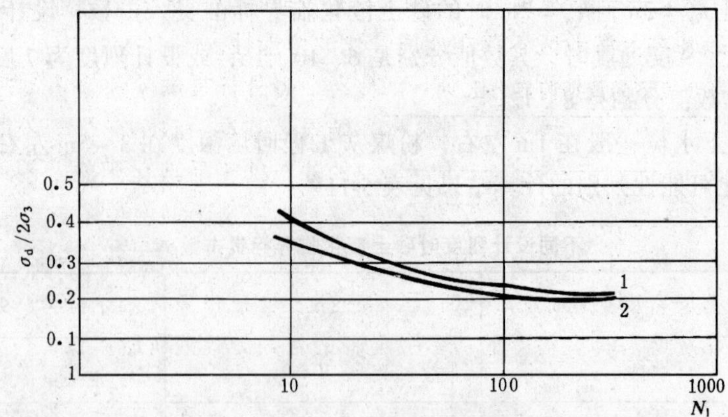

图 5-15 湿排粉煤灰地基液化强度曲线

1—炼钢副原料坑，5 年龄期，2m 深；2—炼钢副原料坑，5 年龄期，2.5m 深

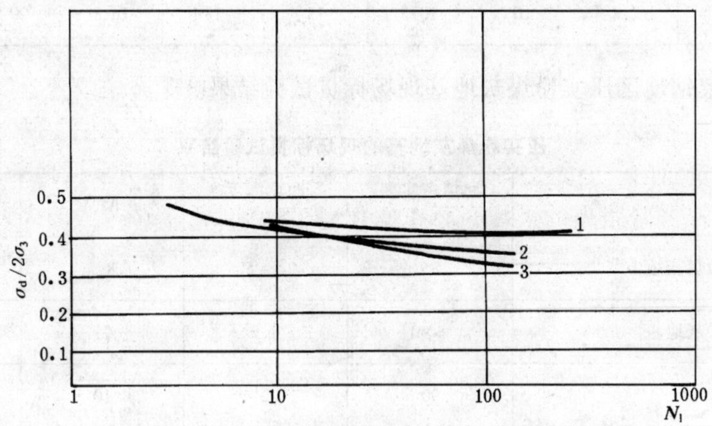

图 5-16 调湿粉煤灰地基液化强度曲线

1—贮运站，1 年龄期，1.5m 深；2—贮运站，1 年龄期，2.0m 深；

3—贮运站，1 年龄期，1.5m 深

$$\frac{\tau_e}{\sigma'_v} = 0.65\frac{a_{max}}{g}\frac{\sigma_v}{\sigma'_v}r_d$$

式中 a_{max}——地面最大加速度，按地震设计烈度 7 度、8 度、9 度，分别为 $0.1g$、$0.2g$、$0.4g$，m/s^2；

σ_v——上覆总压力，kPa；

g——重力加速度，m/s^2；

σ'_v——上覆有效压力，kPa；

r_d——地面折减系数，地面处为 1.0，9m 深度处为 0.9。

根据上式可求得不同地震烈度时的周期应力比，见表 5-13。

从图 5-15、图 5-16 液化强度曲线分析，当 $N_1 = 10$ 时，液化剪应力比为 0.3～0.4，则相应的液化强度 $\tau_1/\sigma_v' = 0.18～0.24$。上海地区抗震设计烈度为 7 度，相应的周期剪应力比为

0.09。由此可得：液化安全系数为0.18～0.24/0.09＝2～3。这表明经压实的湿排粉煤灰地基和调湿粉煤灰地基在上海地区不存在地震液化的可能性。

表 5-13　不同地震烈度下的周期剪应力比

地震烈度	7 度	8 度	9 度
τ_e/σ_v'	0.09	0.16	0.32

野外标贯试验和室内动三轴液化试验的结果是基本一致的。尽管松散状粉煤灰颗粒的分布处于易液化土的范围内，但压实较好且具有一定龄期的粉煤灰地基的抗液化强度是很高的，抗7度地震液化安全系数可达2～3。由此可见，粉煤灰地基的液化特性与一般粉砂土或轻亚粘土是有很大区别的，这种区别主要表现在粉煤灰是一种火山灰活性材料，在压实条件下，粉煤灰地基具有较好的初始强度，而且其随龄期有所增长。

第三节　粉煤灰利用方式

一、粉煤灰在高等级道路路堤中的利用

随着国民经济的快速发展，首先表现为交通运输量的快速增加，因此，全国范围内高速公路的里程数也在快速增加，沪宁、沪杭、沈大、杭甬、京沪等高速公路的相继建成通车，预示着我国高速公路建设年代的到来。以上海为例，到2002年，高速公路里程数为180km；到2005年，达到530km；到2010年，上海将形成总长650km的高速公路网络。众所周知，高速公路将采用全封闭、全立交的形式，技术标准高，尤其在南方水网地区，为了确保河道的通航要求，高速公路路堤的平均高度在3.0m左右，这就需要大量的土方被用作填筑路堤。采用粉煤灰填筑高速公路路堤，其优越性是显而易见的，既可减少粉煤灰对环境的污染，还可为国家节省宝贵的良田。

20世纪50年代后期，英国首先把粉煤灰用作道路的路堤和基层材料。随后，法国、西德、芬兰、波兰、前南斯拉夫和原苏联的乌克兰都相继仿效，在这些国家中，粉煤灰在道路中的利用都占有较大的比重。其中英国更为稳定持久，据统计从1965～1975年，每年用量都在100万t以上；1970～1971年，高速公路建设达到高峰期，粉煤灰用量达400万t以上；以后每年的粉煤灰用量都在200万t左右。法国在1963～1971年修建高速公路路堤中用掉粉煤灰800万t，其中*A*25和*A*1高速公路就利用粉煤灰300万t；20世纪80年代仍维持在年利用量100万t左右。表5-14是欧美国家主要应用实例。

表 5-14　欧美国家主要应用实例

名　称	路堤平均高度（m）	路堤最大高度（m）	用灰量（万t）	备　注
英国M.5号快速干道	2.1	8.1	102	软土层厚12.2～27.4m
英国M-180高速公路		12.0	65	淤泥层厚10m
苏格兰丹巴顿亚历山大支线		12.0	60	淤泥层地基
美国FA437	1.1	6.1	25	
加拿大402公路		8	27	30m厚压缩性粉质粘土
丹麦Amager高速公路	14.5	21	30	建筑在桥头引道

我国从20世纪80年代中期，也开始了高速公路粉煤灰路堤的修筑和研究，经过了十多

年的摸索和总结，对粉煤灰路堤的研究已向纵深发展，高速公路采用粉煤灰填筑路堤技术是成熟的；在2001年6月，利用粉煤灰修筑铁路路堤业已通过科技成果鉴定，该成果紧密结合包兰铁路（包头西～打拉亥段）的路基工程，采用包钢电厂的粉煤灰填筑了14m高的铁路路堤，这在我国尚属首例，为粉煤灰的大容量利用开辟了新途径，前景十分喜人，表5-15所列为粉煤灰路堤实例。

表 5-15 粉煤灰路堤实例

名　称	路堤平均高度（m）	路堤最大高度（m）	备　注
西安坝桥试验路堤	1.1	1.5	
天津新港公路试验路堤	—	2.5	
云南水塘试验段	7.7	8.5	
钱江二桥接线工程试验路堤	4.67	—	
沪青平公路拦路港大桥西接坡加筋粉煤灰挡墙	6.0	8.51	软基200m，用灰4万t，六角形面板，采用聚丙烯土工带
济青高速公路			1990年开工（在K7+375～K11+000）用灰筑路堤
沪宁高速公路（上海段）			软基，25.4km，用灰量420万t，节省良田3343亩
沪宁高速公路（江苏段）			全长248.2km，1993年开工，用灰570万t
沪杭高速公路（上海段）	2.7	4.5	软基，28km，用灰量292万t，节省良田2324亩
沪嘉高速公路（延伸段）	2.5	3.3	软基7.71km，用灰量36.9万t，节省良田294亩
石—太公路（河北段）			1992年开工，全长68.12km，其中10km用灰做路堤，用99万t
开洛高速公路一期（开封—郑州段）	3.65	8.0	1993年开工，全长83.9km，其中（K0+000～K23+400）用灰筑路堤
唐津高速公路（天津界—陈庄段）			1995年开工，全长46.3km，其中17km软土地基用灰做路堤
石安高速公路		10.67	1996年用灰1180万t
京沈高速公路（宝抵—山海关段）			1996年开工，全长199.3km，其中四合同长12.5km，用灰做路堤
包兰铁路（包头西—打拉亥）	—	14.0	铁路路堤

（一）路堤设计

粉煤灰路堤的设计在于保证它的强度和稳定。为此需要根据粉煤灰的特性因地制宜地解决路堤的结构、路堤边坡、路基压实标准、路基设计强度与路堤的环境影响等问题。

粉煤灰路堤有纯灰和灰土间隔两类。纯灰路堤能更好地发挥粉煤灰一系列优良的工程特性。因此，有条件的地方应优先采用纯灰路堤。

以下有关粉煤灰路堤的设计将以纯灰路堤为主，对灰土间隔路堤可参照使用。

1. 路堤结构

粉煤灰路堤同土路堤应具有相同的功能。鉴于粉煤灰粘结力小，渗透系数大，毛细现象比较严重，有一定的淋溶作用等不利条件，在路堤设计时，需采用图 5-17 所示的断面结构。这种结构形式在国外亦被广泛采用。

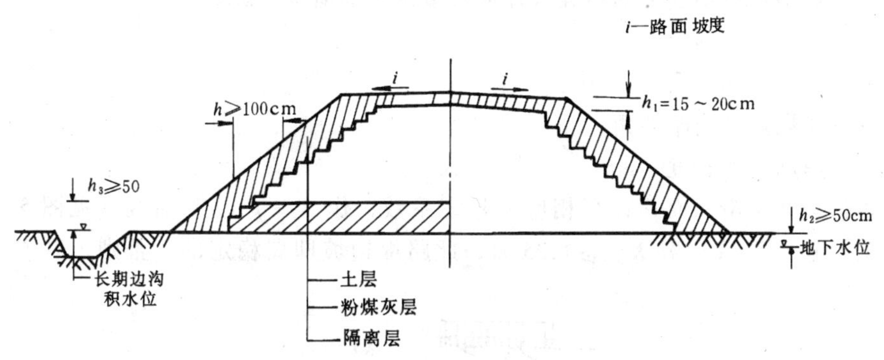

图 5-17 粉煤灰路堤结构

在路基顶面或路床的底面应有 15 ~ 20cm 填土，并压实防止水分渗入，减少淋溶，避免飞扬，利于施工机械的行驶。条件合适时，上述填土可用石灰粉煤灰垫层来代替，但需及时铺筑碾压。

路堤边坡需采取保护措施，以防止冲刷和风蚀。在国外，也有采用洒乳化沥青及种植草皮的方法。但对于多雨、夏天又有暴雨的地区，比较有效而经济的办法还是护土。护土的净宽不小于 100cm，施工宽度要放至 150cm 左右，以保证边坡整理后能符合净宽要求。护土的盲沟也是必不可少的，盲沟的填筑材料采用碎石，盲沟宽度为 40cm 左右，盲沟间距 10m 左右一道。护土和盲沟在施工过程中，与粉煤灰路堤一并压实并加强碾压，确保三者的整体性，护土和碎石盲沟的设置和施工质量对多雨地区的粉煤灰路堤尤其重要，应引起足够的重视，确保路堤边坡，乃至粉煤灰路堤的安全，防止冲刷。

粉煤灰路堤底部应与地下水位或地面长期积水位有一定的距离，以防毛细水上升，保证路堤的稳定。上海地区规定，该距离应不小于 50cm，否则可用适宜填料补足或设置足够厚度隔离层以后，再铺粉煤灰。这种隔离层需要有一定数量的细料，以防粉煤灰颗粒通过粒料层被动水带走，砾石砂是良好的隔离层，粗的炉底灰亦是较好的隔离层材料。

在软土地基上，对高路堤应作稳定性验算和沉降计算。如沉降比较大，则应采取处理措施，必要时留足备沉路拱，防止出现倒拱。

2. 路堤边坡

(1) 边坡稳定分析。由于粉煤灰介于粉砂与细砂之间，有着砂性类土的特点，内聚力 c 较小，不利于边坡稳定。因此，用粉煤灰修筑路堤，特别是高路堤，应进行边坡稳定性验算，以确定合适的边坡。

粉煤灰路堤边坡稳定性的验算，可按《公路路基设计规范》进行，常用的有直线滑动面法和圆弧滑动面法两种。

1) 直线滑动面法。粉煤灰路堤的材质均匀，内摩擦角较大而内聚力较小。因此，其破裂面形状近乎于平面，可按直线滑动面法验算边坡的稳定性。

验算时，先通过坡脚或变坡点，假设一直线滑动面［见图 5-18 (a)］，从路堤长度 1m 为单位验算，再计算滑动面上的粉煤灰体沿此滑动面下滑的稳定系数 K。

$$K = \frac{抗滑力}{下滑力} = \frac{W\cos\alpha \mathrm{tg}\varphi + cL}{W\sin\alpha} \tag{5-1}$$

式中 W——作用在滑动面上的粉煤灰体的重量及车辆荷重，kN；

α——滑动面的倾角；

c——粉煤灰的内聚力，kPa；

φ——粉煤灰的内摩擦角；

L——滑动面的长度，m。

然后再假设几个滑动面，计算相应的稳定系数，作 $K=f(\alpha)$ 曲线［见图 5-18（b）］，由此求得最小稳定系数。当 $K_{min} \geq 1.25$ 时，此路堤边坡即属稳定的。否则，需重新假设边坡坡度值。

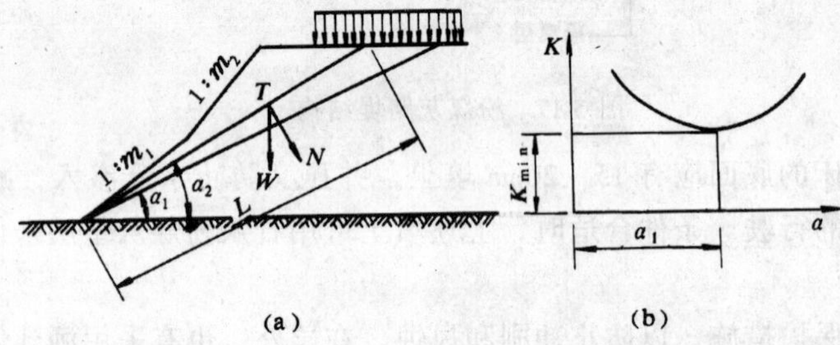

图 5-18 直线滑动面法

2）图解法验算边坡。对于滑动面通过坡脚的均质、直线形路堤边坡，可直接应用图 5-19验算其稳定性，或计算稳定边坡的坡度，或确定一定坡度的稳定边坡的最大高度（务使

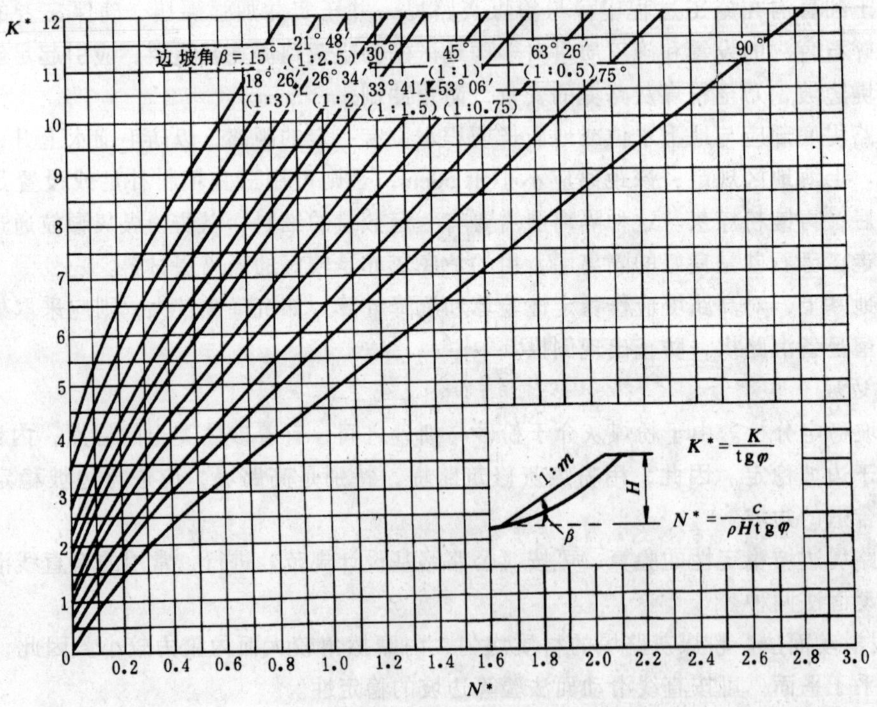

图 5-19 图解法

K^*、N^*—粉煤灰体稳定性的两个特定指数；H—路堤高度；ρ—密度；c—内聚力；φ—摩擦角

$K^* = \text{tg}\varphi K \geqslant 1.25$）。

边坡为折线时，也可利用图 5-18 做简单的估算，以供计算时参考。

3）圆弧滑动面法。当基底软弱时，滑动面将通过坡脚外，应按基底滑动进行验算。假设路堤填方连同地基软土沿同一圆弧滑动面下滑，按条分法计算粉煤灰体沿此滑动面滑动的稳定系数（见图 5-20）。即把滑动面上的粉煤灰体分成 2～4m 宽的条状体，依次验算每一条状体沿滑动圆弧下滑的稳定性，然后叠加得出整个粉煤灰体的稳定性。

假设条状体沿无侧向力作用，或虽有侧向压力但与滑弧的切向平行。按条状体重及作用于滑弧上的剪切力绕圆心 O 的力矩平衡，以及按投影于滑弧法线方向上的合力为零，列出计算式，推导出粉煤灰体沿圆弧滑动面下滑的稳定系数 K。

$$K = \frac{\Sigma(N_i \text{tg}\varphi + cl_i)}{\Sigma W_i \sin\alpha_0}$$

$$= \frac{\rho \text{tg}\varphi \Sigma b_i h_i \cos\alpha_i + \Sigma cl_i}{\rho \Sigma b_i h_i \sin\alpha_i} \tag{5-2}$$

式中　ρ——填料和地基土的堆积密度，kg/m³；

c——填料和地基土的内聚力，kPa；

φ——填料和地基土的内摩擦角，度；

l_i——条状体滑动圆弧长，m；

h_i——条状体的高度，填料和地基土分开计算，包括堤顶车辆荷载的换算粉煤灰体柱高度，m。

其余符号见图 5-20。

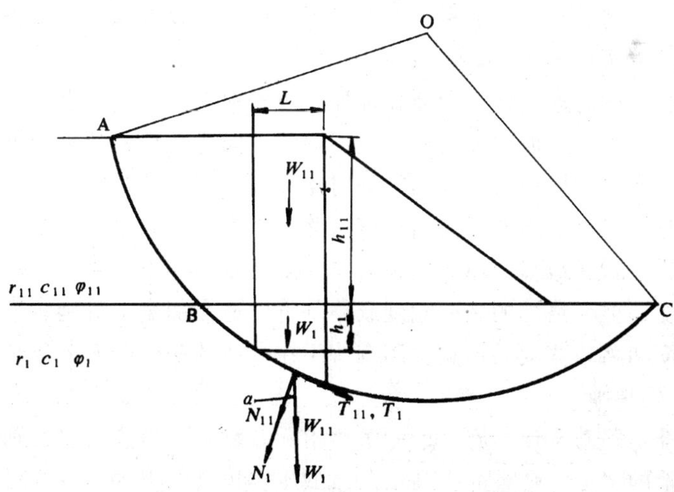

图 5-20　条分法计算示意图

用车辆荷载来换算粉煤灰柱高 h_0，可按式（5-3）计算：

$$h_0 = \frac{nG}{\rho bl} \tag{5-3}$$

式中　n——横向分布的车辆数；

G——一辆汽车的重量，可按设计汽车荷载的重量计算，kg；

b——横向分布车辆最外轮中心之间的宽度加轮胎着地宽度，m；依照《公路路基设计规范》，当横向分布为两列车队时，对 10、15t 汽车为 5.4m，对于 20、30t 汽车为 5.5m；

l——前后轴距加轮胎着地长度，对 30t 汽车为 5.6m，对其他汽车为 4.2m。

当路堤由不同填料分层填筑而成时，式（5-2）中的各条状体的重量应为其所含的多种填料（包括地基土，与地基一起滑动）层重的总和，即第 i 条状体重为：

$$\rho b_i h_i = b_i \sum_{i=1}^{n} (\rho_1 h_1 + \rho_2 h_2 + \cdots + \rho_n h_n) i$$

而各条状体的 c、φ 值，应取该条状体的滑弧所处土层的指标值。

计算中所采用的抗剪强度指标内聚力 c 和内摩擦角 φ 值，对于路堤填土部分，应用快剪试验的数值。对于地基土，在快速填筑路堤而软土来不及固结时，应采用快剪试验的数值；在路堤填筑速度非常缓慢和地基排水条件良好时，则宜采用固结快剪的数值；当填土速度介于两者之间，地基土得到部分固结，其强度处于快剪和固结快剪的数值之间，验算时应按地基的固结度来确定其值。

(2) 边坡稳定计算参数。边坡稳定分析计算时，其抵抗力距的基本因素是填料的抗剪强度，即内聚力 c 和内摩擦角 φ。英美等国家认为饱水后和完全干燥的粉煤灰的 $c=0$，因此在实际工程设计中，不考虑内聚力 c。若按此法设计粉煤灰路堤，则边坡都要大于 1:2。但目前我国已经兴建的几条粉煤灰路堤其边坡都在 1:1.5～1:2，最大高度达 10.67m。同时，用 $c=0$，也无法解释在露天料场的陡削粉煤灰休止角，以及钻孔挺立不倒的洞穴。室内试验证明，在一定的压实度下，饱和后的粉煤灰仍有一定的内聚力 c。自然状态下的粉煤灰路堤在一般情况下，不可能完全干燥和饱和。故在工程设计中可以考虑一定的内聚力 c。在上海地区，粉煤灰内聚力 c 可取 5～7.5kPa，$\varphi=20°\sim27°$。

上述关于路堤边坡的理论计算和公式推导，对于粉煤灰路堤的设计是十分有用和有指导意义的，但仅仅掌握路堤边坡的理论计算是不够的，因为在理论计算和推导的过程中，没有考虑因路堤沉降会产生路堤边坡变陡的趋势对路堤边坡稳定的影响。这种趋势和影响，在粉煤灰路堤不太高时是可以忽略的，但当粉煤灰路堤超过一定高度后，沉降对路堤边坡稳定的影响将越来越大，在软土地基的地区尤为重要，虽然目前还没有确切的数字来表征临界状态的粉煤灰路堤高度，但将路堤的底面宽度或路基宽度适当加宽，可延缓影响程度。至于粉煤灰路堤的临界高度和路基宽度的加宽值还有待于在今后的深化研究中逐步提出和完善。

（二）路基压实标准

路基压实标准是路基设计与施工中的重要指标。路基压得愈密实，则强度愈高，路基愈稳定。随着交通量的增加，轴重的提高以及重型压实机具的出现，各国对路基压实标准有提高的趋势，以有助于提高路面的平整度和服务性能。AASHO 试验路研究表明：95% 的路面服务指数与路面的平整度有关。因此，我国现行的公路柔性路面设计规范和城市道路设计规范对土路基将原来的轻型击实标准改为重型击实标准，压实要求比原来的有了提高。

路基压实标准主要是根据道路等级、气候条件、压实机具等因素综合考虑后制定的。粉煤灰路堤压实标准一般来说，应与土路堤相同，没有必要另立标准。国外，如英美等国粉煤灰路堤用于高等级道路已有二十多年的历史。不论是有自硬性的 c 级灰，还是无自硬性的 F 级灰，多数采用轻型击实标准，压实标准亦不高，为 90%～95%。表 5-16 为一些国家粉煤灰路基压实标准。

表 5-16　各国粉煤灰路堤压实标准

国　别	压实标准（%）	标准类型
英国	≥90	轻型
加拿大	90～95	轻型
捷克	92～95	轻型
美国	≥90	轻型
美国	≥95	重型

表 5-17　上海地区粉煤灰路堤压实标准　（%）

路床以下深度（cm）	快速路、主干路、高等级公路	次干路 二级公路	支　路 三、四级公路
0～80	98	95	92
>80	95	92	90
>150	95（90）	92（90）	90（90）

注　括号内的数字为城市道路粉煤灰路堤的压实标准。

上海地区由于地下水位高，雨水多，若土路基采用重型击实标准，在实施上有较大的困难，主要是土的天然含水量远大于最佳含水量，下雨天数又多，无法通过自然凉干方法来保证路基正常施工；采用其他措施在技术上、经济上亦不尽合理，故至今仍沿用原有的轻型击实标准。粉煤灰路堤的压实标准亦与其保持一致。具体的压实要求如表 5-17 所示。

在有条件的地区，应当尽可能地采用重型击实标准，以保持与规范的一致性。但值得一提的是，有些粉煤灰颗粒较粗，又均匀，往往在现场难以达到较高的压实标准，在这种情况下，需要对压实标准做合理的调整。

（三）路基设计强度

路基是路面的基础，其设计强度的大小对路面厚度有一定的影响。路基设计回弹模量受原材料性质、水文情况、压实度、均匀性等因素的影响。通常采用现场实测、统计分析方法来确定其设计强度。因此各地区应通过试验路来制定适用的参数。到目前为止，我国纯灰路堤还不多，需要不断积累经验和数据，逐步完善。

在上海地区，根据路堤含水量与回弹模量的测量结果，按照 97.5% 的保证率及不利季节系数 0.83，考虑路堤高度影响，提出如表 5-18 所示的暂行建议值，供设计使用。

表 5-18　粉煤灰路堤设计模量建议值　（MPa）

路床以下深度（cm）	$h<50$	$50\leq h<200$	$h\geq 200$	备　注
粉煤灰路堤	25～15	30～25	35～30	
灰土间隔路堤（1:1）	17～15	25～17	29～25	灰土间隔路基的其他比例时可参照选用
土路堤	17～15	20～17	23～20	

（四）粉煤灰路堤的施工要点

1. 粉煤灰储运

湿排粉煤灰从池中取出后，宜先在场地上堆高沥干，待接近或略高于最佳含水量时，再运送到工地，以利于运输和施工压实。调湿灰可随用随运。运输过程中要防止飞扬和洒落。

粉煤灰在有条件时宜采用机械装卸与运输。粉煤灰呈微碱性或碱性，应注意劳动保护。

运输方式的选择要因地制宜，尽量减少中间环节，以降低运输费用。运输费用在路堤总造价中占有很大的比重。

粉煤灰的最大干密度和最佳含水量如有明显区别时，则应分别堆放，并分层铺筑，以保证施工质量。在粉煤灰堆场应注意建好排水设施，防止重复污染。

2. 施工前准备

粉煤灰路堤施工准备与土路堤的相同，应清除地表杂草、树根、农作物残根等；遇水田或水塘，应予以疏干，清除表层淤泥、腐植土等；对地基软弱处必须加以处理。

截断流向路基的水沟，排干贮水，疏干地表水，保证各项排水设施水流畅通。

3. 粉煤灰摊铺

粉煤灰应分层摊铺与辗压。先铺筑路堤两侧路肩护土，然后再铺中间粉煤灰。路肩护土铺筑宽度应大于设计宽度 50cm，以保证削坡后的净宽满足设计要求。两侧路肩上每隔一定距离（10m 左右）上下层交叉开挖泄水盲沟，盲沟宽度 40～50cm。以防施工时路堤积水。施工时要及时摊铺，及时辗压，以防水分的蒸发和雨水的渗入。

粉煤灰摊铺可采用机械或人工方法。对于高等级道路，宜采用机械方法施工，摊铺时应从两侧向路中进行刮平，超高地段则由低向高处刮平。施工过程中，应保持路堤横坡度不小于 3%，利于排水。

4. 粉煤灰压实

如采用人工摊铺，在整型后，用履带式机具或轻型压路机初压 1～2 遍，然后用中、重型压路机辗压。若采用推土机等机械摊铺，可直接用中、重型压路机辗压。辗压应在路堤全宽范围内进行（包括路肩护土）。在直线段，由两侧路肩向路中心辗压，在超高段，由内侧路肩向外侧路肩辗压。辗压时，双轮压路机轮迹应重叠 30cm，三轮压路机后轮应重叠1/2的轮宽。辗压一直进行到达到要求的密实度为止，一般需辗压 6～8 遍。

在道路检查井、雨水井、桥台台背等其他难以使用压路机辗压的部位，应采用小型机具或人力夯夯实。

粉煤灰辗压含水量宜控制在最佳含水量的 0.9～1.1 倍范围内。通常每层的压实厚度为 20cm，不宜超过 25cm。粉煤灰松铺系数应事先通过试验确定，通常人工摊铺时为 1.4～1.6，机械摊铺时为 1.2～1.3。摊铺后应及时辗压。辗压时出现“弹簧”，则可采用暂缓辗压、开槽凉晒、换灰等方法处理。若过干，为保证压实含水量的均匀和良好的压实效果，在摊铺前，宜隔天先在料堆上加水湿润至最佳含水量，闷过夜后再行辗压。

5. 养护

粉煤灰路堤辗压后，需及时铺筑上层或填土，防止飞扬和泥泞。

（五）典型工程实例

1. 上海沪嘉高速公路

沪嘉高速公路是我国大陆上第一条设备比较齐全的高速公路，全长 15.9km，是 204 国道的起始段，于 1988 年 10 月建成通车。其设计车速为 120km/h，路基边坡为 1:1.5，路基宽度为 26m。其中选取了 1.3km 作为粉煤灰试验路段，其结构形式分别为纯灰、1:1（灰 20cm、土 20cm）、1:2（灰 20cm、土 40cm）灰土间隔和纯土四种。路堤高度 2.5～3.2m，共计用湿排灰 13 万 t。四种结构形式如图 5-21 所示。

对于试验路，上海市市政工程研究院做了系统的物理、力学和环境影响等内容的测定和分析，取得了大量的第一手资料。该路至今使用数年，状况良好。

通过对地下水水质的分析，表明粉煤灰路堤下的地下水重金属元素 Cu、Zn、Mn、As、Se 含量都有不同程度的增长，但仍符合 GB3838—1983《地面水环境质量标准》中规定的 2

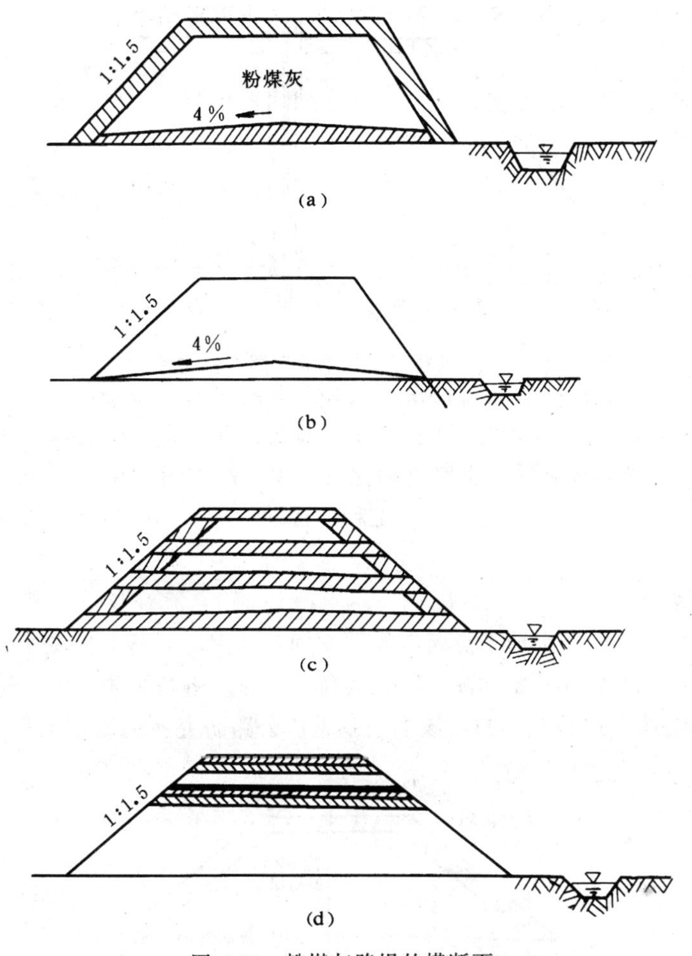

图 5-21　粉煤灰路堤的横断面

(a) 纯灰路堤；(b) 纯土路堤；(c) 1:1 间隔路堤；(d) 1:2 间隔路堤

级水质标准（相当于现行 GB5749—1985《生活用水标准》中水源水质），pH 值亦在 6.5 ~ 8.5 的标准范围内，均未构成对环境的影响。

2. 上海莘松高速公路及新桥立交桥粉煤灰高路堤引桥试验工程

莘松高速公路全长 20.59km，从上海县莘庄通往松江，是沪杭高速公路的起始段，于 1990 年 11 月正式通车。路幅宽 28.5m，路堤平均高度 2.7m。莘松高速公路路堤全线采用 1:2 灰土间隔结构形式（见图 5-21），利用粉煤灰 42 万 t，节约农田用土面积 370 余亩，取得了良好的社会、经济和环境效益。

新桥立交桥是新车二级公路与莘松高速公路相交的喇叭型互通式立交桥，新车公路上跨高速公路。该立交桥原设计为 12 孔箱型连续曲梁，桥长 505.7m，施工难度较大，周期长。经过仔细的论证、研究，决定采用粉煤灰高路堤代替引桥，将主桥桥长缩短为 262.65m，改用简支梁桥。其余用粉煤灰路堤替代，路堤高度为 3.64 ~ 7.56m。对粉煤灰路堤进行了沉降、侧压力、地基变形等项目的观测（见图 5-22）。

新桥立交桥试验工程利用粉煤灰约 4.5 万 t，工期提前九个月，节约造价近三百万元。该工程的顺利建成运行，证明了软土地基上修造 7 ~ 8m 的高路堤是可能的；采用 1:1.5 ~ 1:

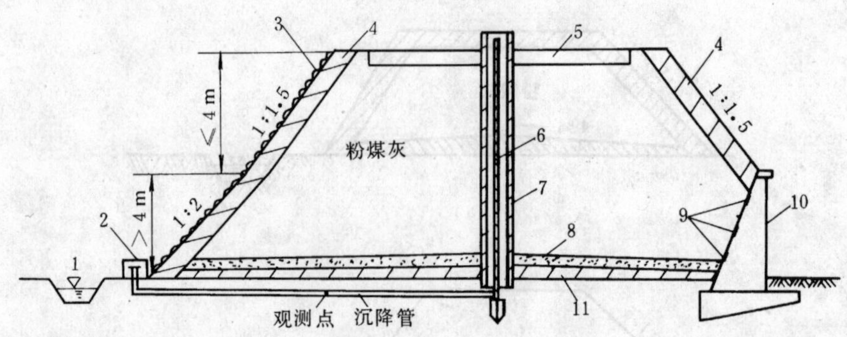

图 5-22 新桥立交桥粉煤灰路堤结构形式

1—边沟；2—观测井；3—浆砌块石护坡；4—粘土护坡（≥1m）；5—路面结构层；6—十字板沉降桩；7—护筒；8—砂垫层；9—压力盒；10—挡墙；11—备沉路拱

2 的边坡是可行的；粉煤灰路堤与土路堤相比可减少沉降 20%～30%，能有效地提高挡墙的滑动抗力和减小基底附加应力。这一示范工程的成功，大大地推动了上海地区粉煤灰在回填工程中的应用。

3. 云南水塘路堤

昆明至石林二级公路在水塘工点跨越昆明—河口铁路。粉煤灰路堤水塘立交桥石林岸桥头引道，总长 77m，最大填高 8.54m，最小填高 6.89m，路基顶宽 12m，边坡 1∶2，用灰量 2.4 万 t。其断面结构形式见图 5-23，该工程系重庆公路研究所的试点工程。

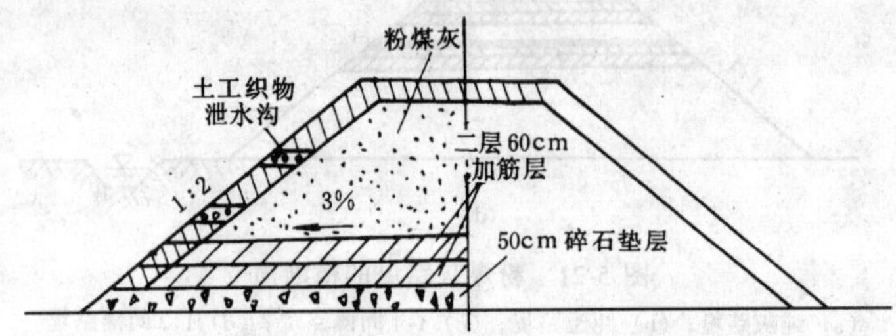

图 5-23 云南水塘粉煤灰路堤横断面图

当地雨季时地表长期积水，旱季地下水位在地面下 0.2～0.5m，路堤下设置 0.5m 碎石排水层，以满足地基固结排水需要，并隔离避免影响地下水源。在碎石垫层上敷设了两层土工织物加筋层，每层 30cm，填料为当地的亚砂土，横坡 3%，土工织物采用有纺编织土工布，极限强度 40kN/m，采用土工布的目的是起加筋作用，以增加路堤的抗滑稳定性。在土工织物加筋层上按 30cm 一层分层填筑粉煤灰，并碾压至要求的压实度。

此外，还有杭州市钱塘江二桥接线工程，其中 1km 为高速公路，平均高度为 4.2m，路幅宽度为 26m，用粉煤灰 21 万 t，节约土地 160 亩，征地费 300 万元。

4. 上海加筋粉煤灰挡墙试验段[1]

加筋粉煤灰挡墙研究课题，由上海市市政工程研究院等单位承担，是继“利用粉煤灰修筑高等级道路路堤研究”和“粉煤灰高路堤代引桥研究”后的又一项重要的高路堤填筑配套技术。

---

[1] 摘自上海市市政工程研究院、上海市公路管理处《加筋粉煤灰挡墙试验研究报告》，1995 年 8 月 31 日。

位于上海沪青平一级公路拦路港大桥西接坡的加筋粉煤灰挡墙试验段，实体工程从1991年9月开工至1992年10月建成通车，全长200m，路堤最大高度8.51m。挡墙是直立式墙体，由混凝土面板（60cm高的六角形混凝土预制板，厚12cm，混凝土设计强度$C18$）、拉筋（上海塑料制品十一厂生产的聚丙烯土工带，其宽度为19mm，厚度为1.2mm，断裂强度为220MPa，容许应力取断裂强度的1/7）和粉煤灰填料三部分组成（上海闵行电厂粉煤灰，内摩擦角φ为20°~27°，粘聚力c为5~7kPa，与粘质粉土的c、φ相近）。

研究此课题时，进行了室内试验和实体工程试点。

室内试验主要是考察拉筋-填料之间的摩擦性能和定量指标，即拟摩擦系数的确定和选用。

对于实体工程试验段，经设计、施工，并集中力量进行了观测、分析，主要包括对聚丙烯土工带的拉拔试验，加筋粉煤灰路堤的沉降观察，挡墙侧压力观察，裂缝观察和加筋挡墙的变形分析，结果如下：

（1）聚丙烯土工带拉拔试验。将土工带与粉煤灰间和土工带与土间摩擦阻力比较，粉煤灰与土工带相互间的摩擦阻力作用和稳定性明显优于土与土工带间的作用。粉煤灰是一种较好的、加筋挡墙结构的填料。

加筋粉煤灰、加筋土拉带抗拔试验结果表明，摩擦系数随着荷载的增加而增大。在相应的荷载条件下，筋带与灰的摩擦系数较筋带与土的平均大40%。

（2）挡墙沉降。对于相同高度的路堤，粉煤灰路堤较土路堤沉降减少25%。加筋粉煤灰路堤断面内各测点沉降值相差不大，这表明由于加筋作用，路堤整体性非常好，有利于基底应力的扩散，从而使断面内地基的沉降差异变小，总沉降量也趋小。

（3）挡墙面板侧压力。随着填土的增高而增大，实测结果略小于理论计算值，这与上海莘松高速公路新桥立交桥粉煤灰高路堤挡墙观察结果相反。研究人员认为，可能是新桥立交挡土墙为重力式挡墙，而加筋粉煤灰挡墙是面板与面板的企口式连接，筋带亦有一微量的可伸长量，所以面板有一定的柔性，这样就降低了填料土的压力。

（4）裂缝观察。在离桥面2m左右的道路二侧挡墙的面板上，各自产生了一条竖向裂缝，裂缝顺面板间隙水平拉开，上窄下宽，最宽为2.2cm，但经砂浆修补后，到1995年8月面板稳定，垂直平整，没有再出现裂缝。

总体来讲，加筋粉煤灰挡墙的使用情况是令人满意的。墙体挺立，外观漂亮。

拦路港大桥粉煤灰加筋挡墙试验段与原设计的引桥结构相比，每延长1m节约工程造价1万元以上，工程共节约245万元，用灰4万t，经济效益十分显著，现在该技术已在沪嘉高速公路东延伸段工程中推广应用。

粉煤灰作为加筋挡墙回填料，主要争论点是粉煤灰对钢筋的腐蚀性和塑料拉带的耐久性。据英国P. N. 布诺顿等研究认为，目前按钢筋1.25mm锈蚀允许值规定可使粉煤灰加筋挡墙推算寿命超过120年。如采用塑料拉带，则不存在腐蚀问题，仅对拉带与面板接口处还需考虑，可以采取涂刷沥青与粉煤灰隔离办法来改善。关于拉带的耐老化问题，Brainson和Hallett研究证实，没有迹象表明，粉煤灰会引起塑料的老化，在英国的Dewsbwy试点工程上，高压乙烯框架、聚乙烯加筋带已得到成功的应用。

因此，从现有的技术成果来看，采用粉煤灰加筋挡墙的前景是乐观的，技术上是可行的，它除了具有技术经济优越性外，还具有面板可以预制、施工速度快、外形美观的特点。

通过前几年的研究和试点工程应用，加筋粉煤灰挡墙已具备了实际应用的技术基础。

5. 粉煤灰在铁路路堤中的应用❶

由于新建铁路路基工程每年都需要使用大量填料土，因此需要占毁大量土地，投资很大。为了降低铁路工程造价，充分利用工业废渣，从1992年开始，济南铁路局勘察设计院等单位进行了“利用粉煤灰作铁路路基填料的研究”，他们根据铁路路堤的工程要求，通过室内试验、理论分析，强度及边坡稳定性验算，现场原型试验，理论结合实践，摸清了粉煤灰的物理力学性质和工程特性，推荐了路堤设计断面。断面采用外包砂粘土的方案，有利于保证路堤质量。同时提出了粉煤灰铁路路基的设计技术标准与工程技术措施。在室内试验的基础上，他们在青岛电厂专用线上做了40m长、7～10m宽、2m高的试验路段，投入运行近三年来状态良好。

1994年2月，济南铁路局勘察设计院等单位在利用粉煤灰作铁路路基填料研究的基础上，又开展了“加筋粉煤灰铁路挡墙与其工程力学特性的研究”。铁路荷载大，列车振动对路基产生的动载更大，为合理有效地将粉煤灰用于填筑铁路的路堤和修建加筋粉煤灰挡墙，他们开展了粉煤灰和加筋粉煤灰的静力和动力强度特性研究，并进一步探讨了粉煤灰加筋土挡墙的设计方法。研究时，他们采用了理论与试验相结合，实验室模型试验和现场原型试验相结合的方法。

经试验研究后认为，加筋粉煤灰具有明显的补强作用，加筋后粉煤灰体的强度有明显的提高；鉴于粉煤灰的强度对动载比较敏感，建议当以粉煤灰填筑路堤时，对于一般铁路的顶部的换填厚度以1m为宜；对于行车速度很低的专用线，换填厚度可不少于0.5m；在试验研究基础上提出了加筋土挡墙的潜在破裂面位置与形状的建议。

在充分开展实验室试验的基础上，还在青岛电厂286m长的铁路专用线上进行了加筋粉煤灰挡墙的工程实践。路基挡墙构件由墙面板、墙基块、拉筋、栏杆等组成。拦杆采用角钢栏杆，其余均为C20钢筋混凝土预制件，拉筋分4.0m、4.5m、5.0m三种长度，宽0.2m，厚0.07m。拉筋主筋为一根$\phi 20$的A3圆钢。整个工程到1995年8月竣工验收，一年后去现场察看，挡墙墙面平整，外观漂亮。

2001年6月，由铁道第一勘测设计院主持、兰州铁道学院和呼和浩特铁路局共同完成的铁道部结合工程建设应用项目——粉煤灰填筑铁路路堤的试验研究通过了科技成果鉴定，标志着我国把粉煤灰用作填筑铁路路堤获得成功。

该成果紧密结合包兰线路基工程的实例，对包钢电厂粉煤灰进行变废为宝、化害为利的科学利用。

该技术成果创新主要表现在：全面系统地对粉煤灰的物理化学及工程力学特性进行了研究，通过击实试验，提出了铁路粉煤灰路堤的压实标准；通过高路堤的稳定验算，提出了粉煤灰路堤的合理断面形式，对工程设计、施工及规范编制具有指导意义；同时系统全面研究了粉煤灰在静、动荷载下的水稳性，得出粉煤灰在含水量20%～45%间具有良好的水稳性，探索了改善粉煤灰力学特性的有效方法。

---

❶ 摘自济南铁路局勘察设计院、石家庄铁道学院、济南铁路局科学研究所《利用粉煤灰作铁路路基填料的研究报告》，1993年6月。济南铁路局勘测设计院、兰州铁道学院、石家庄铁道学院《加筋粉煤灰铁路挡墙与其工程力学特性的研究》，1996年6月。

该课题基于环保和可持续发展这一认识，多方面、多角度研究了粉煤灰作为填料的工程和施工方法，为粉煤灰应用于铁路和公路领域中开辟了广阔的前景。在包兰铁路包头西至打拉亥段铁路运营线上用粉煤灰填筑高路堤（14m）其推广应用前景十分广阔。

二、粉煤灰在工程回填中的利用

在港区、机场和其他工业与民用建筑的工程建设中，往往场址标高偏低，需要大量土方填筑，提高标高。如上海国家重点建设工程的金山石油化工总厂、宝山钢铁总厂，都曾从附近农田买进大量土方填筑，提高标高。作为上海浦东开发区的起步工程——外高桥新港区，在47万m^2的港区范围内，需要填方50万m^3左右。在江苏南通经济技术开发区和浙江宁波北仑港发电厂也都有回填提高标高的客观需要，回填量非常大。

在国外，英国很早在工业建筑和学校工程中利用粉煤灰作承重填土，比较典型的工程：——萨里郡基尔福德的一幢七层办公楼和停车坪，是建在一片受苯酚污染而被废弃的煤气厂基地上。1972年施工时先开挖到原土层，回填了2万m^3粉煤灰，新的建筑就直接支撑在用粉煤灰压实填筑的基础上。

在美国，近年来更有不少大吨位的工程回填实例。在东海岸西弗吉尼亚州卡蓬市埃的内村住宅开发区，紧靠美国61号公路，由距工程约30km的阿巴拉钦电力公司卡那瓦河电站供应F级粉煤灰，回填区工程占地22万m^2，平均回填深度4.5m，共用灰80万t，其中80%取自贮灰场，20%直接取自电厂。回填工作从1974年6月开始，持续三年，到1984年已在回填区建造125幢一、二层住宅，未发现任何问题。1982年在东海岸马里兰州巴尔的摩勃来顿轻工业仓库和办公用房开发区，总共填筑面积为80万m^2，填筑最大深度为6m，总用灰量为170万t，在部分先完成的回填区上，建造了仓库和办公楼，经两年后未发现问题。也有将粉煤灰用作结构填方材料的，1975年底在密苏里州堪萨斯城，用C级灰作挡土墙回填材料，墙高7.6m，长70m，用灰3500t。采用粉煤灰可减少对墙的侧压力，使墙的设计更为经济，因为粉煤灰堆积密度小和剪切强度高，可减少挡土墙的断面和钢筋用量。

在国内，已有不少地区在工程中利用粉煤灰作填筑材料。如大连甘井子电厂厂区及附近大片新地都是用粉煤灰填筑起来的，第一粮库就是建造在粉煤灰回填层上。近十年来，上海地区对粉煤灰填筑也开展了大量科学实验和工程试点应用。如上海宝山钢铁总厂一期工程从1982年开始，在炼钢副原料坑车道和站台（车道宽10m，长40m；站台宽15m，长50m，高2.3m，用灰1万t），烧结循环水池（水池长28m，宽18.2m，深4.5m；在水池周围三侧基坑用粉煤灰回填，基坑宽3～5m，深4～5m，工程用灰3500t），以及焦炉、高炉和转炉煤气柜等工程（煤气柜是高达90m的大型筒体钢结构建筑，其直径40多m，基础由钢筋混凝土环形梁构成，在基础梁内外侧基坑内，有的用粉煤灰回填）上，利用湿排粉煤灰作承重或非承重地基回填。1986年在南通经济技术开发区富金家具厂、邮政大楼场地用粉煤灰填筑，面积2.7万m^2，填深约1m，用灰2.3万t。1987年同济大学在校内用粉煤灰填筑了一条小河浜，然后在上面建造了12m×18m两层楼仓库，基础位于原土和粉煤灰回填层上。1988年上海港务局关港作业区用粉煤灰填筑了曹家港的一段河宽28m，回填面积70m×28m，深度达5m，地下水位以下回填层大于3m的河道，工程共用调湿灰1万t。1990年上海冷轧薄板工程主车间，为保证薄板产品的质量，对堆放钢卷的地坪要求较高，不允许有大幅度的、不均匀的沉降，故地坪的设计需严格按地基的承载力和变形来控制，该工程亦采用粉煤灰填筑。1991年上海浦东开发区外高桥新港区集装箱堆场用粉煤灰填筑，面积约10万m^2，用灰20

万 t，在当时是国内最大的单项使用粉煤灰填筑的工程。

现选上海地区几个有代表性的工程实例予以介绍。考虑到粉煤灰工程填筑的施工方法和质量检测要求，同粉煤灰在高等级公路路堤中采用的施工方法和质量检测要求有不少类同的地方，因此，不再重复叙述。现就粉煤灰工程填筑施工中有特殊要求的方面给予重点介绍与说明。

（一）上海港务局关港作业区工程回填

上海关港工程是国家“七五”期间重点工程之一，建有八个万吨级泊位及内河港池一个，港区占地面积约 45 万 m^2，年设计吞吐量 400 万 t。工程位于黄浦江上游吴泾河段西岸，属上海县曹行乡。

1. 关港粉煤灰填筑试验区平面布置

港址地势平坦，地面标高为 +4.3 ~ +4.8m，在拟建的 2# 泊位上有一河道曹家港，由西向东汇入黄浦江，河面宽约 28m 左右，河底标高约 -1.0m。粉煤灰试验填筑区选在曹家港中段，距黄浦江岸边约 200m，两端修筑土堤封闭，试验区长为 76m，宽为 28m，面积为 2128m^2，如图 5-24、图 5-25 所示，深度在 5m 左右，回填粉煤灰量达 1 万 t。

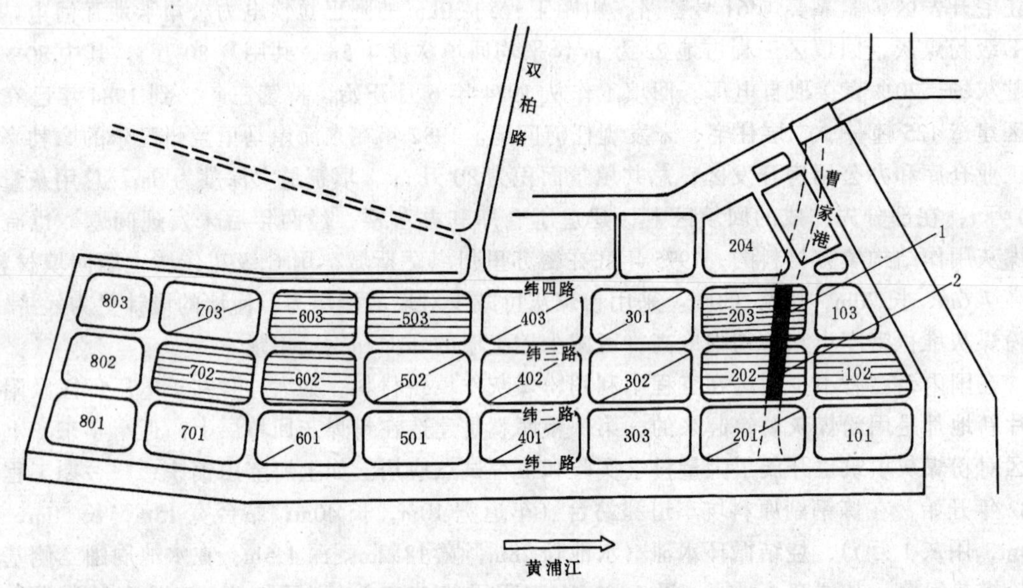

图 5-24 粉煤灰填筑试验区布置

1—203 场粉煤灰填筑区；2—202 场强夯区

2. 粉煤灰回填施工

下面主要结合在河道中填筑的一些特点进行介绍。

(1) 抽水筑围堤。对填筑试验区河道两端用土筑堤，要求堤坝保证质量不漏水，筑堤后开始抽水。

(2) 场地的清淤河床加固。当施工范围的河水抽干后，马上清除淤泥，由于淤泥深度有的达 1.2m，又无井点降低水位，渗水现象严重，所以采取分段、集中清淤泥的措施，及时进行地基处理，铺设 0.5m 黄砂垫层，布置集水井，使盲沟中的水流入集水井，然后采用提升泵将水从集水井中抽去，这样保证地下水位降至盲沟以下。以后逐步将河浜边的野草清

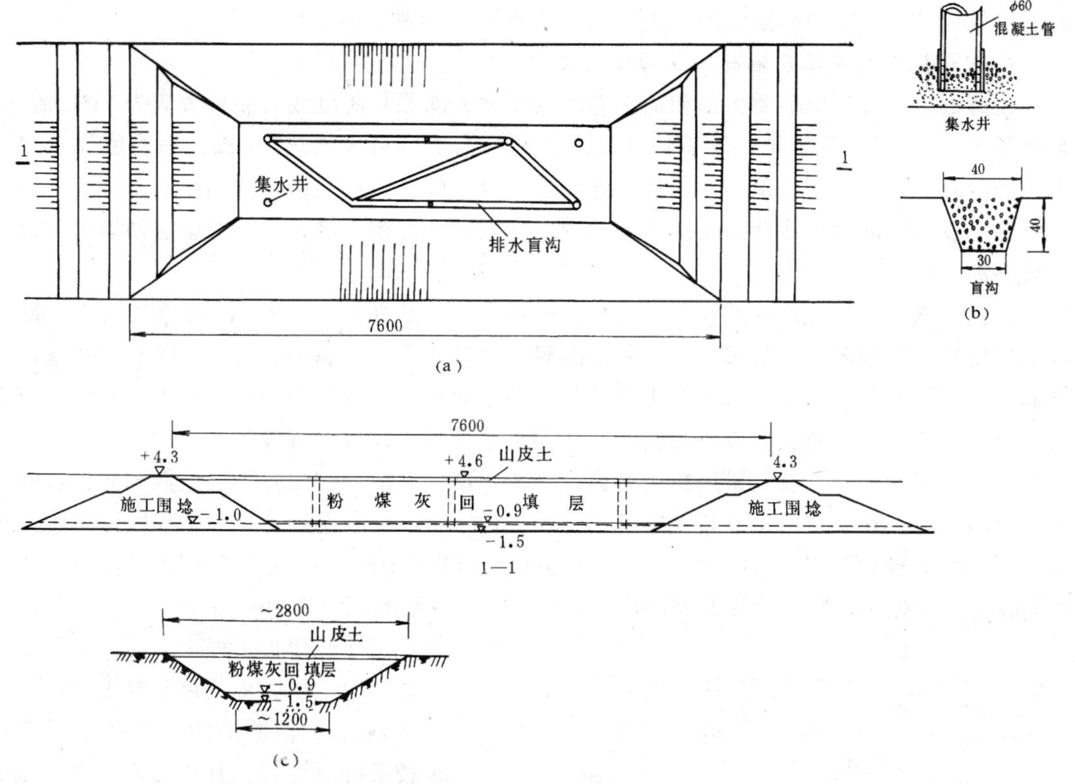

图 5-25 粉煤灰填筑区构造图

(a) 试验区平面图；(b) 集水井及盲沟简图；(c) 203 场粉煤灰试验区结构断面图

除，修坡加固，使各个断面基本相近。

3. 填筑施工方法

因为回填是从 5m 深的河床中逐步向上填筑的，所以，在开始时不能用大型的压路机械，只能先用小平板振动器来回碾压，然后用击振力为 9.8kN 的小振动压路机振动碾压，再用击振力为 19.6kN 的振动压路机碾压。当填筑深度达 1m 多以后，用大型推土机碾压，最后用 12t 压路机碾压。

填筑的粉煤灰在地下水位以下时，在回填中除设置有效集水井外，要解决地下水渗水现象，否则不论在压实后或摊铺后未压实时，受渗水影响都会使表层软化，特别在未压实前更严重，从而影响施工。因此，在填筑过程中一定要十分注意排水问题，要及时把渗出的水通过盲沟引入集水井。

（二）上海冷轧薄板工程回填

上海冷轧薄板工程是上海市 1990 年重点建设工程，工程东临江杨南路，西靠泗塘河边，东西向长约 700m，南北向宽约 440m，占地面积为 28.4 公顷，厂区天然地面标高在 3.1 ~ 3.7m 之间，设计标高为 4.2 ~ 4.4m，主车间厂房的室内地坪设计标高为 4.7m，故地面的填筑厚度在 1m 以上。

冷轧薄板工程根据生产工艺性质，可以分为主生产车间及辅助生产车间，公用设施和办公福利三个系统。主车间生产工艺流程较复杂，从热轧钢卷进库经酸洗、轧制、退火、脱脂、平整至剪切成材，故主车间厂房由六个区域组成，分轧制跨、原料酸洗跨、磨辊脱脂跨、热处理跨、平整跨和成品跨。主车间厂房建筑面积为73847m²。

1. 以粉煤灰填筑堆载地坪垫层的结构设计

在薄板生产过程中需要大面积的钢卷堆放场地，除原料跨堆放荷载最大值为143kPa，平均值为80kPa，且为热钢卷，故需特殊处理外，其余堆载最大值达80kPa，平均值为50kPa。为保证冷轧薄板产品的质量，对堆放钢卷的地坪要求较高，不允许有大幅度的沉降和不均匀的沉降。故地坪的设计需严格按地基的承载力和变形来控制，这给地坪的垫层回填处理提出了较高的要求。

根据上海地区软土地基的性质，在未经处理的软土地基上如有大面积堆载的场地，随着堆载的增加，使用时间的延长，其实际沉降量可达几十厘米，甚至高达1m以上，并且还有隆起、凹陷的现象。为此，对生产中要求较高的车间地坪，或采用钢筋混凝土预制桩，或采用碎石桩，或采用石灰桩，以及其他方法作为地基处理，以减少沉降量。

采用压实粉煤灰，就是采用价格低廉、资源丰富，又能得到较好力学性能和减少沉降的回填材料。压实粉煤灰的承载能力一般为120～200kPa，变形模量为13～20MPa。同时，粉煤灰压实后的堆积密度较小，其干密度仅为882～1274kg/m³，远低于土的干密度（1568～2038kg/m³），对减轻填筑层自重和在软土地基上减少地基的沉降较为有利。

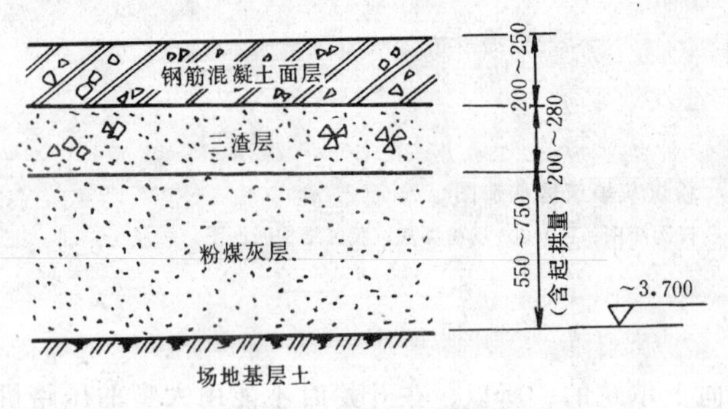

图5-26 地坪垫层构造

冷轧薄板工程主车间厂房所处位置的表土层为褐黄色亚粘土（或轻亚粘土层），该层土的强度和变形模量较下卧层为高，其厚度在2.0～3.8m之间。故首先考虑利用这一硬土层作为天然地基的持力层，并以此与粉煤灰填筑层和粉煤灰石灰三渣层组成一厚度在3m以上的复合硬壳层——复合地基（见图5-26），借助此复合硬壳层扩散堆放荷载，减小下卧软土层顶面的压应力，达到降低沉降量的目的。据估算，当地坪大面积堆载为50kPa时，处理后的地基沉降量可减少20cm，基本控制了不均匀沉降，满足了生产、使用要求。

冷轧薄板工程地坪垫层粉煤灰结构回填的设计要求为：粉煤灰压实系数 $D \geqslant 0.93$，允许承载力 $[f] \geqslant 120$kPa，弹性模量 $E_0 \geqslant 10$MPa。

2. 粉煤灰填筑施工

对粉煤灰应用于堆载地坪结构的回填施工，目前国内尚没有施工和验收规程，因此，在施工中，需十分谨慎、小心。有关设计、施工和科研单位经多次协商、研究，制定了粉煤灰技术条件、施工工艺、施工检测和质量验收等一系列技术要求。

(1) 施工用材料及技术条件。选用宝钢电厂粉煤灰，其技术参数是：最大干密度为1123kg/m³，最佳含水量 $w_{op}=31\%$；施工中控制含水量 $w=w_{op}\pm4\%$，重度为10.36 kN/m³。

(2) 粉煤灰填筑工程质量检测要求。粉煤灰压实后，每层按500m² 一组取样（每组不少于三点），用环刀法取样试验（在每层压实后的3～5cm以下部位取样），压实后的干密度要求有90%以上符合设计要求，其余10%的最低值与设计要求的差，不得大于0.07 g/m³，并应分散而不得集中。

(3) 施工机具。施工机具选择参见表 5-19。

表 5-19 施工机具的规格和性能

设备名称	规格型号	单机功率（kW）	自重（t）	用途
自卸汽车	15t	155.9	15	运送粉煤灰
推土机	上海 120A	88.3	16.2	推平预压
液压反铲挖土	DH400GL	6.3	12.8	开挖排水沟
装载机	KLD80	150.8	16.9	现场倒运灰
振动压路机	西德宝马 2410S	76	9.9	碾压，震动力为 17～33t
蛙式夯机				设备基础边角的夯实

(4) 施工前准备。粉煤灰灰源的选择，主要从灰的运距、装运灰条件、灰的储量、灰的品质及其试验资料等方面进行考虑，决定选用宝钢电厂的湿排灰。

粉煤灰进入施工场地，其含水量应控制在 $w=31\%\pm4\%$ 的范围内。含水量过大时，要采取措施调整。

在粉煤灰摊铺区内，如小房子基础、设备基础、主厂房基础梁均需施工安装完毕，且电气接地网扁钢埋设处理结束，同时要完成墙梁下粘土护坡。

(5) 施工步骤。具体安排如下：

1) 对基层土的处理。在填筑前，清除杂土、杂物、积水，对于“弹簧土”必须挖除，再由压路机以一轮压半轮反复碾压，直至只有轻微轮印为止，要确保基层土密实。

2) 标高测定。对原始场地标高进行分块复测，保证对粉煤灰摊铺厚度的正确控制。

3) 摊铺碾压。根据施工方案分块、分批有组织地施工，第一块第一层粉煤灰用履带式推土机推平拉毛，用压路机碾压压实。同时，摊铺第二块第一层粉煤灰，推土机由第一块第一层转入第二块第一层推平拉毛，压路机转入第二块第一层碾压。质量检测第一块第一层合格后，摊铺第一块第二层，虚铺厚度在 300～400mm，经推平拉毛压实的厚度在 250mm 左右。然后，推土机由第二块作业区转入第三块作业区，如此循环流水作业。

柱基、设备基础周围，虚铺厚度控制在 200mm 左右，采用人工蛙式打夯机夯实或用平板振动器压实。但都必须加强检测，达到规定的压实度要求。

(6) 施工中注意的几个问题。压路机运行时的速度应小于 30m/min，来回压一般不少于四遍。由于工作间断或分段施工，衔接处可留出一定长度，即 1:5 坡度处不碾压，供下一段施工时平整联接碾压作业。

施工中不断抽查粉煤灰的含水量，确保碾压中粉煤灰密度的均匀性。当遇到含水量过大的粉煤灰时，一定要经凉晒沥干处理，或掺入调湿灰使含水量接近最佳含水量，否则将会形成“弹簧土”无法压实。在施工中曾遇到粉煤灰过湿的情况，采取加碎石或局部加水泥的办法，都未达到预期的效果。因为碎石不能消除粉煤灰中的水分，局部加入水泥会使回填体强度不均匀，不利于填筑的整体作用。

(7) 填筑施工检测结果。从检测数据上看，凡在施工中认真控制粉煤灰含水量、摊铺厚度、碾压遍数等主要工艺参数的，都能达到压实系数要求。如冶金部宝钢二十冶分指挥部施工工区的粉煤灰垫层，检测点共 94 个，最小压实系数为 0.886，干密度为 1000kg/m³，不合格测点为 9 个，合格率为 90.4%，最低干密度与设计要求值的差为 0.052g/cm³，小于 0.07g/cm³，且不合格点较分散。该工程达到了设计所定的粉煤灰垫层的质量检测标准。

根据检测的结果表明，粉煤灰填筑垫层的施工要求比较容易掌握，且施工中的含水量和干密度值易于控制，故施工质量是能够保证的。

(8) 粉煤灰垫层的静载试验。为判断粉煤灰回填软土地基的质量，在Ⅰ区和Ⅱ区各选择一处进行静载荷试验，承载板面积为 $0.5m\times0.5m=0.25m^2$。根据粉煤灰垫层载荷试验数据和载荷 p-s 曲线分析，得出如表 5-20 所示的结果。

表 5-20　　1#、2#粉煤灰垫层载荷试验结果汇总表

试验点编号	相对沉降法		比列界限荷载法		极限荷载法		回弹量	弹性模量
	$s=0.01b$ (mm)	$p_{0.01}$ (MPa)	p_a (MPa)	s_a (mm)	p_u (MPa)	s_u (mm)	(mm)	E_0 (MPa)
1# (Ⅰ区)	5	0.6	>1.0	8.9	>1.0	8.9	-4.86	19.35
2# (Ⅱ区)	5	0.61	1.15	1.13	1.60	25.70	-11.08	19.68

表 5-20 的结果表明，粉煤灰垫层具有较高的地基承载力和较小的沉降变形量。

(三) 上海港罗泾煤码头湿排粉煤灰软基加固处理

粉煤灰填筑技术，随着工程建设发展有了新的提高。从干灰碾压工艺发展到水冲灰加固技术，其最大特点是在保证工程质量的前提下，大大加快了施工进度。罗泾煤码头采用的"塑料排水板动力固结钢渣挤实法"，是湿排粉煤灰软基加固处理比较成功的一个实例。

罗泾煤码头建在石洞口电厂临时水冲粉煤灰灰场上，积灰厚度达 4~5m，一期工程面积 20 多万 m²，如何加固淤泥质状灰场，使其能承受大面积堆煤荷载，从技术上的确有很大的难度。1992 年上海港务局组织交通部第三航务工程勘察设计院、陕西省机械化施工公司南京分公司等单位，对湿灰加固进行科技攻关，对多种试验方案进行比较后，最后选用"塑料排水板动力固结钢渣挤实法"，即在原灰场先开挖排水沟，再回填钢渣，然后打塑料排水板，最后强夯加固。现场钻探的结果是：地面到地下 4m 左右是湿粉煤灰；地下 4~14m 左右是砂质粉土及粘土；地下 14~22m 左右是淤泥质粘土；地下 22m 以下是粘土。

1. 现场加固试验

为取得施工参数，在工程正式施工前，先进行现场小区试验，试验情况如下：

(1) 不同夯击能量的选择。针对煤码头工程的使用要求，选择夯击能量不等的四块试验区，如道路为 1200kJ；一般场地为 1800kJ；煤堆场为 2400kJ 两遍；斗轮机基础为 2400kJ 四遍。试验小区面积总共约为 1200m²。

(2) 设计技术要求。设计要求加固后地基要达到：对于 3m×3m 大型载荷板，堆煤场允许承载力为 126kPa；施工期有较大的压密沉降（夯沉量），2400kJ 区大于 1.0m；有效加固深度达到 8m 左右。

(3) 设备和工艺参数。强夯用 50t 履带吊，夯锤用底面 $\phi2.2m$、重 16t 圆台型金属锤。

夯点平面布置用正方格型跳挡法，以利于超孔隙水压力的消散。夯点间距为3m×3m，以孔隙水能基本消除为原则。每点夯击能量以夯击8击和最后1击贯入量小于10cm进行控制；塑料排水板按不同夯击能量分别设10m、12m和16m深度，排水板间距为1.5m×1.5m。

（4）试验检测结果。试验后对以下各项进行了检测。

1）夯沉量。对于1200kJ地区总夯沉量为0.8456m，1800kJ地区为1.07m，2400kJ地区为1.135m，而2400kJ地区四遍达1.5m。

2）标贯试验。由夯前、夯后标贯试验结果可看出，在11～13m范围内，贯入击数比夯前的有提高，原来大多在1～3击，夯后击数在4～21击，比夯前提高4～7倍。

3）静力触探试验。1800kJ地区夯后在10.0m范围内的比贯入阻力提高显著，2400kJ地区夯后在13.0m范围内的比贯入阻力增大。

4）十字板剪切试验。对于2400kJ夯入区，在深度为9.0m范围内，从0.18MPa增加到0.34MPa；对于1800kJ夯入区，在深度为8m范围内，由原来的0.19MPa增加到0.30MPa。

5）大型载荷板试验。试验结果参照地基土容许承载力取值法，对于当夯击能量为2400kJ二遍、1800kJ、2400kJ四遍的地区，允许承载力分别大于400、351、400kPa，显然高于设计150kPa的要求。

6）加固深度的检验。加固深度分有效加固深度和影响深度两种，后者对减少沉降作用较小，有效加固深度对工程起主要作用。按目前国内外惯例，有效加固深度引用Menard公式计算，当夯击能量为1800kJ时，$H=9.4$m；2400kJ时，$H=10.8$m；2400kJ四遍时，$H=12.4$m。

从静力触探、标贯试验及十字板剪切试验结果看，有效加固深度为9～12m，可满足设计要求。

2. 工程施工

罗泾煤码头陆域设计软基加固面积为26.685万m^2，划分为煤堆场、斗轮机走道、道路和一般场地四个单位工程。自1993年9月1日正式开工至1994年10月28日竣工，实际竣工面积达25.938万m^2。

（1）施工设备。施工采用的设备有50t、25t履带吊，堆土机，振动锤，16t、10t夯锤，用作强夯、打排水板和平夯。

（2）施工工艺。施工工艺主要分三个部分，即开挖排水沟、打塑料排水板和夯击。强夯选用的夯击能量根据现场试验小区的试验参数：道路为1200kJ；煤堆场为2000kJ；斗轮机走道为2400kJ；场地为1800kJ。

（3）质量评估。在施工过程中，根据自评、自检原则，对每个分部工程和分项工程均进行了抽检、抽查。对达不到设计要求的，重新返工，直到达到要求为止。经测评，总合格率为94.41%，自评达到优良工程标准。经验收后，工程质量评定为优良。

该工程就地取材，共利用电厂粉煤灰200万m^3，钢渣近100万t，将26万m^2的灰场加固成地基承载力大于200kPa的煤堆场基础。

三、高钙粉煤灰在工程回填中的利用

（1）目前上海市外高桥电厂、上海华能石洞口二电厂、吴泾热电厂等，2001年共排放高钙灰88.2万t。高钙灰的处理利用已越来越成为工程界普遍关注的问题。市政工程，特别是道路工程，是大宗利用的重要途径，是解决高钙灰出路的有效措施，在以往探索过程中，曾发现，新鲜的高钙灰遇水后会明显的膨胀，这样，如果像低钙灰那样用于填筑能否保证以后结构的稳定，仍是需要研究的问题。

2. 材料化学物理性能

（1）化学成分。本市石洞口二电厂、吴泾热电厂的高钙粉煤灰的主要化学成分已做了大量的测试，这里摘录于表5-21中：

表5-21 高钙粉煤灰的化学成分

灰种	烧失量	SiO_2	Al_2O_3	Fe_2O_3	CaO	MgO	f-CaO
石洞口二电厂	0.69	42.90	17.32	12.81	18.21	2.01	3.25
吴泾热电厂		45.00	13.87	11.08	12.63	1.20	3.50

由表5-21可以看出，二者基本相同，其中 $SiO_2 + Al_{203} + Fe_{203}$ 总量在70%左右，CaO的含量12%～18%，该类灰实际属于中钙粉煤灰。在低钙粉煤灰中，CaO绝大部分结合于玻璃相中，而在高钙灰中，CaO大部分被结合外，还有一部分是游离的，这部分游离钙是导致不稳定或试件膨胀干裂的原因所在，因此是我们比较关心的问题，同时亦正是它的存在，也有利于激活火山灰活性，提高强度。

（2）密度。神木灰的密度明显大于低钙灰，据测定神木灰的密度2.6左右，堆积密度在880～1000kg/m³，而低钙灰相应为600～700kg/m³，平均而言要高出很多，较大的密度对于运输和填筑，降低填土压力都是不利的，但在水中都容易下沉、稳定，这是它的不利中之有利之处。

（3）最大干密度与最佳含水量。准确地控制含水量是路堤压实质量的保证，因此，对高钙灰的最佳含水量与最大干密度的测试是非常重要的，我们以轻型击实标准对上海两电厂的高钙灰作了测试。

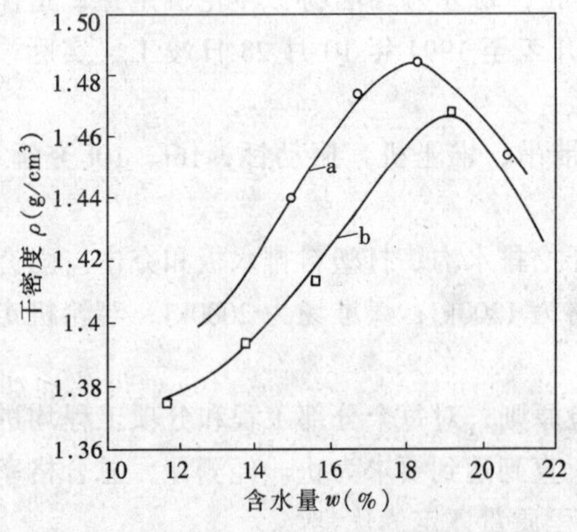

图5-27 含水量与干密度的关系曲线
a—石洞口电厂；b—吴泾电厂

由图5-27可知：吴泾热电厂和石洞口二电厂高钙灰的最佳含水量与最大干密度分别为

$$W_{佳} = 19.2\%，\delta_{干} = 1470\text{kg/m}^3$$

$$W_{佳} = 18.3\%，\delta = 1480\text{kg/m}^3$$

如果按照100%压实度计，则二者的湿堆块密度相应为1750～1756kg/m³。与通常使用的闵行、南市电厂的低钙灰（1420kg/m³）比较高出23%，而与宝钢电厂的低钙灰（1690kg/m³）相近。高钙灰最佳含水量明显小于低钙灰。为更确切比较起见，以1m³标准压实体积计，则低钙灰约含水分400～420kg，而高钙灰仅280kg。

（4）膨胀性。高钙灰的膨胀性能，对于路堤的稳定性是重要的，原因在于活性CaO遇水体积膨胀所致。为测定膨胀性能，取标准击实筒 ϕ10cm×12.7cm，锤重2.5kg，将灰分三次装入，每次击实次数55次，压实度达到95%，然后将试件连同试模浸在水中，按上百分表，测定其垂直变形值。获得图5-28结果。该变形值即为一个自由度（其余5个侧压受限）

下的膨胀值，比实际情况更严厉。

从图5-28结果来看，膨胀与时间大体成线性关系，斜率的大小取决于水的渗透速度和CaO的消解速度，在压实状态下，7d以内即趋于稳定。在自然状态下，高钙灰通过吸收空气湿度亦会逐渐消解，但持续时间较长。如果在松散状态下，则速度更快；如将灰直接浸在水中，则3~4d即可稳定。袋装高钙灰存放1a，亦未见结团成块，这对工程使用是有利的。

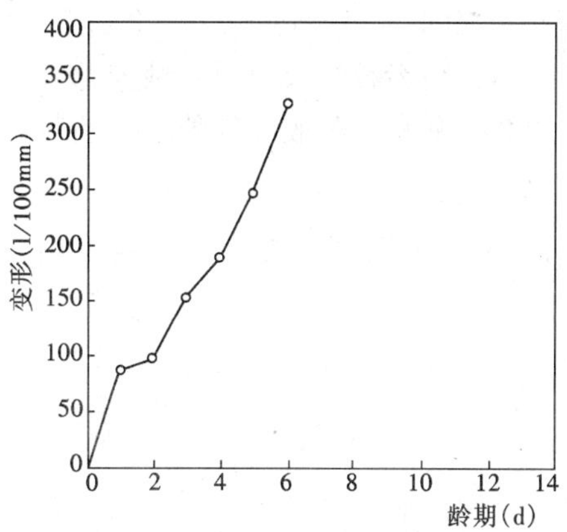

图5-28　膨胀试验结果图

（5）强度特性。高钙灰稳定性，通过浸水或者自然存放一定时间后，是可以解决的。用于本市高钙灰的f-CaO含量不大，作为填筑路堤来说，即使有所膨胀，估计亦不至于造成多严重问题。如果用于沟槽回填，情况更为有利。

为了了解基本稳定后的高钙灰成型强度，进行了强度试验。试件是在接近最佳含水量条件下成型，$\phi 7 \times 7$cm，成型压力12MPa，在标准养护温度20℃±1℃及湿度90%进行养护，测定其浸水抗压强度，得到表5-22结果。

表5-22　强度与龄期增长情况

龄期（d）	快速	7	14	28	56
强度（MPa）	0.64	1.37	2.84	4.0	5.07

强度的试验结果是令人鼓舞的，其28d强度达到4MPa，大大高于石灰土、石灰粉煤灰。表明这种灰较低钙灰具有更高的活性。通常，水泥稳定土强度亦不过在3.0MPa左右，各种国外进口的土壤固化剂，其强度亦还达不到4MPa，由此可见其潜能巨大，值得开发、应用。

高钙灰即使在露天存放60~90d后，其仍有0.5MPa以上强度，这比天然地基强得多。

（6）回弹模量E和加州承载比。抗压回弹模量和CBR（饱水状态）都是表示材料抗变形的能力，在国内亦常使用。数值越高，表示性能愈好。

回弹模量测定按建设部有关试验法测定，在每一级荷载基本稳定后，卸载，读取其回弹形变，直至最后一级荷载。然后按下式计算：

$$E = \frac{\pi PD}{41}(1 - \mu^2)$$

CBR是采用$\phi 15 \times 12.5$cm试件，在侧限条件下，用$\phi 5$cm压头，以1mm/min速度匀速加载，直至贯入深度5mm为止。以2.5mm时的荷重作为计算依据，按下式计算CBR值。

$$\text{CBR} = \frac{\text{荷重}}{\text{标准荷重（1344kN）}} \times 100\ (\%)$$

试验状态是：按轻型击实标准成型，按规定浸水24h后进行测定。测得结果：

$$E_0 = 28.4\text{MPa}$$

$$\text{CBR} = 144\%$$

CBR 100%相当于标准碎石，虽然是成型后4d的强度，活性物质尚未充分发挥作用，但已显示其良好的抗变形能力，对于一般路基填土，CBR=4%~5%，所以高钙灰远胜于一般土。回弹模量和CBR从另一方面表明了高钙灰的强度潜能，同前面的抗压强度指标是可以相互印证的。

(7) 高钙粉煤灰稳定土性能

高钙灰良好的胶结性能，促使我们去探索用于稳定土的可能性，以期扩大使用价值和适用范围。

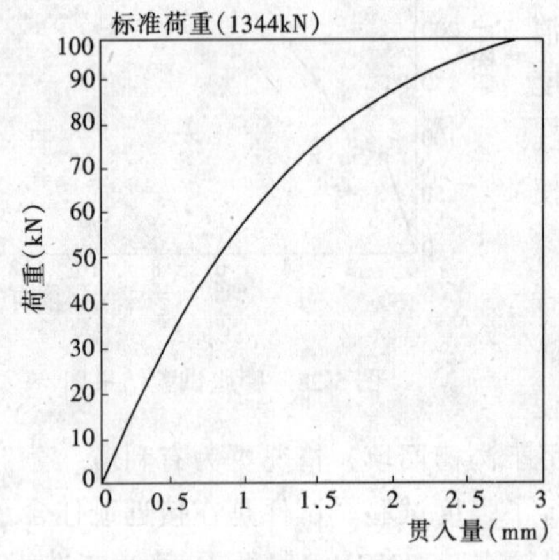

图 5-29 荷重强度与贯入曲线图

表 5-23 高钙灰稳定土强度汇总

	高钙灰	土	抗压强度(MPa)	
			快 速	7d
配比(体积比)	1	2	1.23	1.70
	1	1	1.42	1.96
	2	1	1.32	2.16

注 快速，60℃，保养 24h。

根据交通部路面设计规范，用作底基层的石灰土，7d 强度要求 $\geqslant$0.7MPa。大部分石灰土不一定能满足，而本高钙灰已大大超过，技术上可能性是完全存在的。

3. 高钙粉煤灰的实用途径

通过上述试验，表明高钙灰的稳定性通过一定的存放或浸水是可以缓解的，即使膨胀，一般在浸水 7d 后亦基本稳定。在实际工程中，严重性可能会比室内试验缓和，因为运输、储存、摊铺、碾压有一定周期，部分石灰可以消解，另外实体工程有较大的吸收变形或承受变形能力，不像室内试件四周约束，容易引起裂缝。

从材料强度和物理性能来看，它有可能用于以下方面：

(1) 沟槽回填。目前市政和公路工程中沟槽回填仍是一个棘手问题。由于回填不密实常导致路面沉陷开裂。土壤湿度高，沟槽地段难以夯实或碾压，是问题的关键所在。过去在一般工程中，常以自然沉降达到稳定后再作路面。显然在当今高速发展时期，这是不现实的。为赶上需要常全部或部分填以黄砂、砾石砂来解决。质量是可以提高，但价格昂贵，如果采用高钙灰，由于其自重大，在水中容易下沉，且具有自硬性。因此只求无大孔隙，基本密实即可，在一定龄期后，即可形成板体，此时，其抗变形和承受荷载能力大大地高于沟槽两旁地基，不会在环境因素和荷载作用下发生明显沉降。工程质量易于得到保证。用高钙灰回填既具有黄砂那样施工简便的特点，又具有水硬性的优点。

(2) 用于填筑河浜地段路堤。道路在河网地区，常穿越河道。河道回填时，首先要挖除淤泥，然后，铺筑一定厚度大颗粒粒料层，之后，再逐层回填。土壤潮湿时，采用一层土，一层砾石砂夹层回填，之所以这样做，是因为河道天然地基软弱，无法碾压，无粗粒料打底，难以施工，由于河道地段填土高，土壤潮湿，没有粒料夹层，容易失稳，亦无法逐层碾压。因此，河浜回填既是个重要的施工程序而又是不易做好的工序。不少道路，往往在填浜地段施工后不久，出现路堤沉降，路面开裂等现象。所以，如何多快好省地回填河浜是长期来被关注的问题，采用高钙灰回填是一个有希望的办法，其密度比较大，吸水性小，在水中容易稳定。在铺筑碾压（或夯实）后会形成强度，并具有一定的板体。对缓和由于软土地基引起的沉降亦有裨益。

(3) 填路堤或改善路堤上层。路堤填筑，没有其他问题，主要是高钙灰的不稳定对路堤会造成什么后果不易评估，是否会导致隆起和边坡开裂不清楚。靠室内简易试验，不解决问题，需要工地现场试验或模拟试验，由于会有一定的风险，工程落实比较困难。用于填筑，其最大的缺点是自重比低钙灰大，湿密度是土的0.9倍，不利于减轻自重压力。

用于稳定路堤，甚至作为底基层，有潜在可能，重要的是高钙灰要稳定，经过陈放或处理。由于土建工程量大而广，灰源供应不可能像其他材料那样严格要求，严格施工，因此，问题还有待室内外进一步实践，特别是工程实践。

4. 试点工程简况

(1) 下水道回填。下水道位于上海市冠生园路，试验路段全长600m，埋深1.78～3.8m，管径为 ϕ600～ϕ1200 及 ϕ300～ϕ450mm。管子为硬质 PVC 材料制成。地质土为粉质粘土及淤泥质粉质粘土。回填采用高钙灰、黄砂和粘土三种材料，以兹比较。

管道铺设好，逐层25cm摊铺，分层夯实，由下往上回填至标高。由于高钙灰比较松散，容易流动，易于密实，不像粘土容易结团，形成大孔隙，回填料同管道侧壁比较密贴。

根据回填三个月后，静载测试表明，高钙灰回填段侧向变形最小，粘土最大，黄砂居其次，侧向变形愈小，意味着回填料侧向支承愈大，填筑材料强度和刚度愈好。测试结果见图5-30。

使用至今，情况良好，未发现任何起拱、膨胀等现象，这是一次成功的工程实施。

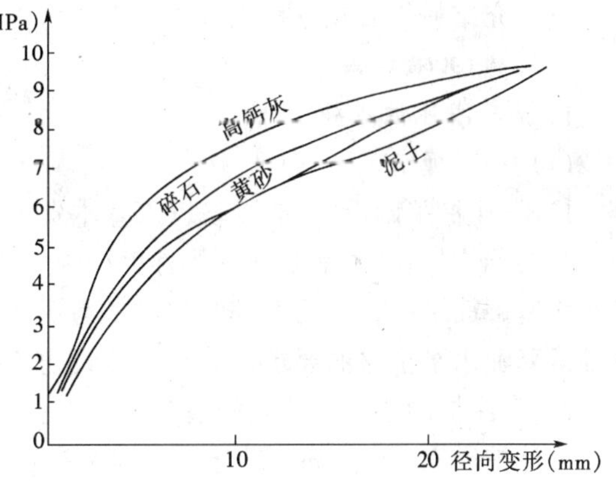

图5-30　压力与径向变形图

(2) 工程回填。为配合南北高架工程。地面道路的快速修复在淮海路近成都路口，回填了约50m²，深5～6m的坑槽，其中埋有各种管线。

回填采用散装高钙灰，松填厚1m左右，用插入式振捣器振实，湿度以适于工作为度。可以边浇水边振实，坑槽中有一点积水也可以，在离标高小于1.5m范围内，松方铺筑厚度50cm，用平板振动器振实，直至路基顶面。第二天，即浇捣超早强混凝土，4h后，开放交通。至今情况良好。

沪闵路近第二考验场处，有一交叉口，面积达200m²，回填深度5m以上。采用上述方法回填，并紧接着铺筑基层和25cm水泥混凝土面层至今一年余，未见任何位移和变形。

这些工程性试验的成功，表明高钙粉煤灰有其自身的特点，扬长避短，开拓应用于快速回填新途径在技术上是可行的，值得进一步开发和完善，并从技术性能和施工工艺上作出定量的分析。

四、粉煤灰在桩基工程中的利用

粉煤灰在桩基工程中的应用，是随着粉煤灰利用技术的研究成果不断推广应用而发展起来的新领域。20世纪60年代国外开始探索利用粉体材料（如石灰、水泥）加固深层软土地基。美国和德国在预成孔直径100mm填充石灰加固软土地基。1973年前苏联用这种石灰桩（Line piles）加固厚粘土层。20世纪70年代后期，瑞典提倡用石灰柱（Line columnes），加固的软土柱。该方法是用一种搅拌器将一定比例的石灰（CaO）与软粘土在现场进行拌和成柱。日本在20世纪70年代开始用水泥或石灰作为固化剂，通过深层搅拌机械，钻入地基深层将软土和水泥或石灰强制拌和，使软土结硬具有一定的强度柱，使加固的土体具有较好的整体性、水稳性，与天然地基形成复合地基。这种施工工艺简称CMC工法（Clay-Mixing-Consoliation）。在国内，由交通部水运规划设计院和原冶金部建筑研究院于1977年进行该项技术设备的研制和室内外试验，1980年初，上海宝钢五冶在现场试验并在地基加固工程中得到应用。

粉煤灰在桩基工程中的应用，随着GB1344《粉煤灰硅酸盐水泥》和GBJ146—1990《粉煤灰混凝土应用技术规范》颁布，得到了迅速的发展。如上海地区广泛应用的粉煤灰混凝土钻孔灌注桩，适用于建筑工程和市政工程钻孔灌注桩施工；也适用于支护挡土用的钻孔灌注桩施工。钻孔灌注桩水下混凝土的胶凝材料，广泛采用粉煤灰硅酸盐水泥，当掺用粉煤灰时应选用Ⅰ、Ⅱ级灰❶。水泥土搅拌法成桩分为湿法（或称深层搅拌法）和干法（或称水泥粉体喷搅法或粉喷桩法）。20世纪90年代，我国的科研、设计、施工单位相继开发了双灰砂桩与桩间土共同组成复合地基。另外，开展高钙粉煤灰及水泥组合粉喷搅拌法加固地基的试验研究，还进一步研究高钙灰单组分粉喷成桩加固软土地基。21世纪初，山东省兖州建设总公司完成了《水泥—粉煤灰—碎石复合地基分析》的研究成果。

下面介绍粉煤灰在桩基工程中的应用。

（一）钻孔灌注桩

1. 钻孔灌注桩基础设计

（1）一般规定。

1）灌注桩基础设计，应具备以下基本资料：第一，工程地质资料，控制性钻孔桩的土的物理力学性能指标；有关地基土冻胀性的资料；第二，建筑场地与环境条件，建筑场地的总平面及建筑物基础面平图；第三，上部结构类型与形式、荷载大小及其分布和性质、生产工艺与使用对基础沉降和水平位移的要求；第四，抗震设防等级；第五，施工机械的型号和性能。

2）灌注桩的基本尺寸及构造要求如下：

设计桩径宜≥550mm，设计桩径即钻头直径。桩长与设计桩径比 l/d（简称长径比）一般应符合表5-24规定。

表5-24 桩的长径比

桩型	穿越一般粘性砂土	穿越淤泥、自重湿陷性黄土	桩型	穿越一般粘性砂土	穿越淤泥、自重湿陷性黄土
端承桩	$l/d\leqslant 60$	$l/d\leqslant 40$	摩擦桩	不限	不限

桩的最小中心距 S 按表5-25采用。

表5-25 桩的最小中心距 S

成孔工艺	一般情况	排列超过2排，桩数超过9根的摩擦桩基础
钻、挖、冲孔灌注桩	$2.5d$	$3.0d$
钻孔扩底灌注桩	$1.5D$	—

❶ 上海市标准（DBJ08—202—1992）《钻孔灌注桩施工规程》。

续表

成孔工艺		一般情况	排列超过2排，桩数超过9根的摩擦桩基础
沉管	穿越非饱和土	3.0*d*	3.5d
灌注桩	穿越饱和土	3.5d	4.0*d*

注 *D* 为扩大端设计直径。

设计桩身混凝土强度等级≥C20，采用水下浇注方法施工时，≤C30。桩身配筋按设计确定，如为构造配筋，轴向受压桩的配筋率≥0.42%，承受水平力桩的配筋率≥0.65%；竖向受压桩的钢筋笼长度≥1/3桩长，且应穿过淤泥质土层，承受拔力桩的钢筋宜全长配置。

桩位布置要求是：宜使群桩形心与荷载长期效应组合的合力作用点相重合。群桩中桩的中心距不小于3倍桩的边长或直径。

（2）关于桩基竖向承载力计算。桩基承台计算和最终沉降量计算，详见（JGJ4—1980）《工业与民用建筑灌注桩基础设计与施工规程》有关规定，此处不再赘述。

2. 钻孔灌注桩基础施工

本部分着重介绍上海地区软土地基钻孔灌注桩施工技术、施工管理。按照上海市标准DBJ08—202—1992《钻孔灌注桩施工规程》分别叙述。

（1）原材料：

1）钢筋。钢筋的级别、钢种和直径应符合设计规定。钢筋的质量应符合国家标准的有关规定。

2）水泥。钻孔灌注桩水下混凝土的胶凝材料，宜采用硅酸盐水泥、普通硅酸盐水泥、矿渣硅酸盐水泥、火山灰质硅酸盐水泥和粉煤灰硅酸盐水泥。严禁采用快硬、早强水泥。

水泥质量应符合国家标准：GB175—1999（代替GB175—1992）和GB1344—1999（代替GB1344—1992）。水泥标号不宜低于425号。

3）粗、细集料。混凝土粗集料宜选用坚硬碎石或卵石，粒径≤40mm，且不宜大于钢筋笼主筋最小净距的1/3。有条件时，宜优先选用5～25mm的碎石。

细集料应选用级配合理、质地坚硬、颗粒洁净的天然中粗砂。

4）外加剂。质量应符合国家标准GB8076—1997《混凝土外加剂》。

5）掺合料。水下混凝土掺用粉煤灰等矿物掺合料应在配合比试验基础上进行。

水下混凝土掺用的粉煤灰应选用Ⅰ、Ⅱ级灰，其质量应符合国家标准GBJ146—1990《粉煤灰混凝土应用技术规范》的有关规定。

（2）泥浆护壁成孔灌注桩。泥浆护壁成孔灌注桩适用于地下水位较高的地质条件。现着重介绍潜水钻成孔法，适用于粘土性、淤泥、淤泥质土及砂土。

1）钻孔灌注桩施工工艺流程，见图5-31。

2）施工机具。主要有冲击、回转钻及潜水钻机。

潜水钻机由防水电机、减速机构和钻头组成，潜入水中钻孔。钻孔效率可相对提高，而且钻杆不需要旋转，除了可减小钻杆的截面以外，还可以大大避免因钻杆折断而发生的工程事故，如图5-32所示。

目前使用的潜水钻机（QSZ-800型），钻孔直径为400～800mm，最大钻孔深度50m。钻进速度（当电压380V，电流为40A时）：淤泥质粘土1.0m/min，亚粘土0.4～1.0m/min，粘土0.3～1.0m/min，亚砂土1.5m/min，粉砂0.5～1.0m/min。

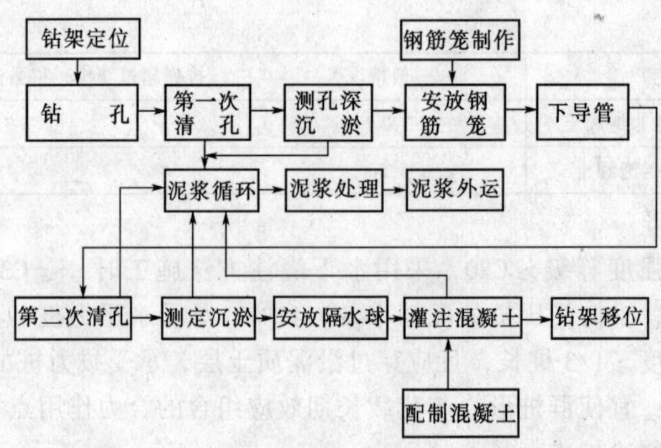

图 5-31 钻孔灌注桩施工工艺流程

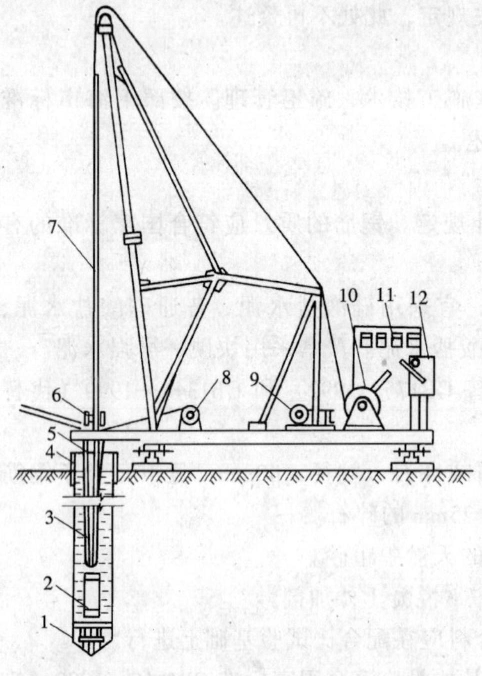

图 5-32 潜水钻机示意图

1—钻头；2—潜水钻机；3—电缆；4—护筒；5—水管；6—滚轮（支点）；7—钻杆；8—电缆盘；9—0.5t卷扬机；10—1 吨卷扬机；11—电流电压表；12—起动开关

3）正循环钻机成孔泥浆循环系统的设置。泥浆循环系统应由泥浆池、沉淀池、循环槽、泥浆泵等设施组成。

正循环钻进参数可参照上海市标准《钻孔灌注桩施工规程》中的表 4-2-3。

4）泵吸反循环成孔泥浆系统的设置。泥浆循环系统应由泥浆池、沉淀池、循环槽、砂石泵、除渣设备等组成，并设有排水排废浆等设施。

（3）清孔：

1）一般规定。清孔分两次进行。第一次在成孔完毕后立即进行，第二次在下放钢筋笼和灌注混凝土导管安装完毕后进行。

清孔结束时应测定孔底沉淤，孔底沉淤厚度规定：承重桩≤10cm，支护桩≤30cm。清孔结束后孔内应保持水头高度并应在 30min 内灌注混凝土。

2）正循环清孔。正循环第一次清孔利用成孔钻具直接进行。第二次清孔利用灌注混凝土的导管输入泥浆循环清孔，输入孔内泥浆密度控制在 1.15 以下。

3）泵吸反循环清孔。泵吸反循环二次清孔一般可利用成孔泵吸反循环系统直接进行。清孔时送入的泥浆不得少于砂石泵的排量，保证循环过程中补浆充足。

（4）钢筋笼施工：

1）钢筋笼制作宜分段进行。在制作前应将主筋校直，清除钢筋表面的污垢、锈蚀等，钢筋下料应准确控制长度，质量控制要求按有关规范、规程执行。

2）钢筋笼安装，按有关规范、规程执行。

（5）粉煤灰混凝土灌注桩施工：

1）混凝土配合比。

①配合比的设计方法应按照建设部标准 JGJ55—2000《普通混凝土配合比设计规程》和 GBJ146—1990《粉煤灰混凝土应用技术规范》执行。

②具体要求应符合下列规定：

a）试配成的混凝土强度应比设计桩身强度提高 15%～25%；

b）水下灌注混凝土的坍落度应为 16～22cm，坍落度损失能满足灌注要求；

c）含砂率应为 40%～45%；

d）最小胶凝材料用量不得少于 380kg/m^3，最大用量不宜大于 500kg/m^3；

e）混凝土初凝时间应为正常灌注时间的 2 倍。

③试配时应至少采用三个不同的配合比，最后选定其中合适的配比。

2）混凝土拌制。

混凝土应采用机械搅拌，投料时应先投粗集料，后投细集料、水泥、粉煤灰及其他掺合料和外加剂。搅拌时间应按表 5-26 规定。

表 5-26　混凝土最短搅拌时间

搅拌机类型	最短搅拌时间（s）	
	搅拌机容积 < 1000L	搅拌机容积 > 1000L
自落式	90	120
强制式	60	90

注　掺用粉煤灰的混凝土搅拌时间应按本表适当增加。

3）混凝土灌注。

①混凝土灌注。开始灌注前必须做好一切准备工作，保证混凝土灌注时能紧凑连续进行，单桩混凝土灌注时间不宜超过 8h。

②混凝土灌注的充盈系数（即实际灌注混凝土体积和按设计桩身计算体积加预留长度体积之比）不得小于 1，也不宜大于 1.3。

③混凝土灌注用导管应符合以下要求：

a）导管内径应按桩径和每小时灌注量确定。一般为 ϕ200～ϕ250mm，管壁厚度不小于 3mm。导管的第一节长应大于 4m，标准节长以 3m 为宜。

b）导管使用后应及时清除壁内外粘附的混凝土残浆。

④混凝土灌注用隔水塞可采用混凝土浇制，混凝土强度≥C20 级，外形如图 5-33 所示。

⑤混凝土灌注前的准备工作及初灌混凝土时要求：

a）导管安装全部入孔，位置居中。

b）混凝土灌入前应先在漏斗内灌入 0.1～0.2m^3 的 1:1.5 水泥砂浆，然后再灌入混凝土。待初灌混凝土足量后，方可截断隔水塞系结铁丝将混凝土灌至孔底。

⑥混凝土初灌量应能保证混凝土灌入后，导管埋入混凝土深度不少于 0.8～1.3m。

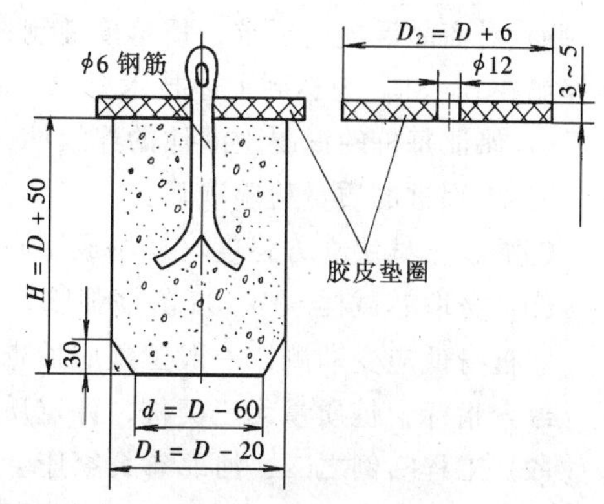

图 5-33　隔水塞外形图
D—导管直径

⑦混凝土灌注过程中导管应始终埋在混凝土中，严禁将导管提出混凝土面。

⑧当混凝土进入钢筋笼底端 1～2m 后，可适当提升导管。

⑨混凝土灌注中应经常测定和控制混凝土面上升情况，当混凝土灌注达到规定标高时，经测定确认符合要求可停止灌注。

⑩混凝土灌注完毕后应及时割断吊筋，拔出护筒，清除孔口泥浆和混凝土残浆。桩顶混凝土面低于自然地面高度的桩孔应即回填或加盖。

4）混凝土冬季施工，当室外日平均气温连续 5 天稳定于 5℃时，混凝土施工应按冬季施工有关防冻措施执行。

3. 工程竣工验收

按上海市标准 DBJ08—202—1992《钻孔灌注桩施工规程》和国家有关设计施工验收规范执行。

4. 工程实例

（1）工程实例之一。上海机场城市航站楼。

1）概况。该工程是上海浦东国际机场的配套工程之一，位置在上海南京西路，南侧为地铁 2 号线静安寺站、西侧为拟建的九百城市广场，东侧为上海轻机大厦，北侧为老住宅区。该工程地上 11 层，地下 2 层，总高度 63.5m；上部建筑面积 26541m^2，地下面积为 6110m^2；地下 2 层深 -10.8m。地下室为两墙合一连续墙，厚度 80cm，深度 21～25m。工程桩为钻孔灌注钢筋混凝土桩，桩径分为 ϕ700mm、800mm，桩长 31.5m 和 36.15m 两种共计 315 根。桩端入持力层。地下混凝土强度等级为 C30，抗渗等级为 S6，混凝土为外掺粉煤灰商品混凝土。桩基自 2000 年 3 月开工，2001 年 4 月竣工验收，整个工程已投入使用有一年之久。

钻孔灌注桩单桩允许承载力为 1600kN，试桩三组，进行桩身质量检测。静荷试验包括：试桩的桩顶沉降量及锚桩的上拔量；桩的承载力测定；桩竖向荷载下 p-s 曲线，s-lg$T$ 及 s-lg$p$ 的曲线。动测：桩身混凝土质量包括缩颈、裂纹、断裂等。

2）钻孔灌注桩施工：

①施工顺序如图 5-31 所示。

②水下混凝土施工。

a）桩的混凝土设计强度等级为水下 C30，实际为 C35 商品混凝土。

b）对商品混凝土要求：坍落度控制在 16～22cm，石子粒径 5～25 碎石，混凝土初凝时间控制在 6～8h。为达到上述技术要求，必须配制粉煤灰混凝土。

c）保证每桩的混凝土灌注的连续性，完桩灌注时间≤8h。

3）工程桩的质量检验项目：

①混凝土试块立方强度（现场成型）28d 龄期；

②桩身取芯试样 60～90d 龄期强度；

③桩身低应变动测，一般工程应抽查总数的 50%以上。

综合指标，桩质量无三类桩，评定质量合格。

（2）工程实例之二：河北省石家庄会堂地下灌注桩。

1）石家庄人民会堂工程地基全部采用泥浆护壁地下灌注桩，桩径 1～1.5m，桩深 16～25m，混凝土设计强度等级 C25，总浇筑量 2 万 m^3，采取不间断施工。工程通过合理使用粉煤灰混凝土，既改善了混凝土性能，又节省了资金，收到良好效果。

2）配合比设计：

①原材料：水泥—鹿泉曲塞水泥厂 P042.5；砂子—细度模数 2.5～2.7，石子—5～31.5mm 碎石；粉煤灰：电厂干排精选灰，达到 GBJ146—1990 规定Ⅱ级；外加剂：天津产 UNF-5 复合高效减水剂。

②混凝土试配拌和性能，共试拌 6 组，综合分析选用编号 4。

③施工质量：

a）施工现场取样制备试件，按每浇 1000m^3 成型振捣和免振各一组对比。

b）经河北省检测中心地基研究所对混凝土桩承载力及内部结构多次抽验，结果均符合设计要求。

④本工程使用大量粉煤灰，其取代水泥率 23%，每 m^3 混凝土取代水泥 90kg，按水泥 210 元/t，粉煤灰为 90 元/t 计算，共节约资金约 24.5 万元。

（二）水泥—粉煤灰—碎石桩

水泥—粉煤灰—碎石桩简称（CFG）桩，这种复合桩地基是 20 世纪 90 年代研究成功的。CFG 桩施工可采用人工成桩和沉管法，采用水泥加粉煤灰、石屑或砂及碎石加水搅拌成的低标号混凝土注入桩孔振实成桩体，由 CFG 桩与桩间土及基底的褥垫层共同组成，属刚性桩复合地基。它与一般柔性桩复合地基相比，可使地基承载力大幅度提高，从而显示出 CFG 桩复合地基具有明显的优越性。

1. 一般规定

（1）CFG 桩适用于砂土、粉性土、粘性土人工填土等地基处理。

（2）CFG 桩适用于六层的建筑物地基、油罐地基、地面堆载、路堤和岸坡加固。

2. CFG 桩设计

（1）CFG 桩复合地基设计包括复合地基承载力、桩的布置、桩径、桩长、桩体强度、褥垫层等。复合地基承载力即处理的地基达到要求的承载力，一般通过设计确定，通常以提高 1 倍左右为宜，这样设计较为简单。

（2）桩的布置主要根据基础型式来确定。如条形基础（墙下或柱下条基），主要应在基础墙或梁的中心线下单排布桩，基础墙交点及柱下均应布桩，并通过调整桩径，桩长来满足设计承载力的要求。对（墙下或柱下）片筏基础和箱形基础可根据柱网和地下室内墙体分布情况按柱网布置。

（3）单桩容许承载力应按现场单桩载荷试验确定。单桩极限承载力按式 5-4 求得后再除以安全系数 2 进行估算：

$$f_{pu} = 4 \cdot C_u \cdot tg^2\left(45° + \frac{\phi_p}{2}\right) \tag{5-4}$$

式中　f_{pu}——单桩极限承载力，kPa；

C_u——天然土不排水抗剪强度；

ϕ_p——碎石的内摩擦角，取 35°～45°。

（4）其他方面可参照有关“规范”、有关规定执行。

3. 施工方法

（1）成桩施工的两种方法：

1）人工成桩法利用洛阳铲人工成孔，在孔内直接灌注粉煤灰混凝土，采用插入式振捣器分层振密实，保证混凝土一次施工到位，不需接桩。该方法适用范围在无地下水或水量较小的粘性土或粉土地层。

2）成管法用“工程机械成桩法”，用钻机成孔，在孔内放入注浆管，并投入碎石，再用注浆泵通过注浆管注入水泥粉煤灰砂浆，当孔溢出浆体时停止注浆。此方法适用于地下水位较低的地区。

（2）CFG桩试点工程❶。山东兖州金园煤矿副井井架CFG桩复合地基桩工程施工介绍如下：

1）混凝土配制，采用C15沉管灌注桩。

水泥为32.5级，砂的细度模数2.61，碎石粒径5～20mm，粉煤灰选用鲁南电厂Ⅰ级灰和兴隆电厂Ⅲ级灰。

施工坍落度为60～80mm。

2）粉煤灰混凝土配合比如下：

水泥:砂:碎石:粉煤灰:水＝1:3.68:5.84:0.33:0.95。

坍落度测定结果：Ⅰ级灰（A表示）平均值为73mm，Ⅲ级灰（B表示）平均值为76mm，满足施工要求。混凝土抗压强度见表5-27。在该项工程中选用A1配比，施工现场28d试件强度均达到18MPa以上，满足设计要求。

表5-27 粉煤灰混凝土抗压强度试验结果

序号	坍落度（mm）	抗压强度（MPa）		备注
		7d	28d	
A1	73.0	10.9	20.2	粉煤灰取代水泥率为18%，粉煤灰超量系数为1.5
B1	76.0	9.0	17.2	

3）本工程使用A1配比浇注CFG桩近千根，共节约水泥80t，节约资金近万元。

4. *褥垫层设置*

按照CFG桩复合地基理论，褥垫层是复合地基重要组成部分。这里所称褥垫是由粒状材料组成的散体垫层，不是一般的素混凝土垫层。

（三）双灰砂桩

双灰砂桩是在传统生石灰桩的基础上发展起来的处理地下水位以上的湿陷性黄土、新近堆积黄土、素填或杂填土等的地基加固技术。在成孔后，向孔中分层填入粉煤灰、生石灰块和砂经夯实成桩，属于柔性桩，与桩间土共同组成复合地基。

1. *双灰砂桩加固机理*

（1）桩身。桩身由石灰、粉煤灰和砂组成，粉煤灰中含有较多的SiO_2、Al_2O_3和Fe_2O_3与生石灰混合，进行化学反应生成具有水硬性的胶凝化合物，并与砂胶结在一起，使桩身具有较高的密度和强度。埋在土中其强度随着龄期增长而提高，从而解决了桩身强度软化问题。

（2）桩间土。由于双灰砂桩使桩间土脱水、挤密，同时又使桩身产生置换作用，从而使

❶ 本资料引自“水泥—粉煤灰—碎石桩复合地基分析”，山东省兖州市建筑总公司田玉春等。

加固后的复合地基的强度提高，压缩性降低，湿陷清除，沉降量减小并沉降均匀，有效地改善地基物理力学性能。

(3) 对粉煤灰的技术要求。在地基加固中普遍采用湿灰，灰的粗细和化学成分波动对双灰砂桩质量影响不明显，关键是要控制好粉煤灰的含水量。据调查资料表明，全国电厂湿排灰质量都能满足双灰砂桩地基加固技术要求。

2. 双灰砂桩的设计

(1) 桩孔直径。用机械成孔，一般为 300～400mm。用洛阳铲人工成孔，一般采用 150～250mm 为宜。

(2) 桩距和桩排列。桩距一般通过试验与计算确定，通常采用桩距为桩直径 3～3.5 倍为宜。桩的排列应按等边三角形排列，也可采用正方形、梅花形等方式排列。

(3) 桩孔深度。应根据建筑物对地基的要求，地基的湿陷类型、湿陷等级、湿陷性黄土厚度，并结合成孔机械条件，综合考虑确定。桩深度，根据目前施工条件，人工洛阳铲可达 10m 左右；机械成孔可达 12～30m 左右。

(4) 配比及压实系数。根据经验数据，双灰砂桩的最佳体积配合比 2:7:1（石灰:粉煤灰:砂）；回填夯实系数桩上部 $\lambda_c = 0.95$，桩下部 $\lambda_c = 0.87$。

3. 施工方法

双灰砂桩挤密地基的要求是桩位正确，深度符合设计要求，双灰料拌和均匀，夯打密实。一般在施工前，在现场经成孔夯填和挤密效果试验，确定各项参数。

(1) 目前桩的成孔大都采用机械沉管法和人工洛阳铲。

(2) 填料要求：粉煤灰采用含水量为 30%左右湿灰（或调湿灰），石灰用块灰消解，闷透 3～4d 过筛，其粒径不大于 3cm 熟石灰块。石灰:粉煤灰体积比为 2:8，但可灵活调整，粗砂掺量以能填满石灰空隙为准。石灰和粉煤灰加砂要拌和均匀至颜色一致后及时回填入桩孔夯实。

(3) 质量检验，夯实质量应跟班抽样检查，检查数量应不少于桩孔的 2%。

质量检验方法一般采取轻便触探及动力标贯法，环刀取样检验法、载荷试验和浸水试验法。

对上述前两种检验，要求在双灰砂桩施工完 36d 内进行。

4. 工程实例之一❶

(1) 概况。原甘肃省电力设计院六层办公楼砖混结构，1976 年建造，建筑面积为 5607.7m^2，于 1994 年拟将该办公楼改建成电力宾馆。房屋进深原 11m 改为 14m，原双开间全需改为单开间，增设一道内墙，加设新的基础。因原建筑基础的地基已经过 18 年的压缩，沉降已趋稳定，地基承载力提高约 15%～20%，因此新增设的地基仍采用天然地基。为了消除地基的沉降差，必须对新基础进行处理。

(2) 实施技术方案。

1) 双灰砂桩 $D = 150$mm，桩距为 $3D$，桩位为梅花形布置，桩长达到砂砾石层，一般为 2～5m。双灰砂桩填料的体积配合比，依地基土的含水量变化进行调整。当土的含水量为 28%时，砂:粉煤灰:生石灰 = 1:1:2；当土含水量为 18%时，配合比为 1:2:2。此时粉煤灰

❶ 本资料引自雷学义，刘利民《再论双灰砂桩在处理地基中的应用》。

含水量为15%，生石灰块粒径采用30~50mm。

2）施工时，用洛阳铲凿孔，成孔后，把砂加粉煤灰和石灰块拌和均匀的填料，分300mm一层便夯实一次，反复进行。再填至距桩顶500mm，用3:7灰土封顶。完成后将上部500mm胀裂隆起土铲除，再做基础。

根据对试验区开挖，取出桩间土测量其含水量明显降低，用静力触探测试桩间土的承载力，比天然土承载力提高25%左右，桩身胶结很好，呈深灰色，桩身强度较高。

（四）粉体喷射搅拌桩

粉体喷射搅拌桩是由水泥土搅拌法成桩加固饱和粘性土和粉性土等地基的一种新方法。水泥搅拌法分为水泥浆搅拌和粉体喷射搅拌两种。水泥浆搅拌法是美国在第二次世界大战后研究成功，称为Mixed-in-placepile（简称MIP），当时桩径为0.3~0.4m，桩长为10~12m。粉体喷射搅拌法，称为Dry Jet Mixing Method（简称DJM法），最早由瑞典人Kjeld paus于1967年提出使用石灰搅拌桩加固15m深度范围内软土地基的设想，并于1971年瑞典Lined-Alimat公司在现场制成第一根石灰粉和软土搅拌成的桩。我国由铁道部第四勘测设计院于1983年用DP100型汽车钻改装成国内第一台粉体喷射搅拌机，并使用石灰作为固化剂，应用于铁路涵洞加固。1986年杭州地基基础公司使用水泥作为固化剂，应用于房屋建筑的软土地基加固。国内近年来搅拌机发展迅速，铁道部四院于1991年研制成GS-1型气固两相粉体流量计，施工时可计量控制，进一步保证了施工质量。

对《水泥与高钙粉煤灰组合粉体喷射搅拌法加固湿排粉煤灰充填地基研究》，是在上海石洞口发电厂罗泾贮灰场要新建煤堆场码头，于1992年3月由中国城乡建设粉煤灰利用技术中心会同上海港务局立项，课题组经过一年半时间工作，在1993年8月完成各项研究任务。在此研究成果基础上，为了进一步开拓高钙粉煤灰综合利用技术水平，由上海市建筑科学研究院会同上海浦东国际机场建设指挥部和同济大学于1998年12月立项“高钙粉煤灰用于上海浦东国际机场二期促淤地基处理调研与探索研究”。这是首次提出用高钙粉煤灰单组分的粉体喷射搅拌成桩进行加固软土地基研究任务。于2001年6月完成各项研究任务。目前，这两项成果都处在技术应用推广阶段，现分别作介绍。

1. 水泥粉喷搅拌桩设计

该法适用处理淤泥、淤泥质土、地基承载力不大于120kPa的粘土和粉性土等地基。当用于地下水具有侵蚀性时，应通过试验确定其适用性。

（1）设计前必须进行室内水泥土的抗压强度试验（参照DBJ08—40—1994《地基处理技术规范》附录二）。对承重水泥土桩试块龄期取90d。

（2）水泥宜选用525号新鲜普通硅酸盐水泥，水泥掺入量一般为加固湿土重的10%~15%或加固软土掺入水泥18%~25%。

（3）水泥土搅拌法的设计主要是确定置换率、桩长和水泥掺入比例。在单桩设计中，为节约固化剂和提高施工效率，桩身强度f_{cu}可在桩长范围内为变数。水泥土桩当掺入水泥等量20%左右的粉煤灰后，水泥土强度可提高10%左右。

（4）承重水泥土桩的单桩允许承载力宜通过单桩载荷试验确定，也可按式（5-5）或式5-6估算，并取其中小值：

$$p_a = \eta \cdot f_{cu} \cdot A_p \tag{5-5}$$

或

$$p_a = U_p \cdot s_q s_i \cdot l_i + \partial \cdot A_p \cdot q_p \tag{5-6}$$

式中 p_a—— 单桩允许承载力，kN；

f_{cu}—— 与桩身水泥土配方相同的室内水泥土试块(70.7mm 的立方体)，在标准养护条件下，90d 龄期的抗压强度平均值，kPa；

A_p—— 桩的截面积，m^2；

η—— 桩身强度折减系数，可取 0.3 ~ 0.4；

U_p—— 桩的周长，m；

l_i—— 桩周第 i 层的厚度，m

q_{si}—— 桩周第 i 层土的容许摩擦阻力。对淤泥可取 5 ~ 8kPa；对淤泥质土可取 8 ~ 12kPa；对粘性土可取 12 ~ 15kPa；

q_p—— 桩端天然地基土的承载力，kPa，应按上海市标准《地基基础设计规范》第四章第二节的有关规定确定；

α—— 桩端天然地基土的承载力折减系数，可取 0.4 ~ 0.6。

(5) 承重水泥土复合地基承载力宜通过复合地基载荷试验确定。也可根据工程要求达到复合地基容许承载力，按式（5-7）求桩面积置换率

$$m = \frac{f_{sp} - \beta f_s}{p_a/A_p - \beta \cdot f_s} \tag{5-7}$$

式中 f_{sp}——复合地基容许承载力，kPa；

f_s——桩间天然地基容许承载力，kPa；

m——桩面积置换率；

β——桩间土承载力折减系数。当桩端为软土时，可取 0.5 ~ 1.0；当桩端为硬土时，可取 0.1 ~ 0.4。

(6) 桩位处理可采用正方形或等边三角形布桩型式，其总桩数

$$n' = \frac{m \cdot A}{A_p} \tag{5-8}$$

式中 n'——总桩数；

A——基础底面积，m^2；

A_p——桩的截面积，m^2。

2. 高钙粉煤灰及水泥组合粉喷搅拌桩加固地基的试验研究。[1]

(1) 概况。高钙粉煤灰和水泥粉喷桩加固地基的研究目的要求是：一是对湿排灰堆场的地基加固后，使其地基承载力达到 12t/m^2 以上；二是对未经加固和加固后的地基进行液化性能试验，并评定试验结果；三是在贮灰场选择工程试点，地基加固面积为 150m^2，为了进行对比分析，故成桩面积一半是用水泥土桩，另一半是高钙粉煤灰水泥土桩，共成桩 117 根（包括试桩），成桩直径 500mm，桩长 6m，桩间距 1.3m。试点工程完成后进行有关检测项目结果，完全达到设计要求。

(2) 材料基本性能。

1) 被加固的湿排粉煤灰成陆地基，深度为 4 ~ 5m。其土工特性参照《地基设计规范》

[1] 本资料引自上海市建筑科学研究院李恒《高钙粉煤灰及水泥组合粉煤灰喷搅拌法加固地基的实验研究》。

粒径划分，罗泾贮灰场粉煤灰处于粉质砂土和粉质粘土之间，属于砂土中的亚砂土，说明它具有明显的细砂或粉砂颗粒的特性。

2）加固材料。

①水泥：525 号矿渣。

②高钙粉煤灰，取自邻近上海石洞口二电厂。

a）化学成分。见表 5-28。

表 5-28　C 级粉煤灰化学成分变化范围（%）

化学成分	SiO_2	Al_2O_3	Fe_2O_3	CaO	MgO	SO_2	Na_2O	K_2O	F-CaO	烧失量
上海地区	37 ~ 45	14 ~ 19	12 ~ 16	12 ~ 22	1.4 ~ 2.95	≤3.64	0.74 ~ 1.4	0.8 ~ 1.0	2 ~ 6.3	0.15 ~ 1.43

b）矿物组成及颗粒形貌。通过 X 光衍射分析表明，粗细两种 C 级灰的衍射图接近，均含有较多的 F-CaO、石英，含有一定量的赤铁矿、磁铁矿、硬石膏、少量的莫来石和一定量的硅酸盐类矿物；在电镜扫描下，粗、细灰的颗粒外貌由磁铁矿和赤铁矿组成的铁质微珠，粒径多数在 40 ~ 60μm；经染色试验，发现 F-CaO 除形成 80 ~ 100μm 较粗的颗粒单体外，还以微粒粘附在玻璃微珠表面。此外，还有少量海绵状玻璃颗粒；Si ~ Al 质玻璃微珠，含量达 80%以上。

c）火山灰活性。试验按 GB1596—1991 标准操作。高钙灰取代量 30%，胶砂比为 2.5。试验结果见表 5-29。

表 5-29　掺加不同品种高钙粉煤灰水泥砂浆 28d 强度比

品　种	粉　煤　灰				28d 强度比（%）	
	烧失量（%）	45μm 筛余量（%）	需水量比（%）	密　度（g/cm^3）	抗　折	抗　压
上海石洞口二厂 C 级细灰	0.41	13.08	91	2.54 ~ 2.59	89.7	83.5
上海石洞口二厂 C 级粗灰	0.65	27.92	93	2.42 ~ 2.55	80.9	71.8
上海磨细灰（F 级商品灰）	2.04	17.50	102	2.40	73.9	62.4

由表 5-29 可见 C 级粗、细灰比 F 级商品灰强度比高，28d 强度差异显著。

d）安定性试验。

C 级细灰的 CaO 含量为 17.3%，45μm 筛余量为 18.24%，F-CaO 为 3%，当高钙灰掺量 >30%时，采用蒸煮法试验，安定性不合格。

(3) 配合比设计。根据工程设计要求，湿排粉煤灰成陆地基经加固处理后荷载允许承载力≥126kPa，基准混凝土 28d 强度为 C10，水泥掺量按土重量 10% ~ 15%。

水泥：525 号普通硅酸盐水泥。

细集料：贮灰场湿排 F 级粉煤灰。

高钙粉煤灰：上海石洞口二厂排放 C 级干灰。按水泥重量 20% ~ 30%取代。

稳定增强剂：设计方案中分别选择三种进行对比分析。

试点工程配合比选择分为：

方案Ⅰ：单位水泥掺量 210kg，水泥品种 42.5 级矿渣；湿排 F 级灰（干）1400kg/m^3；不掺入 C 级灰。

方案Ⅱ：单位水泥掺量147kg，水泥品种42.5级矿渣；湿排F级灰（干）1400kg/m^3；C级高钙粉煤灰（细），掺量按水泥重量30%超量取代95kg/m^3；增强稳定剂A+B，掺量按水泥重量的2.5%+0.25%。

（4）试点工程。试点工程位于罗泾煤码头工程建设现场，即湿排灰贮灰场。粉煤灰厚度5m，下卧原土层为亚粘土，厚度达8~10m。其物理力学性能指标为：自然含水率为35%，$\gamma=1.3g/cm^3$，$\alpha_{r2-2}=0.045cm^3/kg$，$C=0.094$，$\phi C_n=30°$。

1）粉喷搅拌法成桩加固地基工艺流程、工艺技术参数及设备选型。

①工艺流程如图5-34所示。

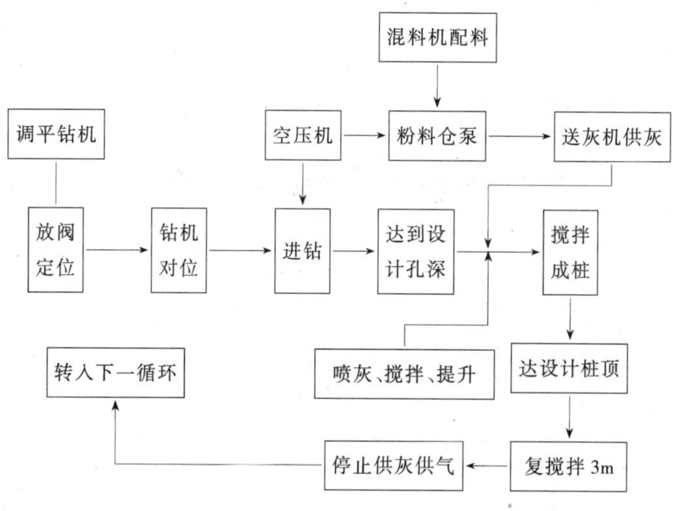

图5-34 工艺流程

②设备选型及工艺参数。试点工程的施工机具有：粉喷钻机一台；GPF-5型及送灰机Y-1型/1套；空压机3WC-1.6/10型一台；350型长7m螺旋混料输送机一台/50kW。

工艺参数：钻进速度、搅拌速度、空气压力。

粉喷量：水泥为42kg/m±5%，水泥与高钙灰混合粉量47kg/m±5%，钻机垂直度偏差±1.5%，深度误差不超过±100mm。

2）试点工程自1993年5月24日开始施工准备，5月26日成桩，至30日完成。有关工程质量检测试验结果报告如下：

①成桩试块强度。在施工现场从已成桩孔中取料成型试件，100mm立方试块测定抗压强度，结果列表5-30可见。

表5-30 粉喷成桩水泥土及高钙灰和水泥土抗压强度

胶结材 项目 / 成型日期	水泥C42.5级矿渣	高钙粉煤灰（细灰）	增强复合材（A）	增强复合材（B）	14d抗压强度（MPa）	28d抗压强度（MPa）	60d抗压强度（MPa）
1993.5.27	210kg	—	—	—	3.71	4.56	—
1993.5.29	147kg	95kg	6.05kg	0.605kg	5.29	9.41	10.58

60d龄期立方抗压强度>10MPa，达到设计要求。

②载荷板检测。载荷板试验做两块，方案Ⅰ的为水泥粉喷桩加固，方案Ⅱ为高钙粉煤灰

和水泥粉喷桩加固，载荷板为1500mm×1500mm，加荷按TJ21—1977《工业与民用建筑工程地质勘察规范》的有关规定。

加固后地基容许承载力［R］值的取定，鉴于湿排粉煤灰属砂质粉土（亚砂土），根据载荷板实测 p-s 曲线，$s/b=15/1500=0.01$ 所对应的荷载，Ⅰ区［R］＝240kPa，Ⅱ区［R］＝252kPa。详见载荷板试验记录表5-31和表5-32。

表5-31 Ⅰ区（水泥粉喷桩）载荷板试验记录

项目＼每次加荷 kPa	40	100	150	200	250	300	350	400
沉降（mm）	1.3300	4.5475	9.365	11.6025	15.4925	21.0425	26.4900	37.2825
卸载（kPa）	200	1590						
沉降（mm）	35.0250	27.9405						

表5-32 Ⅱ区（高钙灰和水泥粉喷桩）载荷板试验记录

项目＼每次加荷 kPa	30	60	90	120	150	180	210	240	270
沉降（mm）	1.015	1.8975	3.3750	4.9255	8.6625	8.805	11.2575	13.9675	16.00
卸荷（kPa）	210	120	1020						
沉降（mm）	15.4175	14.055	12.015						

从桩的强度检测和复合地基载荷板检验结果分析，说明罗泾湿排粉煤灰贮灰场，经采用水泥粉喷桩、高钙粉煤灰和水泥组合粉喷桩加固后，使其地基承载力达到12t/m^{2}以上，沉降量也在“规范”控制范围，完全达到设计要求。从经济成本分析结果可见，从构筑物基础加固费用比较看，水泥粉喷桩为160元/m^2，高钙灰水泥粉喷桩为128元/m^2。

③抗液化性能试验。粉煤灰物理力学性质接近粉性土，所以，对粉煤灰填筑的场地，因地下水位较高，应进行粉煤灰地震液化性能的试验和验算。

a）液化强度试验。试验土样的物理性质见表5-33。

表5-33 土样的物理性质指标

序号	土样号 No	取土深度 D（m）	颗粒比重 G	天然容重 r（g/cm^3）	含水量 W（%）	孔隙比 C	饱和度 sr
1	3-2	1.0	2.2	1.58	61.0	1.27	1.0
2	1-1	2.0	2.2	1.56	51.8	1.14	1.0
3	2-1	4.0	2.2	1.72	36.0	0.74	1.0
4	4-4	2.0	2.2	1.61	46.0	1.00	1.0
5	5-3	4.0	2.2	1.73	34.6	0.71	1.0

液化强度试验在美国Califonia大学地震工程研究中心（EERC）设计制造的CKC型电气式循环三轴仪上进行。根据波形记录整理出导致液化的动应力比 $\sigma_d/\partial\sigma_a=\tau_d/\sigma_0$，与试样发

生液化时动应力的循环次数 N_1 的关系，见表 5-34“抗液化应力比”。

表 5-34　　抗液化应力比

序　号	土样号 No	固结压力 σ_0（kPa）	液化应力比Ⅰ $\sigma_d/\partial\sigma_0$（$N_1=10$）	液化应力比Ⅱ $\sigma_d/\partial\sigma_0$（$N_1=100$）	经加固与否
1	3-2	100	0.175	0.137	否
2	1-1	100	0.208	0.147	否
3	2-1	100	0.190	0.148	否
4	4-4	100	0.246	0.196	是
5	5-3	100	0.237	0.185	是

b）液化可能性分析。由上列试验结果按 Seed 简化方法分析粉煤灰填筑物场地（自由场）地震液化可能性的结果见图 5-35。

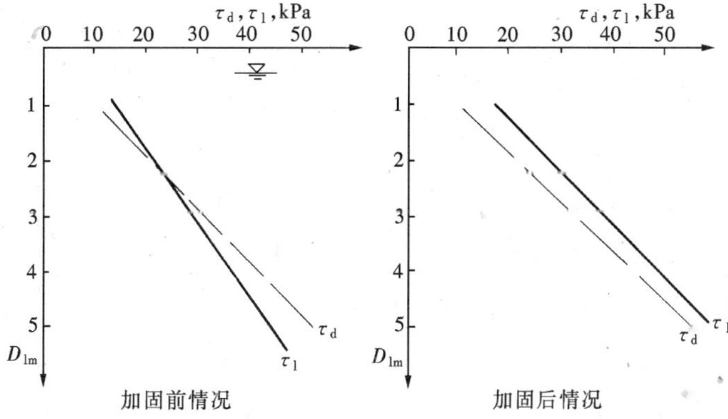

图 5-35　Seed 简化分析结果

地震烈度取 7 度，地面水平运动加速度峰值 $a_{max}=0.1g$，振动次数取 $N_1=10$，地下水位深度取 $h_W=0.5m$。

对于未加固的粉煤灰场地：

1m 深度处的抗液化强度：$\tau_1=(\sigma_a/\partial\sigma_0)\ c_r\sigma_0=13.4kPa$。

1m 深度处的预期动剪应力：$\tau_d=0.65\cdot(\sigma_v/g)\ a_{amax}\gamma_a=10.4kPa$；

2m 深度处：$\tau_1=20.9kPa$

$\tau_d=20.7kPa$；

3～5m 深见图示。

对于经粉喷桩加固的粉煤灰场地：

1m 深度处：$\tau_1=17.6kPa$，

$\tau_d=10.7kPa$；

2m 深度处：$\tau_1=27.6kPa$，

$\tau_d=21.3kPa$；

3～5m 深见图示。

式中　c_r——修正系数；

γ_d——土层塑性修正系数。

c）结论。分析表明：未经加固的粉煤灰充填场地，在7度地震作用下，2m深度以下均有可能发生液化。

粉喷桩加固的桩间粉煤灰单元体的抗液化强度提高约25%～30%，在7度地震作用下，整个充填厚度（5m）均不会发生液化，安全度 $K=1.1\sim1.3$。

试验涉及的是桩间土的情况，实际上粉喷桩本身已经胶结，不存在液化问题，而对于整个场地来说，粉喷桩无疑是一种加劲材料，故场地实际的抗液化安全度应该比 $K=1.1\sim1.3$ 还要高。

(5) 构筑物基础加固方案综合比较。围绕对构筑物基础加固，分别采用钢渣桩、水泥粉喷桩、高钙灰和水泥组合粉喷桩（简称高钙灰粉喷桩）的试验研究，试验结果通过各项技术经济指标的比较，分析结论认为选用粉喷桩加固一般构筑物和建筑物基础。见综合比较表5-35。

表5-35 构筑物基础加固方案综合比较

比较项目 \ 方案	钢渣桩长 6m	钢渣桩长 9m	水泥粉喷桩 6m	高钙灰粉喷桩 6m
单价分析元/m^2	196.28	294.43	160.0	128.0
施工难易	干振、易施工	干振、易施工	干喷、易施工	干喷、易施工
可否满足设计要求	可	可	可	可
加固效果综合评价	加固效果可靠 [R] = 266kPa	加固效果差 [R] = 165kPa	效果可靠 [R] > 120kPa	效果可靠，用水泥量可减少 [R] > 120kPa

3. 高钙粉煤灰粉喷搅拌桩加固促淤软土地基的试验研究❶

(1) 概况。为了探索高钙粉煤灰用于软土地基加固处理效果，从上海浦东国际机场二期建设规划场地取土样，在室内将高钙粉煤灰与土样拌和并制成试件进行试验，因该场地是沿长江口近海的促淤成陆软土地基，表层土为促淤层，含水量高承载力小；浅部层组（土层厚度0～10m），属淤泥质粉质粘土和砂质粉土，天然地基强度仅60～80kPa，不能满足工程建设要求，必须进行深层加固处理。经加固后，要求复合地基的容许承载力≥100kN，沉降量≤150mm。为此，提出用改性高钙粉煤灰（不掺水泥）粉喷成桩加固促淤软土地基的研究项目。经过两年半的时间完成研究任务。

(2) 室内试验研究：

1）机场二期的工程地质条件。在现场进行钻探取土，钻20m深两个孔口，试验结果见表5-36。

2）高钙灰品种、掺量和试验项目：

①灰的品种。采用了上海外高桥电厂和上海吴泾热电厂的高钙粉煤灰，其化学成分见表5-37。

❶ 本资料引自上海建筑科学研究院李恒等写的《高钙粉煤灰用于上海浦东国际机场二期促淤地基处理调研与探索研究》鉴定资料。

表 5-36 上海浦东国际机场二期场道地基浅层代表性地质剖面及土工指标

层序	土层名称	层厚 m	层底标高 m	颜色	湿度	状态	密实度	压缩性	描述	含水量 w (%)	密度 ρ (g/cm³)	孔隙比 e	塑性指数 I_p	固结快剪强度指标		压缩系数 α_{1-2} (MPa⁻¹)	压缩模量 $E_{a,1-2}$ (MPa)	无侧限抗压强度 q_u (kPa)	固结不排水三轴剪		渗透系数 k_v (cm/s)
														内聚力 c_{cq} (kPa)	内摩擦角 ϕ_{cq} (°)				内聚力 c_{CU} (kPa)	内摩擦角 ϕ_{CU} (°)	
2_2	淤泥质粉质粘土	2.8~3.0	-0.4~-0.8	灰黄	饱和	流塑		高	近代滩涂沉积，夹植物根系												
2_3	粘质粉土砂质粉土	2.4~3.0	-2.0~-2.5	灰黄	饱和		稍密	中	互层，夹粉细砂透镜体	28~33	1.91~1.92	0.81~0.90		8~20	35~36	0.17~0.23	8.2~10.7				
3_1	淤泥质粉质粘土	2.8~3.1	-5.1~-5.3	灰	饱和	流塑		高	土质不匀，夹薄层粉土	42~44	1.79	1.17	14	6	23	0.72	3.0		10	42	7.3×10^{-4}
3_2	砂质粉土粉砂	1.0~1.2	-6.0~-6.3	灰	饱和		稍密~中密	中	夹薄层粘性土，含云母薄片	26~29	1.87	0.81									2.1×10^{-7}
4	淤泥质粘土	8.2~8.5	-14.2~-14.5	灰	饱和	流塑		高	夹粉砂薄层，含有机质	44~57	1.67~1.72	1.30~1.50	19	10~24	16~21	1.16~1.35	1.9~2.0	35~39	5~13	18	$4\sim6\times10^{-8}$
5	粘土	未穿		灰	饱和	软塑		高													

表 5-37　　　　高钙粉煤灰化学成分（%）

灰　种	SiO_2	Fe_2O_3	Al_2O_3	CaO	MgO	SO_3	K_2O	Na_2O	F-CaO	Loss
外高桥高钙灰	43.94	10.16	21.30	11.99	1.59	4.39	1.10	0.96	2.25	3.96
吴泾高钙灰	35.60	9.60	17.26	20.70	1.55	2.92	0.70	1.55	5.78	5.26

②掺量。参照水泥土搅拌桩的应用经验，高钙粉煤灰在土中的掺量为 15%～30%，按干灰重/原状湿土重计算。

③拌和工艺。对于粉性土，将干灰用搅拌方法掺入原状土，另外加入适量水，使掺灰拌和土样达到饱和，并且含水量与原状土样接近。对于粘性土，将干灰用揉和方法掺入原状土，另外加入适量水分，使掺灰拌和土样达到饱和，并且含水量与原状土样接近。

④试验项目。参照土工试验规程，对拌和土进行的试验项目见表 5-38 和表 5-39。

表 5-38　　　　拌和土和原状土物理性质比较

土　名	密度 ρ (g/cm^3)	含水量 w (%)	孔隙比 e
原状粘质粉土	1.91～1.92	28.0～33.0	0.81～0.90
粘质粉土加 15%外高桥高钙灰	1.74～1.90	25.5～30.4	0.74～0.84
粘质粉土加 30%外高桥高钙灰	1.83～1.85	26.5～27.8	0.77～0.79
粘质粉土加 30%吴泾高钙灰	1.84～1.87		
原状淤泥质粘土	1.67～1.72	44.0～57.0	1.30～1.50
淤泥质粘土加 15%外高桥高钙灰	1.71～1.77	40.0～41.0	1.13～1.23
淤泥质粘土加 30%外高桥高钙灰	1.69～1.71	42.0～47.0	1.26～1.28
淤泥质粘土加 30%吴泾高钙灰	1.70	42.5	1.19

⑤掺入高钙灰的拌和土加固效果。

a）对粘质粉土的加固效果，分别列入表 5-38 和表 5-39。

表 5-39　　　　拌和土和原状土力学性质比较

土　名	压缩系数 a_{1-2} (MPa^{-1})	压缩模量 $E_{a,1-2}$ (MPa)	固结快剪强度指标 内聚力 c_{CU}(kPa)	固结快剪强度指标 内摩擦角 ϕ_{CU}(°)	固结不排水三轴剪 内聚力 c_{CU}(kPa)	固结不排水三轴剪 内摩擦角 ϕ_{CU}(°)	无侧限抗压强度 q_u(kPa)	渗透系数 k_v (cm/s)
原状粘质粉土	0.17～0.23	8.2～10.7	8～20	35～36	10	42		7.3×10^{-4}
粘质粉土加 15%外高桥高钙灰	0.15～0.24	8.1～12.7	13～17	35				8×10^{-6}～2.3×10^{-5}
粘质粉土加 30%外高桥高钙灰	0.11	17.0	8	35	30	30.5	60～72	3.6×10^{-5}
粘质粉土加 30%吴泾高钙灰							149～206	
原状淤泥质粘土	1.16～1.35	1.9～2.0	10～24	16～21	5～13	18	30～39	4×10^{-8}～6×10^{-8}
淤泥质粘土加 15%外高桥高钙灰	0.69～0.84	2.5～3.2	15	28.5	30	15	40～57	8.3×10^{-8}
淤泥质粘土加 30%外高桥高钙灰	0.65～0.69	3.2～3.4	12～18	28.5～30.0	30	20	61～72	3.6×10^{-7}
淤泥质粘土加 30%吴泾高钙灰	0.24	9.5	37	27.5			97	4.3×10^{-6}

由上表可见，高钙粉煤灰的掺入主要使粘质粉土发生凝聚，其力学性质改善。

b）对淤泥质粘性土的加固效果。由表 5-38 和表 5-39 可见，淤泥质粘土拌和高钙粉煤灰以后，密度略有提高，含水量则略有降低，孔隙比也略降低；压缩性大大降低。拌和土的抗剪强度指标中内摩擦角（直剪固快）最大可提高 10°左右，内聚力（直剪固快）最大可提高 1 倍左右。无侧限抗压强度提高 1 ~ 2 倍，达到 115kPa。拌和土的渗透系数比原状土提高一至两个数量级。由上述可见，高钙粉煤灰的掺入使淤泥质粘土颗粒成分和凝聚力都发生很大变化，其力学性能明显改善。

⑥加固效果的分析。

a）高钙粉煤灰膨胀性的影响。在这次高钙粉煤灰拌和土样的力学性质试验中，专门在压缩试验仪上进行了膨胀性试验。试验结果是仪器上测量竖向变形的百分表没有反应，亦即竖向变形小于 0.01mm，竖向应变小于 1/2000。这在工程上已属于可以忽略的范围。

b）拌和粉土抗液化能力的提高。

浦东国际机场二期地基中浅层粉性土属于可能发生地震液化的土层。试验结果为，原状粉土的抗液化强度 $\sigma_d/\sigma_0=0.34$，拌和土的抗液化强度 $\sigma_d/2\sigma_0=0.41$，约提高 20%。换算为现场的临界地震应力比 τ_d/σ_v 则分别为 0.20 和 0.25。即该粘质粉土层未经加固则可能在 7°强的地震作用下发生液化。

3）对高钙粉煤灰进行改性后与现场不同土层拌和试验。

①原材料。浦东机场二期现场取的表层和浅层原土。高钙粉煤灰从上海吴泾热电厂取的两种灰（FA8FA6 表示），CaO 为 19.92% ~ 20.07%，细度（45μm 筛余量）分别为 14.8% 和 22.2%，烧失量 0.83%。激发剂分别选用矿渣粉、石灰、纯碱，NG 型粘土固化剂等。水为自来水。

②配比设计。参照上海市标准 DBJ08—40—1994《地基处理技术规范》与《室内水泥土抗压强度试验》有关规定。

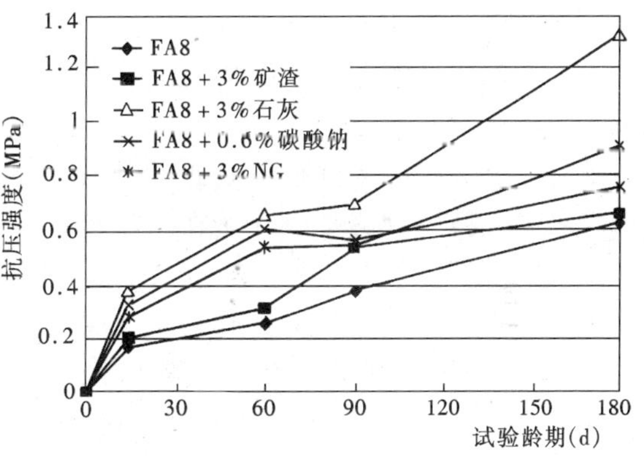

图 5-36　不同激发剂对加固土的强度影响

③试验结果与分析。

a）不同激发剂对加固土的性能影响。

选用高钙粉煤灰 FA8，掺量 30%；土含水量 33.4%。

抗压强度。进行了龄期 180d 的试验，结果见图 5-36。

由图 5-36 可以看出，掺入激发剂后，对高钙粉煤灰加固土的抗压强度均有所提高。强度顺序依次为：石灰 > 碳酸钠 > NG > 矿渣 > 纯高钙灰。凝结时间，见表 5-40。

表 5-40　不同激发剂对凝结时间的影响

组　号	配　比	初凝时间	终凝时间
1	30% FA8	16 ~ 18h	13d 左右
2	30% FA8 + 矿渣	14 ~ 16h	10d 左右
3	30% FA8 + 石灰	$4\frac{1}{2}$h	3d 左右
4	30% FA8 + 碳酸钠	10h	9d 左右
5	30% FA8 + NG 固化剂	7h	40h

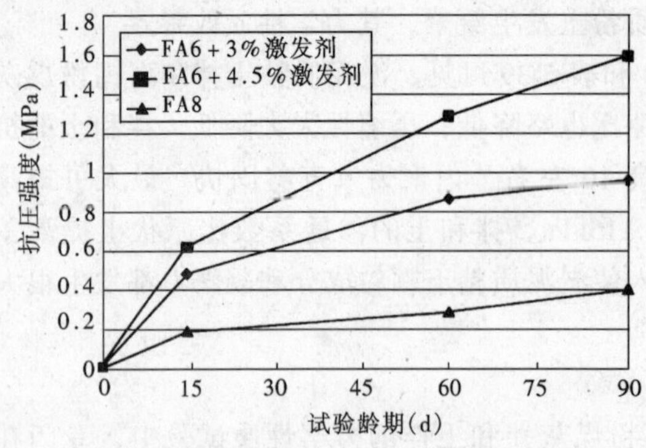

图 5-37 改性激发剂对加固效果的影响

选用高钙粉煤灰 FA6，掺量为 30%；加固土含水量 31.7%，对激发剂经过改性掺入量（高钙灰重量）分别为 3%和 4.5%。试验结果见图 5-37。

抗压强度。90d 抗压强度基本达到 1MPa。

b）养护条件的影响。试件配比，FA6 原状高钙粉煤灰掺量 30%，改性激发剂掺量为 3%，分别用水养护和养护箱养护进行对比，见图 5-38。

4）固化机理的探讨。众所周知，高钙粉煤灰最大的危害是它含有游离氧化钙而容易导致水泥胶凝材料体积不稳定的问题，但是，当其和土拌和后，由于土体在含水的情况下，本身就具有较大的压缩性和可塑性，其孔隙率较高，能够容纳较大的局部变形膨胀。

当高钙粉煤灰通过搅拌和土体混和后，形成附着在粘土颗粒表面的较薄的粉煤灰层，形成自由水的屏障，阻碍毛细水分的移动，有助于稳固土层的水分含量，这样固结了大量粘土，潜在的土层体积变化也极大减少。

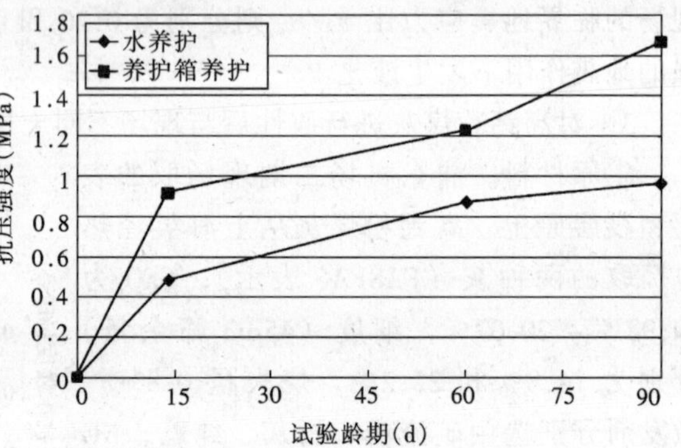

图 5-38 养护条件对加固效果的影响

随后，土体中的水分将不断渗透到高钙粉煤灰中，其中可溶盐也开始在水中离解和扩散，由于粉煤灰本身含有丰富的钙、硅、铝等元素，在水化反应的作用下，逐渐生成氢氧化钙、硅酸钙、铝酸盐等矿物，并且像波特兰水泥水化一样将颗粒胶结在一起，增加了加固土体的强度。

与此同时，高钙粉煤灰溶解在水中的 Ca^{2+}、OH^- 等离子逐渐向土壤深处扩散，并与土壤中的矿物发生反应，使这些原本薄弱的区域强度增加。当反应产物足够多时，将交织在一起形成网络，在整体上起到了稳定土体的作用。

以上分析说明：高钙粉煤灰和土体拌和后，不仅自身发生水化反应，而且能够和土壤共同作用，从而明显地改善土壤的强度和其他性能指标。

（3）现场试验研究：

1）目的与要求。经加固后，其复合地基的极限承载力≥200kN，复合地基容许承载力≥100kN，累计沉降量≤150mm。为此，在建设现场进行工程试验。

2）试验研究内容。在上海浦东国际机场二期促淤陆域的规划建设区域，试验面积 $100m^2$。对促淤的表层土（厚度 0～0.8m），采用“翻耕法”拌和高钙粉煤灰 25%～30%，加固面积为 $60m^2$。对浅部土层组（0～10m）包括中部土层组（0～15m）计 $40m^2$，采用高钙粉煤灰粉喷搅拌法成桩加固，成桩直径 70cm，桩间距 150cm，桩长 1500cm，成桩总计 36 根（其中试桩 4 根）。

①材料及其配比。高钙粉煤灰：上海吴泾热电厂六期（以 FA6 表示）电收尘灰，达到Ⅱ级灰标准。灰土掺合比（重量计）17%～25%；NG 型粘土固化改性剂；按高钙粉煤灰的掺量 4.5%。

②工艺流程。采用二喷二搅成桩工艺。主要控制工艺技术参数是压力、成桩、灰量等，初凝时间 > 2h，但要小于 4h。

③主要设备。GJB-15 型粉喷机一台，功率为 37kW；W-1.6/10 型空压机一台，功率 15kW；YP-1 粉体喷射机一台；SFJ-2 型称重控制仪一台；XGD-31B 型显示器一台；贮灰罐 1 台。

④工程试验自 2000 年 11 月 1 日至 11 月 30 日。

3）粉喷桩加固促淤软土后复合地基主要性能检测分析。

①高钙粉煤灰复合地基静载荷检测。待灰土桩龄期 90d，进行承载板检测，承载板 120cm × 120cm。达到最大载荷为 440kN，累计沉降量 99.85mm，累计历时 5670min，见表 5-41 和图 5-39 和图 5-40。从图 5-39 中 Q-S 曲线可见，复合地基的荷载—沉降曲线为缓变形曲线，采用总沉降量控制复合地基的极限承载力较为合理。按 $S/b = 0.05$ 确定复合地基极限承载力应为 244.4kN，设计承载力为 152.8kN。

表 5-41　　复合地基静载荷试验结果汇总表

试验桩位	测试日期	桩长（m）	桩径（mm）	终止荷载（kN）	累计沉降量（mm）	回弹量（mm）	试验历时（min）	测试极限承载力 DGJ08—11—1999
19＃	01.3.4	15	700	440	99.83	9.75	5670	244.4kPa

②高钙粉煤灰土桩单桩载荷检测。单桩载荷试验结果见表 5-42，Q-S 和 S-lg$T$、S-lg$Q$ 曲线，见图 5-41、图 5-42 和图 5-43，由图可见，当 $Q \leqslant 180$kN 时，系统处于线弹性工作状态。当 $Q > 210$kN 时，单桩进入塑性破坏状态，随着荷载增加，桩顶沉降急剧增加。从 S-lg$Q$ 曲线还可以看出桩端阻力几乎为零，按此荷载传递特性，粉喷灰土桩为纯摩擦桩。

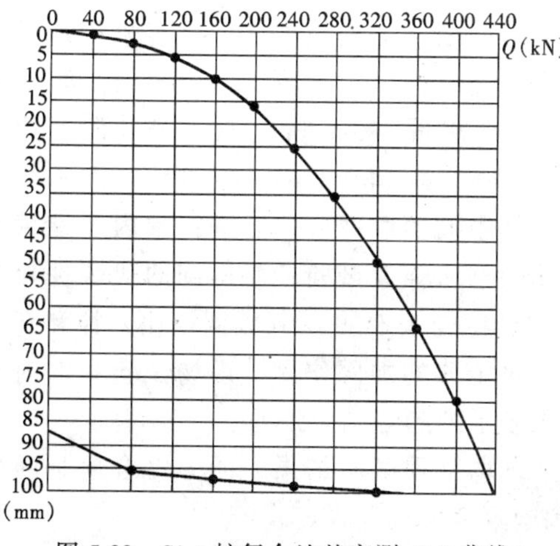

图 5-39　S1＃桩复合地基实测 Q-S 曲线

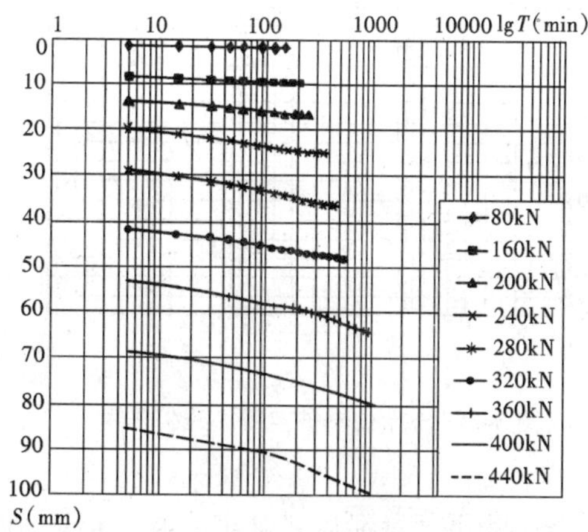

图 5-40　S1＃桩复合地基实测 S-lg$T$ 曲线

表 5-42 单桩竖向静载荷试验结果汇总表

测试日期	桩长（m）	桩径（mm）	终止荷载（kN）	累计沉降量（mm）	回弹量（mm）	试验历时（min）	测试极限承载力（kPa）DGJ08—11—1999
01.3.8	15	700	270	103.18	11.45	1980	210kPa

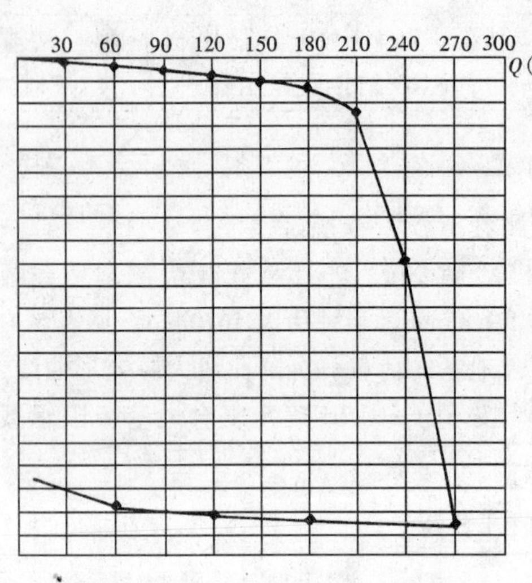

图 5-41 S2＃桩单桩实测 Q-S 曲线

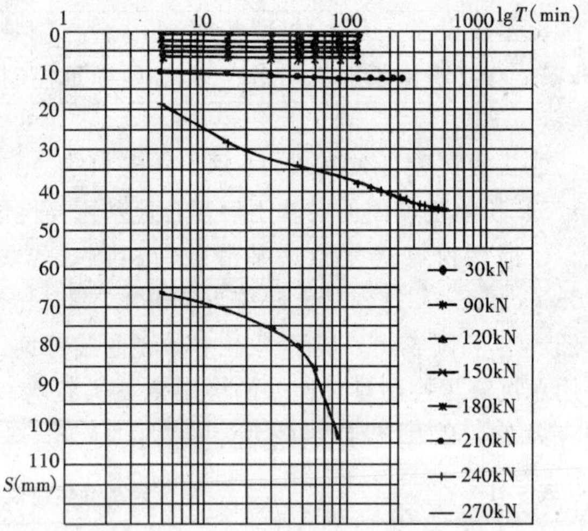

图 5-42 S2＃桩单桩实测 S-lgT 曲线

4）高钙粉煤灰土桩质量分析。灰土试块强度，90d 平均值达到 0.97MPa，基本达到原配比设计立方强度为 1MPa。

5）桩间土的物理力学性能检测。桩间土静力触探 P_s 平均值：粘土层由 0.57MPa 提高到 0.64MPa，粉性土层由 0.96MPa 提高到 3.2MPa。

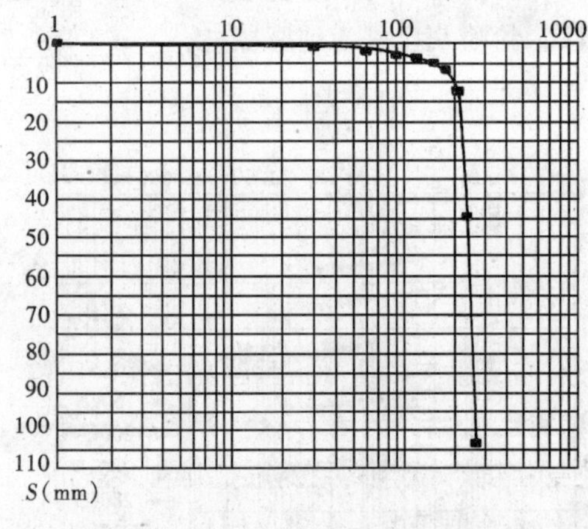

图 5-43 S2＃桩单桩实测 S-lgQ 曲线

标准贯入 N63.5 的平均值：粘性土由 1.5 击增到 4.4 击，粉粘性土层由 5.9 击增到 12 击。

6）室内试验与现场试验结果的比较。在浦东国际机场二期工程规划场地位置进行现场试验。高钙粉煤灰掺量在 0～10m 深度约为 27.5%（喷灰量 180kg/m），10～15m 深度约为 21.4%（喷灰量 140kg/m）。成桩后，在不同深度的桩体中钻探取样，然后进行室内压缩试验和无侧限抗压强度试验，所得到的代表性数据列如表 5-43 与表 5-39 所列数据相比，拌和高钙粉煤灰对土体的加固作用，现场试验和室内试验结果表示的趋势是一致的。

从现场工程试验结果表明，复合地基的极限承载力和沉降量都达到设计要求，也符合地方和国家有关规范规定。

（4）高钙粉煤灰重金属含量及其有害元素对地下水质的影响。

表 5-43　　桩体取样室内试验结果

土　名	深　度（m）	掺灰量（%）	压缩系数 a_{1-2}（MPa^{-1}）	压缩模量 $E_{a,1-2}$（MPa）	无侧限抗压强度 q_u（kPa）
粉土	1.40～1.60	27.5			54.5～71.3
加高钙灰	7.00～7.60				
淤泥质粘土	14.30～14.70	21.4	0.62～0.80	2.61～3.58	20.9～38.6
加高钙灰					

1）高钙粉煤灰灰样取自上海吴泾热电厂六期产出的灰，以 FA6 为代表，分析元素，检测结果按照国家标准规定：Cr（铬）、Ni（镍）、Cu（铜）、Pb（铅）、Se（硒）、As（砷）等氯化物均低于农用粉煤灰污染物控制最高允许浓度。pH 为 12.54，超过最高允许值。

2）对地下水质影响分析。高钙粉煤灰在现场加固地基 90d 后，取地下水样进行分析。按照（GB/T 14848—1993）《地下水质量标准》有关规定检测元素（因子）为：Cr（铬）、Ni（镍）、Cu（铜）、Be（钡）、Pb（铅）、Be（铍）、Cd（镉）、Zn（锌）、Se（硒）、As（砷）、pH、硫酸盐、汞、氯化物等与“标准”对照：铜、钡、镉、铅、锌、pH、硫酸盐、汞等浓度为Ⅰ类水质；镍为Ⅰ类～Ⅱ类水质；钡为Ⅱ类至Ⅲ类水质；砷浓度为Ⅲ类水质；氯化物浓度为Ⅴ类水质。

综上分析结果可见，除氯化物水质浓度＞350mg/L 属于地下水Ⅴ类水质标准外，其余元素水质浓度都符合地下水质Ⅰ、Ⅱ、Ⅲ类标准。

4．工程实例

（1）工程实例之一。❶

粉煤灰桩复合地基应用于安徽马鞍山市东环路一级公路软土地基加固。东环路五亩山灌溉渠路基地表以下主要为淤泥质粉质粘土，厚度为 8.0～9.0m，地下水位为 0.6～0.8m，天然土承载力为 50kPa。加固方案选用粉煤灰（掺少量石灰）挤密短桩加毛渣垫层处理。桩径 50cm，桩长 400cm，桩间距 190cm，按等腰三角形布置，桩的置换率为 6.6%，要求桩体的无侧限抗压强度 60d 龄期为 1.2～1.5MPa，施工机具采用 ZJ-60 振动沉管机。成桩后一个月做现场载荷试验、静力触探试验，单桩复合地基承载力标准值为 121kPa，桩间土的承载力为 73kPa，可知复合地基承载力提高 142%，桩间土的承载力提高 46%。桩体检测符合设计要求，节省投资约 10 万元。

（2）工程实例之二。❷

高钙粉煤灰（炉前增钙粉煤灰）作为粉喷桩固化剂在天津南疆地区八号路，南疆水厂输水管线和南疆进港公路二期工程中应用，并取得较好的工程加固效果。粉喷桩桩径一般为 55cm。粉喷桩桩身强度检测结果，见表 5-44。现场桩身强度与试验室无侧限抗压强度比较，折减系数为 0.6～0.9，桩间土常规检测，其加固前后土物理力学性能变化，加固后桩间土的含水量、空隙比、压缩系数、抗剪强度等均得到较大提高。

---

❶ 本资料引自交通部天津水运工程科研所王义安《粉煤灰粉喷桩的工程试验研究》。

❷ 《岩土工程技术》—1999 年第 1 期，顾强生等；《粉煤灰综合利用》—2000 年第 1 期，王义安。

表 5-44 粉煤灰粉喷桩桩身强度

工程名称	掺入粉煤灰比（%）	龄期（d）	无侧限抗压强度（MPa）			折减系数
			最大值	最小值	加权平均	
八号路	50	60	13.8	1.46	2.73	0.7
南疆水厂	43/3	7/7	3.02/2.37	0.41/0.6	1.45/1.31	1.0/1.0
三期	30	28	1.739	0.019	0.71	0.5
三期	30	60	2.577	0.186	1.55	0.8
进港公路	33	28/60	3.836/5.03	0.012/0.096	1.21/2.05	0.7/0.9
进港公路	35	28	2.226	0.337	1.31	0.7

五、粉煤灰石灰类混合料在路面与道面基层中的应用

利用粉煤灰、石灰和其他掺入材料修筑道路路面、机场与港区道面的基层已十分普遍，并取得了很大成功。这是粉煤灰利用的又一重要技术，使粉煤灰利用价值又上了一个台阶。粉煤灰石灰类基层的特点是具有水硬性和缓凝性，其强度在一定温度和湿度下可随龄期增长，使其有良好的板体性和分布荷载能力。

粉煤灰、石灰类混合料中掺入其他材料，则称为含有该种材料的粉煤灰石灰混合料。例如掺入土、碎石等材料时，则称该混合料为粉煤灰石灰土或粉煤灰石灰碎石。在上海地区粉煤灰石灰碎石简称三渣，因其优良的强度和板体性能而被广泛地用于各种等级道路的基层，获得了明显的技术经济效益。本节主要介绍三渣混合料。

在美国，这种三渣混合料习惯称作 LFA，其不仅在道路基层中使用，而且使用在机场跑道的基层，如新泽西州纽约克机场的跑道和停机坪，使用了近 170 万 m^3LFA 材料，铺筑了 56～76cm 厚的基层和底基层，共用去粉煤灰达 200 多万 t。

从 20 世纪 60 年代起，上海对粉煤灰石灰类混合料进行了试验研究，至 80 年代，进行了大面积的推广和应用。目前，上海市每年的粉煤灰三渣用量基本保持在 200 万 t 左右。交通部、建设部亦都颁布了相应的施工技术规范或规定。

（一）原材料的技术要求

粉煤灰三渣的原材料是粉煤灰、石灰、碎石和水，其技术要求如下：

1. 粉煤灰

我国电厂的粉煤灰有湿排灰、干排灰和调湿灰，一般都可作粉煤灰三渣的原材料。在化学成分上，要求其 SiO_2 和 Al_2O_3 总量应大于 70%，烧失量应不大于 10%。对过湿的粉煤灰应堆高沥干，使运到拌和场时含水量在 20%～35%；对过干的粉煤灰应洒水，以免在堆场和运输过程中发生飞扬、污染环境。

2. 石灰

石灰应充分消解，且不混有杂质。消解后的石灰含水量应保持在 20%～30%，并且消解后的石灰中活性氧化钙和氧化镁（CaO + MgO）含量不应低于 55%。公路工程、城市快速道路及主干路当活性氧化钙、氧化镁含量不符合上述要求时，应通过试验适当地增加石灰用量。当石灰中活性氧化钙和氧化镁的含量小于 30%时，不得使用。

石灰类工业废料（如电石渣等）和石灰下脚料，若符合上述要求，亦可使用。但要防止有害物质混入，以免影响混合料的性能和施工安全。

3. 碎石

碎石作为粉煤灰石灰类混合料中的粗骨料，可以提高路面的早期强度。特别是当石灰、粉煤灰尚未完全结硬时，在混合料中起骨架作用，这点对于需早期投入交通运行的道路来说，是很重要的。当石灰、粉煤灰结硬形成强度后，又与石灰、粉煤灰混凝成一体而成为很高强度的板体。对于碎石的粒径及级配，各地要求不一，有的地区采用接近同一粒径的，有的则采用一定级配的，主要根据因地制宜、经济的原则来确定。上海地区采用粗粒径三渣和细粒径三渣两种，粗粒径三渣采用35～70mm粗粒径的碎石，细粒径三渣则采用0～40mm粒径的碎石，碎石含泥量小于3%，压碎值小于30%，有风化等劣质的石料不得采用。对于性能稳定，强度符合要求的其他工业废渣，也可替代碎石作骨料。

4. 水

不含油质和非酸性的水均可用于消解石灰、拌制粉煤灰石灰类混合料和养护。

（二）混合料性质和配合比设计

1. 混合料的水硬性和缓凝性

石灰、粉煤灰的水化产物主要是水化硅酸钙［CSH（B）］，还有水化铝酸钙、硫铝酸钙、水化柘榴石等。这些水化产物具有类同普通水泥水化产物的性质。不同养护条件下的强度试验结果如表5-45❶所示。粉煤灰三渣混合料在潮湿养护条件下强度增长快，反映了混合料的水硬性特点。

表5-45　石灰粉煤灰混合料在不同条件养护时的强度

养护条件 \ 项目 \ 龄期	7d	28d	210d
	抗压强度（kPa）		
空气养护	700	740	1060
湿治养护	830	1260	2720
浸入水中养护	850	1380	3330

石灰与粉煤灰的水化作用与水泥混凝土对比是缓慢的，特别是在早期（28d龄期内）。假定1年龄期的强度为1，则不同养护时间强度比参见表5-46❷。三渣混合料在潮湿养护条件下，几年内强度将持续增长。

表5-46　粉煤灰石灰混合料与水泥混凝土抗压强度增长率比较

种类 \ 项目 \ 龄期	3d	7d	28d	3个月	6个月	1年
	强度比					
水泥混凝土	0.34	0.54	0.78	0.95	1.00	1.00
粉煤灰石灰混合料	—	0.07	0.17	0.38	0.64	1.00

另外，粉煤灰三渣同混凝土相似，强度受温度影响很大，冬季施工时，强度增长缓慢，甚至停止增长，因此这种混合料要避免用于冬季施工，否则应掺加早强剂。上海市市政工程

❶ 以上资料引自上海市市政工程研究院《利用粉煤灰废渣作路面承重层》。

❷ 以上资料引自上海市市政工程研究院《利用粉煤灰废渣作路面承重层》。

研究院等单位已成功地研制并生产了粉煤灰三渣早强剂，并在生产实践中取得了良好效果，解决了冬季施工中的一些难题。

2. 强度

据美国资料介绍，设计适当的混合料压实到较高的相对密度，并经过适当养护，最终抗压强度可以发展到 21.0MPa 以上；养护 7d，强度在 3.4～6.9MPa；一年以后，强度可达 10.4MPa 以上。

目前，上海粉煤灰三渣混合料的 7d 龄期强度一般在 1.2MPa 以上（浸水饱和无侧限抗压强度），28d 龄期强度在 3.0MPa 以上。

粉煤灰三渣混合料回弹模量，一个月龄期在 75MPa 以上，半年龄期在 100～240MPa，三年龄期在 150～330MPa，最终回弹模量可达 400～700MPa 以上。可见，粉煤灰三渣混合料的晚期强度是很高的。

3. 配合比设计

（1）配合比设计选择的设计标准。根据美国资料介绍，大多数混合料设计主要考虑强度和耐久性（一般用冻融试验重量损失表示）两个指标。其最小抗压强度一般是 2.8MPa，最大冻融重量损失 10%，当然不同的地区应有不同的要求。

（2）配合比设计。配合比设计的目的是求取石灰、粉煤灰和碎石间的适当比例，以满足既具有足够的强度和耐久性，又易于铺筑、压实和具有良好的经济性。

混合料配比应通过试验确定。但在生产实践中，不一定以达到最高强度为标准来确定最佳配合比，而是根据设计要求、料源、设备、应用层位、水文地质条件等选用满足基本要求而又经济实用的配合比。通常石灰与粉煤灰的重量比为 20～30:100，碎石的重量占混合料的 65%～85%，甚至低于 65%。碎石用量大，收缩小，早期强度比较高，对水的敏感性比较小，但拌和不易均匀，成本亦可能要提高。碎石用量小，则效果相反。

目前，上海地区采用的粉煤灰三渣因碎石的粒径和碎石的级配不同而分为粗粒径三渣和细粒径三渣两种。

表 5-47 粉煤灰三渣混合料配合比

	消石灰（%）	粉煤灰（%）	碎石（%）
粗粒径三渣	10	25	65
细粒径三渣（1号）	8	19	73
细粒径三渣（2号）	6	14	80

其中：粗粒径三渣所用碎石的粒径应为 35～70mm，其中小于 35mm 的含量不宜超过 15%，不得含有大于 70mm 的颗粒；细粒径三渣的碎石级配根据下表选用。

表 5-48 细粒径三渣的碎石级配

	筛孔（mm）	40（31.5）	25（19）	15（13.2）	5（4.75）
1号配比	通过质量	100	45～55	20～30	0～5
2号配比	百分率（%）	100	55～80	40～60	15～35

注 1. 筛孔为圆孔，括号中为方孔。

2. 5mm 以下颗粒采用石屑，其中小于 2.5mm 为 6%～23%；小于 0.075mm 为 0～4%。

粗粒径三渣和细粒径三渣的使用应根据道路等级、工程进度、工程投资等因素综合分析而选用。因为两种不同粒径的三渣各有利弊、细粒径三渣由于细料含量少（20%～27%），且粒径小，因此适合于机械摊铺，平整度好，均匀性好，混合料离析不易发生，但摊铺机的每层摊铺厚度不宜超过 18cm，施工进度不快、且混合料价格高；粗粒径三渣由于粒径大，采用人工摊铺，施工进度便于控制，早期强度高，价格便宜，但平整度差，均匀程度不够，容易发生离析。所以，对于施工机械化程度高、平整度要求高、道路等级高的工程可优先采用细粒径三渣，而对于道路等级低，工程造价低，以人工操作为主的工程应优先采用粗粒径三渣。

（三）基层厚度设计方法

粉煤灰三渣混合料属半刚性材料，它的厚度设计方法有好几种，这里介绍主要的几种方法。

1. 等效法

这是由美国 AASHTO 道路试验（R-1）发展起来的，以路面性能等值概念为基础。这类材料的性能是路面厚度的一个函数，在一定的试验条件下，等效近似法是适当和有效的。

层状路面体系结构能力由下式得出：

$$SN = a_1\delta_1 + a_2\delta_2 + a_3\delta_3$$

式中　SN——是路面的结构能力或结构数；
δ_1、δ_2、δ_3——分别是面层、基层、底基层厚度；
a_1、a_2、a_3——分别是面层、基层、底基层的等效值或材料系数，常作为结构系数。

上式表明，对一定的路面结构能力而言，一层中材料的结构系数和厚度之间存在线性的反比关系。路面所需要的结构能力是路基状况、预期交通量、外界条件和性能要求高低的函数，一定条件的结构能力可以由诺模图确定。

美国几个州对 LFA 和 LCFA（石灰水泥粉煤灰集料）混合料取用 a_2 值列十表 5-49 中。

表 5-49　　LFA 和 LCFA 混合料的代表性 a_2 值

州　名	a_2	州　名	a_2
伊利诺斯	0.28	俄亥俄	0.28
宾夕法尼亚	0.30	密执安	与黑色基层相同

表 5-50　对 LFA 和 LCFA 混合料 a_2 建议值

混合料质量	抗压强度（kPa）	建议的 a_2 值
高	>6900	0.34
中	4480~6900	0.28
低	2760~4480	0.28

其他材料基层：碎石基层 a_2 为 0.13~0.14，优质沥青稳定基层材料（黑色基层）为 0.30~0.35。

Ahlberg，H. L. 和 Barenberg，E. J. 提出根据材料的质量确定 a_2 值的范围，如表 5-50所示。

当应用 AASHTO 的等效近似法设计时，一定的最小厚度还必须保留，另外加上等效厚度值。最小厚度是根据不破坏 LFA 和 LCFA 结构层而能支承的最大预期荷载制订的。建议的最小厚度列于表 5-51 中。

表 5-51 LFA 和 LCFA 基层与沥青混凝土面层的最小建议厚度

道路类型	最小厚度(mm)		道路类型	最小厚度(mm)	
	沥青混凝土面层	LFA、LCFA 基层		沥青混凝土面层	LFA、LCFA 基层
只有汽车与轻型货车	38	127	住宅区街道	38	152
客车与中型货车	38	152	分支街道	51	178
渠化车辆	51	178 ~ 203	次要街道	51	203
货车	76	203 ~ 254	主要道路	76	254

2. 结构设计法

在经验和性能数据不适用的地方，结构厚度设计应以荷载时 LFA 和 LCFA 混合料的预期强度为依据。由于这种混合料的特点是随龄期增长而发展，因此在道路的整个运营过程中，承载总量产生的疲劳通常不作为一个考虑因素，然而，对于早期的反复荷载，在设计时要予以重视。特别是在可施工季节后期所施工的混合料路面，在随之而来的冬天里，它承受荷载可能会出现临界状态。因此，这种路面结构必须有足够的承载能力（即由基层材料的强度和厚度决定），使其在第一个冬天里承载运输时不受明显的损害。

LFA 和 LCFA 材料路面的结构能力通常由层厚和材料性质计算而得，可采用威氏板体理论（R-3）、弹性层状理论（R-4）或墨氏极限荷载理论（R-2）。把几种理论结合起来使用，并使其结果都一致，是最可靠的。基本的近似方法就是用合适的理论分析路面体系，并与以计算应力同等取适当的安全系数后的预计材料强度进行比较。

最典型的分析设计法是根据极限强度理论制定的，当荷载靠近开裂处或路缘限值时，根据墨氏理论（R-2），板的极限荷载能力是：

$$p_u = \frac{(\pi + 4)}{6} \cdot \frac{f_y h^2}{1 - \frac{2a}{3L}}$$

$$L = \sqrt{\frac{Eh^3}{12(1 - \mu^3)K}}$$

式中 p_u——极限荷载；

f_y——LFA 和 LCFA 的屈服强度；

h——LFA 和 LCFA 的有效厚度；

a——当量圆荷载面积的半径；

L——板的相对刚性半径；

E——LFA 和 LCFA 的杨氏弹性模量；

μ——LFA 和 LCFA 的泊松比；

K——路基回弹模量（反力模量）。

诺模图 5-44 用以确定边缘荷载条件下的 LFA 和 LCFA 层的适宜厚度。对极限荷载 p_u 选用适当的安全系数后，设计轴向荷载 p_0 就可计算出来。设计轴向荷载连同挠度模量 f_b，可用以确定承担轴向荷载 LFA 和 LCFA 的层厚。

这种设计方法最关键的是选择适当的安全系数。Ahlberg，H. L. 和 Barenberg，E. J. 提出安全系数为 1.3～3.0，这取决于路面寿命早期的预期交通量。

在用分析法设计 LFA 和 LCFA 路面时，面层的作用通常被忽略。表 5-51的最小面层厚度在这里也适用。

3.《柔性路面设计规范》和典型结构法

粉煤灰三渣混合料随龄期增长逐渐由柔性变为刚性，但没有水泥混凝土的刚度大，因此称其为“半刚性”型，并推演出一套特殊的路面厚度设计方法。

我国柔性路面设计规范中，三渣混合料的设计回弹模量取 400～700MPa（根据交通量和施工条件不同，取用具体数值）。由于三渣基层后期是一个刚性体，所以必须进行弯拉应变的验算。根据上海的经验，采用允许拉应变作为设计验算数据，要比采用拉应力更为合适。

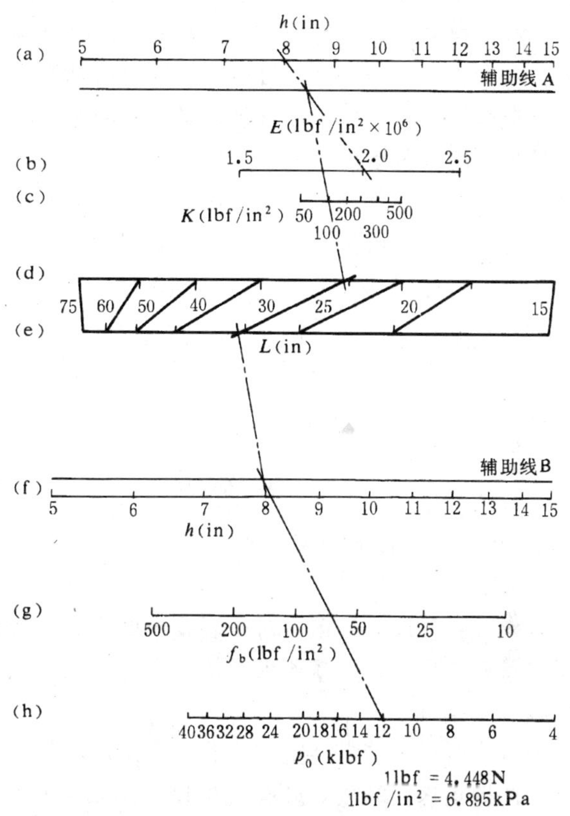

图 5-44　确定 LFA 或 LCFA 层厚度的诸模图

E—弹性模量；K—路基模量；L—相对刚性半径；h—厚度；f_b—挠度模量；p_0—设计轴荷载

目前上海对三渣基层乃至整个路面结构的厚度设计采用的方法是典型结构法，早在 20 世纪 70 年代，英、法、德等国都按照不同的交通等级和路基类型，指定了路面结构组合及厚度。典型结构对于某个地区，具有简单、实用、可靠等诸多优点，可以避免设计者在设计参数选择上的任意性和盲目性。全国各地的相关单位对典型结构应有所了解、有所研究，只有这样，我们才能设计出符合本地的、且经济实用的路面结构层。

现摘录上海地区典型结构三渣基层的厚度。

表 5-52　上海市典型结构三渣厚度表　（单位：cm）

车道累计轴数（B22-100 型）Ne（×10⁶）	道路等级（公路、城市道路）			
	三级公路、支路	二级公路、次干路	一级公路、主干路	高速公路、快速路
2～4	≥30～35	—	—	—
4～8	≥30～45	≥30～45	—	—
7～12	—	≥30～45	≥30～50	—
12～20	—	—	≥35～50	≥40～50

（四）三渣混和料的生产

三渣混和料生产集中于搅拌厂，然后把拌和好的混合料运至工地，摊铺、碾压。这种生产方式集中，拌和均匀，污染小，拌和质量容易控制。在人口比较集中，要求尽快开放交通的市区，这种方式比较适合。目前，上海地区基本上都采用这种生产方式。

三渣混合料的生产包括原材料制备，如粉煤灰沥干或洒水，石灰消解堆存，混合料的拌和，成品的翻堆，装运出厂等。厂拌三渣生产工艺流程如图5-45所示。其中主要的机械设备是强制式或自落式拌和机、皮带输送机、铲车和手推车等。对于拌和设备，强制式较自落式优越，拌和均匀，质量保证，宜优先采用。

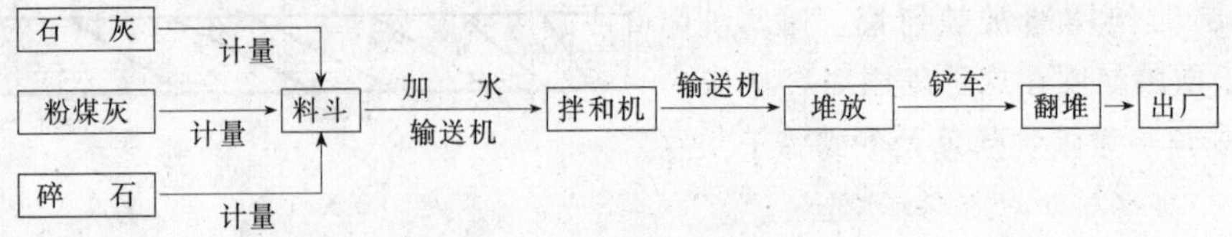

图5-45　厂拌三渣混合料生产工艺流程

（五）三渣混合料施工操作要点

1. 准备工作

三渣混合料基层摊铺前应对垫层或土层质量进行复验，在土基密实度、路槽排水、砾石砂垫层等符合分项工程质量要求后，才能进行三渣混合料摊铺。

2. 混合料运输

三渣混合料尽可能随拌随用。若因受条件限制，不能直接运到工地摊铺，则应用铲车翻堆到指定的硬场地。堆放处应有进出口道路及排水条件，堆放时间不得超过2d，并应备有雨棚等遮盖设施。

在运输和卸料堆置过程中，要采取措施防止粗骨料离析，如有离析现象，应重新进行翻拌。

3. 摊铺和碾压

拌好的三渣混合料按设计断面和松铺厚度，均匀摊铺于路槽内。其松铺厚度为压实厚度乘以压实系数。压实系数人工摊铺为1.4~1.6，机械摊铺为1.2~1.4。

三渣基层的施工尽可能地采用全路幅式摊铺，避免纵向接缝。机械化施工摊铺长度，不得小于200m，以减少横向接缝。人工摊铺施工时，根据供料速度和压实机具来确定铺筑长度，保证当天辗压结束。

混合料在摊铺过程中，应尽量做到一次整平，特别要注意不能使混合料中粗骨料翻刮到表面，摊铺后如发现粗骨料集中，产生蜂窝现象时，可用少许二灰混合料或用小粒径三渣混合料加罩。若经初压仍呈松散状态，则需将表面翻松后再加铺上述材料，翻松厚度不得小于10cm，严禁在已碾压成型的三渣混合料上薄层找补。

对于三渣混合料基层的施工，每层压实厚度以15~20cm为宜，最大压实厚度不得超过25cm，但这种情况必须使用震动压路机（静压10t）进行碾压。

如分上下层施工时，其横向接缝应错开，其距离不应小于1m，并应尽早摊铺上层。上层不能立即摊铺时，下层应保湿养护。

碾压前应检查混合料的平整度和路拱，碾压1~2遍后，用路拱板和3m直尺检查路拱和平整度，高凸处要及时进行铲修整平，低凹处予以翻松补平。

碾压人工摊铺的混合料时，应先选用轻型压路机或履带拖拉机自两侧压向路中，稳压两遍，然后用12～15t三轮压路机或震动压路机压实。两轮压路机每次重叠1/3轮宽，三轮压路机每次重叠后轮宽度的1/2。对于碾压速度，当不震动时，为30～40m/min，震动时根据震动压路机特性而定，一般为80～100m/min。

碾压机械摊铺的混合料时，可直接用12～15t三轮压路机或震动式压路机压实。

碾压时，若发现混合料粘贴滚轮、起拱、隆起或整体推移，一般为含水量过高引起的，应待水分适当蒸发后再碾压，或采用当天初压，隔天补压的方法处理。若发现表面有纵向或横向细缝，一般为含水量过低，压路机偏重或碾压速度太快等原因引起的。如为含水量过低所致，应采取隔夜浇水，次日重新碾压的方法，使表面裂缝重新愈合。碾压要求可根据路面施工规范，一般压实度应大于或等于98%。

（六）早期养护和交通管制

压实成型并经检验符合标准的粉煤灰三渣混合料，必须在潮湿状态下养护。在养护初期，除洒水车外，应封闭交通。在干热的夏季，特别是在施工后的一星期内，应采用能均匀洒水的设备经常洒水养护，但不得以水柱直接冲向表面，以免基层中石灰等被水冲走而被破坏。在湿冷季节，若表面不出现干燥泛白现象，一般不宜洒水。

养护期间，以封闭交通为宜，严禁履带车辆通行及机动车辆在基层上调头或刹车。对个别不能中断交通的道路，可采取如下措施：采用一层沥青封层保护；限制车速和交通量以保证基层表面不被破坏。

（七）粉煤灰三渣基层的缩裂及其影响因素

粉煤灰三渣基层属于半刚性基层，介于柔性（沥青混凝土）路面和刚性（水泥混凝土）路面之间，也会发生热胀冷缩、湿胀干缩的现象。对于刚性（水泥混凝土）路面，我们习惯用纵、横胀缝来调节混凝土板块的膨胀和收缩。但影响粉煤灰三渣基层缩裂的因素更多、更复杂，裂缝间距更不易控制，因此，工程上让其自然开裂，无碍观瞻。随着高速公路的出现，对防止粉煤灰三渣基层的缩裂提出了高要求，因为三渣基层的缩裂所产生的裂缝会传至沥青混凝土路表面而形成反射裂缝，影响沥青路面的使用质量。

影响粉煤灰三渣缩裂的主要因素有两个：三渣基层的干缩和三渣基层的温缩。

三渣混合料碾压成型后，随着含水量的降低、结构层发生收缩，失水量愈大，收缩量愈大。失水量的多少则取决于碾压含水量，碾压含水量过高，不仅压实度难以保证，而且造成过多收缩；干缩应变的大小还和三渣混合料的配比密切相关，三渣混合料中的细料越多，则干缩系数越大。

三渣基层在降温过程中所形成的裂缝即称为温缩裂缝，温缩裂缝的大小取决于施工温度与最低温度之差，根据研究结果表明，温缩系数约为干缩系数的1/10左右。

三渣基层上的沥青路面反射裂缝的形成机理，国内外尚在探索研究之中，很多问题有待研究深化。但只要我们在施工过程中措施得当，缓解反射裂缝的出现还是可能的。

减少三渣基层的开裂。严格控制三渣混合料的配合比；严格要求，规范施工。在施工过程中严格掌握碾压含水量，不得洒水提浆进行碾压，及时做好养护工作。养护的目的是使三渣基层处于湿润而不过快失水，适度的表面喷水、透层油的喷洒等都是养护可采用的方法。

缓解反射裂缝的措施。橡胶沥青中间层（SAMI）的铺设、土工布的设置、级配碎石隔离层、玻璃格栅的铺设等，这些措施对缓解和解决沥青路面的反射裂缝都是十分有效和有益的。

防止沥青路面的反射裂缝，根本措施是严格控制三渣基层施工含水量，切实做好养护工作，对施工接缝的操作必须引起足够的重视，只有在施工过程中，各道工序严格按照规程操作，对三渣基层的收缩裂缝和沥青路面反射裂缝的减少是有帮助的。

六、粉煤灰充填塌陷区造地复田

采矿工业的发展，给人类社会带来文明和繁荣的同时，也对自然生态环境造成严重的破坏，特别是地下资源的大规模开发，使得地面塌陷，大量农田被破坏。据了解，全国平均每采1万t煤，就要塌陷土地0.2公顷。安徽淮北煤矿到1985年底，已塌陷土地5380公顷。大量农民失去耕地，成为日益严重的环境问题和社会问题。

随着电力工业的发展，粉煤灰排放量与日俱增。虽然我国非常重视粉煤灰的综合利用，但大部分仍依赖贮灰场存放。贮灰场规模越来越大，高坝大库屡见不鲜。占地多、征地难、造价高、工期长是贮灰场建设的突出问题。例如安徽淮北电厂，原设计三个山谷型贮灰场，其中第二灰场未能与主机同步建成，第三灰场因工程浩大、造价高昂而停建，使该厂的排灰一度处于紧张被动的局面。

1978年2月，安徽省电力工业局和淮北电力建设指挥部提出了利用塌陷区作为灰场的建议。1979年在淮北市政府和淮北矿务局的大力支持下，由淮北电力建设指挥部和安徽省电力设计院联合设计了塌陷区试验灰场，并投入运行。安徽省电力设计院围绕淮北电厂塌陷区灰场工程，进行了比较深入系统的规划、设计和研究工作。后又与煤炭科学院唐山分院合作。1983年水电部、煤炭部发文下达了“共同开展淮北矿区粉煤灰充填塌陷区造地复田的研究课题”。这个课题就是从淮北地区的实际出发，把粉煤灰处置和塌陷区的综合治理巧妙地结合起来，以灰填塌，造地复田，除害兴利，一举两得。这里主要介绍他们的实践和经验。

（一）概况

淮北电厂位于淮北市西郊，是一座大型坑口电站，总装机容量750MW，年排灰渣总量为98万t。

淮北矿区是一个年产1300万t以上原煤的大型平原矿区，全区南北长110km，东西宽10km，含煤量总面积210km^2，工业储量11.8亿t。

淮北煤田地质构造为一复向斜层，含煤地层为石炭二迭系，含可采煤层5~6层，层厚一般为1~4m，局部7~8m，倾角一般为8°~15°，局部25°，属缓倾斜层。煤层上复岩层为砂岩、页岩、泥岩及其互层组成，岩性变化较大。采煤方法为走向长壁陷落法。矿区的采矿地质条件，容易造成大面积的塌陷。

塌陷区灰场位于淮北市以东，为淮北煤田的相城、朱庄、张庄、岱河矿的塌陷区，距电厂4.5~8.9km。

1980年起进行规划、设计，并决定放弃原拟建的山谷型灰场，大规模建设塌陷区灰场，设计总库容1433万m^3，分九区建设，1985年全部建成。1982年起进行分区充填，充满后覆土30cm，现已复田、造田150公顷，规划复田、造田388.7公顷，与原设计山谷型灰场相比，增加库容493万m^3，延长使用年限6年，节省投资2587万元，节省运行费785万元（详见表5-53）。

表 5-53　　淮北电厂山谷、塌陷两灰场综合效益比较

项目＼灰场	原设计山谷灰场	塌陷区灰场
工程规模	坝高43m，库容940万m^3	堤高4m，库容1433万m^3（多497万m^3）
工程量	土方54万m^3（不包括复土），石方208万m^3，工程量与库容之比为1:3.6，加中继泵房一座，灰管4.5km，高差64.5m	土方（取土、覆土）204.5万m^3，工程量与库容之比为1:7.1，灰管9km，高差－3m
安全	上游集水面积2.22km^2，下游500m处为4000多人的居民区。防洪标准设计为2%校核0.2%，坝质要求高，需长期监护	冲灰标高略高于地面，围堤低矮、简单，对周围无威胁，防洪标准为5%
征地	库区占地1200亩，其中农田、果园500亩，果树、柏树3万棵，粘土心墙和覆盖土需另在下游征地	灰场内征地拆迁已由煤矿完成，仅需征购管道走廊的土地约为112亩。覆盖土源在灰场内取得。可覆土造地5830亩
施工	一次施工，工程艰巨，条件复杂，工期5年左右。不能与机组同步投产	施工技术简单，建设周期短，分期建成、化整为零。灰场与机组同步投产
投资	总投资5300万元，库容单位造价5.64元/m^3（包括管道投资）	总投资2713万元，节省投资2587万元，可分期投资，平均库容单位造价1.89元/m^3（包括管道投资）
运行费用	需两级泵升压，运行耗电量大。年运行费88.79万元	只需一级泵站，运行耗电量低。年运行费44.68万元，运行17.8年可节约运行费785万元
前景	山谷灰场运行11.8年之后，另列投资，重建灰场及输灰管道	运行17.8年之后，在已建成的输灰管附近将出现大片塌陷洼地，储灰容量用不完

注　本表引自安徽省电力设计院主编的《粉煤灰充填塌陷区造地复田的研究》。

（二）动态情况下塌陷区作灰场的可行性论证

塌陷区作贮灰场有三种情况：一是地下开采早，塌陷过程终止，地表稳定；二是地下开采和地面塌陷在进行中，地表不稳定；三是地下尚未开采，地表将在按规划开采后下沉。最困难的是属动态的第二种、第三种情况，曾被认为是灰场建设的“禁区”。

根据煤矿地质采矿条件、开采规划和实测地表移动变形资料，运用地表和岩层移动理论，进行分析研究认为：

(1) 地下煤炭采出后，在采空区上方，可将岩层移动分为“三带”，即最上层的弯曲沉降带，中间的裂隙带和接近采出层的冒落带，如图5-46所示。

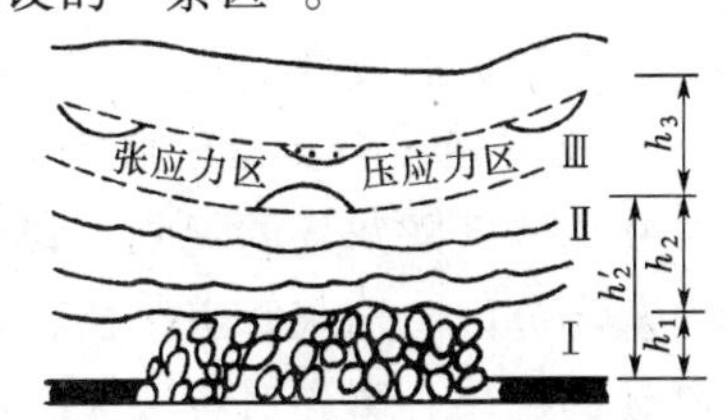

图 5-46　缓倾斜煤层上复岩层破坏状况
Ⅰ—冒落带；Ⅱ—裂隙带；Ⅲ—弯曲沉降带

“三带”的形成和发展，与煤层的地质条件、采矿方法及岩层的物理力学性质等因素有关。淮北张庄矿的观测资料表明，该矿上复岩层中，主要是页岩和砂页岩，其塑性、韧性较好，抵抗弯曲变形能力大，因此冒落裂隙高度较小，

在其上面具有一个较大的由基岩保护层和粘土夹砾石层组成的无裂隙弯曲沉降带，是防止塌陷区积水涌入矿井的保护层，它杜绝了井上与井下水的联系通道，因此井下回采是比较安全的。

(2) 地下煤炭采出后，上复岩层向采空区移动，引起地表的移动和变形，包括下沉、水平移动、倾斜、曲率、水平变形等，它们对地面建筑物将产生不同程度的破坏作用。但根据观测资料表明，在充分采动或接近充分采动的情况下，地表变形具有三个特点：一是连续、渐变，不会发生突然下沉；二是缓慢，地表移动时间可延续 4~8 个月，地表最大日下沉速度为 22mm；三是各种变形在空间上的分布是有规律的。地表移动的连续性和缓慢性，对于灰场建筑和输灰管道的保护是有利的。地表移动变形在时空上分布的规律性，有助于选择灰场建筑物和管道的位置及建设时机，并可根据预计变形值的大小，采取防变措施，使之安全可靠。由此可见，动态下建设塌陷区灰场是可行的。但对某一矿区来讲，还要根据地质采矿条件和水文地质条件，做具体分析才能确定，一般在缓倾斜煤层常年积水的塌陷区作灰场的可能性较大。

(三) 动态塌陷区灰场的规划与设计

1. 规划设计原则

塌陷区灰场的设计是一个新问题，国内尚没有现成的技术规程可作依据。安徽省电力设计院结合工程实践，总结归纳出下列原则：

(1) 塌陷区灰场的总容量应能存放电厂 10~20 年按总装机容量计算的灰渣量，初期容量以能存放 5~7 年的灰渣量为宜。但可统一规划、分期建成。

(2) 对塌陷区的使用范围，应兼顾电厂、煤矿、地方的生产建设需要，统筹考虑协商划定，开发顺序由近到远。

(3) 对粉煤灰运输设备，新建工程应尽量选择高扬程、高浓度的设备和小口径管道。扩建工程尽量利用原设备系统。

(4) 对输灰管道及其他构筑物，应尽量设置于相对稳定的地带。如果通过塌陷区，要作地表下沉计算，并采取相应的防变措施。

(5) 为了防止飞灰污染和达到高效率复田的目的，尽可能地分块冲灰，逐步覆土，覆土厚度一般为 30cm 左右。

(6) 灰场围堤内的排洪、排涝设计标准与地区排洪、排涝标准一致。

(7) 贮灰场、灰管的设计坐标系统，应与矿区一致。

(8) 设计塌陷区灰场时，应合理布置出灰口与排水口，并注意到水力冲填粉煤灰将有 2‰~3‰的自然坡度。

2. 变形预计和动态塌陷区灰场的划分

在塌陷区贮灰场的规划、设计中、为了合理地确定灰场的范围、容积、围堤位置及大小，灰场分区、输灰管道路径和防变措施，以达到既经济又安全的目的，必须研究地表和岩层移动的规律，事先对各采区的地表移动和变形进行计算，作为规划设计的依据。

(1) 灰场的划分。主要取决于采矿地质条件，矿区、采区的平面布置和竖向开采水平的划分，应充分利用煤层露头、断层、地堑及采区、矿区分界、轨道上山等相对稳定地带作为灰场的分界线。

(2) 灰场边界的确定。灰场边界要选择在上述相对稳定地带。在已开采并出现塌陷现象的地区，相对稳定地带在地面上反映明显。在尚未开采的地方，可用预计地表移动变形曲线等方法确定灰场的边界。

(3) 灰场面积、容积的计算。对动态塌陷区不可能进行正规的测量。在规划设计时，可用变形预计方法，编制电算程序，绘制采空区上方地表下沉的等值线图，为设计提供准确依据。也可采用一些简化方法和经验公式。

（四）粉煤灰充填和覆盖技术

塌陷区的充灰和覆盖，除采用火力发电厂常见灰场（山谷型或平原型）的成熟技术外，还会遇到一些特殊的技术问题。

1. 管道的阻力问题

塌陷区贮灰场的输灰特点与山谷型灰场有很大的区别。山谷型灰场以提升高差为主，输灰管的阻力不处于控制地位。而塌陷区输灰的高差很小，有的地方甚至为负值，但输送面广，水平距离特别大，因此输灰管的阻力在设计中起决定性作用。淮北电厂塌陷区输灰距离按理论计算，又进行了清水和不同浓度的灰浆阻力试验进行复核。经阻力试验表明，实测阻力高于灰浆相对质量密度与清水阻力之积，但比理论计算值小，说明灰渣的附加理论计算中取值偏大。最后按试验复核后确定最大输灰距离。

2. 灰管的路径布置和适应地表变形的措施

在为淮北矿区塌陷区灰场选择输灰管道路径时，应用地表和岩层移动的理论和经验，进行变形预计，大胆地采用了直接通过动态塌陷区的方案，缩短了路径，从而有可能取消了中继泵房，节省了投资。但对管道结构采取保护措施：适当增加伸缩节，采用胶管接头、卡箍式柔性接头。运行中加强维护措施，预计变形、加强巡视、调整灰管高度、调整固定支座和伸缩节，采取应急的措施，在灰管沉降区前加装切换阀门，预留备用灰场等。

3. 取、覆土技术

大规模建设塌陷区灰场，解决覆盖用土源，是一个重要问题，因为覆土用量大，应以就地取材为原则，这样既节省投资，又可扩大库容。

(1) 预先取土法。即在尚未塌陷或塌陷坑形成初期，地表高于地下水位时，事先采用铲运车，推土机等大型机械，或组织人工挖运，把土“抢”出来，在塌陷区四周筑堤贮存，待充满后破堤复土。

(2) 水下取土法。即地下煤炭开采较早，塌陷区发展较大较深，大部分表土下沉至水下时，采用挖泥船将水下土源移至四周筑堤贮存。

(3) 循环取土法。即覆盖第一区时，取相邻的第二区水上或水下的土源；覆盖第二区时，取相邻的第三区的土源，如此循环进行。

从淮北塌陷区灰场建设上看，三种方法并用可较好地解决覆盖土源问题。值得指出的是，采用挖泥船循环覆土法，具有成本低，泥浆颗粒可改善粉煤灰结构，有利于作物生长的优点。

塌陷区灰场主要利用地表移动盆地的自然空间冲灰，堆灰标高略高于原地面，围堤简单、低矮、工程量小。但是，大面积覆土的土方量较大，必须在施工时把盆地内的土尽量取出，将围堤加高、加宽，灰场冲满后毁堤覆土。这样围堤的工程量等于覆土量，所以覆土厚度是塌陷区灰场的重要指标之一，直接影响工程造价，应在满足防止飞灰、保证覆土造田的前提下，尽量减少覆土厚度。根据国内外参考资料（见表5-54）和淮北电厂的实践，一般覆土 20～30cm，可满足覆土造田的要求，也能被人们接受。

表 5-54　　覆土厚度参考资料

电　厂	灰场形式	覆土厚度（cm）	种植起始时间	效　果
太原第一热电厂	平原型	2～9	1970	小麦 500～700 斤/亩
石家庄电厂	洼地	10～30	1972	小麦、玉米等均获好收成
松木坪电厂	山谷	10～20	1973	作物比当地土增产
望亭电厂	洼地	（1）不覆土 （2）覆土 20	1976	水稻不覆土 700 斤/亩 小麦 400 斤/亩
山东济宁电厂	洼地	5～10	1978	小麦 546～841 斤/亩
徐州徐扩电厂	废河道	10～35	1983	作物长势良好
辽宁章党电厂	谷型灰场	5～20	1974 年起	水稻亩产 670 斤，其他农作物均能适应
浙江梅溪电厂	河塘地灰场	10～17	1974 年起	水稻亩产 1000 斤，小麦亩产 700 斤，油菜长势最好
安徽淮北电厂	塌陷区试验灰场	20～30	1980	小麦长势良好
西北农科院		17		为最佳覆土厚度
北京东郊热电厂	窑坑灰场	（1）不覆土 （2）30～50	1972～1974	不覆土水稻 70 多亩，达到当地的一般产量；覆土后种的蔬菜粮食果木均能适应
西德英国	矿坑灰场	不覆土	1969～1970	先种牧草，改良为主，后种冬小麦成功
美国霍默城电厂	洼地灰场	30～60		种植草皮，绿化环境

注　引自由安徽省电力设计院主编的《粉煤灰充填塌陷区造地覆田的研究》鉴定资料。

（五）粉煤灰复田种植、建房试验及环境影响

1. 农林种植试验

种植试验自 1984 年春季起先在 33 亩试验田中进行，1986 年春季又在应急灰场的 250 亩覆土田上进行。此外，还有 744 亩由农民种植，这是一种从更大规模的、按传统的种植方法进行的试验。

（1）农作物种植试验

1984～1986 年，农作物种植品种、面积、产量以及灰场外周围土地所获单产的对比，参见表 5-55。

表 5-55　　粉煤灰复田农作物试验产量与周围情况对比表

作物名称＼项目		面积(亩)	每亩产量(公斤/亩)	周围土地亩产(公斤/亩)	备注
大豆	徐州 7401	1.8	138.4	60 ~ 125	
	跃进 5 号	1.17	128.2		
	郑州 64-1	2.5	106		
小麦 2111		4.8	362.5	150 ~ 400	
玉米豚单 2 号		0.86	375.0	200 ~ 400	
山　芋		1.0	1050	1500 ~ 2500	积水，受淹
中芝 1 号		0.9	77.8	50 ~ 75	

此外，农民在 744 亩粉煤灰复田上种植的粮棉品种更多，其中 314 亩已种三年。经调查，在施肥较少的情况下，仍获得较好的收成。这说明在粉煤灰复田上，从生长情况及产量看是可行的。

(2) 瓜果蔬菜种植试验

从 1984 年起，试种蕃茄、辣椒、甜椒、马铃薯、萝卜、四季豆、甘蓝、白菜等均生长良好；西瓜品种有苏密 1 号、伊选、龙密 100 号、郑州 8115 等 10 个优良品种，均表现汁多、肉脆、味甜，含糖量达 10% ~ 11%。果树有苹果、梨、葡萄、桃、柑桔等均于当年或第二年结果。

(3) 育种和造林试验

取柳树新品种 172、194、369 旱柳，意大利杨等枝条、泡桐、火矩树根，川楝、侧柏、女贞等种子，雪松、五针松、罗汉松、蜀桧、万峰桧、花柏、地柏、川柏等幼苗，在粉煤灰复田中用扦插、埋根、播种等方法育苗，观察各种苗木的成活率和长势。通过两年多的育苗试验，共育苗 61 个品种，均生长良好。

2. 建房试验

淮北煤矿塌陷区试验平房建于相诚矿三采区塌陷坑的粉煤灰地基上，对粉煤灰做过土工试验，又用 MT_3B 型载荷试验机测得复田区地基允许承载力为 51kPa 和 63kPa。1982 年建不同结构试验平房 4 栋，共计 $200m^2$。1984 年又建试验平房 $358m^2$。平房基础用不同方法处理，有的用毛石基础，有的用碎石基础，有的加圈梁，有的不加圈梁，有的基础下用垫层加强，有的直接坐落在粉煤灰上。试验证明，用垫层、加圈梁，可减少沉降和裂缝，所有试验房屋至今都被安全使用，虽然沉降值有大有小，但均未出现损坏现象。

为了满足大规模建房的需要，应寻求一种方便、经济的粉煤灰地基加固途径。通过资料收集和初步试验比较分析，认为可采用硅酸钠化学灌浆、换置石灰土垫层法、振冲碎石桩法、爆破振动法等，其中爆破振动加固法较简便，最为经济，而且可提高抗地震液化的能力。其次换置石灰土垫层法和振冲碎石桩法也比较经济。

3. 环境影响分析

煤矿塌陷区复田前，景观破坏，疮痍满目。复田后，恢复景观，植树造林，使矿区面貌发生了深刻的变化，这是显而易见的，至于粉煤灰中的重金属对农作物和地下水质的影响，分别在第三章和本章第四节中作详细分析，这里不再重复。

工程实践充分证明：粉煤灰填充塌陷区造地复田具有显著的经济效益、环境效益和社会效益，是粉煤灰综合利用和塌陷区综合治理的有效途径之一。

第四节 粉煤灰填筑对地下水质的影响

粉煤灰遇水后会溶出部分微量元素，当工程填筑层处在地下水位时，对地下水质将会产生一定影响。因此，美国、加拿大等国，在发展粉煤灰填筑技术的同时，关于压实粉煤灰对水质的影响，做了大量试验研究和检测工作。我国也开展了实验室和工程现场检测工作。根据已有的试验结果可以认为：参照有关标准检测，粉煤灰中有毒、有害元素含量，远远低于国家标准；粉煤灰填筑后地下水质量大多与原地下水的接近，基本没有影响。加拿大的工程检测数据表明，按加拿大饮用水标准的10倍来衡量，其地下水质都是合格的，而且还表明，影响的范围是有限度的，因为溶出液流经粘土后，部分元素将被粘土吸收，起到滤吸作用。

粉煤灰本身的微量元素含量很小，经压实后溶出的条件更差。因此，粉煤灰经压实填筑后对地下水的质量基本没有影响，这是国内许多单位和加拿大对实际工程，包括经填筑多年后检测的结果所证明了的。下面介绍几个有代表性的工程检测结果。

一、上海港务局关港作业区粉煤灰填筑后的检测

关港位于上海市以南、黄浦江西岸，曹家港系黄浦江一分支，原港宽28m，东西走向横穿关港港区。1988年4月对曹家港其中一段长76m进行粉煤灰压实填筑，面积2128m^2，填筑厚度5～6m，用了1万t调湿粉煤灰。填筑区的地质情况是：20m以内浅地层中，0.00～3.20m为褐黄色粉质粘土；3.20～7.20m为灰色淤泥质粉质粘土；7.00～14.00m为灰色淤泥质粘土；14.00～18.20m为灰色细砂；17.00～20.00m为灰色淤泥质粉质粘土。

为了掌握填筑前后地下水质的变化情况，根据当地水文地质条件，设计了两条监测剖面，如图5-47❶ 所示，并相应地布置了6m和20m的两种深度的监测孔。6m孔用于监测上部潜水含水层，20m孔则用于了解下部微承压含水层。

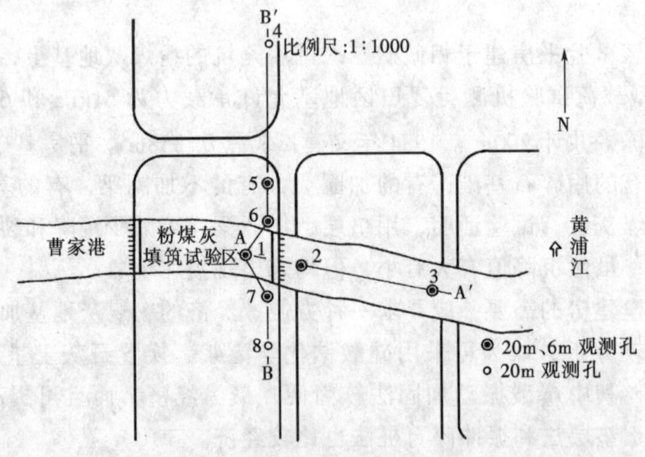

图5-47 关港作业区曹家港填筑段水质监测钻孔平面位置图

❶ 本资料引自上海市建筑科学研究院等编写的《上海市关港粉煤灰填筑工程研究技术鉴定文件》。

监测的结果分析和几点结论如下：

(1) 粉煤灰填筑后，监测孔中水的化学成分发生了一定的变化，其特征如下：

pH 值有所上升，原地下水 pH 值为 7.6～7.8，回填后增加到 7.70～11.40，平均值为 8.76。

碱金属元素含量发生变化，K^+、Na^+ 含量有时高于原地下水，有时低于或接近。

铬、砷含量个别时段内有一定增高的现象。

由于 pH 值的改变，水中 HCO_3^-、CO_3^{2-} 及 Ca^{2+}、Mg^{2+} 含量也发生了一定的变化，有的随 pH 值的上升而上升，多数是呈下降趋势。

K^+、Na^+、Ca^{2+}、Mg^{2+}、HCO_3^-、CO_3^{2-} 均非毒性常量组分，其含量的增高和降低，对人体不产生明显的危害。铬、砷为有毒元素，其含量超过一定界限时，将对人体产生影响。表 5-56 是填筑后地下水中铬、砷及 pH 值超标率（按饮用水标准）的统计结果。除 pH 值外，铬、砷含量的增幅很小，而且铬只有一次高于饮用水的标准。

表 5-56 铬、砷、pH 值超标率的统计

项目 \ 元素	铬	砷	pH 值
超标数（个）	1	0	8
超标率（%）	4.8	0	38.1

除上述元素外，其他微量元素（Ca、Zn、Pb、Cd、Ni）及三氮（NH_4^+、NO_2^-、NO_3^-）、SO_4^{2-} 等含量无明显规律性变化。

(2) 粉煤灰填筑后，对地下水的影响尚处于轻度水平。为综合评价粉煤灰填筑对地下水质量的影响，对回填前后地下水质量进行了评价，采用地矿部《地下水环境质量标准》拟定的评价方法。参加评价的项目有 14 项，包括 Cl^-、SO_4^{2-}、NO_3^-、Cu、Zn^{2+}、Pb、Hg、Ca^{2+}、Cr、As、Ni、pH 值、总硬度和矿化度。

该评价方法将地下水分为五级(见表 5-57)。其中Ⅰ、Ⅱ、Ⅲ级水各项评价指标均符合饮用水标准,可作为饮用水使用。Ⅳ、Ⅴ级水则有一项或多项参加评价的项目超标而不能饮用。该评价方法强调最大值即含量最高项目对水质的影响。所以其评价结果是十分严格的。

表 5-57 地下水环境质量分级表

质量指数	水质级别	意 义	质量指数	水质级别	意 义
<1.0	Ⅰ	优 良	<7.5	Ⅳ	较 差
<2.5	Ⅱ	较 好	≥7.5	Ⅴ	极 差
<4.0	Ⅲ	一 般			

表 5-58 试验区地下水质量评价结果表*

孔 号	采样时间（年.月.日）	质量指数	水质级别
1—2	88.10.24	3.77	Ⅲ
	89.1.18	3.75	Ⅲ
	89.8.10	7.40	Ⅳ
2—2	88.10.24	2.29	Ⅱ
	89.1.18	7.15	Ⅳ
	89.8.10	3.81	Ⅲ

续表

孔 号	采样时间（年.月.日）	质量指数	水质级别
6—2	88.2.11	3.94*	Ⅲ
	88.10.24	3.66	Ⅲ
	89.1.18	3.77	Ⅲ
	89.4.3	7.41	Ⅳ
	89.8.10	7.44	Ⅳ
	90.3.19	3.79	Ⅲ
	90.4.24	7.23	Ⅳ
	90.6.6	7.29	Ⅳ
7—1	88.2.11	2.49*	Ⅲ
	88.10.24	3.77	Ⅲ
	89.1.18	2.46	Ⅲ
	89.4.3	2.19	Ⅱ
	89.8.10	2.44	Ⅱ
	89.10.10	7.13	Ⅳ
河 水	88.4.2	2.38	Ⅱ
黄浦江水	89.4.10	1.45	Ⅱ
黄浦江水	89.10.10	1.43	Ⅱ

注 引自上海市建筑科学研究院等编写的《上海市关港粉煤灰填筑工程研究技术鉴定文件》。

* 背景值，指填筑前地下水质的质量指数。

由表5-58可见，粉煤灰回填后在大部分时段内，地下水质量处于Ⅱ～Ⅲ级水平，其质量指数与背景值接近。仅个别时段为Ⅳ级水，与背景值相比，下降一个级别，其对地下水的影响尚处于轻度水平。

（3）根据上述监测结果，得出以下结论：

1）关港港区经粉煤灰填筑后，对附近地下水质量产生了一定的影响，主要表现为在部分时段内pH值的上升和K^+、Na^+、Ca^{2+}、Mg^{2+}、铬、砷等含量波动。从质量评价结果来看，填筑后地下水质量大多与原地下水接近，仅个别时段内因pH值增大超标，使质量指数有所下降，但下降幅度较小，所产生的影响处于轻度水平。

2）粉煤灰填筑后，除使附近地下水质量出现一定变化外，对附近的黄浦江水质未产生影响。

二、上海宝山钢铁总厂粉煤灰填筑后的检测

粉煤灰填筑对地下水质的影响，主要是指pH值，微量有害元素及放射性元素的影响。至于粉煤灰的放射性问题在第三章中已有分析不再重复。

1.pH值的影响

（1）粉煤灰浸出液和灰水的pH值 不同的粉煤灰由于其化学成分不同，排放方式不

同，其浸出液的 pH 值也不同。部分电厂粉煤灰浸出液和灰水的 pH 值参见表 5-59。

表 5-59　宝钢电厂和吴泾电厂粉煤灰浸出液和灰水的 pH 值测定结果

测试单位 / 灰名	上海环保所	上海建科院	吴淞区环保监测站	上海粮油测试中心	宝钢十九冶中试室
宝钢电厂原状干灰	11.6 ~ 12	11.7 ~ 12.10	11.51 ~ 12.66	11.6 ~ 12.56	11.3 ~ 12.20
宝钢电厂湿灰	9.8 ~ 10.8	10.48 ~ 11	10.34 ~ 11.34	9.71 ~ 10.23	9.6 ~ 10.10
宝钢电厂出灰口灰水	11.1	12.06	11.47	10.67	11.00
吴泾电厂灰池湿灰	11.6			11.69	11.00
吴泾电厂灰池水	9.5			8.70	9.30
长江水	7.9	8.6	7.93	7.94	7.6

注　引自上海宝山钢铁总厂压实粉煤灰地基试验研究和应用技术成果鉴定文件。

试验结果表明，新鲜干灰浸出液的 pH 值最高，达 12 左右，湿排灰略低，平均值约为 10。

(2) 粉煤灰填筑后的水样的 pH 值　宝钢烧结清循环水池外侧于 1982 年 7 月填筑粉煤灰，1983 年 1 月在回填区和附近土壤钻孔取样，试验结果见表 5-60。

表 5-60　烧结清循环水池粉煤灰回填区水样的 pH 值*

测试单位 / 取样点	上海环保所	上海土壤肥料植物保护研究所	上海粮油测试中心	宝钢十九冶中试室
清循环水池粉煤灰回填区 3m 以下水样	11.8	12.35	11.60	11.20
距水池回填区 8m 处 3m 以下水样	8.7	9.28	8.71	8.30
距水池回填区 12m 处 3m 以下水样	7.3	8.46	7.23	7.30
距水池回填区 16m 处 3m 以下水样	7.3	8.60	7.26	7.10
清循环水池粉煤灰复盖土	8.9	8.14	7.88	7.50

注　引自上海宝山钢铁总厂压实粉煤灰地基试验研究和应用技术成果鉴定文件。

粉煤灰回填区水样 pH 值仍达到 11 ~ 12。距回填区 8m 处原土地下水 pH 值上升到 9 左右，但距回填区 12m 以外，pH 值接近 8，与原土的 pH 值相近。同时，数据也表明，不同单位测定值的离散性较大。

随着时间的推移，粉煤灰的 pH 值会有所降低。上海宝山钢铁总厂在 1987 年 7 月对 1982 年 7 月填筑的粉煤灰重新钻孔取样，即在填筑 5 年后，pH 值已降到 8.12。符合地面水的要求（pH < 8.5），这一点与上海吴泾地区 20 世纪 60 年代中期，粉煤灰填坑造田 15 年后测定的结果（pH 值 = 8.3）相类似。

2. 微量有害元素的影响

上海宝山钢铁总厂对填筑粉煤灰中的微量有害元素进行过大量测试，其结果见表 5-61。

表 5-61　粉煤灰土壤微量有害元素　(mg/L)

微量元素 / 灰名	Cu	Zn	Pb	Cd	Cr	Hg	As	备注
宝钢原状干灰	21.3	11.5	4.3	0.08	46	未检出	8.3	上海土壤肥料植物保护研究所测定
宝钢湿排灰	16.1	18.5	11.3	0.17	30	未检出	18.5	
杨浦湿排灰	18.6	20.0	3.4	0.06	—	—	—	
吴泾湿排灰	19.3	10.0	4.0	0.11	150	—	6.2	
潘桥农田粘土	19.5	18.3	5.9	0.05	60	—	7.2	

续表

微量元素 / 灰名	Cu	Zn	Pb	Cd	Cr	Hg	As	备注
上海土壤	19.0～28.1	66.2～89.2	16.2～28.1	0.091～0.197	54.3～75.0	0.123～0.31	7.26～11.0	上海农科院测定
地壳	40	50	33	0.20	100	0.06	1.8	摘自《第四届国际灰渣利用会议文集》
联邦德国土壤有害元素允许值	100	300	100	3	100	2	20	根据食品卫生要求制定
中国农用污泥控制标准	500	1000	1000	20	75	15	75	摘自GB4284—1984

从表5-61、表5-62的分析结果可以看出：

(1) 宝钢等电厂的粉煤灰微量有害元素大多低于或接近上海土壤和地壳的指标，唯砷(As)的含量略高，但仍低于中国农用污泥控制标准。

表5-62　粉煤灰土壤浸出液中微量有害元素及国家有关水质标准　(mg/L)

微量元素 / 灰名	Cu	Zn	Pb	Cd	Cr	Hg	As
宝钢湿灰	0.012	0.51	1.16	<0.07	0.093	未检出	—
宝钢干灰	0.025	2.43	1.53	0.25	0.89	未检出	—
吴泾湿灰	<0.003	0.46	0.5	<0.01	<0.003	未检出	—
潘桥农田粘土	0.007	0.42	3.8	<0.01	未检出	未检出	—
宝钢电厂出灰口灰水	<0.003	0.75	0.80	<0.04	0.032	未检出	—
烧结清循环水池粉煤灰回填区3m以下水样	0.004	0.31	未检出	未检出	0.01	未检出	—
工业废水排放标准	1.0	5.0	1.0	0.1	0.5	0.05	0.05
农田灌水标准	1.0	3.0	0.1	0.005	0.1	0.001	0.5
地面水标准	0.1	1.0	0.1	0.1	0.05	0.001	0.04

注　由上海环保所测试。

(2) 粉煤灰浸出液中微量有害元素与农田粘土浸出液中的接近。

(3) 由于地下水的稀释、粉煤灰自身的化学反应、土壤的吸附、过滤和固定，以及微量元素在高碱度液相中的沉淀作用，粉煤灰填筑区的地下水质符合地面水标准。

粉煤灰填筑四五年后，粉煤灰中微量有害元素的含量与填筑初期相比，没有明显的变化，与土地和地壳的指标比较，基本相同。表明粉煤灰长期浸泡在地下水中，其微量有害元素的析出是很少的，不会对土壤和地下水质构成危害。宝钢在1987年7月对1982年填筑的烧结清循环水池和炼钢副原料坑粉煤灰地基，进行钻孔取样，其测试结果见表5-63。

表5-63　回填粉煤灰微量元素　(mg/L)

元素 / 试样名称	Cu	Zn	Pb	Cd	Li	Cr
烧结清循环水池粉煤灰	20	43	9.92	0.174	20	35
炼钢副原料坑粉煤灰	17	45	11.85	0.179	24	30

三、加拿大粉煤灰填筑工程水质检测

1. 桦树公园（Brich Wood Park）粉煤灰回填工程

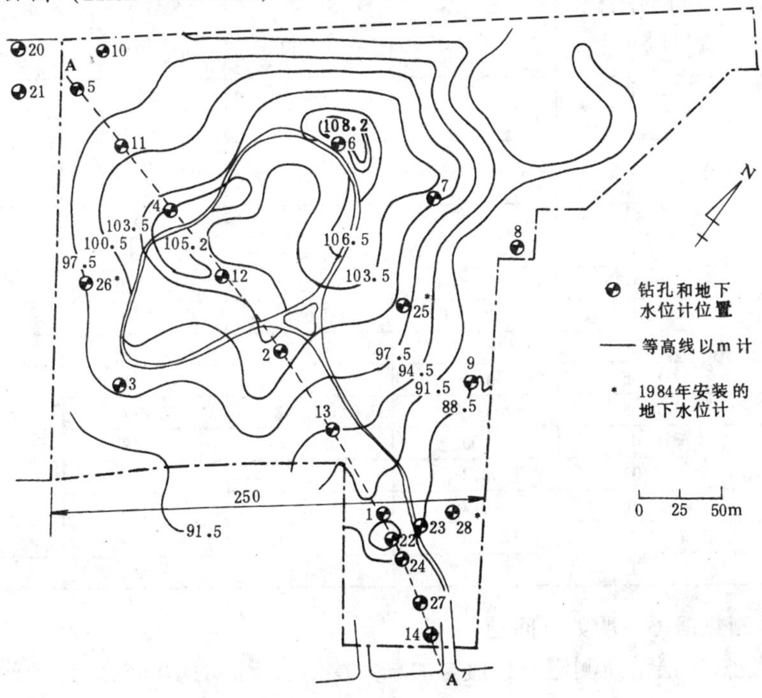

图 5-48　桦树公园钻孔和地下水位计位置

加拿大多伦多的桦树公园是用粉煤灰填筑在一个废弃的采砂矿上形成的，是利用工业废料改变地貌的一个大型工程。回填工作从 1967 年开始到 1974 年完成，回填高度为 15～17m，面积 8.2 万 m^2，回填区域的平面及水质检测孔的位置见图 5-48。在工程填筑完成四年后，1978～1980 年加拿大安大略省电力研究所（OHRD），对回填区作了较系统的地下水环境监测和研究，部分水质分析结果列于表 5-64。

表 5-64　　桦树公园 1978～1980 年地下水质分析平均值　　(mg/L)

序号	成　分	加拿大饮用水标准	上　游平均值	下　游平均值	粉煤灰中平均值	底部边界处平均值
1	pH 值	6.5～8.5	7.7	7.4	9.4	8.6
2	电导率		83.0	233	355	
3	碱度　OH^-					
4	CO_3^{2-}	30～500	250	380	15	
5	HCO_3^-					
6	SO_4^{2-}	500	90	1090	1980	2150
7	氯化物	250	80	60	84	100
8	Ca^{2+}	200	120	370	540	460
9	Mg^{2+}	150	20	89	7.8	5.4

续表

序号	成　分	加拿大饮用水标准	上　游平均值	下　游平均值	粉煤灰中平均值	底部边界处平均值
10	Na^+	270	37	89	370	490
11	K^+		3	4	150	260
12	Al^{3+}		0.14	0.1	0.6	2.3
13	As	0.05	<1	<1	<1	<5
14	B	5	<1	3.4	20	51
15	Ba^{2+}	1.0	<5	3.3	<5	<10
16	Cd	0.005	<0.0004	<0.0003	<0.0002	
17	Cu	1.0	<0.001	0.004	<0.002	
18	Fe	0.3	<0.3	<1.7	<0.2	
19	Mn	0.05	0.6	13	<0.07	<0.1
20	Pb	0.05	<0.003	<0.002	0.017	
21	Se	0.01	0.002	0.003	0.018	
22	Ti	0.02	0.2	0.9	0.5	<5
23	Zn^{2+}	5.0	<0.01	<0.01	0.02	
24	F^-	1.5				
25	Cr	0.05	<0.5	<0.5	<0.23	

从表 5-64 检测数据可说明如下问题：

（1）若将填筑区下层水质测定的数值与加拿大饮用水标准的 10 倍比较，则 18 个指标中有 17 个是合格的，只有一个钛（Ti）不合格（这个元素在粉煤灰填筑区的上游水质中含量也超过饮用水标准）。但是，假使把水质分析数值直接同饮用水标准比较，则只有 7 个合格，11 个指标为不合格。

（2）将回填区下游水质分析数值与加拿大饮用水标准的 10 倍进行比较，同样在 18 个指标中只有一个钛（Ti）不合格。但是，假使直接同饮用水标准比较，那么，仍有 8 个指标不合格，合格的指标增加到 10 个。同时，将下游水质与回填区下层水质比较，其中下游区的 11 个数值是下降了，说明在回填区下游，水质已有所改善，这可能是由于部分元素被粘土吸收，粘土起了吸滤作用。

2. *采矿坑公共娱乐场粉煤灰填筑工程*

这是用粉煤灰填筑在一个废弃的页岩矿坑上形成的，现作为公共娱乐场。填筑工程自 1976 开始到 1979 年结束，加拿大的 OHRD 对地下水质进行了监测，不同时间的测定结果见表 5-65。

表 5-65　　采矿坑娱乐场集水坑水质分析　　（mg/L）

序号	成分	加拿大饮用水标准	760413*	760428	770610	780508	780921	790912	791121	800612	801031	790606
1	pH 值	6.5～8.5	7.8	7.5	8.0		7.6	7.4	7.5	8.0	8.2	8.0
2	电导率（μs/cm）		400	910	890	200	236	420	370	289	317	170
3	碱　度	30～500	150	160	244	280	447	230	246	304	218	400
4	SO_4^{2-}	500	373	369	710	270	308	960	1060	1060	1260	770

续表

序号	成分	加拿大饮用水标准	760413*	760428	770610	780508	780921	790912	791121	800612	801031	790606
5	氯化物	250	962	2710	1300	150	213	—	565	310	265	300
6	Na^{+}	270		1200	630	130	169	470	435	240	226	260
7	K^{+}				<0.5	18	—	60	60	44	50	60
8	Ca^{2+}	200	270	600	370	130	186	390	310	300	316	230
9	Mg^{2+}	150	69	145	100	40	69	100	95	108	105	96
10	Al^{3+}			<40	<2	<0.3	0.17	0.6	0.09	0.22	<0.3	0.6
11	As	0.05		<0.2	<2	<1	<1	<5	<1	>0.5	<0.01	<5
12	Ba^{2+}	1.0		<0.1	<4	<5	<5		<1	0.11	0.05	—
13	B	5.0	1.1	1.7	2.8	2.3	3.0	5.6	6.3	8.0	12.5	4.4
14	Cd	0.005			<0.1	0.0001	0.004	—	<0.0001	0.0001	0.00066	0.0003
15	Cr	0.05		<0.05	0.08	<0.2	—	<0.5	<0.5	<0.005	<0.001	<0.5
16	Cu	1.0		<2	<1	<0.1	0.014	<0.002	0.014	0.001	0.005	0.005
17	Fe	0.3		<1	<1	<0.1	—	—	0.04	<0.04	<0.05	<0.5
18	Pb	0.05			<1	<0.0002	0.003	—	0.003	<0.002	0.0023	<0.002
19	Mn	0.05		<0.5	0.13	<0.05	<0.1	—	0.18	0.22	<0.1	<0.5
20	Hg			<0.02	<0.05	<0.0001	<0.0002	—	<0.0002	<0.0002	<0.0002	<0.0002
21	Mo			<0.5	<20	0.5	—	1.1	1.0	<1.0	<5	<0.5
22	Ni				<1	<0.2	—	<0.5	0.004	0.010	0.006	0.5
23	Se	0.01		<0.005	2	0.009	—	0.01	0.008	<0.005	<0.003	<0.006
24	Sr			10	<6	<5	<5	—	11	7	<5	<20
25	Ti	0.02			<20	<5	—	—	1.6	<1	<2	—
26	V			<0.5	<0.2	<0.01	<0.01	—	<0.02	0.005	<0.005	<0.05
27	Zn^{2+}	5.0			<0.5	0.2	0.16	1.2	0.4	2.0	1.11	0.32

* 760413 指 1976 年 4 月 13 日，下同。

从表 5-65 中可得到如下结论：

(1) 经填筑完一年后，在填筑区中心集水坑中的水质分析数值（编号 800612，801031）与加拿大饮用水标准的 10 倍进行比较，18 个指标中只有钛（Ti）一个不合格。但是，如该地下水质直接与饮用水标准比较，则有 SO_4^{2-}、Cl^{-}、Ca^{2+}、As、B、Mn、Ti 等 7 项指标不合格。

(2) 填筑前的本底值（编号 760428）直接与饮用水标准比较，同样也有 Cl^{-}、Ca^{2+}、As、Fe、Mn 等 6 项指标不合格，说明当地地下水在某些层次中也不能作为饮用水。

(3) 所有的 pH 值都满足饮用水标准要求。

(4) 从本底值的测定到填筑，再到填筑完，测定同一元素的数值规律性不好，波动很大。可能是测定仪器的精度不一致，或者不符合要求所致。同时也说明了若要开展这类研究，则对测试仪器的精度要求较高。

参考文献

1 [美] 詹姆斯 F. 迈耶斯等. 粉煤灰——一种公路建筑材料. 交通部公路科学研究所材料研究室译. 北京：人民交通出版社出版，1976

2 陈愈炯等. 粉煤灰的基本性质. 岩土工程学报. 1988 年. 10（5）：3～13

第六章

非烧制粉煤灰建筑制品

非烧制粉煤灰建筑制品包括高压蒸汽养护、常压蒸汽养护和自然条件养护制成的各种粉煤灰建筑制品。

高压蒸汽养护是指在0.8MPa压力（相应温度174℃）或更高压力下的蒸汽养护工艺。用这种工艺制成的制品称为蒸压制品，如蒸压粉煤灰砖。

常压蒸汽养护是指压力在0.1MPa、温度在100℃以下的蒸汽养护工艺。用这种工艺制成的制品称为蒸养制品，如蒸养粉煤灰硅酸盐砌块。

自然条件养护是指在自然环境的温、湿度状态下养护，一般需人为造成一定湿度和采取一些其他措施，如在制品上加一些覆盖物、洒水等。用这种工艺制成的制品称自然养护制品，但通常都省略自然养护字样，如自然养护粉煤灰混凝土小型空心砌块，通常称粉煤灰小型空心砌块。

还有一种养护工艺称干热养护，是在非饱和蒸汽状态下，提高温度的养护。有时，作为养护制度的一部分，称干热静停。

这类制品的特点是:利用粉煤灰具有的火山灰活性,与含钙物质配合,在一定的温、湿度条件下与之发生反应,生成水化产物而获得一定强度和其他性能。这类制品的生产工艺要求严格,设备比较复杂,其中每一种产品又各具特色。它们各自的工艺条件不同,对粉煤灰的品质要求不同,粉煤灰的用量不同,而且,不同产品的应用技术要求也各有特点。因此,在选用此类粉煤灰利用项目时,应结合具体情况,对以上一些问题充分考虑后再加以确定。

非烧制粉煤灰建筑制品在我国粉煤灰利用中，一直占有重要地位。它的研究生产，从20世纪50年代后期开始，已有40多年的历史。其中蒸养粉煤灰硅酸盐砌块，是我国最早形成生产规模的粉煤灰制作建筑制品的利用项目。

用粉煤灰制作建筑材料与制品，一直是我国利用粉煤灰的主要技术途径。直到20世纪80年代末，建筑材料与制品的利用一直占各种利用途径的首位，而其中又主要是用于生产非烧制建筑制品（其分类及品种见表6-1）。

表6-1　非烧制粉煤灰制品分类及品种

养护工艺分类	制品名称
高压蒸汽养护	蒸压粉煤灰加气混凝土砌块、板和绝热制品 蒸压粉煤灰砖 蒸压粉煤灰泡沫混凝土砌块
常压蒸汽养护	蒸养粉煤灰硅酸盐砌块 蒸养粉煤灰硅酸盐大型墙板 蒸养粉煤灰砖 蒸养粉煤灰瓦 蒸养粉煤灰陶粒
干热养护	粉煤灰混凝土彩瓦
自然养护	粉煤灰小型空心砌块① 免烧粉煤灰砖 粉煤灰彩色地面砖

注　①亦可采用蒸汽养护工艺进行生产，以提高生产效率。

从我国历史发展上看，非烧制粉煤灰建筑制品的诸多产品中，最先得到开发的是蒸养制品，在20世纪60年代，硅酸盐砌块、蒸养粉煤灰砖、大型硅酸盐墙板、蒸养粉煤灰加气混凝土等已有或多或少的生产；以后是蒸压制品，主要是蒸压粉煤灰砖、蒸压粉煤灰加气混凝土砌块；20世纪80年代后期以来，随着各种外加剂技术的发展，自然养护的制品有所发展，各地有一些小规模的自然养护免烧粉煤灰砖厂，同时，对蒸养粉煤灰陶粒也进行了研究工作。

以上这些产品在发展过程中，有的在继续发展，有的在逐渐衰退，有的已被淘汰，当然，也有新的产品在不断涌现。

本章介绍几种非烧制粉煤灰建筑制品，它们是：蒸压粉煤灰加气混凝土砌块和板、蒸压粉煤灰砖、蒸养粉煤灰硅酸盐砌块、粉煤灰混凝土彩瓦、粉煤灰小型空心砌块、免烧粉煤灰砖、粉煤灰彩色地面砖。这几种产品的生产和应用技术各有特色，它们包罗了非烧制建筑制品的不同工艺，在工艺方法和设备上，对发展新产品有许多可借鉴之处。但同时也应指出，这几种产品在性能上和传统的建筑制品、烧制的粘土砖等相比，具有不同特点和差异，因此，在使用上带来特殊的要求和不便。关于它们存在的一些问题，文中将具体提出，在选取粉煤灰利用项目时，一定不能忽视。

第一节　蒸压粉煤灰加气混凝土砌块和板

一、概述

1. 粉煤灰加气混凝土的性能与特点

加气混凝土以原料分主要有砂和粉煤灰两大类。粉煤灰加气混凝土是以粉煤灰、水泥、石灰为主要原材料，用铝粉作发气剂，经配料、搅拌、浇注、发气、切割、高压蒸汽养护而制成的多孔、轻质建筑材料。用它制作的制品，主要有砌块和板，还可制成绝热制品，如保温管套等。

粉煤灰加气混凝土具有加气混凝土的一般性能，又因采用了粉煤灰作原料而具有其自身的特点。

加气混凝土具有质轻、多孔、防火性能好、具有易加工性的特点。其表观密度可随铝粉加入量的多少加以改变，而其强度、热导率又随表观密度的不同而改变（见表6-2）。因此，加气混凝土的性能可在一定范围内调节。

表6-2　加气混凝土表观密度与性能的关系*

表观密度（kg/m^3）	抗压强度（MPa）	抗拉强度（MPa）	弹性模量（MPa）	热导率[W/(m·K)]
500	3.0～4.0	0.3～0.4	1.4×10^3	0.116
600	4.0～5.0	0.4～0.5	2.0×10^3	0.128
700	5.0～6.0	0.5～0.6	2.2×10^3	0.143

* 选自《中国大百科全书》。

粉煤灰加气混凝土的性能与其他原料的加气混凝土比较，还具有以下特点：

（1）同样生产条件下，抗压强度较高，但弹性模量较低。

（2）总干燥收缩值较大，而在使用阶段收缩值较小（见图6-1）。

(3) 防火性能更好。

(4) 在生产控制上要求严格,较难掌握。

粉煤灰加气混凝土制品的生产工艺流程见图 6-2。

2. 粉煤灰加气混凝土的生产工艺要求

用于生产加气混凝土的粉煤灰应符合行业标准 JC409《硅酸盐建筑制品用粉煤灰》的规定。其他各种原料都需按一定要求选用。为了使用湿排灰、混排灰，提高粉煤灰的活性，生产中对粉煤灰采用磨细处理，一般使用球磨机湿磨。

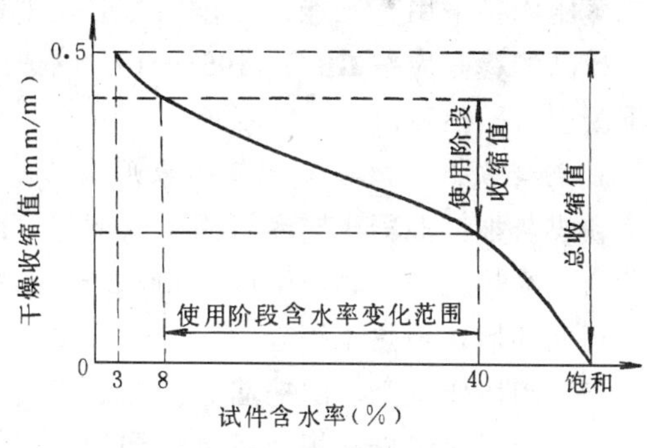

图 6-1　粉煤灰加气混凝土收缩曲线

搅拌采用加气混凝土搅拌机，有固定式和移动式两种，根据工艺布置要求选用。

浇注有定点浇注和移动浇注两种工艺：定点烧注是搅拌机固定、模具移动；移动浇注为搅拌机移动而模具固定。

加气混凝土模具尺寸一般有：高度 600mm，宽度 1500mm，长度 6000mm 或 3900mm，根据切割机而定。模具的类型多种多样，如侧模有整体式和可拆卸式，底模亦有整体式和分体式两类，而且每一类又有多种形式。采用何种模具需根据工艺要求和选用的设备进行专门设计和选用。

切割有手工切割和机械切割两种方法。机械切割需采用切割机，切割机有多种形式，可根据产品品种和所需产量选取。

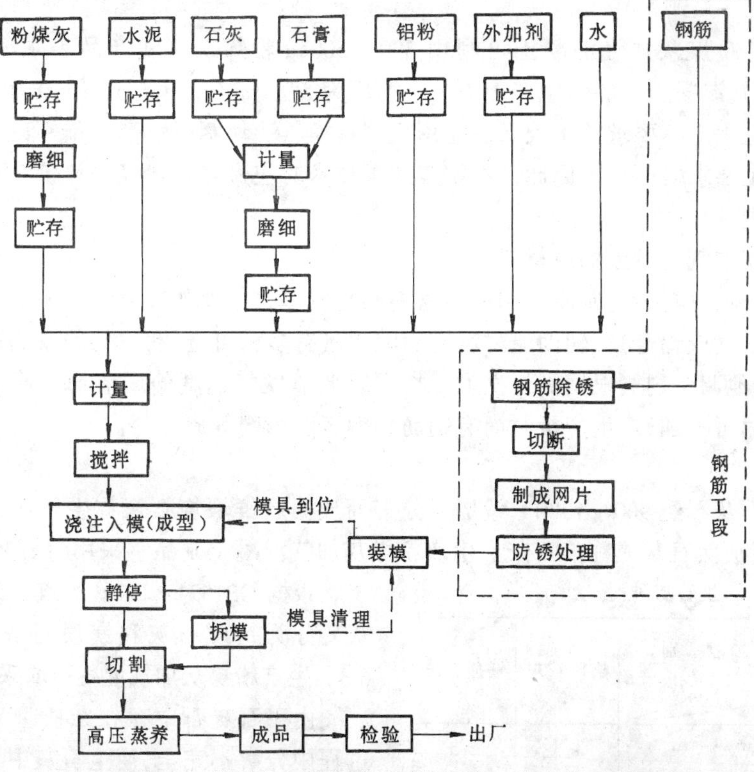

图 6-2　粉煤灰加气混凝土制品生产工艺流程示意图

蒸压养护采用蒸压釜，工作压力应在1.0MPa或更高，以保证产品质量。

产品的检验应按GB/T 11968—1997《蒸压加气混凝土砌块》和GB15762—1995《蒸压加气混凝土板》执行。

3. 粉煤灰加气混凝土制品的应用

粉煤灰加气混凝土制品可用于以下各方面：

(1) 绝热工程。表观密度≤500kg/m³的粉煤灰加气混凝土，可作为绝热材料，用于热管道、屋面和墙体绝热工程。

(2) 砌块作填充、围护墙。表观密度为500～600kg/m³的砌块可作框架结构建筑的内、外墙，工业厂房的围护墙，各种结构形式建筑的填充墙。

(3) 砌块作承重墙体。表观密度为500～800kg/m³的砌块可作承重墙，表观密度为500kg/m³、抗压强度≥3.0MPa的砌块可作三层民用建筑的承重墙体材料，表观密度为700kg/m³、抗压强度≥5.0MPa的砌块可作五层民用建筑的承重墙体材料。

(4) 配筋板作屋面板和墙板。

粉煤灰加气混凝土由于质轻，同时具有一定强度，因此，作为一种建筑工程材料，它可以减少运输量，降低运输费用；减小基础，降低建筑整体造价；由于自重减轻，可降低地震引起的惯性力，减小地震引起的破坏。

粉煤灰加气混凝土热导率小，绝热性能好，用作外墙材料，在保证保温效果相同的情况下，可减小外墙厚度，增加建筑使用面积，在寒冷地区效果尤佳。

粉煤灰加气混凝土制品具有很好的防火性能，遇火不产生烟雾和有害气体，因此，适合作为高层建筑物墙体及地震区建筑材料，不但可降低地震力，减少一次灾害，而且可减少二次灾害。

每生产1m³粉煤灰加气混凝土可利用300～500kg粉煤灰（随产品表观密度不同而变化）。粉煤灰加气混凝土厂的年生产能力，小型厂为5万m³/a，大型厂为10万～20万m³/a。

加气混凝土生产，要求技术较高，需用大型钢模具、切割机、高压釜等设备，建厂投资较大，产品施工要求较严格，因此，在推广此项技术时应做好技术经济评价工作，对应用技术也应给以重视。

二、粉煤灰加气混凝土的原材料

生产粉煤灰加气混凝土制品所用的原材料种类较多，主要的原材料有石灰、水泥、粉煤灰、石膏和铝粉（或铝膏），辅助原材料有稳泡剂（有多种可选用）、铝粉脱脂剂（采用铝膏时可不用）、其他调节剂（根据需要选取，如用以调节发气速度的调节剂、调节坯体膨胀的调节剂等，有时可不加）。生产板时尚有钢筋、钢筋防锈剂等原材料。

1. 石灰

石灰是由石灰石经900～1300℃煅烧，分解而成。新鲜煅烧石灰称生石灰，主要成分为CaO。其加水后成熟石灰或称消石灰。生产粉煤灰加气混凝土制品宜采用生石灰。

表6-3 生石灰种类

类别 / MgO含量（%） / 品种	钙质石灰	镁质石灰
生石灰	≤5	>5

根据GB1594—1979《建筑石灰》规定，生石灰又分为钙质石灰和镁质石灰，其指标见表6-3。生产粉煤灰加气混凝土应采用钙质石灰。

由于石灰石中存在杂质，又由于在煅烧过程中分解不完全，使生石灰中不全是有效成分，其中有效部分称之为有效氧化钙（或活性氧化钙），通常以 A_{CaO}或 f_{CaO}表示。

按 GB1594—1979《建筑石灰》规定，钙质石灰按有效 CaO + MgO 含量与未消化残渣含量，分为三个等级。

生石灰加水消解（消化）时，按其消解快慢[1]，可分为三种：

（1）快速消化石灰。消化速度≤10min。

（2）中速消化石灰。消化速度 10～30min。

（3）慢速消化石灰。消化速度＞30min。

生石灰在粉煤灰加气混凝土中的作用主要有两方面：

（1）提供钙质成分。生石灰中的有效 CaO，与粉煤灰中的活性 SiO_2、Al_2O_3 在水热条件下反应，生成结晶状或胶体状的水化硅酸钙、硅铝酸钙产物，使制品具有一定强度和其他性能。

（2）生产过程中使料浆发气、稠化。一方面提高了料浆碱度，使铝粉发气；另一方面，其消解放出的热量，加速料浆的发气、稠化和硬化。

因此，为保证粉煤灰加气混凝土有足够的 CaO，同时生产中有良好的发气、稠化的效果，对生石灰的要求是：①生石灰应为钙质石灰，其 A_{CaO}含量＞60%；②消化速度为 10～30min 的中速消化石灰。

2. 水泥

水泥有许多品种，生产粉煤灰加气混凝土以采用硅酸盐水泥和普通硅酸盐水泥为宜。

水泥在粉煤灰加气混凝土中的作用，主要是调节加气混凝土料浆的稠化时间，保证料浆浇注稳定，同时，水泥的水化、凝结、硬化可提高坯体的强度，并可提供 $Ca(OH)_2$ 与粉煤灰中的硅、铝成分起反应，使产品具有一定强度和较好的耐久性能。

对水泥，目前尚无统一的具体指标的要求，各厂根据具体情况，通过试验选用。

3. 粉煤灰

粉煤灰的详细介绍，见第三章。

粉煤灰在粉煤灰加气混凝土中的作用，就是提供能与有效 CaO 作用的 SiO_2 和 Al_2O_3，使之在水热合成作用下生成水化产物，使产品具有所需的强度和其他性能。

根据 JC409《硅酸盐建筑制品用粉煤灰》规定，对粉煤灰的具体要求见表 6-4。

表 6-4 蒸压加气混凝土用粉煤灰技术要求

指标名称		级别		指标名称		级别	
		Ⅰ	Ⅱ			Ⅰ	Ⅱ
细度（0.045 方孔筛筛余量）	≤	30%	45%	二氧化硅含量	≥	40%	
标准稠度用水量	≤	50%	58%				
烧失量	≤	7%	12%	三氧化硫含量	≤	2%	

如前所述，如果原状粉煤灰细度达不到标准规定要求，工厂生产时，可采用磨细方法，

[1] 石灰消化速度是反映生石灰的水化速度的一项指标，以 10g 生石灰粉和 20g 水在保温瓶内反应达到最高温度的时间表示。反映生石灰水化热的多少，主要与所含有效氧化钙的含量有关。

使之适合粉煤灰加气混凝土的生产。同时，需要指出，由于加气混凝土产品在应用时，不只要求有高的强度，还应具有低干燥收缩值等其他性能。对粉煤灰的细度要求，并非越细越好。

4. 石膏

石膏可分为天然石膏和工业废石膏两大类。根据其含结晶水的多少，又有二水石膏、半水石膏和无水石膏三种。二水石膏又称生石膏。半水石膏和无水石膏统称熟石膏。

生产粉煤灰加气混凝土可以采用各种石膏。

石膏在粉煤灰混凝土中可以抑制石灰消解，调节石灰消化速度，降低消化温度；增加坯体强度，使坯体在搬运、切割、蒸养过程中可以承受各种作用，减少坯体损伤；可以促进 CaO 和 SiO_2 的水化作用，提高产品强度。

5. 铝粉

用于生产加气混凝土的铝粉有带脂干铝粉和膏状铝粉（称铝粉膏）两种。铝粉膏又可根据所用介质分为水性和油性两种。

铝粉质量与活性铝含量、铝粉细度及形状有关，以阔叶状者较好。其质量以活性铝含量、盖水面积、发气曲线来衡量，应符合 GB 2084—1980《发气铝粉》和 JC/T407—91《加气混凝土用铝粉膏》要求。

铝粉在加气混凝土中的作用是：

(1) 产生足够多的气泡。在碱性料浆中，其反应为

$$2Al + 2OH^- + 2H_2O \longrightarrow 2AlO_2^- + 3H_2 \uparrow$$

产生的氢气均匀分布在料浆中，从而形成许多微小气孔。

(2) 使料浆具有良好的气孔结构。为此，铝粉的发气速度要与料浆的稠化速度相适应，否则会发生气泡形状不良、裂缝、料浆沉陷、沸腾、塌模等现象，造成废品。

铝粉发气速度以其发气曲线来表示。试验方法是：将 70mg 铝粉在温度 45℃时，放入由 50g 水泥、30mL 水、20mL 0.1 当量浓度的 NaOH 溶液组成的水泥浆中，记录其发气时间与产气量（换算为标准状态下的产气量）。绘制的关系图即为发气曲线。一般要求：发气开始后 2min，发气量 5mL；8min，60mL；16min，76mL；24min，全部结束。

在加气混凝土生产中，由于铝粉膏使用比较方便，常被优先选用。

6. 干铝粉脱脂剂

为了防止着火、爆炸，干铝粉在加工磨细过程中，需加入油脂，因此，干铝粉上带有油脂。为了能使之反应，在使用时必须将其表面上的这层油脂除去。可用烘烤方法，但因干铝粉易于燃烧、爆炸，目前已较少采用，而改用化学方法除脂。用于脱脂的试剂称为脱脂剂。一般脱脂剂常用表面活性剂，有平平加（高级脂肪酸环氧乙烷）、拉开粉（二丁萘磺酸钠）、植物皂素、合成洗涤剂等。

采用铝粉膏可不用铝粉脱脂剂。

7. 气泡稳定剂

粉煤灰加气混凝土料浆与铝粉反应，放出氢气（发气）以后，变成固-液-气三相体系，气泡造成了许多新的表面，同时，随着石灰遇水消解，温度增高，又使气泡受热变大，进一步增加了气-液界面，表面自由能增大，体系不稳定，气泡有合并、破裂的趋势。为防止这种趋势，需加入能降低液体中表面张力的物质——气泡稳定剂。

常用的气泡稳定剂有皂荚粉、可溶油（由油酸、三乙醇胺、水按1:3:36的比例配制的一种气泡稳定剂）、氧化石腊皂等。

8. 其他调节剂

为了改善加气混凝土生产性能或产品性能，需要加入各种外加剂，统称调节剂。

为提高发气速度，可使用烧碱、NaOH等调节剂；为延缓开始发气时间，避免发气过快，可使用水玻璃调节剂；为增加坯体在蒸压过程中的膨胀，以与钢筋变形相适应，避免坯体发生裂缝，可使用菱苦土膨胀调节剂等。

调节剂的加入应根据需要，经过试验确定。

9. 钢筋防锈剂

由于加气混凝土是一种多孔材料，不同于普通混凝土，不具备保护其中钢筋、防止锈蚀的功能，故在配筋加气混凝土制品中，钢筋必须靠防锈剂防锈。

加气混凝土用钢筋防锈剂要满足下列特殊要求。

(1) 能经受住生产过程中高碱、高温、高湿的同时作用。

(2) 要适合加气混凝土生产，即要有足够长的存放时间，能在短时间内达到一定强度，钢筋同加气混凝土之间有良好的粘结性能等。

因此，加气混凝土用钢筋防锈剂应专门生产，有GL防锈剂、西北一号、西北二号等可供选用。也可由加气混凝土厂自行生产使用。

三、粉煤灰加气混凝土生产工艺和设备

粉煤灰加气混凝土生产的具体步骤，随建厂条件（如原材料质量、产品种类、生产能力、投资多少等）不同有各种差异，但总体上都包括：原材料准备、钢筋加工和组装、配料浇注、发气静置、切割、蒸压养护、后加工和检验、堆存出厂等工序。

1. 原料准备

此工序为输送和加工原材料。保证原料质量均匀、合乎标准。

(1) 原料进厂贮存。进厂前应经检验，确认质量合格方可使用。原材料进厂后要分别情况贮存堆放。

水泥、生石灰、菱苦土贮存应注意防潮。干状铝粉应注意防火、防爆。

(2) 原料加工。生石灰、石膏块需经破碎、磨细。一般采取两者混磨。要求细度为：4900孔筛筛余量$\leqslant$15%。湿排粉煤灰需经脱水处理，使其含水率达25%～40%时方可使用，视其细度及浇注要求，可磨细或不经磨细。干排灰如需磨细可用单磨或与石灰（或石灰、石膏）混磨工艺。湿排灰多用湿磨，制成粉煤灰浆后贮存备用。其细度要求为45μm筛余量$\leqslant$45%。

采用可溶油时，按油酸：三乙醇胺:水=1:3:36（体积比）搅拌贮存待用。

用其他稳泡剂应根据要求，制备待用。

铝粉脱脂剂应根据不同种类，按要求制备待用。采用铝粉膏时不用脱脂剂。

如工厂生产板，则尚需准备钢筋防锈剂，钢筋防锈剂如工厂自制，应作为辅助产品，根据生产工艺及产品标准生产使用。如由外厂购买，则按其规定贮存、制备待用。

2. 钢筋加工组装

生产加气混凝土配筋制品——加气混凝土板用的钢筋为ϕ5～ϕ10mm，热轧低碳钢盘条。除符合国家有关标准规定外，进厂钢筋要求无锈，否则应做除锈处理。

(1) 钢筋网片制作。除锈（无锈）钢筋按产品规格要求进行调直切断并点焊成网片。加气混凝土板内钢筋由两部分组成：下（受力）网片和上（构造）网片（如图 6-3 所示）。

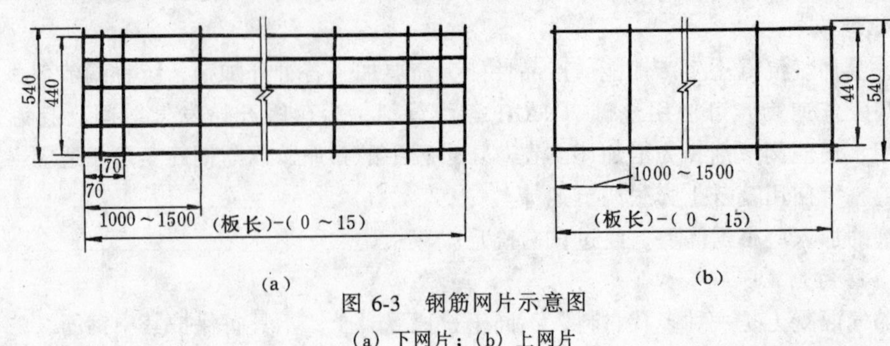

图 6-3 钢筋网片示意图

(a) 下网片；(b) 上网片

(2) 防锈处理。将网片放入装有防锈剂的浸渍槽中，使网片各钢筋表面粘满防锈剂。吊起，使防锈剂干燥（一般采用烘烤，加速干燥）。根据各种防锈剂性能不同，进行一次或多次反复浸渍烘干至达到规定涂层厚度后，将钢筋网片放于存放架上待用。

(3) 组装。将受力网片和构造网片作为一对，用塑料卡、铁钩、钢钎和组装横梁将数对网片配成一模需用网片组。经整理后放在组装架上，装入准备好的模具中，待浇注。

(4) 模具准备。由拆模工序返回的模具，在清除模板、堵缝、涂隔离剂后待用。

如工厂不生产板，则无需钢筋加工、防锈处理、组装工序。

3. 配料浇注

配料浇注是加气混凝土生产工艺的核心，为保证做到连续、均衡生产，要求计量准确，严格控制各项工艺参数。

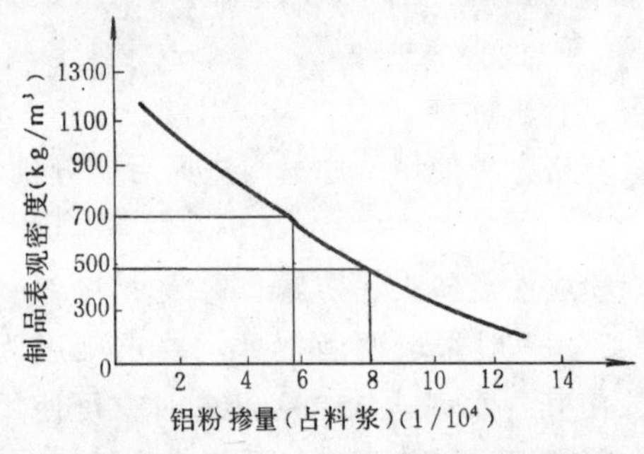

图 6-4 铝粉掺量与制品表观密度的关系

(1) 主要原料的配合比范围为：

水泥:石灰:粉煤灰 = (10 ~ 20):(10 ~ 20):70 左右

石膏掺入量：上述三种材料的 3% ~ 5%(外加)。

铝粉用量：根据加气混凝土要求表观密度不同而变化。铝粉用量与加气混凝土表观密度之间的关系见图 6-4。生产表观密度为 500 kg/m^3，粉煤灰加气混凝土铝粉用量约为原料总（干）重的 $6/10^4 \sim 8/10^4$。

采用干铝粉时，脱脂剂用量为铝粉用量的 5% ~ 10%。

气泡稳定剂用量根据不同种类确定。

水料比：0.6 ~ 0.7。

配合比汇总见表 6-5。

(2) 搅拌浇注。加气混凝土生产中原料的搅拌和浇注在专用的加气混凝土搅拌机（如为移动式，又称浇注车）中进行。图 6-5 为移动式加气混凝土搅拌机（浇注车）。

搅拌的作用是使各种物料混合均匀，并使料浆在恰当时间发气。因此加料顺序及搅拌时间必须严格控制。

(3) 加料搅拌顺序。粉煤灰浆→水→水泥、石灰、石膏，加入后开始计时，搅拌 3min，加入预先在铝粉搅拌器中搅拌的铝粉和脱脂剂（或铝粉膏）搅拌 30s，进行浇注。

表 6-5　　粉煤灰加气混凝土配方表　　（kg/m^3）

原料名称	500kg/m^3 表观密度制品用量	原料名称	500kg/m^3 表观密度制品用量
水　泥	50	铝　粉	0.3
石　灰	70	水	280～330
粉煤灰	350	稳泡剂	少量

浇注应在 2min 内完毕。浇注高度由要求产品的表观密度决定，表观密度为 700kg/m^3 者约为模高（640mm）的 2/3，表观密度为 500kg/m^3 者为模高的 1/2 左右。

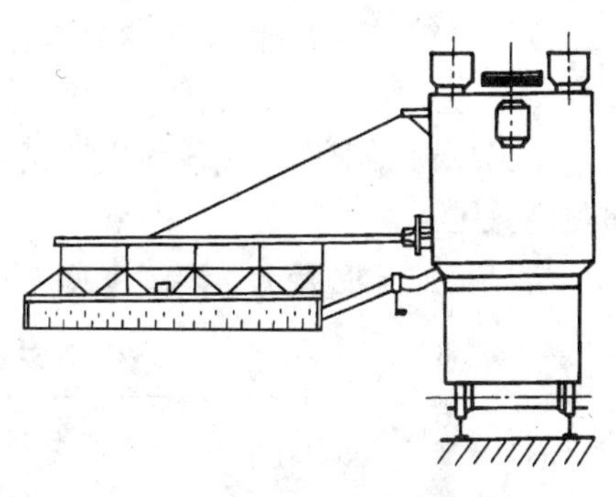

图 6-5　移动式加气混凝土浇注车

4. 发气静置

发气是料浆在模具内受铝粉作用放出氢气，逐渐膨胀，充满模具的过程。发气是加气混凝土生产中的关键技术，发气是否正常，是决定产品优劣的基本因素。

料浆浇注入模以后，发生各种物理、化学作用。一方面铝粉产生气泡，另一方面料浆逐渐失去其流动性——稠化和硬化。这两个过程必须协调一致，才能得到气泡结构良好的加气混凝土坯体。二者能否相适应，受许多因素影响。

要使粉煤灰加气混凝土发气过程稳定，应遵照以下各项要求。

(1) 各种原料符合要求。

(2) 根据具体条件，选择最佳配合比。

(3) 确定水料比范围后，用稠度加以调整。

(4) 料浆初始温度（入模时温度）控制在 40～50℃，料浆最高温度应不超过 90℃。在寒冷地区，冬季车间温度应保持在 20℃左右。

(5) 选择优质稳泡剂。

为保证有良好的发气过程，可采用温室发气的工艺，采用恒温窑或可移动的保温罩，使装有料浆的模具在窑内或保温罩内发气。

发气后需停置一定时间，使坯体硬化，达到可供切割的强度。一般此段间隔为 2～5h。可根据操作经验或塑度仪测定其适合的切割时间。

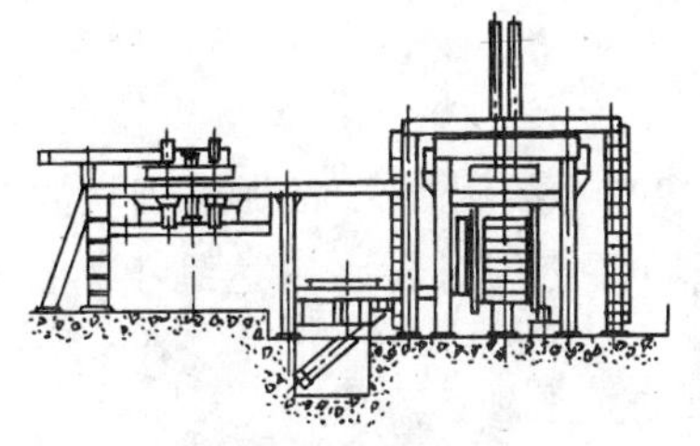

图 6-6　加气混凝土翻转式切割机

5. 切割

切割是将加气混凝土坯体分割成所需制品尺寸的过程，分手工切割和机械切割两种。手工切割是用人工拉动预先埋在坯体底部的钢丝，分割坯体。机械切割是采用加气混凝土专用的切割机，分割坯体。加气混凝土切割机有多种形式，按其所能切割的最大尺寸分有 6m 和 3.9m 两种（或大型和小型）。图 6-6 为 6m 翻转式切割机。

不论何种切割方式，切割动作都包括：切除上部多余部分（俗称切面包头）、纵切、横切。有时尚有切除侧边和底部的动作（俗称切边皮）。只有在生产模具足尺寸板时，不需横切动作。

一般当坯体强度达到0.05~0.07MPa时进行切割。因此，切割的关键是严格掌握合适的切割时间。超过此时间切割，坯体强度过高，会造成切割钢丝拉断，甚至无法切割；达不到切割时间，坯体在切割时易受损伤，造成废品。

6. 高压蒸养

切割后的加气混凝土坯体放在蒸压釜中，进行高压蒸汽养护。最后达到具有一定强度和各种性能的产品。

蒸压养护过程包括入釜、抽真空、升温（升压）、恒温、降温（降压）、出釜几个阶段。

根据原料、配比、坯体强度及尺寸、形状、制品表观密度等制定养护制度，是保证产品质量的关键。

粉煤灰加气混凝土养护制度见表6-6。

表6-6 粉煤灰加气混凝土养护各阶段时间 (h)

制品表观密度 (kg/m³)	制品厚度 (mm)	抽真空至 −0.08~−0.06MPa 时间	升压至1.0MPa 时间	1.0MPa 恒压时间	降至常压时间	总计时间
400~500	100	0.5	1	5	0.5	7.0
	200	0.5	1	6	1	8.5
	300	0.5	1	8	1.5	11.0
600~800	200	0.5	1	7	1	9.5
	240	0.5	1	8	1	10.5
	300	0.5	1	10	1.5	13.0

为了保证制品质量并缩短养护时间，尚有采用釜前加养护窑，进行釜前升温的工艺。

7. 后加工及产品检验

后加工是指蒸压养护以后进行的各种加工，包括板铣槽、制品尺寸精确加工、修补等。可用机械加工和手工，目前，因所需加工量不大，我国都采用手工。

工厂除生产控制所需检验外，应具有一定的产品质量检验手段。最少需测定制品表观密度和抗压强度。

8. 堆存出厂

产品出釜检验后，应分级分等堆放。按GB/T 11968—1997《蒸压加气混凝土砌块》规定，加气混凝土制品应在厂内存放5d后方可出厂，以保证制品使用时含水率达到JGJ 17—1984《蒸压加气混凝土应用技术规程》规定要求。

9. 粉煤灰加气混凝土生产工艺参数汇总

加气混凝土生产工艺参数见表6-7。

10. 粉煤灰加气混凝土生产主要设备

加气混凝土生产所用的主要设备见表 6-8。

表 6-7　粉煤灰加气混凝土生产工艺参数

项　目	分　项	要 求 或 参 数
原材料	粉煤灰	符合 JC409 中Ⅰ、Ⅱ级粉煤灰的要求
	石灰	钙质石灰、有效 CaO 含量 > 60%，中速消化石灰
	水泥	宜用硅酸盐水泥和普通硅酸盐水泥
	石膏	可用各种石膏
	铝粉	符合 GB2084 或行业标准
配合比	粉煤灰:石灰:水泥	70 左右:（10～20）:（10～20）
	石膏	外加 3%～5%
	铝粉	占干料量的 $6/10^4$～$8/10^4$
	水料比	0.6～0.7
浇　注	投料顺序	粉煤灰→水→水泥、石灰、石膏→铝粉
	搅拌时间	料浆搅拌 3min，加入铝粉后搅拌 30s
	料浆初始温度	入模时 40～50℃
	浇注高度	2/3 模高
发气静置切　割	坯体最高温度	控制在 90℃以下
	静置时间	2～3h
蒸压制度	抽真空	由常压降至 -0.08～-0.06MPa　0.5h
	升压	升至 1.0MPa　1.0h
	恒压	维持 1.0MPa　5～10h（据制品表观密度、厚度不同而定）
	降压	由 1.0MPa 至常压　0.5～1.5h
制品堆放时间		堆存时间至少 5d

表 6-8　加气混凝土生产的主要设备

设备名称	规　格		质　量（t）	
	适用年产量 10～20 万 m^3	适用年产量 < 10 万 m^3	前　者	后　者
搅拌机（浇注车）	$6.2m^3$ 8790mm × 4050mm × 3320mm	$3.3m^3$ 4700mm × 3320mm × 2300mm	4.5	1.2
模具	6000mm × 1500mm × 600mm	3900mm × 1000mm × 500mm		1.3
切割机	6m（ZC125 型）	3.9m（JQ3、9 型）	35	37
蒸压釜	ϕ2850mm × 26000mm	ϕ2000mm × 21000mm		34.5

（1）搅拌机。搅拌机分移动式和固定式两种。

移动式搅拌机又称浇注车（见图 6-7），它由料浆搅拌筒 3、铝粉贮存搅拌箱 4、碱液（辅助剂）贮存箱 5、行走机构 2、浇注臂 1 及信号装置等部分组成。在搅拌筒中心设有高速旋转叶、可使料浆形成涡流，使各组分混合均匀。行走机构将在搅拌筒中拌好的料浆送到模

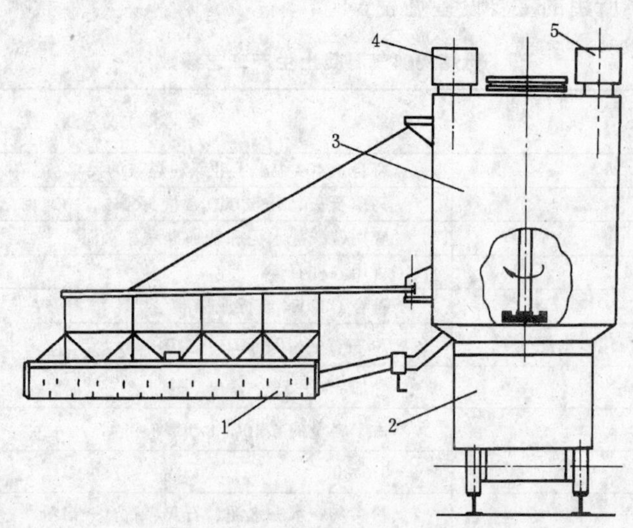

图 6-7 加气混凝土浇注车

1—浇注臂；2—行走机构；3—料浆搅拌筒；4—铝粉贮存搅拌箱；5—碱液贮存箱

位上，浇注成型。

固定式搅拌机无行走机构，设置在固定地点。模具放在小车上，送到搅拌机下浇注料浆。

搅拌机按其容积大小分为两种：$6.2m^3$ 和 $3.3m^3$。前者适用于模具长度 6m 的、年产量大于 10 万 m^3 的工厂；后者适用于模具长度 3.9m 的、年产量小于 10 万 m^3 的较小型工厂。它们各自的技术性能见表 6-9。

表 6-9　两种浇注车性能

项目 \ 搅拌机容积	$6.2m^3$	$3.3m^3$
外形尺寸（mm × mm × mm）	8790 × 4050 × 3320（浇注管回转半径 6340mm）	4700 × 3320 × 2300
料浆搅拌机容量（m^3）	6.0	2.8
主轴转速（r/min）	600	600
行走速度（m/min）	50	15
生产率	每小时浇注 7 个模具 每个模具容积 $5.4m^3$	
电动机容量（kW）	行　走　3.5	行　走　2.8
	制　动　0.06	料浆搅拌　10
	料浆搅拌　11	其　他　0.6
	铝粉搅拌　0.18	
	振动器　0.5	
	其　他　0.3	
	总　计　15.54	总　计　13.4
设备总质量（t）	4.5	1.2
适用范围	模具尺寸 6000mm × 1500mm × 600mm 年产量　10 ~ 25 万 m^3	模具尺寸 3900mm × 1000mm × 500mm 年产量　< 10 万 m^3

（2）模具。大型模具尺寸为6000mm×1500mm×640mm；小型模具尺寸为3900mm×1000mm×540mm。选用模具时，需根据切割工艺具体设计。

（3）切割机。切割机种类很多，我国自行设计制造的两种切割机性能见表6-10。

表6-10　加气混凝土切割机技术性能

项目＼切割机型号	ZC125型（6m）	JQ3.9型（3.9m）
坯体尺寸（mm×mm×mm）	6000×1500×600	3900×1200×600
切制板的尺寸（mm）	长度：1800～6000 （300递增）	长度：1800～3900 （10递增）
	厚度：　125 （25递增）	厚度：（25递增）
切制砌块尺寸（mm）	厚度：　100 （25递增）	横向：10递增 纵向：25递增 水平：200，300
切割钢丝直径（mm）	1～1.2	0.8～1.0
脱模时间　（s）	100	—
翻转时间　（s）	20	—
翻转台返回时间　（s）	15	—
水平切割速度　（m/min）	5.4	9.4～14.5
水平车返回速度　（cm/s）	31.5	—
横向切割周期　（s）	75	—
纵向切割速度　（m/min）	—	9.4～14.5
横向切割速度　（m/min）	—	3.1～4.7
每模切割周期　（min）	5	6～8
电动机总容量　（kW）	40	55.3
油路系统工作压力　（MPa）	6.5	7～11
外形尺寸（mm×mm×mm）		18280×6115×5330
总质量　（t）	35	37
年产量　（$\times10^3m^3$）	100～150	<100

（4）蒸压釜。生产加气混凝土用蒸压釜（见图6-8）常采用以下两种规格：ϕ2000mm×21000mm和ϕ2850mm×26000mm。使用压力为1.0MPa，最大压力为1.6MPa。填充系数约为0.60。例：ϕ2850mm×26000mm釜，容积114m^3，可装12模制品，共66.5m^{3}制品，其填充系数为66.5/114＝0.58。

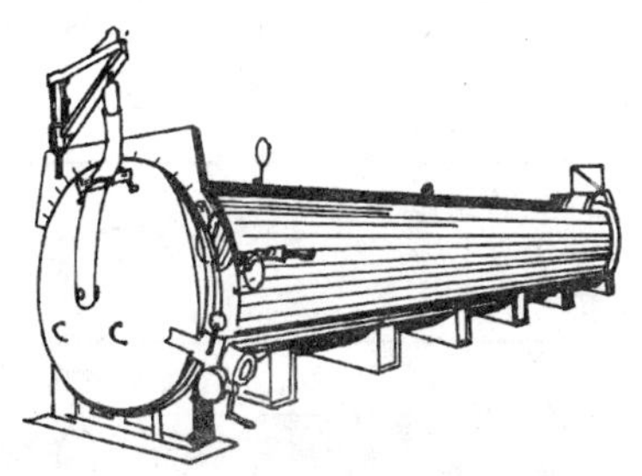

图6-8　蒸压釜外形

四、加气混凝土产品标准及粉煤灰加气混凝土材料性能

（一）加气混凝土产品标准简介

不论何种原料生产的加气混凝土制品都应符合GB/T11968—1997《蒸压加气混凝土砌块》和GB15762—1995《蒸压加气混凝土板》的规定。

1．蒸压加气混凝土砌块标准简介

加气混凝土砌块的规格：长度为600mm，高度为200～300mm，宽度为60～250mm。属于中型砌块。

(1) 砌块的分级分等。砌块按抗压强度和表观密度[1] 分级。

强度级别有：A1.0、A2.0、A2.5、A3.5、A5.0、A7.5、A10 七个级别。

表观密度级别有：B03、B04、B05、B06、B07、B08 六个级别。

砌块按尺寸偏差与外观质量、表观密度和抗压强度分为：优等品、一等品和合格品三个等级。

(2) 砌块的技术要求。砌块的尺寸偏差和外观要求见表 6-11，抗压强度要求见表 6-12，干燥收缩、抗冻性和导热系数要求见表 6-13。

砌块的强度级别与干表观密度还应符合表 6-14 和表 6-15 的规定。这是考虑到加气混凝土质量的优劣是在一定的表观密度范围内才可以比较，而且在用于有绝热要求时，表观密度的高低起着决定的作用。

另外，粉煤灰加气混凝土属于掺用工业废渣为原料，因此还应符合 GB6566—2001《建筑材料放射性核素限量》的规定。

表 6-11　　尺寸偏差和外观

项　目			指　标		
			优等品 (A)	一等品 (B)	合格品 (C)
尺寸允许偏差*，mm	长度	L_1	±3	±4	±5
	宽度	B_1	±2	±3	+3 −4
	高度	H_1	±2	±3	+3 −4
缺棱掉角	个数，不多于（个）		0	1	2
	最大尺寸不得大于，mm		0	70	70
	最小尺寸不得大于，mm		0	30	30
平面弯曲不得大于，mm			0	3	5
裂纹	条数，不多于（条）		0	1	2
	任一面上的裂纹长度不得大于裂纹方向尺寸的		0	1/3	1/2
	贯穿一棱二面的裂纹长度不得大于裂纹所在面的裂纹方向尺寸总和的		0	1/3	1/3
爆裂、粘模和损坏深度不得大于，mm			10	20	30
表面疏松、层裂			不允许		
表面油污			不允许		

注　*按制作尺寸。

表 6-12　　抗　压　强　度　　MPa

强度级别	立方体抗压强度		强度级别	立方体抗压强度	
	平均值不小于	单块最小值不小于		平均值不小于	单块最小值不小于
A1.0	1.0	0.8	A5.0	5.0	4.0
A2.0	2.0	1.6	A7.5	7.5	6.0
A2.5	2.5	2.0	A10.0	10.0	8.0
A3.5	3.5	2.8			

[1] 国标 GB/T 11968《蒸压加气混凝土砌块》把加气砌块的表观密度都改成体积密度，本书稿为保持全书统一，仍用表观密度。

表 6-13　　干燥收缩、抗冻性和导热系数

表观密度级别			B03	B04	B05	B06	B07	B08
干燥收缩值	标准法≤	mm/m	0.50					
	快速法≤		0.80					
抗冻性	质量损失，%	≤	5.0					
	冻后强度，MPa	≥	0.8	1.6	2.0	2.8	4.0	6.0
导热系数（干态），W/m·k		≤	0.10	0.12	0.14	0.16	—	—

注　1. 规定采用标准法、快速法测定砌块干燥收缩值，若测定结果发生矛盾不能判定时，则以标准法测定的结果为准。

2. 用于墙体的砌块，允许不测导热系数。

表 6-14　　强度级别分等

表观密度级别		B03	B04	B05	B06	B07	B08
强度级别	优等品（A）	A1.0	A2.0	A3.5	A5.0	A7.5	A10.0
	一等品（B）			A3.5	A5.0	A7.5	A10.0
	合格品（C）			A2.5	A3.5	A5.0	A7.5

表 6-15　　干表观密度分等　　kg/m^3

表观密度级别		B03	B04	B05	B06	B07	B08
表观密度	优等品（A）≤	300	400	500	600	700	800
	一等品（B）≤	330	430	530	630	730	830
	合格品（C）≤	350	450	550	650	750	850

2. 蒸压加气混凝土板标准简介

加气混凝土板分为屋面板和配筋墙板两类。

屋面板的规格：长度可为 1800 ~ 6000mm，宽度为 500、600mm，厚度为 150 ~ 250mm。长度根据建筑模数以 300mm 进位变化，宽度是由加气混凝土模型高度决定的，厚度根据各厂切割机不同有 25mm 进位和 60mm 进位两种。

屋面板的两侧应有槽、预埋件等，下部应有倒角，其侧面图见图 6-9。

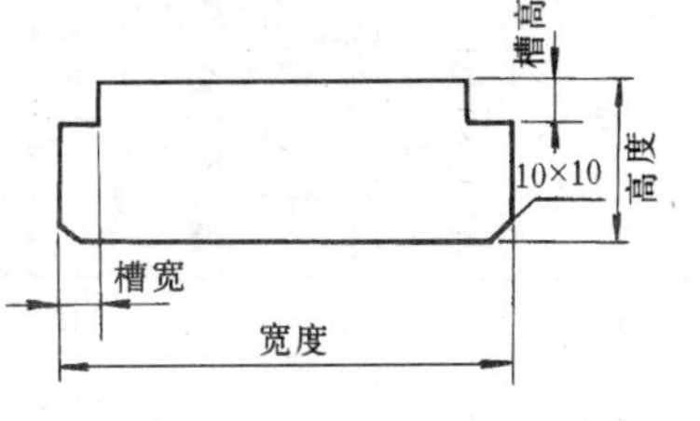

图 6-9　屋面板外形断面示意图（未画钢筋）

配筋墙板分外墙板和隔墙板。外墙板又有竖向和横向之分。

外墙板的规格：长度为 1500 ~ 6000mm，宽度为 500、600mm，厚度为 150 ~ 250mm。竖向板和横向板的制作尺寸有所不同，它们的外形也有不同要求，见图 6-10。

隔墙板的规格：长度按设计要求，宽度为 500、600mm，厚度为 75 ~ 125mm。它的外形可呈矩形，也可在四角做倒角，见图 6-11。

（1）板的分等。板需根据荷载要求进行设计，然后据之生产。板根据外形尺寸偏差和外观分等。

（2）板的技术要求。有对其构成材料的要求（包括加气混凝土材料性能、钢筋和钢筋涂料涂层等）、外观要求（尺寸偏差、外观缺陷等）和结构性能要求（结构强度、刚度等）等三方面的技术要求。

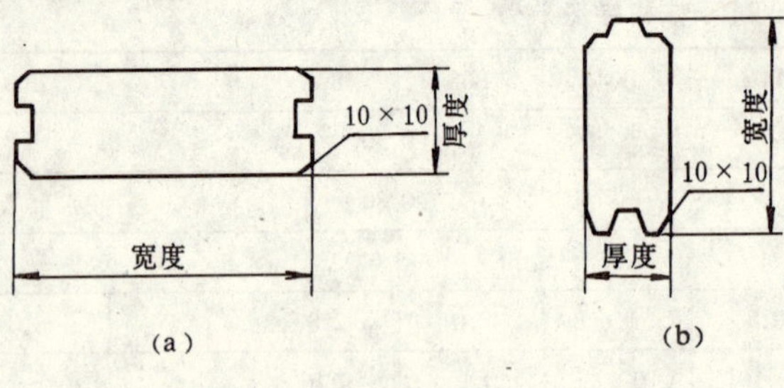

图 6-10 外墙板外形示意图
(a) 竖向墙板；(b) 横向墙板

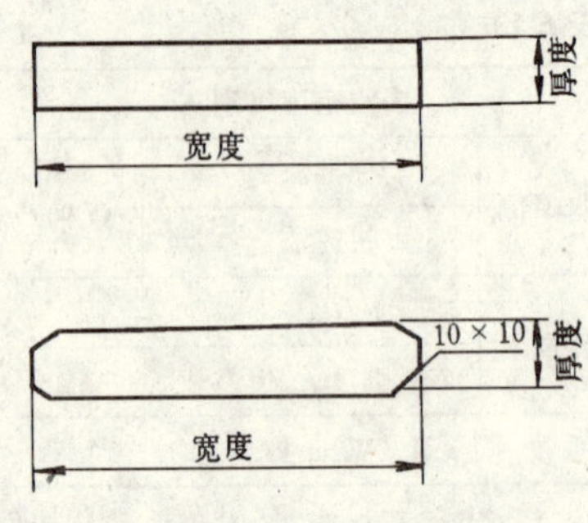

图 6-11 隔墙板外形示意图

对于加气混凝土性能的要求见表 6-12～表 6-14。

加气混凝土板采用的钢筋应符合Ⅰ级钢的规定（具体要求可参见 GB1499—1979《热轧钢筋》）。所采用的钢筋涂层应满足防锈能力和使用涂层以后钢筋与加气混凝土粘着力方面的要求。

加气混凝土板尺寸和外观要求见表 6-16。

除上述要求外，对板上的裂缝的数量也有要求。

对于屋面板的结构性能，应满足以下条件：

(1) 材料强度、构造要求应符合设计图纸规定。

表 6-16 加气混凝土板尺寸偏差和外观要求 (mm)

项目		基本尺寸	允许偏差		
			优等品 (A)	一等品 (B)	合格品 (C)
尺寸	长度 L	按制作尺寸	±4	±5	±7
	宽度 B	按制作尺寸	+2 −4	+2 −5	+2 −6
	厚度 D	按制作尺寸	±2	±3	±4
	槽	按制作尺寸	−0 +5	−0 +5	−0 +5
外观	侧向弯曲		$L_1/1000$	$L_1/1000$	$L_1/750$
	对角线差		$L_1/600$	$L_1/600$	$L_1/500$
	表面平整		5	5	5
	露筋、掉角、侧面、大面损伤、端部掉头		不允许	不允许	不允许
钢筋保护层	主筋		+5 −10	+5 −10	+5 −10
	端部		—	—	—

(2) 承载能力检验系数实测值：

$$r_{\mathrm{u}}^{0} \geqslant r_{0}[r_{\mathrm{u}}]\frac{1}{r_{\mathrm{R}}}$$

式中 r_{u}^{0}——屋面板承载力检验系数实测值；

r_0——根据结构安全等级确定的重要性系数；

$[r_{\mathrm{u}}]$——屋面板承载力检验系数允许值；

r_{R}——屋面板抗力分项系数，采用 0.75。

（3）短期挠度实测值：

$$\alpha_s \leqslant \frac{M_S}{M_{SL}(\theta - 1) + M_S}[\alpha_f]$$

式中　α_s——在荷载的短期组合值作用下，屋面板的短期挠度实测值；

M_S——按荷载的短期组合计算所得的弯矩值；

M_{SL}——按荷载的长期组合计算所得的弯矩值；

θ——考虑荷载长期组合对挠度增大的影响系数，采用2.0；

$[\alpha_f]$——屋面板的挠度允许值，采用1/200板的跨度（L_0）。

（4）在短期作用的标准荷载下，不应出现新裂缝。

标准荷载由各地区设计单位提出，由有关主管部门确定。

3．加气混凝土性能试验方法摘要

GB/T 11969～11975—1997《加气混凝土性能试验方法》包括“总则”和6个试验方法。此处只摘录其中一部分，如有需要，应参见标准。

（1）试验用试件的规定。GB/T 11969—1997《试验方法总则》规定了加气混凝土试验用的试件的选择、制作。根据加气混凝土生产的特点，其在600mm的长度方向，往往在表观密度和强度上有所差异。同此，在做加气混凝土的各种性能试验时，选取试件必须考虑此种情况。本标准规定，每组试件必须包括上、中、下三个部位，如图6-12所示。其他试验用试件见标准。

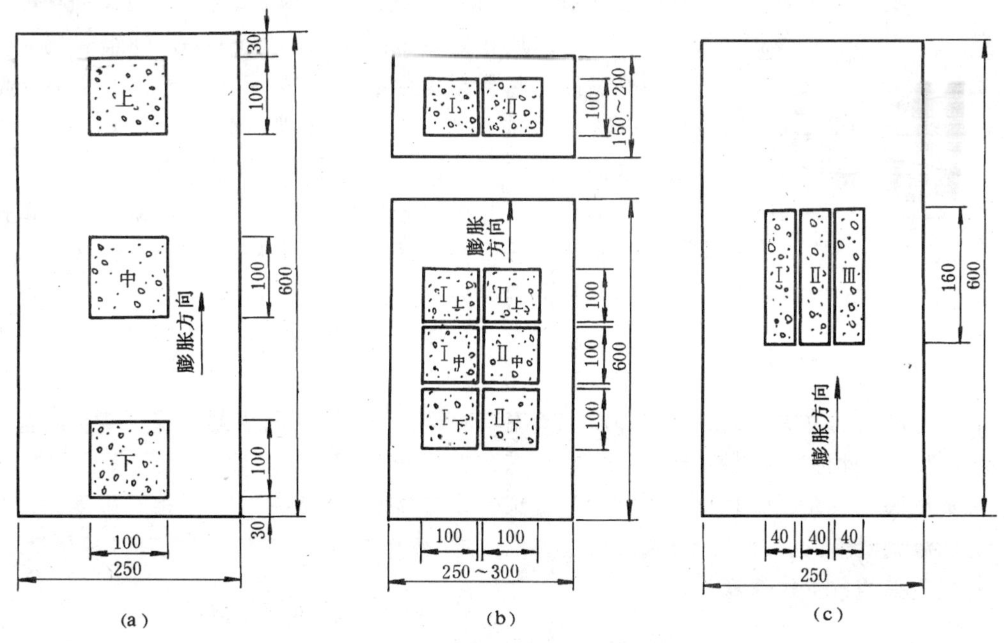

图6-12　试件锯取示意图

（a）表观密度、吸水率、抗压、抗拉、抗冻性试件；（b）干湿循环、碳化试件；（c）干燥收缩试件

（2）表观密度试验方法。按GB/T 11969—1997取100mm×100mm×100mm立方体试件一组3块，逐块量取长、宽、高三个方向的轴线尺寸，精确至1mm，计算试件的体积；将试件放入电热鼓风干燥箱内，在（65±5）℃下保温24h，然后在（80±5）℃下保温24h，再在

(105±5)℃烘至恒重。

按下式计算表观密度：

$$\gamma_0 = \frac{M}{V} \times 10^6$$

式中 γ_0——表观密度，kg/m³；

M——试件烘干后质量，g；

V——试件的体积，mm³。

(3) 抗压强度试验方法。由于加气混凝土强度随其含水率变化，标准规定抗压强度在基准含水状态（含水率为25%～45%）下进行试验。试件为100mm×100mm×100mm立方体试件每组3块。测量试件尺寸，精确至1mm，据此计算受压面积（A_1）。试件受压时，受压方向应垂直于制品的膨胀方向。以2kN/s±0.5kN/s的速度连续、均匀加荷，至试件破坏，记录破坏荷载（p_1）。立即将试验后的试件全部或部分称重，然后在105℃±5℃下烘至恒重，计算实际含水率，加以检验。按下式计算抗压强度：

$$f_{cc} = \frac{p_1}{A_1}$$

式中 f_{cc}——试件抗压强度，MPa；

p_1——破坏荷载，N；

A_1——试件受压面积，mm²。

(4) 干燥收缩试验方法。有标准试验方法和快速试验方法两种。按GB/T 11969规定制作试件，尺寸为40mm×40mm×160mm，一组3块。在每个试件的两个端面中心，各装一个特制的收缩头（见图6-13）。安有收缩头的试件放置1d后，浸没在水中72h，水温保持在（20±2）℃。将试件从水中取出，用湿布抹去表面水分，并将收缩头擦干净。用立式收缩仪测定试件初始长度。采用快速试验法时，将试件置于调温调湿箱内，控制箱内温度为（50±1）℃，相对湿度为（30±2）%。每天从箱内取出试件测长一次。试件取出后立即放入干燥器中，在（20±2）℃的室内冷却至试件表面温度达（20±2）℃时进行测试。每次测试后，立即放入调温调湿箱中，反复进行上述步骤，直至质量变化小于1%为止，此值即为试件干燥后长度。

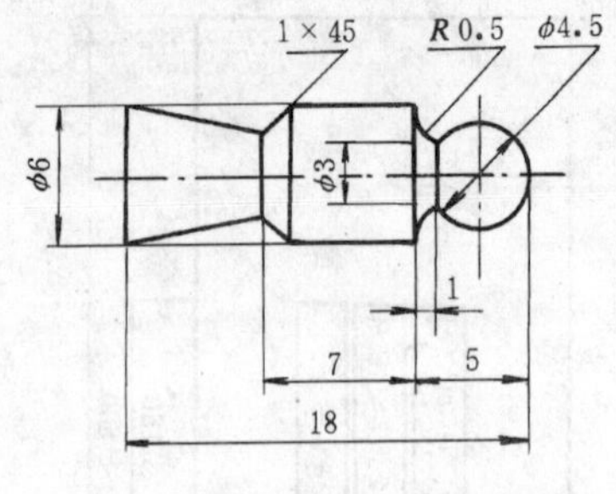

图 6-13 收缩头

标准试验方法在试验时只是将试件放置条件改为温度为（20±2）℃，相对湿度为（43±2）%的调温调湿箱内。

干燥收缩值按下式计算：

$$S = \frac{L_1 + L_2}{L_0 - (M_0 - L_1) - L} \times 1000$$

式中 S——干燥收缩值，mm/m；

L_0——立式收缩仪标准杆长度，mm；

M_0——立式收缩仪百分表的原点，mm；

L_1——试件初始长度（百分表读数），mm；

L_2——试件干燥后长度（百分表读数），mm；

L——两个收缩头长度之和，mm。

（5）抗冻性试验方法。按 GB/T 11969 制作 100mm × 100mm × 100mm 立方体试件两组 6 块（其中一组 3 块为冻融试件，另外相应的一组 3 块为对比试件）。将冻融试件放在电热鼓风干燥箱内，在 (65 ± 2)℃下保温 24h，然后在 (80 ± 5)℃保温 24h，再在 (105 ± 5)℃下烘至恒质。试件冷却至室温后，立即称取质量，精确至 1g，浸入水温为 (20 ± 5)℃的水槽中，水面应高出试件 30mm，保持 48h。取出试件，用湿布抹去表面水分，放入预先降温至 －15℃以下的低温箱或冷冻室中，其间距不小于 20mm，继续降温，当温度降至 －18℃时记录时间。在 (－20 ± 2)℃下冻 6h，取出，放入 (20 ± 5)℃的水中，融化 5h，如此作为一次冻融循环，冻融循环 15 次为止。每隔 5 次循环检查记录试件在冻融过程中的破坏情况。发现试件呈现明显破坏，应取出停止试验。将经 15 次冻融循环后的试件和对比试件，放入电热鼓风干燥箱内在 (65 ± 2)℃下保温 24h，然后在 (80 ± 5)℃保温 24h，再在 (105 ± 5)℃烘干至恒重，试件冷却至室温后，立即称取质量，精确至 1g，做抗压强度试验。

按下式计算冻融后质量损失率：

$$M_m = \frac{M_0 - M}{M_0} \times 100\%$$

式中　M_m——质量损失率，%；

M_0——冻融试件试验前的烘干质量，g；

M——经冻融试验后试件的烘干质量，g。

冻后试件的抗压强度及计算均按抗压强度试验方法，GB/T 11971 标准进行。

4．板内钢筋涂层的试验简介

由于加气混凝土是一种多孔结构的材料，因此，在用它制作配筋制品的时候，不考虑它对钢筋的保护作用，而是在钢筋网片上涂上防锈涂料，使钢筋不致锈蚀。对用于加气混凝土板的钢筋防锈剂，在标准中有试验方法检验其防锈的性能和涂有涂料的钢筋与加气混凝土之间的粘接能力（粘着力）。这里只简单将试验方法大致作一介绍。

（1）防锈性能试验方法。采用湿热循环条件加速钢筋锈蚀的方法。试件从板内锯取，尺寸为 40mm × 40mm × 160mm，一组 3 块。在相对湿度 100% 的情况下，温度从 25℃到 55℃循环变化，112 次（28d）后打开试件，与标准锈蚀图对照确定锈蚀等级。

（2）钢筋粘着力试验方法。由板内锯取试件，尺寸为 600mm × 160mm × 80mm，其中应包括 3 根钢筋。将试件按钢筋垂直方向立于特制的带孔铁板上，用压力机将钢筋逐根压出，见图 6-14。

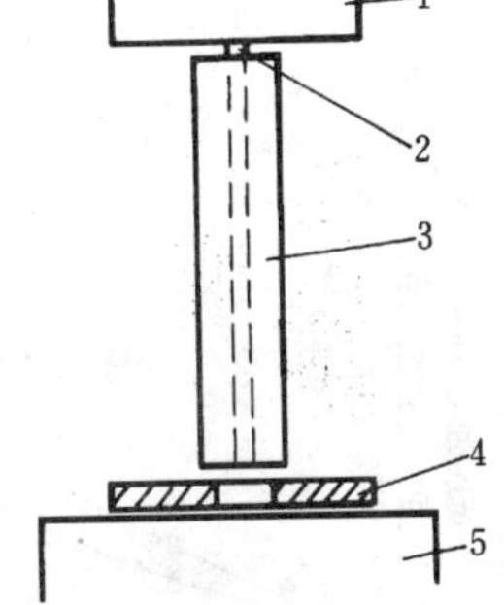

图 6-14　钢筋粘着力试验试件放置图

1—试验机上压板；2—顶头；3—试件；4—带孔铁板；5—试验机下压板

按下式计算钢筋粘着力：

$$p = \frac{F'}{\pi dl}$$

式中　p——钢筋粘着力，MPa；

F'——极限荷载，N；

d——钢筋直径，mm；

l——钢筋长度，mm；

π——取 3.1416。

(二) 粉煤灰加气混凝土材料性能

1. 表观密度和孔隙率

表观密度是表征加气混凝土特性的基本指标。许多性能都与表观密度有关。粉煤灰加气混凝土和其他原料的加气混凝土一样，可用铝粉加入量控制，制成表观密度为 400 ~ 1000kg/m^3 的各种材料。

粉煤灰加气混凝土密度，用比重瓶法测定在 2.2 ~ 2.4。

根据表观密度与密度可求得粉煤灰加气混凝土不同表观密度时的孔隙率，见表 6-17。

表 6-17　　表观密度与孔隙率的关系

表观密度（kg/m^3）	孔隙率（%）	表观密度（kg/m^3）	孔隙率（%）
400	82.9	800	65.8
500	78.6	900	61.6
600	74.4	1000	57.3
700	70.1		

2. 强度

加气混凝土强度由表观密度决定，受含水率 W 影响很大。

含水率 $W = 0\%$ 时称为绝干态；

含水率 $W = 8\% \pm 2\%$ 时称气干态；

含水率 $W = 25\% \sim 45\%$ 时称基准态；

含水率达饱和时，称饱水态。

粉煤灰加气混凝土在以上各状态下的强度相互之间关系见表 6-18。

表 6-18　　粉煤灰加气混凝土含水率对抗压强度影响的修正系数 k_w

含水率（%）	25 ~ 45	6 ~ 10	0	饱水
修正系数	1.00	1.08	1.25	≈1.00

$$R_W = k_W \cdot R_{25\% \sim 45\%}$$

不同表观密度与抗压强度的关系如图 6-15 所示。

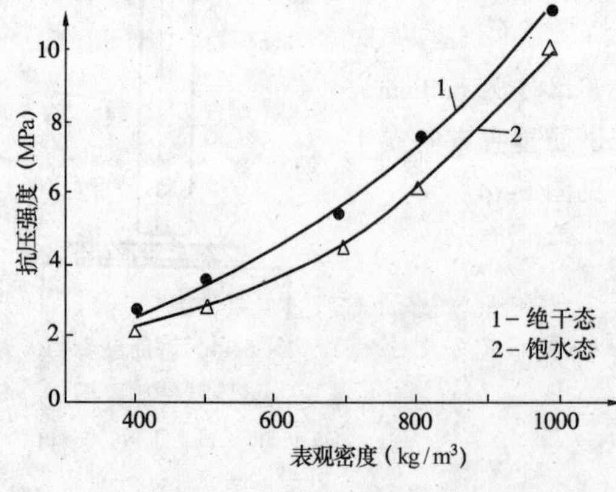

图 6-15　表观密度与抗压强度关系

抗拉强度、抗折强度、抗剪强度、棱柱体强度与抗压强度有一定关系。

$R_{拉} \approx 0.1 R_{压}$

$R_{折} \approx 0.2 R_{压}$

$R_{剪} \approx 0.2 R_{压}$

$R_{棱} \approx 0.93 R_{压}$

弹性模量 $= K_a \sqrt{R}$（$K_a = 2500 \sim 2800$）

加压方向对抗压强度有影响。加压方向与加气混凝土发气方向平行时的抗压强度大约为垂直时的 80%，这是由于气泡形状在发气方向上呈椭圆形之故。

3. 干燥收缩值

加气混凝土随含水率变化，体积发生变化，干燥会引起收缩。

按一定试验方法测得的长度变化率，称为干燥收缩值。粉煤灰加气混凝土的收缩值为0.4～0.6mm/m。

干燥收缩值随含水率变化的曲线称收缩曲线。粉煤灰加气混凝土的收缩曲线不同于以砂为原料的加气混凝土，虽然其干燥收缩值较大，但其在使用阶段（图6-16中出釜含水率到气干态含水率之间）的收缩值比砂加气混凝土的小，见图6-16所示。

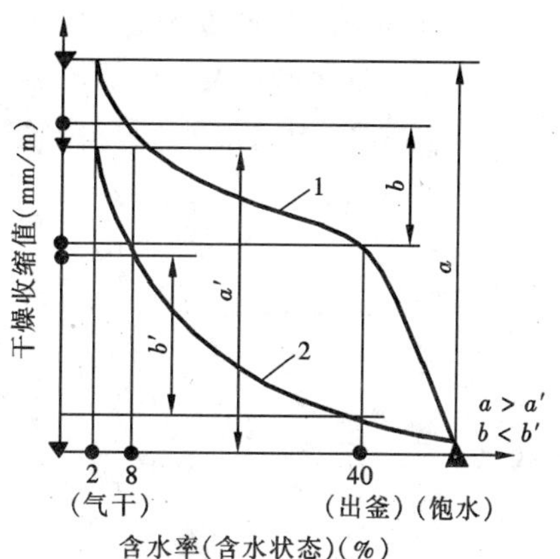

图6-16　干燥收缩曲线比较
1—粉煤灰加气混凝土；2—砂加气混凝土；a、a'—总干缩值；b、b'—使用阶段干缩值

干燥收缩值的大小，与粉煤灰加气混凝土表观密度关系不显著，主要与原料性能和养护温度（压力）有关。

4. 耐久性

耐久性是指粉煤灰加气混凝土制品在使用过程中承受环境中各种因素长期影响的能力。在大气中则主要受干湿、冻融、碳化等作用。因此，以干湿循环、冻融循环、碳化试验来衡量其耐久性。

粉煤灰加气混凝土放置14个月后的强度值与出釜强度基本一样，见表6-19。

表6-19　不同龄期抗压强度变化

时　　间	出　　釜	7d	1个月	3个月	6个月	14个月
强　　度	54.4	62.3	81.0	77.3	79.5	62.4

(1) 干湿循环　经干湿循环试验（在20℃±5℃净水中浸3min，取出经65℃±2℃鼓风烘干7h为一个循环），粉煤灰加气混凝土抗压强度几乎没有影响，但抗拉强度约降低10%。

(2) 抗冻性　粉煤灰加气混凝土在冰冻温度为-20℃、融化温度为20℃条件下进行冻融循环试验，15次后质量损失2.3%，30次后损失2.9%，因此，它具有一定的抗冻性。

(3) 抗碳化性　粉煤灰加气混凝土在二氧化碳气体浓度为80%（湿度 $RH=55\%$）的条件下，碳化系数（碳化后抗压强度与未碳化时抗压强度之比值）为0.80以上。

自然碳化系数与人工碳化系数的关系式为：

$$C_Z = 0.703 + 0.365C_R$$

式中　C_Z——自然碳化系数；

C_R——人工碳化系数。

5. 热工性

(1) 导热系数。导热系数与表观密度呈直线变化关系，见图6-17。

和一切材料一样，它对绝热性和含水率有很大关系。作为一种多孔材料，它常用作绝热功能材料使用，对这一点应该特别注意。在含水率小于50%的情况下，它的导热系数和含水率有如下的关系

$$\lambda_w = (1 + 0.287w^{0.66})\lambda_0$$

式中 λ_w——含水率为 w 时的导热系数，W/（m·K）；

w——含水率，%；

λ_0——含水率为 0 时的导热系数，W/(m·K)。

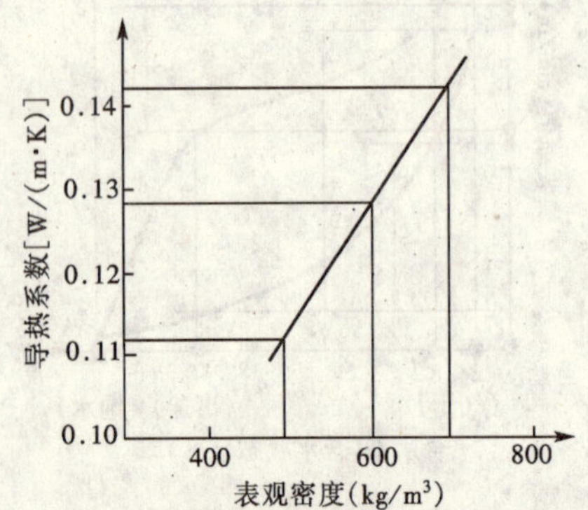

图 6-17 导热系数与表观密度的关系

(2) 耐热性 粉煤灰加气混凝土在高温下灼烧时，200℃出现发丝裂缝；200～400℃，颜色变白，表观密度减小；400～600℃，颜色继续转白，表观密度继续降低，强度升高；温度再升高至 600℃以上，颜色变为浅红，裂缝增宽，体积收缩 20%，强度急剧降低。

根据以上试验结果，加气混凝土制品可作为 600℃以下温度状态下的绝热材料。

(3) 耐火性 按英国标准 BS476 规定的方法进行耐火性试验，即一侧受火灾侵袭，按规定的火灾温升曲线升温，以另一侧达到温度 220℃的时间及烧后状况评价。

粉煤灰加气混凝土砌块厚度为 100mm 的时间为 6h，厚度为 200mm 的时间 > 8h，这样的结果，能达到一级耐火标准。

(4) 热膨胀系数 温度升高时，材料的体积膨胀，其体积膨胀率在一定温度范围内与温度呈线性关系。其体积膨胀率常以其线膨胀系数表示，称热膨胀系数，亦称线膨胀系数，即温度每升高 1℃材料的膨胀率。粉煤灰加气混凝土的热膨胀系数为 8×10^{-6}/℃。

6. 吸水性

加气混凝土中孔结构与普通砖有很大不同。它的吸水性表现为吸水速度慢，孔洞很难被水分充满。

(1) 整体吸水率 试验方法是，将 10cm×10cm×10cm 试件全部浸入水中，放置 72h，测得它的吸水率。它表示材料吸水量的大小。粉煤灰加气混凝土的整体吸水率为 40%（体积比）。

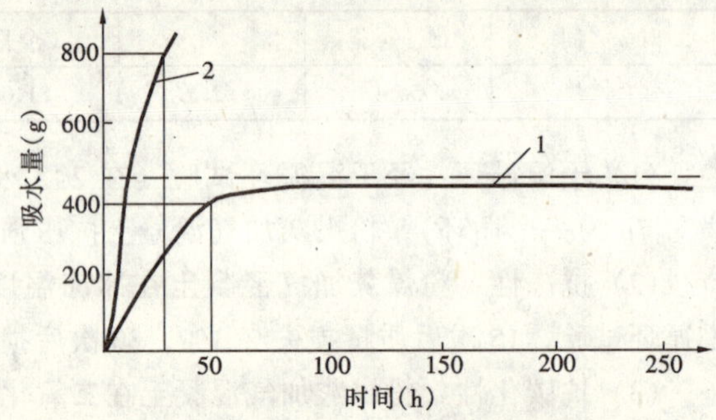

图 6-18 粉煤灰加气混凝土的单端吸水曲线（与普通砖比较）

1—粉煤灰加气混凝土；2—普通砖

(2) 单端吸水率 试验方法是，将 10cm×10cm×30cm 的试件竖直（30cm 为高）放在水中，水深保持 10mm，测定其吸水高度与时间的关系，以 24h 吸水量和吸水高度表示，它说明材料的吸水速度。

粉煤灰加气混凝土与普通砖的单端吸水试验结果见图 6-18 和表 6-20。

表 6-20 24h 单端吸水量与吸水高度

材料名称	表观密度 (kg/m³)	吸水量* (g/100cm²)	吸水高度 (cm)
粉煤灰加气混凝土	493	316	9.0
普通砖	1500	>772	>24

* 吸水量为 100cm² 水面的吸水量。

（三）粉煤灰加气混凝土材料性能汇总

将上述粉煤灰加气混凝土的各项性能汇总，见表6-21。

表6-21　粉煤灰加气混凝土性能一览表

性能分类	材料性能	单位	数值	备注
表观密度	绝干表观密度 气干表观密度 基准表观密度 饱水表观密度	kg/m^3	500 530～550 625～725 900	含水率 $W_0=0$ $W_q=6\%\sim10\%$ $W_j=25\%\sim45\%$ $W_b\approx80\%$
抗压强度	绝干抗压强度 气干抗压强度 基准抗压强度 饱水抗压强度	MPa	5.0 4.5 4.0 3.8	含水率 $W_0=0$ $W_q=6\%\sim10\%$ $W_j=25\%\sim45\%$ $W_b\approx80\%$
其他强度	棱柱体强度 抗折强度 抗拉强度 抗剪强度	MPa	4.5 1.3 0.41 1.3	$W=W_0=0$ 时
各种形变	弹性模量 干燥收缩值 泊桑比 徐变指数 徐变度	MPa mm/m cm^2/kg	1.5×10^3 0.4～0.6 0.2 1.1 76×10^{-6}	
热工性	导热系数 热膨胀系数	W/（m·K） 10^{-6}/℃	0.12 9.2～10.4	
吸水性	平衡含水率 整体吸水率 单端吸水量 单端吸水高度	体积% 质量% 体积% $g/100cm^2$ cm	2～4 4～8 40 300～320 9.0	相对湿度30%～80%时 72h
耐久性	干湿循环 抗冻性 人工碳化系数 盐析	 级	合格 合格 >0.80 1	15次干湿循环 15次冻融循环 CO_2浓度80%，相对湿度55%
其　他	保温用耐热范围 耐火极限	℃ 级	<600 1	

五、加气混凝土的应用技术

加气混凝土在我国大规模生产，至今仅近40年历史，粉煤灰加气混凝土生产历史更短，因此，它是一种新型建筑材料。

虽然早在1931年，上海一些建筑上已采用加气混凝土砌块，但因当时使用范围不广，而且以后相当长的时间内中断，所以应用技术经验亦为近年所总结。1978年后我国颁布了第一个应用技术规程JGJ17—84《蒸压加气混凝土应用技术规程》和JSJT—78《加气混凝土砌块墙建筑构造》图集。

由于加气混凝土的多孔特性，应用中需有别于致密材料，避劣扬优，发挥其特长。同时，作为一种新材料，尚有待在应用中积累资料、总结经验，不断拓展使用范围，补充新的应用技术。

（一）《蒸压加气混凝土应用技术规程》简介

规程制定的目的在于：为了在工业与民用建筑物中积极而慎重地推广和应用蒸压加气混凝土制品，做到技术先进，经济合理，安全适用，确保质量。

《规程》适用于符合产品标准规定的蒸压加气混凝土制品，不适用于非蒸压加气混凝土制品。

应用此《规程》时，还应符合其他有关规范、规程的规定。

《规程》包括：总则、制品应用的一般规定、材料计算指标、结构构件计算、围护结构热工设计、建筑构造、装修、建筑施工等八章，并附有两个附录和加气混凝土隔墙隔声性能、耐火性能、钢筋加气混凝土矩形截面受弯构件强度计算表、我国60个城市冬季室外空气计算温度及加气混凝土热物理参数等五项参考资料。

（二）应用技术要点

1. 应用范围

(1) 在下列情况下不得采用加气混凝土制品：

1）建筑物基础；

2）处于浸水、高湿和化学侵蚀的环境；

3）承重制品表面温度高于80℃的部位。

(2) 砌块承重时，宜采用横墙承重的结构方案。表观密度为500kg/m^3、标号为30号的砌块用于承重房屋时，其层数不得超过三层，总高度不超过10m。表观密度为700kg/m^3、标号为50号的砌块承重，一般不宜超过五层，总高度不超过16m。

(3) 加气混凝土宜作屋面板、砌块、配筋墙板和绝热材料。

2. 设计和构造

(1) 加强建筑、结构整体性　为加强房屋整体性，采用加气混凝土砌块承重的房屋，每层应设置现浇钢筋混凝土圈梁。外墙转角及内墙交接处应咬砌。外墙转角、内外墙交接、后砌非承重墙（隔墙或填充墙）与承重墙交接、顶层山墙部位、门洞窗口都应放置钢筋拉结。

屋面板与支座应有联结构造。屋面板之间除按设计要求在板缝凹槽内设置钢筋和灌浆外，为加强屋面板整体性，还需在板缝距板端1/3处用防锈金属片与板呈45°角打入板内，见图6-19。

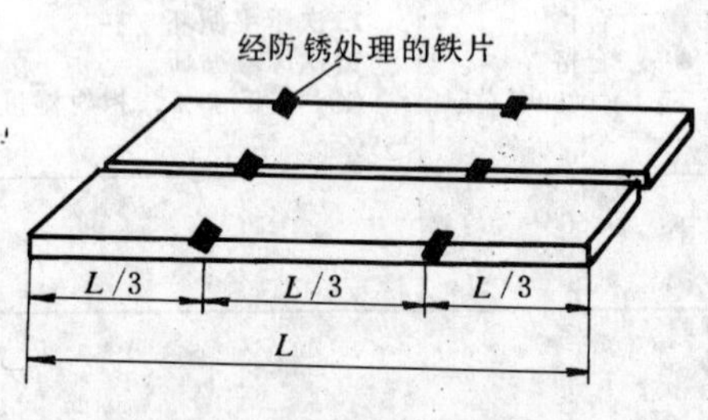

图6-19　板缝内打入防锈铁片

(2) 采用焊接网和焊接骨架　板材中配筋只能采用焊接网和焊接骨架，不允许采用绑扎钢筋网片和骨架。

(3) 防锈处理　在加气混凝土中的钢筋网片、铁件或通过加气混凝土的其他连接件都必须做防锈处理，防锈涂料不但应具有良好的防锈性能，而且需具有良好的粘接力。

(4) 防水及排水处理　加气混凝土排水缓慢，一旦含有水分就很难排出。而加气混凝土含水后，其绝热、抗冻能力和强度等都会明显降低。因此，应按使水分“进难出易”的原则处理加气混凝土制品在使用时的防水、排水。

外墙墙面水平方向的凹凸部分（如线脚、雨罩、出檐、窗台等）应做泛水和滴水，以避免积水。

屋面板无组织排水不得顺板侧或板端自由流淌，檐口应有正确的排水、滴水构造。

屋面板上油毡不满铺，应花撒或点铺。屋面板和加气混凝土保温层复合屋盖每 100m^2 左右设置排气孔。

加气混凝土屋面板底表面不宜抹灰，高标准建筑需要时应做吊顶处理。

加气混凝土内墙，同一墙身两面不得同时做不透气饰面。

(5) 注意防止“热桥”砌块做单一外墙内灰缝及外露混凝土构件，与加气混凝土的热传导性能相差较大，应做好构造措施，防止“热桥”发生。

(6) 加气混凝土建筑应有饰面　加气混凝土强度低，易被磕碰损伤。饰面能保护加气混凝土，防止冻融交替、干湿循环、自然碳化造成的破坏作用。

3. 建筑施工

(1) 装卸运吊应考虑到加气混凝土强度低的特点　装卸时应轻装轻卸；板材不得用钢丝绳直接兜吊，以免损伤棱角。

(2) 控制施工时制品的含水率　粉煤灰加气混凝土施工时含水率在北方宜小于 20%，南方宜小于 25%。为此，在施工现场堆放时，应有防雨、防潮措施。

(3) 采用专用工具施工　砌块不得用斧子、瓦刀任意劈砍，应采用专用工具对加气混凝土制品进行切割、钻孔、开槽等，施工工具及操作见图 6-20。

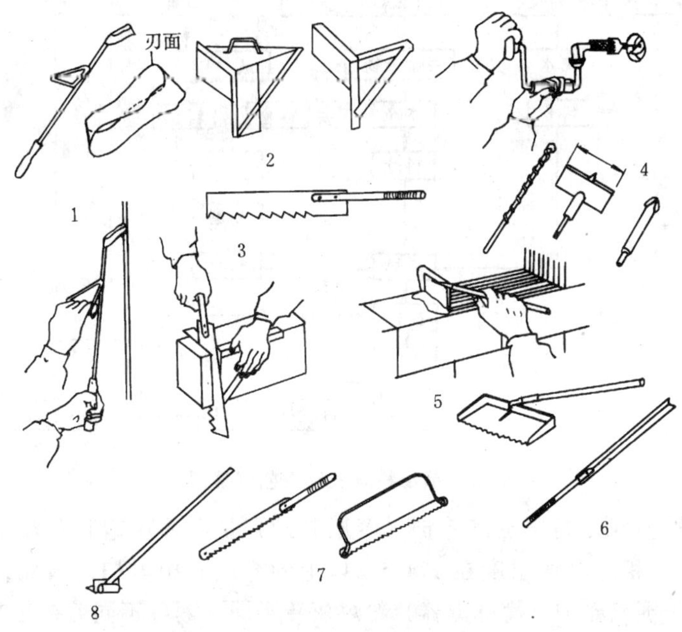

图 6-20　施工工具及操作

1—镂槽工具；2—锯块用平直工具；3—锯；4—钻孔用钻；5—砌筑工具；
6—镂八字槽工具；7—钢筋锯；8—撬棍

(4) 砌筑和抹灰应注意表面处理，尽量采用加气混凝土专用砂浆　加气混凝土的孔结构和普通砖不同，气孔多而大，吸水很慢。从前述它的性能与普通砖（红砖）的比较中（表 6-20）就可看出：24h 中，粉煤灰加气混凝土的吸水高度仅为 9.0cm，而普通砖吸水高度为 24cm 以上。而且，它的吸水量在同样条件下仅为普通砖的 40%。因此，在施工时，如用相同方法对普通砖和加气混凝土砌块浇水，普通砖很快将水吸入，而加气混凝土砌块不能吸收足够的水分。抹上砂浆后，则加气混凝土会继续吸收砂浆中的水分致使砂浆水分不足而粘接不好。为改变这种状况，在采用普通砂浆砌筑加气混凝土制品时应向砌筑面增加浇水次数。在做装修抹灰层之前，应做基层处理，可涂刷稀释的胶溶液或掺胶的素水泥浆，以增加砂浆与加气混凝土的粘接力。

为了简化施工，提高加气混凝土与砂浆的粘接强度，也可采用专用砂浆，这类砂浆中加入了保水剂和增强剂，减少了砌筑、抹灰时多次浇水的麻烦，提高了砂浆强度。现已有数种专用砂浆可供选用。

第二节　蒸压粉煤灰砖

一、概述

蒸压粉煤灰砖是以粉煤灰、石灰、石膏及细集料（煤渣或其他工业废渣等）作原料，按一定比例配合，经搅拌、消化、轮碾、压制成型，再经高压蒸汽养护制成的墙体材料。它的基本工艺流程见图 6-21。

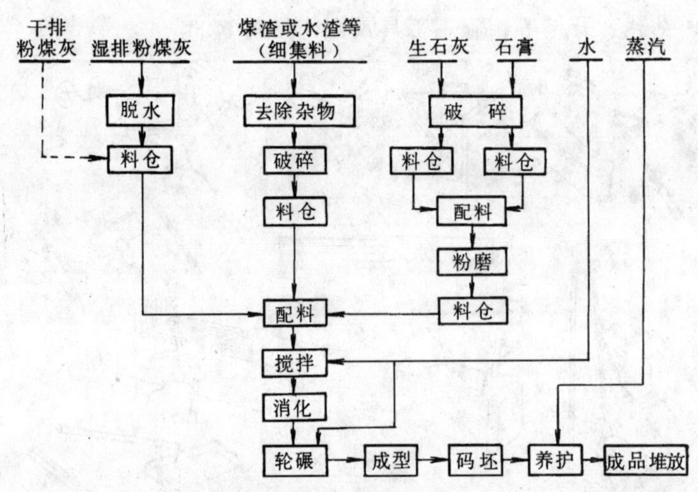

图 6-21　蒸压粉煤灰砖工艺流程图

和常压蒸汽养护不同，高压蒸汽养护（蒸压养护）是在高压饱和蒸汽［工作压力（表压）为 0.8MPa 以上、相应蒸汽温度在 174.5℃以上的介质］中养护，因此，蒸压粉煤灰砖的水化生成物和常压蒸汽养护（简称蒸养）粉煤灰砖不同，两种不同养护工艺制成的砖，在性能上也有很大差异。

蒸压粉煤灰砖是大量利用粉煤灰的建材产品之一，并且可以利用湿排原状粉煤灰作为原料。每生产 1 万块砖，可利用粉煤灰 15t，亦即 1m^3 产品用灰 800～1000kg。它的生产工艺比较简单，尺寸规格与普通砖一样，因此，在使用时，砌筑施工方法与传统作法大体相同，组织施工方便，便于应用推广。

蒸压粉煤灰砖应按照 JC239—1991《粉煤灰砖》组织生产。

蒸压粉煤灰砖的抗压强度可达 15MPa 以上，抗折强度 3.1MPa 以上，能经受 15 次冻融循环的抗冻要求，碳化系数为0.8，有较好的力学性能和耐久性。快速干缩试验的干缩值为0.4mm/m左右，自然状态下的干缩值为0.25mm/m，比烧制粘土砖高。它在400℃下强度不降低。

对于蒸压粉煤灰砖，目前尚无专门的应用技术规程，在有充分的结构性能试验数据的情况下，可参照砖石规范设计。已有许多试验性建筑，将蒸压粉煤灰砖用于多层建筑承重墙体。但目前大量使用于非承重墙。

二、蒸压粉煤灰砖原材料和配合比

（一）原材料要求

蒸压粉煤灰砖所用的原材料包括粉煤灰、石灰、石膏和细集料。细集料大多选用煤渣、液态渣、水渣等工业废料，也可采用砂。对于各种原材料都有不同的要求。

1. 粉煤灰

用于蒸压粉煤灰砖的粉煤灰应符合JC409《硅酸盐制品用粉煤灰》的规定。其细度等技术要求见表6-22。

表6-22 粉煤灰技术要求 （%）

指标名称		要求	指标名称		要求
细度（0.045mm方孔筛筛余量）	≤	55	SiO_2含量	≥	40
标准稠度用水量	≤	60	SO_3含量	≤	2
烧失量	≤	15			

当使用湿排粉煤灰时，除上述技术要求外，还应控制其含水率在一定范围，要求含水率为30%～33%。这是因为：含水率偏大，消化时易发生结仓，碾压和成型困难，压制的砖坯有粘模、表面出浆、弯曲等弊病，甚至无法成型；含水率过低，会造成混合料消化不完全和碾压时碾轮压不着料，碾压效果不佳。另外，从生产控制角度考虑，应防止粉煤灰含水率波动过大。因为这不仅影响到混合料中的水分，而且由于粉煤灰含水率波动而造成整个配合比不准确，尤其采用体积计量时，应仔细控制。

2. 石灰

生产蒸压粉煤灰砖宜采用生石灰。应尽可能采用有效氧化钙含量高、消化速度快、消化温度高的正火新鲜生石灰。

粉煤灰砖中的石灰用量是以有效氧化钙含量计算的（见配合比一节）。采用有效氧化钙含量高的石灰，可减少石灰在制品中的用量，从而降低成本，而且，含有效氧化钙高的石灰还可以提高砖的强度和其他性能。

石灰的消化速度快，可缩短混合料消化工序的周期，提高生产效率；消化温度高则有助于砖坯在养护前初始强度的增长。

不同的消化方式，对生石灰的要求略有不同。对地面消化者，石灰质量要求可适当降低。

生石灰质量技术要求见表6-23。

当采用熟石灰或工业废渣（如电石渣）时，应通过专门的工业性试验确定。采用电石渣，其质量应符合表6-24的规定。

3. 石膏

表 6-23 生石灰质量技术要求

混合料消化方式	化学成分（%）		消化速度（mm）	消化温度（℃）	过火灰（%）	欠火灰（%）
	A-CaO	MgO				
料仓消化	>60	<5	<15	>60	<5	<7
地面消化	>50	<5	<30	>50	<5	<10

表 6-24 电石渣质量技术要求

化学成分（%）		0.2mm 孔筛筛余量	88μm 孔筛筛余量	其 他
A-CaO	MgO			
>50	<5	<5	<30	不含乙炔残留

可采用天然石膏和工业废石膏。它们可以是二水石膏、半水石膏或无水石膏。

石膏在蒸压粉煤灰砖中的作用是加速水化反应，提高砖的早期强度，特别是抗折强度。

对石膏的质量要求，主要是 $CaSO_4$ 含量应不小于65%。

在使用工业废石膏时，除要求其 $CaSO_4$ 含量符合要求外，对其中其他杂质应加以限制。如，采用磷石膏时，要求含 P_2O_5 数量不超过3%，采用氟石膏时，应先用石灰中和至呈微碱性，以保证其中 HF 含量极少。

使用石膏干粉末时，细度要求为 88μm 孔筛筛余量≤15%。

4. 细集料

蒸压粉煤灰砖的细集料，可以采用煤渣、液态渣、水渣等工业废渣，也可以采用砂等天然细集料。

它们的作用是减少砖坯的分层裂缝，改善砖坯成型时的其他性能，同时，可提高砖的强度，特别是它的抗折强度。

对于细集料的要求是，干堆积密度大于750kg/m³，要求细度在一定范围，有一定的颗粒强度，安定性良好。对于工业废渣则还有一定的化学成分的要求，其技术要求见表 6-25。

选用砂等天然细集料时，其质量要求与普通混凝土相同。

（二）配合比

蒸压粉煤灰砖的各项性能都决定于原材料中各种成分相互反应产生的水化产物及组成的结构，因而，在一定的工艺条件下，配合比（即原材料之间的比例）在保证产品质量方面，起着关键的作用。

表 6-25 工业废渣细集料的技术要求

化学成分（%）				细 度（%）		体积安定性	垃圾及其他有机杂物
MgO	K_2O+Na_2O	SO_3	烧失量	>5~10mm 颗粒	<1.2mm 颗粒		
<5	<2.5	<4	<20	<15	≤25	良 好	不得含有

在确定配合比时，应考虑以下几方面的问题：首先要保证产品的质量符合产品标准的各项规定。第二，与已确定的各项工序条件相适应。第三，在满足上述条件下，应尽量选择石灰、石膏用量的最低限，以降低产品的成本。这是因为，虽然在原材料中石灰、石膏所占比

例不大，但其所需费用却约占原料总费用的70%，因而减少这两种材料的用量对降低成本有重要作用。

特别强调的是，配合比中集料的掺量应该足够，以减少砖坯的分层裂缝。另外，原材料的选择应符合因地制宜、就地取材的原则，优先利用各种工业废渣。

1. 石灰掺量

蒸压粉煤灰砖的性能是由于粉煤灰中的有效硅、铝成分与石灰中有效钙成分相互作用的结果，而石灰中的有效氧化钙的含量是变动的，因此，确定石灰掺量以有效氧化钙进行计算。

砖中存在的有效氧化钙含量应满足其生成足够水化产物的需要。当有效氧化钙含量不足时，水化产物数量少，产品强度低，碳化后强度降低比例大（碳化系数小），其他性能也难保证；如果有效氧化钙过量，强度却并不显著增长，而且蒸汽养护中易于产生体积膨胀，产品尺寸偏差大，发生微裂纹等缺陷，此种情况下，强度反而降低。它的一般规律见图6-22。对于不同品质的粉煤灰，最佳石灰掺量（或最佳有效CaO含量）及对强度影响的具体数值不同，但其与强度之间的关系曲线是相似的。

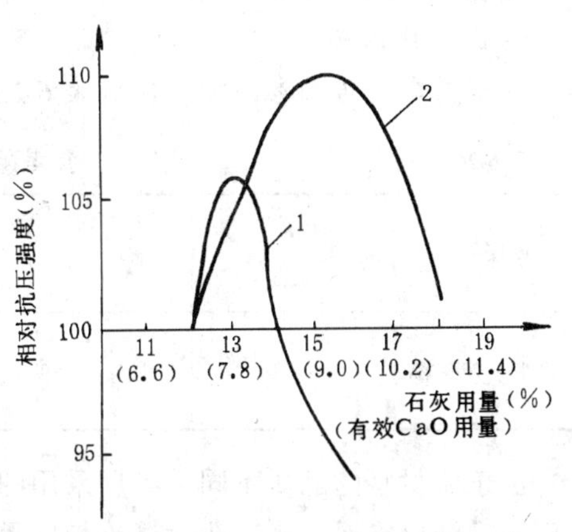

图6-22　石灰用量与相对强度关系
1—粉煤灰Ⅰ；2—粉煤灰Ⅱ

最佳有效CaO的含量范围为8%～11%（粉煤灰颗粒粗时取上限，颗粒细时取下限）。

蒸压粉煤灰砖的配合比中，石灰掺量的计算方法是，根据上述有效氧化钙的最佳含量范围选定混合料中所需有效氧化钙含量，以下式计算石灰掺量：

$$石灰掺量=\frac{混合料中所需有效氧化钙含量}{所用石灰中有效氧化钙含量}\times 100\%$$

$$粉煤灰掺量（\%）=100\%-石灰掺量$$

2. 石膏掺量

配合中是否掺入石膏，应根据试验决定。在所确定的工艺条件下，如果砖可以达到预期的强度（包括抗压和抗折强度）要求，则可以不掺石膏。

蒸压粉煤灰砖的石膏掺量以1%～2%（外掺）为宜。掺量过多，并不能有效提高强度，反而对碳化稳定性和抗冻性有不利影响。

石膏常采用外掺计量，即以石灰、粉煤灰之和为100%，外加石膏。

3. 煤渣（或其他细集料）掺量

蒸压粉煤灰砖中的煤渣（或其他细集料）是为补充粉煤灰中粗颗粒的不足而加入的。因而，其掺量应以组成最佳颗粒级配为目标加以确定。

当煤渣（或其他细集料）的质量达到前面原料一节中所提出的要求时，其掺量占（含硅材料）用量的15%～25%，即以粉煤灰和煤渣之和视为100时，煤渣为15～25之间。

4. 水用量

水用量是影响蒸压粉煤灰砖产品质量和成型工艺的重要因素。水量应保证在工艺过程中消化和形成水化产物的需要，还需保证成型时和易性良好。成型水分过多或过少都会使成型时产生“过压”现象，而易损坏压砖机。另外，水分过少还会产生砖坯过厚，过多易产生砖坯层裂，这些都影响砖的外观和质量，造成废品。

水用量与原材料性质、配合比、原料颗粒级配、消化方式、压砖机型号等有关。例如：用煤渣作细集料时，用水量就需较大；采用砂时，用水量就小；采用生石灰，用水量大；采用电石渣（相当于消石灰）加水量可以减少。

蒸压粉煤灰砖成型时的水分（即总的加水重）应在19%～23%。它是原材料中所含水量与在搅拌、轮碾等工艺过程中加入的水量之和。

5. 配合比的确定

蒸压粉煤灰砖的参考配合比见表6-26。

表6-26 参考配合比表（干重计）

粉煤灰	煤　渣	石　灰	（混合料中有效氧化钙）	石　膏	加水量
65%～70%	≥20%	10%～15%	（8%～11%）	粉煤灰、煤渣石灰之和的1%～2%	全部干料的19%～23%

由于原材料的品质不同，各厂采用的工艺流程和选用的设备不同，因此，对于某一具体工厂的配合比需通过半工业性试验最后予以确定。

三、蒸压粉煤灰砖生产工艺和设备

蒸压粉煤灰砖的工艺布置和采用的设备型号有各种形式，但其基本工艺环节都包括：原材料处理、配料、搅拌、消化、轮碾、成型、高压蒸汽养护、检验堆存等工序。

（一）原材料处理

1. 粉煤灰脱水

生产蒸压粉煤灰砖可采用干排粉煤灰或湿排粉煤灰。

采用干排粉煤灰时，可不进行处理，进厂后直接贮存于料仓中待用。

采用湿排粉煤灰时，根据其含水率大小，选用不同脱水方法进行处理，使其含水率达到要求。

电厂湿法排出的粉煤灰浆，含水率很高，粉煤灰与水的质量比（固液比）一般高达1:20～1:40，即含水率为95%～98%❶。要使水分达到制砖要求，含水率应为30%～33%，需经过二级脱水。蒸压粉煤灰砖厂在年产量为5000万块左右规模时，可采用浓缩—真空过滤法进行脱水处理。

这种脱水方法是机械连续作业。第一阶段是利用耙式浓缩机（池）将电厂排出的湿粉煤

---

❶ 含水率有相对含水率与绝对含水率两种表示方法。前者以物料湿重为基准，后者以物料干重为基准，其表示方法为：

$$相对含水率=\frac{物料中含水量}{物料湿重}\ (\%)$$

$$绝对含水率=\frac{物料中含水量}{物料干重}\ (\%)$$

对于含水量大的料浆多采用相对含水率表示。

灰，脱水浓缩至固液比达1:1～1:2（含水率为50%～67%）。第二阶段是利用真空过滤机，使经浓缩的粉煤灰浆脱水至含水率达30%～33%。此时，粉煤灰可通过胶带输送机运送，贮存待用。

2. 石灰、石膏的破碎和磨细

采用块状生石灰时，需经破碎和磨细，其细度应达到一定要求（见表6-27）。

生石灰颗粒越细，与粉煤灰颗粒之间的反应越快，水化生成物也越多，产品的强度高、性能好；但也不宜磨得过细，因粉磨耗电量大，使成本增加。对于不同消化工艺，细度要求可有所不同，因地面消化时间长，因而磨细度要求可适当放宽。

表6-27　生石灰磨细度要求

消化工艺方式	细度要求（%）		磨细后石灰表观密度（kg/m³）
	0.2mm筛孔筛余量	0.88μm筛孔筛余量	
料仓消化	<5	<15	800～900
地面消化	<5	<30	

采用天然石膏，因其为块状，亦需破碎、磨细后使用。其细度要求为88μm筛孔筛余量<15%。石膏可经破碎后按比例配料，再与石灰一起磨细。也可按细度要求单独磨细。

石灰破碎、磨细时，应注意以下问题：

（1）石灰极易受潮消化，因此，生石灰入厂后应注意防潮，不应露天堆放。破碎、磨细过程中也要注意防潮。

（2）石灰破碎、磨细时，粉尘很大，应注意防尘。

（3）石灰粉磨经常发生“粘磨”现象，研磨体表面会被一定厚度的石灰粉包裹而降低研磨效果，为防止此种现象发生，可掺入石灰量10%左右的碎砖（破碎的蒸压粉煤灰砖块）作为助磨剂，这不但可消除或减轻“粘磨”现象，而且由于碎砖起晶坯作用，而有利于提高砖的强度。

3. 细集料破碎、筛分

采用煤渣、水渣等工业废渣作细集料时，渣中有时含有钢铁屑等夹杂物，在破碎前应剔除。通常采用磁选方法将钢铁屑除去。

经磁选后符合表6-24要求的原料，当颗粒尺寸不能满足需要时，再经破碎后筛分，选用符合要求者作细集料。

采用砂为细集料应筛除杂物及粘土，有时应进行冲洗。

（二）配料

蒸压粉煤灰砖的强度及各种性能均是由于各原料相互作用，生成一定的水化产物，组成一定的结构而获得的。因此，在生产过程中，要使各组分按规定的配合比进行配料。

配料的目的就是要使各种原料能均匀、准确地按确定的配合比例相互混合。为此选择合适的计量方法和计量精确的设备与配料方式，保证物料的准确是必要的，而如何保证物料的均匀性，也应作为选择配料方式的不可缺少的必要条件，尤其是对于那些数量较少的原料的配料。例如，石膏的配料问题。在选用石灰、石膏混磨工艺时，如果石灰采用机械连续喂料，而石膏采用人工间歇喂料的配料方式，则加入石膏时，不但要称量准确，而且要做到加料时间间隔足够短，保证石灰、石膏在磨中能混合均匀。否则，将会造成石灰中石膏掺量有时不足，有时又过量的现象，这必然影响产品的性能。

1. 配料的精度要求

配料中，各种原料计量的允许误差应达到表6-28的要求。

2. 配料方式

配料方式有间歇式和连续式两种。

表6-28 各原料计量允许误差

原料名称	允许误差（%）
石灰、石膏等含钙原料	±2
粉煤灰、煤渣等含硅原料	±3
水	±2

间歇式是以原料的质量进行计量的，其称量较精确，当原料变化，数量需要改变时，易于调整。但由于是间歇称量，效率较低。常用设备有磅秤或电子秤等。在使用时，原料对磅秤刀口的沾污和灰尘对电子秤元件的损坏严重，需加强维修。否则，会影响正常生产。对于湿粉煤灰，由于粘性大，计量秤料斗不易下料，因此，不宜采用自动计量秤计量。

连续式则根据计量设备不同有体积计量和质量计量两种。体积计量是以原料的体积进行计量的，其设备简单，但受材料的含水率、粒度等因素的影响大，计量精确度差。而且，配比需改变时，调节也困难。常用的设备有调速螺旋给料机、电磁振动给料机、圆盘给料机、叶轮给料机和胶带给料机等。

连续质量计量是采用电子皮带秤。用其计量，对于磨细石灰和煤渣等干物料，计量误差能控制在1%左右，湿粉煤灰计量误差在3%左右。

（三）搅拌

搅拌的作用是使物料混合均匀。它是产品获得预期质量和质量均匀的基础。

搅拌方式有连续式和间歇式两种。选用何种方式，应从整个生产过程是否协调考虑和确定。当生产中采用间歇式搅拌时，多选用质量配料法，用自动计量秤计量。

连续搅拌，可选用双轴搅拌机、快速双轴搅拌机等。从搅拌机一端的上方进料，从另一端槽下开口卸料，在进料端部有水管加水，物料在机内停留时间（搅拌时间）可通过机内搅刀角度适当调节，但一经确定，不易改变。

间歇搅拌，可采用砂浆搅拌机和涡轮强制搅拌机。后者搅拌作用强烈，混合料质量均匀。间歇式搅拌时，搅拌时间可根据需要随时调节。

搅拌时间：双轴搅拌机一般为1.8min。间歇式搅拌机一般为2～3min。

搅拌加水量：搅拌加水量应满足生石灰消化及砖坯成型对水量的要求。搅拌时加水应尽量将砖坯成型所需水量一次加足，使碾压中不再加水或少加水。因为搅拌后，混合料经消化，水分可以充分渗入物料中，而碾压时加入的水分，往往较多地留在颗粒表面，如加水过多，则不利于砖坯成型，也不利于砖强度的增长。

同时，应严格控制加水量。搅拌加水量过少，会造成石灰消化不充分，达不到消化目的；加水量过多，混合料在消化时易于“结仓”（混合料粘结一起，无法出料），使生产不能正常进行。

（四）消化

消化的作用，一是使生石灰充分消解，以便各原料之间进行反应，并防止在蒸压过程中石灰消化引起体积膨胀，使砖炸裂；二是提高混合料的可塑性，便于成型，这个作用称为“陈化”。在使用电石渣等消石灰作原料时，虽然不需消解过程，但经过一段时间“陈化”，使 Ca（OH)$_2$ 溶液渗透到粉煤灰和煤渣等颗粒内部，增加混合料的可塑性，提高坯体成型性能。

消化方式有料仓消化和地面消化两种。

1. 料仓消化

料仓消化是将混合料放在消化仓内进行消化。按其操作方式又分间歇式和连续式两种。

间歇式消化分进料、静置消化（按消化要求所需时间静置）、出料等三个阶段。其缺点是易造成“结仓”，影响生产，同时，当仓顶进料时，易发生颗粒分离现象，影响砖的质量。

连续式消化的操作不分阶段，连续作业。混合料由顶部连续进料，底部连续出料，物料在仓内边移动边消化。物料在仓内移动的时间，正好相当于消化所需时间，这个时间的长短，可由粉仓底部圆盘给料机调节。这个方法较间歇式为优，但耗电量大。

料仓消化可将石灰消化时放出的热量积蓄起来，消化时温度高，可加速消化过程。

2. 地面消化

地面消化是将混合料放置于库房内地面上进行消化。与料仓消化比较，由于保温效果差，消化所需时间较长，需较大的堆放面积，故一般产量较大时，不宜采用。但其陈化效果好，混合料质量好。

采用生石灰为原料时，两种消化方式的消化时间分别为：料仓消化 1.5～4h，地面消化 8～16h。采用消石灰（包括电石渣）为原料时，消化时间为 35min 左右。

混合料消化时间除与消化方式、采用原料不同而有差别外，还应根据原料磨细度、气温等因素进行调节。

（五）轮碾

轮碾对混合料可以起到压实、均匀和增加塑性的作用，进而提高砖坯的极限成型压力，改善产品质量。

轮碾有间歇出料的铁碾和连续出料的石碾两种方式。

1. 铁碾

物料间断加入，经一定时间后出料。铁碾设备的特点是在碾轮与底盘之间有一定空隙，因此，碾压效果是由物料在碾轮上的停留时间（轮碾时间）来控制的，便于根据需要加以调节。

2. 石碾

物料连续加入，不断卸出。石碾的碾轮和碾盘直接接触，对碾压有利。但由于物料在碾盘上停留时间短，甚至有些物料未经碾压即被卸出（俗称“跑料”)。因此，采用石碾时，常将两台碾串联使用，即混合料经一次碾压后再送入另一台碾中（称“二道碾”)。

铁碾与石碾的碾压效果比较见表 6-29。

间歇式轮碾的碾压效果，除正确选择轮碾机外，还与每次加料量和轮碾时间有关。合适的加料量以料层厚度控制，为 20～40mm。碾压时间为 5～7min。

（六）成型

蒸压粉煤灰砖成型采取半干法，压砖机压制成型。

成型的要求是：①砖坯外形尺寸达到标准要求，减少层裂和缺陷，外观完整；②具有足够的密实度。

表 6-29 碾压效果比较表

轮碾方式	轮碾时间（min）	混合料碾后容重与碾前之比	砖坯单块重（kg）	砖坯强度（MPa）
铁　碾	5	1.31	2.23	0.09
一道石碾		1.15	2.21	0.08
铁　碾	5	1.24	2.32	0.16
二道石碾		1.38	2.48	0.24

蒸压粉煤灰砖成型使用的压砖机类型有：高压杠杆式、盘转式、自动液压式等。盘转式（也称圆盘式）压砖机又有8孔、16孔等多种。

蒸压粉煤灰砖的成型工艺参数见表6-30。

表 6-30 蒸压粉煤灰砖成型工艺参数

成型设备	产品规格（mm×mm×mm）	填料高度（mm）	成型水分（%）	砖坯质量（kg）
8孔盘转式压砖机	240×115×53	80~85	19~23	2.2~2.5
16孔盘转式压砖机	240×115×53	80~90	19~23	2.2~2.4
高压杠杆式压砖机	240×115×53	85~110	19~22	2.3~2.6

盘转式压砖机结构简单，体积小，维修方便，产量高，造价低。但工作时噪声大，模板下端易变形，使坯体异形。采用单面一次加压，使砖坯质量和产品性能不如高压杠杆式压制的好。8孔盘转式压砖机每次压制一块砖坯，16孔盘转式每次压制两块砖。除8孔、16孔外，还有12孔、14孔几种，但不常用。

高压杠杆式压砖机成型压力大，产量高，对砖坯采用双面三次加压，加压时间长，压制过程中有排气阶段，因而砖坯不易产生层裂，密实度好，产品强度高。但设备笨重，价格高。杠杆式压砖机每次压制4块砖坯。

蒸压粉煤灰砖生产中发生的砖坯侧面分层裂缝，其原因除配合比中粉状物料过大外，主要为压砖机的压力较小，压制时间太短等设备和工艺问题。首先是当压砖机压力卸去后，砖坯内的气体无法排出，坯体发生“回弹”造成的。因此，在采用我国生产的压砖机时，配合比中一定要有足够的集料掺量，才能减少这种缺陷，提高产品合格率。

成型好的砖坯码放在养护小车上，由轻便轨道推送至静停线上，排成一列（一釜的装载量）后，由牵引车或卷扬机牵引入釜。

养护小车台面应平整，刚性要好。每次使用前应对小车台面进行清除，不得有粘着物料，以免在运送过程中，由于砖坯堆码不平而造成断裂。

小车轨道接头要求平正，以避免运输时小车振动，造成砖坯损伤。

养护小车外形尺寸为：长×宽×高=1183mm×1650mm×404mm，每车码坯970块。

（七）养护

1. 静停

砖坯在养护前，需要放置一段时间，称做静停。它的目的是使砖坯具有一定强度，以抵御在养护升温时温度变化和水分迁移引起的应力，防止砖坯裂缝。

静停分自然静停、湿热静停和干热静停几种。

(1) 自然静停。将砖坯放在车间内进行自然干燥，使其具有一定的初始强度。自然静停的静停时间长短，受自然环境温度的影响，夏季可缩短，冬季需延长。它比湿热静停或干热静停时间长，因而延长了生产周期，增加了养护设备和运坯工具。它只适用于天气炎热的地区，在砖坯含水率较小时采用。

(2) 湿热静停。将砖坯置于专门的静停室内，通入蒸汽，在 50~60℃下静停 3~7h。砖坯的强度增长，主要由环境温度决定，提高环境温度可大大缩短静停时间。

(3) 干热静停　将砖坯置于专门的干热静停养护室内，室内设有干热管道，蒸汽通入干热管道内，通过干热管散热加热空气，使砖坯脱水而获得一定强度。干热静停温度为 50℃左右，静停时间为 20~30h。与湿热静停比较，干热静停升温慢，周期长，生产效率低。这种静停方法适用于砖坯水分较大者，一般成型水分在 25%以上时才采用。

图 6-23 表示了几种静停条件与砖坯强度的关系。

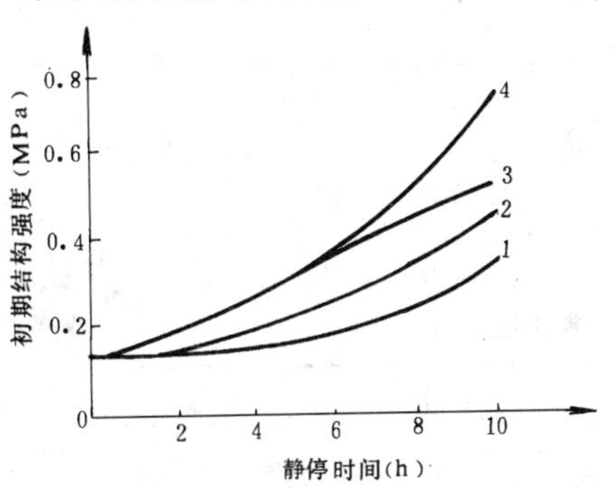

图 6-23　不同静停条件与砖坯强度的关系

1—50℃湿热；2—50℃干热；3—60℃湿热；4—60℃干热

2. 高压蒸汽养护

养护的作用是通过在高温、高湿的环境下，使混合料中的钙质成分与硅质成分等发生作用，生成水化产物，获得一定强度和各种性能，最终形成产品。砖坯经静停后进入蒸压釜内，完成养护过程，得到符合质量（外观和性能质量）要求的蒸压粉煤灰砖。

在蒸压釜内养护，包括升温、恒温、降温三个阶段。升温、恒温、降温的时间，最高温度（压力），以及升温、降温的速度是养护工艺中的主要参数。

砖各项性能的优劣，主要决定于养护温度（压力）的高低，以及养护时间的长短。温度（压力）高，反应充分，各项性能都较好。同时，砖养护温度高时，得到相同强度所需的养护时间也可相应缩短。

一些工厂采用蒸压釜的工作压力较低，尽管砖的强度能够达到标准的规定，但砖的干燥收缩值较大，这是造成蒸压粉煤灰砖使用时墙面裂缝较多的原因。因此，在条件许可的情况下，蒸压粉煤灰砖的蒸压养护压力应大于 0.8MPa。

养护中升温、降温速度不当，砖坯会产生裂缝，影响外观质量。

粉煤灰砖蒸压养护的工艺参数见表 6-31。

表 6-31　蒸压养护工艺参数　(h)

釜外静停	升　温	恒　温	降　温
3~4	2~3	6~7	2~3
温度 50~60℃	前 1~1.5h， 砖坯温度不超过 100℃	温度 174.5℃ (相应压力 0.8MPa)	控制出釜时砖的温度与 环境温度之差小于 80℃

上述工艺参数与其他有关养护的规定称养护制度，可用图 6-24 表示。

（八）主要设备

蒸压粉煤灰砖生产所需的主要设备有搅拌机、轮碾机、压砖机和蒸压釜。各种设备都有几种型号，适合于不同的建厂要求和条件。本节只选取其中常用型号作简要介绍。

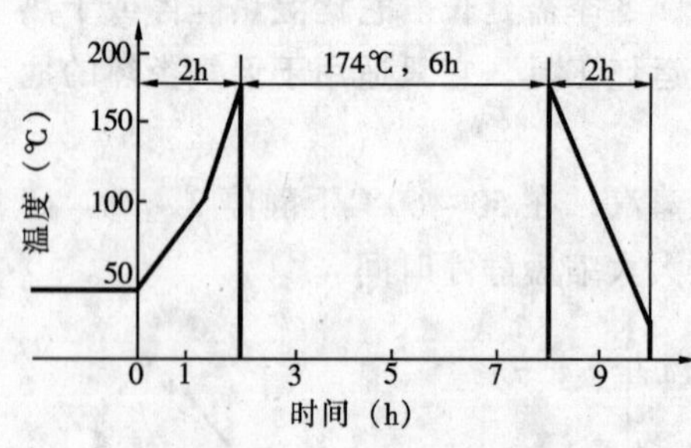

图 6-24 养护制度示意图

1. 搅拌机

其技术性能见表 6-32。

2. 轮碾机

其技术性能见表 6-33。

3. 压砖机

常用型号压砖机技术性能见表 6-34。

4. 蒸压釜

常用 ϕ1.95m×21m 蒸压釜，其技术性能见表6-35。

表 6-32 粉煤灰砖用搅拌机技术性能

规格 项目 \ 设备名称		双轴搅拌机 ϕ600mm×ϕ3000mm	双轴搅拌机 ϕ750mm×ϕ3500mm	KWQ750 强制式搅拌机	1.4m³ 砂浆搅拌机
有效容积		—	—	0.75m³	1.4m³
生产能力		20m³/h	35m³/h	7.5～16.5m³/h	10～17m³/h
电动机	型号	$J_{81}-8$	$JO_{82}-6$	$JO_3-180L-6$（L_3）	$JO_{83}-8$
	功率	20kW	28kW	22kW	28kW
	转速	750r/min	980r/min	1000r/min	735r/min
外形尺寸	长	5033mm	6497mm	2690mm	4000mm
	宽	1665mm	1470mm	2310mm	2200mm
	高	1203mm	1354mm	1980mm	1673mm
设备质量		3565kg	4988kg	3500kg	5200kg
资料来源		中国建筑东北设计院		上海玻璃机械厂	中国建筑东北设计院

表 6-33 蒸压粉煤灰砖用轮碾机技术性能表

项目		单位	ϕ1600×600 连续式石碾机	ϕ1600×450 间歇式铁碾机
碾轮直径		mm	1600	1600
碾轮宽度		mm	600	450
碾轮质量		kg	3200	4000
主轴转速		r/min	24	22
生产能力		t/h	2.4～4.5	4～7.8
电动机	型号		JO_2-81-6	JO_3-250S-8
	功率	kW	30	37
	转速	r/min	970	750
外形尺寸	长	mm	3415	4000
	宽	mm	2820	4660
	高	mm	3116	2700
设备质量		kg	14400	21000
资料来源			中国建筑东北设计院	上海重型机械厂

表 6-34 蒸压粉煤灰砖常用压砖机技术性能表

项 目	单 位	形 式 与 型 号*		
		杠杆式	盘转式	
		YZ280-4	YZP120-16 PZ120-16	PZ60-8A PZ60-8 BK60-8
砖坯规格	mm × mm × mm	240 × 115 × 53	240 × 115 × 53	240 × 115 × 53
产量	块/h	3300 ~ 3600	≥3000	2160
最大成型压力	t	280	120	60
单位成型压力	MPa	23	21	21
模框数	个	4	16	8
电动机功率	kW	30	30	10
总质量	t	32.5	25	5.8
生产厂		太原矿山机械厂	江阴矿山机械厂 朝阳重型机械厂	朝阳重型机械厂 济南建材机械修制厂 青岛建材机械修配厂

* 压砖机型号。根据国家建材行业标准《十六孔盘转式压砖机》，应为 YZP120-16。其中 Y 表示压，Z 表示砖，P 表示盘转式，120 为公称压制力，16 为砖机孔数。表内其他型号表示法为此标准颁布前型号。

表 6-35 ϕ1.95m × 21m 蒸压釜技术性能

项目名称	单 位	参 数	项目名称		单 位	参 数
釜体工作内径	mm	1950	外形尺寸	长	mm	25110
釜体工作长度	mm	21000		宽	mm	3320
釜内养护小车轨距	mm	750		高	mm	2719
釜内工作压力	MPa	1.2				
釜内饱和蒸汽温度	℃	190.7	设备质量		kg	34735

与蒸压釜配套的辅助设备有：养护小车、摆渡车（摆渡养护小车入釜用）、牵引小车入釜用的慢动卷扬机和操纵釜盖开启用的空气压缩机。

四、蒸压粉煤灰砖产品标准和性能

蒸压粉煤灰砖应按照行业标准 JC239《粉煤灰砖》组织生产。

（一）标准简介

1. 产品种类和应用范围

（1）级别和等级。标准规定粉煤灰砖分 4 个强度级别、3 个等级。4 个强度级别是：20、15、10、7.5。以外观质量、强度、抗冻性和干燥收缩指标分：优等品（A）、一等品（B）和合格品（C）。

（2）使用范围。可以使用在工业与民用建筑的墙体和基础。但用于基础及易受冻融和干湿交替的建筑部位时必须使用一等品砖与优等品砖。在长期受热高于 200℃、受冷热交替作用或有酸性侵蚀的建筑部位不得使用粉煤灰砖。

2．技术要求

（1）砖的外观质量。应符合表6-36的要求。

表6-36 粉煤灰砖外观质量 （mm）

项目	指标		
	优等品	一等品	合格品
（1）尺寸允许偏差： 长度 宽度 高度	 ±2 ±2 ±2	 ±3 ±3 ±3	 ±4 ±4 ±3
（2）对应高度差不大于	1	2	3
（3）每一缺棱掉角的最小破坏尺寸不大于	10	15	25
（4）完整面不少于	二条面和一顶面或二顶面和一条面	一条面和一顶面	一条面和一顶面
（5）裂纹长度不大于： 大面上宽度方向的裂纹（包括延伸到条面上的长度）	30	50	70
（6）层裂	不允许	不允许	不允许
（7）其他裂纹	50	70	100

注 在条面或顶面上破坏面的两个尺寸同时大于10和20mm者为非完整面。

（2）砖的强度指标。应符合表6-37的要求。

（3）砖的抗冻性。应符合表6-38的要求。

（4）砖的干燥收缩值。应符合以下要求：优等品应不大于0.60mm/m，一等品应不大于0.75mm/m，合格品应不大于0.85mm/m。

表6-37 粉煤灰砖强度指标 （MPa）

强度级别	抗压强度		抗折强度	
	十块平均值不小于	单块值不小于	十块平均值不小于	单块值不小于
20	20.0	15.0	4.0	3.0
15	15.0	11.0	3.2	2.4
10	10.0	7.5	2.5	1.9
7.5	7.5	5.6	2.0	1.5

注 强度级别以蒸汽养护后一天的强度为准。

表6-38 粉煤灰砖抗冻性指标

强度级别	抗压强度（MPa）平均值不小于	单块砖的干质量损失（%）不大于	强度级别	抗压强度（MPa）平均值不小于	单块砖的干质量损失（%）不大于
20	16.0	2.0	10	8.0	2.0
15	12.0	2.0	7.5	6.0	2.0

3．试验方法摘要

蒸压粉煤灰砖的性能试验应根据 GB2542《砌墙砖试验方法》的规定进行。在 GB2542 中包括“砌墙砖的几何尺寸、外观质量、抗折强度和抗压强度、抗冻性能、体积密度、石灰爆裂、泛霜性能、吸水率、饱和系数、孔洞率及孔结构、干燥收缩和碳化试验”等各项内容。现摘要将抗压强度、抗折强度、抗冻性和干燥收缩性能的试验方法作一介绍。

(1) 抗压强度试验。试样为一块整砖，用适当方法将其分成两等份，将两等份断口方向相反叠放（如图 6-25），叠放部分不得小于 10cm。测量砖样叠合部分的长度最小尺寸（精确至 mm），计算受荷面积 S（以 mm^2 计）。以 50.0～70.0N/s 的速度加荷，直至砖样破坏。读出破坏荷载 F。计算其抗压强度 $R_{压}$。

$$R_{压} = \frac{F}{S}$$

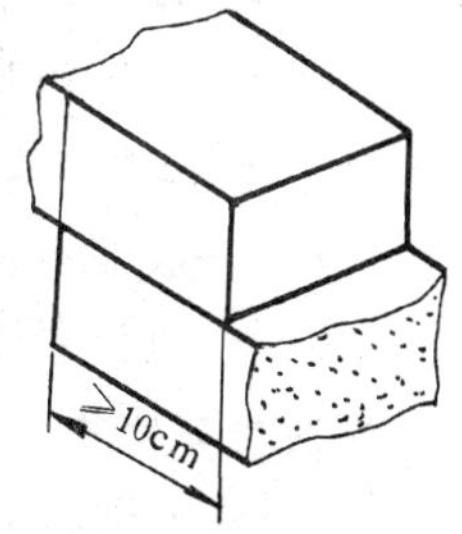

图 6-25 抗压试验时砖样叠放

(2) 抗折强度试样为一块整砖。在砖样的两大面中间处测量宽度，两条面中间处测量厚度，精确至 mm，分别取其平均值 b、h。

将砖样平放在材料试验机上，跨距 L 为 200mm。如砖有裂纹时，应使有裂纹之大面朝下，当砖样与支座式加压头接触不良时，应将砖样磨平，以保证其接触良好。以 2.0～3.0N/s 的速度在跨距中心加荷，直至砖样折断，读出破坏荷载 F。计算抗折强度 $R_{折}$。

$$R_{折} = \frac{3FL}{2bh^2}$$

(3) 抗冻试验。抽取棱角完整无破坏面的砖 10 块作为试样进行试验。

清理砖样表面，浸入 10～20℃水中，浸泡 48h。然后取出，擦去表面水分，放入温度已降至 -18℃的冰箱中，按一定方法置放。当温度再次达到 -18℃时开始计算。恒温 5h，取出，按一定方法再置于 10～20℃水中融解 2h。冻融各一次，作为一个冻融循环。每隔 5 次循环。对砖样进行一次检验。检查条面、顶面上的破坏情况。一共进行 15 个循环。

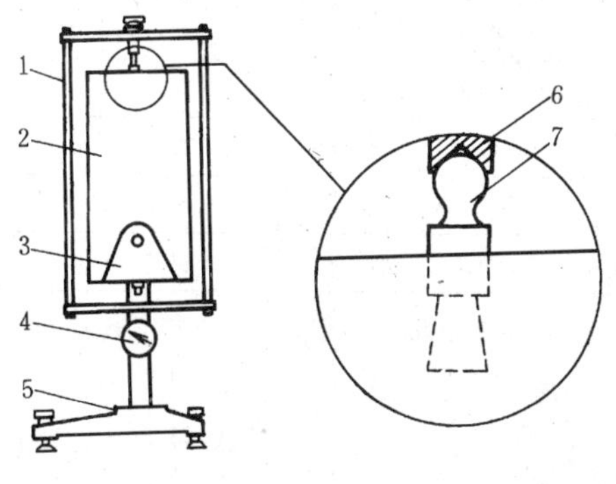

图 6-26 砌墙砖收缩仪示意图

1—测量框架；2—试件；3—试件架；4—百分表；5—支架；6—测头；7—收缩头

(4) 干燥收缩试验。仪器设备见图 6-26。装置上的百分表量程为 10mm。收缩头采用黄铜或不锈钢制作。试件为 240mm × 115mm × 53mm 规格砖一组 3 块。试验时，在砖试样两端装好收缩头，放置 1d，然后于 20℃ ± 1℃水中浸泡 4d。浸泡时，试件距离应大于 20mm。将试件从水中取出，用湿布擦去表面水分，擦干收缩头。以标准杆确定测试仪原点。测定试件，记录初始长度百分表读数。将试件放入温度为 50℃ ± 1℃、内放 $CaCl_2$ 饱和水溶液（控制湿度）的干燥箱内进行干燥至少 44h。取出试件，置于冷却箱中冷却至 20℃ ± 1℃（一般需 4h），在 20℃ ± 1℃环境下测试。每 2d 按上述步骤进行干燥、冷却和测试，直至两次测长读数差在 0.01mm 以内。以最后两次读数平均值作为干燥后读数。

干燥收缩值按下式计算：

$$\Delta l = \frac{l_1 - l_2}{L_0 + l_1 - 2L - M_0} \times 1000$$

式中 Δl——干燥收缩值，mm/m；

L_0——标准杆长度，mm；

l_1——试件初始读数（百分表读数），mm；

l_2——试件干燥后读数（百分表读数），mm；

L——收缩头长度，mm；

M_0——百分表原点，mm。

（二）产品性能

（1）表观密度。蒸压粉煤灰砖的表观密度在1500kg/m³左右，比普通粘土砖小。

（2）强度。蒸压粉煤灰砖抗压强度可达20MPa以上。其抗折强度与抗压强度比为0.20~0.25，与普通粘土砖相近。

（3）吸水性。与普通粘土砖相比，其吸水速度与粘土砖相近，但其吸水率比较高。

（4）耐高温性。加热温度不高于400℃时，随温度增加强度提高，至400℃以上，强度下降。

（5）耐化学腐蚀性。在酸碱溶液中浸泡后，强度都有降低。

（6）收缩性能。蒸压粉煤灰砖在自然环境下，由于温度、湿度、碳酸气（CO_2）作用会产生变形。温度升高时，体积膨胀，温度降低时，体积缩小。湿度增加，体积膨胀，湿度降低，体积缩小。在大气中的碳酸气能与水化产物发生作用（碳化）而使砖发生收缩。

正常生产的蒸压粉煤灰砖，具有如表6-39所示的性能。

表6-39 **蒸压粉煤灰砖性能一览表**

项目	单位	蒸压粉煤灰砖		粘土砖
		抗压强度20MPa	抗压强度15MPa（标号150级）	
表观密度	kg/m³	1500~1700	1400	1800
抗压强度	MPa	25.1	17.2	22.0
抗折强度	MPa	5.4	3.9	5.6
吸水率	%	20.3	28.6	14.7
吸水速度	%			
15min		40.4		49.7
30min		46.8		55.1
60min		52.2		60.5
180min		61.1		70.1
软化系数		0.85	1.0	0.95
导热系数	W/（m·K）	0.50~0.70	0.55	0.68
高温下抗压强度变化率	%			
200℃		+29.3		+2.3
400℃		+17.7		+1.1

续表

项　　目	单　　位	蒸压粉煤灰砖		粘　土　砖
		抗压强度 20MPa	抗压强度 15MPa（标号 150 级）	
600℃ 800℃		-3.0 -46		0 —
耐腐蚀性（抗压强度变化率）	%	酸　-12.3 碱　-13.5		酸　-18.4 碱　-11.1
15 次冻融循环损失率	%	抗压强度　8.6 质量　-0.47	合格	抗压强度　26.8 质量　-0.09
25 次干湿循环（强度变化率）	%	抗压　+4.4 抗折　-2.6	合格	抗压　-15.8 抗折　-3.6
碳化系数		0.81	0.89	0.95
收缩值	mm/m	试验室　0.45 自然　0.26	0.58 2.5m　0.46 10m　0.67	0.177 —

蒸压粉煤灰砖出釜以后，由于温度降低、湿度降低和碳化作用，在使用过程中，总的趋势是体积缩小，发生收缩。具收缩变化规律是：出釜后的最初 3d 内收缩最大，平均每大的收缩值为 0.019mm/m；3～30d 内平均每天的收缩值为 0.005mm/m；30d 后，平均每天的收缩值为 0.003mm/m；大约在 60d 后，平均每天的收缩值小于 0.001mm/m。直至稳定。

在自然环境中，不同地区使用时，由于温、湿度不同，同样的粉煤灰砖，其平衡的收缩值不同。同时，在温、湿度变化后，体积仍然要变化（冷缩，热胀；干缩，湿胀）。为了检验蒸养粉煤灰砖的收缩性能，在试验室中可进行干缩试验（测定一定的恒温、恒湿条件下，达到收缩稳定时的收缩值）和碳化收缩试验（测定完全碳化时的收缩值）。但这只是一种相对的比较方法（比较不同原料、工艺等条件下生产的砖的性能优劣），而不是在自然环境下的真实收缩值。

与普通粘土砖比较，蒸压粉煤灰砖的收缩值要大得多，而且影响因素、变化规律都不相同，这点在应用粉煤灰砖时应特别加以注意。

（7）耐久性能：

1）抗冻性。它是指砖抵抗反复冻融作用的能力。蒸压粉煤灰砖如果按规定生产，达到产品标准要求时，能够经受抗冻性试验。

蒸压粉煤灰砖的抗冻性与其自身强度有关。强度高者其抗冻性亦好。因此，在产品标准中规定，只有一等砖才能用于有抗冻性要求的建筑部位，以保证建筑物的耐久性。

2）耐水性。包括受干湿循环作用后和长期浸泡在水中时其强度的变化。经干湿循环作用，蒸压粉煤灰砖的抗压强度有所增长，抗折强度稍有下降。蒸压粉煤灰砖长期浸泡在水中，强度有所增长。

3）碳化性。经人工碳化后，强度下降。其人工碳化系数（碳化后抗压强度与碳化前抗压强度之比）为 0.80。

4）自然条件下长期强度稳定性。蒸压粉煤灰砖是在高温、高压下进行反应形成的。水化反应比较充分，因此，它具有稳定的强度和性能。在大气中，出釜前期，强度有较多增长，以后即不再提高，保持稳定。

由于蒸压粉煤灰砖是一种水硬性材料，在潮湿环境和水中长期浸泡，强度继续增长，而且时间持续较长（见表 6-40、表 6-41）。

表 6-40　　不同龄期强度（大气中）　　(MPa)

强度＼龄期	出釜	7d	14d	28d	90d	180d	360d
抗　压	176	227	254	281	282	281	283
抗　折	38.2	54.6	54.4	57.5	59.6	56.0	57.2

表 6-41　　不同龄期强度（埋入地下 2m）　　(MPa)

强度＼龄期	埋入前	埋入 1 年	3 年	5 年
抗　压	154	161	177	190
抗　折	39	38.6	50	50

蒸压粉煤灰砖在自然条件下，抗压强度的变化受外界影响较小；而抗折强度的变化则敏感得多。不论使用在什么部位，砖的抗压强度，都有增加；而抗折强度在潮湿的基础中有所增长，在与大气接触且经常受到剧烈干湿交替作用的部位则要降低。

五、蒸压粉煤灰砖的应用

蒸压粉煤灰砖的建筑设计与施工，目前尚无专门规程，可以遵照普通粘土砖的各项有关规范、规程进行。但由于蒸压粉煤灰砖在某些性能上与普通粘土砖有较大差别，因此，必须在使用中有相应措施。

1．使用性能特点

(1) 由于采用压制成型，蒸压粉煤灰砖的表面平整、光滑。因此，这种砖的砌体，局部应力集中少，有效承压面积大，但相应每层砖间的摩擦力减小，使砌体抵抗横向变形能力减弱。这就造成砌体的极限强度较高，而开裂强度相对较低。其砂浆粘结力及机械摩擦力小，沿通缝抗剪强度低。

(2) 蒸压粉煤灰砖表面光洁并有少量起粉，如处理不当，则与砂浆粘结力较低，所以抹灰工程中应注意施工方法，严格施工操作要求。

(3) 蒸压粉煤灰砖的收缩值较大，易造成墙体裂缝。

(4) 蒸压粉煤灰砖是由各种水化产物组成的，具有水硬性，在潮湿环境下，其强度可有一定程度的增长。

2．应用技术

对蒸压粉煤灰砖建筑，如果不采取一些应用技术措施，可能发生墙体裂缝和粉刷质量问题。因而必须针对其使用技术特性，在构造上和施工中采取措施，保证工程质量。

(1) 在砌筑前，砖应放置一定时间，使之进行自由收缩，减少上墙后的收缩，减少墙体裂缝。

（2）在窗台、门、洞口等部位，适当增设钢筋，减少这些部位的裂缝。

（3）增设圈梁，加强建筑整体性。

（4）减小伸缩缝间距。

（5）禁止用干砖或饱和水的砖砌墙。严格按照施工要求浇水和除去表面粉末。冬季、雨季施工应采取防冻、防雨措施。

（6）宜用较大灰膏比的混合砂浆砌筑，并做到灰缝饱满。如有可能，应采用专用粘结砂浆。

（7）同一楼层中不宜与其他品种砖混砌。

（8）在地震区，用于承重墙时，应采取比普通粘土砖更加严格的防震措施。

（9）在干湿交替和冻融部位，应做表面粉刷。

3．典型建筑

（1）位于北京市石景山区的北京市加气混凝土三厂，1979 年建成五层蒸压粉煤灰砖承重单身宿舍楼，使用 7 年后检查，只底层窗台下有宽 0.1～0.2mm、长 35～95cm 的裂缝。

1975 年建成 4 层蒸压粉煤灰砖承重办公楼，检查时，发现亦只有底层窗台下有 0.1mm 宽、30cm 长裂缝。

（2）武汉市钢花新村小区，采用蒸压粉煤灰砖承重，建成面积为 20 万 m^2 楼群，使用多年，未发现任何裂缝。

第三节　蒸养粉煤灰硅酸盐砌块

一、概述

粉煤灰硅酸盐砌块是以粉煤灰、石灰、石膏作胶结料，与集料（可用煤渣、硬矿渣等工业废渣或其他集料）按比例配合，加水搅拌，振动成型，常压蒸汽养护制成的一种墙体材料。它的主规格是：长度 880～1180mm、高度 380mm、厚度 180～240mm，不带孔洞，属于中型密实砌块。

一般生产工艺流程见图 6-27。它的生产工艺比较简单，不需要复杂、大型的设备。

粉煤灰硅酸盐砌块，多数采用煤渣等轻质集料，其表观密度为 1300～1550kg/m^3，抗压强度可达 20MPa，后期强度稳定，性能可满足筑墙要求。它可用于建造多层民用建筑的承重和非承重墙、基础、框架填充墙、工业建筑的承重墙和围护墙。

由于砌块块形大，每块质量在 35～130kg（视规格而定），因此在砌筑时需用机械吊装，但施工效率高，比手工砌砖工期可缩短 1/3 左右。

砌块的生产和建筑设计施工已有行业标准，如 JC238—78《粉煤灰硅酸盐砌块》和 JGJ5—80《中型砌块建筑设计与施工规程》。

生产粉煤灰硅酸盐砌块可以采用湿排粉煤灰。每生产 1m^3 产品，可利用粉煤灰 420kg。生产厂的规模有年产 3 万 m^3、5 万 m^3、10 万 m^3 及以上等多种。

由于砌块的特点，它的使用与砖有较大差别，在推广粉煤灰硅酸盐砌块时，应注意要有相应的建筑设计、施工技术与之配套。

我国在 1960 年建成第一座粉煤灰硅酸盐砌块厂，年产量 18 万 m^3。20 世纪 70 年代，粉煤灰硅酸盐砌块得到较大发展。80 年代以后，我国粉煤灰硅酸盐砌块生产呈下降趋势，主

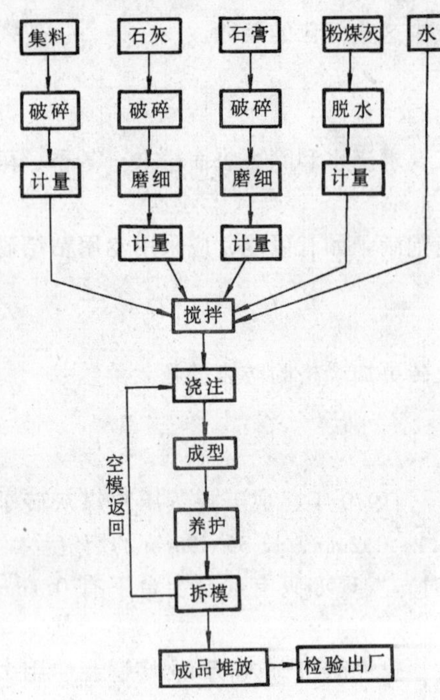

图 6-27 粉煤灰硅酸盐砌块生产工艺流程示意图

要原因是生产技术、应用技术在 20 多年中很少改进，在性能上如砌块收缩大容易引起墙体裂缝等问题，多年来未能完全解决。不过，也有一些工厂针对产品本身性能特点，拓展应用范围，将它应用于农村建设，如做鱼塘、水渠护坡等。

二、粉煤灰硅酸盐砌块的原材料

1. 粉煤灰

生产粉煤灰硅酸盐砌块以干排灰为好，使用湿排灰时需经脱水处理，使粉煤灰的含水率小于 40%。

粉煤灰的质量应符合行业标准 JC409《硅酸盐建筑制品用粉煤灰》的要求。

2. 石灰

生产粉煤灰硅酸盐砌块应采用生石灰，不宜采用熟石灰。

生石灰的主要作用是：

(1) 消化时放出大量热量，有利于提高砌块初始强度，避免产品在养护中产生疏松、裂缝。

(2) 活性较高，易于和粉煤灰中的活性氧化硅、活性氧化铝进行水化合成反应。同时，生石灰比熟石灰用水量少，且砌块密实度较高，因而砌块的强度较高，耐久性较好。

生产粉煤灰硅酸盐砌块的石灰应符合以下要求：

(1) 有效氧化钙含量不低于 50%。

(2) 氧化镁含量小于 5%。

(3) 生石灰的消化温度不低于 50℃，消化时间在 30min 以内。

3. 石膏

生产粉煤灰硅酸盐砌块可以采用二水石膏和半水石膏。可采用天然石膏，也可采用工业废石膏，如磷酸废渣（磷石膏）、氢氟酸废渣（氟石膏）或工业模型废石膏等。

采用磷石膏时，其中 P_2O_5 含量不得大于 3%。

石膏在粉煤灰硅酸盐砌块中的作用是：

(1) 延缓生石灰消化放热反应，改善石灰粉煤灰胶结料的水化物结构形态，增加致密性。

(2) 参加石灰粉煤灰之间的水化反应，增加水化产物的数量。

由于以上的作用，粉煤灰硅酸盐砌块的强度提高了。

4. 集料

粉煤灰硅酸盐砌块可以采用各种集料（又称骨料）。如煤渣、硬矿渣、膨胀矿渣或其他人造轻集料，以及天然石子、砂等。一般优先采用煤渣及其他工业废渣。

不同种类的集料，对砌块的强度影响不大，只对其表观密度有较大影响。

采用工业废渣（煤渣、矿渣）作集料时，应注意其体积安定性，防止集料在生产和使用中体积膨胀，使产品疏松和发生其他缺陷。

三、粉煤灰硅酸盐砌块的配合比

粉煤灰硅酸盐砌块具有一定强度和其他使用性能的原理是，石灰、粉煤灰中的有效成分，在有水和蒸汽养护的条件下，进行水热合成反应，生成水化硅酸钙等水化产物，它们和集料胶结在一起，形成类似普通混凝土那样的结构。因此，在一定的工艺条件下，砌块性能的优劣不仅取决于原料质量的好坏，而且决定于各种原料之间的配合比例。

粉煤灰硅酸盐砌块的配合比中，石灰、石膏、粉煤灰是主要起化学反应的物料，称为胶结料；煤渣主要起骨架作用，称为集料。

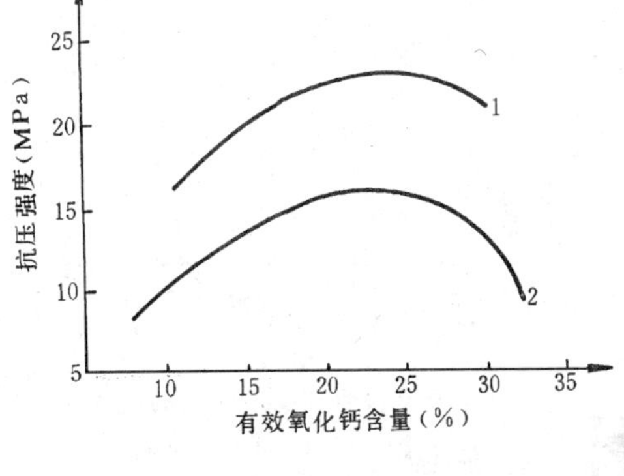

图 6-28 胶凝材料中有效氧化钙用量与强度的关系
1—采用干排粉煤灰制作的试件；
2—采用湿排粉煤灰制作的试件

（一）确定配合比的原则

（1）保证制品有良好的使用性能，这是研究配合比的首要任务。配合比的确定不仅要考虑制品有足够高的强度，而且要兼顾其他性能；不仅要考虑短期性能，更要考虑长期耐久性能。

（2）要考虑生产工艺条件和能满足生产的需要，如料浆要有良好的保水性、和易性，等等。

（3）因地制宜地选取原材料，尽可能降低成本。

（二）配合比中各种原料的确定

1. 石灰用量

在粉煤灰硅酸盐砌块的配合比中，主要是石灰用量的确定。石灰用量以有效氧化钙多少进行计算。

有效氧化钙含量与粉煤灰硅酸盐砌块强度之间的关系见图 6-28。

有效氧化钙用量有一个最佳含量区，以在胶结料中的含量计，在 15% ~ 25% 之间。

另外，有效氧化钙含量还与产品的耐久性有关。以产品的碳化系数（碳化后抗压强度与碳化前抗压强度之比）作为衡量耐久性的一个标准，其碳化系数与有效氧化钙含量之间的关系如图 6-29 所示。

有效氧化钙含量越大，碳化系数也越高。当有效氧化钙含量在 20% ~ 25% 时，碳化系数接近于 1，即碳化后强度不降低。碳化系数与有效氧化钙含量之间几乎成正比关系。

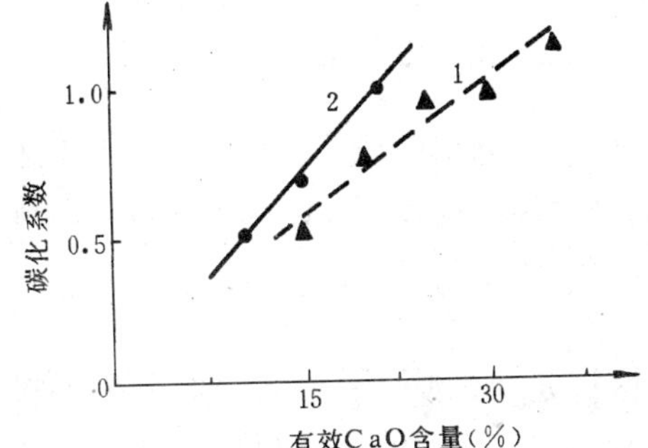

图 6-29 胶凝材料中有效氧化钙含量与碳化系数的关系
1—干灰；2—湿灰

石灰用量除了与材料性能有关外，还与生产工艺、生产成本有关。

石灰用量过多，料浆发热量过大，会使砌块在制造过程中就发生微细裂缝。

综合考虑以上各种因素，在生产砌块中，一般在胶结料中有效氧化钙占 15% ~ 25% 时的石灰用量可以达到这些要求。此时，砌块出池强度为 10 ~ 15MPa，碳化系数为 0.6 ~ 1.0，抗冻性能满足 15 次或 25 次冻融循环的要求。

各地石灰质量有很大不同，在生产砌块时，各厂应参照上述参数和原则，根据当地原料情况进行试验，确定最佳掺量，并在生产中根据生产检验结果加以调整。

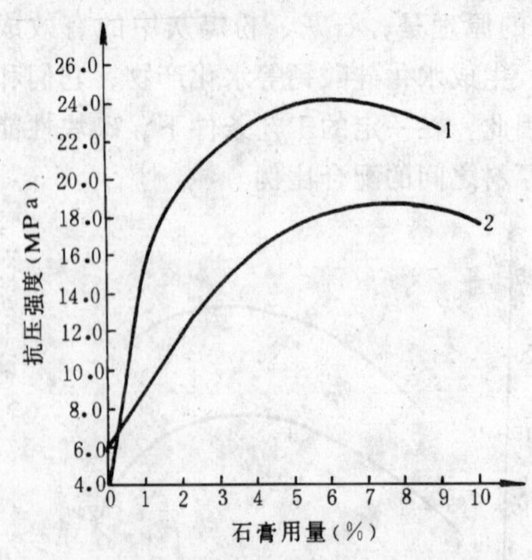

图 6-30 石膏掺量和砌块性能的关系
1—干灰·半水石膏；2—湿灰·二水石膏

砌块胶结料中有效氧化钙含量和石灰掺用量之间的关系如下式：

$$x = \frac{x_C}{x_L} \times 100\%$$

式中 x——砌块胶结料中石灰掺用量，%；

x_C——砌块胶结料中有效氧化钙含量，%；

x_L——石灰中有效氧化钙含量，%。

2. 石膏用量

石膏在砌块中有一个适宜的范围，掺用量过多、过少都不利于砌块的强度和抗冻性，其关系见图 6-30。

石膏的最佳用量为砌块胶结料的 2%～5%。

3. 集料用量

在砌块中，胶结料和集料的比例要适当，这样才能使砌块得到各方面都能满足使用要求的性能。如果集料过多，胶结料数量过少，二者无法形成一个整体，则强度降低，而且生产时，和易性变差。反之，如果集料过少，缺乏应有的骨架，也将影响砌块的性能，例如，会使收缩值增大，不利于使用。

砌块中集料的确定以胶结料与集料的比例（简称胶骨比）控制。当采用煤渣作集料时，胶骨比在 1:1～1:1.5 之间为佳。煤渣集料的砌块胶骨比与收缩值的关系见表 6-42。

4. 用水量

砌块中的用水量是指料浆中水量占干物料总量的百分数。

表 6-42 煤渣集料的砌块胶骨比与收缩值的关系

胶骨比	收缩值（mm/m）	
	180d	270d
1:2	0.65	0.65
1:1.2	0.55	0.65
1:0.5	1.05	1.30

和普通混凝土一样，粉煤灰硅酸盐砌块也应在保证成型的条件下，尽量减少水的用量，使砌块致密，提高其各种性能。

对于粉煤灰硅酸盐砌块，采用振动台成型时，一般以工作度为 15～30s 时的用水量为宜。此时，采用干排粉煤灰为原料者，用水量在 26%左右；采用湿排粉煤灰者，用水量在 32%左右。由此可见，由于使用干排灰达到同样成型要求所需水量比湿排灰少，从而其生产出的砌块性能也较优，因此，在可能的情况下，生产粉煤灰砌块应优先采用干排粉煤灰作原料。

四、粉煤灰硅酸盐砌块的生产工艺

粉煤灰硅酸盐砌块的主要生产工艺过程包括：原材料处理、混合料制备、制品振动成型、蒸汽养护、成品检验堆放等几个环节。

（一）原材料的贮存和处理

原料进厂时，要保证质量合乎要求。原料进厂后要经过贮存、脱水、破碎、粉磨等各个步骤，以使生产均衡稳定，质量保证。

厂内的贮存必须根据材料特点，确定贮存方式和期限，保证合乎质量的原料在贮存期不变质，使用时能满足生产要求，同时，还应考虑贮存数量足够，保证生产的均衡稳定。

1. 粉煤灰

使用干灰时，最好用仓贮，用料棚时，应注意防尘。

我国有大量的湿排灰，为了充分利用这部分粉煤灰，各地砌块厂多以湿灰作原料，此时，应进行脱水处理。一般不宜采用自然脱水方法，常用方法为自然沉降-真空脱水法或浓缩—真空过滤法。

各种脱水方法处理后粉煤灰的绝对含水率达到的指标见表 6-43。

表 6-43　　各种脱水方法比较

脱水方式	处理后粉煤灰绝对含水率（%）	需用设备
自然沉降	100～110	—
自然沉降—真空脱水	60	真空管、真空泵
浓缩池	50～60	耙式浓缩机
浓缩—真空过滤	30	耙式浓缩机＋真空过滤机

粉煤灰贮存量应为可供 7～10d 生产所需用量。

2. 石灰

生石灰极易受潮消解，降低活性，影响产品质量。进厂如为块状生石灰，应设料棚堆放，并尽快破碎、磨细等加工后贮存。贮存期应不超过 3d。

石灰粉宜仓内贮存。仓内贮存一般不应超过 15d。

块状生石灰经破碎、磨细后方可使用。块状生石灰破碎后粒径应小于 30mm。磨细后细度要求为 4900 孔筛余量在 20%～25%。为便于粉磨，可按配合比要求的比例与石膏一起混磨，但需注意二者比例应保持稳定和准确。

3. 石膏

天然块状石膏可在露天贮存，贮存期为 30～60d。使用前要经破碎和磨细。通常，按比例和石灰一起混磨，可提高石灰的粉磨效率。

若采用工业废石膏，磷石膏为含水状态，堆存时间应缩短为 10～15d，可不经破碎、磨细。

4. 集料

集料可露天堆放。

采用煤渣、硬矿渣作集料时，为防止安定性不合格，存放期应至少在 30d 以上。

集料的粒径要求：最大容许粒径＜40mm，1.2mm 以下细颗粒含量＜25%。集料块度较大时，需破碎至规定要求后使用。

（二）混合料制备

混合料是各种原料的混合体，又称料浆或拌合料。其制备的主要工序为配料和搅拌。

1. 配料计量

配料计量允许误差为：

粉煤灰、石灰、石膏、水　　±2%；

集料　　　　　　　　　　±3%。

2. 搅拌

为使搅拌均匀，首先要选择适宜的搅拌机。由于粉煤灰硅酸盐砌块原料种类多、料浆粘度大，所以应采用强制式搅拌机，尤其是采用轻集料时，更应选用强制式搅拌机。

合理的投料顺序是保证搅拌均匀的重要因素之一。投料有一次投料和二次投料两种方法。一次投料是按粉煤灰、石灰和石膏粉、集料的顺序投料并加水搅拌。二次投料法是先将粉煤灰、石灰和石膏粉及2/3加水量的水，先行搅拌，然后再投入集料和其他1/3的水进行搅拌。

搅拌时间一般采用3min。混合料工作度要求15~30s。

（三）成型

搅拌好的混合料浇入预先整理过的模具中。由于粉煤灰硅酸盐砌块采用带模养护，模具损害较为严重，故整理工作不容忽视。整理好的模具应达到尺寸准确，接缝严密，内侧要均匀地涂满脱模剂，保证蒸养后能顺利脱模。

砌块生产采用的模具为组合式钢模具，有立模和平模两种。立模是指成型时砌块的大面（高度和长度所在的面）与模底垂直的模具，平模是指砌块的大面与模底平行的模具（见图6-31）。

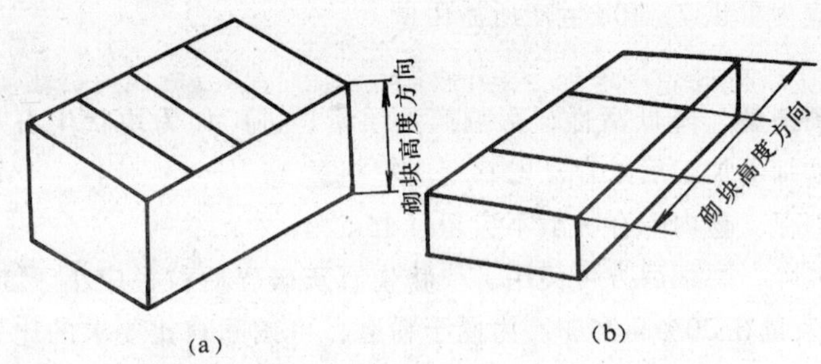

图 6-31　立模、平模示意图

(a) 立模；(b) 平模

浇满混合料的模具，放在振动台上振动成型，要求工艺参数为：

振动频率　2000~3000 1/min；

振　　幅　0.3~0.5 mm；

净振时间　30~90 s。

（四）养护

粉煤灰砌块成型后，连同模具一起进行蒸汽养护。加速胶结料中有效成分的反应，使砌块在较短时间内获得一定强度和相应的性能。

为此，必须有合理的养护制度（是指在蒸养过程中升温、恒温、降温的速度，时间长短和其他要求）才能使制品质量得以保证。合理的养护制度应该是：①制品质量达到预期指标；②整个养护周期最短，设备利用率高；③能耗低。

具体做法是：热池静停，慢速升温，保证恒温温度和时间。

1. 热池静停

制品在养护前，需有一定的初始强度来承受在养护过程中升温时温、湿度的变化。用热池静停是一个有效的方法，即利用养护池的余热（不通蒸汽），将成型好的制品放入池内静停。静停温度以40～50℃为宜。时间为3h左右。

2. 升温

在温度升高过程中，胶结料进行反应，在50～70℃之间发生膨胀。同时，由于此时制品表面温度低于介质温度，造成表面聚结冷凝水，使强度无法形成或有所降低，表面产生疏松或裂缝。因此，升温阶段宜慢。

3. 恒温

恒温阶段是水化产物生成的主要阶段。恒温温度是养护中的关键参数。当温度不够高时，即使延长恒温时间，也不能得到较高强度。例如在100℃时恒温6h，制品强度可达18.0MPa，而当温度为80℃时，即使恒温40h，仍达不到如此高的强度。在一定的温度下，随恒温时间延长，强度增加。但到一定长的时间后，再延长时间，强度增加减缓。在同样静停时间（3h）、升温时间（8h）、恒温温度（100℃）下，不同恒温时间与制品强度的关系见图6-32。

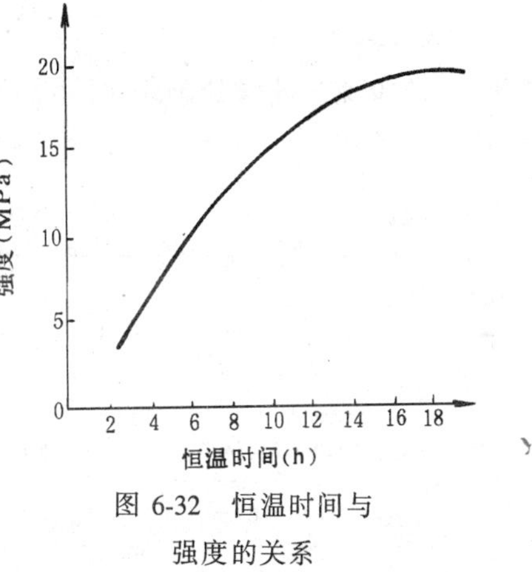

图6-32 恒温时间与强度的关系

4. 降温

由于降温时，砌块表面先行冷却，而中间部分温度较高，因而，如降温过快，会使砌块表面产生裂缝。因此，生产中应控制降温速度在20℃/h以下。池内温度与车间温度差应控制在40℃左右，制品才能出池。

5. 养护制度

养护制度通常用曲线表示，如图6-33。

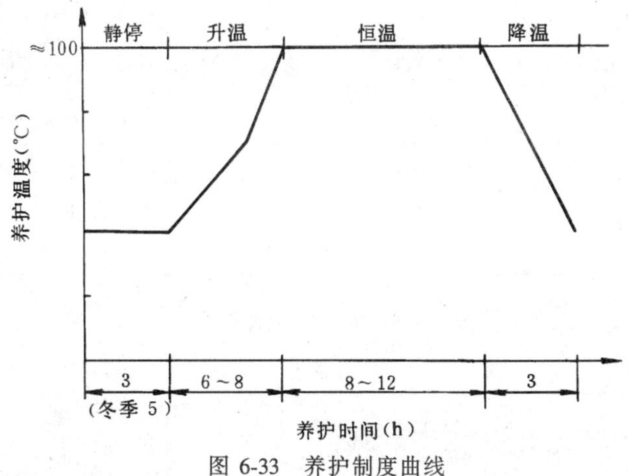

图6-33 养护制度曲线

（五）产品检验堆存

砌块出池后，其含水率高，应堆存一段时间，才能出厂使用，这样，可以使砌块在无约束（少约束）的情况下脱水、收缩，以减小在使用时的变形，减少墙体的收缩裂缝。一般要求产品堆存一个月才能出厂。

堆放时，应先对产品进行检验。成品按规格、等级、生产日期等分开堆放，以便按需要及顺序出厂。

一般堆场面积按 10000m^3 砌块约需 1500～2000m^2 堆场设置（堆放高度为 4m）。

（六）主要设备

生产粉煤灰硅酸盐砌块主要设备有球磨机、搅拌机、振动台、模具、起重设备、蒸汽养护池及试验室用设备等，主要设备和指标见表 6-44。

表 6-44 生产粉煤灰硅酸盐砌块的主要设备

设备名称	规格	主要指标	适用工厂
球磨机	ϕ1.2m×4.5m	产量 1.8～2.5t/h	磨石灰用，产量 3～5 万 m^3/年的工厂
	ϕ1.5m×5.7m	产量 4～6t/h	产量 6～12 万 m^3/年的工厂
	ϕ1.83m×6.1m	产量 9～12t/h	产量 >10 万 m^3/年的工厂
搅拌机	J_4—1500 强制式	生产能力 17～34m^3/h	
	1m^3 砂浆搅拌机	生产能力 7～12m^3/h	
振动台	1.5m×6m 轻型 1.5m×6m 重型	载重量 3t 载重量 5～10t	
模具	立式 平式	每模内砌块数 12 每模内砌块数 3～18	
钢模吊运用起重机	电动单梁 电动吊钩桥式	5t 5t	产量 3 万 m^3/年的工厂 产量 5 万 m^3/年或 10 万 m^3/年的工厂
蒸养池	5.5m×4.2m×2.3m	产量 3400m^3/（年·池）	产量 3 万 m^3/年的厂需 8 个 产量 5 万 m^3/年的厂需 14 个 产量 10 万 m^3/年的厂需 28 个
成品堆放用起重机	少先式 龙门式 轻型塔式	起重量 0.5～1t 2t 2t	产量 3～5 万 m^3/年的工厂 产量 5～10 万 m^3/年的工厂 产量 5～10 万 m^3/年的工厂
试验室设备压力试验机	NYL-100	最大容量 100t，测力计能量 0～40，0～100t	
电热恒温干燥箱	FN202H	最高温度 250℃ 内部尺寸 450mm×550mm×550mm	

由于采用带模养护，模具数量大，而且损坏率高，所以在组织生产时，应特别注意。

五、粉煤灰硅酸盐砌块的产品标准和性能

（一）产品标准简介

粉煤灰硅酸盐砌块应按照 JC238—1978《蒸养粉煤灰砌块》组织生产。

根据此标准，砌块的材料性能应符合表 6-45 的规定。它的外观和尺寸允许偏差应符合表 6-46 的规定。

表 6-45　　粉煤灰砌块性能要求指标

项　目	指　标			
	100 号		150 号	
抗压强度（MPa）	3 块平均值	最小值	平均值	最小值
	≥9.8	≥7.8	≥14.7	≥11.8
人工碳化后强度(MPa)	≥5.9		≥8.8	
干燥收缩值（mm/m）	≤1.0		≤1.0	
表观密度（kg/m^3）	≤产品设计表观密度 1500			
抗冻性①15 次冻融循环	强度损失率≤25%，外观无明显疏松、剥落或裂缝			

注　1. 此标准为 1978 年制定，其中各计量单位等在摘引时做了修改。
　　2. 各项目均按标准试验方法进行，其中一些项目的试验方法在下节介绍。
① 非冰冻地区使用可不做抗冻性试验。

表 6-46　　粉煤灰砌块外观及尺寸允许偏差要求指标

项　目	指　标	项　目	指　标
表面疏松	不允许	条面、顶面相对两棱边高低差　(mm)	≤8
贯穿面棱的裂缝	不允许	缺棱、掉角深度　(mm)	≤50
直径大于 50mm 的灰团、空洞、爆裂和突出高度大于 20mm 的局部凸起部分	不允许	尺寸允许偏差　(mm) 长 高 厚	 +5、-10 +5、-10 ±8
翘曲　(mm)	≤10		

（二）试验方法摘要

本节只摘录用于检验粉煤灰硅酸盐砌块性能的人工碳化试验方法。全部试验方法及详细操作步骤参见 JC238—1978《蒸养粉煤灰的砌块》。

1. 试验设备及试剂

(1) 氧气瓶：盛压缩 CO_2 用。如自行制备 CO_2 气时，则用两个 10000mL 的下口玻璃瓶。

(2) 碳化箱：大小根据试件多少而定。用铁板制作，涂以耐酸漆，盖子必须严密，可采用水封，以防漏气。碳化箱设进气及排气孔。

(3) CO_2 气体分析仪。

(4) 1% 酚酞乙醇溶液：用 70% 浓度的乙醇配制。

(5) 5% 碳酸钠溶液：用清水配制，加 3～5 滴甲基红指示剂（该溶液为中和盐酸气用，当甲基红指示剂显红色时，则须更换溶液）。

试验装置见图 6-34。

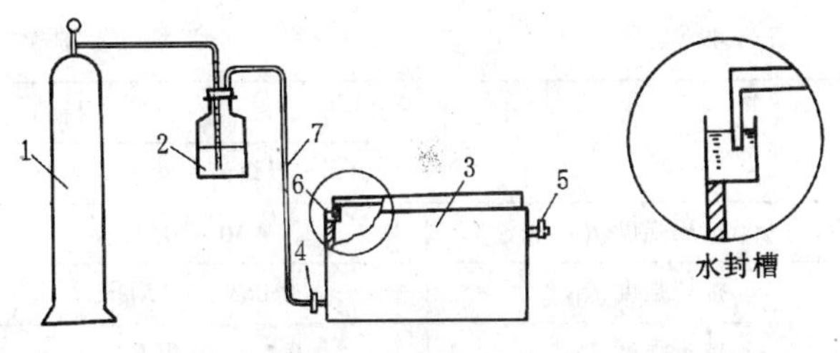

图 6-34　用压缩二氧化碳的碳化试验装置
1—氧气瓶；2—盛清水的玻璃瓶；3—碳化瓶；4—进气口；5—排气口；6—水封槽；7—通气橡皮管

2. 试验步骤和结果计算

(1) 取实际生产的混合料，制作边

长为 10cm 的立方体试件 15 块。

（2）蒸养后 24～36h 内取 5 块试件做抗压试验，其结果为对比强度。

（3）其余 10 块试件于室内放置 7d，然后放入 CO_2 浓度在 80%以上的碳化箱内。CO_2 气可用压缩 CO_2，也可用石灰石加工业盐酸发生的 CO_2。箱内 CO_2 气体浓度用气体分析仪测定。

（4）碳化一个月后，每周取试件一块劈开，用 1%酚酞乙醇溶液检查碳化深度。当试件中心不显红色时，则认为试件已全部碳化。此时取其中 5 块，于室内放置 24～36h，做抗压试验，其结果为人工碳化后强度。

（5）人工碳化系数 K_C 按下式计算：

$$K_C = \frac{R_C}{R_1}$$

式中 R_C——试件人工碳化后强度，取 5 块碳化后试件强度的算术平均值，MPa；

R_1——对比试件强度，取 5 块碳化前试件强度的算术平均值，MPa。

表 6-47 表观密度与集料的关系 （kg/m^3）

集料种类	自然表观密度	干表观密度
煤 渣	1500～1750	1300～1550
硬矿渣	1800	1600
砂石集料	2100	1900

（三）性能

1. 物理力学性能

（1）表观密度。根据所采用的集料不同而变化，见表 6-47。

（2）抗压强度及其他力学性能。抗压强度试件与普通混凝土相同，但以蒸养结束出池后 24h～36h 内测定值为准。抗压强度检验结果见表 6-48。

表 6-48 各厂产品检验结果

项目 / 工厂代号	出池表观密度（kg/m^3）	出池抗压强度（MPa）	项目 / 工厂代号	出池表观密度（kg/m^3）	出池抗压强度（MPa）
SG	1672	16.3	C	1565	15.6
SZ	1664	17.0	WH	1546	12.7
S	1632	15.1	NJ	1570	18.2
W	1536	14.8	CD	1638	22.4

（3）其他力学性能。其抗拉、抗折、抗剪、棱柱强度，一般与抗压强度有一定关系。其弹性模量随集料不同有较大差别（见表 6-49）。

表 6-49 砌块力学性能

项 目	指标（MPa）		备 注
	以煤渣为集料	以砂石为集料	
抗压强度 $R_{压}$	10～20	16～20	
抗拉强度 $R_{拉}$	$0.063～0.1R_{压}$	$0.091R_{压}$	劈裂法
抗折强度 $R_{折}$	$0.167～0.25R_{压}$	—	
抗剪强度 $R_{剪}$	$0.12～0.17R_{压}$	—	
棱柱强度 $R_{棱}$	$0.8～0.95R_{压}$	$0.64R_{压}$	
弹性模量	$1.0\times10^4～1.2\times10^4$	1.97×10^4	

（4）收缩性。砌块在自然条件下长期放置，受多种因素影响，产生收缩。达到平衡时的收缩值，一般为 0.7mm/m 左右。

（5）导热系数。粉煤灰砌块的导热系数随它的表观密度，主要是集料种类而变化。以煤渣为集料的砌块，其导热系数为 0.46～0.58W/（m·K）。它比普通砖的导热系数小，绝热性能比砖要好。

（6）防火性。与普通混凝土比较试验说明，它与之相近，（见表 6-50）。

表 6-50　　粉煤灰硅酸盐砌块与普通混凝土防火性能

试验方法		试验后与试验前强度比较（%）	
		粉煤灰硅酸盐砌块	普通水泥混凝土
550℃加热	1h	95.6	108.7
	3h	92.1	98.6
	5h	84.3	84.7
550℃加热 5h 后浸水 1/4h		55.4	48.6

（7）吸水性。粉煤灰硅酸盐砌块与普通砖吸水性相比，吸水速度慢，吸水率大（见图 6-35）。

（8）温度膨胀系数。与普通混凝土相近，为 1.0×10^{-5}。

2. 耐久性

（1）自然条件下长期强度变化。粉煤灰硅酸盐砌块在室内和露天长期放置，强度变化规律是，在 1～3a 内强度增长，随后强度下降，至 5a 以后趋于稳定。若在水中养护，则强度一直增长而不下降，并亦在 5a 后呈稳定状态。强度降低幅度，随着配合比中 A_{CaO} 的含量变化，波动在 15%～25%范围内。A_{CaO} 含量高者，下降幅度小；含量低，下降幅度大。图 6-37 是北京地区产品试验结果，其他地区结果规律基本一致。

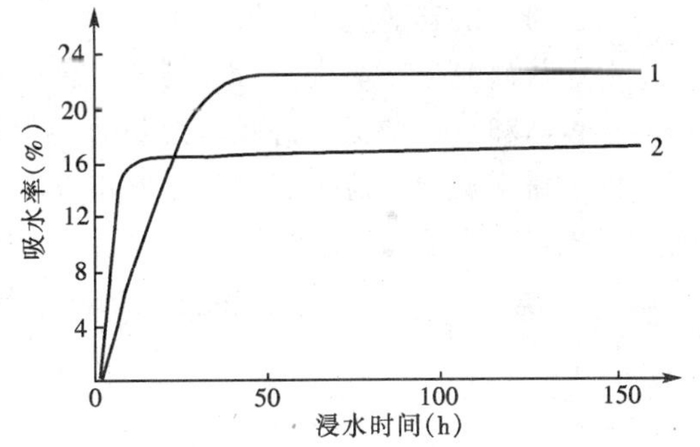

图 6-35　粉煤灰硅酸盐砌块与普通砖的吸水性比较
1—砌块；2—砖

（2）耐水性。粉煤灰硅酸盐砌块长期放在水中，其强度增长，见图 6-36。在浸水后，其抗压强度可能有所降低。软化系数（指饱水试件与干燥状态的试件抗压强度之比）为 0.8～1.0。

（3）抗冻性。符合标准要求的产品，在实际使用中抗冻性能良好。北京、大连、齐齐哈尔等地建筑使用的粉煤灰硅酸盐砌块，10a 后无因冻融产生破坏的情况发生。在自然环境下放置 4a 的砌块，取样做冻融循环试验，仍能满足标准要求。

（4）碳化稳定性。碳化稳定性是指经二氧化碳作用后保持其强度的能力。通常以碳化系数来表示。碳化系数是指，一定大小的试件经过碳化，全部碳化后的抗压强度与未碳化时抗压强度的比值。碳化系数随材料配合比中胶结料 A_{CaO} 含量的大小和碳化时碳酸气浓度等条件而变化，见表 6-51。

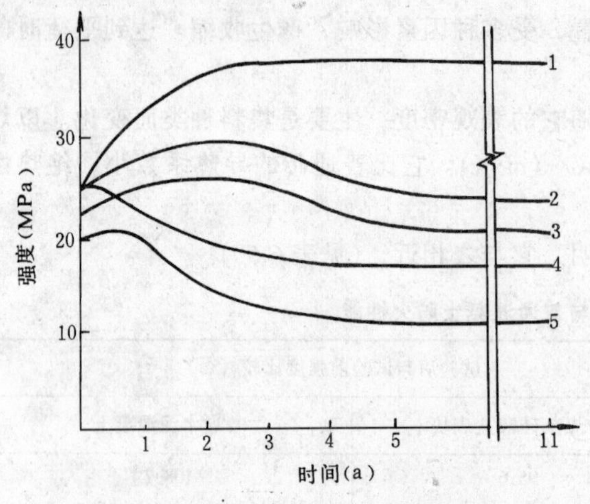

图 6-36 砌块在不同条件下长期强度变化

1—A_{CaO}20%水中；

2—A_{CaO}20%露天；3—A_{CaO}25%室内；

4—A_{CaO}20%室内；5—A_{CaO}15%室内

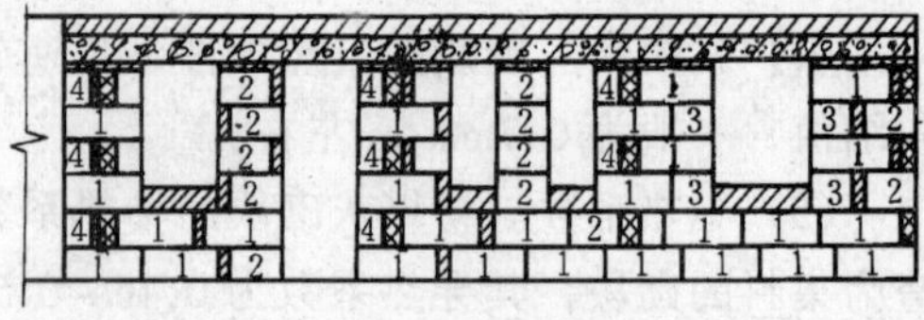

图 6-37 上海市典型长墙排列

表 6-51 碳化系数比较

胶结料中 A_{CaO}含量	人工碳化系数	自然碳化系数	备 注
15%	0.6	0.7	人工碳化时 CO_2 浓度为 80%
20%	0.8	1.0	

在自然条件下，10a 的碳化深度，露天放置为 40～60mm，室内放置为 50～100mm。砌块在完全碳化后，强度不再降低，保持稳定。

六、粉煤灰硅酸盐砌块的应用

粉煤灰硅酸盐砌块可作为多层民用建筑的承重和非承重墙、框架建筑的填充墙、工业厂房的承重墙和围护结构，也可作为基础。

由于粉煤灰硅酸盐砌块材性和形状方面的特点，在使用中应采取必要的结构措施和相应的施工规定。应按照 JGJ 5—1980《中型砌块建筑设计与施工规程》进行设计与施工。

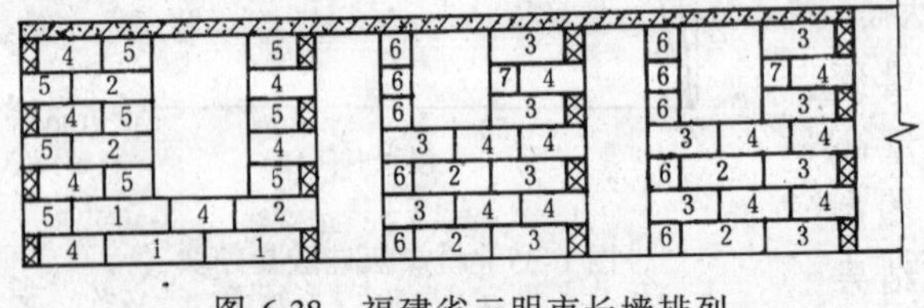

图 6-38 福建省三明市长墙排列

中型砌块建筑不同于砖砌体，由于其块形大（880mm × 380mm × 190mm，一块相当于 48 块砖带砂浆的砌体），灵活性相应较小，在砌筑前应做砌块排列设计。在一些副规格亦无法满足的情况下，需镶砖（砖的标号应不小于 100）。因此，镶砖多少，以及镶于何处应预先安排，以便施工组织。图 6-37 和图 6-38 列出了砌块排列与镶砖的实例。

粉煤灰硅酸盐砌块建筑较难解决的问题是抗震和防止墙体裂缝。加强砌块建筑的整体性，注意采取各种构造措施是非常必要的。

（一）加强砌块之间的联结

首先是保证砌块砌筑牢固。砌块的两侧最好留槽，以使灌浆后形成销键（见图 6-39），在有抗震要求的地区（除按抗震要求设计外），应该使用有槽的砌块。并且应控制灰缝的尺寸，当垂直灰缝过宽时（≥30mm）应采用 C20 细石混凝土灌实。

其次是砌体上下左右的砌块搭接。

第三是镶砖时，砖应分散布置。

（二）设置圈梁

承重墙厚小于或等于 200mm 的建筑，建议每层设置圈梁。一般多层建筑在屋盖处设置圈梁，楼盖处则隔层设置，屋盖外圈梁宜作现浇。在软土地基上或不均匀地基上，在基础部位应设置现浇圈梁一道。

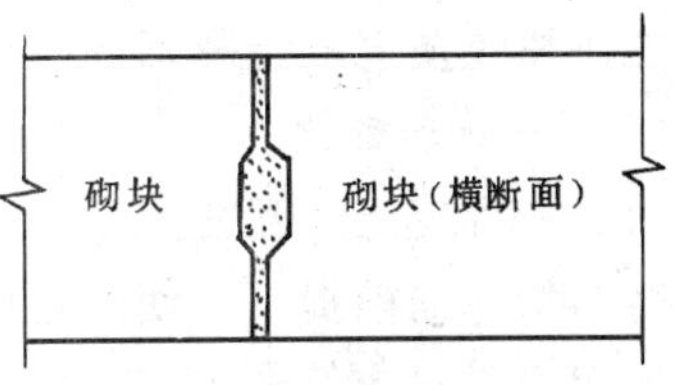

图 6-39　带槽砌块灌浆

（三）其他防止房屋墙面裂缝的措施

为防止钢筋混凝土屋盖的温度变化引起顶层分块阶梯形裂缝，改善屋盖的热工性能，当采用整体式或装配整体式钢筋混凝土屋盖时，宜放置保温（或隔热）层。为防止砌块建筑底层的窗下墙产生裂缝，规程特别指出应当根据具体情况采取适当措施。

（四）砌块建筑宜做内外抹灰

砌块建筑做内外墙抹灰，不但可防止外墙渗透，改善墙体的隔热、隔声性能，也可加强砌块抗碳化、抗冻性能，避免各种损伤。

第四节　粉煤灰混凝土彩瓦[1]

一、概述

粉煤灰混凝土彩瓦是以掺有粉煤灰渣（及其他工业废渣）的混凝土为主要原料经拌和、挤压或其他方法成型、着色制成的用于坡屋面的屋面材料。

粉煤灰混凝土彩瓦属于混凝土瓦，可按照 JC 746—1999《混凝土瓦》行业标准组织生产。它强度高、质量轻、并且有防水、排水、隔热保温等功能，而且生产能耗低，使用寿命长，铺设简便。它色彩鲜艳，有良好的装饰效果。

从 20 世纪 80 年代末引进瑞典混凝土彩瓦生产线开始，已有 30 多条国外引进的生产线，采用国产生产设备和技术的生产线也有一定规模。在此基础上，粉煤灰混凝土彩瓦的生产技术日臻成熟，应用日益广泛。

粉煤灰混凝土彩瓦的生产工艺流程见图 6-40。

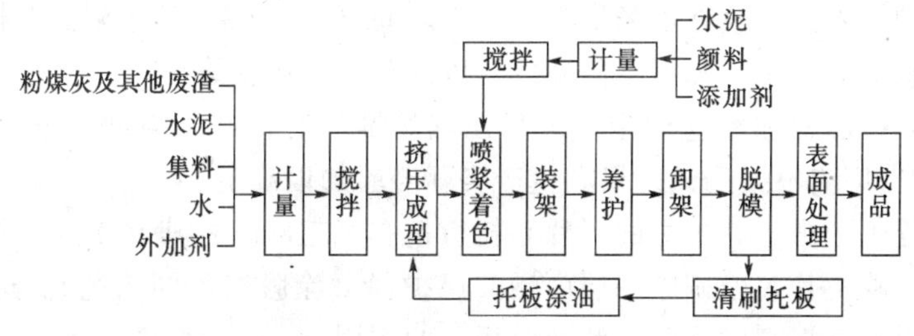

图 6-40　粉煤灰混凝土彩瓦的生产工艺流程

在粉煤灰混凝土彩瓦原料中，粉煤灰及其他工业废渣的用量可达 30%以上（粉煤灰约 20%，其他废渣约 10%）。为保证瓦的质量，一般采用高压挤压成型，同时采用强制式混凝土搅拌机进行物料的搅拌。

[1] 本资料引自辽宁省建材研究所周志宏、牡丹江中远实业集团王庆祥、镇江京威彩瓦有限公司刘志辉《利用粉煤灰及其他工业废渣生产混凝土彩瓦试验研究》。

二、粉煤灰混凝土彩瓦的生产

1. 原材料和配比

粉煤灰混凝土彩瓦的配合比应在保证使用要求，达到 JC 746—1999《混凝土瓦》标准规定的各项指标的前提下，使工业废渣用量达到一定的比例。

所用原材料应符合 JC 746—1999 的要求。此外，根据生产实践经验：

粉煤灰宜采用Ⅱ级灰。其他工业废渣可采用矿渣、液态渣等活性较好的材料。水泥宜采用 525 号，采用 425 号较难生产粉煤灰掺量较高的优质混凝土瓦。

颜料一般采用无机颜料。

配比（按质量配料）：水泥 25%或略多，集料 50%～60%，粉煤灰 15%～20%，其他工业废渣 15%～10%，根据需要加入外加剂。水料比控制在 10%左右。

2. 生产工艺

在粉煤灰混凝土彩瓦的生产中，应对以下工艺特别加以注意。

搅拌：由于生产粉煤灰混凝土彩瓦时粉粒状物料种类较多，保证各种物料混合均匀，搅拌是关键。除应采用强制式搅拌机外，还应注意投料顺序和搅拌方法。为使混凝土物料均匀，可采用干料预拌法，先将干物料充分搅拌，再加水和外加剂。具体操作可以采用如下过程：先投入工业废渣（或石屑）、投入河砂、开动搅拌机，搅拌 1min；再加水泥，搅拌 1min；最后加水和外加剂（外加剂事先与水搅拌均匀），搅拌 3min。这样可使水泥包裹集料表面，有利于提高混凝土强度。

着色：切割后的瓦坯，经喷浆设备，喷涂彩色料浆。喷浆着色工艺如图 6-41 所示。

色浆制备 → 给浆辊 → 流浆板 → 布浆辊 → 刷浆辊 → 瓦坯

图 6-41 喷浆着色工艺图

养护：为加速提高强度，避免蒸汽养护时，养护窑顶冷凝水滴在瓦表面上，破坏瓦面色彩。生产中常采用干热养护工艺。

养护制度为，瓦坯上架、入窑，静停 4h 后，升温至 45℃，恒温 8h，自然降温，出窑，脱模后经涂膜处理，将瓦片放在堆场堆放，一定时间（一般 7d）后经测试合格，方可出厂。

养护中应注意的问题是，降温不能骤冷，以避免产品产生裂缝，恰当的降温速率及采用的方法应针对具体产品根据实验确定。产品在堆场堆放时，产品强度还继续发展（见表 6-56），因此，何时出厂应根据测试结果和生产实际经验加以确定。

脱模和表面处理。由于养护好的瓦片和托板粘在一起，应将其放在自动分离设备上，将它们分开。然后，将瓦片表面刷涂一层丙烯酸保护膜（涂膜有不同工艺）。这样，使瓦的表面具有光泽，同时具有提高瓦片防水和减缓褪色的作用。

堆放。产品应按品种、规格、等级、色别分批整齐、紧密地堆放在平整、坚实的地面上。

包装。虽然在 JC 746—1999 的产品标准中规定“产品根据需要可散装或包装。”但作为彩色瓦，应强调有包装。

3. 生产设备

生产粉煤灰混凝土瓦所用的机械设备，国内已有生产。一个小型生产厂的设备大致如表 6-52 所示。

表 6-52　　班产 4000 片彩瓦自动生产线设备表

序　号	设　备　名　称	单　位	数量
1	混凝土瓦挤压成型设备 包括：挤压机、脱模装置、液压系统、喷油装置、气动装置	套	1
2	喷浆着色设备 包括：喷浆机、色浆搅拌机、色浆输送泵、接浆池、$0.6m^3$ 空压机	套	1
3	脊瓦成型设备 包括：振动式脊瓦成型机、封山瓦模 30 片、泰式脊瓦模 30 片、普通脊瓦模 50 片、普三向、普四向、泰式三向、泰式四向、普通大封头、普通小封头、泰式斜脊封各 1 片	套	1
4	威尼斯瓦模	片	4000
5	瓦模输送线（含输送绳）	套	1
6	可控电器柜（含自动化程序控制器）	套	1
7	混凝土搅拌系统 包括：强制式混凝土搅拌机等	套	1
8	装瓦架（140 片/架）	架	20

除此，尚有养护窑及供气锅炉需与之配套。

上述设备是以每班生产 4000 片瓦的产量配置的。而它的生产能力取决于瓦模数量，若在以上基础上增加 1000 片瓦模，则可每天连续 3 班制生产，每班 4000 片，每日产量即可达 12000 片，年产量可达 360 万片。

另外，组织生产时应注意配件瓦的生产。图 6-42 为混凝土屋面瓦，图 6-43 为部分配件瓦的形状。配件瓦应与各生产厂家不同特殊瓦型相配套。

三、产品性能和检验

1. 产品技术要求和粉煤灰混凝土彩瓦的性能

JC 746—1999《混凝土瓦》对产品的技术要求包括：①尺寸偏差；②外观质量；③物理力学性能三个方面，摘要如下（详见 JC 746—1999 第 6 章）。

尺寸偏差要求包括：长度、宽度、各种遮盖宽度、屋面瓦吊挂瓦爪的有效高度、有筋槽瓦的边筋高度以及有固定孔时，其布置和结构等方面。

外观质量的一般要求是“屋面瓦和配件瓦应瓦型清楚、平面平整、边角整齐。屋面瓦应瓦爪齐全。彩色混凝土瓦应无明显的色泽差别。”同时，对方正度、平面性、外观缺陷都有具体规定。对外观缺陷的允许范围见表 6-53。

表 6-53　　混凝土瓦外观缺陷允许范围

项　　目	指　　标
裂缝、裂纹（包括龟裂）、孔洞、表面夹杂物	不允许
正表面高于 5mm 的突出渣料	不允许
掉角　在瓦面上造成的破坏尺寸不得同时大于	10mm
瓦爪残缺	允许一爪有缺，但不大于爪高的 1/3
边筋残缺；边筋坍塌或外槽外缘边筋断裂	不允许
擦边长度不得超过（在瓦面上的破坏宽度小于 5mm 者不计	30mm

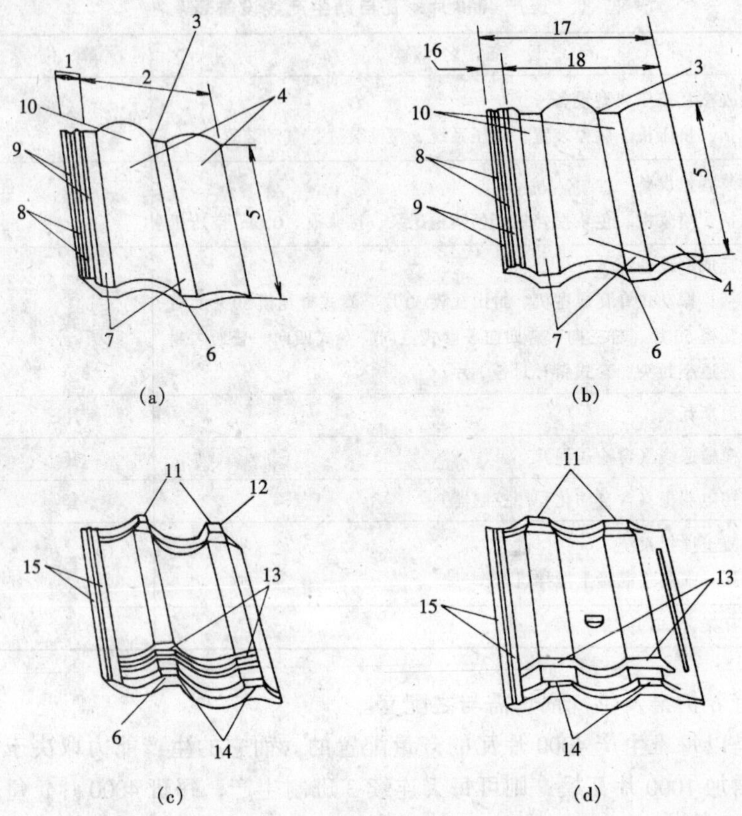

图 6-42 混凝土屋面瓦各部位名称

(a)、(b) 瓦正面；(c)、(d) 瓦背面

1—侧面搭接部分；2—遮盖部分；3—后端；4—瓦脊；5—总长度；6—前端（沿）；7—瓦槽；8—边筋；9—外檐；10—固定孔；11—吊挂瓦爪（后爪）；12—后端；13—防风檐；14—支撑瓦爪（前爪）；15—内槽；16—搭接宽度 b_2；17—总宽度 b；18—遮盖宽度 b_1

物理力学性能包括：

质量偏差：质量不超过 2kg 的瓦，应在生产厂家给定值的 ±0.2kg 以内；质量超过 2kg 的瓦，一等品和合格品的质量偏差应在生产厂家给定值的 ±10%以内，优等品应在 ±5%以内。

承载力：屋面瓦的承载力实测平均值不得小于承载力可验收值（F_{OK}），承载力的可验收值按下式计算：

$$F_{OK} \geqslant F_C + 1.64\sigma$$

屋面瓦的承载力标准值 F_C 应符合表 6-54 规定。

对遮盖宽度在 200～300mm 之间有筋槽屋面瓦，其承载力标准值应按表中所列的值用线性内差法确定。

吸水率：单块瓦的吸水率应符合表 6-55 规定。

抗渗性：经抗渗性检验，各种瓦，每块的背面不得出现水滴现象。

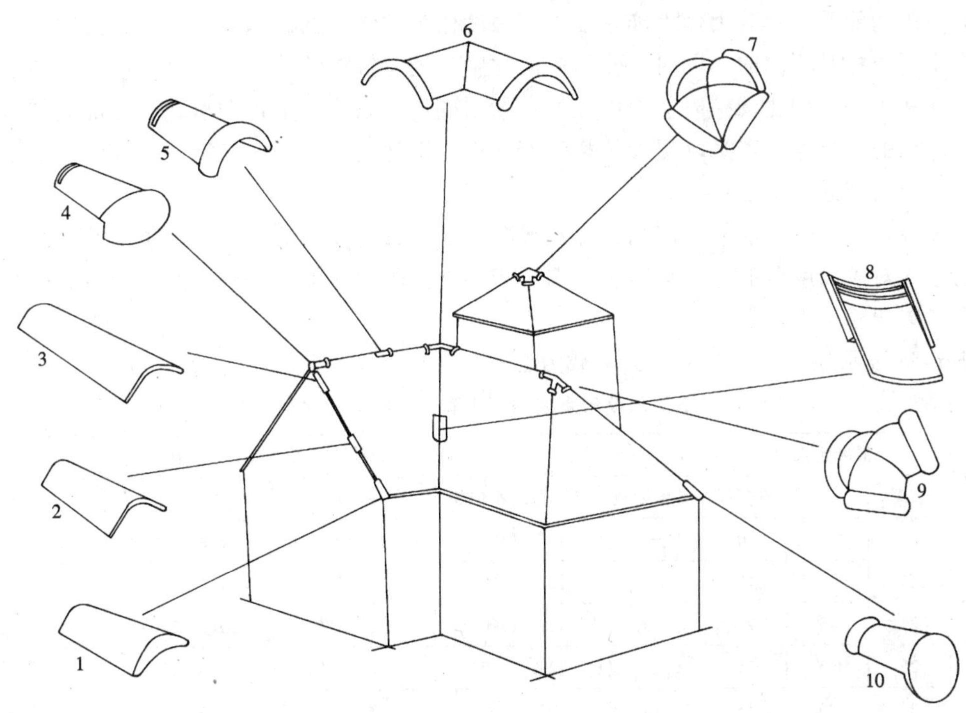

图 6-43　混凝土配件瓦名称

1—檐口封；2—檐口瓦；3—檐口顶瓦；4—圆脊封头；5—圆脊瓦；6—双向脊顶瓦；7—四向脊顶瓦；8—排水沟瓦；9—三向脊顶瓦；10—斜脊封头

注：上图为部分混凝土配件瓦的示意图及其名称。配件瓦应与各生产厂家不同特殊瓦型相配套。

表 6-54　混凝土屋面瓦的承载力标准值

项目		有筋槽屋面瓦						无筋槽屋面瓦
		波型屋面瓦				平屋面瓦		
瓦脊高度 d，mm		$d>20$		$20\geqslant d\geqslant5$		$d<5$		—
遮盖宽度 b，mm		≥300	≤200	≥300	≤200	≥300	≤200	—
承载力标准值 F_C，N	优等品	2000	1400	1400	1000	1200	800	550
	一等品	1800	1200	1200	900			
	合格品	1500	1000	1000	800			

注　对遮盖宽度在 200～300mm 之间的有筋槽面瓦，其承载力标准值应按表中所列的值用绕性向插法确定。

表 6-55　混凝土瓦的吸水率

项　　目	优　等　品	一　等　品	合　格　品
吸水率%	≤10	≤10	≤12

抗冻性要求，经抗冻性检验后，应满足承载力和抗渗性的要求，同时，外观质量应符合标准要求，表面涂层不得出现剥落现象。

应该强调的是：①作为一种具有装饰功能的产品，其外观属性是评定质量的重要部分，不仅是尺寸准确，外型清楚、平整、整齐，而且还有色彩要求，要求无明显的色泽差别；②

从瓦的使用功能看，对其力学性能是以抗折强度作为控制指标，这和许多混凝土制品以抗压强度为主要指标是不同的，同时，作为屋面材料，还有抗渗性的要求，对于用于瓦的混凝土在做试配和生产中配比调整时应予以注意；③明确规定以混凝土瓦的承载力标准值作为控制指标。这样的要求意味着必须更加严格生产管理，以达到产品性能稳定，以较低成本取得符合质量要求的产品。

应该说，作为一种混凝土制品粉煤灰混凝土彩瓦具有较高的承载力，耐久性能良好。粉煤灰的掺入对表面颜色的色度无不良影响。产品加上丙烯酸保护膜后，能进一步提高其抗渗性，大气碳化稳定性。

表 6-56 表示经干热养护后，其承载力在堆放期内还会有进一步发展。

表 6-56　　不同龄期粉煤灰混凝土彩瓦承载力变化①

编号	混凝土大致配比（%）				承载力（N）（承载力变化比例）			
	水泥	砂	粉煤灰	其他废渣	45℃干热养护 8h	14d	28d	98d
1	25	65	10	—	1310（100）	2750（209）	3660（279）	5080（387）
2	25	45	15	15	1210（100）	2500（206）	3210（265）	3910（323）
3	25	45	20	10	1190（100）	2225（186）	3100（260）	3900（328）
4	25	45	25	5	1200（100）	1950（162）	3040（253）	3470（282）
5	25	45	15	15	1230（100）	2400（195）	3040（247）	3590（292）
6	25	45	15	15	1220（100）	2850（234）	3340（273）	3510（287）
7	25	45	25	5	1195（100）	—	3100（259）	3390（284）
8	27	43	20	10	1230（100）	—	3090（251）	3590（291）
9	27	43	20	10	850（100）	1890（222）	3260（384）	3410（401）
10	27	43	15	15	1050（100）	—	2940（280）	3240（309）
11	25	50	25	—	840（100）	1850（220）	2580（307）	—

注　①承载力变化，以 45℃干热养护 8h 之承载力为 100 计。

粉煤灰混凝土彩瓦的各项物理力学性能均能符合 JC 746—1999 标准的规定，承载力和吸水性都可达到标准规定的优等品指标。某厂产品具体检验结果见表 6-57 和表 6-58。

表 6-57　　粉煤灰混凝土彩瓦力学性能

承载力平均值 F（N）	试样数量	标准差 σ（N）	标准规定优等品 F_C 值（N）	承载力可验收值 $F_{OK}=F_C+1.64\sigma$	结论
3040	7	244	2000	2400	$F>F_{OK}$优等品

表 6-58　　粉煤灰混凝土彩瓦物理性能

吸水性能（吸水率）			抗冻（D_{25}）后性能	
检验值	标准规定	结论	承载力平均值（N）	其他
9.7%	优等品≤10%	优等品	2830	符合标准要求

2. 试验方法简介

在 JC 746—1999 标准中，作为标准的附录，对于“尺寸偏差与外观质量的试验方法”、

"承载力的试验方法"、"吸水率的试验方法"、"抗渗性的试验方法"、"抗冻性的试验方法"都做出了详尽的规定。

关于承载力试验方法简单做一介绍：

首先需将要检验的屋面瓦调湿。将试样浸在温度为10～25℃的清水中不少于24h。水面应高出试样20mm。在试验前拭干表面水分备用。

测量瓦脊高度，采用三点弯曲方法支承（见图6-44），试验时，屋面瓦正面朝上，并要将其调至水平。通过弯曲加荷杆加荷（最高加荷速度为6500N/min）直至试件断裂。

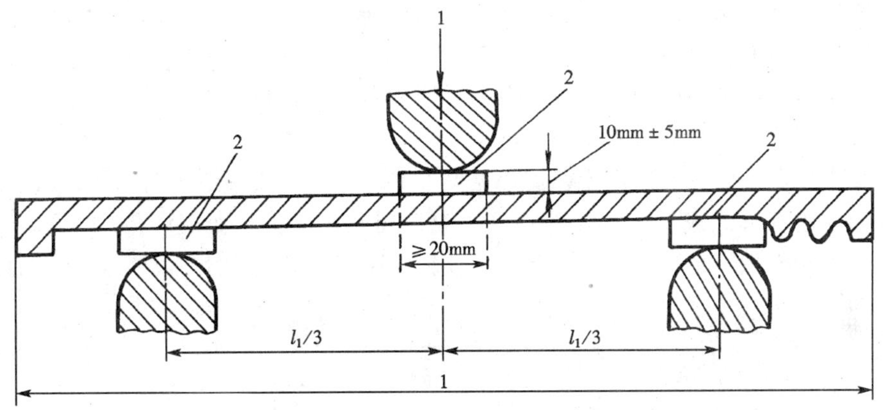

图6-44　混凝土屋面瓦加荷支承方式
1—荷载；2—弹性垫层

按标准JC 746—1999规定，每组试件为7块瓦。计算其承载力平均值及标准差。

承载力平均值按下式计算（单位为N，修约至10N）。

$$\overline{F} = \frac{F_1 + F_2 + F_3 + \cdots + F_n}{n}$$

承载力标准差按下式计算。

$$\sigma = \sqrt{\frac{\Sigma(F_i - \overline{F})^2}{n - 1}}$$

式中　n——试样数量。

四、应用

随着建筑业的迅速发展，人们对房屋建筑提出了更高的要求，一个色彩丰富的屋面，可以使城镇建筑群多姿多彩，美化环境，美化生活。同时，坡屋面还能改善建筑物防水、隔热、保温功能，提高人们的生活质量。

采用粉煤灰和工业废渣制成彩色瓦，其性能较普通混凝土瓦优越，完全可以与普通混凝土瓦同样使用，是利用粉煤灰生产建筑材料的有效途径。

南京栖霞建筑集团和镇江华润房屋发展中心等一些建设单位使用某厂生产的粉煤灰混凝土彩瓦，反映产品表面光滑、外形美观、颜色均匀、质量较轻且强度高，运输搬运过程中损坏少，使用效果良好。

第五节 粉煤灰小型空心砌块❶

一、概述

粉煤灰小型空心砌块是以粉煤灰、水泥、各种轻重集料为主要组分（也可加入外加剂等）加水拌合，采用类似混凝土小型空心砌块的生产技术制成的砌筑材料。它在原料组成中粉煤灰用量应不低于原材料质量的20%。水泥用量不低于原材料用量的10%。砌块的主规格尺寸与普通混凝土制成的小型空心砌块相同为390mm×190mm×190mm。壁厚在40～45mm之间，孔洞率在30%～40%。

粉煤灰小型空心砌块所用的集料可以是普通砂石等重集料，也可以用轻集料，包括天然轻集料、人工轻集料和炉底渣等工业废渣。

粉煤灰小型空心砌块的生产工艺流程见图6-45。原材料按一定比例配合，加水搅拌，经振动或振动加压等方式成型，再经养护（一般采用蒸汽养护）而成产品。由于粉煤灰掺量大，给它的生产带来一系列特点，因此，不能完全采用普通混凝土小型空心砌块的工艺参数和设备。

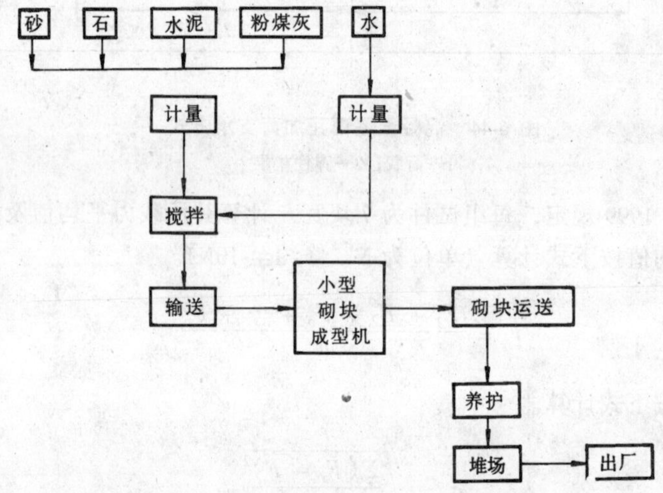

图6-45 粉煤灰小型空心砌块生产流程示意图

选择适当的搅拌设备和成型机是粉煤灰小型空心砌块生产中的关键。搅拌设备以采用轮碾式搅拌机为宜，它可使搅拌均匀，具有碾压破碎作用，对避免物料结团，提高粉煤灰活性等都有利。空心砌块成型机有多种型式，总体上可分为固定式和移动式两大类。针对粉煤灰掺入后物料的特点，最好选择专用于粉煤灰小型空心砌块的成型机，（以模具振动或台模振动式成型机为佳）在布料箱、模箱尺寸、排气孔多少等方面都与普通混凝土小型空心砌块成型机有所不同。

产品应按照JC 862—2000《粉煤灰小型空心砌块》标准要求组织生产。产品的抗压强度

❶ 本资料引自谢尧生、方瑞德《我国粉煤灰小型空心砌块的研制、生产和应用》，刘运晖《读贵州粉煤灰空心砌块的块型系列设计》，王福瑞、刘振河、邓玉玲《节能承重自然煤矸石混凝土砌块研究》等。

可达15.0MPa以上，抗渗性能良好，可以用作民用与工业建筑的承重墙和非承重墙。在用于地震设计烈度为7度及以下地区时，可根据JGJ 14—1982《混凝土空心小型砌块建筑设计与施工规程》进行设计和施工。

与普通混凝土小型空心砌块一样，它的生产工艺简单，建厂投资少。它的应用、施工与普通砖相近，砌筑时不需机械设备，工效高，与普通砖比可提高一倍。其墙体自重轻，为砖砌体的70%。

粉煤灰小型空心砌块使用的粉煤灰可以为湿灰，其质量应符合GBJ 146《粉煤灰混凝土应用技术规范》中Ⅲ级及以上的要求。单位产品的用灰量在260kg/m^{3}以上，是一种用灰量较大的产品。

二、粉煤灰小型空心砌块的原材料

1.粉煤灰

质量应符合JGJ28—1986《粉煤灰在混凝土和砂浆中应用技术规程》或GB146—1990《粉煤灰混凝土应用技术规范》中的要求。可以采用Ⅲ级灰，宜采用干灰。

当采用不符合Ⅲ级灰要求的粉煤灰时，除按JGJ28—1986中规定，进行充分试验研究外，还应有保证粉煤灰质量稳定的措施，以保证制品的质量。

2.水泥

可采用各种水泥或用水泥熟料磨细使用。

3.砂

对砂的质量要求与普通混凝土的相同，宜采用中砂。

4.石子

可采用碎石或卵石。根据小型空心砌块的特点，对于石子的粒径和集配，有以下要求：

(1) 最大粒径应不大于砌块最小壁肋厚度的1/2，一般应不大于10mm。

(2) 由于空心小型砌块采用小型砌块成型机震动成型（或震动加压成型），配制的混凝土为干硬性混凝土，水泥用量低，因此，要求集料具有良好的级配。表6-59是国外对普通混凝土小型空心砌块所用集料的级配要求，可供参考。

表6-59　国外小型空心砌块用集料级配　（%）

筛孔尺寸（mm）	9.5	4.75	2.36	1.18	0.60	0.30	0.15	细度模数
美国混凝土砌块协会	0	21～30	36～50	51～67	66～81	82～91	94～98	3.5～4.17
日本砌块标准（JIS）	0	15～35	35～55	50～70	60～80	70～90	80～95	3.1～4.25
美国贝塞尔公司	0～5	20～30	35～48	50～60	65～75	80～90	90～100	3.4～4.08

应该注意的是：当采用轻集料和工业废渣做集料时，它们应该符合各自的质量标准。另外，掺入粉煤灰时，有部分粉煤灰的粒径在0.15mm以上，这部分粗颗粒煤灰应当作为集料考虑。

三、粉煤灰小型空心砌块的配合比

配合比的选择首先要以砌块使用性能要求为依据，包括强度、热工、抗渗等要求。

小型空心砌块的强度是指整个砌块的抗压强度（具体规定见本节“五、粉煤灰小型空心砌块产品标准和性能”中有关部分）。因此，它不等于用同样混凝土制作的试件的抗压强度。

砌块强度和它的混凝土强度之间的关系为：砌块强度＝（1/3～1/4）混凝土强度。例如，要求砌块强度为7.5MPa时，应配制混凝土强度在20～30MPa，亦即用20～30MPa的混凝土才可制成7.5MPa级的小型空心砌块。

配合比选择的另一个必须考虑的因素是生产工艺的要求。由于小型空心砌块采用成型机成型，成型后，硬化前坯体无模具保护，要靠它自身的强度和刚性维持它的形状和保证在运输过程中不破坏和变形。加入粉煤灰后在配合比中增加了细粉状颗粒，并可能增加了用水量，因此，会发生坯体“坍陷”现象，高度尺寸减小和运输中破损率增加。粉煤灰在配合比中的掺量往往并不完全由于强度的限制，而是由于以上工艺要求的限制。

1. 影响砌块强度的配合比因素

配合比只是影响砌块强度的因素之一。特别是因为砌块强度是指整块砌块的抗压强度，首先，砌块的截面承压尺寸的大小，亦即空心率的大小，直接影响砌块强度，其次，生产工艺参数与设备对其强度（包括各种性能）影响亦很大。这里只就粉煤灰的掺入和小型空心砌块的特点，对配合比调整中应注意的问题予以探讨。

粉煤灰小型空心砌块的粉煤灰掺量很大，它对强度的影响应作为首要考虑的因素。

集料粒径和级配对混凝土强度和对砌块强度的影响有所不同。集料的最大粒径在要求范围内，砌块强度最高；最大粒径大于1/2壁、肋的厚度，会造成砌块成型不密实，而使强度下降。而在混凝土强度试验时，由于试模尺寸大，最大粒径大，强度不仅不会降低，相反，增大粒径反而能提高强度。同样，集料的级配对砌块强度的影响也比对混凝土强度的影响要大。

2. 粉煤灰掺量与粉煤灰小型空心砌块性能的关系

粉煤灰小型空心砌块的配合比，一般采用直接试验的方法确定。其主要原材料的大致范围是：

采用轻集料时：水泥（要求见标准JC 862）10%～15%、粉煤灰20%～50%、轻集料30%～50%、水固比0.3左右。

采用重集料时：水泥（要求见标准JC 862）10%～15%、粉煤灰20%～40%、砂10%～20%、石子20%～40%、水固比0.25左右。

按上述配合比范围，可以得到的产品性能见表6-60。

表6-60　　粉煤灰掺量与小型空心砌块性能（典型实例）

性能＼掺量%	15	30	50
块体密度 kg/m^3	1273	1152	977
孔洞率%	41	40	41
抗压强度 MPa	18.6	13.1	11.7
吸水率%	5.1	10.5	14.7
抗冻性 D_{15}	合格	合格	合格
碳化系数	0.95	0.95	0.95
软化系数	0.82	0.93	0.90
干燥收缩值%	0.044	0.044	0.044

四、粉煤灰小型空心砌块的生产

粉煤灰小型空心砌块的生产与普通混凝土小型空心砌块基本相同，但在设备和工艺参数上必须改进和调整。

1. 工艺流程

和普通小砌块一样，通常归纳为两大类：

（1）移动式生产。它的特点是：成型机组移动，而成型后的砌块留在原地不动。其工艺流程如图 6-46 所示。

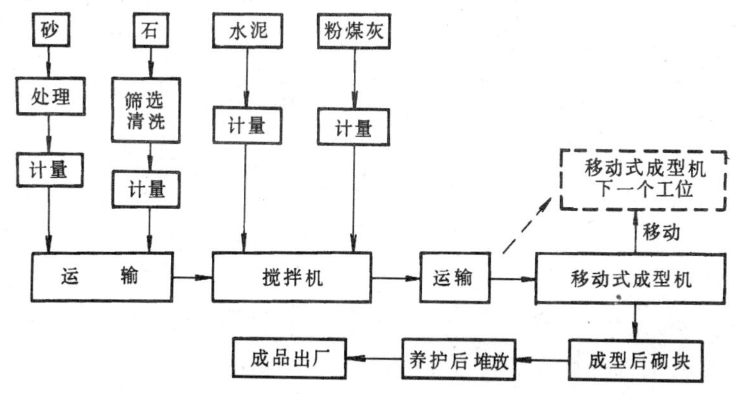

图 6-46　移动式生产线工艺流程示意图

图中虚线框表示移动式成型机的下一工位，成型后砌块则留在前一位置进行养护，至一定强度后堆放，达到预定质量要求后出厂。

移动式生产工艺简单，设备较轻，一次投资少。但成型后砌块需经一定时间才能搬运堆放，要占用大量场地，因此往往采用露天生产，这样又受天气影响。当要求年产量较高时，不适宜采用此种生产方法。另外，使用移动式砌块成型机，需要使用较多的水泥，以保证其早期强度较高，以达到较快搬运的要求。但生产出的砌块的外型尺寸偏差较大。采用移动式生产，成型后的砌块分置于各处，不易于机械化码垛，工效低，亦不便于进行蒸汽养护。

（2）固定式生产

它的特点是：采用固定式成型机，生产时成型机组不能移动，生产出的砌块移动进入下道工序。其工艺流程见图 6-47。

固定式生产工艺和设备都较移动式复杂，其机械化程度高，有的生产线甚至可达较高的自动化程度。产品质量好，可生产高强度砌块。适于大、中型厂，但一次投资较高，要求有较高的管理和技术水平。

2. 工序说明

（1）原材料的处理和计量。粉煤灰质量优劣对砌块的质量影响很大，必须使用符合要求的粉煤灰，特别是化学性质方面的要求。

集料级配（尤其在使用砂、石集料时）对小型空心砌块的强度影响，应给以特别注意。在使用前，石子粒径过大应先经破碎，再经筛分、清洗，使最大粒径不大于 1/2 壁、肋厚度，清除集料中的杂物。使用煤渣（炉底渣）等工业废渣做集料时，还应经检测，需符合标准要求。

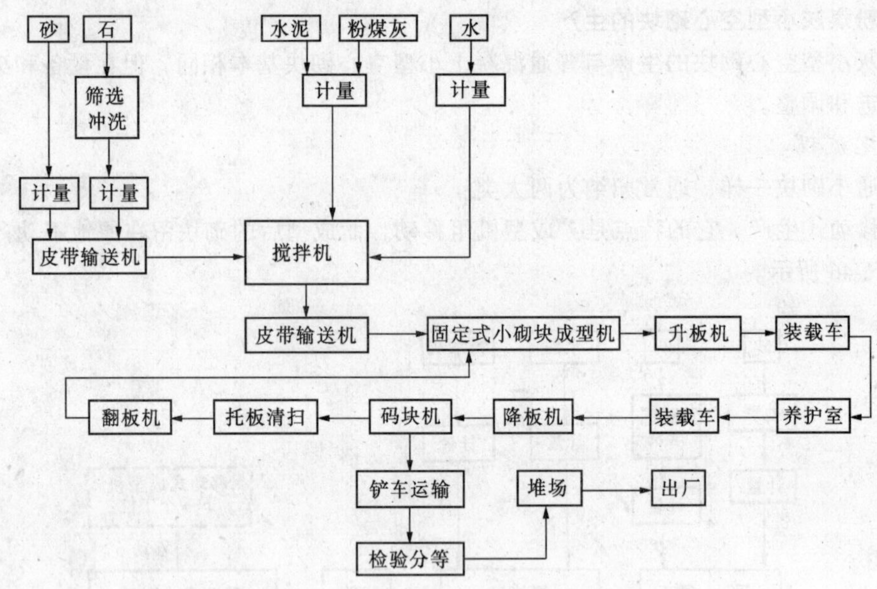

图 6-47 固定式生产工艺流程示意图

为了保证配合比的准确性，各种原料必须采用重量法计量。

(2) 搅拌。生产粉煤灰小型空心砌块在搅拌时，物料容易成团，需采用轮碾式搅拌机，使物料搅拌均匀。另外，加有少量的外加剂时，如何使其分布均匀也是生产中应注意的问题。

(3) 养护。粉煤灰小型空心砌块可以采用自然养护，和普通混凝土小型空心砌块生产一样。在大、中型厂，考虑常年生产时，为了在冬季也能正常生产，亦需设置蒸养设施。

自然养护时，要根据砌块强度和是否要求相对含水率指标来决定养护时间。一般采取28d养护。养护时应注意保持砌块潮湿，尤其在干燥和炎热气候条件下，以防止砌块表面裂缝。

在环境温度小于10℃时，应考虑采用蒸汽养护，一般只需常压蒸养。养护制度可参考粉煤灰混凝土施工要求制定（见 GBJ146《粉煤灰混凝土应用技术规范》）。常温预养应根据具体环境温度确定；热预养时，温度不宜高于45℃，时间不得小于1h。养护制度可采取升温速度15~20℃/h，恒温温度85~90℃，降温速度35~45℃/h。恒温时间根据强度要求制定，一般养护周期为6~8h。蒸汽养护时，应注意升、降温速度，以免砌块表面发生裂缝。

由于粉煤灰混凝土强度变化对于温度的敏感性比普通混凝土更高，因此，粉煤灰混凝土小型空心砌块更宜于采取提高温度的养护，如蒸养工艺，这样，可以更快地提高其强度，减少厂内堆放场地，加速周转。

3. 主要设备

生产粉煤灰小型空心砌块最主要的设备是小型空心砌块成型机组。生产工艺往往围绕选定的成型机组进行。应根据产品规格种类、产量大小、技术、管理能力是否适应等条件选用成型机，特别注意根据对砌块的质量要求来选定。

其他生产设备有破碎机、搅拌机及养护用设备和设施。

(1) 破碎机。应采用适合细碎的破碎机，如锤式、反击式、笼式等破碎机，小型空心砌块的集料最大粒径应小于1/2最小肋、壁厚，一般应小于10mm。

(2) 搅拌机。可采用各种强制式搅拌机，最好采用轮碾混合搅拌机。

(3) 小型空心砌块成型机。适合生产粉煤灰小型空心砌块的成型机，在我国已有很多型号，表6-61所列其中有代表性的几种。

选用成型机时应考虑，混合料粘度大，成型时落料不畅，成型压缩比大壁肋厚度增大等因素，对成型机提出的要求。在模箱的压缩比、振动体系及振动强度、芯模进、排气孔的多少、布料箱的长短等方面要适合于粉煤灰掺量大造成的物料性能的特点。

表6-61 国产几种小型砌块成型机性能表

型号及种类	生产能力	每次成型块数	成型周期(Sec)	机器自重(kg)	外形尺寸(mm)长×宽×高	总装机容量(kW)	产地
QTJ3-25	—	3	25~30	—	—	13.8	扬州
QM4	4.5万m^3/a(单班)	4	15~18	—	—	45	扬州
QM5-16	—	5	16	10000	3235×2760×3300	47.75	绵竹
QMJ4-25	8m^3/h	4	15~20	6500	4850×1800×2600	12.25	绵竹
CXJ-4移动式	240块/h	4	60	1060	1500×1300×1575	4.4	绵竹
QM3-12	900块/h	3	12	7200	—	47	海门
QT4-20	570块/h	4	20	5000	—	22	海门
QT4-18	—	4	16~18	—	—	25.4	西安
强力·美洲豹	576~720块/h	4	20~25	—	7355×1925×2869	22	西安
QT4-25	720~900块/h	4	25	5000	6120×1660×2750	15	北京
SZ4-15	6000~7500块/班	4	15~20	6000	4000×2000×2850	28.15	泉州
QKJT3-25	430~600块/h	3	25	3180	—	12.8	河北

(4) 养护设施。粉煤灰小型空心砌块可采用自然养护，为了缩短生产周期，减小堆放场地或在寒冷冬季生产也可进行蒸汽养护。蒸汽养护时，一般采用隧道窑。

五、粉煤灰小型空心砌块产品标准和性能

粉煤灰小型空心砌块根据JC 862—2000《粉煤灰小型空心砌块》组织生产。

(一) 产品标准简介

1. 产品分类

产品按孔的排数分为四类：单排孔、双排孔、三排孔和四排孔。

按强度等级分为六个等级：MU2.5、MU3.5、MU5.0、MU7.5、MU10.0、MU15.0。

按外观及碳化系数分三等：优等品、一等品和合格品。

2. 技术要求

技术要求有：尺寸偏差（见表6-62）、外观质量（见表6-63）、强度等级（见表6-64）、其他性能（见表6-65、表6-66）等方面。应满足表列要求。

除此，还应符合GB 6566—2001《建筑材料放射性核素限量》中有关要求。

表 6-62 尺寸偏差 mm

项目名称	优等品	一等品	合格品
长度	±2	±3	±3
宽度	±2	±3	±3
高度	±2	±3	+3/-4

注 最小外壁厚不应小于 25mm，肋厚不应小于 20mm。

表 6-63 外观质量

项目名称		优等品	一等品	合格品
缺棱掉角：				
个数，个	≤	0	2	2
3 个方向投影的最小值 mm	≤	0	20	30
裂缝延伸投影的累计尺寸 mm	≤	0	20	30
弯曲 mm	≤	2	3	4

表 6-64 强度等级 MPa

强度等级	抗压强度	
	平均值≥	最小值≥
2.5	2.5	2.0
3.5	3.5	2.8
5.0	5.0	4.0
7.5	7.5	6.0
10.0	10.0	8.0
15.0	15.0	12.0

表 6-65 碳化系数、干燥收缩率、软化系数

项目名称	优等品	一等品	合格品
碳化系数	0.80	0.75	0.70
干燥收缩率%	≤0.060		
软化系数	≥0.75		

表 6-66 抗冻性

使用环境条件	抗冻标号	指标
非采暖地区	不规定	—
采暖地区：		均应满足：
一般环境	D_{15}	强度损失≤25%
干湿交替环境	D_{25}	质量损失≤5%

注 非采暖地区指最冷月份平均气温高于-5℃的地区；
采暖地区指最冷月份平均气温低于或等于-5℃的地区。

3. 试验方法摘录

粉煤灰小型空心砌块的各项性能指标试验，按 GB/T 4111 有关规定执行。

GB/T 4111—1997《混凝土小型空心砌块检验方法》中规定了各项指标试验方法，这里只对其中几个方法做摘要介绍。

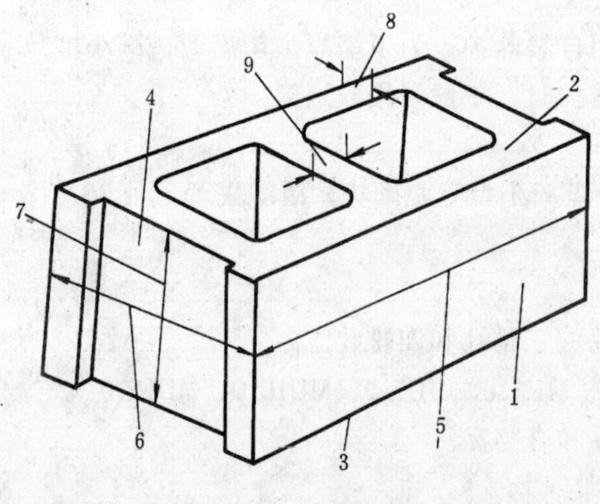

图 6-48 砌体各部位名称

1—条面；2—坐浆面（肋厚较小的面）；3—铺浆面（肋厚较大的面）；4—顶面；5—长度；6—宽度；7—高度；8—壁；9—肋

（1）小型空心砌块各部位名称。在 GB 8239—1997《普通混凝土小型空心砌块》中规定了小砌块各部位名称，粉煤灰小型空心砌块与之相同，见图 6-48。

（2）抗压强度试验。

1）试件：五个砌块。处理试件的坐浆面和铺浆面，使成互相平行的平面。砂浆可用 1:2（325# 以上水泥：细砂）或熟石膏。在 10℃以上静置 3d 后做抗压强度试验。

2）试验与计算：测量每个试件的长度和宽度，算出每个试件的水平毛面积。用试验机以 10~30kN/s 的速度加荷直至破坏，记下破坏荷重。按下式计算试件的抗压强度：

$$R = \frac{P}{LB}$$

式中 R——试件抗压强度，MPa；

P——破坏荷重，kN；

L——受压面的长度，mm；

B——受压面的宽度，mm。

（3）碳化系数试验。碳化系数试验所采用的碳化装置见前图 6-34。

1）试件。取两组 12 块砌块。一组 5 块做为对比试件，一组 7 块做为碳化试件，其中两块用于测碳化情况。试件表面处理与抗压强度试验时相同。表面处理后将试件孔洞处的砂浆层打掉。

2）试验。将 7 块碳化试件放入碳化箱内，将二氧化碳气体通入碳化箱内，用气体分析仪测试二氧化碳浓度，控制其在（20±3）%。碳化过程中如箱内湿度过大，应采取排湿措施。碳化 7d 后，每天将碳化箱内的同一个试件的局部劈开，用 1% 酚酞乙醇溶液检查碳化深度，当试件中心不显红色时，认为箱中本组所有试件全部碳化。

将全部碳化的 5 个试件和对比组的 5 个试件做抗压强度试验。

3）计算。砌块的碳化系数 K_C，按下式计算。

$$K_C = \frac{R_C}{R}$$

式中 R_C——5 个碳化后试件的平均抗压强度，MPa；

R——5 个对比试件的平均抗压强度，MPa。

计算值精确至 0.01。

（二）砌块性能

粉煤灰小型空心砌块的性能与普通混凝土小型空心砌块性能相近。可以满足使用要求。

某厂生产的砌块检验结果见表 6-67。其原材料配比为：水泥 10%～15%、粉煤灰 20%～25%、石屑 50%～60%。可生产 2.5、7.5、10.0 强度等级的产品。

表 6-67 砌块检验结果（一）

品 种	单排孔	双排孔	品 种	单排孔	双排孔
级别	7.5	10.0	碳化系数	0.94	0.94
抗压强度平均值（MPa）	8.5	10.9	抗冻性 D_{15}	强度损失 2.5	强度损失 2.5
抗压强度最小值（MPa）	7.2	8.7	材料密度 kg/m³	2200	2250
吸水率%	6.5	6.1	单块密度 kg/m³	1310	1450
干燥收缩率%	0.053	0.053	空心率 %	40	35
软化系数	0.91	0.91	含水率 %	2.5	4.5

表 6-68 是另一厂的生产试验结果。

粉煤灰小型空心砌块规格为 390mm×190mm×190mm，单排孔，孔洞率为 46.6%，自然养护 28d 检验。

从砌块的性能上说，除一般测试结果，可满足使用要求外，它还有一些优点。虽然粉煤灰小型空心砌块壁厚加大，但它仍比普通混凝土小型空心砌块轻，这就减轻了基础的承载力，由于材性的特点、壁厚加大，便于订钉和膨胀螺栓，同时，其抗渗性也较好。长期存放，强度有所提高，见表6-69。

表6-68 砌块检验结果（二）

编号	1	2	3
配比（水泥:粉煤灰:集料）（%）	12:60:28（砂）	12:60:28（煤渣）	12:38:35（石子）:15（砂）
外加剂（减水剂等复合）	有	有	无
干表观密度（kg/m^3）	867	798	1027
抗压强度（MPa）	6.0	5.4	9.6
吸水率（%）	9.72	10.1	4.04
碳化系数	0.95	0.94	0.96
抗冻性 D_{15}	合格	合格	合格
软化系数	0.95	0.94	0.95

表6-69 粉煤灰小型空心砌块强度发展

存放时间（m）	1	2	3	6	12
抗压强度（MPa）	5.2	6.4	7.4	7.6	7.8

（三）砌体性能

砌筑材料用于墙体时，除应满足力学要求外，还应在热工、隔声、抗渗、耐久等方面满足各自的要求。粉煤灰小型空心砌块砌体性能基本可以满足这些要求。

1. 砌体的力学性能

由于各地粉煤灰小型空心砌块生产中原材料、配比、工艺参数等各方面差异很大，砌块和砌体之间力学性能关系尚无足够的研究和数据，因此，在用粉煤灰小型空心砌块做承重墙体时，应有充分的试验依据。

辽宁省建筑科学研究院结合本溪市试点工程进行的粉煤灰小型空心砌块（煤矸石做集料）的砌体试验结果为：

采用强度为MU7.5，性能符合要求的砌块，M10混合砂浆砌块的二顺一顶砌法的砌体（尺寸：600mm×390mm×1020mm）进行砌体试验，轴心抗压，平均轴压强度为3.2MPa；抗剪试验结果，平均值为0.22MPa。其弹性模量$>4.92\times10^3$MPa。说明采用粉煤灰小型空心砌块砌筑的砌体，按JGJ 14—1982《混凝土小型空心砌块建筑设计与施工规程》规定的取值是可行的。

但也有些试验结果说明，其轴压强度和抗剪强度较低，设计时还应考虑碳化对强度的影响，建议砌体强度宜取偏低值。

2. 热工性能和隔声性能

作为墙体材料，除力学性能外，还必须在热工、隔声等方面达到有关规范规定的要求。

一般来说，由于粉煤灰小型空心砌块材料本身的密度低，导热系数较小，墙体的热阻（190mm厚，无粉刷层）比240mm粘土实心砖墙高，有更好地保温隔热的效果。

表6-70是贵州省建筑设计院设计的不同系列粉煤灰小型空心砌块的墙体热阻对比（计算值），经实测，砌块的导热系数为0.418W/m·K，190mm厚P1-1墙体的热阻为0.455m^2·K/W，相当于370mm的粘土砖墙，比原计算值更好。

同时，贵州省建筑设计院还按 GBJ 18—1988《民用建筑设计规范》，将砌块作为单一的隔声整体，并考虑砌筑砂浆（10mm 的水平和竖直缝）和双面粉刷（20mm），进行建筑声学理论分析，对三排孔按其最薄弱的情况考虑，各种墙体的隔声量如表 6-71。

表 6-70　墙体热阻对比表（设计计算值）

墙体种类	墙体热阻 $m^2 \cdot K/W$	备注
砌块 190mm 厚 C1-1 墙体	0.313	均不含内外粉刷层
砌块 240mm 厚 C2-1 墙体	0.319	
砌块 190mm 厚 P1-1 墙体	0.308	
砌块 190mm 厚 P2-1 墙体	0.306	
砌块 240mm 厚实心墙	0.296	

表 6-71　砌块墙体隔声量（计算值）

墙体种类	隔声量 dB
190mm 厚 C1-1 墙体	$R \geqslant 53$
240mm 厚 C2-1 墙体	$R \geqslant 54$
190mm 厚 P1-1 墙体	$R \geqslant 51$
190mm 厚 P2-1 墙体	$R \geqslant 52$
90mm 厚 S1-1 墙体	$R \geqslant 49$

根据测定 180mm 厚粉煤灰小型空心砌块墙体的隔声量为 53dB，与表内结果吻合，这个结果与 240mm 厚粘土砖墙相当。

六、粉煤灰小型空心砌块的应用

粉煤灰小型空心砌块，可按 JGJ 14—1982《混凝土空心小型砌块建筑设计与施工规程》进行设计。

（一）JGJ 14—1982 简介

JGJ 14—1982《规程》包括总则、材料和砌体的计算指标、基本计算规定、构件的强度计算、基本构造要求、抗震强度验算与抗震构造措施、施工和验收共 7 章，并附有小型砌块质量标准和砌块与砌体力学性能试验方法两个附录。

总则规定：本规程适用于地震设计烈度为 7 度和 7 度以下地区、以规格为 390mm × 190mm × 190mm 的混凝土空心小型砌块为主要墙体材料的一般民用与工业建筑。

（二）砌块建筑设计

1. 砌块的选择

（1）强度等级的选用。民用住宅 4 层以下建筑，砌块级别宜选 Mu5.0 以上者，6 层以下宜选 Mu7.5 以上。砂浆标号不小于 M5，混合砂浆。工业建筑做围护结构时，砌块级别不宜小于 5.0 级，并应采取措施（如设置圈梁等）增加刚度。工业建筑自承重及构筑物按结构计算，控制砌块级别，但一般不应小于 Mu5.0。

（2）抗渗性的选择。在不做饰面和无抗渗措施，又做清水（外）墙时，应选用抗渗性能好的砌块。

（3）相对含水率的选择。砌块的含水状态与其干缩变形有关。在特别要求收缩值的情况下，应对砌块的含水率加以控制。

2. 圈梁的设置

圈梁是加强房屋整体刚性的有效措施。应根据《规程》第 5.3.1 条要求设置。

3. 其他增强房屋整体刚度的建筑构造措施

对 5～6 层房屋，应在其四大角及外墙转角处，各用 C15 混凝土填空三个孔洞构成芯柱；对 6 层以上房屋，尚应适当加强。

4. 防止墙体出现裂缝的措施

由于小型空心砌块对温度变化敏感，应采取以下措施：

（1）在钢筋混凝土平屋盖上设置保温或隔热层。

（2）对钢筋混凝土屋盖，在适当部位设分隔缝。

（3）多层房屋顶层或最上两层的端开间，可在内、外墙窗台下放置水平钢筋，窗洞口两侧宜采取措施加强，外廊或房屋最上两层楼梯间横墙门洞应适当加强。

（4）房屋与顶层圈梁之间可考虑设置滑动层。

5．粉刷

墙体内外面宜做粉刷，以改善墙体隔热、隔声性能和防止外墙渗漏。

（三）砌块施工

1．砌块施工中的注意事项

（1）砌块应按产品标准严格验收。不得使用自然养护龄期不足28d的砌块进行砌筑。

（2）砌块要严格分级堆放。

（3）砌块一般不宜浇水。在气候特别干燥时，可在砌筑前喷水湿润。雨天施工应有防雨措施，不得使用湿砌块。

（4）砌体砌筑时，尽量使用主规格砌块，砌筑时，砌块应底面朝上砌筑，以增加砌体灰缝抗剪强度。承重墙不得采用砌块与粘土砖等混合砌筑。

（5）特别注意灰缝应饱满。

2．砌体的质量标准

（1）龄期为28d，标准养护的相同强度等级砂浆或混凝土试件的平均抗压强度不得低于设计强度。其中任一组试件强度的最低值：砂浆不得低于设计强度等级的75%，混凝土不得低于设计标号的85%。

（2）砌体允许偏差和外观质量应符合表6-72的规定。

表6-72 砌块砌体质量要求

序号	项目			允许偏差（mm）	检查方法
1	轴线位移			10	用经纬仪、水平仪复查或检查施工记录
2	基础或横面标高			±15	
3	垂直度	每层		5	用吊线法
		全高	10m以下	10	用经纬仪或吊线尺检查
			10m以上	20	
4	表面平整度	清水墙、柱		5	用2m靠尺检查
		混水墙、柱		8	
5	水平灰缝平直度	清水墙10m以内		7	用拉线和尺量检查
		混水墙10m以内		10	
6	水平灰缝深度（连续五层砌块累计）			±10	用尺量检查
7	垂直灰缝宽度（连续五层砌块累计，包括凹面深度）			±15	
8	门窗洞口宽度（后塞框）			±5	用尺量检查

对于粉煤灰小型空心砌块，目前在应用上尚存在不同看法，一种意见认为这种小型砌块，以粉煤灰为主要原料，虽掺加一定量水泥，但仍属硅酸盐类材料。而用硅酸盐类材料生

产的产品，在我国严寒地区成功应用实例尚不足够。我们认为，这个意见值得考虑，对于这种砌块在严寒地区生产应用，以慎重为是。

第六节　免烧粉煤灰砖

一、概述

免烧粉煤灰砖是以粉煤灰为主要原料，用水泥、石灰及外加剂等与之配合，经搅拌、半干法压制成型、自然养护制成的一种砌筑材料。

免烧粉煤灰砖的特点是，不用烧结和蒸汽养护，而用自然养护。另外，它是采用水泥、石灰及外加剂将粉煤灰粘结起来并形成一定强度，得到各种性能的。水泥、石灰、外加剂起着固结作用，称为固化剂，免烧粉煤灰砖亦称固结粉煤灰砖。

免烧粉煤灰砖依固化剂系列不同分为三种。

(1) 石灰—外加剂系列。固化剂中不加水泥。

(2) 水泥—外加剂系列。固化剂中不加石灰。

(3) 水泥—石灰—外加剂系列。固化剂中既有水泥，又有石灰。

其中的外加剂种类很多，它们与各系列中钙质（胶结）材料配伍，使免烧粉煤灰砖得到预期的性能，主要是提高砖的强度，特别是早期强度，同时，改善抗水性和抗冻性。外加剂的加入，除改善性能外，还有降低石灰或水泥用量的作用。

免烧粉煤灰砖的生产工艺比较简单，主要工艺流程见图6-49。

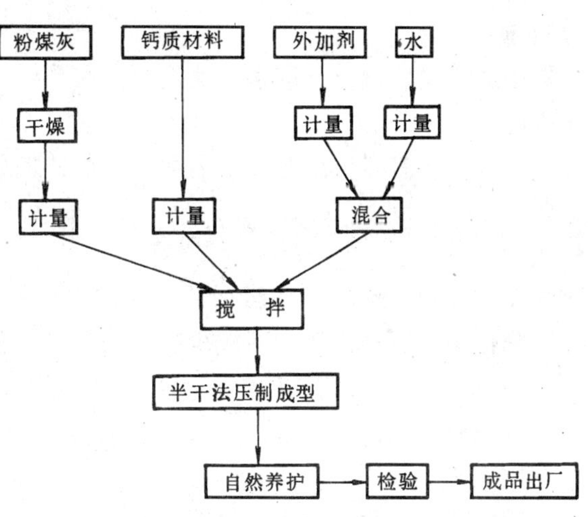

图6-49　免烧粉煤灰砖工艺流程示意图

免烧粉煤灰砖的规格为240mm×115mm×54mm，与普通粘土砖相同。它的强度可达15MPa，各项性能可达到JC239—1977《粉煤灰砖》的要求。它可用于填充墙、隔墙及低层民用建筑的承重墙，适合农村建筑中使用。

免烧粉煤灰砖可以大量利用粉煤灰，不用粘土，粉煤灰在砖内比例可达80%。因此，它是一种节土、大量用灰的产品；它不用烧制，也不用蒸养，与蒸压粉煤灰砖比，可节约能耗30%～50%，是一种节能产品。它的生产工艺简单，一次投资少，便于小规模生产。它的块形与粘土砖一样，施工方便。它的缺点是：由于自然养护所需时间长（一般需28d后才能出厂），需占用大量场地，生产受季节影响。目前，产品标准和应用技术规程尚有待制定。免烧粉煤灰砖正处于进一步研究和开发阶段。因此，建厂应以中、小型为主，在推广时应先行试点，注重应用技术工作，逐步推广。根据它的特点，在农村中推广更有广阔前景。

二、免烧粉煤灰砖的原材料和配合比

（一）原材料

1. 粉煤灰

粉煤灰在免烧粉煤灰砖中的作用，一是作为集料起骨架作用，一是作为胶结料的一个组分。对于粉煤灰的要求就不仅要求其化学成分，而且对于它的级配亦应加以考虑，不一定是越细越好。因而其质量要求应符合制作硅酸盐制品粉煤灰标准中关于成分的要求外，对于其细度要求，应根据实验结果加以确定。

制作免烧粉煤灰砖的粉煤灰宜采用干排灰。采用湿灰时应经过干燥，将含水率控制在5%以下为宜。

当粉煤灰过细时，可掺用其他集料（如砂）调整级配。

2. 水泥

采用各种水泥均可。水泥的作用一是水化初期生成水化物，赋于砖早期强度；二是其水化生成的 $Ca(OH)_2$ 进一步与粉煤灰中活性组分起作用（二次水化反应），生成水化硅酸钙和水化铝酸钙，使组织更加致密，强度继续提高。

3. 石灰

石灰可以与粉煤灰中的活性组分合成水化硅酸钙和水化铝酸钙（晶体或它们的凝胶）而形成一定强度。

要求石灰为有效氧化钙含量高、消化温度高者。

4. 外加剂

应选用起增强、增塑、减水、促进反应和晶体发育功能作用的各种外加剂。外加剂分有机和无机两大类。

免烧粉煤灰砖有多种配合比，因而其选用外加剂亦根据具体材料工艺和需要改善何项性能而选取。

5. 其他

当粉煤灰级配不良时，可增加砂、煤渣等。集料的加入能使搅拌更均匀，在加压成型时，集料起传递压力的作用，而减少砖坯的层裂，使产品更为致密，从而提高了砖的强度，减少收缩。

（二）配合比

1. 强度的产生

免烧粉煤灰砖强度的产生来自两方面：首先是水泥水化产物。第二是水泥水化时产生的 $Ca(OH)_2$ 与粉煤灰中的活性物质发生火山灰反应。若此时掺有石灰，则石灰亦参加此反应。反应生成的胶凝物质，将作为集料的颗粒粘接起来，组成骨架结构，承受荷载。同时，上述的反应在相当长的时间内仍在进行，使免烧粉煤灰砖在一定时间内强度有所增长。而且，使免烧粉煤灰砖具有不同于烧结砖，也不同于蒸制粉煤灰砖的一些性能。

2. 配合比

免烧粉煤灰砖的配合比，从固化剂种类上分大致有三种。各种中又因掺量不同、外加剂不同、有无其他成分而又可分几类。

(1) 石灰—外加剂系列。此类免烧粉煤灰砖，对大气环境敏感性较强，长期碳化强度降低，收缩值大，目前尚待研究。

(2) 水泥—外加剂系列。此类免烧粉煤灰砖相当于水泥砂浆（相当于以粉煤灰粗颗粒代替砂）。因此，只要水泥掺量足够，其一切性能是没有问题的。一般水泥掺量应在12%以上，水泥应选用32.5级水泥。

(3) 水泥—石灰—外加剂系列。由于水泥掺量多少是砖成本的决定因素。为减少水泥用量，采用水泥、石灰复合的方法，可以降低成本。水泥水化产物形成早期强度，保证长期碳化稳定性，石灰则与粉煤灰作用，增加中、晚期强度。此类免烧粉煤灰砖大气稳定性好，干缩值小，碳化系数高。一般水泥、石灰用量应占 12% ~ 15%。

加入外加剂时，应根据具体要求确定其类型和数量。

其他物料，主要是集料，是否加入则主要根据粉煤灰的质量确定。另外，增加砂作集料，有提高致密程度，减少收缩、提高强度的作用，并可相应减少水泥用量。

3. 几种典型免烧粉煤灰砖的配合比

表 6-73 是不同类型免烧粉煤灰砖的配合比。

表 6-73　几种典型免烧粉煤灰砖的配合比　(%)

配比类型	粉煤灰	水　泥	石　灰	砂	外加剂	水料比
水泥	<88	>12	—	—	少量	
水泥—砂	40 ~ 60	5 ~ 15	—	30 ~ 50	少量	0.15 ~ 0.20
水泥—石灰	85 ~ 88	12 ~ 15		—	少量	

免烧粉煤灰砖所以具有一定强度和其他使用性能是靠胶结料（水泥、石灰及各种其他外加剂）本身及它们与粉煤灰之间的物理、化学作用和通过压制工艺给予外力压实这两方面的结果。

在选择配合比时，要在一定的成型设备条件下，保证有足够的胶结料（水泥、石灰用量）和适应这种成型设备的足够的细集料。适当的细集料掺量，一方面可以保证在压制时使砖坯密实，增加强度，减少缺陷；另一方面也可减少在使用中的变形。在配合比选择时，不应单纯追求提高粉煤灰的掺量，当粉煤灰中粗颗粒不足时，应增加砂、炉渣等集料，以达到上述要求。

三、免烧粉煤灰砖生产

免烧粉煤灰砖生产工艺随所用原料、配合比类型而有别，其生产工艺中的关键在于搅拌和压制成型的效果。

免烧粉煤灰砖生产主要工序见图 6-50。

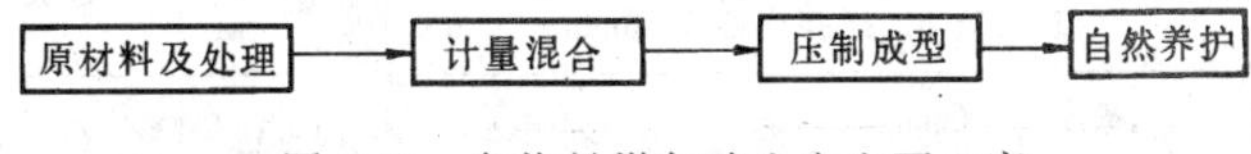

图 6-50　免烧粉煤灰砖生产主要工序

1. 原材料及处理

(1) 含水材料的干燥。当采用湿排粉煤灰时，需根据总的加水量的要求，将粉煤灰进行干燥处理，以达到要求。如根据需要加入集料（如砂等），其含水率亦应控制在 2%以下。

(2) 杂物的消除与筛选。粉煤灰、砂等需清除杂物。砂中粒径 5mm 的颗粒应筛除。

(3) 外加剂预先溶于水中。外加剂一般为少量，要使其均匀分布于物料中充分发挥作用，以随水加入为宜。

2. 计量混合

物料的均匀性不但影响产品的质量稳定性，最根本的是影响产品的质量。因此准确计量和强化搅拌是产品质量的基础。

计量可采用各种方式。

混合搅拌的方式，根据采用原料的类别，可采用以下形式：

(1) 各种强制搅拌。增加搅拌次数采用二次搅拌工艺。

(2) 混合轮碾工艺。免烧砖强度的取得，除水泥的水化外，还有氢氧化钙与粉煤灰发生的火山灰反应（不论采用何种配合比系列），因此，增加粉煤灰的新生表面可以使免烧粉煤灰砖有更高的强度和良好的其他性能。另外轮碾混合能增加物料的密实度，对提高强度也有益。

(3) 陈化工艺。对于石灰—外加剂系列的固化剂类型，陈化甚至是必要的，同时，陈化实际也是一种匀化。

3. 压制成型

免烧粉煤灰砖采用半干法压制成型。成型压力和加压时间是免烧粉煤灰砖生产的关键参数。应特别注意成型时间，增大坯体排气时间，使砖坯致密和避免成型层裂。

成型压力应大于20MPa，成型时间应大于1s。

4. 自然养护

砖成型后覆盖静停1d，防止日晒及风吹而失水。然后淋水养护。28d当其达到预定强度时始能出厂。

粉煤灰砖强度增长对温度敏感。一般在20℃时养护为宜。

5. 主要设备

一条简易生产的生产线，主要设备见表6-74。

生产免烧砖有专用的免烧砖压砖机，也可选用适宜半干法成型的压砖机。表6-75为两种专用免烧砖压砖机。

表6-74　　年产1000万块免烧粉煤灰砖生产线主要设备

序号	设备名称	性能规格	数量（台）	质量（kg/台）	电动机功率（kW）
1	免烧砖机	产量1250块/h	2	8500	23.5
2	轮碾搅拌机	容积　1000L 产量　12t/h，搅拌周期3~5min	1	6500	18.5
3	皮带输送机	宽度　500mm 输送量　$36m^3/h$	1	3600	7.5
4	上料机	斗容积　$1m^3$	1	1200	4.5
5	磅秤	称量范围0~1000kg	1		
6	原料手推车	斗容量500kg	4	180	
7	成品手推车	台面尺寸1250mm×600mm	8	180	
8	坯料贮斗	容积$3.5m^3$	2	650	
9	螺旋闸门	进出口尺寸400mm×400mm	2		

注　工艺方式为人工重量计量、间断式轮碾搅拌、半干法压制成型、自然养护。原料及成品采用人工运输堆放。

表 6-75　　免烧砖压砖机性能

型　　号	YZP120-8A 免烧砖机	YZ-315 液压制砖机
产量（块/h）	1000～2000	1200
砖坯规格（mm）	240×115×53	240×115×53
压制能力（t）	120	315
单位压力（MPa）	约 40.0	28.5
每次压制砖坯	1 块	4 块
压砖机构电动机型号	Y200L1～6（960r/min）	总功率（kW）35
电动机功率（kW）	18.5	压制方式：阴模浮动双面压制
曲轴转速（r/min）	16.69	
最大填料高度（min）	125	
填料电动机功率（kW）	3	
最大外型尺寸（mm）	3562×1895×2200	
设备总质量（t）	8.5	

四、免烧粉煤灰砖的性能和应用

（一）性能

免烧粉煤灰砖的规格尺寸为 240mm×115mm×53mm；表观密度为 1600～2000kg/m^3；强度根据需要可制成 7.5、10.0、15.0 各级别。

1. 强度发展规律

（1）石灰—外加剂型固化剂免烧粉煤灰砖。石灰—外加剂型固化剂免烧粉煤灰砖的强度见表 6-76。

（2）水泥—外加剂型固化剂免烧粉煤灰砖。水泥—外加剂型固化剂免烧粉煤灰砖的强度见表 6-77。

表 6-76　　石灰—外加剂型固化剂免烧粉煤灰砖强度发展　　（MPa）

龄期 / 配合比	14d	28d
石灰:粘接剂:纸浆废液 10:5:3	680	8.06

表 6-77　　水泥—外加剂型固化剂免烧粉煤灰砖强度　　（MPa）

龄期 / 配合比	抗压强度				抗折强度			
	7d	14d	28d	60d	7d	14d	28d	60d
粉煤灰:水泥:砂 52:8:40（外加剂少量）	5.82	—	10.97	13.73	1.86	—	2.67	3.18

2. 抗冻性

水泥—外加剂型固化剂免烧粉煤灰砖的抗冻性能见表 6-78。

3. 其他性能

水泥—外加剂型固化剂免烧粉煤灰砖的其他性能可达如下指标：

吸水率　11.1%；

表 6-78 水泥—外加剂型固化剂免烧粉煤灰砖的抗冻试验结果

试件	强度（MPa）		强度损失率（%）		质量损失（%）	外观	配合比
	抗压	抗折	抗压	抗折			
对比	12.80	3.00	—	—	—	完好	粉煤灰:水泥:砂（少量外加剂）
冻融[①]	11.17	2.78	12.7	7.3	0.98	完好	52:8:40

注 ① 15 次冻融（-20℃冻 4h，15~20℃融 4h）。

软化系数 0.98；

导热系数 0.546W/（m·K）；

收缩值（60d） 0.5mm/m。

（二）应用

免烧粉煤灰砖尚无产品标准，它的性能可以达到 JC239—1977 规定的各项指标。目前可参考此标准进行检验。

免烧粉煤灰砖按其固化剂不同有多种类型，在使用时应注意区别。

免烧粉煤灰砖的应用规程有待制定，在使用前应根据需要进行其砌体性能的试验。

1. 应用范围

免烧粉煤灰砖可做填充墙、隔墙、围护墙等非承重墙。在有一定构造措施的情况下，可做承重墙。

对于采用石灰—外加剂型的免烧砖不宜用于地下及干湿交替处。其他亦应慎用。

免烧砖不宜用于受酸、碱侵蚀和高温的部位。

2. 应用注意事项

（1）使用前应了解免烧砖的固化剂种类。做好产品的验收检验工作。如有其他要求应按合同规定，或选择适合的产品。

（2）免烧砖技术性能既不同于普通粘土砖，又有别于蒸制粉煤灰砖。在使用前应做砌体性能试验，以决定能否根据普通砖设计规程进行结构设计。

（3）增加构造措施，如增加圈梁、在窗台、墙角加钢筋等增加整体性、减少收缩裂缝的措施。

（4）施工砌筑时砂浆应严格控制用水量。在可能条件下采用专用粘结剂砌筑。抹灰砂浆也应做相应的调整。

（5）在大面积使用前，先进行工程示范，以总结施工经验，制定适合所用免烧砖的施工操作技术规定，再进行大面积使用。

第七节 粉煤灰彩色地面砖❶

一、概述

粉煤灰彩色地面砖是用粉煤灰、炉底渣，以及其他工业废渣和水泥、细集料为基层料，根据色彩需要加入不同颜料制成面层料，经搅拌、成型、养护等工艺制成的地面材料。

❶ 本资料引自上海中股电子机械工程有限公司朱建新《粉煤灰彩色路面砖的生产技术与效益分析》、武汉水利电力大学吕梁《粉煤灰彩色地面砖生产技术》。

它可用于室外铺设路面（又称步道砖、人行道板砖），也可用于室内地坪。它可以做成各种形状，不同色彩，组成各种图案。

粉煤灰彩色地面砖的工艺流程大致如图 6-51 所示。

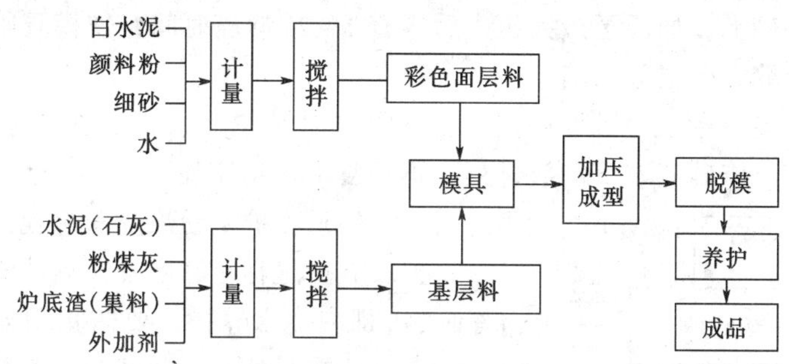

图 6-51　粉煤灰彩色地面砖工艺流程

在原料中，粉煤灰、炉底渣所占比例一般都可达 30%以上，高的可达 50%～60%。产品具有抗压强度高、抗冲击、耐磨性、防滑性好等特点。

粉煤灰彩色地面砖生产工艺简单，工序连接紧凑。主要设备为制砖机，建厂规模可大可小，投资少、见效快。一条最小的生产线，年产量大约为 2 万 m^2，生产占地仅需 30～40m^2。

随着城市建设发展，对环境美化要求日益增高，彩色地面砖的需求量，也会越来越大。

二、粉煤灰彩色地面砖的生产

粉煤灰彩色地面砖作为一种有装饰要求的产品，除了内在质量（物理、力学、耐久等性能）必须达到要求外，应该特别注重其外观质量（尺寸、外观、色彩等）。在生产、管理上应对相应的各个环节，采取必要的措施。

1. 原材料要求

基层料的原料要求是：

1）粉煤灰。可用干排灰或湿排灰。应对其含碳量加以控制，一般以低于 10%为宜。

2）工业废渣。各种炉渣、钢渣、煤矸石等都可采用。但应注意它们的安定性，控制其含泥量应小于 10%，剔除可见杂物。烧失量≤5%，最大粒径 8mm。

3）砂。采用河砂，基层料中用砂为粗、中砂。

4）水泥。采用 32.5 级以上水泥，以保证产品有较高的早期强度和良好的耐久性。

5）外加剂。根据需要采用。

面层料是由白水泥和颜料配成彩色水泥，以细砂做集料。颜料根据色彩需要，可采用氧化铁红、氧化铁黄、氧化铁黑、铬黄、铬绿等。细砂应控制其中小于 0.15mm 的细颗粒部分，应小于 15%。

2. 生产工艺及注意事项

(1) 原材料的控制。采用湿排粉煤灰时含水率不能过高，要严格基层料和面层料物料的含水量。物料的含水量过高或过低对压制成型时坯体是否密实有很大影响。

同时，应对水泥进行选择，以免产品表面发生盐析、泛霜、白纹等现象。

原料应经准确计量后进行拌合。第一步为面层料拌合，在模具内铺平，第二步为基层料拌合，在已铺平的面层料上铺基层料。送入压力机加压成型。

在加料前应对模具表面涂以脱模剂。注意，由于彩色面料有美观要求，决不能采用废机油等污染表面的物质做脱模剂。

(2) 压制成型。首先要选择合适的成型压力，要达到15MPa左右。压力过小，不能使材料充分压实，压力过大，使模具产生较大变形，回弹后会使砖坯受拉破坏。其次，在控制物料成型含水量的基础上，加压至最大压力后应有1~2s静停时间，使模具物料中空气得以排出，减少产品中裂缝、分层等缺陷。

一般小型生产线一台压力机可供四人在不同方向操作（见图6-52）。物料加压后连续一起托出，立即拆模，将砖坯取下侧放排列，再重复下一道工序。

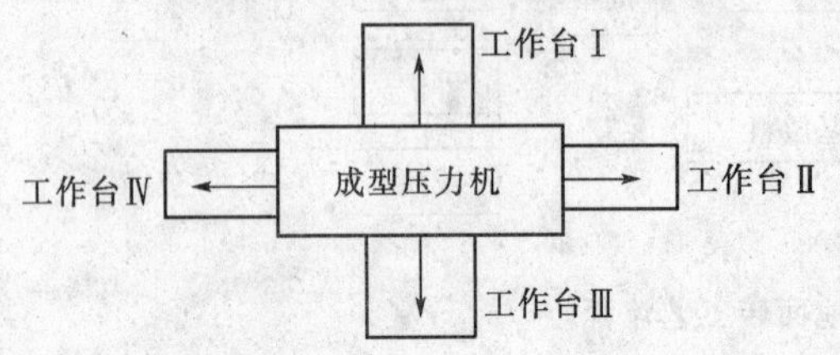

图6-52 压力机工作图

(3) 养护。粉煤灰彩色地面砖可采用自然养护。养护过程对其强度发展非常重要。砖成型后24h即应浇水养护，要防止阳光曝晒，保护表面彩色不被污染。一般经20d养护后达到一定强度要求，即可出厂。

粉煤灰彩色地面砖厂（生产线）的生产能力由制砖机的能力决定。一条年产4万m^2的生产线，配置液压制砖机2台（每台压砖机台班产量为65m^2，以方形花纹地砖，尺寸为25cm×25cm计，则折合1020块/台班），搅拌机1台，球磨机1台，配以10~15套模具（视产品种类需要而定）即可生产。厂房面积大致如下（见表6-79）。

表6-79 4万m^2粉煤灰彩色地面砖厂房面积

项目	生产车间	原料仓库	办公室	原料堆场	制品堆场	总计
面积（m^2）	60	30	20	50	150	310

三、性能和使用

按使用需要，粉煤灰彩色地面砖应具备足够的抗压、抗折强度，良好的耐磨损性能，还必须有一定的耐久性能。另外，外观尺寸要求准确、齐整，色彩应鲜艳、美观，色调要一致。根据JC 446—1991《混凝土路面砖》和GB/T 12988—1991《无机地面材料耐磨性试验方法》在外观质量和物理力学性能方面，应符合下列各项技术指标（见表6-80）而一般粉煤灰彩色地面砖是可以达到上述标准要求的。

表6-80 粉煤灰彩色地面砖产品性能

项目		标准规定指标	产品性能	依据标准
外观	垂直度差	≤3.0mm	各项指标均可达到	JC446—1991
	裂纹	不允许		JC446—1991
	分层	不允许		JC446—1991
	表面粘皮	不允许		JC446—1991
	掉角	两边破坏尺寸不大于10mm		JC446—1991
物理力学性能	抗压强度	≥20MPa	25MPa~40MPa	JC 446—1991
	抗折强度		可达4MPa	
	耐磨性	≤37mm	<30mm	GB/T 12988
	吸水率	≤10%	5%~9%	JC446—1991
抗冻性（循环25次）		强度损失不大于25%	强度损失不大于20%	JC446—1991

使用不同的模具可以生产出各种不同形状、式样的地面砖，它们又可以拼嵌出不同的图案（见图6-53）。再配合不同的色彩，会使路面丰姿多彩。

图 6-53　粉煤灰彩色地面砖实样照片

根据路面砖不同的性能，可以用于人行道、小区路面，耐磨性能好、强度高的砖可用于码头、广场，还有带孔的植草砖可用于停车场、花园小路等等。这种地面砖施工方便、便于维修，互换性好，可以反复使用。

参考文献

1 中国大百科全书出版社．中国大百科全书．北京：中国大百科全书出版社，1987
2 陕西省建筑设计院编．建筑材料手册．北京：中国建筑工业出版社，1984
3 建筑材料辞典编辑组．建筑材料辞典．北京：中国建筑工业出版社，1981
4 北京市建筑设计院、东北建筑设计院编．加气混凝土在建筑上的应用．北京：中国建筑工业出版社，1980
5 ［苏］K·B·格拉德基赫著．废渣和加气混凝土制品．陈振基译．北京：中国建筑工业出版社，1979
6 加气混凝土制品编写组编．加气混凝土制品．北京：中国建筑工业出版社，1976
7 武汉市第五砖瓦厂等编．蒸制粉煤灰砖．北京：中国建筑工业出版社，1977
8 上海市建筑工程局编．粉煤灰硅酸盐砌块．北京：中国建筑工业出版社，1976
9 辽宁工业建筑设计院．硅酸盐建筑制品厂工艺设计．北京：中国建筑工业出版社，1974
10 肇丕基，林壮辉．3.9m 切割机新机型．硅酸盐建筑制品．1991（6）：35

第七章

粉煤灰在陶质材料中的利用

第一节 概　　述

由粘土或主要含粘土（如长石、石英等）的混合物经成型、干燥、烧制而成的制品通称为陶瓷制品。根据坯体的密实度、吸水率、颗粒质地、透明度以及制品烧成温度，可分成陶器、炻器、瓷器等。其中质地比较粗糙的陶质材料，在建筑工程中有广泛的用途，如砖瓦、陶粒、墙面砖、地面砖、烟囱砖、下水道及排水管、铺路面砖等。这类陶质材料，习惯上称为建筑陶瓷，并可沿用原来的生产工艺，用粉煤灰代替部分粘土，而仍能达到原来陶质制品的质量。掺加粉煤灰生产陶质制品，可以节约粘土，综合利用工业废料，是很有发展前途的新型建筑材料。这里介绍的都是掺加粉煤灰的陶质材料。

陶质材料与其他建筑材料相比，具有以下优点：

(1) 原料充足。如粘土、粉煤灰分布很广，容易就地取材。

(2) 制造工艺简单，设备少、投资省、上马快。

(3) 具有强度高、化学稳定性好和耐久性好等特点。

(4) 可根据需要制造任何形状的制品。

(5) 制品有很高的艺术效果，使用在洁具上，易于清洁卫生。

它的缺点是：

(1) 生产能耗较大。

(2) 焙烧的制品受到尺寸的限制。

随着科学技术的不断提高，其生产能耗已日趋下降，制品的效能逐渐提高，因此建筑陶瓷是一种很有发展前途的制品。

一、历史和现状

陶瓷的生产与应用，已有几千年的历史。采用粉煤灰作原料生产建筑陶瓷，是20世纪50年代后期才发展起来的。1958年，英国建筑科学研究院、陶瓷研究学会、电力管理局等部门共同研究粉煤灰在建筑陶瓷中的使用，并证实粉煤灰代替粘土烧砖是可行的。

1964～1967年，美国西弗吉尼亚大学煤炭研究所进行了采用粉煤灰作原料制造建筑用砖的研究：掺75%的粉煤灰、22%炉底灰、3%的硅酸钠，经混合、压制成型、梭式窑焙烧，生产的建筑用砖空洞率为40%，质量超过美国材料试验学会所规定的要求。美国研究认为，粉煤灰和炉渣等材料用于烧砖，可降低能耗、改变制品的颜色，质量与粘土砖相当，并具有干燥周期短、脱水速度快、焙烧范围广和干燥收缩小等优点。

1973年，前苏联也开始采用挤出法和压制法两种工艺生产粉煤灰烧结砖。其质量：抗压强度10~21MPa，抗折强度2.5~7.5MPa，表观密度1300~1900kg/m^3，吸水率14%~25%，冻融周期35次以上。制品为浅红色或紫丁香红色。前苏联有人认为，粉煤灰砖与粘土砖的烧结机理不同，这对焙烧过程的控制是十分重要的。

波兰1970年开始研究粉煤灰的综合利用。克拉科夫矿业冶金学院、建筑耐火材料研究所和华沙建筑陶瓷工业设计研究院共同研究出一项以粉煤灰和煤渣作基料生产建筑陶瓷的新工艺，并取得了重大进展。这项新工艺已在波兰数家砖厂推广使用，并转让国外。我国也在鞍山、宁波两地引进波兰粉煤灰烧结空心砖生产线的技术和设备，并于1990年建成投产。其掺灰量为45%（质量比），产品空洞率为30%左右，产品质量符合国家粘土空心砖标准要求。

我国早在20世纪60年代初期就开始粉煤灰烧结砖技术的研究。1961年，首先在北京建筑材料研究所建设了一条粉煤灰烧结砖中试生产线。它采用摩擦压砖机成型，隧道窑焙烧。由于摩擦压砖机不适应粉煤灰烧结砖成型的要求，烧成后分层现象严重，一年后停止试验。同时吉林砖瓦厂开始采用半干压法成型，1964年改为湿法挤出成型，并取得成功。采用粘土作粘结剂（塑性指数18），一般掺灰量50%（质量比），其产品质量符合国家烧结砖技术（GB5101—85）要求。国内粉煤灰烧结砖产量逐年上升，但多数厂作为内燃料或瘠性料使用，因而掺量有限。

由于粉煤灰运输困难，价格又高于粘土，现有砖厂设备简陋，难以适应高掺量粉煤灰烧结砖生产的要求，而重新建线又耗资巨大，一般砖厂承受不了，因而高掺量粉煤灰烧结砖工艺未能大量推广。特别是高掺量烧结多孔砖在技术、设备上还未过关。

粉煤灰陶粒也属建筑陶瓷的一种。英国是生产粉煤灰陶粒历史最悠久的国家。1958年，英国最早用立窑焙烧粉煤灰陶粒。1960年英国在巴特西电厂附近建成2座ϕ3.0m×12m机械化立窑粉煤灰陶粒厂（年产量为10万m^3）。由于这种方法对原料的要求较为严格，选灰困难，不利于普遍推广。所以，福兰克·策夫特维奇把冶金行业作还原矿石用的抽风法带式烧结机用于粉煤灰陶粒生产并获得了成功。1964年此方法得到了大规模采用，现已成为粉煤灰陶粒生产的主要方法。英国鲍罗·莱太克公司采用该技术建成下属三个工厂，年总产量为67万t（95万m^3），应用在各种工程中。

1983年荷兰建成的尼勒姆肯恩粉煤灰陶粒厂就是利用莱太克的专利，年产25万t陶粒（36万m^3）；日本神户制钢所1986年也利用莱太克专利开发粉煤灰陶粒。

丹麦生产粘土陶粒的Leca公司正在开展粘土中掺入50%的粉煤灰焙烧陶粒的研究工作。采用旋窑法生产是Leca公司发展粉煤灰陶粒的趋势。这种陶粒的堆积密度约650kg/m^3，可用于结构混凝土。

前苏联研制了一种表面活性陶粒，此种陶粒的内核是粉煤灰加粘土，外层为粉煤灰加石灰石粉，经烧结机焙烧而成。

我国从1960年开始进行粉煤灰陶粒的研究，上海市建筑科学研究院采用普通立窑进行试验，1964年建成年产3万m^3粉煤灰陶粒中试生产线，并成功地烧出近3万m^3的粉煤灰陶粒，应用在工业与民用建筑等工程上。1965~1968年陆续用于造船和宁波大桥、南京长江大桥等工程，为粉煤灰陶粒应用开辟了新途径。1965年天津建成年产8万m^3烧结机粉煤灰陶粒厂，并得到大规模应用，为在我国推广应用粉煤灰陶粒作出重要贡献。陕西省建筑科学研究院、北京土桥砖瓦厂分别于1974年在西安、北京建成高差布置和套接式中间试验性的双筒回转窑各一座，烧出了粉煤灰陶粒，由于两窑的连接、密封、烘干预热等一系列问题有待研究，未能推广应用。

在此基础上，上海申威陶粒制品有限公司采用双筒回转窑，分为预热窑和膨胀窑，两窑错开布置，能使一些弱膨胀性原料制成优质产品。这种工艺的特点既能适应烧胀陶粒，又可烧制烧结型陶粒，是一种多功能的窑型。目前在国内常州、天津新建的陶粒企业都采用这种窑型。

陶粒的生产工艺和设备是发展粉煤灰陶粒生产的关键，由于高掺量粉煤灰陶粒属于烧结型，因此采用烧结机焙烧为宜。它具有产量大、对生料球强度要求低、可充分利用粉煤灰残余碳分内燃等特点，因此采用烧结机焙烧粉煤灰陶粒被很多国家所采纳。目前英国、美国、前苏联等国采用的烧结机，单机年产量一般均在20万 m^3 左右，机械化自动化程度高，英国年产20万t（28万 m^3）的粉煤灰陶粒厂生产工人每班12人，每人每年劳动生产率平均为0.78万 m^3。

由于粉煤灰陶粒价格高于规格石子和使用不合理等多种因素，致使粉煤灰陶粒在国内推广发展缓慢。

早在20世纪70年代后期到80年代初期，波兰在制造建筑陶瓷中掺加粉煤灰进行了研究。1979年研究生产的铺地砖，粉煤灰掺量达30%（质量比），采用隧道窑焙烧，烧结温度为1100～1150℃，其产品抗压强度94MPa，耐酸率99.3%，收缩率小于1%，耐碱率为98.2%。1982年日本开始研究生产的陶瓷砖，粉煤灰掺量达50%，焙烧温度为1100～1200℃，产品的抗折强度高于日本标准3～4倍，表观密度低于日本标准15%～30%，吸水率小于日本标准5%，隔热性能也很好。利用粉煤灰生产炻器制品在国外是20世纪70年代末期发展起来，以日本、波兰、印度、前苏联研究成果最为突出，英、法、美、荷兰、比利时等国家也正在积极开发中。

我国唐山陶瓷厂、上海泰山陶瓷有限公司分别于1980年和1982年建成釉面砖和饰面砖生产线。唐山陶瓷厂的釉面砖掺灰量为30%，吸水率小于10%，收缩率小于12%，半成品抗折强度为0.82MPa。泰山陶瓷有限公司生产的饰面砖掺灰量达35%左右，产品表观密度2000kg/m^3，吸水率不大于15%，抗折强度大于10MPa。1992年上海市建筑科学研究院研究的烟囱砖，其粉煤灰掺量达40%左右，制品的抗压强度达28MPa，抗折强度为3.7MPa，吸水率小于16%，冻融达25次，耐酸率达98%，已广泛应用在电厂的烟囱上，受到使用单位的好评。

采用粉煤灰代替部分粘土生产陶质材料，不仅可以达到节能节土的目的，其制品性能也优于纯粘土原料的陶质材料，如表观密度小、成本低，因此有广泛的发展前景。

二、品种规格

建筑陶瓷的种类很多，图7-1是建筑中最常用的制品。在这些制品中，大多数都可掺加粉煤灰。

1. 建筑陶瓷制品分类

依制品密度，可分为多孔制品和密实制品两大类：

(1) 多孔制品。一般多为建筑用陶瓷，它的特点是底坯多孔不透明，一般吸水率大于5%，断口粗糙，多无光泽，其中部分制品的表面若覆以玻璃质的薄层釉，称为上釉

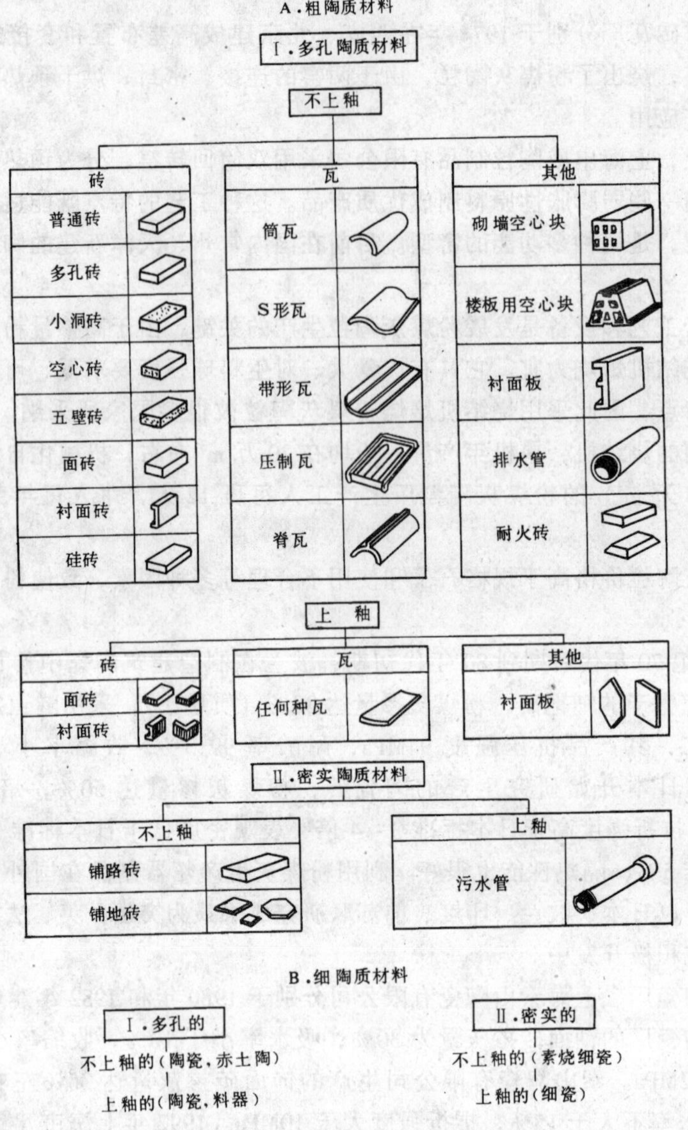

图 7-1 主要建筑陶瓷品种

制品。

(2) 密实制品。如炻器和瓷器。其特点是底坯致密，密实度大于94%，吸水率大于5%，断口呈壳状，有光泽不透水。

2. 建筑陶瓷的品种规格

常用建筑陶瓷的规格很多，现就有代表性的规格叙述于下：

(1) 普通烧结砖。按GB/T 5101—1998《烧结普通砖》的规定，尺寸为240mm×115mm×53mm；按砖的标号、耐久性能和外观指标将砖分为特等、一等、二等三个等级。砖的标号依照表7-1中抗压抗折强度确定。

(2) 烧结多孔砖。按GB 13544—2000《烧结多孔砖》的规定，其规格和孔洞尺寸如下：

规格：砖的外形为直角六面体，其长度、宽度、高度尺寸应符合下列要求：

290，240，190，180（mm）；

175，140，115，90（mm）。

孔洞尺寸：

圆孔直径≤22（mm）；

非圆孔内切圆直径≤15（mm）；

手抓孔（30～40）×（75～80）（mm）。

表 7-1　　普通烧结砖的性能

强度 / 砖标号	抗压强度（MPa）		抗折强度（MPa）	
	5块平均值不小于	单块最小值不小于	5块平均值不小于	单块最小值不小于
200	19.62（200）	13.73（140）	3.92（40）	2.55（26）
150	14.72（150）	9.81（100）	3.04（31）	1.96（20）
100	9.81（100）	5.89（60）	2.26（23）	1.28（13）
75	7.36（75）	4.41（45）	1.77（18）	1.08（11）

注　1. 括号内数据为以 kgf/cm^2 为单位的强度数值。

2. 试验结果的四项数值全部达到强度指标者，方被确认为相应标号。

烧结多孔砖可以用粘土，煤矸石、页岩和粉煤灰等材料生产，国内有关厂的产品简介如表 7-2 所示。

表 7-2　　四川省的部分烧结多孔砖产品

厂　名	规　格（mm×mm×mm）	孔型	孔数	孔洞率（%）	外壁厚度（mm）	单块重（kg）	表观密度（kg/m^3）	相当于标准砖体积的倍数（倍）
四川省重庆市第二砖瓦厂（页岩砖）	190×190×90	圆　形	9	15.8	25	4.8	1539	2.2
四川省资阳县页岩砖瓦厂（页岩砖）	240×180×115	椭圆形	7	20～23	35	6.6	1327	3.4
四川省内江市砖瓦厂（页岩砖）	240×180×115	椭圆形	7	18～20	30	7.25	1474	3.4
四川省滴水岩煤矿煤矸石砖厂（煤矸石砖）	240×115×115	椭圆形	3	21.5	35	4.9	1520	2.17
四川省永荣煤矿煤矸石砖厂（煤矸石砖）	240×180×115	椭圆形	7	26	25	7.3	1476	3.4
四川省吉祥煤矿煤矸石砖厂（煤矸石砖）	240×115×115	椭圆形	3	20.7	35	4.6	1428	2.17
四川省沫江煤矿煤矸石砖厂（煤矸石砖）	240×115×115	椭圆形	3	20.0	35	4.7	1459	2.17

（3）陶瓷墙地砖。它是墙砖和地砖的总称。其中地砖包括路砖、地面砖、锦砖（即陶瓷马赛克）和梯沿砖等；墙砖包括彩釉面砖和无釉面砖。墙地砖依产品吸水率 E 可分为：低吸水率砖（为第Ⅰ类 $E \leqslant 3\%$）；中等吸水率砖≤10%（其中 $3\% < E \leqslant 6\%$ 为第ⅡA 类；$6\% < E < 10\%$ 为第ⅡB 类）和高吸水率砖（$E \geqslant 10\%$）三类。目前国内墙地砖的规格为 75mm×100mm，152mm×152mm，100mm×200mm，200mm×200mm，300mm×300mm。其中 300mm×300mm 的规格仅在引进厂中生产，引进意大利的萨克米、西茜，前联邦德国的道尔斯特奈奇，日本的伊奈志野陶石等公司的生产线均采用半干料自动液压机成型（压力 7848～16677kN），生产的规格为 400mm×600mm 及 600mm×600mm 大板，厚度约在8～16mm，

吸水率24h≤1%，抗折强度在70MPa以上，能经受25次反复的冻融循环。

(4) 粉煤灰陶粒。采用粉煤灰为主要原料，掺加适量粘结剂，经造粒、烧结或烧胀而成。其粒径大于5mm者称为粉煤灰陶粒；粒径小于5mm者为陶砂。

粉煤灰陶粒依据颗粒大小，分为5~10mm、5~16mm、5~20mm、5~31.5mm和5~40mm等五个粒级；在干燥状态的堆积密度等级与强度的关系如表7-3所示。

表7-3 筒压强度与堆积密度关系

堆积密度等级	筒压强度MPa	吸水率%	软化系数%
600	3.0	10	>0.8
700	4.0	7	>0.8
800	6.0	5	>0.8
900	6.5	5	>0.8

国内采用粉煤灰陶粒配制混凝土的研究，始于20世纪60年代初并应用于长江大桥桥面板等重大工程中。

我国最近在新建设的天津永定河新河高速公路桥的上部结构采用上海申威高强粉煤灰陶粒，设计的CL40（实际强度等级达CL50）陶粒混凝土代替原设计的普通混凝土。经优化后比原设计方案可节省混凝土13509m^3、钢筋254.4t和预应力钢筋165.4t，效益比较明显。

三、发展趋势

(1) 用粉煤灰作掺和料生产烧结砖（小掺量），可在传统粘土砖生产工艺的基础上增添粉煤灰和粘结剂混合料加工设备即可生产合格的产品；生产粉煤灰烧结砖可节省大量的粘土资源和能源，又可处理粉煤灰，其综合经济效益明显；特别是在有些地区粉煤灰大量堆存、砖厂粘土原料不足的情况下发展这一品种，将更有重要的意义。

粉煤灰烧结砖总的发展趋势，是向高掺量粉煤灰烧结砖方向发展，但目前国内大量推广的还是小掺量的，高掺量粉煤灰烧结普通砖在技术上是可行的。

(2) 发展粉煤灰烧结空心砖，不仅能达到节能、节土的目的，而且与实心砖相比，其表观密度小，可减轻墙体自重（大孔洞率的非承重空心砖表观密度仅为800~1000kg/m^3），导热系数约降低一半左右，可改善建筑物热工性能，是理想的墙体材料之一。由于采用高真空、高挤压力成型机，国外粉煤灰空心烧结砖的强度高达20MPa，符合墙体材料轻质高强的发展方向，但国内粉煤灰掺量较小，当大于50%时产品合格率低。

(3) 随着现代化建筑艺术的发展，陶瓷墙地砖向彩色制品发展，如意大利生产的彩色面砖，占釉面砖总量的91.2%；美国占80%；日本占35%。

瓷质锦砖趋向于发展带釉产品，产品的尺寸规格从小向大发展，如意大利生产的规格为400mm×600mm，600mm×600mm大板；日本生产的为300mm×600mm，600mm×600mm大型陶瓷面砖。

墙地砖的原料趋向于采用劣质地方原料，所采用的劣质原料有易熔带色粘土，如波兰、前苏联、日本等国采用粉煤灰作为原料，生产建筑用陶瓷。

(4) 粉煤灰陶粒是一种性能良好的人造轻质集料，用它配制的砂轻混凝土和全轻混凝土是一种轻质、高强、多功能的新型建筑材料。这两种混凝土适用于装配式、现浇的工业与民用建筑或其他构筑物，特别适用于高层或大跨度建筑。这种混凝土应用在工程中，可以节约材料，减轻自重，降低造价，提高建筑物的整体性和抗震性。

粉煤灰陶粒产品总的发展趋势是成球不用粘结剂，原料全部采用粉煤灰。其产品性能向颗粒强度大、堆积密度小、粒径小、空隙率低和吸水率小方向发展。如英国生产的粉煤灰陶粒，其原料全部为粉煤灰，规格为3~8mm占80%以上。

轻集料由于其堆积密度小、保温性能好，应用在墙体中仍然是主要方向。例如，美国的轻集料混凝土80%以上用于混凝土小型砌块；前苏联55%的大型墙板、95%的砌块建筑采用轻集料混凝土；英国的陶粒混凝土也主要用于混凝土小型砌块。

在墙体中采用轻集料混凝土，要求具有良好的保温性能，也即要求具有较低的导热系数。目前国外用作墙体的轻集料混凝土，一般堆积密度为1200~1600kg/m^3，其导热系数为0.33~0.7W/（m·K）大大低于用粘土砖砌筑的墙体0.7~0.8W/（m·K）。用作墙体的轻集料混凝土正朝着更轻的方向发展。

第二节 陶质材料的生产工艺

一、陶质材料的原料与种类

在陶瓷工业中，使用的原料通常分为下列几种类型：

1．可塑性原料

是陶瓷坯料中的主要成分，其含量约占45%~55%；按照粘土外貌组成与性质可分为高岭土、粘性土、瘠性土和页岩等。

（1）高岭土。它是由某种花岗岩长石的自然风化产物。是最纯的粘土。呈黄色到白色可塑性较弱，耐火度可达1730~1770℃之间，烧结温度在1400℃左右。烧后颜色为白色。

（2）粘性土。一般都是次生土颗粒细。含杂质比高岭土高。可分为：

1）耐火土：凡耐火度在1580℃以上者都称耐火土是比较纯的粘土，含杂质也比较少。烧后多呈白色、灰色或淡黄色，为耐火制品陶瓷、耐酸制品的主要原料；

2）难熔土：耐火度介于1350~1850℃之间，含杂质熔剂为10%~15%，可作耐酸制品装饰砖与瓷砖的原料；

3）易熔土：耐火度在1350℃以下，含有大量各种杂质，其中危害最大的黄铁矿，它能使制品产生气泡空洞等。故多用于建筑制砖和粗陶瓷等制品。

（3）膨润土。颗粒较细，粘结力极大是一种可塑性很强的粘土，掺入陶瓷坯内后能显著提高坯体干燥后的强度，但因其软化温度较低，收缩较大，故在坯内的掺量约在5%左右。

（4）瘠性粘土（或称硬质粘土）。具有很大的硬度，氧化铝含量很高，不易水化，可塑性很差，不易单独成型，其呈色有青灰、灰、红等色、灼烧后一般为灰色。

（5）页岩。性质与瘠性粘土相似，但杂质较多，一般可达25%（如K_2O、Na_2O、CaO、TiO_2、Fe_2O_3）等，呈色有青灰、红、黑、绿等。耐火度为1180~1200℃。

（6）叶蜡石能局部或全部代替陶瓷坯料中的石英则可减少焙烧制品的热膨胀以及减少制品的裂缝，采用粉煤灰为原料也可代替页岩或叶蜡石中取代石英的功效。

根据可塑性指数的大小，可将粘土归纳如下。

第一类：强可塑性粘土，可塑性指数>15。

第二类：中等可塑性粘土，可塑性指数7~15。

第三类：弱可塑性粘土，可塑性指数1~7。

非可塑性粘土：可塑性指数<1。

(7) 硅藻土。它是某种微小的水生物，以及某种海绵死亡后的遗留骨骼，沉积演变的产物。其中常含有少量的粘土。则有一定的可塑性。

硅藻土孔隙率很大，是制造隔热、绝热等建筑材料的主要原料。

2. 熔剂

(1) 长石。在陶质材料中，长石的用量一般在5%~35%，影响长石的品质主要是Fe_2O_3，根据Fe_2O_3的含量范围可将长石分为三类。

Ⅰ级品：Fe_2O_3含量≤0.2%

Ⅱ级品：Fe_2O_3含量≤0.3%

Ⅲ级品：Fe_2O_3含量≤0.5%

长石能使坯体在干燥时减小收缩与变形。长石在加热（1100℃以上）熔融后生成玻璃态，这种玻璃态具有熔解其他物质的能力，能促进粘土残余物颗粒的相互扩散、渗透，因而加速了莫来石结晶的生成及发育，并且起到降低制品的焙烧温度的作用。

(2) 碳酸盐岩。在陶质材料生产中，常用碳酸钙（白大理石、石灰石）作熔剂，它们在分解之前起瘠化作用（在建筑砖中）其分解产物石灰，当温度约为1000℃左右时，在陶质材料中，开始起熔剂的作用，能降低制品的烧结温度和熔点，同时也缩短制品的烧结过程。

(3) 霞石正长岩。霞石正长岩含有霞石（$K_2O \cdot 3Na_2O \cdot 4Al_2O_3 \cdot 9SiO_2$）、钾长石、钠长石及少量的角闪石云母、菱镁矿等成分。在陶质材料中，如以霞长石岩代替一部分或全部长石时，将可较大地降低制品的烧成温度，增扩烧结范围。从而减少制品的变形缺陷。

根据生产实践可知，如在制品中掺入部分霞石正长岩，其烧成温度能降低为1050℃。一般长石碳酸盐，霞石正长岩等熔剂在陶瓷制品中，加入后能改善制品质量。

二、对建筑用砖瓦原料的技术要求

在建筑用砖瓦和陶器生产中，一般都采用易熔粘土或易熔砂质粘土。

1. 砖用粘土的技术要求

(1) 可塑性或半干状态下便于成型；

(2) 在干燥或焙烧时，保持原形并不产生裂隙或变形；

(3) 在低温（900~1000℃）焙烧以后形成一种机械性质，既结实又抗寒、抗水而不膨胀；

(4) 烧后色彩不拘，但须均匀；烧结范围应在100℃以上；

(5) 化学成分、收缩变化大致如下：

SiO_2（%）	Al_2O_3（%）	Fe_2O_3（%）	CaO（%）	MgO（%）
50~75	7~20	2~8	4以内	5以下

K_2O+Na_2O（%）	烧失量（%）	干燥线收缩（%）
2.5以下	2~10	8以下

1000℃焙烧的线收缩（%）
20以下

2. 瓦用粘土的技术要求

(1) 焙烧后的颜色应均一；

(2) 收缩均匀，焙烧时不开裂；

(3) 焙烧后孔隙小、渗水率低；

(4) 具有抵抗风化的强度、稳定性和耐寒性。

因此分散度较好的可塑性粘土，除适用于墙地砖陶器等制品外同样适用于制瓦的原料。

3. 对炻质制品原料的技术要求

炻质制品包括铺路砖、排水管、耐酸陶瓷及其他类似制品。这类制品的焙烧温度一般在1200～1280℃范围内，则对原料的要求比其他建筑制品要高。即可采用难熔粘土或耐火粘土中掺入瘠化（粉煤灰）和熔融性附加物。

(1) 排水管用粘土的技术要求：其化学成分和物理性能要求见表7-4。

表7-4 化学成分和性能表

(%) SiO_2	Al_2O_3	TiO	Fe_2O_3	CaO	MgO
53～67	21～26	1～2.6	2.3～8	1.0～2.3	0.1～1.5

Na_2O+K_2O	烧失量	干燥线收缩	干燥弯曲强度	在1230～1310℃焙烧后线收缩	吸水率
1.5～5.7	4.0～10.7	4.1～8.7	1.6～2.8MPa	3.6%～7.6%	0.3%～6.2%

(2) 耐酸炻器制品用粘土应符合下列要求：

1) 粘土物质30%～70%。

2) 熔融氧化物5.25%。

3) 游离态石英30%～50%。

4) 烧结温度可低于1200℃。

5) 烧结范围在110℃以上。

炻质制品中，采用的长石，其中允许 Fe_2O_3 含量 >0.5%，对质量较低的炻质制品，甚至可采用 Fe_2O_3 含量 >1.0%的磁性页岩。

三、陶质材料的处理、加工及其设备

原料的加工方法关系到生产成本与制品质量，如果加工不良，就不仅使制品质量降低且增加了干燥和烧成的损失，浪费人力和物力，可使生产成本大幅度提高。

（一）原料的开采和泥料制备

1. 粘土砖用原料的开采和自然堆存陈化

陶质材料中建筑用砖取土通常是在砖厂附近的土场上直接取土，亦有采用河道两侧的堆积土。新开采的原料不能直接成型，一般将开采的粘土堆积在露天，通常均在冬季积土经过陈腐（一般为4～6个月）和太阳光的照射、干燥、雨雪冰冻及融解作用后，使原料内部发生分解崩裂和均化，粘土质量起变化。我国北方地区砖瓦企业一般都采用上述方法，常在每年10月后将明年所用的粘土采掘堆积存放，经冬季曝冷后，明显改善粘土质量。生产粉煤灰烧结砖对泥料的处理更应重视。

2. 泥料的处理设备

泥料的处理主要包括剔除杂质（如石子等）和将它们粉碎使之达到制砖粒度的要求，大多采用机械来实现。

剔除杂质多采用对滚破碎机，其特点是能剔除含在原料中的石子和其他杂物，同时破碎原料，破碎比一般在4:1。

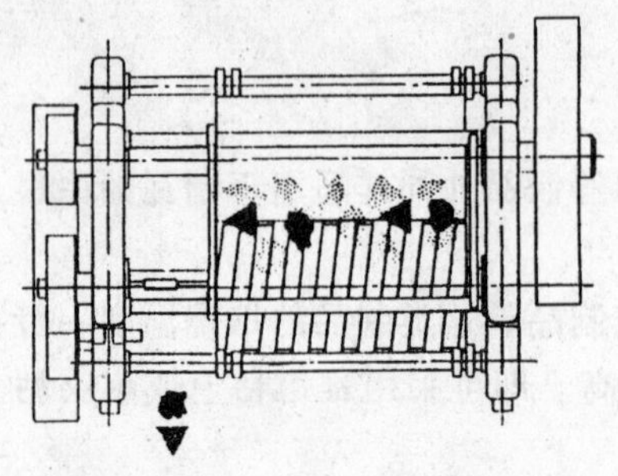

图 7-2 对辊机结构示意图

按辊筒的数量分为单辊、对辊和三辊机。图7-2所示为一种对辊机，它是一种常用的破碎设备。辊式破碎机的规格用辊筒直径 D 和长度 L 表示。辊式破碎机的辊筒直径一般为 400～1500mm，辊筒的长度多采用直径的 0.4～1.0 倍。

辊式破碎机主要用来中碎和细碎软的和中等硬度的粘土物料。物料从两个相对旋转的圆筒夹缝中通过，主要受到连续的挤压，并拌有部分的冲击弯曲和磨碎作用。齿形的辊面还有劈裂作用。

辊式破碎机具有结构简单、轻便可靠、适宜处理潮湿的粘土等优点；其缺点是，平辊易出片状块料，辊面磨损较大。

过滤对辊机也是一种剔除杂质的设备。它由两只 ϕ1500mm×600mm 的辊筒组成，辊上布满 ϕ10mm 的圆梯形孔，对辊旋转时泥料经孔压入筒内并流到下面，由受料皮带机输向下一道设备，石子则留向辊面，经侧向排出，达到泥、石分流的目的，生产率为 60m^3/h，适用于大型砖瓦企业。

此外筛式圆盘喂料机（见图 7-3）亦是一种除石碾练设备。它在墙地砖及劈裂砖生产线上应用尤为理想。我国引进的两条劈裂砖生产线均有此项设备。其结构与圆盘喂料机基本相同，周围筒壁上满布筛孔，筒体内设有两只刮料板，由中轴传动，小石子可被挤压破碎，较大的石子留在筒内，需定时清理。ϕ1500mm 筛式圆盘喂料机生产率可达 15～20m^3/h。

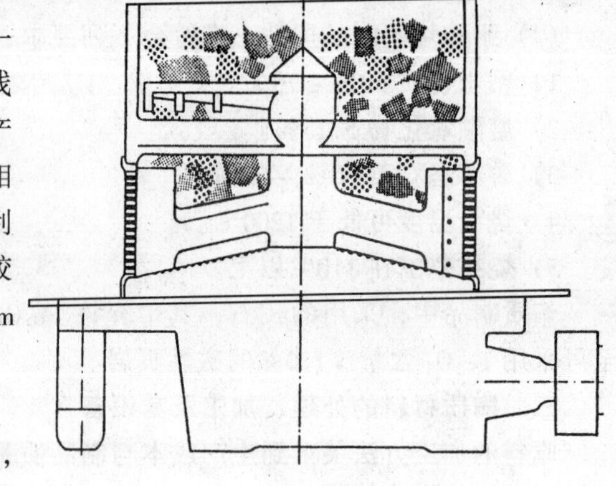

图 7-3 筛式圆盘喂料机结构示意图

3．泥料的给料设备

砖瓦企业常用的给料设备为箱式给料机，它具有箱体容积大、结构简单、操作方便、能输送含水率小于 24% 的原料等性能，其主要技术性能见表 7-5。

表 7-5 箱式给料机的主要技术性能

型号	适用原料	对原料的要求		产量 (m^3/h)	备注
		含水率 (%)	入料块度 (mm)		
800 型	粘土或软质页岩	18～24	<250	11～16 22～34	胶带的可调三种速度，连续动作
	中硬或硬质页岩	18～24	<200	33～50	
1320 型	粘土或软质页岩	18～24	<250	6～11 10～22	链板的可调三种速度，连续动作
	中硬或硬质页岩	18～24	<200	20～45	
600 型	粘土或软质页岩	18～24	<250	15～20	胶带的只有一种速度，连续动作
	中硬或硬质页岩	18～24	<200		

如采用湿排灰为原料，砖瓦企业亦用箱式给料机喂料。在砖瓦工业中采用干排灰为原料

制砖，通常用圆盘给料机，这种给料机的缺点是误差大，不易确定给料量的绝对数值。按质量喂料设备复杂，需要皮带秤，但准确度高，国内砖瓦企业尚未采用。但砖瓦行业从长远发展来看，采用质量计量是必然趋势，特别是掺内燃料和粉煤灰烧结砖的质量配料尤为重要。

4. 泥料混合均化用贮仓和搅拌机

泥料的混合均化，是原料制备极为重要的工序，尤其是粉煤灰粘土混合料，要求混合均化更严。混合主要依靠原料贮存设备，有陈化塔仓（又称湿化塔仓）和矩形湿灰仓等。陈化塔仓是一种圆形筒体，塔底盘按一定方向旋转，在盘上有一个出料螺旋铰刀，从此输出筒体坯料到下一工序，而筒体上部的坯料，依靠自重逐步下降。筒体的容量应能保证坯料 8～12h 的使用量，能起到中间贮存作用。

矩形湿化仓亦是一种混料陈腐设备，其特点是容量大、陈腐期长、动力消耗小。这种混合仓是由钢筋混凝土构成矩形围护结构，立柱支承围护结构自重，底面亦有钢筋混凝土浇制，在底面上有一台能纵向往复移动（在轨道上）的出料螺旋铰刀，将泥料从仓底刮出，送往一条纵向皮带机供给下一道工序。仓顶上有一条往复移动的皮带机向仓内均匀布料，这种仓的容量沿纵向每米长度可贮放 $25m^3$，每小时供土 $25m^3$。

泥料的均化一般砖瓦企业多用单、双轴搅拌机。近年来一般大的砖瓦企业已采用带过滤网的搅拌机和筛式捏和机来实现。

带过滤网的双轴搅拌机，它是一种能从粘土粉煤灰混合料中过滤分离草根、石块等杂质，并具有搅拌混合和净化作用的设备。

带过滤网的双轴搅拌机，其机体是椭圆断面的槽体，内有蒸汽出口，搅拌机轴上固定两种螺旋叶片，后一段是分立的单个叶片，前一段是连续的螺旋叶片。喂入的物料先经分立叶片搅拌，然后在连续螺旋叶片的压力推动下穿过滤网，泥料中的杂质和异物留筛网上。筛网可沿特制的导轨左右移动，其长度是搅拌机槽宽度的一倍。筛网孔径在 10～25mm 间变动。在搅拌机前面一段的筛网是在工作状态，另一半则推到机外来清理筛孔。这种设备多数为意大利等国家制造。180RTF 是意大利最新研究生产的产品，它是由装在一根轴上的一系列平行的圆盘形成许多缝，粘土经缝挤压出来，由特别的机械爪伸进缝中将杂质清理出来。

5. 陶瓷工业中块状原料的粉碎

除砖瓦以外的其他陶瓷工业中所采用原料多数为块度不一的固体，为了使焙烧时所发生的各种物理化学过程最有效的反应及获得均一组织的瓷坯，必须将块状原料经过适当的粉碎，以达到一定的细度，故粉碎工艺在陶瓷制造中占有极重要的位置。在陶瓷工业中用于粉碎块状原料，可分为：

（1）粗碎：料块的粒径在 40～50mm 以上者，可采用颚式破碎机、反击式破碎机和锤式破碎机等。

2）中碎：粉碎物料一般通过 10～20 孔/cm^2 的筛，其颗粒粒径约为 0.5～0.3mm，可利用双辊破碎机、轮辗机和锤式破碎机等。

（3）细碎：粉碎物料可通过 50～60 孔/cm^2 的筛，其粒径为 0.12～0.08mm，可采用各式球磨机和管磨机，以及振动磨等。

（二）制坯

砖坯的成型方法有湿塑成型、半硬塑成型和半干压法成型三种。建筑砖瓦企业通常采用湿塑法和半硬塑法两种。半干压法因生产效率低、设备复杂、成本高而较少采用。选择制坯的方法与陶瓷制品的形状、粘土的种类、粉煤灰的质量、掺量和温度都有关系。采用湿塑法制坯时要进行自然干燥或人工干燥；采用一次码烧工艺应选用半硬塑制坯或半干压法制坯。下面对三种成型方法分别予以介绍。

1. 湿塑法成型

湿塑法制坯一般对混合泥料的技术要求：泥料水分16%~22%，颗粒度小于3mm，泥料的塑性指数在7~17。满足上述技术要求的泥料，经皮带机送至挤砖机，由挤砖机的绞刀挤向机口，由机口挤出连续的泥坯条，其形状和规格与出口相同。泥坯条由钢丝切割成一定长度的泥坯，湿塑法可以制成各种形状建筑陶瓷制品，如普通建筑砖瓦、空心砖、陶瓷砖、衬面板等，是较普遍的一种方法，特别适合于大规模的砖瓦企业使用。

2. 半硬塑成型

采用半硬塑制砖，对制砖泥料的技术要求：粒度小于2.5mm，泥料水分13%~17%，泥料塑性指数7~17。挤砖机技术性能见表7-6。

表7-6 挤砖机技术性能

制坯方法	原料名称	产品规格(mm)	制坯水分(%)	产量(块/h) DW401	DW402	DW403	DW404	XW323
湿塑制坯	粘土或软质页岩 硬质页岩或煤矸石 质量比1:1 粉煤灰及粘结剂	240×115×53 普通实心砖	18~22 16~20 18~22	12000 10000 8000	10000 8500 7000	7000 6000 5000	5000 4000 3000	
湿塑制坯	粘土或软质页岩 硬质页岩或煤矸石 质量比1:1 粉煤灰及粘结剂	孔洞率为25%的240×115×90承重空心砖（按体积折成标准砖的产量）	19~23 17~21		7000 5000		3000 2000	
半硬法制坯	粘土或软质页岩 硬质页岩或煤矸石 质量比1:1 粉煤灰及粘结剂	240×115×53 普通实心砖	15~17 14~16	7000 6000	6000 5000	5000 4000		9000 8000
半硬法制坯	粘土或软质页岩 硬质页岩或煤矸石 质量比1:1 粉煤灰及粘结剂	孔洞率为25% 240×115×90 承重空心砖 （按体积折成标准砖的产量）	14~16 13~15					8000 7000

注 1. 设备型号

DW401—ϕ500挤砖机

DW402—ϕ450双级真空挤砖机

DW403—ϕ350挤砖机

DW404—ϕ320双级真空挤砖机

XW323—ϕ450、45型硬塑挤砖机

2. 真空挤砖机对低塑原料可提高制品质量，真空度一般大于550mm汞柱，如采用蒸汽加热，真空度可下降100mm汞柱。

3. 制坯水分，实心砖要求不大于2%，空心砖要求不大于10%。

3. 半干压法成型

半干压法制坯对泥料水分要求是9%～11%，泥料的颗粒组成，其中1mm占50%，1～2mm占25%，2～4mm占25%。一般半干压法用在薄壁建筑陶瓷中，最近又广泛用于生产高掺量粉煤灰烧结砖，效果显著。

半干压机与湿塑法挤泥机比较，从结构和工作原理都不同，通常半干压机是一个旋转的圆台，在圆台上有许多与制品相同形状的槽子，将泥料喂入槽子，当圆台旋转时在槽子内的泥料被上冲头逐渐压实，后又将泥坯顶起推出，泥坯承受的压力可达15MPa以上。甚至引进的墙地砖压机的压力可达100MPa左右。

半干压制坯的优点是泥坯不需干燥，焙烧后变形小，烧成的制品外观好，规格误差比湿塑法要小，缺点是泥料水分小，压坯时需要很高的压力，能耗较大，而设备复杂，产量相对较小。虽有上述缺点，但主要是烧成制品质量好，因此新建的建筑陶瓷厂大多数均采用半干压法。

（三）坯的干燥

湿塑法及半硬塑挤出的泥坯不能立刻进入窑内焙烧，因为坯中水分较大，在焙烧中蒸发膨胀会使坯体破裂或变形，因此必须把泥坯进行干燥，使水分降到8%左右。泥坯的干燥方法有自然干燥和人工干燥。

1. 自然干燥

自然干燥法不需要能源，但周期较长，须占用大量的场地或棚舍。而运输泥坯去干燥和由坯场棚舍运入窑内焙烧，需要运输工具，泥坯的损耗亦大。此外自然干燥法仅适用于每年较温暖的季节，因此自然干燥法的制砖厂，仅能按季节生产。

2. 人工干燥

人工干燥法不受季节限制，能终年生产。人工干燥使泥坯水分蒸发均匀，干燥速度快，因此年产3000万块的砖厂几乎全部采用人工干燥取代自然干燥。人工干燥法需要消耗燃料，并需要复杂的干燥窑。干燥的方式应随泥料的种类及制品的种类而定，需根据一定的要求来调节干燥窑中的相对湿度、空气的温度及换气速度等。

人工干燥多数是采用隧道式干燥窑,其运行设备有采用干燥车运载设备的逆流式干燥室；有采用吊篮作运载设备的链式干燥室；也有采用输送带或棒式做运转设备的干燥室。我国多数采用干燥车做运载设备的逆流干燥室,其规格和结构型式为：长度32～65m,宽度0.9～1.2m,高度0.85～1.3m。送风方式有集中底进风、分散底进风、分散底逆风与分散侧进风相结合、集中上进风、分散上进风等。排风方式有集中下排风、集中上排风、分散侧排风等。

国内几家砖厂采用的隧道干燥室结构型式和规格列于表7-7。

表7-7　国内砖厂隧道干燥室的结构型式

厂　名	规格（长×宽×高）（m×m×m）	送　风　方　式	排　风　方　式
北京南湖渠砖厂	65×1.15×0.84	分散侧进风	集中上排风
河南商丘砖厂	57×0.95×0.85	分散底进风与分散侧进风相结合	集中上排风
江苏常州砖厂	52×0.92×1.3	分散底进风与分散侧进风相结合	集中下排风
南京新京砖厂	65.4×0.96×1.1	分散侧进风	两侧分散排风
沈阳制砖一厂	36×0.96×1.32	集中底进风	集中下排风
合肥建材实验厂	32×0.87×1.35	集中上进风	集中下排风

（四）焙烧

焙烧泥坯的温度及窑型的选择，将视泥料的种类及建筑陶瓷制品的形状而定。一般焙烧建筑陶瓷采用的焙烧设备有隧道窑、轮窑、辊道隧道窑和间歇式倒焰窑等。

1. 隧道窑

隧道窑两侧有固定的墙壁，上面有窑顶，移动窑车构成窑底，窑车上装有被烧制的制品，在隧道的中央设有燃烧室即固定的烧成带，如图 7-4 所示。被烧制的制品从窑的一端送入，从另一端卸出。隧道窑是按逆流原理工作的。热流与窑车是相对移动的，窑的出口端送入冷空气，它冷却焙烧好的制品，同时也使空气受热。加热了的空气，用于加热燃料并将部分用于泥坯的干燥。整个隧道窑分为三带：预热带、烧成带和冷却带。隧道窑在建筑陶瓷企业得到了广泛的应用，其优点是装卸工作机械化，改善了劳动操作条件，焙烧温度能自动调节。隧道窑长度和断面规格是按规定的温度曲线来确定，该曲线是根据焙烧物料的性质经专门的试验而定的。隧道窑主要用于焙烧建筑用砖和陶瓷制品。

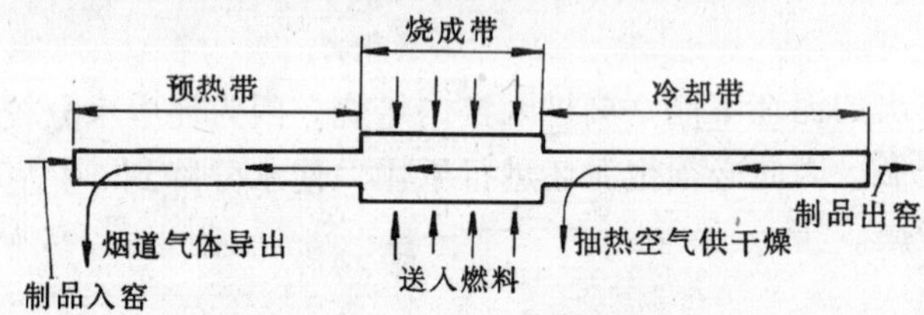

图 7-4 隧道窑操作简图

隧道窑的高度很少超过 2m，宽 3.5m。选择窑的长度要考虑到所需要窑的生产率及按实验规定的温度曲线中的焙烧时间。

隧道窑的设计应按规定的焙烧制品的温度曲线进行。确保窑内横断面温度均匀，并尽量利用烟道废气，以达到节约燃料的目的。

2. 轮窑

轮窑主要用来生产粘土砖瓦及粉煤灰烧结砖，是一个长向封闭有顶覆盖并设有间隔的通道，沿着中心线内隔墙是用作排出烟气的通道，连接支通道可以设在窑的内墙中，也可设置外墙中。窑的外墙上设有窑门，在装窑完毕后用砖把它临时堵住。在沿窑的长度方向两窑门中心线之间的距离称一个窑室。轮窑内窑室数目多少变化较大，一般窑室在 16 到 60 个，也有仅 5 个窑室的，在这种情况下窑以两个火焰进行操作。窑室一般高 3m，宽 2.0~4.5m，长 2~5m，应根据焙烧物料的性能确定窑室长度。焙烧过程中各带的位置是随窑内火焰的移动而改变，在一昼夜内焙烧带移动的距离称火行速度，焙烧砖时火行速度达 40m/24h。

轮窑的特点是热效率高达 60%，但由于轮窑采用强氧化焰气氛焙烧，废气带走的热损失却大大降低了轮窑的热效率。

焙烧砖的生产率是按出砖量来计算的，也就是指每 $1m^3$ 窑道在每月可以生产的砖量。

新建的轮窑在投入生产前分为窑的干燥和点火两个步骤。窑的干燥分为三个阶段：第一阶段 3~6 昼夜，第二阶段 3~4 昼夜，第三阶段 3~4 昼夜。完毕后便可点火投入生产。

3. 倒焰窑

凡火焰在烧成室内从上往下进行的窑称为倒焰式窑。倒焰式窑按形状分为圆窑和方窑两种。选择窑的形状应根据产品的种类、产量及使用燃料种类来确定；一般生产高级日用瓷器多使用圆窑，砖和卫生瓷器等则多用方窑。不过为施工建窑方便，在中小型工厂焙烧瓷器同样也使用方窑。但从产品的品质均匀性以及节能等方面来考虑，采用圆窑比方窑好，这是大家公认的。但从建造和装出窑看方窑比圆窑方便，国内焙烧陶瓷采用方窑为多。方窑的构造，通常采用单室窑，一般不设两层，因而多使用独立的烟囱来控制窑炉通风，不过也有在两侧窑墙上设置两排烟囱的。在燃烧室里面设有挡火墙，用以拦挡燃烧室发生的火焰使之上升，接触窑顶后下降，在下降的途中加热制品，而后被窑床上的吸火口吸入，通过烟道进入烟囱。在窑的两端各设一个或只设一个并有适当高度和宽度的窑门。窑顶的形状通常为半圆形，但也有圆弧形或桃形的，不过窑顶的形状一般决定于耐火材料的优劣及焙烧温度的高低。

方窑的大小，应根据制品种类、产量、焙烧时间、焙烧温度、燃料的种类和工厂规模等确定。尤其是方窑的高度和宽度，更要慎重考虑。如果高度和宽度过大，就会造成窑内温度不均以致影响制品的质量；如过小则消耗燃料多，不经济。燃料的性质如果采用长焰优质煤，窑的宽度高度可适当大一些，如采用短火焰的煤，则窑就不能很大。从目前所使用的窑，在陶瓷企业中使用小型窑较多，其高度约为 2～4m；宽度约为 2～4m；长约 3～8m。而砖和陶管类企业使用的焙烧窑比较大，长约 8～15m。美国烧砖用窑大的容量可达 15～20 万块。从长远观点看，大型倒焰式窑将被隧道窑所代替，所以大型倒焰式窑将失去其存在价值。

方窑的吸火口和烟道：吸火口的总面积与火网面积的比值，日本通常采用 0.1；前苏联认为适应陶瓷制品的快速焙烧常采用 0.07～0.09。两端窑门处吸火口的直径也应有所区别，即靠近烟囱的窑门吸火口应较另一端小些。分烟道的断面积必须稍大于分烟道上所有吸火口总面积，主烟道的断面积，也应该大于所有吸火口的总面积，但还应根据距离烟囱的远近来调整。如距离烟囱近则吸火口应小些，反之如距离烟囱远则吸火口应大些。

燃烧室的面积如采用煤为燃料，每 $1m^2$ 的火网平均负担 $16m^3$ 的容积比较妥当。火网的面积与窑床面积的比例一般是 1:3.5～6.0，平均为 1:4.5。每小时在 $1m^2$ 火网上能够燃烧煤的质量与实际燃烧的质量比称为燃烧率。一般在 $1m^2$ 火网上每小时煤的燃烧量约为 80～120kg。

对于 $16m^3$ 容积窑，假设每小时煤消耗量平均为 100kg，则火网为 $1m^2$ 即可。此时如采用 4 个燃烧室，则每个火网面积为 $1/4m^2$。但实际上为了加煤操作方便，其宽度应以铁锹能进入燃烧点为宜，即在 35cm 以上，其炉条长度也为了便于加煤而采用 1.1m 以下。

火网是在燃烧室内适当高度的位置，用炉条组成并与水平面有适当角度，用以支持燃料，而且炉条之间留有空隙，导入空气使之燃烧。炉条间的空隙面积约为火网面积的 1/3～1/2，但也有高达 2/3 的。该数据可按所用燃料性质调节。炉条在使用中因受热而膨胀，所以炉条与耐火砖之间，应留有供其伸缩的余地。

（1）挡火墙。挡火墙是为燃烧室内的火焰引导指定方向而设置的，同时起到烟囱的作用，并在该处使热气体与冷气体混合，从而它在通风弱的焙烧期间作用更大。通常设在窑内和窑墙中，挡火墙一般采用普通型耐火砖的整块砖或半块砖的厚度，高度随窑高而不同。不过即使 6m 直径的窑，其高度 1m 以下已足够。过高时窑内四周的下部产品会过火；过低窑中央下部产品容易欠烧。

（2）喷火口。喷火口的宽度与燃烧室的宽度相等或略大一些。通常均为长方形，长度

20cm，因而其断面积约为火网面积1/6～1/4，过大则火焰流动缓慢，过小则会使燃烧室过热。

4. 辊道隧道窑

辊道隧道窑简称辊道窑，窑底由许多沿窑宽方向平行排列的辊子组成，借助辊子本身的转动来输送制品。根据燃料的不同分为电热辊道窑、煤气辊道窑、油烧辊道窑和煤烧辊道窑。

我国现有的辊道窑，大部分以重油为燃料，采用隔焰式结构，主要用在日用陶瓷工业中的彩烤制品中。窑道的有效断面多呈扁口状，制品多为单层放置，其有效高度10～30cm、辊子下部空间高5.0～10.0cm、窑道宽度35～110cm、有效长度约18～42m。

由于辊道窑具有快速煅烧的特点，沿窑截面积的温差小，一般不超过±5℃，烧成时间最快20min。所以世界很多国家，如美国、意大利、德国、日本、俄罗斯等都采用辊道窑，作为焙烧墙地砖的主要设备，因此发展的趋势是用辊道窑焙烧墙地砖制品的比重将日益增加。

四、建筑陶瓷的鉴定

建筑陶瓷的质量主要由下列三部分组成：内部组织及耐久性、强度或标号、外观（等级）。

（一）内部组织及耐久性的鉴定

由于建筑陶瓷所含孔隙都是细小开口而且互相连通，密实的陶瓷材料孔隙少，因此各种陶瓷制品的内部构造都可以用吸水量来鉴定。其吸水量应不违背GB 5101—1985的规定。

建筑陶瓷制品抵抗化学作用的耐久性较好，由于建筑陶瓷制品含开口小孔，若焙烧不好时其耐冻性能较差，因此大多数建筑陶瓷制品必须作耐冻性试验。

只有用于受化学作用的陶瓷材料，才检查其釉面层的化学耐久性。

（二）强度（标号）的鉴定

鉴定的方法根据建筑陶瓷的种类和用途而定。砌墙用的砖须试验其受压极限强度及抗折强度，瓦仅试验其抗折强度，上釉陶瓷板试验其冲击强度，并检查釉面层与底层的粘结强度。

（三）建筑陶瓷制品外形的鉴定

按制品缺陷的大小形状等来确定等级。

当验收上釉的陶瓷制品时，须根据釉料的颜色、有无细裂纹、釉料均匀程度、气泡斑污、黑点等来鉴定其质量。

第三节 粉煤灰烧结砖

粉煤灰烧结砖是将粉煤灰掺入粘土、页岩或在粉煤灰中掺入其他粘结材料（如膨润土、水玻璃等）配料，混合挤出成型干燥烧制而成的。砖的表观密度约1450～1650kg/m^3，抗压强度达10～20MPa、吸水率约15%～20%。一般根据粉煤灰掺量命名。如掺灰量在30%（质量比）者称低掺量粉煤灰烧结砖；粉煤灰烧结砖掺灰量大于50%者称为高掺量粉煤灰烧结砖。

粉煤灰掺入粘土或页岩的数量取决于粉煤灰的品质，粉煤灰细度越细，掺量越高；粘土或页岩的塑性越高，粉煤灰掺量也越高。从国内目前的水平和现有的设备条件掺灰30%时，工艺已经成熟，掺加到50%的烧结普通砖生产线能稳定，但正常生产的企业目前还不多。如何能实现粉煤灰砖高掺量的目标，是尚需继续研究探索、完善的一个课题。本节介绍的为低掺量和高掺量粉煤灰烧结砖的生产和实例。

一、低掺量粉煤灰烧结砖❶

我国研制低掺量（掺合量小于30%）的粉煤灰粘土烧结砖，可追溯到1964年，当时吉林市砖瓦厂由于粘土塑性指数偏高，不掺瘠化料，无法生产粘土砖，开始采用砂料瘠化，成本较高，后选用粉煤灰取代，即可解决用砂料成本高的问题，同时，还可利用粉煤灰中的残留热值，节约烧砖用的燃料，一举两得。粉煤灰和工业废渣掺入量从20%增加到50%。1998年该厂拥有职工2500名左右，年产2.1亿块粉煤灰粘土烧结砖，产值达3000万元，产品质量和各项技术指标都达到部颁标准。现年“吃灰”能力20多万t。30多年来，该厂已累计生产烧结砖45亿块，用灰660万t，相当于节省670亩农田。❷

此后，北京、辽宁、黑龙江、四川、广西、贵州、河南、河北、浙江、青海、安徽、内蒙古、湖南、江苏、江西和上海等地，均曾相继进行研制。现在除吉林市砖瓦厂年产2亿粉煤灰粘土烧结标准砖外，其他如江苏兴化、南通和四川成都等地都在正常生产粉煤灰粘土烧结砖，其中兴化砖瓦厂年产1亿余块；南通1993年6个砖瓦厂生产3亿余块，这6个砖厂都是由天生港电厂免费供应干灰，砖厂仅付运输费用，1993年这6个砖厂按规模大小，不同程度地盈余30~50万元。

全国粉煤灰粘土烧结砖厂（车间）约50余座。经过近30年工业性生产，目前掺灰量在30%~40%（体积比）（属低掺量），以挤出成型为主，产品质量一般均能符合GB/T 5101—1998《烧结普通砖》中100~150号砖的标准，表观密度比普通粘土砖小15%~20%；由于粉煤灰掺入粘土砖起内燃作用，降低制砖能耗50%；能加速砖坯干燥速度，提高坯场（烘房）周转率；生产1万块砖可耗用粉煤灰7t左右，可减少粘土消耗10万m^3（体积比掺量40%）；少占农田、节约土地；一个年产5000万块砖的砖厂，固定资产总值仅为183万元，为粉煤灰墙体材料投资最省的一个品种；特别是低掺量的生产工艺不比普通粘土砖复杂，仅将粉煤灰按比例掺入粘土中，搅拌均匀后即可按照普通粘土砖的成型和焙烧技术生产，所以非常适合旧厂改造，投资省、上马快。

这里暂且不论节约粘土，少占农田，节约煤炭，减少灰场建设的巨额投资等，仅从开发粉煤灰粘土烧结砖一项看，全国现在每年生产普通粘土砖4000余亿块，如其中1/3改为粉煤灰粘土烧结砖，以每1万块砖仅用5t（实际用7t）粉煤灰计，则需7000万t粉煤灰，正好将我国目前所排放的粉煤灰10745万t（1998年资料）用去近70%，同时，据调查，无论是砖瓦厂还是建筑施工单位，对粉煤灰粘土烧结砖均乐于接受，为此，即使发展低掺量粉煤灰粘土烧结砖，已可充分体现它对粉煤灰综合利用的重要性，它是完全符合我国当前国情的有效举措。

根据粘土的塑性指数，粘土的塑性可划分为高塑性、中塑性和低塑性三大类（见表7-8）。

---

❶ 本文所用数据，基本为1987年资料，仅供参考比较。

❷ 根据吉林市砖瓦厂《利用粉煤灰生产内燃烧结砖的回顾》一文编写。

表 7-8 粘土按塑性指数分类

粘土分类	高塑性	中塑性	低塑性
塑性指数	15 以上	7~15	7 以下

目前我国除东北等地粘土塑性指数较高地区乐于利用粉煤灰作瘠化料外，现在华东缺土地区，应用塑性指数不高的海涂泥和长江淤泥制砖，也少不了粉煤灰作利废、节土和节能材料。正如南通市、中国建筑西北设计院提供的数据，运距在陆运 50km、水运 100km 范围内，运费对成本的影响不大，所以，当地无灰的兴化砖瓦厂，也愿从外地输入制砖。

现将我国生产和研制粉煤灰粘土烧结砖的兴化砖瓦厂、南通市墙体材料厂和上海建筑科学研究院三个具有代表性单位的经验简介如后。这三个单位有的因种种原因，现已改产，但其经验，均非常宝贵，各有千秋，可资借鉴。

（一）江苏兴化砖瓦厂的经验❶

江苏兴化砖瓦厂位于江苏北部，内下河水网地带，其制砖粘土属高塑性范畴，是一个应用湿排粉煤灰作瘠化料，当地无灰、需靠从外地输入，采用常规挤泥机的代表厂。现将该厂材料、工艺及制品性能等分述如下。

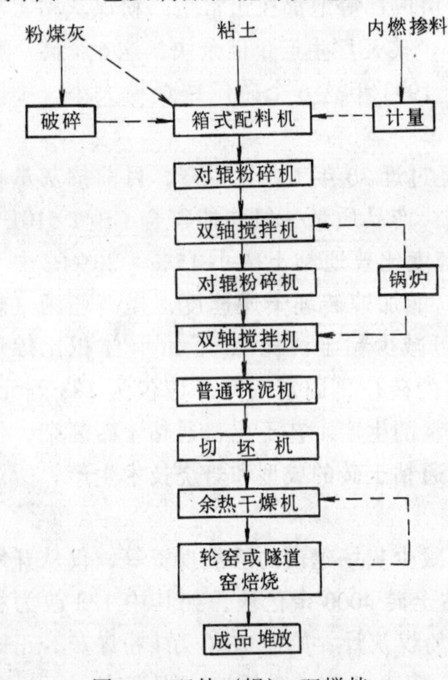

图 7-5 双轧（辊）、双搅拌、一挤生产工艺示意图

1. 应用粉煤灰作瘠化料的优越性

(1) 粘土塑性指数高、工艺困难。该厂生产原料土的塑指数高达 19~20，干燥敏感性系数为 2.24~2.4，原料土的颗粒组成，小于 0.005mm 的占 56.05%，0.005~0.05mm 的占 37.84%，而大于 0.05mm 的仅占 6.11%，这对于干燥尤其是采用人工干燥工艺带来较大困难，如不充分瘠化，则很难采用高温和快速干燥，因此，产品的产量和质量也就难于提高。

(2) 瘠化料的选择。该厂原全部采用煤渣作瘠化料，每万块砖坯需掺配 5t 以上的煤渣方可奏效。考虑煤渣来源有困难，同时，粉碎费用亦高，而且粉碎细度亦难达到要求。由于粉煤灰基本无塑性，直接掺入粘土，可降低粘土干燥敏感性系数，只要把成型泥料的干燥敏感性系数从 2.24 降到 1.5 以下，则干燥周期可以从 30h 缩短为 24h，产量可提高 25%，由于瘠化充分，提高产量就能得到保证；同时干燥室送风温度可由 90~95℃提高到 120~130℃，其动力消耗大幅度下降。

(3) 粉煤灰作瘠化料的优越性。粉煤灰颗粒细，不需粉碎即可直接掺用，能减少较多的粉碎费用（包括钢材、氧气、电石、人工和电费），在砖坯质量方面亦可解决外观粗糙、出现裂纹等现象，使产品质量得到进一步提高。

❶ 根据江苏兴化砖瓦厂《烧结粉煤灰砖生产与建议》一文编写。

（4）采用粉煤灰需解决的问题　该厂应用粉煤灰作瘠化料后，也考虑到不利因素，一是当地没有发电厂，灰得从外地运来，运距较远，成本加大，是否合算；二是掺配后怕存在是否不易成型、掺配不均匀、会给砖坯带来夹层和松散现象等问题，后来都一一得到解决。

2. 生产工艺流程

该厂的生产工艺流程：粉煤灰采用初级脱水（因多数为湿排灰）、配料、双轧（辊）、双搅拌、一挤的生产工艺，其工艺流程见图 7-5。

3. 技术措施及技术效益

根据该厂生产实际情况，采取的技术措施及取得的技术效益如下（见表 7-9、表 7-10）：

表 7-9　　混合料基本参数

内掺料		混合料		线收缩率
粉煤灰	煤渣	塑性指数	干燥敏感系数	
7t/万块	2t/万块	12.4	1.31～1.4	3.5%～5%

表 7-10　　掺配前后工艺技术参数对照情况

项目/类别	掺配数量		成型水分	坯体加热	送风温度	送风量	三带分布　干燥室总长 54.8m			干燥周期
	粉煤灰	煤渣					预热	干燥	冷却	
掺配前	无	4.5～5t/万块	18%～20%	40～45℃	90～95℃	10.5 万 m^3	21.8m	24m	9m	30h
掺配后	7t/万块	2t/万块	19%～20%	40～45℃	120～125℃	9 万 m^3	26.28m	19.52m	9m	24h

（1）控制混合料塑性指数。按粘土塑性指数的高低，确定掺配粉煤灰的数量，掺配后混合料的塑性指数控制在 12 以内，体积比为 41.7%，用给料机的闸板控制配料。

（2）改进搅拌设备。将双轴搅拌机加宽、加高、加长，并且将其叶片角度改小，转速改慢，这样，工作负荷不但没有增加，反而相应下降，达到搅拌均匀的效果。

（3）调整焙烧温度和风速。在干燥周期缩短的同时，提高产品产量。部火产量由 8 万块左右，提高到 11 万块左右。主要是原来的低温高风速改为高温低风速，电耗大幅度下降：掺配前 460 度/万块，掺配后为 310 度/万块。同时煤耗下降，由原来 400kg/万块下降到 160kg/万块。

（4）严格控制坯体成型水分。严格控制坯体成型水分，是一项必不可少的工作，也是提高砖坯干燥率的主要环节。该厂采用掺干灰，干坯粉的方法进行调剂，把成型水分控制在 20%左右。

（5）控制干燥敏感性系数。欲达到干燥周期缩短的目的，主要是控制干燥敏感性系数，该厂控制在 1～1.5 之间；此外，平衡进出率也是重要因素。

（6）控制砖坯进窑水分，严格焙烧制度。粉煤灰粘土烧结砖焙烧的特点是，烧结延续时间短，高温时间亦短。烧结温度比一般粘土砖要高。该厂掌握两点：一是控制砖坯进窑残余水分在 6%以内；二是制定严格的焙烧管理制度。

4. 企业经济效益

(1) 节约原料土。每万砖少用$12m^3$的原料土，全年可节约土7.2万m^3，减少支出14万元。

(2) 节约能源。由于粉煤灰的发热量一般为1300~1700J/kg，每万砖按掺灰7t计算，则全年可节约煤炭600t，按90元/t计算，少支出5.4万元。

(3) 少用煤渣、煤矸石。每年少用煤渣1.4万t、煤矸石2400t，这两项少支出21万元。

(4) 提高产量、质量。产量全年可增加400~600万块；质量方面，解决了该厂长期未能解决砖块的裂纹问题。

此外，支出方面，粉煤灰费用，包括装卸运输费合计增加支出26万元左右；这样用粉煤灰与用煤渣、煤矸石相比，全年企业增利12万元左右。

(二) 南通市墙体材料厂的经验❶

江苏省南通市墙体材料厂，位于长江下游，天生港东，靠近江边，占地面积200多亩，主要设备有400普通砖机和400真空砖机各1台，48m×1.26m×1.25m八条双层人工干燥室1座，机械取土及运输全套设备。主要生产粉煤灰粘土烧结砖、年生产能力为5000万块标准砖。

为了解决南通市天生港发电厂的湿排粉煤灰的综合利用，节约能源、节约土源、不毁农田。该厂因地制宜，向长江要泥，向粉煤灰要土源和能源，在生产粘土砖的工艺基础上，于1980年试制成功粉煤灰粘土烧结砖。1981年投入批量生产，为工业废渣的综合利用，加速发展建材生产走出了一条新路。

该厂的另一特点是采用中塑性长江淤泥，能做出这样成绩，更为难能可贵。现将其具体原料性能、工艺特点及制品性能分述如下。

1. 原料的基本性能

该厂生产粉煤灰粘土烧结砖的主要原料是长江淤泥和天生港电厂的粉煤灰，其性能如下：

(1) 长江淤泥的性能。长江淤泥系极细砂与粘性土，水平状交叉成层，每层约4~5cm，砂层似纸薄，淤泥从江里挖出时含水率在42%左右。其湿堆积密度$1.62t/m^3$左右。呈流塑状态，塑性指数12~14，其化学成分和物理性能见表7-11。

表7-11 长江淤泥化学成分及物理性能

化学成分(%)						塑性指数
SiO_2	Fe_2O_3	Al_2O_3	CaO	MgO	烧失量	
56.8	9	12.36	5.37	2.58	11.13	12~14

长江淤泥是天然的粘土仓库，该厂可取区域长为3000m，宽为150m，计45万m^2，按年产5000万块标准砖的生产能力，每天挖土$200m^3$，已满足生产需要，粘土的挖取方法是采用机械和人工相结合，以机械积土为主。机械积土年产能力7万m^3。机械积土工艺流程如下：

挖取──→运输──→起仓上料──→轨道输送──→自动下料──→堆场脱水──→翻运──→晒场脱水

(2) 粉煤灰的性能。粉煤灰是天生港电厂排出的工业废料（见表7-12），它占用良田，

❶ 根据南通市墙体材料厂《综合利用，前途广阔》一文编写。

污染环境，是电力部门亟待解决的一门课题。该电厂装机容量 32 万 kW，每年排灰量 30 万 t。随着电厂的发展，近期又新建 2 座 35 万 kW 机组，排灰量将更大。目前采用湿排法出灰。墙体材料厂与灰池仅一坝之隔，每年可利用灰 4 万 t 左右，由于灰池内水分较大，挖取方法是由人工挖取。初含水率在 40% 的粉煤灰，池边堆放脱水后约为 30% 左右，再用人力车运输至厂区堆高 3 ~ 4m，进行自然脱水至 25% 以下备用。该厂粉煤灰化学成分及物理性能见表 7-12。

表 7-12　　天生港电厂粉煤灰化学成分及物理性能

化学成分（%）					烧失量（%）	堆积密度（kg/m^3）	发热量（J/kg）	细度 4900 孔筛余量（%）
SiO_2	Fe_2O_3	Al_2O_3	CaO	MgO				
50.1	7.7	29.6	3.06	1.59	8.27	650 ~ 700	2930	25 ~ 75

粉煤灰储运工艺流程：

池内脱水⟶挖取⟶池边堆放脱水⟶运输⟶堆高脱水

2. 粉煤灰粘土烧结砖的生产工艺

由于该厂生产粉煤灰粘土烧结砖原料稳定，粘土的成型性能良好，试制时掺灰率（质量比）从 20% ~ 40% 均获成功，目前掺灰率控制在 40% 以内。

其生产工艺流程见图 7-6。具体实施步骤：由 7600mm × 1000mm 箱式配料箱（按配比要求，用闸板调节淤泥、粉煤灰和煤渣比例）进行掺配，混合料经过耙碎机破碎与混合；输入对辊（对辊间隙控制在 3 ~ 5mm）然后进入 3800mm × 1000mm 双轴搅拌机拌和；最后由 400 型真空挤砖机成型。成型水分控制在 21% ~ 23%，由滚坯机、切坯机进行切割，然后码至烘干车上进行人工干燥。干燥室利用轮窑烟热和余热。进风温度 120 ~ 150℃，经过 15 ~ 20h，控制残余水分 6% ~ 8%。干坯由码窑工按八一法码入轮窑。火眼采取宝塔式，密度在 210 块/m^3，采用高温负压焙烧，焙烧带 9 排，预热带 30 ~ 40 排，保温带 30 ~ 40 排，采用低提闸、近用闸、勤调闸的焙烧制度，烧成温度为 1000 ~ 1050℃，烧成周期为 24h 左右。

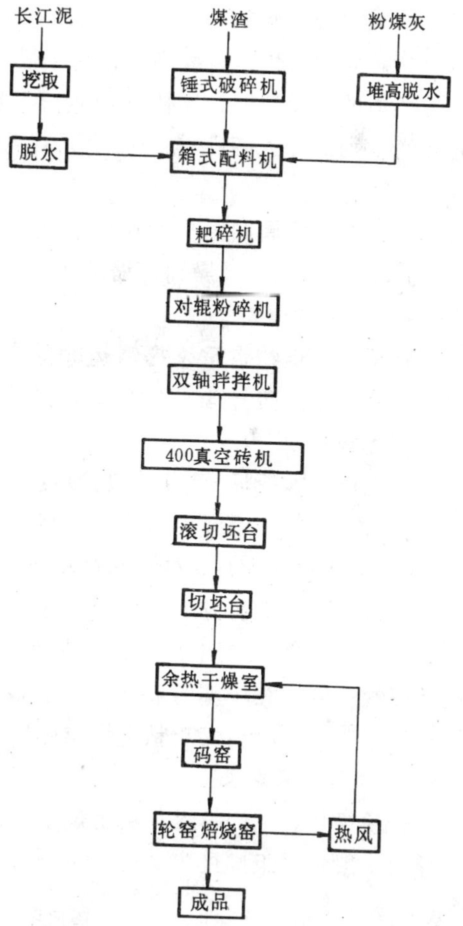

图 7-6　生产工艺流程

3. 粉煤灰粘土烧结砖性能

粉煤灰粘土（淤泥）烧结砖与普通粘土砖相比，具有密度小、强度高等明显的优点。

(1) 密度小。掺灰率 30%（质量比）的粉煤灰粘土烧结砖，表观密度是 1.37t/m^3，平均每块砖质量为 2kg，比普通粘土砖轻 17%，可减轻建筑物自重，深受建筑部门的欢迎。

(2) 强度高。经测定，该厂生产的粉煤灰粘土烧结砖比原来该厂生产的普通粘土砖强度高，标号均在100号、150号。最高抗压强度达18.14MPa、抗折强度5.23MPa。

(3) 抗冻性合格。砖块经-15℃以下冻融15次，抗冻性能试验合格。

4. 生产粉煤灰粘土烧结砖的经济效益和社会效益

该厂自1981年春开始生产粉煤灰粘土烧结砖，至1993年共生产5亿块左右标准砖，其经济效益、社会效益可归纳如下：

(1) 煤耗下降，节约能源 几年来的生产实践证明：每1万块内燃料（发热量8400 J/kg的煤渣）由2t降至0.9t，外投煤由0.368t降至0.22t。按生产5亿块砖计算，可节约外投煤7400t。

(2) 节约土源 自1981年生产粉煤灰烧结砖以来，以灰代土，共节约用土约50万 m^3。

(3) 利用工业废料，减少环境污染 几年来共用粉煤灰约50万t，既解决了电厂贮灰的困难，又减少环境污染。

(4) 砖坯脱水快，适应高温快排干燥制度 粉煤灰掺入粘土中，提高了坯体的气孔率，改善了坯体的干燥性能，坯体干燥敏感系数0.8，干燥线收缩小于3%，所以粉煤灰粘土烧结砖砖坯特别适合人工干燥，减少干燥裂缝，坯体干燥合格率达97%，比自然干燥提高2%。

(5) 坯体干燥周期短 由于粉煤灰属于瘠性材料，掺入坯体后脱水快，干燥周期只需18h，比普通粘土砖坯干燥周期缩短30%，可加快坯场的周转率，相应提高了半成品的生产能力。

(6) 减轻建筑物自重，提高运输效率 掺灰率30%（质量比）的粉煤灰粘土烧结砖，每万块比普通粘土砖轻4t，从而减轻建筑物自重，降低建筑费用，降低操作工人的劳动强度，提高运输效率。

(7) 生产成本下降 该厂距灰池较近，取灰采用人工挖运，每立方米1.5元，比粘土有所下降，再加燃料费用减少，综合核算，每万块成本由383元下降至369元，下降了14元。

（三）上海市建筑科学研究院的经验❶

上海市建筑科学研究院，在粉煤灰粘土烧结砖的研制方面，早在20世纪80年代，即将全国具有代表性的68个电厂的粉煤灰做了物理、化学分析，并提出与研制粉煤灰粘土烧结砖的适应性；同时在中塑性粘土（塑性指数13）混合料（塑性指数7）的基础上，在粘结剂、生产工艺和影响粉煤灰粘土烧结砖质量因素等方面，均做了大量研制工作。

1. 原料的技术要求

(1) 粉煤灰。生产粉煤灰粘土烧结砖采用粉煤灰的化学成分基本上接近于制砖粘土。国内粉煤灰一般化学组成见表7-13。

表7-13 国内电厂粉煤灰的化学组成

名称	SiO_2	Al_2O_3	Fe_2O_3	CaO	MgO	SO_3	Na_2O	K_2O	烧失量
范围	33.8~59.7	16.4~35.4	1.4~19.7	0.7~4.6	0.7~1.7	0~1.1	0.2~1.1	0.5~2.9	1.35~23.6
平均值	50.6	27.3	7.0	2.6	1.1	0.3	0.5	1.3	8.3

❶ 根据上海市建筑科学研究院侯承英《充分有效地利用粉煤灰新资源生产粉煤灰烧结砖》一文编写。

由表 7-15 可知，粉煤灰的平均烧失量略高于国内水泥用粉煤灰要小于 8%的指标，而烧失量高对生产烧结砖有利，可节省燃料。粉煤灰主要物理性能见表 7-14。

表 7-14　　粉煤灰主要物理性能

项　　目		平　均　值	范　　围
密度		2.08	1.77 ~ 2.43
堆积密度（kg/m^3）		735	516 ~ 1073
细　度	200μm 筛余量（%）	4.1	0 ~ 17.4
	88μm 筛余量（%）	22.9	0 ~ 58.9
	48μm 筛余量（%）	50.8	9.1 ~ 89.3
氮吸附比表面积（m^2/g）		4.3	0.8 ~ 22.6
标准需水量（%）		56.0	24.3 ~ 78.0

从表 7-14 可见粉煤灰的密度在 1.77 ~ 2.43 之间，其大多数灰样在 1.9 ~ 2.3 之间，说明粉煤灰分散度极大。

根据试验，粉煤灰的颗粒愈细，则掺配量愈高，现将生产粉煤灰粘土烧结砖的混合料的物理性能指标列于表 7-15。

表 7-15　　粉煤灰混合料物理性能

项　　目			普　通　砖	承重空心砖
颗　粒　度（%）	粉煤灰	3mm	< 5	< 5
		< 3mm	> 90	> 90
	粘结剂	3mm	< 3	< 3
		< 3mm	> 60	> 60
	内燃程度（J）	不抽余热	1680 ~ 2510	1680 ~ 2510
		抽余热时	3560 ~ 4190	3560 ~ 4190
	塑性指数	混合料	> 7	> 7
		粘　土	> 13	> 13

由表 7-14 可知，国内粉煤灰的细度基本可适应粉煤灰粘土烧结砖的工艺要求。

（2）粘接剂、增塑剂　通常生产粉煤灰粘土烧结砖的粘接剂主要有粘土、水玻璃和纸浆废液，以及有机或无机增塑剂，如纯碱、三聚氰胺、甲醛、苯酚等。

2. 生产工艺

利用粉煤灰成型粉煤灰粘土烧结砖的方法，一是半干压法；二是挤出法（湿塑及半硬塑成型）。两者各有其优缺点，半干压成型是利用杠杆原理压制混合料，使其成坯，适用于塑性较差的原料，与挤出机相比，生产效率低，设备复杂，成本高；挤出法是目前国内普遍采用的，挤出制砖机产量高，但砖坯强度较低。

通过试验，该院认为，生产粉煤灰粘土烧结砖比较合理的工艺流程如图 7-7。

采用上述工艺流程的合理性，有以下几点：

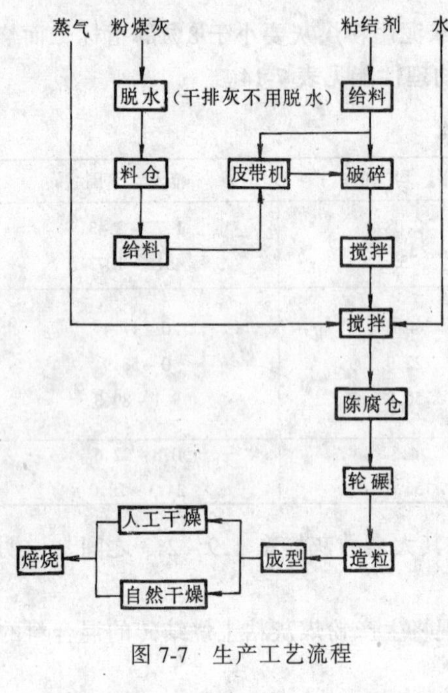

图 7-7 生产工艺流程

(1) 抑制了由于压制过程中产生的气体膨胀，以利减少坯体结构破坏。

(2) 加强了原料的均化处理，提高了混合料的塑性，致使半成品获得较高的强度。

(3) 使制品在预热中获得较高的初始强度，以抵制制品在升温过程中可能引起的应力破坏。

(4) 考虑到国内生产普通粘土砖厂改造为生产粉煤灰粘土烧结砖的现实性。

3. 影响粉煤灰粘土烧结砖的工艺因素

(1) 粉煤灰及混合料质量控制。①粉煤灰：采用湿排粉煤灰必须经脱水处理，将水分降到25%以下然后使用。要求粉煤灰的细度4900孔筛余量小于45%为宜；粉煤灰中 Fe_2O_3 应控制在15%以内，含量过高，容易使砖坯过烧，有损于砖的质量。②混合料：选择合理的掺配量，应控制混合料颗粒度小于3mm，塑性指数大于7为宜。

(2) 混合料制备。保证产品质量，很大程度上取决于配料量的准确性，因此，均匀地定量地给料是必要的。经实验认为：如采用湿排灰可利用盘式喂料机，干排灰采用叶轮给料机为宜，原料的混合采用连续性的双轴拌和机。

(3) 混合料的研磨。试验证明，辗磨是生产过程中的关键，直接影响砖的强度和粉煤灰的掺量，混合料经轮辗后，由于摩擦作用使混合料产生许多裂纹，使粘结剂由此渗入，加强粘结力。其颗粒多孔结构破碎，体积缩小，改善了级配，又排出了多余水分，从而使实际用水量大为降低，减少了吸附水层，凡此种种，均为提高砖坯质量创造了有利条件。试验结果见表7-16，其混合料经轮辗后，堆积密度有很大提高，这对提高砖坯的密实度和强度贡献较大。

表 7-16 轮辗前后物料堆积密度的比较

项　　目	堆积密度	备　注
轮辗前物料堆积密度 (t/m^3)	1.15～1.25	水控制在25%以内
轮辗后物料堆积密度 (t/m^3)	1.20～1.30	

(4) 砖坯成型。砖坯成型要以提高砖坯密实度为主，在同样条件下，砖的强度与砖坯密实度成正比关系，因此，提高砖坯的密实度是提高砖强度的有效措施，除采用轮辗，增加混合料的密实度外，在成型时，一般采用成型压力大，加压时间较长的成型机。

(5) 干燥与窑烧。粉煤灰粘土烧结砖砖坯干燥快（干燥周期8～10h），比普通粘土砖缩短1/2；窑烧着火快，其他基本与普通粘土砖雷同。

(四) 几项有效技术措施[1]

现将各方经验、有效技术措施归纳如下：

[1] 以下内容部分资料为佳木斯第一制砖厂提供。

1. 各种物料掺配要准确，给料要均匀

在生产过程中，当粘土中掺入粉煤灰及其他材料，由于掺配量的波动，会给成型带来一定难度；同时，内燃料用量的不准确，也会影响焙烧工序。因此，要求掺配准确而均匀。通常配料采用箱式给料机分层给料，如底层为粘土，中层为煤渣，第三层为粉煤灰，如此，则有助于三种材料掺配准确而均匀。

2. 成型前采取有效的机械处理

粘土中掺配粉煤灰，使粘土的可塑性大为降低。根据实践经验，每掺配1%的粉煤灰，粘土的塑性指数大约降低0.15。一般既要掺灰多，又要不影响成型工序，为此，在成型前采取有效的机械处理，既可避免砖坯出现夹层和裂纹，同时，砖的力学性能亦可得到保证。

(1) 双轧（辊）、双搅拌。原材料通常采用的机械处理，有双轧（辊）及双搅拌，即用两台对辊粉碎机和两台双轴搅拌机，目的是使粘土颗粒在机械作用下，受到破坏，改善其塑性，使粉煤灰的微粒与粘土微粒紧密结合。

(2) 两次挤出。也有采取两次挤出生产工序的，即在挤出成型以前，再布置一台挤出机，或在第一台挤出机的龙口处安装多孔箆板，由于挤出作用，可迫使粘土经过箆板而挤碎，为下次挤出成型增加塑性。

(3) 轮辗工序。通过轮辗工序，可提高混合料的塑性和均匀性。

3. 适当改进机械，改善原料及坯体性能

适当改进机械，如使双轴搅拌机加宽、加高、加长，使叶片角度改小，减慢转速，以利搅拌均匀。

改进机头几何尺寸，如原机头长度150～200mm改为250～280mm；机口由原200mm改为300mm，可增加坯体密实度和砖坯的机械强度。

4. 减少成型水分，提高坯体强度

成型水分的高低是直接影响坯体质量的重要环节。将成型水分严格地控制在18%～20%之间，是值得参考的。

5. 掺入炉渣，增加热值，减少收缩

在砖坯内少量掺入0.5～3mm炉渣（煤渣），不仅补充内燃热值的不足，而且还可在砖坯中起骨架作用，减少制品收缩。

6. 采用火眼注风，改善烧成质量

采用风机，适当向焙烧段投煤孔（即火眼）注风，既可使局部降低温度，避免塌窑；又能在焙烧过程中，补充氧分，加快火行速度，减少还原性压花，以保证制品的质和量。

7. 陈腐工序

混合料采取陈腐工序，可增加物料塑性。

8. 重视粉煤灰细度的作用

实践证明，对一定塑性的粘土，粉煤灰颗粒愈细，可在粘土中掺配愈多；同时，由于对砖的强度起主要作用的是烧结过程中的固体扩散，粉煤灰愈细，比表面积愈大，固体扩散过程中离子迁移数及迁移速率就愈大，有利于烧结工序和最后的制品强度。为此提高细度也是改善粉煤灰粘土烧结砖烧结工序的一个值得重视的技术措施。

9. 利用化工废料或化工原料作粘结剂或增塑剂

采用塑性挤出成型法生产粉煤灰粘土烧结砖，影响其掺灰量提高的主要因素是混合料的可塑性。为了提高掺灰量和砖坯成型质量，必须设法提高混合料的可塑性。选用化纤厂的碱性废液作增塑剂，一方面可通过离子交换提高可塑性，另一方面还可提高砖坯强度。根据上海市房屋管理科学技术研究所试验资料：在中塑性粘土中，掺入40%粉煤灰的混合料并加入5%浓度为11°Be′的化纤废液后，在统一稠度下（即 $h_0/h_1=2.0$ 处），拌和水降低。即在同一用水量的条件下，可塑性提高。由此可见，掺加碱性废液对提高混合料的可塑性是有一定作用的。

此外，采用水玻璃、纸浆废液作粘结剂；采用纯碱、三聚氰胺、甲醛和苯酚等有机或无机化工原料作增塑剂，均有一定的效果。

10. 采用工业废渣，改善烧结条件及制品质量

实践证明，粉煤灰粘土烧结砖的烧结工艺与普通粘土烧结砖略有区别。粉煤灰粘土烧结砖的烧结过程，除出现一般的物理化学变化外，主要是出现液相。由于粉煤灰中的含铝成分较高，从而使该砖出现液相的温度相应偏高，也就是使烧结温度提高；同时，烧结范围比较狭窄，因此，烧结火候——相变化主要在1000℃以上，应引起注意。为改善烧结工序，经河北省建筑材料研究所验证，以掺入15%～20%硫铁矿渣为佳，砖坯烧结温度与基准烧结温度相比，降低温度达100℃左右。这时烧成时出现液相较多，而制品几何尺寸稳定，机械强度高等特点，因此，硫铁矿渣可作为烧结砖的助熔剂使用。

此外，遵义市高桥机制砖厂曾在粉煤灰制砖的基础上，利用当地工业废料二氧化锰（锰渣）掺入制砖，产品标号可达200号以上，同时抗酸抗碱性能增强，非常适应高层建筑和化工车间厂房建筑的需要。

二、高掺量粉煤灰烧结普通砖[❶]

砖瓦工业利用粉煤灰掺兑在粘土中生产烧结砖已有30多年的历史。一般认为粉煤灰烧结砖是指在原料中掺入粉煤灰的量应大于30%（质量比下同），高掺量（或叫大掺量）粉煤灰砖掺灰量应大于50%，也就是说，只有以粉煤灰为主要原料生产的烧结砖才称之为高掺量粉煤灰烧结砖。近几年来，由于国家产业政策给予了有力的支持，环保与节能节地的迫切要求，工业废渣（其中特别是粉煤灰）的利用得到了前所未有的重视。

高掺量粉煤灰烧结砖，总体符合墙改要求，市场容量大，吃灰量大，因此近几年有了较大发展。这种烧结砖有两类产品，一种是高掺量粉煤灰烧结普通砖（240mm×115mm×53mm）据对多家企业调查，只要混合料塑性符合要求，加强原料处理，采用双级真空挤出和合理的干燥焙烧工艺，并加强管理，提高生产技术，产品质量是能够保证。另一种是高掺量粉煤灰烧结多孔砖（240mm×115mm×90mm），孔洞率>25%，由于粉煤灰的物理化学等原因，其难度很大，据对几十个烧结粉煤灰多孔砖企业的调研，产品的外观和内在质量存在问题较多，达不到产品标准要求。有的专家认为，高掺量粉煤灰烧结多孔砖普遍存在产量低、合格率低、掺灰量低和效益低等问题，有的不得不进行改造，有的为了维持正常生产不得改变原料品种和降低掺灰量，失去大量用灰的本意。

高掺量粉煤灰烧结普通砖的掺灰（渣）量大于50%，有的可达60%、70%（质量比），

---

❶ 本文摘自闫开放《高掺量粉煤灰烧结砖工艺技术难点探讨》；张连峰、岳增利、王海臣《高掺量粉煤灰烧结多孔砖、空心砖生产工艺装备的探讨》；李从典《我国利用粉煤灰制砖的明天、今天和昨天》；李庆繁、李光复《对高掺量粉煤灰烧结多孔砖存在问题的探讨》等。

国内有多家企业已建线生产。如辽宁省抚顺市广厦新型建材公司，1999 年为了增加粉煤灰用量，对原掺灰量 30%的生产线进行技术改造，投资 300 万元，改造建设成年产 5000 万块高掺量粉煤灰烧结普通砖生产线，掺灰量 70%、粘土 30%（塑性指数大于 17）混合料塑性指数 8～10，500mm 真空挤砖机挤出成型，人工干燥，轮窑焙烧，产品的各项技术指标超过了 GB/ T 5101—1998《烧结普通砖》国家标准。由于掺灰量的增加，粉煤灰烧结普通砖表观密度降低，隔热性能达到和超过了粘土烧结多孔砖，成为既承重又有较好隔热性能的墙体材料。又如中国砖瓦协会 2002 年《论文集》载文介绍，徐州地区利用电厂粉煤灰生产高掺量粉煤灰烧结普通砖，其混合料配比为粉煤灰：粘土：添加剂 = 70：20：10（质量比），采用挤出成型，出窑后，粉煤灰砖烧结完好，每块质量为 1.6kg，经检测，其性能优于粘土砖（强度平均值为 12.6MPa），热工性能明显优于粘土或煤矸石多孔砖。但是还应该承认，要保证高掺量粉煤灰烧结普通砖正常生产，还是有一定难度，应该认真从以下几个方面采取措施，加强管理。

1. 混合料的塑性控制指标

通过有关部门试验测试的结果看，每掺入 1%的粉煤灰，塑性指数降低 0.1%～0.13%，所以，当胶结材料（粘土、页岩等）塑性指数在 7 以下时不能掺加粉煤灰；当胶结材料指数在 7～10 时掺灰量应控制在 30%以下（体积比），当胶结材料塑性指数在 10～13 时，粉煤灰应控制在 50%以下；当胶结材料塑性指数 13～16 时，粉煤灰应控制在 70%以下，因此，胶结材料塑性指数应大于 15%为宜。

在选择原料配比时还应注意一些特殊性。个别胶结材料虽然塑性指数很高，但由于原料中 SiO_2 含量较高，特别是砂颗粒较大，也不能生产高掺量粉煤灰砖。山东某厂粘土原料中 SiO_2 含量 70%以上，但塑性指数达到了 17.3，按照这一塑性指数，理论上完全可以生产高掺量粉煤灰砖，可在生产中实际上只能掺入 20%，甚至更少。掺量增加后，干燥码坯不到 12 层即发生坯垛倒塌，原因是高含量的 SiO_2 和部分过粗砂粒与粉煤灰混合后，原料颗粒间没有粘结性，坯体抗折强度低而弱，不能抵抗上部坯体荷载，因而成型后无法码坯干燥，甚至人工运输也易发生破坏。

2. 混合料经锤击和轮碾处理

由于粉煤灰的堆积密度一般在 550～650kg/m^3 左右，而作为粘结料的粘土、页岩、煤矸石等原料的堆积密度一般在 1400～1600kg/m^3，由于堆积密度相差悬殊，使用传统的搅拌机或搅拌挤出机等设备，很难使粉煤灰与粘结料颗粒均匀混合。为此，就必须采用有效的设备，使粉煤灰与粘结剂混合均匀。可以采用锤式的均匀混合机，用高速旋转的锤头把物料击碎，并打击物料造成物料颗粒运动的路径不相重合，使粉煤灰颗粒与粘结剂颗粒充分混合，达到均化混合的目的。锤式均匀混合机的混合均化效果已在双鸭山空心砖厂进行的粉煤灰烧结砖工业性试验及山东枣庄市等地的生产线得到了验证，效果是理想的。之后，将粉煤灰与粘结料的混合料再采用湿式轮碾机处理。在陈化前混合料经过轮碾处理是必不可少的工艺，可排出混合料中部分气体，使混合料堆积密度提高 30%。

3. 混合料的陈化

陈化是生产高掺量粉煤灰烧结砖不可缺少的工序。粉煤灰与粘结料的混合料经过约 72h 的陈化，使水分在粉煤灰和粘结料之间充分转移，从而达到均匀湿润原料的效果，这种水分的湿润与扩散，能使原料颗粒团充分疏解，这是减少成型、干燥和焙烧过程中的应力，消除各种缺陷的前提。同时也会使混合料的颗粒细化，使塑性指数增高，提高泥条的抗拉、抗弯、抗剪强度，对消除干燥裂纹也是较为有利的。

4. 高压力、高真空度的挤出成型

高掺量粉煤灰混合料的结合力远不如煤矸石等泥料中粘土颗粒间由内聚力和粘附力形成的结合力大。因此高掺量粉煤灰混合料的成型要比煤矸石等泥料的成型困难得多，其坯体强度将明显低得多，从而影响其挤出成型合格率和干燥合格率，在挤出成型时需要高挤出压力、高真空度的挤砖设备。

砖机成型的泥条经自动切条机切成要求尺寸的泥条，由拍式自动切坯机切成24块要求规格的坯体。拍式自动切坯机是一种新型切坯机，切坯过程中，泥条不动，钢丝转动，避免推板切坯机将坯体推压变形的弊端，提高产品合格率。

5. 二次码烧

大量的试验以及国内所建设的粉煤灰烧结砖生产线的实践表明，采用一次码烧工艺的高掺量粉煤灰砖的坯体，码坯破损率高，在干燥过程中普遍出现比较严重的压裂和拉裂纹及变形等缺陷，干燥合格率偏低；同时，我国粉煤灰的排放大多为湿法排放，从储灰池中取出，一般自然含水率在35%以上，即使采取堆放、晾晒等措施，其含水率只能下降到25%左右，其混合料含水率一般大于17%。从这个意义上讲，用高掺量的粉煤灰制砖应采用二次码烧工艺。采用二次码烧工艺，坯体干燥采用单层码放，不易出现压裂纹及变形，干燥收缩不易出现拉裂纹，且干燥后坯体强度增加，干坯体在窑车上可码至14~16层，提高了隧道窑的产量，产品合格率大幅度提高。

二次码烧工艺在我国历史极为久远，现80%以上砖厂仍然采用此种工艺，但多数为手工操作。欧洲大多采用二次码烧工艺，但已实现机械化自动化生产。

据悉，双鸭山东方工业公司已经开发研制了二次码烧的全套机械和计算机控制系统。

6. 烧成温度

高掺量粉煤灰烧结砖混合料与粘土相比，化学成分和矿物组成发生了变化，烧成温度也有所变化。根据国内粉煤灰制砖的实际情况及大量的试验，高掺量粉煤灰砖的烧成温度一般在1050~1150℃，比粘土、页岩等烧结砖烧成温度提高了150~250℃。如果烧成温度不足，就会直接影响产品强度、吸水率、抗冻性能。当我们知道了混合料中的化学成分，可根据耐火度计算公式，见式（7-1），初步推算烧成温度，再通过实验或生产实际情况进行调整。

$$T = 5.5A + 1534 - (8.3F + M_0)\frac{30}{A} \tag{7-1}$$

式中 T——原料耐火度；

A——氧化铝含量；

F——氧化铁含量；

M_0——氧化钛、氧化钙、氧化钠和氧化钾含量之和。

英国和原苏联的研究实验证明，当焙烧温度从1000℃提高到1050℃时，产品抗压强度可提高15%~60%；当焙烧温度从1000℃提高到1100℃时，产品抗压强度可提高40%~110%。这一数据，充分说明了烧成温度对产品性能的影响程度。根据西安墙体材料研究设计院的试验研究结果，我国大部分地区的高掺量粉煤灰砖烧成温度在1020~1180℃之间。

7. 烧成制度

烧成制度与原料本身性能、产品规格尺寸有关，更重要的是在焙烧过程中应注意石英晶体的转化及其膨胀。由于石英在晶态转化的同时，体积发生变化。500℃前，石英先膨胀再收缩，573℃后又开始膨胀，到了867℃时，随着 α 石英转变为 α 鳞石英，体积膨胀了14.7%。总的趋势为温度升高，二氧化硅密度变小，结构松散，体积膨胀；冷却时密度增大，体积收缩。在晶体转化时体积膨胀能形成相当大的应力，而这种应力往往会导致产品开裂，特别是在几个膨胀大的转折温度处，更应特别注意调整升温速度，采用慢速升温。据资料介绍，原苏联采用70%～75%粉煤灰和25%～30%粘土胶结材进行高掺量粉煤灰烧结试验，焙烧制度为：升温速度为50℃/h，最高温度为1100～1150℃时保温2h，焙烧时间24h，冷却为自然冷却。我国高掺量粉煤灰烧结砖烧成周期（指隧道窑）一般在28～40h范围内。不同产品和不同原料的烧成周期相差甚大。一般情况下，高掺量粉煤灰烧结砖超热焙烧时烧成周期应长一些；热量基本平衡的前提下可适当缩短烧成周期；粉煤灰和煤矸石混合后做高掺量粉烧灰煤矸石砖，烧成周期可长一些，而粉煤灰和页岩混合做高掺量粉煤灰砖烧成周期可缩短10%～15%；生产高掺量粉煤灰实心砖或低孔洞率多孔砖时烧成周期可长一些，而生产高孔洞率的非承重空心砖，烧成周期可缩短20%～25%。要确定准确的烧成周期，最好通过实验来获得，使窑炉的设计更合理，烧成制度更理想。

8. 窑炉选择

窑炉的选择可参照以下原则：以粘土为主，粉煤灰掺量不超过30%，而且烧成温度在1000℃以下时，可以采用轮窑或隧道窑焙烧；以粉煤灰为主，而胶结材料不超过50%时应选择隧道窑焙烧。就产量而言，年产量在2000万块左右可选用18～22门的三心拱直通道轮窑，配以人工干燥室；年产量在3000万块左右可以选择内宽4.6m的平顶隧道窑；年产量在4000万块左右可以选择内宽6.9m的超大断面铠装式平顶隧道窑；年产量在6000万块以上可以选择内宽4.6m双通道或多通道铠装式平顶隧道窑。平顶隧道窑吸收了国外发达国家热系统特点，设置了燃烧、排烟、循环、窑车下压力平衡以及窑车冷却系统。进出车可实现自动化控制运转，窑焙烧实现了电脑测定、监控、管理。窑体设计结构合理，温差小，保温性能好，能确保产品质量和稳定生产。

9. 我国砖瓦工业有关人士对发展高掺量粉煤灰烧结普通砖的建议

通常我们把掺灰量在50%以下的粉煤灰烧结砖称内燃烧结普通砖，掺灰量在50%以上的叫高掺量粉煤灰烧结普通砖。由于粉煤灰原料特殊的物化性能，高掺量粉煤灰烧结普通砖产品质量尚有一些问题，难以达到高质量产品，但是，由于我国烧结普通砖国家标准的技术指标的最低指数定得比较低，所以一般来说只要粘土（页岩等）原料塑性指数等物化指标能满足产品质量要求，通过加强原料处理、均化、陈化、塑化、真空挤出成型和合理的干燥焙烧制度，达到我国目前的烧结普通砖产品质量标准是没问题的。如果把烧结普通砖标准的主要技术指标中的最低指标（如“抗压”、“吸湿”等）提高二个档次。高掺量粉煤灰烧结普通砖的产品质量是难以达到的。但是高掺量粉煤灰烧结普通砖具有轻质（平均2kg/块）、高孔隙率和优异的保温性能（相当于孔洞率25%的粘土、页岩、煤矸石烧结多孔砖的表观密度，保温性能好于粘土、页岩、煤矸石多孔砖）。为此，从目前产品有利用灰、产品质量和绝热性能等方面考虑，在我国有条件的地区发展高掺量粉煤灰烧结普通砖是可行的。最近一些关心砖瓦行业发展的同志提出，鉴于高掺量粉煤灰烧结普通砖良好的性能和吃灰量大等优势，建议制订“粉煤灰烧结普通砖”产品标准，以体现高掺量粉煤灰烧结普通砖生产工艺、技术水平、技术含量，有利于规范和简化该产品的管理和认证工作。同时还建议：目前不再建设和改造老企业生产高掺量粉煤灰烧结多孔砖生产线，以免造成经济损失。这方面还应开展试制研究工作。

第四节 粉煤灰墙地砖

粉煤灰墙地砖是墙砖和地砖的总称，墙砖包括彩釉和无釉面砖，地砖包括地面砖、锦砖(即陶瓷马赛克)，新研制的粉煤灰烟囱砖也包括在这里介绍。

墙地砖的坯料制备工艺，应根据产品的特性、原料性质和生产规模来确定。墙地砖生产一般有湿法制备和干法制备两种。我国目前墙地砖生产普遍采用半干压成型，其特点为工艺简单，投资少，且易形成机械化流水线，避免了用湿法制备坯料有干-湿-干的循环，不必加水制浆后又将泥浆脱水。因而能耗比湿法低，但存在干粉除尘效率低和易扬尘等缺陷。

国内目前墙地砖的生产基本上沿用传统的工艺，一般粉煤灰掺量约在30%~50%，产品规格都比较小，大于300mm×300mm的板甚少。制品表观密度约在1900~2000kg/m^{3}之间，抗折强度约在14.0MPa以上，吸水率约在8%~15%。

根据墙地砖（包括铺地砖、外墙砖、锦砖等）焙烧程度的不同，可将制品分为瓷质、炻质和陶质三类。各类砖的性能比较见表7-17。

瓷质坯体一般孔隙率低，吸水率小于0.5%；瓷质制品焙烧收缩率较大，在焙烧过程中易于变形，难于生产规格大的产品，它可带釉和无釉。

表7-17 各类砖的性能比较

类别	瓷质			炻质			陶质		
		室外	室内		室外	室内		室外	室内
	地板	○	○	地板	△	○	地板	×	×
	墙面	○	○	墙面	○	○	墙面	×	○
	冰冻地区	○	○	冰冻地区	△	○	冰冻地区	×	△
硬度	7~9			6~7			3~7		
抗磨性（落砂磨损试验）	微量（0~0.03g）			小量（0.03~0.1g）			轻微减少 0.05~0.2g		
抗冲击性（钢球下落冲击试验）	很高			高			低		
吸水率（%）	小于0.5			0.5~0.8			12~22		
釉坯抗冻性（抗冻试验）	无裂及鳞皮脱落及其它破损						开始裂		
釉坯抗急冷急热（热稳定性）	无破裂崩解和其它损坏								
釉坯抗化学腐蚀	无变化						开始裂		

注 ○—很好；△—某些情况良好；×—不合适。

炻质坯体较瓷质坯体焙烧程度稍差，收缩亦较小。这一类产品中最典型的品种有同质砖和锦砖。大部分制品表面都涂一层带有颜色的釉。

陶质坯体焙烧收缩极小，坯体内部多孔。一般吸水率比瓷质和炻质制品要大。吸水率约为12%～22%。这样有利于和水泥浆粘牢。

一、粉煤灰面砖

生产粉煤灰面砖，须将原料精细加工，要使混合料较均匀。一般采用摩擦压机成型。干燥后进入窑内高温焙烧（温度1100～1200℃）。其生产过程见图7-8。

为了使面砖与砂浆能很好的粘结，在面砖背面，要做1.5～2.0cm的纵向横向沟槽。

（一）对原材料要求及配方

在面砖中掺加粉煤灰，起着瘠性料的作用，它有助于降低坯体干燥变形和缩短干燥时间，减少制品开裂及焙烧引起的收缩并能降低焙烧温度、加快焙烧的作用。这些优点已引起陶瓷行业的普遍重视。如波兰粉煤灰面砖掺粉煤灰量为30%，使面砖焙烧温度由1150～1250℃降至1050～1150℃，节能效果明显。

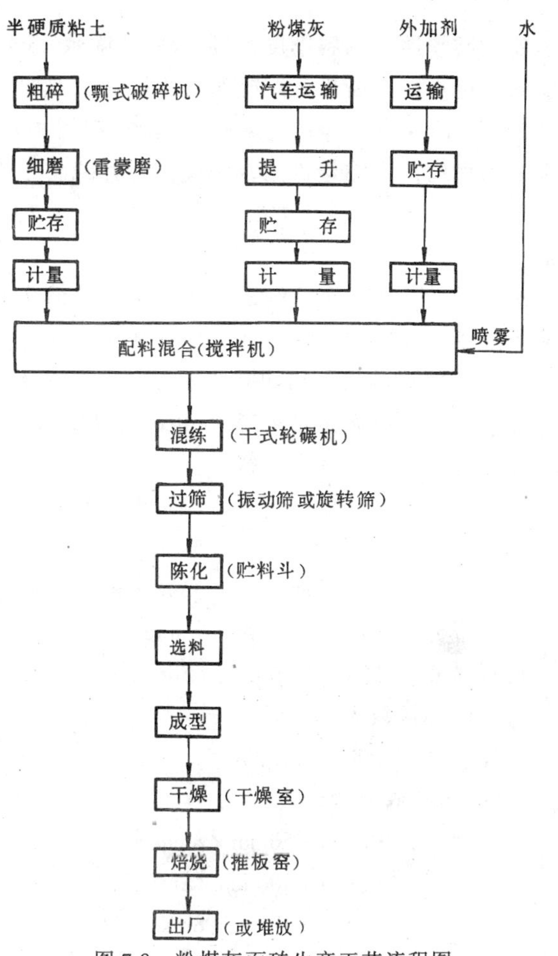

图7-8　粉煤灰面砖生产工艺流程图

生产粉煤灰面砖要求以干灰为宜，其化学成分SiO_2、Al_2O_3含量越高越好。未燃尽的碳应低于4%。Fe_2O_3和FeO的含量一方面直接影响制品成色，同时在碳存在的条件下气氛的不同及波动将严重影响制品的焙烧和制品性能，因此要求Fe_2O_3小于8%为宜。

粘土是生产粉煤灰面砖另一个重要原料。它在砖坯中起着粘结粉煤灰颗粒，提高坯体强度、改善面砖焙烧性能与制品质量的作用。用于粉煤灰面砖的粘土，一般要求塑性指数高，结合力强，杂质含量小的高岭石类矿土，塑性指数20左右为宜。

其他外加材料也应符合有关规定。

产品使用的配方　　%

粉煤灰	粘土	石英砂	附加剂	外加水
40～50	30～35	10～15	5～10	8～10

（二）工艺

上海市建筑科学研究院研制了以粉煤灰为原料的粉煤灰面砖新工艺。并在江苏建造了一座年产7万m^2粉煤灰无釉面砖厂。使用当地粘土作塑性组分。粘土经锤式破碎机粗碎随后送入雷蒙磨粉磨使物料细度达到4900孔筛余15%左右。磨细的粘土贮入料仓，再用喂料盘计量送入搅拌机。粉煤灰用槽车送入贮仓，经配料装置和螺旋输送机送入搅拌机。采用喷雾方法加水，控制含水率约7%~10%。搅拌后用轮碾机进行压实和均化，再送入振动筛进行选粒。然后由皮带输送机送入陈腐棚进行陈腐，陈腐期约7~10d。

成型采用60t摩擦压力机，成型模具要用电加热装置，使其达到适当温度，以便于坯体的脱模。

成型后的坯体置于铁制的坯架上进行自然干燥或人工干燥，自然干燥3~5d，使半成品含水率降到2%左右；人工干燥可采用80℃以上的热气流，干燥时间6~10h。

焙烧采用24m长隔陷四孔推板窑，坯体由机械顶推机推入窑内，入窑坯体残余水分控制在2%以下，焙烧周期为36~40h，焙烧后的产品经检验，包装入库。

多孔推板窑主要技术参数：

全长　24m

四个孔道　孔道断面　380mm×380mm

有效断面尺寸　330mm×380mm

各个带分布长度　预热带11.66m；焙烧带4.24m；冷却带8.10m

推板尺寸　250mm×360mm×50mm

每孔道推板数为　96块

焙烧温度　1050~1150℃

（三）产品规格质量

规格：100mm×50mm×8mm

100mm×100mm×8mm

156mm×78mm×8mm

200mm×65mm×10mm

200mm×100mm×10mm

产品色泽：灰、红、褐、青四大系列

物理性能：表观密度　1800~2000kg/m^3

抗折强度　20~30MPa

莫氏硬度　5~6

吸水率　≤13%

热稳性　合格

抗冻性　-20℃冻融循环大于20次

二、粉煤灰地砖

这种砖是一种人造石材。系将粘土和粉煤灰经配料混合、成型、焙烧并完全烧结而成。

生产地砖采用高塑性和中等塑性以上的粘土和粉煤灰，其技术要求基本上与粉煤灰面砖相同。

制造地砖坯料一般有湿法和半干压法。下面介绍半干压法。生产地砖的流程见图7-9。

粉煤灰地砖成型通常采用半自动曲柄杠杆式压机或摩擦压力机。国内一般小厂主要采用摩擦压机成型，产量达10m^2/h。不同的配料，采用成型的压力也不同；一般经试验后确定

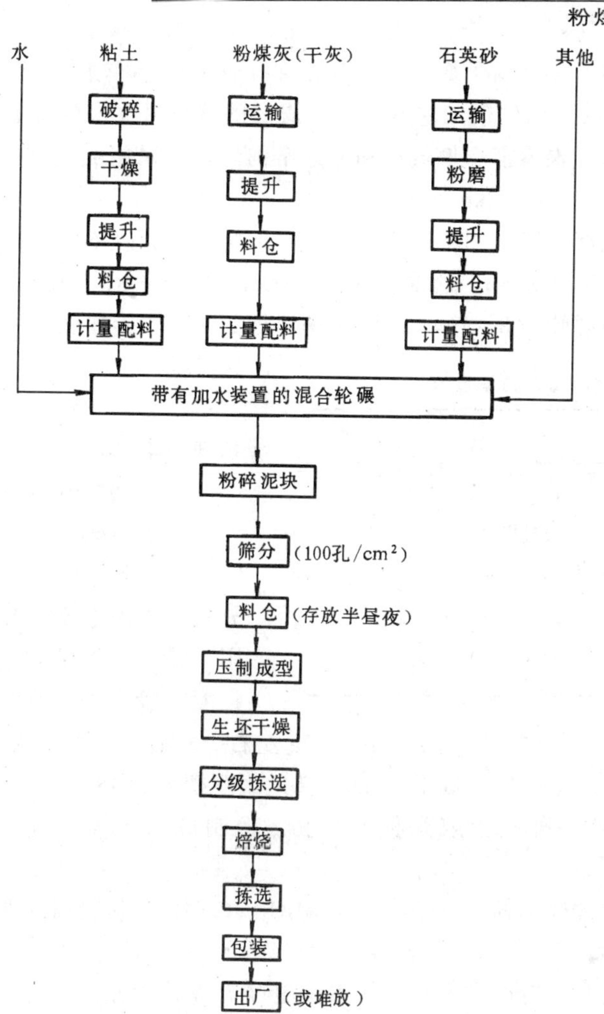

图 7-9 粉煤灰地砖生产工艺流程图

其单位压力。

坯料的水分与成型压力有直接关系。如成型的物料水分在 8%～9%时，采用 25MPa 的压力即可达到最大的密实度。相反，坯料成型水分降至 3%～4%，其成型压力要增至 50～60MPa，但其焙烧温度可降低 40～50℃，而烧结程度仍与含水 8%～9%的坯料相同。

成型的时间与坯料的细度有关。对粗粒坯料（通过 25 孔/cm^2 和 49 孔/cm^2 筛网），由于成型时排出内部空气容易，成型时间可以缩短，而细粒料（通过 100～144 孔/cm^2）排出空气较难，则成型时间一般要延长，其压机的产量将比粗粒料要降低 25%左右。意大利等国家都采用大吨位高效全自动液压机成型墙地砖，常用的为 600～800t 全自动液压机。

压制砖坯背面应为毛面，以便与砂浆粘结。砖有各种颜色，并具有印花凸槽及光滑的表面。

目前生产的粉煤灰地砖掺灰量为 30%左右，主要用于地面的装饰。

砖的尺寸为100mm×100mm×12mm；

150mm×150mm×15mm。

地砖生坯在隧道干燥室内干燥，生坯放在多孔铁板的小车上，干燥时间约16~18h。干燥室进口温度为40℃，出口100℃左右。经干燥后的砖坯最终水分为1%~2%。

砖坯可在倒焰窑、辊道窑、推板窑和隧道窑内焙烧。采用倒焰窑是最不经济的。燃料消耗一般为每平方米地砖20~22kg标准煤。

目前国外地砖生产普遍采用辊道窑焙烧。窑的尺寸：长度60m，宽度1.65m，高度0.6m左右。产量约70~80万m^2/a。产品尺寸为400mm×400mm、400mm×600mm及600mm×600mm的大板，其厚度约为8~16mm。吸水率小于1%，抗折强度40~70MPa之间。热耗为1670kJ。

江苏一粉煤灰地砖厂生产的地砖基本物理力学性质列于表7-18。

表7-18 粉煤灰地砖物理力学性质

指标		结果
吸水率（%）不大于		8
磨耗系数（在圆盘上磨损的质量损失）（g/cm^2）不大于		0.35
冲击次数（次）	板厚12cm	3
	板厚15cm	6

三、烧结缸砖

1. 缸砖的原料及性能

缸砖是用耐火粘土（或高岭土）和部分液态渣为主要原料经加工烧制而成。可用于铺设路面和覆盖建筑物的基座，抗压强度一般大于35.0MPa，吸水率约在5%左右，在道路受磨较剧烈时，其耐磨时间为5a左右。缸砖的规格为195mm×85mm×98mm，其抗冻性在-15℃下冻融循环不低于25次，砖的表观密度为1850~1950kg/m^3。

生产缸砖可采用一种粘土或几种混合物。但制成的坯料含硅率应在3%~4.5%范围内。

如果两种原料的含硅率相近，则取其中Al_2O_3、$CaCO_3$含量较高的那种原料。因Al_2O_3烧结时粘度较高，变形较少。$CaCO_3$在烧结时，可以降低粘土的粘度，缩小烧结范围，还可增大制品的气孔率。生产缸砖用粘土含砂量不应超过15%，否则缸砖的机械强度会明显下降，而吸水率则会增加，最好用粉煤灰或液态渣来瘠化粘土。

若没有规定饰面缸砖的颜色，那么对制缸砖用的粘土所含着色氧化物，特别是Fe_2O_3一般可不作规定。但不希望Fe_2O_3含量超过8%。因为当焙烧时温度到1000℃会剧烈发生下列反应

$$6Fe_2O_3 \longrightarrow 4Fe_3O_4 + O_2\uparrow$$

这样在制品中会形成气孔。

2. 生产工艺

缸砖的制造方法有许多种，比较通用的有利用一般的螺旋挤泥机或真空挤泥机可塑法，和用半干压法在杠杆式压机或回转式压机中压成。当用低可塑性的混合料时可用半干压法成型，当物料含水率为20%~25%时，可采用可塑法制造。

采用可塑法时，如挤泥机处理不当则制得的缸砖易于出现裂纹，机械强度较低，但可塑法产量较高。半干压法压制的砖坯不出现条纹和孔洞，因而砖坯的密度均匀，但产量低、钢材消耗量大。

缸砖可在多室轮窑中烧成，也可在单室倒焰窑内烧成。为了使窑内获得均匀的温度，要求窑的断面积小一些。一般要求窑的最大宽度不超过3m，高度不超过2.5m。窑的结构与烧建筑用砖的轮窑基本相同。

砖坯在窑中按要求码放，密度为每立方米 270～280 块，为了避免砖坯粘结，可在各层砖坯上撒些石英砂。窑的煅烧温度，分为以下几个阶段：烘干 20～150℃；升温 150～950℃；煅烧 950～1050℃；保温 1070～1170℃。冷却分两阶段进行，800℃以上快冷，800℃以下慢冷至 50℃。

四、粉煤灰烟囱砖

粉煤灰烟囱砖是用作工厂烟囱内衬砖，能经受各种酸性气体侵蚀的新型材料。

生产粉煤灰烟囱砖基本与耐火砖的工艺相同。烟囱砖应具有高的耐热性（即能经得住频繁而急剧的温度变化）、高的抗渣性（即能抵抗各种浓度酸性气体和废渣的侵蚀）和体积的安定性，并有一定的导热系数和透气性。

烟囱砖是用掺高塑性粘土和粉煤灰及其他硅质材料经混合、成型、干燥、焙烧而成的。如需增加空隙量，则加入少量锯木屑，可构成更多的空隙。生产烟囱砖须将原料精细加工，要求获得较均匀的原料。在液压机上成型（压力为 20～30MPa），焙烧可选用隧道窑或倒焰窑。焙烧温度在 1100～1200℃之间。

根据尺寸的准确度和外观指标，砖分为两个等级。尺寸的容许误差：一等砖长与宽 ±5mm；二等砖长与宽 ±8mm，厚 ±4mm。

根据强度，则分为四种标号：300、200、150、100，见表 7-19。

表 7-19　　烟囱砖的物理力学性能指标

砖的标号	抗压强度（MPa）		抗冻性（次）
	5 试件平均值	个别试件最小值	
300	不小于 30	不小于 20	不小于 20
200	不小于 20	不小于 15	不小于 20
150	不小于 15	不小于 10	不小于 15
100	不小于 10	不小于 5	不小于 15

下面介绍上海市建筑科学研究院对烟囱砖研究开发情况。

试验用闵行电厂的粉煤灰和江苏祖堂土，按质量配制，其配比为：粉煤灰∶祖堂土∶石英∶废粉∶外加剂＝55∶30∶（12～15）∶（0～3）∶（1～3）。由于粉煤灰颗粒度小又轻，难于直接与粘土混合使用，需将粘土磨成细粉，按配比加入混合机混合，经轮碾碾细、压实，随后使用杠杆压机压制成型。成型水分为 14%～16%，成型压力为 16～20MPa，干燥收缩率小于 1.5%，基本不变形。焙烧使用倒焰窑或隧道窑。生产厂采用推板窑（年产 50 万块）和 $24m^3$ 倒焰窑生产。焙烧温度可在 1050～1200℃内选用。试验结果表明砖表观密度为 1500～$1600kg/m^3$，抗压强度 20～28MPa，抗冻性合格，吸水率≤16%，耐酸率 98% 以上。导热系数为 0.41，比普通粘土砖（0.7）低 41%。

该产品在上海电力设计院设计的工程上，已有上百万块砖应用在崇明、嘉兴等电厂的烟囱工程中，受到使用单位的好评，经济效益显著。粉煤灰烟囱砖是一种很有发展前途的新产品。

除可生产墙地砖外，利用粉煤灰为原料还可生产屋面用双曲波形瓦，其尺寸为 100mm×50mm×8mm，抗折强度为 20MPa。

这里最后再介绍一种工艺类似的陶质排水管。

陶质排水管是用粉煤灰和高塑性粘土经混合、成型及焙烧而成。其生产工艺要求比建筑砖严格得多，对原材料性能的要求也相应高一些。管子有不带承插接头的平滑管和带承插接头的上釉管两种，平滑管附有专门的套管，上釉管的表面有直径约5cm的小孔。管的规格列于表7-20。

表7-20 陶质排水管的主要规格

内 径（cm）	不带承插接头的平滑管		带承插接头的上釉管	
	质 量（kg）	长 度（cm）	质 量（kg）	长 度（cm）
75	2.8	300	4.9	500
100	4.0	300	10.0	700
125	5.1	300	16.6	800
150	5.9	300	20.6	800
200	7.2	300	31.0	800

一般排水管的吸水率为15%。由于管子的尺寸小，强度不高，所以这种管子只能用于埋置不深及没有重载车辆行驶的位置。在平滑管中地下水从其接头处留下的缝隙中流入，在带有承插接头的上釉管子中，水从管面上半部的小孔中流入。

第五节 粉煤灰陶粒

粉煤灰陶粒是以粉煤灰为主要原料掺加适量的粘结剂（粘土、膨润土、水玻璃或页岩等）经加工造粒烧结或烧胀而成的人造轻集料。粉煤灰陶粒中粉煤灰掺量视粉煤灰和粘结剂品质而定。烧结机法，一般可达80%～85%，回转窑法为35%～60%。主要用于配制轻集料混凝土、轻质砂浆、也可作耐酸、耐热混凝土集料。常根据原料命名为粉煤灰页岩陶粒、粉煤灰粘土陶粒（又称膨胀型陶粒）和烧结型粉煤灰陶粒（掺灰量≥50%）。这种烧结型的粉煤灰陶粒外壳坚硬更粗糙，表观颗粒密度也稍大于膨胀陶粒，且筒压强度远远高于同密度等级的陶粒，更适合于配制高强度、高性能轻集料混凝土。

一、粉煤灰页岩膨胀型陶粒

所谓粉煤灰页岩陶粒是以膨胀页岩和粉煤灰为主要材料和加入少量外加剂配料粗碎后再用球磨机粉磨混合成微粉，在圆盘喷水造粒机造粒，通过回转窑高温烧胀而成。掺灰30%～40%的陶粒堆积密度为600～700kg/m^3，粒径分0～5、5～10、5～16mm，绝干下的导热系数为0.35～0.4W/mK，这种陶粒烧胀温度1050～1150℃。它的强度一般比纯粘土或页岩颗粒强度大。其圆筒强度为5～8MPa，可以配制CL40级混凝土。其表观密度不大于1750kg/m^3 CL40级的轻集料混凝土。

（一）原材料的选择与要求

1．页岩（或粘土）

（1）页岩应在1050～1200℃温度范围内，具有良好原料膨胀性能，并要求膨胀率大于2。

（2）页岩（或粘土）中不应混有碎石和杂质。

（3）页岩（或粘土）在焙烧时应具有较大的软化范围，一般要求大于70℃。

（4）页岩（或粘土）熔融温度应小于1300℃。

（5）化学成分应符合表7-21。

表 7-21　对页岩（或粘土）化学成分要求

SiO_2（%）	Al_2O_3（%）	Fe_2O_3（%）	CaO + MgO（%）	K_2O + NaO（%）	灼失（%）
50～65	10～20	5～10	3～8	1.5～5	5～10

2. 粉煤灰

粉煤灰基本无塑性，一般都与页岩（或粘土、膨润土、高岭土、水玻璃）等粘结剂配合后作为烧制陶粒的原料，要求混合料的化学成分，尽可能满足表7-21中的要求，对粉煤灰无特殊要求。

（二）原材料处理

1. 页岩的干燥

页岩进厂时一般带有10%～15%水分。这对页岩的粉碎加工配料均不利，因此在粉碎之前，要进行干燥处理。目前陶粒行业，一般选用顺流式烘干机。操作时按照顺流的原理使热空气加热到500～700℃，在转筒进料口将页岩（或粘土）干燥，由于温差较大，水分强裂地从页岩中蒸发出来，而降低了热空气的温度。在干燥筒出口处气体温度仅为100～150℃，而页岩的温度仅为50～80℃。在这种情况下，页岩（或粘土）不会失掉塑性。

干燥机的生产率决定于转筒的长度、直径、转速、加料多少及其均匀性，同时也决定热空气的量和温度。如干燥页岩的干燥筒规格 $\phi 2.2\times 14$m，斜度3～5°，每分钟转速2～4转时干燥页岩的单位蒸发强度为30～35kg/h。

2. 原料的配合与均化

（1）配料。在用两种以上的原料生产陶粒时，必须采用定量配料。在粉煤灰页岩陶粒生产中一般选用皮带称配料。其优点是精确性高。特别是外加剂的计量更为重要。

（2）混合与均化。利用粉煤灰生产膨胀型粉煤灰陶粒的技术关键在于：①粉煤灰与页岩和其他外加剂混合分布均匀。②页岩和粉煤灰使一些硬质物料能“释放”出足够数量的自由粘土物质材料以提高混合料的塑性和改善成型性能。通常认为对于一定的生产工艺，每种混合料都要一定的最佳粒度分布。实践证明通过球磨机混磨，不仅能影响粒度分布，而且也能改变颗粒形状，及改变颗粒表面的反应能力。采用破碎粉磨措施不仅能提高原料的均化，而且能提高生球质量和产品质量，如采用 $\phi 1.83\times 7$m 规格球磨机粉磨物料时细度（0.085孔筛余量）15%时产量达15t/h，经测试混合料中 Fe_2O_3 含量波动范围仅为0.05%，可见均匀性极好。

（3）陈化。将粉磨后的混合料经螺运机、皮带机提升机送到密封的贮仓内（72h贮量）在压力作用下贮存，其作用：①均匀的被水润湿；②使页岩疏解和使所有原料的组成膨胀，提高混合料塑性；③促进混合料颗粒细化，使塑性指数提高，改善成球品质。

（三）造粒

由于粉煤灰无塑性采用成球盘为宜。国内一般生产粉煤灰陶粒行业，采用成球盘的规格 $\phi 3.6$m，倾斜角度为50～55°，盘的转速12r/min，成球含水率控制在16%～18%。

（四）烧成

由于陶粒烧胀的需要，一般选用双筒回转窑，它是由两个独立的筒体套接（或交差错开布置）组成，供膨胀用的筒体短而直径大，有单独的传动装置，在双筒回转窑内比较地易于实现陶粒膨胀机理要求，能使一些低膨胀性能的原料（如粉煤灰）烧成优质产品，这种窑型已被上海、常州、天津陶粒企业所采用。

（五）陶粒冷却与分级

由窑内物料进入冷却筒冷却到温度约 80～100℃，再经振动筛（或圆筒筛）分成规格粒度 0～5、5～10、5～16、5～20mm 等级别的陶粒。

（六）粉煤灰粘土（页岩）烧胀型陶粒的实例分析

1. 丹麦史密斯烧胀型粉煤灰粘土陶粒

所谓烧胀型粉煤灰粘土陶粒系将粉煤灰和粘土各掺入一半经两道甚至三道设备进行松解、拌匀。常用的设备有单轴的碎土棒、对辊破碎机、双轴搅拌机和轮碾机等。成球通常采用辊式压制机（与国内煤球机相仿）和小孔成型辊压机（国内称轧粒机）。若混合料质地均匀，粘土掺量大，膨胀性又强，则可以简化这道工序。粘土粉煤灰混合物经搅拌机搅拌后，即由辊压机，压成料团或泥条，计量后入窑，在窑中可装置一些打散料团或打断泥条的链条，物料在回转窑内滚成大小球粒，进入膨胀带。丹麦在生产莱卡堆积密度为220～400kg/m^{3}的保温陶粒基础上开始生产掺灰 50％的结构用陶粒。掺粉煤灰作原料时，堆积密度比纯粘土重（550～650kg/m^3），粒径分 0～3、3～10、10～20mm 三种，也可以混合成特殊级配销售，绝干下的导热系数为 0.2～0.3W/（m·K）。这种陶粒具有封闭式微孔结构，外壳极为坚硬，颗粒内部具有均匀细小而互不连通的孔洞，它的熔烧温度一般在 1050～1150℃。它的颗粒强度比纯粘土陶粒高得多，一般圆筒法抗压强度为 6～8MPa，可以配制表观密度 1750kg/m^{3}以下的 300 级混凝土，也可配制 150 级混凝土，表观密度为 1350kg/m^3 以下的砂轻混凝土。

在前苏联等国家相当数量的原纯粘土陶粒厂改为生产粉煤灰粘土陶粒产品。特别是膨胀差的粘土掺粉煤灰后其产品质量比生产纯粘土陶粒可轻 20％～30％，单位料耗和煤耗可节约 20％左右，单位电耗可节约 30％左右，效益显著。

用粉煤灰粘土陶粒配制的混凝土有以下特点：

（1）表观密度小（1250～1350kg/m^3），强度高（15～18MPa）。

（2）隔热保温。使透过墙体的热量减少到最低限度。

（3）隔声。由于粉煤灰粘土陶粒是一种多孔结构使墙体具有特殊的消声作用。

（4）抗火性。制品不含可燃成分。其陶粒又在 1200℃左右温度下烧制而成。故耐火性比普通石子混凝土要好。

（5）抗震性。能承受天然或人为的巨大冲击。

上述优点使丹麦“莱卡”在生产保温陶粒的基础上，在积极开发高掺量粉煤灰粘土膨胀型陶粒。

2. 上海申威粉煤灰页岩膨胀型陶粒

上海申威陶粒制品有限公司位于浦东新区内，工厂离电厂 10km，页岩矿石山距离厂区约 120km。目前该厂的设备生产能力为年产 10 万 m^3。

该厂粉煤灰页岩陶粒生产的特点是采用双筒回转窑烧制烧胀型陶粒，以煤为燃料，掺灰量达 30％～40％，通过造粒和回转窑 1150～1200℃烧成圆球型人造轻集料。产品粒度 3～15mm，24h 吸水率≤6％，堆积密度一般在 600～700kg/m^3，圆筒强度 5～7MPa 范围内，能配制 CL40 以下各种用途的混凝土。

(1) 生产工艺。申威烧胀型陶粒是以含硅、铝为主要成分的页岩粉煤灰为原料，(稍加各种外加剂) 用微机配料，经干燥机烘干，用球磨机粉磨成细微粉后再加水造粒，经回转窑烧制而成。其特点是粒度小、吸水小、堆积密度小和空隙率小，适应配制高性能混凝土。

①原料 (页岩) 干燥与贮存。申威页岩原料是用多种矿石适当的调配后作为生产原料，其化学成分如表 7-22 所示。

表 7-22 原料的化学成分 (%)

序号	灼失	SiO_2	Al_2O_3	Fe_2O	CaO	MgO	SO_3	Na_2O	K_2O
1	4.6	64.0	17.2	5.1	1.4	1.0	0.0	2.2	2.9
2	6.3	62.5	18.2	6.0	1.1	1.6	0.0	1.4	2.5
3	4.1	71.4	13.4	2.5	1.1	1.3	0.0	2.1	2.7
4	9.4	62.5	19.1	3.7	2.1	1.5	0.0	0.6	1.3

申威页岩矿石，按配料成分预定值进行搭配使用，达到要求的混合矿石经粗碎后进入转筒干燥机干燥，干燥后进入配料仓。

粉煤灰由电厂汽车运输到厂内，再由泵送到配料仓，为了使粉煤灰生料球具有一定的强度要求，粉煤灰的可溶物大于 3%，含碳量不大于 8%。

外加剂由汽车运输到厂后，由泵送到配料仓。

②配料与混磨。

a) 原料的配料：按照陶粒的堆积密度要求采用多元配料。配料仓库底设有皮带称计量。

b) 原料的粉磨与混合：申威原料的粉磨与混合是采用闭路式球磨机，它对粉磨颗粒细度均化是有利的。粉碎的细度是根据原料配合比不同而变化。

③造球。造球是生产陶粒的关键，一般认为七分球三分烧，说明造球在陶粒生产过程中的重要性。

由于粉煤灰基本无塑性，一般在粉煤灰陶粒行业中均采用盘式成球机造球。

④焙烧。

a) 生料球的干燥：生料球由皮带输送机送入干燥机内干燥，热源由焙烧窑窑内废气供应，后进入焙烧窑。

b) 烧成：烧成窑采用 $\phi 2.5\times 22$m 回转窑，物料经温度 1100 ~ 1200℃烧成。

⑤分级。经单筒冷却机流出的陶粒，由振动筛分级为：细粒 < 5mm、中粒 5 ~ 10mm、粗粒 5 ~ 16mm。

(2) 粉煤灰页岩陶粒性能。在页岩中掺加 35% ~ 40% 粉煤灰时，堆积密度比纯页岩陶粒重约 80kg/m^3，但筒压强度则提高 2.5MPa，其两种陶粒对比结果 (见表 7-23)。

从表 7-23 可见掺粉煤灰的陶粒，其性能指标均可满足国家 GB/T 7431—1998 要求。可以配制表观密度 1750kg/m^3 以下的 CL40 陶粒混凝土；而纯页岩陶粒却满足不了配制高强混凝土的条件。在生产实践中发现掺粉煤灰可以提高陶粒的强度，粉煤灰掺量 35%左右比较适宜，超过 35%时，其陶粒强度提高不大，(见表 7-24) 而体积开始收缩，因此，生产烧胀陶粒时，掺灰量以不大于 40%为佳。

表 7-23 两种陶粒检验结果

序号	项目名称	纯页岩陶粒	掺灰35%陶粒	序号	项目名称	纯页岩陶粒	掺灰35%陶粒
1	陶粒品种	页岩陶粒	煤灰页岩陶粒	6	粒型系数	1.1	1.1
2	堆积密度 kg/m^3	630	710	7	软化系数	0.95	0.97
3	最大粒径（mm）	16	16	8	颗粒级配	合格	合格
4	筒压强度（MPa）	4.0	6.5	9	有害物质含量	合格	合格
5	吸水率1h	3.5	4.0				
	24h	5.0	7.2				

表 7-24 不同粉煤灰掺量与强度关系

粉煤灰掺量（%）	0	15	25	35	50
焙烧温度（℃）	1100	1120	1140	1160	1180
膨胀倍数（倍）	3	2.7	1.72	1.42	0.89
颗粒强度（MPa）	6.3	8.4	9.5	12	15
颗粒堆积密度（kg/m^3）	889	925	1050	1200	1300

二、粉煤灰烧结型陶粒

烧结陶粒与烧胀陶粒，不同点在于：①烧结陶粒体积收缩30%，径向收缩10%；②掺灰量大，一般达60%～90%；③若采用烧结法可以充分利用粉煤灰炭分内燃能节约燃料。比生产膨胀性陶粒成本降低30%～40%。

目前在美国、英国、俄罗斯、波兰与德国等国也利用热电厂的粉煤灰生产烧结型陶粒。在国外遇到的最大技术问题是粉煤灰的化学成分和未燃碳的含量波动大，如美国Lyba陶粒厂所采用的粉煤灰未燃碳含量为3%～4%。一般需加入精碳助燃，含量大于8%时，需加入粘土来调整，致使工艺复杂、成本增加。又如物料在静止的烧结机上，随烧结机履带移动而经过预热、烧成、冷却等工序，则存在物料上、中、下层温度不均，造成陶粒质量差异，同时要以重油为燃料。

尽管烧结机存在一些缺点，但在一些国家还是引起相当的重视。其原因是烧结型陶粒除具有较好的物理力学性能外，更主要的是烧结型陶粒生产工艺简单、适应强，原料中可以掺入附加剂和辅助燃料，其次它又利用粉煤灰未燃碳分内燃，这种工艺的特点是产量大、能耗小、成本低。而采用这种工艺烧制大掺量粉煤灰陶粒比较成熟。

下面分别就英国Lyag、天津硅酸盐厂作实例分析。

（一）英国Lytag粉煤灰陶粒

英国Lytag公司利用粉煤灰生产陶粒始于1960年，在北弗里脱，建立第一个粉煤灰陶粒厂，它的生产特点是采用烧结机，以重油为燃料，产量大、能耗少、成本也低。1966年在Rugeley和Tilborough按上述生产工艺建立了两个年产25万m^3的新厂，现在每年生产粉煤灰陶粒55万m^3，用灰量60万t。Lytag生产的陶粒，粒径3～12mm，堆积密度为800～850kg/m^3之间，集料吸水率14%～16%，集料破碎值为15%～20%（相当圆筒强度6～7MPa），可配制28d抗压强度为45～55N/mm^2的高强混凝土。“Lytag”生产工艺见图7-10。

1. 生产工艺

(1) 原料。对粉煤灰的要求有：

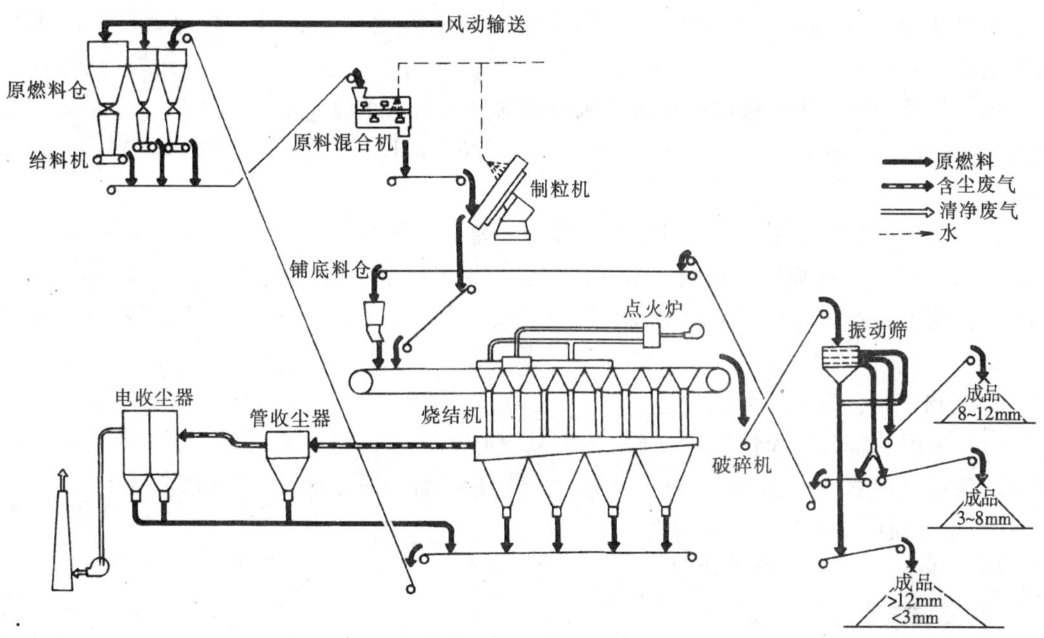

图 7-10　英国“Lytag”公司粉煤灰陶粒生产工艺流程

1）要求粉煤灰的化学成分可溶物大于3%，石英不宜过多最好有适量的氧化铁助熔剂，含碳量应5%～8%，如低于5%应加精碳助燃。

2）细度：＞45μm的颗粒不大于45%。

＞75μm的颗粒不大于15%。

＞150μm的颗粒不大于3%。

粉煤灰中＞45μm的颗粒含量超过45%时，通过分选进行预处理。

3）细度合格的粉煤灰输入混合仓陈化24h。

（2）混合与均化。陈化后的粉煤灰通过计量输入混合器进行混合均化。

“Lytag”陶粒采用的混合器与国内立窑水泥厂预加水成球设备相同。它可使球心与球表面层水分一致，提高球心孔隙率。使烧结时不易爆裂，料球强度提高。

混合器是一种类似卧式搅拌机的设备，其规格ϕ400～600mm×长度3500mm，内设长轴，并装有螺旋搅拌叶，既能拌和又能输送，它有单独的传动装置，经喷水后，可形成小的颗粒，如果粉煤灰的含碳量达不到设计要求而需要添加一定量的煤粉，或者为了调整粉煤灰的化学成分而需添加一定量的改性剂时，按要求的比例，同时加入混合器与水混合搅拌，使之粉煤灰与其改性剂混合、润湿，形成部分固体晶种，它进入成球盘造粒时就可将这种固体晶种迅速长大。其目的在于①避免或减少粒径差异过大现象；②能使料球内部与外部孔隙率一致；③提高生球强度。

（3）造粒。搅拌形成的生料母球，由螺旋输送机喂入成球盘成球。成球过程中，喷入一定的雾状水分并通过调整盘的角度、转速，使其母球逐步长大，形成颗粒组成符合要求的料球。目前英国“Lytag”陶粒厂采用的成球盘参数，盘ϕ3.6m，倾斜角为60°，成球盘转速为12r/min。成球含水率14%～16%，产量为5～6m^3/h。

（4）烧成。生料球通过喂料机均匀喂入宽2m长度30m（即60m^2）产量20t/h带式烧结机，料层厚度20~30cm，烧结机下设置干风室，调节温度，点火以重油为燃料，料球不掺入粘结剂。

（5）分级。烧成陶粒通过传送带输入振动筛分级，大于设计要求的颗粒，通过锤式破碎机破碎后再输入振动筛，小于3mm为陶砂，其产品分成以下三级：8~12mm、6~8mm、0~3mm。

（6）生产控制与检测。生产控制集中在中心室。车间排尘可达5mg/Hm^3。烟囱排放浓度50mg/Hm^3，符合环保规定。英国"Lytag"陶粒厂规定质量不符合英国标准BS3739不允许进入市场，其主要检测项目为堆积密度、颗粒组成、颗粒密度、硫酸盐含量、挥发物、破碎值等。

2. 英国"Lytag"技术特点

（1）采用"Lytag"陶粒生产技术，在粉煤灰中可不掺任何粘结剂，根据国内目前烧结型粉煤灰陶粒生产水平，需掺15%~20%粘土作粘结剂，如年产10万t陶粒生产线（折合12.5万m^3）则可每年节约粘土约2.5万t。

（2）"Lytag"陶粒的物理化学性能（见表7-25）。

1）物理性能。

表7-25 "Lytag"陶粒物理性能

粒径 (mm)	堆积密度 (kg/m^3)	吸水率 (%)	空隙率 (%)	强度	
				圆筒强度（MPa）	BS压碎值
8~13	770	12	40	5.0	35.0
4~8	830	12	40	5.5	34.2
0~4	1040	15	42	—	—

2）化学成分（见表7-26）。

表7-26 "Lytag"陶粒化学成分

灼失	1%以下	JISA5002
SO_3	0.5以下	JISA5002
NaCl	0.01以下	JISA5002
有机不纯物	合格	JISA5002
粘土块	1%以下	JISA5002

（3）"Lytag"陶粒混凝土。

①配合比。"Lytag"粉煤灰陶粒混凝土的配合比类似与普通混凝土，坍落度控制在5~7cm。常用的配合比如表7-27所示。

②混凝土性能。由于陶粒混凝土中的陶粒吸水后在水泥水化时能逐步放出水分等特点，则比普通混凝土具有以下优点：

表7-27 不同强度陶粒混凝土配合比

28d抗压强度 (MPa)	水泥 (kg)	砂 (kg)	陶粒 (m^3)	水 (kg)	混凝土表观密度 (kg/m^3)	备注
15	250	695	0.88	180	1720	
20	280	67	0.88	180	1750	
25	320	685	0.88	180	1780	
30	360	600	0.88	180	1790	
40	460	50	0.88	180	1810	
45	520	400	0.88	180	1830	
50	600	305	0.88	180	1850	

干收缩小于0.5%，一般0.35%，故较少裂缝；

热膨胀系数低 $7\times(10^{-6}/K)$。

由于陶粒混凝土与同标号的普通混凝土相比，其水泥用量要提高，同时当水泥石产生变形时陶粒混凝土限制水泥石变形的能力又较普通集料差，则陶粒混凝土的变形性能往往较普通混凝土大。如短期变形性能弹性模量比普通混凝土低20%～50%，而其长期变形性能——徐变也比普通混凝土稍大。

（二）天津硅酸盐制品厂

粉煤灰陶粒生产线建于1966年，采用烧结机生产，以油为燃料，成球时需要掺入15%～20%的粘土作粘结剂和部分内燃煤，共累计生产上百万 m^3 陶粒。广泛应用于天津地区和东北地区等，受到用户欢迎，后因环保等问题被迫停产。

1. 原材料性能

原材料以粉煤灰为主，其次是粘土。其物理性能、化学成分见表7-28、表7-29、表7-30、表7-31、表7-32。

表7-28　粉煤灰物理性能

密度（g/cm^3）	堆积密度（kg/m^3）	细度（4900孔筛余）	外观
2.1	700～750	不大于40%	灰褐粉末状

注　粉煤灰采用湿排灰，由沉淀池取灰，烘干后使用。

表7-29　粉煤灰化学成分　（%）

SiO_2	Al_2O_3	Fe_2O_3	CaO	MgO	烧失量	残碳	备注
43.19～50.87	34.69～36.00	4.47～7.74	2.18～3.27	0.78～1.47	5.58～10.07	2.72～7.20	

表7-30　粘土的物理性能

密度（g/cm^3）	水分（%）	塑性指数	外观	备注
2.6	15～20	10	粉末及块状	

表7-31　粘土的化学成分　（%）

SiO_2	Al_2O_3	Fe_2O_3	CaO	MgO	SO_3	烧失量
54.00～63.00	13.27～18.25	4.06～5.34	5.30～8.33	2.20～3.26	0.10	5.57～10.56

表7-32　无烟煤的工业分析　（%）

灰分	挥发分	固定碳	发热量（kJ）
22.81～37.45	7.05～11.61	53.66～63.85	21736～27588

2. 原料的制备和配合比

原料的均匀性对生料球理化性能和陶粒的匀质性，有重要的影响。而陶粒厂所用原料不仅数量大而且成分有波动。所以在决定原料储存时间和料仓数量时，必须合理，使之有利于均化处理。

原料的贮存通常有原料仓和原料仓库。有些厂只有原料仓，有些厂兼而有之。粉煤灰贮仓，最好设置2~4个仓，在配料过程中，可以相互搭配使用，才能保证连续生产。该厂粉煤灰贮仓3个，粘土贮仓1个，煤粉贮仓1个。符合配料原则的基本要求。

配料的比例要根据原料的性能、陶粒的品种和采用的焙烧方法等多种因素来定。如采用回转窑焙烧陶粒，要求生料球的强度比烧结机为高，相应粘土掺量要增加。

天津烧结机焙烧陶粒配比控制指标（干基质量百分比）为

总含碳量（包括粉煤灰残余碳和辅助碳分之和） 4%~6%

粘土掺入量 13%~15%

实际生产时，原料的配比应按理论配比和原料的组分换算出原料的数量，再折算成实际配料量。

配合比计算实例：

计算依据：

假定总含碳量 5%

粘土掺入量 13%

粉煤灰含碳量为1.5%，含水率 20%

辅助燃料（无烟煤）含碳量76%，含水率 5%

粘土含水率 5%

配合比计算：

设粉煤灰（干基）量为 x，无烟煤（干基）量为 y，则

$$\begin{cases} \dfrac{1.5x}{100} + \dfrac{76y}{100} = 5 & (1) \\ x + 15 + y = 100 & (2) \end{cases}$$

所以
$$1.5x + 76y = 500 \quad (3)$$

$$x = 100 - 15 - y = 85 - y \quad (4)$$

即
$$x = 85 - 5 = 80$$

$$y = \frac{500 - 1.5x}{76} = \frac{500 - 1.5 \times 80}{76} = 5$$

所以配合比为 粉煤灰:无烟煤＝80:5（质量比）

即实用配合比：

$$粉煤灰 = \frac{粉煤灰干基重}{100 - 含水率} = \frac{80}{100 - 20} = \frac{80}{80} = 100\%$$

$$粘土 = \frac{粘土干基重}{100 - 含水率} = \frac{15}{100 - 5} = \frac{15}{95} = 16\%$$

$$无烟煤 = \frac{无烟煤干基重}{100 - 含水率} = \frac{5}{100 - 5} = \frac{5}{95} = 5.3\%$$

则实用配合比为 粉煤灰:粘土:无烟煤＝100:16:5.3

天津陶粒厂采用容积法配料。计量采用盘式喂料机误差较大，其误差数值为：

粉煤灰≤±3%；粘土粉≤±1%；

3. 天津陶粒生产技术指标

表 7-33　　天津陶粒生产技术指标

项　目	技术指标	项　目	技术指标
规模（万 m^3/a）	7~8	燃料年消耗量：	
原料消耗量：		渣油（万 t/a）	0.11
粉煤灰（含水率 25%）（万 t/a）	7.8	煤粉（万 t）	0.22
粘土（含水 15%）（万 t/a）	1.4	设备质量（万 t）	0.045
无焰煤（万 t/a）	0.31	设备装机容量（万 kW）	0.104

4. 天津生产陶粒的性能

天津使用的粉煤灰颗粒大于 45mm 均在 62%左右，加粘土 15%为粘结剂，经配料造粒通过烧结机生产球状轻集料，产品分为以下三类：

（1）细粒<5mm，堆积密度 1050kg/m^3，吸水率 22%左右。

（2）中粒 5~15mm，堆积密度 650~700kg/m^3，圆筒强度 30~40MPa，单颗粒表观密度 1350kg/m^3，吸水率 18%。

（3）粗粒 5~20mm，堆积密度 600~680kg/m^3，单颗粒表观密度 1350kg/m^3，圆筒强度为 3.0~3.5MPa，吸水率为 18%。

天津生产的烧结型粉煤灰陶粒可用来配制强度等级 CL15 和 CL30 表观密度小于 1800kg/m^3各种轻集料混凝土。根据需要可配制无砂大孔混凝土、素陶粒混凝土、钢筋陶粒混凝土、预应力钢筋陶粒混凝土，可用于现浇预制或滑模板等施工方法。可用作围护、承重结构，用作保温、隔热材料。该厂经过几十年生产实践证实，陶粒不仅具有上述优点外，配制的轻集料混凝土还能提高建筑物的整体性、抗震性、耐久性和保温性。

（三）英国"Lytag"与天津陶粒生产技术指标的比较

（1）采用 Lytag 陶粒生产技术在粉煤灰中如细度大于 45μm 的颗粒含量不大于 45%时，可不掺任何粘结剂。根据国内生产水平需掺 15%~20%的粘土作粘结剂。如设计年产 10 万 t 陶粒生产线则可每年节土约 2.5 万 t。

（2）英国 Lytag 陶粒生产线能耗较低。如粉煤灰中碳含量在 5%~8%时，不需要另掺，生产热耗每 m^3 小于 30 万 kcal❶。

（3）以 Lytag 陶粒在粒径 4~13mm 时，集料吸水率 14%~16%，堆积密度 750~800，集料破碎强度 30%~35%，可配制 CL45~CL50 的陶粒混凝土，而目前国内烧结法生产的陶粒只能配制 CL30 级混凝土。

（4）Lytag 环保收尘设施先进，空气粉尘排放浓度小于 5mg/Hm^3，国内标准要求不超 100mg/Hm^3，噪声能控制在 70dA 以内。

通过上述两种烧结法比较，采用 Lytag 陶粒生产技术除具有技术先进外，其技术经济效益也显著。在国内新建烧结机法生产陶粒时，可借鉴这一技术。

❶　1kcal = 4.1868kJ。

参考文献

1 华南工学院，南京化工学院等合编陶瓷工艺学．北京：中国建筑工业出版社，1979 年
2 刘振群等编陶瓷工业窑炉．北京：中国建筑工业出版社，1978 年
3 ［捷］奥、德、日、哈迪希编陶瓷烧成．北京：中国建筑工业出版社，1989 年
4 ［美］戴维现代陶瓷工程．北京：中国建筑工业出版社，1992 年
5 龚洛书等编轻集料混凝土．北京：中国铁道出版社，1996 年
6 吴科如等编建筑材料．上海：同济大学出版社，1996 年

第八章

粉煤灰在农业方面的应用

粉煤灰排放量随着电力工业的发展而增加，在利用率不高的情况下，大量的粉煤灰只能排放到储灰场贮存，灰场占用了大量土地，而且细灰飞扬，污染了周围环境。对此，原水利电力部自20世纪70年代开始先后组织了电力系统有关单位与大专院校、农业部门、科研单位为开发研究粉煤灰在农业方面的应用列课题联合攻关，主要项目有：在灰场纯灰上种植作物，粉煤灰改良土壤、育秧、覆盖越冬作物，用粉煤灰制作硅钙肥、磁化粉煤灰、与腐植酸混合的堆积肥，灰场覆土造田等，收效显著。这些成果已在全国电力工业系统推广应用，而且在化工、冶金、煤炭、矿山开采等行业亦得到推广应用。

第一节　粉煤灰持水性能

在灰场出上栽种植物，水分管理是一项重要措施。要维持适宜的水分，必须了解粉煤灰的持水性能。

一、粉煤灰的持水性能

持水性能是指粉煤灰吸持水分的能力。它相当于粉煤灰总水势中的基质势。由于势能值为负值，使用起来不便，故改用粉煤灰水吸力（以下简称吸力），以正值表示。粉煤灰水分能量（吸力）和数量的关系可用水分特征曲线表示。尽管有滞后现象的干扰，但仍可作为研究持水性能的重要依据。经六个电厂粉煤灰持水性能测定表明：各电厂粉煤灰的持水曲线（即水分特征曲线）属于负数曲线。

$$S = aW^{-b}$$

式中　W——含水率；

a，b——常数；

S——粉煤灰水吸力。

二、粉煤灰的颗粒组成与持水性能的关系

各电厂粉煤灰持水性能有一定的差异，这与粉煤灰颗粒组成和颗粒构造有一定关系。

粉煤灰颗粒组成主要是粗颗粒（0.25～0.01mm）和细颗粒（0.005～0.01mm）的比例。根据卡庆斯基土壤质地分类制标准，按照颗粒组成它相当于紫砂土、砂壤土和轻壤土，持水特性与类似质地土壤相一致。然而太原第二热电厂和徐塘电厂粉煤灰持水性能远远高于其他电厂，这种状况与粉煤灰的颗粒构造有关。保持水分除靠颗粒之间的毛细管孔隙外，还在颗粒破碎球体的洞穴和蜂窝状孔隙内蓄水。由于各电厂粉煤灰不同颗粒构造所占的比例不同，表现出持水性能也有差异。

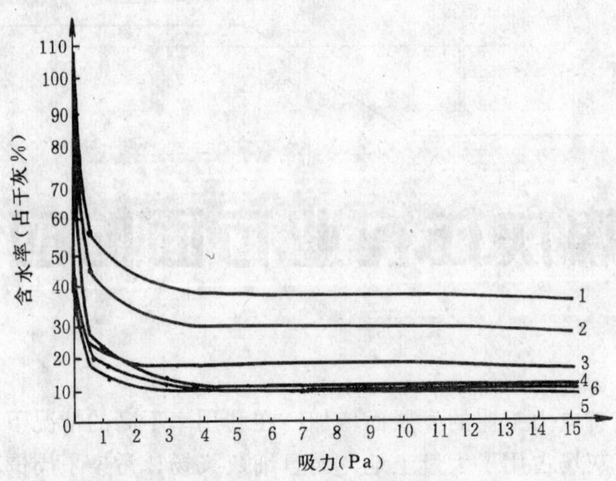

图 8-1 粉煤灰持水曲线

1—太原二电厂；2—徐塘电厂；3—莱芜电厂；

4—邵武电厂；5—焦作电厂；6—秦岭电厂

三、粉煤灰持水性能对种植作物的影响

粉煤灰含水率和土壤含水率一样有两种表示方法：一是质量百分数（占干灰%）另一是容积百分数（占体积%）。水分%（占干灰%）×容量=水分%（占体积%）。由于粉煤灰的密度和堆积密度一般都小于土壤，水分由质量百分数换算为容积百分数时，其数值变小，而一般土壤堆积密度大于1，换算为容积百分数时，则数值变大。因此在研究粉煤灰水分状况时，借用含水率（占干灰%）及水分常数（占干土重%）会产生误解。这可从表 8-1 予以证实。

表 8-1 粉煤灰水分吸力及其相应质地的土壤水分吸力及水分常数对比

土壤或粉煤灰	占干重（%）					占体积（%）				
	田间持水量	水分吸力 0.1Pa	水分吸力 0.3Pa	凋萎系数	水分吸力 15Pa	田间持水量	水分吸力 0.1Pa	水分吸力 0.3Pa	凋萎系数	水分吸力 15Pa
砂壤质浅色草甸土	22~30	33.04	13.48	4~6	3.68	28~38	41.30	16.35	5~8	4.86
轻壤质浅色草甸土	22~28	31.94	21.44	4~9	5.44	28~35	39.93	26.80	5~11	6.80
太原二电厂		105.31	75.63		34.77		60.02	43.11		19.82
徐塘电厂		87.51	47.09		25.82		70.51	47.09		20.91
莱芜电厂		48.83	37.91		15.22		37.60	29.19		11.72
焦作电厂		44.15	24.09		8.89		37.52	20.99		7.56
秦岭电厂		56.62	26.96		9.81		40.04	19.40		7.07
邵武电厂		66.42	38.65		11.13		53.80	31.31		9.02

从表8-1可以看出，粉煤灰在水分吸力为0.1Pa、0.3Pa时的水分含量时，以水分质量百分数表示值都高于土壤；而以容积百分数表示时，除太原二电厂和徐塘电厂的粉煤灰外，均与土壤非常接近。所以参照土壤持水特性，以容积百分数表示粉煤灰水分含量比质量百分数更接近实际。土壤水分对植物的有效性不在于水分含量的高低，而在于吸力的大小，通常把0.1Pa或0.3Pa相当于田间持水量作为有效水上限，15Pa相当于凋萎系数作为有效水下限，在0.1Pa或0.3Pa到15Pa之间水分算为有效水含量范围。这种划分虽有异议，但实际应用简单明确，便于掌握，因此在土壤水分管理中一直被应用。从水分能量观点来看，粉煤灰水分的有效性同样也可以用吸力表示，其有效水分含量的范围应和土壤一致，即吸力在0.1Pa或0.3Pa至15Pa之间。

从持水曲线斜率的变化分析有效水含量范围内水分有效性是不同的，斜率大，则水分易被植物吸收。对粉煤灰持水曲线的斜率 dW/dS（即比水容量）进行分析，如表8-2所示。

表8-2　　粉煤灰比水容量　　[mL/（Pa·cm^3）]

地点 \ 吸力(Pa)	0.1	0.3	0.5	1	3	5	15
太原二电厂	5.7×10^{-1}	6.0×10^{-1}	2.8×10^{-1}	7.7×10^{-2}	1.8×10^{-2}	2.5×10^{-3}	1.0×10^{-3}
徐塘电厂	9.5×10^{-1}	7.0×10^{-1}	3.0×10^{-1}	7.2×10^{-2}	2.6×10^{-2}	3.5×10^{-3}	1.5×10^{-3}
莱芜电厂	2.5×10^{-1}	5.9×10^{-1}	3.5×10^{-1}	4.3×10^{-2}	1.0×10^{-2}	2.5×10^{-3}	1.0×10^{-3}
邵武电厂	7.4×10^{-1}	5.2×10^{-1}	2.5×10^{-1}	6.1×10^{-2}	1.7×10^{-2}	2.5×10^{-3}	1.0×10^{-3}
焦作电厂	7.1×10^{-1}	4.2×10^{-1}	8.5×10^{-2}	4.1×10^{-2}	1.0×10^{-2}	2.5×10^{-3}	1.0×10^{-3}
秦岭电厂	9.6×10^{-1}	5.8×10^{-1}	1.1×10^{-1}	4.1×10^{-2}	9.0×10^{-3}	7.5×10^{-3}	1.0×10^{-3}
砂壤质浅色草甸土	7.9×10^{-1}	7.2×10^{-1}	6.3×10^{-2}	4.1×10^{-2}	0.6×10^{-3}	1.3×10^{-3}	0.5×10^{-3}

粉煤灰吸力在0.3Pa以下的比水容量接近或略高于类似的土壤（而在0.5Pa以上，均高于土壤），这说明，与土壤水分相比，粉煤灰水分更易被植物利用。粉煤灰的比水容量随着吸力的增大而减小，这种变化和土壤是一致的。当吸力在0.1~0.5Pa时，其比水容量为10^{-1}数量级（秦岭电厂粉煤灰在0.5Pa时也接近这个数值）；吸力在1~3Pa时，比水容量为10^{-2}数量级；吸力在5~15Pa时，比水容量为10^{-3}数量级。比水容量在10^{-1}数量级时，水分易被植物吸收；当比水容量达到10^{-2}数量级时，植物吸取的水量显著减少；比水容量在10^{-3}数量级就难以利用。因此粉煤灰水分吸力应控制在1Pa之内比较好。

图8-2为三个电厂灰场粉煤灰剖面水分含量的分布情况。徐塘电厂和邵武电厂是坑口式灰场，前者水源充足，后者灌溉条件较差，其水分主要靠降雨补给。

莱芜电厂为山谷堆高式灰场，无灌溉条件，灰场的水分主要来源于降雨和周围山坡汇集的流水及冲灰水。

从剖面水分分布状况来看，徐塘电厂灰层在0~20cm，水分含量为35.17%~38.79%，

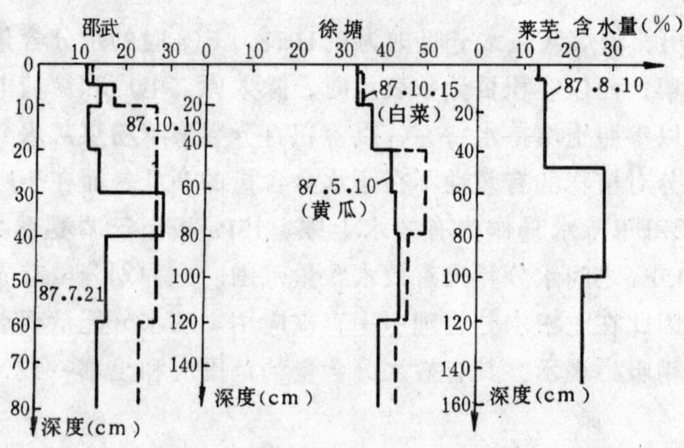

图 8-2 灰场剖面水分含量

水分吸力在 1～3Pa 范围内；灰层在距地面 20cm 以下，水分含量为 41.28%～52.39%，水分吸力在 0.3～1Pa 范围内，此时水分对种植大白菜、黄瓜等蔬菜生长较为适宜。邵武电厂在灰场上种植葡萄。七月份温度较高，蒸发快，灰田在 0～30cm 时含水量为 11.00%～15.50%，水分吸力在 3～15Pa；而在 30～40cm 时含水量为 29.00%，水分吸力在 0.3～0.5Pa 范围内；灰层在距地面 40cm 以下时，含水量又比较低（此层为灰场板结所致），此时含水量不能满足葡萄的生长，需要进行灌溉补水。10 月份水分分布状况：灰层在 0～10cm，水分吸力在 1～3Pa 范围内；灰层在 10cm 以下时，水分吸力在 0.5～1Pa 范围内，此时葡萄处于越冬休眠期，水分是适宜的。莱芜电厂八月份处于高温，灰层在 0～40cm 时，水分含量为 15.10%～16.00%，水分吸力接近 15Pa；灰层在距地面 40cm 以下时，含水量为 25%～30%，水分吸力在 0.3～0.5Pa 有效范围内。根据剖面水分分布状况，该厂灰田以种植深根性乔木为宜。

第二节 在灰场纯灰上种植作物

一、灰场纯灰上种植蔬菜

徐塘、邵武、梅溪、焦作、莱芜等发电厂在灰场纯灰上（以下简称灰田）种植各种蔬菜均获得成功。

（一）灰田上种植蔬菜的产量

徐塘电厂自 1983 年至 1987 年在灰田上种植白菜、萝卜、茄子、辣椒、蕃茄等蔬菜，产量随着种植年限的增加而不断提高。其历年种植的蔬菜产量见表 8-3。

表 8-3 在灰田上历年种植蔬菜作物产量表 (kg/亩*)

蔬菜作物	年 份	粉煤灰田	土壤对照田	当地农民一般产量	备 注
白菜	1983	7059	7894.5	3500/6000	
	1984	4930	7113.5	3500/6000	
	1985	2300	1655.5	3500/6000	暴雨淹涝
	1986	6336.5	5088	3500/6000	
	1987	7479	5683.5	3500/6000	

续表

蔬菜作物	年　份	粉煤灰田	土壤对照田	当地农民一般产量	备　注
萝卜	1983	1066.5	2350	2000/2500	暴雨淹涝
	1984	1653	3069.5	2000/2500	
	1985	516	600	1000	
	1986	2459	1755	2000/2500	
	1987	2795.5	3846	2000/2500	
茄子	1984	825	3937.5	2000/2500	暴雨淹涝
	1985	1317.5	2539	2000/2500	
	1986	2155	3024	2000/2500	
	1987	3948	5800	2000/2500	
黄瓜	1984	443.5	4234	2000/3000	暴雨受灾
	1985	720	2144	2000/3000	
	1986	2225	2786	2000/3000	
	1987	3294	4659	2000/3000	
蕃茄	1984	2470	5771	2000/3000	暴雨受灾
	1985	1250	1599	2000/3000	
	1986	3681	3321	2000/3000	
	1987	3374	4319	2000/3000	
辣椒	1984	955	1418	1500	暴雨受灾
	1985	528	1213	1500	
	1986	528.5	2487	1500	
	1987	2232	2720	1500	

*　1亩 = $6.6667\times10^2m^2$。为照顾农业上的使用习惯，本书中有关农业方面资料的计量单位暂用亩。

灰田种植各种蔬菜，经不断的合理施肥和科学的栽培管理，其产量由低到高并达到当地高产水平，这从生物性状和产量结构分析可以证实（见表8-4～表8-9）。由上表看出，其中萝卜的产量低于对照田，影响因素是粉煤灰的物理特性，造成块茎向下部延伸缓慢，生长受阻，但叶、果类蔬菜较根块类要好。粉煤灰中含有硼元素高于土壤中硼的含量，硼元素过量将使一些蔬菜受害，尤其黄瓜因硼过敏而影响产量。

（二）蔬菜栽培技术管理

1.灰田养分

肥料是植物的粮食，是作物稳产、高产的物质基础。要提高肥料的利用率，必须先了解粉煤灰的特性、养分的含量、种植的作物和当地气候等因素，再进行合理施肥方可获得高产、优质、低成本。

表 8-4 大白菜生物性状分析

处理	年份	叶片长度(cm)	叶片宽度(cm)	开展度(cm)	叶片数	未结球数	始结球数	半结球	结球数	病株死亡数	总株数	其中		平均亩株	平均株重(kg)	总产量(kg)	每亩产量(kg)	面积(亩)
												大株	小株					
粉煤灰田	1986	33	32	65	69	430	284	545	3520	32	4779	4065	714	1620	4.3	20549.0	6966.0	2.95
	1987	40	35	75	68	501	—	1400	2257	473	4158	3493	665	1575	4.23	17598	6685.5	2.64
对照土壤	1986	42	35	69	68	170	—	390	1030	210	1590	1404	186	1060	4.8	7632	5088	1.5
	1987	41	35	72	66	200	—	400	950	620	1550	1340	210	1033	5.5	8525	5683.5	1.5

表 8-5 萝卜生物性状分析

处理	年份	叶片长度(cm)	叶片宽度(cm)	叶片数	株高(cm)	株粗(cm)	根茎粗(cm)	皮厚(cm)	面积(亩)	总株数	平均株重(kg)	总产量(kg)	每亩产量(kg)
粉煤灰田	1986	58	12	17	16.5	7.7	5.2	0.48	0.3	2197	0.77	1692	5640.0
	1987	47	12	15	14	6	4	0.3	0.3	3200	0.57	1824	6080
对照土壤	1986	46	14	18	16	6.5	4	0.35	1	9999	0.75	7499	7499
	1987	48	18.5	21	17	6.7	4	0.34	0.3	1988	0.60	1192	3976

表 8-6 茄子生物性状分析

处理	年份	株高 (cm)	节数	节长 (cm)	叶数	叶宽 (cm)	叶长 (cm)	侧枝数	侧枝长 (cm)	♀♂花节位	单株果数	单果重 (g)	单株果重 (g)	亩株数	面积 (亩)	实产 (kg)	亩产 (kg)
粉煤灰田	1986	97	9	3.5	62	14	17	17	88	8	9	452	4068	953	0.54	2093	3876
	1987	107	9	3.7	90	20	8	9	200	8	8	335.6	2774	1444	0.54	2159	3948
对照土壤	1986	79	5.2	4	82	12	16	6	138	8	6.6	477	3150	1720	0.1	541	5410
	1987	81.2	5.4	4	85	12	17	6	141.4	8	6.6	482.1	3175	1600	0.5	2540	5080

表 8-7 辣椒生物性状分析

处理	年份	株高 (cm)	叶长 (cm)	叶宽 (cm)	叶柄长 (cm)	侧枝数 (个)	单果重 (g)	单株果数 (个)	单株果重 (g)	亩株数 (株)	面积 (亩)	产量 (kg)	亩产量 (kg)
粉煤灰田	1986	69	4.5	2.2	2.2	37	12.3	57	701.1	1507	0.1	105.5	1055
	1987	42.6	4.9	2.2	2.3	25	25	27.9	697.5	3200	0.1	223	2232
对照土壤	1986	51	7	3.3	4.9	27	26.5	30	789.7	3150	0.15	370	2473.5
	1987	53	7.5	4	4.7	29	27	31.5	850	3200	0.20	544	2720

表 8-8　　蕃茄生物性状分析

处理	年份	株高（cm）	节数	节长（cm）	叶数	叶长（cm）	叶宽（cm）	单果重（g）	单株果数	单株果重（g）	亩株数（株）	亩产量（kg）	面积（亩）	实收产量（kg）
粉煤灰田	1986	95	17	5.3	18	39.3	40	110	14	1540	2920	4496	2.44	8981.5
	1987	84.5	16.3	5.2	17.3	39.3	40.2	92.1	13.5	1243	3212	3992	2.44	9741.0
对照土壤	1986	92	16	5	17	39	40	122.6	11	1348	2750	3770	0.15	560
	1987	95	17	5.3	18	39.5	41	154.2	10.9	1542	2800	4319	0.15	647

表 8-9　　黄瓜生物性状分析

处理	年份	株高（cm）	节数	节长（cm）	叶数	叶长（cm）	叶宽（cm）	叶柄长（cm）	侧枝数	侧枝长（cm）	单株果数	单果重（g）	单株果重（g）	亩株数	亩产（kg）	面积（亩）	实收产量（kg）
粉煤灰田	1986	220	34	5	36	13	14	10	3	66	6	325	1950	2280	2225	0.5	2223
	1987	173	33	5	35	12.8	14	10	2	65.4	4	257.4	1029.5	3200	3294	0.2	658.5
对照土壤	1986	210	33	5	35	13	14	10	3	64	6	308.3	1850	3011	5570	0.3	1671
	1987	280	34	6	36	13	14	11	4	65	6	298.6	1792	2600	4659	0.5	2325.0

徐塘电厂灰田及周围土壤田养分测定结果如表 8-10 所示，按照几种作物吸收氮、磷、钾养分合理施肥，见表 8-11。

表 8-10　　粉煤灰与土壤养分情况

数量 项目 / 名称	有机质（%）	全氮（%）	全磷（%）	全钾（%）	速效磷（mg/kg）	速效钾（mg/kg）
粉煤灰		0	0.8～1.2	1.8～2.3	9.12	42.2
砂壤土	0.4～0.7	0.03～0.06	0.07～0.11	1.3～1.5		
粘壤土	0.9～1.3	0.09～0.14	0.13～0.20	2.3～2.9	58.5	240.3

表 8-11　　几种作物吸收氮、磷、钾养分情况

作物名称	按 100kg 产量吸收养分数量(kg)		
	N	P_2O_5	K_2O
黄　瓜	0.4	0.35	0.55
茄　子	0.3	0.10	0.40
萝　卜	0.6	0.31	0.50
蕃　茄	0.45	0.50	0.50
大　葱	0.30	0.12	0.40
小　麦	3.00	10.00	2.50
黄　豆	7.20	1.80	4.00
山　芋	0.35	0.18	0.55

从表 8-10 可以看出，粉煤灰缺乏有机质和氮素，其他养分也较少，而作物所需养分较大，加之灰田阳离子交换量只有 4.5mg/100g，而对照土壤田阳离子交换量 14.8mg/100g，两者相比，灰田阳离子交换量只有土壤田的 1/3，可见保肥能力极差。所以灰田在种植作物前必须施加一定量的有机肥和化肥作为基肥（底肥），同时还要根据不同的作物在各生育期追施 2～4 次肥料（最好是氮肥），这样方可满足作物所需要的养分。

2. 灰田施肥

由于粉煤灰理化特性和养分的含量与土壤差异甚大，而且灰田漏肥严重，故在追肥时应采取量少、次数多的方法与合理灌溉密切配合。徐塘电厂在灰田多年种植蔬菜，其施肥状况见表 8-12。由于灰田多年来连续种植蔬菜和不断施肥，灰田逐渐熟化，肥力也逐渐提高，给作物高产提供了可靠的保证。

3. 灰田中的微量元素影响

粉煤灰中含有一些微量元素，如硼、钼、锰、铜等对作物生长是有利的，但其含量如超过临界值将会导致作物中毒。

经过对老灰田的测定，枸容性硼含量为 4.52～18.35mg/kg，平均值为 11.86mg/kg，有的电厂高达 20～25mg/kg，由于灰田硼含量比土壤高出很多，所以对硼敏感的作物不易成活。在灰田种植黄瓜就不易立苗，即使少量苗株成活也是植株矮小，绿叶会出现黄色并逐渐干枯，有的植株从底部开始，其茎变黑而死亡。经试验证实，可以采取幼苗带土移栽灰田，提高幼苗成活率，减缓硼害时间和提高植株耐硼程度，再加强肥土等田间管理，黄瓜在灰田能够正常生长。

表 8-12　　灰田种植蔬菜历年施肥情况　　(kg/亩)

项　目	年　份	基　肥				追　肥
		豆　饼	人　粪	麻饼/复合	尿　素	尿　素
白菜	1983	100			50	
	1984	55			15	30
	1985	50	100			20
	1986		175			40
	1987	25	250			32.5
萝卜	1983			85	15	5
	1984	55			15	35
	1985	50	100			20
	1986	150			5	
	1987		250		5	
茄子	1983					
	1984	175		60	35	
	1985	100		35		15
	1986	100	100			10
	1987	50	125	50		10
黄瓜	1983					
	1984	150		60	35	
	1985	100	150	5		7.5
	1986	100				30
	1987	50	125	50		10
蕃茄	1983					
	1984	150		60	35	15
	1985	100		35		
	1986	100	100			30
	1987	50	125	50		10
辣椒	1983					
	1984	150		60		35
	1985	100	150	5		7.5
	1986	100				30
	1987	50	125	50		10

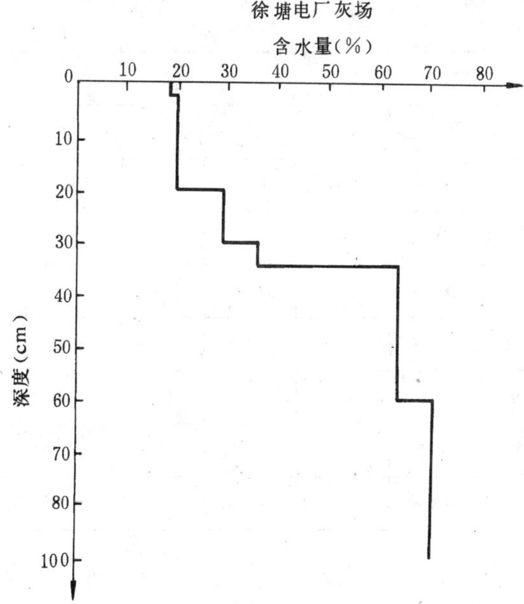

图 8-3　徐塘电厂灰田含水量曲线图

4. 灰田水分

灌水量的多少，对农作物的生长和产量影响极大。由对粉煤灰田的测定结果可知，其渗漏速度为 6.48mm/min，比粘质土壤渗漏大几倍。

徐塘电厂灰田（坑口式灰场）测定田间持水量为 62.6%，并对 0～100cm 灰层按不同层深测出含水量，如图 8-3 所示。

从图 8-3 可知，灰田在 0～10cm 深含水量为 18%～19.2%，20cm 深含水量为 28%，30cm 深含水量为 35%，但到 40cm 深时含水量可达到 63%，60cm 和 70cm 深含水量基本稳定，为 70%左右。坑口式灰场底部灰水一般不易排出，往往与地表水相连，这和堆高式（即山谷式）灰场相差很大。所以必须针对不同类型灰场和种植作物需水要求，采取相应灌水定额，灰田浇水应避免漫灌，防止肥水流失。

在夏季，灰田受高温、日照时间长等因素的影响，其水分蒸发量较大。据测定，在夏季中午，0～2cm 灰田深地温比对照土壤高 3～6℃，水分蒸发量高达 80%左右，所以要补充水分。在灌水时不宜过量，要采取多次适量浇水。灰田含水量可控制在：0～5cm 深为 20%～25%，10～20cm 深为 25%～40%，20～40cm 深为 40%～50%较为适宜。

5. 灰田地温

灰田的温度受季节和日照等因素的影响变化较大，见表 8-13。由此可见，在夏季下午 14 时，灰田 5cm 深处地温比土壤平均高 7.3℃；但在凌晨 2 时灰田地温与土壤地温差异不太大。

表 8-13　灰田与对照田地温测定表

季节	处理	层深							
		5cm				10cm			
		2 时	8 时	14 时	20 时	2 时	8 时	14 时	20 时
夏季	灰田	253	246.8	307.6	292.5	261.8	253.4	296.5	295.4
	对照田	252.5	245.5	300.3	277.9	261.5	249.5	293	283.8
	灰田比对照田值	+0.5	+1.3	+7.3	+14.6	+0.3	+3.9	+3.5	+11.6
冬季	灰田	-0.2	5.3	12.2	9.2	10.6	14.5	15.2	16.6
	对照田	2.9	4.9	19.2	13.1	12.5	15.2	19.4	21.2
	灰田比对照田值	-3.1	+0.4	-7	-3.9	-1.9	-0.7	-4.2	-4.6

续表

季节	处理	层深							
		15cm				20cm			
		2时	8时	14时	20时	2时	8时	14时	20时
夏季	灰田	268.2	261.4	274.7	288.3	270.7	264.3	269.9	283.3
	对照田	264.4	261.1	275.9	281.5	268.7	264.8	273.7	280.6
	灰田比对照土值	+3.8	+0.3	-1.2	+6.8	+2	-0.5	-3.8	+2.7
冬季	灰田	22.1	24.3	24.9	24.9	24.7	28	28.8	30.6
	对照田	21.2	22.9	23.9	26.7	25.7	26.6	27.3	29.6
	灰田比对照土值	+0.9	+1.4	+1	-1.8	-1	+1.4	+1.5	+1

注 地温测定为10d积温。

6. 灰田pH值

灰田的pH值对蔬菜生长影响较大，据徐塘电厂测定，干灰pH值为10~12，湿灰pH值为8.5~10.5，已经储满的老灰场的pH值一般在8.5左右。粉煤灰的pH值高低，主要受燃煤品种、除尘器类型等的影响。pH值较高的新灰场不宜种植蔬菜、粮食等作物；但可以种植一些耐碱作物。有的电厂为解决灰场环保问题，在灰场运行中（即将储满灰时）充分利用灰水可以插种一些柳树（枝）之类树种，其成活率在85%以上。新灰场贮满后，若要种植蔬菜、粮食、经济作物，则必须使pH值下降到9以下。不同类型灰场pH值的变化差异较大，见图8-4。图8-4测定结果表明，徐塘电厂坑口式灰场0~10cm层深，pH值为8.2，40cm层深，pH值为9.7；50cm层深，pH值为10.5~10.7；50cm以下，pH值基本稳定在10.7左右。韩庄电厂堆高式灰场，0~10cm层深，pH值为8~8.1；40cm层深，pH值为9.05；50cm层深，pH值为9.1~9.15；50cm以下，pH值基本稳定在9.15左右。

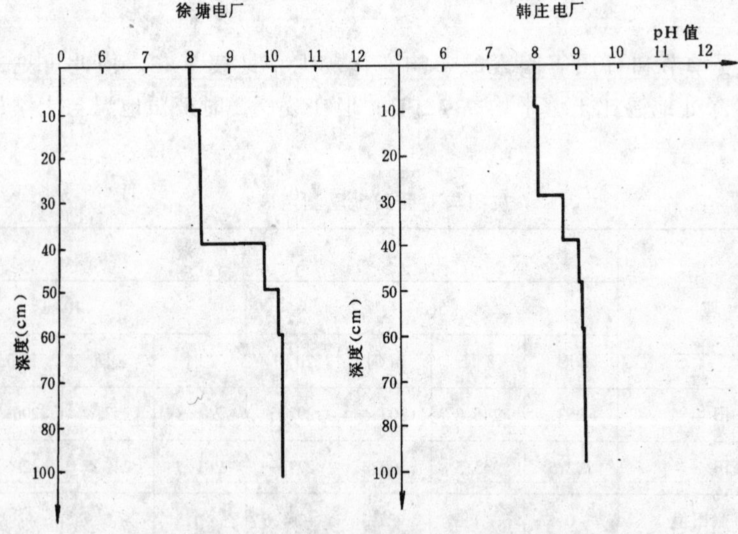

图8-4 不同类型灰场pH值测试情况

坑口式灰场pH值较高，主要是底部灰水不易排出，并随水分高低而变化。堆高式灰场比地平面高出4~8m，灰水从底部和溢水口排出，同时灰场经多年的雨雪冲洗，其pH值逐渐下降。所以对不同类型灰场，田间管理应分别对待。

7. 病虫害的防治

灰田种植蔬菜常见病一般有霜霉病、软腐病、叶霉病、早晚疫病及蚜虫、菜青虫、钻心虫病害，如不加防治，势必影响作物的生长和产量，有关灰田病虫害的防治见表8-14。

表8-14　灰田种植蔬菜病虫害防治方法

品种	年份	病虫种类	使用药剂	使用量及浓度	施药次数	效果
白菜	1983~1987	菜青虫、钻心虫	80%敌百虫,50%多菌灵	50kg/亩,1000倍	2	消灭
		蚜虫	20%速灭杀丁	75kg/亩,4000倍	2	消灭
		软腐病	30%新型杀菌剂	50kg/亩	3	有效
		霜霉病	48%甲霜灵	25kg/亩,500倍	2	有效
萝卜	1983~1987	蚜虫	20%速灭杀丁	50kg/亩,400倍	2	消灭
		菜青虫	20%速灭杀丁	50kg/亩,400倍	1	消灭
		菜螟	90%敌百虫	50kg/亩,1500倍	2	消灭
		霜霉病	48%甲霜灵	50kg/亩,500倍	1	有效
黄瓜	1984~1987	蚜虫	20%速灭杀丁	50kg/亩,200倍	3	消灭
		霜霉病	58%甲霜灵	75kg/亩,500倍	2	有效
蕃茄	1983~1987	早疫病	波尔多液	50kg/亩 1:1:300	2	不明显
			疫霜凌、多菌灵混合	50kg/亩,1000倍	1	有效
			硫酸铜	4%涂茎病	4	有效
		叶霉病	甲基托布津、多菌灵混合用	50kg/亩,1000倍	2	有效
		蚜虫	乐果	50kg/亩,1500倍	1	消灭
		晚疫病	波尔多液	75kg/亩,1:1:200	1	有效
茄子	1983~1987	褐斑病	波尔多液	50kg/亩,200倍	2	有效
			甲基托布津、多菌灵混合用	50kg/亩,1500倍	1	有效
		蚜虫(红蜘蛛)	5%敌敌畏	50kg/亩,1500倍	1	有效
辣椒	1983~1987	蚜虫	5%敌敌畏	50kg/亩,2500倍	1	消灭
		炭疽病	波尔多液	50kg/亩,1:1:200	1	有效
			甲基托布津、多菌灵混合用	50kg/亩,1000倍	1	有效
		三落病	10%双效灵	50kg/亩,200倍	1	有效

注　上表介绍的病虫害防治方法，系20世纪80年代末90年代初编写，其中不少属剧毒药，如敌敌畏等，已禁止使用。

（三）灰田种植部分作物品质的分析

由于灰田中的钾、铁等微量元素略高于土壤对照田，所以种植的白菜、蕃茄、萝卜、黄瓜等作物的果实均比土壤田的果实鲜艳，糖分亦高。仅以蕃茄为例：灰田的果实总糖为14.92%，土壤田的果实总糖为13.23%，由此可见两者有差异，其他成分见表8-15。

表 8-15 灰田种植部分蔬菜品质的分析

品种	处理	总糖（%）	V_{B1}（mg/100g）	V_{B2}（mg/100g）	V_C（mg/100g）	K（mg/kg）	可溶性固形物（%）	含水量（%）	Ca（mg/100g）	P（mg/100g）	茄红素（mg/100g）
白菜	灰田	14.7	0.034	0.044	8.04	25.02	5.14	94.09	34.61	34.15	
	土壤						4.6	94.67	33	42	
萝卜	灰田	2.05	0.046	0.014	18.6	21.18	4.89	95.01	51.16	28.19	
	土壤						5.6	94.20	61	28	
蕃茄	灰田	14.92	0.045	0.023	15.78	46.45	4.8	94.9	11.92	23.25	3.88
	土壤	13.23						96	8	37	
黄瓜	灰田	2.04	0.015	0.032	5.747	23.77	4.6	95.44	24.72	19.07	
	土壤							96	25	37	

二、灰场纯灰上种植粮食、油料作物

徐塘、韩庄、邵武、梅溪、太原二电厂等电厂在灰田种植玉米、小麦、山芋、黄豆、油菜籽等粮食油料作物获得成功。

（一）灰田种植粮食、油料作物产量

韩庄、梅溪电厂在灰田种植小麦、油菜籽等粮食、油料作物，其产量比较见表8-16。一般都比对照土壤田有所增长，特别是几年后，随着灰田的熟化，产量增产更多一点。

表 8-16 灰田种植粮食、油料作物产量表 （kg/亩）

品种	处理	1983年	1984年	1985年	1986年	1987年
小麦	灰田	242	277	255	275	300
	土壤	225	225	200	225	235
玉米	灰田	195	175	150	190	200
	土壤	200	175	130	175	175
山芋	灰田	2000	2450	1754	2400	2500
	土壤	2000	2000	2000	2000	2000
黄豆	灰田	85	100	90	120	125
	土壤	100	90	75	95	100
油菜籽	灰田	115	115	115	115～134	115～134
	土壤	78	78	78	78～126	78～126

（二）粮食、油料作物栽培技术

1. 施肥

根据北京大学《肥料手册》所列，粮食、油料作物在生长中所吸收的氮、磷、钾肥数量见表8-17。

考虑到粉煤灰缺少有机质和氮肥，虽有少量的磷、钾肥，但不能满足作物需肥的要求，所以在灰田种植作物必须施一定量的基肥，并按各种作物的不同生育期进行追肥。

表8-17 几种作物吸收养分数量表 (kg)

品种	50kg产量吸收养分的数量		
	N	P_2O_5	K_2O
小麦	1.5	5	1.25
玉米	1.3	0.43	1.07
山芋	0.18	0.09	0.28
黄豆	3.6	0.9	2
油菜籽	5.05	1.75	4.7

2. 灰田养分状况

在种植作物前，应了解灰田养分的本底状况，然后按种植作物的需肥要求施加各种肥料，以获取高产，见表8-18和表8-19。

表8-18 灰田对照土壤养分情况

处理	有机质(%)	全氮(%)	全磷(%)	有效磷(mg/kg)	有效钾(mg/kg)
灰田	0	0.049~0.064	0.052~0.23	15.18~91.2	33~42.2
对照土壤	0.766	0.226~0.927	0.104~0.24	3.1~8.45	86~114.4

表8-19 灰田施肥情况 (kg/亩)

品种	年份	有机肥	氮肥	追加肥（氮肥）	磷酸二氰钾	备注
小麦	1983~1984	75	20	10		有机性人粪
	1985~1987	200	15	10		有机性畜类杂肥
玉米	1983~1984	200		7.5		有机性畜类杂肥
	1985~1987	300		7.5		有机性杂肥
山芋	1983~1984	75		20		有机性人粪
	1985~1987	300				有机性杂肥
黄豆	1983~1984	125	15	10		有机性复合肥
	1985~1987	300		10		有机性杂肥
油菜籽	1986~1987	2000		8.3	32	有机性人粪尿

由于对灰田不断施肥，其肥力逐年提高，作物产量不断增加。韩庄电厂在灰田所做的施肥和不施肥的试验，结果差异显著，见表8-20。

表 8-20 灰田种植小麦效果

处　理	根长(cm)	根色	株高(cm)	穗长(cm)	每穗粒数	备　注
未施肥	12	黑灰	30	1.5	6	亩产 5kg
杂肥 1000kg,追肥尿素 7.5kg	20	黑灰	76	6.5	35	亩产 120kg

3. 灰田浇水

灰田种植作物的前提就是水，浇水量对作物的生长和产量影响极大。浇水次数和水量还要视灰场的类型而定，坑口、河道、湖边灰场和山谷堆高式灰场差异很大。

韩庄电厂灰场水分分布情况见图 8-5。

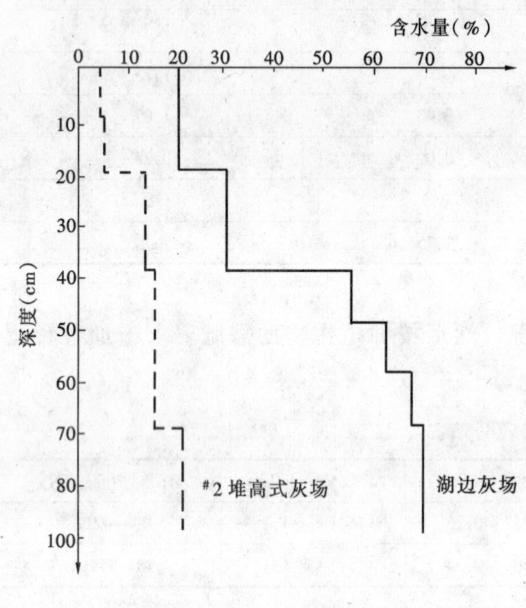

图 8-5　韩庄电厂灰场水分分布情况

三、灰场纯灰上种植西瓜、葡萄

1985 年邵武电厂的 180 亩灰场，由当地农民在灰田上种植粮食、蔬菜等作物，均获得一定的产量。电厂在 1986 年又在灰田上种植了葡萄、西瓜，也获得成功。

（一）与当地农田种植葡萄、西瓜产量比较

在灰田种植葡萄、西瓜可获得一定的产量，但都不如当地农田那么高，具体产量见表 8-21。

表 8-21　葡萄、西瓜产量表　(kg/亩)

品　种	灰田		当地农田	
	1986 年	1987 年	1986 年	1987 年
葡　萄		274.7	155	375
西　瓜	1332.5	1905	3870	2800

1. 葡萄产量

经对康贝尔、巨峰、白香蕉、北醇、浙农一号五个品种进行对比，试验结果如下：康贝尔最好，成活率为 60.8%，长势旺，抗病性强，分枝多，根系发达，主根长约 4.5m，侧根长 3.9m，根条横向分布，直径 2.5m，适应性强，结果率高，比其他品种早熟九天以上，单株产量达 2.74kg，亩产达 274.7kg（第一年结果的产量），低于对照农田亩产量 375kg；白香蕉未成活；巨峰、浙农一号、北醇成活率为 30%～40%，抗病性能较差，适应性不强，尤其巨峰品种要求温差大、湿度小，巨峰适应北方气候，而在南方就较差。从生物性状分析可以看出各品种的差异（见表 8-22 和表 8-23）。

表 8-22　几种葡萄生育期情况比较

处　理	品种名称	萌芽期开始(月-日)	开花期开始(月-日)	果实生长期开始(月-日)	果实成熟(月-日)	从萌芽到果实完全成熟(d)	新梢开始成熟期(月-日)
灰　田	康贝尔	3-18	4-21	4-30	7-2	106	8-21
灰　田	巨　峰	3-18	4-20	4-30	7-12	116	8-23
灰　田	浙农一号	3-12	4-19	4-30	7-15	124	8-23

续表

处理	品种名称	萌芽期开始（月-日）	开花期开始（月-日）	果实生长期开始（月-日）	果实成熟（月-日）	从萌芽到果实完全成熟（d）	新梢开始成熟期（月-日）
灰田	北醇	3-12	4-20	4-30	8-8	149	9-1
农田	康贝尔	3-21	4-23	5-3	7-14	115	8-20

表 8-23 葡萄性状

品名	生长情况				结果情况							果实品质		
	长势	多枝力	叶片大小	抗病性	株果平穗均数结	株果最穗多数结	果穗长（cm）	果型	穗型	穗果平粒均数结	穗果最粒多数	成熟果色	果实味道	果粒大小
康贝尔	较旺	多	中	较强	160	280	8-14	近圆形	圆锥形	26	30	紫红色	甜草酸莓带香	大
北醇	一般	较多	小	一般	83	100	12-20	圆形	圆锥形	106	117	黑紫色	酸甜	小
浙农一号	一般	较多	大	一般	74	96	10-20	圆形	圆锥形	38	40	黑紫色	酸甜	中
巨峰	差	中	大	弱	10	13	10-20	椭圆形	圆锥形	16	19	紫红色	甘带甜草多莓水香	中

2. 西瓜产量

灰田种植的西瓜选用了耐旱、抗碱、早熟的品种“建杂一号”并获得成功，当年亩产为1905kg，对照土壤田亩产2800kg。由于粉煤灰中含有多种微量元素，灰田产的西瓜品质优于土壤，其中含糖量亦比土壤田产的西瓜的含糖量高10%～15%，颜色鲜艳，瓤红又沙。

（二）主要栽培技术

1. 施肥、浇水

种植西瓜、葡萄可先行育苗，移栽时株苗根系应采取带土方法以提高成活率。根据灰田养分状况和需肥要求，必须施足基肥（表8-24）和一定量的水分。尤其是在夏季，温度高，地表蒸发量大，极易失水，所以要经常浇水。经对灰田测试，当含水量在11.3%时按照持水性能测定为15Pa，就相当于凋萎系数，按试验结果，灰田在0～5cm层的含水量应保持在18%～22%为宜。

2. 防止灰田板结

由于粉煤灰中的SiO_2、Al_2O_3、CaO的含量约占80%以上，而且灰场的粉煤灰又是以水冲排放，其灰水比为1∶10～1∶20，灰水温度为28～32℃，灰场上人行车往，灰颗粒之间受到一定的压力，其孔隙度变小，密实度增大，极易使灰场板结。有的灰田板结后，其抗压强度为26kPa。这样必然影响作物正常发育、生长，所以应经常对灰田进行疏松，以防板结。

3. 灰田种植前后养分状况

灰田先天性缺少氮、磷、钾等营养成分，将影响作物的产量。为获得较好的产量，首先应摸清灰田本底养分的含量，再根据种植的作物，合理进行施肥（见表8-24）。

表8-24 灰田养分测试情况表

处理	全氮（%）	全磷（%）	全钾（%）	速效磷（mg/kg）	速效钾（mg/kg）
干灰	0	0.0534	1.68	129.1	80.5
种植前灰田	0.0856	0.0468	1.58	18.4	12.8
种植后灰田	0.115	0.0525	1.68	36.9	30.9
土壤	0.212	0.0449	1.82	22.2	40.2

四、灰场纯灰上种植小冠花

小冠花（Coronillavavil）又名多变小冠花，为豆科、多年生草本植物，原产欧洲，主要分布在地中海沿岸地区、欧洲中、南、北部，后逐步向亚洲南部、非洲北部和美国、加拿大等地区扩展。秦岭发电厂从江苏省农业科学研究院引进小冠花根蘖苗，在灰田试种成功，取得了明显的社会、经济、环境效益。

1. 小冠花的栽培技术

在灰田上采用种子直播、根苗移栽（根植）、基杆扦插（插茎）三种方式，在加强管理的情况下都能成活生长。根苗移栽成活率高，生长发育快，亩产鲜草达1666.8kg，比直播的多产733.4kg，高出44%，种子直播苗期生长缓慢，植株较弱。试验证明，对照土壤田种植小冠花比灰田的生长好，覆盖面大，产草量高，见表8-25。

表8-25 灰场田及土壤种植小冠花生物性状分析

处理	种植方式	株自然高（cm）	茎长（cm）	茎径（cm）	茎杆（条）	分枝（个）	枝有叶（片）	叶长（cm）	叶宽（cm）	主根长（cm）	主根粗（cm）	侧根（条）	侧根长（cm）	侧根粗（cm）	根瘤（个）	产鲜草（kg/亩）
粉煤灰田	直播	18	46	0.3	3	28	23	1.1	0.43	46.7	0.7	16	37.6	0.29	69	933.4
	根植	20	133.7	0.3	16.2	51.2	21	1.3	0.61	34.0	0.99	37.8	49.7	0.41	1559.4	1666.8
对照土壤	直播	23.6	99.0	0.33	20	13	17	2.3	1.23	60	0.8	18	45	0.3	133	3519.0
	插茎	38.5	92.2	0.67	9.3	34	17	2.12	0.67	15.3	0.94	9.3	56.2	0.53	1845.7	3044.7
	根植	46.0	144.2	0.5	19.8	80	23.5	2.25	1.08	14.2	1.21	10.8	62.0	0.42	889.6	4398.0

注 当年灰田：根蘖芽为32支，结籽6.1kg/亩，覆盖率63.2%。

对照土壤田：根蘖芽为40支，覆盖率100%。

按不同小区处理试验结果见表8-26。

表 8-26　灰场小区试验情况

A^*	B^{**}	C^{***}
成活 130 株	成活 1 株	成活 24 株
C	A	B
成活 24 株	成活 70 株	全部死亡
B	C	A
成活 2 株	成活 24 株	成活 50 株
C	A	B
成活 24 株	成活 30 株	全部死亡

注　*　直播，每小区为 26 穴（每穴 20 粒种子）。
　**　根植，每小区为 24 株。
　***　插茎，每小区为 24 株。

小区直播成活率为 53.8%，插茎成活率为 3.1%，根植成活率为 100%，小冠花插茎成活率最低，主要受气温高的影响。在夏季气温高，光照时间长，灰田在 0～3cm 层温度比土壤同层高 3～6℃，茎苗插入灰田后，受高温影响，吸水量少，茎根不易生根造成死亡。直播出苗率达 95% 以上，但幼苗根系较小，受高温的影响，一部分植株死亡。唯有根植栽入灰田 15cm 以下，温度、水分比较适宜，成活率较高。

2. 灰场覆土种植小冠花

灰场上采用覆土 5cm、10cm、50cm 和纯灰上种植小冠花。试验结果表明覆土比纯灰种植效果好，覆土 10cm 为最佳。覆土种植小冠花见表 8-27。

表 8-27　粉煤灰不同覆土厚度小冠花生长情况

项目 处理	株高(cm)		分枝 (个/株)	根蘖苗 (个/株)	草层厚 (cm)	覆盖率 (%)	产草量 (kg/亩)
	自然高	单株高					
覆土　5cm	46.5	149.6	221.2	294.6	35.5	75	8980.4
覆土　10cm	70.0	188.8	68.6	241.6	46.2	100	12000
覆土　50cm	71.0	213.2	23.0	40.0	63.5	100	8096
纯灰田	7.0	42.8	106.8	152.8		35.8	3000

试验结果表明，灰场纯灰上种植的小冠花长势都比覆土种植的差。纯灰上种植小冠花，随着种植时间的延长，灰田逐步熟化，当灰田达到一定的肥力，微生物活性近似土壤，其产量将会进一步提高。

3. 小冠花品质

苜蓿是公认的最好的牧草之一，而小冠花成分和苜蓿十分相近，两者成分比较见表8-28。

表 8-28　小冠花和苜蓿成分比较

项目	小冠花	苜蓿	备注
水分(%)	81.20	79.99	
粗蛋白质(%)	22.04	21.04	占干物
粗脂肪(%)	1.68	4.45	占干物
粗纤维素(%)	32.38	31.28	占干物
无氮浸出物(%)	34.08	34.38	占干物
粗灰分(%)	9.66	8.84	占干物
钙(%)	1.63	0.78	占干物
磷(%)	0.24	0.21	占干物
胡萝卜素(mg/kg)	76	110	
消化率(%)	78	71	

从表 8-28 可以看出，小冠花的营养成分和苜蓿比较近。在试验中观察到小冠花早期较嫩，牛羊喜欢吃，吃后牛羊产奶多，长肉快。但小冠花盛期后（即开花结籽期），牛羊就不喜欢吃了，其原因是小冠花粗纤维较多，所以必须割后晒干，粉碎后再喂牛羊，效果才好。

4. 小冠花对净化环境的效果

利用小冠花覆盖灰场可以净化环境，防止二次污染。据环保部门测定，秦岭发电厂周围地区空气中粉尘微粒总浓度达 1.5～3.0mg/m^3，而种植小冠花区，在同等条件下，空气中粉尘浓度日平均仅为 0.7mg/m^3，比灰场无覆盖区低 0.8～2.3mg/m^3。秦岭电厂正常生产情况下，日燃煤 7000～10000t，致使该地区空气中的 SO_2 浓度增高，按测定五日空气平均 SO_2 浓度达 0.164mg/m^3，同时测定小冠花覆盖区 SO_2 浓度为 0.04mg/m^3。

小冠花覆盖区还可以降低地表温度，改变小气候，据 1984 年 8 月测定，灰场无覆盖温度高达 63℃，而小冠花覆盖区为 36.5℃，同时覆盖区湿度虽较高，但无粉尘飞扬。小冠花叶色鲜绿，叶面干净，茎上无斑点。

五、灰场纯灰上种植树木、牧草

我国有些发电厂分布在华北、西北等地，气候条件差，风大、降雨量少，土地干旱。有的电厂利用山谷筑坝作为灰场。这种堆高式灰场极易漏水、漏肥。在这少水、缺肥的灰场上种植农作物要想获得高产，困难更大。但为防止灰场细灰飞扬污染环境，可以种植一些树木、牧草。莱芜、马头、太原、淮北、徐州等电厂在灰场纯灰上种植了树木、红白荆条、牧草，山西农科院用盆栽筛选优质牧草等都获得成功。

1. 莱芜电厂林木种植、生长情况

莱芜电厂灰场为山谷堆高式灰场，面积 300 亩，缺乏水源，他们利用灰水种植了柳树、紫穗槐、刺槐、苜蓿、沙打旺牧草，收效显著（见表 8-29、表 8-30），成活率一般在 80%以上。每株树茎粗为 15～20cm，可以覆盖 1m^2 灰场面积。

表 8-29　　林木种植情况

项目 \ 年份		1984	1985	1986	1987	1988
柳树	树　龄(年)	2	1*	1	1	
	种植株数(株)	1100	1450	4000	6000	0
刺槐	树　龄(年)	2	3	2	3	3
	种植株数(株)	800	800	6000	10500	35000
紫穗槐	种植株数(株)	3000	0	1500	10000	0
合计(株)		4900	2250	11500	26500	35000
平均每亩(株)		296	296	296	296	296
成活率(%)		80	87	89	90	75**

注　*　将一年生柳条剪成 50～60cm 长，扦插深度为 30cm，插后踏实浇水。

**　1988 年严重干旱，刺槐扦插成活率低。

表 8-30　　林木生长情况

项　目	4年生		3年生		2年生		1年生	
	刺槐	柳树	刺槐	柳树	刺槐	柳树	刺槐	柳树
树　高(m)	5.3	5.6	4.91	4.2	3.9	3.19	2.61	1.7
树　冠(m)	4.16	3.91	3.84	3.25	3.2	2.77	1.62	1.13
1.2m处树干直径(cm)	12.1	9.2	6.4	6.64	6.16	4.9	3.3	1.49

莱芜电厂在灰场种植林木采取的栽培措施有：

(1) 树木种植采取乔灌结合。刺槐中间种植紫穗槐，树行距、株距为 2×3m，紫穗槐为 1m。在树木未形成较好覆盖面时，树间应种植苜蓿草加以覆盖，以防细灰飞扬。柳树、刺槐、紫穗槐带根幼苗移栽，柳树亦可采用扦插，采用茎径 1～2cm，长度 50cm 的枝条，插入灰中 30～40cm。地表外露 10cm。带根树苗挖 40～50cm 深的坑栽入。

(2) 树苗在种植前应施一定量有机肥作为基肥。在春天和入冬前每株树可施尿素 10～15g；对当年栽的树可在 6～7 月追施一次尿素，每株为 10～15g。

(3) 树草在种植前必须测定灰田含水量。要求 0～20cm 层深水分为 30%左右。如果水分低于此值，应在种植前先浇水一次。如无水源可以引用灰水。一般浇水后第二天测定含水量达到要求即可种植。

2. 马头发电厂在灰场种植荆条情况

荆条为多年生灌木、耐旱、耐贫脊，外形似柳树枝条，叶子细长。生长过程中茎基部极易分枝形成灌木丛，花为紫色。当年秋季收割后，第二年春天基部萌芽生长。荆条的枝条可用于编制箩筐或用于填充煤矿坑木缝隙。马头发电厂在 30 亩灰场种植荆条获得成功，荆条生长情况见表 8-31。

表 8-31　　荆条生长情况（1987 年）

时　间	5月12日	6月2日	6月15日	7月2日	7月18日	9月15日	10月6日	11月13日
株高(cm)	24	40	50.5	74.4	88	100	110	157
分枝(个)	3.4	3.3	3.7	3.8	4.0	4.25	4.25	4.25

由表 8-31 可知，荆条生长迅速，萌芽 15d 后即长出小叶。生长前期分枝迅速，中期长势旺盛。平均月增高 25cm 左右。11 月 13 日收割时，株高达 157cm，平均月分蘖 4.25 个，茎径 1.2cm，单株鲜重为 210g，干重为 130g。亩产达 2000kg。

马头电厂在灰场种植荆条采取的栽培措施有：

(1) 荆条的扦插时间以春天和秋末为宜。扦插前将灰地表面洒透水一次，然后将一年生荆条剪成约 15cm 长的插条，插入灰地的一端剪成斜面，深度约 7～8cm。采用筑垅扦插白荆条，行距为 1.5m，株距为 10cm，红荆条行距为 2m，株距为 10cm。3 月底扦插，4 月 12 日出芽，4 月 28 日出叶，成活率为 92%。

(2) 荆条为灌木类木草植物。由于灰田缺少肥料，为使荆条正常生长，对带根系的荆条枝在种植前先施有机肥的基肥。荆条枝扦插后，应在根部施用有机肥，每亩约 250kg。

3. 灰田种植牧草优质筛选

山西省农科院土壤肥料研究所用盆栽（共计340盆）试验优选适合灰田种植的牧草，其主要品种选定：紫花苜蓿（紫义黄，杂种，雷西斯，公农1、2号，大叶，芮城）、白花草木栖（白牧1、2号）、黄花草木栖、红豆草、三叶草、小冠花、紫穗槐、高羊茅草、碱茅、野大麦、梅麻、田菁、沙打旺、苋菜等23个品种，经试验筛选出高羊茅草、苜蓿、小冠花、紫穗槐等九个速生优质牧草。这些牧草对粉煤灰有较强的适应性并且长势好。一般在七天后几乎全部出苗，而且苗壮、苗齐、颜色纯正，保苗率达90%，而其中苜蓿、苋菜等的保苗率只有50%～70%。两年和多年生的牧草都具有很强的抗逆性，在灰田能顺利越冬，来年返青快，生长好，鲜草产量高。粉煤灰中牧草生长速度和产量见表8-32。

表8-32 粉煤灰中牧草生长速度和产量

序号	牧草名称	株高（cm）				生长速率(cm/d)		产量(g/盆)		
		7月28日	8月18日	9月1日	9月25日	生长速率	顺序	鲜草	籽实	顺序
1	红豆草	21.0	39.4	57.6	58.0	0.62	8	475	16	1
2	白花草木栖-1	19.3	34.8	60.8	71.8	0.88	4	456		2
3	白花草木栖-2	25.5	46.0	95.5	100.5	1.33	1	362.5		3
4	苋　菜	23.8	45.0	57.2	69.6	0.76	6	240	26	4
5	白牧1号	5	7.3	65.5	77.5	1.2	2	235		5
6	白牧2号	19.0	30.5	47.3	51.0	0.53	12	231.3		6
7	大叶苜蓿(紫花)	7.0	28.2	50.4	60.2	0.96	3	220		7
8	高羊茅草	12	20.5	41.3	42.0	0.50	13	155		8
9	紫花苜蓿	14.6	23.2	37.2	49.8	0.58	10	145		9
10	紫义黄苜蓿	14.3	24.0	35.7	43.3	0.48	14	133.3		10
11	公农2号	17.0	25.0	45.0	54.0	0.62	9	125		11
12	杂种苜蓿	10.5	21.5	41.0	44.0	0.55	11	87.5		12
13	田　菁	4.3	7.3	17.5	28.3	0.40	16	55		14
14	梅　麻	9.0	18.0	31.7	60.0	0.85	5	26.7		16
15	碱　茅	33.3	48.3	50.7	51.3	0.30	18	25.3		17
16	沙打旺	12.2	16.7	30.0	37.6	0.42	15	39.5		15
17	紫穗槐	13.1	19.5	28.8	33.3	0.34	17	—		
18	小冠花	11.3	18.8	34.7	50.7	0.67	7	73.3		13

牧草栽培技术及其生物学特性详见表8-33。

表8-33 优良牧草生物学特性及栽培技术要点

项目 名称	生物学特性	栽培技术	备　注
1. 苋　菜 （苋科苋属）	野生苋或栽培苋有粗而长的主根；抗旱性强，适于少雨缺水地区栽培；生长力强，能抑制杂草竞争；苋叶宽大而直立；生长迅速；幼苗分枝强；是喜高温、长光照作物；耐碱，在含碱量为0.03%的土壤中可以正常生长；耐瘠薄，适应性广	播期：在太原地区为5月中旬。播种深度：1～1.5cm，不宜过深。播种量：每亩100g即可。播时应和沙混在一起，亩留苗6000～20000株。产籽量：40～150kg/亩。产草量：2500～5000kg/亩	

续表

项　目 名　称	生物学特性	栽培技术	备　注
2. 苇状羊茅（禾本科多年生草本）	适于降雨量为450mm，海拔1500m以下，温暖湿润地区栽培；耐寒、耐旱、耐湿；不耐盐碱，耐pH值为4.7～9.5的酸性土壤，生长茂盛，适宜的pH值为5.2～6.0	播期：春秋两季，秋季不宜过迟，过迟影响越冬。播种量：每亩0.75～1.25kg，条播行距30cm。播深：2～3cm。北京地区亩产鲜草2000～3000kg，产籽量：25～35kg/亩	苇状羊茅与高羊茅草特性相似，故用此材料作为参考资料
3. 碱　茅（多年生禾本科）	碱茅适应性强，喜湿润和盐浸性土壤；耐寒、耐旱、耐碱；在青海省海拔3700m的高寒牧区，当气温达－36℃时，仍能安全过冬。在土壤pH＝8.8时，生长发育良好，是改造盐碱地的优良牧草。碱茅分蘖强，一般分蘖24～46个，水肥条件好，株重可达50kg	播期：种子细小，要求精细整地，在土壤水分适宜时，以春播为好，春旱严重则可夏播或早秋播，秋播不宜太晚，以免影响越冬。播种量：0.25～0.5kg/亩，行距：15～30cm，播深：1～2cm 播后稍压平，如和冰草混播为好	
4. 红豆草（豆科多年生）	根系发达，对土壤要求不严，抗旱性强，每亩产草量为500kg左右，抗寒性较弱。在－20℃以下，没有积雪地区不易安全越冬。适宜沙性或微碱性土壤。籽粒大，易出苗，生长健壮，易抓全苗，不易被风打死，一般生长6～7a，以第2～4a产草量最高，根系中根，瘤菌较多，改良土壤效果好	播期：北方春播，南方秋播，但不能迟于8月，以利安全越冬，播种量：3～4kg/亩，行距：30～40cm，播深：3～4cm。亩产鲜草300～1000kg（北京地区），年降水量800mm的地区最好进行灌溉。制青饲料在蕾期，开花期收割，制干饲料可在盛花期收割，每茬高5～7cm	播前用有机肥，适当施磷、钾肥，酸性土壤应增施石灰
5. 白花草木栖（豆科二年生）	适应性很强，抗盐碱能力强，适宜pH值为7～9范围内土壤栽培；具有较强的耐寒能力，一般日平均地温3.1～6.5℃即可开始萌动，可耐－30℃的低温，生育期120d	播期：一年四季均可，春播可在早春。播种量：1～1.5kg/亩，条播行距：20～30cm，播深：2～3cm，每亩可产青草1250kg左右，宜在现蕾前收割	冬播应在地面结冻前下种，由于种子硬实率高，播前需进行种子处理，应注意增施磷、钾肥
6. 黄花草木栖（豆科二年生）	适于在干燥的气候条件下生长；对土壤要求不高，抗盐碱能力强，在含氯盐0.2%～0.3%土壤上能正常发育；耐瘠薄，在瘠土上比紫花苜蓿生长旺盛，根系发达；抗旱、抗寒性较强，特别是抗逆性优于白花草木栖。一年生，可当年开花结果；二年生当年只长叶茎，不能开花结果，第二年经过越冬，7月开花，8月种子成熟	黄花草木栖的栽培技术同白花草木栖	黄花草木栖是异花授粉
7. 紫花苜蓿（豆科多年生）	为虫媒异花授粉，喜温暖半旱气候，日均温度15～20℃，华北地区4～6月生长最好，抗寒性强，耐－20℃；抗旱性强，在年降雨250～800mm，无霜期100d、pH值为6～8的地区种植为宜。喜中性或微碱性土壤、年降雨超过1000mm地区不宜种植	播期：春播，墒情好。干旱和风沙多的地区在雨季播种。播种量：0.75～1.25kg/亩。播深：2～3cm。条播行距30cm，易受杂草侵害和虫害，干旱时灌溉，可大幅度提高产量，最后一茬收割不要太晚，北京地区应在9月25日以前，使冬季再生长到10～15cm	

续表

项目 名称	生物学特性	栽培技术	备注
8. 小冠花(豆科多年生)	根系发达,再生力、生活力都很强,小冠花以根蘖芽潜伏地表下越冬,抗寒性较强,在北京地区可安全越冬,抗寒性与苜蓿相似,对土壤要求不高,在瘠薄土上生长;还适于酸性土壤;在排水良好,pH值为6以上的肥土上生长最好,耐湿性差	种子小,苗期生长慢,要求良好整地,消灭杂草,必须灌一次底墒水,以利出苗。播种期:春、夏、秋。播种量:约0.5kg/亩。条播点播均可。行距:30cm,播深:1~2cm,7~10d出苗。移苗:4~5叶时将幼苗移栽大田,每1~1.5m移1株,每亩约留苗400至600株即可	种子硬实率高达70%~80%,可用浓硫酸滴在种子上,充分搅拌,待20~30min后,用水冲洗干净,可提高发芽率
9. 沙打旺(豆科多年生)	喜温暖气候,在20~25℃下生长最快,适宜年平均8~15℃的地区生长,在0℃以上积温低于36℃地区不能正常开花结果;对气候适应性很强,耐旱、耐寒、耐贫、耐盐碱风沙。在年降雨300mm的地区就可以生长,具有4片叶,可抗御10级大风侵袭,喜栗钙土、沙壤土;在海拔2400m高寒的黄土高原、在内蒙古退化的草原上都能正常生长	播期:可以春、夏、秋或冬前播。在春旱严重地区可以在早春顶凌播,在华北北部和东北可在春末或夏季下过透雨后播,秋播时土壤水分好、杂草少,最有利幼苗生长。也可在冬前播种,不使出苗,寄籽越冬。行距:30cm。播深:1~1.5cm,最深不得超过3cm。播种量:每亩0.25~0.5kg,种子田0.1~0.15kg。不耐涝,播种一次,可连续长4~5a,当年每亩可收青草1000~2000kg,第二年可达1000~3000kg,最高为5000kg。一般亩产种子10~35kg,易遭根腐病、白粉病、蚜虫病,要及时防治	在冬前播
10. 紫穗槐(豆科多年生)	又叫绵槐、穗槐、紫翠槐,是多年生豆科丛生小灌木。株高可达4m,小枝有稀生毛,后部无毛。紫穗槐共有15种,原产北美。在中国有绿肥经济价值的只有一种	浸种:草木灰浸种、尿液浸种、温烫浸种。播种量:3.5~5kg/亩。播深5cm,3~4d出土。播期:4月中旬至5月中旬(谷雨~小满),旱地区也可在雨季播种。移植造林:第一年繁殖苗木,生长到1.3~1.5m高,第二年春起苗移植,华北地区在3月中旬至4月中旬(春分~谷雨前)。直接播种:6月底至7月上旬最为适宜,20d可以出苗,行距1m,播幅5~7.0cm,覆土1.5~3.1cm,不可太厚,8d可以出芽。插条:雨季进行(6月下旬~7月下旬),条子上都留1~2个芽,露出地面3cm	

4. 几种牧草营养成分

经多次试验,从23个牧草品种筛选出来有苋菜、紫花苜蓿、白花草木栖等9个速生优质品种,并对其养分进行测定,详见表8-34。

表 8-34　各种牧草的营养成分　(%)

牧草名称	干物质	粗蛋白质	粗脂肪	粗纤维	无氮浸出物	粗灰粉	钙	磷
苋菜(苋科)	—	14.5	7.5	7.5	—	2.9	—	—
紫花苜蓿(全株)	92.9	19.3	2.8	31.2	31.5	8.1	—	—
苇状羊茅(干)(此草与高羊茅草相似)	100	15.1	1.8	27.1	45.2	10.8	0.66	0.23
白花草木栖	92.63	17.51	3.17	30.55	34.55	7.05	—	—
红豆草	90.7	11.46	1.41	31.73	39.37	7.13	—	—
黄花草木栖	92.68	17.84	2.59	31.38	33.88	6.99	—	—
沙打旺(鲜)	32	4.2	0.6	9.8	15.4	2.0	0.66	0.04
小冠花(鲜)	18.8	4.14	0.35	6.09	6.41	1.81	0.31	0.05
碱　茅	100	16.17	2.52	30.72	44.08	6.51	0.38	0.15

六、不同施肥量对作物产量的影响及灰田培肥

1. 不同施肥量对灰场纯灰上种植作物产量的影响

煤粉中含有少量的磷、钾及多种微量元素，由于煤粉在高温燃烧中大部分碳被氧化分解燃烧，产生热能，剩下粉煤灰的活性有机碳（即有机质）极少，氮素极缺。为使灰场上种植的作物能够正常生长和获得较好收成，必须施加大量有机肥和化肥。

经在灰田小区试验，按不同施肥量种植蔬菜，其结果见表 8-35。

表 8-35　试验小区施肥量　(kg/亩)

名称	A组	B组	C组	D组	E组
饼肥	150	125	100	75	无肥区
尿素	55	45	35	25	

根据灰田小区种植的白菜、菠菜等作物的产量，可见施肥区和无肥区、施肥量多和施肥少的产量差异极为显著。1986 年施肥 A 组和无肥 E 组的白菜产量分别为 5266kg/亩和 296.5kg/亩，相差 4969kg/亩；1987 年菠菜产量分别为 926kg/亩和 177.5kg/亩，相差 748kg/亩。施肥 A 组和 B 组之间白菜、菠菜产量差异不显著。不同施肥量对产量的影响见表 8-36。

表 8-36　不同施肥量对产量的影响

小区	每一处理(kg)				小区平均值(kg)				亩产(kg)				小区施肥(kg)			施肥量(kg/亩)	
	白菜		菠菜	茄子	白菜		菠菜	茄子	白菜		菠菜	茄子	底肥		追加化肥	饼肥(干)	化肥尿素
	1986年	1987年			1986年	1987年			1986年	1987年			饼肥	化肥			
D	215	70	46.75	56.5	43	14	9.35	11.3	3184.5	1037	692.5	837	1.15	0.135	0.205	75	25
C	295.5	65	36	55.1	59.1	23.05	7.6	11	4377.5	966.5	563	814.5	1.35	0.2	0.27	100	35
B	327	87.75	52	67.65	65.4	17.5	10.4	13.55	4844	1299.5	770.5	1003.5	1.70	0.27	0.34	125	45
A	355.5	12.2	62.5	81.2	71.1	24.25	12.5	16.25	5266	1087	926	1203.5	2.05	0.34	0.41	150	55
E	20	7.5	12	37.15	4	1.5	2.4	7.45	296.5	111	177.5	551.5	无肥区				

不同施肥量小区试验，原设计每个小区种植大白菜定株为24株，在生长过程中，无肥E组五个小区都出现缺株，影响后期产量。其主要原因是：①无肥E组区，白菜在生育期由于不能获得所需养分，植株生长不良，显得株小，叶面发黄，表现出明显的缺肥症状。②植株定株后，当地气候仍处高温，中午时气温达38~42℃，而灰田0~2cm层地温比土壤高3~6℃。灰田蒸发量和植株蒸腾量都大，造成植株大量死亡。多次补苗后仍因气候和养分等因素不能保持全苗。③从白菜生物性状分析，无肥E组区均未结球，叶数也较其他区少，所以严重影响产量，各组产量结构见表8-37。

表8-37　小区白菜产量结构分析表

项目 处理	未结球株数	半结球株数	结球株数	总株数	定株		产量(kg)	亩产量(kg)
					株数	成活率(%)		
A区组	49	40	31	120	120	100	355	5266
B区组	51	40	26	117	120	97.5	327	4844
C区组	59	39	22	120	120	100	295	4377.5
D区组	66	12	15	93	120	77.5	215	3184.5
E区组	45			45	120	37.5	20	296.5

表8-37表明：施肥多的小区，种植白菜从抱心到全株，结球较未施肥小区结球期提前七天，而且施肥多的小区成活率和结球率与未施肥小区差异极为显著。

针对白菜不同施肥量的小区试验，通过方差分析可以看出，A组区产量与C、D、E组区的产量差异很大，但与B组区产量差异不显著。除统计采用方差分析以外，又进行了相关分析，其相关系数为0.963，施肥量与产量呈正相关。方差分析及小区产量见表8-38~表8-40。

表8-38　小区白菜产量表　(kg)

处理 重复	A	B	C	D	E	总数
Ⅰ	76.5	74.5	70.5	52.5	5	279
Ⅱ	72.5	69	63.5	42	1	248
Ⅲ	67.5	61	59	14	6.5	208
Ⅳ	66.5	57.5	52.5	46.5	2.5	225.5
Ⅴ	72.5	65	50	60	5	252.5
总数(T)	355.5	327	295.5	215	20	1213
平均(X)	71.1	65.4	59.1	43	4	48.5

表8-39　小区方差分析

变异原因	自由度	平方和	均方	F	$F_{0.05}$	$F_{0.01}$
处理	4	14596	3649	49.31	3.26	5.41
重复	4	589	147			
机误	16	1178	74			
总数	24	16367				

表 8-40　　小区产量均数差异比较表

项　目	产　量	差			异
		xt^{-4}	xt^{-43}	$xt^{-59.1}$	$xt^{-65.4}$
A	71.4	67.1**	28.1**	12*	5.7
B	65.4	61.4**	22.4**	6.3	
C	59.1	55.1**	16.1		
D	43	39**			
E	4				

注　*　显著。

　　**　极显著。

2. 灰田培肥

灰场上的粉煤灰缺少作物所需的养分，而且新灰场储满后其 pH 值一般为 9.5～10.5，经 1～2 年的风化和降雨冲洗后，pH 值可逐渐降到 8.5～9.0。徐塘电厂通过多年试验，在使灰田“熟化”、提高作物产量方面取得了成功的经验。

随着种植时间的增加和采取耕作、施肥、灌溉等田间管理措施，灰田的肥力逐渐提高并接近肥力较高的土壤，这可从种植的蔬菜的产量及灰田养分状况、微生物数量的变化方面证实。不同茬作和产量的变化从表 8-41 看出：灰田不同茬作种植的白菜产量在二茬作时为 4585.8kg/亩，比对照土壤田低 2198.2kg/亩，在四茬作时为 4668.2kg/亩，比对照土壤田低 2115.8kg/亩，五茬作时为 6495.5kg/亩，仍低于对照土壤田 288.4kg/亩，但到六茬作时为 8000kg/亩，高于对照土壤田 1216kg/亩。

不同茬作的产量证明，当灰田连续种植到五茬作时已接近和达到对照土壤的水平，而在六茬作时的产量就超过对照田。

表 8-41　　灰场白菜不同茬作产量

名　称	二茬作	四茬作	五茬作	六茬作	对照田
面积(亩)	0.676	0.85	1.38	0.72	0.15
实际株数	820	992	1872	1440	159
实产(kg)	3100	3968	8964	5760	1017.5
每亩株数	1213	1167	1356	2000	1060
每亩产量(kg)	4585.8	4668.2	6495.6	8000	6784
平均株重(kg)	3.8	4.0	4.8	4.0	6.4
测产亩重(kg)	4427.5	4780.5	7322.5	7440	6784
实际与测产比较(%)	3.5	-0.24	-11.3	+7.5	

注　灰田和对照土壤田施肥量和肥料品种相同的。

(1) 灰田养分变化情况。徐塘电厂在灰场上不同茬作按作物需水要求控制灌水量，据测定，灰田凋萎系数为 25.82%，远远超过粘质土壤 15%左右的凋萎系数，所以在灰田耕作后的含水量保持在 38%左右。pH 值为 9～10.5，随着耕作年限增加，pH 值逐年下降，从表 8-42 可以看出灰场无作和二茬作时，pH 值在 8.7 左右，而到五茬作后，pH 值为 8.2，适合作物正常生长。

灰田在作物种植时，先施饼肥 100～150kg/亩，施尿素 35～40kg/亩作为基肥（底肥），随着耕种茬作不断的施肥，灰田肥力不断提高，从表8-42可以看出，灰田的养分随不同茬作的增加而变化，当灰田进行到5~6茬作时，其养分接近产量高的对照土壤田，初步达到了“熟化”程度。

表8-42 灰田不同种植时间的pH值和养分分析

项目	土壤（高产田）	灰田（未种植）	一年（二茬）	二年（四茬）	二年半（五茬）	三年（六茬）
pH值	8	8.7	8.6	8.4	8.2	8.2
全氮（%）	0.059	0.01	0.035	0.045	0.059	0.05
全磷（%）	0.14	0.033	0.033	0.033	0.045	0.048
速效钾（mg/kg）	95	31	36.9	61.6	58.1	63.8
速效磷（mg/kg）	17.3	22	9.18	15.88	22.5	23.9

注 养分、pH值的分析在作物收获后采样。

(2) 灰田不同茬作微生物变化。为了解灰田不同茬作后的微生物活动和生长情况，经采样进行了各种细菌群的分析，见表8-43。

用土壤微生物区系分析的方法，对其中主要的微生物类群和特定的生理类群进行测定。根据所得的微生物数量，评价粉煤灰经不同季作（农作年限）后的熟化程度和肥力状况。尤其是特定生理群的测定，如氨化细菌、硝化细菌、反硝化细菌的分析，可以反映粉煤灰中氮素的转化状况。自生固氮菌、纤维素分解菌的分析可反映有机碳化合物的转化、分解情况，藉以反映灰田经过不同年限栽培处理后，生物活性的变化。

表8-43 样品中各种类群微生物的数量 （菌量/g干土）

微生物类群	对照土壤田	无作	二茬	四茬	五茬	六茬	湿灰	干灰
好气性细菌	6.3×10^9	1.4×10^3	1.2×10^9	3.9×10^8	1.9×10^9	6.8×10^8	6×10^3	3×10^3
放线菌	3×10^6	1.7×10^4	8.2×10^5	3.9×10^4	3.3×10^4	8.1×10^4	0	0
真菌	8.2×10^4	0	3.1×10^4	7.6×10^4	7.3×10^4	3.6×10^4	0	0
自生固氮菌	4.1×10^5	1×10^3	6.1×10^4	8.4×10^4	1.1×10^5	1.2×10^5	0	0
氨化细菌	8.2×10^8	1.7×10^5	1.1×10^5	2.1×10^9	5.4×10^7	3.1×10^7	0	0
亚硝化细菌	1.9×10^3	0	3.1×10^4	1.3×10^7	1.3×10^6	1.8×10^6	0	0
硝化细菌	8.2×10^3	0	4.5×10^5	5.4×10^6	1.3×10^6	3.6×10^5	0	0
反硝化细菌	3.9×10^5	2.3×10^4	9.7×10^4	4.4×10^5	2.3×10^5	3.1×10^5	0	0
纤维素分解菌	3.7×10^3	3.3×10^2	1.1×10^3	1.7×10^4	3.1×10^2	4.6×10^2	0	0

样品含菌数的测定采用标准方法。从所得各微生物类群的含量可以看出：

1）在供测的干灰中几乎不含微生物，报告中测得的少量好气性细菌可能是在采样前，在粉煤灰采集过程中由空气携带而漂落进的。

2）在供测的其他样品中都含有一定数量的微生物，这是由于农业栽培、植物残体的加入、施用有机和无机肥料，植物根系分泌的有机物质到粉煤灰田中，微生物就会生存繁殖。

3）栽培作物对粉煤灰性质的影响是显著的，这可以从有作和无作处理试验的样品分析结果看出：①随着栽培作物年限的增加，微生物的数量不断增多，逐渐接近对照土壤的水平；②微生物区系的不断调整，反映了微生物各相关生理类群的内在联系，这在氨化细菌、亚硝化细菌、硝化细菌、反硝化细菌几大生理类群之间的调整变化尤为显著，它们之间的相关性趋于合理和完善；③随着农业栽培年限的增加，粉煤灰田中自生固氮细菌的数量逐渐上升，它表明了粉煤灰田的逐步熟化。

第三节　灰场覆土种植作物

我国在20世纪60年代初就开始在灰场上采取覆土造田种植作物并取得较好的成效。灰场的覆垦可增加耕田面积，其社会、经济、环境效益明显。据初步统计，全国灰场占地面积为24万亩。在灰场上覆土需土量很大，而且覆土厚度不一，有的达50～60cm以上，有的覆土厚度在10cm以下。覆土厚度大，固然很好，但需土量多，不易实现。覆土量少，可以节省用土。然而在第二茬作灰田翻耕时，底灰翻出失掉覆土作用。根据徐塘、韩庄发电厂在灰场上覆土种植作物的试验结果，提出灰场覆土20cm为宜。

一、灰场上不同厚度覆土种植作物情况

徐塘、韩庄电厂的灰场和邳县农科所模拟灰场覆土5cm、10cm、10～35cm，纯灰和土壤对照等不同处理种植的小麦、玉米、黄豆等作物产量情况，见表8-44。

表8-44　灰场上不同厚度覆土和纯灰上种植作物产量　(kg/亩)

项目		覆土 5cm	覆土 10cm	覆土 10～35cm	纯灰	对照土壤	当地一般产量
小麦	徐塘电厂	284.7	302.2		277.8	380.5	225
	韩庄电厂		100		225		200
	邳县农科所	270.5	281		255.5		255
玉米	徐塘电厂	381.9	355.6		184.7	415.3	375
	韩庄电厂				200		350
黄豆	徐塘电厂	78.7	90.6		71.4	103.2	90
	韩庄电厂		65				90
	邳县农科所	168.9	171.9		85.4		90
山芋	徐塘电厂	1000	1000	1500	900	900	2000～2500
花生	徐塘电厂			75			100

表8-44所列表明，灰场上覆土和不覆土种植小麦的产量有的比当地一般产量有不同程度的提高，韩庄电厂灰场覆土10cm的产量比当地产量低50%，其原因是灰场堆高了8m，含水量低，种的小麦各生育期均处于缺水状态。邳县农科所试验区小麦产量比当地一般产量增加15.5～26kg/亩。徐塘电厂试验区小麦产量比当地增加59.7～77.2 kg/亩，纯灰区比覆土试验区低6.9～24.4kg/亩。

玉米作物覆土试验区和当地一般产量差异不大，而纯灰区比覆土试验区低50%左右。

在韩庄和徐塘电厂灰场覆土黄豆产量比当地一般产量都低。邳县农科所试验区产量比当地增加78.9～81.9kg/亩。几个电厂试验区结果证明了覆土试验区的作物产量都比纯灰区产量高，这种明显的差异主要是覆土和纯灰本底的养分存在很大差异，纯灰区缺氮少磷，没有微生物，而覆土区就没有这种现象。尽管灰场覆土试验区和纯灰种植同一作物，同等施肥

量，但两者的产量相差很大，从作物的生物性状分析可以证实，详见表8-45和表8-46。

表 8-45 试验区小麦生物性状分析

项目 / 处理	根长（cm）	株高（cm）	每亩穗数（万）	穗粒结构			穗长（cm）	千粒重（g）
				总小穗数	不孕小穗数	实粒数		
覆　土　5cm	17.5～80	82.8	43.6	19.6	4.1	26.8	7.7	29
覆　土　10cm	18.5～90	82.2	43.6	19.1	3.8	27.1	7.6	29.3
纯　灰	17～70	81.5	17.5	17.5	3.0	26.6	7.4	28

从表8-45可见，灰场上种植小麦，纯灰区的小麦株高低于覆土区0.7～1.3cm，穗长短0.2～0.3cm，实粒数低0.2～0.5粒，每亩穗数少26.0万穗，千粒重低1～1.3g。

表 8-46 试验区玉米生物性状情况

处　理	株　高（cm）	穗　长（cm）	穗　行	穗粗（cm）	穗粒数	穗空头长（cm）	百粒总质量（g）
覆　土 10cm	156	17.47	12	4.9	418	1.7	28
覆　土 5cm	150	17.43	10.3	4.6	346	1.17	29.7
纯　灰	124	15	10.3	4.3	269.3	2.2	26.5
对照田	176	18.5	14.2	4.8	546	0.6	30.1

表8-46表明，纯灰区比覆土试验区株高平均低29cm，穗粗平均小0.5cm，穗粒数平均少113粒，穗空头长平均大0.76cm，百粒重平均降低2.35g。覆土试验区与对照土壤田差异亦很大，主要表现在穗粒数，对照土壤田比覆土区多164粒，穗空头短0.84cm，百粒总质量增加1.25g。

二、灰场上覆土、纯灰、对照土壤区本底养分状况

根据灰场上覆土试验区、纯灰区、对照土壤区本底养分测定结果，覆土5cm、10cm试验区各项养分均高于对照土壤区（全氮略低），但覆土10～35cm养分低于对照土壤区，其原因是覆土5cm、10cm的土源是取用土壤肥力高的农田，覆土10～35cm的土源带有一部分生土。所以差异明显。覆土试验区和对照土壤区的养分均比纯灰区高，见表8-47。

表 8-47 灰场上覆土和不覆土土壤对照养分测定

项目和处理	有机质（%）	全　氮（%）	全　磷（%）	速效磷（mg/kg）	速效钾（mg/kg）
覆　土 5cm	1.814	0.117	0.157	104.5	198.8
覆　土 10cm	1.255	0.82	0.176	106.9	222.9
覆　土 10～35cm	0.624	0.480	0.075	4.1	72
纯　灰	0	0.049	0.052	31.2	42.2
土壤对照	0.766	0.927	0.104	3.1	114.4

三、各种作物施肥情况

为满足作物养分需要，在种植作物前应施加一定量的有机肥和化肥，以获得较好的产量。

（1）小麦。播种前施基肥，即尿素20kg/亩，过磷酸钙50kg/亩；根据作物不同生育期追

加尿素 10kg/亩。

（2）玉米。在播种前施基肥，即复合肥徐混 1 号 50kg/亩，碳铵 32kg/亩；根据作物不同生育期追加尿素 10kg/亩。

（3）黄豆。①徐豆 3 号：在播种前施基肥，即尿素 5kg/亩，过磷酸钙 50kg/亩；根据作物不同生育期追加尿素 10kg/亩。②徐豆 5 号：在播种前施基肥，即复合肥 42kg/亩，碳铵 31kg/亩；根据作物不同生育期追加尿素 31kg/亩。

（4）山芋。播种前施基肥，即复合肥 50kg/亩，碳铵 32kg/亩；根据作物不同生育期追加尿素 10kg/亩。

第四节　粉煤灰改良土壤及其增产效果

从 20 世纪 60 年代开始就有利用粉煤灰改良土壤的试验，美国、英国、前苏联、日本、原联邦德国等国家先后开展研究并取得了较好效果。我国用炉灰（草木灰）改良土壤或作肥料已有千年历史，1980 年原水利电力部在山东济宁召开农用粉煤灰会议，并正式下达了全面、系统的“灰改土”科研任务。由山东、山西、湖北、陕西、天津等省、市农科院（所）、西北农学院和有关省的电力部门共同配合攻关，取得了很大成果。

一、粉煤灰改良土壤效果

以不同类型土壤试验的结果，施用适量粉煤灰，小麦平均增产 12.7%（5.6%～20.7%），玉米平均增产 12.1%（7.8%～15.5%），水稻平均增产 13.5%（8.6%～23.4%），黄豆平均增产 20.8%（8.6%～32.9%），谷子、山芋、棉花、蔬菜等也都有一定的增产效果。河南焦作电厂在 5000 亩盐碱地上进行粉煤灰改良土壤试验，小麦单产由 50kg/亩增加到 100～200kg/亩，增加了 1～3 倍。

二、粉煤灰适宜施用量

根据全国各地大量小区和大田试验结果，每亩施灰量为 0.15～6 万 kg（模拟盆栽每亩施灰量最大为 10 万 kg）时，小麦、玉米、水稻等主要粮食作物都有明显增产效果。多年试验结果证明，每亩施灰量为 1.5～3 万 kg 时效果最好，所以把每亩施灰量 1.5～3 万 kg（累计量）确定为适宜施灰量。

三、粉煤灰对土壤理化性质的影响

1. 降低粘土中粘粒含量，改良土质

据山西、天津试验，每亩施灰 1～10 万 kg，粘土中粘粒含量可减少 5%～8.9%，而且粘粒含量是随施灰量的增加而递减的，有显著的直线负相关性。经计算，其回归方程为 $Y=58.6-1.17X$（$r=-0.95$）。从方程看，每亩施灰 0.5 万 kg，可减少粘粒含量 1.17%（试验田土壤小于 0.01mm 的粘粒含量为 54.6%～64.4%）。

2. 减少粘土堆积密度

进行试验的 35 个不同施灰量的土壤，平均堆积密度为 $1.17g/cm^3$，对照土壤田的（$N=6$）堆积密度为 $1.33\pm0.01g/cm^3$，施灰后土壤堆积密度比对照田土壤减少 $0.16g/cm^3$，而且在亩施灰 10 万 kg 内，粘土堆积密度随灰量增加而递减，有明显的负相关性，其回归方程为 $Y=1.28-0.023X$（$r=-0.86\sim-0.98$）。从方程分析，每亩施灰 0.5 万 kg，可减少土壤堆积密度 $0.023g/cm^3$，一般高产土壤堆积密度为 $1.1\sim1.2g/cm^3$，对施灰土壤测定其堆积密度，

由原 $1.33g/cm^3$ 降到 $1.17g/cm^3$，这个值符合高产土壤的堆积密度要求。

3. 增加土壤的孔隙度

土壤孔隙度平均为 55.3% ± 3.7%，比无灰对照土壤（$N=6$）的孔隙度 47.9% ± 2.7% 增加 7.4%。而且在亩施灰 10 万 kg 内，孔隙度随施灰量的增加而递增，有明显的正相关性，其回归方程为 $Y=47.4+2.67X$（$r=0.98$）。从方程分析，亩施灰 0.5 万 kg 可增加土壤的孔隙度 2.67%，以上测定的施灰土壤孔隙度与一般高产土壤的孔隙度是近似的。

4. 提高土壤 15cm 深度土层内温度

据试验结果反映，施粉煤灰可明显提高 5～15cm 深度土层内温度，一般亩施灰 0.75～2 万 kg，可提高土壤温度 0.5～1.3℃。

5. 提高土壤含水量和田间持水量

施粉煤灰后，土壤平均含水量为 24.3% ± 3%，对照土壤田平均含水量为 18.2% ±1.1%，两者相比，施灰土壤的平均含水量增加了 6.1%（山西、吉林等地提高 2.0%～10.6%）。

6. 调节土壤的三相比

山西农科院测定粘质浅色草甸土的三相比是 1:0.58:0.17（固相:液相:气相）。这种三相比是不好的，而亩施灰 1.5 万 kg 后，其三相比变化为 1:1.25:0.43，使大小孔隙比处于最适宜的 1:（2～4）的范围内。

7. 减小土壤的膨胀率

山西省农业科学研究院测定褐土 10～20cm 深度内的膨胀率为 7.1%，每亩施灰 0.15 万 kg 后，土壤膨胀率减小为 4.1%，减小土壤膨胀率可以提高其渗透性，防止土壤流失。

8. 增加土壤有效磷含量

有关人员对山西、天津 11 个电厂粉煤灰测定的有效磷含量平均为 73.5mg/kg，比一般缺磷土壤有效磷含量高 1～6 倍，具有明显增产效果。

9. 增加土壤中的硅、铜、锌、钼、锰、硼等营养元素含量

增加了有利于作物生长的微量元素，并改善了土壤的养分状况，但必须注意有的粉煤灰中枸溶性硼过高，达 60mg/kg 时，应控制施灰量，防止作物硼中毒。

10. 调整土壤的 pH 值

电厂湿灰浸出液 pH 值为 8.5～10，干灰浸出液 pH 值为 9.5～11.0。粉煤灰施入酸性土壤后可以提高 pH 值。在偏碱性和碱性土壤亩施灰为 0.5～4 万 kg 时，土壤 pH 值没有明显的影响。

根据山西省农业科学研究院试验的结果，粉煤灰改良土壤，其增产效果及后效与土壤类型有关。

四、砂质土壤施用不同量粉煤灰的效果

太原南部砂质浅色草甸土经施用粉煤灰，在两年累加亩施灰 2 万 kg/亩，对种植玉米产量的增减不明显，见表 8-48，后改种了小麦、黑豆，其产量变化亦不明显。

五、粘质土壤施用不同量粉煤灰的效果

在山西太原、晋城、永济地区的三种类型粘质土壤上种植的小麦，亩施灰 0.5～4 万 kg，平均增产 14.74%，其中亩施灰 2 万 kg 时增产 18.83%，亩施灰 3 万 kg 时增产 16.84%，在亩施灰 4 万 kg 时增产仍然明显。太原试验的结果见表 8-49。说明在有些地区效果很好，如

在亩施灰2万kg时，增产31.8%，效果极其显著；亩施灰1～1.5万kg时，增产20%；亩施灰3～4万kg时，其增产效果在20%左右。

表 8-48　　砂质土不同施灰量种植玉米产量结果

施灰量(kg/亩)	重复			平均		年份
	Ⅰ (kg)	Ⅱ (kg)	Ⅲ (kg)	亩产 (kg)	增减率 (%)	
1250	674	600	674	631.35	+3.6	1977
2500	624	566	577	589.00	-3.3	
5000	618	589	600	602.30	-1.2	
10000	635	595	629	564.65	+1.7	
对照土壤田	629	595	640	609.35	0	
2500	510	420	480	470.00	-1.4	1978*
5000	510	470	470	483.35	+1.41	
10000	560	460	500	506.50	+6.30	
20000	510	440	530	493.35	+3.50	
对照土壤田	480	450	500	476.50	0	
2500	240	230	210	226.65	+6.2	1979**
5000	270	190	180	213.35	0	
10000	250	210	190	216.65	+1.6	
20000	270	220	190	226.65	+6.2	
对照土壤田	250	210	180	213.35	0	

注　*　施灰量为累计数。
　　**　为后种小麦。

表 8-49　　太原地区不同施灰量小麦产量

地点	年份	处理 (万kg/亩)	三次重复平均小区产量 (kg)	增产率 (%)	各处理差异数	差异显著标准值 (α)
东城角大队	1977～1978	2	10.15	31.8		5% α = 2.35
		1.5	9.35	21.4	16	
		1	9.30	20.8	1.7,0.1	
		0.5	8.95	16.2	2.4*,0.8,0.7	1% α = 3.74
		对照土壤田	7.70	—	4.9**,3.3*,3.2*,2.5*	
东城角大队	1978～1979	4	9.65	22.9		
		3	9.35	19.1		
		2	9.00	14.7		
		1	8.35	6.4		
		对照土壤田	7.70	—		
化章堡大队官儿地	1979～1980	3	13.30	14.16		
		2.5	12.80	9.87	1.0	5% α = 1.68
		2	12.40	6.4	1.8*,0.8	
		1.5	12.30	5.58	2.0*,1.0,0.2	1% α = 2.45
		对照土壤田	11.65	—	3.3**,2.3*,1.5*,1.3	

注　*　为显著。
　　**　为极显著。

1. 不同施灰量对种植玉米的增产效果

在山西太原晋城地区粘质土壤种植玉米，亩施灰0.5~2万kg时，增产13.5%（5.6%~16.5%）；亩施灰1万kg时，增产12.1%；亩施灰1.5万kg时，增产10.0%。在城角区粘质土壤上两年连续亩施灰累加量为0.5~2万kg，作物产量经方差分析：亩施灰1~2万kg时，其增产效果极显著。亩施灰0.5~1.5万kg时，效果显著，详见表8-50，其相关系数为 $r=+0.78$。当连续三年亩施灰4.5~6万kg（累加量）时，增产效果高达26.3%~38.9%。

表 8-50　　不同施灰量玉米产量

队　别	年　份	处　理 （万kg/亩）	小区产量(kg/亩)			平均亩产 (kg)	增减率 (%)
			Ⅰ	Ⅱ	Ⅲ		
东城角大队	1977	对　照	422	422	431	425	0
		0.5	422	477	450	449	+5.6
		1	482	481	449	477	+12.1
		1.5	509	465	431	468	+10.0
		2	500	497	491	496	+16.5
	1978 累加量	对　照	460	380	450	430	0
		1	456	454	500	470	+9.8
		2	480	490	490	487	+13.2
		3	490	450	510	483	+12.4
		4	500	445	500	481	+11.8
	1979 累加量	对　照	606	641	596	616	0
		1.5	722	702	646	690	+12.0
		3	775	770	662	735	+19.3
		+26.3	4.5	875	774	685	778
		+38.9	6.0	957	804	805	855
化章堡 大队官 儿　地	1979	对　照	355	445	477	425	0
		1.5	525	452	476	484	+13.79
		2	570	435	480	495	+16.29
		2.5	565	450	420	473	+12.38
		3	463	463	470	465	+9.39
	1980	对　照	221	184	204	209	0
		3	240	215	222	226	+11.3
		4	237	222	226	228	+12.3
		5	239	240	226	235	+15.7
		6	224	242	241	237	+16.7

2. 不同施灰量对种植水稻的增产效果

以太原南郊化章堡大队种植水稻为例，亩施灰1.5万kg时增产12.1%，亩施灰2万kg时增产13.8%，亩施灰在2.5万kg时增产12.6%，亩施灰3万kg时增产23.1%。不同施灰量的水稻产量详见表8-51。

表 8-51　　化章堡试验区不同施灰量的水稻产量

处　理 （万 kg/亩）	小区产量(kg/亩)				增产率 (%)
	Ⅰ	Ⅱ	Ⅲ	平均	
对　照	300	330	345	325	—
1.5	335	395	363	364	12.1
2	345	370	396	370	13.8
2.5	370	337	378	366	12.6
3	390	415	395	400	23.1

3．不同施灰量对种植棉花的增产效果

永济赵坊大队、县农科所、赵杏大队种植棉花试验结果表明：亩施灰 1 万～6 万 kg 时平均增产 14.39%，其中亩施灰 1.5 万 kg 时增产 18.87%，亩施灰 2.5 万 kg 时增产 17.30%，亩施灰 5 万 kg 时增产 10.4%。

六、轻度盐化粘质土壤上施用粉煤灰的效果

太原南郊化章堡大队在轻度盐化粘质浅色草甸上施用粉煤灰取得良好的效果，凡是施用粉煤灰的小麦增产均极为显著，其中亩施灰 1.5 万～2 万 kg 的增产幅度最大，达 50%以上，亩施灰 0.5 万～1 万 kg 时增产也达 37%～39%。

化章堡小渠南轻度盐化粘质土壤种植小麦，施用 2 万 kg 以下的粉煤灰，当年增产效果明显，且三年后的后效增产率仍很明显（见表 8-52)。

表 8-52　　轻度盐化粘质土壤上粉煤灰不同用量小麦产量及后效

年　份	处　理 （万 kg/亩）	小区产量(kg/亩)				增产率 (%)	备　注
		Ⅰ	Ⅱ	Ⅲ	平均		
1977～1978 累加量	对　照	160	131	160	150	—	
	0.5	240	167	210	207	37.91	
	1	211	177	220	209	39.24	
	1.5	220	225	252	232	54.54	
	2	240	200	260	233	55.21	
1978～1979 累加量	对　照	184	205	248	212	—	
	0.5	212	220	248	226	6.7	
	1	261	228	252	212	9.3	
	1.5	220	236	268	241	13.7	
	2	228	236	276	246	16.2	
1979～1980 累加量	对　照	130	140	130	133	—	
	0.5	175	155	125	151	13.75	
	1	162	160	130	150	13.00	
	1.5	170	160	160	163	22.50	
	2	175	175	170	173	27.50	
1980～1981 累加量	对　照	74	64	72	70	—	2 万 kg/亩第三次重复，因被牲畜伤害而减产
	0.5	114	105	85	108	54.29	
	1	116	117	97	110	57.14	
	1.5	118	117	100	111	59.50	
	2	131	118	35	94	35.21	

第五节 粉煤灰覆盖越冬作物的效果

粉煤灰覆盖冬小麦是使其增产的一项重要措施，为在北方地区获得这种增产效果，找出适宜的覆灰量和管理措施，徐州电业局、邳县农科所、济宁科委和有关发电厂分别进行了数年的试验并取得了成功。

一、农田试验小区和大田种植小麦产量

徐塘电厂农田试验小区覆盖粉煤灰种植的小麦产量及作物性状的分析见表 8-53，济宁电厂大田覆灰种植的小麦产量见表 8-54。

以上数据证明，试验小区和大田覆灰区产量比对照田都有所增产，其中，小区增产 2% ~ 8%，大田增产 18.3% ~ 21.1%。要获得较佳的增产效果，从试验小区看亩覆盖灰量为 1.0 万 kg 较好。

二、农田覆灰后地温变化状况

农田越冬作物覆盖粉煤灰后可以提高地温，其提高程度随覆灰量的多少而变化，但覆灰厚度不能太大，否则影响小麦的生长，一般覆灰厚度以 1 ~ 2cm 为宜。覆灰多少与地温变化见表 8-55 所列。覆灰区地层深度 5 ~ 10cm 层比对照地温提高 0.5 ~ 1℃。

表 8-53 徐塘电厂试验小区不同覆灰量种植小麦产量结构

处 理	每亩穗数(万)				每穗实粒数				单穗长(cm)				不孕小穗数(个)				株高(cm)	千粒重(g)	亩产(kg)
	Ⅰ	Ⅱ	Ⅲ	平均	Ⅰ	Ⅱ	Ⅲ	平均	Ⅰ	Ⅱ	Ⅲ	平均	Ⅰ	Ⅱ	Ⅲ	平均			
亩覆盖灰 0.5 万 kg	47	48.5	45.5	47	20.6	21.8	22.8	21.7	7.8	8.4	7.5	7.9	4	5.2	3.5	4.2	95	45.2	353.4
亩覆盖灰 0.75 万 kg	49.5	47.5	43	46.7	21.8	20.6	19.6	20.7	7.8	7.9	7.4	7.7	3.9	3.9	4.4	4.1	93.5	45.1	320
亩覆盖灰 1 万 kg	45	42.5	41.5	43	23.3	22.6	20	21.8	7.4	7.2	7.7	7.4	4.8	4.5	4.0	4.4	92.1	45	373.4
对 照	45.5	46.5	47	46.3	19.4	19.2	19.6	19.4	7.4	7.8	7.4	7.6	4.1	4	4.4	4.1	92.5	45.5	348.4

表 8-54 粉煤灰覆盖冬小麦济宁地区大田产量情况

处 理	地 点	亩 数	每亩产量(kg)	效 果 ± %	覆盖灰时间
亩覆灰 0.75 万 kg	济宁吴庄	50	320	+ 20.7	1979 年 11 月底
对 照		50	265	—	—
亩覆灰 0.75 万 kg	济宁四五里营	100	345	+ 21.1	1980 年 12 月初
对 照		100	285	—	—
亩覆灰 0.75 万 kg	济宁宋庄	40	250	+ 19	1981 年 11 月底
对 照		40	210	—	—
亩覆灰 0.75 万 kg	济宁宋庄	50	355	+ 18.3	1982 年 12 月底
对 照		50	300	—	—

表 8-55 覆灰与不覆灰地温变化 (℃)

时间	亩覆灰 0.5 万 kg				亩覆灰 0.75 万 kg				亩覆灰 1 万 kg				对照			
	5cm	10cm	15cm	20cm	5cm	10cm	15cm	20cm	5cm	10cm	15cm	20cm	5cm	10cm	15cm	20cm
14:00	97.2	52.2	38.3	33.7	78.3	39.6	34.7	38.2	72.9	42.2	35.0	36.5	77.8	38.9	32.4	35.9

注 地温测定数据为 10d 积温。

三、农田覆灰后田间含水量变化状况

农田未覆盖粉煤灰前，在表层和 1cm 层深，由于受光照的影响，水分蒸发快，土壤含水量降低，不利于作物的生长，但覆盖粉煤灰后就起到了保墒作用，详见表 8-56。

表 8-56 覆灰后田间含水量变化 (水分%)

处理	3 月 18 日浇水 3 月 25 日测定	4 月 15 日干旱期测定	6 月成熟期测定
	0~15cm	0~15cm	0~15cm
亩覆灰 1 万 kg	37.8	23.3	18.3
亩覆灰 0.75 万 kg	34.3	17.4	18.4
亩覆灰 0.5 万 kg	31.9	13.4	12.6
对照	30.4	11.7	16.1

覆灰区的含水量比对照区均高，在干旱期，对照区出现深 1~10cm、宽 0.3~0.5cm、长 10~30cm 的龟裂而覆灰 0.5 万 kg/亩的田区稍有龟裂现象；覆灰 0.75~1 万 kg/亩的田区均未出现龟裂。由此可以证明覆盖粉煤灰对农田起到一定保墒作用。

四、农田覆盖粉煤灰要点

1. 粉煤灰覆盖越冬小麦起到了塑料地膜作用

覆灰起到了塑料地膜的作用，其方法简单，用工少，投资省，收效大，容易被农民接受。

2. 粉煤灰覆盖冬小麦时间从小雪至小寒为宜

小雪至小寒期间，小麦上部基本停止生长，覆盖后可提高地温，增加养分，有利于小麦根系生长，并促使年后返青快，分蘖早。

3. 粉煤灰覆盖量以亩施灰 0.75 万 kg 为宜

大量试验得出的结论是，覆灰量以 0.75kg/亩为宜。覆盖灰量太少，增产效果不明显；太多将造成株苗受压过重，致使春后小麦腐烂而影响产量。

4. 粉煤灰在覆盖时一定要撒匀

覆灰时一定要施撒均匀。春后小麦返青时，要搂划覆盖灰，可使小麦正常生长，麦收后翻耕又起到改良土壤的作用。

第六节 粉煤灰制作肥料

利用粉煤灰制作农用肥料，有比较早期研制使用的硅钙肥，它对水稻有较大的增产作用；还有从 20 世纪 80 年代开始研制推广的粉煤灰磁化复合肥，由于它是含有 N、P、K 等营养元素的多元化肥，加之它独特的剩磁作用，对农作物有较显著的增产作用，因此，在全国许多省市得到推广。

一、粉煤灰硅钙肥的研制

硅是植物生长不可少的营养物，日本全国水稻田面积有1/4需要硅肥，施肥后一般可增产10%。东京电力公司于1972年研究成功了用粉煤灰作硅肥。我国对硅肥的研究还是最近几年才开始的。

电力部热工研究院、铜陵电厂、中国科学院南京土壤研究所对硅肥进行了多年的研究，尽管粉煤灰中氧化硅含量可达40%～60%，但可溶性硅，仅占1%～2%。因此，要使粉煤灰成为硅肥，必须将其可溶性硅含量提高15～20倍。

铜陵电厂和武昌电厂研制的硅钙肥，委托中国科学院南京土壤研究所在广东、浙江、江苏、安徽、湖南和湖北等地连续做了两年试验，取得了较好效果。在我国南方缺硅的土壤上，硅钙肥对水稻有良好的增产作用，一般可使稻谷亩增产30kg，增产率为10%左右。

（一）硅钙肥小型试验

高温燃烧煤粉，使之达到熔融状态，并进行骤冷，可以提高其中可溶性硅的含量。凡是增钙的液态渣，可熔性硅含量均较高。为此，以温度、氧化钙含量、冷却方式等因素为变化条件，通过正交试验来确定影响可溶性硅含量的主要因素。

1. 固定煤种下三因素三水平试验

为了摸清煅烧温度、氧化钙含量和冷却方式对可溶性硅含量的影响，以淮北洗中煤为原料，进行三因素三水平试验，其结果如图8-6所示，影响渣中可溶性硅含量的主要因素是氧化钙含量。

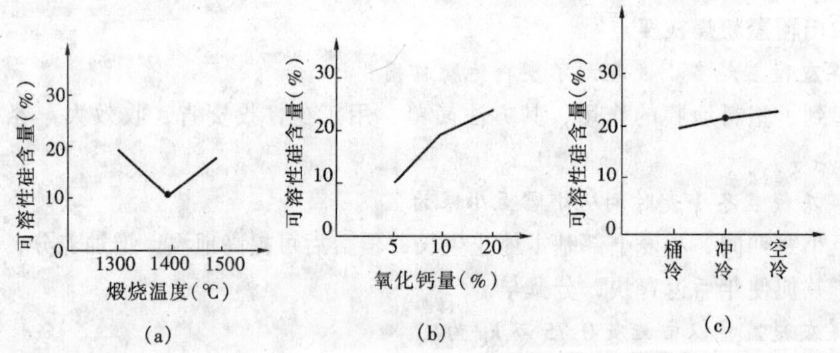

图8-6 同一煤种下三因素三水平正交试验
(a) 煅烧温度对可溶性硅含量的影响；(b) 氧化钙含量对可溶性硅含量的影响；(c) 冷却方式对可溶性硅含量的影响

2. 不同煤种的三因素三水平试验

为了进一步验证增钙对可溶性硅含量的影响，将上述试验中的次要因素——冷却方式改为不同煤种，再次进行三因素三水平试验，其结果如图8-7所示，在新选定因素水平中，影响渣中可溶性硅含量的主要因素仍然是煤的氧化钙含量。

3. 高钙的龙潭煤试验

龙潭煤含氧化钙45.08%，可溶性二氧化硅15.49%，试验证明，经煅烧并水淬后可溶性硅含量均与全硅相等，其可溶率达100%。

经过以上的试验，可以得出结论：在煅烧温度、冷却方式和氧化钙含量三因素中，影响粉煤灰中可溶性硅含量的主要因素是氧化钙含量。

（二）硅钙肥工业性试验

为提供农田试验用硅钙肥，在铜陵电厂摸底试验基础上，1979年初在武昌电厂75t/h立式旋风炉上试验，炉膛温度为1500～1600℃，水淬条件良好，共研制出肥料约100t。

1. 石灰加入量对渣中可溶性硅含量的影响

为了试验石灰加入量对渣中可溶性硅含量的影响及其最佳值。试验中采用煤和石灰的质量比分别为12∶0.5（CaO18.1%～19.1%）；12∶1（CaO19.6%～21.3%）；12∶2（CaO29.8%～30.4%）；12∶3（CaO29.7%～37.4%）四种比例，固定炉膛温度为1500～1600℃，煅烧后测其可溶性硅含量，并由此计算溶解率（可溶性硅/全硅×100%）。试验结果见图8-8，图8-9。

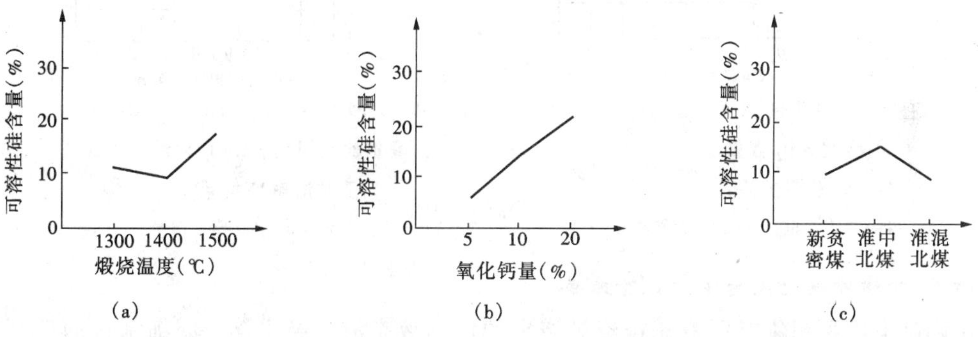

图8-7　不同煤种下三因素三水平正交试验

（a）煅烧温度对可溶性硅含量的影响；（b）氧化钙含量对可溶性硅含量的影响；（c）不同煤种对可溶性硅含量的影响

表8-57　水淬条件对渣中可溶性硅含量的影响

煤与石灰配比	冷却水压（kPa）	可溶性硅 SiO_2 含量（%）
12∶1	200	27.8
	150	28.0
	100	28.4
	50	26.0
12∶2	300	25.5
	200	25.5
	150	31.6
	100	29.6
12∶3	220	24.4
	150	25.6
	100	26.0
	50	25.0

试验表明，随着氧化钙加入量的增加，渣中可溶性硅含量不断增加，溶解率一直呈直线上升。但是，当渣中氧化钙含量上升至30%或CaO与可溶性硅的摩尔比为1∶1时，可溶性硅含量不再上升。由此表明，控制CaO与可溶性硅的摩尔比为1∶1。从经济角度考虑是合适的。此时，渣中可溶性硅可达25%～30%，能满足农田的需要。

2. 水淬条件对渣中可溶性硅的影响

试验时，固定炉膛温度为1500～1600℃。选用同一煤种、石灰配比，改变水压、水量，考察对渣中可溶性硅量的影响。具体作法：调节水淬喷嘴前的入口水压，从正常的2.3MPa调至0.5MPa。宏观检查发现，水淬好的渣粒细、易磨、呈绿色，水淬差的渣粒大、坚硬。

试验结果见表 8-57。

试验表明，在煤与石灰配比不改变情况下，可溶性硅含量几乎无多大变动。这说明水淬时水压、水量的变化对可溶性硅含量影响甚小。上述工业性试验结果与小型试验结果完全吻合。

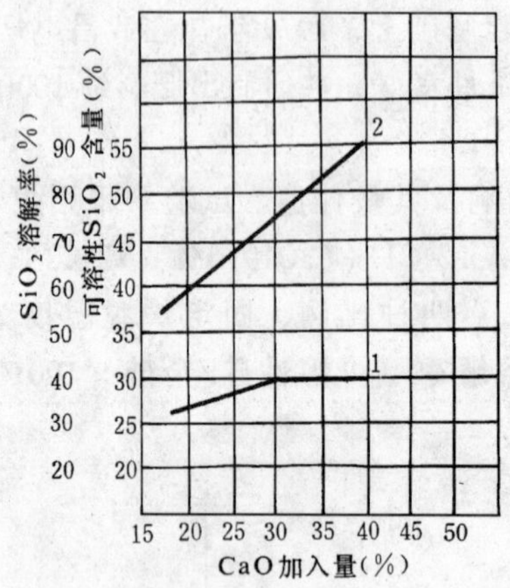

图 8-8 氧化钙的加入量与可溶性 SiO_2 含量及其溶解率的关系

1—可溶性硅含量；2—SiO_2 溶解率

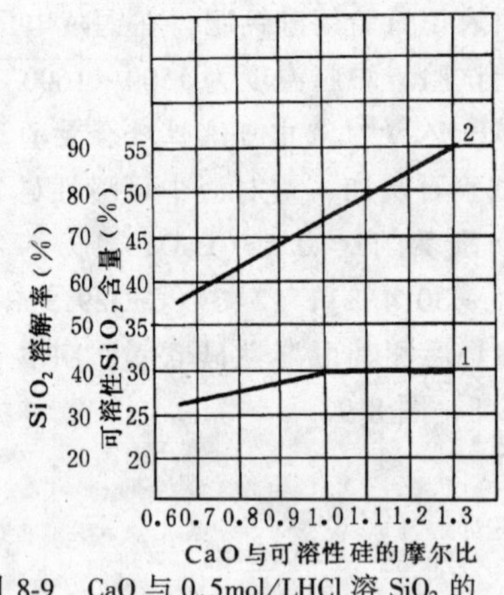

图 8-9 CaO 与 0.5mol/LHCl 溶 SiO_2 的摩尔比与可溶性 SiO_2 含量及其溶解率关系

1—可溶性硅含量；2—SiO_2 溶解率

（三）粉煤灰硅钙肥的田间试验效果

由武昌电厂和铜陵电厂液态排渣炉烧出的增钙液态渣，经水淬、磨细制成的硅钙肥成分，如表 8-58 所示。

表 8-58 粉煤灰硅钙肥的主要成分

样品来源	SiO_2(%)				CaO（%）	MgO（%）	Al_2O_3（%）	Fe_2O_3（%）	pH 值
	总重	0.5mol/L HCl	柠檬酸（%）	pH = 4 醋酸缓冲液					
武昌电厂	38.24	26.5	15.5	13.3	29.65	1.85	24.19	3.93	9.95
铜陵电厂	36.95	26.5	18.0	13.0	31.60	1.83	19.41	8.47	10.32

注 表中所列的盐酸柠檬酸等是测定有效硅的提取液。

粉煤灰硅钙肥中与作物生长有关的成分，主要是有效二氧化硅，它调整了土壤酸碱度 pH 值，改善了作物环境，对于需硅作物如水稻、甘蔗和竹子，粉煤灰可供含硅养料；大麦、大豆等作物，对土壤酸度较为敏感，施用粉煤灰硅钙肥后，提高了土壤的 pH 值，可促进作物的生长。

实验人员对上述二厂烧出的增钙液态渣作了盆栽和田间试验。盆栽试验时，采用江西省峡江花冈岩母质发育的水稻土，土壤中有效硅含量为 49mg/100g 土，每盆装土 1.25kg，按以下方式处理：①对照区：每盆加尿素 1g，氧化钾 0.7g，过磷酸钙 3g；②施粉煤灰硅钙肥区：每盆加粉煤灰硅钙肥 6g，其他肥料同对照区，试验结果见表 8-59。

表 8-59 表明，茎叶和稻谷重量均增加了，特别是水稻谷粒增加更为明显。

表 8-59 盆栽水稻施用粉煤灰硅钙肥的效果

处理	茎叶(g/盆)	谷粒(g/盆)	总重(g/盆)	干粒重(g)	收获时土壤有效硅 SiO_2 含量(mg/100g 土)
对照	20.35	19.06	39.41	19.4	3.0
粉煤灰硅钙肥	22.64	24.74	47.38	20.3	51.3

田间试验分别在安徽、江苏、浙江、江西、湖南和广东等省的一些水稻田上进行。①对照区：每亩施用 4～6kg 的氮肥、20～30kg 过磷酸钙和 10kg 硫酸钾；②施用粉煤灰硅钙肥区：亩施用硅钙肥 150kg 作基肥，氮、磷、钾用量同对照区；③施用石灰试验区：亩施用石灰 30kg 氮磷钾用量同对照区，增产效果见表 8-60。

表 8-60 在有效硅低的土壤上水稻施用硅钙肥的效果

试验地点	年份	土壤类型	土壤有效硅 Si_2O 含量(mg/100g 土)	产量(kg)		比对照增加	
				对照	施硅钙肥	kg/亩	%
浙江衢县	1980 早稻	红砂岩发育	3.0	289.5	321.5	32	11.1
浙江衢县	1980 早稻	红砂岩发育	4.5	307.5	342.5	35	11.2
浙江衢县	1980 早稻	红砂岩发育	4.5	354.5	411.5	57	16.0
浙江衢县	1980 晚稻	红砂岩发育	2.8	284	347.5	63.5	22.3
江西刘家	1980 晚稻	红砂岩发育	7.8	248	299	51	20.8
江西刘家	1980 早稻	红砂岩发育	8.0	289.5	308	18.5	6.4
江西景德镇	1980 早稻	红粘土发育的轻粘土	6.0	345	389	44	12.8
江西景德镇	1980 晚稻	红粘土发育的轻粘土	6.5	390.5	418.5	28	7.1
江西景德镇	1980 早稻	红粘土发育的轻粘土	5.0	310	344	34	11
浙江金华	1980 晚稻	红粘土发育的轻粘土	7.8	248	299	51	20.8
浙江金华	1980 早稻	红粘土发育的轻粘土	8.0	289.5	308	18.5	9.4
安徽广德	1980 晚稻	红粘土发育的轻粘土	6.0	177.5	189.5	12	6.8
江西峡江	1979 晚稻	花岗岩白沙泥	5.0	372.5	435	62.5	16.8
江西上饶	1979 晚稻	红砂岩发育的板结沙田	6.4	262	300	38	14.5
江西新建	1979 晚稻	第四纪红色粘土黄泥田	3.25	236.5	263.5	27	13.3
江西新建	1979 晚稻	第四纪红色粘土黄泥田	4.0	416.5	441.5	25	6.0
广东高州	1979 晚稻	片麻岩发育的土壤	5.0	284.5	303	18.5	6.4
广东化州	1979 晚稻	片麻岩发育的土壤	1.5	482.5	511.5	29	6.0
广东电白	1979 晚稻	片麻岩发育的土壤	3.5	237.5	258	20.5	8.5
广东湛江	1979 晚稻	浅海沉积物	4.6	432.5	456.5	24	5.6
广东辽溪	1979 晚稻	浅海沉积物	7.5	171.5	193.5	22	11.8
广东辽溪	1979 晚稻	浅海沉积物	10.5	191.5	202	10.5	5.5
广东辽溪	1979 晚稻	浅海沉积物	2.0	191.5	202	10.5	5.5
广东电白	1979 晚稻	片麻岩发育的土壤		268	298	30	11.2
江苏宜兴	1980 早稻	黄土性丘陵白土	6.5	332	381.5	49.5	14.7
安徽南陵	1980 晚稻	黄土性丘陵白土	5.0	208.5	227.5	19	9.1
平均						31.6	11.1

试验证明，对于有效硅低于 10mg/100g 土的土壤上种植的水稻、施用硅钙肥效果较好，平均亩增产 31.6kg，增产百分率为 11.1%。

对我国长江以南不同类型的土壤分析了 230 个样品和 116 个水稻茎叶样品，将其测定的二氧化硅平均值进行归纳统计，我国水稻土的供硅能力可分成高、中、低三个类型，见表

8-61。表中第一类是土壤和水稻茎叶中 SiO_2 的含量均低于 10mg/100g 土指标的土壤。这类土壤供硅能力低，施用粉煤灰硅钙肥后，水稻均有增产效果。

表 8-61　　我国南方水稻土供硅能力的划分

供硅能力	土壤类型	地点	pH 值	土壤有效硅 SiO_2 含量(mg/100g 土)	稻草含硅量 SiO_2(干物重)
低	红砂岩发育的砂壤土，花冈岩、花冈片麻岩发育的粉砂壤土	浙江、湖南、江西	5.2~6.2	6.1±2.1(25)	7.61±1.75(1)
	第四纪红色粘土发育的轻质粘壤土	福建、江西	5.0~6.0	5.4±2.9(51)	7.85+0.6(12)
		广东、浙江金华	5.2~5.6	5.3±0.9(18)	8.75±0.60(19)
	浅涨沉积物发育的砂壤土	广东湛江	5.2~6.0	6.3±4.0(12)	7.7±2.35(10)
中	第四纪红色粘土发育的粘壤土	浙江、江西湖南	5.2~6.2	12.5±8.9(30)	11.23±2.54(1)
高	玄武岩发育的粘质土太湖	广东湛江	4.5~5.5	30.1±8.8(23)	14.3±1.53(12)
	沉积和黄土性母质的粘壤土	江苏	6.3~7.5	20.5±8.7(48)	13.63±2.73(10)
	江河下游三角带沉积的粘壤土	广东福建	5.5~6.5	25.6±3.3(12)	13.50±0.48(8)
	紫色页岩发育的粘壤土	浙江金华	6.5~7.5	24.6±12.5(16)	12.25±1.34(1)

注　括号内为样品数。

二、粉煤灰磁化复合肥在农业上的应用❶

1. 我国粉煤灰磁化复合肥的发展概况

磁性是自然界普遍存在的现象，是物质的一种基本属性，土壤也不例外地具有磁性。土壤磁性用磁化率 X 和剩磁 J 表示。土壤磁性的强弱主要决定于矿物组成，尤其是磁性矿物的种类和数量。自然界中存在的磁地矿和磁赤铁矿的磁化率比其他铁的化合物的磁化率要高几个数量级，这两种矿物是决定土壤磁性的关键。增强土壤的磁性，可改变土壤的理化性质，提高土壤肥力，有利于促进农作物生长。20 世纪 70 年代初，前苏联应用磁场处理过的粉煤灰首先获得成功。我国于 20 世纪 70 年代末开展了磁化肥、磁化农作物种子、磁化粉煤灰的研究。进入 20 世纪 80 年代以后，磁化粉煤灰在农业上的应用得到了突飞猛进的发展，先后在湖南、四川、新疆、湖北、河南等 20 多个省、自治区，建起了近百家磁化肥厂。经过大面积的田间使用取得了大量的试验数据，证明了粉煤灰磁化肥是一种变废为宝，可以改良土壤团粒结构，培育土壤肥力，减少单质化肥的施用量，防止酸化板结等，深受农民欢迎的价廉质优的农用肥料。

2. 粉煤灰磁化复合肥的工艺技术

粉煤灰磁化复合肥是以粉煤灰为主要载体配以 N、P、K 为营养元素加入适量添加剂，经特殊磁化处理制成，其技术要点为：

(1) 对原材料的要求。首先对粉煤灰：①粒度比较均匀、纯净、不含杂物或泥沙；②其

❶ 本文引自康政、尹延辉《粉煤灰磁化肥技术的研究、规范及应用探讨》。

中有害物含量不得超过国家标准 GB 8137 规定；③含水率在 10%左右；④含碳量≤15%。

其次对营养元素：N 含量≥46%、P 含量≥43%，有效成分的含量越高越好，含水量越低越好，并且不结块、不失效。

(2) 主要工艺流程。原料粉煤灰经干燥后除去杂质进入配料系统，同时将含有 N、P、K 等元素的基价原料配以适量添加剂进入计量配料系统，按照产品的不同用途设计不同的配比方案，之后进入磁化机进行充分磁化和极化复合，然后造粒并计量包装，成品入库，其工艺流程如图 8-10 所示。

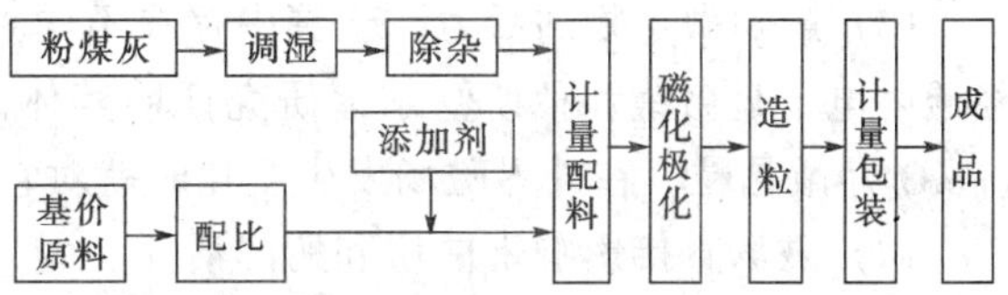

图 8-10 粉煤灰磁化肥的生产工艺流程

(3) 粉煤灰磁化肥的工艺原理。将预选后粉煤灰的含水量调整到一定的标准：一般水分含量在 10%左右，根据不同的品种要求掺入一定比例的营养元素和添加剂（即按科学的配方通过计算机系统）进行配比，自动输送入机械进行复合处理后，再自动进入磁化设备极化，在强磁场的作用下（磁场强度一般在 230～400A/M）经 3～5s 时间的完全磁化，成为单磁性质的稳定型结合团（主体型）复分子结构，使粉煤灰磁化肥的剩磁达到 0.05～0.15mT，造粒成型后包装入库。

(4) 粉煤灰磁化肥的设计方案。粉煤灰磁化肥总体设计方案可根据不同地区的气候条件、土壤性质、不同作物等有针对性地选择配方进行生产。其基本配合比为：粉煤灰60%～75%，有效氮 7%～13%，有效磷 4%～7%，有效钾 4%～8%，铁磁性载体等 2%～7%。

产品的主要性能指标为：

1）混合均匀度变异系数＜10%；

2）颗粒平均抗压强度≥5N；

3）颗粒度 1～5mm；

4）N、P、K 有效养分含量≥18%；

5）微量元素含量 3%～10%；

6）水分≤7%；

7）剩磁强度≥500nT。

(5) 粉煤灰磁化肥的主要生产设备。目前，我国的磁性肥料生产设备根据磁化方式不同分为两大类：一种是电磁化设备生产线，另一种是永磁磁化设备生产线，这两种设备各有特色，但大致都由以下四部分构成。

1）干燥、除杂系统：主要包括干燥、除杂及附属设备；

2）配料系统：输送设备、混合搅拌设备、电子计量设备等；

3）磁化系统：主要有电磁机、永磁机；

4）造粒系统：主要有四类：圆盘式造粒、对辗式造粒、挤压造粒、热法造粒等。造粒形状有：球形、柱状、片状等。

3. 粉煤灰磁化复合肥的增产机理

(1) 改善土壤结构。磁化肥保留一定的剩磁、施入土壤以后使铁磁性颗粒周围形成一个附加的局部磁场，使土壤颗粒发生“磁性活化”而逐步团聚化，提高土壤的水稳性及团聚体的数量，从而改善土壤的通气透水性，并能有利于营养成分的输送及根系的吸收。

(2) 改进土壤的化学作用。磁化肥中的铁磁性物质可以调节土壤酸度，当土壤灌水后氧化铁还原，逐渐形成 Fe $(OH)_3$，可以使土壤的 pH 值增至 6.5~7，降低其水解度，改良酸性土壤，同时还可以促进土壤中水解性氧、代换性钾及速效磷的积累，这些有效养分的增加主要是铁磁性物质在养化和水解时释放能量所致，故磁化肥有活化土壤养分的功能。

(3) 影响微生物的活力。土壤中存在不同种类的趋磁性细菌如球菌、杆菌、螺旋菌等，经透射电子显微镜和穆斯壁尔谱研究证明其体内合成并携带具有单磁畴大小范围的铁磁矿 (Fe_3O_4) 微晶粒，在外界磁场发生变化时就对它们产生影响。

(4) 磁场直接影响蛋白质和酶的活性。因为这些土壤和蛋白质含有微量磁性过渡金属原(离)子，而它们在酶中起着辅基、辅酶或活性中心等作用，磁化肥的剩磁使得原子中的电子自旋方向发生变化，使其金属离子活化度增加，提高了酶的活性，加速了土壤部分养分的转化。

(5) 磁化肥促进种子发芽。提高种子发芽率并促进植物根系发达，提高植物对养分的吸收能力。

(6) 增加了有利于作物生长的化学元素。粉煤灰的主要成分类似于土壤，可直接种植草木，可用大量的粉煤灰改良酸性土壤及粘土，粉煤灰中含有多种高于一般土壤而有利于作物生长的化学元素（如 Si、Ca、Mg、Fe、B、Zn、Mn、Mo、Cu 等等），磁化肥中添加剂的加入，提高了这些元素，有利于作物生长，粉煤灰改良土壤的作用还表现在它增加地温等方面。

4. 粉煤灰磁化复合肥的应用效果

粉煤灰磁化复合肥是一种含有 N、P、K 等营养元素的多元化肥，加之它独特的剩磁作用，它对作物所起的增产作用早已引起人们的注意，通过多年来在湖北、湖南、河南等 20 多省的推广应用表明，农作物有显著的增产效果。增幅一般为：

棉花 9%~27%　　玉米 14%~16%

水稻 10%~81%　　蔬菜 12%~29%

小麦 10%~25%　　瓜果 14%~30%

烟叶 12%~20%

目前，我国磁化复合肥的产量在 100 万 t 左右，根据各地土壤情况以及各种作物的不同要求，调整配方生产系列专用肥达 20 多种，每亩施用 50kg 左右，施肥成本下降 10%~30%，加之我国是农业大国又是化肥缺口较大的国家，粉煤灰磁化肥不仅可以提高化肥的利用率，而且可以大量利用粉煤灰，因此，它的推广应用可以缓解我国化肥紧缺的局面，促进我国农业的发展。

第七节 粉煤灰中有害物质对农作物的影响

粉煤灰中含有一些有害物质，主要有镉、汞、铅、铬、砷五种有毒微量元素及苯丙芘。这些有害物质的含量如何？作物吸收后能否食用？对人体和动物以及周围环境影响如何？这是大家极为关心的事。对此江苏、山东、山西、河南、河北、浙江、福建等省有关单位进行十几年较系统地研究，获得大量科学数据，为正确评价提供可靠依据。

一、粉煤灰中五种有害元素对农作物的影响

1. 评价标准的确定

灰田和由灰田种植的粮食、蔬菜、瓜果作物污染评价标准，主要以现有国家有关控制标

准来评价。

（1）粉煤灰田污染标准。参照国家制定的 GB 8173—1987《农用粉煤灰中污染物控制标准》。按该标准，农用粉煤灰中污染物的最高允许含量应符合表 3-58 中的要求，见第三章。

现在我们讨论的是在储灰场纯灰上种植各种作物，则相当于每亩覆盖 20cm 厚度即每亩施 15 万 kg 灰，这样，按 GB 8173—1987 的控制标准换算灰田中有害元素的限量，应为该控制标准值的$\frac{1}{5}$。其相应规定值见表 8-62。

表 8-62　灰田中粉煤灰有害元素控制标准　(mg/kg)

	Cd	Cr	As	Pb	Ni	Cu	Mo	Se	B
pH < 6.5 酸性土壤	1	50	7.5	50	40	50	2	3	1 ~ 10
pH > 6.5 碱性土壤	2	100	15	100	60	100	2	3	1 ~ 10

（2）粮食、蔬菜、瓜果污染控制标准。为了判断灰田中部分有害元素经作物吸收后，该作物中含量是否超过国家规定的食品卫生标准。我们收集了相关国家标准，其中有 GB 2715—1981《粮食卫生标准》，其砷（As）限量是≤0.7mg/kg，汞（Hg）是≤0.02mg/kg；GB 14961—1994《食品中铬限量卫生标准》，其粮食、豆类≤1.0mg/kg，水果、蔬菜≤0.5mg/kg；GB 2762—1994《食品中汞限量卫生标准》，粮食≤0.02mg/kg，蔬菜、水果≤0.01mg/kg；GB 11671—1989《果蔬类罐头食品卫生标准》，其铅（Pb）≤1mg/kg，砷（As）≤0.5mg/kg；GB 14935—1994《食品中铅限量卫生标准》其粮食≤0.4mg/kg，豆类≤0.8mg/kg，蔬菜、水果≤0.2mg/kg。

把以上有关国标中有害元素限量标准，归并列于表 8-63，凡两个标准有不统一处，表中则选小的数据列入。

表 8-63　国标中对部分有害元素在粮食、蔬菜中的限量　(mg/kg)

食品名称＼元素	铅（Pb）	镉（Cd）	铬（Cr）	汞（Hg）	砷（As）
蔬菜	≤0.2	≤0.05	≤0.5	≤0.01	≤0.5
瓜果	≤0.2	≤0.05	≤0.5	≤0.01	≤0.5
豆类	≤0.8		≤1.0		
粮食	≤0.4	≤0.4	≤1.0	≤0.02	≤0.7

注　关于镉（Cd）的限量，仍沿用原书中的值。

2. 电厂粉煤灰中五种有害元素含量

江苏、浙江、山西、福建、河南等省 9 个电厂对储灰场粉煤灰中有害元素进行分析测定，见表 8-64，其值均比表 8-62 控制值为小。

表 8-64　各电厂储灰场粉煤灰五种有害元素含量　(mg/kg)

单位	Cd	Cr	As	Pb	Hg
按灰 1/5 计算	2	100	20	200	—
徐塘电厂	0.127	62.07	2.88	23.87	0.541

续表

单位	Cd	Cr	As	Pb	Hg
韩庄电厂	0.270	99.33	5.42	37.58	0.495
梅溪电厂	0.031	67.62	5.60	30.51	0.134
秦岭电厂	0.32	71.20	13.20	76.20	0.09
马头电厂	0.20	60	—	34.5	0.30
焦作电厂	0.284	54.43	4.35	31.55	0.139
莱芜电厂	0.243	98.36	7.39	36.80	0.071
邵武电厂	0.274	67.85	9.63	28.81	0.435
太原二电厂	0.432	37.81	10.21	60.18	0.095

3. 灰田种植作物可食部分有害元素的含量

灰田中五种有害元素经作物吸收后，是否超过国家规定的食品卫生标准，这是关系到人能否食用的大事。为此在9个电厂的灰田通过5年的种植进行了试验分析，结果见表8-65和表8-66。

表 8-65 灰田蔬菜、瓜果、粮油作物中五种有害元素含量 (mg/kg)

类别	作物品种	Pb		Cd		Cr		Hg		As	
		均值	占标准值（%）	均值	占标准值（%）	均值	占标准值（%）	均值	占标准值（%）	均值	占标准值（%）
蔬 菜	白菜	0.044	22.0	0.0017	3.4	0.1288	25.7	0.005	50	0.0109	2.18
	蕃茄	0.0238	11.9	0.0024	4.8	0.0490	9.8	0.0004	4	0.0032	0.64
	黄瓜	0.0087	4.3	0.0011	2.2	0.0266	5.3	0.0001	1	0.0102	2
	萝卜	0.0509	25.4	0.0096	19.2	0.0844	16.9	0.0016	16	0.0182	3.6
	茄子	0.0339	16.9	0.0048	9.6	0.0196	3.9	0.0011	11	0.0114	2.3
	辣椒	0.0204	10.0	0.0042	8.4	0.0619	12.4	0.0014	14	0.0083	1.7
瓜果	葡萄	0.050	25.0	0.0023	4.6	0.0824	16.5	0.0014	14	0.0284	5.4
	西瓜	0.0092	4.6	0.0030	6	0.0179	3.6	0.0005	5	0.0402	8
油料	花生	0.203	25.3	0.039	9.75	0.512	51.2	0.004	40	0.525	75
	油菜籽	0.0360	4.5	0.0380	9.5	0.3165	31.6	0.0048	48	0.164	23.4
	黄豆	0.184	23.0	0.0180	4.5	0.295	29.5	0.010	100	0.465	93
粮食	小麦	0.042	10.5	0.042	10.5	0.313	31.3	0.005	25	0.015	2.1
	玉米	0.247	61.7	0.014	3.5	0.286	28.6	0.015	75	0.129	18.4
	红薯	0.730	182.0	0.0219	5.48	0.3475	34.7	0.0189	95	0.0689	9.84

按照表8-65相应食品有关元素的限量进行计算，食品中有害元素含量按平均值只占国标限量的0.64%～182%。其中含量占国家标准值30%以下的为81.4%，极少数达90%，也有个别的达100%甚至182%。检测分析数据波动较大。

表 8-66　　植株 5 种有害元素测定结果　　(mg/kg)

元素含量名称	样品	Cd	Cr	As	Pb	Hg
根　部	5	0.164 ± 0.104	5.22 ± 5.08	0.625 ± 0.054	0.817 ± 0.299	0.035 ± 0.032
茎　部	2	0.044 ± 0.040	0.01 ± 0.009	0.334 ± 0.031	0.145 ± 0.106	0.008 ± 0.005
叶　部	4	0.110 ± 0.079	0.019 ± 0.089	0.496 ± 0.012	0.635 ± 0.059	0.046 ± 0.012
果	6	0.001 ± 0.079	0.016 ± 0.014	0.010 ± 0.008	0.008 ± 0.006	0.0001 ± 0.00001

测定结果 5 种有害元素在植株各器官中含量分布大体是：根 > 叶 > 茎 > 果。作物果（籽）有害元素含量最低，而根部最高，所以种植的山芋、土豆、山药等根块作物中有害元素均大于其他作物。

4. 灰场上种植作物含有害元素是否存在积累

灰场上种植的作物可食部分是否存在富集，这是关系到人身健康和能否长期在灰场上种植食用作物的重大问题。对此徐塘电厂在灰场上按定点、定作物品种进行种植试验，对西红柿等作物历经 5 年制作了 9 茬作物，采集样品 20 个，测定结果可以看出，5 种有害元素：Cd 为 0.006 ~ 0.0056mg/kg；Cr 为 0.006 ~ 0.2361mg/kg；As 为 0.006 ~ 0.015mg/kg；Hg 为 0.00005 ~ 0.0021mg/kg；Pb 为 0.0008 ~ 0.0197mg/kg。土壤对照田，Cd 为 0.002 ~ 0.0068mg/kg，Pb 为 0.001 ~ 0.0264mg/kg，灰场田与对照土壤田种植的西红柿中五种有害元素所测数据差异不大，均低于国家规定标准。从每年种植采样分析，结果不呈直线而且高低数值不突出，经回归分析，其相关性不明显，没有发现积累（富集）现象。

5. 灰场田种植的作物有害元素对牲畜的影响

灰场上种植的作物可食部分被人和动物食用后，通过食物链进入人体和动物体内是否产生变异和影响，秦岭电厂在灰场纯灰上和对照土壤田分别种植了小冠花 1 ~ 5a，喂养牛和羊，并将对照羊与试验羊及其所产的奶进行分析，结果表明两种羊均无明显病变现象，而且内脏中 5 种有害元素差异不明显，测试结果见表 8-67。

表 8-67　　用灰田种植的小冠花喂养羊对羊体及羊奶的影响　　(mg/kg)

项　目	Hg		As		Cd		Pb		Cr	
	对照羊	试验羊	对照羊	试验羊	对照羊	试验羊	对照羊	试验羊	对照羊	试验羊
羊　肝	未检出	未检出	未检出	未检出	0.042	0.023	0.56	0.59	未检出	0.07
羊　肾	未检出	未检出	未检出	未检出	0.078	0.093	0.16	0.51	0.23	0.16
羊心脏	未检出	未检出	未检出	未检出	未检出	0.002	0.11	0.06	0.36	0.21
羊　奶	未检出	未检出	未检出	未检出	未检出	未检出	未检出	未检出	未检出	未检出

为了慎重起见，对试验羊进行了三代的喂养解剖分析，以便取得动物试验遗传因子和不同代体内是否存在富集。测试结果表明差异不明显，没有发现有害元素在动物体内富集现象。

6. 灰场上不同覆土造田种植作物有害元素的影响

粉煤灰可用于覆土造田，种植作物。尽管覆土 10 ~ 30cm 厚，但作物根系仍生长于底部灰层中，必然吸收灰中有害元素。对此，徐塘、韩庄电厂在灰场田和对照土壤田对多年种植的粮食采样进行分析，其结果见表 8-68。

表 8-68　　灰场覆土和不覆土有害元素对土壤、作物、籽实的影响　　(mg/kg)

项目		As	Hg	Cd	Cr	Pb
粉煤灰	干灰	11.03	0.446	0.114	88.69	36.54
	湿灰	11.64	0.531	0.121	81.58	37.50
土壤		20.95	0.041	0.312	67.46	22.74
玉米	覆土 5cm	0.042	0.005	0.008	0.289	0.233
	覆土 10cm	0.067	0.005	0.007	0.214	0.277
	纯灰	0.129	0.005	0.007	0.214	0.277
黄豆	覆土 5cm	0.381	0.005	0.019	0.235	0.177
	覆土 10cm	0.445	0.005	0.020	0.154	0.154
	纯灰	0.465	0.010	0.018	0.295	0.184

灰场上覆土造田分析结果表明，粉煤灰中的砷比土壤低 9.62mg/kg；镉比土壤低 0.195mg/kg；而铅、铬、汞灰比土壤略高。灰场覆土区的玉米、黄豆中的 5 种有害元素比纯灰低，但都没有超过国家粮食卫生标准，所以灰场上覆土造田种植的粮食等作物不会造成污染。

7. 粉煤灰改良土壤有害物质对土壤及粮食的影响

山西、天津、湖北等省市对粉煤灰、掺灰土壤、未掺灰土壤共 230 个样品，1149 项次，以及对粮食 177 个籽实进行了测定，结果见表 8-69。

山西省农科院土壤肥料研究所、太原第一热电厂、山西省粮油研究所等单位对粉煤灰改良土壤后，有害元素的影响研究结果见表 8-70。

表 8-70 证明，粉煤灰不同施灰量与土壤中的 Cd、Cr、As、Pb、Hg 的相关系数均很小，$r<0.2$，相关系数显著性检验结果 r 都小于 0.05（显著水平的 d 值），故可得出结论：土壤中的 Cd、Cr、As、Pb、Hg 与粉煤灰施用量不存在线性关系，即每亩施用粉煤灰4 万 kg以下不会造成土壤的污染。

表 8-69　　粉煤灰、土壤、改良土壤及粮食籽实中有害元素含量　　(mg/kg)

项目		元素				
		Cd	Cr	As	Pb	Hg
粉煤灰		4.85	81.12	6.5	58.96	0.338
土壤		5	77.35	8.8	49.06	0.243
掺灰土壤	北方	5.28	71.94	8.21	52.66	0.315
	南方	0.43	31.67	11.58	18.19	0.081
掺灰土壤	小麦	0.048	0.157	0.095	0.063	0.0028
	玉米	0.062	0.349	0.080	0.055	0.0035
	水稻大米	0.330	0.140	0.091	0.129	0.0049

为了解粉煤灰对粮食中Cd、Cr、As、Pb、Hg含量的影响，试验人员连续4年对不同施灰量的土壤种植小麦、玉米、水稻139个样品进行了分析，结果表明：亩施灰4万kg以下时，籽粒中的有害元素的含量与对照田相比，均未发现显著性差异，见表8-71。

表 8-70 粉煤灰不同施用量与土壤五种有害元素关系 (mg/kg)

项目 \ 元素		Cd	Cr	As	Pb	Hg
测试样品数	土灰混合(0.5~4万kg/亩)	88	86	88	80	73
	本底	28	27	28	28	24
	粉煤灰	10	10	10	10	10
	合计	126	123	126	118	107
供试粉煤灰检测范围		1~9	30~170	1~15	4~35	0.1~0.8
土灰混合平均值		5.43	69.93	9.24	40.35	0.19
本底平均值		4.99	78.26	10.072	40.79	0.165
国家污泥排放标准		<10	1000	75	900	17
相关系数(r)		0.194	-0.18	-0.14	-0.109	-0.0076
相关系数显著检验		$\vert Y\vert <A(5\%)$	$\vert Y\vert <A(5\%)$	$\vert Y\vert <A(5\%)$	$\vert Y\vert <A(5\%)$	$\vert Y\vert <A(5\%)$

经多年种植，按不同年份对样品分析结果进行比较，五种有害元素的含量不同年份之间未发生显著性差异，不存在积累（富集）问题。粮食中的五种有害元素都未超过国家食品卫生标准。

二、粉煤灰中苯丙芘对农作物的影响

苯丙芘（Bap）是在燃煤和石油不完全燃烧时形成的，是一种多环芳烃化合物，是强性致癌物质。粉煤灰中所含苯丙芘对作物有何影响及是否会危害人体？试验人员在灰场纯灰和粉煤灰改良土壤田中进行了多年对比试验。

1. 标准与测试结果

根据GB 4284—1984《农用污泥中污染物控制标准》，在酸性（pH<6.5）和中性、碱性土壤上（pH>6.5），施用农用污泥其苯丙芘最高允许含量均为3mg/kg干污泥，燃煤测试值为0.03~1.41mg/kg，平均为0.59mg/kg。粉煤灰测试值为0.8~10mg/kg，平均为0.86mg/kg。对照土壤为0.1~4.5mg/kg，平均为3.4mg/kg。

结果表明：粉煤灰苯丙芘含量高于燃煤，主要是煤在燃烧后富集的结果，但粉煤灰苯丙芘含量低于土壤4~5倍，而且远远低于国家标准规定，所以粉煤灰中的苯丙芘不会造成土壤的污染。

2. 苯丙芘对灰场种植作物的影响

苯丙芘对灰场上种植的作物的影响见表8-72。

表 8-71 不同施灰量粮食中有害元素的含量 (mg/kg)

项目	处理	Cd			Cr			As			Hg			Pb		
		样品数	检出范围	均值	样品数	检出范围	均值	样品数	检出范围	均值	样品数	检出范围	均值	样品数	检出范围	均值
小麦	对照	20	0.040～0.071	0.059	2	0.075～0.084	0.080	7	0.090～0.180	0.119	7	0.002～0.005	0.003	20	0.040～0.075	0.0566
	2万 kg/亩	20	0.045～0.090	0.062	2	0.085～0.125	0.105	7	0.090～0.150	0.119	7	0.002～0.006	0.004	20	0.043～0.080	0.0649
	4万 kg/亩	20	0.047～0.080	0.068	2	0.073～0.075	0.074	7	0.080～0.170	0.120	7	0.002～0.006	—	20	0.045～0.096	0.0748
	6万 kg/亩	6	0.053～0.060	0.061				2	0.100～0.130	0.115	2	0.002～0.004	—	6	0.073～0.103	0.0908
	8万 kg/亩	4	0.061～0.070	0.066										4	0.080～0.095	0.0566
	F 值	F = 1.34 $F_{0.05}$ = 2.4 $F_{0.05}$ > F			F = 1.947 $F_{0.05}$ = 9.55 $F_{0.05}$ > F			F = 0.00704 $F_{0.05}$ = 3.55 $F_{0.05}$ > F			F = 0.621 $F_{0.05}$ = 3.55 $F_{0.05}$ > F					
玉米	对照	7	0.040～0.080	0.060	2	0.035～0.063	0.049	2	0.06～0.21	0.14	2	0.002～0.006	0.004	7	0.043～0.051	0.0456
	2万 kg/亩	7	0.055～0.085	0.072	2	0.038～0.093	0.066	2	0.06～0.16	0.11	2	0.002～0.006	0.004	7	0.040～0.080	0.0511
	4万 kg/亩	7	0.030～0.090	0.071	2	0.065～0.083	0.074	2	0.15	0.15	2	0.004～0.005	0.0045	7	0.052～0.075	0.0599
	F 值	F = 1.210 $F_{0.05}$ = 3.55 $F_{0.05}$ > F			F = 0.536 $F_{0.05}$ = 9.55 $F_{0.05}$ > F			F = 0.151 $F_{0.05}$ = 9.55 $F_{0.05}$ > F			F = 0.100 $F_{0.05}$ = 9.55 $F_{0.05}$ > F			F = 4.22 $F_{0.05}$ = 3.55 $F_{0.05}$ < F		
水稻	对照	7	0.040～0.080	0.059	2	0.075～0.095	0.085	2	0.090～0.110	0.110	2	0.001～0.002	0.0015	7	0.030～0.055	0.0464
	2万 kg/亩	7	0.050～0.070	0.060	2	0.095～0.140	0.118	2	0.130～0.150	0.140	2	0.002～0.02	0.002	7	0.030～0.070	0.0571
	4万 kg/亩	7	0.050～0.085	0.069	2	0.081～0.090	0.086	2	0.110～0.150	0.130	2	0.002～0.002	0.002	7	0.050～0.080	0.0651
	F 值	F = 1.400 $F_{0.05}$ = 3.55 $F_{0.05}$ > F			F = 1.552 $F_{0.05}$ = 9.55 $F_{0.05}$ > F			F = 2.168 $F_{0.05}$ = 9.55 $F_{0.05}$ > F								
允许含量标准		0.4			1.0			0.7			0.02			0.4		

表 8-72 灰田与对照土壤田种植小麦及蔬菜苯丙芘含量 (mg/kg)

样品名称	小麦	土豆	茄子	白菜	西红柿	水稻	大米
纯灰	2.2	0.54	0.27	0.25	0.23	4.05	0.43
土壤	0.69	1.6	0.43	0.27	0.17	2.84	0.43

由表 8-72 可知，灰田的粮食苯丙芘含量高于土壤田，而蔬菜苯丙芘含量低于土壤田。

3. 不同施灰量对作物苯丙芘含量的影响

粉煤灰改良土壤后，不同施灰量对作物苯丙芘含量的影响见表 8-73。

表 8-73 粉煤灰改良土壤后作物苯丙芘含量 (mg/kg)

处理	小麦			玉米			水稻		
	样品	范围	均值	样品	范围	均值	样品	范围	均值
亩施灰 1 万 kg	18	0.31～0.76	0.46	12	0.30～0.47	0.37	9	0.52～1.02	0.71
亩施灰 2 万 kg	18	0.34～0.94	0.52	12	0.35～0.47	0.40	9	0.48～1.35	0.71
对照土壤田	18	0.32～0.74	0.47	12	0.24～0.50	0.37	9	0.41～0.95	0.67

表 8-73 测定结果看出，用不同量的粉煤灰改良土壤与对照土壤种植的水稻均比其他作物苯丙芘含量高很多，但大米的苯丙芘含量并不高，这说明苯丙芘在稻壳积累。纯灰上种植与土壤种植的作物苯丙芘含量差异不显著。

参考文献

1 陈华奎等．土壤微生物学．上海：上海科技出版社，1981
2 中国科学院南京土壤所．土壤理化分析．上海：上海科技出版社，1980
3 苏加楷等．优良牧草栽培技术．北京：中国农业出版社，1983
4 陈志雄等．中国几种主要土壤的持水性质。土壤学报第 16 卷第 3 期：276～281

第九章 粉煤灰的精细利用

第一节 概　　况

粉煤灰是空心玻璃微珠、密实玻璃微珠、富铁玻璃微珠、多孔球状碳粒、碎屑状碳粒以及海绵状玻璃体等组分的混合物。其中玻璃微珠系硅铝质玻璃体；碳以多孔状碳粒和碎屑状碳粒出现；铁在富铁玻璃珠中存在。这些颗粒的形态、密度和成分均有差异，利用途径和经济价值也不尽相同。因此通过一定的化学或物理方法将它们从粉煤灰中分选或提取出来，做到物尽其用。虽然耗灰量不大，但粉煤灰的利用价值较高，故称为精细利用，亦是高附加值利用。

粉煤灰是包含多种元素的重要资源，因此，粉煤灰精细利用项目甚多，国外研制的项目也不少，但真正能够形成生产力，又能坚持下来的不多。我国已研究开发的项目有：粉煤灰漂珠、沉珠的分选和利用；粉煤灰中碳粒的分选和利用；粉煤灰中富铁玻璃微珠的分选和利用；粉煤灰漂珠在低密度油井水泥中的应用；粉煤灰漂珠在轻质保温耐火砖中的应用；粉煤灰纤维棉及其制品等等。这些利用技术比做建筑材料、回填和筑路材料耗用粉煤灰少，但就电厂和一些具体应用单位而言，能给他们带来一定的经济效益，促使这些单位自发地研究开发这类技术，是完全可能的。特别是有些电厂通过直接开发粉煤灰精细利用项目，取得一定的经济效益，即用此收益去补偿那些用灰量大、效益低的利用项目，这无疑起到了移丰补欠的作用。

近十多年来，通过各方努力，特别是由排灰单位与高等院校、科研机构联手，开展了粉煤灰的精细利用，如：处理工业废水、防腐蚀材料、合成沸石、微晶玻璃以及反光材料等科学研究，取得丰硕成果，更是令人奋进。但是，有的技术成熟度不够高，还须继续深入研究开发；有的产品技术过关，但原料和产品国家尚无此类标准，各厂无章可循；有的成果缺乏有力的市场开发，造成产品积压。由于粉煤灰精细利用的利用层次高，是提高粉煤灰自身价值的有效途径，所以，有些成果技术成熟、投资少、工艺简单、经济效益高，可以先行一步。因此，总的发展前景是好的。

第二节 粉煤灰颗粒分类及铁、铝、碳产物

一、粉煤灰颗粒分类和特性

粉煤灰是一种混合物，它包含品种繁多的物质。精细利用则是将它们一一分选出来，按

各自的特性，将其中高附加值的品种充分利用，以达到物尽其用，提高粉煤灰综合利用的经济效益。

粉煤灰按其颗粒分类可分为珠状颗粒和渣状颗粒两大类。在珠状颗粒中包括漂珠（常称空心微珠）、空心沉珠、复珠（子母珠）、密实沉珠（实心微珠）和富铁玻璃微珠等五大品种；在渣状颗粒中包括海绵状玻璃渣粒、碳粒、钝角颗粒、碎屑和粘聚颗粒等五大品种。

由于全国各地电厂所用煤种和燃烧工况不完全相同，因此，其颗粒形貌、结构和数量也不尽相同。如有些电厂粉煤灰中含有大量空心沉珠（厚壁空心玻璃微珠），有些电厂粉煤灰中则空心沉珠含量相对较少。美国曾对该产品进行开发，据介绍，这类产品承受静水压力可高达 700MPa。此外，较多电厂的粉煤灰主要含有密实沉珠。

为便于查考、比较和利用，现将其珠状和渣状颗粒的分类和特性等列于表 9-1，以供参考。

表 9-1　粉煤灰中颗粒的分类和特征

颗粒类别和名称	颗粒形貌和结构	粒径（μm）	相对密度	特性	备注
1. 珠状颗粒					
（1）漂珠（常称“空心微珠”）	薄壁空心玻璃微珠，壁厚约为珠径的 5%～8%，壁上常有针孔	30～100	0.4～0.8	活性高，轻质，绝热，绝缘，耐高温，流动性好	数量少，一般为灰渣总量的 1%左右
（2）空心沉珠	厚壁空心玻璃微珠，壁厚为珠径的 30%以上	30～80	1～2	活性高，轻质，高强，绝热，绝缘，耐高温，耐磨，流动性好	数量较多，可达灰渣总量的 50%
（3）复珠（子母珠）	鱼卵状空心玻璃微珠，壳内有大量微珠和碎屑	100～200	1 左右	活性高，易碎，轻质绝热，绝缘，耐高温	数量较少
（4）密实沉珠（实心微珠）	实心玻璃微珠，颜色深浅不同	<45	2.8 左右	活性高，绝热，绝缘，耐高温，流动性好	可达灰渣总量的 85%
（5）富铁微珠	暗色微珠	<45	4.2 左右	活性低，磁性，导体，高强，流动性好	可达灰渣总量的 15%
2. 渣状颗粒					
（1）海绵状玻璃渣粒	海绵状形状不规则的多孔颗粒	30～200	1.5 左右	活性高，轻质，绝热，绝缘	可达灰渣总量的 40%～50%
（2）碳粒	原状有时为多孔球形，易破碎为多孔碎屑	30～250	1.5 左右	可燃，导体，吸附性强	可达灰渣总量的 30%
（3）钝角颗粒	未熔融或部分熔融颗粒，大部分为石英颗粒	50～250	2.6 左右	—	少量
（4）碎屑	各种颗粒的碎屑	<30	—	—	少量
（5）粘聚颗粒	各种颗粒的粘聚体	50～250	—	—	少量

注　本表摘自沈旦申《粉煤灰混凝土》。

二、富铁玻璃微珠的分选和利用[1]

（一）国内外富铁玻璃微珠的分选利用概况

粉煤灰中的富铁玻璃体除少量溶融于密实玻璃微珠中外（含铁量的多少决定富铁玻璃微珠呈黄、棕、红色、黑色等不同颜色），绝大部分以显微状的磁铁矿和赤铁矿构成珠状颗粒，其粒径为 10～150μm。

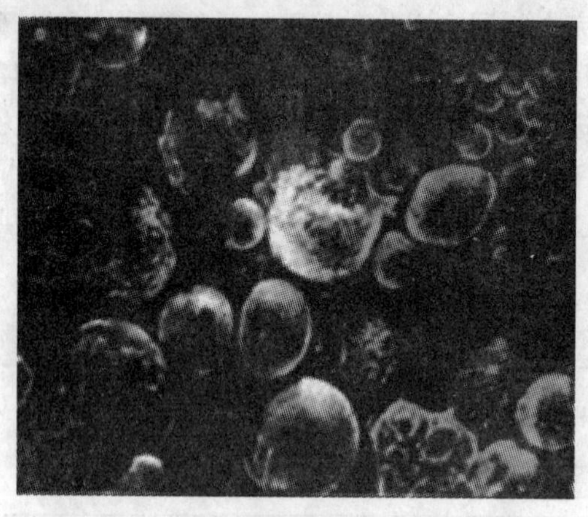

图 9-1 富铁玻璃微珠显微结构

在实验室对含铁量高的粉煤灰（Fe_2O_3 含量大于 8%）进行反复湿法磁选，其富铁微珠的氧化铁含量可富集至 61%，x 光衍射分析表明，其矿物相为磁铁矿（Fe_3O_4）、赤铁矿（Fe_2O_3）和玻璃体，利用扫描电镜对其表面观察，很容易见到嵌布在它表面小于 1μm 的磁铁矿、赤铁矿构成的细小集合体的微粒，并呈带状排列覆盖在磁珠的表面（见图 9-1）。

粉煤灰铁矿物磁力分选，即利用富铁微珠与伴生矿物的磁化系数的不同在低磁场下进行的。

各电厂粉煤灰中的富铁微珠含量不一的原因主要与原煤的含铁量有关，其次与锅炉燃烧工况亦有一定关系。

从粉煤灰中分选富铁微珠是有经济价值的利用途径之一，因此，比利时、加拿大、捷克和前苏联等国均曾先后进行过粉煤灰磁选精矿的试验和工业性生产。我国研究分选富铁微珠工作始于 1975 年，首先在青岛、烟台两电厂开始，经过科研、工业性试验和高炉冶炼等过程的摸索，取得成功后于 1977 年在青岛、济宁、烟台、黄台、石横等电厂正式开展分选富铁微珠生产，当时也曾取得一定经济效益，后来因国家大量进口澳大利亚高品位铁矿石，同时由于选出的富铁微珠品位较低，含铝硅酸盐量较高，又是粉状，不受炼铁厂欢迎等原因，致使富铁微珠滞销，造成电厂分选富铁微珠生产先后停产，仅济宁电厂因品位较高且又开发了新产品，才能维持生产。

近年根据“一业为主，多种经营”方针，山东多数电厂及贵州、吉林、陕西等地的不少电厂均开展了富铁微珠分选，取得一定的经济效益。其中如吉林浑江电厂，年排灰量 100 万 t，粉煤灰中含铁量 5%～7%，从 1989 年始开展富铁微珠与漂珠的回收工作，采用磁选工艺，铁品位达 45%～50%，以每吨 120 元出售给当地钢铁厂，仅富铁微珠一项，即年创产值 500 万元。

图 9-2 和图 9-3 为韶关电厂（粉煤灰含铁 4.43%）和市头甘化厂（粉煤灰含铁 8.09%）磁力分选的结果。

分选表明，铁精矿回收率随着磁场强度提高而增长，但铁精矿质量却逐步下降。对含铁较高的市头甘化厂粉煤灰，在 48000～64000A/m 磁场强度下可获得含铁 54.22%～58.37%的

---

[1] 本节曾参考高家诚、何泽福、张廷楷、曾丁丁《粉煤灰中提取还原铁粉的可行性研究》和张金明《提高粉煤灰磁选铁粉质量的研究》等资料。

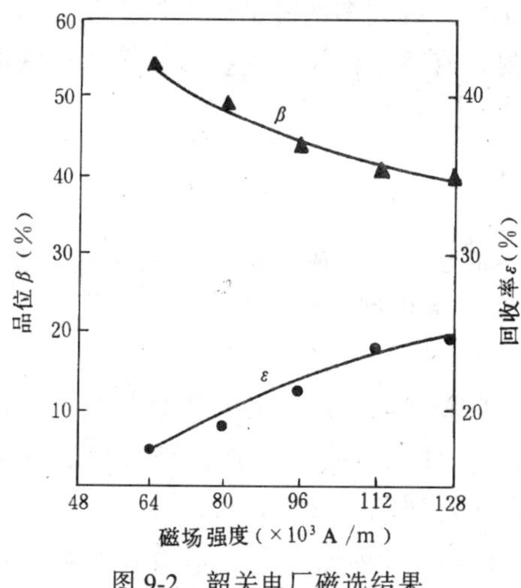

图 9-2　韶关电厂磁选结果

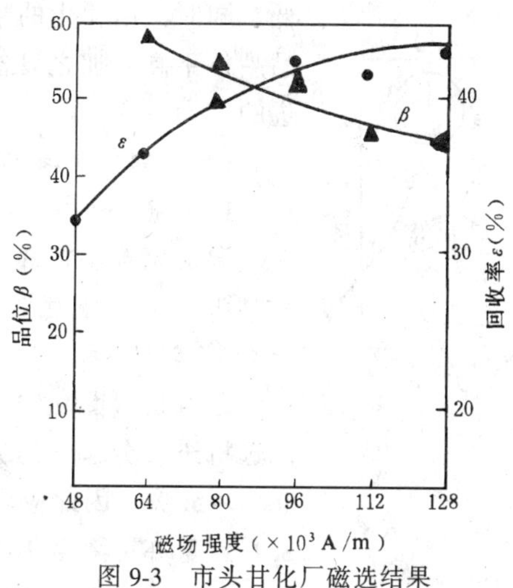

图 9-3　市头甘化厂磁选结果

铁精矿，回收率达到 32%～37%。回收率虽然不高，但方法简单、成本低、该厂每年可回收铁精矿 7200t。

根据经验，粉煤灰中含铁量在 5%以上的，即有分选价值。

总之，因我国铁矿储量有限，品位亦低，所以从粉煤灰中选出富铁微珠，也多少能补充一些铁矿来源，且经过选铁后的尾灰，对粉煤灰的某些品质有所改善（如耐火度），能为其他利用途径创造一些条件，因此各地电厂应根据资源和需求有计划地开展从粉煤灰中分选富铁微珠的工作。

此外，目前我国又利用摇床提高富铁微珠品位和制备还原铁粉，向更高品位努力，已取得一定成果。

关于用磁选工艺从粉煤灰中分选富铁微珠，主要借鉴于"选矿技术"，方法简便，但由于电厂排灰方式的不同，磁选工艺又可分为干法磁选和湿法磁选两种，其中以湿法磁选工艺较成熟。

（二）干法磁选工艺

1. 设备

干法磁选常用设备有单辊 36 极干式磁选机和 CTG-69/3 永磁筒式磁选机等，其具体参数见表 9-2。

表 9-2　常用干法磁选设备工艺参数

磁选机名称	规　格（mm）	磁场强度（万 A/m）	转　速（r/min）	给矿量	一级磁选品位（%）	回收率（%）	处理灰量（t/h）
单辊 36 极干式	φ600×500	9.6	可调	可调	50	50	
CTG-69/3 永磁筒式	2000×1650×1980	8.4	150～300	入选粒度 <0.5mm			3～5

2. 工艺流程

干法磁选主要用于干排粉煤灰，通过磁选机（见图 9-4）一面选出铁精矿，一面排出尾矿。

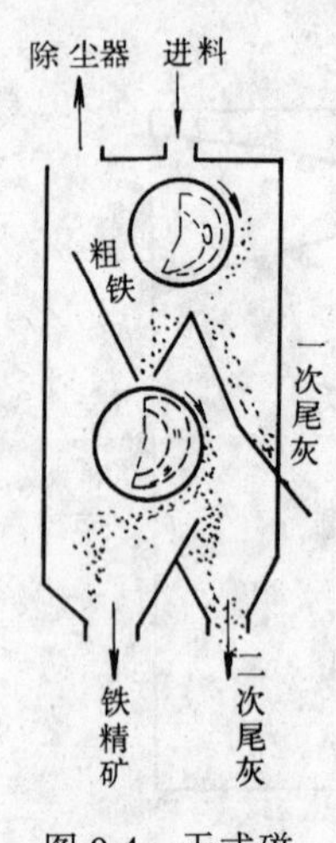

图 9-4 干式磁选机示意图

干法磁选由于料层太厚，往往上层灰中磁铁不易选取，回收率较低，同时又因粉尘的粘裹，精矿中含有较多的硅铝质颗粒，以致精矿产品品位不高，加之设备较难密封，有粉尘污染，这些都是干法选铁需改进的方面。

（三）湿法磁选工艺

1. 设备

湿法磁选设备常用的有半逆流永磁筒式磁选机，其性能参数见表 9-3 及图 9-5，其配套设备有泥浆泵（常用型号为 2PNL）。

2. 工艺流程

磁选机（图 9-5）安装在湿式除尘器下方，灰浆利用落差自然流入磁选机进行分选，这是一级磁选，此次分选后富铁微珠品位往往只达 46%～50%，因此应增设精选工序，即二级磁选，品位可达 56%，同时 SiO_2 含量亦可降至 16% 以下。这两级磁选应由两台设备分别进行，粗选时，为了提高回收率，磁场强度可高达 12.7 万 A/m，同时磁选角度可调大一些；精选时，为提高精矿品位，磁场强度可控制在 9.6～10.3 万 A/m，磁选角度可相对调小。

表 9-3 湿法磁选设备工艺参数

型号	规格	磁场强度（万 A/m）	进料粒度（mm）	转速（r/min）	处理灰浆量（t/h）
DL-600×1500	$\phi600\sim\phi1500$	12.7	0.15～0	35	40～50
CTB	750×1200	5.8～12.7		35	20～40

粗选在精选之前，为避免粉料带有剩磁而产生粘结现象，需通过脱磁或冲水工序，冲净铁粒间的微磁性脉石等杂质。只有用泥浆泵将脱磁或冲水后的料浆送入精选工序，才有利于精选时提高富铁微珠的品位。

磁选机工作间隙一般以调至 30cm 左右为宜，通常在粗选时工作间隙宜小，精选时工作间隙宜大。

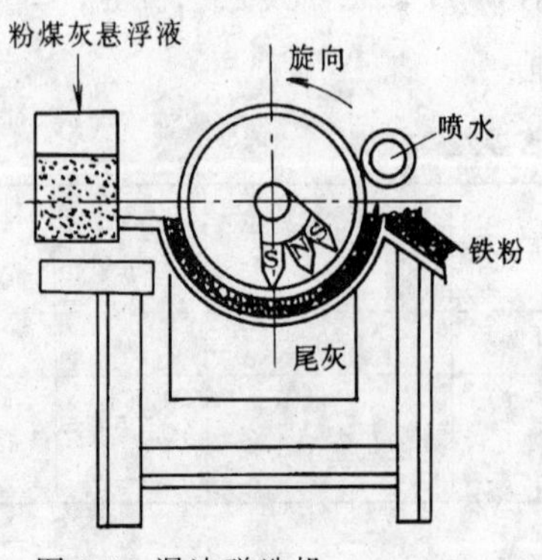

图 9-5 湿法磁选机工作原理示意图

磁选属物理分选法，与化学提取法相比，磁选法提取的富铁微珠虽甚多，但其中含有相当数量的硅铝氧化物，故纯度不够高，但工艺简单，我国目前均采用此法。其工艺流程示意图见图 9-6。

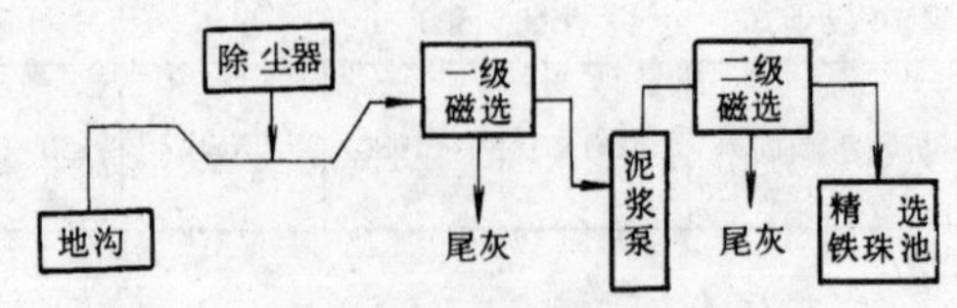

图 9-6 湿法磁选工艺流程示意图

（四）富铁微珠的利用与效益

目前从粉煤灰中分选出的富铁微珠的最大用途，是作为炼铁原料及水泥原料。如山东某电厂，为湿法磁选需要，曾购置永磁半逆流式磁选机（规格为 $\phi 750 \times 1800$）6 台以及 2PNL 泥浆泵 3 台，共投资 30 余万元，每年可处理粉煤灰 10 万 t 以上。分选后每年可获铁珠 5000t，品位在 48%以上，除各项开支外获利 10 万元。由此可见，30 余万元的投资仅 3 年即可回收。此外，每年尚可减少送 5000t 灰至贮灰场的费用，当然，如产品品位能提高至 50%以上，则经济效益将更高。

（五）采用摇床提高富铁微珠品位

磁选后的富铁微珠中常含有较多的氧化硅和氧化铝（SiO_2 和 Al_2O_3 的含量均大于 30%）等酸性物质，使铁珠品位低（Fe 含量小于 50%），达不到作为炼铁原料的要求。每提高入炉品位 1%，冶炼时可降低焦比 2%，提高生铁产量 3%，减少渣量 6%，因此，提高低品位产品的质量具有较大经济意义。

提高富铁微珠品位，除采用两级磁选技术措施外，电力部电力环保研究所在秦岭发电厂进行了提高磁选富铁微珠质量的研究，取得了可喜成果。他们本着投资少、见效快的原则，选用摇床作为精选设备，其投资仅 2 万～3 万元。

采用摇床提高磁选富铁微珠品位的工艺较简单，仅在磁选工序以后加一道 LYN2100 × 1050 型工业用摇床工序即成。

原铁珠品位小于 50%，经摇床处理后，其精矿产率达 66.25%，品位达 51.30%，作业回收率为 73.03%，酸性杂质从 30.5%降至 24.24%，完全可作炼铁原料，其中矿产率 22.08%，品位 44.19%，可出售给水泥厂作水泥原材料。

秦岭电厂选铁产值可达 11.47 万元/年，摇床处理成本为 3.7 万元/年，经摇床处理后净增产值 9.1 万元/年，净增利润为 5.39 万元/年。

（六）还原铁粉的制备

重庆大学进行了“从粉煤灰中提取氧化铁粉和制备还原铁粉”的课题研究，现此研究已取得较大成果。

制备的还原铁粉主要用于还原那些还原能力比铁弱的金属氧化物，即氧化还原顺序表上铁元素之后的金属氧化物，如将铜、汞、银、金等的氧化物还原成纯金属，因而可被冶金、化工工业作为廉价还原剂使用。这是从粉煤灰中提取精加工产品，使产品进入更高档次。此外，亦可作为粉末冶金、化工油漆等工业部门的原辅材料。

其工艺流程简述如下：先将粉煤灰灰浆经磁场强度为 11.6 万 A/m 的磁场进行弱磁选，再经磁场强度为 103 万 A/m 的磁场进行强磁选，将两级磁选后的氧化铁进行 8h 湿磨，再经 10%甘油水溶液淘析，尽量除去 SiO_2、Al_2O_3 等非铁杂质，提高铁的品位，然后用木炭层密封，按 1150℃ × 25h 进行第一次还原，出炉后再用分解氨按 1000℃ × 2h 进行第二次还原，再经破碎、磁选、过筛后做性能测定即可。

（七）粉煤灰中铁粉提取的考查结果❶

发电厂粉煤灰中含有一定数量的铁粉，因各发电厂燃烧工艺及所烧煤质的不同，导致各发电厂粉煤灰中所含铁粉的百分比含量不同。1999 年先后考查了辽宁省八家发电厂，并将

❶ 摘自辽宁本钢歪头山铁矿闫武昌《发电厂粉煤灰中铁粉的提取和应用》。

提取到的粉煤灰样品做了实验，结果如表 9-4 所示。

表 9-4 各单位的产率和 Fe_2O_3 品位

项目	单位								
	阜新辽电	大连二电	沈阳沈海	铁岭青河	抚顺市内	本溪本钢	抚顺章党	朝阳辽电	八家平均值
产率	6	6	4	3.5	3.5	4	4.3	6.5	4.725
Fe_2O_3 品位（%）	46.07	48.50	45.29	45.00	44.00	62.97	48.53	47.81	49.24

产率是指一定质量的粉煤灰中所能提取到的相应品位 Fe_2O_3 的百分比含量。到目前为止，发电厂从粉煤灰中提取铁粉尚不积极。辽宁省二十几家大中型电厂仅有阜新辽电上了这个项目。且仅回收了粉煤灰总量的 50%。重庆电厂因回收率低而不能正常运转。这两家电厂采用的回收机械装置是铁选厂用于精选的圆筒式选别机，用其回收粉煤灰浆中的铁粉，因有效回收面积小，所以效率非常低，约为 20%。圆筒式选别机不适用于从大流量、低浓度、低含量的流动液体中回收铁粉，因而项目不能得到充分的开发。

1. 圆盘式回收机的工艺流程

针对圆筒式选别机的有效回收面积小，可将其改为由一组圆盘组成的回收机，由于多盘回收，增加了有效回收面积，从而提高了回收率。实践证明回收率在 75%左右，其回收工艺流程为：

粉煤灰浆体→除渣系统→回收系统→精选系统→储粉仓。除渣系统——根据浆体中渣块具体情况设定（栅栏或自动除渣）。回收系统——回收机安装在灰浆的流槽中机器转动后，浆体中的铁粉被吸附到盘的两侧，由卸料机构卸下后送入流矿槽。精选系统——由圆筒式选别机精选，此时主要目的是提高所收集的三氧化二铁的品位。

2. 回收铁粉结果

由圆盘式回收和粗选得到的铁粉，经过辽宁省公路局水泥厂化验，其结果如表 9-5 所示。

表 9-5 各单位铁粉的化学分析结果（%）

单位	烧失量	SiO_2	Al_2O_3	Fe_2O_3	CaO	MgO	SO_3	合计
大连二电	4.49	34.82	13.48	34.78	3.94	2.62	0.17	94.29
阜新辽电	0.96	36.94	11.28	37.99	4.21	4.37	0.21	95.75
抚顺章党	0	36.86	16.43	37.99	2.81	2.29	0.27	96.38
沈阳沈海	0	31.32	12.89	46.08	4.40	2.84	略	97.53
抚顺市内	1.91	36.84	16.80	37.12	1.98	2.39	略	96.92
铁岭清河	0.25	30.50	10.12	47.79	2.88	3.04	略	96.58
本溪本钢	0	32.68	12.77	43.53	3.25	2.79	略	96.42

如再经圆筒式选别机精选，可将 Fe_2O_3 的品位至少提高 10%。

3. 回收铁粉的应用

根据以上化验的结果，经水泥厂技术部门鉴定，确定此铁粉品位及化学成分的百分比含量都能满足水泥铁质校正原料的要求。

我国各大中城市均有火力发电厂，但大都没有铁矿。其水泥厂的铁质校正原料都需从外地引入，因而成本高。从粉煤灰中提取铁粉，其成本不高于 15 元/t，是水泥厂其他铁质校正原料价格的 20%左右，因此从粉煤灰中提取铁粉有很大的市场推广价值。

粉煤灰中的铁粉在发达国家都能得到利用，而在我国尚未得到充分利用。这项资源的浪费应予以重视，且进行开发和利用。

三、提取氧化铝（氢氧化铝）、铝盐❶ 及其他

（一）国内外从粉煤灰中提取氧化铝（氢氧化铝）或铝盐的实践

从粉煤灰中提取氧化铝（氢氧化铝）或铝盐的工艺甚多，但归纳起来不外乎五种：

（1）碱法。碱法又分两种：①石灰石烧结法（石灰烧结法）；②碱石灰烧结法。

（2）酸浸（溶）法。酸浸法又分四种：①硫酸法；②盐酸法；③硝酸法；④氢氟酸法。

（3）酸碱联合法。

（4）气体氯化法。

（5）电热（碳热）直接还原法。生产铝硅合金，还可进一步将铝硅合金分离成金属铝和硅。

但常用的工艺为石灰石烧结法或碱石灰烧结法、酸浸法、气体氯化法等三大类。

早在20世纪50年代，波兰克拉科夫矿冶学院格日麦克（J. Grzymek）教授以高铝煤矸石或高铝粉煤灰（$Al_2O_3>30\%$）为主要原材料，从中提取氧化铝和利用其残渣生产水泥，取得了研究成果，曾于1960年在波兰获得两项专利，后又在美国等10个国家先后取得了专利权。20世纪70年代，匈牙利的塔塔邦在引进波兰专利后，消化、吸收研究成格日麦克—塔塔邦法的干法煅烧工艺，亦取得了专利。

波兰利用粉煤灰生产氧化铝以及用其残渣生产水泥，系采用石灰石烧结法。该法主要工艺流程（见图9-7）为：

（1）原料配制及烧结自粉化。

（2）铝酸盐的提取。

（3）浸出液的过滤。

（4）偏铝酸钠溶液的除硅处理。

（5）偏铝酸钠的碳化处理。

（6）经1220℃煅烧制得氧化铝。

在“浸取液的过滤”工序中，使含偏铝酸钠的溶液与硅钙渣分离，该渣再与石灰石粉按一定比例混合，以湿法经回转窑烧成水泥熟料，配成水泥，28d抗压强度可达45MPa。

波兰格罗索维茨水泥厂是座百年老厂，从1954年开始，该厂采用格日麦克法综合生产氧化铝（氢氧化铝）和水泥，当时年产30万~35万t水泥和5500t氢氧化铝，此外还每年产6000t铸造型砂。该厂用湿法生产工艺，共有4台回转窑，其中3台3×70m，每台日产熟料280t，第4台3.5m×115m窑，日产熟料450t，3台小窑中有一台按格日麦克工艺烧制自粉化料。1978年用粉煤灰作原料，至1980年改用煤矸石，主要因为粉煤灰运距远、运费高，而煤矸石则较近，运费低，但生产工艺未作任何改变。1号窑生产自粉化料，经提取氧化铝（氢氧化铝）后，其残渣供2号窑生产水泥，此外还出售一部分自粉化料作铸造型砂，其余窑则按传统工艺生产水泥。1954~1960年该厂生产氧化铝，1960年以后，因考虑到电子、造纸、皮革等工业部门的需要，前波兰政府指令该厂生产氢氧化铝，该厂生产能力为年产氢

---

❶ 本节曾参考费业斌《用石灰石烧结工艺从粉煤灰中提取氧化铝和生产水泥的新方法》及薛金根、唐锦霞《粉煤灰研制氧化铝》等资料。

氧化铝 5000～6000t。其氧化铝供电解生产金属铝，质量很好，由于生产优质氢氧化铝的经济效益好，并进行技术改造，以期达到年产氢氧化铝 1.25 万 t 的规模。

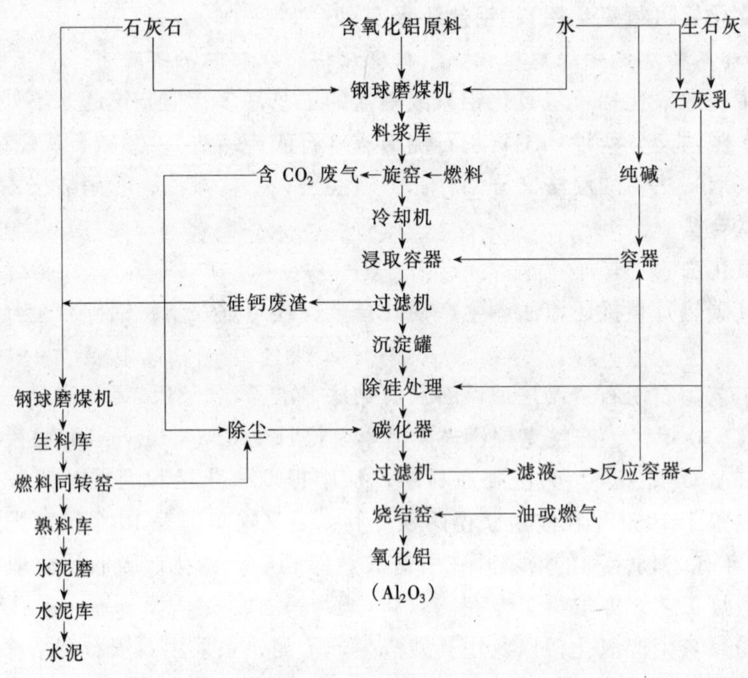

图 9-7 格日麦克自粉化法工艺流程图

波兰从粉煤灰中提取氧化铝经济效益较高，主要是由于该国铝矾土靠进口，同时粉煤灰中含铝又高，所以从粉煤灰中提取氧化铝的经济效益可与采用传统的拜尔法从铝土矿中生产氧化铝相比拟。

美国采用 Ames 法（石灰烧结法），按年耗用粉煤灰（含 $Al_2O_3$20%）30 万 t，提取率为 80%，年产 5 万 t 氧化铝和水泥 45 万 t 的规模，亦采用回转窑煅烧，进行过扩大性试验。

美国橡树岭国家实验室已完成 DAL 法（酸浸法）从粉煤灰中提取各种金属，残渣作填充料的研究。

美国还将粉煤灰掺入铝中，提高铝的产量、降低成本、增加硬度、改善可加工性及提高耐磨性。

此外，英国、日本和前苏联亦都进行过这方面的研究。

国外从粉煤灰中提取铝的各种工艺见表 9-6。

表 9-6　　从粉煤灰中提取铝的工艺一览表

方法名称	所用材料	具体进行方法	优　点	缺　点	附　注
直接碱浸出	粉煤灰、长石、霞石正长岩	用碱加压消解材料：用 CaO 悬浮液脱硅，用 CO_2 回收氧化铝	无需预先烧结，残渣可用作制造水泥，压力浸出工艺已验证过	氧化硅的控制是一问题，除硅时会损失铝	用前苏联霞石正长岩

续表

方法名称	所用材料	具体进行方法	优　点	缺　点	附　注
PDAL法	粉煤灰、煤矿废料	苛性加压消解使氧化铝溶于酸	无需预先烧结	大量消耗酸及苛性液的处理问题	O、R、N、L尚在继续研究
盐-苏打烧结法	粉煤灰，粘土煤矿废料	NaCl及Na_2CO_3混合物在700—900℃下的烧结材料，烧结后用硝酸浸出，用D_2EHPA除铁，中和沉淀出氧化铝	可得到纯氧化铝产品，能处理难熔的含铝材料	能耗高，硝酸消耗高	仍在进行研究
钙烧结法	粉煤灰	粉煤灰，“除尘器废渣”及碳酸钙在1200℃下烧结，用H_2SO_4浸出，用溶剂抽取法可获纯$Al_2(SO_2)_3$	“除尘器废渣”利用的途径	能耗费用很高	仍在进行研究
石灰烧结法	粉煤灰、煤矿废料	所给料与石灰石在1370℃下烧结，烧结料仔细冷却	残渣可用于制造波特兰水泥	需除硅，高能耗费用	波兰工厂生产氧化铝接近完成，USBM改选用水泥窑灰（CKD）代替石灰岩
氧化钙熔融	粉煤灰，煤矿废料、云母渣	粉煤灰及氧化钙在900℃下燃烧用水处理可浸出的玻璃质（为除去钾），然后用HCl稀释，用溶剂提取除去铁	烧结工序中回收HCl及从Solvay法中的氯化钙废料	能耗费用高，氧化硅溶解为一问题	至今尚未考虑经济利用
氢氟酸法	粉煤灰	粉煤灰和石灰烧结，然后用HF浸出，用电解回收氧化铝	可处理难熔的铝质材料，回收氧化硅及铁	能耗及化学试剂费用高，有腐蚀性	1975年建成试验性工厂，无进一步发展
高温氯化法	粉煤灰、煤、页岩	在800℃粉煤灰和氯及碳反应，通过吸收及蒸馏分离出金属氯化物	操作温度较低，可直接产出铝	铁转移为主要问题	继续进行研究中
氧化氯化法	粉煤灰	粉煤灰在氧化气氛中氯化蒸发出氯化铁，然后将残渣在还原气氛中在有氯化硅存在时挥发出铝，氧化氯化物选择性地凝结出	直接产出铝	工作步骤复杂，氯消耗高，加入氯化硅时功效丧失	限于实验室范围研究
柠檬酸浸出	粉煤灰	用柠檬酸浸出粉煤灰	可用生物学方法制造柠檬酸	至今报导仅15%铝提取率	工作在继续中

我国从粉煤灰中提取氧化铝同样可追溯到20世纪50年代，山东铝厂曾考虑过从粉煤灰中提取氧化铝，以后湖南、浙江等省亦有单位进行过此类工作，至1980年安徽省冶金科研所和合肥水泥研究院在进行提取氧化铝和制造水泥的实验室规模的试验研究后，提出用石灰石烧结—碳酸钠溶出工艺从粉煤灰中提取氧化铝，其硅钙残渣则作水泥原料的工艺路线，于1982年3月通过专家鉴定。

安徽省电力局科技处也已完成“从粉煤灰中提取氧化铝并生产 β-C_2S 胶凝材料的方法”的实验室试验项目，该试验的特点是：烧结温度800℃（一般为1320℃以上），能耗低、不脱硅。实验室所得的氢氧化铝符合GB 4294—1984标准，活性 β-C_2S 胶凝材料作为水泥混合材，能提高矿渣水泥标号。该成果已向国家专利局申请专利，于1989年1月公开，并准备建立一条年产1000t$Al(OH)_3$ 及5000tβ-C_2S 的中试线。

宁夏自治区建材研究所采用碱—石灰烧结法，将粉煤灰和石灰、碳酸钠经高温烧结成可溶性的铝酸钠及不溶性的硅酸钙等矿物，二者分离后制得氧化铝并回收碱，残渣亦用作硅酸盐水泥原料，该试验亦已于1987年9月由宁夏区科委组织通过鉴定。

焦作电厂曾进行用酸溶法从粉煤灰中提取聚合氯化铝。成都科技大学环境系及河北省环境监测中心站利用成都热电厂粉煤灰进行了提取硫酸铝的研究。

原能源部于1989年1月下达《关于从粉煤灰中提取氢氧化铝和硅酸二钙生产线在淮阴发电厂进行试验的通知》，此项目属中间试验生产装置规模，设计能力年产氢氧化铝1000t、碳酸钠1000t、硫酸铵1250t及硅酸二钙5600t，产值预计可达232万元，利润可达35万元，该项目采用安徽省电力局科技处1989年1月专利，用低温碳化合成工艺，较之高温熔出工艺在技术上有所突破，技术较新，国内尚无先例。

该生产线在筹建过程中，发现生产氢氧化铝的延伸产品—4Å沸石，可用来取代目前我国洗涤行业中普遍使用的三聚磷酸钠原料，为消除有机磷造成的水体富营养化创造条件。1t氢氧化铝可生产近2t4Å沸石，产量较高，市场广阔，经济效益好，该厂生产的氢氧化铝已被应用于橡胶及塑料制品等行业，作阻燃剂和高温耐火材料的添加剂等。

此外，河南省平顶山市第一建材厂利用粉煤灰冶炼铝合金获得成功，每吨铝硅合金售价约6000元左右，该合金可用作炼镁还原剂，使每吨镁成本降低1200元以上；可作炼钢脱氧剂，使每吨钢成本下降40元左右。我国目前所用炼钢脱氧剂为工业炉熔化多晶硅和铝锭，每年生产6000万t钢，如用从粉煤灰中制取的铝合金，则每年可节约铝锭3万t（合1亿元），可利用粉煤灰60万t，降低成本达24亿元。

（二）从粉煤灰中提取铝的技术

1. 从粉煤灰中提取氧化铝及利用残渣生产水泥

我国安徽省冶金科学研究所从粉煤灰中提取氧化铝及利用其残渣生产水泥的研究成果，其工艺流程见图9-8，与波兰格日麦克工艺同属石灰石烧结法，而宁夏自治区建筑材料研究所研究的成果则为碱石灰烧结法，其工艺流程见图9-9。事实上此两种方法在我国研制较早，而这两种方法应用的三大主要原料为粉煤灰、石灰（或石灰石）及碳酸钠（Na_2CO_3）。

现将石灰石烧结法（以下简称石灰石法）与碱石灰石烧结法（以下简称碱石灰法）作一比较，以便进一步提高这两项技术。

(1) 工艺：

1）石灰石法——波兰已建中试生产线。

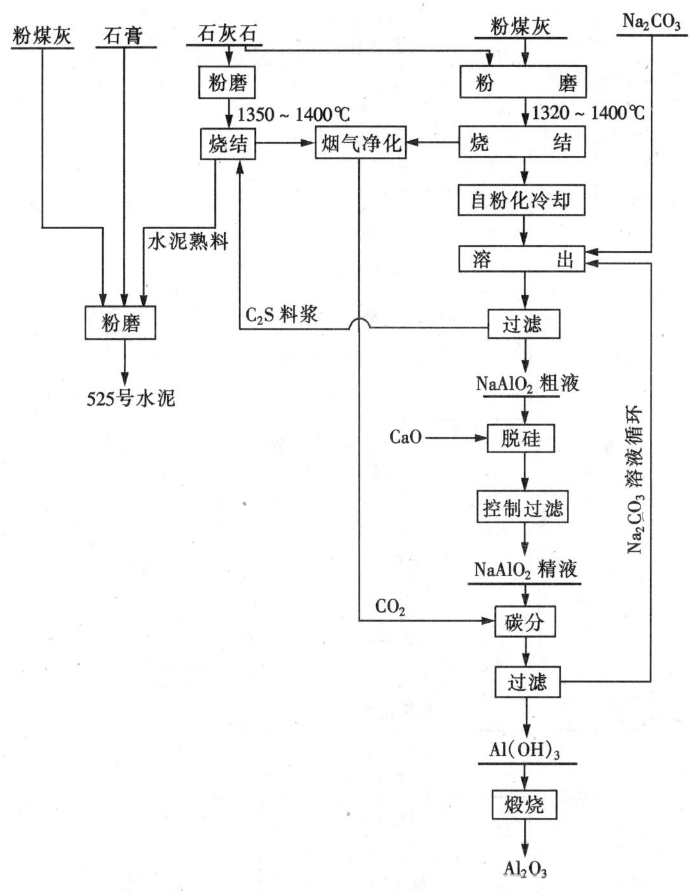

图 9-8 石灰石烧结法工艺流程图

2）碱石灰法——已通过鉴定。

（2）机理：

石灰石法和碱石灰法中，SiO_2 转化生成 C_2S 是相同的；但碱石灰法中 Al_2O_3 和 Na_2CO_3 烧结成可溶性的 $NaAlO_2$，而石灰石法中 Al_2O_3 与 $CaCO_3$ 烧结成铝酸钙，铝酸钙可被 Na_2CO_3 溶液浸出，成为 $NaAlO_2$，此点二者不同。

（3）原材料：

1）粉煤灰石灰石法用的粉煤灰控制 $Al_2O_3 > 30\%$，其 Al_2O_3 与 SiO_2 之比为 0.5 以上（质量比）。碱石灰法用的粉煤灰分为两种：①脱硅粉煤灰，要求细度 120 目/寸（约 0.125mm）的筛余量 < 12%，目的是提高 Al_2O_3 与 SiO_2 之比；②混合粉煤灰是在普通粉煤灰中掺加少量铝土矿，混匀，铝硅比与脱硅灰相同。

2）含钙材料 ①石灰石法，材料用石灰石，从能耗角度看，略高于碱石灰法，但可提供 CO_2 循环使用；②碱石灰法，材料用石灰，虽能耗较低，但需外供 CO_2。

3）碳酸钠（Na_2CO_3）一两法相同。

（4）配制及粉磨：

1）石灰石法将粉煤灰与石灰石按比例加入球磨机中粉磨至一定细度，通常控制在 4900 孔/cm^2 的筛余量 10% 以下，然后将其在料浆库内调整至所要求的化学组分。

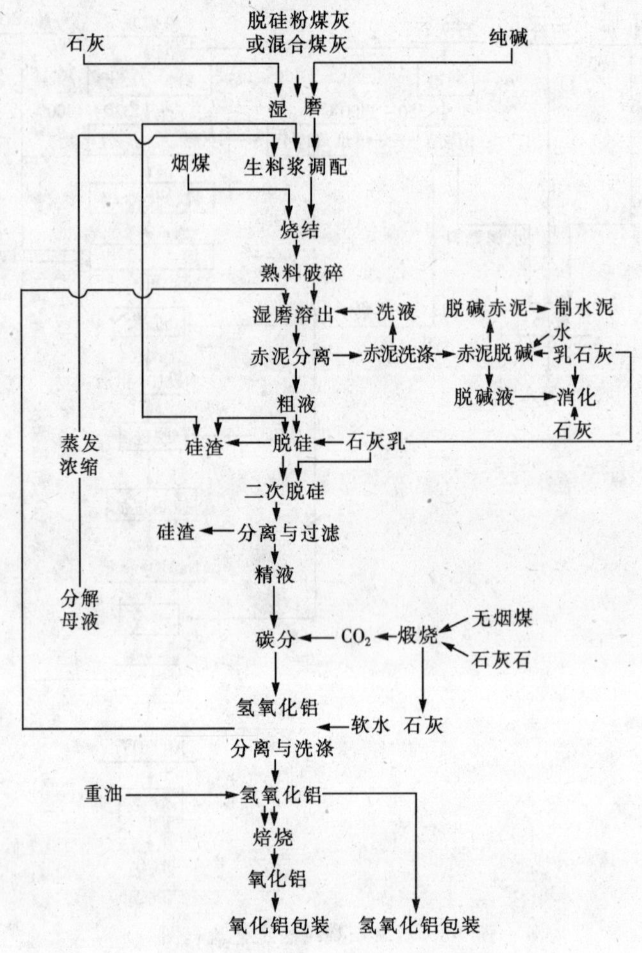

图 9-9 碱石灰烧结法工艺流程图

2）碱石灰法以石灰、脱硅灰或混合灰及碳酸钠三种原料配制好后湿磨，然后再用其工艺回收的碱液及活性硅渣进行生料浆调配。

（5）烧结温度：

1）石灰石法。1320～1400℃，能耗略高。

2）碱石灰法。1220℃，恒温 0.5h，弱还原气氛，能耗略低。

此外，两法均能使用掺入矿化剂的方法，使烧结温度范围扩大，满足生产要求。

（6）粉化：

1）石灰石法。熟料由于冷却后，晶相发生急剧转变，体积膨胀 10%，因此能自行粉化成一定细度，可节省粉磨能耗，直接进行下道工序。

2）碱石灰法。需经熟料破碎和湿磨方可进行下道工序。

（7）溶出：

1）石灰石法。以自粉化熟料粉末与一定浓度的 Na_2CO_3 溶液混合，在一定时间里，使粉末中的铝酸钙转变成水溶性的偏铝酸钠。

2）碱石灰法。是将磨细的熟料在一定浓度的循环母液中浸出，将可溶性偏铝酸钠浸出

液与不溶性的 C_2S 为主要成分的残渣分离。

（8）过滤：

1）石灰石法。滤出 C_2S 料浆以烧结水泥用，而得到 $NaAlO_2$ 粗液。

2）碱石灰法。赤泥作用后亦可得 $NaAlO_2$ 粗液，同时将赤泥脱碱后再制水泥。

（9）脱硅。石灰石法与碱石灰法相同。由于 $NaAlO_2$ 粗液中还有少量 SiO_2，需加入石灰乳液进行脱硅处理及中和过剩的 Na_2CO_3，经过滤后可得 $NaAlO_2$ 精液。

（10）碳分化（碳酸化分解）。石灰石法与碱石灰法相同。其作用仅是用 CO_2 中和 $NaAlO_2$ 溶液，降低溶液的碱度，使 Al $(OH)_3$ 有控制地析出。

（11）煅烧。石灰石法与碱石灰法相同。将所得 Al $(OH)_3$ 放入窑内，经 1200℃煅烧，除去水分和 Al $(OH)_3$ 的结晶水，从而获得一定纯度的 Al_2O_3，当然，在未经煅烧前，实际亦可获得Al $(OH)_3$产品。

（12）溶出率。石灰石法与碱石灰法中熟料 Al_2O_3 的标准溶出率均在 90%以上。

（13）配制水泥。石灰石法——以90%左右的硅钙渣和 10%左右的石灰石配料，在 1350℃温度下煅烧，得水泥熟料，再配以粉煤灰为混合材料，用石膏调凝，再经粉磨，可制得 525 号以上的硅酸盐水泥。但两法分离出来的赤泥，只要碱含量满足要求，均可配制水泥。

2. 从粉煤灰中提取铝酸盐

（1）氯化铝的提取。采用酸溶法从粉煤灰中提取氯化铝，这里将介绍从粉煤灰中利用酸溶法提取聚合氯化铝（PAC）工艺，其流程见图 9-10。

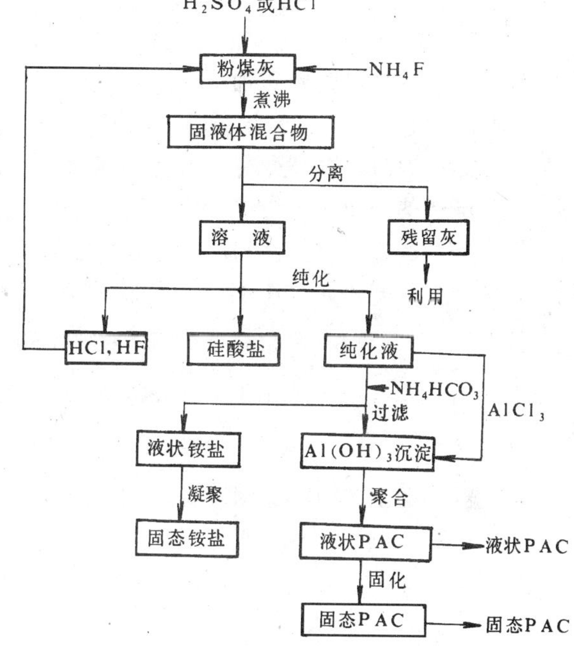

图 9-10　用酸溶法制 PAC 的工艺流程图

1）溶剂及助溶剂选择。本工艺主要利用溶剂 H_2SO_4 或 HCl 来溶解粉煤灰中复合的硅铝酸盐，而粉煤灰中合计约占 90%的 SiO_2 及 Al_2O_3 呈玻璃态，因此，Al_2O_3 为非活性体。提高其溶解度，重要的是要从提高 Al_2O_3 的活性入手，才能将 Al_2O_3 自玻璃体中释放出来，故选择了 NH_4F 作为助溶剂，其反应式如下：①用 H_2SO_4 为溶剂时

$$3H_2SO_4 + 6NH_4F + SiO_2(-Al_2O_3) \rightleftharpoons H_2SiF_6 + 3(NH_4)_2SO_4 + 2H_2O$$

$$3H_2SO_4 + Al_2O_3 \rightleftharpoons Al_2(SO_4)_3 + 3H_2O$$

②用 HCl 为溶剂时

$$6HCl + 6NH_4F + SiO_2(-Al_2O_3) \rightleftharpoons H_2SiF_6 + 6(NH_4)Cl + 2H_2O$$

$$6HCl + Al_2O_3 \rightleftharpoons 2AlCl_3 + 3H_2O$$

2）浓度及溶解时间控制。①以 H_2SO_4 为溶剂时，其浓度为 9mol/L，粉煤灰与溶剂比为

1∶2，溶解时间为 2h，NH_4F 与粉煤灰之比为 0.08～0.10；②以 HCl 为溶剂时，浓度为 6mol/L，粉煤灰与溶剂之比为 1∶25，溶解时间亦为 2h，NH_4F 与粉煤灰之比为 0.12。

3）沸腾反应。粉煤灰经与 H_2SO_4 或 HCl 及助溶剂加热，经沸腾反应后，即得固溶体混合物，其溶液的沸点即为该反应的温度。

4）分离。上述固溶体混合物经分离后即得：①内含 Al_2O_3 成分的溶液；②残留灰渣，包括未反应完的灰渣，可作它用。

5）纯化。

①去氟。因采用 NH_4F 为助溶剂，溶液中含有一定量的氟，必须除去，除氟的方法有两种：ⓐ蒸馏法——因 HF、H_2SiF_6 及 H_2O 可形成恒沸点的溶液蒸馏温度，如控制得当，就可有效地除去氟，同时可得到氟硅酸盐；ⓑ改助溶剂法——以 KF 替代 NH_4F_6，因这里 K^+ 及 $[SiF_6]^{2-}$ 可形成 K_2SiF_6 在酸溶液中沉淀，氟可为 K_2SiF_6 沉淀，以氟及硅残渣形式除去。

②三项产物有：HCl、HF；氟硅酸盐残渣；纯化溶液。

6）与碳酸铵作用。即纯化溶液与碳酸铵（起催化作用）经过滤得二次产物；①液化铵盐—经凝聚后成固态铵盐；②加 $AlCl_3$，得 Al（OH）$_3$ 沉淀，经聚合后得液态 PAC。

7）固化。Al（OH）$_3$ 沉淀物经固化得固态 PAC。

8）优点。能耗低、溶解率高、技术上可行及适合于大规模生产等。

（2）硫酸铝的提取。从粉煤灰中提取硫酸铝，是采用 CaF_2—H_2SO_4 酸浸取法，其工艺原理为：以硫酸作浸出剂，在沸腾反应过程中需有适量的 NH_4F 存在，先络合硅氧化物，从而使氧化铝溶出，其残渣亦可作生产水泥的原料。其反应式为：

$$SiO_2 + 3H_2SO_4 + 6NH_4F \rightleftharpoons H_2SiF_6 + 3(NH_4)_2SO_4 + 2H_2O$$

$$Al_2O_3 + 3H_2SO_4 \rightleftharpoons Al_2(SO_4)_3 + 3H_2O$$

$$Fe_2O_3 + 3H_2SO_4 \rightleftharpoons Fe_2(SO_4)_3 + 3H_2O$$

浸取硫酸铝的工艺流程见图 9-11。

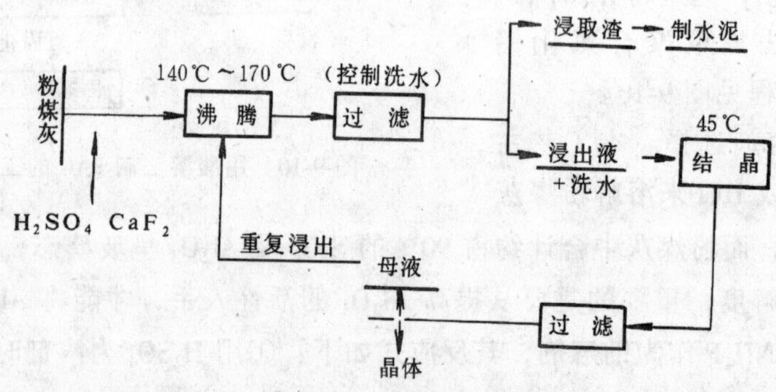

图 9-11 浸取硫酸铝工艺流程

其工艺条件为：硫酸浓度 1∶1；浸取时间 2h；CaF_2 与灰质量比为 0.05∶1；灰酸比为 1∶3，CaF_2 分两次加入，在 140～170℃沸腾状态下反应，结晶条件为 45℃，在 60% H_2SO_4 溶液中进行。

结果 Al_2O_3 溶出率为 40.39%，残渣中 Al_2O_3 为 14.80%，每处理一吨粉煤灰产出与投入差价为 300 元左右，所制得的硫酸铝可作净水剂使用。

（三）从粉煤灰中提取氧化铝（氢氧化铝）及铝盐的展望

利用粉煤灰提取氧化铝，用其残渣生产水泥，这在理论上是可信的，试验技术上亦是可行的。波兰还处于中试阶段，而中国虽已在这方面取得成果，但尚在实验阶段。我国目前有一些单位还在开展提取氧化铝、氯化铝、硫酸盐、氢氧化铝等的研制工作，接连取得成果，包括淮阴电厂已经建设从粉煤灰中提取氢氧化铝的中试生产线，这种坚持不懈的探索精神最终必将取得显著的成果。

据有关专家从物料平衡估算，目前从粉煤灰中提取氧化铝，每生产一吨氧化铝，要比从铝土矿中提取氧化铝增加消耗石灰石 11t，碳酸钠 100kg，电 450kW·h，煤 1.6t。至于利用其残渣生产水泥，采用窑外分解新工艺，的确可以降低能耗，因此，从粉煤灰中提取氧化铝，其残渣可以利用生产水泥的单耗是否可与从铝土矿炼铝及普通生产水泥的单耗持平，还有待大型试验方可见分晓。

纵观波兰中间线生产到安徽省实验成功的 20 余年中，这项成果渐趋停滞不前，其原因有三：

（1）从目前而言，现铝土矿资源丰富，用粉煤灰提取氧化铝的经济效益，尚还不能与从铝土矿中提取氧化铝相竞争。

（2）一次投资额巨大。

（3）用石灰石烧结工艺生产的氧化铝，具有白度高、粒度细及活性高三大特点，可作精细化工原料，其性质为传统的炼铝法所得的氧化铝所不及，因此前者的售价可比后者高出数倍乃至数十倍，且市场宽广，但此种优点尚未被大家所共识。

总之，随着铝土矿资源的日益消耗，特别从粉煤灰中提取氧化铝工艺的不断改进完善，以及多品种氧化铝用途的不断扩大及其经济价值的提高，可以预见粉煤灰作为一种铝资源的潜力是存在的。

（四）从粉煤灰中提取镓、钒等

众所周知，粉煤灰为不同矿物所组成，如镓（Ga）、钒（V）和二氧化硅等金属或金属氧化物，且已知其存在的数量，如美国德拉克斯粉煤灰中含有 86×10^{-6}的镓，含有 225×10^{-6}的钒等等。

当然，如能从粉煤灰中将这些物质提取出来，这对宇航工业、电子工业等无疑是一大贡献。

国外许多学者曾进行过这方面的探索，但至今仍不得要领，这些物质往往存在于提取其他产品的苛性浸出的残渣之中，由于粉煤灰中矿物组成复杂，如欲将某一物质单项萃取分离出来，则比较棘手，因此，目前仍采用传统的拜尔法的副产品，通过选择、沉淀，从苛性液中提取镓。

当然，要从粉煤灰中提取出足够纯度供电子工业应用的二氧化硅是不可能的，可是，如欲获得纯度稍差的二氧化硅，作为新型铝合金或耐磨铸铁中的组分，其可能性还是存在的。

四、碳粒的分选与利用[1]

粉煤灰中的碳粒是一种含量不定的次要成分，目前测定粉煤灰及其产品含碳量的手

---

[1] 本节曾参考兰荣顺《从粉煤灰中分选精碳、微珠和尾灰的工艺原理及应用》和宫中桂《粉煤灰分选理论与工艺方法的研究》等资料。

段，可借助烧失量指标来衡量。各电厂粉煤灰中的烧失量[1]差异较大，可在1%～30%中波动不等，这主要与煤种、煤粉粒径及锅炉燃烧工况三大因素密切相关。而粉煤灰中有含量很高的未燃尽碳分，则是一种很大的浪费。过去某电厂，由于煤质低劣，炉子燃烧效率低，烧失量高达30%，若该电厂年排灰量为30万t，则每年几乎有10万t的煤未经充分利用，若煤以60元/t计，则造成600万元/年的浪费。我国中南、西南等缺煤及煤质差的地区这种现象较为突出。因此，我国自20世纪70年代初期，即有许多科研单位和电厂进行粉煤灰中碳粒分选的理论与应用的研究，并在一些电厂投入生产，取得了显著的经济、环境与社会效益。

碳粒分选方法根据粉煤灰排放的方式分为干法与湿法两大类：干排灰采用干选法，其代表方法为电选法；湿排灰采用湿选法，其代表方法为浮选法。我国目前从粉煤灰中分选碳粒主要采用浮选法一次浮选工艺和多次浮选工艺，而电选法仍处在实验室与半工业试验阶段，以下将分别予以论述。

（一）碳粒的形貌及特征

粉煤灰中的碳粒主要是非晶质的无机碳，按煤种的不同，碳粒可分为两种类型：来自烟煤的碳粒，呈蜂窝状的球形或浑圆形颗粒；而来自无烟煤的碳粒，则呈碎屑状颗粒居多，孔隙较少。碳粒粒径为30～250μm；密度为1.6～1.8g/cm^3；堆积密度约0.6～0.7g/cm^3，具有质轻、挥发分低、硫含量低、表面积大，有一定的吸附能力等特点。

碳粒形貌见图9-12。

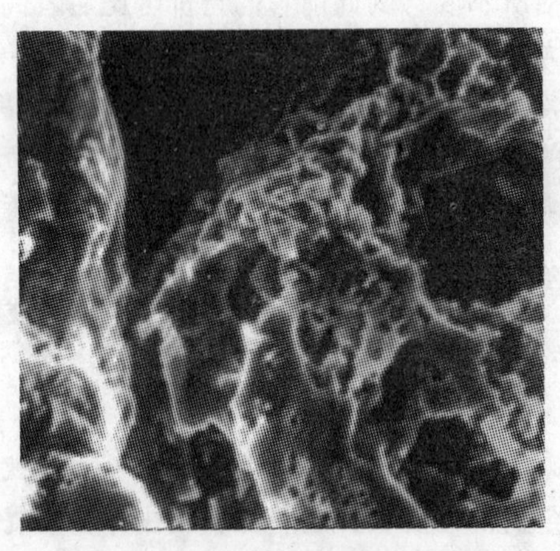

图9-12 碳粒的形貌结构

（二）一次浮选工艺（粗选）

浮选是在气-液-固三相界面分选矿物的一项高科技，粉煤灰中碳的浮选工艺，是根据它自身的特性，将国内的浮选设备有机地组合、配套、改进而成的。

1. 浮选碳的机理

粉煤灰中细粒状碳是属于可浮性较好的非极性物质，它与粉煤灰中其他硅酸盐类矿物表面对水的润湿性有着明显的差异。具有一定浓度的粉煤灰矿浆，加入捕收剂与起泡剂在浮选机中经搅拌与充气，矿浆中产生大量弥散的气泡。碳粒表面具有疏水性，吸附油类捕收剂在悬浮的矿浆中与气泡相撞，并粘附在气泡上形成泡沫产品粘于矿浆表面。硅铝酸盐矿物表面具有亲水性，不吸附油类捕收剂在矿浆中与气泡相撞，不粘附在气泡上而落入浮选机槽底，从而达到碳粒与硅铝酸盐矿物分离。

2. 浮选药剂、用量及其作用

（1）药剂。常用的浮选药剂有捕收剂及起泡剂两类：

1）捕收剂主要为烃类油，如柴油与煤油等。

---

[1] 我国目前测定粉煤灰含碳量的方法是将试样经1000℃灼烧前后烧失量代替含碳量。实际上，烧失量包括碳及挥发分两部分，大于实际的含碳量。但粉煤灰中挥发分含量很低，烧失量与含碳量数值相差甚微，故将粉煤灰烧失量视同含碳量。

2）起泡剂主要为醇类、酚类、醚类及脂类油，如杂醇油、X油、樟油及松节油等。

（2）用量。浮选药剂用量由粉煤灰中碳粒的含量、颗粒大小及工艺条件而定。

（3）作用。捕收剂的化学活性较低，一般是不和碳粒表面发生化学作用，仅使细碳粒浸润后，易于附着在搅拌过程中所产生的空气泡上，较好地上升到灰浆表面。捕收剂的存在可减少水的表面张力，使空气泡相对稳定，形成较好矿化泡沫层，增加分选界面；而起泡剂则属于表面活性物质，有较强的起泡能力。二者的联合对碳粒表面还具有“共吸附”作用，并在碳粒向气泡附着时互相穿插，形成良好的浮选泡沫。

3. 浮选工艺流程

将粉煤灰矿浆浓缩到30%（固体质量）左右，注入搅拌槽，同时加入适量捕收剂搅拌约20min，然后将矿浆移入浮选机，并添加起泡剂，形成矿化气泡，碳粒吸附在气泡上，浮到矿浆表面，形成泡沫层，由浮选机转动刮板将泡沫刮出，即碳粒产品精矿，简称“碳粒”。如果精矿质量要求高，可将刮出的泡沫产品注入另外的浮选机中再进行精选（一次或多次）。

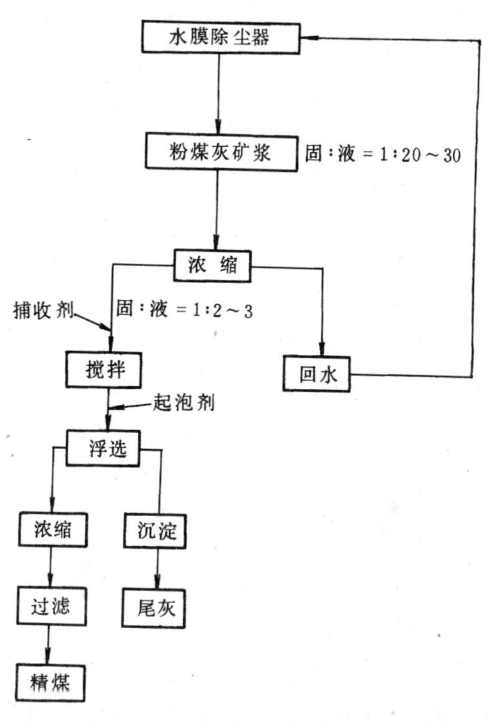

图9-13 粉煤灰碳浮选工艺流程

一次浮选（粗选）的尾灰如含碳分较高，特别是尾灰含碳量达不到建材质量要求，亦可再注入另一台浮选机进行第二次浮选，得到含碳量低的尾灰。将选出的精煤经过浓缩、过滤工序脱水，即可得到精煤产品（碳浮选工艺流程见图9-13）。

研究表明，起泡剂用量和捕收剂搅拌时间是碳浮选的最重要影响因素，延长搅拌时间和增加起泡剂用量均能明显提高碳的回收率。

表9-7为碳浮选实例结果，浮选试验条件为：捕收剂用量800g/t，起泡剂用量300g/t，抑制剂用量500g/t，捕收剂搅拌时间为25min，浮选浓度为25%。

表9-7 浮选碳的最终指标

厂 名	产品名称	产 率（%）	含 量（%）		回收率（%）		发热值（kJ/kg）
			可燃物	灰 分	可燃物	灰 分	
韶关电厂	原 灰	100.00	17.75	82.25	100.00	100.00	1380
	精 碳	77.33	1.34	26.27	94.16	7.24	
	尾 灰	22.67	73.73	98.66	5.84	92.76	
市头甘化厂	原 灰	100.00	16.45	75.07	100.00	100.00	1359
	精 碳	20.59	72.84	22.18	91.17	6.08	
	尾 灰	79.41	1.96	92.15	8.83	93.92	
中山糖厂	原 灰	100.00	22.35	77.65	100.00	100.00	1342
	精 碳	29.07	73.94	26.06	96.17	9.7	
	尾 灰	70.93	1.21	98.79	3.83	90.3	

（三）碳粒的利用

1. 工业与民间燃料用

如用于砖瓦厂砖坯的内燃燃料，降低能耗及成本，民用方面应用也很广阔。

2. 工业制品用

作碳素制品的原料，利用其表面多孔特点，作吸附剂或活性炭原料。

3. 冶金用

作铸铁型砂掺合料及冶炼铁合金碳球还原剂等。

（四）技术经济效益

1. 技术指标

从粉煤灰中分选碳粒，其技术性能良好。现以福建永安火电厂选碳结果为例，该厂对含碳量高的粉煤灰（碳含量大于15%），经浮选除碳后，其尾灰的含碳量可降至2%以下，此值低于国标（GB 1596—91）规定的Ⅰ级灰含碳量小于5%的要求。浮选出的精碳为黑色，形状为不规则粒状，呈多孔海绵状，它的可燃物含量可大于72%，发热值大于1342kJ/kg，着火点为576℃，熔点为1380～1420℃，可作为燃料用。经浮选碳后的粉煤灰浆对进一步磁选铁及重力分选微珠和尾灰也是十分有利的，其工业分析结果见表9-8。

表9-8 精碳工业分析结果

性质名称	固有水分	爆燃筒发热量	灰 分	挥发分	固定碳	着火点	密 度
单 位	%	kJ/kg	%	%	%	℃	g/cm^3
数 值	0.24	24000	23.29	1.66	74.81	576	2.2

2. 经济效益

该电厂下设一座从粉煤灰中分选精碳、微珠、尾灰的综合工厂，其分选规模6万t/年。选碳有两种产品：精碳与中碳。其经济效益见表9-9，这里还不包括节省粉煤灰至灰场的运费4元/t，以及灰场建设投资所需费用等。由表9-9可清楚看出，其经济效益是相当可观的。

表9-9 碳粒经济分析

产 品	数量（万t）	总产值（万元）	总成本（万元）	总利润（万元）
精 碳	0.42	75.60	26.25	49.35
中 碳	1.68	164.64	54.60	110.04

（五）湿法分选碳粒的改进

1. 湿法分选碳粒存在的缺陷

(1) 挥发分低，只有1%～1.4%左右，因此着火点温度高，难点燃。

(2) 碳粒上含有残存的醇等，有异味散发。

上述两种缺陷限制了碳粒的使用范围。

2. 改进措施

(1) 添加具有助燃作用的工业废料作助燃剂，增加挥发分，降低着火点温度。

(2) 采用自然蒸发，经一定时间存放，可除去异味。

3. 经济效益

改进后碳粒的销售价格可由原来的每吨10余元增至每吨60元，如制成广大居民应用的煤炉燃料，经济效益可进一步提高。

(六) 多次浮选工艺（精选）[1]

鞍钢发电厂的粉煤灰由于含炭量多，使其在综合利用方面受到很大限制，因此，设法降低粉煤灰中的含炭量是大量利用粉煤灰的前提，以选矿的方法将炭选出，来降低粉煤灰中的含炭量。选出炭后的粉煤灰符合Ⅰ级灰标准，是生产粉煤灰混凝土，粉煤灰水泥等建筑材料的优质原料，同时选出的炭可供民用，回炉再烧，提取活性炭等，是宝贵的资源。

1. 原理

粉煤灰中黑色的炭粒表面不易被水润湿，容易与气泡附着上浮，这与粉煤灰中的硅酸盐表面对水的润湿性有很大的差异，利用这个差异采用浮选法很容易分离出炭。在添加适当的捕收剂和起泡剂后，使其与灰浆充分搅拌，从而使药剂与炭粒表面充分作用，使其矿化上浮，然后用浮选机的刮板，使炭粒与矿浆分离。

2. 粉煤灰理化性能

(1) 粉煤灰的物理特性。本试验采用的是鞍钢一发电厂排至西尾矿坝的湿粉煤灰，颜色为黑灰色，具有较大的内表面积的多孔结构，多半呈玻璃态。

粉煤灰矿相主要由玻璃相，无定型相和结晶相三类矿物组成。玻璃相主要是球型玻璃体，这部分即为漂珠、微珠、磁珠等。

无定形相多为未燃烧的炭粒，结晶相为莫来石、石英砂、磁铁矿、赤铁矿、方镁石等。

粉煤灰的密度为2.02，堆积密度为0.5885g/cm^3。粉煤灰的粒度分析结构如表9-10所示。

表 9-10　　粉煤灰粒度分析

粒级(mm)	>0.28	<0.28~>0.154	<0.154~>0.10	<0.10~>0.074	<0.074~>0.063	<0.063~>0.040	<0.040
产　率(%)	3.86	4.67	8.63	13.40	7.01	31.27	31.26
累积产率(X)		3.53	17.16	30.56	37.57	68.84	100

由表9-10可见，粉煤灰中大于0.28mm的颗粒仅为3.86%，而小于0.036mm的颗粒占68%左右，可见，鞍钢湿排粉煤灰的粒度较细。

(2) 粉煤灰化学特性。煤粉经过高温燃烧，所得的粉煤灰中含有较多的酸性氧化物，化学成分和火山灰相似。其化学全分析见表9-11。

表 9-11　　粉煤灰化学全分析

成分	SiO_2	Al_2O_3	CaO	MgO	Fe_2O_3	烧失量	Na_2O	K_2O	其他
含量（%）	50.00	16.30	2.40	0.30	4.43	12.56	3.70	3.70	1.11

由表9-11可见，粉煤灰的主要成份为氧化硅，氧化铝 $SiO_2+Al_2O_3$ 为66.80%，炭含量为12.56%，是一种含炭量较高的粉煤灰。

3. 粉煤灰选炭试验

炭是一种具有天然疏水性物质，表面不易被水润湿，而易被油润湿，为使其能从粉煤灰中选出，采用湿法浮选是一种有效的选别方法。为取得较高的选别指标，对捕收剂和起泡剂

[1] 本文摘自鞍钢环保研究所何新露、常治铁及鞍钢矿山研究所张丛香《粉煤灰选炭的试验研究》。

进行了不同药剂用量的多种条件试验，从中确定出最佳的药剂用量。其试验结果见表 9-12。

表 9-12　　不同药剂用量试验结果

捕收剂 kg/t·原灰	起泡剂 kg/t·原灰	β（%）	θ（%）	γ（%）	E（%）
1.0	0.5	35.97	3.54	27.81	79.65
	1.0	38.99	3.17	26.21	81.36
	1.5	40.91	2.45	26.29	85.63
1.25	1.0	40.92	2.57	26.05	84.87
	1.5	41.82	2.47	25.64	85.38
1.5	1.0	42.96	2.20	25.41	86.91
	1.25	42.83	2.30	25.31	86.63
	1.5	44.73	1.49	24.37	88.07
2.0	1.0	44.732	2.12	24.50	87.25
	1.5	40.92	2.09	26.96	87.83
2.5	1.0	35.97	2.20	31.45	90.07
	1.5	37.28	2.12	26.69	88.12

从表 9-12 中试验数据可以看出，原灰含炭 12.56%，当捕收剂用量为 1.0～1.5kg/t·原灰时，随着起泡剂用量的增加，浮选指标逐渐提高，而当起泡剂用量不变时，随着捕收剂用量的增加，精矿呈一曲线变化，用量小时，精炭中含量，回收率都很低，捕收剂用量过大，浮选指标不理想。因此，根据精选的各种不同药剂条件试验，粉煤灰选炭的最佳药剂制度为：

捕收剂用量：1.5kg/t·原灰。

起泡剂用量：1.5kg/t·原灰。

浮选时间：1min。

浮选温度：常温。

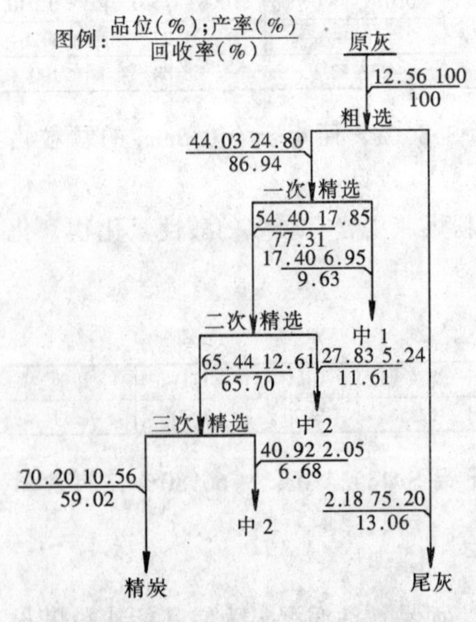

图 9-14　粉煤灰选炭开路试验数质量流程图

（1）浮选开路流程试验。粉煤灰在最佳药剂条件下，经一段粗选，尾灰含炭就在 5%以下，可直接抛出尾灰作为最终尾矿。但一段粗选的精矿含炭量只有 40%左右，而进行精选，经过三段精选作业选别后，取得了精炭含炭量达 70.20%，回收达 59.02%的较好选别指标。所以试验确定采用的工艺流程为一段粗选，三段精选，其开路试验质量流程如图 9-14 所示。

（2）粉煤灰选炭浮选闭路试验。通过对粉煤灰浮选的药剂制度、工艺流程的最佳条件试验，最后确定了收捕剂、起泡剂的用量各为 1.5kg/t·灰，流程为一粗三精的浮选流程，开路试验取得了较好的选别指标，在此最佳条件下，接着进行了实验室闭路试验，浮选给矿浓度为 18%，经过一段粗选、三段精选作业后，得到了含炭 69.65%的精炭，产率为 14.15%，回收率达 78.47%，尾灰含炭量达 3.15%，产率为 85.85%，均达到理想选别指标，所以选择的工艺是可行的、合理的。通过浮选，使粉煤灰达到了Ⅰ级灰的标准，是生产建材用的优质原料。浮选所得的精炭含炭量高，属于燃烧过的火煤，有较高的发热量，不仅可供民用，回炉再烧，还可深加工，用于生产供食品、医药工业用的活性炭，也可以生产供污水处理用的吸附剂等。其闭路试验数质量流程如图 9-15 所示。

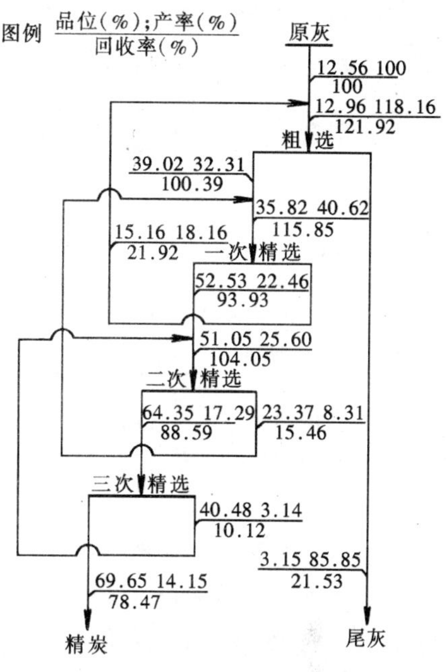

图 9-15 粉煤灰选炭闭路试验数质量流程图

(3) 粉煤灰选炭实验室连选试验。通过粉煤灰选炭小型闭路流程试验，取得了较好的选别指标。为使试验的指标更具连续性、可靠性，为工业性试验提供充分的依据，又进行了粉煤灰选炭的实验室连选试验。

粉煤灰的粒度一般非常细，但其中仍夹杂少量大颗粒杂质，这部分杂质不仅会堵塞浮选机，而且还会影响浮选效果。因此，在连选试验的浮选作用前增加一般除渣筛，在矿浆进入浮选机前将杂质除去。试验所用除渣筛为 0.3mm 振动细筛，筛上杂质抛掉，筛下部分给入浮选搅拌槽。然后加入捕收剂、起泡剂，再将矿浆投入 7L 充气式浮选机，先经一段粗选作业，抛出合格尾灰、粗选精矿泡沫投入一段精选，其尾矿返入粗选作业；而二段精选作业的精矿再投入三段精选作业，二段精选的尾矿返回，一段精选作业，三段精选作业得到高含炭量的最终精炭，其作业的尾矿返到第二精选作业。

连选试验的浮选给矿浆浓度为 18%，每小时处理原灰 25kg。药剂加入量：捕收剂 1.5kg/t·原灰。起泡剂 1.5kg/t·原灰。常温浮选。设备连续运转 24h，连选试验期间设备运转正常，浮选作业稳定。连选试验指标见表 9-13。其连选试验数质量流程图见图 9-16。

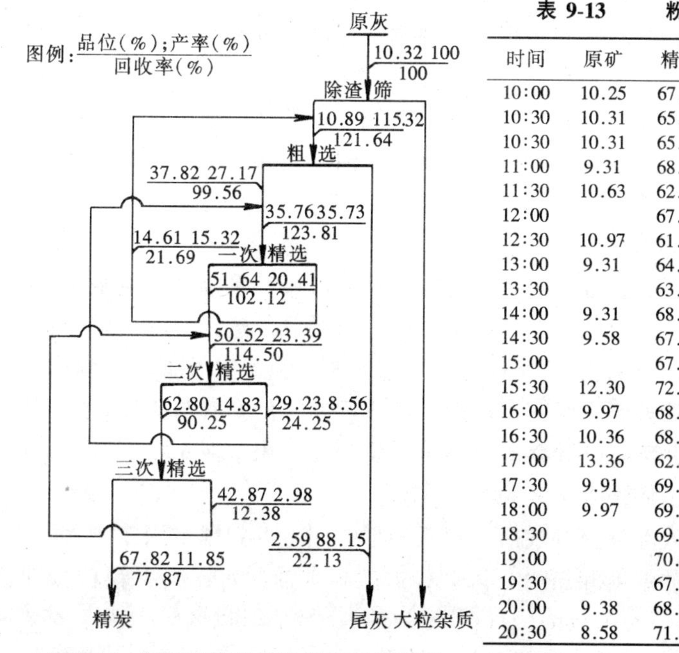

图 9-16 试验室连选试验数质量流程图

表 9-13 粉煤灰选炭连选试验指标 %

时间	原矿	精矿	尾矿	时间	原矿	精矿	尾矿
10:00	10.25	67.32	1.99	21:00	10.57	60.40	2.10
10:30	10.31	65.83	4.99	21:30			
10:30	10.31	65.83	4.99	21:30	9.38	60.84	1.99
11:00	9.31	68.82	2.99	22:00	9.97	67.82	2.59
11:30	10.63	62.83	2.32	22:30	9.38	67.21	2.99
12:00		67.82	2.66	23:00	8.98	72.82	2.79
12:30	10.97	61.84	1.66	23:30	10.77	63.83	2.59
13:00	9.31	64.83	3.66	0:00	12.36	64.83	3.19
13:30		63.83	2.66	0:30	10.57	60.84	2.59
14:00	9.31	68.82	2.33	1:00	9.57	70.81	2.99
14:30	9.58	67.82	3.12	1:30		72.81	2.79
15:00		67.82	1.080	2:00	10.97	70.17	1.79
15:30	12.30	72.81	2.79	2:30		61.37	2.59
16:00	9.97	68.82	2.99	3:00	10.57	63.83	2.79
16:30	10.36	68.82	1.99	3:30		67.82	1.79
17:00	13.36	62.86	2.99	4:00	10.37	63.32	1.79
17:30	9.91	69.16	2.39	4:30	9.97	68.82	2.79
18:00	9.97	69.81	1.99	5:00		71.80	1.99
18:30		69.82	2.39	5:30		66.82	1.99
19:00		70.82	2.19	6:00		62.84	2.99
19:30		67.82	2.59	6:30	10.25	61.77	2.57
20:00	9.38	68.82	2.99	7:00		66.82	2.66
20:30	8.58	71.81	2.59	平均	10.25	67.82	2.59

精矿产率：$\gamma = 11.85\%$；炭回收率：$\varepsilon = 77.87$。

从连选试验指标可看出，这次取样原灰含炭量偏低一些，平均为10.25%。鞍钢发电厂排出的粉煤灰一般含炭量为10%～15%，含炭量越高，炭的提取就越容易。含炭10.25%的原灰，经过连选获得的平均指标为最终精矿含炭量高达67.82%，产率为11.85%，回收率为77.87%，其热值为5964Cal/g。若原灰含炭量略高，精炭的产率会稍大。连选尾灰平均含炭2.59%，产率为88.15%，其化学成分分析结果如表9-14所示。

表9-14 连选尾灰化学成分分析

成 分	SiO_2	Al_2O_3	CaO	MgO	Fe_2O_3	烧失量	其他
含量（%）	54.00	20.10	2.20	0.90	3.60	2.59	9.63

4. 经济效益

目前，鞍钢年排放湿粉煤灰约20多万t，如对其加以开发利用，可获得较大的经济效益。

采用湿法浮选，处理1t粉煤灰可获得0.12t煤粉，每吨煤粉220元计，可获产值26.4元；而处理1t粉煤灰所需药剂成本为8.7元，水、电、设备折旧等其他成本为2.8元，共11.5元，则处理1t粉煤灰效益为14.9元。

如每年处理20万t粉煤灰，可为鞍钢创年效益：

20万t×14.9元/t=298（万元）。

由于除炭后的粉煤灰含炭量低于5%，是优质的建筑材料，可广泛应用于水泥、砖、砂浆等建材制品，可创造较好的经济效益，为粉煤灰的综合利用开辟了广阔的途径。

第三节 油井水泥、沸石、微晶玻璃、反光材料等

一、漂珠在低密度油井水泥中的利用❶

随着石油工业的迅猛发展，油、气井固井工程用的油井水泥需求量也在不断上升。尤其是由于井深加深，地质条件差，低密度油井水泥的需求更显得迫切。因此，许多国家都瞄准和探索合适的水泥减轻剂——粉煤灰漂珠，并为配制低密度油井水泥这项新技术的研制和开发作出不懈的努力。我国同样也做出许多新贡献，先后在许多油、气井工程中实际应用上取得了一些经验。当然，有些方面还有待改进。

（一）固井工程与低密度油井水泥

在油气田的勘探与开发中，为了防止表土坍塌，建立了钻井液循环系统，以克服钻井中遇到的井塌、漏失、气窜等复杂情况。封隔已钻穿的油、气、水层段，达到分层试采油气的目的，需先后下入多层钢管（套管）。按其作用可划分为表层套管、技术套管、油层套管等。在每层套管与井眼的环形空间内均需按要求注入不同性质的水泥浆，使套管与井壁紧密连接起来，为油、气的开采建立钢铁的井筒。这种将套管下至预定深度，用水泥车在环形空间注以水泥浆并安装井口以及相辅助的工序统称为固井。

由于纯水泥浆是由水泥车泵送入套管至井底后，再从环形空间上返到预定深度，水泥浆柱随着套管的深度承受着愈来愈高的温度和压力，因此，这就要求油井水泥具有颗粒微细、

❶ 本节承王俊德、吴忠孚、李策雷提供大量资料。

浆体初始稠度（从配浆开始 15～30min 内水泥浆的粘滞力）低、稠化时间（水泥浆处于可以泵送的状态的时间）、水泥石早期（8～24h）强度高等基本的特殊性能。

同时由于在固井工作中，将纯水泥采用常规水灰比配制成的浆体，其体积密度一般都大于 1.85g/cm^3，当这种浆体注入井下时，具有裂缝、孔洞的岩层、地层压力系数很低，或由于封固段超长达 1500m 以上，不少脆弱地层的地耐力及对于承受该水泥浆体的液柱压力等因素，造成水泥浆体发生井漏，引起浆面低返，达不到预期填充高度，必需进行二次封固，这不仅延缓交井周期，而且即使采取补救措施，也由于水泥浆体的流失，已造成油气层污染，影响油气产量。为此，在发展石油工业的同时，如何研制、应用低密度油井水泥（即配制的水泥浆体密度低于 1.85g/cm^3），已成为固井工程的一个突出问题，其技术要求大致归纳如下：①克服地层压力系数低，水泥浆柱高，压力增大产生井漏，导致水泥面低返，封固长度不符合采油等现象；②平衡地层压力、延缓水泥浆“失重”时间，防止油气“窜出”；③降低主要储层的水泥浆失水量，保护油气层、防止污染；④作领浆使用，冲刷井壁，提高主要油气层段的水泥封固质量；⑤抵抗地层水的腐蚀，保护套管，延长油井寿命；⑥填充非主要环形空间，节约水泥，降低成本。

由于井深、地温梯度、油气压力和地质条件的不同，我国油井水泥标准于 1988 年参照美国石油学会 APISPEC10-86《油井水泥材料和试验》标准，修订成九个级别（A、B、C、D、E、F、G、H 和 J 级），不同级别的水泥又分为普通型、中抗硫酸盐型及高抗硫酸盐型三种类别，但仍不足以解决固井工程中的不同要求。因此，在固井时除需要选择适当级别和类型的油井水泥外，还需要掺加不同的油井水泥外加剂，以提高固井质量。如稠化时间调节剂（促凝剂和缓凝剂）、改变水泥浆流动性的外加剂（分散剂或称减阻剂）、控制水泥浆失水性的外加剂（降失水剂）、水泥浆密度的调节剂（减轻剂和加重剂）、提高水泥石热稳定性的外加剂等。

（二）国内外低密度油井水泥的研制概况

1. 国外低密度油井水泥的研制

美国研制油井水泥减轻剂过程是一个渐进的过程。

早在 20 世纪 40 年代，美国开始用粉煤灰作油井水泥的减轻剂，至 1965 年在固井工程中已有年用粉煤灰 13 万 t 的记录。其时，水泥浆体采用绝对体积比，粉煤灰与水泥之比为 1:1；如改为质量比，则为 37:47。在该配比中掺入少量膨润土或粘土，以提高浆体的流动度和保水性，但在浆体中，膨润土之类的混合料必须搅拌均匀，方可保证质量。

当时，美国配制的纯硅酸盐水泥浆体的密度一般为 1.87g/cm^3，而用粉煤灰作减轻剂的水泥浆体的密度则为 1.69g/cm^3，已能适应一般固井工程的需要。

美国石油学会也曾经颁布油井水泥用粉煤灰标准❶。

1973 年，美国又开始研制利用粉煤灰中空心微珠❷作减轻剂，来减轻油井水泥浆体的密度，至 1980 年获得成功。Halliburton 公司曾提出以粉煤灰中“高强微珠”（Highstrength microspheres）作水泥减轻剂，其配制的水泥浆体的密度低达 0.9～1.10g/cm^3，几乎只有纯水泥浆体密度值的一半，堪称超低密度，次年获得“空心微珠低密度油井水泥”专利。

---

❶ 其技术指标烧失量 $<6\%$；$SO_3 \leqslant 3\%$；$SiO_2 + Al_2O_3 + Fe_2O_3 > 70\%$；含水率 $\leqslant 3\%$；碱（按 Na_2O 计）$\leqslant 2.5\%$。

❷ 编者认为此是“漂珠”，下同。

此外，前苏联、联邦德国、英国及荷兰等国在油井、气井甚至复杂地质的深井的固井工程中，所用水泥浆体亦采用粉煤灰作减轻剂，在降低浆体失水量、延长凝结时间、降低渗透率、提高密封性和耐热性等技术性能方面，均取得显著效果。

2. 国内低密度油井水泥的研制

我国低密度油井水泥研究起步较晚，但20世纪80年代以后发展速度较快，现按所用减轻剂材料，分述如下：

(1) 硅粉。1966年中国建筑材料科学研究院研制出在油井水泥中添加67%的硅粉或硅藻土的低密度油井水泥。当水灰比为0.8～1.10时，密度降至1.40～1.52g/cm^3，在大港油田试验成功。1974年，锦西水泥厂为辽河油田试验生产水泥浆的密度为1.55～1.60g/cm^{3}的矿渣油井水泥，并将其用于固井。

(2) 粉煤灰。20世纪80年代末，大港油田将粉煤灰添加进G级水泥中，使浆体密度降至1.50～1.60g/cm^3。

(3) 漂珠。为解决克拉玛依油田克拉玛依—乌鲁木齐大断裂以南的井眼漏失问题，1983年新疆石油管理局钻井工艺研究所用漂珠作减轻剂，配制低密度油井水泥，使水泥浆密度降至1.15～1.50g/cm^3，推广后较好地解决了该地区的水泥浆的漏失问题。

1984年，辽河油田将漂珠添加在锦西水泥厂75℃油井水泥中，使水泥浆密度降至1.25～1.55g/cm^3，较好地防止了古潜山油矿的井眼漏失。1984～1991年共应用623井次，使用漂珠达4000余吨。

至1988年末，全国又有大庆、华北、四川、胜利、青海等油田或多或少地采用了漂珠低密度油井水泥。

1988～1990年，石油部工程技术研究所针对中原油田抗盐防漏问题，辽河油田稠油热采井防漏问题，与中原油田协作，以漂珠作减轻料，辅以T50等外加剂，研制出密度为1.20～1.40g/cm^{3}的抗硫酸盐和耐高温的低密度水泥浆，并获得成功（见表9-15）。

表9-15 超低密度水泥现场应用

序号	井深(m)	套管直径(cm/in)	封固段长度(m)	水泥浆密度(g/cm^3)	T-50外加剂掺量(%)	稠化时间(℃/MPa)(min)		6.9MPa 30min失水量(cm^3)	抗压强度(MPa) 24h	固井质量
1	2750	5.1/2″	508	1.35	5.2	74/33	171	74		合格
2	2205	5.1/2″	419	1.35	6.1	50/25	149	54	14.9	优
3	3479	5.1/2″	1292	1.35	3.7	93/42	183	163	13.3	合格
4	2700	5.1/2″	395	1.37	3.9	72/31	136	94		优
5	2400	17.9/7″尾管	956	1.21	6.6	65/28	118	44	12.1	合格

1990～1991年，针对稠油热采井注水泥易漏失问题，为降低耐高温低密度油井水泥的成本，辽河油田与朝阳粉煤灰水泥厂合作研制出掺有漂珠和其他外掺料、外加剂的耐高温低密度油井水泥，使密度降至1.35～1.45g/cm^3。至1992年末，已应用158井次，固井质量良好。

(4) 沉珠。20世纪80年代末期，吉林、中原油田采用密度为1.97～2.10g/cm^{3}的空心沉珠，辅以SNC外加剂，配制出1.55～1.60g/cm^{3}的低密度水泥浆，并用于现场。

(5) 膨润土。20世纪80年代，大庆、河南、四川、青海等油田用膨润土作减轻剂配制出1.50～1.60g/cm^{3}的低密度水泥浆。其中，尤以大庆油田最为突出，1983～1988年共应用239井次，水泥环抵抗了当地河水的腐蚀，保护了套管。

（6）硅藻土。20 世纪 80 年代末，辽河油田与朝阳粉煤灰水泥厂共同研制出硅藻土低密度油井水泥，水泥浆密度为 1.40～1.55g/cm^3。至 1992 年末，共应用 231 井次，获得成功。

（7）硅酸钠。1988 年，华北油田用硅酸钠（代号 SNC）水解，配制成 1.55～1.60g/cm^3 低密度水泥浆，用于固井。

（8）空气。1987 年开始，新疆石油管理局将空气混入水泥浆中，制成 0.9～1.30g/cm^3 泡沫低密度水泥，用于火烧山油田的低压易漏井的固井。

（三）低密度油井水泥减轻剂

近年来油气田固井工作者将油井水泥浆密度划分为：1.65～2.00g/cm^3 为常规密度水泥浆，大于 2.00g/cm^3 为加重密度水泥浆，1.30～1.64g/cm^3 为低密度水泥浆，小于 1.30 g/cm^3 为超低密度水泥浆。

减轻剂大致分为三类，即液体、固体、气体减轻剂。

1. 液体减轻剂

水及硅酸钠属于这一类，它的优点是价格低，无需投入新的设备，缺点是密度降低范围较小，水泥浆易分层离析，失水量大，水泥石强度低等。

2. 固体减轻剂

粉煤灰、膨润土、硅藻土、膨胀珍珠岩、膨胀蛭石、沥青、高炉水淬渣、塑料粉、核桃壳粉、空心微珠、实心微珠等均属此类。采用这类减轻剂的优点是，水泥浆密度可降至 1.40～1.60g/cm^3，用漂珠可降至 1.25～1.45g/cm^3，抗压强度比用液体减轻剂配制的低密度水泥要高，一般 24h 可达 8.0MPa 以上，一般固体减轻剂售价低，再加上粉煤灰是废物利用，具有较高的经济和社会效益；缺点是配成的水泥浆体流动性较差，稠化时间波动大，个别减轻剂（例如空心微珠）价格较高等。

3. 气体减轻剂

采用水泥浆体充（混）入一定比例的分散均匀的微细气泡，取代部分水泥微粒，并加入少量稳定剂，使浆体内气泡稳定，密度可降至 0.8～1.20g/cm^3，水泥石抗压强度大于 3.5MPa，这适用于压力系数较低（0.7～0.8）的油气井的固井。

以上几种减轻剂各有利弊，须依据油气井压力系数的高低以及固井工程的需要来选择。

对于需配制 1.25～1.45g/cm^3 密度的水泥浆来说，漂珠确实是一种较好的减轻剂。漂珠密度小于 1g/cm^3，能漂浮于水面上，具有壁薄、轻质、密闭、微粒、耐化学侵蚀、热力性能好和优越的化学活性等优点。国内外漂珠的化学组分、物理性能均基本相似（表 9-16）。

表 9-16　漂珠的化学组分与物理性能

化学组分与物理性能	中　国	Spherelite①	Litefit②
SiO_2（%）	55～59	55	65
Al_2O_3（%）	35～36	29	35
Fe_2O_3（%）	3～5	5	4
CaO（%）	1.5～3.6	1～6	
MgO（%）	0.8～4		
粒径（μm）	40～250	40～250	60～315
壁厚（直径的%）	5～30		
密度（g/cm^3）	0.5～0.7	0.685	0.7
堆积密度（kg/m^3）	310～395	370	400

注　① Halliburton 公司产品。

② Dowell Schlumherger 公司产品。

采用漂珠配制的低密度水泥的特点：

(1) 水泥浆性能波动小，与原浆相比，流动度较接近，一般均大于 20cm，稠化时间略长，约 20~30min。

(2) 水泥石强度高，与其他类型低密度水泥相比，抗压强度衰减幅度小，早期强度较高，48~72h 即可达到最高值。

(3) 与外加剂具有较好的相容性，为改善其性能，与减阻剂相容，可使水泥浆流动性进一步得到改善；与速凝剂相容，稠化时间缩短；与防气窜剂相容，延缓水泥浆"失重"时间；与降失水剂相容，失水量符合规定要求；与早强剂相容，能提高水泥石的强度等。

(4) 改性后的低密度水泥石导热系数为普通水泥的一半左右；抗腐蚀效果比普通水泥石更佳，具有保温性与抗腐蚀性。

(四) 采用漂珠作减轻剂应注意的问题

经过近十年对漂珠低密度油井水泥的研究和应用，对漂珠作减轻剂取得了一定的经验，掌握了一定的规律。

1. 对漂珠的基本要求

SY5403—1991《油井水泥用空心微珠❶》对漂珠的质量指标规定见表 9-17。

表 9-17　　空心微珠品质指标

项　目	指　标	项　目	指　标
外　观	白色或浅灰色流动颗粒	密度 (g/cm^3)	≤0.4
含水率	≤0.1	粒度 (0.3mm 筛孔筛余量)(%)	≤1.00
杂　质	≤3.5	堆积密度 (g/cm^3)	0.6~0.7

各项目的试验方法见 SY5403—1991《油井水泥用空心微珠》中第三章试验方法。

2. 漂珠低密度水泥浆的设计原则

(1) 设计依据及步骤　依据区块构造油藏特点，重点解决的技术难点（如防漏失、降失水、耐高温等）及井深、地温梯度、破裂压力梯度、压力系数等条件，确定水泥浆密度、稠化时间、失水量及水泥石抗压强度等性能参数，从而制定出漂珠低密度水泥浆配方的设计方案，运用正交设计方法，达到水泥品种、漂珠以及外加剂的最优组合，筛选出适于该地区需要的水泥浆配合比。

(2) 一般参数的选择　①漂珠的掺量涉及浆体密度及水泥石强度二者的相互关系，一般以 20%~45% 为佳；②由于漂珠短期吸水率低，纵然水灰比稍低，其水泥浆体仍是有一定的流动度，一般以 0.65~0.70 为佳；③由于漂珠在常压下短时间内水分不易渗入，因此，配制水泥浆时仅需少量润湿水，一般水泥浆体密度以 1.25~1.45g/cm^3 为佳。

如需突破上述选择范围，则须再加特殊外加剂，改善水泥浆性能，使之符合要求。

3. 漂珠的悬浮稳定性

从斯托克斯定律可知，漂珠上浮速度与其粒径的平方成正比，与浆体粒度成反比，如下式所示：

---

❶ "空心微珠"即指漂珠。

$$V=\frac{2(\rho_0-\rho)r^2g}{9\eta}$$

式中　V——漂珠上浮速度，m/s；

ρ_0——浆体密度，kg/m^3；

g——重力加速度，$9.8m/s^2$；

ρ——漂珠堆积密度，kg/m^3；

r——漂珠颗粒半径，m；

η——浆体粘度，Pa·s。

由上式可见，为提高漂珠的悬浮稳定性，应尽可能选择粒径小的漂珠，更为关键的是，应使水泥浆具有合适的粘度。亦可采用外加剂来限制漂珠的上浮速度。

4. 漂珠水泥浆体密度的测试

漂珠水泥浆体密度的测试不能套用 API SPECIO 的制浆方法，因漂珠在 14000～15000 r/min的高速搅拌下约有 60%的漂珠被叶片击碎，搅拌时间越长，破碎率越高。经过与现场的复合试验，用瓦棱搅拌器以 4000r/min 搅拌 45s 后测得的密度与水泥车的喷嘴混合时的密度相吻合。

5. 漂珠水泥浆体在高温高压下的体积收缩

将漂珠在净水中煮沸 30min，有 10%～20%的漂珠下沉，将此部分漂珠取出缓慢烘干后，又可以在水中重新浮起，这部分漂珠的表面孔径很小，在常温下，由于水的张力作用，水不易入孔，而在煮沸条件下，水的张力下降甚至消失，水便进入珠内。

置于净水中的漂珠放在高温高压稠化仪上进行加温加压试验，温度 50℃，时间 30min，压力由 5MPa 逐步增大至 80MPa，漂珠的下沉量由 48%逐渐增至 86%，把沉于水下部分的漂珠取出缓慢烘干再放入水中，几乎全部漂浮，同样说明水压入漂珠。

虽然漂珠在水泥浆中与净水中不一样，但在水泥试块上仍表现为试体收缩，密度升高，一般 48h 收缩率为 10%～15%，这必须引起注意。

6. 漂珠水泥石的耐高温性

漂珠中 SiO_2 含量高达 50%以上，加入水泥中，可以降低 CaO 与 SiO_2 的摩尔比。常温下，漂珠与水泥浆中的 Ca（OH）$_2$ 反应生成硅酸盐胶凝物质；在高温下，则结晶生成托勃莫来石（$C_5S_6H_5$）和硬硅钙石（C_6S_6H），使水泥石强度不致衰退。

但需注意，因漂珠的加入量毕竟有限制，所提供的 SiO_2 尚不能完全使水泥石中的 CaO 与 SiO_2 的摩尔比接近 1，因此，它只能部分取代石英粉，所以在耐高温低密度水泥设计中应根据漂珠的加入量，计算出可提供的摩尔数，然后再计算需附加的石英粉加入量，使 CaO 与 SiO_2 摩尔比接近于 1，最终尚需通过试验来确定。

（五）漂珠低密度油井水泥浆体的利用

综上所述，漂珠低密度油井水泥浆体，由于漂珠密度小于 $1g/cm^3$，同时吸水率低，可以减小水灰比，相对多用漂珠。加之漂珠粒径甚微，有可能堵塞水泥石毛细孔道，因而可反映出水泥石强度高、抗渗性好等力学性能。为进一步开发利用漂珠低密度油井水泥浆体，现就其稳定性、稳定剂以及成本等问题分述如下。

1. 漂珠低密度油井水泥浆体的稳定性

漂珠低密度油井水泥浆体在硬化前，体积出现较大收缩，导致该水泥石密度增加，这现象引起人们关注。

通过试验证明，在正常应用状态，浆体收缩其原因有二：

(1) 当浆体施工开始至浆体凝结硬化前，由于在一定的压力作用下，使浆体内的游离水渗入漂珠空腔，引起浆体收缩，而密度相应增加。

(2) 浆体凝结硬化后，部分养护水继续渗入漂珠空腔，直至空腔被水充满，这就直接导致水泥石的密度上升，因此漂珠低密度水泥浆开始凝结硬化时的密度被认为是有效密度；浆体硬化后将与套管和地层胶结，不再形成液柱压力，故其密度大小已无意义。

试验说明两个问题：①引起密度增大原因并非漂珠压碎；②初始密度与有效密度相差无几。

2. 漂珠作水泥高温强度稳定剂

漂珠可以部分取代石英粉作防止水泥高温强度退化的稳定剂，满足固井质量要求（见表9-18）。

通常水泥浆体采用加入石英粉来提高水泥石的耐高温性能。其机理为：耐高温水泥石的结晶相为托勃莫来石（$C_5S_6H_5$）和硬硅钙石（C_6S_6H）。此二矿物结晶的 CaO/SiO_2 摩尔分子数比（即 CaO/SiO_2 比）分别为5:6和6:6，接近于1。加入石英粉的目的是提高水泥中 SiO_2 含量，使 CaO/SiO_2 摩尔分子数比更接近于1。而漂珠中的 SiO_2 含量高达50%以上，当加入水泥浆中取代部分石英粉，在常温下，漂珠既可与水泥浆中的 $Ca(OH)_2$ 反应生成硅酸钙胶凝物质；在高温下又可与石英粉和 $Ca(OH)_2$ 反应，共同作用结晶成托勃莫来石（$C_5S_6H_5$）及硬硅钙石（C_6S_6H）矿物，使水泥石强度不衰减。所以漂珠亦是一种稳定剂。

表9-18 耐高温低密度水泥现场应用

序号	井深 (m)	套管直径 (in*)	水泥浆密度 (g/cm^3)	T-50外加剂掺量 (%)	50℃，25MPa下稠化时间 (min)	50℃，6.9MPa下30min失水量 (cm^3)	抗压强度（MPa）(63℃，21MPa) 270℃ 24h
1	1700	7	1.37	3.5	101	42	7.7
2	1682	7	1.42	3.3	118	76	8.2
3	1710	112	1.37	3.7	91	78	7.5

注 * 1in = 2.5400cm。

3. 关于如何降低漂珠低密度油井水泥成本问题

漂珠低密度油井水泥石物理力学性质优异，施工现场无须增添其他专用设备，操作工艺简便，均受到施工单位的青睐。但是，由于目前漂珠售价高，从而使低密度水泥成本比一般油井水泥高出两倍，这是发展这项新技术的障碍。

为降低漂珠低密度油井水泥的成本，应采用较低价的空心沉珠（其密度接近于1g/cm^3），以取代高价漂珠的应用，首先可在漏失井中使用。

若能通过机械分选，分选出高强度漂珠，则可在深井中应用。

为迅速发展我国石油工业，满足固井工程需要，开发漂珠低密度油井水泥，势在必行。一些技术与经济方面的问题，随着科学和技术的发展，一定会在今后的不断实践中获得到解决。

二、粉煤灰合成沸石[1]

（一）由粉煤灰合成沸石的特点

由于沸石（尤其是A型沸石）的需求量日益增加，人们在不断地寻求效益好的合成途径。传统的方法主要有两类：其一是化工原料法合成沸石，即以化工原料水玻璃、氢氧化铝、烧碱合成，合成沸石产品纯正，但原料成本高，合成步骤复杂，所需时间长，且合成的产品经受流体冲击的强度较差，适用于对沸石品质要求较高的科研和生产中。其二是以天然原料合成沸石，该法采用富含SiO_2、Al_2O_3的天然物质，如粘土、浮石、高龄土等合成沸石。这类合成方法，原料来源广、成本较低、步骤相对简单，合成产品的纯度能够达到一定要求，是目前较理想的合成途径。但是，在合成以前原料要经过很好的预处理。以高岭上为例，合成前原料土要进行水选及粉碎处理，还要进行较长时间的高温锻烧，700℃烧6h，800℃烧4h，850℃烧3h方能达到合成要求。原料土经处理损失约一倍。因而预处理费用较大。

我国粉煤灰一般含SiO_2：40%～60%、Al_2O_3：17%～35%，可见：粉煤灰是一种良好的富硅、铝材料，可作为合成沸石的基本原料。据报道，国外已成功地由粉煤灰合成了沸石。通过几年来的研究探索，小试成功地合成了A型、P型、HS型沸石。初步认为，由粉煤灰合成沸石有如下特点：

（1）工艺较简单，能耗低。粉煤灰本身的粒度小，不用粉碎处理，且由于其在形成过程中已经历了高温阶段，所以无需进行高温煅烧预处理。如果希望合成高纯度、高性能的沸石，当然另当别论。一般可直接配料合成，工艺流程包括：干燥—配料—水热晶化—过滤—水洗—干燥—造粒几个工序。合成时间较短，一般在4h左右。由于采用低温水热合成，无煅烧等预处理，能耗低，设备简单。

（2）容易控制：合成试验表明，影响由粉煤灰合成沸石的因素有：NaOH浓度、Si/Al值、反应时间、反应温度及搅拌速度。正交优化试验的结果指出：Si/Al值和NaOH浓度成为合成反应的关键因素，因而合成条件容易控制。

（3）合成产率较高，质量较好。由粉煤灰合成沸石的产率一般较高，据报道，合成的样品中沸石的含量达到85%以上。虽然该法合成产品的纯度等方面不及化工原料合成的产品，但其性能已能适用于许多场合。

（4）无三废污染，节省原料。反应母液中主要成分为NaOH，可循环使用，一方面可以重新利用碱液，减少原料消耗；另一方面不使废液排出。反应过程中的水分可以利用洗涤废水加以补充，免除了“三废”污染。

（二）合成产品的特性

以粉煤灰为基本原料，加入适当的添加料，采用低温水热合成的方法合成沸石，经测试具有下列一些特性：

1. 离子交换性能

采用NaOH溶液直接加到为铵离子所饱和的沸石样品中，然后进行氨的蒸馏、滴定的定量法，测定不同工艺条件下合成沸石样品的交换容量（CEC值）是250～350mg当量/100g样品。查阅资料，天然沸石岩的交换容量一般在十到一百数十毫克当量（100g样品）。

由此可见，粉煤灰经水热晶化后，离子交换能力得到了很大的改善，远高于天然沸石。

---

[1] 本文选自上海大学化学化工学院刘荣庆、葛元新、叶裕中写作的《粉煤灰合成沸石》。

2. 吸水性能

使一定量合成沸石吸水后高温脱水，测试其吸水性能，测定结果为 180～220H_2O/g，表明，样品有良好的吸水性。更重要的是，沸石的吸水作用与其他干燥剂相比，有其突出的特点，在较低的水分压、较高的温度、较大的线速条件下，仍具有一定的吸水能力，吸水效率高。

3. 再生性能

采用湿法对与 NH_4^+ 交换后的合成沸石进行再生处理，即使用 1M 的 NaCl 溶液浸泡沸石，发现，再生样品的交换能力约降低 10%，再生效率较好，提高了沸石的再利用率。

（三）合成产品的应用

沸石的用途主要取决于沸石的特定结构、离子交换性能和吸附性能。由粉煤灰合成的沸石，由于具有较好的离子交换与吸附性能，可望在许多领域获得应用，现举数例说明如下。

1. 在环境保护上的应用

众所周知，工农业、民用及水产畜牧业排出的污水中都含有氨态氮，其不仅危害鱼类等的生存，污染养殖环境，而且促进藻类生长，导致河流和湖泊的堵塞。

合成沸石对 NH_4^+ 有很高的选择交换能力。经测定上海豫园九曲桥荷花池的水质 NH_3^-N 含量为 39.1mg/L，对照有关标准，属严重污染水质。取样经沸石交换处理，经过 3d 的静态交换，去氨氮量可达 35.7mg/L，去氨氮率为 91.3%。可见，合成沸石是一种理想的除去污水中 NH_3^-N 的材料。

其他方面，如：脱除硫酸厂尾气中的 SO_2；脱去氯碱厂的氢中汞；去除废水中的重金属离子等等。

2. 用作工业的硬水软化剂

试验证明：由粉煤灰合成的沸石对硬水有良好的软化效果，技术上可行，软水质量符合要求，经济上合算。因此有进一步研究和推广的必要。

3. 作为干燥剂的应用

随着工业生产和科学技术的飞速发展，对各种气体和液体原料或产品有时需要高度的干燥才能满足使用的要求。沸石是一种高效的干燥剂，性质稳定，不怕热、不畏水、不受各种溶剂的侵蚀，多次再生，仍保持较好的吸附性能，能在工业生产中获得广泛的应用。

4. 作为洗涤助剂

合成沸石对 Ca^{2+} 有良好的交换能力，作为水中不溶的离子交换物，其与水溶性螯合剂配合（沸石——三聚磷酸钠二元助剂），有足够对钙、镁离子的交换螯合能力。在溶液中呈弱碱性，有缓冲作用，具有分散和抗再沉积性能，与表面活性剂有协同效应，对鱼类、藻类、人体均安全无毒。可部分或全部取代合成洗涤剂中的三聚磷酸钠。事实上，国外的合成沸石大部分是用在洗涤剂工业。

对由合成沸石配制的洗涤剂洗涤力进行了初步测定，结果表明合成沸石在洗涤过程中发挥的效果较为满意。目前对此正在作进一步研究，以进一步提高相应的性能、指标。考虑到各种综合因素，采用粉煤灰合成沸石作为洗涤助剂是一种有价值的开拓。

5. 在农业上的应用

(1) 用作土壤改良剂。土质不良的土地，不利于农作物的生长，为了提高农作物产量，必须改良土壤，这就需要土壤改良剂。

合成沸石有高的离子交换容量，土壤中适量地加入此类沸石可提高土壤的阳离子交换容量，从而提高土壤保持肥效的能力。

例如：砂质或是富陶土类的土壤，肥料容易流失，加入沸石后，能提高土壤的离子交换容量，施肥后氮的损失大为减少，可使水稻显著增产。

(2) 用作农药、催熟剂、肥料的载体。许多气体和液体的农药，有强烈的毒性和刺激性，用沸石做载体使用时，可以保护人体健康，且具有易于洒布、节省用量、延长药效等特点。用沸石调制农药，可增加其稳定性，使用时药物的损失能显著降低。用乙烯作为催熟剂或脱叶剂时，因为乙烯是气体，给使用造成困难，可将沸石吸附乙烯后，直接洒在作物上。作为果实催熟剂时，洒在果实上的吸附乙烯的沸石，还具有缓慢放出乙烯的特点，而且使用后的沸石易于从果实上清除掉。沸石不仅对阳离子钾和铵有良好的吸收能力，而且对阴离子磷的吸收能力也较强，能有效地减少肥效的流失、延长肥效、节省肥料，是一种提高化肥利用率的较为理想的化肥载体。

三、粉煤灰微晶玻璃[1]

微晶玻璃是在具有一定特点的玻璃相基础上，通过严格控制的热处理手段使其内部成核、结晶，形成均匀显微结构的多晶固体。它与普通玻璃相比，明显具有机械强度高、耐腐蚀性强、热稳定性好等特点，用它做成的建筑装饰制品在国际市场上倍受欢迎。另外，用微晶玻璃制成的管材具有较高的抗腐蚀性和耐磨性，可大量用于石油运输以及化工厂排放污水等，克服了以往传统管材易腐蚀、更换频繁等缺点。

在生产过程中，高温玻璃相能够熔融多种物质组分，对原料的适应性很好，从而使矿渣微晶玻璃在近20年的时间内得到了迅猛的发展。粉煤灰制微晶玻璃粉煤灰用量高达55%以上，可以说是一条高效益、用量较大的利用途径。

（一）神府粉煤灰物化性能分析

1. 神府粉煤灰的化学成分

表 9-19　神府粉煤灰的化学成分　(%)

成分	SiO_2	Al_2O_3	CaO	Fe_2O_3	K_2O	Na_2O	MgO	TiO_2	C	SO_3
含量	57.7	14.1	5.7	6.7	3.2	1.5	1.0	0.8	8.37	0.50

2. 神府粉煤灰的矿物组成

粉煤灰及溢流灰的X—射线衍射曲线基本相同，样品中主要含石英、斜长石和方解石矿物，另外还含有少量的赤铁矿及黄铁矿。

（二）工艺流程图

根据微晶玻璃生产的一般知识，制定的工艺流程如图9-17所示。

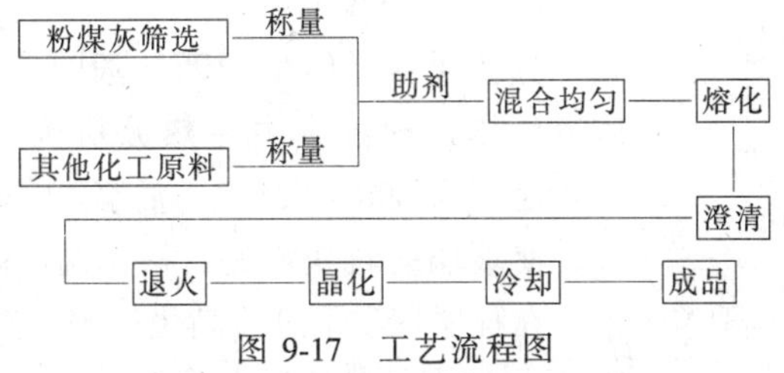

图 9-17　工艺流程图

[1] 本文选自西安矿业学院葛岭梅、李建伟写作的《神府粉煤灰微晶玻璃的研究》。

1. 玻璃成分的设计

根据微晶玻璃的性能要求和神府粉煤灰的化学组成,选择 ao—CAl_2O—SiO_2 四元系统作为配方依据,玻璃组成范围为:$SiO_2$45%～65%、$Al_2O_3$9%～15%、CaO18%～35%、MgO_2%～5%、Na_2O2%～11%、$Fe_2O_3$2%～10%、ZnO0～5%、S0～1.0%、F0～2%。原料组成中粉煤灰占 50%～80%以上有时根据需要还可以加高炉渣 0～10%;其它原料有粉碎的石英砂 0～15%、碳酸钙 20%～42%、纯碱等,萤石、芒硝等作为助剂引入,一般不超过 5%。

2. 玻璃的熔制

熔化在硅钼棒高温炉中进行，1300℃加料后升温至 1450℃，保温熔化 2h，缓慢降到 1350℃进行澄清、均化，降温浇注在预热至 300℃的铁板上成型，移至马弗炉中退火 4h。

粉煤灰中的残存炭粒在熔融时创造强烈的还原气氛，保证由芒硝引入的硫以及粉煤灰中固有的硫与铁氧化物和氧化锌之间的作用，得到需要的晶核剂——FeS/ZnO，并和芒硝等助剂一起放出气体，对玻璃液起到气流搅拌作用。

在熔制过程中，玻璃液表面因粉煤灰中的一些杂质而覆盖一层渣沫，可防止玻璃中某些成分的挥发，但应注意在成型时应刮去。

另外，在研究玻璃液的溶融性时发现，随着铁氧化物含量的增加，高温粘度具有下降的趋势，因此在想办法解决铁对产品颜色的不良影响时，其对熔融尚有积极作用，但铁氧化物含量一般不宜超过 10%（高炉渣不能多），否则，会有一部分铁被还原出来，影响产品性能。

3. 晶核剂、着色剂的选择

分别考察 Fe_2O_3、TiO_2 及 FeS 作为晶核剂的情况，并根据晶化动力学 Johnson-Mell-Avirami 状态转变方程，利用 DAT 和 RXD 分析数据计算出它们各自的析晶活化能，发现 FeS 成核所需克服的势能最小，这主要是因为其成核是由多相机理促成，而前二者则为均相机理促成。由于粉煤灰本身含有硫和铁，即可作为有效的成核剂，为了改观制品的颜色，须引入外加成核剂氧化锌，氧化锌在还原气氛下与溶体中的硫作用生成 ZnS，在热处理过程中包裹了 FeS 而析晶，因 ZnS 结晶为白色不透明状，从而使制品晶化处理后呈白色。调整氧化锌的含量，就可使制品的颜色从黑色至白色之间变化，甚至产生自然流畅的花纹。还可以通过加入氧化钴等着色剂，对制品进行调色。

ZnO 的含量在 2%～5%之间较好，这是因为小于 2%，改变颜色的作用不大，含量超过 5%时，虽然能降低玻璃的成核温度，但同时也降低了玻璃的软化温度，不利于控制晶化处理。

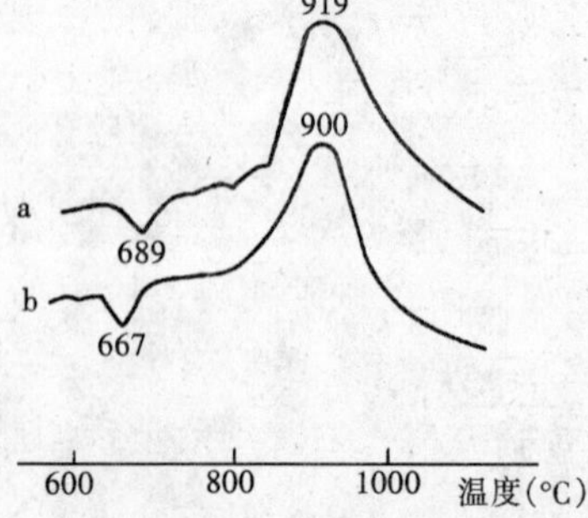

图 9-18　原始玻璃的 DTA 曲线
a—不加 ZnO；b—2.0%ZnO

4. 晶化处理

分核化和晶体生长两阶段进行，最佳的核化温度和晶体生长热处理温度由差热分析确定，随玻璃组成的不同，前者范围为 690～725℃，后者为 900～920℃。氧化锌的引入，使玻璃的转变温度、核化温度降低，见图 9-18。

在程序控温下进行晶化处理，首先升温至核化温度保温 60min，使大量晶核析出并均匀分布，然后以 5℃/min 速率升温至最佳晶体生长温度，保温 90min，这时晶体在成核位大量生长，形成均匀显微细晶结构，晶体率可达 90%以上，经

XRD 分析主晶相为硅灰石（$\beta-CaSiO_3$）。晶化处理后，制品在空气中冷却，见图 9-19。

在晶化过程动力学研究中发现 CaF_2 可促进晶化的进行，缩短晶化时间，降低晶化活化能。这主要是因为氟替代了一部分桥氧，解聚了硅氧网络，促进了相分离的发生和扩散作用。

5. 制品性能测试

参照天然装饰石材的技术指标对制品进行性能测试，并与前苏联的粉煤灰微晶玻璃比较，结果如表 9-20 所示。

表 9-20　粉煤灰微晶玻璃性能测试

性能指标		*本文微晶玻璃	前苏联粉煤灰微晶玻璃
抗压强度		7880kg/cm²	7500kg/cm²
抗冲击强度		2.8 kg.cm/cm²	3.2kg.cm/cm²
显微硬度		720kg/mm²	700kg/mm²
耐磨度		0.047g/cm²	0.03g/cm²
耐腐蚀性	98% H_2SO_4	99.13%	99.15%
	98% NaOH	98.87%	97.96%
光泽度		> 100	> 100
软化温度		1010℃	1030℃

* 均取平均值

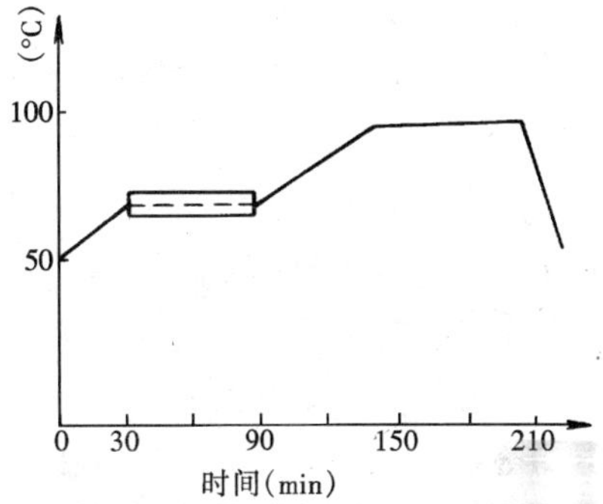

图 9-19　晶化热处理曲线

（三）结论

可见，神府粉煤灰制成的微晶玻璃的机械强度较高，耐磨性和腐蚀性都比较好，因此作为装饰材料或排污管道开发是可行的。

四、标牌用粉煤灰反光材料[1]

（一）玻璃微珠的反光与粉煤灰反光材料

我国正发展城市道路、高速公路、立交桥，没有路标，很难想像有秩序井然的交通，而目前国内制作路标的原材料（反光纸）几乎全部由国外进口（如加拿大、日本、奥地利等国），其价格约 120～130 元/m²（人民币），如我国能自制出原材料则必然会带来一定的经济效益。我们设想在工业废料中找出一种材料替代进口材料，这样既能降低制品成本，又能变废为宝，两全其美。

（1）目前工程上应用的玻璃微珠，是指直径为几个毫米到几个微米的圆形玻璃，它可以是空心或实心的，有色或无色的。由于其均匀球形的特色，加上玻璃材料所特有的优良物理化学性质而广泛用于各个方面。用作反光材料的玻璃微珠是利用光线在一定折射率的球体中的折射现象，实现后向反射。

玻璃微珠中的光学过程：玻璃微珠使用中，一大部分均与光在玻璃珠中的传递有关。在光学上可将玻璃珠看成一个小口径的厚透镜，图 9-20 表示出近轴光束在球形玻璃透镜中的聚焦。对 $n=1.51$ 的玻璃珠，焦距大于球的半径；$n=2.2$ 的玻璃珠，焦距在玻璃中；$n=1.93$ 的玻璃珠，离轴 30°的平行光线，可在球体后表面沿入射光线方向反射，即后向反射，或定向反射、回归反射。此时，因焦距与玻璃珠半径相等，光学系统变得简单，便于制造。

[1] 本文选自同济大学陈志源、贺鸿珠、沈曼曼、王培铭、杨钱荣、李平仁及上海市建筑科学研究院沈丽华、田原写作的《标牌用粉煤灰反光材料技术研究》。

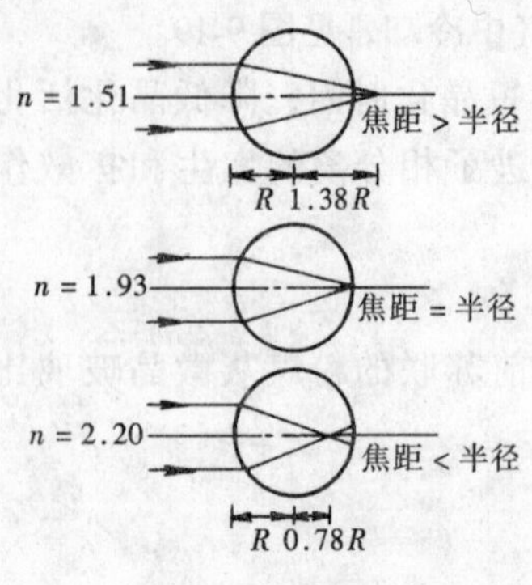

图 9-20 球形玻璃透镜的焦点

由于球面厚透镜存在的各种缺陷，实际使用时需要一定的扩散角，一般认为 $n = 1.90$ 左右的玻璃珠可得到优良的后向反射性能。

(2) 玻璃微珠的制造工艺。目前工程上所应用的微珠都是人工制造的，其制造技术的关键是成球。基本原理都是使玻璃在高温下依靠表面张力形成球形表面。

根据目前国内外对微珠制备过程分析，玻璃微珠用作反光材料主要是微珠的反光性能，亦即决定于微珠的玻璃成分和粒径大小。

(3) 粉煤灰微珠制备反光材料的适用性。就粉煤灰的利用而言，微粒制备工艺由发电厂锅炉及煤粉的性能所决定，已不必再加以研究，而主要应集中在粉煤灰成分的挑选和粒径的选择。由于粉煤灰的成分是由电厂所用煤种和发电设备条件而定，其成分在一定范围变动，现收集文献资料予以比较（见表 9-21），以期选得尽可能合理成分的微珠以用作反光材料。

表 9-21 玻珠与粉煤灰化学成份比较

种类	SiO_2	Al_2O_3	Fe_2O_3	MgO	$K_2O + Na_2O$	TiO_2	MnO	P_2O_3	SO_3	烧失量	B_2O_3	CaO	f－CaO
钠钙型玻珠（填充用）	49.78	33.85	5.17	1.65	3.46	1.36	0.06	0.34		0.97			
钠钙型玻珠（反光用）	72.5	0.4		3.5	0.1 + 13.7								
E 玻璃珠（反光用）	52.7	14.7	0.2	0.41	0.27 + 20.32						8.6		
低钙粉煤灰	40 ~ 60	35 ~ 37	2 ~ 15	1 ~ 10	0.5 ~ 2				0.1 ~ 2	1 ~ 26			
石洞口电厂高钙灰	46.36	23.26	9.28	1.29	0.85 + 0.79	0.56			1.45	1.38		13.41	2.21

表 9-21 中低钙灰由于研究年代较长，因此其成分的波动大致范围已有所记录，高钙灰则仅有单一某厂某一时期的成分，而没有范围资料。但总的来说粉煤灰还是近于钠钙型一类的玻璃，其成分也有一定的范围，有的与反光材料相近，有的则近似，可能部分与反光材料的成分要求相差较大。但其粒径范围较大，从微粒到细粒到大的粒径均有，因此选择范围较大，定能选到部分粒径是反光材料所需要的。

（二）粉煤灰微珠的选取

1. 粉煤灰的粒径与粒形

从形状和外貌上粉煤灰颗粒大致可分为珠状颗粒、渣状颗粒、钝角颗粒、碎屑和粘聚颗粒等。

由于我们着重选用珠状颗粒，为此拟对这类颗粒进行分析，珠状颗粒中有漂珠、空心沉珠、复珠、富铁微珠。

(1) 漂珠。漂珠是薄壁的空心玻璃微珠，有的壳体上还有极小的针孔状洞穴。直径约 30 ~ 100μm，而壁厚只有颗粒直径的 5% ~ 8%，一般约 0.2 ~ 2μm 能浮于水面。外观呈灰白色，壁薄，易碎。

(2) 空心沉珠。厚壁的空心玻璃微珠，粒径约 0.5 ~ 200μm，珠壁密实无孔，厚度约占直径的30%，又称厚壁微珠，外观呈灰色。

(3) 密实沉珠。主要是铝硅酸盐玻璃体的实心微珠，玻璃中含钙或铁，含钙较多者呈白色，而含铁多者色深，粒径约45μm以下，多数为1~30μm。

(4) 复珠。有些较粗的薄壁微珠中，粘集了细小的玻璃微珠，也即一颗空心玻璃珠中包裹着另一颗小微珠而构成。

2. 粉煤灰微珠的选择

首先采用TUFC型涡轮式超细粉气流分级机对粉煤灰进行分级。整个分级装置由涡轮分级室，粗细粉收集器及控制设备等三部分组成（见图9-21）。分级室按涡轮产生的离心力与底部喷入的气力平衡原理设计。

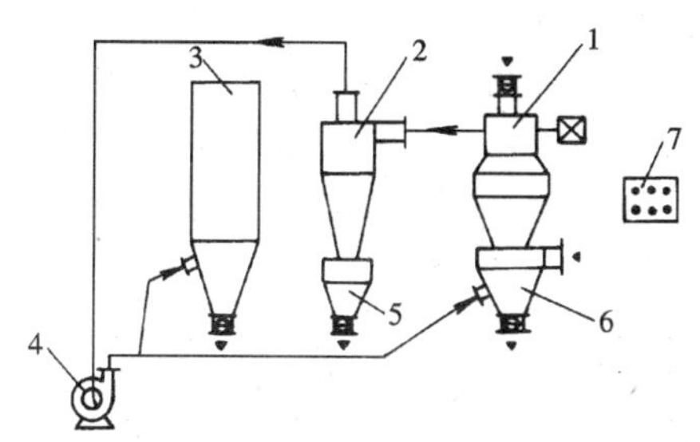

图9-21 TUFC型涡轮式超细粉气流分级机装置系统图

1—分级室；2—旋风收尘器；3—袋式收尘器；4—风机；5—细粉收集筒；6—粗粉收集筒；7—控制箱

利用上述涡轮式超细粉气流分级机筛析了石洞口二电厂、外高桥电厂和闵行电厂的粉煤灰，利用该机能获得超细颗粒的微珠。50kg中能选取微珠0.1~0.2kg，数量极少。但目前研究中要获得纯净粉煤灰微珠，也可采用人工筛分。先将漂珠经0.08mm的筛子筛选，然后将小于0.08mm的颗粒再经0.06、0.05及0.04mm的筛分，其结果见表9-22。

表9-22 人工筛分结果

筛孔尺寸（mm）	筛分结果（%）
0.08	94 47
0.06	4.18
0.05	0.92
0.04	0.22
<0.04	0.21

注 小于0.04mm粒径的颗粒、颜色极深，经测定其中碳粒极多。

根据表9-22结果从粉煤灰漂珠角度来分析，在粒径、颗粒数量与色泽上比较，认为0.05~0.06mm之间的颗粒用作反光材料最为合适。

为能更好地比较漂珠微粒与玻璃微珠（纯玻璃珠）之间的实质区别，我们在反光显微镜下对比其颗粒情况，观察到玻璃微珠颗粒呈圆形，每粒中心都有反光点（亮点），而漂珠微粒中有较多呈碎裂形的壳体（碎片），深色颗粒也较多，并有多孔形的颗粒，其中有部分颗粒有反光点，但并不是全部圆形颗粒都有反光点。因此，要很好地使用这些具有反光点的颗粒，尚需进一步分离出那些不规则的颗粒。

为很好分离颗粒中的不规则体，将各级颗粒分别被放入配定的溶液中，使其浸透（需较长时间），目的为使溶体能进入多孔颗粒而下沉，下沉物的颜色均较深，其量约占27%，上浮于液面的圆形颗粒，其颜色较洁净，烘干后在显微镜下观察其中多孔型颗粒，碎片较少，颗粒表面的灰尘也洗净，故总的情况良好。为减少浸透时间可用煮沸法煮0.5~1h，但有时观察到漂珠颗粒有聚结现象，因此必须将其再筛一次。

（三）制备工艺的研究

1. 涂料的选择

为便于粉煤灰玻璃微珠能粘于基底上，曾选用了七种粘结剂。有环氧树脂、氯化橡胶、清漆、醇酸树脂、醋酸乙烯脂、丙烯酸乳液和苯丙乳液。经用粘结剂加适当稀释剂如丙酮稀释后涂于优质白纸上，注意其涂刷性，并观察薄膜的牢固程度。这些粘结剂硬化后，前四种稍带黄色，后三种为无色。经比较清漆和丙烯酸乳液较好。后发现市售胶带纸一般是以丙烯酸树脂为基料，为此决定用清漆和胶带纸为反光材料的制作基料。

2. 防止成型时微珠破碎

曾研究了多种成型法，防止微珠在成型时破碎是个关键问题，且成型过程中破碎的碎片，不论采用何种成型法均粘于基底，不易除去，为此主要是防止成型时微珠不受重压。同时掺入了30%~40%的玻璃硬珠。当然玻璃硬珠的加入，一方面可以提高颗粒的承载力，另一方面也不影响制品的反光度以提高制作效率。

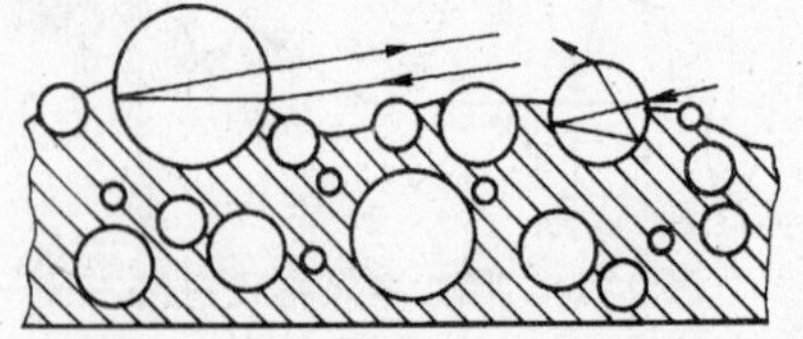
图 9-22 光在道路标线中的反射

3. 微珠反光标志制作中的要点

(1) 道路标线。玻璃微珠分散在交通管理油漆中，如图 9-22 所示。汽车头灯的光线在标线表面的玻璃珠中发生各种折反射现象，以提高交通标线的可见度。一般采用折射率较低的玻璃珠，是玻璃微珠用量最大的一种。折射率在 1.50~1.60，颗粒直径为 105~840μm，希望有一定的分布。当需要明显的标线时，如高速公路的标线、禁止超车的黄色标线，应采用 $n=1.90$ 左右的玻璃微珠。

(2) 外露式反光材料。玻璃珠的外侧是空气介质，内侧埋于树脂中，典型结构如图 9-23 (a)所示。使用 $n=1.90$ 的玻璃微珠，光学系统简单，产生后方反射的角度大，反光强度高。也可在玻璃珠与树脂的界面上设置反射层。用于反光织物，有特殊要求的标线，机场标志等。

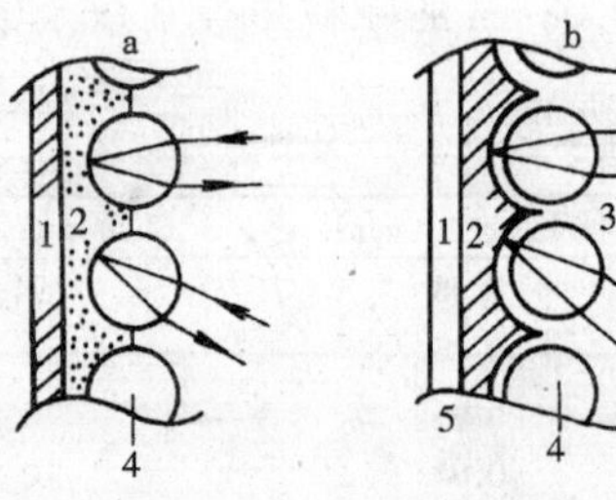

图 9-23 反光材料结构
(a) 外露式；(b) 平顶式
1—基底；2—粘结剂；3—树脂；
4—玻璃微珠；5—反射面

(3) 平顶型反光膜。玻璃珠埋入树脂中，结构如图 9-23 (b)所示。与以空气为介质的外露式比较，玻璃珠在树脂中相对折射率（$n_{玻璃}/n_{树脂}$）下降，焦距变长。玻璃材料选择上，尽可能采用高折射率（$n=2.2$ 左右）的玻璃珠以缩短焦距。同时真空涂镀与玻璃珠同心的铝反射面。鉴于国内反光膜涂布工艺技术及真空镀膜方面的困难，普遍采用折射率较低的玻璃微珠，通过增大玻璃珠与反射面间距的方法完成。

(4) 网格型反光膜。也称为空气平顶型反光膜，是一种最近发展起来的高反光性能反光膜。在外露式反光材料表面覆盖树脂薄膜，按六角形或方格型图案与玻璃微珠表面粘贴。粘贴面仅占总面积的一小部分，可得到比平顶型反光强度高的反光膜。

根据以上反光膜制作的原理，以外露式或平顶型为其基本结构，但其使用的微珠要求折射率高。

（四）外界环境对反光性能的影响

在通常情况下，当汽车时速为每小时 40~60km 时，制动距离为 10~20m。在夜间，对黑色、灰色和浅色物体汽车司机的可视距离为 26、31、38m，但若物体带有反光标志时，司机的可见距离可达 125~250m，而且对于汽车光源，以反光物为原点其可视区扩展角可达 20°，因此反光路标或任何有反光材料的标志对司机控制车速、方向都是有利的。

但反光性能也受大气条件影响，曾将所制反光薄膜置于同一地点，在满天星星的夜晚、雾天和雨天作观察。显然晴空的夜晚反光最好，可视距离可达 120m 以上，而雾天和雨天则可视距离稍受影响，大约仅 80m 左右（视雾的浓度和雨的大小而变），但是有反光标志明显比没有要有利得多。

在反光材料制作要点中已说明，当用铝箔作微珠反光材料与牛皮纸上涂黄漆、白漆作反光材料，在阳光下有些差别，但在夜晚灯光照射下的反射差别不明显。分析其原因与粉煤灰微珠的折射率不同有关。

因此，用粉煤灰中精选的微珠作为路标用反光材料是可行的，但由于受粉煤灰成分及微珠强度等限制其反光效果，仅能达到工程级。可用作道路路标或标志的涂刷，用以适应交通现代化要求。

五、粉煤灰人造大理石[1]

随着建筑业的飞速发展，建筑装饰材料的需求量不断增长，人造大理石也正以其表面平整光滑、美观、耐用，多品种等诸多优点，在现代建筑装饰工程中显示出越来越重要的地位。按生产所用的主要原料划分，人造大理石可以分为水泥型、树脂型、复合型、烧结型四类。其中水泥型人造大理石由于价格优势，在板材市场中占有主导地位。

目前，国内外市场上出现的水泥型人造大理石多以水泥、石灰为粘结剂，天然大理石粉、磨细砂为细集料，碎大理石、花岗岩为粗集料，经配料、搅拌、成型、加压蒸养、磨光、抛光而成。不仅生产设备繁多，而且普遍存在着制品后期强度差，泛碱等缺点；同时由于原料资源的限制，在缺少天然大理石、花岗岩资源的地区此类人造大理石很难得到发展，因此结合当前我国粉煤灰等工业渣量大面广，严重污染环境，亟待解决的实际情况，利用高铝水泥与光滑模板表面相接触时，能形成性能类似天然大理石的表面层；同时高铝水泥水化生成的铝酸钙又是一种较好的粉煤灰活性激发剂的特点，采用高铝水泥作为粘结剂，废玻璃、粉煤灰、废型砂等作为粗细集料，运用表层、基层二次注浆成型，自然养护的生产工艺研制一种新型人造大理石。

实践表明：该人造大理石不仅具有较好的表面装饰效果，同时满足人造大理石的各项使用要求，而且兼有设备投资少，生产成本低，常温养护，节省能源等优点，是一种前景看好的人造大理石新品种。

（一）主要原料组成

1. 粉煤灰

试验采用大庆热电厂的干排粉煤灰，其主要物化性质如表9-23所示。

表9-23 大庆热电厂干排粉煤灰性能

细度（0.08mm方孔筛筛余%）	需水比（%）	28d抗压强度比	烧失量（%）	SiO_2（%）	Al_2O_3（%）	Fe_2O_3（%）	CaO（%）	MgO（%）	SO_3（%）
2.13	97.3	89.91	1.07	61.89	20.94	4.82	5.44	1.60	0.14

2. 高铝水泥

人造大理石面层采用的高铝水泥为苏州新立水泥厂生产的525号高铝水泥，其性能指标如表9-24所示。

表9-24 新立水泥厂高铝水泥性能

细度（0.08mm方孔筛筛余%）	初凝时间（h：min）	终凝时间（h：min）	抗压强度（MPa）			抗折强度（MPa）		
			1d	3d	28d	1d	3d	28d
4.35	1：36	6：12	48.3	54.4	59.8	5.4	5.8	6.2

[1] 本文选自谭为群、赵福君（大庆油田建设设计研究院）；党卫东（大庆市房产管理局）《废玻璃粉煤灰人造大理石研究》。

3. 普通硅酸盐水泥

人造大理石基层采用的普通硅酸盐水泥为牡丹江水泥厂生产的525号普通硅酸盐水泥。

4. 高效减水剂

试验采用的磺化三聚氰胺甲醛树脂类高效减水剂为上海申立新型建材添加剂厂生产的SP—40型高效减水剂。

5. 废玻璃和废型砂

废玻璃采用普通Na-Ca-Si玻璃的碎渣经球磨机磨细至0.08mm方孔筛筛余量为4%～8%。废型砂的主要成分为SiO_2含量很高的废石英砂，试验采用大庆油田总机厂的废型砂，在原料制备时，筛除其中大于10mm的颗粒。

6. 工程砂

试验采用的工程砂为富裕县冯屯砂石厂生产的中粒度河砂。

（二）工艺路线选择

本试验结合高铝水泥与光滑模板表面相接触能形成性能类似天然大理石的表面层这一特性，使用浮法玻璃作为成型模具底模，采用高铝水泥砂浆注浆形成表层，振实后再浇注第二层普通硅酸盐水泥混凝土作为基层的二次注浆成型工艺，经自然养护制成新型废玻璃粉煤灰人造大理石。其制作工艺如图9-24所示。

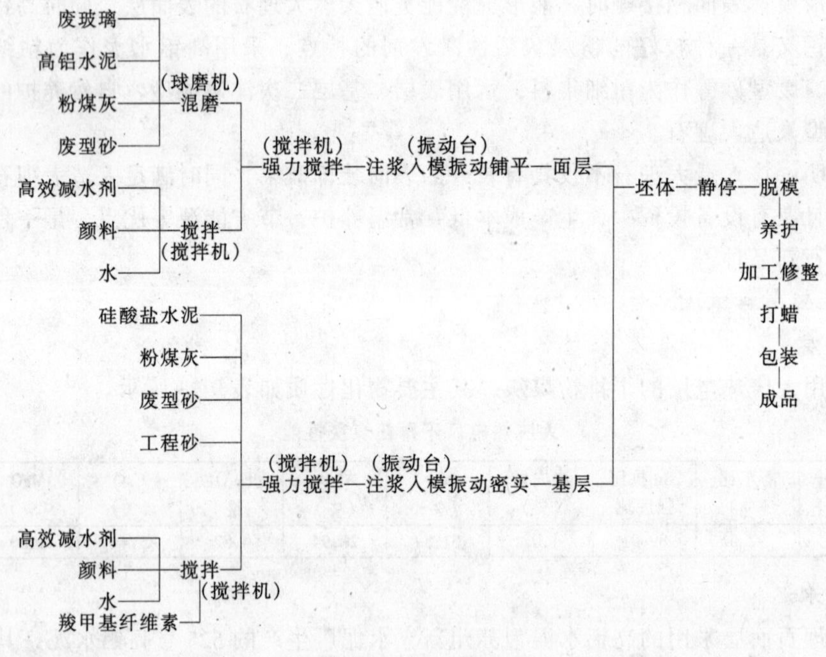

图9-24 工艺流程图

（三）制品性能测试

在分别通过表面和基层配比的正交试验，得出各层较好的配合比，侧重表层与基层的结合效果，搭配选出最佳配合比，按照最佳配合比，采用上述工艺，分别制成4cm×4cm×16cm试件和30cm×30cm×2cm规格的人造大理石。

1. 制成的4×4×16cm试件的物理力学性能

3d抗压强度：20.2～24.8（MPa）

抗折强度：4.4～4.7（MPa）

28d 抗压强度：47.6～53.8（MPa）

抗折强度：5.0～6.4（MPa）

软化系数：0.76～0.87

2. 制成的人造大理石经试验测定性能

表面光泽度：72～91 度

吸水率；3.8%～4.9%

翘曲变形：0.05～0.13mm

表面耐磨率：0.104～0.121g/cm^2

抗折强度：5.0～6.2MPa

潮湿泛碱：无

由上述试验结果可知，此种人造大理石可以满足实际工程应用的需要。

（四）技术特点

1. 优质表面的形成

废玻璃粉煤灰人造大理石的表面光泽度达 72～91 度，表面耐磨率达 0.104～0.121g/cm^2，之所以能形成如此优良的表面，其原因：

（1）高铝水泥的主要矿物组成——CaO、Al_2O_3 水化时产生大量的氢氧化铝胶体，在凝结过程中，它与光滑的模板表面相接触，形成氢氧化铝胶层，与此同时，氢氧化铝胶体在硬化过程中又不断填充大理石的毛细孔隙，形成致密结构层，因此表面光滑，强度高，具有光泽，呈半透明状。这就是采用高铝水泥作粘结剂制成的人造大理石，表面光泽度高，花纹耐久，抗风化能力，耐火性，防潮性都优于一般人造大理石的原因。而以硅酸盐水泥，包括白水泥为粘结剂时，由于不能形成氢氧化铝胶层，也就不能形成如此优良的表面。

（2）成型模具采用浮法玻璃底面，进一步改善模具的平整性和光洁度，为高铝水泥的上述特性创造了优越的外界条件。

（3）废玻璃粉的加入，为高铝水泥制品表面引进了无数个微小的玻璃体单元，改善了其表面的反射、折色、耐磨功能，提高了表面的光泽度和耐磨性。

2. 表层厚度的确定

通过试验摸索，表层厚度以 0.2～2.0mm 为宜，0.5～1.5mm 时效果最佳，当面层厚度小于 0.4mm 时，不仅易使该层下边的花纹走样，而且花纹深度也不够，见表 9-25。

表 9-25　不同厚度粉煤灰人造大理石花纹特点

试样	表层厚度	彩色花纹安定性	彩色花纹层次感	彩色花纹明亮度
1	0.2mm	不良	不良	不良
2	0.4mm	良好	良好	良好
3	1.0mm	良好	优良	良好
4	3.0mm	难以辨别	难以辨别	不良

制作完成表层后，不足的厚度全部由基层来填充，基层起着提供花纹背景，增强等多种作用，为了使基层中颜料分散得更均匀，表层与基层之间结合得更紧密，应在基层配料中使用羧甲基纤维素和高效减水剂。

3. 泛碱现象的抑制

人造大理石在制作、成型、养护和存放过程中，以及镶贴在墙地面上以后，在大理石表面上经常会出现一些白霜，即泛碱，这严重影响了建筑物的美观，研究发现废玻璃粉煤灰人造大理石是否出现泛碱情况，主要与制品组成材料的可溶性盐类含量的多少，坯体的密实程度，成型时水灰比的大小有关。

若所用集料等原料的表面上含有可溶性盐类或碱类物质，则随着制品浆料中水的加入混合而溶入其中，并随之均匀分散。在制品成型过程中，由于重力作用，水分向底面扩散而集中于表层，其中的可溶性物质也随着聚集，而水分可以从其他途径蒸发排出，浆体中的可溶性盐类，碱类却被留在表面层，随着水分减少，这些可溶性物质不断析出，因而使表面出现泛白霜的现象，针对这类泛碱现象，解决的办法是：选择低碱类集料；避免选用无机盐类外加剂，采用有机成分的添加材料；在混合集料制成料浆以前 ，将集料水洗，从而除去颗粒表面的可溶性盐类、碱类。

水泥水化时产生较多的氢氧化钙，当成型水灰比较大时，部分氢氧化钙溶解随着水分向表面层渗透，养护过程中与空气中的水及二氧化碳化合，生成碳酸氢钙，碳酸钙等析出表面成为白霜的组成部分，针对泛碱现象，解决的办法是：采用高效碱水剂，降低料浆的水灰比，减小集料的颗粒度，注浆后尽量振动密实，以阻滞基层水分向面层迁移。

另外，若发现人造大理石坯体下表面泛碱时，可通过将大理石坯体的表层浮出水面，下部基层浸入水里的半水中养护的办法，来有效抑制制品下表面的泛碱现象出现。

4. 脱模问题的解决

采用浮法玻璃作为成型模具底模，成型出的人造大理石表面十分光亮，但不加任何脱模剂时，脱模就相当困难，这是由于玻璃表面上质点力场不对称，表现出剩余键力，容易和水等极性分子产生物理化学吸附的原因所至。为了克服这种吸引力，需要在浮法玻璃表面涂上一层非极性或极性很小的自制的 MW-2 型脱模剂，脱模效果良好。

六、粉煤灰菱镁加气制品[1]

自 1867 年索瑞尔发明菱镁水泥以来，菱镁制品的发展几起几落，到目前为止，已研制出菱镁机电包装箱、菱镁波形瓦、菱镁地面砖、菱镁浴缸、菱镁隔墙板、菱镁烟囱、菱镁无机玻璃钢通风管等多种产品。但对菱镁加气制品的报道还很少见，为了发挥菱镁水泥强度高、与有机纤维结合牢固且不腐蚀的特点，进行研制粉煤灰菱镁加气制品，解决了普通加气混凝土强度低，在搬运过程中易损坏、易破碎的问题。

粉煤灰菱镁加气制品是采用菱苦土、卤水为基料，粉煤灰、锯末为填料，掺加改性剂，经发气剂发泡而成的新型菱镁制品。

粉煤灰菱镁加气制品保温隔热性能好，表观密度小，不变形，产品不吸潮，不返卤，不裂纹，耐久性好，强度高。

（一） 原材料与技术要求

我国菱镁矿储量大，截止 1986 年底保有储量达 27 亿 t 之多，占世界总储量的 30%，主要分布在辽宁、山东等省。卤粉（片、块）遍及沿海各盐场，原材料供应充足。

原材料直接关系着产品质量，生产粉煤灰菱镁加气制品所用原材料质量必须稳定，不稳

[1] 本文选自山东省建筑科学研究院张福兴《粉煤灰菱镁加气制品》

定者不能应用，对没有用过的原料要经少量试用，产品合格后，方可批量生产。

1. 菱苦土

技术要求：密度 3.20～3.27kg/m^3，白度＞50，MgO＞75%，CaO＜2%，烧失量 5%～10%，细度用 120 目筛子，筛余量不超过 5%。切忌淋雨，不宜久存，如严重结块，则不宜使用。

2. 卤片（粉、块）

此原料为片状（粉状或块状），易潮解，要特别注意放在干燥通风的地方。

技术要求：$MgCl_2$＞45%，NaCl＜2%，$CaCl_2$＜0.5%，KCl＜0.5%。

3. 粉煤灰

性能指标应满足 GB 1596—1991《用于水泥和混凝土中的粉煤灰》。

试验所用粉煤灰的化学成分见表 9-26。

表 9-26　　粉煤灰化学成分　　%

SiO_2	Al_2O_3	Fe_2O_3	CaO	MgO	SO_3	烧失量
49.47	25.90	5.38	3.57	2.10	1.48	11.50

4. 加气剂（S 剂）

工业纯

5. 锯末

全部通过 2mm 筛子，锯末中泥土等杂质含量不得大于 5%，霉烂变质的锯末不能应用。

（二）主要性能指标

1. 表观密度

粉煤灰菱镁加气制品干表观密度一般在 500～950kg/m^3，自然表观密度 600～950kg/m^3。

2. 强度

粉煤灰菱镁加气制品强度高，与普通加气混凝土对比见表 9-27。

表 9-27　　主要性能对比

品　名	表观密度 (kg/m^3)	抗折 (MPa)	抗压 (MPa)	数据来源
加气混凝土砌块	500～600		＜3.5	GB 11968—1989
粉煤灰菱镁加气制品	594.5	2.4	8.8	实测

3. 含湿率

粉煤灰菱镁加气制品本身具有多孔结构，空隙中容易吸收水分，粉煤灰菱镁加气制品含湿率为 8%。

4. 导热系数

导热系数是衡量保湿材料优劣的主要指标，粉煤灰菱镁加气制品的导热系数（自然状态下）为 0.229W/（m·K）。

5. 抗吸潮返卤，抗水性问题

未改性的菱镁制品在高温高湿季节容易吸潮返卤，使用性能受到影响，菱镁制品耐水性差也同样影响其使用功能，所以吸潮返卤和抗水性问题历来是菱镁制品研究重点需要解决的问题之一。

经研制的菱镁制品掺改性剂后，可有效地解决粉煤灰菱镁加气制品的返卤吸潮和耐水性差等问题，抗折软化系数为 0.83，抗压软化系数为 0.59。

6. 吸水率

粉煤灰菱镁加气制品的吸水率为21.84%。

7. 抗冻性

(1) 冻融情况：4mm×4mm×16cm试件浸水48h于-20℃±2℃冻3h、融3h，循环15次，试件外观未见异常。

(2) 冻后损失：先将试件于65℃±2℃烘24h，再于105℃±5℃烘至恒重，经冻融15次循环，再于105℃±5℃烘至恒重，测得重量损失7.4%。

(三) 生产工艺

1. 原材料准备工作

如菱苦土有结块，要筛去结块备用；将卤片（块或粉）放入缸中，加入水，配成要求浓度的溶液，然后将液面污物、泡沫除掉。

从电厂取回的湿粉煤灰要晒干。

2. 料浆

将菱苦土、卤水、锯末、粉煤灰、改性剂，按配比放入搅拌机中混合搅拌，使各种材料充分混合。

3. 发泡浆拌和

加入加气剂，搅拌成均匀的发泡浆。

4. 灌模

将发泡浆迅速灌入预先准备好的模具中。

5. 静停硬化

经成型后的制品必须静停一定时间，使之达到初始强度，然后才能脱模。

6. 养护

在温度15~40℃条件下保潮养护14d，然后晾干7d。

7. 成品入库

成品经检验，分级入库。

(四) 应用范围

粉煤灰菱镁加气制品性能优良，成本低，生产工艺简单，所以应用范围非常广阔，可用于框架结构建筑为填充墙体；可制成保温隔热性能好的活动板房；制成组装式粮仓和屋面保温板等。

七、粉煤灰陶瓷餐具❶

国外利用粉煤灰研制陶瓷餐具，以粉煤灰为主要成分，加入可塑性粘土和长石制成坯体，经高温烧制成，其成本较低。

(一) 主要原料的物理化学性能

1. 粉煤灰

根据表9-28分析：粉煤灰含有较高的铁（4.5%）和硅（56.70%），由于硅高也可代替部分石英；同时对提高耐高温烧成的能力也至关重要。

由表9-29分析：粒度级配分布，按重量计仅仅24.4%的颗粒大于25μm，而小于1μm的

❶ 本文摘自上海市建筑科学研究院周家正编译《利用粉煤灰配制陶瓷餐具与工艺品》。

仅占0.8%，大部分的颗粒在25～1μm之间，这意味着无需多加研磨。

表 9-28 粉煤灰化学分析

成　分	质　量　-%
SiO_2	56.70
Al_2O_2	24.45
Fe_2O_2	4.50
TiO_2	1.62
CaO	2.48
MgO	1.45
Na_2O	0.56
K_2O	0.56
SO_2	0.82
烧失量	6.62
总计	99.70

表 9-29 粉煤灰粒度级配分布

颗粒大小 μm	百　分　率
>25	24.4
15～20	20.8
10～15	14.8
8～10	7.2
5～8	10.8
2～5	12.0
2～3	6.0
1～2	3.2
<1	0.8

2. 粘土

由表9-30和表9-31可以看出，粘土A塑性水含量较高（35.24%），在成型时可改善塑性，但掺加粘土B有助减少收缩（因其收缩值为5.30%）。

表 9-30 粘土的化学成分（%）

成分	粘土 A	粘土 B
SiO_2	50.76	59.66
Al_2O_2	32.23	22.66
Fe_2O_2	1.42	0.56
TiO_2	2.20	1.85
CaO	1.46	1.57
MgO	0.08	0.18
Na_2O	0.46	0.68
K_2O	0.24	0.16
烧失量	11.07	12.82

表 9-31 粘土物理性能

性　能	粘土 A	粘土 B
45μm 筛余（%）	1.26	1.60
塑性水（%）	35.24	32.14
生坯断裂模数（$kgcm^{-2}$）	36.73	26.12
干缩（110℃湿至干）%烧成收缩	8.86	8.78
（125℃干至烧成）（%）	10.14	5.30
125℃时烧成色	淡黄	浅黄色

（二）主要原材料的熔锥比值

熔锥比值列于表9-32。粉煤灰熔锥比值低因素较多，如玻璃相的存在和材料的细度。熔锥比值低有助于在相对较低温度下生成玻璃制品。

表 9-32 采用的主要原材料熔锥比值

原材料	熔锥比值
粉煤灰	奥顿测温锥 17～18 之间
粘土 A	奥顿测温锥 31～32 之间
粘土 B	奥顿测温锥 31～31 之间

（三）坯体组成

为了评价粉煤灰坯体特性，制备了FA-1至FA-4四个坯体，其组成列于表9-33。

（四）釉料的组成

表 9-33 坯体组成 %

材　料	坯　体			
	FA-1	FA-2	FA-3	FA-4
粉煤灰	35～40	45～55	35～42	35～45
长石	8～12	—	25～32	20～28
高岭土	18～22	8～12	—	—
粘土 A	10～18	10～16	8～12	8～12
粘土 B	12～16	22～25	18～22	18～22

釉料的组成详见表9-34。

（五）餐具制作工艺

粉煤灰餐具制作工艺流程见图9-25。

（六）粉煤灰陶瓷成品的特性

粉煤灰陶瓷成品的特性列于表9-35。表9-36表明除FA-4外，所有坯体的吸水性都较强，并有可能翘曲。同时FA-4坯体的烧成断裂模量也比较好，因此制品采用FA-4组成制备。

表9-34　釉料组成

材　料	重量百分比（%）
长石	40～45
石英	15～18
方解石	12～14
高岭土	8～10
氯化锌	2～3
碳酸钡	1～2
硅酸锆	15～20

（七）粉煤灰餐具与炻器比较

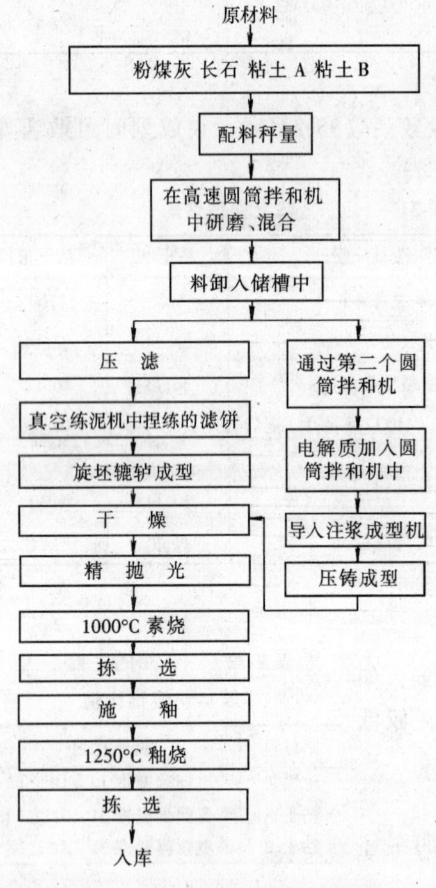

图9-25　粉煤灰餐具制作流程图

表9-36列出粉煤灰器皿与炻器皿比较，结果表明粉煤灰制品满足规范要求。

表9-35　成品的特性

性　能	坯体			
	FA-1	FA-2	FA-3	FA-4
烧成色	浅黄色	淡棕色	乳黄	浅灰黄
烧成收缩（125℃干至烧成）（%）	6.80	4.65	5.63	12.29
烧成断裂模量（kg/cm²）	400.21	100.35	374.21	510
干缩（110℃）（%）	4.91	5.50	5.38	3.12
干断裂模量（kgcm²）	22.14	17.87	17.65	18.10
玻化	未玻化	未玻化	未玻化	玻化
吸水率（%）	7.81	5.62	3.21	0.92
与釉混容	好	可	好	很好
翘曲	可能翘曲	可能翘曲	可能翘曲	不翘曲

表9-36　粉煤灰餐具与炻器比较

要　求	炻　器	粉煤灰器皿
耐细裂	器皿应没有细裂	器皿耐细裂
吸水率	吸水率不大于3%	吸水率小于1%
断裂模量（kg/cm²）	断裂模量值应不小于350	断裂模量为510
坯体抗酸	坯体抗酸不小于99%	坯体抗酸为99.2%
釉料抗酸	失重不大于10mgdm⁻²	失重为8～9mgdm⁻²

注　系按BIS 2835—1964。

第四节　填　　料

一、沉珠作塑料填料

（一）国内外沉珠作塑料矿物填料的研制概况

通常在塑料工业中，传统的填塑材料有：陶土、滑石粉、轻（重）质碳酸钙等。粉煤灰价廉、且主要化学组分是SiO_2、Al_2O_3占绝大比例，再则为Fe_2O_3及CaO等，与传统填塑材料的化学组分极为接近，因此，国内外均在进行以粉煤灰取代或部分取代传统填塑材料的研制工作，以降低塑料制品的成本。其中以 $CaCO_3$ 作填塑材料的塑料简称钙塑材料，而以粉煤灰作为填塑材料的塑料则简称为灰塑材料。

我国于 1980 年，由镇江树脂厂进行粉煤灰填充聚氯乙烯（PVC）塑料地板（简称灰塑地板）的研制，在这项新型装饰工程材料方面，取得了一定的成果。

用粉煤灰取代 $CaCO_3$ 作填塑材料，由于粉煤灰的硬度高，对机械设备容易产生磨损，这问题也已得到较好的改善。

这些都说明，我国在灰塑材料方面，已经作了许多研制工作，并已取得许多成果。

美国于 1985 年曾在 PVC 塑料中，用粉煤灰作矿物填塑材料，产品有冷却塔保温板和管材，通过材质试验，其性能如下：

（1）该灰塑材料具有极佳的送料与加工性能，送料时不会与料箱内壁发生粘接，同时也有助于防止阻塞。

（2）挤塑机的转矩大大下降，增加了挤塑机的输出。

（3）粉煤灰沉珠有助于增进制品表面的光洁度以及制品的平滑度。

（4）填有粉煤灰的 PVC 塑料生产灰色导管时，可不必加入碳黑颜料。

（5）如能提高冲击强度，则该塑料性能将更趋完善。

此外，国外已广泛地将塑料制品用于汽车零件、家用电器、粘结剂等方面，而这些塑料所用填料的化学组分与粉煤灰沉珠很相似，因此，也促进人们去更深一步研制沉珠在塑料中的应用。

本节将侧重论述国内在用粉煤灰中沉珠[1] 作 PVC 塑料的填塑材料的研制，属灰塑范畴。

（二）粉煤灰取代 $CaCO_3$ 的可行性

为探索粉煤灰作 PVC 塑料填塑材料的可行性，特用上海闵行电厂二电场约 0.75μm（200 目）静电收尘灰（沉珠）与传统填塑材料 $CaCO_3$，分别对填充 PVC 塑料的最大相容填充量，进行对比试验（均未加改性剂），其结果表明：

（1）在相同工艺条件下，粉煤灰的填充量，在质量或体积方面均远远超过 $CaCO_3$。

（2）粉煤灰的吸油率比 $CaCO_3$ 低，对 PVC 吸收增塑剂用量亦比 $CaCO_3$ 小（表 9-37）。

由于灰塑材料的塑化温度比钙塑材料低，因此，灰塑制品质地较柔软，手感较好。

（3）灰塑材料的塑化性、流动性和加工成片性等均优于钙塑材料。

表 9-37　　每 100 克填料吸收增塑剂 DOP 的 mL 值

填塑材料名称	吸收值（mL）	填塑材料名称	吸收值（mL）
$BaSO_4$	16	白炭黑	42
$CaCO_3$（重质）	36	粉煤灰	14
$CaCO_3$（轻质）	120～130	陶　土	66

（4）在填料重量相等工艺条件下，灰塑材料与钙塑材料相比，灰塑材料拉伸强度稳定

---

[1] 本节曾参考镇江树脂厂《粉煤灰填充 PVC 塑料地板研制技术报告》等。

性，断裂伸长率均优于钙塑材料，且灰塑材料断裂能量也大于钙塑材料，在极限填充量的许可范围内，钙塑材料较脆，灰塑材料略具韧性。所以，选用上海闵行电厂二电场粉煤灰（沉珠）取代 $CaCO_3$ 作填塑材料是可行的。

（三）粉煤灰品种选择及对其品质的要求

1. 选用合适粉煤灰品种

上海闵行电厂二电场灰作填塑材料有其可行性，但究竟是否是最合适的灰种，尚有研讨余地，下面与谏壁电厂统灰及漂珠作对比试验。

表 9-38 不同灰种粉煤灰填充 PVC 地板料的比较

配比号	灰种	PVC/粉煤灰				实际体积比
		质量比	理论体积比	样片密度（g/cm³）		
				理论	实测	
111	江苏谏壁电厂 160 目过筛统灰	100/300	100:190	1.83	1.62	100/228
139	江苏谏壁电厂 200 目过筛统灰	100/300	100:192	1.82	1.67	100/219
182	江苏谏壁电厂 120 目过筛漂珠	100/80	100:175	1.15	1.40	100/71
188	江苏谏壁电厂 120 目过筛漂珠	100/100	100:219	0.83	1.35	100/97
HS—108	上海闵行电厂 200 目静电灰	100/300	100:199	1.78	1.70	100/212

表 9-38 表明：统灰过筛工艺繁琐；漂珠因中空壁薄，经挤出、压延和辊压等工序，颗粒被压碎，体积变形较大，而最后仍以上海闵行二电场灰（约 75μm）静电收尘灰最佳。当然，仍需考虑与所用偶联剂的相容性以及最大极限填充量等因素。

2. 粉煤灰质量标准

粉煤灰沉珠作填料时，粉煤灰沉珠越细，则分散性和流动性越佳，但若粉煤灰沉珠太细，其表面积超过树脂所能包裹的面积时，填料就容易在加工过程中凝聚，降低了制品性能。所以根据填料基本要求，结合实际可能，以需要与可能相结合，定出作填料用粉煤灰的质量标准，以保证塑料制品的质量（见表 9-39）。

表 9-39 粉煤灰质量指标

项目	沉珠（Ⅰ级）	沉珠（Ⅱ级）	项目	沉珠（Ⅰ级）	沉珠（Ⅱ级）
色泽	灰白色	灰色	含炭率（%）	<2	<4
密度（g/cm³）	1.8～2.2	1.8～2.2	SO_3 含量（%）	≤0.4	≤0.4
pH 值	7～10	7～10	水含量（%）	≤0.5	≤0.5
颗粒细度（通过标准筛目数）	45μm	75μm	Fe_2O_3 含量（%）	≤2	≤5
球形率（%）	≥90	≥80			

（四）偶联剂的选择

为提高无机物粉煤灰和有机高分子聚合物树脂之间的亲和力，从而提高塑料制品的加工性能和一系列力学、电学、热工、耐老化等使用功能，采用合适的偶联剂是一重要条件，经多种偶联剂与不同剂量进行筛选，最后以含硼偶联剂 NDB_4 最为合适，该偶联剂的用量仅为粉煤灰填料量的 0.8%～1.2%，同时，合成工艺比较简单，原料供应方便，成本低廉。

（五）配合比、工艺和产品性能

1. 配合比的选择

经优选，最后使用的灰塑地板配合比见表 9-40。

表 9-40　　灰塑地板配合比

原(辅)材料名称	规格型号	质量份数（%）	原(辅)材料名称	规格型号	质量份数（%）
PVC 树脂	XJ-4 型（或 4 型）	100	硬脂酸钡	工业品	0.5
粉煤灰	电除尘器收集	250	硬脂酸铅	工业品	0.5
DOP	工业品	15	亚磷酸三苯酯	工业品	0.3
DBP	工业品	17	石　蜡	工业品	3.5
三盐基硫酸铅	工业品	3	偶联剂	自制 NDB_4	3
二盐基亚磷酸铅	工业品	1	色　料		适　量

2. 工艺流程及主要经济效益

灰塑地板工艺流程示意图见图 9-26 及图 9-27。

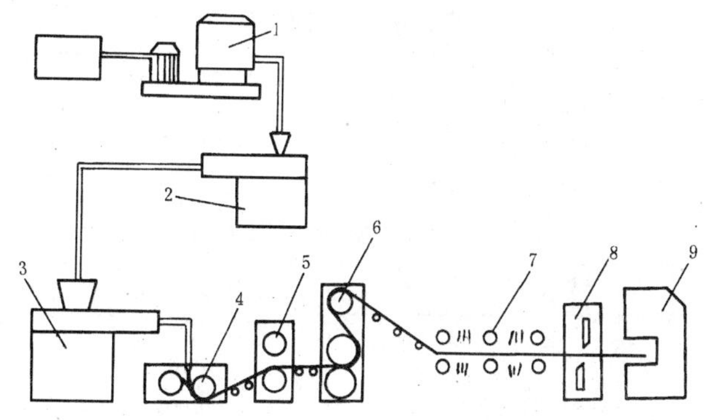

图 9-26　灰塑地板工艺流程示意图

1—高速搅拌机；2、3—挤出机；4—两辊炼塑机；5—立式两辊炼塑机
6—三辊压光机；7—导辊；8—切割；9—冲片

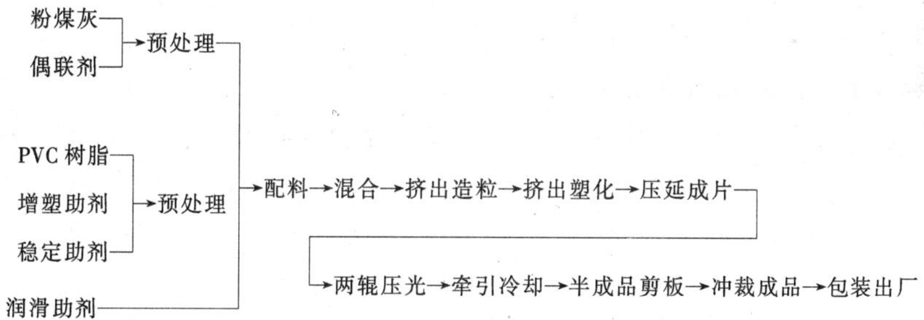

图 9-27　灰塑地板工艺流程文字说明图

当填灰量为 250 份的灰塑地板与填 $CaCO_3$ 为 180 份的钙塑地板相比，灰塑地板比钙塑地板节约树脂 15%，其节约数额是相当可观的。

3. 设备及控制参数（见表 9-41）

表中列入混合、造粒和塑化等工艺中所用主要设备及控制参数。

4. 产品规格及物理性能

应用粉煤灰 250 份填充 PVC 塑料生产灰塑地板，其产品规格及物理性能，均已达到或超过国内外有关标准（见表 9-42 及表 9-43）。

表 9-41 主要设备及控制参数

工序设备名称		控制参数
混合	GH-200A 高速混合机	460~930r/min 80℃ 10min
挤出造粒	ϕ66mm 造粒机	110~173℃ 24r/min
挤出塑化	ϕ110mm 挤出机	120~190℃ 12~20r/min
压延成片	SY2W-560 两辊机	5kg/cm^2 蒸汽、线速 1.2~2.1m/min
压延成型	S2YL-360 两辊机	6~8kg/cm^2 蒸汽、线速 1.2~2.1m/min
压光机	S3YL-250 三辊机	5~6kg/cm^2 蒸汽、线速 1.2~2.1m/min
牵引冷却	胶辊冷却牵引机	水冷线速 1.2~2.1m/min
剪板	Q-3×1200 剪板机	光电自控
冲片	J23-40 双柱压力机	自配冲模 250×250mm 333×333mm

表 9-42 产品规格及性能指标

规格	尺寸（mm）	GB 4085—1983（mm）	实测值（mm）
长×宽	333×333，250×250	±0.3	±0.10
厚度	1.5，1.3	±0.15	±0.10

表 9-43 物理性能指标对比

项目	GB 4085—1983	实测值	日本 JISA-5705-1981
热膨胀系数（1/℃）	≤1.0×10^{-4}	7×10^{-5}	—
加热重量损失率（%）	≤0.50	0.18	<0.5
加热长度变化率（%）	≤0.20	0.006	≤0.2
吸水长度变化率（%）	≤0.15	0.019	<0.165 (20℃)
23℃凹陷度（m/m）	≤0.30	0.31	>0.15
45℃凹陷度（m/m）	≤0.60	0.333	<0.06
残余凹陷度（m/m）	≤0.15	0.11	<0.15
磨耗量（g/cm^2）	≤0.020	0.004	—

（六）减少灰塑生产设备的磨损

采用粉煤灰作填塑材料，在加工过程中，当填灰量在66%时，设备中应用45号钢制造的螺杆，仅运行8h即出现该螺杆被磨损现象，严重影响设备使用寿命，其原因是粉煤灰组分中含有石英、莫来石、硅钙石、赤铁矿、磁铁矿等矿物组分，具有很强的耐磨性能所致。后来螺杆材料改用维氏硬度高达1400~1800的B-Cr二元素共渗合金制造，则新螺杆经1500h以上的运行仍然完好，这就满足了粉煤灰高填充塑料批量生产的需要，从而创造了连续生产的必要条件。

在粉煤灰中还含有一定量的Fe_3O_4，如能事先经磁选处理，使其含量降低（按目前技术水平，这是简单易行的），对减少机械磨损有较大的帮助。

（七）分选沉珠作填塑材料的探索

前已论述电收尘沉珠作填塑材料的一些主要规律，本段将介绍干排粉煤灰经机械分选装置加工所得的沉珠作填塑材料试验，在最佳粒径方面结果略有差异外，其他规律基本相同。

上海市建筑科学研究院早在20世纪80年代曾采用干法分选装置加工处理的空心沉珠，与上海电缆研究所、上海塑料制品一厂以及上海合成树脂研究所等单位协作，分别在PVC塑料（电缆用）、泡沫人造革产品、印贴塑料地板及其它高分子材料中进行了应用探索，均取得了较好的效果，其结果大致如下：

(1) 以分选沉珠与重质 $CaCO_3$ 分别在泡沫人造革、印贴塑料地板中进行填塑材料的对比试验，可得出如下结论：①沉珠作填塑材料，由于可降低增塑糊的粘度，因此有增大填料用量、改善加工性能和降低成本等一系列优点；②因沉珠堆积密度比 $CaCO_3$ 低，因此可增加用量、降低成本；③沉珠颗粒粒度以 $<25\mu m$ 为佳；④因沉珠颜色较深，宜作深色制品。

(2) 分选沉珠取代 $CaCO_3$ 作硬质 PVC 塑料的填塑材料时，该灰塑材料的缺口冲击强度约提高 20%；维卡耐热温度略有提高，但其抗拉强度降低 15%～20%，流动性下降、材料熔点粘度的塑化平衡力矩增加 10%，塑化能量损耗增加 7%，因此需要改性。

(3) 当以细度小于 10μm 及细度小于 25μm 的两种方法分选沉珠，分别在软质 PVC 塑料中与 $CaCO_3$ 和煅烧陶土作对比试验。

试验结果表明，在软质 PVC 塑料中掺入 40%细度 $<10\mu m$ 的沉珠时，其热老化后的机械物理性能影响不明显，低温性能则略有下降，而阻燃性能及电气性能则有所提高，但用量以 10%～20%为佳，反之，应用粒径小于 25μm 沉珠，则对塑料机械性能、低温性能及电气性能，均比粒径小于 10μm 的沉珠差。

(4) 应用分选后所得沉珠作塑料廉价填料。其中如沉珠颗粒粒径、表面形貌、化学组分等对塑料性能的影响，以及将沉珠表面经活化处理，提高与塑料的粘结力等，均有待作进一步深入研究。

二、粉煤灰作涂料填料❶

涂料一般由成膜物质（油料、树脂及天然漆）与颜料、填料、增韧剂等按一定比例配制而成，再溶于有机溶剂中，可用刷或喷等方法，涂覆于建筑物或构筑物的表面，干燥后生成坚固整体的固体涂膜，具有保护结构或部件的作用，使之免受外界各种介质的侵蚀或起美化作用的一种工程材料。

涂料有防腐、防火和装饰等品种。

本节主要论述填料的代用品—磨细粉煤灰或漂珠。

传统用于涂料填料的材料有：瓷粉、轻质碳酸钙、滑石粉和石英粉等。由于涂料工业的日益发展，填料需求量亦逐渐增大，同时，国内外都在寻求合适而价廉的代用品以降低填料成本并已应用粉煤灰取代部分或全部传统填料，取得较为显著的技术经济效果。

以下论述国内外应用磨细粉煤灰或漂珠作涂料填料所取得的技术经济效益。

（一）国内应用磨细粉煤灰配制地面涂料

1. 主要填料的作用和指标

在涂料中常用的填料为轻质碳酸钙、滑石粉和瓷粉等，在一定的细度下，提高遮盖力、流平、耐磨等性能，而一定细度的粉煤灰，亦兼有这些特性（见表 9-44）。

表 9-44　主要填料的作用和指标

品　名	作　用	细度（目）
轻质碳酸钙	提高涂层厚度和遮盖力	200～250
滑石粉	提高涂料流平性和耐久性	180～220
瓷粉	提高涂层的耐磨性和硬度	180～200
磨细粉煤灰	兼有遮盖、流平性和耐磨性	200 以上

注　瓷粉为碎瓷经粉磨而得，滑石粉成分为 $3MgO \cdot 4SiO_2 \cdot H_2O$。

❶ 本部分内容曾参考阎国华《用粉煤灰作涂料填料》及范英等《防火隔热涂料》等资料。

2. 粉煤灰取代量及涂料技术指标

利用磨细粉煤灰，经过筛选比较，最优化取代瓷粉、轻质碳酸钙和滑石粉的百分率，见表9-45。

表 9-45 磨细粉煤灰取代传统填料

品 名	瓷 粉	轻质碳酸钙	滑 石 粉
磨细粉煤灰取代（%）	50	80～100	60～70

表 9-46 为涂料主要技术指标，由表 9-46 可见，该磨细粉煤灰涂料与基准涂料相比，除硬度稍低外，其余各项指标，均能达到和超过基准水平。

3. 经济效益

表 9-47 表明，传统填料单价远较磨细粉煤灰高，经核算，在涂料中每用 1t 磨细粉煤灰，可节约成本 250～300 元。

表 9-46 涂料主要技术指标

项 目	指 标		测量方法
	不掺粉煤灰	掺粉煤灰	
遮盖力（g/m^2）	110	95	黑白格法
附着力	100%	100%	划格法
抗冲击（kg·cm）	＞50	＞50	冲击仪
硬 度	0.50	0.45	摆杆式硬度计
耐水性	无变化	无变化	浸水 48h
耐 磨	0.035	0.034	加荷 1000g

但磨细粉煤灰在用于浅色涂料方面，尚有待进一步的改进提高。

表 9-47 常用涂料填料单价

品 名	瓷 粉	轻质碳酸钙	滑石粉	磨细灰
单价（元/t）	210	400	300	50

（二）国内应用漂珠配制防火隔热涂料

防火隔热涂料（简称防火涂料）是采用改性无机高温粘结剂为成膜物质，以粉煤灰中漂珠、膨胀珍珠岩等吸热、隔热、增强材料为填料与化学助剂共同合成的一种新型防火涂料。

1. 涂料的性能指标

根据上述原材料配制成的漂珠防火涂料，其色彩以绿色为主，同时可配成浅蓝、浅黄、浅紫和灰色等，其理化性能及热物理性能见表 9-48。

表 9-48 理化及热物理性能

理化性能	指 标	理化性能	指 标
密度（kg/m^3）	358～400	导热系数［W/（m·K）］	0.091
耐水性	清水浸泡 2000h，无溶损分离	热扩散率（m^2/h）	8.8×10^{-4}
腐蚀性	pH 值为 12 左右	比热容［kJ/（kg·K）］	1.05
抗压强度（MPa）	0.46		

由涂料原材料及表 9-48 中可知，涂料的特性为：

(1) 密度较小。

(2) 隔热性能优越。由表 9-48 可见，其导热系数及热扩散率均低，前者代表稳定传热，后者代表扩散传热，这说明稳定传热和扩散传热的性能都很低；同时，热扩散率低表明材料是优良的隔热材料。

(3) 附着力强。

(4) 干燥固化快。

(5) 不含石棉粉、无毒、无污染。

2. 涂料的防火性能

无任何保护层的钢结构，每遇火灾时，当温度超过500℃时，只要持续15min，钢结构质地会软化，由结晶体向非晶体转化，钢材强度明显下降，导致构筑物垮塌。采用防火涂料的目的是延缓钢材软化变形时间（即耐火极限）。

表9-49为根据GN15-82标准试验，在1000℃高温下，涂层厚度与钢梁不同耐火极限指标。

表 9-49 防火涂层厚度与钢梁耐火极限

防火涂层厚度（mm）	钢梁耐火极限（min）	防火涂层厚度（mm）	钢梁耐火极限（min）
6	30	15	90
10	60	25	120

3. 涂料的用途

防火隔热涂料适用于各种工业与民用建筑中的钢结构。

防火隔热涂料是以公安部四川消防科学研究所为主，与锦州市公安局协作的科研成果，已于1985年1月通过技术鉴定，已广泛在全国各地钢结构的建筑工程上应用，有的工程已经过火灾考验，防火效果显著。

（三）美国应用磨细粉煤灰配制金属基层涂料

美国涂料商鉴于涂料中固体填料碳酸钙、滑石粉价格每吨分别高达52美元、72美元，影响市场竞争，因此竭力寻求代用品。1985年，美国电力设备公司下设在爱俄华州的两家涂料厂与一中心试验室合作研制工业及运输机械用粉煤灰底层涂料，于1986年正式用于金属门架，取得了较好的技术经济效果。

1. 填料组成

计有2组材料各异的粉煤灰填料（见表9-50）除均用粉煤灰外，另一个特点是均用磷酸锌或亚硼酸钡等无机粘结剂，第一组中还含少量TiO_2及$CaCO_3$，其目的是为增白。

表 9-50 填料组成表

材料名称	质量分数 w_B（%）	材料名称	质量分数 w_B（%）
粉煤灰	33.7	粉煤灰	43.1
TiO_2	5.5	磷酸锌	2.0
$CaCO_3$	3.9	粉煤灰	43.1
磷酸锌	2.0	亚硼酸钡	2.0

2. 试验项目与分析

(1) 试验项目

催化老化试验（ASTMG23）

经500h试验，均无起泡、粉化、裂纹及开裂等现象。

折射率试验（ASTME97）

折射率在5.6%～31.9%。

遮盖率试验（ASTMS14方法4123.1）

遮盖率均在100%。

抗盐雾试验（ASTMB117）

经500h后观察，划痕处部分配比略有起泡以及锈点。

（2）试验分析

含有粉煤灰的底层涂料，催化、老化试验表明：绝大多数配合比均具有良好的耐久性和抗化学侵蚀性能，其样板仅显示轻微的色泽变化，但无物理缺陷。

尽管折射率较高，生产厂商并未改善其粗糙度，因为底层涂料用后还要涂刷照面涂料，只有在底层粗糙的基础上，可使底面两者加强粘结起到“机械齿”作用。

粉煤灰底层涂料曾发现有沉淀现象，后将粉煤灰经球磨后，细度控制在25μm以下，则此现象即可消除，一经拌匀，可保持悬浮液达数月之久，此后略有沉淀只需稍加搅拌，仍可恢复悬浮状态。

此外，该涂料力学强度，如抗压性能、抗弯性能以及弹性模量等均有较大的增强。

3. 经济效益

使用粉煤灰作为涂料填料，可降低对成膜物质树脂的吸收，相对增加了树脂的比表面积，相对可节约树脂，使整个涂料成本下降，正如一位美国商人所说：“粉煤灰的价格同作为填料的碳酸钙和滑石粉相比，具有诱人的吸引力。”

第五节 处理废水

一、活化漂珠处理废水[1]

（一）概述

粉煤灰漂珠是由燃煤电厂排放的粉煤灰中分选出来的硅铝质玻璃空心微珠，其外观呈蜂窝状，空穴很多，内部具有较为丰富的孔隙且比表面积大，可在污水处理中作为吸附材料。若经活化处理，可大大提高漂珠的物理化学吸附能力，被广泛的用于废水处理。根据漂珠的内部结构，在以前研究的基础上，参考分子筛活化的原理，用H_2SO_4活化的方法制作出了活性漂珠，对其在废水处理中吸附性能和吸附容量进行了研究；并与用$ZnCl_2$活化方法制作的活性漂珠进行了比较；分析研究了影响其吸附性能的主要原因。

表9-51 漂珠的物理性质

项目	测定值	项目	测定值
		色泽	银白色
		粒径（μm）	90～450
堆积密度松散	0.36	孔隙率（%）	70.21
（g/cm³）紧密	0.41	比表面积（cm²/g）	1930

本研究选用开封电厂粉煤灰漂珠为实验材料，其物理化学性能见表9-51、9-52。

[1] 本文选自河南省环保研究所李尉卿、河南农业大学段雪梅的《粉煤灰漂珠活化处理废水的研究》。

表 9-52 漂珠化学成分含量（%）

SiO_2	Al_2O_3	Fe_2O_3	K_2O	CaO	MgO	Na_2O	烧失量
59.27	30.92	4.03	2.27	1.64	1.23	0.39	0.37

（二）活化漂珠的活化原理及制作工艺流程

1. 漂珠活化原理

据研究得知粉煤灰漂珠是一种多孔硅铝氧玻璃体，它们在形成过程中，有部分因气体逸出而形成开放孔穴，表面呈蜂窝状结构；有部分因气体未逸出被包裹在颗粒内形成封闭性孔穴，内部也呈蜂窝状结构。前者由于孔穴暴露在表面，故应具有特定的吸附性能；而后者则具有很小的吸附性能，这就需要用物理或化学的作用打开封闭的孔穴，即用化学的方法打开封闭孔穴提高其孔隙率及比表面积。化学活化的方法不但能打开孔穴，而且还能通过酸碱对漂珠的作用生成大量新的微细小孔，使其比表面积大大增加。本试验中所采用的活化剂为 H_2SO_4，它能与 SiO_2 及 Al_2O_3 作用分别生成水合硅胶和水合硫酸铝及硅铝凝胶。当硅铝凝胶失去部分水分或无水的硅酸铝得到适量的水时，他们的活性迅速增加，其吸附能力大大加强。

另外，由于漂珠是以硅氧四面体、铝氧四面体作为基本的结构单元，相互之间由桥氧离子通过硅氧键、铝氧键在顶角结合成空间网络，而 Ca^{2+}、Mg^{2+}、K^+ 等离子嵌布在网络的空隙中。漂珠在活化时，经高温煅烧能除去其中的部分有机基团，活化剂能够和其中的许多金属氧化物发生反应，生成可溶性的物质及多孔隙的凝胶体。用 H_2SO_4 活化时，处于微晶边缘的某一些原子因其含有不饱和键而易与 H_2SO_4 中的 H、O 结合而形成各种含氧的官能团。当低温活化时，可生成表面质子酸，高温活化，可生成表面非质子酸。所以活化后的漂珠既能吸附水中极性物质又能吸附非极性物质。活化后的漂珠中存在的可溶性物质经水洗可被去除，网络结构中孔穴和通道都得以扩展和增多，使漂珠空隙率和比表面积都得以显著的扩展，增强了吸附能力。

2. 漂珠活化的工艺流程

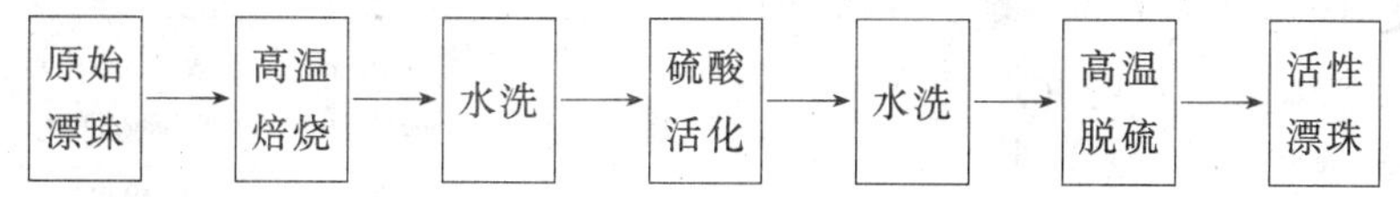

（三）活性漂珠处理废水的试验

1. 活性漂珠吸附 COD 的实验

取适量的活化漂珠加入一定量的废水样中（乳酸废水，淀粉废水，生活废水），振荡 20min，使其充分作用后，静止 10min。过滤后量取 15ml，用 K_2CrO_4 法测定 COD，或将一定量的漂珠置于交换柱中，再将定量废水倒入交换柱中，使废水以 5ml/min 的流速过柱。然后按上述方法测定流出液中的 COD（同时测定原废水液中的 COD）。

2. 活性漂珠吸附 Cu^{+2}、Pb^{+2}、Zn^{+2}、Cd^{+2}、Sr^{+2}、Ba^{+2}、Bi^{+3}离子的实验

取一定量的含已知浓度的 Cu^{+2}、Pb^{+2}、Zn^{+2}、Cd^{+2}、Sr^{+2}、Ba^{+2}、Bi^{+3}等离子的溶液，将其置于装有一定量的漂珠交换柱中，使交换液以 5ml/min 的流速过柱，然后按上述方法测定流出液中的各种离子含量（同时测定原水样中的离子含量）。

（四）试验结果与讨论

1. 不同活化剂制作的漂珠对吸附性能的影响

由资料得知活性漂珠对废水中的有机基团和金属离子的吸附率受漂珠中各种内在因素和

外界条件的影响；本实验对用 H_2SO_4 和 $ZnCl_2$ 两种活化剂制做的活性漂珠吸附废水中的 COD 进行比较，结果见表 9-53。

表 9-53 H_2SO_4 及 $ZnCl_2$ 活化的漂珠（2g）对废水的 COD 去除率

废水名称	原液 COD cr（mg/l）	H_2SO_4 活化漂珠处理后 COD cr含量（mg/l）	去除率（%）	$ZnCl_2$ 活化漂珠处理后 COD cr含量（mg/l）	去除率（%）
乳酸废水	27983.62	16326.43	41.66	19252.73	31.20
	8405.95	7094.62	15.60	7103.03	15.49
淀粉废水	430.34	190.51	55.73	217.33	49.50
	2968.10	549.30	81.49	1018.11	65.70

由表 9-53 可知：H_2SO_4 活化的漂珠对上述两种废水中 COD 去除率明显优于 $ZnCl_2$ 活化的漂珠。这是因为 H_2SO_4 具有强氧化性和强酸性，能与漂珠中的氧化铝和氧化硅作用，生成水合硫酸铝、水合硅胶及水合硅酸铝凝胶。又由于硫酸的强氧化性和极强的脱水性，能将漂珠中的有机物较快地氧化和焦化成多孔碳，使漂珠的吸附性能大大提高。用 $ZnCl_2$ 活化漂珠时，虽说对漂珠中的金属氧化物和有机物具有强烈的腐蚀性，但它不能腐蚀漂珠中的非金属氧化物（如 SiO_2），不能生成多孔性的水合硅胶及水合硅酸铝凝胶。所以，用 H_2SO_4 活化的漂珠，其吸附性能明显高于用 $ZnCl_2$ 活化的漂珠，本实验选用 H_2SO_4 活化的漂珠。

2. 影响漂珠附能力的因素

活化漂珠对废水中 COD 的去除率，受活化剂的种类、活化剂的浓度、活化温度、活化的时间等对漂珠的吸附能力产生影响。而废水的种类、理化性能、浓度及 pH 值等和操作条件的不同也会对活性漂珠的吸附性能产生影响。

（1）活化温度对活性漂珠吸附能力的影响

本实验分别以每 100℃为一个活化温度段对漂珠进行了活化，然后以此漂珠对同一种不同浓度的废水进行吸附试验，结果见表 9-54。

表 9-54 不同温度活化的漂珠对抗生素废水中 COD 的去除效果

活化温度（℃）	原液 COD cr（mg/l）	处理后 COD cr（mg/l）	去除率（%）
500	7985.92	6419.20	19.62
600	7027.51	6190.81	11.91
800	1499.30	321.28（装柱处理）	78.57
1000	1204.22	494.59（装柱处理）	58.93

由表 9-54 可以看出，随活化温度升高，漂珠对废水 COD 的去除率呈下降趋势（包括装柱处理），这是因为由于温度过高会将漂珠内的氧化物活性烧结死，形成一种难被酸分解的钝化层，失去部分活性，与酸作用中部分氧化物不能形成硅酸铝凝胶，降低了漂珠的吸附能力。

（2）不同种类废水对活性漂珠吸附能力的影响

如文献报道，一定的吸附剂在某一溶液中对不同溶质的吸附能力也随溶质的不同而有所差异。极性吸附剂易于吸附极性物质；非极性吸附剂易于吸附非极性物质。硅酸铝凝胶属极性吸附剂。用 H_2SO_4 活化的漂珠对乳酸废水、淀粉废水、生活废水等污水样进行了吸附试验，结果见表 9-53。

由表 9-53 结果可以看出，对于不同废水，活性漂珠对 COD 的吸附有明显的选择性。这是由于淀粉废水中淀粉颗粒在水溶液中的溶解度较小，乳酸废水中乳酸分子在水溶液中的溶解度较大的缘故（见表9-55）；废水的pH值也是影响吸附的因素之一，当溶液的pH值近于中性或弱碱性时吸附剂容易吸附溶液中的溶质（见表9-56）；另外，由于不同废水的有机物的分子结构（分子大小，分子结构，官能团）不同，也是影响吸附性能的主要因素，有关有机物的特性及其被吸附的能力，分子结构，溶解状态及官能团对吸附性能的影响见表9-56、9-57。

表9-55 两种废水的主要有机物及pH值

废水种类	主要有机物	被吸附的性能	pH值
乳酸废水	乳糖、乳蛋白、糖、菌类	较差	4~5
淀粉废水	糖、蛋白质、树脂、微细纤维及淀粉	良好	6~8

表9-56 分子结构对吸附性能的影响

1	在相同系列物质中，分子量越大，越易被吸附。
2	在分子大小相同的情况下，芳香族化合物要比脂肪族化合物容易被吸附。
3	光学导构体，不管是左旋还是右旋，几乎都无差别。

表9-57 置换基对水溶液中的有机物吸附性能的影响

置换基	置换基对水溶液中的有机物吸附性能的影响
羟基	一般被吸附的性能好，吸附的程度随原子的构造不同而变化。
氨基	影响与氢氧基相同，但吸附性能降低得比较厉害，在多数情况下，对氨基酸的吸附不太好。
羰基	随原分子影响而异，乙醛比乙酸容易被吸附。
磺酸基	一般很难被吸附。
硝基	大多数能增加吸附性能。

表9-53结果表明，淀粉废水COD去除率比其他两种废水去除率高的原因是，淀粉废水中含有树脂、微纤维素及淀粉颗粒。而纤维素是由许多直链的纤维分子组成的，其中存在数目众多的羟基，这些羟基能形成许多氢键，纤维素分子间依靠这些氢键彼此胶结成束；胶束再定向排布成网状结构，易于被活化漂珠吸附。

（3）废水中溶质浓度对吸附能力的影响

用活化漂珠对两种不同浓度废水进行了吸附试验，COD去除结果见表9-58。

由表9-58结果得知，同类废水中，原液COD浓度越高，去除效果越好。这是因为在同一溶液中的溶质越多，液体表面张力降低的越多，则越容易被吸附。

表9-58 废水浓度对COD去除率的影响

废水样名称	原液COD cr (mg/l)	吸附后COD cr (mg/l)	去除率 (%)
淀粉废水	4001.59	487.20	87.80
	1291.09	792.08	38.65
抗生素废水	7895.92	6419.20	19.62
	7027.51	6190.90	11.90

3. 活性漂珠对废水中COD吸附容量的试验

称取漂珠23g装入玻璃吸附柱中，然后每次量取100ml的抗生素废水，以5ml/min的速度过柱21次，每克漂珠吸附COD的总容量为418.84mg/g，其最高去除率为79.74%。

4. 漂珠对部分重金属元素的吸附情况

为了研究活性漂珠对废水中的金属离子吸附性能，按实验部分（三）2配制，分三次注入交换柱体，然后分别对流出液进行测定，计算漂珠对各离子的吸附率（即去除率），见表9-59。

由表9-60看出，活性漂珠对不同的金属离子表现出较好的吸附性，首次吸附率平均近于70%。

表 9-59 活化漂珠对水中金属离子的吸附情况（各离子的原始浓度 20mg/l）

元素	Ba^{+2}	Sr^{+2}	Pb^{+2}	Bi^{+3}	Cu^{+2}	Zn^{+2}	Cd^{+2}
交换浓度 1 次（mg/l）	5.49	6.04	6.28	1.27	5.55	6.68	5.54
去除率（%）	72.55	69.80	68.60	93.65	72.25	66.60	72.30
交换浓度 2 次（mg/l）	12.42	13.24	12.95	13.13	13.73	14.04	13.05
去除率（%）	37.90	33.80	35.25	34.50	31.35	29.80	34.75
交换浓度 3 次（mg/l）	15.34	16.46	15.64	16.51	17.40	17.53	16.97
去除率（%）	23.30	17.70	21.80	17.45	13.0	12.35	15.15

5. 活性漂珠再生试验

再生试验结果见表 9-60。

表 9-60 再生活性漂珠对 COD 吸附的试验影响

漂珠种类	淀粉废水原 COD cr(mg/l)	去除后 COD cr(mg/l)	去除率（%）
再生活化漂珠(1)	1123.40	538.61	52.06
再生活化漂珠(2)	1123.40	486.92	56.66
非再生活化漂珠	1123.40	987.35	12.11

总之其结果归纳有如下数点：

(1) 活性漂珠对废水 COD 和金属离子的去除效果显著。

(2) 用 H_2SO_4 活化的漂珠，其吸附性能优于用 $ZnCl_2$ 活化的漂珠。

(3) 固定吸附柱（活性漂珠）对废水 COD 去除效果良好，可在生产实践中应用。

(4) 经试验漂珠对废水 COD 的吸附容量为 418.84mg/g。

(5) 用过的活性漂珠可再生。

二、粉煤灰处理含镍废水❶

工业废水中常含有镍，无限制地排放则必导致严重的环境污染，因此含镍废水必须达到国家规定的排放标准后才能排放。

采用吸附法处理含重金属离子废水，通常采用活性炭做吸附剂，它具有吸附能力强、去除效率高等优点，但价格较贵，应用受到一定限制。粉煤灰是一种工业废渣，它是从烧煤粉的锅炉烟气中收集的粉状灰粒，细度较小且有着较高的比表面积，因此对于金属离子具有一定的吸附能力。粉煤灰在废水处理方面的研究和应用，已有文献进行综述。实验中发现，粉煤灰对镍具有较强的去除作用，进而对用粉煤灰处理含镍废水进行了试验研究。结果表明：在废水 pH4～10、Ni^{2+} 0～50mg/L 范围内，按镍/粉煤灰重量比为 1/1000 投加粉煤灰进行处理，镍去除率大于 99%。处理后的废水可达排放标准且 pH 近中性。

由于粉煤灰为工业废渣，处理方法简便，价格低廉，每处理 1t100mg/L 的含镍试水，则需 10kg 粉煤灰。是“以废治废”的一种有效方法。

（一）实验部分

1. 主要材料、试剂与仪器

含镍试水：准确称取 $NiCl_2 \cdot 6H_2O$（AR）2.025g，用水溶解并加入 5mlHNO_3，移到 500ml 容量瓶中，用水定容并摇匀，此液含镍浓度为 1000mg/L，用时移取此液 10ml 于 1L 容量瓶中，用水稀释至 900ml 左右时，再用 1mol/LNaOH 和 HCI 调至所需 pH 值，用水定容并摇匀，此液含镍浓度为 10mg/L。

❶ 本部分内容摘自山东建材学院应用化学系郑礼胜、王士龙、颜世柱《用粉煤灰处理含镍废水的试验研究》。

粉煤灰：取自济南黄台电厂。

721 型分光光度计，pH_{s-2}型酸度计，HY-4 型振荡器。

2. 实验方法

移取浓度为 10mg/L 的含镍试水 100ml 于 250ml 锥形瓶中，加入 lg 粉煤灰，在室温下于振荡器上振荡 60min 后，稍放置，过滤。取适量滤液测定 pH 和残余镍含量，按下式计算镍去除率。

$$去除率 = \frac{Co - C}{Co} \times 100\%$$

式中　Co——含镍试水 Ni^{2+} 浓度，mg/L；

C——处理后试水 Ni^{2+} 浓度，mg/L。

3. 测定方法

pH 值采用 pH_{s-2}型酸度计测定，镍含量采用丁二酮肟比色法测定。

（二）结果与讨论

1. 粉煤灰用量的影响

按实验方法操作，改变粉煤灰用量，测定结果见表 9-61 可知，随粉煤灰用量的增加，镍去除率迅速增大，当粉煤灰用量达 1g 时，镍去除率可达 99%，在粉煤灰用量为 1.2g 以上时，吸附基本饱和，去除率达最大。为保证有较高的镍去除率，同时粉煤灰又不致过量，本实验选用粉煤灰用量为 1g。按此用量计算，镍与粉煤灰重量比为 1/1000。

表 9-61　粉煤灰用量对除镍效果的影响

粉煤灰用量 (g)	处理前		处理后		去除率 (%)
	pH	Ni^{2+} (mg/L)	pH	Ni^{2+} (mg/L)	
0.2	6.22	10	7.38	5.8	42
0.4	6.22	10	7.72	3.4	66
0.6	6.22	10	7.82	1.9	81
0.8	6.22	10	7.98	0.45	95.5
1.0	6.22	10	8.03	0.08	99.2
1.2	6.22	10	8.06	0.01	99.9
1.4	6.22	10	8.08	未检出	100

2. 酸度的影响

按实验方法操作，调节含镍试水的 pH 值，测定结果见表 9-62。由表 9-62 结果可知，在 pH<3.5 的酸性条件下，镍去除率较低，但随 pH 的升高，去除率明显增大；在 pH≥4 的条件下，镍去除率变化平稳，均达 99% 以上；当 pH 大于 11 时，镍离子部分形成氢氧化镍而更有利于镍的去除，但处理方法却发生了变化，同时处理后出水的 pH 值在 10 以上需中和后才能排放。因此，本方法更适用于 pH4-10 酸度范围内的含镍废水的处理。

表 9-62　酸度对除镍效果的影响

粉煤灰用量 (g)	处理前		处理后		去除率 (%)
	pH	Ni^{2+} (mg/L)	pH	Ni^{2+} (mg/L)	
1	1.66	10	1.98	6.6	34
1	2.25	10	4.60	5.6	44
1	3.45	10	7.69	1.0	90

续表

粉煤灰用量 (g)	处理前		处理后		去除率 (%)
	pH	Ni^{2+} (mg/L)	pH	Ni^{2+} (mg/L)	
1	4.02	10	8.01	0.10	99.0
1	7.42	10	8.03	0.01	99.9
1	8.32	10	8.03	未检出	100
1	9.26	10	8.08	未检出	100
1	10.38	10	8.39	未检出	100
1	11.26	10	10.20	未检出	100

3. 接触时间的影响

按实验方法操作，改变接触时间，测定结果见表9-63由表9-63结果可知，随接触时间的延长，镍的去除率迅速增大。当接触时间在60min及以上时，镍去除率变化平稳且均大于99%，因此，为保证有较高的去除率和节省时间，本试验选择接触时间为60min。

表9-63　　接触时间对除镍效果的影响

接触时间 (min)	处理前		处理后		去除率 (%)
	pH	Ni^{2+} (mg/L)	pH	Ni^{2+} (mg/L)	
5	6.22	10	7.41	1.3	87
15	6.22	10	7.64	0.55	94.5
30	6.22	10	8.01	0.47	95.3
45	6.22	10	8.06	0.25	97.5
60	6.22	10	7.95	0.09	99.1
90	6.22	10	8.11	0.01	99.9

4. 温度的影响

按实验方法操作，用水浴控制不同的温度进行实验，测定结果表明，温度在5～35℃范围内，镍去除率均达99%以上，因此本方法可在室温下进行。

5. 镍浓度的影响

按实验方法操作，改变含镍试水的浓度，按镍/粉煤灰质量比为1/1000投加粉煤灰进行处理并测定，结果见表9-64由表9-64结果可知，在粉煤灰投加比例不变的条件下，含镍试水浓度在0～15mg/L实验范围内，镍去除率达99%以上。当镍浓度大于50mg/L时，尽管有着较高的去除率，但由于粉煤灰用量较大，给操作带来不便。因此，本方法适用于镍浓度在50mg/L以内的含镍废水的处理。

表9-64　　镍浓度对除镍效果的影响

粉煤灰用量 (g)	处理前		处理后		去除率 (%)
	pH	Ni^{2+} (mg/L)	pH	Ni^{2+} (mg/L)	
0.5	6.15	5	7.85	0.06	98.8
1.0	6.22	10	8.03	0.09	99.1
2.5	6.10	25	8.10	0.15	99.4
5.0	6.05	50	8.24	0.25	99.5
10	6.28	100	8.33	0.70	99.3
15	5.84	150	8.38	0.66	99.6

6. 吸附等温式

粉煤灰是一种工业废物，因此用于处理工业废水则是一种廉价的吸附剂，为了探讨粉煤灰对镍的吸附能力，在试验条件下（20℃）进行了静态吸附实验。固定粉煤灰用量为 1g，接触时间为 60min，分别采用初始浓度为 10、20、40、60、80、100、120mg/L 的含镍试水按实验方法进行操作测定，处理后的滤液浓度分别为 0.05、5.6、21.4、38.4、57.5、76、96.5mg/L，对两组数据进行处理发现粉煤灰对镍的吸附基本符合 Freundlich 吸附等温式：

$$\lg q = 0.12\lg C + 0.13$$

式中：q 为单位质量粉煤灰吸附镍量（mg/g）；C 为处理后含镍试水浓度（mg/L）。计算得相关系数 $r = 0.9752$，选定显著性水平 $\alpha = 0.05$，相应临界值 $r_a = 0.7545$，显然 $r > r_a$，说明所得的吸附等温式 $\lg q$ 对 $\lg C$ 具有良好的线性关系。

7. 扩大试验

用自来水配制总浓度为 10mg/L 含镍试水 10L（代替含镍废水）于塑料水桶中，按前述重量比投加粉煤灰 100g，用电动搅拌机搅拌 60min，稍放置，过滤。取适量滤液按实验方法测定，测定结果同前小试结果基本一致。

三、粉煤灰处理含油废水❶

油类是人类社会不可缺少的宝贵资源。油类对水体的污染也在加剧，特别是对用注水开采方式的油井，会产生大量的油污染废水。世界上很多国家都对排放废水的含油浓度作出了规定和限制，我国规定的含油废水最高允许排放浓度为 10mg/L。

为此，如何利用粉煤灰的多孔颗粒形状和化学组成，对含油废水进行处理，以达到以废治废的目的，实为当务之急，其机理如下：

（1）粉煤灰是煤粉在高温炉膛悬浮燃烧后的产物，其形成过程与活性炭制作过程有相似之处，因此具有较大的比表面积（2700 ~ 3500cm^2/g），同时粉煤灰中存在大量 Al、Si 等活性点，可与吸附质发生化学吸附和物理吸附，因此在废水处理中，粉煤灰的吸附作用非常显著。

（2）粉煤灰的主要成分是 Fe_2O_3、SiO_2、Al_2O_3、CaO、MgO 以及未燃尽的炭等，各组分的含量因煤的种类和燃烧工况不同而异。其中 Fe、Ca、Mg 部分溶出，Al 的溶解性较差，但经一定的条件处理后，溶出率可提高。它们在水中可形成复合无机混凝剂，通过混凝作用，去除杂质。粉煤灰用于废水处理是物理吸附和化学絮凝的交叉作用。

实践证明粉煤灰经改性处理后，其表面的疏水性增加，亲油性提高，从而增加了对油的吸附能力，对含油废水的处理是可行的。

（一）实验准备工作

1. 含油废水浓度测定

水中油含量测定方法采用紫外分光光度法。在 256nm 波长处测定。向 6 只 50ml 容量瓶中依此加入 25、50、100、150、200、250ml 标准油使用液，用石油醚定容 50ml，以石油醚为空白，测定吸光度，绘制标准曲线。取水样于分液漏斗中，破乳后用石油醚萃取，以石油醚为参比，测定其吸光度，并由标准曲线查出相应浓度。

2. 改性粉煤灰的制备

粉煤灰取自武汉青山电厂，其化学成分见表 9-65。

❶ 本文摘自武汉水利电力大学化学与环境工程系刘汉利《改性粉煤灰处理含油废水的应用研究》。

表 9-65 武汉青山电厂粉煤灰主要化学成份

成 分	Fe_2O_3	Al_2O_3	SiO_2	CaO	MgO	烧失量
含 量	12.21	32.69	43.19	4.90	0.90	6.11

将这种未经任何处理的粉煤灰记为 1 号 FA；称取 2000g 粉煤灰、800g 硫铁矿渣（来源于武汉钢铁公司）、100gNaCl 用适量的盐酸酸洗废液（来源于青山电厂）在 100℃下搅拌（转速 125r/min）约 2.5h，而后在通风罩里烘干，记作 2 号 FA。加入硫铁矿渣是为增加铁的含量，一定配比的铁铝粉煤灰在水中可形成复合无机混凝剂，对废水中的杂质具有很强的絮凝作用；用废酸浸取粉煤灰是为了使其颗粒表面更加粗糙，增大表面，增强吸附能力；再在 2 号 FA 的基础上用表面活性剂（如十二烷烃）在 100℃左右通风焙制，记作 3 号 FA（加入十二烷烃主要是为了改变粉煤灰表面性能，使其变成憎水亲油性）。

3. 含油废水的配制

含油废水取自武汉钢铁公司连铸车间，过滤滤去其中的钢渣后测定含油浓度为150mg/L，稀释一倍后为 75mg/L。另外，我们将柴油与水混合，充分震荡，静置 24h 后，弃去上层浮油，配制成稳定的 700mg/L 的含油废水。经 10 倍稀释后，配制成 70mg/L 的含油废水。

（二）实验内容

1. 采取滤柱法进行粉煤灰对含油废水的处理

取 1 号 FA、2 号 FA、3 号 FA 各 40g 在直径为 13mm，高度为 300mm 的玻璃管中装柱。灰层上、下部各铺垫厚度为 3mm 玻璃纤维，以防灰层在实验过程中的扰动。灰柱体积约为 $33cm^3$，高度约为 25cm。

2. 含油废水处理

将含油废水从下往上注入柱中，控制流量在 8～10mL/min 之间，同时测定滤出水中油的含量。在此过程中，粉煤灰除了发挥吸附、絮凝作用外还起到了物理截留过滤作用，之所以从下往上是为了延长含油废水在灰柱中的停留时间，以使灰水在动态中接触更加充分，吸附更加彻底。同时还能去除 COD 和色度。

（三）实验结果与讨论

1. 高浓度含油废水处理结果

对高浓度含油废水按上节实验步骤，对分别装有 1 号 FA、2 号 FA 和 3 号 FA 的灰柱进行除油能力的对比实验。实验结果见表 9-66、图 9-28。

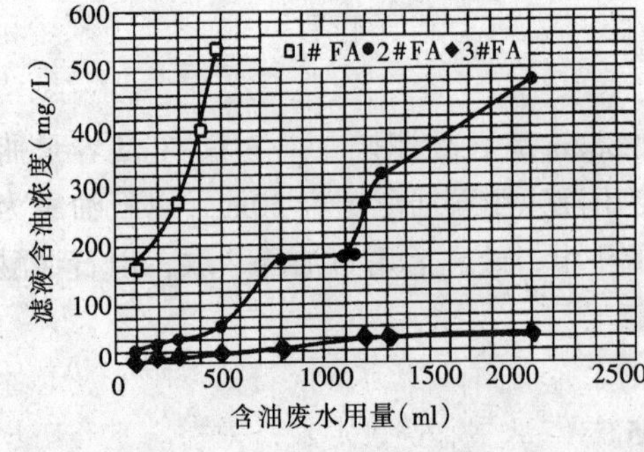

图 9-28 不同粉煤灰对含油废水处理结果的对比（高浓度）

表 9-66 不同粉煤灰对含油废水处理能力的结果（高浓度含油废水）

废水用量 (ml)	1 号滤出液含油量 (mg/L)	2 号滤出液含油量 (mg/L)	3 号滤出液含油量 (mg/L)
100	166	21	4
200	210	32	7
300	283	41	10
500	535	59	15
800		173	25
1100		187	33
1200		266	39
1300		316	46
2000		476	51

由表 9-66 图 9-28 可见，对于高浓度含油废水，随着淋滤废水体积的增加，滤出液含油量相应增加，1 号 FA、2 号 FA 灰柱失效较快，3 号 FA 灰在废水处理量达到 2000ml 时，仍保持着较高的处理能力，每克灰吸附油量大于 0.05g。

2. 低浓度含油废水处理结果

将低浓度含油废水注入 1 号 FA、3 号 FA 的灰柱，另一低浓度含油废水（柴油配制）注入 2 号 FA 灰柱，按上节步骤进行除油能力的对比实验，其结果见表 9-67、图 9-29。

表 9-67 不同粉煤灰对含油废水处理能力的结果（低浓度含油废水）

废水用量（ml）	1 号滤出液含油量（mg/L）	2 号滤出液含油量（mg/L）	3 号滤出液含油量（mg/L）
0.5	2.5	2.0	0.5
1.0	5.0	3.5	1.0
3.0	12.5	6.5	2.2
5.0	19.0	14	2.7
7.0	37.5	23.5	3.1
10.0		36.0	4.6
13.0			5.5
15.0			6.7
18.0			8.5

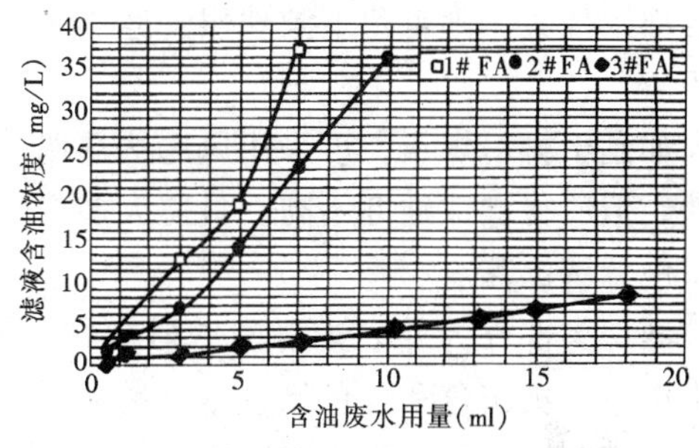

图 9-29　不同粉煤灰对含油废水处理能力的对比（低浓度）

总之，粉煤灰经改性处理后，其表面的疏水性增加，柴油性提高，从而增加了对油的吸附能力，因此，用于含油废水的处理是可行的，若能大面积的推广应用，其效益是显著的。

第六节　防护材料

一、漂珠在轻质保温耐火砖中的应用❶

（一）漂珠及漂珠轻质保温耐火砖

漂珠轻质保温耐火砖是以漂珠为主体（作基料），以结合剂为胶凝材料，以外加剂改性与水按一定比例混合，经搅拌、塑化、成型、干燥和焙烧而成的一种具有微孔的高强轻质保温耐火制品。

由于该产品比普通耐火砖密度小，导热系数低，保温性能好，可在 1300℃以下窑炉中直接用于工作层；1300℃以上用作保温层，为促进窑炉热工设备轻型化、节约能源创造了有利前提。

粉煤灰中浮于水面上的漂珠，约占粉煤灰总量的 0.2%～1%，而另一部分沉于水中的空心沉珠，约占 50%。漂珠和空心沉珠均可生产轻质保温耐火砖，仅是工艺有差别，前者多用半干法压制成型；后者常以浇注法（泡沫法）成型。鉴于目前我国以漂珠生产轻质保温耐火砖为大宗，空心沉珠作此用途尚少，因此，本节侧重论述漂珠。

总之，由于保温耐火砖具有密度小、高温性能好、导热系数低、成本低等优越性，使排灰、加工和应用单位三者受惠，所以，成为我国发展较快的轻质保温耐火材料之一。迄今已有上海、江苏、浙江、山东、河南、湖北和江西等十余个省市数十座耐火材料厂（不少是火电厂附属企业）都进行保温耐火砖成批生产，供应各方需要并取得一定经济效益，这也说明

❶ 本节曾参考杨林《高强轻质空心漂珠耐火砖的研制及生产工艺》等。

保温耐火砖是一项行之有效的粉煤灰利用途径。

（二）漂珠的分选及其性能

1. 漂珠的分选及基本性能

从湿排粉煤灰中分选漂珠，可以直接在贮灰场中人工捞取，或在灰池中用溢流法选取，亦可将含漂珠量多的灰池上层水抽到另一池中静停，等漂珠浮出水面，再将底部水抽去，则可留下漂珠层，经烘干备用。

如是干排粉煤灰，可采用风选法选取漂珠，但所得漂珠纯度不高。目前大多从湿灰中分选漂珠。

图 9-30 漂珠实体显微结构

漂珠大部分为外表光滑的球形颗粒，薄壁中空，薄壁上有少量球形空洞（见图 9-30），呈银白色、银灰色和棕色等，密度为 0.5～0.7g/cm^3，耐火度为 1610～1700℃，它是一种多功能新型节能材料，其物理性能见表 9-68。

漂珠的主要化学成分为 SiO_2、Al_2O_3，含量分别为 60%和 30%左右（见表 9-69），尤其是 SiO_2-Al_2O_3 在二元系相图中属粘土质耐火材料，为漂珠作耐火材料提供了必要的化学条件。

表 9-68 漂珠的物理性能

性 能	堆积密度（kg/m^3）	密 度（g/cm^3）	粒 径（μm）	耐火温度（℃）	烧失量（%）	导热系数［W/（m·K）］
数 值	340～450	0.5～0.7	1～250	1610～1700	<2	0.08～0.35

表 9-69 化学成分 （%）

化学成分	含 量	化学成分	含 量
SiO_2	54～63	Al_2O_3	29～34
Fe_2O_3	2.2～4.0	CaO	0.7～3.8
MgO	0.5～0.7	TiO_2	1～1.4
K_2O	0.9～1.5	Na_2O	0.4～0.7

2. 对漂珠品质的要求

为了保证耐火砖的耐火度，对漂珠品质的要求列于表 9-70 中。

表 9-70 对漂珠品质要求 （%）

项目名称	SiO_2	Al_2O_3	Fe_2O_3	杂 质
含 量	>50	>30	<4	<10

注 杂质主要指炉渣等。

（三）漂珠保温耐火砖的组成材料

漂珠保温耐火砖的组成材料有漂珠、结合剂和外加剂三大部分。

1. 漂珠

漂珠为耐火材料的主体。为力求纯净，有的漂珠，须经数次漂洗或精选后方可应用。

2. 结合剂

结合剂起粘结和增强作用。其要求如下：

常温：能使漂珠粘成一块坯体，形成一定几何形状和产生一定强度。

中温：除保持原有粘结性能和几何形状外，还使强度不致降低。

高温：除继续保持外形稳定外，还使其强度和其它技术性能得到提高。

常用的结合材料有：耐火粘土、CMC（羧甲基纤维素、俗称化学浆糊）、漳州黑土、苏州土、平顶山粘土、矾土水泥和铝矾土（可起耐火和粘结双重作用）、磷酸及磷酸盐、硅酸钠（即水玻璃）等。

3. 外加剂

外加剂主要为增加砖块的内部微孔、减轻自重和增加保温耐火性能。

常用的外加剂有：

木屑（锯末）——焙烧后产生孔隙，故亦称烧失剂，但须考虑其细度（$<3mm$）；

熟砂——废耐火砖等破碎而成，既可废物利用，又可增加耐火度；

硫酸铝——该材料在590℃开始分解，639℃分解完毕。

$$Al_2(SO_4)_3 \longrightarrow SO_2\uparrow + Al_2O_3$$

分解后的SO_2气体，可在砖制品内产生均匀微孔，从而提高保温性能，Al_2O_3则可增加制品的耐火度。

（四）半干法压制成型及浇筑法成型配合比

1. 半干法压制成型配合比

漂珠轻质保温耐火砖半干法压制成型配合比，即从技术、经济和实用角度出发，将漂珠、结合剂及外加剂最优化组合，但各厂配合比极不统一，表9-71、表9-72为不同厂的漂珠保温耐火砖配合比。

表9-71　漂珠保温耐火砖配合比（一）

材料名称	配合比（%）			
漂　珠	45~50	50~55	60~80	80~90
耐火粘土	35~40	30~35	10~20	5~10
熟　砂	10~15	10~15	5~10	5~8
木　屑	5	5	5~10	5~10
硅酸钠	—	2	3	—
CMC	—	—	—	1~2
硫酸铝	—	—	2	3~5

表9-72　漂珠保温耐火砖配合比（二）

材料名称	配合比（%）
漂　珠	35
漳州黑土	35
木　屑	15
苏州2号土	15

表9-73　不同密度砖的强度和导热系数

表观密度（g/cm^3）	抗压强度（MPa）	导热系数［W/（m·K）］
0.5	1.6	0.18
0.6	1.8~2.0	0.20
0.7	2.6~2.8	0.22
0.8	3.6~3.8	0.24

表9-72为上海某耐火材料厂漂珠保温耐火砖配合比资料，其不同密度砖块的抗压强度

和导热系数见表9-73，规律性较强，可资借鉴。

2. 浇注法（或泡沫法）成型配合比

泡沫成型法是降低制品表观密度的有效工艺之一，其配合比见表9-74。其成型工艺是先将不同粉料混匀，并加水拌成浆体，然后加入泡沫剂，浇注成型，干燥后入窑焙烧，烧成温度为1250℃左右。

表9-74 泡沫法成型配合比

粉料配比（%）				水（以粉料计，%）
空心沉珠（1）	空心沉珠（2）	铝矾土	粘土	
68		12	20	60
	68	12	20	60

注 空心沉珠（1）：密度为1.95g/cm^3；堆积密度为732kg/m^3；Al_2O_3含量为28.41%。
空心沉珠（2）：密度为2.21g/cm^3；堆积密度为761kg/m^3；Al_2O_3含量为29.68%。

（五）漂珠轻质保温耐火砖生产工艺

1. 半干法压制成型工艺流程

采用半干法压制成型工艺，其流程如图9-31所示。

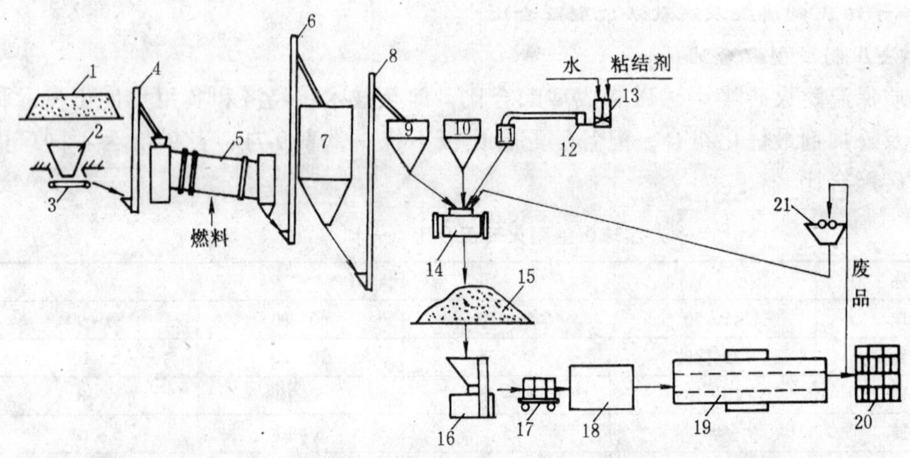

图9-31 漂珠保温砖工艺流程示意图

1—湿漂珠仓；2—给料斗；3—摆式给料机；4—提升机；5—滚筒烘干机；6—提升机；7—干漂珠仓；8—提升机；9—漂珠配料仓；10—添加剂仓；11—粘结剂溜槽；12—泵；13—搅拌机；14—砂浆搅拌机；15—陈化仓；16—压力机；17—静停养护；18—干燥室；19—焙烧室；20—成品库；21—辊式破碎机

2. 半干法成型工序

（1）称量、计量。

（2）混料与塑化。

（3）成型。

（4）砖坯干燥。

（5）焙烧。

(6) 出窑后处理。

3. 混料与塑化工序要求

在各种物料制备和称量完毕后，采用混料和塑化工序使物料混合、匀化和增加其塑性。

(1) 物料含水率的控制。混料前物料的含水率与成型时室温和成型手段有关，一般采用机械成型，夏季物料含水率控制在18%～23%，冬季含水率在16%～20%；如用手工成型，则含水率应适当放宽，夏季在25%～30%，冬季在23%～27%左右。

(2) 混料。混料方式以采用强制式搅拌机为佳。首先投入漂珠，再投结合剂，搅拌均匀10min，目的是使结合剂均匀包裹在漂珠的外层，然后再投入外加剂等。混料后如发现物料严重结团现象，则需用松料机松解。但是如能在投料时力求分散，避免集中，则可避免严重结团现象出现。

(3) 塑化。混合后的物料应塑化（陈化）一段时间，以增加物料的塑性。塑化时间通常在8～24h即可。

4. 成型工序要求

为保证批量产品中表观密度、规格尺寸及各项性能指标离差不大，成型是一道关键性工序。

(1) 模具❶。设计预放燃烧收缩余量。由于砖坯焙烧后体积收缩，在设计砖模具时，如不考虑预放燃烧收缩余量，则成品砖因体积收缩，不符合标准设计模数，很难施工，因此，必须预放燃烧收缩余量，其收缩余量与砖制品的表观密度有关，通常：①表观密度为0.6g/cm^{3}以上的半成品尺寸（按成品比）放大2.9%；②表观密度为0.5g/cm^{3}以下的半成品尺寸（按成品比）放大2.4%。

(2) 投料要准确。每块砖坯在投料前，物料需称量，以求成品砖表观密度基本相同，各项性能离差接近。

(3) 机械或手工成型。由于漂珠颗粒圆、粒径小，在压力作用下，颗粒之间的摩擦力小，易于使空隙间的空气外溢，使制品密实，因此，手工或机械成型均可，而且所用机械仅需15t的轻型压力机即可。

漂珠制砖成型工艺，各厂不尽相同，有的采用机械成型；有的则按砖的表观密度不同而分别采用手工或机械成型。

在成型标（准）型、普（通）型或异型漂珠保温耐火砖时，按砖的表观密度不同，分别采用不同成型工艺：

当砖的表观密度大于0.6g/cm^{3}时，采用机械成型。

当砖的表观密度小于0.5g/cm^{3}时，宜采用手工成型。

(4) 砖坯层裂的防治。在成型过程中，由于物料之间的空气一时排放不畅，往往产生与砖坯条面平行的横向裂纹，严重影响砖坯质量，这些横向裂纹通称层裂或分层现象。为消除这种不正常现象，可采取二次加压法，或加压静停（2～3s）法。

(5) 棱角饱满，避免翘曲。保温耐火砖除外型尺寸必须准确外，还必须保证棱角饱满，无翘曲变形现象，否则必须采取相应措施：如砖坯脱模强度过低，则应采用托板运输；如出现缺角掉棱，则应及时检查。如有粘坯现象，可在模具内涂以漂珠干粉，即可得以改善等等。

---

❶ 四角必须设计成小圆弧倒角。

5. 砖坯干燥工序要求

漂珠砖成型以后，其砖坯与普通粘土砖坯相仿，不能立刻进窑焙烧，因为坯体内含有一定水分，强度也很低，必须进行干燥脱水，脱去大部分水分，使砖坯产生一定强度，方可进窑焙烧。

(1) 室温静停。是指砖坯成型后，在室温条件下静停，自然干燥 4h，然后再进入干燥室干燥。

(2) 码垛要求。在砖坯干燥大量脱水过程中，砖坯的码垛是以便于热空气的流动和水分蒸发以及装载系数要求高等为原则的。

(3) 干燥室设计要求。多数砖厂利用窑炉余热作热源，在隧道式干燥室内进行干燥。干燥室的长度可根据生产实际需要而定，但为有利砖坯的稳定升温，热空气流向应与砖坯流向相反。

干燥室在砖坯进口处的温度，可控制在 40℃左右，最高温度如在 110℃，一般 8h 可脱掉水分 15%。

(4) 进窑前砖坯湿度和强度要求。通常进窑焙烧前的砖坯含水率应控制在 2%以下，相应抗压强度为 0.8MPa 以上。

6. 焙烧工序要求

轻质漂珠保温耐火砖的焙烧是确保制品质量的关键工序，有其独特的要求。

(1) 窑型。因该砖对色泽有特殊要求，所以一般不宜选用直焰窑，通常采用隔焰式多孔推板窑（4~12 孔简称推板窑），它是目前生产漂珠保温耐火砖较理想的热工设备，这种窑型虽为隧道形式，但在高温带采用碳化硅板将火道与炉膛隔开，使砖坯不直接受烟气侵蚀，从而使制品外观呈乳黄色。

该窑大致分为预热、焙烧和冷却三带，预热带设有排潮（气）孔多处，有害气体经烟道溢出室外。

该窑的运行是将砖坯码垛在耐火推板上，由进口处的顶砖机，将装有砖坯的耐火推板逐步顶入窑内，通过预热、焙烧和冷却三带而后出窑。

这类窑长约 20m 左右，窑内可放置耐火推板若干块，要形成一边进砖坯，一边出成品，顶砖机约以 1.0m/h 左右的速度运行。

(2) 焙烧温度。该砖的焙烧规律基本与普通粘土砖相仿，其焙烧温度在一定范围内愈高，强度亦高；如果超过最佳温度，线收缩率将增大，砖易变形，出现龟裂，砖变脆，强度反而降低。强度来源主要是固相反应，即在高温时反应生成一定数量的莫来石的结果。因此，权衡各种因素，选择莫来石晶相定向排列的最佳状态，也就是优化焙烧温度，实属必要。

根据经验，在推板窑中焙烧温度为 1260~1280℃，总运行时间约 20h，其运行时间与焙烧温度的关系见表 9-75。

表 9-75　焙烧温度与运行时间关系

温度或区间（℃）	1000	1000~1280	冷　却
运行时间（h）	8.5	4.5	7

注　窑内温度监测和温控，一般用铂铑—铂热电偶。

7. 出窑后处理要求

成品出窑后，必须逐块检验，合格后方可包装（耐火砖成品见图 9-32）。

如发现欠火砖，可再回窑两次焙烧，其他残缺废品亦可经破碎后作原料处理。

（六）技术、经济效益

根据上述原料及工艺要求，可以生产出具有一定颜色，棱角规格整齐、光滑洁美，表观密度小，耐压强度高，尺寸标准，保温、耐火性能优越等特色的轻质漂珠保温耐火砖和高铝轻质漂珠耐火砖。

图 9-32　漂珠保温耐火砖成品

河南姚孟电厂劳动服务公司所生产的高铝轻质空心漂珠保温耐火砖及高强轻质空心漂珠耐火砖的理化指标见表 9-76、表 9-77。

该厂厂标与国标对比（表 9-78），以及与其他国家标准对比（表 9-79），质量均属上乘超标。

此外，初步估计电厂出售 1000t 漂珠，可获益 25 万元；生产保温耐火砖可获利 200 万元；使用单位亦可获得较好的节能效益，所以三方都得利，社会经济效益显著。

表 9-76　　高铝轻质空心漂珠隔热耐火砖理化指标

项　目	指　标						
	GIP-1.0	GIP-0.9	GIP-0.8	GIP-0.7	GIP-0.6	GIP-0.5	GIP-0.4
Al_2O_3%不小于	50	48	48	48	48	48	48
Fe_2O_3%不大于				2.0			
表观密度（g/cm^3）不大于	1.0	0.9	0.8	0.7	0.6	0.5	0.4
重烧线变化不大于 2%的试验温度（℃）	1410	1410	1360	1360	1280	1280	1280
常温耐压强度（MPa）	14.70	12.75	9.32	6.37	4.41	3.63	2.45
导热系数［W/（m·K）］（平均温度 350±25℃）不大于	0.37	0.27	0.25	0.22	0.20	0.16	0.15
耐火温度（℃）	1730	1720	1690	1690	1690	1680	1670

表 9-77　　高强轻质空心漂珠耐火砖理化指标

项　目	指　标						
	GQP-1.0	GQP-0.9	GQP-0.8	GQP-0.7	GQP-0.6	GQP-0.5	GQP-0.4
表观密度（g/cm^3）不大于	1.0	0.9	0.8	0.7	0.6	0.5	0.4
常温耐压强度（MPa）	13.75	12.25	11.76	9.80	7.84	5.88	3.92
重烧线变化不大于 2%的试验温度（℃）	1350	1300	1250	1200	1150	1150	1150
导热系数［W/（m·K）］（平均温度 350℃+25℃）不大于	0.27	0.26	0.25	0.23	0.20	0.18	0.16
耐火温度（℃）	1690	1670	1670	1670	1650	1650	1650

表 9-78　　高强轻质空心漂珠耐火砖对比

项　目	指　标				
表观密度（g/cm^3）不大于	0.8	0.7	0.6	0.5	0.4
常温耐压强度　国标	2.45	1.96	1.47	1.18	0.98
（MPa）　厂标	11.76	9.80	7.84	5.88	3.92
导热系数［W/（m·K）］国标	0.35	0.35	0.35	0.25	0.25
（平均温度 350℃±25℃）不大于　厂标	0.25	0.23	0.20	0.18	0.16
重烧线变化不大于　国标	(1250℃)/2	(1250℃)/2	(1200℃)/2	(1200℃)/2	(1150℃)/2
2%的试验温度（℃）厂标	0	0	0	0	0

表 9-79 国内外耐火材料质量

项目	表观密度 (g/cm^3)	常温抗压强度 (MPa)	导热系数 [W/(m·K)]	使用温度 (℃)	质量 (kg/块)
日本标准	0.5		350℃±10℃ 0.16	1150	
前苏联标准	0.4		350℃±25℃ <0.23	850	
国家标准	0.4	>1.0	350℃±25℃ <0.23	1100	
某厂漂珠耐火砖	0.2*	>1.8	350℃±10℃ 0.16	1200	0.6
普通耐火砖	0.4**	>1.0	0.23	1050	1.2

注* 国内外均未见过密度为 $0.2g/cm^3$ 这么小的漂珠砖，如果有，那么质量应该是0.34kg/块，如果表中0.6kg/块正确的话，则表观密度应该是 $0.35g/cm^3 \approx 0.4g/cm^3$，两项指标不符。

** 根据标准砖 230×114×65 的体积密度 $0.4g/cm^3$ 计算，质量应该是0.68kg/块；如果表中质量是1.2kg/块，则表观密度应该是 $0.7g/cm^3$，两项指标不符。

二、粉煤灰纤维棉及其制品

矿物棉属人造矿物纤维是一种优质绝热材料，国内已经研制和生产的矿物棉有玻璃棉（玻璃球）、硅酸铝纤维（焦宝石）、矿渣棉（高炉矿渣）、玄武岩棉（玄武岩石）、辉绿岩棉（辉绿岩石）、粉煤灰纤维棉（粉煤灰）、液态渣棉（液态渣）等。成棉工艺有吹制法和离心法，研制后的系列保温制品已取得较显著的节能和经济效益。

有鉴于国内粉煤灰纤维棉生产单位较多，尽管生产工艺非常近似，但各有侧重，现选其中两个单位，以资借鉴。

（一）粉煤灰纤维棉生产工艺之一[1]

洛阳新型建材厂粉煤灰纤维棉及其制品，是该厂于1982年研制成功的科研成果，曾荣获洛阳市科技成果一等奖以及发明专利。我国第一条年产5000t粉煤灰纤维棉制品生产线于1987年在洛阳建成投产，其生产工艺如下：

1. 粉煤灰纤维棉原料配制及主要工艺选择

（1）原料配制。粉煤灰纤维棉原料由粉煤灰、生石灰及附加料三项材料组成，其中粉煤灰为主要原料，生石灰为粘结助熔原料，既可使粉煤灰自然硬化成块，满足冲天炉熔化需要，又可降低原料熔点，节约燃料。附加料则主要用作调节原料化学成分，降低熔液粘度，提高纤维棉质量。

根据原料化学成分和熔液熔融温度、酸度系数、熔液粘度进行配方设计，按照纤维棉最佳成分进行原料配制。

（2）主要工艺选择：

1）粉煤灰料块成型工艺。粉煤灰是粉状原料，为满足冲天炉熔化条件，需将粉煤灰制成具有一定强度和粒度的粉煤灰料块。粉煤灰硅、铝含量较高，与生石灰加水搅拌成型后，经自然养护，可以形成水化硅酸钙和水化铝酸钙，从而使料块产生强度，满足冲天炉熔化工艺需要。粉煤灰料块生产工艺：粉煤灰、生石灰、附加料按配比分别计量后经加水搅拌，经轮碾成型和自然硬化等工艺制成的蜂窝煤大小的粉煤灰料块，通过生产实践，料块在高温下

[1] 本部分内容曾参考石成建《粉煤灰矿物棉》。

不爆裂、不粉化，可以满足冲天炉熔化工艺技术条件。

2）粉煤灰原料熔化工艺。原料熔化选择经济可行的冲天炉熔化工艺路线。该工艺采用焦炭作燃料，进行鼓风熔化。其优点为：①燃料易得，成本较低；②停炉、开炉容易，生产比较灵活方便；③冲天炉余热可以利用，若另补充部分热源，可使冲天炉鼓热风熔化，以节约焦炭和提高冲天炉熔化能力；④冲天炉加有水套，可以连续生产，且循环水可用于车间采暖，节约能源。

2. 生产工艺流程及其说明

（1）纤维棉生产工艺流程。纤维棉生产工艺流程见图 9-33。

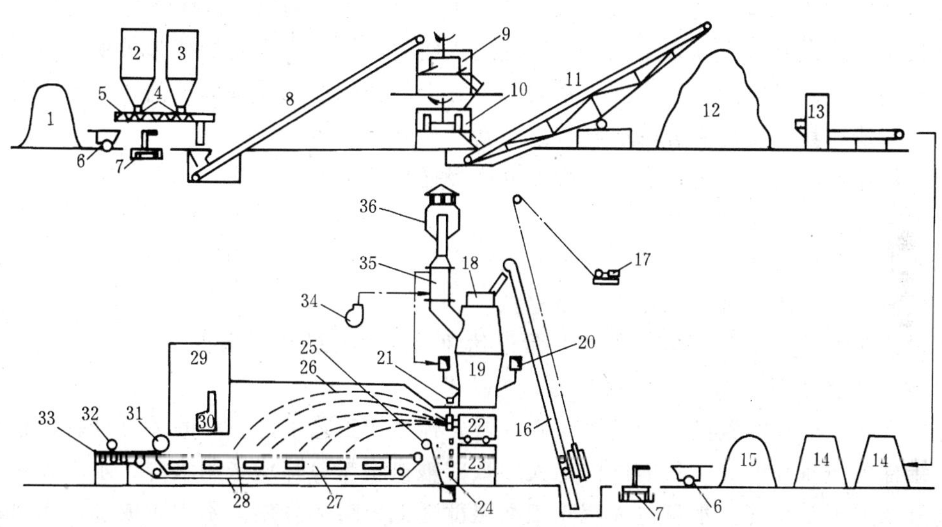

图 9-33　粉煤灰纤维棉生产工艺流程示意图

1—附加料堆；2—干排粉煤灰仓（湿排粉煤灰可不设料仓）；3—生石灰粉料仓；4—叶轮给料机；5—螺旋输送机；6—手推车；7—磅秤；8—固定式皮带机；9—搅拌机；10—碾轮式混砂机；11—移动式皮带机；12—陈化料堆；13—蜂窝煤机；14—料块垛；15—焦炭；16—提升机；17—卷扬机；18—料钟；19—冲天炉；20—风道；21—活动流槽；22—离心机；23—过渡车；24—渣球；25—渣球辊；26—沉降室；27—抽风机；28—网式输送机；29—中控室；30—操作台；31—密封辊；32—压棉辊；33—粉煤灰纤维棉；34—鼓风机；35—预热器；36—火花扑灭器

（2）生产工艺流程：

1）配料。根据原料化学成分，进行配方设计，使混合料酸度系数、理论熔融温度和高温粘度达到纤维棉要求范围，并根据质量比分别计量各种原料。

2）搅拌。加水，将原料搅拌成半干状均匀混合物。

3）轮碾。将混合料进一步细碎、搅拌、激发硅酸盐活性，增加料块强度。

4）陈化。堆放陈化，提高混合料塑性。

5）成型。将混合料加入蜂窝煤机，制成蜂窝煤大小实芯料块。

6）养护。自然养护 7～10d，使料块进一步水化、硬化，产生强度。

7）熔化。将硬化后的粉煤灰料块和用作燃料的焦炭分别计量后，按一层焦、一层料顺序加入冲天炉内，然后鼓风熔化成硅酸盐玻璃熔液。

8）离心成棉。将连续流出的硅酸盐玻璃熔体流股，经活动流槽流至三辊或四辊离心机（年产 5000t 以上规模用四辊机，5000t 以下规模用三辊机）辊轮切点上，将熔液甩成细长纤维棉。

9）风选。利用风选办法将离心纤维和渣球分离，并将纤维吹入沉降室内，靠负压作用，使棉均匀落入沉降室内网式输送机上，机械化连续运出，便是纤维细长且柔软、质优价廉的粉煤灰纤维棉。

10）施胶及制品生产。在棉形成过程中，将水溶性酚醛树脂经计量泵喷式雾状和棉均匀混合，形成树脂棉毡，然后经加热、加压、固化制成系列纤维棉制品。

（二）粉煤灰纤维棉生产工艺之二❶

南京新源天节能技术实业有限公司经过近十年努力，成功地利用粉煤灰制成纤维棉及其制品，攻克了目前众多纤维棉企业所遇到的生产工艺和产品性能方面的难题，如纤维性脆，施工时有刺痒感，产品不能进入建筑领域只能用于一般工业保温管、板生产等。粉煤灰制成的纤维细长，手感柔软，渣球含量低可以广泛进入建材领域，生产高档装饰吊顶吸声板、高强硬板等系列产品，目前已开发出五大系列，十五个品种的产品及相应工艺、设备，并已形成符合我国国情和具有特色优势的成套技术及新产品开发能力。

下面将该技术的先进性，可靠性，特点及优势择重几个方面介绍。

1. 原料要求不高，掺灰量大

在工艺上，对粉煤灰要求不高，无需分级，不管是干灰，湿灰均可以使用，炉底灰，烟道灰，炉底渣，溢流渣等都可以作为合格原料。

掺灰量达70%左右，比目前一般掺灰量仅达30%～40%的项目高得多。

2. 采用了世界上纤维棉行业多项先进工艺技术

(1) 新型无水冷却四辊机。四辊机在矿（岩）棉生产工艺中是成纤的关键设备，它直接影响着纤维棉的质量和产量，目前国内绝大多数四辊机辊轮冷却均采用水冷，水冷控制技术要求较高且效果不是很好，水量过大辊轮表面温度降低，熔体降温，不利于成纤；水量过小会使辊轮寿命降低。为此研制的四辊机采用风冷，用高压空气强制冷却辊轮，并进行了多项技术改进，如结构上采用了绝热结构设计，新型耐高温润滑脂使用温度可达350℃以上，采用四辊机后连续工作10个昼夜保持正常，而且纤维产量增加约10%，纤维细长，手感柔软，纤维比原来长20～30mm，渣球含量低，产品达到国家优质品标准。

这一技术为稳定可靠地生产优质粉煤灰纤维棉提供了保证。

(2) 摆锤法制棉工艺。近几年国外发展起来的摆锤法制棉工艺比较先进，代表了当今矿棉生产技术水平，它的技术关键在于将普通沉降室缩短，后面加一台摆锤布棉机，由于带速较高，来回摆动，使部分渣球分离出来，并使纤维横向分布均匀，板毡制品的综合性能比普通沉降室法有较大的提高，该公司已研制出平摆和立摆两类机型，能满足不同类型厂家生产的需要。

(3) 低能耗固化炉。固化炉是生产半硬板、吸声板的关键设备，决定着产品的质量和产量，也是消耗能源的重头。目前进口和一些仿制设备均采用蒸汽烘干技术，能耗相当高，生产成本也随之加大。据调查与我国相同产品相同规模的一些厂家具有一台固化炉，用电近320kW，每天耗煤15t。而该公司采用热风直接烘干技术，尾气再循环使用，相同的固化炉，耗电只有30kW，几乎相差一个数量级，每天耗煤10t，煤耗节省33%。

---

❶ 本文摘自南京新源天节能技术实业有限公司彭苏宁、刘庆云、戴红、王国勤《利用粉煤灰生产防火节能新型建材技术与装备》。

（4）高温快速定型工艺。在吊顶吸声板生产工艺中，国内外采用湿板固化，然后板材表面刨削工艺较多，此方案能耗高，板材表面质量受影响，该公司采用的工艺方案为油压机加高温载油体工艺，将湿板在高温下快速定型，使板材表面平整，内部结构密实均匀，板材厚度一致，减少了影响板材表面质量的刨削工艺，提高了生产效率和产品质量。

（5）熔炉采用富氧送风技术。熔炉温度决定成纤的质量和产量，目前一般熔炉温度只能达到1500℃左右。该技术在熔炉送风系统中增加了富氧送风。采用的制氧设备是目前世界上较先进的变压吸附制氧系统：体积小，操作简单，集装箱式结构，不必另建制氧车间。根据计算，鼓风中氧气含量提高1%，焦炭理论燃烧温度可以提高40℃，产量可提高3%～5%，焦炭可节省5%～7%。根据技术经济指标方面的综合平衡，设计富氧送风系统中将含氧量提高3%，氧气含量将达到24%，可使炉内最高温度从1700～1750℃提高达1950℃左右。可见富氧送风能有效提高熔炉的熔炼强度、产量、焦炭的理论燃烧温度和熔体温度，能大幅度降低炉顶温度和单位熔体的燃料消耗量，是强化熔炉的有效措施，更重要的是为生产耐碱纤维棉提供了技术保证。

（6）新型耐湿配方吸声板。目前国内生产的矿棉吊顶吸声板在干燥的北方地区使用效果良好，但在潮湿的南方地区使用，经常发现下垂现象，严重影响使用效果，该公司研制了新型耐湿配方，在添加剂内适量加入防潮防霉材料，在相对湿度为90%的环境中长期使用，产品的受潮挠度≤3mm。填补了以往矿棉吊顶吸声板不能跨越长江使用的空白，产品广泛适用于江南、华南温湿地区。

3. 生产工艺过程实现了全部机械化

目前国内众多的矿棉保温材料企业，大部分是手工小作坊式生产，普遍存在着生产工艺落后，设备陈旧，技术力量奇缺，管理水平低，产品质量既低又不稳定，缺乏技术改造能力，产品往往只能用于工业保温。无法完成矿棉制品向建筑领域应用转轨的历史新任务。

该公司研制的成套设备，从原料成型到产品包装入库全部实现了机械化，所有工艺过程均由机械设备、电气设备完成，保证了产品质量的可靠性和稳定性。在工序衔接的辅助工序中结合国情配备了一定数量的操作人员。

三、漂珠在保温帽口套中的应用❶

保温帽口套是冶金工业浇铸铸件时用的保温制品，这种制品，过去沿用的有膨胀珍珠岩、陶粒等轻质保温隔热材料为集料的水泥制品，国外也有应用纤维复合型的制品。近期发现漂珠具有优越的耐高温、隔热和保温等性能，因此，就选用漂珠来生产保温帽。

漂珠保温帽是以纯净漂珠为集料，以水玻璃为胶凝材料，经搅拌、成型、干燥等工序制成的一种保温制品，目前，国内已有多家工厂利用漂珠生产保温帽，系列产品多达80余种。

（一）原材料

1. 漂珠

其质量要求为：

（1）纯净。

（2）高铝（$Al_2O_3>30\%$）、低碳（烧失量<3%）。

---

❶ 本节曾参考杨林《空心漂珠保温帽的生产工艺与应用》及董应选、刘荣华、蔡启华、杨林《姚孟电厂粉煤灰选取暨应用》。

(3) 粒径为 40~60μm。

2. 水玻璃

(1) 质量要求。水玻璃为理想的耐高温胶凝材料，应呈青灰色或黄灰色粘稠液体，不得混入杂物，其模数与密度可自行调整，一般以模数 2.3~2.5、密度 1.5 为佳。

(2) 水玻璃模数的调整。当水玻璃模数过高或过低时，可加入低模数或高模数水玻璃进行调整。调整时，将两种水玻璃在常温下混合，并搅拌均匀。加入高模数水玻璃的质量按下式计算：

$$m = \frac{(M_2 + M_1)m_1}{M - M_2}$$

式中 m——加入高模数水玻璃的质量，g；

m_1——低模数水玻璃的质量，g；

M——高模数水玻璃的模数；

M_1——低模数水玻璃的模数；

M_2——要求的水玻璃模数。

当水玻璃模数过高（>2.8 时），可加入氢氧化钠（配成水溶液）进行调整，调整时将氢氧化钠溶液加入水玻璃中，搅和均匀。加入氢氧化钠的质量按下式计算：

$$m = \frac{(M_1 - M_2)xm_1}{M_2 P} \times 1.29$$

式中 m——加入氢氧化钠的质量，g；

m_1——高模数水玻璃的质量，g；

M_1——高模数水玻璃的模数；

M_2——要求的水玻璃模数；

x——高模数水玻璃的氢氧化钠含量，%；

P——氢氧化钠的纯度，%。

(3) 水玻璃密度的调整 水玻璃密度过小时，可加热脱水，进行调整；水玻璃密度过大时，可在常温下加水，进行调整。

3. 石英砂

为使帽口底部的耐火度和抗蚀能力有所提高，特在帽口底部用少量石英砂—水玻璃胶砂加固，粒径为 1~0.1mm。

(二) 工艺

目前以木模、手工操作占多数。其工艺流程为：

漂珠、水玻璃❶ → 称量→搅拌→封存❷ →成型→干燥❸ →成品检验

❶ 漂珠:水玻璃 = 1:(25~30)(质量比)

❷ “封存”当搅拌料尚未用完，为避免硬化，可用密闭容器封存。

❸ 干燥可用自然干燥或蒸汽干燥等。

石英砂❶
水玻璃 ＞ 称量→计量→搅拌→备用（用于帽口底部）

（三） 制品性能

由表9-80可见，其物理力学性能均优。

表9-80 漂珠保温帽物理力学性能

堆积密度 (g/cm^3)	耐火度 (℃)	导热系数 [W/（m·K）]	透气度	线收缩率 (%)	抗折强度 (MPa)
0.5~0.7	1500~1600	0.24	>40	-1.8~-2	>5

注 外观要求：无变形、裂纹、缺棱、掉角等，几何尺寸准确。

（四） 经济效益

据一般统计，1t漂珠保温帽制品，可供50t铸钢件应用，仅节电一项即高达2400~2800kW·h，如作综合经济评价，则效益更为显著。

四、粉煤灰防水材料—粉煤灰防水隔热粉❷

目前我国城市建筑的渗漏现象较为严重，每年用于房屋渗漏的补修费用达5亿元之多。建筑物的渗漏现象除了建筑结构设计考虑不周外，还与材料质量及施工操作有关。各种新型防水材料其中防水隔热粉、隔热憎水粉、水必克等粉末型防水材料的先后问世引人注目。由于这种粉末状的防水材料应力分散，有很好的应变性，能自动填充裂缝，防渗漏效果极佳。且粉剂重量轻，热导率小，能起到良好的保温隔热作用。此外，这种粉末型防水材料还具有使用寿命长、价格低廉、施工方便，安全无毒、无臭等优点。但是，目前各个生产厂使用的憎水剂、外加剂的设备投资和能耗都较大，而且产品不阻燃，因此，有必要以工业废料粉煤灰为防水粉基质材料，采用新工艺研制出新型粉煤灰防水隔热粉。由于采用了工业废料作原料以及特效憎水剂和新的反应器，提高了反应活性，降低了处理温度，简化了操作，设备投资、能耗及产品成本都大幅度降低，且产品具有阻燃性使防水隔热粉的生产技术前进了一大步。

1. 原材料及其主要品质要求

（1）粉煤灰：粉煤灰品质要求为：细度<12%（180目筛筛余量），含碳量<8%。

（2）憎水介质：憎水介质在乳化剂等的作用下，分散到粉煤灰等粉料中，并在粉料表面形成一层憎水能力很强的包裹层，以提高防水功能。根据各地条件，憎水介质可选用肥皂厂下脚料皂渣、石化工业中副产品腊渣油或轧机油生产中废料油渣，其主要控制指标为低级脂肪酸含量>50%，含水率<40%。

（3）乳化剂：乳化剂主要采用碱法造纸厂排放的工业废渣液加入微量的改性剂。纸浆废液的主要控制指标为：pH值9~11，固形物含量>10%，密度1.0g/ml。改性剂采用武汉工业大学新型材料厂生产的MC-10外加剂，掺量为纸浆废渣用量的1.3%。

（4）石灰：采用工业用煅烧石灰，有效CaO含量应>80%，磨细后使用，用于调节原料

❶ 石英砂:水玻璃=1:（15~20）（质量比）。

❷ 本文选自襄樊大学鄢朝勇、武汉工业大学马保国《新型粉煤灰防水隔热粉的研制》。

混合液的pH值。

（5）水：一般自来水。

2. 优选工艺配方

（1）粉煤灰—腊渣油系列（1号配方）

粉煤灰：1000kg；石灰：40kg；腊渣油：150kg；改性乳化剂：120kg；水：适量。

（2）粉煤灰—皂渣系列（2号配方）

粉煤灰：1000kg；石灰：25kg，皂渣：120kg；改性乳化剂：130kg；水：适量。

（3）粉煤灰—轧机油渣系列（3号配方）

粉煤灰：1000kg；石灰：30kg；油渣：210kg；改性乳化剂：130kg；水：适量。

3. 生产工艺

（1）工艺流程如图9-34所示。

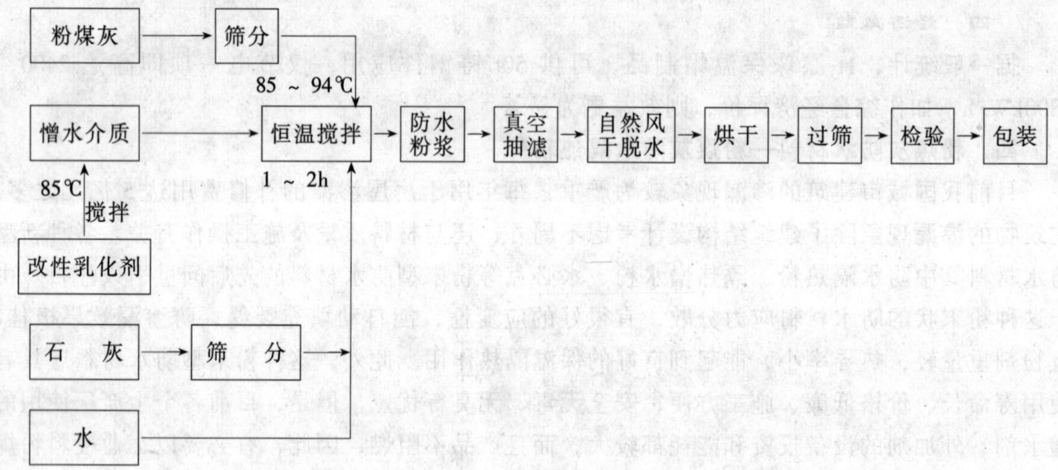

图9-34 生产工艺流程

（2）操作步骤。以100kg粉煤灰防水隔热粉为计量单位，配料及操作步骤如下（以2号配方为例）。

1）将13kg纸浆废液加入反应器中，然后加入改性剂MC—10号0.156kg，搅拌2min，然后升温至80℃（蒸汽加热或底部炉火加热均可），即成改性乳化剂。

2）将憎水介质皂渣12kg加入反应器中，在84℃下搅拌5min。

3）加入过筛的磨细生石灰2.5kg，过筛的粉煤灰100kg，并调整用水量，使浆料易于搅拌，又不发生离析现象，然后在85～94℃加热条件下搅拌1.5h。

4）停止加热，打开放料阀，使防水料浆流入真空过滤池内抽真空脱水。

5）将真空脱水后的物料放置于一合适的堆放场地，自然风干以降低含水率。

6）将自然风干后的粉煤灰防水粉置于温度<110℃的烘干机中（或烘干室内）烘干至含水率<2%。

7）将烘干后的粉煤灰防水粉过筛（<80目）。

8）按照有关标准进行产品检验，然后包装、堆放。

（3）生产中的注意事项：

1）由于本工艺省略了传统的加热球磨工艺，因而产品细度、堆积密度与粉煤灰和石灰等原料细度密切相关，生产中必须严格控制原材料细度，通常原料细度应过 80 目筛，且 180 目筛余量 < 12%。

2）生产中若采用瓷反应釜时，可采用底部炉火加热法。为缩短生产周期，允许加入 80℃以上的热水，粉煤灰也可预热至 80～100℃。

3）生产过程中，热水加入量以便于搅拌为宜，其液固比通常为 0.5～0.9。

4）为保证物料间充分的反应，物料的反应时间应大于 1h，同时反应温度为 85～94℃。

5）当采用自制反应器时，搅拌器的转速应不低于 120 转/min。

4. 质量指标及测试结果

本产品质量指标及检测方法主要参照湖北省建材产品质量监督检验中心站采用的 Q/KZH001—1992《高效防水隔热粉》，其有关质量标准及测试结果见表 9-81。从测试结果来看，新型粉煤灰防水隔热粉的各项性能指标都达到了标准的要求，性能比较优良。

表 9-81　粉煤灰防水隔热粉性能测试结果

序号	检测项目	标准要求	实测结果		
			1 号配方	2 号配方	3 号配方
1	细度（180 目筛余%）	< 12%	10%	10%	10%
2	抗渗性	2.9kPa 水柱静压 > 14d，14d 无渗水	20d	20d	20d
3	热导率（W/m·K）	≤0.092	0.085	0.086	0.087
4	堆积密度（kg/m^3）	≤680	623	630	635
5	含水率（%）	≤2	< 2	< 2	< 2
6	耐热性	90 ± 2℃恒温 5h，2.9kPa 静水压 7d 无渗漏	合格	合格	合格
7	抗冻性	− 30 ± 2℃恒温 24h，2.9kPa 静水压 7d 无渗漏	合格	合格	合格
8	耐碱性	$Ca(OH)_2$ 饱和溶液浸泡 3d，2.9kPa 静水压无渗漏	合格	合格	合格
9	耐酸性	1.2%盐酸水溶液浸泡 5h 无变化	合格	合格	合格
10	水溶性（%）	≤5%，外观有微浊或无浑浊现象	不溶于水	不溶于水	不溶于水

5. 工程应用简况及经济效益简析

国家大型企业山西化肥厂的 2 万 m^2 屋面防水工程，采用研制成的粉煤灰防水隔热粉作防水层，防水效果良好，各项技术指标达到国家有关检测标准，至今未发生渗漏现象。

粉煤灰防水隔热粉主要原料的价格如下：粉煤灰 25 元/t，腊渣油皂渣，轧机油等 500～600 元/t，产品综合成本约 280 元/t，而销售价为 600 元/t，经济效益显著。

五、粉煤灰基无机阻火堵料❶

石景山电厂曾进行以粉煤灰基无机阻火堵料的研制与使用，并制定《SDF—无机阻火堵料施工工艺规程》，其目的为电厂阻止火灾沿电缆孔洞蔓延，取得较好的技术经济效益。

（一）利用粉煤灰、漂珠开发新型阻火堵料的研究

为了研究利用粉煤灰加工试制阻火堵料，对粉煤灰、漂珠的化学成分、性能及其在高温下的状态进行了化验分析。

1. 粉煤灰经加工的成品灰，化学成分分析

表 9-82 说明，经加工的Ⅰ级灰，SiO_2 含量很高，且含碳量只占 3.5%以下，根据重庆大学试验研究数据，其导热系数低于 0.139W/（m·K）是作为隔热防火的理想材料。

❶ 本文摘自石景山电厂王德富、李振声《粉煤灰基无机阻火堵料的研制生产与使用》。

表 9-82 加工灰的化学分析 %

技术指标	一 级
细度（R80 筛余量）	3.6
烧失量	2.5
需水量比	92
三氧化硫	1.12
含水量	0.1
二氧化硅	51.92
三氧化铝	33.50
三氧化铁	6.55
氧化钙	3.72
氧化镁	1.12
密度	2～2.3

表 9-83 漂珠化学分析

SiO_2	Al_2O_3	Fe_2O_3	烧失量
45.55	32.79	5.18	＜1

2. 漂珠的物理、化学性能

粉煤灰中的漂珠堆积密度为 350kg/m^3 的薄壁玻璃珠，是绝热材料，而且有较好的和易性与流动性，其化学分析如表 9-83 所示。

根据鞍山钢铁学院研究结果，漂珠是玻璃质中间含有惰性气体的封闭球形材料，总气孔率高，其低导热系数和高温下导热系数递增率小的特点是其他材料无法与之相比的。并且，其耐火度随 Al_2O_3 含量高低而增减，该厂漂珠 Al_2O_3 含量高达 32.79%，可耐 1200℃的高温。

根据上述分析证明，用粉煤灰、漂珠做集料、填料制成阻火堵料是可行的，于是，该厂与北京市消防科研所，共同研制以粉煤灰为基材的速固阻火堵料。经过一年的反复试验取得了较好的成果。

（二）阻火堵料的试验生产过程

1. 生产程序

电厂原状粉煤灰用空压机气流输送到综合治理厂的干贮灰库，再经给料机输送至分选机，分选出不同细度的粉煤灰，Ⅰ级灰（一般只占总量的 7%左右）送入粉煤灰成品罐，尾灰输入雷蒙磨进行磨细处理。化验室根据国标规定，对成品灰进行抽样检测，符合Ⅰ级灰标准，方可出库作为阻火堵料的集料。

阻火堵料合成工段，按标准配方，采用标准计量器具配料送入干式搅拌机，搅拌混合时间不低于 30min，保证使固化剂、助剂、漂珠等与粉煤灰均匀混合，然后装入双层塑料编织袋制成阻火堵料的干式产品。

粘接剂为硅酸盐类液体，按固定配比单独装桶。施工时，与干式粉料配比直接混合搅拌，注入封堵部位。

2. 阻火堵料配料标准和技术要求

(1) 集料——Ⅰ级粉煤灰。

细度（R80 筛余量）：＜5%

烧失量：＜2.5%

含水量：＜0.1%

(2) 填料——漂珠。

粒径：2～80μm

堆积密度：250～320kg/m^3

熔点：＞1450℃

比电阻：10^{10}～$10^{12}\Omega\cdot$cm

导热系数：0.08W/（m·K）

成分要求：

SiO_2	Al_2O_3	Fe_2O_3	CaO
50%	32%	8%	3.5%

(3) 固化剂。

含量：≥98%

水分含量≤0.5%

水不溶物：≤0.5%

细度：通过120目(0.125μmm)筛：≥90%

(三) 阻火堵料的施工及试用

于1990年3月下旬，生产出第一批阻火堵料。随后配合高井电站大修，该厂承接了1号机3000V1.2段和三个主要电源间及发电机励磁机电源间电缆孔洞封堵工程。

该试验工程，共封堵电缆孔洞257个，封洞体积约为2286m^3左右，耗用阻火堵料3550kg。全部工程经该厂生产主管单位和厂消防部门验收合格。由于封堵的都是高压电缆，必须考虑其在漏电时封堵材料的绝缘性能，该厂高压试验室做了耐压和电击穿性能试验，试验结果表明此种堵料具有良好的绝缘性能。

根据北京建筑工程研究所、国家固定灭火系统和耐火构件质量监督检测中心和北京市消防科学研究所及石景山发电总厂高压试验室，对SDF——无机阻火堵料测试的15个数据表明，只要在生产和施工中，严把产品质量关，按企业标准去进行质量管理，严格执行生产工艺、施工工艺和质量验收标准，该种阻火堵料是完全能够具有在火灾发生后，避免火灾蔓延以及消防用水和有毒烟气渗透的功能。

现将一些施工情况简介如下。

石景山发电总厂高井电厂1号机组大修期间，经总厂检修一处制定计划，拟对高井电厂3000V1.2段、380V1段电源间、二泵房电源室、雨水泵房电源室及励磁间的电缆孔洞进行封堵工作。

高井电厂3000V1.2段电源间装有电厂大型附属设备的电源开关，电缆种类繁多，孔洞面积0.248~0.02m^2不等，孔板70.18m，共计133孔，原在安全检查中曾用石棉灰封堵过，但因个别孔洞不符合安全防火标准，故此次将石棉灰扒掉，再进行堵洞工作。两电缆间封堵工程全部完成。经厂消防科、总厂主管单位验收合格。

二泵房电源间，系电缆沟式。通长约10m，沟宽0.42m，过去没有加电缆土堵，影响安全生产。此次，由总厂检修一处提供图纸，并参与该项工作，采用横梁托板，既省去电缆沟，又保证封堵质量和效率。目前两个泵房电源间均封堵完毕，已投入正常运行。

由于电缆槽中电缆的燃烧负荷是由单个电缆的燃烧总和而成，PVC电缆分解温度在200~300℃之间，在燃烧中约有20MI/kg热产生，特别是漏入沥青、油渍或其它可燃物，其产生热量还会增加，在现场模拟试验中，电缆堵料均未发生异变。说明其密封效果良好。

(四)SDF— 无机阻火堵料施工工艺规程

1.SDF—无机阻火堵料一种双组份堵料

A组分为堵料，由集料、固化剂、添加剂等组成，B组分为液体结合剂，它的施工方法主要以灌注为主。

2. 产品的保管包装

该产品A组分为塑料包装，每袋重量1kg，宜藏在阴凉干燥的地方，保管温度10~40℃之间为宜。B组分为塑料桶装，每桶5kg，保管方法与A组分相同。

3. 施工现场条件

（1）在进行电缆孔洞封堵前，应对该设备停电，挂好标示牌，并有安监人员监护。

（2）电缆在封堵前应尽量理顺，对混凝土孔洞内壁进行除油除尘处理。

4. 材料准备

（1）SDF—无机阻火堵料分为A、B组分，配比1:1（重量比）。

（2）先计算电缆孔洞体积。按体积的1.69倍计算以重量备料。

（3）要求与机具：

1）堵料托板：可用不同规格聚乙烯从下面堵住电缆孔洞，托板分为拼接型和插入型两类，视施工现场而定。

2）手提式搅拌器或搅拌机：一台。

3）塑料灌注枪：2～3只。

4）塑料桶：容积为5～10L。

5）磅秤：一台。

5. 施工工艺流程

停电→清理→托板→塞缝→配料→灌注→硬化试验。

6. 灌注要点

（1）A:B按1:1（重量）的比例，先将B组倒入A组搅拌均匀，均匀搅拌2min后，即可灌注，一次配制量以25kg为宜。

（2）如果孔洞容积较大，可分次灌注，灌注间隔时间以24h内为宜。

（3）通常配好料后，最好在15min内灌注，以免配好的料因时间过长凝固。多次灌注比一次灌注效果更佳。

（4）一次灌注后应于次日再检验一次，尚可补灌至满。

（5）此种堵料于3h左右凝固，24h基本固化，7～20d完全硬化，成为具有较强亲和力及良好弹性的耐燃密封防火堵料。

7. 注意事项

（1）在施工过程中，使用手提搅拌机不许戴手套，电动机的电源要可靠接地。

（2）在施工现场要有专业电工负责监护，在专业技术人员的指导下进行此项工作。

（3）拆模应在48h之后。

（4）若带电封堵，则需要用绝缘手套，并执行电业安全操作法规。

（5）施工时戴防尘眼镜。

六、粉煤灰防腐蚀材料❶

粉煤灰防腐蚀材料的产品是由粉煤灰耐酸胶泥、粉煤灰烟囱内壁防腐涂料和粉煤灰环氧沥青防腐涂料等组成。于1998年10月～1999年3月先后进行试生产粉煤灰耐酸胶泥555t、粉煤灰烟囱防腐涂料45t、粉煤灰环氧沥青防腐涂料72.5t，分别用于有关电厂混凝土烟囱内壁的防腐蚀及石油化工、煤气、自来水等行业的地下埋设管线的外防腐，获得较好的使用效果。由于其产品与国内同类产品比较，其原材料成本价格降低17%～48%，具有较强的市场竞争力。

（一）材料组成配比和性能研究

不同品质的粉煤灰密度、细度与其它防腐蚀填料比较见表9-84。

---

❶ 本文选自上海市建筑科学研究院陈安仁、田小妹《粉煤灰在防腐蚀材料中的应用研究》。

表 9-84 粉煤灰密度、细度与其他防腐填料比较

名 称	密 度 (g/cm³)	细度（0.045mm方孔筛）（%）
低钙灰（石洞口电厂）	2.31	10.06
低钙灰（杨浦电厂）	2.76	16.40
高钙灰（外高桥电厂）	2.43	14.00
高钙灰（吴泾电厂）	2.63	14.30
滑石粉	2.7～2.8	0
云母粉	2.76～3.1	60.00
沉淀硫酸钡粉	4.35	68.00
高岭土	4.47	0

按表 9-84 所列粉煤灰密度和细度与其它防腐蚀填料的比较，完全能用于配制厚质防腐蚀涂料。

1. 粉煤灰耐酸胶泥试验

以粉煤灰为主要填充料，与硅酸钠、水性多元醇系环氧树脂为胶结剂，氟硅酸钠为固化剂配制成的耐酸胶泥，具有耐热性、收缩性小，抗化学药品性稳定等特点。

(1) 粉煤灰耐酸胶泥配合比

胶结剂－38.31%；固化剂－5.60%；填料－56.09%。

不同品质粉煤灰对耐酸胶泥初凝时间的影响见表 9-85。

表 9-85 不同品质粉煤灰对耐酸胶泥初凝时间的影响

编号	胶结剂	固化剂	粉煤灰			初凝时间（min）
			石洞口电厂	杨浦电厂	外高桥电厂	
1	1	0.155	1.2	—	—	60
2	1	0.155	—	1.10	—	60
3	1	0.155	—	—	1.50	10

试验表明，石洞口电厂粉煤灰 SiO_2 和 Al_2O_3 含量比杨浦电厂为高、密度小，所以掺量较多，而外高桥电厂高钙灰 CaO、K_2O、SO_3 成分明显高于石洞口电厂和杨浦电厂的低钙粉煤灰，由于高钙灰中游离氧化钙和水泥矿物与硅酸钠起反应，而促使耐酸胶泥快速凝结，无法满足配料及施工要求。

(2) 耐酸粉和不同粉煤灰耐酸胶泥耐热和耐蚀性（见表 9-86）

从表 9-86 可见，由于外高桥电厂高钙粉煤灰中有过多的游离钙和水泥矿物与酸中和分解。

表 9-86 耐酸粉和不同粉煤灰耐酸胶泥的耐热和耐蚀性能

项 目	816 耐酸粉	石洞口电厂粉煤灰	杨浦电厂粉煤灰	外高桥电厂粉煤灰
10%硫酸 48h	无起泡、无开裂、无脱落	同左	同左	有脱粉现象
5%盐酸 48h	无起泡、无开裂、无脱落	同左	同左	有脱粉现象
耐热性 250℃±2℃10h	无起泡、无开裂、无脱落	同左	同左	有脱粉现象
吸油率%	6.10	5.95	5.92	5.90

(3) 粉煤灰掺量对耐酸胶泥性能的影响（见表 9-87）

表 9-87 粉煤灰掺量对耐酸胶泥物理性能影响

项 目	耐 酸 粉 料		
	低钙粉煤灰（100%）	816 耐酸粉：低钙灰（1:1）	816 耐酸粉（100%）
抗压强度（R）14d（MPa）	26.7	26.4	23.6
抗折强度（R）14d（MPa）	5.6	5.1	4.5
粘结强度（R）14d（MPa）	2.04	1.95	1.90

据表 9-87 分析，粉碎后的煤粉经过 1450～1500℃煅烧形成的粉煤灰，密度和细度较小，

其中玻璃相多，则吸油量小对提高耐酸胶泥物理机械性能具有一定的作用。

（4）粉煤灰耐酸胶泥主要性能指标（见表 9-88）

表 9-88 粉煤灰耐酸胶泥主要性能指标

项 目	检测结果	项 目	检测结果
抗压强度（MPa）	26.7	吸油率%	5.92
抗折强度（MPa）	5.6	10%硫酸 48h	无异常
粘结强度（与耐火砖）（MPa）	2.04（耐火砖破坏）	5%盐酸 48h	无异常
耐热性 250±2℃	无变化		

2. 粉煤灰烟囱内壁防腐涂料试验

粉煤灰中含有较多的玻璃相，不仅能提高热稳定性，同时玻璃相结构具有优异的耐蚀性和膜层的屏蔽性。以粉煤灰为填充料，与硅环氧树脂、煤焦油沥青为成膜物质，配制成涂料。

在应用时与胺类交联，配制成的防腐涂料涂膜具有优异的物理机械性能：耐热性、耐水性及耐化学药品性。

（1）聚硅氧烷环氧树脂的合成：

1）将硅氧烷、环氧树脂和催化剂，混合体投入反应釜，升温至 130～140℃，聚缩合反应 5h，得到 1 号树脂。

2）先将环氧树脂投入反应釜，升温至 130～140℃开始滴加聚硅氧烷和催化剂，3h 滴加完，保温 2h，即得到 2 号树脂。

3）将环氧树脂、聚硅氧烷先投入反应釜，升温至 130～140℃，滴加催化剂，2h 滴加完，保温 3h，得到 3 号树脂。

试验结果 1 号、2 号树脂有浑浊现象，成膜透明稍差；而 3 号树脂采用环氧树脂和聚硅氧烷先投入反应釜，在一定温度条件下分散均匀，慢速滴加催化剂，使树脂分子量均匀分布缩合反应，就可得到均匀树脂、透明清澈。

（2）填充料的选择。烟囱内壁防腐涂料性能的好坏虽然主要取决于树脂的性能，但填料对耐热性和耐化学药品性能十分重要，如果选择不当就会造成严重质量问题。因此，必须通过试验遴选合适的填料，见表 9-89。

表 9-89 不同填充料配制的烟囱内壁防腐涂料经耐热和化学药品试验结果

项 目	滑石粉	硫酸钡粉	高岭土粉	低钙粉煤灰	高钙粉煤灰
耐热性（℃）	200℃	200℃	200℃	200℃	200℃
48h	无开裂	20%开裂	30%开裂	无开裂	无开裂
10%硫酸	无变化	无变化	尚耐热	无变化	无变化
5%盐酸	无变化	无变化	尚耐热	无变化	无变化

从表 9-89 说明，由于低钙灰和高钙灰经过 1450～1500℃煅烧后，具有较好的耐热性、粉料收缩小，涂料涂膜不易开裂，并具有一定的耐腐蚀性，用其配制烟囱内壁防腐涂料安全可靠。

（3）粉煤灰烟囱内壁防腐涂料配方：

1）甲组分。基料 58.5%；填料 35.00%；助剂 3.50%；稀释剂 3.00%。

2）乙组分。固化剂 10%。

（4）粉煤灰烟囱内壁防腐涂料性能指标见表9-90。

表9-90　粉煤灰烟囱内壁防腐涂料性能指标

项　　目	检　测　结　果	项　　目	检　测　结　果
柔韧性（mm）	1	耐热性（200±2℃48h）	不起泡、不开裂、不脱落
耐冲击性（cm）	50（不破裂）	硫酸10%（常温浸泡48h）	不起泡、不开裂、不脱落
附着力·划圈法级	2	盐酸5%（常温浸泡48h）	不起泡、不开裂、不脱落
附着力·划格法（%）	100	氢氧化钠30%（常温浸泡48h）	不起泡、不开裂、不脱落

3. 粉煤灰环氧沥青防腐涂料试验

以粉煤灰为填料，低、中分子量环氧树脂、煤沥青为成膜物质配制成涂料。该涂料臭味小、毒性低、低温成膜性好；其涂膜具有优异的物理机械性能，耐磨性、抗划性及耐化学药品性；粉煤灰作为填充料进一步改善了涂料的施工涂装性。

（1）环氧树脂的加工。先将中分子量环氧树脂和混合溶剂投入反应釜内，升温至120℃全部溶解后再加入低分子量环氧树脂充分搅拌均匀降温至45℃出料，得到透明清澈环氧树脂。

（2）通过烟囱内壁防腐涂料中的填充料选择，已证明粉煤灰是可作为中等以下防腐蚀原材料，由于低钙粉煤灰游离钙和水泥矿物质少，对耐酸性介质较有利，所以，采用低钙粉煤灰配制地下埋设管材防腐涂料更安全可靠。

（3）粉煤灰环氧沥青防腐涂料配方的确定。

1）甲组分：基料63.4%；填料34.6%；助剂2.00%。

2）乙组分：固化剂10%。

（4）粉煤灰环氧沥青防腐涂料性能指标见表9-91。

表9-91　粉煤灰环氧沥青防腐涂料性能指标

项　　目	检　测　结　果	项　　目	检　测　结　果
柔韧性（mm）	1	硫酸10%（常温浸泡48h）	不起泡、不开裂、不脱落
耐冲击（cm）	50（不破裂）	盐酸5%（常温浸泡48h）	不起泡、不开裂、不脱落
附着力·划圈法级	1	氢氧化钠30%（常温浸泡48h）	不起泡、不开裂、不脱落
电击穿性	200μm14.2kV/mm		

从表9-91看出，粉煤灰环氧沥青防腐涂料性能指标均达到规定的技术指标，而抗电击穿性能指标较规定指标更高，其涂膜具有更好的屏蔽性。

（二）应用与施工方法

1. 应用范围

（1）粉煤灰耐酸胶泥：主要用于大型混凝土烟囱内壁砌筑耐酸砖胶结料、粘贴砌筑防腐蚀花岗石块材及板材、花岗石材料的嵌缝。

（2）粉煤灰烟囱内壁防腐涂料：主要用于大型混凝土烟囱内壁的防腐、地下管线外防腐。

（3）粉煤灰环氧沥青防腐涂料：可用于城市煤气和自来水地下管线外壁防腐、港口、码头、钻井等钢结构防腐、污水池、酸池、碱池、中和池及地沟等的防腐。

2. 施工方法

（1）粉煤灰耐酸胶泥。按规定配合比混合搅拌均匀，在60min前用完；被胶结物体应干燥，雨天不能施工；气温30℃以上可适当减少固化剂用量，施工前应进行试拌，确定可用时间，一般不超过60min。

(2) 粉煤灰烟囱内壁涂料。被涂物体表面应牢固、坚硬、污垢等杂物清理干净；甲、乙组分混合搅拌均匀，熟化30min使用；被涂物体应干燥，雨天、气温5℃以下不宜施工；涂装方法，采用刷涂、辊涂或喷涂方法进行，涂刷道数3~4道，间隔时间为24h。

(3) 粉煤灰环氧沥青防腐涂料。钢铁表面应除锈、除油、无浮灰、水渍等，除锈要求达到瑞典除锈标准Sa2.5级，或手工和电动工具除锈达St3级；甲、乙组分混合搅拌均匀，熟化30min使用，被涂物体应干燥，雨、雾、气温5℃以下不宜施工；涂装方法，采用刷涂、辊涂或喷涂方法进行，涂刷道数3~4道，必要时加无碱玻璃布加强。

七、粉煤灰废泡沫绝热材料❶

粉煤灰和废泡沫研制绝热材料，既为建筑节能作贡献，又为废弃物的利用开辟新的途径，尤其此项研制废泡沫利用量大，生产条件要求不高，可使废料成为资源。

（一）原材料

1. 泡沫颗粒

系用塑料粉碎机将回收的各种聚苯乙烯废泡沫粉碎成粒径分布范围为1~10mm的颗粒，其堆积密度为15kg/m^{3}左右。这种经粉碎而成的聚苯乙烯废颗粒，其结构孔隙仍处于封闭状态，吸水率很小，表面粗糙，和水泥—粉煤灰浆体之间能够产生很好的粘结。

2. 水泥

采用P.O425号水泥，其3d抗压强度为27.3MPa；28d抗压强度为47.6MPa。

3. 粉煤灰

使用粉煤灰除了能够利用工业废料外，还能够增大材料中的浆体含量，保持绝热材料有相对低的密度。试验中所用粉煤灰的技术性能如表9-92，该灰符合GB 1596《用于水泥和混凝土中的粉煤灰》Ⅰ级灰标准，从化学成分上看，则属于低钙粉煤灰。

表9-92 粉煤灰的技术性能

项　　目	测试结果	项　　目	测试结果
细度（45μm方孔筛筛余）（%）	8.6	含水量（%）	0.6
需水量比（%）	95	三氧化硫（%）	0.48
烧失量（%）	3.51	氧化钙（%）	2.59

4. 防水剂

防水剂是降低水泥—粉煤灰浆体凝结硬化后的吸水率，提高绝热材料的早期强度。

5. 高效减水剂

采用NF高效减水剂，目的是通过提高水泥颗粒的分散性，降低绝热制品制备过程中的用水量，以降低水灰比，提高绝热制品的强度。这样不但能够降低成本（节省水泥），更重要的是水泥用量低，则绝热制品的密度也低，绝热性能提高。

（二）工艺程序

1. 配比安排

根据对绝热材料的强度要求不高，但对其要求有较低的密度和吸水率等实际情况，经过

❶ 本文选自安徽省建筑科学研究院王琳《粉煤灰—废泡沫绝热材料的研制》。

了大量的初期探索性试验结果的分析以后，安排了一组试验。即：在保持水泥用量不变的情况下，将泡沫颗粒用量从高到低逐渐减小。同时，使粉煤灰的量以水泥质量计为 30%保持不变。各编号绝热拌合物配比情况如表 9-93 所示。

表 9-93 各编号绝热拌合物的配合比

编号	水	:	水泥	:	粉煤灰	:	NF 高效减水剂	:	防水剂	:	泡沫颗粒
1	0.91	:	1.00	:	0.33	:	0.009	:	0.02	:	0.20
2	0.60	:	1.00	:	0.33	:	0.005	:	0.02	:	0.14
3	0.59	:	1.00	:	0.33	:	0.005	:	0.02	:	0.14
4	0.56	:	1.00	:	0.33	:	0.005	:	0.02	:	0.12
5	0.56	:	1.00	:	0.33	:	0.005	:	0.02	:	0.10

2. 工艺流程

(1) 称量水泥和粉煤灰，在拌合机中拌合均匀。计量水并加入经预溶解的 NF 高效减水剂，和水泥—粉煤灰混合物一起搅拌均匀得到混合料浆。再用适量水将防水剂稀释后投入混合料浆中搅匀。

(2) 将上述混合料和预先计量的泡沫颗粒一起搅拌均匀。

(3) 成型得到 100mm × 100mm × 100mm 的立方试块并振动密实。

(4) 养护 2d 后脱模，继续养护至 3、7、28d 等试验龄期，进行抗压强度、干表观密度和吸水率等性能试验。

工艺流程见图 9-35。

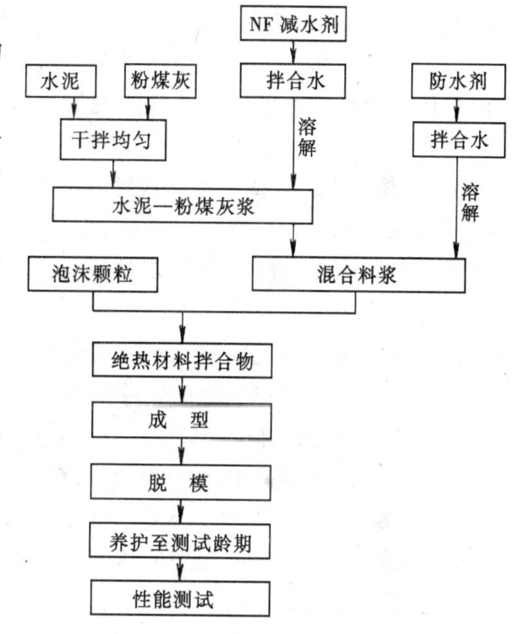

图 9-35 工艺流程

(三) 结果及讨论

1. 水泥—泡沫颗粒比对绝热材料强度的影响

粉煤灰—废泡沫绝热材料的强度随水泥—泡沫颗粒比的变化的试验结果如图 9-36 所示。在图 9-36 的结果中，粉煤灰的掺量以水泥质量计为 30%，在各编号试验中都保持不变。图中的最小水泥—泡沫颗粒比为 5.0，此时其 3d 抗压强度为 0.06MPa；7d 为 0.17MPa，28d 为 0.18MPa。尤其是，这类轻质绝热材料的某些性能和普通水泥质材料不同。该组试块的强度虽然很低，但在 2d 试块很好脱膜，并可进行搬运、堆码等操作。试块进行抗压试验时产生很大的体积变形而没碎。

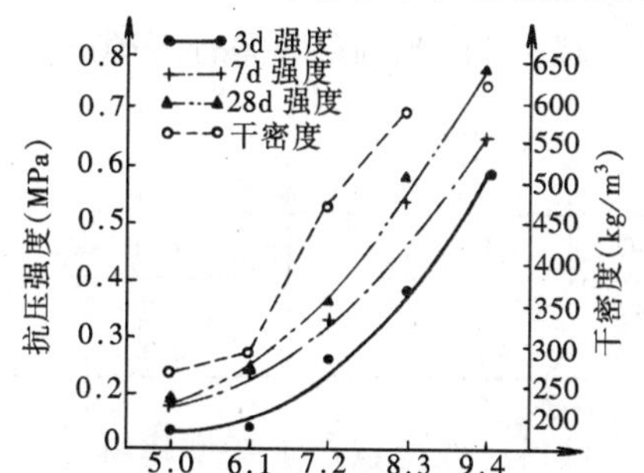

图 9-36 粉煤灰—废泡沫绝热材料 3d、7d 和 28d 抗压强度以及干表观密度随水泥—泡沫颗粒比的变化

图 9-36 中的最大水泥—泡沫颗粒比为 9.4，此组试块的 3d 抗压强度为 0.57MPa；7d 为 0.65MPa；28d 为 0.72MPa。在所有试块中强度最高。

在粉煤灰—废泡沫绝热材料中，水泥—粉煤灰浆体包裹在颗粒表面，在浆体过多时则填充在颗粒之间的间隙中，浆体凝结硬化后赋于材料以结构强度。从理论上来说，当水—（水泥＋粉煤灰）比（即水胶比）不变时，绝热材料的强度随水泥—粉煤灰浆体的增多，即水泥—泡沫颗粒比的增大而提高。当水泥—粉煤灰浆体的量较少时，颗粒表面接触，表面的水泥—粉煤灰浆体凝结硬化后将泡沫颗粒互相凝结在一起而产生强度，且随着浆体的充分包裹而强度有所提高。而随着浆体量的继续增多，则开始填充颗粒间隙，这时强度的提高不明显。而当间隙完全被浆体填充后，再有多余的浆体则开始使颗粒表面的包裹层增厚。随着水泥—泡沫颗粒比的增大，强度的提高显著加快。

另一方面，从泡沫颗粒的几何形状来说，大部分接近于球状；从其物理性能来说，这种密度极小的颗粒在受到外压力时可以呈现很大的体积变形而不破坏。且在外力撤除后变形有所恢复。这样，水泥—粉煤灰浆体和泡沫颗粒的性能结合起来对绝热材料破坏的特性产生重要影响。在水泥:泡沫颗粒比很小时，泡沫颗粒的性能占主导地位，即绝热材料呈现很大的体积变形后才破坏。因为在绝热材料的密度很低时，其抗压强度虽然很低，但由于其在破坏之前的体积变形，而不是像普通水泥质材料那样突然碎开，使得材料能够满足脱模、搬运及堆码等操作。

2. 水泥—泡沫颗粒比对绝热材料干堆积密度的影响

水泥—泡沫颗粒比越大，绝热材料的干密度也越大，强度越高。但是，从图 9-36 的折线可以看出，干密度随水泥与泡沫颗粒比的变化并不是直线性的，即各折线的斜率并不相同。同前述对强度的讨论一样，水泥—粉煤灰浆体首先包裹在泡沫颗粒表面，然后填充在颗粒的间隙中。随着填充间隙的浆体量增多，干密度迅速增大。而当间隙被浆体填满后，再有多余的浆体，则使填充间隙的浆体的体积增多以及包裹层增厚，因而干堆积密度增大的速度减慢，折线的斜率减小。

3. 粉煤灰—废泡沫绝热材料的吸水率

对各编号绝热材料的吸水率的测试表明：这类材料的吸水率在 12%～15%之间，比相应水泥砂浆及水泥膨胀珍珠岩绝热制品的小得多。这主要归因于该材料中掺用了防水剂，降低了水泥—粉煤灰浆体的吸水率。

（四）粉煤灰—废泡沫绝热材料配合比的选择和生产

根据对试验结果的分析，并从试验结果中选择较好的配合比进行重新调整、试配，然后在工厂中进行试生产，其生产过程完全按照图 9-35 所述进行。在生产过程中应注意料浆与泡沫要拌和均匀，成型时振动时间不宜过长，避免料浆沉积底部，使料浆分布不均匀，影响产品强度。所生产的绝热板材表面用轻质拌合物进行抹面，尺寸为 500mm×500mm×60mm，其外观规整，技术性能如表 9-94 所示。

表 9-94　　绝热板材的物理性能

项　　目	物理性能	项　　目	物理性能
干表观密度，(km/m^3)	292	吸水率，(%)	16.2
14d 抗压强度，(MPa)	0.5	导热系数，［W/（m·K)］	0.079

在试验研究和试生产成熟基础上，粉煤灰—废泡沫绝热材料已在全椒永丰新型建材有限责任公司投入生产，随机抽检结果表明：干密度平均值表观为 293kg/m^3，14d 抗压强度平均值为 0.52MPa，吸水率为 16.0%，符合生产控制要求。在全椒新建工程县政府大楼中，在屋顶使用该材料作为保温隔热层，取得良好效果。

这种粉煤灰—废泡沫绝热材料除具有很好的技术性能外，其经济性能也很好。以回收废泡沫为 2 元/kg 计算，该绝热材料的造价约 140 元/m^3。若参考水泥膨胀珍珠岩制品的价格，以 300 元/m^3 的价销售，则毛利润在 100%以上。而这种绝热材料能够使废料资源化，其环境效益、节能效益等则是不言而喻的。

第十章 粉煤灰贮放建筑和利用

第一节 粉煤灰贮放概述和利用

一、综合概述

粉煤灰贮放型式包括山谷水力贮灰场、平地水力贮灰场和干贮灰场等。根据有关调查资料，早在十年前，在国内建筑、运行和建成的较大贮灰场已达数百座，估计目前会趋近千座，其中山谷水力贮灰场约占65%，其次为平地水力贮灰场，干贮灰场正在兴起。它们的共同特点是容积大、堆筑高，贮放年限较长，对下游人身、经济建设和自然环境的影响直接相关，总体建筑和技术要求较高。

粉煤灰在贮放建筑中的大量利用，主要反映在山谷水力贮灰场的各级子坝、平地水力贮灰场沿滩面围堤的加高和干贮灰场几乎全部利用粉煤灰的堆筑体中。用粉煤灰代替土石料，降低了造价、扩大了容积和延长了贮放年限，而且维护了四周自然环境。

山谷水力贮灰场和山谷干贮灰场，可作小流域水土保持设施，通过排洪系统降低洪峰流量；山谷贮灰场和建在河滩和沼泽地的平地贮灰场，建成复土后造田数百亩，并为后期开发利用粉煤灰资源提供了条件。

二、山谷水力贮灰场概述和利用

（一）由“挡水坝”改造的山谷水力贮灰场

30年前，大多模仿“挡水坝”建筑山谷水力贮灰场，国内外均发生过不同程度的险情甚至垮坝。以后才着手对“挡水坝”进行改造。

山西省电力勘测设计院是1980年对娘子关电厂的十里沟“挡水坝”进行改造的：向上游加长排水廊道和加筑排水口，加卸排水口上的预制盖板来调节水位；在“挡水坝”上设数条放灰浆支管均匀向灰场放灰浆，形成坝前的滩面和排水口前的积水区，为加筑粉煤灰子坝提供了条件和保持了排出水的清澈。

先后加筑四级子坝后，坝高由25m增至37.3m，贮灰容积由25万m^3增至87万m^3，贮灰年限由1.5年增至5年，1981年开始贮放至1986年贮灰达到终期高程，建成了山西省第一座山谷水力贮灰场。

该贮灰场控制流域面积3.725km^2而成为一座防止水土流失的水土保持设施，设计洪峰流量由102m^3/s降至15.1m^3/s，复土造田80亩，附近粉煤灰建材厂按灰场自然分选的粉煤灰粗细度，制成不同用途的粉煤灰制品，畅销省内外。

（二）山谷水力贮灰场

1.初期透水土石坝

在选取的坝址处建贮灰 3～5a 的透水土石坝（以下简称初期坝），其上游坡设反滤层，反滤层后面的堆石体与坝下堆石体相连，其他部位为土石体，使有效降低灰场运行期的浸润线而保持其稳定：坝顶有足够宽度以畅通过往的施工机械和铺设放灰管系。

2. 放灰管系

平行初期坝轴的上游侧铺放灰母管组，每隔 20～30m 接出一条装阀门的放灰支管，将灰水比 1:5 至 1:15 的灰浆均匀排向灰场。

3. 排水系统

钢筋混凝土排水系统分两种型式：斜槽—廊道—消力池型和竖井—廊道—消力池型，按山谷地形分别设 2～3 座斜槽或竖井，用排水口处的预制盖板来调节水位，使运行时的坝前滩面长度大于 150m 和排水口前的积水区长度大于 50m。

4. 粉煤灰子坝

当灰场内的沉积粉煤灰升至初期坝顶或各级子坝顶以下 1m 时，将灰浆排向切换灰场或事故灰场，数天后碾压坝前粉煤灰作为子坝坝基，铲运坝基外的粉煤灰碾压成初级子坝，以此类堆筑成终期子坝。各级子坝高度因地制宜，山西地区将汛期和冬期作为免筑子坝时段，该时段的电厂放灰量和灰场贮灰容积来计算确定该级子坝高度。

5. 石庄头贮灰场概况和利用

太原第一热电厂石庄头灰场，是国内第一座建在 8 度地震区的高灰坝。设计除灰量为 74.48×10^4t/a，灰水比 1:5，用斜槽—廊道—消力池型排水系统，分南北两座贮灰场互相切换运行，初期坝高度分别为 45.5m 和 49m，各筑 10 级粉煤灰子坝，总高度分别为 84m 和 87.5m，贮灰容积分别为 $318 \times 10^4 m^3$ 和 $498 \times 10^4 m^3$。1991 年投运至 2001 年建成。

共利用压实粉煤灰 $41.4 \times 10^4 m^3$，相当于灰场容积 $46.6 \times 10^4 m^3$，贮灰容积单价按低价 15 元/m^3 计算，节约造价 700 万元；压实粉煤灰按重量计为 37.3×10^4t，延长贮灰时间半年；复土造田 320 亩，使人多地少的石庄头村成为奇迹般的喜讯而四处传扬。该贮灰场又是流域面积共 1.08km^2 的水土保持设施，防止了水土流失；使频率 1% 的洪峰流量由 68m^3/s 降至 5.35m^3/s 而使下游免受洪患。

三、平地水力贮灰场概述和利用

（一）围堤

围堤高度按规划计算的 20a 左右的贮灰量来确定，一般 10m 左右，也可分期加筑。一次建筑的围堤可参考“挡水坝”；分期建筑的围堤，先参考“挡水坝”筑到初期高度，再参考山谷水力贮灰场的粉煤灰子坝筑到终期高度，但只限于沿滩面的部分，沿积水区围堤的加高仍参考“挡水坝”。筑在河滩区的围堤沿河侧堤坡，须采取防洪措施。

（二）放灰形成的滩面

放灰管系设在围堤上向灰场放灰浆，在对侧围堤区排水口进行水位调节下，形成纵坡约 3‰的扇形滩面和不断变迁的流槽，在排水口前形成 50m 宽的澄清积水区。

（三）排水系统

通常用两种型式：一种在放灰口对侧的围堤迎水坡上，筑一条与堤下涵洞相连接的钢筋混凝土排水斜槽，用预制盖板调节水位，将澄清水引向围堤外的排洪沟；另一种型式是在近围堤的灰场内，筑一座下部与堤下涵洞连接、上部设多层钢弯管组的钢筋混凝土竖井，利用沉积粉煤灰随龄期增加凝硬性和澄清区水深约需 1m 左右的特点。只要电厂放灰含水量与竖井排水量相接近，就会自动将澄清水由钢弯管、竖井和涵洞引向围堤外的排洪沟。

（四）平地贮灰场的利用

多数平地水力贮灰场建在沼泽和河滩上，有明显的利用价值。例如：建在伍姓湖沼泽上的永济热电厂的贮灰场，初期围堤高度约6m，加筑4m高的后期粉煤灰围堤，共利用粉煤灰10万 m^3，建成后复土造田200亩。

四、山谷干贮灰场概述和利用

（一）型式和防洪

建筑山谷干贮灰场须因地制宜，可筑成各种不同型式的干贮灰场。汇水面积小和呈扇形的地形，只需在灰场底部铺炉渣反滤层与排渗管系和下游趾堤的排渗体相连接，在堆筑终点高程的两侧山坡筑截洪沟将洪水迳流引出作业区，不需筑拦洪坝。

汇水面积较大，有一条或多条山沟的地段，可筑一座或多座拦洪坝，将上游洪水和两侧山坡截洪迳流均由泄洪涵管引向下游。当仍有较大洪水迳流涌入作业区时，可在堆筑体的凹部设竖井，洪水由竖井排水口引向涵管。

（二）作业区

用数十辆载重罐车，从电厂贮灰罐口装运调湿灰至贮灰场卸灰后，用推土机和压路机进行铺平和碾压，需要有堆筑所要求的作业区，主要反映在防洪和防尘上。不存在防洪的就与平地干贮灰场相近。

运至作业区的调湿灰，含水量均低于最优含水量，碾压过程中又进一步降低，经风刮起灰尘而污染空气，须在植树、旋工和喷洒等方面采取综合措施，使空气总悬浮颗粒物浓度符合GB 3091—1996《环境空气质量标准》等规定要求。

（三）山谷干贮灰场的利用

以正在建筑的太原第一热电厂上峪沟干贮灰场为例，作业区小股洪水迳流经竖井排入涵管引向下游，作业区以外的绝大部分洪水直接由拦洪坝处的涵管进口引向下游。堆筑体终期高度为80m，存放压实灰3600万 m^3。为大量利用粉煤灰，在上游拦洪坝和下游趾堤以上均为土石护面的粉煤灰堆筑体。后期利用为部分已压碎的均匀粉煤灰。建成后将复土造田300亩，可作为控制流域面积7km^2 的水土保持设施。

五、其他

各种贮灰场须设置管理和运行维护设施，按实际情况配备技术和管理人员。其基本任务是：按设计要求制定运行维护办法和岗位责任制，开展对贮灰场设施的运行维护工作，做到放灰、运行、排水、喷洒、碾压、汛期防洪和特殊情况时的安全使用，防止发生危害工农业生产和人身安全，并注意防止污染环境。当运行维护中发生与设计不一致时，要及时提出。

第二节 粉煤灰应用性质

一、水力贮灰场粉煤灰沉积规律

（一）山谷水力贮灰场

1. 颗粒分布

沉积粉煤灰的颗粒沿滩面由粗到细依次分布，密度随中值粒径 d_{50} 的减小而降低，降低幅度约为30%。

石庄头灰场的粉煤灰颗粒大致分为：滩面坡段是 $d_{50}=0.046$mm 的粗粒，澄清区下的坡段是 $d_{50}=0.046\sim0.018$mm 的中粒，积水区下的坡段是 $d_{50}\leqslant0.017$mm 的细粒，分为Ⅰ～Ⅲ三个区段。其断面上还能看到极细灰粒组成的断断续续的夹层，各层在水平线上互不连续，厚度约为 50mm，垂直向的层距约为 2m。水平向渗透系数大于垂直向，如图 10-1 所示。

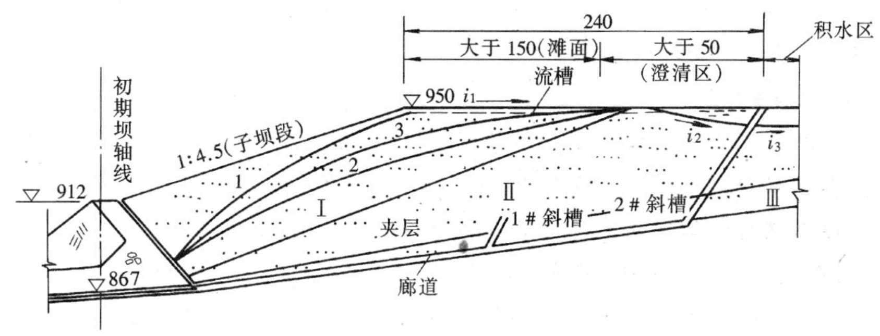

图 10-1　石庄头贮灰场主剖面

2. 滩面对浸润线的影响

从灰坝稳定和为加筑粉煤灰子坝，需形成 150m 以上的滩面；为使排出水的悬浮物含量符合 GB 8978—1988《污水综合排放标准》所要求的小于 70mg/l 的要求，需在排水口前形成大于 50m 的澄清区；排水口的上游为积水区。以上三坡段坡降分别约为 $i_1=3‰$，$i_2=2\%$ 和 $i=0$。

一般需委托科研单位用三维有限元方法进行渗流计算。考虑到沉积粉煤灰滩面上形成多条不断变迁的流槽而明显提高浸润线，设计时可近似按滩面设计长度的浸润线 2 与按水位临子坝计算的浸润线 1 的中间连线，即浸润线 3。

3. 对排渗设施效果的估计

所示的体积较大的初期坝反滤层，对排渗和降低浸润线有明显效果，而处于强震区的高灰坝，往往需进一步降低浸润线。考虑到Ⅲ区段极细粉煤灰会堵塞反滤层的可能，宁可在有利侧岩土坡上加筑与初期坝反滤层互相连接的贴坡反滤层。

4. 其他影响

灰场放灰运行时，会在沉积粉煤灰中产生很小的孔隙水压力，可忽略不计。

（二）平地水力贮灰场

采用集中放灰浆的平地水力贮灰场，在滩面上也形成不断变迁的流槽，以扇形向四周扩散，与山谷水力贮灰场相似。

二、粉煤灰静力性质

（一）粉煤灰颗粒级配和排渗稳定

水力贮灰场反滤层的排渗设计中，需以粉煤灰的颗粒级配为依据，才能保持其稳定性，石庄头灰场的有关粒级为：$d_{85}=0.090$mm，$d_{60}=0.053$mm、$d_{50}=0.046$mm，$d_{35}=0.034$mm，$d_{15}=0.016$mm 和 $d_{10}=0.011$mm。其中 d 为粉煤灰粒径，下标 85、60、50、35、15 和 10 为较细灰粒占总重量的百分比。

（二）粉煤灰的压实和防尘

1. 压实

以高井电厂的粉煤灰为例，其烧失量为3%，最优含水量为33%，从现场碾压试验表明，含水量为20%~30%时，其压实程度相近，说明压实性对含水量并不敏感。铺粉煤灰厚度30cm，用12t振动压路机平碾6遍，可使压实系数和相对密度分别达到0.9和0.65。

2. 防尘

英国Brotherton Ings贮灰场的工程试验表明：60min平均风速大于5m/s时，可刮起干的飘珠，大于8m/s时会刮起密实粉煤灰。

（三）粉煤灰的凝硬性

用太原第一热电厂平地水力贮灰场的平均粒径 $d_{50}=0.037$mm，干容重❶ 5.6kN/m^3 的细粉，用模拟钢弯管组成的排水竖井进行试验，发现只有在沉积速度小于30mm/d，即有较长的龄期时，才能使灰面下的钢弯管排出澄清水，否则，排出混浊水。

（四）粉煤灰的渗透性和抗管涌性

1. 渗透性

大多数粉煤灰的渗透系数为 10^{-4}cm/s 数量级，水平向渗透系数大于垂直向约2~6倍。

2. 抗管涌性

粉煤灰抗管涌性极差。

若在粉煤灰子坝内留有局部未压密区，一旦坝前少有积水，会突然形成管涌通道而被迫停止运行采取浇浆措施。

在压实粉煤灰子坝前积水，必然在下游坡渗透出逸而冲走灰粒，很快形成管涌而失去稳定性。

粉煤灰子坝前积水，相当于透水地基上的积水，其渗透出逸的安全系数由式（10-1）计算；粉煤灰子坝前的冻滩面上积水相当于不透水地基上的积水，其渗透出逸的安全系数由式（10-2）计算。

$$K_1 = \gamma_f \mathrm{tg}\varphi / \gamma_b \mathrm{tg}\alpha \tag{10-1}$$

$$K_2 = (\gamma_f \cos\alpha - \mathrm{tg}\alpha \sin\alpha)\mathrm{tg}\varphi / \gamma_b \sin\alpha \tag{10-2}$$

式中 K_1 和 K_2——分别为透水地基和不透水地基上积水时，粉煤灰子坝渗流出逸时的安全系数；

γ_f 和 γ_b——分别为压实粉煤灰的浮容重和饱和密度，取其为5.1kN/m^3 和15.1kN/m^3；

φ——压实粉煤灰的内摩擦角，取其为30°；

α——粉煤灰子坝平均外坡角，取坡度1∶4.5时为16°。代入式（10-1）和式（10-2），可求得 K_1 和 K_2 分别为0.68和0.57。

未采取抗管涌措施的压实粉煤灰子坝前，不能在以小时计算的较长时间内积水。

（五）粉煤灰静力抗剪强度

粉煤灰不宜采用总应力法确定静力抗剪强度，而用直接慢剪或三轴排水剪确定有效强度。有效凝聚力 C' 接近零，相当于松灰和紧灰的有效内摩擦角 ϕ' 为30°~40°，经饱和后可能降低1°~2°，可忽略不计。

中国水利水电科学研究院于1988年提出的高井电厂调湿灰碾压试验研究报告中的《粉

---

❶ 本手册中，对一般建筑材料，其宽度已统一改为堆积密度、表观密度。而在本章属于土工类材料，其干密度等仍按土工类材料习惯用法。

煤灰现场碾压试验》中指出：碾压堆筑的灰渣体经冻融后轻柔而易碎，抗剪强度降低1.5°～8°。

三、粉煤灰动力应用性质

（一）沉积粉煤灰变形特性

中国水利水电科学研究院于1994年提出的《石庄头灰坝抗震稳定措施研究》（以下简称《太一灰坝研究》中，对离子坝150m处，其湿容重、饱和容重和浮容重分别为12.7kN/m³、13.7kN/m³和3.7kN/m³的沉积粉煤灰进行了变形特性试验，最大剪变模量与静有效平均正应力的关系 按式（10-3）计算。

$$G_{\mathrm{m}} = 235.2p_{\mathrm{a}}(\sigma_0/p_{\mathrm{a}})^{0.641} \times 10^{-3} \tag{10-3}$$

式中 G_{m}——最大剪变模量，MPa；

p_{a}——一个大气压力，98.1kPa；

σ_0——静有效平均正应力，kPa。

简化后成式（10-4）：

$$G_{\mathrm{m}} = 1.22\sigma_0^{0.641} \tag{10-4}$$

动剪变模量比 λ_G 和阻尼比 ε 与剪应变 ν 的关系：随剪应变幅的增加，动剪变模量比降低和阻尼比增加，不同深度处的 $\lambda_G \sim \varepsilon \sim \nu$ 的关系曲线如图10-2所示。

（二）沉积粉煤灰的动力液化

对于沉积粉煤灰的动力液化，尚无防御震害方面的经验可供借鉴。将石庄头灰场的沉积粉煤灰与南芬尾矿库的沉积尾矿相比较：施工工艺相近，均极易地震液化，粒径、渗透系数、粘聚力和有效内摩擦角等较接近，而前者的干容重只有后者的一半。是否可借鉴尾矿库防御震害的经验来解答山谷水力贮灰场沉积粉煤灰的地震液化问题，引起科技工作者的关注。

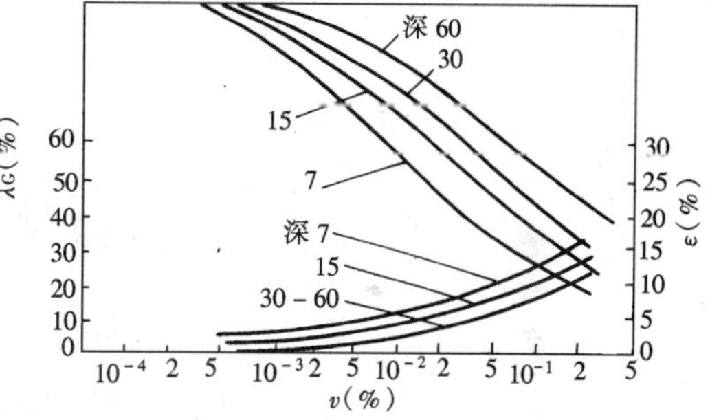

图10-2 沉积粉煤灰 $\lambda_G \sim \varepsilon \sim V$ 关系曲线

1976年7月28日，唐山和滦县西北发生了里氏7.8级和7.1级强烈地震，离震中分别为46km和19km的大石河尾矿库坝高已达37m，相应子坝前的滩面长度为300m，震害的表现：在坝顶下游坡第四级子坝出现了平行于坝轴线的裂缝，宽度和长度分别为20～30mm和10～20m；距坝顶10m以远的滩面上出现平行于水边线的裂缝，越近水边越多和越密，宽度和长度分别为20～70mm和10～30m，最大深度和落差分别为1m和0.4m，朝库中心方向滑移；靠近水边线30m范围内。出现大量喷水冒砂和堆起直径2m左右的砂丘。用QUAD-4程序分析，在靠近水边线的滩面处开始发生液化，最大深度在浸润线以下16m处。

《太一灰坝研究》输入1976年8月16日松潘地震波，以8度地震和震级6.5级，用二维时程法分析的地震液化和按GB—50191—1993《构筑物抗震设计规范》、用一维简化动力法计算的地震液化相比较，地震液化区的位置和深度相近，它们又与大石河尾矿坝的地震液化相似。借鉴尾矿坝的震害防御应用于山谷水力贮灰场是可以的。

（三）龄期对粉煤灰动力特性的影响

《太一灰坝研究》对相对密度0.75的加密灰样进行饱和试验，随龄期增长的最大剪切模量和动抗剪强度分别增长5%和10%，超过两个月不再增长。

第三节 山谷水力贮灰场建筑

一、初期坝建筑

初期坝建筑与场区和坝址的工程地质措施几乎同时进行。以石庄头贮灰场为例，场区和坝址的山势陡峭，大部岩石出露，为中奥陶系石灰岩、中石炭系铝土质岩、砂页岩、灰岩、上石炭系砂岩、无开采价值煤层和下二叠系砂岩，上游谷底有零星小股泉水。坝址上游有三条断裂破碎带，右侧坡有深10m以上的第四系非湿陷性和湿陷性黄土。岩层倾向与山谷走向相反，有利稳定；泉眼与下游饮用水无水力联系，仍用水泥和水玻璃堵塞；断裂破碎带表层用水泥砂浆浇堵；未见石灰岩溶洞；初期坝轴躲开湿陷性黄土和凿去表层强风化岩。

初期坝筑在已预埋钢筋混凝土泄洪廊道顶回填的碎石含粘性土上，不存在整体稳定问题。

初期坝包括：场区开采的石料筑成的堆石体，坝肩上清除的湿陷性黄土和强风化石筑成的压实土石体，用不同级配的砂石、土工布和土工膜的反滤层，坝顶和坝坡上的通道，表层的砌石护面，两端坝肩上用预制钢筋混凝土槽浇筑的排洪沟和坝体变形监测标点等，如图10-3所示。

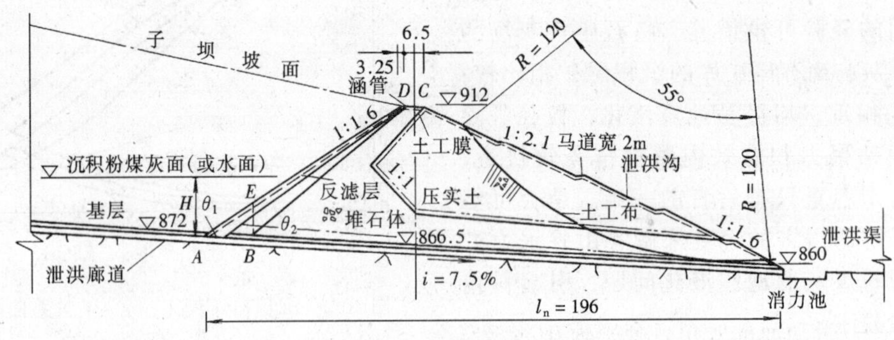

图10-3 初期坝主剖面示意

（一）反滤层设计

1. 砂石反滤层

按式（10-5）和式（10-6）设计第一层反滤层的砂料：

$$D_{15} \leqslant 5d_{85}(\text{防管涌标准}) \tag{10-5}$$

$$D_{15} \geqslant 5d_{15}(\text{透水性标准}) \tag{10-6}$$

式中 D——第一层反滤料的粒径，下标为小于某粒径的重量占15%；

d——被保护粉煤灰的粒径，下标85和15为小于某粒径的重量分别占85%和15%。

已知粉煤灰的 $d_{85}=0.090$mm，$d_{15}=0.016$mm，代入式（10-5）和式（10-6），得知第一层反滤层应采用 D_{15} 介于0.45mm和0.08mm之间的中砂，能使被保护粉煤灰不管涌和符合透水性要求。

比较均匀的第二层和第三层反滤料用同法计算，也可取第二层的中值粒径 $D'_{50}=10D_{50}$，第三层的中值粒径 $D''_{50}=10D'_{50}$。

2. *砂石反滤层的稳定性*

用折线滑动法计算砂石反滤层的干砌片石沿中砂层面、中砂沿砂砾层面、砂砾沿卵石或碎石层面、卵石或碎石沿堆石层面和堆石之间的稳定性。反滤料和堆石的主要物理力学性质和厚度列于表 10-1。

表 10-1　反滤层和堆石物理力学性质和厚度

编　号	名　称	容重 γ (kN/m^3)	摩擦角 ϕ (°)	层　厚 (m)	备　注
1	干砌片石	18		0.25	孔隙比为 25%
2	中　砂	16	36	1.0~0.5	层厚由下至上
3	砾　砂	16	38	1.0~0.5	层厚由下至上
4	卵（碎）石	16	38	1.0~0.5	层厚由下至上
5	堆　石	16	34		孔隙比 35% 浸水后 $\phi=30°$

若计算图 10-3 中堆石之间的滑动面 ABC，分 1 和 2 两个滑块，即以 G_1 表示的 ABE 和以 G_2 表示的 BCDE，按式（10-7）计算：

$$K=\sum_{i=1}^{2}G_i\text{tg}\phi_i\cos^2\theta_i/\sum_{i=1}^{2}G_i\sin\theta_i\cos\theta_i \tag{10-7}$$

式中　K——滑动面稳定安全系数；

G_i——各滑块的重力（kN），以滑动 G_1 而言为：$1\times(\gamma_1A_1+\gamma_2A_2+\gamma_3A_3+\gamma_4A_4+\gamma_5A_5)$，其中 1 表示纵向宽度 1m，$\gamma_iA_i$ 为表 1 所示各层的容重和面积，其值为 $1\times(18\times16.5\times0.25+16\times14.5\times0.95+16\times12.5\times0.96+16\times9.5\times0.97+16\times9\times2)=922\text{kN}$；同法求得 $G_2=4493\text{kN}$；

ϕ_i——滑动面的摩擦角，分别为 30°（浸水）和 34°；

θ_i——滑动面的倾角，分别为 0°和 38°。

代入式（10-7），求得 $K=1.10$。

用同法求得各滑动面的稳定安全系数示于表 10-2。

表 10-2　各滑动面稳定安全系数表

滑动面	1滑块			2滑块			K
	G_1 (kN)	ϕ_1 (°)	θ_1 (°)	G_2 (kN)	ϕ_2 (°)	θ_2 (°)	
干砌石/中砂	1	30	0	329	36	32	1.19
中砂/砾砂	65	30	0	1205	37	32	1.27
砾砂/卵石	111	30	0	2060	38	33	1.27
卵石/堆石	188	30	0	2838	34	34	1.08
堆石/堆石	922	30	0	4493	34	38	1.10

砂石反滤层中，卵石或碎石沿堆石体的稳定安全系数最小，其值 $K_{min} = 1.08$，都稳定的。

3. 土工布在反滤层中的应用

土工布用作反滤层，粉煤灰颗粒级配应符合式（10-8）要求，对于石庄头贮灰场为：

$$d_{85}/d_{50}、d_{50}/d_{35}、d_{35}/d_{15} = 2.0、1.4、2.1 < 5 \quad (10\text{-}8)$$

说明土工布能保持沉积粉煤灰在原位上，形成自封反滤层。

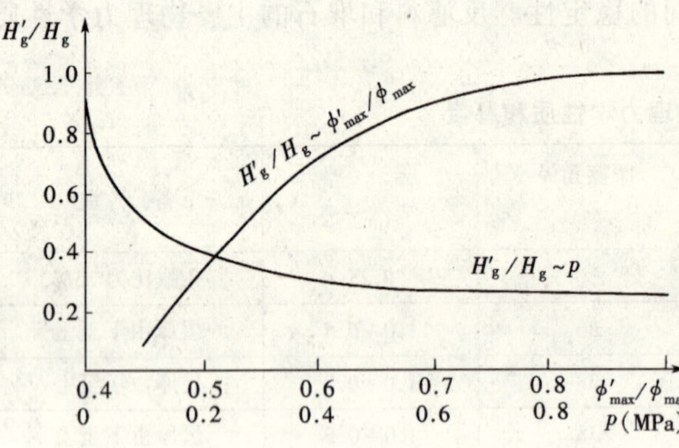

图 10-4 土工布 $H'_g/H_g \sim \phi'_{max}/\phi_{max} \sim p$ 关系曲线

聚脂纤维和聚丙烯纤维的土工布，对灰浆中的多数化学成分有良好的抵抗能力，而在碱性灰水的长期渗透下，会使渗透系数降低，在计算透水性时，应根据 pH 值的大小而乘以折减系数 $\lambda = 0.1 \sim 0.5$。

（1）土工布的透水性和保砂性。参考文献［11］和南京水利科学研究院于 1988 年提出的《无纺土工织物变形特征试验研究及其在工程中的应用》，可绘制成图 10-4 所示的关系曲线。

土工布反滤层的透水性和保砂性按式（10-9）和式（10-10）进行计算。

$$\lambda(\phi'_{max}/\phi_{max})^2 k_g/k_s \geqslant 2(\text{满足透水要求}) \quad (10\text{-}9)$$

$$(\phi'_{max}/\phi_{max})\theta_e \leqslant d_{85}(\text{满足保砂要求}) \quad (10\text{-}10)$$

式中 λ——透水折减系数；

k_g——土工布未受压时（在标准压力 2kPa）的渗透系数，cm/s；

k_s——被保护粉煤灰的渗透系数，试验值为 4×10^{-4}cm/s；

θ_e——土工布有效孔眼直径，取 $\theta_e = O_{95}$即筛余重量为 95% 的孔眼直径，mm；

d_{85}——含义同式（10-8）；

ϕ'_{max}和 ϕ_{max}——土工布单元体受压后和受压前的最大孔眼直径，是土工布受压后和受压前厚度比 H'_g/H_g 的函数。

例如，量取图 10-3 中 A 点以上沉积粉煤灰的厚度为 56m，相当于压力 $P = 0.7$MPa；厂家提供厚度 $H_g = 4$mm 的土工布，$k_g = 2 \times 10^{-2}$cm/s，$\theta_e = 0.07$mm；选用 $\lambda = 0.2$。查图 10-4 得 $H'_g/H_g = 0.28$ 和 $\phi'_{max}/\phi_{max} = 0.48$，代入式（10-9）和式（10-10），求得 $0.2 \times 0.48^2 \times 2 \times 10^{-2}/4 \times 10^{-4} = 2.3 > 2$，符合透水要求；$0.48 \times 0.07 = 0.034 < d_{85} = 0.09$，符合保砂要求。

（2）土工布的强度。土工布在太阳光紫外线辐射、水解、低温和粉煤灰化学作用下，强度会很快损失，有效方法是采用防老化土工布并在其上复盖厚度 50cm 以上的较小粒径的砂层，并进行强度验算。

例如：厚度 $H_g = 4$mm 的防老化聚丙烯土工布，在直径 $b = 35.68$mm 的试面上进行试验的顶破强度为 $p_f = 1.2$MPa，将其铺在平均直径 50mm 的卵石层上，可按式（10-11）进行强度验算。

$$p_{max} = p_f b/KB \quad (10\text{-}11)$$

式中 p_{max}——土工布所能承受的最大压力，MPa；

p_f——顶破强度试验值 1.2MPa；

b——试验面直径为 0.03568m；

B——卵石或碎石平均直径乘 0.4 后的有效直径 0.02m；

K——强度安全系数取 2.5。

代入式（10-11），求得 $p_{max}=0.856$MPa，大于式（10-9）和式（10-10）中的 $p=0.7$MPa，强度是可以的，如果下部采取 $H_g=5$mm 的防老化聚丙烯土工布会更放心些。

(3) 土工布反滤层的稳定性。土工布在应用中常代替砾砂层铺在图 10-3 所示的碎石或卵石层上，稳定性按式（10-12）计算：

$$\mathrm{tg}\phi \geqslant (0.68 \sim 0.78)\mathrm{tg}\phi' \tag{10-12}$$

式中 ϕ——土工布铺在碎石或卵石层面上的摩擦角，(°)；

ϕ'——碎石或卵石的摩擦角，参见表 1 为 38°。

代入式（10-12），求得 $\mathrm{tg}\phi$ 应满足 0.53～0.61，即保持在 1:1.9～1:1.7 的坝坡上。

考虑到放灰运行中的沉积粉煤灰与时升高，应保持的坝坡可取 1:1.75。

（二）初期坝基的渗透稳定

1. 计算渗透流量

堆石体的渗透系数随平均粒径而变化，在 10cm 至 50cm 范围内时按线性变化在 0.23m/s 至 0.56m/s 之间，今取 $k=0.23$m/s；第一层反滤层中砂的渗透系数取 $k'=10^{-4}$m/s，其比值 $n_1=k/k'=2300>100$，可用式（10-13）和式（10-14）进行计算，求得反滤层的单宽渗透流量 q（m³/s·m）和堆石体上端的渗流深度 h（m）。

$$q = k(H^2 - h^2 - z^2)/2\delta_p n_1 \sin\theta \tag{10-13}$$

$$q^2 = k^2(h^3 - h_0^3)/3l \tag{10-14}$$

式中 q——反滤层单宽渗透流量，m³/s·m；

k——堆石体渗透系数取 0.23m/s；

H——放灰运行前在初期坝前可能出现的洪水深取 20m；

z——第一层反滤层平均厚度 $\delta_p=0.75$m 在垂直方向的投影，参见表 10-2，$z=\delta_p\cos\theta=0.75\cos32°=0.64$m；

h_0——堆石体下端水深为零；

l——堆石体渗流长度，参见图 10-3，第一层中砂滤层底部厚 $\delta_2=1.0$m，渗流长度 $l=l_n-\delta_2/\sin\theta-h\,\mathrm{ctg}\theta=196-1.9-1.6h=194.1-1.6h$；

h——堆石体上端渗流深度，m。

试取 $h=3$m，求得 $l=189.3$m。代入式（10-13）和式（10-14），求得 q 均为 0.05m³/s·m，即试算成立，在图 10-3 中用双点划线表示，即堆石体的渗流线深度由 3m 降至 0m。

2. 计算初期坝基的稳定性

初期坝基是为第四系土石层，允许渗透水力坡降如表 10-3 所示，并按式（10-15）进行验算。

$$I = H/S \tag{10-15}$$

式中 I——水力坡降；

H——水头，相当于图 10-3 中堆石体上端渗透水位高程与下端高程之差，为 875 - 860 = 15m；

S——渗迳，相当于式（10-13）和式（10-14）中的渗流长度 $l = 189.3$m。

表 10-3 坝基土石层允许水力坡降

坝基土石种类	允许水力坡降	坝基土石种类	允许水力坡降
大块石	1/3 ~ 1/4	砂粘土	1/5 ~ 1/10
粗砂石、砾土、粘土	1/4 ~ 1/5	砂	1/10 ~ 1/12

代入式（10-15），求得 $I = 0.08$，对表 10-3 中砂粘土地基是稳定的。

（三）计算初期坝坡的稳定性

初期坝下游坡段包括压实土体和堆石体，用总应力法试验的抗剪强度，按条分法计算静力稳定性。

$$K = (\Sigma W_i \cos a_i \mathrm{tg}\phi + Cl)/\Sigma W_i \sin a_i \tag{10-16}$$

式中 K——稳定安全系数；

W_i——某土条重力（kN）图 10-3 中压实土湿容重 18.4kN/m^3，堆石体容重 16kN/m^3；

a_i——某土条中线的滑弧半径与过滑弧圆心的法线间的夹角，（°）；

C——内聚力，压实土体和堆石体分别为 34kN/m^2 和 0；

ϕ——内摩擦角，压实土体和堆石体分别为 23.5°和 30°。

代入式（10-16），求得对稳定最不利的滑弧如图 10-3 所示，$K = 1.4$。

（四）计算初期坝变形

参考堆石坝变形计算方法，按式（10-17）和式（10-18）进行估算：

$$S = 0.0017H^{1.5} \tag{10-17}$$

$$X = 0.7S \tag{10-18}$$

式中 S——初期坝的最大垂直沉陷量，m；

H——坝高，m；

X——由坝肩向最大坝高 H 的水平位移，m。

参见图 10-3，$H = 45.5$m，代入式（10-17）和式（10-18），求得 S 和 X 分别为 0.52m 和 0.36m。

（五）初期坝施工

1. 初期坝下泄洪廊道施工

初期坝下泄洪廊道多建在岩土挖槽内，按设计的超挖处用混凝土充填，围岩超挖用毛石混凝土充填。筑成后用原土石分层夯填到压实系数大于 0.98，回填中不遗留冰块和杂物。

2. 初期坝清基

初期坝清基包括坝基和坝肩。

清除所有树木、树根、乱石、腐植土、坟穴和试坑，如有泉眼用水泥和水玻璃堵塞。挖除湿陷性黄土，削成大于 1:0.5 的岩坡：对非湿陷性黄土削成大于 1:0.75 的土坡。并按设计挖成与初期坝体紧密结合的齿槽。

3. 初期坝施工

(1) 堆石体。堆石体一般采用的砂岩和石灰岩，极限抗压强度不小于 40MPa，软化系数不低于 0.8，莫氏硬度不低于 3；堆石块度大于 10cm，小于 2cm 颗粒含量不超过 5%；堆石与反滤层结合处用较小块度；结合齿槽内的堆石采用干砌。分层填筑时，可充分加水，边加水边碾压，加水量约为堆石重的 30%～50%，使堆石体的孔隙率小于 35%。

堆石体的仰面压填 $D_{50}=50mm$，厚 300mm 的碎石或卵石，上铺厚 4mm 的土工布；堆石体的俯面铺一布一膜的土工膜，建议采用湖北省应城市粘合剂厂生产的土工布胶和土工膜胶进行搭胶。插入坝肩内的深度不小于 0.5m。

(2) 反滤层。砂石反滤层须符合未风化和溶解、抗冻和不为水流溶解，颗分曲线与粉煤灰颗分曲线大致平行，含泥量不超过 3%～5%。

反滤层不宜在积水下施工，各层滤料须取样试验，符合设计要求方可填筑。铺筑时应充分加水，加水量为填筑方量的 20%～40%，边加水边轻夯，相邻层面要拍打平整，层次清楚和互不混杂，每层偏小值不大于设计厚度的 15%，压实系数不小于 0.9。已铺好的反滤层不得损坏。干砌片石护面前先铺薄层小碎石。

采用防老化土工布做反滤层时，施工方法与上相似，也用土工布胶进行胶搭，插入坝肩的深度不小于 0.5m。

(3) 压实土体。填筑压实土体时，不得掺入树枝、树根、冻土、杂草和腐植物。风化岩的最大粒径不能大于压填层厚的 50%，每立方米的压实土石中的大粒径风化料不超过 25%，防止架空。

压实土石应分层辗压，上下和平面的碾压交缝互相错开。与堆石体、坝肩和齿槽结合处，用局部夯实。黄土和风化岩的最优含水量由试验求得，图 10-3 所示分别为 19%和 10%，压实系数不小于 0.95。

初期坝的施工高度应考虑式 (10-17) 和式 (10-18) 计算的垂直沉陷和水平位移的影响，在坝体的最高处加高 0.52m 向两端坝肩递减至零。

(4) 其他。

1) 排洪沟。排洪沟用 0.4m 见方的钢筋混凝土预制体，在平整的挖槽底浇注 0.1m 厚的混凝土垫层后，铺上排洪沟预制件，交接处留 2cm 接缝，压填入油麻沥青即可。如图 10-3 所示，设在马道内侧的排洪沟，以 5‰坡度向两端引入初期坝与坝肩交接处、筑在基岩上的排洪沟，再排入消力池；上游山洪迳流部分引向初期坝与上游坝肩连接处的排洪沟，另部分山洪迳流经坝顶与坝肩连接的排洪涵洞进入排洪沟。

2) 初期坝顶。初期坝顶是被反滤层和砌石护面复盖的堆石体以及压实土石体，前者砌筑放置数根放灰母管的石墩，后者要符合过往施工机械的要求。

3) 坝体监察通道。初期坝的上下游坡要设置台阶和马道，以便监察坝体各部位存在的问题和可能的隐患。

4) 坝体护面。为防止雨水冲刷，坝体表面均应设护面，在厚 0.1m 的碎石层上加厚 0.25m 的干砌片石，后者的空隙率不大于 25%。

5) 监测标点。在初期坝址外 5～10m、坝顶和马道下游沿边的坚实岩土设混凝土校核基点，在两基点之间每隔 30m 左右设工作基点，以便及时开展坝体变形的监测工作。

二、计算排水系统结构内力

排水系统包括钢筋混凝土廊道、斜槽、竖井和消力池，均建在清基后浇铺厚 0.1～0.2m 的混凝土垫层上。廊道和斜槽每隔 20～25m 设沉降伸缩缝，廊道与斜槽和廊道与竖井连接处

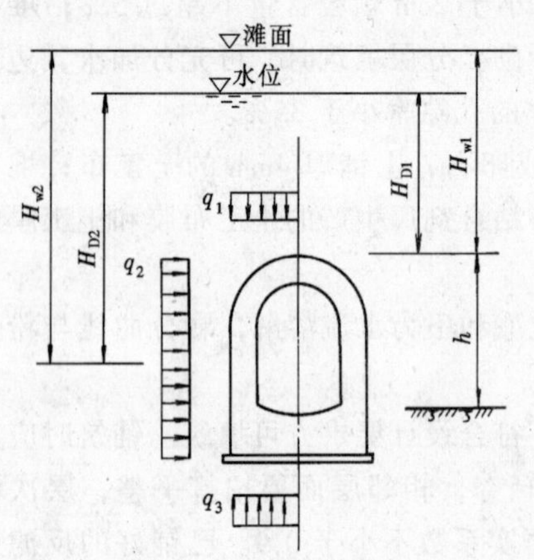

图 10-5 廊道示意图

也设沉降伸缩缝，缝宽 30mm，结构间用橡胶止水带连接，再在其两侧充填沥青麻刀。

为粉煤灰子坝的防洪安全，可适当加大排水系统的过水断面和缩短调洪时间。例如，对廊道采用长圆形过水断面，以加大过水能力又便于进人维修。建在初期坝下的廊道外壁，每隔 15～20m 加筑一个截流齿体防止灰水沿壁管涌。

钢筋混凝土消力池的净宽可取廊道宽度，按调洪流量计算的池长约在 15～25m，与一般消力池相同和不受沉积粉煤灰的影响，故从略之。

（一）计算廊道结构内力

廊道是三次超静定结构，断面和压力轴对称，部分断面厚度是变化的，宜用弹性中心法求解和用总和法计算赘余力。计算时只涉及主要压力。取纵向宽 1m 并对称分成 22 块如图 10-5 和图 10-6 所示。

1. 压力（荷载）

（1）垂直压力。参见图 10-5，当滩面高于水位时，即 $H_w > H_D$，用式（10-19）计算；而滩面等于或低于水位时，即 $H_w \leqslant H_D$，用式（10-20）计算。

$$q_1 = K[\gamma_s(H_{w1} - H_{D1}) + \gamma_f H_{D1}] + \gamma_0 H_{D1} \tag{10-19}$$

$$q'_1 = K\gamma_f H_{w1} + \gamma_0 H_{D1} \tag{10-20}$$

式中 q_1 和 q'_1——廊道顶部均匀垂直压力，kPa；

γ_s——沉积粉煤灰湿容重，kN/m^3；

γ_f——沉积粉煤灰浮容重，kN/m^3；

γ_0——水容重近似取 $10kN/m^3$；

H_{w1}——粉煤灰滩面距廊道顶的高差，m；

H_{D1}——水位距廊道顶的高差，m；

K——垂直压力集中系数，查表 10-4 中廊道高出地面 h。

若 $H_{w1} = 65m$，$H_{D1} = 50m$，$\gamma_s = 12.7kN/m^3$，$\gamma_f = 3.7kN/m^3$，$h = 1.8m$，$H_{w1}/h = 36$，查表 10-4 得 $K = 1.20$，代入式（10-19）求得 $q_1 = 951kPa$。

表 10-4 粉煤灰垂直压力集中系数

H_{W1}/h	0	2	10	20	30	>40
K	1	1.7	1.5	1.25	1.20	1.15

（2）侧向压力。侧向压力按式（10-21）计算：

$$q_2 = \varepsilon[\gamma_s(H_{w2} - H_{D2}) + \gamma_f H_{D2}] + \gamma_0 H_{D2} \tag{10-21}$$

式中 ε——侧压力系数，近似取 0.5；其他同式（10-19）和图 10-5。

若 $H_{w2} = 66.4m$，$H_{D2} = 51.4m$，代入式（10-21），求得 $q_2 = 704kPa$。

（3）地基反压力。地基反压力按式（10-22）计算：

$$q_3 = q_1 + \Sigma(1 \times 24 d_i \Delta S_i / A) \tag{10-22}$$

式中 q_1——参见式（10-19）为 951kPa；

d_i——廊道各分块的平均厚度，m，参见图 10-6 和表 10-5；

ΔS_i——各分块轴线长度（m），列于表 10-5；

A——廊道基宽之半的面积，参见图 10-6 为 $1m^2$。

代入式（10-22），求得 $q_3 = 951 + 38 = 989$kPa。

将 q_1、q_2 和 q_3 分别示于图 10-6。

2. 各分块合力

（1）各分块垂直力

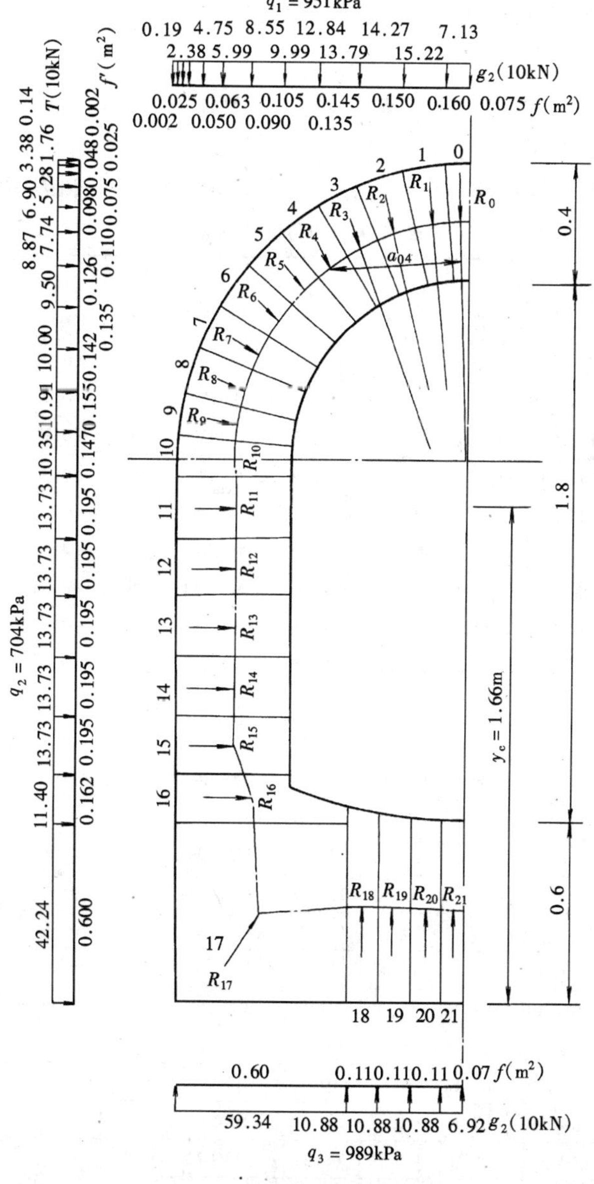

图 10-6 对称廊道压力和分块

$$G = g_1 + g_2 \tag{10-23}$$

式中 $g_1 = 1 \times 24 d_1 \Delta S_i$——各分块自重（kN），已列于表 10-5；

$g_2 = fq_1$ 或 $q_2 = fq_3$——由垂直压力 q_1 或地基反力 q_3 作用在各分块水平投影面积 f（m^2）上的垂直力，向下为正和向上为负，f 和 g_2 示于图 10-6 和表 10-5。

代入式（10-23），求得 G 示于表 10-5。

（2）各分块水平力

$$T = f' q_2 \tag{10-24}$$

式中 f'——各分块在垂直线上的投影面积（m^2），参见图 10-6；

q_2——图 10-6 中侧向压力，kPa。

计算结果示于图 10-6 和表 10-5。

（3）各分块合力

$$R = \sqrt{G^2 + T^2} \tag{10-25}$$

式中 G 和 T——同式（10-23）和式（10-24），代入表 10-5 中的各相应值，求得各分块的合力 R（kN）及其作用的方向，分别示于图 10-6 和表 10-5。

表 10-5 各分块内力计算汇总表

分块	d_i (m)	ΔS_i (m)	垂直力（kN）			T (kN)	R (kN)	M_P (kN·m)	y (m)	y_i (m)	Q_i (kN)	N_i (kN)	M_x (kN·m)
			g_1	g_2	G								
0	0.4	0.06	0.58	71.33	71.91	1.40	71.92	0	2.60	-0.94	30	950	-52.04
1	0.4	0.126	1.21	152.16	153.37	17.60	153.38	-7.07	2.60	-0.94	50	960	-59.11
2	0.4	0.126	1.21	142.65	143.86	33.80	147.78	-37.93	2.58	-0.92	60	980	-70.63
3	0.4	0.126	1.21	137.90	139.11	52.80	148.79	-77.44	2.53	-0.87	70	990	-61.79
4	0.4	0.126	1.21	128.39	129.60	69.00	146.82	-140.95	2.47	-0.81	80	1000	-67.27
5	0.4	0.126	1.21	99.86	101.07	77.40	127.30	-208.04	2.39	-0.73	100	1000	-57.00
6	0.4	0.126	1.21	85.59	86.80	88.70	124.10	-297.82	2.29	-0.63	120	1000	-50.08
7	0.4	0.126	1.21	59.91	61.12	95.00	112.96	-318.82	2.19	-0.53	160	980	25.62
8	0.4	0.126	1.21	47.55	48.76	100.00	111.25	-490.23	2.03	-0.37	240	950	8.94
9	0.4	0.126	1:21	23.78	24.99	109.10	111.93	-567.47	1.92	-0.26	260	950	38.07
10	0.4	0.126	1.21	1.90	3.11	103.50	103.55	-650.69	1.83	-0.17	180	950	41.88
11	0.4	0.195	1.87	0	1.87	137.30	137.31	-768.14	1.66	0	70	940	88.83
12	0.4	0.195	1.87	0	1.87	137.30	137.31	-949.30	1.46	0.20	-80	940	101.08
13	0.4	0.195	1.87	0	1.87	137.30	137.31	-1149.96	1.27	0.39	-210	940	84.15
14	0.4	0.195	1.87	0	1.87	137.30	137.31	-1350.14	1.06	0.60	-340	940	87.05
15	0.4	0.195	1.87	0	1.87	137.30	137.31	-1638.20	0.87	0.79	-460	940	-17.28
16	0.52	0.162	2.02	0	2.02	114.00	114.02	-1819.27	0.69	0.97	-590	940	-24.28
17	0.6	0.60	8.64	-593.40	-584.76	422.40	721.36	-2387.64	0.30	1.36	380	950	-215.51
18	0.64	0.11	1.69	-108.79	-107.10	0	107.10	-2225.29	0.32	1.34	260	950	-72.50
19	0.63	0.11	1.66	-108.79	-107.13	0	107.13	-2194.13	0.32	1.34	160	950	-41.34
20	0.61	0.11	1.61	-108.79	-107.18	0	107.18	-2189.95	0.31	1.35	70	950	-27.49
21	0.61	0.07	1.02	-69.23	-68.21	0	68.21	-2196.72	0.32	1.35	0	950	-34.26
Σ			38.67										

3. 计算各分块重心处力矩

$$M_P = \Sigma R_i a_i \tag{10-26}$$

式中 M_P——各分块重心处的力矩（kN·m），以内壁受拉为正；

R_i——各分块合力（kN），见表 10-5 中的相应值；

a_i——计算力矩的分块重心至相关合力 R_i 的力臂，m。

例如：计算第 4 分块重心处的力矩时，可从图 10-6 量取其至 R_0、R_1、R_2 和 R_3 的力臂 a_{04}、a_{14}、a_{24}和 a_{34}分别为 0.45、0.37、0.24 和 0.11m，代入式（10-26）求得：

$$M_{P4} = -0.45 \times 71.92 - 0.37 \times 153.38 - 0.24 \times 147.78 - 0.11 \times 148.79 = -140.95\text{kN} \cdot \text{m}$$

其他各分块重心处的力矩用同法计算并示于表 10-5。

4. 计算弹性中心位置及其赘余力

（1）弹性中心离基底的垂直距

$$y_c = \Sigma y \Delta S_i I^{-1} / \Sigma \Delta S_i I^{-1} \tag{10-27}$$

式中 y——各分块中心至基底的垂直距（m），图 10-6 量取列表 10-5；

ΔS_i——参见式（10-22）和表 10-5；

I——各分块惯性矩（m^3），其值为 $d_i^3/12$，d_i 参见上述。代入式（10-27），求得 y_c = 830.67/500.09 = 1.66m，示于图 10-6。

（2）弹性中心处的赘余力

$$M_c = \Sigma M_P \Delta S_i I^{-1} / \Sigma \Delta S_i I^{-1} \tag{10-28}$$

$$N_c = \Sigma y_i M_P \Delta S_i I^{-1} / \Sigma y_i^2 \Delta S_i I^{-1} \tag{10-29}$$

式中 M_c——弹性中心处的弯矩，kN·m；

N_c——弹性中心处的轴力，kN；

M_P、ΔS_i 和 I——参见式（10-26）和式（10-27）；

$y_i = -(y - y_c)$——右项参见式（10-27）和表 10-5，各分块 y_i 列表 10-5。

代入式（10-28）和式（10-29），求得：

$$M_c = 428560.63/500.09 = 856.97\text{kN} \cdot \text{m};$$

$$N_c = 263950.97/272.95 = 967.03\text{kN}。$$

可以将其示于图 10-6 中的弹性中心处。

5. 计算各分块内力

（1）剪力和轴力。自任意点 O 以一定比例，按 N_c、R_0、R_1、R_2⋯R_{21}的顺序作多边形如图 10-7 所示。即可量得各分块的剪力和轴力。

例如：欲求第 5 分块与第 6 分块分界面的剪力 Q_5 和轴力 N_5，可在 R_5 合力末端划直线与所求截面平行，再由图中 O 点向该直线划垂线与其相交，即可量得 Q_5 = 100kN 和 N_5 = 1000kN。其他分界面的剪力和轴力用相同方法求得列表 10-5。

（2）弯矩

$$M_x = N_c y_i + M_c + M_p \tag{10-30}$$

式中 N_c 和 M_c——弹性中心处的轴力和弯矩，参见式（10-28）和式（10-29），分别为 967.03kN 和 856.97kN·m；

y_i 和 M_P——分别参见式（10-29）、式（10-26）和表 10-5 所列相应值。

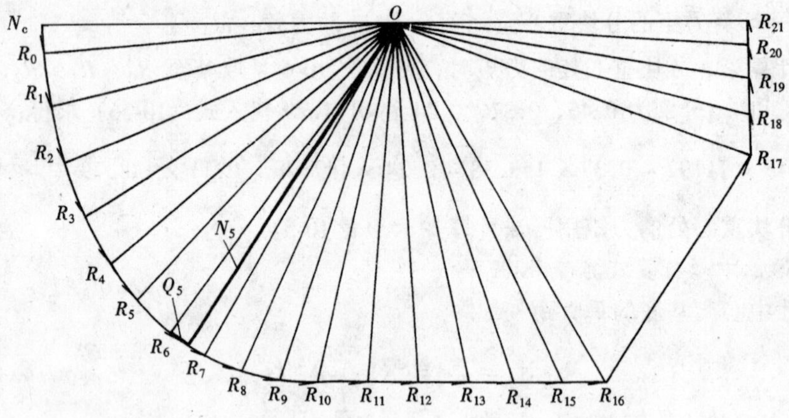

图 10-7 图解剪力和轴力的多边形图（1:2000）

例如，第 5 分块和第 6 分块分界面的 $M_x = 967.03 \times (-0.73) + 856.97 - 208.04 = -57$kN·m。用相同方法求得其他各分块交界面处的弯矩 M_x 列表 10-5。

6. 应用

考虑到运行中作用于廊道的滩面、水位高程和垂直压力集中系数是变化的，用 C20 混凝土浇筑在石庄头贮灰场的泄洪廊道，在按表 10－5 所列的 Q_i、N_i 和 M_x 进行配筋时，均采用内外壁不等含筋量的双层配筋。

（二）计算斜槽内力

若按式（10-19）至式（10-22）计算的顶部压力 $q_1 = 610$kPa，侧向压力 $q_2 = 490$kPa，基底反力 $q_3 = 630$kPa。示于单跨斜槽如图 10-8 所示，而示于双跨斜槽时如图 10-9 所示。

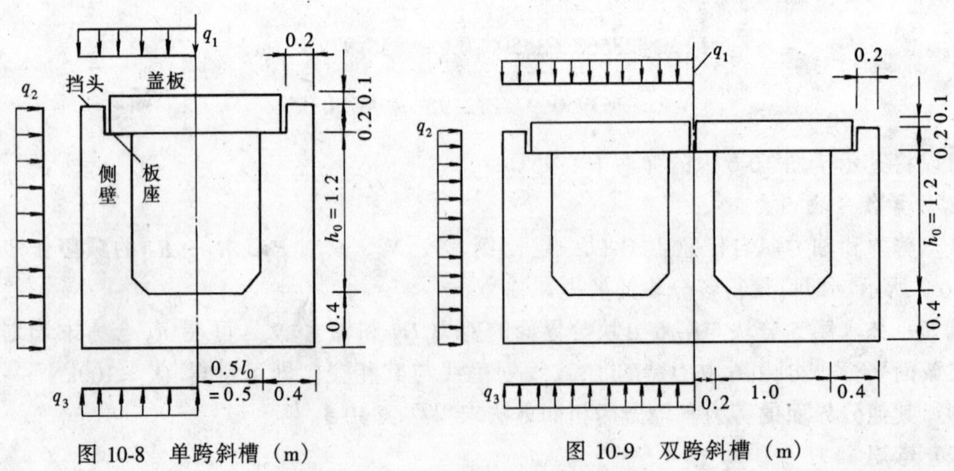

图 10-8 单跨斜槽（m）　　图 10-9 双跨斜槽（m）

1. 计算单跨斜槽内力

单跨斜槽的基本结构如图 10-10 所示。

(1) 弯矩。

1) 支座 A 弯矩

$$M_A = 0.1q_1(0.2 - 0.5l) \qquad (10\text{-}31)$$

式中　0.1——图 10-8 中侧壁顶处盖板座中心离图 10-10 中 AB 杆的间距，m；

0.2——图 10-8 中侧壁挡头宽度，m；

q_1——顶部压力为 610kPa；

l——盖板计算长度为 1.4m。

代入式 (10-31)，求得 $M_A = -30.5\text{kN·m}$。

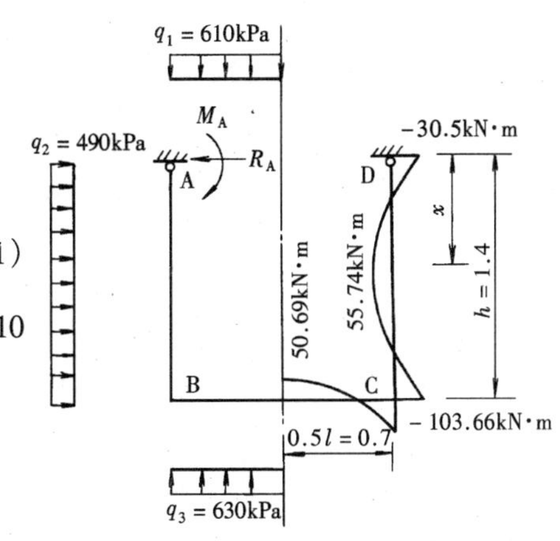

图 10-10　单跨斜槽基本结构

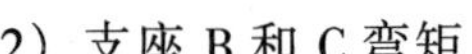

2) 支座 B 和 C 弯矩

$$M_B = M_C = R_A h - 0.5q_2h^2 + M_A \qquad (10-32)$$

式中　h 和 q_2——图 10-10 中 AB 杆长度 1.4m 和侧压力 $q_2 = 490\text{kPa}$；

M_A——支座 A 的弯矩，参见式 (10-31) 为 -30.5kN·m；

R_A——支座 A 的水平反力，按 $[0.75hq_2(2l + h) - 0.25q_3l^3/h - 3M_A(l + h)/h]/(3l + 2h) = [0.75 \times 1.4 \times 490(2 \times 1.4 + 1.4) - 0.25 \times 630 \times 1.4^3/1.4 + 3 \times 30.5(1.4 + 1.4)/1.4]/(3 \times 1.4 + 2 \times 1.4) = 290.74\text{kN}$，示于图 10-10。

代入式 (10-32) 求得 $M_B = M_C = -103.66\text{kN·m}$，示于图 10-10。

3) AB 杆的跨中弯矩

$$M_{AB} = R_A x - 0.5q_2x^2 + M_A \qquad (10\text{-}33)$$

将式 (10-32) 中的相应值代入式 (10-33)，简化成下式：

$$M_{AB} = 290.74x - 0.5 \times 490x^2 - 30.5 \qquad (10\text{-}33a)$$

经试算，最大弯矩在 $x = 0.6\text{m}$ 处，其值为 $M_{AB} = 55.74\text{kN·m}$。

4) BC 杆的跨中弯矩

$$M_{BC} = 0.125q_3l^2 + M_B \qquad (10\text{-}34)$$

式中　q_3、l 和 M_B——参见图 10-10 分别为 630kPa、1.4m 和 -103.66kN·m；

代入式 (10-34)，求得 $M_{BC} = 50.69\text{kN·m}$。

各弯矩值均示于图 10-10 的右侧。

(2) 剪力

1) AB 杆剪力

$$Q_{AB} = R_A = 290.74\text{kN} \qquad (10\text{-}35)$$

$$Q_{BA} = h_0q_2 - R_A \qquad (10\text{-}36)$$

式中　h_0——参见图 10-8 为 1.2m。

代入式 (10-36)，求得 $Q_{BA} = 1.2 \times 490 - 290.74 = 297.26\text{kN}$。

2) BC 杆剪力

$$Q_{BC} = 0.5q_3 l_0 \tag{10-37}$$

式中 l_0——参见图 10-8 为 1.0m。

代入式（10-37），求得 $Q_{BC} = Q_{CB} = 0.5 \times 630 \times 1.0 = 315$kN。

（3）轴力

$$N_{BA} = q_1(0.5l_0 + 0.4) + V \tag{10-38}$$

式中 0.4 和 V——分别为侧壁厚，m 和侧壁自重 $0.4 \times 1.4 \times 24 = 13.44$kN。

代入式（10-38），求得 $N_{BA} = 610$（$0.5 \times 1 + 0.4$）$+ 13.44 = 562.44$kN。

$$N_{BC} = q_2 h - R_A = 490 \times 1.4 - 290.74 = 395.26\text{kN} \tag{10-39}$$

（4）盖板内力。盖板如图 10-8 所示，按简支计算，厚度按压力和跨度确定，本例取 0.25m；宽度可取 $b = 0.15$m，上板面设一对钢吊环，每块重 126kg。内力按式（10-40）和式（10-41）计算：

$$Q = 0.5bq_1 l'_0 \tag{10-40}$$

$$M = 0.125bq_1 l'^2_0 \tag{10-41}$$

式中 l'_0——计算跨度取 $1.05l_0 = 1.05$m。

代入式（10-40）和式（10-41）求得剪力 $Q = 0.5 \times 0.15 \times 610 \times 1.05 = 48.04$kN；弯矩 $M = 0.125 \times 0.15 \times 610 \times 1.05^2 = 12.61$kN·m。

2. 计算双跨斜槽内力

双跨斜槽基本结构如图 10-9 和图 10-11 所示。

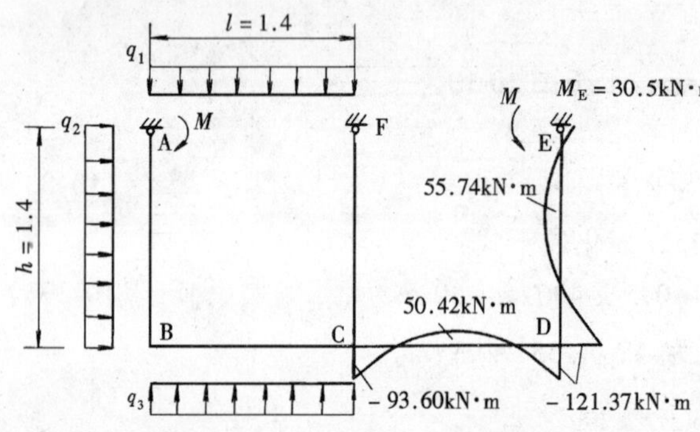

图 10-11 双跨斜槽基本结构

支座 A 和 E 的弯矩见式（10-31）为 $M_A = M_E = -30.5$kN·m，其他支座弯矩由式（10-42）和式（10-43）计算：

$$M_B = M_D = k_1 q_3 l^2 + k_2 q_2 h^2 + k_3 M_A \tag{10-42}$$

$$M_C = p_1 q_3 l^2 + p_2 q_2 h^2 + p_3 M_A \tag{10-43}$$

由于各杆件惯性矩相等，参数 k_i 和 P_i 可查文献［7］表 4-66 查 $h/l = 1$ 时的 k_1、k_2 和 k_3 分别为 -0.0357、-0.0714 和 $+0.286$；P_1、P_2 和 P_3 分别为 -0.1071、0.0357 和 -0.1428。q_3、q_2、l、h 和 M_A 与上述单跨斜槽计算中的相同，代入式（10-42）和式（10-43），求得：

$$M_B = M_D = -0.0357 \times 630 \times 1.4^2 - 0.0714 \times 490 \times 1.4^2 + 0.286 \times (-30.5) = -121.37\text{kN·m},$$

$$M_C = -0.1071 \times 630 \times 1.4^2 + 0.0357 \times 490 \times 1.4^2 - 0.1428(-30.5) = -93.60\text{kN·m}。$$

用上述单跨斜槽算式求得 AB 杆和 ED 杆的跨中弯矩为 $M_{AB} = M_{ED} = 55.74$kN·m，BC 杆和 CD 杆的跨中弯矩 $M_{BC} = M_{CD} = 50.42$kN·m，将其示于图 10-11 的右侧。同法可求得 AB、ED、BC 和 CD 杆的轴力和剪力。

（三）计算竖井内力

竖井有多种形式，为加大泄洪能力和便于操作，采用框架挡板式竖井：上部设钢爬梯的框架、随水位升高逐块叠加挡板和预留一定深度消力池的井座。若以四柱组成的竖井如图10-12所示。由于图示框架较低，略去风载对井座倾覆和地耐力的影响。

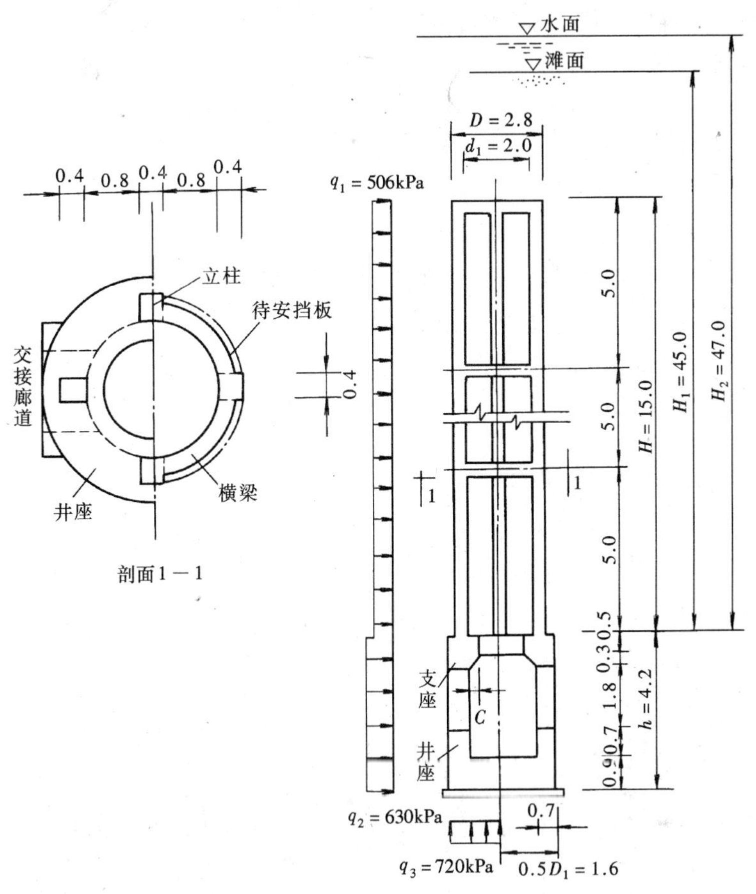

图 10-12　竖井立面

1. 框架内力

(1) 自振周期

$$T = \frac{2\pi l^2}{3.52}\sqrt{\frac{Wg^{-1}}{EJ}} \tag{10-44}$$

式中　l——图10-12中的 $H=1500\text{cm}$；

W——立柱单位长度自重，图10-12的剖面为 $0.4\times0.4\times25000/100=40\text{N/cm}$，其中钢筋混凝土容重取 25kN/m^3；

g——重力加速度为 981cm/s^2；

E——按 $200^{\#}$ 混凝土的弹性模量为 $2.6\times10^6\text{N/cm}^2$；

J——立柱惯性矩为 $40\times40^3/12=2.13\times10^5\text{cm}^4$。

代入式(10-44)后，求得自振周期 $T=1.09\text{s}$。

(2) 风压值

$$\omega = \beta k_f k_z W_0 \tag{10-45}$$

式中　k_f、k_z 和 W_0——分别为风载体型系数、风压高度变化系数和基本风压值，从《建筑结构荷载规范》查得，分别为 1.3、1.15 和 $0.5kN/m^2$；

β——风振系数，查上述规范自振周期 $T = 1.05s$ 时为 1.46。

代入式（10-45），求得风压值 $\omega = 1.09kN/m^2$。

作用于一个立柱的风压力：

$$q_1 = 0.4\omega = 0.4 \times 1.09 = 0.44kN/m$$

作用于一个横梁的风压力：

$$q_2 = 0.25\omega = 0.27kN/m;$$

由横梁传给立柱的风压力：

$$P_1 = P_2 = P_3 = 0.8q_2 = 0.8 \times 0.27 = 0.22kN。$$

作用一个立柱上的总风压力如图 10-13 所示。

(3) 计算立柱和横梁内力

1）立柱柱基弯矩

$$\begin{aligned} M_A &= 0.5q_1H^2 + H(p_3 + \frac{2}{3}p_2 + \frac{1}{3}p_1) \\ &= 0.5 \times 0.44 \times 15^2 + 15(0.22 + 0.15 + 0.07) \\ &= 56.1kN \cdot m。\end{aligned}$$

2）横梁内力

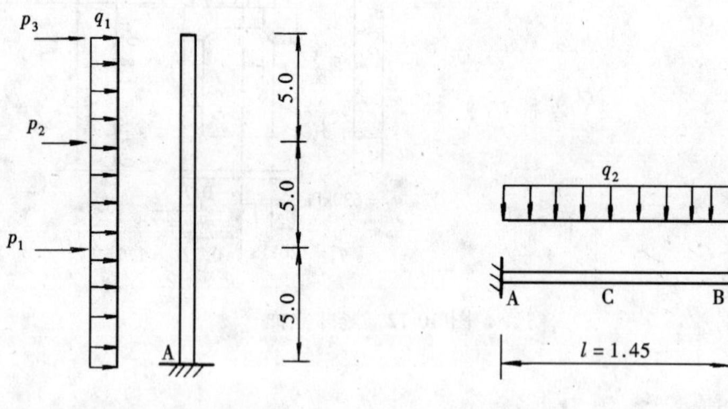

图 10-13 立柱上风压　　图 10-14 横梁上风压

由图 10-12 的剖面 1-1 中量取横梁跨距 $l = 1.45m$。计算跨距 $l_0 = 1.05l = 1.52m$，计算由风压力引起的弯矩和剪力如图 10-14 所示。

$$M_A = M_B = -\frac{1}{12}q_2l_0^2 = -0.083 \times 0.27 \times 1.52^2 = -0.05kN \cdot m;$$

$$M_C = \frac{1}{24}q_2l_0^2 = 0.042 \times 0.27 \times 1.52^2 = 0.03kN \cdot m;$$

$$Q_A = Q_B = 0.5q_2l_0 = 0.5 \times 0.27 \times 1.52 = 0.21kN。$$

2. 计算挡板内力

图 10-12 剖面 1-1 所示挡板要尺寸准确、表面平整和紧贴于两侧立柱面上，高和厚均取 0.15m，随水位升高叠加到近框架顶时，即在支座上加筑钢筋混凝土盖板（内力计算从略），并任沉积粉煤灰漏进井筒，框架和挡板随之报废。

(1) 挡板上的压力

$$q = 0.8 r_f H + r_0 (H + 2) \qquad (10\text{-}46)$$

式中　0.8 和 2——侧压力系数和框架顶上可能超过的水深；

H——查图 10-12 为 15m；

r_f 和 r_0——同式（10-19）。

代入式（10-46），求得 $q = 0.8 \times 3.7 \times 15 + 10（15 + 2）= 214.4\text{kPa}$，并示于图 10-15。

（2）挡板内力

查文献［12］，当 $f/l = 0.27/1.61 = 0.17$ 时，双铰等截面图拱在垂直压力 $q = 214.4\text{kPa}$ 作用下：

$$V_A = V_B = 0.5ql = 0.5 \times 214.4 \times 1.61 = 171.8\text{kN};$$

$$V_C = 0;$$

$$H_A = H_B = H_C = 0.832ql = 0.832 \times 214.4 \times 1.61 = 287.2\text{kN};$$

$$M_C = 0.023ql^2 = 0.023 \times 214.4 \times 1.61^2 = 12.8\text{kN} \cdot \text{m}。$$

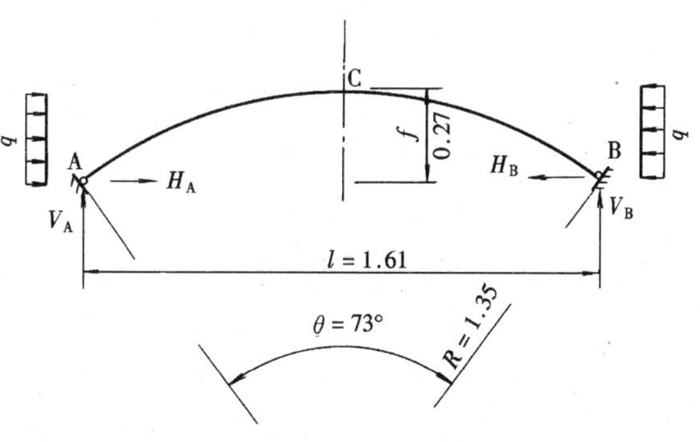

图 10-15　挡板基本结构

在侧向压力 $q = 214.4\text{kPa}$ 作用下：

$$V_A - V_B - V_C - 0;$$

$$H_A = H_B = -0.429qf = -0.429 \times 214.4 \times 0.27 = -24.8\text{kN};$$

$$H_C = H_A + qf = -24.8 + 214.4 \times 0.27 = 33.1\text{kN};$$

$$M_C = -0.012qfl = -0.012 \times 214.4 \times 0.27 \times 1.61 = -1.1\text{kN} \cdot \text{m}。$$

将以上内力叠加：

$$V_A = V_B = 171.8\text{kN}, V_C = 0;$$

$$H_A = H_B = 262.4\text{kN}, H_C = 320.3\text{kN};$$

$$M_C = 11.7\text{kN} \cdot \text{m}。$$

上述 V_C、H_C 和 M_C 为拱顶 C 点的剪力、轴向 x 和弯矩，其他为如图 10-15 所示。对于高 0.15m 的挡板，每块只承受 15%。

3. 验算竖井抗浮能力

参见图 10-12，竖井抗浮安全系数

$$K = N/W_f \qquad (10\text{-}47)$$

式中　N——按钢筋混凝土容重 $\gamma = 25\text{kN/m}^3$ 计算的竖井自重包括：四根截面积为 A_1 的立柱重 $N_1 = 4A_1H\gamma = 4 \times 0.4^2 \times 15 \times 25 = 240\text{kN}$；分三层，每层四根的截面积各为 A_2 的横梁重 $N_2 = 3 \times 4A_2 l_1 \gamma = 3 \times 4 \times 0.25^2 \times 1.46 \times 25 = 27\text{kN}$；各断面均为四块，每块长和厚为 l_2 和 δ 的挡板重 $N_3 = 4l_2\delta H\gamma = 4 \times 1.72 \times 0.15 \times 15 \times 25 = 387\text{kN}$；井座自重 $N_4 = 0.7854（D_1^2 h - 1.8^2 \times 2.8）\gamma = 0.7854（3.2^2 \times 4.2 - 2.8 \times 1.8^2）\times 25 = 66.6\text{kN}$。$N = N_1 + N_2 + N_3 + N_4 = 1320\text{kN}$。

W_f——浮力，井内水深按 1m 计，其值为 $0.7854\left[D_1^2h-1\times1.8^2+D^2H\right]\gamma_0=0.7854\left[3.2^2\times4.2-1.8^2+2.8^2\times15\right]\times10=1236$kN。

代入式（10-47），求得 $K=1320/1236=1.07$。一般要求 $K\geqslant1.1$。

4．井座内力

参见图 10-12 计算运行终期的井座内力。

(1) 支座内凸出部分内力

支座内凸出部每米弧长上的剪力按式（10-48）和式（10-49）计算：

$$q=\gamma_bH_1+\gamma_0(H_2-H_1) \tag{10-48}$$

$$Q=-0.5qk \tag{10-49}$$

式中 q——支座内圆盖板上的压力，kPa；

γ_b——粉煤灰饱和容重为 13.7kN/m^3；

γ_0——同式（10-19）；

H_2 和 H_1——参见图 10-12；

R——支座内凸出部分的半径为 $0.5d_1=1$m。

代入式（10-48）和式（10-49），求得

$$q=13.7\times45+10(47-45)=637\text{kPa};$$

$$Q=-0.5\times637\times1=-319\text{kN}。$$

Q 作用点至下壁边缘的距离 $C_1=2/3C=20$cm，支座截面有效高度取 $h_0=80-3=77$cm，应验算是否满足式（10-50）的要求。

$$0.75bh_0^2R_f/\left(C_1+0.5h_0\right)\geqslant K_fQ \tag{10-50}$$

式中 b——支座每米弧长即 100cm；

R_f——水工混凝土轴心抗拉强度，对于 200 号混凝土 0.16kN/cm^2；

K_f——抗裂安全系数取 1.25。

代入式(10-50)：$0.75\times100\times77^2\times0.16/(20+0.5\times77)=71148/58.5=1216\geqslant1.25\times319=399$。

支座截面高度满足式（10-50）要求，可按计算内力进行支座配筋。

(2) 支座内力

图 10-12 所示竖井运行至终期高程时的平均侧向压力，可分为井筒和井壁两部分，分别用式（10-51）和式（10-52）进行计算。

$$q_1=\left[0.8\gamma_fH_1+\gamma_0H_2+0.8\gamma_f(H_1-H)+\gamma_0(H_2-H)\right]/2 \tag{10-51}$$

$$q_2=\left\{\left[0.8\gamma_f(H_1+h)+\gamma_0(H_2+h)\right]+(0.8\gamma_fH_1+\gamma_0H_2)\right\}/2 \tag{10-52}$$

式中：各符号意义参见式（10-46）和图 10-12。代入后得：

$$q_1=\left[0.8\times3.7\times45+10\times47+0.8\times3.7(45-15)+10(47-15)\right]/2=506\text{kPa};$$

$$q_2=\left\{\left[0.8\times3.7(45+4.2)+10(47+4.2)\right]+(0.8\times3.7\times45+10\times47)\right\}/2=630\text{kPa}。$$

计算时，与廊道连接侧只取高 0.8m 支座上的压力，$q_{\text{I}}=0.8q_2=0.8\times630=504$kPa；非廊道连接侧取井座壁净高之半和支座的压力之和，$q_{\text{II}}=(1.25+0.8)\ q_2=2.05\times630=1292$kPa。基本结构的垂直压力可分为 $q_{\text{I}}=504$kPa 和 $q'_{\text{I}}=q_{\text{II}}-q_{\text{I}}=1292-504=788$kPa 两部分；侧向压力为 $q_{\text{II}}=1292$kPa，如图 10-16 所示。

环形支座轴线直径 $l=2.3$m，拱高 $f=1.15$m，查文献［12］表 2-26 的无铰等截面圆拱

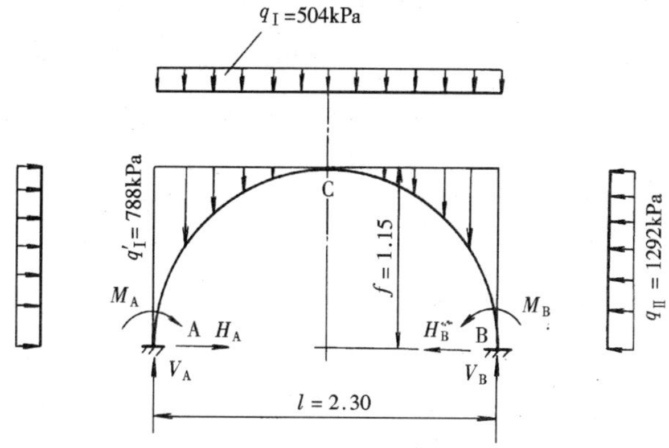

图 10-16　支座基本结构

计算表，$f/l = 0.5$，在 q_{I} 作用下的支座内力：

$$V_A = V_B = 0.500 q_{\text{I}} l = 0.5 \times 504 \times 2.3 = 580\text{kN}, V_C = 0;$$

$$H_A = H_B = H_C = 0.276 q_{\text{I}} l = 0.276 \times 504 \times 2.3 = 320\text{kN};$$

$$M_A = M_B = 0.0247 q_{\text{I}} l^2 = 66\text{kN} \cdot \text{m};$$

$$M_C = 0.0118 \times q_{\text{I}} l^2 = 32\text{kN} \cdot \text{m}。$$

在 q'_{I} 作用下的支座内力：

$$V_A = V_B = 0.054 q_{\text{I}} l^2 = 0.054 \times 788 \times 2.3^2 = 225\text{kN}, V_C = 0;$$

$$H_A = H_B = H_C = 0.014 q_{\text{I}} l^2 = 58\text{kN};$$

$$M_A = M_B = 0.046 \times 10^{-2} q'_{\text{I}} l^3 = 4\text{kN} \cdot \text{m};$$

$$M_C = -0.032 \times 10^{-2} q'_{\text{I}} l^3 = -3\text{kN} \cdot \text{m}。$$

在 q_{II} 作用下的支座内力：

$$V_A = V_B = V_C = 0;$$

$$H_A = H_B = -0.553 q_{\text{II}} f = -0.553 \times 1292 \times 1.15 = -822\text{kN}, H_C = H_A + q_{\text{II}} f = 664\text{kN};$$

$$M_A = M_B = -0.050 q_{\text{II}} fl = -171\text{kN} \cdot \text{m}, M_C = -0.024 q_{\text{II}} fl = -82\text{kN} \cdot \text{m}。$$

叠加后得支座总内力：

$$\Sigma V_A = \Sigma V_B = 805\text{kN}, \Sigma V_C = 0;$$

$$\Sigma H_A = \Sigma H_B = -444\text{kN}, \Sigma H_C = 1042\text{kN};$$

$$\Sigma M_A = \Sigma M_B = -101\text{kN} \cdot \text{m}, \Sigma M_C = -53\text{kN} \cdot \text{m}。$$

上述内力：V_C、H_C 和 M_C 分别为 C 点的剪力、轴向力和弯矩，其他参见图 10-16。

(3) 座壁内力

参见图 10-12，除连接廊道侧以外的座壁均按两端固定，厚和宽分别为 0.7m 和 1.0m 的板进行计算，净跨 $l = 2.5$m，计算跨 $l_0 = 1.05l = 2.63$m，如图 10-17 所示。

支座剪力：

$$R_A = R_B = 0.5 q_2 l_0 = 0.5 \times 630 \times 2.63 = 828\text{kN};$$

支座弯矩：

$$M_A = M_B = -q_2 l_0^2/12 = -363\text{kN} \cdot \text{m};$$

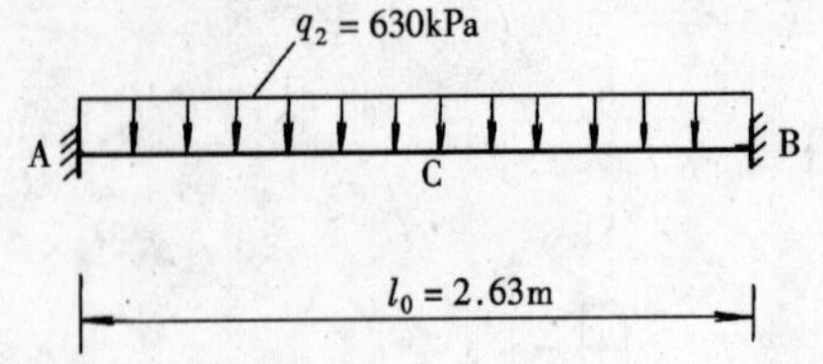

图 10-17 座壁示意

跨中弯矩：

$$M_C = q_2 l_0^2/24 = 182\text{kN}\cdot\text{m}。$$

(4) 座底内力

1) 座底反力（参见图 10-12 进行计算）

竖井自重在式（10-47）中已计算，其值为 $N_{\text{I}}=1279$kN；

盖板上的压重 $N_{\text{II}}=0.7854d_1^2[\gamma_b H_1+\gamma_0(H_2-H_1)]=2000$kN；

井筒顶上压重 $N_{\text{III}}=0.7854(D^2-d_1^2)[\gamma_b(H_1-H)+\gamma_0(H_2-H_1)]=1300$kN；

支座凸出部压重 $N_{\text{IV}}=0.7854(D_1^2-D^2)[\gamma_b H_1+\gamma_0(H_2-H_1)]=1200$kN。

座底反力：

$q_3=(N_{\text{I}}+N_{\text{II}}+N_{\text{III}}+N_{\text{IV}})/0.7854D_1^2=5779/8.04=719\text{kPa}\approx720\text{kPa}$，并示于图 10-12 和图 10-18。

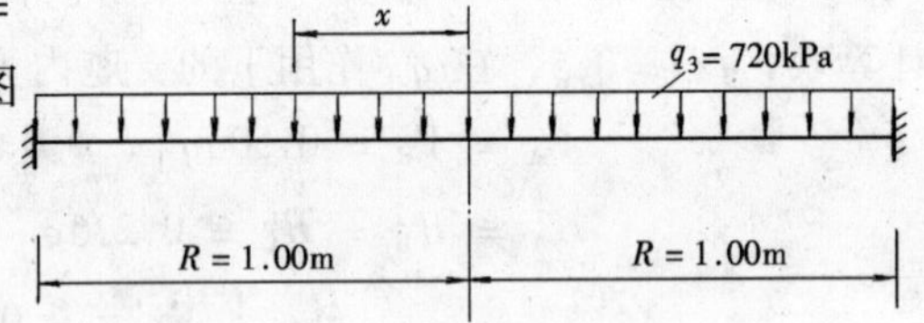

图 10-18 底板内力计算图

2) 底板内力

倒置底座反力如图 10-18 所示。

半径 $R=1.05\times1.8/2\approx1.00$m，通过表 10-6 计算底板内力。

表 10-6 端固定圆板内力计算表

x/R	0.0	0.2	0.4	0.6	0.8	1.0
K_1	0.073	0.065	0.041	0.017	−0.054	−0.125
K_2	0.073	0.069	0.058	0.039	−0.013	−0.021
K_3	0	−0.100	−0.200	−0.300	−0.400	−0.500

径向弯矩：

$M_r=K_1q_3R^2$，周边处是最大值，$M_r=-0.125\times720\times1.0^2=-90.0\text{kN}\cdot\text{m}$；

切向弯矩：

$M_t=K_2q_3R^2$，跨中是最大值，$M_t=0.073\times720\times1.0^2=52.6\text{kN}\cdot\text{m}$；

径向剪力：

$Q_r=K_3q_3R$，最大值在周边，$Q_r=-0.5\times720\times1.0=-360$kN。

其他部位内力按表 10-6 中的相应系数进行计算。

一般底板不配横向筋，抗剪强度由混凝土承担，其厚底应满足式（10-53）：

$$KQ_r/0.9bh_0\leqslant R_l \tag{10-53}$$

式中 K——抗剪强度安全系数，可取 2.2；

Q_r——径向剪力，取最大值 360kN；

b——周边单位宽度取 100cm；

h_0——底板有效厚度，见图 10-12，取 $h_0=90-4=86$cm；

R_l——混凝土抗拉强度，200# 混凝土为 0.16kN/cm²。

代入式（10-53），$2.2\times360/0.9\times100\times86=0.10\text{kN/cm}^2<R_l=0.16\text{kN/cm}^2$，说明底板抗剪强

度满足要求，并按内力进行配筋。

三、粉煤灰子坝建筑和防洪

石庄头贮灰场的粉煤灰子坝，是当沉积粉煤灰升至离下级坝顶 1m 时进行切换放灰运行，暂停 3d 后用振动压路机和小型夯实机碾压子坝、坝基和交接坝肩处的沉积粉煤灰 6 遍以上，使深 0.5m 内的平均干密度和相对密度分别接近 0.9t/m^3 和 0.65。然后将接近最优含水量 30% 的粉煤灰以 0.3m 厚度分层碾压至干密度和相对密度大于 0.9t/m^3 和 0.65。迎水坡没有采取铺土工膜措施。其建筑示意如图 10-19，与计算相关的高程 H ~ 面积 A ~ 容积 V 关系曲线如图 10-20 所示。

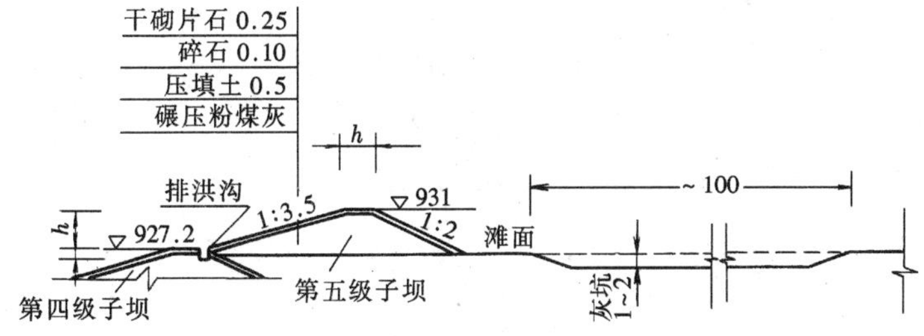

图 10-19　粉煤灰子坝建筑示意（m）

（一）计算粉煤灰子坝净高

粉煤灰子坝净高随电厂除灰量和贮灰场不同高程处的容积而异，若电厂的先期和后期除灰量分别为 50 × 10^{4}t/a 和 74.48 × 10^{4}t/a 或 1370t/d 和 2040t/d，沉积粉煤灰的干密度约 0.8t/m^3，则贮灰容积分别相当于 1713m^3/d 和 2550m^3/d。太原地区 7 至 9 月累计 90d 的汛期和 11 月中旬至次年 3 月中旬累计 120d 的冻期免筑子坝，则净高可按式（10-54）计算：

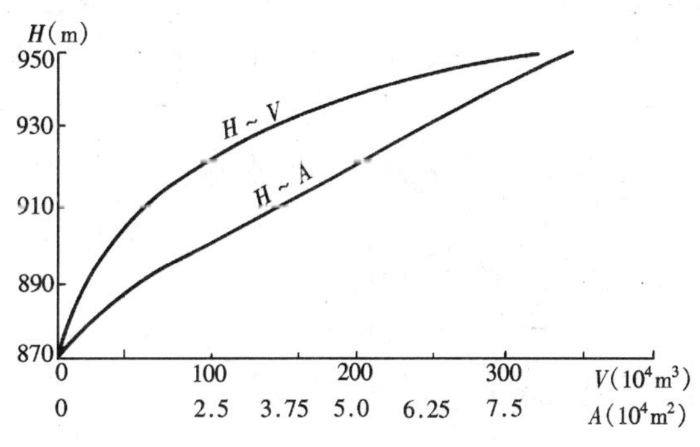

图 10-20　H ~ A ~ V 关系曲线

$$h \geqslant TV/A \tag{10-54}$$

式中　h——子坝计算净高，m；

T——免筑子坝时间，d；

V——电厂除灰量，m^3/d；

A——子坝高度中点对应的贮灰场面积，m^2。

例如：筑第五级子坝时的电厂除灰量 $V = 1713$m^3/d，需贮灰时间 $T = 120$d，由图 10-19 知该子坝高度中点的高程约为 929m，查图 10-20 相应贮灰场面积 $A = 6.1 \times 10^4$m^2，代入式（10-54），求得该子坝净高 $h \geqslant 3.37$m，实际取 $h = 3.85$m；又如：筑终期第十级子坝时电厂除灰量 $V = 2550$m^3/d，需贮灰时间 $T = 120$d，由图 10-1 知该子坝高度中点的高程约 948m，查图 10-20 相应面积 $A = 8.5 \times 10^4$m^2，代入式（10-54）求得 $h \geqslant 3.6$m，实际取 $h = 3.85$m。

取子坝顶宽等于净高，形成各级子坝平均坡度为 1:4.5。同时在各级子坝前均一度形成长约 100m 和深 1 ~ 2m 的灰坑。

（二）灰坑运行期对子坝稳定的影响

粉煤灰子坝须整体达到相对密度 0.65 以上，各支管均匀放灰，使坝前形成 150m 以上的滩面；调节盖板使排水口前形成 50m 以上的澄清区；滩面如被冻结，须在滩面较大范围内钻梅花状透水孔后再恢复放灰，这是稳定子坝的前提。筑粉煤灰子坝形成如图 10-19 所示的灰坑和运行时的积水，对其稳定的影响，可从以下进行分析：

1. 灰坑贮水能力

(1) 灰坑下沉积粉煤灰贮水率

筑一级粉煤灰子坝需近两个月，探测表明灰坑下的浸润线已普遍下降至 15m 以下，上游略高和下游略低，表层粉煤灰平均含水量 $W=40\%$，其湿容重：

$$\gamma_s = \Delta(1-n)(1+\omega) \tag{10-55}$$

式中 Δ——粉煤灰密度，试验值为 2.2；

$n=\varepsilon(1+\varepsilon)^{-1}$——粉煤灰孔隙率，试验孔隙比 $\varepsilon=1.747$，代入后的 $n=0.636$；

W——表层粉煤灰含水量 40%。

代入式（10-55）后，求得湿容重 $\gamma_s=1.121\mathrm{t/m^3}$。

饱和容重

$$\gamma_b = (\Delta+\varepsilon)(1+\varepsilon)^{-1} \tag{10-56}$$

式中各参数同式（10-55），代入后求得饱和容重 $\gamma_b=1.437\mathrm{t/m^3}$。

灰坑下 15m 范围内的平均容重近似地取

$$\gamma_p = (\gamma_s+\gamma_b)/2 = 1.279\mathrm{t/m^3} \tag{10-57}$$

或灰坑下粉煤灰的平均贮水率

$$\varepsilon = \gamma_b - \gamma_p = 1.437 - 1.279 = 0.158\mathrm{t/m^3} \tag{10-58}$$

(2) 灰坑下沉积粉煤灰贮水能力

参见图 10-19 和地形图，表层灰坑面积 $A_1=2.5\times10^4\mathrm{m^2}$，深 15m 处的面积 $A_2=2.4\times10^4\mathrm{m^2}$，其间沉积粉煤灰体积 $V=0.5(A_1+A_2)\times15=36.75\times10^4\mathrm{m^3}$，贮水能力近似按式（10-59）计算：

$$\omega_0 = \varepsilon V \tag{10-59}$$

式中 ε——式（10-58）计算的贮水率 $0.158\mathrm{t/m^3}$；

V——灰坑下粉煤灰体积 $36.75\times10^4\mathrm{m^3}$。

代入式（10-59），求得灰坑下沉积粉煤灰贮水能力 $\omega_0=5.81\times10^4\mathrm{m^3}$。

2. 灰坑运行对粉煤灰子坝安全的影响

(1) 灰坑允许贮灰时间

若电厂除灰量 $50\times10^4\mathrm{t/a}$ 或 1370t/d，相当于沉积粉煤灰 $1713\mathrm{m^3/d}$；第五节子坝利用压实粉煤灰 $1.89\times10^4\mathrm{m^3}$，相当于沉积粉煤灰 $2.1\times10^4\mathrm{m^3}$，即相当于灰坑贮灰容积。灰坑容许贮灰时间为 $2.1\times10^4/1713=12.3\mathrm{d}$。

(2) 灰坑下沉积粉煤灰允许贮水时间

以灰水比 1:5 估算，电厂排水量 $\nu_0=5\times1370=6850\mathrm{m^3/d}$，则灰坑下沉积粉煤灰允许贮水时间：

$$h = \omega_0/\nu_0 \tag{10-60}$$

式中 ω_0 和 ν_0——参见图 10-59，分别为 $5.81\times10^4\text{m}^3$ 和 $6850\text{m}^3/\text{d}$。

代入式（10-60），求得灰坑下沉积粉煤灰允许贮水时间 $h=8.5\text{d}$。

（3）计算水力坡度和渗透速度

恢复运行的电厂排水量几乎全部涌进灰坑，向下和两侧的沉积粉煤灰渗透，经 8.5d，使其深 15m 和上游趋向饱和，渗透水几乎全部改向下游侧、深 15m 以下的地下水汇合。其水力坡度近似按式（10-61）计算：

$$J = Q/KBH \tag{10-61}$$

式中 J——水力坡度；

K——粉煤灰渗透系数试验值 $4\times10^{-6}\text{m/s}$ 或 0.3456m/d；

B——渗透水断面的平均宽度，由地形图量得 180m；

H——渗透水断面的厚度为 15m；

Q——渗透水流量，参见式（10-60）为 $6850\text{m}^3/\text{d}$。

代入式（10-61），求得水力坡度 $J=7.34$。

渗透速度：

$$\nu = KJ = 0.3456\times7.34 = 2.54\text{m/d} \tag{10-62}$$

（4）灰坑运行对子坝安全的影响

灰坑贮灰时间超过 12.3d 后，灰浆恢复正常运行，滩面以流槽形式引向澄清区。

向灰坑涌入灰浆的开始，会向下，也向两侧沉积粉煤灰渗透，超过 8.5d 后，只向下游渗透，以 7.34 的水力坡度的渗透速度达 2.54m/d，经 3.8d 的渗透长度只有 10m，仍远离图 10-19所示第五级子坝以下的任何子坝，并随着灰浆恢复正常运行而告终。因此，对各级子坝的安全不会造成明显的影响。

（三）调洪和防洪

1. 计算资料

设计频率洪峰流量 $41.6\text{m}^3/\text{s}$，洪量 $4.98\times10^4\text{m}^3$，洪水过程线如图 10-21 所示。按图 10-1 中 2 号斜槽排水口上盖板高程为 931m 进行调洪计算。

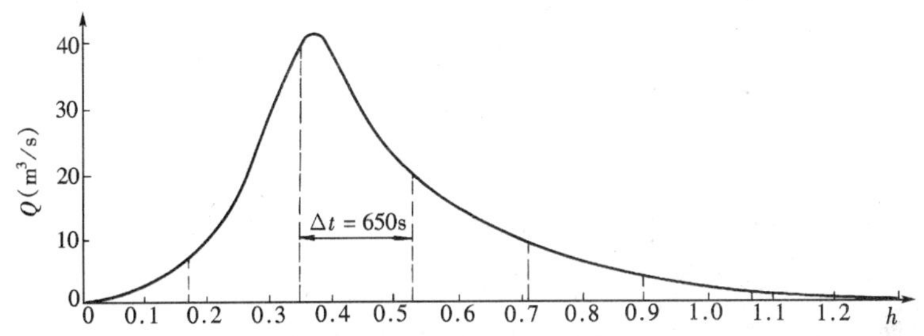

图 10-21 设计频率洪水过程线

2. 调洪深度～泄洪流量关系曲线

双跨斜槽总宽度 2m，高 1.8m，过水断面为 3.6m^2，长度为 80m；廊道过水断面如图 10-5 所示为 1.85m^2，长度为 560m。分自由泄流、半压力泄流和压力泄流三种情况计算：

$$Q_1 = m_1(\Sigma b + 0.8H_t\cot\beta)\sqrt{2g}H_t^{1.5} \tag{10-63}$$

$$Q_2 = m_2\omega\sqrt{2gH_b} \tag{10-64}$$

$$Q_3 = \psi\omega_c\sqrt{2gH_y} \qquad (10\text{-}65)$$

式中 Q_1、Q_2 和 Q_3——自由泄流、半压力泄流和压力泄流，m^3/s；

m_1 和 m_2——堰流量系数和孔口流量系数，粗取 0.41 和 0.52；

Σb——双跨斜槽总宽为 2m；

β——斜槽倾角取 31°；

ω 和 ω_c——斜槽和廊道过水断面，分别为 3.6m^2 和 1.85m^2；

H_b——斜槽排水口调洪水深和过水断面中心的高差，按 $1.1\cos\beta + H_t$ 计算；

H_y——调洪水位与廊道出口过水断面中心的高度，本例按 $H_y = 75 + H_t$ 计算；

φ——流速系数，斜槽和廊道多种水力因素的函数，当廊道长度为 600m 和 400m 时，可分别取 0.23 和 0.29；

g——重力加速度（9.81m/s^2）。

代入式（10-63）至式（10-65），可简化如下：

$$Q_1 = (3.632 + 2.415H_t)H_t^{1.5} \qquad (10\text{-}63a)$$

$$Q_2 = 8.293\sqrt{0.943 + H_t} \qquad (10\text{-}64a)$$

$$Q_3 = 1.865\sqrt{75 + H_t} \qquad (10\text{-}65a)$$

绘出不同调洪深度 H_t 与 Q_1、Q_2 和 Q_3 的关系曲线，oab 连线即为排水口调洪深度 H_t 与泄洪流量 q 的关系曲线如图 10-22 所示。

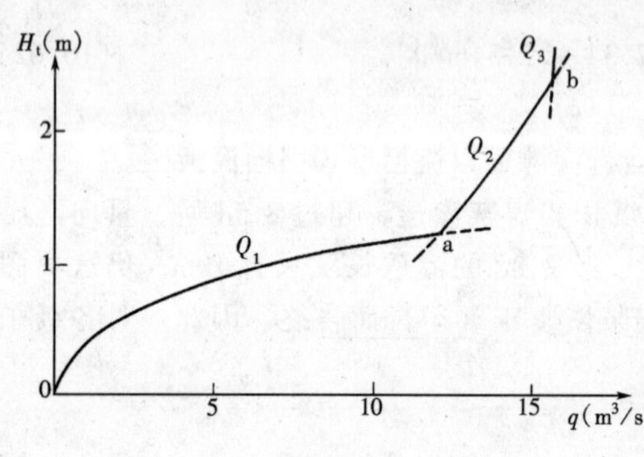

图 10-22 排水口 $H_t \sim q$ 关系曲线

3. 计算 $q \sim (V + \frac{1}{2}q\Delta t)$ 辅助曲线

考虑滩面纵坡影响的调洪容积按式（10-66）计算：

$$V = H_t[A_0 - ad(L_0 - 0.5H_t i^{-1})] \qquad (10\text{-}66)$$

式中 V——调洪容积，m^3；

A_0——斜槽排水口调洪水深 $H_t = 0$，即高程 931m 的面积，查图 10-20 为 $6.45 \times 10^4 m^2$；

a——地形修正系数，变化在 0.8～1.2 之间，以放灰方向而言，灰面呈扩散取较小值，而呈收缩取较大值，本例取 1.1；

d——滩面平均宽度，查本例地形图为 190m；

L_0——汛期运行时的滩面长度，高程 931m 为 250m；

i——设计滩面纵坡为 3×10^{-3}。

计算时当 $H_t i^{-1} > L_0$ 时，仍取 $H_t i^{-1} = L_0$。

代入式（10-66），求得 H_t 与 V 的关系，通过图 10-22 又求得 V 与 q 的关系。图 10-21 中已将洪水过程线以 $\Delta t = 650s$ 进行了分段，就可算出不同 H_t 时的辅助曲线 $q \sim (V + \frac{1}{2}q\Delta t)$，如表 10-7 和图 10-23 所示。

表 10-7　$q \sim (V+\frac{1}{2}q\Delta t)$ 关系表

高　程	m	931.0	931.2	931.5	932.0	932.5
H_t	m	0	0.20	0.50	1.00	1.50
V	10^4m^3	0	0.38	1.48	3.83	7.70
q	m^3/s	0	0.50	1.80	6.20	13.00
$\frac{1}{2}q\Delta t$	10^4m^3	0	0.02	0.06	0.20	0.42
$V+\frac{1}{2}q\Delta t$	10^4m^3	0	0.40	1.54	4.03	8.12

4. 计算调洪指标

通过图 10-21 至图 10-23，用式（10-67）和表 10-8 计算调洪指标：

$$V_z+\frac{1}{2}q_z\Delta t=\overline{Q}\Delta t+(V_s-\frac{1}{2}q_s\Delta t) \tag{10-67}$$

式中　V_s 和 q_s——某时段始端调洪容积（m^3）和泄洪流量，m^3/s；

V_z 和 q_z——某时段终端调洪容积（m^3）和泄洪流量（m^3/s）；

$\overline{Q}$——某时段平均来洪流量，m^3/s；

Δt——图 10-21 中对洪水过程线划分的时段为 650s。

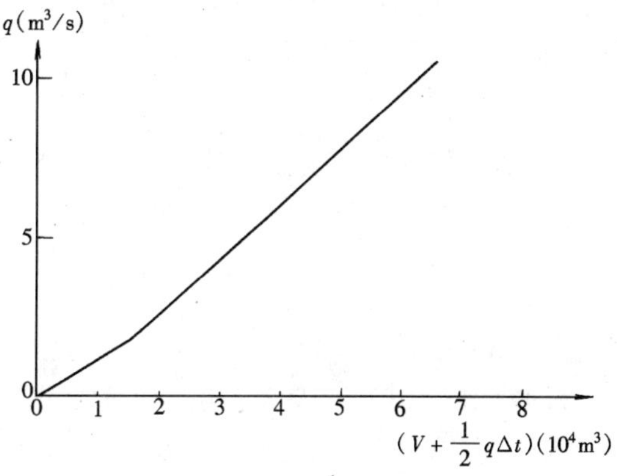

图 10-23　$q \sim (V+\frac{1}{2}q\Delta t)$ 关系曲线

表 10-8　调洪计算表

Δt (650s)	Q (m^3/s)	$\overline{Q}$ (m^3/s)	$\overline{Q}\Delta t$ (m^3)	$V+\frac{1}{2}q\Delta t$ (m^3)	q (m^3/s)	$V-\frac{1}{2}q\Delta t$ (m^3)	H_t (m)
0	0			0	0	0	0
		3.0	1950				
1	6.0			1950	0.1	1885	0.02
		23.8	15470				
2	41.6			17355	2.6	15665	0.60
		27.8	18070				
3	14.0			33735	5.0	30485	0.90
		11.0	7150				
4	8.0			37635	5.6	33995	0.95
		6.0	3900				
5	4.0			37895	5.6	34255	0.95
		3.0	1950				
6	2.0			36205	5.3	32760	0.92
		1.5	975				
7	1.0			33735	5.0	30485	0.90
		0.5	325				
8	0			30815	4.5	27885	0.85
		0	0				
14	0			27885	4.0	12285	0.80
		0	0				
20	0			12285	1.9	4875	0.51
		0	0				
25				4875	0.8	2275	0.25

5. 调洪成果的校验和说明

(1) 调洪成果校验

参见表 10-8，$\Delta t\sum_{i=0}^{8}\overline{Q}_i=49790m^3$，与设计频率洪量 $=49800m^3$ 相符，计算成果正确。

(2) 调洪特点

排水口最大调洪深度 $H_{t,max}=0.95m$，子坝前会出现调洪水深 $\Delta h=H_{t,max}-iL_0=0.95-3$

$\times 10^{-3} \times 250 = 0.2\mathrm{m}$；

当 $H_t \leqslant 0.25\mathrm{m}$ 时，会在子坝前出现 150m 滩面，需调洪时间 $t = 25 \times 650 = 4.51\mathrm{h}$；

排水口最大泄洪流量 $q_{max} = 5.6\mathrm{m^3/s}$，作为下游防洪依据。

(3) 说明

洪水逼临粉煤灰子坝是应注意的问题，而时间很短，是否采用土工膜防渗措施，按具体情况定；其他各级子坝的防洪调洪用同法进行，只需采用有代表性的三个排水口进行计算即可。竖井一廊道型调洪与此相似。

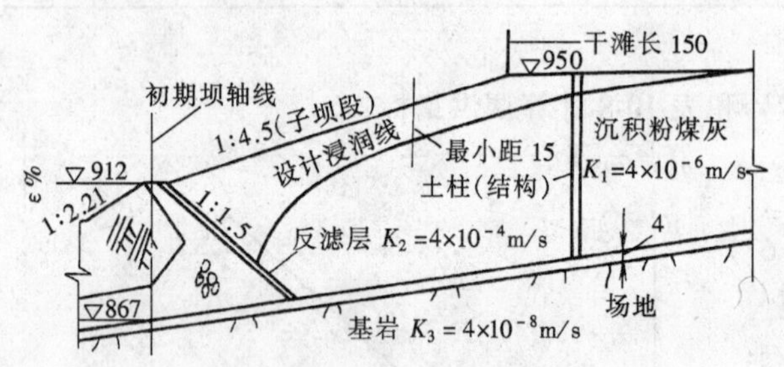

图 10-24 主剖面处结构示意（单位：m）

四、计算粉煤灰坝抗震稳定性

（一）计算资料

1. 主剖面

由中国水利水电科学研究院用三维渗流有限元计算的石庄头贮灰场主剖面的浸润线离各级子坝的最小距离为 15m，其结构如图 10-24 所示。

2. 地震和地震影响系数

所处地区为 8 度地震烈度区，震级为里氏 6.5 级。

根据 GB—50191—1993《构筑物抗震设计规范》（以下简称《规范》），按式（10-68）计算地震影响系数：

$$a_j = (T_g/T_j)^{0.9} a_{max} \eta_\varepsilon \tag{10-68}$$

式中 a_j——地震影响系数，其中 j 为振型数，取 1～4；

T_g——场地特征周期，按 $0.65 \sim 0.45\mu^{0.4}$ 计算，μ 为场地指数，对该灰坝而言应取 1，相应 $T_g = 0.2\mathrm{s}$；

a_{max}——水平地震影响系数的最大值，地震作用下处于非弹性状态的灰坝取抗震计算水准 B，$a_{max} = 0.5$；

T_j——结构（土柱）j 振型的自振周期，按 $T_j = 2\pi\omega_j^{-1}$ 计算，其中 ω_j 为前 4 个振型的圆频率（1/s）；

$\eta_\varepsilon = [1 + 15(\varepsilon - 0.05)\exp(-0.09T_j)]^{-0.5}$——水平地震影响的阻尼修正系数，其中 ε 为结构的阻尼比，参见图 10-2。

对于该灰坝可简化为：

$$a_j = 0.117 T_j^{-0.9}[1 + 15(\varepsilon - 0.05)\exp(-0.09T_j)]^{-0.5} \tag{10-68a}$$

3. 沉积粉煤灰动变形特性

参见式（10-4）和图 10-2。

（二）计算灰坝地震液化

按图 10-25 分 9 个土柱即 1 至 9，每个土柱设 2 至 5 个单元，分别为 1 至 36 个单元。根据《规范》按式（10-69）判别各单元的地震液化，该不等式成立为液化，否则为不液化。

$$0.65\tau_m\sigma_z^{-1} \geqslant [a_d] \tag{10-69}$$

式中 σ_z——单元水平面上的静有效正应力，Pa；

$[a_d]$——单元地震液化应力比；

τ_m——单元水平面的最大地震剪应力，Pa。

1. 计算单元水平面上的静有效正应力

$$\sigma_z = \sum_{i=1}^{n}(\gamma_i h_i \times 10^3) \qquad (10\text{-}70)$$

式中　γ_i——第 i 层土的重度，浸润线以上采用湿重度 12.7kN/m³，浸润线以下采用浮重度 3.7kN/m³；

h_i——第 i 层土的厚度，m。

例如：单元 4 浸润线以上土层厚度 15m，浸润线以下 5m，代入式（10-70），求得 σ_z =（12.7×15+3.7×5）×10³ = 209000Pa，以此类推将各单元的 σ_z 列于表 10-9。

2. 计算单元地震液化应力比 $[a_d]$

以单元 7 为例：

（1）单元水平面上的静剪应力比

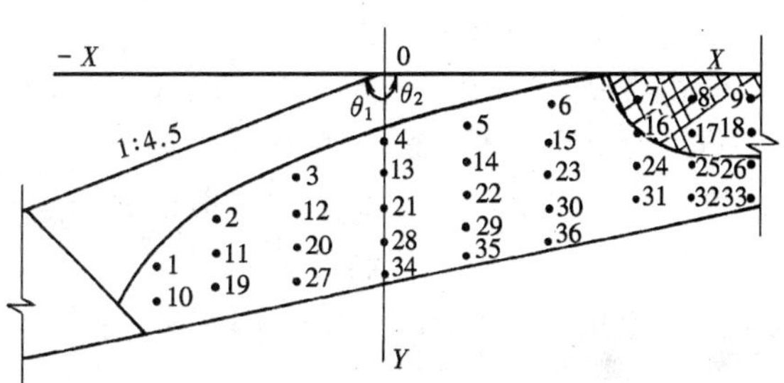

图 10-25　主剖面地震液化计算示意图

$$a_s = |\varepsilon_s[\partial x + y(\text{tg}\theta_1 - \text{tg}\theta_2)][(\text{tg}\theta_1 - \text{tg}\theta_2)x - 2y(\text{tg}\theta_1\text{tg}\theta_2)]^{-1}| \qquad (10\text{-}71)$$

式中　ε_s——沉积粉煤灰侧压力系数，有效内摩擦角 $\phi = 30°$，$\varepsilon_s = 1 - \sin\phi = 0.5$；

x 和 y——图 10-25 中的坐标，分别为 120m 和 7m；

θ_1 和 θ_2——轴线 y 与灰坝下、上游坡夹角，分别为 77.47°和 89.83°。

代入式（10-71），求得 $a_s = 0.017$。

（2）转换固结比

$$K_c = 1 + 2a_{cs}(a_{cs} + \sqrt{1 + a_{cs}^2}) \qquad (10\text{-}72)$$

式中　转换剪应力比 $a_{cs} = 2a_s[(1+\varepsilon_s)^2 - 4a_s^2]^{-0.5} = 0.023$。

代入式（10-72），求得 $K_c = 1.047$。

（3）固结比等于转换固结比时的三轴试验液化应力比

$$R_{kc} = \lambda_p \lambda_d \lambda_{kc} R_{Ne} \qquad (10\text{-}73)$$

式中　λ_p——填筑期修正系数，对于贮灰 10 至 20 年取 1.41；

λ_d——密度修正系数，沉积粉煤灰 $d_{50} < 0.075$mm 时取 1；

λ_{kc}——固结比修正系数，按 $[1 + (1.75 + 0.8l_g d_{50})(k_c - 1)]$ 计算，$d_{50} = 0.046$mm 时，$\lambda_{kc} = 1.032$；

R_{Ne}——固结比等于 1 时的三轴试验液化应力比，按 $[10^{-0.597}Ne^{-0.146}]$ 计算，其中 −0.597和 −0.146 为 $d_{50} = 0.046$mm，按《规范》计算的液化应力比系数的指数和地震等价作用的指数；Ne 为地震等价作用次数。当震级（里氏）为 6、6.75 和 7.50 时，分别为 5、10 和 15，本例按 6.5 级订为 8。代入后求得 R_{Ne} = 0.187。

代入式（10-73），求得 $R_{kc} = 0.272$。

(4) 计算地震液化应力比

$$[a_d] = [(2.25 - 4a_s^2)^{0.5} - 0.5]R_{kc}(2K_c^{0.5})^{-1} \tag{10-74}$$

代入：$a_s = 0.017$、$K_c = 1.047$ 和 $R_{kc} = 0.272$，求得 $[a_d] = 0.133$。

用同法求得各单元的 $[a_d]$ 分别列于表 10－9。

3. 计算土柱第 i 段中心的最大剪变模量

$$G_{mi} = 0.941\sigma_{zi}^{0.641} \tag{10-75}$$

式中 σ_{zi}——土柱第 i 段中心水平面上的静有效正应力，kPa。

例如：表 10-9 中单元 7 的 $\sigma_{zi} = 34.9$kPa，代入式（10-75）求得 $G_{mr} = 9.17$MPa，其他单元用同法计算也列于表 10-9。

4. 计算单元水平面上最大剪应力 τ_m

(1) 初设土柱剪变模量 G 和阻尼比 ε

在图 10-2 中指定一个初始等价剪应变幅 $\nu = 0.06\%$，将图 10-25 中土柱 7 由上至下分四段，各段中心［单元］的深度分别为 7、17、27m 和 37m，查得剪变模量比 λ_{Gi} 分别为 0.3、0.4、0.5 和 0.55，阻尼比分别为 0.1、0.07、0.05 和 0.04，通过式（10-76）和式（10-77）初算剪变模量和阻尼比：

表 10-9 各单元 σ_z、$[a_d]$、τ_m 计算成果表

单元	1	2	3	4	5	6	7	8	9
σ_z (Pa)	323300	234400	209000	209000	145500	82000	34900	18500	18500
$[a_d]$	0.136	0.136	0.136	0.136	0.135	0.134	0.133	0.133	0.132
G_{mi}(MPa)	38.22	31.30	28.89	28.89	22.91	15.86	9.17	6.11	6.11
τ_m(Pa)	21947	19336	17141	18330	13939	11242	8162	6865	6395
单元	10	11	12	13	14	15	16	17	18
σ_z(Pa)	360300	271400	246000	246000	182500	119000	71900	55500	55500
$[a_d]$	0.137	0.137	0.136	0.136	0.135	0.134	0.134	0.134	0.133
G_{mi}(MPa)	40.96	34.34	32.08	32.08	26.49	20.14	14.58	12.35	12.35
τ_m(Pa)	24723	23920	22154	23576	19852	17135	14845	14362	13051
单元		19	20	21	22	23	24	25	26
σ_z(Pa)		308400	283000	283000	232200	156000	108900	92500	92500
$[a_d]$		0.135	0.136	0.135	0.134	0.134	0.134	0.134	0.134
G_{mi}(MPa)		37.27	35.09	35.09	30.91	23.95	19.02	17.14	17.14
τ_m(Pa)		27683	27094	29314	24071	20421	20302	19514	19334
单元			27	28	29	30	31	32	33
σ_z(Pa)			320000	320000	256500	193000	145900	129500	129500
$[a_d]$			0.136	0.136	0.135	0.135	0.134	0.134	0.134
G_{mi}(MPa)			37.97	37.97	32.95	27.46	22.95	21.26	21.26
τ_m(Pa)			30251	33672	28090	26396	24059	23454	23036
单元				34	35	36			
σ_z(Pa)				357000	280800	217300			
$[a_d]$				0.136	0.135	0.135			
G_{mi}(MPa)				40.72	34.92	29.62			
τ_m(Pa)				35757	30862	29304			

$$G = \sum_{i=1}^{n}(h_i\lambda_{Gi}G_{mi})/h \tag{10-76}$$

$$\varepsilon = \sum_{i=1}^{n}h_i\varepsilon_i/h \tag{10-77}$$

式中 G 和 ε——土柱剪变模量（MPa）和阻尼比（%）；

n——土柱分段数；

h_i——土柱第 i 段的计算高度，可分为 12、10、10m 和 15m；

G_{mi}——第 i 段中心点的最大剪变模量，查表 10-9 分别为 9.17、14.58、19.02MPa 和 22.95MPa；

h——土柱计算高度，查图 10-25 为 47m。

代入式（10-76）和式（10-77），分别求得 $G=8.00$MPa 和 $\varepsilon=6.4\%$。

（2）计算土柱前 4 个振型的圆频率和地震影响系数

土柱前 4 个振型的圆频率

$$\omega_j = \lambda_j h^{-1}(gG\gamma^{-1}\times 10^3)^{0.5} \tag{10-78}$$

式中 λ_j——圆频率计算系数，查《规范》列于表 10-10；

γ——土柱的重力密度取 13.7kN/m^3。

简化后用式（10-78a）表示：

$$\omega_j = \lambda_j h^{-1}(716G)^{0.5} \tag{10-78a}$$

求得土柱第 1 至 4 振型的圆频率 ω_j 后，即可由式（10-68）和式（10-68a）求得自振周期 T_j、阻尼修正系数 η_ε 和地震影响系数 a_j，将它们列丁表 10-10。

（3）计算土柱顶端最大加速度 a_m

土柱顶端前 4 个振型的最大加速度

$$a_{mj} = C_j a_j g \tag{10-79}$$

式中 C_j——第 1 至第 4 振型的加速度计算系数，查《规范》列于表 10-10。

表 10-10 第 1 至第 4 振型系数

j	1	2	3	4
λ_j	1.57	4.71	7.85	10.99
ω_j(1/s)	2.53	7.58	12.64	17.69
T_j(s)	2.48	0.83	0.50	0.36
η_ε	0.93	0.91	0.91	0.91
a_j	0.048	0.126	0.199	0.267
C_j	1.27	-0.42	0.25	-0.18
a_{mj}(m/s^2)	0.60	-0.52	0.49	-0.47

代入式（10-79），求得 a_{mj} 也列于表 10-10。

土柱顶端的最大加速度

$$a_m = \sqrt{\sum_{j=1}^{n}a_{mj}^2} = 1.05\text{m/s}^2 \tag{10-80}$$

(4) 计算土柱第 i 段中点的最大剪应变和等价剪应变土柱第 i 段中点，前 4 个振型的最大剪应变和等价剪应变按式（10-81）至式（10-83）计算：

$$\gamma_{mji} = -2\cos(\lambda_j z_i h^{-1})(\omega_j^2 h)^{-1} ajg \tag{10-81}$$

$$\gamma_{mi} = \sqrt{\sum_{j=1}^{4} \gamma_{mji}^2} \tag{10-82}$$

$$\gamma_{eqi} = 0.65\gamma_{mi} \tag{10-83}$$

式中 γ_{mji}——第 i 段中点第 j 振型的最大剪应变；

z_i——土柱底部到第 i 段中点的距离，m；

γ_{mi}——土柱第 i 段中点的最大剪应变；

γ_{eqi}——土柱第 i 段中点的等价剪应变。

对图 10-25 中单元 7 所在段中点的 $z_i = 40$m，并将各相应值代入式（10-81）至式（10-83），求得 $\gamma_{mji} = -7.3\times10^{-4}$、$5.9\times10^{-4}$、$-4.8\times10^{-4}$和 3.6×10^{-4}，$\gamma_{mi} = 11.1\times10^{-4}$，$r_{eqi} = 7.2\times10^{-4} = 0.072\%$。以此等价剪应变 $r_{eqi} = 0.07\%$作为初始等价剪应变幅值 ν，再按此步骤进行迭代计算，至相邻两次计算的土柱顶端最大加速度 a_m 差小于 10%为止。迭代计算结果，求得新的土柱剪变模量 $G' = 7.03$MPa 和最大剪应变 $\gamma'_{mi} = 11.61\times10^{-4}$。

(5) 土柱第 i 段中点水平面的最大剪应力

$$\tau_{mi} = G'\gamma'_{mi} = 7.03\times10^6\times11.61\times10^{-4} = 8162\text{Pa} \tag{10-84}$$

式（10-84）计算结果即为单元 7 的最大剪应力 $\tau_{m7} = 8162$Pa。各单元的最大剪应力 τ_{mi}用同法计算后列入表 10-9。

5. 计算地震液化区

用式（10-69）计算表 10-9 中的相应值，可求得单元 7、8、9、16、17、18、25 和 26 均发生地震液化，示于图 10-25。说明在 8 度地震和里氏 6.5 级时，离粉煤灰子坝顶约 100m 以外发生液化，最大深度在浸润线以下 25m 处。

（三）计算灰坝抗震稳定性

参考冶金建筑研究总院于 1984 年提出的《本钢灰坝试验》近似计算灰坝的孔隙水压力，按《规范》中的条分法计算灰坝抗震稳定性。

1. 计算灰坝孔压比

式（10-69）移项后

$$0.65\tau_m(\sigma_z[a_d])^{-1} \geqslant 1 \tag{10-85}$$

不等式（10-85）成立为液化，否则为不液化，右项大于 1 时仍按 1 考虑。

按表 10-9 算出各单元的 $0.65\tau_m$ 和 $\sigma_z\,[a_d]$，从式（10-85）左项算出各单元的孔压比 γ_{uj}，列于表 10-11 和制成等值线如图 10-26 所示。

2. 计算孔隙水压力

$$u_j = \gamma_{uj}\sigma_z \tag{10-86}$$

式中 γ_{uj}和 σ_z——参见表 10-11 和表 10-9。

表 10-11　　各单元 r_{uj} 和 u_j 值表

单元	1	2	3	4	5	6	7	8	9
$0.65\tau_m$(kPa)	14.3	12.7	11.1	11.9	9.1	7.3	5.3	4.5	4.2
$\sigma_z[a_d]$(kPa)	44.0	31.9	28.4	28.4	19.8	10.9	4.6	2.5	2.5
γ_{uj}	0.33	0.40	0.39	0.42	0.46	0.67	1.0	1.0	1.0
u_j(kPa)	106.7	93.8	81.5	87.8	66.9	54.9	34.9	18.5	18.5
单元	10	11	12	13	14	15	16	17	18
$0.65\tau_m$	16.1	15.5	14.4	15.3	12.9	11.1	9.6	9.3	8.5
$\sigma_z[a_d]$	49.0	36.9	33.5	33.5	24.8	15.9	9.6	7.4	7.4
γ_{uj}	0.33	0.42	0.43	0.46	0.52	0.70	1.0	1.0	1.0
u_j	118.9	114.0	105.8	113.2	94.9	83.3	71.9	55.5	55.5
单元		19	20	21	22	23	24	25	26
$0.65\tau_m$		18.0	17.6	19.1	15.6	13.3	13.2	12.7	12.6
$\sigma_z[a_d]$		41.6	38.2	38.2	31.3	21.1	14.7	12.5	12.5
γ_{uj}		0.43	0.46	0.50	0.50	0.63	0.90	1.0	1.0
u_j		132.6	130.2	141.5	116.1	98.3	98.0	92.5	92.5
单元			27	28	29	30	31	32	33
$0.65\tau_m$			19.7	21.9	18.3	17.2	15.6	15.3	15.0
$\sigma_z[a_d]$			43.2	43.2	34.6	26.1	19.7	17.5	17.5
γ_{uj}			0.46	0.51	0.53	0.66	0.79	0.87	0.86
u_j			147.2	163.2	135.9	127.4	131.3	112.7	111.4
单元				34	35	36			
$0.65\tau_m$				23.2	20.1	19.0			
$\sigma_z[a_d]$				48.2	37.9	29.7			
γ_{uj}				0.48	0.53	0.64			
u_j				171.4	148.8	139.1			

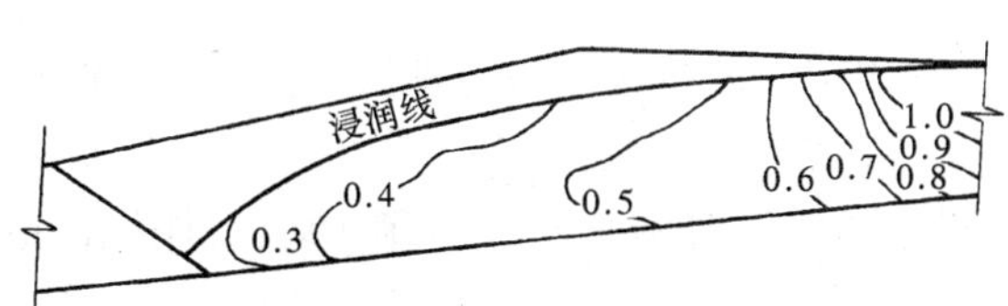

图 10-26　主剖面孔压比 γ_{uj} 等值线

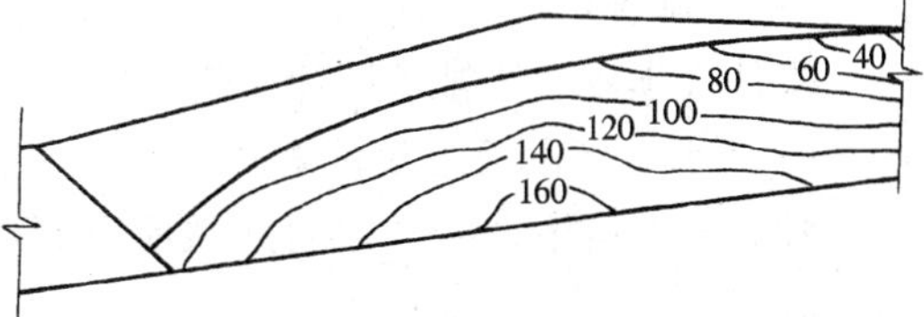

图 10-27　主剖面孔隙水压力 u_j（kPa）等值线

代入式（10-86），求得各单元的孔隙水压力 u_j 并列于表 10-11，将其制成等值线如图 10-27 所示。

3．计算灰坝抗震稳定性

将表 10-9 中各单元的最大地震剪应力 τ_m（kPa）制成等值线，与图 10-27 的孔隙水压力 μ_j 等值线迭加成图 10-28。

该灰坝的抗震稳定性

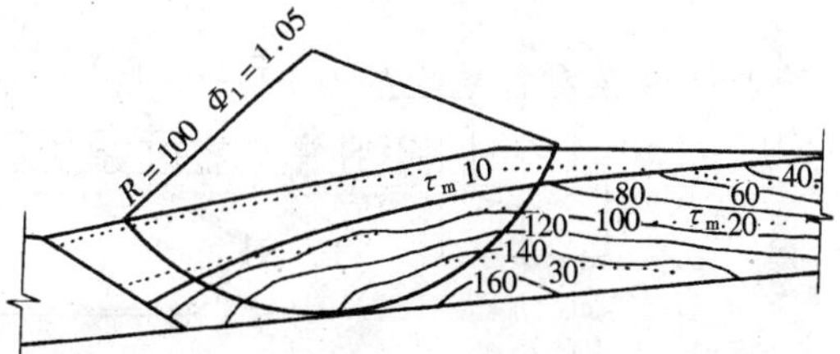

图 10-28　τ_m 和 u_j（kPa）及最危险滑动面

$$\varphi_{\mathrm{f}}=\frac{\sum_{K}(c_{k}l_{k}+[(w_{k}-b_{k}u_{k})\cos\theta_{k}+\kappa_{\mathrm{eq}k}W'_{k}\sin\theta_{k}]\mathrm{tg}\varphi_{k}}{\sum_{K}W'_{k}(\sin\theta_{k}+k_{\mathrm{eq}k}\cos\theta_{k})} \tag{10-87}$$

式中 φ_{f}——滑动安全系数；

C_k——土条 K 底面处的有效粘聚力取零；

l_k——土条 K 底面的长度，m；

φ_k——土条 K 底面处的有效内摩擦角，该灰坝为 30°；

θ_k——土条 K 底面与水平面的夹角，(°)；

W_k——土条 K 自重（N），浸润线以下取浮重度 3.7kN/m³，浸润线以上取湿重度 12.7kN/m³；

W'_k——土条 K 自重，浸润线以下取饱和重度 13.7kN/m³；

μ_k——土条 K 底面处的孔隙水压力，Pa；

b_k——土条 K 的宽度，m；

$K_{\mathrm{eq}k}=0.46b_k\tau_{\mathrm{m}k}/W'_k$——土条 K 等价地震系数；

$\tau_{\mathrm{m}k}$——土条 K 底面中心处水平面上的最大地震剪应力，Pa。

代入式（10-87），求得最危险滑动面的圆心在终期坝顶以上和以左分别为 36m 和 70m 处，圆弧半径约 100m，滑动安全系数 $\varphi_{\mathrm{f}}=1.05$，示于图 10-28。

以上计算适用于一般高灰坝，对于特别重要的一级高灰坝，应委托科研单位用二维时程法进行计算，相应必须进一步降低浸润线才能保持灰坝的抗震稳定。

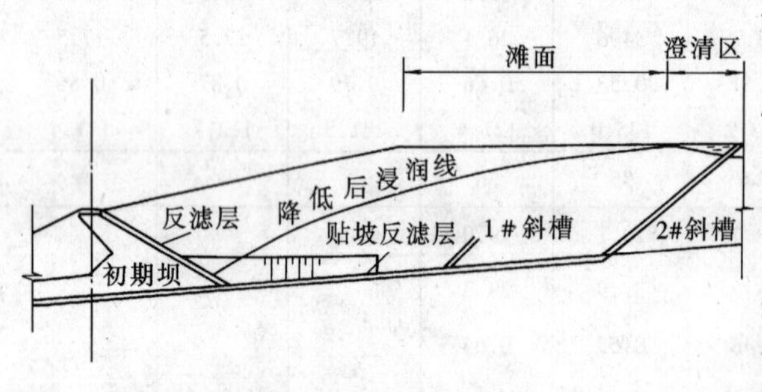

图 10-29 贴坡反滤层主剖面

五、降低灰坝浸润线措施

（一）排渗设计

降低灰坝浸润线排渗设计，应考虑粉煤灰沉积规律，若沿沟底设置排渗盲沟，有可能被图 10-1 所示Ⅲ区段极细灰粒堵塞。

较有效的措施之一，在初期坝前有利侧的岩土坡上，经清坡后设置图 10-29 和图 10-30 所示的贴坡反滤层，沿沟长度可取百米左右，高度可取初期坝高的$\frac{1}{3}$左右。下端与初期坝反

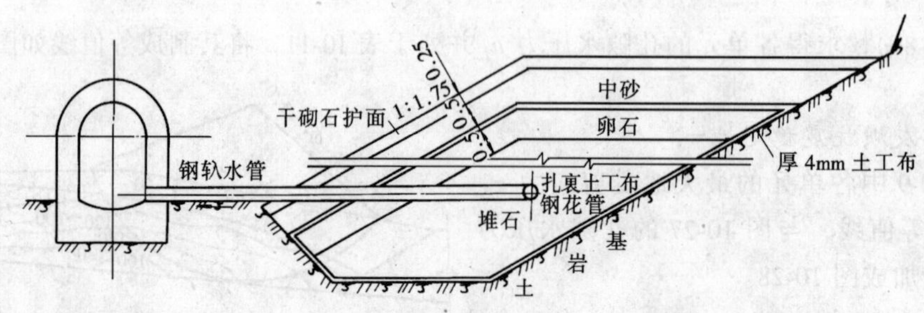

图 10-30 贴坡反滤层与廊道连接示意

滤层分层连接；中段铺 ϕ100mm 输水钢花管，均扎裹土工布，每隔 15m 接一根引水管将渗水分别引进廊道；上端用厚 4mm 土工布封闭，防止灰浆涌入反滤层。中国水利水电科研院曾用三维渗流有限元进行计算，贴坡反渗层对降低浸润线效果十分明显。

（二）监测实际浸润线

1. 布置测压管

三维渗流有限元计算提供了各级子坝下任意点的设计浸润线高程。为了掌握实际浸润线高程，需布置测压管进行监测。一般可在垂直子坝轴线方向设三条有代表性的剖面线，其中一条为主剖面线，两侧再各设一条，每条剖面线设测压管不超过 5 眼，随子坝加筑逐眼加设。

2. 测压管制作和安装

测压管用 ϕ50mm 钢管制作，由进水管段、导管和管口保护设备三部分组成。进水管段在设计浸润线以下 3～5m 处，由每根长 1.5m 的多根管连接而成，除下端管口留有小孔的钢板焊封外，上下管口外缘均扣丝，中段为纵距 150mm、沿管周四排交错排列的 ϕ8mm 钻孔，内缘打光；管外壁焊 8 根 8 号铅丝，紧缠 12 号铅丝，包裹 50 号尼龙网布和麻袋布各两层，再用 14 号铅丝扣紧。导管设在设计浸润线以上不钻孔。

测压管安装前，先造成 ϕ200mm 钻孔，放进钢套管，将每根测压管扣紧启放在钢套管内就位，用中砂填密后拔出钢套管重复应用。然后将管口封好和围护好。

3. 检验灵敏度

测压管安装完毕后，注入相当于每米测压管容积 5～10 倍的水量不断观测水位，一般应在 12h 内降至原水位。

4. 监测浸润线

实际浸润线在各测压管内的水位高程采用测深钟或电测水位器进行监测。测深钟像一只高 50mm、外径 30mm 的倒置金属杯，上端系测绳吊索；当测深钟下口接触水面时发出的击水声来确定管口至水面的深度。电测水位器是中间装电极的钢制圆柱筒，利用水的浮力托起导电浮子来接通电路和发出信号，以确定管口至水面的深度。实际浸润线在该测压管处的高程，为测压管口高程减管口至水面深度。

将各测压管处的实际水位高程与设计浸润线的相应高程比较。如果前者高于后者，应验算灰坝是否稳定？必要时采用排渗措施降低实际浸润线。

（三）辐射井排渗措施

1. 辐射井结构

辐射井由集水井、辐射管和潜水泵房等组成。直径 4～5m、内侧设多道钢爬梯的钢筋混凝土集水井，在适中位置的滩面上用沉井法下沉到浸润线下的设计高程，并使井顶与拟建的某级粉煤灰子坝坝坡齐平后，再安装设备。

（1）集水井底反滤层

在集水井底的沉积粉煤灰上，由下而上铺厚 0.4m 中砂、4mm 土工布、0.4m 卵石和浇筑 0.4m 留有透水孔的钢筋混凝土板，该板面作为集水井底。

（2）安装辐射管

井底以上 2m 的井壁周沿等距预埋 ϕ219mm 穿墙套管 16 孔，其中等距间隔的 8 孔为备用孔。将 ϕ159mm 钢套管对准穿墙套管，分段用千斤顶配合喷射枪顶入沉积粉煤灰，其顶力按式（10-88）计算：

$$P_m = 10\pi KDlf \tag{10-88}$$

式中 P_m——最大顶力，kN；

K——内冲顶管时的系数取 5；

D——所顶钢套管外径为 0.159m；

l——设计钢套管的全长，今取 50m；

f——管壁与粉煤灰的摩擦系数，取 0.32。

代入式（10-88），求得 $P_m = 400$kN。

钢套管按顺流坡度 1%就位后，将预制 ϕ108mm 辐射管连接推入钢套管内，再将钢套管拔出重复应用。

若采用钢辐射管，要预先钻有交错排列、孔径 ϕ12mm 的进水孔，孔隙率 20%，外裹有足够抗拉强度的密集丝网加筋格栅和厚 4mm 的土工布形成过滤层。

(3) 潜水泵房

潜水泵房设在集水井顶部，布置两台潜水泵，其中一台备用。泵型按排渗流量和扬程选型，排水进严格防水措施的子坝顶排洪沟内。

2. 计算辐射井排渗流量

平地辐射井采取地下水的辐射管长度为 30～50m 时，按式（10-89）计算排渗流量：

$$Q = 1.36kna(H_0^2 - h_0^2)/(\lg R_0 - \lg 0.75l) \tag{10-89}$$

式中 Q——排渗流量，m^3/d；

k——沉积粉煤灰渗透系数取 0.3456m/d；

n——辐射管根数取 8；

a——系数，按 $1.609/n^{0.6864}$取值，为 0.386；

H_0——水层厚度取 30m；

h_0——井内动水位下的水层厚度取 15m；

R_0——影响半径（m），近似按 $3000S_1\sqrt{k}$取值，当井内降水深度 $S_1 = 15$m 和 $k = 4\times10^{-6}$m/s 时，求得 $R_0 = 90$m；

l——辐射管长度取 50m。

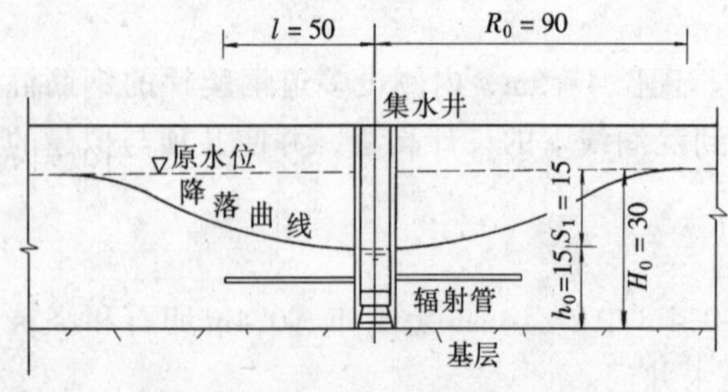

图 10-31 平地辐射井排渗示意（m）

代入式（10-89），求得 $Q = 2576m^3/d$ 或 107 m^3/h。示意如图 10-31 所示。

3. 估计辐射井排渗效果

辐射管范围内的浸润线呈盘状降落 10～15m，若增加辐射管会进一步扩大降落范围。当粉煤灰坝需大范围降落浸润线才能保持其稳定时，可在拟建某级子坝坝坡的轴线上，每隔百余米布置一座辐射井。

第四节　平地水力贮灰场建筑

一、围堤建筑

围堤和其分期加筑的施工方法与山谷水力贮灰场的初期坝和粉煤灰子坝相近，本节只简述用壤粘土一次筑成高10m的围堤和其下游分别设中砂、土工布、卵石或碎石和堆石排渗棱体的特点。

（一）计算围堤排渗

排渗设施形式多样，常用的排渗棱体将排渗水直接引向围堤外沿的排洪沟。无论贮灰场澄清区段的围堤或滩面上的流槽常在围堤沿边流过，均近似按图10-32所示的堤前积水计算排渗。

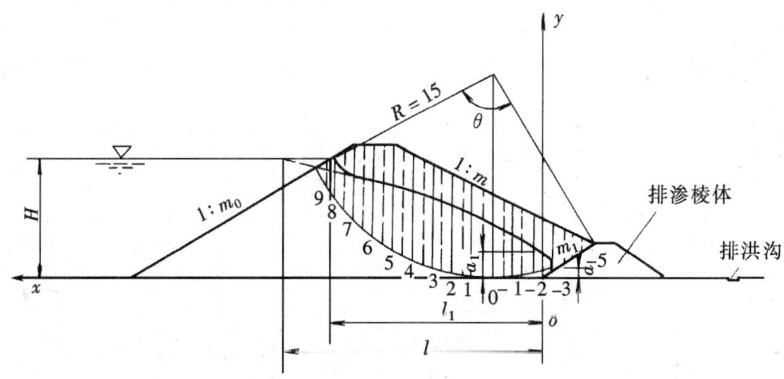

图10-32　围堤和排渗棱体剖面

1. 围堤单宽流量

$$q = k(\sqrt{l^2 + H^2} - l) \tag{10-90}$$

式中　k——围堤压实土渗透系数取2×10^{-4}m/s；

H——围堤前水深取9m；

l——化到渗透长度按$l_1 + m_0H/(2m_0+1)$计算，见图10-32 $m_0 = 1.75$，$l_1 = 16.3$m，算出$l = 19.8$m；

代入式（10-90），求得$q = 3.9\times10^{-4}\text{m}^3/(\text{s}\cdot\text{m})$。

2. 计算浸润线

参见图10-32中的坐标，按式（10-91）计算浸润线方程：

$$y = \sqrt{a_1^2 + 2a_1x} \tag{10-91}$$

式中　a_1——图10-32中的截距，为$q/k = 3.9\times10^{-4}/2\times10^{-4} = 1.95$m，简化后

$$y = \sqrt{3.8 + 3.9x} \tag{10-91a}$$

3. 浸润线在排水棱体处的逸出高度

$$a = q/(2k\sqrt{1+m_1}) \tag{10-92}$$

式中　m_1——排水棱体上游边坡系数为1.5。

代入式（10-92），求得$a = 3.9\times10^{-4}/6.3\times10^{-4} = 0.62$m。绘成浸润线见图10-32。

（二）计算围堤稳定性

$$K = (\Sigma W_i \cos a_i \mathrm{tg}\phi + cL)/\Sigma W_i \sin a_i \tag{10-93}$$

式中 K——围堤外坡稳定安全系数；

W_i——土条重，浸润线以上按湿容重，取 $\gamma_s = 16\mathrm{kN/m^3}$；浸润线以下的滑动力和抗滑力分别取饱和容重 $\gamma_b = 19.5\mathrm{kN/m^3}$ 和浮容重 $\gamma_f = 9.5\mathrm{kN/m^3}$；

a_i——过各土条中线的滑弧半径与过滑弧圆心的法线间的夹角，(°)；

L——滑弧长度，m；

c 和 φ——总应力抗剪内聚力和摩擦角取 10kPa 和 20°。

计算最危险滑弧圆心示于图 10-32，滑弧半径 $R = 15\mathrm{m}$，其夹角 $\theta = 36°$，滑弧长度 $L = \pi R\theta/180 = 25\mathrm{m}$。按表 10-12 计算安全系数。

表 10-12 滑动力和抗滑力计算表

土条	土条高（m）		土条重			$\sin a_i$	$\cos a_i$	滑动力	抗滑力
	h_1（润线下）	h_2（润线上）	W_f $h_1\gamma_f b$	W_b $h_1\gamma_b b$	W_s $h_2\gamma_s b$			$(W_b + W_s)\sin a_i$	$(W_f + W_s)\cos a_i$
0	4.3	2.3	61.3	125.8	55.2	0	1	0	116.5
1	4.5	2.3	64.1	131.6	55.2	0.1	0.995	18.7	118.7
2	4.8	2.5	68.4	140.4	60.0	0.2	0.980	40.1	125.8
3	5.0	2.8	71.3	146.3	67.2	0.3	0.954	64.1	132.1
4	4.8	2.8	68.4	140.4	67.2	0.4	0.916	83.0	124.2
5	4.7	3.2	67.0	137.5	76.8	0.5	0.866	107.2	124.5
6	3.8	2.8	54.2	111.2	67.2	0.6	0.800	107.0	97.1
7	2.8	2.5	39.9	81.9	60.0	0.7	0.713	99.3	71.2
8	2.5	0	35.6	73.1	0	0.8	0.600	58.5	21.4
9	1.0	0	4.8	9.8	0	0.88	0.475	8.6	2.2
-1	2.8	2.3	39.9	81.9	55.2	-0.1	0.995	-13.7	94.6
-2	1.8	2.5	25.7	52.7	60.0	-0.2	0.980	-22.5	84.0
-3	0.5	3.0	7.1	14.6	72.0	-0.3	0.954	-26.0	75.5
-4	0	2.3	0	0	55.2	-0.4	0.916	-22.1	50.6
-5	0	0.8	0	0	12.8	-0.47	0.883	-5.1	11.3
Σ								497.1	1249.7

代入式（10-93），求得 $K = (1249.7\mathrm{tg}20 + 10 \times 25)/497.1 = 1.42$。

（三）围堤防洪措施

建在河滩上围堤的迎河堤坡须采取防洪措施。设计洪水高程低于图 10-32 所示排渗棱体顶面以下 1m，不必采取防洪措施；设计洪水高程较高时，应在洪水位以上 1m 范围内，即在排渗棱体顶面以上的堤坡上压填厚度 0.2m 的碎石或卵石，再加干砌块石层 0.3m。其他部位护面与山谷水力贮灰场的初期坝下游坡相似。

二、斜槽型排水建筑

钢筋混凝土斜槽型排水建筑设在排灰口对侧的围堤处，包括斜槽排水口、消力池、排水管和排洪沟等，排水口上的宽 0.4m 左右的预制盖板用来调节澄清区水域。本节略去结构内力部分。

若电厂设计输入平地水力贮灰场的粉煤灰为 100×10^4t/a，灰水比为 1:5，相应输灰量为 2740t/d 或流量 $Q_1=13700\text{m}^3/\text{d}$ 或 $0.159\text{m}^3/\text{s}$；规划输水量增加 1 倍，即 $Q_2=27400\text{m}^3/\text{d}$ 或 $0.318\text{m}^3/\text{s}$。现按规划输水量计算斜槽排水如图 10-33 ~ 图 10-35 所示。

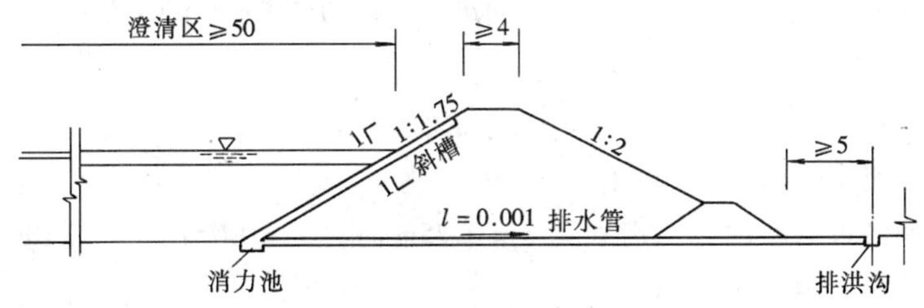

图 10-33 斜槽型排水建筑示意（m）

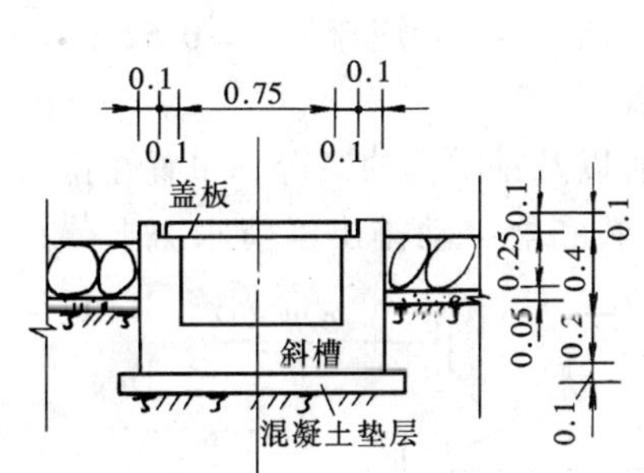

图 10-34 斜槽剖面（m）

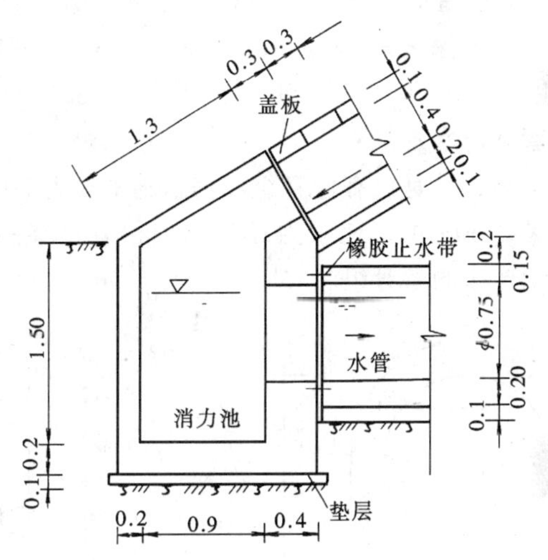

图 10-35 消力池结合处示意（m）

1. 排水口水力计算

$$Q = mb\sqrt{2g}H^{15} \quad (10\text{-}94)$$

式中 Q——排水流量取 $0.318\text{m}^3/\text{s}$；

m——流量系数取 0.42；

H——盖板顶上水头，m。

代入式（10-94），求得 $H=0.37$m。

2. 排水圆管水力计算

$$Q = AK_0\sqrt{i} \quad (10\text{-}95)$$

式中 Q——排水流量同式（10－94）；

i——排水圆管坡降，见图 10-33 为 0.001；

K_0——排水管完全充水时的特性流量，试取管径 $d=0.75$m，算出过水断面 $\omega_0=0.442$m，湿周 $x_0=2.356$m，水力半径 $R_0=\omega_0/x_0=0.188$，粗糙系数 $n=0.014$，查谢才系数表 $c_0=54.61$，求得 $K_0=\omega_0c_0\sqrt{R_0}=10.466\text{m}^3/\text{s}$；

A——排水管在各种充水深度 h（m）时的系数，h 从排水管径 d 的 0.6、0.65、0.70、

0.75 和 0.80 倍时的 A 值分别为 0.67、0.75、0.83、0.91 和 0.98，中间值用内插。

试取 $h_0=0.78d=0.585$，插算出 $A=0.95$，代入式（10-95）求得 $Q=0.95\times 10.466\sqrt{0.001}=0.314\text{m}^3/\text{s}\approx 0.318\text{m}^3/\text{s}$。说明排水管内充水深度 $h=0.78\times 0.75=0.585\text{m}$，如图10-36所示。

规划输水流量 $Q=0.318\text{m}^3/\text{s}$ 时的相应过水断面 $\omega=0.376\text{m}^2$，流速 $\nu=Q/\omega=0.846\text{m/s}$。

3. 排洪沟水力计算

$$Q=\omega c\sqrt{Ri} \tag{10-96}$$

式中 Q——排洪流量暂取式（10-94）；

ω——排洪沟过水断面，当沟底宽 $b=0.75\text{m}$ 时，$\omega=0.75h$，如图 10－37；

i——排洪沟坡降取 0.005；

R——水力半径，为 $0.75h/(0.75+2h)$；

c——取粗糙系数 $n=0.017$ 时，谢才系数 c 直接查表。

试取排洪沟水深 $h=0.81\text{m}$ 时，$\omega=0.61\text{m}^2$，$x=2.37\text{m}$，$R=0.61/2.37=0.257$，查谢才系数表 $c=45.53$。代入式（10-96）求得 $Q=0.315\text{m}^3/\text{s}\approx 0.318\text{m}^3/\text{s}$。相应流速 $\nu=0.52\ \text{m/s}$。

三、弯管型排水建筑

弯管型排水建筑是设有弯管组和消水池的竖井、排水管以及排洪沟的组合，布置在排灰口对侧离围堤约 50m 的平地水力贮灰场内，有足够的抗浮性和能自动排出澄清水。本节只阐述竖井和相连接的弯管组。

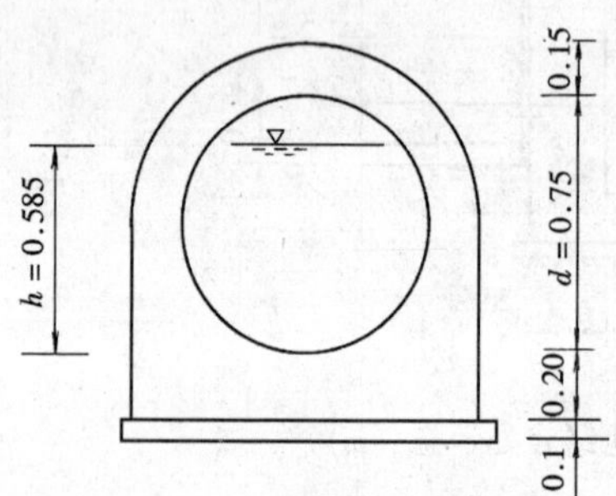

图 10-36 排水管充水示意（m）

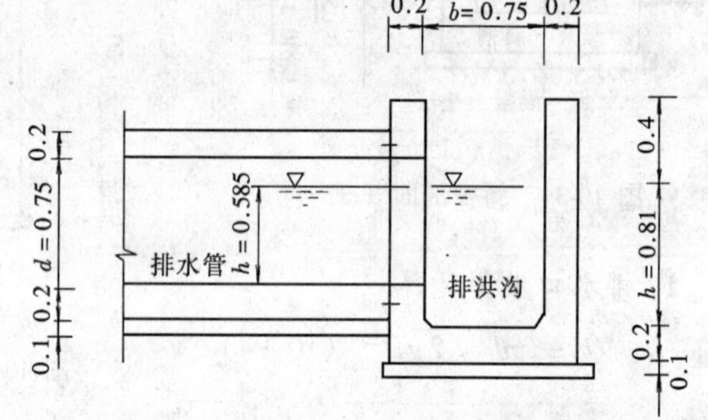

图 10-37 排洪沟与排水管交结图（m）

（一）弯管组在竖井上的布置

竖井内外需设钢爬梯，对于粘土地基宜在下层弯管下沿井壁内预埋 ϕ15mm 塑料管节，外裹两层土工布，以适当加大排渗能力。

表 10-13 弯管组初选表

n \ Q (m³/s) \ d (mm)	53	75	94	113	131	142	158
6	0.03	0.08	0.10	0.14	0.18	0.22	0.26
8	0.04	0.10	0.12	0.18	0.25	0.30	0.38
10	0.05	0.12	0.16	0.23	0.32	0.38	0.47
12	0.06	0.15	0.20	0.28	0.37	0.45	0.55

钢弯管以相隔 0.5m 分层安装，每层弯管数量与管径 d 和流量 Q 相关，如表 10-13 所示。初选管组后再进行水力计算。例如：设计流量 $Q=0.159\text{m}^3/\text{s}$，可在表中选 6 根 $d=113\text{mm}$ 的弯管；规划流量 $Q=0.318\text{m}^3/\text{s}$，可选 12 根 $d=113\text{mm}$ 的弯管。即先后用 6 根（示于图 10-38），后再用其余 6 根弯管（未示出）。弯管与井壁结合处的剖面如图 10-39 所示。

（二）弯管水力计算

$$Q = 2.7 n\omega \Sigma H_i \tag{10-97}$$

式中　Q——运行弯管组近似排水流量，m^3/s；

n——每层弯管数量 6 个；

ω——一个弯管的净过水断面，当 $d=113\text{mm}$ 时，$w=0.01\text{m}^2$；

H_i——竖井处沉积粉煤灰面上水位离各层管中心高差。

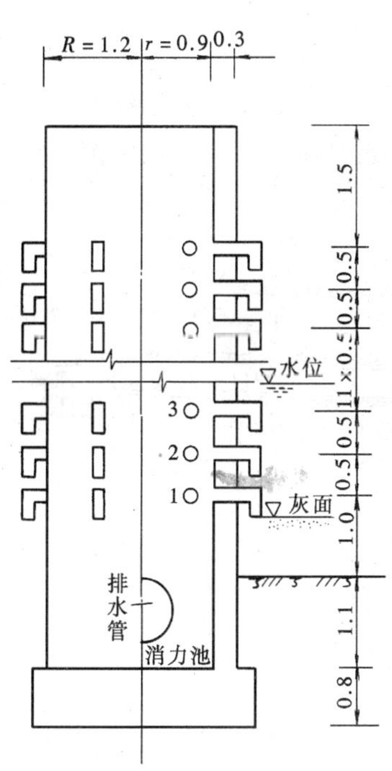

图 10-38　弯管竖井布置示意（m）

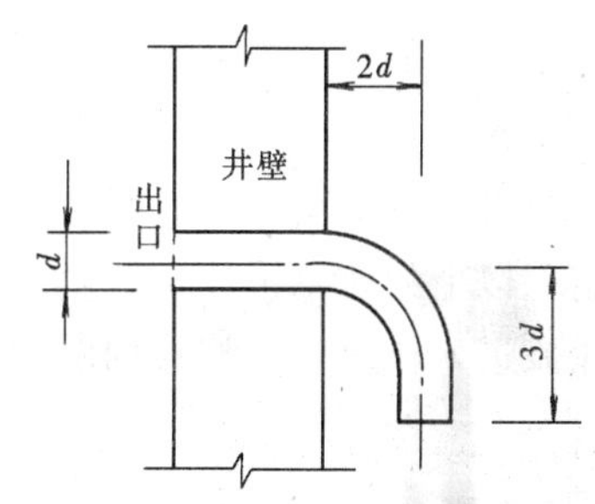

图 10-39　弯管剖面

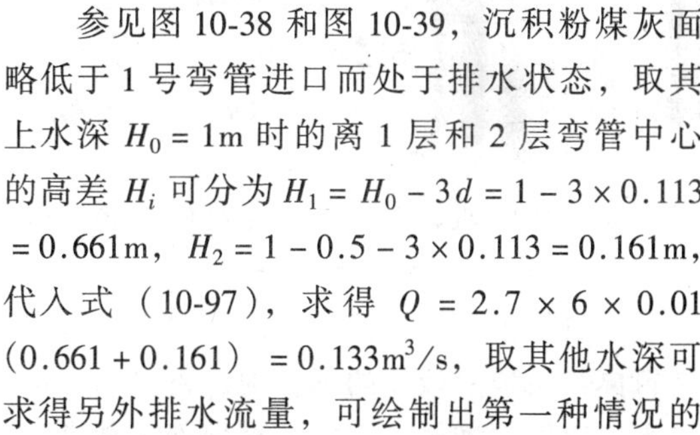

弯管水力计算分别以下两种情况。

1. 第一种情况

参见图 10-38 和图 10-39，沉积粉煤灰面略低于 1 号弯管进口而处于排水状态，取其上水深 $H_0=1\text{m}$ 时的离 1 层和 2 层弯管中心的高差 H_i 可分为 $H_1=H_0-3d=1-3\times0.113=0.661\text{m}$，$H_2=1-0.5-3\times0.113=0.161\text{m}$，代入式（10-97），求得 $Q=2.7\times6\times0.01(0.661+0.161)=0.133\text{m}^3/\text{s}$，取其他水深可求得另外排水流量，可绘制出第一种情况的 $H_0\sim Q$ 关系曲线如图 10-40 所示。

2. 第二种情况

沉积粉煤灰面略高于 1 号弯管进口而处于不排水状态，仍取其上水深 $H_0=1$ 时的离 2 层弯管中心的高差 $H_i=1-3\times0.113-0.5=0.161\text{m}$，代入式（10-97），求得 $Q=2.7\times6\times0.01\times0.161=0.03\text{m}^3/\text{s}$。取其他水深也可求得另外排水流量，可绘制出第二种情况的 $H_0\sim Q$ 关系曲线也示于图 10-40。

3. 综合分析

分析图 10-40，当设计排水流量 $Q=0.159\text{m}^3/\text{s}$ 时，第一种情况水深 $H'_0=1.1\text{m}$，相当于澄清水面 55m；第二种情况水深 $H''_0=1.6\text{m}$，相当于澄清水面 80m。运行中在以上两种情况间交替变化。规划流量的 $H_0\sim Q$ 曲线用同法计算。

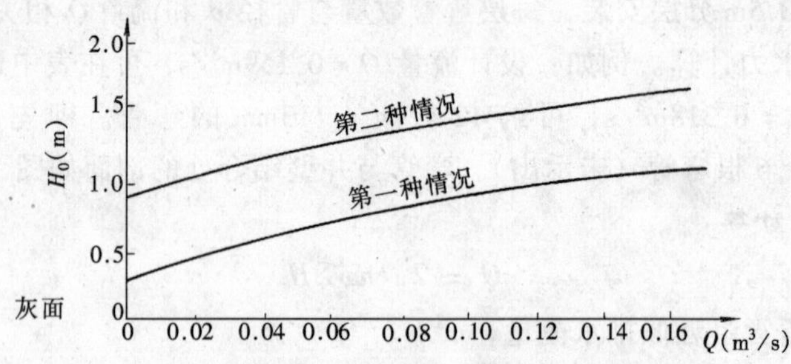

图 10-40 两种情况 $H_0 \sim Q$ 曲线

第五节 干贮灰场建筑

一、建筑特点

解决防洪问题的山谷干贮灰场会与平地干贮灰场相近。山谷干贮灰场型式多样，若堆筑体终点高程以上的两侧山坡筑截洪沟，将山洪径流引向拦洪坝上游，仅截洪沟高程以下的小量山洪迳流进入作业区的型式如图 10-41 所示。

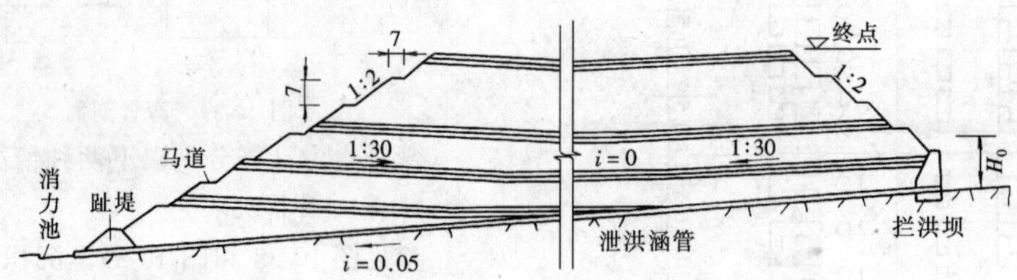

图 10-41 山谷干贮灰场主剖面示意（m）

（一）植树防尘

在作业区四周形成一定宽度的植树防尘带。

（二）疏散山洪迳流

堆筑体上游坡与马道交接处的钢筋混凝土截洪沟，以 1×10^{-3}坡将汇集的洪水迳流引向堆筑体与山坡交接处的截洪沟，再排向拦洪坝前；下游坡与马道交接处的截洪沟，将汇集的洪水迳流引向堆筑体与山坡交接处的截洪沟，再排向趾堤下游的消力池。

堆筑体终点高程以上的两侧山坡等高线附近，各筑一条由下游向上游，坡度为 1×10^{-3} 的截洪沟，筑在清基后的基岩上，用水泥和当地砂石浇筑，过水断面取 1m 见方，将山洪迳流引向拦洪坝外的山沟内。只有截洪沟以下的小量山洪迳流进入作业区。

（三）堆筑体坡度

堆筑粉煤灰体具有较大抗滑力，为机具通往又需较宽的马道，取 1:2 的净坡和 1:3 的平均坡，已有足够的稳定性。

（四）拦洪坝和防洪

拦洪坝是一座马道边的浆砌石挡土墙，高宽可取 2:1，中间筑泄洪涵管进口，两侧与清基后的山坡紧密连接，底部坐落在基岩上。拦洪坝只需数米高，为防御低频率的洪水。设计频率洪水由调洪计算确定防洪措施。

（五）作业区和趾堤

拦洪坝和趾堤间是作业区，泄洪涵管两侧压填1m厚的炉碴，与按初期透水土石坝建筑的数米高的趾堤连接，形成大范围的排渗体。堆筑初期的小量山洪迳流通过排渗体引向趾堤下游。随着堆筑加高，小量山洪迳流移向堆筑体中部，渗入粉煤灰体。而不影响堆筑体上下游段高区的正常作业。

二、堆筑粉煤灰体

（一）正常情况下的堆筑

1. 运灰和碾压

从电厂贮灰罐出灰口的搅拌机处，用密封式载重罐车运往贮灰场的调湿灰，含水量不要超过最优含水量，否则在运输过程中会粘结在运输工具上，或析水和结成团块。

用载重罐车在作业区卸灰后，用推土机铺成试验厚度的灰层，用振动压路机、齿槽或边角处用手扶振动压路机按试验遍数进行碾压。压缝和搭接要互相错开。为提高抗风能力，首遍不振压碾压，中间各遍为振动碾压，末遍为不振动碾压，要求压实系数大于0.9。

要估计当天用灰量，确定由边坡向中心以1∶30坡度进行分层碾压的范围，碾压到一定厚度时，即在整平的外坡或马道上由里向外用厚0.5m压填土、0.1m碎石和0.25m干砌片石进行平整护面。

多数调湿灰在碾压中不断降低表层含水量，当降低至最优含水量50%以前，要进行喷洒，使洒水深度达到7mm左右。暂停堆筑区表层要随含水量降低进行喷洒。暂停上灰时间较长，为减少喷洒次数，也可洒布聚醋酸乙烯或羧甲基纤维素钠水溶液，配置浓度均为0.1%至0.06%，洒布深度1.5～2.5mm。喷洒一次粘结剂形成的薄壳，在无外力破坏情况下，可抗御6至7级间8级大风5d左右。

风速大于4m/s时，应能自动洒水，使作业区内环境空气的总悬浮颗粒物的最高浓度小于10mg/m^3；作业区周围环境空气的总悬浮颗粒物（TSP）的日平均浓度小于0.5mg/m^3。

上下游堆筑体按等高程加筑和不留缺口，如留缺口汛前恢复，与山坡交接处的堆筑碾压质量要倍加注意。

2. 设备维护要点

各种设备均按相应说明书进行使用和维护，尤其对运灰罐车要经常润滑各转动部件和及时加添润滑油，每半年检查一次罐壁和各转动件的磨损情况，当局部罐壁厚度小于2mm时要进行修复。

加油装置和油罐要配备专用灭火器和专人看管。

喷洒用水池要有足够水深并防止杂物堵塞吸水口和进入水泵，冬季停泵时将余水放尽。

（二）汛期堆筑

汛前检查所有截洪沟、堆筑体与山坡交接处、拦洪坝、趾堤等处有无隐患，泄洪涵管有无堵塞，上下游堆筑体是否在同一高程，下游是否畅通，并准备必要的人力物力。

对于1∶30的堆筑体表层，降雨不会产生迳流，渗入后的含水量在40%～45%之间而不会液化，载重罐车和振动压路机仍能正常作业。两侧山坡的小股山洪迳流进入作业区后，会在深处形成浅层积水和冲刷沿山坡的局部浅层灰体，数小时渗尽积水后再压填。

（三）冬季堆筑

适当降低含水量至20%左右，采取快运、快卸、快铺和快压的连续作业，防止压前冻

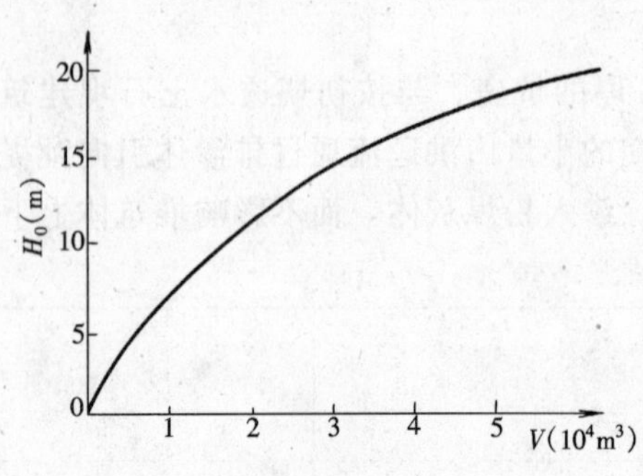

图 10-42 拦洪坝前 $H_0 \sim V$ 曲线

结，一般仍能达到压实系数 0.9 的要求。但解冻后的压实粉煤灰抗剪强度会降低，应尽量选在堆筑体的中部。

三、调洪和防洪

（一）计算资料

作为算例取以下资料：图 10-21 所示的洪水过程线，泄洪管直径为 1.2m，任意取拦洪坝前的水头 H_0 和蓄洪容积 V 的关系如图 10-42 所示。

（二）水头 H_0～泄洪流量 Q 的关系

分别按无压流、半压力流和压力流进行计算：

$$Q_1 = m\sigma_n b\sqrt{2g}H_0^{1.5} \tag{10-98}$$

$$Q_2 = \mu_0\omega\sqrt{2g(H_0 - \beta h)} \tag{10-99}$$

$$Q_3 = \mu_H\omega\sqrt{2g(H_0 + il - 0.85h)} \tag{10-100}$$

式中 Q_1、Q_2 和 Q_3——分别为无压流、半压力流和压力流，m^3/s；

m——流量系数，喇叭型进口取 0.36，本例取 0.3；

σ_n——淹没系数，因泄洪涵管很长而取 1；

b——泄洪涵管宽度为 1.2m；

H_0——泄洪涵管进口即拦洪坝前的水头，m；

u_0——流量系数取 0.596；

ω——泄洪涵管过水断面积为 $1.131m^2$；

β——系数，取 $0.708-2i$，见图 10-41 为 $0.708-2\times0.05=0.608$；

h——泄洪涵管高度 1.2m；

u_H——系数，按 $\sqrt{1+\zeta+2gl/c^2R}$ 计算为 0.339；

l——泄洪涵管包括弯段的长度取 600m；

ζ——阻力系数取 1.22；

R——涵管压力流时的水力半径，湿周 $x=3.77$，$R=\omega/x=0.3m$；

c——谢才系数，取涵管粗糙系数 $n=0.011$ 时查取为 77.73。

代入式（10-98）～式（10-100）简化为：

$$Q_1 = 0.595H_0^{1.5} \tag{10-98a}$$

$$Q_2 = 2.986\sqrt{H_0 - 0.73} \tag{10-99a}$$

$$Q_3 = 1.699\sqrt{H_0 + 28.98} \tag{10-100a}$$

绘出 $H_0 \sim Q_1$、$H_0 \sim Q_2$ 和 $H_0 \sim Q_3$ 的相应曲线，它们相交于 oabc，其连线即为 H_0 与涵管泄洪流量 q 的关系曲线如图 10-43 所示。

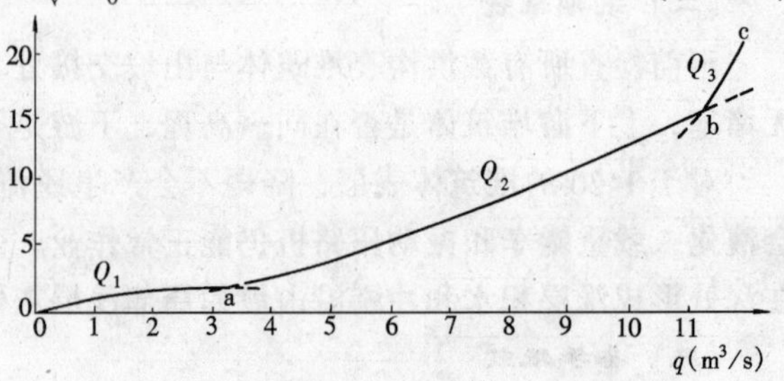

图 10-43 涵管进口 $H_0 \sim q$ 关系曲线

（三）$q \sim \left(V + \frac{1}{2}q\Delta t\right)$ 辅助曲线

通过图 10-42 的 $H_0 \sim V$ 关系曲线、图 10-43 $H_0 \sim q$ 关系曲线，以及图 10-21 洪水过程线以 $\Delta t = 650$s 的分段，算出不同 H_0 的辅助曲线如表 10-14 和图 10-24 所示。

表 10-14　$q \sim \left(V + \frac{1}{2}q\Delta t\right)$ 关系表

H_0 (m)	0	0.5	1.0	2.0	4.0	8.0	14.0	20
V (10^4m^3)	0	0.1	0.15	0.2	0.45	1.10	2.7	6.0
q (m^3/s)	0	0.6	1.0	2.0	4.8	7.5	10.8	11.9
$\frac{1}{2}q\Delta t$ (10^4m^3)	0	0.02	0.03	0.07	0.16	0.24	0.35	0.39
$V + \frac{1}{2}q\Delta t$ (10^4m^3)	0	0.12	0.18	0.27	0.61	1.34	3.05	6.39

（四）调洪计算式

通过洪水过程线图 10-21、水头与蓄洪容积曲线图 10-42、辅助曲线图 10-44 和水头与泄洪流量曲线图 10-43，即可按式（10-67）用表 10-15 的格式进行调洪计算。

表 10-15　调洪计算表

Δt (650s)	Q (m^3/s)	$\overline{Q}$ (m^3/s)	$\overline{Q}\Delta t$ (m^3)	$V + \frac{1}{2}q\Delta t$ (m^3)	q (m^3/s)	$V - \frac{1}{2}q\Delta t$ (m^3)	H_0 (m)
0	0			0	0	0	0
		3.0	1950				
1	6.0			1950	0.18	1833	0.1
		23.8	15470				
2	41.6			17303	8.4	11843	8.0
		27.8	18070				
3	14.0			29913	10.8	22893	14.0
		11.0	7150				
4	8.0			30043	10.8	23023	14.0
		6.0	3900				
5	4.0			26923	10.3	20228	12.5
		3.0	1950				
6	2.0			22178	9.3	16133	10.5
		1.5	975				
7	1.0			17108	8.2	11778	8.5
		0.5	325				
8	0			12103	7.0	7553	6.5
		0	0				
9	0			7553	5.1	4238	3.5
		0	0				
10	0			4238	3.7	1833	2.0
		0	0				
11	0			1833	1.7	728	1.5
		0	0				
12	0			728	0.8	208	1.0

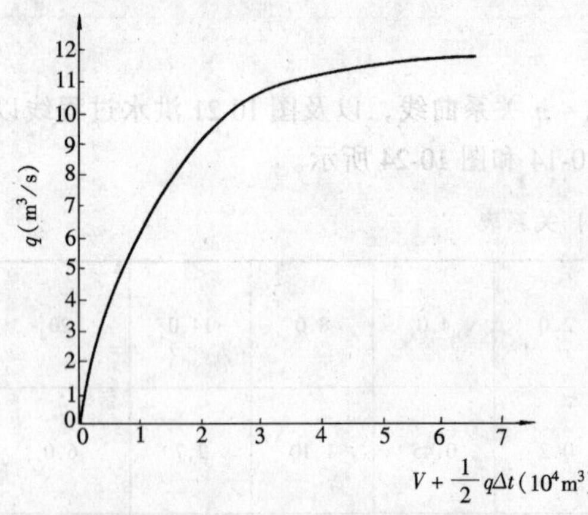

图 10-44 $q\sim(V+\frac{1}{2}q\Delta t)$ 曲线

（五）调洪特点和防洪

本节是应用流域面积只有 0.5km² 的设计频率洪水过程线和直径 1.2m 泄洪涵管的调洪计算。从表 10-15 可见，拦洪坝前的调洪水头在 0.5h 后升至 14m，2h 又降至 1m。而山谷干贮灰场的流域面积达数平方公里时，不得不改变泄洪管径。以下只从本例来分析防洪。

1. 加固上游坡堆筑粉煤灰体

调洪水头以下的堆筑体护面由内至外改用厚 2m 的压填土、厚 0.2m 的碎石和 0.3m 的干砌石。

2. 上游防洪

调洪水头升高，应考虑淹没区的影响。

3. 下游防洪

由表 10-15 可见，涵管最大泄洪流量为 10.8m³/s，出口流速为 9.5m/s，作为下游防洪依据。

4. 泄洪涵管构造

由图 10-43 可知，调洪水头达到 14m 时，涵管已处于压力流状态，各段涵管接缝的止水带应注意防洪效果；预防小口径泄洪涵管口的堵塞。

参考文献

1 张亿则．十里沟粉煤灰坝技术总结，岩土工程学报．1988 年，10（5）：128～131
2 张亿则、王济盛、韩叔禾．石庄头灰坝稳定性评价．电力建设．1988 年，19（2）：57～61
3 李美琦，王冶平．粉煤灰的沉积规律及其对物理力学特性的影响．岩土工程学报，1988 年，10（5）：55～58
4 陈愈炯，俞培基，李少芬．粉煤灰的基本性质，岩土工程学报，1988 年，10（5）：3～16
5 郦能惠．灰渣的贮放和利用，岩土工程学报，1988 年，10（5）：17～32
6 张亿则．贮灰场弯管排水和渗流，电力建设，1991 年，12（9）：19～22
7 北京有色冶金设计院等．尾矿设施设计参考资料．北京，冶金工业出版社，1980 年，177～619
8 王余庆，辛鸿博．中国尾矿坝地震安全评价新进展，海峡两岸土力学及基础工程地工技术学术研讨会论文集，西安，1994 年，328～335
9 辛鸿博，王余庆．高艳平，中国尾矿坝地震安全度（15）．工业建筑，1995 年，25（8）：43～46
10 张亿则．用一维简化动力法计算灰坝地震液化的研究．山西电力技术，1998 年，18（6）：57～63
11 张亿则．土工织物在灰坝中的应用，电力建设，1992 年，13（7）：35～38
12 浙江大学土木系等．简化建筑结构设计手册．北京：中国建筑工业出版社，1985 年，139～149
13 张亿则利用粉煤灰筑坝技术．粉煤灰．1999 年，11（3）：26～29
14 地质矿产部书刊编辑室．供水水文地质手册．北京：地质出版社，1983 年，3～4
15 张亿则．一维简化动力法计算灰坝抗震性，粉煤灰，2002 年，14（4）：28～32
16 张亿则，周成利．强震区山谷灰场排渗设计．山西电力技术，1998 年，18（5）：46～50
17 上海市政设计院．给水排水设计手册（第三册）．北京：建筑工业出版社，1986 年，229～243
18 山西省电力公司．发供电企业总工必读（第二册）．北京：中国电力出版社，2002 年，790～799

第十一章

脱硫灰渣的性能和应用前景

我国电力能源构成中火电占75.6%，其中又以煤电为主。每年动力煤消耗达4亿t，煤在一次能源消耗中占78%，是世界上最大的产煤和用煤国家。根据我国的资源构成和经济基础，未来50年里，中国一次能源消耗以煤为主的格局难以改变。但燃煤排放的SO_2、NO_X和CO_2对生态环境的污染已经引起世界各国的重视，为此以脱硫为主的洁净煤技术亦应运而生。发展脱硫等清洁能源生产技术，已成为当今能源产业乃至整个经济可持续发展的必由之路。

第一节　二氧化硫大气污染的危害与现状

大气环境中的二氧化硫主要来源于煤和石油等燃料的燃烧。有资料显示，来自燃料燃烧排放的二氧化硫对大气中二氧化硫浓度占90%，其他则来之于生产硫酸和金属冶炼时的黄铁矿燃烧、硫酸盐和亚硫酸盐的制造、橡胶硫化、冷冻、漂白纸浆和羊毛、丝等，以及熏蒸杀虫、消毒等过程的排放。其主要危害在于对人体健康的影响和导致酸雨等严重的生态环境破坏。

一、二氧化硫的理化特征

二氧化硫（SO_2）是具有辛辣及窒息性气味的无色气体。其熔点为－72.7℃，沸点为－10℃，常温下（25℃）在水中溶解度为8.5%，较易溶于甲醇和乙醇，溶于硫酸、醋酸、氯仿和乙醚。

二氧化硫是制备硫酸的主要原料，也可用作生产杀虫剂、杀菌剂、漂白剂和还原剂等。液化的二氧化硫是良好的溶剂，可用于精制各种润滑油，并可用作冷冻剂。

二氧化硫为中等毒类，易被粘膜的润滑表面吸收而产生亚硫酸，一部分进而氧化为硫酸。其对人体的影响主要是刺激上呼吸道，附在细微颗粒上也可影响下呼吸道，大量吸入可引起肺水肿、声带痉挛而窒息。空气中不同浓度的二氧化硫对人体的急性毒性见表11-1。

表11-1　空气中二氧化硫对人的急性毒性影响

浓度，mg/m^3	毒　性　影　响	浓度，mg/m^3	毒　性　影　响
5240	立即产生喉头痉挛、喉水肿而窒息	50	开始引起眼刺激症状和窒息感
1050～1310	即使短时间接触也有危险	20～30	立即引起喉部刺激的阈浓度
400	吸入5min的一次接触限值（试验数据）	8	也有10%的人可发生暂时性支气管收缩
200	吸入15min的一次接触限值（试验数据）	3～8	连续吸入120h无症状、肺功能的绝大多数主指标无变化
125	吸入30min的一次接触限值（试验数据）	1	大多数人的嗅阈

二氧化硫也是对植物危害较大的有毒气体之一，它主要通过气孔进入植物内部，导致叶片褪绿和叶脉间出现褐色斑块，并逐渐坏死，造成树枝尖端干枯及叶片过早凋落，损害植物的正常生长。

鉴于二氧化硫对人体健康和植物生长的危害，我国 GB 3095—1996《环境空气质量标准》对于不同地区大气环境中二氧化硫的浓度作了限定（见表 11-2）。

表 11-2　SO_2 在大气中的浓度限值（GB 3095—1996）(mg/m^3)

	一类地区	二类地区	三类地区
年日平均	0.02	0.06	0.10
日平均	0.05	0.15	0.25
一次值	0.15	0.50	0.70

二、酸雨形成机制

降水在形成和降落过程中，会吸收大气中的各种物质。如果酸性物质多于碱性物质，就会形成酸雨。硫酸根和硝酸根是酸雨的主要成分。

据有关资料表明，国外降水的化学组成中，硫酸根与硝酸根的比值逐年下降，目前约为 2:1。我国酸雨中的硫酸根占绝对优势。由表 11-3 中 7 个不同城市的降水化学分析可知，我国目前酸雨属硫酸型，这与我国的大气污染主要是二氧化硫污染相一致。

表 11-3　北京等城市 1983 年降水化学组分分析结果

观测站	降水化学组分 (μ eq/L)								
	SO_4^{2-}	NO_3^-	Cl^-	F^-	Ca^{2+}	NH_4^+	Na^{2+}	K^+	Mg^{2+}
北京	95.21	25.32	28.17	20.27	685.00	219.44	17.83	9.62	17.40
秦皇岛	119.56	23.38	184.22	20.04	64.50	105.55	62.39	10.13	16.47
西安	465.22	29.35	65.07	22.11	441.50	248.88	48.69	12.82	19.24
长春	51.95	20.64	10.98	18.16	23.25	151.11	8.91	7.17	2.62
重庆	312.40	29.03	14.65	12.63	72.50	71.11	11.74	11.23	9.03
贵阳	413.90	9.35	4.789	14.21	143.00	58.88	10.00	9.74	14.57
无锡	205.87	7.74	88.45	5.37	100.50	108.88	51.30	23.59	37.31

三、我国二氧化硫大气污染现状

（一）二氧化硫排放量

由于我国的能源结构决定了空气污染以煤烟型为主，1999 年国家环境统计公报显示（见表 11-4），二氧化硫是大气中排放量最大的污染物，远远超过烟尘和工业粉尘的排放量。二氧化硫排放总量在 1995 年达到最高峰 2370 万 t，2000 年仍达 2004 万 t，其中工业来源的二氧化硫占排放总量的 78%～80%，见表 11-5。

表 11-4　全国主要污染物排放量情况表

指　标	单位 t	1995 年排放量	1999 年排放量	2000 年计划排放量	1999 年比 2000 年计划目标（%）
二氧化硫	万 t	2369.53	1858	2460	75.5
烟尘	万 t	1743.57	1159	1750	66.2
工业粉尘	万 t	1731.15	1175	1700	69.1
化学耗氧量	万 t	2233.19	1389	2200	63.1

续表

指　标	单位 t	1995 年排放量	1999 年排放量	2000 年计划排放量	1999 年比 2000 年计划目标（%）
石油类	万 t	8.44	4.35	8.31	52.3
汞	t	27.01	10.93	26	42.0
镉	T	285.35	178.66	270	66.2
六价铬	t	669.19	179.07	618	29.0
砷	t	1445.56	749.77	1376	54.5
铅	t	1699.81	889.24	1668	53.3
氰化物	t	3494.82	1510.60	3273	46.2
工业固体废物	万 t	6171.96	3881	5995	64.7

表 11-5　　二氧化硫排放总量

年　份	1995	1997	1998	1999	2000
SO_2 排放量总量（万 t）	2370	2346	2090	1858	2004
工业 SO_2 排放量（万 t）	1396	1852	1593	1460	1621
工业 SO_2 占比例（%）	58.9	78.9	76.2	78.6	80.9

国家环境保护总局在全国范围内的 101 个城市设点监测空气质量状况，1999 年统计数据表明，二氧化硫浓度超三类地区标准的严重污染城市仍占 14.9%，而达到生态保护区标准的城市仅占 25.7%。

（二）酸雨地区分布

根据近年来的国家环境公报提供的数据资料，我国酸雨分布区域广泛，主要分布在长江以南、青藏高原以东的广大地区及四川盆地。北方局部区域也出现酸雨。稳定的酸雨区域面积占国土面积的 30%，见图 11-1。

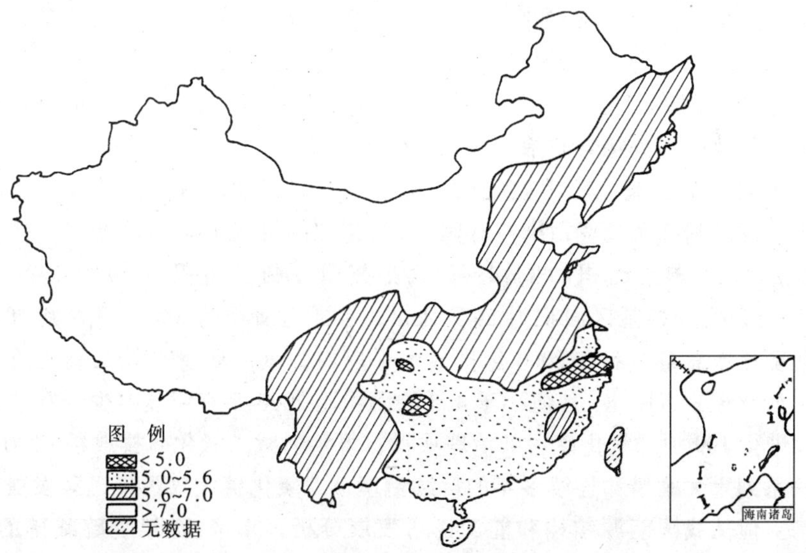

图 11-1　全国酸雨区域的分布

华中、华南、西南及华东地区存在酸雨污染严重的区域，其中华中酸雨区是全国酸雨污染最严重的区域，降水平均 pH 值低于 5，酸雨出现频率大于 70%。西南酸雨区污染也很严重，除重庆外，中心区域降水平均 pH 值低于 5，酸雨出现频率为 70%。中国已成为继欧洲、北美洲之后世界第三大酸雨区。

四、二氧化硫大气污染对经济发展的影响

空气中二氧化硫等酸性气体对材料、设备、建筑设施的腐蚀，增加了维修费用，缩短了使用寿命，投资效益大受影响。如嘉陵江大桥位于酸雨频率高、降水酸度高的重庆市，该桥的金属结构维护周期只有南京长江大桥的$\frac{1}{5}$，锈蚀速度高达每年 160μm，每年用于钢结构的维护费达 20 万元，超过南京长江大桥维护费的 4 倍。

酸雨对水体、植物和土壤等整个生态系统的影响是显著的。流域土壤和水体底泥中的金属在酸性严重时可被溶解进入水中毒害鱼类；水体酸化还会导致生物组成结构发生变化，耐酸的藻类、真菌增多，而有根植物、细菌和无脊椎动物减少，有机物的分解率降低。因此，酸化的湖泊、河流中鱼类减少，甚至绝迹。

酸雨还会抑制土壤中有机物的分解和氮的固定，淋洗与土壤粒子结合的钙、镁、钾等营养元素，使土壤贫瘠化。酸雨伤害植物的新生芽叶，影响其生长发育。据调查，西南地区针叶林大面积受害甚至死亡，如重庆南山马尾松死亡率达 46%，四川峨眉金顶的冷杉已有 40%死亡。重庆曾因酸雨致使 600hm^2 水稻全部枯死。

根据“七五”期间的调查结果，仅广东、广西、四川和贵州 4 省，每年因酸雨造成的经济损失高达 160 亿元，重庆市每年因酸雨造成经济损失达 5 亿～6 亿元。另有资料显示，酸雨曾使江苏、浙江等 7 个省 1.5 亿亩农田减产，年经济损失 37 亿元，森林受害面积 128 万 hm^2，果树损失 6 亿元，森林生态效益损失 54 亿元。1995 年全国因酸雨污染造成的经济损失总额达 1100 亿元，酸雨已成为一些地区制约经济可持续发展的重要因素之一。

五、二氧化硫污染治理的重大举措

二氧化硫污染对社会经济和生态环境的严重破坏已经引起我国政府的高度重视。1995 年 8 月，全国人大常委会通过了修订的《大气污染防治法》，把二氧化硫污染治理升格为立法高度；1996 年全国人大批准的《国民经济和社会发展“九五”计划和 2010 年远景目标纲要》中，把二氧化硫污染综合防治工作纳入国民经济和社会发展计划。

为了有效的遏制二氧化硫污染的增长态势，1995 年修订的《大气污染防治法》规定，设立“酸雨控制区和二氧化硫污染控制区”（简称“两控区”）。现已划定“两控区”的总面积为 109 万 km^2，占国土面积的 11.4%。其中酸雨控制区面积为 80 万 km^2 占国土面积的 8.4%；二氧化硫污染控制区面积为 29 万 km^2，占国土面积的 3%。规划到 2010 年，“双控区”二氧化硫排放总量控制在 2000 年排放水平以内，城市环境空气二氧化硫浓度达到国家环境标准，酸雨控制区降水 pH 值小于 4.5 的面积比 2000 年有明显减少。在“九五”期间投入 130 亿元进行 109 项二氧化硫污染治理项目，每年削减二氧化硫排放量 92 万 t。

通过一系列重大举措和连续多年的持续治理，二氧化硫大气污染迅猛发展的态势已得到有效的遏制。但从我国能源结构和能源需求发展分析，未来 50 年脱硫减排的压力相当大。这预示着脱硫治污产业将面临十分重大的发展机遇，而脱硫副产物的资源化和综合利用将成为脱硫产业发展的重要支撑。

第二节　脱硫的方法与典型工艺

燃煤脱硫的方法根据脱硫过程产生时段的先后，可分为燃烧前、燃烧中和燃烧后三大类。燃烧前称为煤炭脱硫主要有洗选煤、化学脱硫和煤炭转化等；燃烧中称为炉内脱硫主要有循环流化床和炉内伴烧脱硫等；燃烧后脱硫也称烟气脱硫，根据脱硫介质的湿度又可再分为湿法、干法和半干法。目前火电厂采用的主流脱硫方法为烟气脱硫。

一、二氧化硫脱除的方法原理

（一）煤炭脱硫

1. 洗选煤

洗选煤主要是利用煤中硫化物的物理特性，如密度、磁性、表面性质等，将硫铁矿和煤及矿石分开。目前应用最广泛的是重力洗煤法。即利用硫铁矿密度大（5.0）、煤的密度小（约1.3）的差异选出硫铁矿。洗煤法可去除原煤含硫量的40%～90%，其净化率取决于煤中硫铁矿的颗粒大小及其含量。

利用硫铁矿的表面性质，可加入起泡剂进行浮选；利用硫铁矿在强磁场下能转化为顺磁性物质，具有一定导电性，可进行磁选；还可利用硫铁矿吸收微波的性能进行分选脱硫。

日本、英国、加拿大等国为了控制二氧化硫污染，提高燃烧效率，动力煤全部经过洗选。

2. 化学脱硫

煤炭化学脱硫是把原煤破碎到一定程度，用溶剂萃取脱硫。一般以硫酸铁（三价铁）的水溶液作为溶剂，在50～130℃下处理，可以制得纯硫。萃取溶液在同温下吹氧进行氧化反应后可回收重复使用。其化学反应如下：

$$FeS_2 + Fe_2(SO_4)_3 + H_2O \longrightarrow FeSO_4 + S + H_2SO_4$$

$$O_2 + FeSO_4 + H_2SO_4 \longrightarrow Fe_2(SO_4)_3 + H_2O$$

化学法脱硫效率为80%，与煤的分子结构无关。能去除微细颗粒的硫铁矿。但能耗大，副产品 $Fe_2(SO_4)_3$ 是含硫量的7.3倍，回收利用较困难。

3. 煤炭转化

用气化和液化的方法进行煤炭的转化，可改变调节煤的碳氢比，提高煤的利用效率，将煤转化为二次清洁能源。

目前常用的煤气转化就是在高压下，用氧气作氧化剂进行固气转化的，并先后用湿法和干法去除煤气中的 H_2S。

（二）炉内脱硫

1. 循环流化床

循环流化床是在燃烧时向炉内喷射石灰石或白云石作流动脱硫介质，与煤粉混合在炉内进行多级燃烧。石灰石受热分解析出 CO_2，形成多孔的氧化钙与 SO_2 作用，生成硫酸盐，达到脱硫的目的，脱硫效率可达80%。其化学反应如下：

$$CaO + SO_2 + \frac{1}{2}O_2 \longrightarrow CaSO_4$$

$$CaCO_3 + SO_2 + \frac{1}{2}O_2 \longrightarrow CaSO_4 + CO_2$$

循环流化床的特点是燃烧温度低，一般在810～950℃，低于N_2O形成温度，NO_x释放也较少，且能适应于燃烧低劣煤种，所以受到国内外的普遍重视。但目前大容量循环流化床锅炉尚有技术障碍。国外投产运行的大型循环流化床锅炉，发电机组容量为25MW。

2. 炉内伴烧脱硫

炉内伴烧脱硫是在燃烧时投入碱性脱硫剂伴烧，吸收硫分。其脱硫化学反应与循环流化床基本一致。或者说循环流化床是炉内伴烧脱硫的一种成功特例。

炉内伴烧脱硫因脱硫剂的不同而衍生出许多系列的脱硫技术，如"煤净化燃烧及伴生物产品化"技术，是通过一定量的掺烧剂，使煤燃烧后灰渣的KH值与水泥熟料接近，通过速烧工艺，使物料在气固液悬浮反应状态下进行亲合燃烧，同时完成燃烧、降碳、固结脱硫、降低NO_x、CO_2以及类水泥熟料的煅烧过程。

这种技术对现有锅炉及系统设备不做改动，主要是根据选用的煤种和锅炉特性配制掺烧剂，并与煤混磨制粉，实现净化燃烧。这项技术在思路上有其新颖合理之处，目前尚处试验阶段。

（三）烟气脱硫

1. 吸收法烟气脱硫

吸收法是目前应用较广泛的主流烟气脱硫方法，主要有石灰石（石灰）—石膏法、氨吸收法、双碱法和金属氧化物等。

石灰石（石灰）—石膏是目前应用最广泛，技术最成熟的烟气脱硫方法。其主要原理是热烟气经石灰石浆或石灰浆洗涤生成亚硫酸钙，再经氧化形成人工石膏。主要化学反应如下：

$$2SO_2 + CaCO_3/CaSO\cdot 1/2H_2O + 7/2H_2O \longrightarrow 2CaSO_4\cdot 2H_2O + CO_2 + SO_2$$

$$SO_2 + CaSO_3\cdot 1/2H_2O + 1/2H_2O \longrightarrow Ca(HSO_3)_2$$

$$Ca(SHO_3)2 + O_2 + H_2O \longrightarrow CaSO_4\cdot 2H_2O + SO_3$$

$$SO_3 + CaSO_3 + 2H_2O \longrightarrow CaSO_4\cdot 2H_2O + CO_2$$

双碱法是以碱性酸铝作吸收液，吸收SO_2后再氧化成硫酸铝，然后用石灰与之中和再生出碱性硫酸铝循环使用，副产品为石膏。其主要反应为

$$Al_2(SO_4)_3\cdot Al_2O_3 + 3SO_2 \longrightarrow Al_2(SO_4)_3\cdot Al_2(SO_3)_3$$

$$2Al_2(SO_4)_3\cdot Al_2(SO_3)_3 + 3O_3 \longrightarrow 4Al_2(SO_4)_3$$

$$Al2(SO_4)3 + 3CaCO_3 + 6H_2O \longrightarrow Al_2(SO_4)3\cdot Al_2O_3 + 3CaSO_4\cdot 2H_2O + 3SO_2$$

氨气吸收法主要采用氨水吸收二氧化硫，经空气氧化后生成副产品$(NH_4)_2SO_4$，可用于制取氮磷复合肥。

主要化学反应如下：

$$2NH_4OH + SO_2 \longrightarrow (NH_4)_2SO_3 + H_2O$$

$$(NH_4)_2SO_3 + SO_2 + H_2O \longrightarrow 2NH_4HSO_3$$

$$NH_4HSO_3 + NH_3 \longrightarrow (NH_4)_2SO_3$$

$$2(NH_4)SO_3 + O_2 \longrightarrow 2(NH_4)_2SO_4$$

金属氧化物法是以MgO、ZnO等吸收二氧化硫。其副产品亚硫酸盐和硫酸盐在较高温度下可分解制取高浓度SO_2用于生产硫酸或单体硫。以MgO为例，其主要化学反应如下：

$MgO + H_2O \longrightarrow Mg(OH)_2$

$Mg(OH)_2 + SO_2 + 5H_2O \longrightarrow MgSO_3 \cdot 6H_2O$

$MgSO_2 + 1/2O_2 + 7H_2O \longrightarrow MgSO_4 \cdot 7H_2O$

2. 吸附法烟气脱硫

吸附法是采用比表面积较大的活性炭吸附烟气中的二氧化硫。其脱硫的主要过程是活性炭物理吸附烟气中的 SO_2、O_2 和 H_2O，然后在活性炭中产生下列主要反应：

$2SO_2 + O_2 \longrightarrow 2SO_3$

$SO_3 + H_2O \longrightarrow H_2SO_4$

$H_2SO_4 + nH_2O \longrightarrow H_2SO_4 \cdot nH_2O$

使用过的活性炭可通过还原法再生，即将有负载的活性碳粒通入 H_2S 气体，还原微孔内的 H_2SO_4，然后用蒸汽将硫从活性炭内解析出，使活性炭再生循环使用。

3. 催化氧化法烟气脱硫

二氧化硫的氧化是一个可逆的放热反应，其平衡常数随着温度的升高而下降，即二氧化硫的转化率随反应温度的降低而提高。但是温度降低后，化学反应的速度亦随之延缓。所以，可选用适当的催化剂来加速低温下的氧化反应。通常是选用钒催化剂，其化学反应如下：

$$SO_2 + \frac{1}{2}O_2 \xleftrightarrow{V_2O_5} SO_3$$

美国林氏科技公司的林炳华根据通量理论，提出先进林氏办法，即采用提高烟道气体温度变化率的方法，来提高二氧化硫的氧化速度，取代催化剂的作用，可使得脱硫成本大为降低。先进林氏办法小试已获成功，为催化氧化法烟气脱硫方法显示了光明的前景。

（四）其他方法

等离子体烟气处理脱硫经过 20 年的研究开发，目前已进入到一定规模的工业性应用。电子束辐照法（EB）是采用高能量电子束，使烟气中的 SO_2 和 NO_x 和水蒸气极化，提高活性，生成 H_2SO_4 和 HNO_3，再通过液氨洗涤生成氮肥 $(NH_4)_2SO_4$ 和 NH_2NO_3。脱硫率 $>90\%$，脱硝率 $>80\%$。

脉冲电晕法（PPCP）是通过脉冲电晕放电来促使极化反应，其脱硫脱硝原理与电子束辐照法基本一致，也已进行了工业性中试。

二、火电厂烟气脱硫的典型工艺

（一）双回路湿式洗涤脱硫工艺（DLWS 湿法）

DLWS 工艺以石灰石浆作为洗涤吸收剂，整个脱硫过程分为两个阶段进行，即上回路与下回路，如图 11-2 所示。两个阶段合成在一个吸收塔内。石灰石浆可单独引入上下回路，烟气沿切线方向进入吸收塔下回路，被冷却到烟气饱和温度，同时部分 SO_2 被石灰石吸收生成 $CaSO_4 \cdot 2H_2O$（石膏）。冷却的烟气进入吸收塔上回路的喷雾区，经充分洗涤，达到 SO_2 的最大吸收率，SO_2 转化为亚硫酸钙，经空气氧化后最终吸收产物为硫酸钙晶体（石膏）浆液，含固量为 15%。经脱水后，可根据应用要求形成商用石膏或抛弃型石膏。

DLWS 工艺的特点是上下回路的 pH 值可分别控制，上回路 pH 值（5.8～6.5）较高使 SO_2 的去除率达到最大，下回路 pH 值（4～5）较低，使石灰石易于溶解，吸收剂利用率提高，成本降低。系统脱硫效率可达 95%。

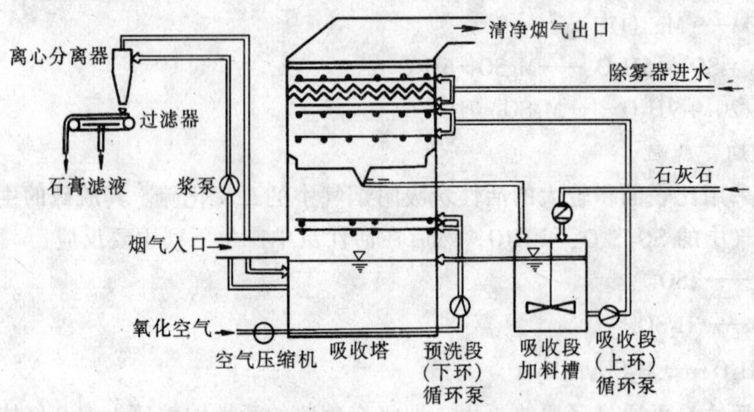

图 11-2 DLWS 双回路湿法脱硫工艺系统

（二）喷雾干燥脱硫工艺（SDA 半干法）

SDA 脱硫工艺以$Ca(OH)_2$浆液作脱硫吸收剂，通过离心转盘式雾化器或气流式雾化喷嘴使吸收剂在喷雾干燥吸收器内雾化。热烟气进入吸收器与雾化剂吸收接触后，同时发生三种传热传质过程：

(1) 酸性气体从气相进入液滴的传质过程；

(2) 被吸收酸性气体与溶解的$Ca(OH)_2$发生化学反应；

(3) 液滴内水分的蒸发。

吸收干燥后的产物（主要是 $CaSO_3 \cdot \frac{1}{2}H_2O$）与飞灰一起收集在吸收器的底部或集尘器中。工艺流程见图 11-3。SDA 工艺在理想的工况条件下，脱硫效率可达 80%～90%。其特点是副产物为固态，没有废水产生。但吸收剂 Ca $(OH)_2$ 价格较高，运行成本不低。

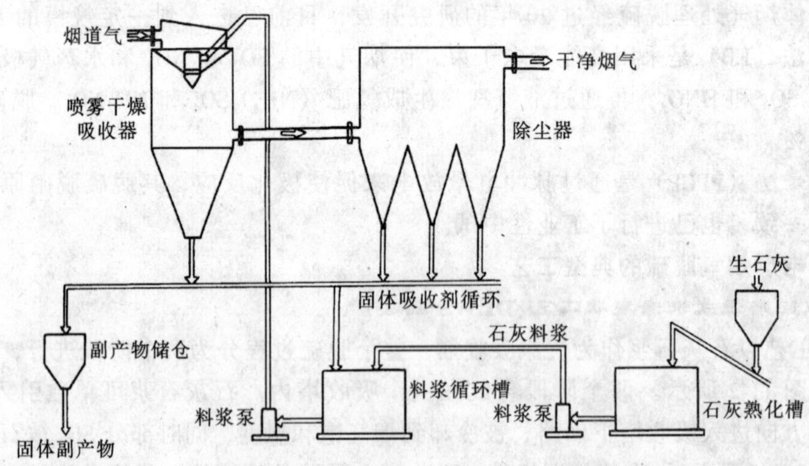

图 11-3 SDA 喷雾干燥脱硫工艺流程

（三）LIFAC 干法烟气脱硫工艺

LIFAC 脱硫工艺采用石灰石粉作为 SO_2 吸收剂。其脱硫过程分为两个阶段。第一阶段是炉内脱硫，石灰石粉由气力喷入炉膛内 850～1150℃区域，石灰石粉分解成 CaO 和 CO_2，部分 CaO 与烟气中的部分 SO_2 反应生成 $CaSO_4$。第二阶段活化器内脱硫，热烟气进入活化器雾化增湿，使烟气中未反应的 CaO 水合生成 Ca $(OH)_2$，并与烟气中的 SO_2 反应生成 $CaSO_3$。同时，部分 $CaSO_3$ 氧化为 $CaSO_4$。脱硫灰中未完全反应的 CaO，可通过部分脱硫灰返回活化器再循环加以利用，以提高吸收剂的利用率。LIFAC 的脱硫效率为 60%～85%，其工艺流程见图 11-4。

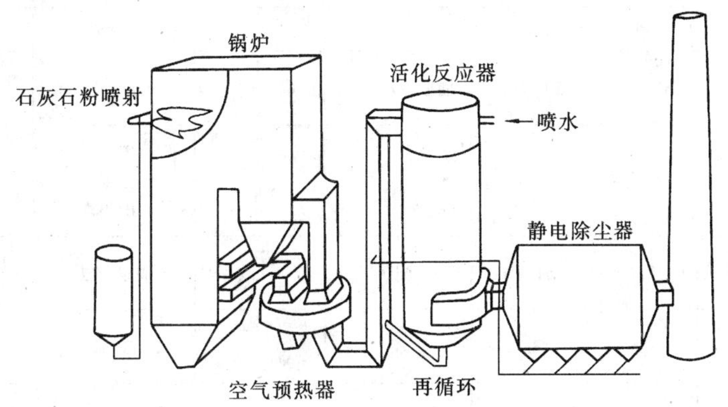

图 11-4 LIFAC 烟气脱硫工艺流程

LIFAC 工艺的特点是综合了炉内脱硫和喷雾干燥脱硫的优点，工艺较为简单，维护方便。但石灰石需加工成 40μm 以下的粉体，运行费用较高。

三、我国火电厂烟气脱硫试点工程

有关部门经过长期研究开发，在中小工业锅炉的炉内脱硫方面取得一定进展。100MW 级的循环流化床成套设备的研究已经突破。

在烟道气脱硫方面，“八·五”至“九·五”期间，电力部门利用国外引进技术，对常规石灰石石膏湿法、简易石灰石石膏、电子束辐照法，海水法，旋转喷雾干燥法和 LIFAC 法等多种脱硫工艺进行示范工程，见表 11-6。到 1998 年底，已经投入运行的脱硫机组容量达 1.68GW。尚有约 5.00GW 的机组正在建设或设计脱硫装置。

表 11-6　国内引进的 7 种烟气脱硫（FGD）试点工程主要情况简介

试点电厂	脱硫工艺	脱硫试点投产日期	设备供应商	脱硫烟气量 ($10^4m^1.b$)	烟气量相当于机组容量（MW）	脱硫率（%）	Ca/S
珞璜电厂	常规湿式石灰石法	1992 年 9 月 1993 年 4 月	日本三菱	2×108.72	720	95	1.02-1.05
太原一厂	高速平流石灰石湿法	1996 年 10 月	日本日立	60	150	80-85	1.1-1.2
黄岛电厂	半干法旋转干燥喷雾	1994 年 10 月	日本三菱	30	75	70-75	1.8
成都热电厂	电子束脱硫	1997 年 7 月	日本荏原制作所	30	75	>80	
内江高坝电厂	循环流化床	1996 年 9 月	芬兰奥斯龙	38	100	90-95	(2.88)
深圳西部电厂	海水脱硫	1993 年上半年	挪威 ABB	122	300	≥90	
南京下关电厂	LIFAC 活化反应器	1998 年 12 月	芬兰 IVD	64	250	70-75	2.5

从工艺技术角度分析，完全湿法脱硫工艺较为复杂，占地面积大，一次投资也比较高，根据示范工程的情况统计，其投资要高出干法脱硫工艺 1 倍以上。但是完全湿法工艺脱硫效率高，脱

硫副产品利用价值高，综合利用较易实现，且运行费用与干法工艺较为接近，见表11-7。

表 11-7 脱硫技术示范工程运转情况

项目内容	下关电厂	钱清电厂	黄岛电厂	巨化自备电厂	成都电厂	太原第一热电厂	珞璜电厂	深圳西部电厂
容量 MW	125	125	200	70	200	相当 200	360	300
处理烟量(m^3/h)		550，000	250，000	抽取 300，410	抽取 300，000	600，000		1100，000
燃料 Sy% Q_{DW}kj(kg)	0.92 20490	山西混煤		0.96 21902	2.04 21828	2.665 2547 山西煤	4.02 21604	0.63 22441 晋北煤
脱硫工艺	LIFAC	LIFAC	SDA	NID	EBA 电子束	简易湿法	石灰石—石膏法	海水法
系统脱硫效率(%)	75-80	≥65	70	80	$SO_2$80% NO_X10%	82-84	>80	>92
脱硫工程静态/结算投资(万元)	6883.5	4310	10860	1474.8	9430	18750	23446	18718/20000
单位千瓦投资元(kW)	550	344.8	1303.7	243	943	937.5	651	624
占地面积(m^2)			1840	650	4805	2542	(6000)	4500
吸收剂	石灰石	石灰石	生石灰	电石泥	液氨	石灰石	石灰石	海水
吸收剂耗量(t/h)	4.93	5.06	1.812 (297.1万元/a)	1.4	0.625	4.64	24	43200m^3/h
耗水量(t/h)	33	40	13.5 (12.5万元/a)	≤12.2	16	64.28	300	100t/1次月
耗气量(t/h)	—	—	(6.6万元/a)		2		10	
厂用电(kW/h)	960	1253	781 (158.4万元/a)	300+200	1900	2500	6415	3000
废水排放(t/h)	—	—	0	—	—	—	—	—
增加煤耗(t/h)	1.05	0.9	—	—	—	—	—	—
年运行费万(元/a)	928.5 (包括折旧2000)	793.94 (不含人工检修)	1850	204.89 (电石泥废物利用)	958.1	535.3	(7071)	3736
脱硫成本元(kWh)	0.0148	0.0157	0.040	-0.005	0.013	0.004 (不计算投资折旧还贷)	NO(Ⅰ期) (填料塔) (0.028)	(填料塔) 0.02
单位 SO_2 费元(t)	2349	2840.1	4486	422	1000	381	(2307)	5188
副产品	抛弃	抛弃	抛弃	抛弃	硫酸铵 硝酸铵	石膏灰多含水15%	—	—
备 注	抽热空气 35000 Nm^3/h t 320℃ 加热烟气	同左	抽取部分烟气(相当8.33万kW)	2000年底建成电石泥为巨化副产品	2470kg/h 副产品,含氯19.7%排放 NH_3<100PPm	副产品48万元/a(运行6000h)	15%烟气旁路,液柱塔	海水腐蚀性强

而干法工艺的优势在于一次投资较低，占地面积小，耗水量低，尤其适合一些采用中低硫煤的已建电厂改造工程。

根据我国地域辽阔，经济发展不平衡的特点，脱硫技术的应用也不可能统一模式。湿法、干法、半干法和循环流化床等方法均有各自的适应性和发展空间。

从示范工程的经济指标分析，一方面迫切要求进一步改进脱硫工艺，降低投资和运行成本，另一方面对脱硫灰渣资源化的需求亦显急迫性。

第三节　湿法脱硫石膏的基本特性和利用

目前欧美国家火电厂已投入的脱硫设备中，“石灰石（石灰）-石膏”法占80%以上。其脱硫副产品主要以硫酸钙及亚硫酸钙为主要成分，在常规湿法脱硫工艺中采用强化氧化及真空脱水技术，可以使副产品成为脱硫石膏，便于资源利用。

一、脱硫石膏的基本性能

脱硫石膏的主要成分为二水石膏（$CaSO4 \cdot 2H_2O$），其纯度在90%以上（干计）。初生态烟气脱硫石膏呈淡黄色粉状，颗粒较细，含水10%～15%。以干料中二水石膏含量而言，品位已优于我国大多数天然石膏，可作为一种重要的石膏资源。脱硫石膏含有的主要杂质为未反应掉的脱硫剂微粒（碳酸钙或氢氧化钙）以及极少量的细粒状粉煤灰。表11-8为脱硫石膏的化学分析结果。

表11-8　烟气脱硫石膏的化学分析结果举例（%）

	产地	CaO	SiO_2	Al_2O_3	SO_3	Fe_2O_3	MgO	烧失量	纯度
1	重庆洛璜	32.6	2.7	0.7	42.4	0.5	1.0	19.2	94
2	杭州半山				43.3				93

表11-9为利用天然石膏和脱硫石膏制作石膏胶凝材料的试验结果。试验结果表明：脱硫石膏的品位较高，用其制作建筑石膏的性能都优于天然石膏为原料的产品。用脱硫石膏为原料配制具有水硬性的石膏胶凝材料也显示了良好的发展前景。

表11-9　不同石膏制作石膏胶凝材料的试验结果

编号	原料	胶结材品种	标准稠度用水量%	初凝（min）	终凝（min）	抗折强度（MPa）	抗压强度（MPa）
1	山西天然石膏	气硬性建筑石膏	62	7	12	2.4	4.9
2	重庆洛璜	气硬性建筑石膏	60	7	12	3.6	8.4
3	山西热电	气硬性建筑石膏	56	6	12	3.3	9.1
4	杭州半山	气硬性建筑石膏	55	6	8	6.1	15.0
5	杭州半山	水硬性胶结材1	50	120	140	3.9	15.3
6	杭州半山	水硬性胶结材2	50	140	150	2.95	29.5
7	建筑石膏	水硬性胶结材		337	357	7.5	43.8

注　编号5～7用水泥胶砂软练强度试验法试验（石膏占胶凝材料总量约40%）。其余各组均用石膏法进行试验。

二、国外脱硫石膏利用概况

国外脱硫石膏主要应用领域是水泥和建筑石膏制造业。日本1997年脱硫石膏利用量为214.5万t，用于水泥和石膏板生产的占98%，见表11-10。

表11-10 日本FGD烟气脱硫石膏利用状况 （万t）

年度		1991	1993	1994	1995	1996	1997
供应量		201.6	224.6	245.4	213.6	212.7	214.5
利用领域	水泥	109.3	118.3	125.9	136.2	131.5	122.5
	石膏板	82.0	84.6	94.8	99.7	94.2	87.0
	合计	191.3	201.9	220.7	235.9	225.7	209.5

对生产水泥而言，有害杂质主要是$CaSO_3$和碳；对生产石膏板而言，其有害杂质主要是K、Na、Fe、Mg等水溶性无机盐或有机物。日本对脱硫石膏用于水泥和板材生产提出了相应的质量要求，见表11-11和表11-12。

表11-11 日本水泥用烟气脱硫石膏质量规格要求

项目	$CaSO_4·2H_2O$纯度（%）	$CaSO_3$（%）	灰分（%）	含水率（%）	粒径（μm）
指标	≥90	≤2	≤2	≤12	≥50（平均）

表11-12 石膏板用烟气脱硫石膏质量指标要求

质量指标	要求	质量指标	要求
$CaSO_4·2H_2O$，（%）	≥95	Cl，$\times10^{-6}$	≤300
SO_3含量（%）（dry）	≥44	pH值	5.5~7.5
灰分（%）	≤0.8	平均粒径（μm）	≥50
MgO，$\times10^{-6}$	≤800	含水率（%）	≤12
Na_2O，$\times10^{-6}$	≤400	湿态拉伸强度（MPa）	≥0.8

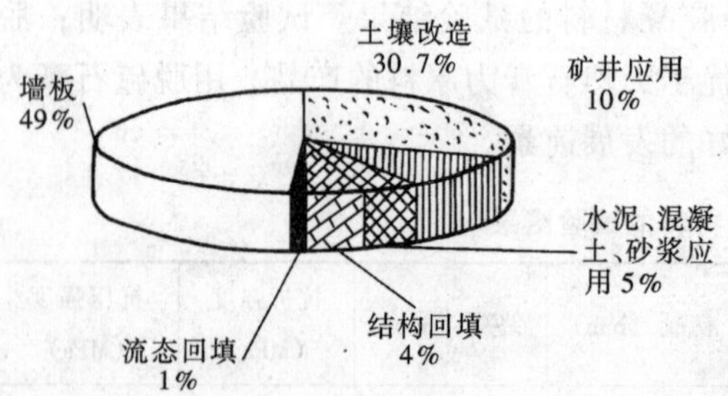

图11-5 美国脱硫石膏利用情况

此外，脱硫石膏还可用于生产石膏粉刷材料、石膏砌块、矿井回填材料及改良土壤等方面，如美国脱硫石膏49%是用于生产墙板，30%用于土壤改造，见图11-5。

三、我国脱硫石膏利用前景

（一）石膏在水泥工业的应用

我国2000年的水泥总产量已达3亿t，按掺加4%石膏作为调凝剂估算，需用石膏1200万t。据不完全统计，我国2000年天然石膏的产量为1370万t，所以生产的天然石膏88%都用于水泥工业。

烟气脱硫石膏技术上完全有可能取代天然石膏作为水泥调凝剂使用。此项技术的推广实施有助于节约天然石膏资源，降低石膏的运输成本。

（二）石膏建材产品发展潜力预测

处于发展中的石膏建材产品与传统建材（如：粘土制品、水泥制品）相比，具有以下特点：

(1) 石膏灰泥取代传统的石灰类或水泥类抹灰材料，具有轻质、防火、保温、隔热、吸音、调节室内空气湿度等功能，还具有粉刷层与各类基底粘结牢固、粉刷层表面光洁、不起壳、不开裂等特点。

(2) 石膏板、石膏条板、石膏砌块等石膏制品作为新型墙体材料具有轻质、收缩小、防火、隔热等功能。在我国每年墙体用砖数量中如用石膏制品取代1/10，便可节约烧砖用燃料约250万t标煤。使用石膏制品有助于推行《建筑节能设计标准》，实现《建筑节能标准》，仅中国北方便可节约取暖用煤约1500万t/a。

由于国家政策引导，进入21世纪，对新型墙体材料的需求，会从目前的占墙体材料总量的5%猛增至40%，尤其在大中城市，此比例会达到60%。假定石膏类墙体材料的发展比例定为墙体材料总量的5%，则年需求量将会达到12亿m^2，如用双层石膏板筑墙，则生产24亿m^2、平均厚度为10.7mm的石膏板，需原料石膏1776万t/a。

(3) 作为无机胶凝材料代替部分水泥使用是开发利用石膏类胶凝材料的另一重要方面。室内装潢可以用半水石膏为主要成分的石膏胶凝材料代替部分水泥使用；耐水的石膏—矿渣或石膏-粉煤灰胶凝材料可配制“流态”注浆材料用于土建或建筑装潢施工。如用新型石膏胶凝材料代5%的水泥，每年用量便可达1500万t，相应可节约制造水泥用的石灰石资源约1700万t/a，减少生产水泥用能约250万t/a标煤，减少二氧化碳排放量约1500万t/a。

(4) 据不完全统计，我国目前约短缺1亿m^3/a的木材，如用石膏板或其他石膏制品代10%的木材使用，直接产值即可达60亿元，石膏用量约为522万t/a。

从发达国家的现状看，石膏在无机胶凝材料用量中比例高达20%~30%，而我国仅为5%。因此，可以预测我国今后各类石膏的市场容量将达到5000万t/a。而目前市场天然石膏的供应量为1370万t/a，这就意味着脱硫石膏的市场前景可以达到2000万~3000万t/a。

我国天然石膏储量虽然比较丰富，但产地主要集中在山东、山西，而脱硫石膏作为地方资源，不仅品位高，而且运输距离短，只要采用适当的预处理工艺，稳定控制含水率，就能具有较高的市场竞争力。

第四节　LIFAC脱硫灰的性能与应用

LIFAC是目前欧美国家采用较多的干法脱硫工艺，我国南京下关电厂亦引进LIFAC脱硫工艺设备，现已正常运行，每年排放脱硫粉煤灰（以下简称脱硫灰）约12万t。中国城乡建设粉煤灰利用技术开发中心、上海市建筑科学研究院、南京工业大学、江苏省建筑材料研究设计院和南京下关电厂等单位均对LIFAC脱硫灰进行了性能和应用开发研究。南京下关电厂还委托南京工业大学和上海市建筑科学研究院编制了企业标准《用于水泥和混凝土中的LIFAC粉煤灰》，对于脱硫灰的资源化利用起到了积极的推动作用。

一、LIFAC脱硫灰的物理化学性能

LIFAC脱硫工艺是采用脱硫产物与粉煤灰混合排放的方式，因此，LIFAC脱硫灰的颗粒特征与普通粉煤灰相近，中位径约为10μm，粒径分布也与普通粉煤灰大致相同。真密度为2.6~2.7kg/L，堆积密度为0.8~1.0kg/L，颜色略浅于一般低钙粉煤灰。

芬兰INKOO电厂提供的LIFAC脱硫灰的化学组成中含有$CaSO_4$、$CaSO_3$、Ca$(OH)_2$、$CaCO_3$和$CaCl_2$等脱硫反应物和脱硫剂的残余物，见表11-13，含钙量较高，达到高钙粉煤灰的

水平。上海市建筑科学研究院对南京下关电厂的 LIFAC 脱硫灰的化学分析也有相似的结果，其总钙量达到 14.07%，但 $CaSO_3$ 含量很低，见表 11-14。

表 11-13 INKOO 电厂 LIFAC 脱硫灰主要组成（%）

组成	脱硫	稳定化后	组成	脱硫	稳定化后
飞灰	20~85	0~50	$CaSO_4$	6~13	7~17
SiO_2	~40	0~30	$CaSO_3$	1~8	0.5~2
AL_2O_3	~20	0~13	Ca（OH）$_2$	7~29	2~5
Fe_2O_3	~6	0~5	$CaCO_3$	1~15	5~9
K_2O	~2	0~2	$CaCl_2$	<2	0.5~2
MgO	~1	0~1			

表 11-14 下关电厂 LIFAC 脱硫灰化学组成（%）

名称＼项目	SiO_2	Fe_2O_3	Al_2O_3	CaO	MgO	SO_3	Na_2O	H_2O	f-CaO	烧失量	$CaSO_4$	$CaSO_3$	$CaCO_3$	Cl^-
含量（%）	48.52	8.00	7.61	14.07	1.12	1.88	0.32	1.10	9.63	4.28	3.19	0.08	2.36	0.41

南京工业大学采用 XRD、DSC、TG、FT-TR 和 SEM-EDS 等微观分析手段进一步研究了南京下关电厂 LIFAC 脱硫灰中钙的存在形态。LIFAC 脱硫灰经半小时水化反应后，通过差热分析就检出 Ca（OH）$_2$ 存在，表明，其中的 f-CaO 不是死烧石灰。LIFAC 脱硫灰的主要矿物组成除一般粉煤灰中常见的莫来石、石英晶相和 Si-Al-O 玻璃相外，还有部分未分解的石灰石、未被 SO_2 反应完的 CaO、Ca（OH）$_2$ 和少量脱硫产物硫酸钙。这些组成量虽少，但却使 LIFAC 脱硫灰性能发生一些变化，对其综合利用产生一定的影响。

LIFAC 脱硫灰由于化学组分的变化而使其需水量比有所增加，强度活性介于低钙粉煤灰和高钙粉煤灰之间，并且随颗粒度的减小呈现增长的趋势。与高钙粉煤灰不同的是，虽然其含有较高量的 f-CaO，但由于结晶度不高，水化较快，在水泥中的体积安定性良好，见表 11-15、11-16。

表 11-15 下关电厂 LIFAC 脱硫灰物理性能

试样＼项目	细度（%）（0.45mm 筛余）	需水量比（%）	安定性（mm）
下关电厂脱硫灰	22.4	108	1.0
下关电厂分选脱硫灰	6.3	102	0.5
上海某电厂Ⅱ级低钙灰	14.1	102	—
上海某电厂Ⅰ级高钙灰	8.5	93	1.0

表 11-16 下关电厂 LIFAC 脱硫灰强度活性

试样＼项目	抗压强度（MPa）		抗压强度比（%）	
	7d	28d	7d	28d
基准	53.4	72.6	100	100
下关电厂脱硫灰	34.7	49.8	65	69
下关电厂分选脱硫灰	40.2	55.9	75	77
上海某电厂Ⅱ级低钙灰	37.0	54.8	69	75
上海某电厂Ⅰ级高钙灰	46.0	68.8	86	95

二、LIFAC脱硫灰的应用开发

（一）用作水泥活性混合材

LIFAC脱硫灰作为水泥活性混合材，在早期强度效应显著地高于普通低钙粉煤灰，特别是在掺量小于20%时，其活性高于低钙粉煤灰30%以上，见表11-17；对水泥初凝时间的影响与低钙粉煤灰基本相同，但对终凝时间影响略大。可以认为这是LIFAC脱硫灰含有一定量的硫酸钙，是水泥中的石膏调凝剂含量增高的原因。因此，当采用LIFAC脱硫灰作水泥混合材时，可适当降低石膏掺量，即可调节水泥凝结时间，又能降低材料成本。

表11-17 下关电厂LIFAC脱硫灰作水泥混合材料试验

编号		配比（%）		测试结果							
		粉煤灰	水泥	安定性（mm）	标准稠度（%）	凝结时间（h:min）		ISO强度（MPa）			
						初凝	终凝	抗折强度		抗压强度	
								7d	28d	7d	28d
原状灰	A01	10	90	2.25	26.8	2:30	3:40	7.2	9.4	36.2	49.8
	A02	20	80	0.90	29.6	3:55	5:00	6.3	8.6	28.4	42.0
	A03	30	70	0.75	31.6	4:10	5:40	5.1	7.4	21.7	33.4
	A04	40	60	0.75	31.8	4:10	5:50	4.0	6.6	16.6	28.1
	A05	50	50	0.75	32.4	4:20	6:00	2.9	5.1	13.9	20.5
水泥		0	100	0.5	26.0	2:10	3:15	7.3	9.6	39.5	51.9
低钙灰	D01	10	90	1.50	29.7	2:50	3:55	5.0	8.0	20.6	40.8
	D02	20	80	1.50	32.8	3:50	4:30	4.7	7.2	17.3	36.2
	D03	30	70	0.75	33.0	4:10	5:20	3.8	6.0	16.9	34.0
	D04	40	60	0.50	34.5	4:10	5:30	2.9	5.8	13.2	30.9
	D05	50	50	0.75	35.8	4:20	5:50	2.0	5.2	8.7	21.6
水泥		0	100	0.50	25.6	2:35	3:20	6.3	8.9	29.9	50.0

目前，南京下关电厂的LIFAC脱硫灰已经批量应用于水泥生产。

（二）用作混凝土掺合料

LIFAC脱硫灰用于混凝土掺合料在低掺量时（10%），其活性影响与作水泥活性混合材相类似，3d强度甚至还高于基准混凝土，见表11-18。与低钙粉煤灰相比，28d龄期前的混凝土强度相对较高，至60d龄期，两种掺合料混凝土强度完全一致。说明脱硫产物对水泥混凝土早期强度有一定的激发作用，而对长期强度基本无影响。

表11-18 LIFAC粉煤灰混凝土的抗压强度

混凝土	抗压强度（MPa）		
	3d	28d	60d
基准	27.1	59.0	64.0
掺10%脱硫灰	28.7	55.4	60.2
掺20%脱硫灰	23.0	45.3	52.9

续表

混凝土	抗压强度（MPa）		
	3d	28d	60d
掺 10%低钙灰	26.3	53.5	60.3
掺 20%低钙灰	22.4	43.8	52.4

掺 LIFAC 脱硫灰后，混凝土的抗渗、抗冻性能与低钙粉煤灰混凝土基本相当，收缩值略低于低钙粉煤灰，见表 11-19。

表 11-19　　下关电厂 LIFAC 脱硫灰混凝土耐久性试验

项目		基准	普通粉煤灰 掺量（%）				下关电厂原状灰 掺量（%）				下关电厂磨细灰 掺量（%）				备注
			5	10	15	20	5	10	15	20	5	10	15	20	
抗渗试验	渗透高度（cm）	12.6	12.0	11.6	12.5	12.8	12.2	12.4	12.8	12.9	11.8	10.9	10.8	11.7	加压至 1.0MPa
	渗透压力比（%）	100	95.2	92.1	99.2	101.6	96.8	98.4	101.6	102.4	93.7	86.5	85.7	92.9	
抗冻试验	质量损失（%）	1.60	1.50	1.80	2.40	2.40	1.40	1.70	2.40	2.60	1.50	1.30	1.60	1.90	50 次冻融循环
收缩试验	收缩值（$\times 10^{-4}$）	1.50	1.50	1.50	1.52	1.52	1.49	1.47	1.47	1.46	1.50	1.47	1.45	1.42	28d/干燥收缩

由于 LIFAC 脱硫灰中含有少量的 $CaSO_3$ 和 Cl^-，使人对其用于混凝土后钢筋保护性能产生疑问。从初步的快速极化试验反映出，LIFAC 脱硫灰对混凝土钢筋保护无不利影响，极化曲线与低钙粉煤灰一致。

LIFAC 脱硫灰对混凝土性能的负面影响，根据现有的试验研究，仅限于新拌混凝土的流动性。当不加减水剂时，LIFAC 脱硫灰对水泥净浆流动性指数的经时损失几乎没有影响，但由于需水量增加使流动性指数水平有所增加，见表 11-20。当使用减水剂以后，掺加 LIFAC 脱硫灰往往会导致混凝土坍落度经时损失的增大，见表 11-21。因此，实际应用时，应加强混凝土的试配工作，选择适宜的混凝土外加剂和级配。

表 11-20　　LIFAC 脱硫灰水泥净浆流动性指数经时变化

粉煤灰掺量	流性指数				
	5min	35min	65min	95min	125min
0%	0.47	0.46	0.49	0.49	0.47
20%脱硫灰	0.71	0.76	0.82	0.78	0.77
20%低钙灰	0.60	0.60	0.63	0.64	0.68
30%脱硫灰	0.78	0.80	0.92	0.81	0.80
30%低钙灰	0.64	0.58	0.68	0.66	0.62
40%脱硫灰	0.86	0.82	0.84	0.80	0.84
40%低钙灰	0.72	0.67	0.67	0.68	0.76

表 11-21　　LIFAC 脱硫灰混凝土坍落度经时损失

混凝土等级	粉煤灰掺量	外加剂	坍落度（mm）		坍落度损失（mm）
			0min	30min	
C25	26%低钙灰	BC-7	180	150	30
C25	26%脱硫灰	BC-7	210	160	50
C35	23%低钙灰	JS-1	200	160	40
C35	23%脱硫灰	JS-1	200	140	60
C35	23%低钙灰	BC-7	190	160	30
C35	23%脱硫灰	BC-7	220	160	60
C40	21%低钙灰	BC-7	200	170	30
C40	21%脱硫灰	BC-7	210	190	20

从南京地区混凝土规模试点应用情况看，通过采用相应的技术措施，LIFAC 脱硫灰可作为掺合料用于一般混凝土工程。

（三）用于回填和筑路

由于脱硫产物的存在，使 LIFAC 脱硫灰遇水后具有一定的自硬性。在加入 21%～26%水的条件下，LIFAC 脱硫灰可达到最佳压实度（1.35～1.40kg/L）。压实后，LIFAC 脱硫灰的水渗透率为 10^{-8}～10^{-7}，并且在 2～8d 内，压实体的抗压强度达到 2～4MPa，在 11d 内达到 4～10MPa，在一年内达到 4～25MPa。可见，LIFAC 脱硫灰在地基回填、加固和筑路等方面有较大的应用开发潜力。

芬兰 INKOO 电厂 1986 年曾利用 LIFAC 脱硫灰成功进行了回填土和路基试验，并在其灰场道路中修建了一段试验路，路基混合料最佳含水率为 25%，分层压实，每层厚度 20～30cm。经过三年运输粉煤灰的重载车考验观察，试验路段状况良好。

江苏省建筑材料研究设计院也利用南京下关电厂的 LIFAC 脱硫灰进行了路基材料应用试验，发现用 LIFAC 脱硫灰制作二灰碎石路基材料，与普通粉煤灰相比，早期抗压强度可提高 15%，而干燥收缩可减小 16%。目前，南京地区 LIFAC 脱硫灰在筑路工程中已经得到应用。

（四）用作人造砾石

LIFAC 脱硫灰用作人造砾石的原料也是较好应用途径。一些欧洲国家已有不少实践。人造砾石的密度为 1500～1600kg/m^3，一天强度为 5～15kN/m^2，密度和强度主要取决于配料的混合比，激发剂一般采用石灰或水泥。

脱硫灰人造砾石最适宜用在建筑砖和路基中，它可作为混凝土中砾石的替代品，而且一些可能影响环境的成分在人造砾石加工过程中得到了更进一步的固化。

第五节　其他脱硫灰渣的应用探索

一、循环流化床脱硫灰渣

循环流化床（FBC）燃烧器排放以渣为主，渣灰比例在 50%～80%，甚至 90%渣的细度与砂类似，而灰中 40%～60%是粘土级的细粉。渣灰的化学成分中含有较高的氧化钙和三氧化硫，见表 11-22，主要由脱硫副产物硫酸钙、亚硫酸钙和残余的脱硫剂如石灰石、石灰等组成。

表 11-22 美国 FBC 灰渣化学成分

PFBCA	SiO_2	Al_2O_3	Fe_2O_3	CaO	MgO	K_2O	Na_2O	TiO	P_2O_5	SO_3	CO_2	L.O.I	Total
飞灰（1）	37.84	14.27	4.95	21.61	3.07	0.97	1.55	0.87	0.76	12.17	0.55	0.81	99.20
底灰（1）	47.02	14.57	3.80	16.13	2.23	2.09	2.37	0.40	0.50	9.39	1.77	0.84	100.33
飞灰（2）	25.65	25.65	12.51	16.94	9.39	1.24	0.58	0.49	0.25	10.55	9.20	11.08	100.02
底灰（2）	8.35	8.35	1.58	31.33	18.45	0.14	0.35	0.13	0.34	31.31	0.4	4.76	100.41

美国的循环硫化床脱硫灰渣利用技术已比较成熟，主要用于矿井回填，每年用量 360 万 t，在结构回填中的用量为 27 万 t，农业中利用 6.5 万 t，另外，还有少量 FBC 灰渣用于流态回填和水泥生产。

二、SDA 半干法脱硫灰

SDA 半干法脱硫灰是粉煤灰、脱硫产物和残余脱硫剂的混合物，其化学组分与循环流化床脱硫灰渣较为相近，都具有高钙、高硫的特点，含硅量较低，但含钙量更高，达 30%以上，脱硫产物主要为 $CaSO_3$（见表 11-23）。颗粒相对较细，比表面积高达 $89m^2/kg$，平均粒径 17.5μm。

表 11-23 白马电厂 SDA 脱硫灰的化学组成（%）

分析项目	SiO_2	Al_2O_3	Fe_2O_3	CaO	MgO	K_2+Na_2O	SO_3	烧失量
低钙粉煤灰	44.63	23.82	16.24	6.69	1.49	—	0.47	4.86
SDA 脱硫灰	22.35	11.12	2.81	31.34	4.86	1.21	10.70	12.68

南京电力环境保护科学研究所和白马电厂利用该厂的 SDA 脱硫灰含钙量高的特点进行了配置硅酸盐水泥的探索。在水泥生料中配入 18%～20%脱硫灰可制得早强型、高强型硅酸盐水泥熟料，见表 11-24。

表 11-24 SDA 脱硫灰配制水泥的性能

脱硫灰掺量（%）	f-CaO（%）	凝结时间（min）		抗压强度（MPa）			抗折强度（MPa）		
		初凝	终凝	3d	7d	28d	3d	7d	28d
17.02	1.90	85	95	49.2	59.8	68.9	8.4	9.8	10.8
19.44	0.80	90	109	40.0	48.3	60.4	7.1	8.2	9.9
18.71	0.10	87	95	43.3	53.5	62.8	7.3	8.9	10.6
17.82	0.75	85	94	45.8	52.7	63.9	7.8	8.7	10.4

SDA 脱硫灰由于 $CaSO_3$、MgO 等不利成分含量较高，目前实际应用很少。根据其组分特点，SDA 脱硫灰在结构回填、人造集料、矿棉保温材料、水泥生产等方面可能有应用开发的潜力。

参考文献

1 国家环境保护总局科技标准司．大气污染物综合排放标准详解．1997 年
2 庄永茂，施惠邦．燃烧与污染控制，1998 年 2 月

3 王汉臣．大气保护与能源利用．1992 年 7 月
4 国家环境保护总局污染控制司．中国环境污染控制．1998 年 8 月
5 徐强．洁净煤技术及其灰渣利用展望．2000 年 8 月
6 林炳华．通量理论与先进的林氏大气污染控制办法．2001 年 1 月
7 周月桂等．几种干式烟气脱硫技术介绍．2001 年 1 月
8 江得厚．火力电厂脱硫技术方案的选择意见．2001 年 1 月
9 陶邦彦．实用烟气脱硫方法探讨与实践．2001 年 1 月
10 朱雪芳．煤净化燃烧及衍生物产品化．1999 年 12 月
11 徐强，钱俊．洁净煤灰渣应用技术调研，项目鉴定资料 1～6，2002 年 8 月